Der QuantenMensch

Ein Blick in die Entfaltung
des menschlichen Potentials
im 21. Jahrhundert

Michael Murphy

DER QUANTEN MENSCH

Aus dem Amerikanischen
von *Manfred Miethe*

Redaktion: *Angela Kuepper*

»Millennium«

Die Deutsche Bibliothek – CIP-Einheitsaufnahme
Murphy, Michael:
Der Quanten-Mensch / Michael Murphy. Aus dem Amerikan.
von Manfred Miethe. - Dt. Erstausg. - Wessobrunn : Integral, 1994
Einheitssacht.: The future of the body <dt.>
ISBN 3-89304-699-2 Gewebe
Studienausg. – Wessobrunn: Integral. Volkar-Magnum, 1996 (Millennium)
ISBN 3-89304-690-9

Deutsche Erstausgabe
veröffentlicht 1994 bei Integral.

Schloßbergstraße 15, D-82405 Wessobrunn.

1. Auflage April 1994
2. Auflage April 1994
3. Auflage Juni 1994
4. Auflage Juli 1996

Published by Arrangement with Jeremy P. Tarcher, Inc., Los Angeles
Titel der Originalausgabe: The Future of the Body

Umschlagillustration von Jerry Lofaro, Image Bank, „The Conductor“
Realisierung: Das Integral-Energiefeld
Redaktion und Lektorat: Angela Kuepper, München
Umschlaggestaltung: Zembsch' Werkstatt, München
Satz: Vollnhals Fotosatz, Mühlhausen
Druck und Binden: Westermann Druck, Braunschweig
Herstellung: Rainer Höchst, Dießen
Printed in Germany
... auf chlorfrei gebleichtem Papier

ISBN 3-89304-**699**-2 Luxusausgabe
ISBN 3-89304-**690**-9 Studienausgabe

Für meinen Sohn
MacKenzie Wilmott Murphy

Inhalt

Teil 1
Möglichkeiten eines aussergewöhnlichen Lebens

Teil 2
Beweise für das Transformationsvermögen des Menschen

Teil 3
Wege zur Transformation

Anhang

TEIL

1

Möglichkeiten eines außergewöhnlichen Lebens

Von den Gestalten zu künden,
die einst sich verwandelt in neue Körper,
so treibt mich der Geist.

OVID

Der Mensch hat keinen Körper getrennt von seiner Seele: Denn das – Körper genannt – ist ein Stück Seele, erkannt von den fünf Sinnen, den Haupteingängen der Seele in dieser Zeit.

WILLIAM BLAKE

Wir müssen unser Dasein so *weit*, als es irgend geht, annehmen; alles, auch das Unerhörte, muß darin möglich sein. Das ist im Grunde der einzige Mut, den man von uns verlangt: mutig zu sein zu dem Seltsamsten, Wunderlichsten und Unaufklärbarsten, das uns begegnen kann.

RAINER MARIA RILKE

1

Einführung

Wir leben das uns gegebene Leben nur zum Teil. Durch den wachsenden Kontakt mit einst fremden Kulturen, neue Entdeckungen über die Tiefen unseres Unterbewußtseins und die sich langsam durchsetzende Erkenntnis, daß jede soziale Gruppe nur bestimmte menschliche Eigenschaften verstärkt, während sie andere vernachlässigt oder unterdrückt, hat sich ein globales Verständnis dafür entwickelt, daß wir alle über ein großes Wachstumspotential verfügen. Keine Kultur zuvor hat jemals soviel frei verfügbares Wissen über die Transformationsfähigkeit der menschlichen Natur besessen wie die unsere.

Fachliche Spezialisierung, konkurrierende Glaubenssysteme und die Informationsexplosion erschweren es jedoch, dieses Wissen zu einem einzigen System zusammenzufassen. Die Entdeckung unserer Entwicklungsmöglichkeiten ist durch die Isolierung in verschiedenste Disziplinen so über die intellektuelle Landschaft verstreut wie die losen Teile eines Puzzles. In diesem Buch füge ich einige dieser Teile zusammen, um herauszufinden, welches Bild des menschlichen Potentials daraus entsteht.

Genauer gesagt bin ich der Ansicht, daß, indem wir Fakten aus vielen Bereichen sammeln – darunter aus Medizin, Anthropologie, Sport, Kunst, der „psychischen Forschung" und vergleichenden Religionswissenschaft –, uns außergewöhnliche Versionen der meisten, wenn nicht sogar aller unserer grundlegenden Eigenschaften begegnen. Darin eingeschlossen sind sensomotorische, kinästhetische, kommunikative und kognitive Fähigkeiten, Schmerz- und Lustempfinden, Liebe, vitale Kräfte, Wille, Selbstbild und verschiedene im Körper stattfindende Prozesse. Jene gnadenvollen Entsprechungen unserer normalen Eigenschaften, die spontan oder durch das Üben bestimmter Methoden und Techniken entstehen, können geschult werden. Die Beweise, die ich hier anführe, deuten darauf hin, daß wir ein Spektrum von Fähigkeiten besitzen, das bisher von keiner philosophischen oder psychologischen Richtung vollständig erfaßt wurde. Diese Fähigkeiten können auf der Basis bestimmter Glaubenssysteme und durch entsprechende Übungen entwickelt sowie durch sie unterstützende Institutionen etabliert werden. Obwohl jede der Weltreligionen ein dem jüdisch-christlichen Dogma der Gnade ähnliches Konzept aufweist, hat keine von ihnen das gesamte Spektrum des Begnadet-Seins anerkannt, wie es in diesem Buch aufgezeigt wird.

Diese vielen außergewöhnlichen Fähigkeiten belegen eine Weiterentwicklung von Charakteristika der Tierwelt. In den folgenden Kapiteln stelle ich die These auf, daß sie Bestandteile einer sehr komplexen Entwicklung sind, die mit den ersten Lebensformen begann, und daß sie in die Richtung zeigen, in die sich die Entwicklung der Menschheit bewegen wird. Mit anderen Worten: Eine Kultivierung dieser außergewöhnlichen Fähigkeiten würde das evolutionäre Abenteuer auf der Erde weiterführen.

*

Teil I enthält meine allgemeinen gedanklichen Anregungen hinsichtlich des menschlichen Potentials. In Teil II führe ich im Rahmen verschiedenster Vorgänge Beweise an, die diese Vorstellungen stützen und ganz allgemein gesagt von Krankheit über Heilung bis hin zu religiösen und anderen Disziplinen reichen. Damit möchte ich folgendes

zeigen: erstens, daß dramatische Veränderungen von Körper und Geist unter den unterschiedlichsten Bedingungen geschehen können, bei Krankheit ebenso wie bei einem tugendhaften Lebenswandel, und zweitens, daß jeder tiefgreifende Wandel teilweise durch genau bestimmbare Aktivitäten – *Transformationsmodalitäten* – vermittelbar ist, wie sie in auf menschliches Wachstum ausgerichteten Programmen üblicherweise angewendet werden. In Teil III beschreibe ich die wesentlichen Elemente unterschiedlicher Transformationsmethoden und zeige Wege auf, wie sie miteinander verbunden werden können, um eine ausgewogene Entwicklung des Menschen zu unterstützen. Kurz zusammengefaßt beinhalten meine wesentlichen Beobachtungen und gedanklichen Anregungen folgendes:

- Kulturelle Konditionierungen formen oder zerstören nachdrücklich metanormale Fähigkeiten. Diese Beobachtung wird in den meisten Kapiteln aufgezeigt, besonders aber in 6.1, 7.1, 15.1, 19.5 und 25.[*]

[*] *Hinweis:* Die Unterkapitel sind numeriert, so daß ich mich auf sie beziehen kann, ohne ihre Überschriften aufzuführen: Zum Beispiel heißt „6.3" Kapitel 6 Abschnitt 3. Wenn ich den Leser auf ein bestimmtes Kapitel oder einen Abschnitt hinweise, schreibe ich normalerweise nicht „Siehe Kapitel 18.2", sondern setze die Nummer von Kapitel und Abschnitt einfach in Klammern.

Wird ein Autor im Text erwähnt und folgt ein Datum in Klammern, ist in der Bibliographie ein Artikel oder ein Buch des Autors aus diesem Jahr aufgeführt. Ich verwende diese Form manchmal anstelle einer numerierten Fußnote – normalerweise deswegen, weil das Werk, auf das ich mich beziehe, einen wichtigen Platz in der Entwicklung des jeweiligen Gebietes einnimmt.

Ein Glossar der häufig verwendeten Begriffe findet sich auf Seite 619.

- Ohne einen synoptischen, integralen Empirismus können wir unsere Möglichkeiten für ein außergewöhnliches Leben nicht verstehen. Dieser muß viele Forschungsgebiete und verschiedene Wissensbereiche mit einbeziehen, unter anderem unsere Sinneswahrnehmungen, Schlußfolgerungen und die mystische Einsicht. Diese Feststellung wird in den Kapiteln 2.1 und 25.3 näher erläutert.
- Es gibt außergewöhnliche Formen der meisten, wenn nicht aller Eigenschaften des Menschen. Ich führe diesen Gedanken in den Kapiteln 3, 4 und 5 näher aus. Dabei konzentriere ich mich vor allem auf folgende Bereiche: Wahrnehmung äußerer Ereignisse, somatische Bewußtheit, Fähigkeiten des Kommunizierens, vitale Kräfte, Möglichkeiten der (Fort-)Bewegung, Fähigkeiten der direkten Einwirkung auf die Umgebung, Schmerz- und Lustempfinden, Erkenntnisvermögen, Wille, Selbstbild, Liebe und Körperstrukturen.
- Metanormale Fähigkeiten, in ihrer Gesamtheit gesehen, weisen auf außergewöhnliche Formen der Verkörperung hin. Diese These wird in den Kapiteln 3 bis 5 und 7 bis 9 entwickelt.

- Eine weitverbreitete Realisation außergewöhnlicher Fähigkeiten würde einen evolutionären Durchbruch darstellen, analog dem der Entwicklung des Lebens aus anorganischer Materie oder der Menschheit aus ihren hominiden Vorfahren. Dieser Gedanke wird in Kapitel 3 ausgeführt.
- Eine signifikante Entwicklung des Menschen wird in nahezu allen Fällen im Rahmen einer begrenzten Anzahl erkennbarer Handlungsweisen hervorgebracht, wie disziplinierte Selbstwahrnehmung, das Visualisieren erwünschter Fähigkeiten und die Fürsorge für andere. Diese Behauptung wird in den Kapiteln 11 bis 23 erläutert und in Kapitel 24.1 zusammengefaßt. Wie sich diese Handlungsweisen in eine Transformationspraxis einbeziehen lassen, erörtere ich in Teil III.
- Ein breites Spektrum außergewöhnlicher Fähigkeiten, die zwar durch bestimmbare Verhaltensweisen hervorgerufen werden können, entsteht jedoch auch ohne Unterstützung durch eine formale Methode. Dies wird in den Kapiteln 4.3 und 14 dargelegt.
- Metanormale Fähigkeiten und Erfahrungen werden durch übergeordnete Kräfte oder Prozesse vermittelt, die im Christentum als „Gnade Gottes", im Buddhismus als das „Wirken der Buddhanatur" und im Taoismus als der „Weg des Tao" bezeichnet werden. Dieser Gedanke wird in den Kapiteln 3, 5, 7.1, 24.3, 25.2 und 26.2 erörtert.
- Transformationsübungen können eine unausgewogene Entwicklung herbeiführen, indem sie bestimmte Fähigkeiten hemmen, während sie andere dagegen fördern.

Dies wird in den Kapiteln 7.1, 25.1 und 25.2 dargelegt. Die damit verbundene Beobachtung, daß alle Fähigkeiten und Tugenden des Menschen entweder direkt oder indirekt voneinander abhängen, erörtere ich in den Kapiteln 4.1. und 25.2.

- Eine ausgewogene Entwicklung unserer verschiedenen Eigenschaften wird durch integrale Methoden ermöglicht. Dies wird in den Kapiteln 24 bis 26 ausgeführt.
- Die Beweise für außergewöhnliche Fähigkeiten des Menschen untermauern die Vorstellung eines *Panentheismus*. Nach dessen Doktrin (im Unterschied zum *Pantheismus*) ist das Göttliche Teil des Universums und transzendiert es gleichzeitig. Dieser Gedankengang wird in Kapitel 7.2 dargelegt.
- Alle menschlichen Eigenschaften entwickeln sich möglicherweise nach dem Tod in einer Art außerkörperlicher Lebensform. Diese Vermutung wird in Kapitel 10 erläutert.

Einige dieser Beobachtungen und Gedanken sind unbestreitbar. Es ist beispielsweise offensichtlich, daß kulturelle Konditionierungen einen starken Einfluß auf das individuelle Verhalten haben, unabhängig davon, ob dieses Verhalten gewöhnlich oder

außergewöhnlich ist. Andererseits sind einige der oben genannten Thesen – und andere in diesem Buch – hochgradig spekulativ. So muß die Form des Lebens nach dem Tod – falls es überhaupt ein Leben danach gibt – für den denkenden Menschen ungewiß bleiben. Dennoch beruhen alle meine Spekulationen auf der Art von Nachweisen, wie sie in diesem Buch angeführt werden. In den folgenden Kapiteln werde ich darauf hinweisen, ob ich annehme, daß die Beweise zweifelhaft oder sicher sind.

Ich glaube zum Beispiel fest daran, daß alle von uns zumindest einige der hier beschriebenen außergewöhnlichen Möglichkeiten verwirklichen können. Ich bin überzeugt davon, daß alte wie junge Männer und Frauen unter grundverschiedenen Umständen sich in manchen Momenten der Einheit allen Seins gewahr sind und die selbstlose Liebe und erlösende Freude erleben, die das menschliche Leben krönen. Ich bin zu der Auffassung gekommen, daß nahezu jeder von uns Augenblicke erlebt hat – und daß jeder von uns diese pflegen kann –, in denen das Gewöhnliche außergewöhnlich wird, in denen Geist und Körper von etwas außerhalb ihrer selbst berührt werden.

2

Die Vielfalt der Beweise für das Transformationsvermögen des Menschen

Bei dem Versuch, die Beweise für das Transformationsvermögen des Menschen einzuschätzen, sehen wir uns einigen entmutigenden Hindernissen gegenüber. Dazu gehören die durch fachliche Spezialisierung verursachte Fragmentierung des Wissens, eine uneinheitliche Qualität der Beweise für außergewöhnliche Fähigkeiten und der unter Wissenschaftlern und akademischen Philosophen weit verbreitete Widerstand gegen mystische Wahrheiten und Versuchsergebnisse, die sich auf paranormale Phänomene beziehen. In diesem Kapitel beschreibe ich diese und andere Hindernisse für unser Verstehen der menschlichen Natur und stelle eine allgemeingültige Untersuchungsmethode vor, die helfen kann, diese Hindernisse zu überwinden.

[2.1] SYNOPTISCHER ODER INTEGRALER EMPIRISMUS

Jeder Forschungsbereich, auf den sich dieses Buch stützt, hat seine eigenen Verfahren, Beweise für außergewöhnliche menschliche Funktionen zu erbringen. Einige Bereiche, wie die Medizin, sind stark von kontrollierten Experimenten und einem komplizierten Instrumentarium abhängig. Andere, wie die Anthropologie, stützen sich vor allem auf Feldbeobachtungen und subjektive Berichte (und die anschließende Auswertung durch verschiedene Forscher). Wieder andere, wie vergleichende Studien der Religionen und die psychische Forschung, sind angewiesen auf glaubwürdige Bezeugungen von Erlebnissen oder auf Ereignisse, die nicht immer auf Befehl wiederholt werden können, und einen systematischen Vergleich der verschiedenen Aussagen miteinander. Jeder dieser Bereiche hat eigene Untersuchungsmethoden für seinen spezifischen Forschungsgegenstand entwickelt. Jede dieser Methoden ist in dem Sinne *empirisch,* daß sie von einer gründlichen Kenntnis der Daten abhängt, gleich ob diese Kenntnis aus kontrollierten Experimenten, der Beobachtung von natürlich auftretenden Ereignissen oder dem Vergleich subjektiver Berichte und glaubwürdiger Bezeugungen über ungewöhnliche Phänomene erwächst.

Psychologie und Medizin zeigen uns viele Wege zur Erforschung des gewöhnlichen wie außergewöhnlichen menschlichen Verhaltens. Ihre Versuchsgeräte, Beobachtungsmethoden und introspektiven Techniken verschaffen uns ein wachsendes Wissen über die menschliche Natur – einschließlich weiterer Informationen über im Körper stattfindende Prozesse –, als jemals eine Kultur es zuvor besaß. Ärzte früherer Zeiten konnten beispielsweise nicht die durch Placebos hervorgerufenen Veränderungen der Anzahl weißer Blutkörperchen messen. Sie wußten nichts über Neuropeptide, die durch Meditation induzierte Stimmungswechsel regeln, und waren nicht in der Lage, die positiven Effekte von Körperübungen mit der Genauigkeit der heutigen Wissenschaftler zu bestimmen.

Darüber hinaus hat uns die moderne geisteswissenschaftliche Forschung einen beispiellosen Zugang zu dem esoterischen Wissen vieler religiöser Traditionen ermöglicht. Das *Tibetanische Totenbuch,* eine Schrift, die früher nur einer kleinen Gruppe buddhistischer Mönche vorbehalten war, ist jetzt als Taschenbuch erhältlich. Die Upanischaden – einst in der hinduistischen Kultur mündlich überliefert – sind in vielen Übersetzungen veröffentlicht worden. Geheimgehaltene Praktiken der Derwische, bisher nur eingeweihten Sufis vorbehalten, werden in der Populärliteratur erörtert. Diese Veröffentlichung des esoterischen Wissens hat mit dazu beigetragen, die Sichtweise religiöser Erfahrungen bei vielen Menschen zu erweitern. Auch wenn wir bestimmte Einsichten und Methoden verloren haben, die einst von spirituellen Traditionen gehegt wurden, kann behauptet werden, daß vor uns noch keine einzige Kultur über soviel allgemein zugängliches Wissen über schamanische und kontemplative Fähigkeiten verfügt hat.

Die moderne Wissenschaft und Forschung stellt uns viele Methoden bereit, die menschliche Natur zu erforschen. Dabei versieht sie uns häufig mit Informationen über unsere Fähigkeiten, die in der Vergangenheit nicht verfügbar waren. Aber die fachliche Spezialisierung, voneinander abweichende oder gegensätzliche Begriffssysteme und die Informationsexplosion erschweren das Sammeln von Beweisen für das menschliche Transformationsvermögen, das in seiner Gesamtheit betrachtet werden sollte. Experten eines beliebigen Fachbereichs haben gewöhnlich kaum Sachkenntnisse über ein Gebiet außerhalb ihrer eigenen Forschungs- oder Wissenschaftsdomäne. Nur wenige Physiker und Biologen wissen beispielsweise zu würdigen, wie viele Beweise es für paranormale Geschehnisse gibt oder mit welch großer Sorgfalt diese von parapsychologischen Forschern zusammengetragen wurden. Gelehrte auf dem Gebiet des kontemplativen Erlebens wissen selten etwas über die Entdeckungen der Medizin im Zusammenhang mit mystischer Erkenntnis. Wenige Gelehrte erkennen die große Vielfalt metanormaler Erfahrungen, die durch sportliche Leistungen ausgelöst werden. Trotz einer solchen Fragmentierung können die verschiedenen Beweise für das Transformationsvermögen des Menschen gemeinsam betrachtet werden, so daß die Strukturen erkennbar werden, die sie verbinden. Eine synoptische Aneignung zuverlässig nachgewiesener Daten, die sich zugleich auf Natur- und Geisteswissenschaften, die psychische Forschung, Studien der Religionen und andere Bereiche stützen, ist die in diesem Buch angewendete allgemeine Vorgehensweise.

Lassen Sie mich den Begriff *zuverlässig nachgewiesen* besonders betonen. Da Berichte über außergewöhnliche menschliche Erfahrungen von sehr unterschiedlicher Glaubwürdigkeit sein können, müssen wir sie mit Vorsicht behandeln. Ob ein tibetischer Lama tatsächlich levitiert hat, ist zum Beispiel weniger gewiß als der Nachweis, daß Gehirnwellen durch Meditation verlangsamt werden können. Ob ein Heiliger einen Raum durch Gebet erhellt hat, ist weniger beweisbar als die Hinweise, daß viele

Menschen heute quasi-mystische Erleuchtungen erfahren (siehe hierzu Kapitel 4.3 und Anhang A.3). Um die entferntesten Winkel der menschlichen Natur zu erfassen, müssen wir, kurz gesagt, aufgeschlossen, aber kritisch sein. Bei der Einschätzung der Berichte über außergewöhnliche menschliche Leistungen brauchen wir Vernunft, aber auch Vorstellungskraft, Unterscheidungsvermögen und auch die Bereitschaft, nicht vorschnell zu urteilen. Für eine dermaßen weitreichende Untersuchung müssen wir kühn sein und doch eine kritische Distanz bewahren, die eine fundierte Wissenschaftlichkeit kennzeichnet. In diesem empirischen Sinn können wir vermeintliche Metanormalitäten in drei Kategorien unterteilen: erstens solche wie spirituelles Heilen, über die in vielen Kulturen immer wieder berichtet wird und deren Authentizität durch zuverlässige Tests verifizierbar ist; zweitens Erscheinungen wie Telekinese, für die wir keine bestimmten Beweise haben, die aber trotzdem durch nur schwer zu verwerfende Aussagen gestützt werden; und drittens solche, die kaum oder gar nicht belegt sind. Beispiele der dritten Kategorie schließe ich in diesem Buch aus, doch die der zweiten Kategorie beziehe ich ein.

Trotz des großen Zugangs zu den Beweisen für menschliches Transformationsvermögen mangelt es uns an bestimmten Erkenntnissen, die früheren Kulturen verfügbar waren. Mit dem Aufkommen des säkularen Materialismus in der modernen Welt sind viele religiöse Traditionen zerstört worden, so daß wir heute ihre Ekstasetechniken nicht mehr beobachten beziehungsweise an ihnen teilnehmen können. René Guenon, Frithjof Schuon, S. H. Nasr, Gershom Scholem und andere Religionswissenschaftler haben den Verlust des kontemplativen Wissens im Judaismus, Christentum und Islam beschrieben (und beklagt); und mehrere Experten auf dem Gebiet des Schamanismus und der östlichen Religionen haben das Verschwinden esoterischer Lehren in China, Indien und Tibet beobachtet.[1] Zu einem gewissen Grade jedoch wird dieser Verlust geheiligter Traditionen durch die Veröffentlichung einstmals esoterischer Texte und neuere Studien über die außergewöhnlichen Fähigkeiten des Menschen aufgewogen. Frederic Myers, William James, Herbert Thurston und andere Gelehrte, aus deren Schriften ich in späteren Kapiteln zitiere, haben Beobachtungen und introspektive Berichte über metanormale Fähigkeiten miteinander verglichen. Ihre Arbeit war richtungweisend und hat zu Forschungen angeregt. Sie haben sozusagen eine neue Form der Naturgeschichte mitbegründet und gezeigt, daß Beispiele außergewöhnlicher Fähigkeiten gesammelt werden können, um eine vergleichende Analyse durchzuführen. So wie die Naturkundler durch die Sammlung biologischer Proben dabei halfen, das Faktum der Evolution aufzudecken, haben diese Forscher den Weg für ein neues Verständnis unseres menschlichen Potentials geebnet. Doch auch hier begegnen wir einem Bruch mit jenen Lehren. Nur wenige Menschen schätzen heute Myers' Arbeit, obwohl er ein Hauptbegründer der modernen psychischen Forschung ist, und

wenige Kenner religiöser Erfahrungen – selbst unter den römisch-katholischen – lesen Thurston, auch wenn er vielleicht der führende katholische Experte für paranormale Phänomene in der ersten Hälfte des 20. Jahrhunderts war (22.1). Gleichermaßen sind die heutigen Hypnose-Forscher selten mit den Experimenten und Theorien der Mesmeristen des 19. Jahrhunderts vertraut, den Pionieren der systematischen Untersuchung von veränderten Bewußtseinszuständen (15.1). In den folgenden Kapiteln zitiere ich des öfteren aus den Werken dieser weitgehend in Vergessenheit geratenen Menschen.

Heute verfügen wir über vielfältige Beweise hinsichtlich metanormaler Fähigkeiten, da Menschen in unterschiedlichen Disziplinen die exakten Wahrnehmungen außergewöhnlicher Ereignisse von den verzerrten getrennt und sich darum bemüht haben, die verläßlichen von den weniger verläßlichen Daten zu unterscheiden. Zum Sammeln dieser Beweise benötigten sie unterschiedliche Methoden der Datenerfassung und -verifizierung. Römisch-katholische Gelehrte haben sich bei ihrer Einschätzung der heilenden und heiligen Kräfte auf Aussagen verlassen, die sie durch Kreuzverhöre mit Zeugen und Vergleiche mit Aussagen Dritter über dieselben Phänomene überprüften (13.2, 22.1). Parapsychologische Forscher haben verläßliche Berichte über paranormale Ereignisse durch vielfältige Experimente ergänzt (2.2). Kontemplative Menschen haben ihre mystischen Einsichten an den Erfahrungen ihrer Mitschüler und Meister gemessen. Der Philosoph Ken Wilber beschreibt den Prozeß des Erwerbs und der Verifizierung von Daten im religiösen Leben folgendermaßen:

Grundlage und Mitte des Zen ist nicht eine Theorie, ein Dogma, eine Überzeugung oder Grundannahme, sondern – wie bei jeder echten Suche nach Erkenntnis – eine Injunktion. Die injunktive Bedingung – Zazen oder Vipassana-Meditation – ist jahrelanges spezialisiertes Training und tiefgreifende Disziplin ... Zazen ist einfach das Handwerk, das eine spirituelle Offenbarung möglich macht, und man muß für diese Offenbarung schon entsprechend weit entwickelt sein – andernfalls bleibt sie eben aus ... Es überrascht also nicht, daß die Handlungsanweisung im Zen stets lautet: „Wenn du wissen willst, ob es eine Buddhanatur gibt, mußt du zuerst das tun!" Das ist eine experimentelle und erfahrungsorientierte Injunktion.

Nachdem der Forscher diese Bedingung gemeistert hat, wird er sich für die zweite Komponente öffnen, für die intuitive Erfassung des von der Injunktion anvisierten Objektbereichs, in diesem Fall der Daten des Transzendenten. Dieses intuitive Erfassen – als unmittelbare Erfahrung oder Wahrnehmung – heißt im Zen „Satori" oder *Kensho,* was im wesentlichen einen „direkten Einblick in die eigene spirituelle Natur" bedeutet. Dieser „Einblick" ist ebenso absolut unmittelbar wie ein Blick durchs Mikroskop, der einen die Zellkerne sehen läßt – wobei die grundlegende Bedingung jedesmal lautet: Nur einem geschulten Auge nützt der Blick ...

Die Erkenntnisse eines bestimmten Menschen im Bereich der transzendentalen Objekte können natürlich unangemessen oder irrig sein, weshalb der Zen-Buddhismus auf jeder Stufe auf ... die sorg-

fältige Überprüfung durch den Zen-Meister und die Gemeinschaft der Meditationsteilnehmer [zurückgreift]. Die Konfirmation ist keineswegs ein automatisches Schulterklopfen und findet nicht in einer Gesellschaft zur wechselseitigen Akklamation statt; sie ist eine strenge Prüfung und ermöglicht die uneingeschränkte Zurückweisung und Nichtverifizierung einer Erkenntnis. Sowohl in der privaten, intensiven Interaktion mit dem Zen-Meister *(dokusan)* als auch in der Teilnahme an anspruchsvollen, rigorosen öffentlichen Überprüfungen ihrer Ursprünglichkeit *(shosan)* prallen sämtliche Erkenntnisse auf die Gemeinschaft derjenigen, deren Erkenntniskraft an die Transzendenz heranreicht. Erkenntnisse oder Auffassungen, die den von der Gemeinschaft der Kontemplativen enthüllten transzendentalen Tatsachen nicht entsprechen, werden mit Nachdruck verworfen (das kann auch für solche Erkenntnisse gelten, die früher einmal als wahr angesehen wurden, jetzt aber aufgrund differenzierterer Erfahrungen als weniger wertvoll oder lückenhaft erscheinen.[2]*

Nahezu alle kontemplativen Traditionen nehmen für sich in Anspruch, daß Objekte der mystischen Einsicht – wie Buddhanatur, Gott oder Brahman – Wirklichkeiten

* Begreift man kontemplative Erfahrungen als Daten in dem gleichen Sinne wie Wilber, kann man folgern, daß sie mit der Verbesserung der globalen Kommunikation und der öffentlichen Zugänglichkeit einst esoterischer religiöser Lehren einer wachsenden Anzahl von Prüfungen unterzogen worden sind. Zahllose Erfahrungen von Schamanen, Heiligen und Mystikern wurden in jüngerer Zeit veröffentlicht, mit ihnen in Zusammenhang stehende metaphysische Lehren sind in moderne Sprachen übersetzt worden, ihre Ähnlichkeiten und Unterschiede wurden in weiten Kreisen diskutiert. Ich meine, daß solche Vergleiche eine Form der Verifizierung von Daten in dem Sinne darstellen, daß sie Untersuchungen über die Tiefe, den Umfang und die Fähigkeit, für sein Selbst und die Welt verantwortlich zu sein, enthalten.

sind, die unabhängig von aller menschlichen Erfahrung existieren. Sie behaupten ebenso, daß diese objektiven Wirklichkeiten durch bestimmte Übungen erfaßt werden können, die Erfahrungen (oder Daten) hervorbringen, welche durch den Meister oder die Mitsuchenden bestätigt werden können. So gesehen sind sie, allgemein gesagt, empirisch. Der Philosoph Stephen Phillips hat diese Position als „mystischen Empirismus" bezeichnet und ebenso wie Wilber argumentiert, daß es eine Parallele zwischen der Beweiskraft von Sinneserfahrung und mystischer Erkenntnis gibt.[*]

Unter der Voraussetzung dieser generellen Parallelität müssen wir zwei weitere Ähnlichkeiten zwischen wissenschaftlichem und kontemplativem Empirismus anerkennen. Erstens können beide durch unangemessene Verfahrensweisen verzerrt werden. Zweitens können bei beiden Formen Entdeckungen durch striktes Festhalten an bestimmten (wissenschaftlichen oder religiösen) Überzeugungen unterbunden werden. Ähnlich wie in einigen Versuchslaboratorien wissenschaftlich unzureichend gearbeitet wird, erleben manche religiöse Gemeinschaften einen Verfall ihrer Methodik.[3] Und genauso, wie potentiell signifikante Daten in manchen Fällen verworfen werden, da sie nicht durch das in einer bestimmten Wissenschaft vorherrschende Begriffssystem zu erklären sind, werden außergewöhnliche Erfahrungen, die von der jeweili-

gen religiösen Auffassung abweichen, manchmal geringgeschätzt oder unterdrückt. In den Kapiteln 7.1, 9 und 25.1 behaupte ich, daß jede religiöse Tradition durch ihr vorherrschendes Bild des Guten Einschränkungen unterliegt und so nur einen Teil unseres metanormalen Potentials nährt.

Da wir unter Verzerrungen unserer Wahrnehmung leiden, die durch Erschöpfung, sensorische Funktionsstörungen oder unerkannte Bedürfnisse und Motive entstehen, da solche Verzerrungen unberechtigte, unverständliche und manchmal destruktive Überzeugungen oder Verhaltensweisen verursachen können, da unser Verständnis für Daten durch einschränkende Erwartungen behindert sein kann – und aus anderen Gründen –, benötigen wir zum Verständnis der Daten in jedem Erfahrungsbereich Hilfe. Unsere Wege zur Erkenntnis, ob sensorisch, rational oder kontemplativ, müssen von verzerrenden Tendenzen befreit werden. Die Natur- und Geisteswissenschaften, die psychische Forschung und die religiöse Praxis verfügen alle über entsprechende Verfahren – die Wissenschaft über Peer-Gruppen-Tests und die Replikation von

[*] Phillips, S. H., 1986, Seite 5 bis 53. Im Vorwort zu Phillips Buch schreibt der Philosoph Robert Nozick: „[Der indische Philosoph] Aurobindo ist insoweit ein mystischer Empiriker, als er auf seinen mystischen Erfahrungen aufbaut – uns Beschreibungen von ihnen gibt, Hypothesen, die sich eng an die Erfahrungen anschließen, und auch gewagte Spekulationen, die weit über die eigentlichen Erfahrungen hinausreichen, um sie so einem einheitlichen Weltbild zuzuordnen."

Ergebnissen, die psychische Forschung über experimentelle Verfahren und die Gegenkontrolle anekdotenhafter Berichte und das kontemplative Erleben über die Prüfung durch andere Suchende und religiöse Meister.

Doch trotz der strengen Überprüfung der Erfahrungen durch die psychische Forschung und innerhalb der kontemplativen Traditionen weisen viele der heutigen Wissenschaftler und Philosophen den Wahrheitsanspruch mystischer Erkenntnis und die Beweise für paranormale Phänomene zurück. Diese Zurückweisung entsteht häufig aus mangelnder Kenntnis der Ergebnisse der psychischen Forschung, aus Unwissenheit im Hinblick auf das stete Bezeugen mystischer Erfahrungen oder aus dem gewohnheitsmäßigen Assoziieren solcher Daten und Aussagen mit veralteten und abergläubischen Anschauungen. Sie wird auch durch eine Art Unvereinbarkeit mit dem gesunden Menschenverstand oder wissenschaftlichen Grundvoraussetzungen hervorgerufen, die paranormale und mystische Erfahrungen häufig auszeichnen. Viele Laien und Wissenschaftler gehen beispielsweise davon aus, daß leblose Gegenstände ohne ein Mitwirken spezifizierbarer physikalischer Kräfte gedanklich aus der Ferne (psychokinetisch) nicht beeinflußt werden können, daß Organismen die Gefühle oder Gedanken anderer Organismen außerhalb der gewöhnlichen Sinnestätigkeit (tele-

pathisch) nicht erkennen können oder daß Menschen keinen direkten Kontakt mit Dimensionen einer Existenz jenseits der materiellen Welt haben können. (Für eine detaillierte Beschreibung solcher Annahmen durch den britischen Philosophen C. D. Broad siehe Anhang B.)

Angesichts der uralten Zeugnisse mystischen Wissens und der großen Zahl der Beweise für Psi-Phänomene – von denen ich viele in späteren Kapiteln zitiere – ist es jedoch ein großer Fehler, solche Dinge aus unserer Beschreibung der menschlichen Natur auszuschließen. Entsprechend haben viele, wenn nicht die meisten großen Denker seit dem Altertum paranormalen Ereignissen und mystischen Wahrheiten eine zentrale Stellung in ihren Philosophien eingeräumt. Platon erforschte in *Der Staat* beispielsweise das Verhältnis zwischen verschiedenen Formen des Erkennens, wie der *Dianoetik*, der diskursiven Vernunft, und der *Noetik*, dem kontemplativen Erfassen des Guten. Plotin verband die wahrnehmbare Welt der Körper, einen schlußfolgernden Intellekt und mystische Erleuchtung in seiner umfassenden Weltanschauung und erörterte wie Platon okkulte Verbindungen zwischen Menschen und supraphysischen Wesenheiten. Ähnlich vertraten westliche Denker der Spätantike und des Mittelalters die Ansicht, daß kontemplative Erleuchtung uns überprüfbare Wahrheiten über Gott und die menschliche Natur schenkt – unter ihnen Neuplatoniker wie Porphyrios, Iamblichos und Proklos, Christen wie Origenes, Augustinus, Johannes Scotus, Bonaventura, Meister Eckhart und Thomas von Aquin, Juden wie Philon, Moses Maimonides, Abraham Abulafia und der anonyme Autor des *Sohar*, Mosleme wie Avicenna, Suhrawardi und Ibn Arabi. In neuerer Zeit betrachteten Henri Bergson (der Mystiker als Vorboten der menschlichen Evolution ansah), Wladimir Solowjow, Nikolai Berdjajew, Schopenhauer, William James, Alfred North Whitehead und Sri Aurobindo mystische Erkenntnisse mit Einvernehmen; und viele Denker – darunter Bergson, James, C.D. Broad und H.H. Price – glaubten an das Auftreten paranormaler Geschehnisse. In den östlichen Philosophien werden mystische Wahrheiten ebenso wie Psi-Fähigkeiten seit Jahrtausenden anerkannt. In den Upanishaden, Brahma-Sutras und der Bhagavadgita, in den Werken Sankaras, Ramanujas und anderer Vedanta-Philosophen, in den Schriften Nagarjunas, Dogens und anderer Buddhisten, in den Texten Lao-tses, Ch'uang-tses und anderer Taoisten sind verschiedene Formulierungen zu finden, die sinnliche, rationale und kontemplative Erkenntnis in Beziehung zueinander setzen. Gemäß einiger indischer Philosophen werden Sinneswahrnehmung, logisches Schlußfolgern und die Erleuchtung des Yogi als *pramanas* angesehen, „Quellen oder Mittel zum Erwerb neuer Erkenntnis", und als in ihrer Einheit wahrhaftig.[4] Mit den Worten des englischen Philosophen C.D. Broad:

> Wenn wir das, was Philosophie *ist,* nach dem beurteilen können, was die großen Philosophen in der Vergangenheit *getan* haben, ist ihre Aufgabe keineswegs darauf beschränkt, die von einfachen Leuten in Europa und Nordamerika allgemein vertretenen Überzeugungen ungefragt zu akzeptieren und zu versuchen, sie zu analysieren. An diesem Kriterium gemessen, beinhaltet Philosophie mindestens zwei eng miteinander verbundene Aktivitäten, die ich als *Synopsis* und *Synthese* bezeichne. Synopsis ist die bewußte Gesamtsicht der Aspekte menschlicher Erfahrung, die aus diesem oder jenem Grund von dem einfachen Mann und selbst dem Wissenschaftler oder Gelehrten gemeinhin als voneinander getrennt gesehen werden. Aufgabe der Synopsis ist herauszufinden, in welcher wechselseitigen Beziehung diese verschiedenen Aspekte stehen. Die Synthese ist der Versuch, ein zusammenhängendes Gefüge von Begriffen und Prinzipien zu erstellen, das in angemessener Weise all die Tatsachenbereiche abdeckt, die synoptisch betrachtet wurden.[5]

Dieses Buch ist im Geist von Broads Synopsis und Synthese geschrieben, da es verschiedene Bereiche und Formen menschlicher Erfahrung miteinander in Verbindung bringt und versucht, bestimmte Beziehungen zwischen ihnen zu benennen. Ohne Ergebnisse aus vielen Untersuchungsbereichen, ohne die verschiedenen *Formen* des Wissens, bleibt unser Verstehen der menschlichen Entwicklung unvollständig. Ohne eine bewußte Gesamtsicht unserer physiologischen, emotionalen und kognitiven Prozesse, ohne ein zusammenhängendes Begriffsgefüge zur Beschreibung unserer normalen und metanormalen Fähigkeiten können wir viele Möglichkeiten des weiteren Fortschreitens der Menschheit nicht begreifen. Um einem derart multidisziplinären Ansatz zu genügen, werden die Theorien mit den Daten, die von ihnen zu interpretieren sind, stehen oder fallen. Allgemeine Glaubenssysteme, ganz gleich, in welch hohem Ansehen sie in den entsprechenden Traditionen stehen, müssen auf die im Bereich der Wissenschaft, der psychischen Forschung, der vergleichenden Studien religiöser Erfahrungen und in anderen Bereichen ermittelten Fakten abgestimmt werden.

In diesem Buch stütze ich mich daher auf viele Erfahrungsbereiche und unterschiedliche Methoden des Datenerwerbs. Für die zuverlässigsten Erkenntnisse über die Evolution halte ich mich an weithin anerkannte Evolutionstheoretiker, für die zuverlässigste Forschung auf dem Gebiet der Medizin an ihre führenden Autoritäten, für die zuverlässigsten paranormalen Versuchsergebnisse an kompetente psychische Forscher, für die zuverlässigsten Erkenntnisse religiöser Richtungen an ihre anerkannten Meister. Jeder dieser Wissensbereiche – und andere, auf die ich mich beziehe – besitzt solide Traditionen, bewährte Methoden, Vorbilder und umfangreiche (wissenschaftliche, parapsychologische oder religiöse) Peer-Gruppen-Tests, die etliche Erkenntnisse hervorgebracht haben, um die Erforschung eines tiefgreifenden Wandels zu fördern.

Wenn wir einen Begriff für diesen Ansatz wollen, können wir ihn als synoptischen, multidisziplinären oder integralen Empirismus bezeichnen (wobei ich daran erinnern möchte, daß sich *Empirismus* normalerweise auf den Erwerb und die Verifizierung von Daten bezieht, die sich auf Sinneserfahrungen beschränken).

[2.2]
ERGEBNISSE AUS DER PSYCHISCHEN FORSCHUNG UND PARAPSYCHOLOGIE

In den achtziger Jahren des letzten Jahrhunderts distanzierten sich Frederic Myers und andere Mitbegründer der (britischen) *Society for Psychical Research* öffentlich von unter Medien und Okkultisten verbreiteten unverbürgten Behauptungen und Täuschungsmanövern. Gemeinsam mit anderen Wissenschaftlern und Akademikern aus Europa und den Vereinigten Staaten begründeten sie eine wissenschaftliche Disziplin zur Erforschung paranormaler Phänomene, die sich deutlich vom Spiritualismus und anderen Bewegungen abgrenzte, die für unzusammenhängende Spekulation, abstruse Vorstellungen und direkte Täuschung bekannt waren. Seit über einem Jahrhundert haben sich die besten psychischen Forscher und Parapsychologen weiter von Betrügerei, Aberglauben und Selbsttäuschung distanziert, die für viele okkulte Aktivitäten charakteristisch sind. Obwohl etliche Wissenschaftler und akademische Philosophen noch immer behaupten, daß paranormale Phänomene nicht auftreten, gibt es ein beträchtliches, von kompetenten Forschern zusammengetragenes Beweismaterial für diese Erscheinungen. Die *Journals* und *Proceedings* der britischen und amerikanischen *Societies for Psychical Research* enthalten mehrere tausend Berichte über Psi-Phänomene, die mit großer Sorgfalt gesammelt werden, um Betrügereien und Beobachtungsfehler auszuschließen. Seit J. B. Rhine in den dreißiger Jahren sein parapsychologisches Labor an der Duke University eröffnete, sind darüber hinaus experimentelle Studien über Psi mit statistischen Methoden, Kontrollgruppen, Apparaten zur Aufzeichnung von Psychokinese-Effekten und anderen Hilfsmitteln durchgeführt worden, um die Qualität der Nachweise zu verbessern. Versuchsergebnisse von Parapsychologen werden seit mehr als fünfzig Jahren in einigen seriösen Journalen dokumentiert. Neueres Beweismaterial für paranormale Geschehnisse wird auch durch eine offensichtliche Übereinstimmung mit Beschreibungen von telepathischen, hellseherischen und psychokinetischen Kräften in den schamanischen und religiösen Traditionen bestätigt sowie durch Studien der letzten Jahrzehnte, in denen ein hoher Prozentsatz von Personen aus den unterschiedlichsten Zielgruppen über spontane ASW-Erfahrungen berichtete (siehe Kapitel 4.3). Es gibt demnach ein beträchtliches Beweismaterial für paranormale Phänomene. Für diejenigen Leser, die sich näher mit diesem Material beschäftigen möchten, habe ich in den Anhängen A.1 bis A.6 Literaturangaben zusammengestellt.

Als Versuch, wissenschaftliche Vorbehalte gegenüber den Ergebnissen der psychischen Forschung zu überwinden, entwickelte J. B. Rhine den von ihm als *Parapsychologie* bezeichneten experimentellen Ansatz zum Studium außersinnlicher Wahrnehmung und Psychokinese. Durch die Anwendung kontrollierter Untersuchungs-

methoden nach dem Vorbild der experimentellen Psychologie hoffte er, akademische und andere Skeptiker davon zu überzeugen, daß paranormale Phänomene mit großer Regelmäßigkeit im Labor hervorgebracht werden könnten. Seine weithin veröffentlichten Studien werden von vielen Versuchsleitern als methodologischer Fortschritt auf dem Gebiet der psychischen Forschung betrachtet.* Vor kurzem sind jedoch einige Gelehrte auf diesem Gebiet zu der Überzeugung gelangt, daß jener experimentelle Ansatz den Beweis für paranormale Geschehnisse nicht sonderlich erhärtet hat, und haben die Parapsychologie wegen Unzulänglichkeiten in ihren Verfahren kritisiert. Der Philosoph Stephen Braude schrieb zum Beispiel:

> Meiner Ansicht nach ist Rhines sogenannte Revolution fehlgeschlagen, und dies genau in der Hinsicht, in der sie erfolgreich sein sollte. Skeptiker wurden durch die Laborexperimente kaum (wenn überhaupt) überzeugt oder auch nur tiefer beeindruckt, noch wurden sie wirksamer berührt als in der Vergangenheit durch Séancen oder anekdotenhafte Schilderungen. Die Gründe hierfür liegen darin, daß

* Nils Wiklund vom Karolinska Institut in Stockholm bat mehrere ehemalige Präsidenten der *Parapsychological Association* (mit Sitz in den Vereinigten Staaten und Mitgliedern in verschiedenen Ländern), eine Liste der besten parapsychologischen Experimente zu erstellen. Als Reaktion auf Wiklunds Anfrage wurden acht Gruppen von Experimenten genannt, von denen sieben Gruppen auch von den Mitgliedern (nicht Präsidenten) der Vereinigung ausgewählt wurden. In Anhang A.2 verweise ich auf Artikel, die die sieben Gruppen von Experimenten schildern, die bei beiden Befragungen genannt wurden. Sie veranschaulichen die Weiterentwicklung der Methoden auf diesem Gebiet seit den ersten Experimenten Rhines und liefern ungewöhnliche Beweise für Psi (Wiklund 1983).

> Laborergebnisse quantitativ sind. Die meisten erfolgreichen Experimente erreichen bestenfalls eine Trefferwahrscheinlichkeit von 100 bis 1000 zu 1. Und obwohl einige eine verblüffende Signifikanz aufweisen, ist diese doch so selten, daß Skeptiker oder Personen, die psychischen Phänomenen neutral gegenüberstehen, sich fragen, ob sie nicht nur eine statistische Anomalität anstelle gelegentlicher Schübe von hervorragendem oder auffälligem Psi darstellen. Sicherlich sind psychokinetische Laborergebnisse nie so überwältigend oder umwerfend wie Erlebnisse – oder sogar bloße Berichte – physikalischer Phänomene größeren Maßstabs (wie levitierende Gegenstände oder Materialisationen).[6]

Gemeinsam mit anderen Erforschern paranormaler Phänomene hat Braude darauf hingewiesen, daß die experimentelle Parapsychologie stark eingeschränkt ist, weil Psi-Fähigkeiten von psychischen Prozessen abhängen, auf die unter den willkürlichen Bedingungen des Labors nur schwer auf Verlangen Einfluß zu nehmen ist. Die Experimente von Rhine und seinen Anhängern wurden letztlich durch das Auftreten von Psi in realen Situationen inspiriert, in denen es grundlegenden menschlichen Bedürfnissen zu dienen schien. Die Laborversuche eines halben Jahrhunderts haben nur relativ wenige aussagekräftige Phänomene hervorgebracht – verglichen mit denen, die von den ersten psychischen Forschern in natürlichen Situationen beobachtet wurden. „Die

Parapsychologie befände sich wirklich in einem traurigen Zustand", schrieb Braude, „wenn die experimentell erbrachten Beweise [für Psi] die einzig verfügbaren wären."[7]

Obwohl bei kontrollierten Versuchen in manchen Fällen brauchbare Nachweise für Psi erbracht wurden, handelte es sich doch nur selten um so schlüssige wie in den spontanen, von den Begründern der *American* und *British Societies for Psychical Research* untersuchten Fällen. Wie Braude und andere festgestellt haben, treten eindeutige Phänomene charakteristischerweise eher aufgrund starker Bedürfnisse und Wünsche statt als Reaktion auf (häufig eintönige) Versuchsreihen auf. Studien wie die von Rhine sind vielleicht ihrem Untersuchungsbereich nicht wirklich angemessen und nur unzureichend auf die zu untersuchenden Fähigkeiten zugeschnitten. Von wenigen Ausnahmen abgesehen (wie den in Anhang A.2 angegebenen Studien), ereignen sich eindeutige paranormale Geschehnisse nicht in Versuchslaboren. Man beobachtet sie jedoch häufig bei schamanischen Ritualen, ekstatischem Gebet, intensiven sportlichen Ereignissen und unter anderen unterstützenden Bedingungen. Wir gehen davon aus, daß viele der Phänomene, die die Wissenschaft untersucht, nicht in kontrollierten Experimenten erzeugt werden können. Anthropologie, Ethnologie und andere Zweige der Wissenschaft stützen sich auf Beweismaterial, das nicht nach Belieben erbracht werden kann. Seltene Tiere und Felsformationen werden in der Natur entdeckt, nicht auf experimentelle Anleitung hin. Um paranormale Geschehnisse in ihren lebendigeren Erscheinungsformen zu beobachten, müssen wir dies tun, wo sie stattfinden und wann.

Die Beschränkungen, denen außergewöhnliche Fähigkeiten im parapsychologischen Labor unterliegen, finden sich auch in anderen Bereichen. So kann bei Untersuchungen über Hypnose, Biofeedback, Meditation und mentales Training im Sport die Konzentration auf die Apparate, die die wissenschaftliche Genauigkeit erhöhen sollen, das Ergebnis abschwächen. Der Psychologe Ronald Shor erörterte dieses Problem bei Studien über die Hypnose folgendermaßen:

Eine diszipliniert skeptische Einstellung, die für den Aufbau einer realistischen Wissenschaft so wesentlich ist, sollte nicht zu einer blind machenden Voreingenommenheit werden, so daß der Forscher dadurch zu einem Amateur-Hypnotiseur wird. Aber ebenso wichtig ist, daß die Ausstrahlung einer selbstsicheren Überzeugungskraft auf seiten des Hypnotiseurs, die für die richtige Durchführung des hypnotischen Prozesses so wesentlich ist, nicht zu einer blind machenden Voreingenommenheit werden sollte, in der der Forscher seine wissenschaftliche Objektivität verliert. Die „Magie" aus der Hypnose herauszunehmen, schwächt die Phänomene ab, aber die „Magie" zu ernst zu nehmen, führt den Forscher in die Irre.

Forscher in der Tradition akademischer Experimentalisten waren meist höchst anfällig für die Gefahr unzureichender Katalysatoren; Forscher in der Tradition klinischer Praktiker waren im allge-

meinen höchst anfällig für die Gefahr unzureichender Skepsis. Die Experimentalisten waren hauptsächlich an genauen Verfahren interessiert, die Praktiker hauptsächlich an der Verbesserung ihrer klinischen Effektivität. Versuche, die Zielsetzungen und Standpunkte der jeweils anderen zu begreifen und zu teilen, wurden häufig durch eine cliquenhafte Loyalität und Polemik behindert.[8]

Die Forscher Elmer und Alyce Green, Steve Fahrion, Solomon Steiner und W. Dince haben ähnliche Probleme im Bereich der Biofeedback-Studien festgestellt (16.6). Um effektiv zu sein, muß das Biofeedback-Training lange genug andauern und genügend vorläufige Belohnungen bieten, um die Fähigkeiten zur Autoregulation auf Dauer zu fördern. So kann von unzureichend motivierten Übenden mit nur wenigen Praxisstunden vernunftgemäß nicht erwartet werden, daß sie eine signifikante Kontrolle ihrer Gehirnwellen oder anderer autonomer Vorgänge erreichen. Um außergewöhnliche menschliche Fähigkeiten experimentell nachzuweisen, müssen die Forscher disziplinierte Kontrollen mit überzeugendem Selbstvertrauen, einer ausreichenden Übungsdauer oder anderen Katalysatoren des Verfahrens ergänzen.

Studien über außergewöhnliche Fähigkeiten leiden jedoch an mehr als nur an methodologischen Unzulänglichkeiten. Widerstände gegenüber der psychischen Forschung ergeben sich beispielsweise nicht nur aus der berechtigten Kritik an den Verfahrensweisen und der offensichtlichen Verletzung wissenschaftlicher Grundvoraussetzungen, die ihre Ergebnisse zeigen, sondern auch aus irrationalen Ängsten und Einstellungen – unter Gegnern und Befürwortern gleichermaßen. Der Psychiater Jule

Eisenbud, der die Wirkungen von Psi in seiner therapeutischen Praxis untersucht hat (17.3), erörtert dieses Problem aus einer psychoanalytischen Perspektive.

Die meisten Beeinträchtigungen und Hindernisse auf dem Weg zu einer tatsächlichen Verifizierung in der Parapsychologie scheinen direkt aus den Versehen und Unterlassungen, den Schnitzern und Fehlern zu entstehen, für die nur wir selbst die Verantwortung tragen, ganz gleich, inwieweit sie auch als Ganzes gesehen in den Begriffen der Gaußschen Normalverteilung erklärt werden mögen. Ich denke dabei nicht nur an die nicht befragten Zeugen oder an die Notizen, die zu dem entsprechenden Zeitpunkt *nicht* gemacht wurden, an die *nicht* getroffenen Vorsichtsmaßnahmen gegen einfache Fehler bei der Beobachtung, Aufzeichnung und sogar der Zählung oder gegenüber alternativen Hypothesen, die hinterher absolut offensichtlich scheinen mögen (und ich spreche aus persönlicher Erfahrung über jeden dieser Fehler), sondern auch an die nur flüchtig wahrgenommenen und nie weiter verfolgten Richtungen, an aufgegebene Vorarbeiten, an all die Experimente, die nicht in das von der Logik geforderte nächste Stadium vorangetrieben wurden (als klassisches Beispiel: die Arbeiten aus den achtziger Jahren des letzten Jahrhunderts über die Fernhypnose).

Wir können wohl kaum weiterhin Anspruch erheben auf eine Unabhängigkeit von den Ergebnissen aus einer sechzig Jahre währenden Untersuchung der unbewußten Zweckhaftigkeit hinter

den Geschehnissen dieser Art, so als ob jene Ergebnisse sich nicht auf unsere Irrtümer und Versäumnisse beziehen würden.[9]

Wenn Parapsychologen selbst dazu angetrieben werden, ihre eigenen Experimente durch weitgehend unbewußte Widerstände gegen eben die von ihnen gesuchten Beweise zu verpfuschen, können wir annehmen, daß manche derjenigen Forscher, die die Arbeit in diesem Bereich offen ablehnen, ähnlich motiviert sind. Wissenschaftler haben, wie jeder andere Mensch, ihre blinden Flecken und Vorurteile, und ihre Arbeit kann von unerkannten Bedürfnissen und Motiven beeinflußt werden. Einige der Physiker, Biologen und Psychologen, die die psychische Forschung angreifen, tun dies mit einer solchen Vehemenz und einer so grundsätzlichen Ablehnung der wertvollen Arbeit dieses Bereiches, daß es auf etwas anderes als wissenschaftliche Tugend hindeutet.

[2.3]

BEWEISE FÜR DIE WECHSELSEITIGE BEEINFLUSSUNG VON NERVEN-, ENDOKRINEM UND IMMUNSYSTEM

Eine Reihe von Forschungsergebnissen hat in den letzten Jahrzehnten Zusammenhänge zwischen dem Nerven-, dem endokrinen und dem Immunsystem aufgedeckt, die für die in diesem Buch dargelegten Gedanken von großer Bedeutung sind.

Robert Ader und Nicholas Cohen entdeckten beispielsweise durch einen glücklichen Zufall die experimentelle Konditionierung des Immunsystems, als sie Geschmacksaversionen bei Tieren dadurch testeten, daß sie eine Saccharin-gesüßte Lösung (als konditionellen Reiz) mit einem Brechreiz erregenden Medikament versetzten, das als Nebenwirkung das Immunsystem unterdrückte. Nach der Konditionierung, als das Medikament *abgesetzt worden war*, neigten die Tiere nach Gabe von Saccharin zu Brechreiz und wiesen eine höhere Sterblichkeitsrate auf.[10] Die Konditionierung des Immunsystems wurde im Anschluß daran auch mit anderen Tieren und anderen konditionellen Reizen demonstriert.[11] Indem sie zeigten, daß das Zentralner-

vensystem mit dem Immunsystem interagiert und es direkt beeinflussen kann, haben solche Demonstrationen die seit langem bestehende Überzeugung vieler Ärzte, Philosophen und spiritueller Lehrer bestätigt, daß geistige Vorstellungsbilder, innere Einstellungen und Gefühle Krankheit und Wohlbefinden mitbestimmen. Kraftspendende Vorstellungsübungen wurden zum Beispiel im Ägyptischen Totenbuch, den Veden und anderen religiösen Texten beschrieben. Platon rühmte in *Phaidros*, *Phaidon* und *Symposion* die Macht der Imagination zur Anregung der Gesundheit. Aristoteles erkannte die engen Verbindungen zwischen geistigen Bildern, dem Willen, Empfinden und anderen Körperfunktionen (siehe etwa *De Anima*, Buch III.3). In der Renaissance glaubten Ärzte, daß Vorstellungsbilder mit Impulsen verbunden seien, die vom Gehirn durch die Nerven wandern und Stimmungen hervorrufen, die zu Veränderungen in kognitiven, emotionalen und somatischen Funktionen führen.[12]

In den frühen Siebzigern wurden Endorphine und andere opiatähnliche Peptide (von Gehirn, Rückenmark, Drüsen, viszeralem Gewebe und anderen Organen ausgeschüttete komplexe Moleküle) entdeckt. Diese Substanzen zirkulieren im Blut- und Lymphsystem und binden sich an spezifische Moleküle oder Rezeptoren im Gehirn und anderen Stellen im Körper und bewirken Veränderungen der Stimmung sowie der Schmerz- und Lustempfindungen. Mehrere Untersuchungen haben gezeigt, daß opiatähnliche Peptide helfen, Schmerzunempfindlichkeit, hormonelle Veränderungen und andere Reaktionen auf Streß und Erkrankungen zu beeinflussen. Nachdem 1979 entdeckt worden war, daß T-Lymphozyten, die wesentliche Komponenten des Immunsystems sind, Rezeptoren für Methionin-Enkephalin aufweisen,[13] hatte dies einen immensen Wissenszuwachs über die Rolle der Opioide als Immunmodulatoren zur Folge.[14]

1983 fanden Forscher heraus, daß die Thymusdrüse, ein Organ des Immunsystems, eine Substanz namens Thymosin 5 ausschüttet, die bestimmte Nebennierenhormone stark stimuliert, welche wiederum auf das Zentralnervensystem wirken.[15] Weitere Experimente haben gezeigt, daß andere Bestandteile des Immunsystems die Hirn- und Nerventätigkeit regulieren (die wiederum das endokrine und das Immunsystem beeinflussen). Viele Vorgänge, durch die das Immunsystem das Zentralnervensystem entweder direkt oder über das endokrine System reguliert, werden gegenwärtig entdeckt.

Tatsächlich produziert unser Körper eine bisher noch unbekannte Zahl von Botenstoffen, von denen einige vom Zentralnervensystem, andere vom endokrinen und wieder andere vom Immunsystem abgesondert werden – einschließlich Neurotransmittern wie Serotonin, Neuropeptiden wie den Endorphinen, Hormonen wie Adrenalin und Lymphokinen oder Zytokinen wie Interferon und Interleukin-1 und -2. Diese verschiedenen Substanzen fördern die Widerstandskraft gegen Viren, Bakterien und

andere potentiell schädliche Erreger ebenso wie Veränderungen des psychischen Zustands und Verhaltens.[16]

Studien über Peptidmoleküle haben gezeigt, daß jeweils bestimmte Moleküle in entsprechende Rezeptormoleküle verschiedener Organe passen – nach dem „Schloß-und-Schlüssel-Prinzip“. Diese Besonderheit befähigt die Peptide, mit großer Exaktheit in verschiedenen Körperteilen zu wirken, und ist ein Grund, weshalb Vorstellungsbilder und Gefühle den Körper so spezifisch beeinflussen können.

Die blühende Erforschung der Beziehungen zwischen Nerven-, endokrinem und Immunsystem hat die große Fülle der Heilungs- (oder die Homöostase bewahrenden) Prozesse des Körpers enthüllt. Aufgrund dieser Fülle können spezielle Formen einer physiologischen Wiederherstellung oder Stimmungsveränderung auf mehr als nur eine Art vermittelt werden. (Die Annahme einiger Forscher aus Medizin und Psychologie, es gäbe nur einen Weg, eine bestimmte körperliche Veränderung zu erreichen, könnte man „den Trugschluß der einzigen Intervention“ nennen.)

*

Kurz gesagt sind inzwischen viele *wechselseitige* Bahnen zwischen dem Nerven-, endokrinen und Immunsystem bestimmt worden, so daß Wissenschaften wie Immunologie und Endokrinologie, die traditionsgemäß unabhängig voneinander arbeiteten, nun zusammenkommen müssen, um optimale Ergebnisse zu erzielen. Daher ist der Begriff der *Psychoimmunologie*, der von George Solomon, einem Forscher aus dem Bereich der Psychiatrie, Anfang der Sechziger[17] eingeführt und von Robert Ader 1975 zu *Psychoneuroimmunologie* erweitert wurde, inzwischen allgemein akzeptiert, ebenso wie die Begriffe *Psychoendokrinologie* und *Psychobiologie.*[18] Das von diesen interdisziplinären Gebieten angeregte Verständnis der menschlichen Natur ähnelt der Anschauung der Ärzte im antiken Griechenland und in der Renaissance, nach der gedankliche Vorstellungen und der Leib eng miteinander verbunden sind. Hippokrates und Galen, die einflußreichsten Ärzte der griechischen Antike, glaubten beispielsweise, daß der menschliche Organismus ein einziges hierarchisches Gefüge sei, in dem Vorstellungskraft, Lebensgeist, Nerven, Stimmungen, Blut und Muskeln eng miteinander verbunden seien. Sie nahmen an, daß unsere Gedanken und Gefühle sich innerhalb der physischen Elemente des Körpers bewegen und unser gesamtes Verhalten durch unmittelbaren Kontakt beeinflussen. Die Ärzte der Renaissance waren generell der gleichen Ansicht und pflichteten dem hippokratischen Leitsatz bei, daß Vorstellungskraft und physische Prozesse sich ständig wechselseitig beeinflussen. Bestimmte Vorstellungen und Gefühle regten nach der medizinischen Auffassung der Renaissance entsprechende Körperzustände an. Es hieß sogar, daß manche gedankliche Vorstellungen und die aus ihnen entstehenden Gefühle töten könnten. Gloucester stirbt in *König Lear*, denn

... sein zerspaltnes Herz – ach schon zu schwach,
Den Kampf noch auszuhalten zwischen Schmerz
Und Freud' – im Übermaß der Leiden
Brach lächelnd. (5. Aufzug, 3. Auftritt)

Gemeinhin wurde angenommen, daß machtvolle gedankliche Vorstellungsbilder dauerhafte Veränderungen der Körperstruktur hervorbringen. Eltern könnten sogar durch ihre Gedanken bei der Zeugung auf ihre Nachkommen einwirken. Wie ein Schriftsteller der Renaissance es ausdrückte, „zeichnet und entstellt [die Vorstellungskraft] die Embryos im Mutterleib, ja tötet sie manchmal sogar, beschleunigt die Geburt oder verursacht Fehlgeburten".[19] Da gedankliche Vorstellungen als Hauptursache vieler Gebrechen angesehen wurden, wandten sich die Ärzte der Renaissance häufig an die Vorstellungskraft ihrer Patienten. In seinen *Approved Directions for Health* (1612) skizzierte William Vaughan diese therapeutische Methode: „Der Arzt muß ein spirituelles Festspiel ersinnen und inszenieren, um die Vorstellungskraft zu stärken und zu ermutigen, die schlecht und verdorben ist; ja, er muß danach trachten, zu täuschen und eine andere Einbildung in den Kopf des Patienten einzuprägen, sei sie töricht oder weise, und damit alle früheren Phantasiegebilde auslöschen."

Dieses ganzheitliche Verständnis wurde jedoch fast vollständig von der dualistischen Betrachtungsweise der menschlichen Fähigkeiten verdrängt, die Denker nach der Renaissance entwickelten. Nach Descartes ist der Geist eine Substanz, „deren ganze Wesenheit oder Natur bloß im Denken bestehe und die zu ihrem Dasein weder eines Ortes bedürfe noch von einem materiellen Dinge abhänge".[20] Descartes' dualistische Vorstellung von der menschlichen Natur stützte die mechanistische Physiologie, die im späten 16. Jahrhundert entstand. Nach dieser neuen Auffassung verlor der Geist seine enge Beziehung zum Körper und funktionierte parallel zu den physiologischen Vorgängen statt in ständigem Wechselspiel mit ihnen. Die „Lebensgeister", durch die die Vorstellungskraft den Leib bewegt, begannen aus dem medizinischen Denken zu verschwinden. Der Körper wurde Anatomen und Physiologen zugeteilt, der Geist den Philosophen und Psychologen. Die interaktive Psychophysiologie von Aristoteles, Hippokrates und der Renaissance wurde durch einen Parallelismus von Geist und Körper ersetzt, der organische und seelisch bedingte Leiden voneinander trennte. Die psychosomatische Medizin litt an dem implizit in der Idee, daß seelisch bedingte Beschwerden „eingebildet" seien, enthaltenen Reduktionismus. Um die Mitte des 18. Jahrhunderts hatten mechanistische Konzepte die ganzheitlichen Auffassungen über menschliches Funktionsvermögen fast vollständig verdrängt. Im 19. Jahrhundert untersuchten die meisten Forscher Körper und Geist, als seien sie getrennte Bereiche.[21]

Im 20. Jahrhundert sind jedoch interaktionistische Anschauungen wieder aufgetaucht – in der Psychobiologie, Psychoneuroimmunologie, der somatischen Pädagogik und den holistischen Gesundheitsbewegungen –, und Imagination wurde zu einem legitimen Forschungsgegenstand experimenteller Psychologen. Besonders seit 1960 ist die wissenschaftliche Meinung über klinische und experimentelle Untersuchungen auf der Grundlage eines interaktionistischen Ansatzes zur Erforschung gedanklicher Vorstellungsbilder und ihrer physiologischen Korrelate allgemein positiv gewesen. Diese ganzheitliche Sicht befindet sich – wie die der meisten Ärzte der griechischen Antike und der Renaissance – mehr im Einklang mit dem in diesem Buch gezeichneten Bild der menschlichen Möglichkeiten als die mechanistischen Konzepte des Geist-Körper-Gefüges, die von den Medizinern vom 18. Jahrhundert bis in die jüngste Zeit generell akzeptiert wurden.

Die Erkenntnisse der Psychoneuroimmunologie und verwandter Bereiche enthüllen: (1) die in hohem Maße interaktive, mit Rückkopplungen durchsetzte Natur psychophysischer Funktionsweisen, (2) mannigfaltige Arten, durch die spezifische Veränderungen von Bewußtsein, Verhalten, Körperstrukturen und -prozessen vermittelt werden, und (3) die immense Präzision, mit der signifikante Wandlungsprozesse ständig im gesamten Nerven-, endokrinen und Immunsystem geschehen. Ein so veränderlicher und interaktiver Körper, der mit einer solchen Fülle und Präzision operiert, scheint eher zu den in diesem Buch beschriebenen Transformationen fähig zu sein als ein streng unterteilter und unzureichend koordinierter Organismus.

Zusammenfassend läßt sich feststellen, daß wir heute einen beispiellosen Zugang zu Beweisen für das Transformationsvermögen des Menschen haben. Mit kritischem Urteilsvermögen können wir diese Beweise zusammenstellen, um unsere Möglichkeiten für die weitere Entwicklung besser einzuschätzen; aber dazu müssen wir wissenschaftliche, religiöse und andere Vorbehalte gegenüber bestimmten bewährten Ergebnissen aus der kontemplativen Tradition, der psychischen Forschung, den anthropologischen Studien des Schamanismus und anderer Bereiche zurückweisen. Bei dieser multidisziplinären Zusammenstellung von Erkenntnissen können wir uns auf Physik, Biologie und Geisteswissenschaften stützen – einschließlich der neuen Gebiete der Psychoneuroimmunologie, die die Fähigkeiten der menschlichen Natur zu schöpferischem Wandel sichtbar machen. In den folgenden Kapiteln stelle ich die Behauptung auf, daß eine große Vielfalt außergewöhnlicher menschlicher Wesensmerkmale, die dieser synoptische Ansatz erkennen läßt, auf Fähigkeiten beruht, die sich im langen Verlauf der Evolution der Tiere und des Menschen entwickelt haben.

3

Evolution und Außergewöhnliche Fähigkeiten

In der Astronomie und der Astrophysik bezieht sich der Begriff *Evolution* auf die Entstehung von Elementen, Sternen, Galaxien und anderen Strukturen aus anorganischer Materie. In der Biologie, wo der Begriff am häufigsten gebraucht wird, bedeutet

er die Anpassung von Organismen durch natürliche Auslese an ihre Umwelt und bezieht sich auf den langfristigen Wandlungsprozeß bei Pflanzen- und Tierarten. Außerdem wird *Evolution* ganz allgemein verwendet, um verschiedene Formen des menschlichen Wachstums zu bezeichnen. Obwohl physikalische, biologische und psychosoziale Entwicklungen von jeweils anderen Prozessen geformt werden und unterschiedliche Strukturen haben, gehen sie in irreversiblen Sequenzen vor sich, die *evolutionär* genannt werden.*

* Lamarck verwendete den Begriff *Evolution* überhaupt nicht, und Darwin sprach von „Abstammung mit Modifikation". Er gebrauchte das Wort *evolved* nur einmal in *The Origin of Species* (dt. *Die Entstehung der Arten*) in der ersten Ausgabe von 1859, als das allerletzte Wort im Buch. Im achtzehnten und neunzehnten Jahrhundert hatten Biologen, die eine präformationistische Sicht von der Entwicklung des Lebens hatten, den Begriff gewählt, um die „Entfaltung von Teilen" des Homunkulus oder der kleinsten Adultform zu bezeichnen, die ihrer Annahme nach in den Fortpflanzungszellen von tierischen und pflanzlichen Organismen enthalten war. Um 1860 wurde der Begriff *Evolution* noch nicht so allgemein verwendet wie heute.

Herbert Spencer war hauptverantwortlich für den Bedeutungswandel des Wortes. In seinem Werk *First Principles* (dt. *Grundlagen der Philosophie*) definierte er 1862 Evolution als einen „Übergang von einer unbestimmten unzusammenhängenden Gleichartigkeit in eine bestimmte zusammenhängende Ungleichartigkeit, der die Zerstreuung der Bewegung und die Integration des Stoffes begleitet". Spencers Bruch mit dem bisherigen Gebrauch und dem Aspekt seiner Definition, der seine spätere Ausweitung auf jede organische Veränderung erlaubte, entstand durch seine Behauptung, daß Evolution nicht durch ein vorgegebenes, inneres Programm bestimmt sei, sondern von der Interaktion mit äußeren Kräften abhinge. In der Folge vereinnahmten die Biologen den Begriff als einen kurzgefaßten Ersatz für Darwins „Abstammung mit Modifikation".

In seinem heutigen, mehr allgemeinen Gebrauch bezieht sich *Evolution* sowohl auf anorganische und psychosoziale als auch auf biologische Entwicklungen. Eine kurze Geschichte der Verwendung des Wortes ist in Gould 1977, S. 28 bis 32 enthalten.

[3.1]
EVOLUTIONÄRE TRANSZENDENZ

Das Leben auf der Erde entstand aus den physikalischen Elementen und ist zu seiner Erhaltung auf sie angewiesen; wir Menschen sind in biologischen Prozessen verwurzelt, die wir von unseren Vorfahren aus dem Tierreich geerbt haben. Aber die drei Arten der Evolution – anorganisch, biologisch und psychosozial – funktionieren nach unterschiedlichen Prinzipien, wenngleich sie auch viele gemeinsame Züge aufweisen. Obwohl es zwischen der physikalischen, der organischen und der menschlichen Entwicklung vielfältige Wechselbeziehungen gibt, weist doch jede von ihnen einzigartige Strukturen auf, die jeweils am besten in ihrer eigenen Terminologie verstanden werden. Die anorganische Chemie ist beispielsweise nicht in der Lage, die Lebensprozesse einer Zelle zu beschreiben, obwohl jede Zelle von chemischen Wechselwirkungen abhängig ist; die Zoologie kann die menschliche Kultur nicht adäquat erfassen, obgleich die Menschen viele Eigenschaften mit ihren Vorfahren, den Primaten, teilen. Einige Wissenschaftler haben versucht, sämtliche Lebensprozesse in physikalischen oder chemischen Begriffen zu erklären oder das menschliche Bewußtsein als einen bio-

logischen Prozeß. Sie hofften, voneinander getrennte Wissenschaften so integrieren zu können – in ähnlicher Weise wie die klassische Mechanik des 18. und 19. Jahrhunderts –, aber niemand hat dazu bisher angemessene Theorien erarbeitet.[1] Von Zeit zu Zeit wird ein relativ eigenständiger theoretischer Ansatz in einem Fachbereich der Biologie oder den Humanwissenschaften von einer umfassenderen Theorie absorbiert – oder auf sie reduziert; bestimmte Merkmale des Geistes oder des Lebens werden manchmal in Begriffen der Physik, Chemie oder statistischen Konzepte erklärt (beispielsweise als man herausfand, daß zufällige Veränderungen in der DNS eines Genoms Mutationen hervorrufen). Aber trotz dieser Vereinfachungen müssen wir Organismen oder das menschliche Bewußtsein auf die ihnen angemessene Weise untersuchen und erklären. Hilfreiche wissenschaftliche Reduktionen ändern nichts an der Tatsache, daß anorganische, biologische und psychosoziale Entwicklungen gemäß ihren eigenen, charakteristischen Strukturen ablaufen.*

* In seiner klaren und äußerst einflußreichen Analyse wissenschaftlicher Erklärungsmuster *The Structure of Science* schrieb der Philosoph Ernest Nagel:
„Es ist ebensowenig begründet, eine biologische Theorie (wie die Gentheorie der Vererbungslehre) abzulehnen, weil sie keine mechanistische ist ... als irgendeine physikalische Theorie (wie die moderne Quantentheorie) mit der Begründung zu verwerfen, daß sie sich nicht auf eine Theorie in einem anderen Zweig der Physik (wie die klassische Mechanik) reduzieren läßt. Eine weise Forschungsstrategie mag in der Tat erfordern, daß eine gegebene Disziplin – zumindest für einen gewissen Entwicklungszeitraum – als relativ unabhängiger Zweig der Wissenschaft betrieben wird statt als Anhängsel einer anderen Disziplin, selbst wenn die Theorien der letzteren umfassender und gefestigter als die Erklärungsprinzipien der ersteren sein sollten. Der Protest der organismischen Biologie gegen den oft mit dem mechanistischen Standpunkt der Biologie assoziierten Dogmatismus ist nur zu begrüßen.“ (Nagel 1979, S. 444 bis 445)

Anorganische Materie, Tier- und Pflanzenarten und die menschliche Natur bilden demzufolge drei Stufen oder Arten der Existenz, von denen jede nach eigenen Prinzipien organisiert ist. Diese drei Stufen bilden eine evolutionäre Triade, in der die ersten zwei sich selbst transzendiert haben – die anorganischen Elemente lassen lebende Wesen entstehen, die Tiere die Menschheit. Die Evolutionstheoretiker Theodosius Dobzhansky und Francisco Ayala haben diese beiden gewaltigen Ereignisse als Beispiele „evolutionärer Transzendenz" bezeichnet, da jedesmal eine neue Stufe der Existenz entstand. „Die anorganische Evolution hat die Grenzen ihrer vorherigen physikalischen und chemischen Formen und Muster überschritten, als sie Leben hervorbrachte", schrieb Ayala. „Im gleichen Sinne hat die biologische Evolution sich selbst transzendiert, als sie den Menschen schuf."[2]

Diese beiden epochalen Übergänge, das Erscheinen des Lebens auf der Erde und die Entstehung der Menschheit, kennzeichneten den Beginn neuer Abschnitte der Evolution. Ermöglicht wurden sie jedoch durch ihnen vorausgehende einschneidende Veränderungen. Die Bildung neuer Elemente in explodierenden Sternen und komplexer Moleküle auf der Erde vor etwa vier Milliarden Jahren schufen beispielsweise die Voraussetzungen für lebende Zellen; durch die Entwicklung landbewohnender Wirbeltiere aus ihren fischähnlichen Vorfahren ergaben sich geeignete Voraussetzungen für die Entstehung der Säugetiere auf dem Land, die zum Homo sapiens führten. Der Paläontologe George Gaylord Simpson bezeichnete derartige Veränderungen bei lebenden Spezies als „Quantenevolution", da sie relativ abrupte Veränderungen der Anpassungsfähigkeit oder der Körperstruktur beinhalten und nur wenige oder keine Spuren in den fossilen Zeugnissen dieser Übergänge hinterlassen.* Und diese großen Sprünge in der Entwicklung des Lebens und der anorganischen Materie wurden wiederum durch eine Vielzahl kleiner Schritte ermöglicht, die ihnen den Weg bereiteten. G. Ledyard Stebbins, einer der Hauptbegründer der modernen Evolutionstheorie, beschrieb bestimmte Unterschiede zwischen großen und kleinen Schritten in der organischen Evolution, indem er geringe von bedeutenden Entwicklungen der *Stufen* von Pflanzen und Tieren unterschied. Seiner Schätzung nach gab es etwa 640 000 kleine und zwischen 20 und 100 große Schritte während der mehrere hundert Millionen Jahre andauernden Entwicklung der Eukaryoten. Obwohl Stebbins' Schätzungen die tatsächliche Zahl der Abstufungen – oder die Fortschritte der Stufe – nur annähernd

* Mit den Worten Francisco Ayalas: „Da [Arten] plötzlich auftreten und Millionen Jahre unverändert bestehen, folgt, daß ein Großteil der morphologischen Veränderung in [ihnen] mit ihrer Entstehung in Zusammenhang stand. In ihnen schritt die Evolution explosionsartig voran, unterbrochen von Perioden der Stasis, in denen kaum Veränderungen auftraten, statt durch eine allmähliche Veränderung der Merkmale" (Ayala und Valentine 1979, S. 261). Dieses Merkmal der Evolution führte zu dem von Niles Eldridge und Stephen Jay Gould entwickelten punktualistischen Modell der Artenbildung (Eldridge und Gould 1972).

erfassen, die bei lebenden Spezies aufgetreten sind, spiegeln sie doch die immense Komplexität des evolutionären Fortschritts wider, die vielen Schritte, durch die das Leben den Homo sapiens hervorbrachte.*

Mit Stebbins möchte ich darauf hinweisen, daß sich auch die Menschheit in kleineren und größeren Schritten auf einen weiteren epochalen Übergang hin entwickelt hat. Denn bestimmte Formen außergewöhnlicher menschlicher Entwicklung sind, wie ich glaube, Vorboten eines dritten evolutionären Durchbruchs. Mit ihnen erscheint eine neue Ebene der Existenz auf der Erde, deren Struktur weder durch die Physik, die Biologie noch die vorherrschenden Sozialwissenschaften adäquat beschrieben werden kann. So wie das Leben aus anorganischen Elementen hervorging und die Menschheit aus den Primaten, beginnt sich innerhalb der menschlichen Rasse zögernd eine neue Evolution abzuzeichnen. Diese Entwicklung tritt sowohl spontan auf als auch infolge von Übungen zur Transformation; sie wurde durch Quantensprünge in der Entwicklung ermöglicht, wie die Entdeckung des Feuers, die Entstehung der Sprache und die Geburt des religiösen Gewahrseins. In den Kapiteln 4 und 5 beschreibe ich zwölf Gruppen von Eigenschaften des Menschen, die diese entstehende Ebene der Entwicklung charakterisieren:

1. Außergewöhnliche Formen der Wahrnehmung von Dingen, die sich außerhalb des Organismus befinden. Dies beinhaltet das Erkennen einer numinosen Schönheit in vertrauten Gegenständen, bewußtes Hellsehen und den Kontakt mit Wesenheiten oder Ereignissen, die den normalen Sinnen nicht zugänglich sind.
2. Formen außergewöhnlicher somatischer Bewußtheit und Autoregulation.
3. Außergewöhnliche Fähigkeiten des Kommunizierens, einschließlich der Übertragung von Gedanken, Willenskraft und ekstatischen Zuständen durch etwas außerhalb des Körpers.
4. Ein Überfluß an vitalen Kräften, der sich nur unzureichend durch gewöhnliche körperliche Vorgänge erklären läßt.

* Eukaryote Zellen haben einen Nukleus, Organellen und eine gewundene intrazelluläre Membran, die als endoplasmatisches Retikulum bezeichnet wird, wodurch sie sich von ihren primitiven Vorgängern, den prokaryoten Bakterien und Cyanobakterien oder blaugrünen Algen, unterscheiden.

Der Begriff *Stufe* wird von den Biologen zur Bezeichnung einer Gruppe von Merkmalen oder Fähigkeiten verwendet, die jüngeren Spezies deutliche Vorteile gegenüber ihren Vorgängern einräumen. Die Entwicklung von einer Stufe zur anderen erfordert einen tatsächlichen evolutionären Fortschritt, das heißt die *durchschnittliche* Verbesserung eines oder mehrerer Merkmale bei den Mitgliedern einer evolutionären Sequenz, etwa als die Säugetiere im Rahmen ihrer Entwicklung aus Reptilien zu Warmblütern wurden. Auch die Vögel haben die Stufe der Warmblüter erreicht, aber unabhängig von den Säugetieren, da sie von anderen Reptilien abstammen. Eine Stufe kann demzufolge *polyphyletisch* sein, das heißt besetzt von Lebewesen unterschiedlicher Abstammung. Nach Stebbins ist die Entwicklung bestimmter Bestäubungsmechanismen der Schwalbenwurzgewächse und der Orchideen ein Beispiel für einen geringen Fortschritt der Stufe, während die Entstehung des Verdauungskanals, des Zentralnervensystems, der höheren Sinnesorgane, der Gliedmaßen der Wirbeltiere und des komplizierten Sozialverhaltens bedeutende Fortschritte darstellen. (Stebbins 1969)

5. Außergewöhnliche Fähigkeiten der Bewegung.
6. Außergewöhnliche Fähigkeiten, auf die Umgebung einzuwirken, einschließlich ungewöhnlicher manuell-visueller Koordination und der Fähigkeit, auf Dinge aus der Ferne ohne direkte physikalische Einwirkung Einfluß zu nehmen, wie etwa beim Geistheilen.
7. Eine Seins-Seligkeit, die nicht wie gewöhnliches Vergnügen von der Befriedigung der Bedürfnisse oder Begierden abhängig ist und bei Krankheit und unter schwierigen Umständen weiterbesteht.
8. Überragende geistige Fähigkeiten, durch die große künstlerische oder andere Werke *tout ensemble*, in ihrer Ganzheit, erfaßt werden; und das allumfassende Wissen mystischer Erfahrung, das sich radikal vom normalen Denken unterscheidet und das beispielsweise Platon, Plotin und andere neuplatonische Philosophen, die Verfasser der Upanischaden und andere indische Seher, christliche Mystiker und zahllose Weise der kabbalistischen, chassidischen, buddhistischen, taoistischen und Sufi-Traditionen beschrieben haben.

9. Eine über das normale Maß hinausgehende Willenskraft, die verschiedene Triebkräfte vereinigt und so zu außergewöhnlichem Handeln befähigt.
10. Eine Personalität, die gleichzeitig die eigene, normale Selbstwahrnehmung transzendiert und erfüllt, während sie sich ihres fundamentalen Einsseins mit anderen bewußt ist; und eine auf den oben angeführten, außergewöhnlichen Fähigkeiten gegründete Individualität.
11. Liebe, die gewöhnliche Bedürfnisse transzendiert und das fundamentale Einssein mit anderen offenbart.
12. Veränderungen der Vorgänge, Zustände und Strukturen des Körpers, die die genannten Erfahrungen und Fähigkeiten unterstützen.

Die meisten dieser Attribute sind, wenn auch nur flüchtig, im alltäglichen Leben erkennbar (4.3), aber ihre dauerhafte Realisierung stellt einen Bruch mit den normalen Aktivitäten des Menschen dar, und ihre langfristige, von vielen Menschen vollzogene Integration würde eine neue Form des Lebens auf diesem Planeten schaffen. Sie sind auch häufig dadurch von normalen Tätigkeiten zu unterscheiden, daß sie uns ein Gefühl von etwas vermitteln, das sich jenseits der gewohnten Muster unserer Existenz befindet. So schreiben jüdische, christliche oder islamische Mystiker sie der Heiligkeit, Fügung und Gnade Gottes zu, Buddhisten der allgegenwärtigen Buddhanatur, Hindus der *Shakti*, der Kraft, die alle Schöpfung durchdringt, und Taoisten dem Weg oder *Tao*. Sportler erleben diese Zustände als ekstatische Momente („zoned"). Kampfkünstler bezeichnen sie als *sunyam* oder Leere, ausgedrückt „durch menschliche Hände und Füße" (20.1). Und im normalen Sprachgebrauch sagen wir etwa, wenn eine spirituelle Einsicht uns in bisher nicht gekanntem Maße erhebt oder wenn wir uns selbst durch eine außergewöhnliche Leistung überraschen, daß „etwas in uns gefahren ist", daß wir „mitgerissen" wurden. Das Anerkennen von Kräften, die das Ich transzendieren, spiegelt sich in religiösen Begriffen und in unserer Umgangssprache wider. Ich meine, daß das Erkennen von etwas Jenseitigem, verbunden mit unserer Unfähigkeit, sein Wirken in uns zu verstehen, auf eine neue Form der menschlichen Entwicklung hindeutet. Wir wissen nicht, woher unsere neue Vision, Liebe oder Freude stammt oder auf welche Weise wir unsere erstaunliche Leistung vollbracht haben, gerade weil solche Dinge für uns ungewohnt sind und weil sie mit etwas zusammenhängen, das in uns erst im Entstehen ist.

Ihre grundlegende Neuheit und ihre ungewöhnlichen Entstehungsbedingungen lassen darauf schließen, daß die oben angeführten außergewöhnlichen Fähigkeiten eine neue Art der Evolution belegen, die Strukturen aufweist, die sie von einer gewöhnlichen psychosozialen Entwicklung unterscheiden. Umgekehrt könnte man jedoch schließen, daß einige dieser außergewöhnlichen menschlichen Merkmale nicht

existieren oder nicht existieren können, weil sie sich gegen eine Verifizierung durch herkömmliche wissenschaftliche Verfahren sträuben und bestimmte Voraussetzungen der Physik und Biologie zu verletzen scheinen. Und genau dies behaupten viele Wissenschaftler und Philosophen: Die Tatsache, daß telepathische Empathie nicht so zuverlässig wie bekannte physikalische Prozesse in kontrollierten Experimenten demonstriert werden kann oder daß spirituelles Heilen unabhängig von beobachtbaren Kräften stattzufinden scheint, soll beweisen, daß solche Dinge Phantasieprodukte sind. Selbst mystischer Erfahrung wird aufgrund ihrer „Subjektivität" ein Anspruch auf Erkenntnis verweigert. Aber solche Argumente können umgekehrt werden. Derselbe Widerstand gegen Laborversuche oder die Verifizierung durch die physischen Sinne und dieselbe scheinbare Verletzung der Naturgesetze, die die Wissenschaftler gegen verschiedene außergewöhnliche Fähigkeiten anführen, können als Anzeichen dafür gedeutet werden, daß sie Teil einer neuen Sphäre sind, die über gewöhnliche menschliche Aktivitäten und die Methoden, diese zu erforschen, hinausgeht. Dieselben begrifflichen und methodologischen Schwierigkeiten, die viele Wissenschaftler dazu veranlassen, metanormale Fähigkeiten abzustreiten, können als Anzeichen eines fundamentalen Übergangs zu einer neuen Stufe der menschlichen Existenz gesehen werden.

Diese Umkehrung der unter Wissenschaftlern häufig auftretenden Bedenken gegenüber dem Wahrheitsgehalt mystischer Erfahrungen und den Berichten über Psi-Phänomene erscheint mir völlig legitim. Sollen jahrtausendealte Erfahrungen, die von religiösen Darstellungen und Philosophen unterschiedlichster Herkunft seit Anbeginn der Zeit bestätigt wurden, geleugnet werden, nur weil sie manchen Wissenschaftlern Schwierigkeiten bereiten? Jede Sphäre, die die Wissenschaft erhellt hat, erforderte ihre eigenen Ansätze und angemessene Instrumente. Die Astronomie war auf das optische Teleskop und Newtons Berechnungen angewiesen, die Zoologie auf Sammlungen tierischer Proben und ihre Klassifikation nach Form und Funktion, die Tiefenpsychologie auf subjektive Berichte. Keiner dieser Bereiche hätte sich ohne die ihm adäquaten Konzepte und Methoden entwickeln können, und das gleiche gilt für die außergewöhnlichen Eigenschaften und Fähigkeiten des Menschen. Auch sie müssen mit ihnen angemessenen Methoden und Theorien untersucht und ausgewertet werden. Wie ich schon in Kapitel 2.1 erwähnte, können sie durch anthropologische Feldstudien, die psychische Forschung, kontemplative Methoden und andere empirische Ansätze erforscht werden, die über bewährte Verfahren zum Erwerb und zur Verifizierung von Daten verfügen. Die Tatsache, daß bestimmte Zustände des Menschen scheinbar Annahmen der gegenwärtig vorherrschenden Wissenschaft verletzen, zwingt uns nicht, ihre Beweise zu ignorieren. Diese „Verletzung" kann statt dessen als Hinweis dafür aufgefaßt werden, daß solche Ereignisse Teil eines neuen Evolutionsabschnitts sind, der eigene, unverwechselbare Merkmale und Strukturen aufweist.

Aber müssen wir annehmen, daß die weitverbreitete Ausübung außergewöhnlicher Fähigkeiten einen evolutionären Durchbruch – vergleichbar mit dem Entstehen lebender Spezies oder des Homo sapiens – darstellen würde? Erfordern die Beweise für metanormale Aktivität ein solch grandioses Zukunftsbild der Welt? Vielleicht ließe sich eine von vielen geteilte Entwicklung der Metanormalität einfacher und treffender als Ergebnis einer normalen psychosozialen Entwicklung beschreiben. Obwohl wir uns Fortschritt auch auf diese sparsamere Weise vorstellen könnten, veranlassen mich die in diesem Buch zusammengetragenen Fakten zu der Annahme, daß der offensichtliche Bruch mit dem normalen Bewußtsein und Verhalten, die Transzendenz bestimmter Bedürfnisse und das Meistern von Leib und Seele, das dem Metanormalen eigen ist, eine neue Form des Lebens auf diesem Planeten erschaffen würde, falls sie von einer genügend großen Anzahl von Menschen verwirklicht werden.* Dieses neue

* Es ist wahrscheinlich, daß metanormale Fähigkeiten bei unseren altsteinzeitlichen Vorfahren auftraten. Bestimmte Figuren in den Höhlenzeichnungen von Lascaux und an anderen Fundorten lassen zum Beispiel darauf schließen, daß die Cro-Magnon-Menschen eine Art Schamanismus praktizierten; und es gibt Beweise dafür, daß in manchen Höhlen der Pyrenäen Initiationsriten abgehalten wurden, die denen der noch heute auf steinzeitlicher Stufe lebenden Völker ähneln (Campbell 1991, S. 342 bis 345). Daß die metanormale Entwicklung Tausende von Jahren benötigt, um sich durchzusetzen, sollte uns nicht überraschen. Die anorganischen Moleküle, aus denen die ersten lebenden Zellen entstanden, benötigten Millionen Jahre, um sich zu entwickeln, während die Entstehung der Menschheit Schritt für Schritt in dem langen Verlauf hominider Evolution stattfand. Die beiden Beispiele eines evolutionären Durchbruchs auf der Erde erscheinen nur in Relation zu den Milliarden Jahren der Geschichte unseres Universums als plötzliches Ereignis.

Leben, so scheint mir, würde andere soziale Beziehungsmuster, eine neue Einstellung zum Energieverbrauch, eine fürsorglichere Haltung gegenüber unserer Umwelt, mehr Weisheit im Umgang mit menschlicher Aggressivität, neue Spiel- und Arbeitsrituale mit sich bringen. Wenn sich solche Verhaltensweisen in größeren Gruppen entwickelten, würden sie anfangs vielleicht nicht so bedeutsam erscheinen, als ob sie einen neuen Evolutionsabschnitt darstellten, doch sie würden, wie ich meine, letztlich Züge und Gesetzmäßigkeiten zeigen, die wir nicht aus der Struktur unserer gewöhnlichen Existenz vorhersagen können.

Aber all dies ist nur Spekulation. Selbst wenn wir das Potential für ein außergewöhnliches Leben in uns bergen, wäre seine dauerhafte Verwirklichung durch eine große Zahl von Menschen auf der Erde keinesfalls gesichert. Im nächsten Abschnitt betone ich diese Tatsache und erinnere den Leser daran, daß Evolution nicht immer Fortschritt bedeutet.

[3.2]
EVOLUTION UND FORTSCHRITT*

Selbst wenn eine höhere Dimension des Lebens latent in der menschlichen Spezies vorhanden ist, ist keinesfalls gesichert, daß sie auf Dauer verwirklicht werden könnte. Ein Atomkrieg, Überbevölkerung, soziale Unruhen, ökologische und andere Katastrophen könnten das Leben auf der Erde so reduzieren, daß nur wenige Menschen den Willen oder die Hilfsmittel besäßen, um metanormale Fähigkeiten zu pflegen. Solche Ereignisse könnten die Bedingungen für jede Form des menschlichen Fortschritts zunichte machen, ganz zu schweigen von einer dritten evolutionären Transzendenz. Überdies bringen selbst begünstigte Gruppen nicht immer ein dauerhaftes moralisches oder spirituelles Wachstum hervor. Menschliche Kulturen stagnieren oftmals

* Francisco Ayala definierte biologischen Fortschritt als „systematische Veränderung wenigstens eines Merkmals aller Mitglieder einer historischen Sequenz, so daß spätere Mitglieder der Sequenz eine Verbesserung des Merkmals zeigen. Einfacher gesagt, könnte er als gerichtete Entwicklung zum Besseren definiert werden." Ayala hat diese Definition ausgefeilt, indem er zwei weitere Unterscheidungen traf: erstens zwischen „*Netto*-Fortschritt" oder der durchschnittlichen Verbesserung eines Merkmals bei späteren Mitgliedern einer Evolutionssequenz, und *uniformem* Fortschritt oder der Verbesserung bei jedem Abkömmling einer Spezies; zweitens zwischen *allgemeinem* Fortschritt oder der Verbesserung „in allen historischen Sequenzen eines gegebenen Bereichs ... von ihrem Anfang bis zu ihrem Ende", und *spezifischem* Fortschritt, der „in einer oder mehreren, aber nicht allen historischen Sequenzen eines gegebenen Bereichs ... während eines Teils, aber nicht der ganzen Dauer der Sequenz" auftritt. Wenn man diese Definition verwendet, gibt es keinen Standard für uniformen oder allgemeinen Fortschritt, der durch Evolution stattfand, sondern nur einen Netto-Fortschritt, das heißt eine Verbesserung unter einigen Mitgliedern einer bestimmten Spezies, und spezifischen Fortschritt entlang bestimmter Abstammungslinien während einiger Perioden in der Vergangenheit (Ayala 1974, S. 341 bis 343, 346).

oder entwickeln sich zurück – wie Tierarten. Weder die Evolution des Menschen noch die der Tiere ist zwangsläufig auch fortschrittlich.

Tatsächlich ist Evolution, wie sie üblicherweise in der Biologie verstanden wird, nicht gleichbedeutend mit Fortschritt. Fortschritt findet statt bei einer Veränderung in Richtung zum *Besseren*, gleich, wie diese Verbesserung zu definieren ist, wohingegen die biologische oder menschliche Entwicklung in manchen Fällen rückläufig ist und zum Aussterben einer Spezies oder Kultur führen kann. George Gaylord Simpson drückte dies so aus:

> ... daß die Evolution weder von einem Fortschritt unabänderlich begleitet wird noch dieser wirklich ein wesentlicher Zug der Evolution zu sein scheint. Fortschritt hat zwar innerhalb der Evolution stattgefunden, gehört aber nicht zu ihrem Wesen. Abgesehen von der Grundtendenz der Ausbreitung des Lebens, die ebenfalls unbeständig ist, hat es keinen Sinn zu sagen, Evolution sei Fortschritt.[3]

Simpson, Francisco Ayala und andere Evolutionstheoretiker haben Kriterien vorgeschlagen, durch die bestimmt werden kann, ob Organismen sich weiterentwickelt haben – darunter die Zunahme von genetischer Information bei den Mitgliedern einer

bestimmten Spezies, die Ausweitung des adaptiven Verhaltensrepertoires, die Entwicklung effizienter Sinnesorgane, der Anstieg des generellen Energieniveaus (wie bei den Warmblütern wie Vögeln und Säugetieren), das Wachstum der informationsverarbeitenden Fertigkeiten, Verbesserungen in der Betreuung der Jungen, die Ausbreitung in neue Umgebungen, eine zunehmende Spezialisierung, um eine Spezies anpassungsfähiger und effizienter in einem gegebenen Umfeld zu machen, und Fortschritte in der Individualisierung.[4] In ähnlicher Weise gibt es viele Kriterien zur Einschätzung der individuellen menschlichen Entwicklung – ob in emotionaler, moralischer, kognitiver oder spiritueller Hinsicht – und auch Beurteilungsmaßstäbe für den Fortschritt menschlicher Kulturen, wie die Förderung individueller Freiheiten, sozialer Gerechtigkeit, des Wohlstands, künstlerischer Leistungen oder religiöser Ausdrucksformen. Es mag Meinungsverschiedenheiten hinsichtlich der relativen Bedeutung oder des Wertes solcher Kriterien geben, aber gleich, welche wir wählen, wird das Urteil über viele Individuen und Kulturen doch so ausfallen, daß sie sich nicht wesentlich über ihre Vorgänger hinaus entwickelt haben und manche in ihrer Entwicklung eindeutig rückläufig sind.* Genausowenig wäre ein Fortschritt im Bereich der metanormalen

* Zwei Beispiele evolutionärer Transzendenz können jedoch als höchste Form des Fortschritts in Richtung des von mir erforschten außergewöhnlichen aktiven Verhaltens angesehen werden. Mehr als irgendeine andere Entwicklung innerhalb eines Bereiches wies das Auftreten lebender Zellen und des Menschen einen deutlichen Fortschritt in den informationsverarbeitenden Fertigkeiten, dem Fortbewegungsvermögen und anderen Fähigkeiten auf, die in Richtung einer Weiterentwicklung des Lebens auf der Erde deuten. Tatsächlich könnten diese beiden entscheidenden Übergänge „Beispiele eines *Makro-Fortschritts*“ genannt werden. Indem sie über andere Formen des evolutionären Fortschritts hinausgingen, veranschaulichen sie die Reise unserer Welt hin zu einer höheren Existenzebene.

Ereignisse und Prozesse garantiert. Die lange Erfahrung religiöser Traditionen hat gezeigt, daß Ekstase, Erleuchtung und außergewöhnliche Kräfte keine Garantie für immerwährende Güte oder Wachstum darstellen. Wenn ich behaupte, daß sich Fortschritt entlang bestimmter Entwicklungslinien ereignen *könnte*, meine ich nicht, daß dies notwendigerweise eintreten wird. Noch meine ich, daß Fortschritt entlang einer einzigen Linie der metanormalen Entwicklung auftreten muß. Es ist denkbar, daß völlig andersartige Richtungen der Transformation im Zusammenwirken mit fördernden Institutionen entstehen können, die im Lauf der Zeit auch eine andersartige Gestaltung physischer, emotionaler und kognitiver Erfahrung bei ihren Mitgliedern bewirken können. Gemeinsam mit Stagnation oder Rückschritt könnte ein vierter Evolutionsbereich mehrere Arten des Fortschritts hervorbringen.*

[3.3] EVOLUTION UND SIE VERMITTELNDE PROZESSE

„Die Behauptung, daß eine [biologische] Evolution stattgefunden hat, wird nicht mehr bezweifelt", schrieben Francisco Ayala und James Valentine und gaben damit die Meinung fast aller Biowissenschaftler wieder. „Die Beweise für [sie] sind überwältigend."[5] Viele Entdeckungen stimmen mit einer übergreifenden Theorie überein, die die Entwicklung der Lebensformen erhellt – darunter fossile Funde in vielen Teilen der Welt, die präzise Bestimmung des Alters der Fossilien durch Radiokarbon- und andere Methoden, neue Erkenntnisse über die Natur des genetischen Materials, seine Neuverknüpfung, Mutation und den „genetischen Drift" sowie Spezifizierungen von klimatischen und geologischen Veränderungen, die die adaptiven Vorteile verschiedener Organismen beeinflussen. Durch die Sammlung dieser gut dokumentierten Informationen entstand ein erstaunlich detailliertes, in vielen Einzelheiten äußerst gegliedertes und in seinen allgemeinen Strukturen eindrucksvoll verzahntes Bild vom Fortschritt des Lebens. Ayala und anderen Biologen zufolge gibt es eine überwäl-

* Es ist möglich, daß metanormale Fähigkeiten bereits bei bestimmten Völkern vorhanden waren, aber verlorengingen, als ihre Kultur sich wandelte oder unterging. In abgelegenen Teilen Indiens oder Tibets oder bei Nomaden, die in steinzeitlichen Kulturen gediehen, waren mystische Erkenntnisse, natürliche Hellsichtigkeit und andere außergewöhnliche Fähigkeiten unter Umständen weit verbreitet. Auch wenn wir keine Beweise dafür haben, ist es denkbar, daß solche Fähigkeiten in einigen Gesellschaften, die wir vergessen haben, dominierten. Derartige Fähigkeiten erscheinen uns jetzt als metanormal, weil sie über Fähigkeiten hinausgehen, die bei den modernen Völkern gemeinhin etabliert sind.

tigende Fülle überzeugender Beweise dafür, daß auf unserem Planeten eine organische Evolution stattgefunden hat. Trotz dieser Beweise behaupten die Kreationisten immer noch, daß die Evolution unbewiesen ist.[6] Als Reaktion auf sie schrieb der Paläontologe Stephen Jay Gould:

In der amerikanischen Umgangssprache bedeutet „Theorie" häufig „unvollkommene Tatsache" – ein Teil einer Hierarchie des Vertrauens, die sich von der Tatsache über die Theorie, Hypothese und Schätzung nach unten bewegt. So können denn die Kreationisten argumentieren (und sie tun es auch): Die Evolution ist „nur" eine Theorie, und es findet zur Zeit eine intensive Debatte über viele Aspekte dieser Theorie statt. Wenn die Evolution weniger als eine Tatsache ist und Wissenschaftler sich nicht einmal über die Theorie einigen können, wie stark kann dann unser Vertrauen sein? ...

Nun, die Evolution *ist* eine Theorie. Sie ist auch eine Tatsache. Und Tatsachen und Theorien sind verschiedene Dinge, nicht Stufen innerhalb einer Hierarchie zunehmender Sicherheit. Tatsachen sind die Unterlagen der Welt. Theorien sind Strukturen von Ideen, die Tatsachen erklären und interpretieren. Tatsachen verschwinden nicht, während Wissenschaftler sich über rivalisierende Theorien zu ihrer Klärung unterhalten. Einsteins Gravitationstheorie hat die von Newton ersetzt, aber Äpfel schwebten nicht – in Erwartung des Ausgangs – frei in der Luft. Und der Mensch hat sich aus affenähnlichen Vor-

fahren entwickelt, sei es durch den von Darwin vorgeschlagenen Mechanismus oder durch einen anderen, noch zu entdeckenden ...

Evolutionisten haben von Anfang an diese Unterscheidung zwischen Tatsache und Theorie deutlich gemacht, und sei es nur, weil wir immer anerkannt haben, wie weit wir von einem vollständigen Verständnis derjenigen Mechanismen (Theorie) entfernt sind, durch die die Evolution (Tatsache) stattgefunden hat. Darwin hat ständig den Unterschied zwischen seinen beiden großen und getrennten Errungenschaften betont: der Feststellung der Tatsache der Evolution und dem Vorschlag einer Theorie – natürliche Auslese –, um die Mechanismen der Evolution zu erklären. In *The Descent of Man* schrieb er: „Ich hatte zwei bestimmte Ziele im Auge; erstens wollte ich zeigen, daß die Arten nicht getrennt geschaffen worden sind, und zweitens, daß die natürliche Auslese der Hauptträger der Veränderung gewesen ist ... Sollte ich daher mich getäuscht haben ... indem ich ihre [der natürlichen Auslese] Macht zu hoch einschätzte, ... habe ich zumindest, so hoffe ich, gute Dienste geleistet, indem ich geholfen habe, das Dogma der getrennten Schöpfungen zu stürzen."

Damit hat Darwin die provisorische Natur der Theorie der natürlichen Auslese anerkannt, während er die Tatsache der Evolution bestätigte. Die fruchtbare theoretische Debatte, die Darwin ausgelöst hat, hat nie aufgehört.[7]

Aufbauend auf Darwins Entdeckung der natürlichen Auslese hat die Biologie nun detaillierte Erklärungen vielfältiger Mechanismen geliefert, die die Entstehung und das Überleben der Spezies bestimmen helfen. Diese erklärende Theorie ist eine der großen Leistungen der modernen Wissenschaft – aber sie ist nicht vollständig. Anläßlich von drei Jahrhundertfeiern zu Ehren Darwins (1909, zum hundertsten Geburtstags Darwins, 1959, dem hundertsten Jahrestag der Veröffentlichung von *The Origin of Species,* und 1982, zum hundertsten Todestag Darwins) verglich Gould das Verständnis von Evolution und schrieb:

Obwohl 1909 kein intelligenter Mensch die Tatsache der Evolution bezweifelte, erfreute sich zu diesem Zeitpunkt Darwins eigene Theorie über deren Mechanismus – natürliche Auslese – nicht gerade höchster Beliebtheit. Inmitten der absoluten Überzeugung, daß die Evolution stattgefunden habe, stellte das Jahr 1909 den Gipfelpunkt allgemeiner Verwirrung dar, die um die Frage kreiste, wie sie nun eigentlich vor sich gegangen sei ...

Bis 1959 war diese Verwirrung in den entgegengesetzten, aber auch nicht wünschenswerten Zustand der Selbstgefälligkeit übergegangen. Der strenge Darwinismus hatte gesiegt ... Bis zum Jahre 1959 waren fast alle Evolutionsbiologen zum Schluß gekommen, daß es eben doch die natürliche Auslese sei, die diesen kreativen Mechanismus der evolutionären Veränderung erzeugte. Im Alter von 150 Jahren hatte Darwin gesiegt. In der Aufregung des Triumphes jedoch entwarfen seine neuen Jünger eine Version seiner Theorie, die weit enger gefaßt war, als Darwin selbst dies je zugelassen hätte ...

Anläßlich der zweiten Jahrhundertfeier beteuerten einige Fachleute sogar, die unüberschaubare Verflechtung der Evolution sei endgültig geklärt worden. Eine führende Persönlichkeit stellte in einem

berühmten Essay fest: „Sicherlich gibt es in recht nebensächlichen Punkten noch Meinungsverschiedenheiten, und viele Einzelheiten müssen noch hinzugefügt werden, aber die Grundsätze für die Erklärung der Geschichte des Lebens sind nun wahrscheinlich festgelegt worden."

Jetzt, zur dritten Jahrhundertfeier, erfreut sich Darwins Theorie einer ausgezeichneten Gesundheit. Das Vertrauen in den Mechanismus der natürlichen Auslese als Basis liefert einen theoretischen Unterbau und einen grundsätzlichen Konsens, der uns über die pessimistische Anarchie des Jahres 1909 hinaushebt, und gleichzeitig lockern sich die Einschränkungen der übermäßig strengen Version, die sich 1959 so großer Beliebtheit erfreut hatte. Aufregende Entdeckungen in der Molekularbiologie und in der Untersuchung embryologischer Entwicklung haben von neuem die Integrität der organischen Form unterstrichen und auf Veränderungsarten hingewiesen, die sich von der kumulativen, allmählichen Veränderung unterscheiden, wie sie vom strengen Darwinismus betont wird. Ebenso hat die direkte Untersuchung von Fossilsequenzen gradualistische Befangenheiten angezweifelt (das „punktualisierte Gleichgewichts"-Muster der Langzeitstasis innerhalb von Arten und das geologisch plötzliche Auftreten neuer Arten); die Vorstellung einer erklärenden Hierarchie zur Identifizierung von Arten als getrennte und aktive Evolutionseinheiten wurde gleichfalls durch diese Untersuchung geltend gemacht.[8]

Obgleich die Tatsache der Evolution allgemein anerkannt wird, ist die Evolutionstheorie noch in der Entwicklung begriffen. Ich betone dies, weil ich für meine Behauptungen voraussetze, daß eine organische Evolution stattgefunden hat. Aber meine Annahmen stehen oder fallen nicht mit einem Wandel der Evolutionstheorie, der durch neue Entdeckungen der Biologie kommen wird. Dies gilt ebenso für die Physik und die Sozialwissenschaften, wo wir ebenfalls zwischen Tatsache und Theorie unterscheiden müssen. Daß in psychosozialen, organischen und anorganischen Bereichen Evolutionen stattfinden, steht fest, aber die Erklärungen dafür sind noch unvollständig.

4

Analogien zwischen verschiedenen Evolutionsbereichen

In Kapitel 3 habe ich die Tatsache hervorgehoben, daß die Entwicklung eines jeden Evolutionsbereichs nach eigenen Gesetzmäßigkeiten und Mustern gemäß seiner unverwechselbaren Natur verläuft. In diesem Kapitel werde ich auf einige analoge Formen der Entwicklung bei Tieren sowie beim Menschen eingehen und dabei ihre Ähnlichkeiten und nicht ihre Unterschiede betonen. Auch wenn diese Analogien auf unterschiedliche Art und Weise entstehen, bilden sie ein Kontinuum eines generellen evolutionären Fortschritts.

[4.1] Kontinuitäten in der Entwicklung von Mensch und Tier

In der folgenden Übersicht sind zwölf Gruppen von Wesensmerkmalen der Tiere den entsprechenden Attributen eines gewöhnlichen und außergewöhnlichen menschlichen Lebens zugeordnet. Innerhalb dieser Zuordnung weist jede Gruppe von Merkmalen eine offensichtliche Kontinuität auf, einen Vektor, durch den ein mögliches Ergebnis eines weiteren menschlichen Fortschritts erkennbar wird. Selbst wenn wir nicht davon ausgehen, daß die hier aufgelisteten außergewöhnlichen Phänomene einen neuen Evolutionsschritt darstellen, sondern schlicht eine Erweiterung der normalen psychosozialen Entwicklung, können sie als Teil eines Entwicklungskontinuums gesehen werden, das sich bis in das Leben der Tiere zurück erstreckt. So scheinen die schwach ausgeprägte Lichtwahrnehmung eines Frosches, das durch Schulung der Sinne erhöhte Sehvermögen des Menschen und die Wahrnehmung von außergewöhnlichen Farben und Schwingungen, wovon Meditierende berichten, einen deutlichen Fortschritt zu bilden – aufeinander aufbauend, entstanden durch natürliche Auslese, die Schulung der Sinne und eine das Ich transzendierende Gabe – oder Gnade – im Rahmen der kontemplativen Übung. Obgleich diese drei Formen der Erfahrung (und die psychophysischen Veränderungen, von denen sie abhängen) durch unterschiedliche Prozesse entstehen, scheinen sie Stadien einer einzigen Entwicklung zu sein – vom rudimentären Empfinden zur metanormalen Wahrnehmung.*

Die Fähigkeit, Umweltreize wahrzunehmen, entwickelt sich weiter, auch wenn sie in verschiedenen Evolutionsbereichen auf unterschiedliche Weise Gestalt annimmt. Dasselbe Prinzip ist bei anderen Ergebnissen der Evolution ebenfalls klar ersichtlich. Somatische Bewußtheit, Bewegungsvermögen, Informationsverarbeitung und andere Fähigkeiten, die im Verlauf der Evolution der Tiere durch natürliche Auslese geformt werden, können durch die Disziplin des Menschen und manchmal vielleicht durch übergeordnete Kräfte erweitert werden und sich beständig entfalten, wenngleich sie

auf jeder der aufeinanderfolgenden Stufen durch unterschiedliche Prozesse hervorgebracht werden. Das durch die Formen der Vermittlung – und die Entwicklungsbereiche selbst – transzendierende Heranwachsen jener Fähigkeiten stellt einen einschneidenden Fortschritt dar. Dieser läßt vermuten, daß Evolution von Absichten oder Kräften beeinflußt wird, die den gegenwärtig von der orthodoxen Wissenschaft beschriebenen Mechanismen auf gewisse Weise übergeordnet sind. Es stellt sich die Frage, ob die Natur einen *Telos*, eine kreative Tendenz besitzt, um die hier als „metanormal" bezeichneten Handlungsweisen zu manifestieren, einen Trieb oder eine Anziehung zu größeren Zielen hin, der die Prozesse eines jeden Bereichs bestimmt, um höherentwickelte Fähigkeiten hervorzubringen. Frei nach den Worten des Physikers Joseph Ford könnte man sagen: Wenn sich die in der bisherigen Evolution evidente Zufälligkeit als eine Art Würfelspiel beschreiben läßt, lassen die hier aufgeführten außergewöhnlichen Fortschritte darauf schließen, daß die Würfel präpariert sind.[1]

Aber ob wir nun glauben oder nicht glauben, daß diese Welt eine Art Absicht oder letztlichen Sinn hat, so stellen die im folgenden angeführten Fähigkeiten eine stete,

* Wie in Kapitel 3.1 erwähnt, hängt die Entwicklung in jedem Evolutionsbereich – obgleich sie eigene, unverwechselbare Muster aufweist – ebenso von verschiedenen Formen des aktiven Verhaltens ab, die aus dem ihr vorangegangenen Bereich stammen. Das Verhalten der Tiere zum Beispiel ist abhängig von anorganischen Elementen, die so aufeinander einwirken wie vor der Entstehung des Lebens auf der Erde. Gewöhnliche menschliche Fähigkeiten hängen von biologischen Prozessen ab, die bei unseren Vorfahren aus der Tierwelt auftraten. Metanormales Handeln beruht auf Fähigkeiten wie der Selbstreflexion, die im Verlauf der psychosozialen Entwicklung entstanden und an nachfolgende Generationen weitergegeben wurden.

hochkomplexe Entwicklung dar, die mit Einzellern begann, sich im Menschen fortsetzt und auf noch höhere Stufen deutet. Eine derartige Entwicklung beinhaltet jedoch nicht notwendigerweise, daß die meisten oder auch nur viele Menschen in absehbarer Zukunft höhere Fähigkeiten erlangen werden, denn es lassen sich ebensoleicht Entsprechungen zwischen der Stagnation oder Rückentwicklung von Arten und den zahllosen Fehlentwicklungen menschlicher Individuen und Kulturen finden. Gleich welchen Maßstab man anlegt – das Leben schlängelt sich eher dahin, als daß es fortschreitet. Relativ wenige Tierorganismen entwickeln sich zu höheren Daseinsstufen, und gemessen an der Gesamtbevölkerung zeigen sich bei nur wenigen Individuen voll entwickelte metanormale Fähigkeiten. Nichtsdestotrotz ist das Leben auf der Erde durch zahllose Abstufungen lebender Arten – von einzelligen Organismen bis zur Menschheit – fortgeschritten, und die menschlichen Kulturen haben vielfältige außergewöhnliche Fähigkeiten hervorgebracht. Vor dem Hintergrund des unermeßlich gewundenen Verlaufs des Lebens haben zahlreiche Tierarten, menschliche Individuen und Kulturen einer neuen Komplexität der Kooperation, Struktur und Bewußtheit, einer neuen Vitalität und Freiheit von vielen Einschränkungen ihrer Vorfahren, die die Voraussetzungen für einen weiteren Fortschritt schaffen, eine Form verliehen. Der

mehrere hundert Millionen Jahre dauernde komplexe Aufstieg der Lebensformen ist ein gewaltiges Ereignis. Obwohl dies nicht beweist, daß das Leben sich weiterentwickeln wird, deutet es sicher darauf hin, daß das Leben dazu befähigt ist. Warum sollten wir annehmen, daß die Menschen die uralte Möglichkeit des Lebens zu seiner Transzendenz verloren haben?

Die folgende Aufstellung vergleicht zwölf Gruppen von Evolutionsergebnissen in ihrem Erscheinen im Bereich (1) der Entwicklung der Tiere, in dem sie beispielsweise durch natürliche Auslese oder abweichende Reproduktionsraten hervorgebracht werden, (2) der psychosozialen Entwicklung, in welchem sie durch soziale Verstärkung, Bildung und Übungen zur Transformation geformt werden, und (3) der metanormalen Entwicklung, in dem sie durch Selbstdisziplin, unterstützende Institutionen und möglicherweise durch etwas evoziert werden, was über die bei gewöhnlichen menschlichen Fähigkeiten beteiligten Vorgänge hinausgeht. Diese Aufstellung, die in Kapitel 5 näher ausgeführt wird, könnte auch anders gegliedert werden, ist aber angemessen, um die facettenreiche Kontinuität von Lebensformen durch aufeinanderfolgende Stufen der Entwicklung der Tiere und der normalen und metanormalen Entwicklung des Menschen aufzuzeigen.

Eine Aufstellung wie diese beinhaltet eine Reihe von Zielen. Erstens erinnert sie uns daran, daß Menschen eine große Vielfalt außergewöhnlicher Fähigkeiten haben. Sie warnt uns vor begrenzten Auffassungen von unserer möglichen Entwicklung und dem erhabenen Guten, einschließlich derer, die in Philosophien, die wir ehren, verankert sind. In Kapitel 7.1 wende ich sie beispielsweise an, um zu zeigen, daß verschiedene religiöse Traditionen es versäumen, bestimmte Fähigkeiten, die von ihnen unabsichtlich hervorgebracht werden, wertzuschätzen. Mit einer Aufstellung wie dieser können wir beginnen, ein Verständnis für die menschliche Natur zu erlangen, das unsere Möglichkeiten für einen weiteren Fortschritt adäquater reflektiert, als hochgradig asketische (ebenso wie streng materialistische) Vorstellungen von der Entwicklung des Menschen es tun.

Zweitens kann sie – indem sie uns durch vielseitige Erkenntnisse leitet – dabei helfen, unsere Vorstellung, Forschung, unser Streben und unsere Übungen auf eine integrale Entwicklung hin auszurichten. Sie zeigt uns den Weg zu einer vollständigen Verwirklichung unseres größeren Potentials. Indem sie uns hilft, die umfassenden Möglichkeiten ebenso wie die verhältnismäßigen Stärken und Begrenzungen verschiedener Institutionen, Lehrer und Methoden einzuschätzen, ermöglicht sie uns, praktische Methoden zu finden, um eine ausgewogene Entfaltung zu einem außergewöhnlichen Leben zu erreichen.*

Drittens mag diese Aufstellung als eine Art Landkarte verwendet werden, mit der wir Fähigkeiten identifizieren können, die wir gegenwärtig noch nicht erkennen. Ich habe sie beispielsweise benutzt, um Metanormalitäten zu identifizieren, die spontan,

also außerhalb des Kontextes formaler Übung, bei Menschen auftreten, die nicht danach suchen oder sie erwarten, und die ich als Metanormalitäten des Alltagslebens bezeichne (4.3). Umgekehrt können wir außergewöhnliche Fähigkeiten identifizieren, indem wir nach Analogien bei Mensch und Tier suchen. Auf diese Weise habe ich die erstaunlichen körperlichen Leistungen bestimmter katholischer Mystiker schätzen gelernt. Anders gesagt, kann unsere Suche nach außergewöhnlichen Wesensmerkmalen sowohl von Mustern als auch von Daten bestimmt sein. Wir können Möglichkeiten des weiteren Wachstums deduktiv wie induktiv entdecken.

Viertens kann sie uns bei der Identifizierung verwandter Erscheinungsformen von Phänomenen helfen, die in unterschiedlichen Kulturen auftreten, denen andere Namen gegeben wurden oder die aus irgendeinem sonstigen Grund nicht als gleiche Erfahrung betrachtet werden. So hat mir die Aufstellung der Kategorie *(metanormale) Vitale Kräfte* geholfen, die große Ähnlichkeit oder Gleichheit des römisch-katholischen *Incendium amoris*, des tibetischen *Tumo*, der „kochenden *Num*“ der Kalahari-

* Wir könnten zum Beispiel Meditierende, Kampfkünstler und andere Adepten vergleichen, um herauszufinden, wie viele metanormale Fähigkeiten sie verwirklicht haben. Gemäß seiner Biographie *Abundant Peace* (siehe J. Stevens, 1987) und anderen Berichten führte Aikido-Meister Morihei Ueshiba alle zwölf der von mir aufgeführten Haupttypen und mehr als zwanzig Untertypen außergewöhnlicher Merkmale vor oder berichtete von ihnen, während der heilige Johannes vom Kreuz und der große indische Weise Ramana Maharshi verschiedenen Berichten über ihr Leben zufolge weniger verwirklichten.

Diese Berichte scheinen eine Grundlage für eine (ein wenig blasphemische) vergleichende Studie der Metanormalität zu bilden.

Buschmänner, einer bestimmten unerklärlichen Kraft der Schamanen und Energie bei Sportlern sowie viele Formen hinduistisch-buddhistischer Kundalini-Erfahrungen zu erkennen (5.4). Indem es zeigt, daß solche metanormalen Erscheinungen in unterschiedlichen Kulturen oder unterschiedlichen sozialen Zusammenhängen innerhalb derselben Kultur auftreten, deutet dieses Klassifikationsschema stark darauf hin, daß jene Merkmale überall in der menschlichen Spezies latent vorhanden sind.

Fünftens bietet eine solche Aufstellung eine mögliche Erklärung für die Tatsache, daß viele außergewöhnliche Fähigkeiten dazu tendieren, im Verlauf von Übungen zur Transformation *gleichzeitig* aufzutreten. Quasi-mystische Erleuchtung geschieht zum Beispiel manchmal während sportlicher Aktivitäten, wenngleich diejenigen, die sie erleben, keine Theorie haben, um sie zu interpretieren. Umgekehrt zeigen viele Meditierende erstaunliche körperliche Fähigkeiten in Verbindung mit ihrer mystischen Erleuchtung (21.2, 21.3, 21.5, 21.8 und 22). Solche Fähigkeiten und Erfahrungen treten vielleicht deshalb gemeinsam auf, weil wir bewußt oder unbewußt von einer vielseitigen Verwirklichung außergewöhnlicher Merkmale angezogen werden. Wir wollen verschiedenartige metanormale Fähigkeiten einfach deshalb erfahren, weil sie latent in uns vorhanden sind. Mir scheint, diese Anziehungs- oder Antriebskraft wird

in dem Streben nach Ganzheit deutlich, das sich in vielen, auf menschliches Wachstum ausgerichteten Programmen zeigt. Ich komme in späteren Kapiteln und insbesondere in Teil III auf diese Beobachtungen zurück.

Doch nun noch einige einleitende Bemerkungen zu dieser Aufstellung: Da sie in generellen Begriffen gefaßt ist, kann sie viele Unterschiede zwischen Fähigkeiten innerhalb derselben Kategorie nicht wiedergeben. Meine Absicht ist, hier einfach grobe Einteilungen der Entwicklung von Tieren und der gewöhnlichen und außergewöhnlichen Entwicklung des Menschen vorzunehmen. Manche der hier aufgelisteten Erfahrungen könnten darüber hinaus mehreren Kategorien zugeordnet werden. Die Epiphanien etwa, die ich „Wahrnehmung des Numinosen in der physischen Welt" genannt habe (5.1), können auch als „Formen der Kognition" bezeichnet werden. „Kundalini-ähnliche" Erregung schließt sowohl metanormale Kraftentfaltung als auch metanormales Glücksempfinden ein. Spirituelles Heilen könnte als außergewöhnliche Form des Kommunizierens oder als außergewöhnliche Einwirkung auf die Umgebung klassifiziert werden. Da menschliche Wesensmerkmale zu fließend sind, um sie mit der gleichen Spezifikation und Exaktheit aufzuzeichnen wie bei einer Tabelle physikalischer Kräfte oder einer Klassifikation von Tierarten, ist diese Aufstellung nur eine Anregung. Sie beinhaltet nicht sämtliche Fähigkeiten von Tier und Mensch oder erschöpft die Beweise für außergewöhnliches Verhalten. Sie könnte noch durch weitere, über die zwölf Entwicklungskontinuitäten hinausgehende Begriffe ergänzt werden. Ich halte sie jedoch für umfassend genug, um das weite Spektrum der uns zur Verfügung stehenden außergewöhnlichen Fähigkeiten aufzuzeigen.

Nun noch ein Hinweis. Falls einige der hier erwähnten Fähigkeiten unglaubhaft erscheinen, bitte ich Sie, mit einem endgültigen Urteil bis nach ihrer gründlicheren Erörterung in späteren Kapiteln zu warten. Ich selbst stehe einigen Dingen skeptisch gegenüber, habe sie aber mit einbezogen, da sie in mehr als einer Kultur oder Glaubenstradition fortwährend bezeugt sind. Wie ich in Kapitel 2.1 sagte, können wir scheinbare Metanormalitäten in drei Klassen aufteilen: erstens solche wie mystische Erleuchtung, die von Menschen zu vielen Zeiten und an vielen Orten bezeugt und immer wieder durch ausgefeilte Tests in ihrer Authentizität bestätigt wurden, zweitens solche wie Telekinese, für die wir keine unwiderlegbaren Beweise haben, die aber nichtsdestotrotz in Berichten beschrieben wurden, die man nur schwer völlig von sich weisen kann, und drittens jene, für die es nur wenige oder unzureichende Bezeugungen gibt.

In der folgenden Übersicht (und ihrer Erläuterung in Kapitel 5) schließe ich Beispiele der dritten Gruppe aus, beziehe aber solche der zweiten mit ein. Obgleich die Einbeziehung einiger Metanormalitäten eher durch Beispiele als durch Daten bestimmt ist, haben wir eine Reihe aussagekräftiger Nachweise dafür, daß jede Form der aufgeführten Erfahrungen tatsächlich auftreten kann.

I. Wahrnehmung äußerer Ereignisse

RESULTATE DER EVOLUTION DER TIERE

Sensorische Fähigkeiten. Diese werden vermittelt durch Sinnesorgane wie das Ohr des Hundes, die Nase der Katze und das Auge des Menschen.

RESULTATE DER NORMALEN PSYCHOSOZIALEN ENTWICKLUNG

Gesteigerte sensorische Bewußtheit. Sie entsteht im Rahmen somatischer Schulung, durch Sport, Kampfkunsttraining, Übungen der Kontemplation und andere Disziplinen. So hatte der Kunsthistoriker Bernard Berenson nach langer Suche nach Kunstgegenständen, die er „mit restloser Hingabe genießen" konnte, folgendes Erlebnis:

> Eines Morgens aber, als ich vor den Toren von Spoleto die auf die Portalflanken von San Pietro gemeißelten Laubranken betrachtete, wurden Stiel, Ranke und Blattwerk plötzlich lebendig, und indem sie lebendig wurden, gaben sie mir das Gefühl, als sei ich nach langem Tasten im Dunkeln aus der Dämmerung zum Licht emporgestiegen. Ich fühlte mich wie jemand, der erleuchtet wurde, und erschaute eine Welt, in der jede Umrißlinie, jede Kante und jede Oberfläche in einer lebendigen Beziehung zu mir standen, und nicht wie bisher in einer reinen Erkenntnis-Beziehung. Von jenem Morgen an ist nichts Sichtbares mir gleichgültig oder langweilig gewesen (Berenson 1950, S. 63).

RESULTATE DER METANORMALEN ENTWICKLUNG

1. Metanormale Sinneswahrnehmung.
   a) Außergewöhnliche Formen des Sehens, Hörens, Tastens, Riechens und des Schmeckens.
   b) Außergewöhnliche Synästhesien.
   c) Wahrnehmung des Numinosen in der physischen Welt. William James zitierte den Bericht einer Frau über eine solche Erfahrung:

> Als ich mich von den Knien erhob ... [war es], als trete ich in eine andere Welt ein, in einen neuen Zustand der Existenz. Die natürlichen Gegenstände waren verherrlicht, mein geistiges Anschauungsvermögen war zu solcher Klarheit gebracht, daß ich an jedem materiellen Ding in der Welt Schönheit entdeckte. Die Wälder klangen vor himmlischer Musik ... (aus: *Die Vielfalt religiöser Erfahrung*, Vorlesung IX)

2. Beabsichtigte hellsehende Wahrnehmung physischer Vorgänge.

3. Wahrnehmung von Ereignissen oder Wesenheiten jenseits der normalerweise wahrnehmbaren Welt. Dies beinhaltet:
   a) Die Aura oder Funken um Menschen und Dinge herum. Der Religionsgelehrte Henri Corbin beschrieb beispielsweise die „göttlichen Funken“, die manchmal während einer Kontemplation erscheinen. „Anfangs manifestieren sich diese Lichter wie Wetterleuchten, wie flüchtige Blitze“, schrieb er. „Je vollkommener die Transparenz [des Suchenden] wird, desto größer werden sie, gewinnen an Dauer, werden verschiedenartiger.“[2]
   b) Phantomgestalten. In Kapitel 5.1 zitiere ich persönliche Erfahrungsberichte über Begegnungen mit körperlosen Wesenheiten von Charles Lindbergh, Joshua Slocum (dem Mann, der als erster allein die Welt umsegelte), zwei Mitgliedern eines britischen Teams, das den Mount Everest bestieg, und Ernest Shackleton, dem berühmten Erforscher der Antarktis.
   c) Das Hören überirdisch schöner Musik, für die es keine erkennbare physikalische Quelle gibt (Auditionen). Der Parapsychologe Raymond Bayless beschrieb eines seiner eigenen Erlebnisse dieser Art:

> ... die Musik war vollkommen unirdisch und unvorstellbar schön und majestätisch. Damals empfand ich sie als mit religiösen Inhalten verbunden, und ich glaube dies noch immer. Sie schien von einer ungeheuer großen Zahl von Spielern und Sängern hervorgebracht: Ich weiß nicht ... aber ich fühlte, daß sie sich aus einer großen Zahl von Elementen zusammensetzte. Ich kann nicht sagen, daß die Musik instrumental oder vokal war, sie war auf einer unvorstellbar

> höheren Ebene, fern solcher Unterschiede, und alles, was gesagt werden kann, ist, daß sie unglaublich schön und eindeutig übermenschlich und unmöglich von irdischen Instrumenten oder Stimmen kommen konnte. Trotz der Zeit, die seitdem vergangen ist, ist meine Erinnerung an das Erlebnis stark und unvergeßlich.[3]

d) Metanormales Berührtwerden. Dies schließt fühlbare Eindrücke, die den telepathischen Austausch mit lebenden Personen oder körperlosen Wesenheiten zu begleiten scheinen, mit ein (siehe 5.1).

II. Somatische Bewußtheit und Autoregulation

RESULTATE DER EVOLUTION DER TIERE

Kinästhetisches Wahrnehmungsvermögen und die Fähigkeit der Autoregulation.

RESULTATE DER NORMALEN PSYCHOSOZIALEN ENTWICKLUNG

Höhere kinästhetische Bewußtheit. Sie kann beispielsweise hervorgehen aus somatischen Methoden, Körpertraining, Meditation, Biofeedback, den Kampfkünsten oder Hatha-Yoga und wird durch visuelle Vorstellungsbilder, Hören oder direktes Spüren von Körperprozessen übermittelt.

RESULTATE DER METANORMALEN ENTWICKLUNG

1. Außergewöhnliche, über das Zentralnervensystem laufende somatische Bewußtheit.
2. Von Organen des Körpers losgelöste Wahrnehmung somatischer Prozesse. Diese *ex*somatische Bewußtheit (oder inwendiges Hellsehen) begleitet angeblich bestimmte Erfahrungen von Yogis und wird beispielsweise *anudrishti siddhi* oder *animan siddhi* genannt. Sie soll ein Sich-Gewahrwerden von Zellen, Molekülen und atomaren Strukturen innerhalb des Körpers hervorbringen.

III. Fähigkeiten des Kommunizierens

RESULTATE DER EVOLUTION DER TIERE

Komplexe Fähigkeiten zur Aussendung von Signalen, durch die Informationen zwischen Organismen übermittelt werden.

RESULTATE DER NORMALEN PSYCHOSOZIALEN ENTWICKLUNG

Ungewöhnliche verbale und nonverbale Kommunikation, z. B. im Rahmen psychotherapeutischer Verfahren oder religiöser Transformation; sie beinhaltet die Fähigkeit, den psychischen Zustand und grundlegende Interessen eines anderen zu spüren.

RESULTATE DER METANORMALEN ENTWICKLUNG

1. Außergewöhnliche, durch sensorische Signale weitergeleitete Fähigkeiten des Kommunizierens.

2. Außergewöhnliche Formen des Kommunizierens über telepathische Interaktion.
   a) Dauerhafter telepathischer Kontakt.
   b) Direkte Übertragung spirituellen Wissens.
   c) Gemeinsam empfundene Ekstase oder Erleuchtung. Sie kann spontan bei einem Paar oder einer Gruppe auftreten.

IV. Vitale Kräfte

RESULTATE DER EVOLUTION DER TIERE

Ein beständiges Energieniveau, zum Beispiel bei Warmblütern wie Vögeln und Säugetieren.

RESULTATE DER NORMALEN PSYCHOSOZIALEN ENTWICKLUNG

Vermehrte vitale Kräfte. Hierzu zählen eine außergewöhnliche, durch Ausdauersport erlangte Leistungsfähigkeit und das Vermögen, extreme Mangelzustände in religiöser Askese zu überleben.

RESULTATE DER METANORMALEN ENTWICKLUNG

Außergewöhnliche vitale Kräfte. Sie werden beschrieben als Aufsteigen der *Num*-Energie bei den Kung-Buschmännern der Kalahari-Wüste, als *Tumo* im tibetischen Yoga, erwachende Kundalini in indischen Yoga-Traditionen und *Incendium amoris* bei katholischen Heiligen. Ein Buschmann der Kung schildert das Aufsteigen der *Num* folgendermaßen:

> Du tanzt und tanzt und tanzt und tanzt. Dann hebt dich die Num im Bauch hoch und hebt dich im Rücken hoch, und du fängst an zu zittern. Die Num läßt dich erzittern; sie ist heiß... Dann dringt die Num in jeden Winkel deines Körpers, bis in die Zehenspitzen und sogar in die Haarspitzen ... Du

> spürst, wie sich in deiner Wirbelsäule etwas Spitzes nach oben arbeitet. Unten im Rückgrat prickelt und prickelt und prickelt und prickelt es. Dann läßt die Num die Gedanken in deinem Kopf zu einem Nichts werden (Katz 1985, S. 59 f.).

(Um-)Wandlungen vitaler Kräfte, ähnlich oder identisch mit denen der Kung-Buschmänner, werden häufig auch von römisch-katholischen Mystikern, hinduistischen und buddhistischen Yogis und modernen Westlern beschrieben.

V. Bewegungsvermögen

RESULTATE DER EVOLUTION DER TIERE

Spezialisierte Organe, die die (Fort-)Bewegung des Körpers erleichtern, wie Flügel, Beine oder Schwimmflossen.

RESULTATE DER NORMALEN PSYCHOSOZIALEN ENTWICKLUNG

Ein höherer Grad der Beweglichkeit, Koordination, Anmut und Ausdauer durch somatisch orientierte Disziplinen, Sport und die Kampfkünste. Die japanischen Ninja konnten beispielsweise 500 Kilometer in drei Tagen zu Fuß zurücklegen.[4]

RESULTATE DER METANORMALEN ENTWICKLUNG

1. Außergewöhnliche Formen der Bewegung von einigen Schamanen, Kampfkünstlern und tibetischen Lamas. Lama Govinda, ein buddhistischer Gelehrter, beschrieb eine seiner eigenen Erfahrungen dieser Art:

> Die Dunkelheit war nun so vollständig, daß es mir nicht mehr möglich war, die Felsblöcke, die den Boden für die nächsten Meilen meines Rückwegs bedeckten, zu unterscheiden – und dennoch sprang ich zu meinem Erstaunen mit nachtwandlerischer Sicherheit von Block zu Block, ohne ein einziges Mal mein Ziel zu verfehlen, auszurutschen oder meinen Halt zu verlieren – und dies, obwohl ich nur ein Paar lose Sandalen (durch einen Lederstreifen zwischen den Zehen festgehalten) an den nackten Füßen trug. Plötzlich wurde mir bewußt, daß eine seltsame Kraft sich meines Körpers bemächtigt hatte, ein Bewußtsein, das nicht mehr von meinen Augen oder meinem Gehirn geleitet wurde, sondern von einem mir unbekannten „Sinn". Meine Glieder bewegten sich wie in einem Trancezustand, als ob sie mit einem ihnen innewohnenden, von mir unabhängigen Wissen handelten ... Mein eigener Körper erschien mir fern und nicht ganz zu mir gehörig, getrennt von meinem Willen. Ich empfand mich wie einen Pfeil, der unverwandt seine Bahn

> durchläuft, entsprechend seiner ursprünglichen Abschußkraft und Richtung. Zugleich war ich überzeugt, daß ich unter keiner Bedingung den Bann brechen durfte, der mich ergriffen hatte.
>
> Erst später erkannte ich, was geschehen war: ich war, ohne es zu wissen, unter dem Zwang der Umstände und einer unmittelbaren Gefahr in den Zustand eines Lung-gom-pa, eines Tranceläufers, gefallen, der unbewußt aller Hindernisse und körperlicher Anstrengung sich seinem vorgesetzten Ziel entgegenbewegt und kaum den Boden berührt, so daß es einem entfernten Beobachter erscheinen könnte, als ob der Lung-gom-pa durch die Luft (Tib.: Lung) getragen würde und dicht über der Oberfläche der Erde dahinschwebte.[5]

2. Levitation. Auch wenn die Beweise nicht überzeugend sind, wird Levitation katholischen Mystikern, indischen Yogis, taoistischen Weisen und Adepten anderer religiöser Traditionen zugeschrieben.
3. Außerkörperliche Erfahrungen, die Wahrnehmungen der physischen Umgebung einschließen.
4. Das Eintreten in extraphysische Welten während luzider Träume, tiefer Meditation, hypnotischer Trance und anderer veränderter Bewußtseinszustände.

VI. Fähigkeiten zur direkten Einwirkung auf die Umgebung

RESULTATE DER EVOLUTION DER TIERE

Spezialisierte Organe, um auf die Umgebung verändernd einzuwirken, wie Schnabel, Klauen und Hände.

RESULTATE DER NORMALEN PSYCHOSOZIALEN ENTWICKLUNG

Vermehrte Geschicklichkeit, verbesserte manuell-visuelle Koordination und spezifische Handfertigkeiten durch somatische Schulung, Sport und die Kampfkünste.

RESULTATE DER METANORMALEN ENTWICKLUNG

1. Außergewöhnliche manuell-visuelle Koordination und Geschicklichkeit. Diese kann bei sportlichen Höchstleistungen beobachtet werden.
2. Paranormales Einwirken auf die Umwelt.
   a) Bewußtes geistiges Einwirken auf lebendes Gewebe aus der Ferne (Telergie). Als Beispiel dienen spirituelle Heilweisen.
   b) Bewußtes mentales Einwirken auf leblose Objekte aus der Ferne (Telekinese). Dies geschieht ohne erkennbare physische Verbindung zwischen Sender und Ziel, wie etwa bei einer sichtbaren Veränderung der Fallkurve eines Balles, die allein durch mentale Absicht verursacht scheint.
   c) Die direkte Veränderung von einem Teil des Raums durch mentale Einwirkung. Mystiker und Heilige scheinen am Ort ihrer Kontemplation und Andacht auf diese Weise ein besonderes Gefühl von Glück oder Präsenz zu erschaffen.

VII. Schmerz und Lust

RESULTATE DER EVOLUTION DER TIERE

Über das Nervensystem der Wirbeltiere vermitteltes Schmerz- und Lustempfinden.

RESULTATE DER NORMALEN PSYCHOSOZIALEN ENTWICKLUNG

Wachsendes Vermögen, Gefühle von Schmerz und Lust zu spüren. Gefördert wird dies durch psychotherapeutische Prozesse und körperorientierte Verfahren. Gesteigertes Lustempfinden und eine wachsende Fähigkeit der Schmerzkontrolle können durch hypnotische Suggestion, Sport, Kampfkunsttraining oder religiöse Übung hervorgerufen werden.

RESULTATE DER METANORMALEN ENTWICKLUNG

Eine Seins-Seligkeit, die gewöhnlichem Schmerz- und Lustempfinden übergeordnet ist. Sie wird beschrieben in Aussagen wie diesen:

Wer könnte denn leben oder atmen, gäbe es nicht diese Seins-Seligkeit als den Äther, in dem wir wohnen? (*Taittiriya-Upanishad* II.7)

Ehe ich mich vollkommen in die Kontemplation einer grenzenlosen, glühenden bewußten Leere verlor, spürte ich deutlich eine Empfindung der Glückseligkeit in allen meinen Nerven, die sich von den Finger- und Zehenspitzen und von anderen Teilen des Leibes und der Glieder zur Wirbelsäule hinbewegte. Hier wurde sie konzentriert und verstärkt, um dann mit einem noch wonnevolleren Gefühl aufzusteigen und in den oberen Teil des Gehirns den heiter berauschenden Strom einer strahlenden Nervensekretion hineinfließen zu lassen. (Gopi Krishna 1990)

Sie überträgt sich im Mentalen in die Stille einer starken Freude an spiritueller Wahrnehmung, Schau und Erfahrung. Im Herzen bewirkt sie eine weite, tiefe oder leidenschaftliche Wonne in universaler Einung, Liebe, Sympathie und Freude an den Wesen und an den Dingen. Im Willen und in den vitalen Schichten fühlt man sie als freudige Energie einer göttlichen Lebens-Macht im Handeln oder als eine Glückseligkeit der Sinne, die den Einen überall wahrnehmen und antreffen. (Sri Aurobindo 1991, *Das Göttliche Leben*, Band 2, Kapitel 27)

VIII. Kognition

RESULTATE DER EVOLUTION DER TIERE

Spezialisierte Organe und ein inneres Netzwerk, um Informationen innerhalb des Organismus weiterzuleiten. In seiner höchsten Form bedeutet dies eine über das Zentralnervensystem vermittelte Symbolsprache und Selbstschau des Menschen.

RESULTATE DER NORMALEN PSYCHOSOZIALEN ENTWICKLUNG

Ein durch intellektuelle Schulung, logisches Denken und die Anregung der Vorstellungskraft mit Hilfe von Kunst und Philosophie entwickeltes kognitives Vermögen.

RESULTATE DER METANORMALEN ENTWICKLUNG

1. Mystische Erleuchtung. Sie wird in Aussagen wie diesen geschildert:

> Der Erkenner und das Erkannte sind eins... Gott und ich, wir sind eins in der Erkenntnis. (Meister Eckhart)[6]

> In jenem, das die feine Essenz ist, hat alles sein Selbst. Das ist das Wahre, das ist das Selbst, und du, Svetaketu, bist Das. (*Chandogya Upanishad* VI.8.7)

Der französische Philosoph Blaise Pascal trug bis zu seinem Tod folgende Zeilen bei sich, die er nach seiner religiösen Bekehrung schrieb:

> Seit ungefähr abends zehneinhalb bis ungefähr eine halbe Stunde nach Mitternacht.
> Feuer.
> Gott Abrahams, Gott Isaaks, Gott Jakobs,
> nicht der Philosophen und der Gelehrten.
> Gewißheit, Gewißheit, Empfinden. Freude. Friede...
> Vergessen der Welt und aller Dinge außer Gott...
> Gerechter Vater, die Welt kennt dich nicht;
> ich aber kenne dich.
> Freude, Freude, Freude, Tränen der Freude.

2. Sich durch außergewöhnliche Unmittelbarkeit, Leichtigkeit und Vollkommenheit auszeichnende schöpferische Werke, die, an eine Person gebunden, wie von Mächten jenseits des normalen Bewußtseins zu sein scheinen. Mozart sagte zum Beispiel,

daß er viele seiner Kompositionen *tout ensemble*, in ihrer Gesamtheit sah, und Blake behauptete, daß er Gedichte „diktiert“ bekam. In den Traditionen des Platonismus, des Sufismus, der Kabbala und der Vedantalehre heißt es, jene inspirierten Werke kämen von Gott, den Göttern, dem Einen oder Brahman.

IX. Wille

RESULTATE DER EVOLUTION DER TIERE

Komplexe Abfolgen zielgerichteten Handelns, die ihre höchste Ausdrucksform im Willen des Menschen haben.

RESULTATE DER NORMALEN PSYCHOSOZIALEN ENTWICKLUNG

Verfeinerung, Klärung, Stärkung und Integration des Willens im Verlauf einer Psychotherapie, durch hypnotische Suggestion, Sport, Kampfkunsttraining, religiöse und andere Übungen zur Transformation.

RESULTATE DER METANORMALEN ENTWICKLUNG

Ein das Ich transzendierender Wille. Er spiegelt sich etwa in der taoistischen Doktrin des *wu wei*, des Nicht-Eingreifens in das Tao, der jüdisch-christlich-islamischen Aussage „Nicht mein, sondern Dein Wille geschehe“, in Beschreibungen der *ishatva* und *vashitva siddhis*, wo ein Yogi seinen Willen mit anhaltendem Erfolg übt, da er sich im Einklang mit dem göttlichen Plan befindet, und in Aussagen über sportliche Leistungen, die Grenzbereiche berühren. Ein solcher Wille beinhaltet eine außergewöhnliche Meisterung des Selbst, einschließlich metanormaler Fähigkeiten zur Steuerung autonomer Prozesse im Körper.

X. Individuation und Selbstbild

RESULTATE DER EVOLUTION DER TIERE

Ausgeprägte Individualisierung, insbesondere bei den höheren Wirbeltieren.

RESULTATE DER NORMALEN PSYCHOSOZIALEN ENTWICKLUNG

Individuation und ein gesunder Identitätssinn. Sie entstehen durch elterlichen Einfluß auf die frühkindliche Entwicklung, psychotherapeutische Prozesse und religiöse und andere Übungen zur Transformation.

RESULTATE DER METANORMALEN ENTWICKLUNG

1. Die Verwirklichung einer ich-transzendenten Identität, die ihr Einssein mit allen Dingen wahrnimmt, während sie ein einzigartiges Zentrum von Bewußtheit und Handeln bleibt.

2. Komplexität von Kognition, Emotion und Verhalten und Einzigartigkeit. Dies stellt sich dar am Beispiel religiöser Menschen wie Franz von Assisi und Sri Ramakrishna.

XI. Liebe

RESULTATE DER EVOLUTION DER TIERE

Liebevolle Hinwendung. Veranschaulicht wird diese zum Beispiel bei der Betreuung der Jungen bei den Walen oder dem Beschützen verwundeter Kameraden bei den Neandertalern.

RESULTATE DER NORMALEN PSYCHOSOZIALEN ENTWICKLUNG

Die Klärung von Projektionen, Identifikationen und Abhängigkeiten im Therapieverlauf und durch andere Formen beständiger Innenschau, die helfen, Fürsorglichkeit freizusetzen und zu aktivieren. Empathie und zwischenmenschliche Kreativität, die aus der Schulung des gefühlsmäßigen Erlebens erwachsen. Aus religiöser Praxis entstehender liebender Dienst am Nächsten.

RESULTATE DER METANORMALEN ENTWICKLUNG

Liebe, die normale Bedürfnisse und Beweggründe transzendiert und eine Einheit der Menschen und Dinge enthüllt, die grundlegender ist als alle bestehenden Unterschiede. Sie ist ihr eigener Lohn. „Liebe sucht keinen Grund außer sich selbst", schrieb der heilige Bernhard von Clairveaux. „Sie ist ihre eigene Frucht, ihr eigener Genuß. Ich liebe, weil ich liebe; ich liebe, damit ich lieben darf." Oder sie mag auf ein transzendentes Prinzip gerichtet sein. „Gott kann man nicht mit diesen Augen des Körpers schauen", sagte Sri Ramakrishna. „Im Laufe der spirituellen Übung erhält man einen ‚Liebeskörper' mit ‚Liebesaugen' und ‚Liebesohren'. Man schaut Gott mit jenen ‚Liebesaugen'. Man hört die Stimme Gottes mit jenen ‚Liebesohren' ..., und mit diesem ‚Liebeskörper' hält die Seele Zwiesprache mit Gott." (Nikhilananda 1942)

XII. Strukturen, Zustände und Prozesse des Körpers

RESULTATE DER EVOLUTION DER TIERE

Strukturen wie die der Wirbelsäule, die den Organismus aufrecht halten und seine Komponenten trennen, damit sie nicht in sich zusammenfallen. Gliedmaßen zum Greifen oder Ausführen gewandter Bewegungen. Andere Organe, um das Leben in der physischen Welt zu unterstützen.

RESULTATE DER NORMALEN PSYCHOSOZIALEN ENTWICKLUNG

Verbesserte Funktion von Muskeln und Bindegewebe durch Rolfing. Verbesserte Haltung durch die Alexander-Technik, Hatha-Yoga und die Kampfkünste. Erweiterung der Atemkapazität durch Therapie nach Reich. Gestärkte Muskeln, Sehnen, Bänder und Skelettapparat durch Fitneßtraining.

RESULTATE DER METANORMALEN ENTWICKLUNG

Außergewöhnliche Veränderungen von Körperprozessen und -strukturen, die die oben beschriebenen metanormalen Fähigkeiten unterstützen. Solche Veränderungen zeigen sich zum Beispiel im *nadi drishti siddhi*, durch den ein Yogi Nervenzentren und andere innere Strukturen seines Körpers transformiert, im „Öffnen der Goldenen Blüte" im Taoismus oder in der Aktivierung der *Chakras* oder der Kundalini, wie sie die tantrischen Lehren beschreiben.

[4.2]
ALLGEMEINE ANALOGIEN ZWISCHEN VERSCHIEDENEN EVOLUTIONSBEREICHEN

Die oben aufgeführten Analogien der Entwicklung erfassen nicht alle Ähnlichkeiten in den Evolutionsbereichen oder -stadien. James Grier Miller hat beispielsweise argumentiert, daß lebende Systeme – in sieben Stufen von Zellen bis zu sozialen Organisationen – 19 entscheidende Prozesse erfordern, um erfolgreich funktionieren zu können (siehe Anhang J.1). Er schrieb:

> Als sich komplexere Zellen entwickelten, hatten sie komplexere Subsysteme, aber noch die gleichen 19 grundlegenden Prozesse. Als sich Zellen zu komplexeren Systemen – Organen, Organismen usw. – entwickelten, unterteilten sich ihre Subsysteme in zunehmend kompliziertere Einheiten, die kompliziertere und häufig effektivere Prozesse ausführten. Wenn an einer einzigen Stelle der gesamten Evolutionssequenz auch nur ein Prozeß der 19 Subsysteme ausgefallen wäre, hätte das System nicht überdauert. Das erklärt, warum die gleichen 19 Subsysteme auf jeder Stufe, von der Zelle hin zu übergreifenden politischen Systemen, vorzufinden sind. Und es erklärt, warum es möglich ist, stufenübergreifende formale Übereinstimmungen zu erkennen, zu beobachten und zu messen.[7]

Das hier aufgestellte, dreistufige Schema ist, auch wenn es außerhalb von Millers Bezugsrahmen liegende Daseinsaspekte einbezieht, mit der allgemeinen Systemtheorie vereinbar. Dr. Miller möge mir vergeben: Seine siebenstufige Hierarchie verträgt sich mit den in diesem Kapitel vorgestellten Analogien.

Wie Miller haben mehrere Philosophen und Systemtheoretiker Strukturen identifiziert, die verschiedenen Evolutionsstufen gemein sind (7.2). Wenngleich diese verschiedenen Stufen oder Schauplätze der Evolution eigene, unverwechselbare Gesetzmäßigkeiten aufweisen, besitzen sie auch viele analoge Züge. In Anhang J.2 habe ich einige kurz aufgeführt.

Zusammen gesehen deuten sie hin auf die große Kontinuität in der Entwicklung auf der Erde durch ihre anorganischen, biologischen, psychosozialen und metanormalen Bereiche hindurch.

[4.3]
METANORMALITÄTEN DES ALLTAGSLEBENS

In Kapitel 4.1 habe ich zwölf Gruppen von Merkmalen aufgeführt, die aus der Entwicklung von Tieren und Menschen entstanden. Im folgenden Abschnitt gehe ich davon aus, daß Arten der Erfahrung existieren – „Metanormalitäten des Alltagslebens" –, die in der Entstehung begriffene Ausdrucksformen von voll entfalteten, außergewöhnlichen Merkmalen sind und, wie ich meine, erste, jedem von uns zur Verfügung stehende Formen metanormaler Fähigkeiten.

*

Als Antwort auf verschiedene in den siebziger und achtziger Jahren durchgeführte Befragungen berichteten zahlreiche Personen über eigene mystische oder paranormale Erlebnisse (siehe Anhang A.4). Bei Umfragen, die von dem Soziologen Andrew Greeley und seinen Mitarbeitern am National Opinions Research Council der Univer-

sität Chicago durchgeführt wurden, gaben beispielsweise 1973 58 Prozent und 1984 67 Prozent der Befragten an, sie hätten ASW-Erfahrungen gehabt. 1973 waren es 8 Prozent und 1984 29 Prozent, die irgendeine Art von „Vision" erlebt hatten. 1973 behaupteten 27 Prozent und 1984 42 Prozent, Kontakt mit Verstorbenen gehabt zu haben.[8] Greeley schrieb den offensichtlichen Anstieg jener Erfahrungen zwischen 1973 und 1984 einer wachsenden Bereitschaft unter Amerikanern zu, über paranormale Geschehnisse zu sprechen. Seine Daten werden von einer Befragung der *Gallup Organization* aus dem Jahre 1985 gestützt, bei der 43 Prozent der Befragten über „eine ungewöhnliche oder unerklärliche spirituelle Erfahrung" berichteten.[9] Im *New York Times Magazine* schrieben Greeley und sein Kollege William McCready:

> Solche außergewöhnlichen Erfahrungen – intensiv, überwältigend, unbeschreiblich – werden zu allen Zeiten der Geschichte und an jedem Ort des Erdballs aufgezeichnet und sind in der heutigen amerikanischen Gesellschaft weit verbreitet. Niemand, der mit Geschichte, Anthropologie oder Psychologie vertraut ist, kann [ihr] Auftreten leugnen. Sie sind eine Art „veränderter Bewußtseinszustand" – um einen zur Zeit gängigen Ausdruck zu benutzen –, ähnlich einem Rausch, Delirium oder einer hypnotischen Trance, unterscheiden sich aber in ihrer Intensität, dem Glücksgefühl und der „emporhebenden" Dimension.
>
> In einigen Fällen wurden diese Erlebnisse durch Drogen, in anderen durch rituelle Tänze, in wieder anderen durch eine Meditationstechnik ausgelöst, aber die meisten dieser „ekstatischen Interludien", über die uns Berichte vorliegen, scheinen völlig spontan zu geschehen – ein Mann, der zufällig an

einem Tennisplatz vorbeigeht, wird plötzlich von einer Welle des Friedens und der Freude erfaßt, „während die Zeit stehenbleibt“.[10]

Meine eigenen Nachforschungen unter Freunden, Bekannten und Seminarteilnehmern in den letzten dreißig Jahren haben mich davon überzeugt, daß viele, wenn nicht die meisten Menschen außergewöhnliche Erfahrungen machen, die nicht durch formale Übungen ausgelöst werden. Einige werden durch eine persönliche Krise, den Liebesakt, die Geburt eines Kindes, intensive Eltern-Kind-Beziehungen, todesnahe Erfahrungen, konzentriert ausgeführte Arbeitsrituale oder Psychopharmaka und ähnliches verursacht, wohingegen andere – wie Greeley und McCready feststellten – scheinbar völlig spontan auftreten. (Manche der Erfahrungen, die spontan zu sein scheinen, könnten jedoch durch Aktivitäten wie tiefe Konzentration ausgelöst werden, die ein wesentlicher Bestandteil formaler Übung sind.) Darüber hinaus sind derartige Erfahrungen weitaus vielfältiger, als ich einst vermutet hatte, und stimmen auf vielerlei Art mit jenen metanormalen Phänomenen (Siddhis oder Charismen) überein, die von religiösen Traditionen anerkannt werden. Diese Übereinstimmung wird in der folgenden Zusammenfassung deutlich.

Wahrnehmung äußerer Ereignisse

- Synästhesien oder Verknüpfungen der Sinne (zum Beispiel Töne „sehen“ oder Blumen „hören“), wobei eine numinose Schönheit sichtbar oder eine außersinnliche Wahrnehmung lebhaft wird.
- Menschen in einem Haus „fühlen“, die man weder sehen noch hören kann.
- Das Gefühl, beobachtet zu werden, woraufhin man sich umdreht und jemandem in die Augen sieht.
- Eine tiefe Übereinstimmung (oder Unverträglichkeit) mit Menschen spüren, bevor man sie kennenlernt.
- Wasser oder andere Dinge durch außersinnliche Prozesse aufspüren.
- Spontane, unerwartete Wahrnehmung von in der Ferne stattfindenden Geschehnissen.
- Musik oder andere Klänge hören, für die es keine feststellbare physikalische Quelle gibt und die bestimmte Gedanken oder Emotionen lebendig werden lassen.
- Verlorene Gegenstände ohne die Hilfe von sensorischen Signalen aufspüren.
- Bücher genau an der gesuchten Stelle öffnen.
- Beobachten, wie sich auf dem Gesicht eines anderen – wie in Zeitlupe – unvermutete Gefühle, Züge oder Möglichkeiten zur Entfaltung zeigen.

- Eine numinose Gegenwart während einer Meditation, eines intimen Gesprächs oder unter anderen Umständen spüren.
- Licht um Menschen oder leblose Objekte sehen, für die es keine erkennbare Quelle gibt.
- Etwas Vertrautes wie zum allerersten Mal erblicken.
- Spontan als direkten und lebhaften Kontakt die Anwesenheit von jemandem wahrnehmen, der physisch an einem anderen Ort oder verstorben ist.

Somatische Bewußtheit und Autoregulation

- Das lebhafte, bildliche Erleben von Arterien, Kapillaren oder anderen Körperstrukturen, die direkt als die eigenen empfunden werden, und der Eindruck, daß sie beschädigt sind oder sich nach einer Verletzung im Gesundungsprozeß befinden.

- Das Ausmaß von Streß bei extremer Anstrengung über spontane Geschmacks- oder Geruchsempfindungen bestimmen.
- Bilder wahrnehmen, die Chakras oder andere von den esoterischen Lehren beschriebene Entitäten darzustellen scheinen.
- Melodien hören, die die eigene körperliche Verfassung widerspiegeln.

Fähigkeiten des Kommunizierens

- Intuitiv die (negativen oder positiven) Gefühle oder Gedanken eines anderen, sich selbst oder einem Dritten gegenüber, einschätzen.
- Telepathisch liebevolle oder haßerfüllte, ruhige oder aufgewühlte Stimmungen bei einem anderen hervorrufen.
- Etwas Unerwartetes gleichzeitig mit einer anderen Person aussprechen.
- Einem Freund, mit dem man seit Jahren nicht mehr Kontakt hat, etwa zur gleichen Zeit schreiben wie er.
- Spüren, wer anruft, selbst wenn derjenige seit längerem nicht mehr mit einem kommuniziert hat, oder an jemanden denken, der dann anruft.
- Während des Liebesaktes keine Trennung mehr von dem Geliebten empfinden.

- Die Schmerzen eines sich an einem anderen Ort aufhaltenden Freundes fühlen und dann erfahren, daß er krank oder verletzt ist.
- Gefühle des Wohlbehagens mit Freunden teilen, obwohl es keine physische Verbindung zu ihnen gibt.
- „Spüren", was ein anderer denkt.
- Stimmung und Absichten eines Haus- oder anderen Tieres spüren.
- Den gleichen Traum träumen wie ein Freund.
- Genau spüren, daß ein anderer für einen betet.

Vitale Kräfte

- Ein starkes Wärmegefühl an kalten Tagen ohne zusätzliche Kleidung spüren.
- Eine enorme Energie erleben, die manchmal in ihrer Intensität erschreckend ist und für die es keine erkennbare Ursache gibt.

- Einen elektrischen Stoß die Wirbelsäule hinauf oder vom Unterleib ausstrahlend spüren, begleitet von geistiger Erleuchtung oder Kraftzuwachs.
- Trotz ansteckender Krankheiten im unmittelbaren Umfeld nicht infiziert werden.
- Über längere Zeit ohne die normale Menge an Schlaf auskommen, ohne geistige Klarheit, Vitalität oder körperliche Kraft zu verlieren.

Bewegungsvermögen

- Bewegungen beim Sport ausführen, die über die normalen Fähigkeiten hinausgehen, und dabei eine neue Kraft oder ein neues „Selbst" spüren.
- Levitation des Körpers während anstrengender Körperübungen, im Gebet oder beim Liebesakt erfahren.
- Das Erlebnis, während eines besonders lebhaften Traums oder eines Zustands kreativer Vertiefung wie in einem feinstofflichen Körper zu fliegen.
- Außerkörperliche Erfahrungen (in denen man unter Umständen seinen Körper zu sehen vermag), nach denen man von Geschehnissen berichten kann, von denen man unter normalen Umständen nichts wüßte.
- Eine außergewöhnliche Freude an Bewegungen erleben, begleitet von einer offensichtlichen Freisetzung neuer Energien in einigen Körperteilen.

Fähigkeiten zur direkten Einwirkung auf die Umgebung

- Die Stimmung eines anderen Menschen allem Anschein nach aus der Ferne verändern, wie durch außersinnliches Einwirken.
- Eine maschinelle Störung anscheinend nur durch mentale Intention beheben.
- Die Flugbahn eines Balles anscheinend durch mentale Intention verändern.
- In der Umgebung die Zimmertemperatur verändern, wie durch Psychokinese.
- Eine starke – ob liebevolle oder haßerfüllte, ruhige oder aufgewühlte – Stimmung in einem leeren Raum hinterlassen.
- Das Wachstum von Pflanzen auf außergewöhnliche Weise fördern oder hemmen, wie durch eine Art „grüne Hand“.
- Eine machtvolle Stimmung oder Vorstellung beim Fotografieren erleben und anschließend ein rätselhaftes Objekt oder Licht auf dem Foto sehen.
- Das Gefühl, unsichtbare Hände zu haben, die eine andere Person berühren, woraufhin sich diese verhält, als ob sie berührt worden wäre.

Schmerz und Lust

- Das Ausschalten von Schmerz durch Willenskraft.
- Das Gefühl unerklärlicher Lust oder eines Stroms von Vitalität, die in der Wirbelsäule, im Solarplexus oder einem anderen Körperteil konzentriert zu sein scheint.
- Das Erfahren plötzlicher Schauer von Ekstase, die ohne erkennbare Stimulierung entstehen.
- Das Erleben einer tiefen, unergründlichen Freude während einer Routinetätigkeit oder bei Schmerzen oder Beschwerden, das nicht von der Befriedigung eines bestimmten Bedürfnisses oder Verlangens abhängig zu sein scheint. Dieser Zustand mag einfach der „Lebensfreude“ zugeschrieben werden und kann auf andere ansteckend wirken.

Kognition

- Eine unerwartete Gefahr genau spüren.
- Eine Melodie vorausahnen, bevor sie im Radio gespielt wird, um ein dramatisches Ereignis wissen, bevor es eintritt, oder einen Satz erahnen, bevor ihn jemand ausspricht.

- Eine Situation oder einen Ort so wahrnehmen, als ob man sie oder ihn bereits erlebt hätte.
- Ein ungewöhnlich komplexes und neues Gedankengebilde in seiner Ganzheit wahrnehmen, in Verbindung mit großer Erregung und Freude.
- Sich an hochkomplexe Zusammenhänge im Detail erinnern.
- Historische, mit einem bestimmten Ort oder Gegenstand verbundene Ereignisse zutreffend bestimmen, wie durch eine Art Hellsehen.
- Eine mystische Verbindung mit Gott erleben, vielleicht bei der Arbeit, einem festlichen Ereignis, während eines intimen Gesprächs oder in leidvollen Situationen.

Wille

- Ohne Wecker zum gewünschten Zeitpunkt aufwachen.
- Schmerz durch Willenskraft besiegen.

- Die Folgen von verdorbener Nahrung oder anderer Gifte durch einen direkten Willensakt überwinden.
- Spontan die Folgen einer Verletzung oder Krankheit ablegen oder – auf der schwarzen Seite – psychokinetisch ein Leiden bei anderen auslösen.
- Eine Tat vollbringen, die eine über das normale Vermögen hinausgehende Kraft oder Ausdauer erfordert, beispielsweise in einer Krisensituation, bei einem sportlichen Wettbewerb – oder um eine Strafe über jemanden zu verhängen.
- Spontane Anpassung an große Hitze, Kälte oder andere widrige Umstände.
- Bewußtes Überwinden von Hunger oder Durst ohne offensichtlichen Kraftverlust.
- Unmittelbar einen unterschwelligen Einfluß auf andere ausüben, um streitende Parteien zu einigen, potentiell gewalttätige Situationen zu schlichten oder – auf der anderen Seite – Zwietracht und Leiden zu verursachen.

Individuation und Selbstbild

- Sich eines beobachtenden Selbst bewußt werden, das sich grundlegend von bestimmten Gedanken, Impulsen, Gefühlen oder Empfindungen unterscheidet.
- Sich für einen Moment lang so fühlen, als ob der eigene Körper nur ein kleiner Teil

von einem ist, oder daß sich dieser an einem bestimmten Punkt in einem Raum von Bewußtheit befindet.

- Das Gefühl einer neuen Stofflichkeit verspüren, als wenn man irgendwie größer, stärker und dichter wäre.
- Spontan ein neues und tiefes Vertrauen in sich empfinden, das von negativer Kritik nicht berührt wird.
- Das Gefühl, plötzlich wirklicher, authentischer, mehr man selbst zu sein.
- Vorübergehend alle Objekte der Wahrnehmung so zu sehen, als ob sie in einem enthalten wären.
- Eine Identität erfahren, die ohne Zweifel vor der Geburt existierte und den Tod des Körpers überdauern wird.

Liebe

- Eine neue Schönheit und Wachstumsmöglichkeiten bei einem alten Bekannten erblicken.
- Eine Liebe erfahren, die es gestattet, das Leid, die höchsten Absichten oder die persönlichen Konflikte eines Freundes zu erfühlen.
- Eine Liebe erleben, die jedes Gefühl von Grenzen zwischen einem selbst und dem oder der Geliebten aufhebt, so als wäre man eine Person oder ein Körper.
- Liebe für jemanden, der körperlich nicht anwesend ist, empfinden, die die Selbstachtung und das Wohlbefinden des anderen zu erhöhen scheint.

Strukturen, Zustände und Prozesse des Körpers

- Lustvolle, strömende Empfindungen, die den Körper umhüllen und eine bedeutende Verbesserung der Gesundheit zu beinhalten scheinen.
- Ein plötzlicher und unerklärlicher Gewichtsverlust, der nicht von körperlichen Beschwerden begleitet ist.
- Ein feines Kribbeln von Kopf bis Fuß während des Schlafs, durch das man spürt, daß Körperprozesse sich wandeln.

- Eine Öffnung im Körper spüren, durch die Energie fließt – vielleicht zwischen den Augen, um das Herz herum, in der Nabelgegend oder am Steißbein.
- Spontane Energieschübe die Wirbelsäule hinauf und hinunter, spiralförmig um den Rumpf herum oder von den Fußsohlen aus aufsteigend.
- Das Empfinden einer außergewöhnlichen Leichtigkeit bei Bewegungen oder in Ruhe oder das Gefühl, über dem Boden zu schweben.
- Eine über den normalen Spielraum hinausgehende Beweglichkeit, die mit einer neuen und außergewöhnlichen Elastizität der Sehnen, Bänder und Muskeln verbunden zu sein scheint.
- Radikale Veränderungen des Körperbildes, so als wäre man beispielsweise viel größer oder kleiner oder hätte die Form einer Kugel, Säule, Raute oder eines Punktes.
- Eine außergewöhnliche Befähigung, Schläge auszuhalten – im Sport oder unter anderen Bedingungen –, als ob man plötzlich schwerer oder härter wäre.
- Das Gefühl, daß sich neue, scheinbar feinstoffliche Strukturen innerhalb des eigenen Körpers oder auf der Haut bilden.

In der *Psychopathologie des Alltagslebens* lehrte uns Freud, daß sich in vielen alltäglichen Äußerungen – wie Witzen oder Versprechern – halbbewußte oder unbewußte Gedanken und Motive verbergen. Die oben angeführten Erfahrungen sind, wie ich glaube, ebenso Ausdruck weitgehend unerkannter Aspekte des menschlichen Lebens, insbesondere seiner innewohnenden (positiven oder negativen) Metanormalität. Die Tatsache, daß sehr unterschiedliche Menschen solche Erfahrungen machen, obwohl sie weder danach suchen noch sie erwarten, läßt darauf schließen, daß sie tief in der menschlichen Natur verwurzelt sind. Sie scheinen weder gänzlich durch soziale Prozesse verursacht zu sein, noch können sie vollständig unterdrückt werden, auch nicht in Kulturen, die ihnen ablehnend gegenüberstehen.

Während ich die Berichte über solche Ereignisse sammelte, entdeckte ich, daß sie bestimmte gemeinsame Züge mit Verhaltensformen aufweisen, die eindeutig metanormal sind. Bei dem Vergleich mit den in Kapitel 4.1 und 5 umrissenen zwölf Gruppen von außergewöhnlichen Merkmalen finden sich Entsprechungen, die direkt zu der Annahme führen, daß es sich um erste Ausdrucksformen voll entfalteter metanormaler Fähigkeiten handelt. Daß derart viele dieser Erfahrungen ohne die Mitwirkung formaler Übung auftreten – bei Menschen unterschiedlicher Herkunft, Temperamente und kultureller Konditionierung –, legt eindringlich nahe, daß es ein Kontinuum zwischen gewöhnlichen und außergewöhnlichen menschlichen Fähigkeiten gibt.

Angesichts unserer allgemeinen Unkenntnis bezüglich jener fernen Reichweite der menschlichen Natur läßt sich nur schwer abschätzen, welche Anzahl außergewöhnlicher Merkmale uns zur Verfügung steht. Wir wissen nicht, wieviel menschliches Potential in unserer (und jeder) Kultur vernachlässigt oder unterdrückt wird. Aber meiner Ansicht nach ist es nicht schwierig, die Aufstellungen in diesem und dem folgenden Kapitel mit Hilfe von zwanglosen Gesprächen, Befragungen und Umfragen, in denen die Auseinandersetzung mit ungewöhnlichen Fähigkeiten als lohnend betrachtet wird, zu erweitern. Greeley fand zum Beispiel heraus, daß das Bekanntwerden seiner Untersuchungen vielen Menschen ermöglichte, sich ihre eigenen quasimystischen oder außersinnlichen Erfahrungen einzugestehen.[11] Darüber hinaus ist eine große Vielfalt spontaner Metanormalitäten in den *Proceedings*, *Journals* und den Archiven der *British* und *American Societies for Psychical Research* aufgezeichnet, ebenso in den Veröffentlichungen des Alister Hardy Research Centres der Universität Oxford (ursprünglich Religious Experience Research Unit genannt) sowie in zahlreichen Studien über ungewöhnliche Erfahrungen, wie Frederic Myers' *Human Personality*, Edmund Gurneys *Phantasms of the Living* (dt. *Gespenster Lebender*), William James' *Varieties of Religious Experience* (dt. *Die Vielfalt religiöser Erfahrung*), Marghanita Laskis *Ecstasy* und Raynor Johnsons *Watcher on the Hill*. Eine systematische Aufstellung anhand dieser Schriften würde die Mannigfaltigkeit außergewöhnlicher Merk-

male enthüllen und somit eine Grundlage für zusätzliche Untersuchungen und Leitlinien der in Teil III dargestellten integralen Methoden und Techniken schaffen.

[4.4]
DER FAKTOR DES UNGEWISSEN IN DER MENSCHLICHEN ENTWICKLUNG

Obwohl die metanormalen Fähigkeiten neue Qualitäten und ein neues Glücksempfinden entstehen lassen, können sie auch vielen Formen eines destruktiven Verhaltens dienen. Kein Tier mordet beispielsweise seine eigenen Artgenossen mit einer solchen Berechnung, wie einige Menschen es tun, und kein Tier wird durch religiösen Fanatismus in den Haß getrieben. Unsere Intelligenz und Fähigkeit der Einflußnahme haben uns zum gefährlichsten Geschöpf der Erde werden lassen, füreinander und für alles Lebendige; und die Methoden zur Transformation können durchaus unsere tödlichsten Impulse fördern. In Teil III gehe ich darauf ein, auf welche Weise therapeutische Verfahren und religiöse Übung gewöhnliche menschliche Schwächen verstärken oder verschleiern können.

Der Faktor des Ungewissen in der Evolution ist natürlich nicht nur dem Homo sapiens eigen. Für jede heute lebende Spezies sind Hunderte ausgestorben, für jede noch intakte Kultur Dutzende untergegangen. Da der Lauf der Evolution eher gewunden als geradeaus fortschreitend ist, gibt es keine Garantie dafür, daß die modernen Gesellschaften – oder die menschliche Spezies selbst – lange genug existieren werden, um die metanormale Entwicklung als weitverbreitetes Attribut des Lebens auf der Erde zu verwurzeln. Tatsächlich haben unsere überdauernde Perversität und unser Leiden einige Denker zu der Vermutung geführt, daß sich die Menschen bereits in eine verhängnisvolle Richtung entwickelt haben. Arthur Koestler schrieb:

Indizien aus der bisherigen Menschheitsgeschichte und der modernen Gehirnforschung deuten darauf hin, daß an irgendeinem Punkt des letzten explosiven Entwicklungsstadiums des Homo sapiens irgend etwas falsch gelaufen ist; daß es einen Defekt in unserem angeborenen Rüstzeug – genauer gesagt, in den Schaltkreisen unseres Nervensystems – gibt, einen möglicherweise verhängnisvollen technischen Fehler, der für jenen paranoiden Zug verantwortlich ist, welcher unsere Geschichte durchzieht. Das ist die häßliche, aber plausible Hypothese, die bei jeder ernst zu nehmenden Untersuchung der Wissenschaft vom Menschen berücksichtigt werden muß.[12]

Koestlers Diagnose der Ursachen für die Destruktivität des Menschen stand unter dem Einfluß von Paul MacLean, einem Neurophysiologen, der davon ausging, daß die

Evolution den Neokortex des Menschen hervorbrachte, ohne eine angemessene Koordination zwischen diesem und älteren, von unseren Vorfahren aus der Tierwelt ererbten Strukturen des Gehirns zu sichern.[13] MacLean bezeichnete diese Unzulänglichkeit unseres Nervensystems als *Schizophysiologie*, die er als

eine Dichotomie in der Funktionsweise des phylogenetisch alten und neuen Kortex [definierte], die für Unterschiede im emotionalen und intellektuellen Verhalten verantwortlich sein könnte. Während unsere intellektuellen Funktionen im jüngsten und am höchsten entwickelten Teil des Gehirns ablaufen, wird unser affektives Verhalten weiterhin von einem relativ groben und primitiven System, von archaischen Strukturen im Gehirn bestimmt, deren Grundstruktur im gesamten Verlauf der Evolution von der Maus bis zum Menschen nur geringe Veränderungen durchgemacht hat.[14]

Koestler verglich unsere fehlerhafte Konstruktion mit anderen Irrtümern der Evolution, wie dem um die Speiseröhre herum angelegten Gehirn der Gliederfüßer und dem Unvermögen von Beuteltieren, ein Corpus callosum zu entwickeln. Das Gehirn der Gliederfüßer konnte sich nicht entwickeln, ohne die Nahrungsaufnahme zu stören, und die Beuteltiere konnten den menschlichen Neokortex nicht entwickeln. Ihre Gehirnhälften sind nur unzureichend koordiniert, obgleich sie den ihnen verwandten Säugetieren sehr ähnlich sind. Koestler schrieb,

... daß vielleicht auch der Homo sapiens das Opfer einer fehlerhaften Gehirnkonstruktion ist. Wir haben zum Glück ein ausgeprägtes Corpus callosum, das die linke und die rechte Gehirnhälfte horizontal integriert; aber in der vertikalen Richtung, von der Region des begrifflichen Denkens bis zu den dumpfen Tiefen des Instinkts und der Leidenschaft, steht es nicht so gut.[15]

Solche Spekulationen wurden jedoch von vielen Forschern der Humanphysiologie zurückgewiesen. Karl Pribram, einer der führenden Vertreter der Gehirnforschung, hat beispielsweise die menschlichen Dysfunktionen eher sozialen Ursachen als einer fehlerhaften Gehirnkonstruktion zugeschrieben und gemeinsam mit anderen Gehirnforschern MacLean dafür kritisiert, die Rolle des alten Gehirns bei destruktiven Emotionen überbewertet zu haben.

Trotzdem stimmen die meisten Psychologen und Forscher aus der Medizin – wie die meisten Philosophen und religiösen Seher – darin überein, daß wir neben unseren Fähigkeiten zu Liebe, Erkenntnis und Weiterentwicklung enorme Schwächen aufweisen, ganz gleich, ob diese nun durch unsere Gene oder soziale Konditionierung verursacht sind.

Tatsächlich beschäftigen sich die meisten auf eine Veränderung als Menschen zum Besseren hin ausgerichteten Programme direkt oder indirekt mit unseren Unzulänglichkeiten – über therapeutische Intervention, psychosomatische Schulung, ethische

Unterweisung, religiöse Übung oder den Wiederaufbau sozialer Institutionen. In späteren Kapiteln erörtere ich einige unserer gewöhnlichen Schwächen und ihre mögliche Reduzierung durch Übungen zur Transformation.

5

Sich entfaltende Wesensmerkmale des Menschen

In Kapitel 4.1 habe ich analog zu dem jeweiligen gewöhnlichen Funktionsvermögen von Tieren und Menschen zwölf Gruppen außergewöhnlicher menschlicher Wesensmerkmale aufgestellt. In diesem Kapitel möchte ich anhand von Beispielen näher auf die außergewöhnlichen Eigenschaften eingehen und weitere Unterteilungen der Gruppen vornehmen. Wie ich bereits sagte, soll dieses Klassifikationsschema nur eine Anregung sein. Es umfaßt weder sämtliche Nachweise der metanormalen Fähigkeiten, noch beinhaltet es alle Formen außergewöhnlicher menschlicher Aktivitäten. Weitere, über diese zwölf Gruppen hinausgehende Merkmale könnten hinzugefügt werden; außerdem lassen sich einige der hier angeführten Erfahrungen mehr als nur einer Kategorie zuordnen. Da das Wesen des Menschen fließend und sehr komplex ist, können seine vielfältigen Attribute auf mehr als eine Art klassifiziert werden. Diese Aufstellung mag jedoch ausreichend sein, um die große Bandbreite der Merkmale anzudeuten, die unser weiteres Wachstum umfassen könnte

[5.1]
WAHRNEHMUNG ÄUSSERER EREIGNISSE

Die Evolution hat uns mit vielen Anlagen ausgestattet, um chemische, elektromagnetische und mechanische Reize aus der äußeren Welt wahrnehmen zu können. Wenngleich einige Tiere uns überlegene sensorische Fähigkeiten besitzen (wie der Geruchssinn von Hunden oder die Sehweite von Adlern), verfügen wir doch über stark ausgeprägte Fähigkeiten des Sehens, Hörens, Tastens, Schmeckens und Riechens, die alle durch Methoden wie hypnotische Suggestion (15.11), somatische Schulung (18), Kampfkunsttraining (20.1) und Meditation (23) erweitert werden können. Überdies gibt es eine Fülle von Nachweisen, daß auch die außersinnliche Wahrnehmung geschult werden kann (siehe Anhang A.1 und die Kapitel 20.1, 21 und 22). Sinnliche wie außersinnliche Fähigkeiten haben viele metanormale Ausdrucksformen, die ich hier in drei wesentliche Gruppen unterteile: erstens außergewöhnliche, über die physischen Sinne vermittelte Formen der Wahrnehmung, zweitens ein zu jeder Zeit mögliches hellsichtiges Erfassen physikalischer Objekte und drittens die Wahrnehmung von Beschaffenheiten, Geschehnissen oder Wesenheiten jenseits des normalen Wahrnehmungsbereichs.

Außergewöhnliche Sinneswahrnehmung

Außergewöhnliches Sehvermögen. Das menschliche Sehvermögen, ein ungeheuer komplexes Ergebnis der Evolution der Tiere, kann auf unterschiedliche Arten geschärft werden. So lernte ein in Hypnosetechniken unterwiesenes Burenmädchen bei dem

südafrikanischen Naturforscher Eugene Marais mit der Hilfe eines Fernglases Bekannte, die fünf Kilometer entfernt waren, zu unterscheiden. Das Sehvermögen (und andere sensorische Fähigkeiten) wird nach Ansicht Marais' normalerweise durch geistige Aktivität gehemmt, kann aber durch hypnotische Verfahren, die den Verstand zur Ruhe kommen lassen, gesteigert werden.[1] Tatsächlich sind Verbesserungen der Sehschärfe und des peripheren Sehvermögens im Rahmen vieler Aktivitäten festgestellt worden, darunter bei den Kampfkünsten (20.1) und im modernen Sport (19). Manche Sportler lernen zum Beispiel, einzelne bewegliche Ziele während einer hektischen Spielphase auszumachen. John Brodie, mehrere Jahre lang einer der besten Quarterbacks [Mannschaftsführer, der den Angriff dirigiert] der National Football League Amerikas, beschrieb Momente während eines Spiels, in denen

> sich die Zeit auf unheimliche Weise zu verlangsamen scheint, als wenn sich alle in Zeitlupe bewegten. Es kommt mir so vor, als hätte ich alle Zeit der Welt zu beobachten, wie die Receiver [Außenstürmer] ihr Spiel machen, und dennoch weiß ich, daß die Verteidigerlinie so schnell wie sonst auch auf mich zukommt.[2]

In seinem gewonnenen Entscheidungsspiel gegen Ben Hogan bei der U.S. Open Golf Championship von 1955 hatte Jack Fleck eine überraschende Wahrnehmung: „Ich kann es nicht genau mit Worten schildern", schrieb er, „aber als ich mir den Putt ansah, erschien mir das Loch so groß wie ein Waschzuber. Ich war plötzlich überzeugt, daß ich es nicht verfehlen konnte. Ich versuchte nur noch, die Empfindung beizubehalten, ohne sie in Frage zu stellen."[3] Auch der Safety [freier Verteidiger] der Pittsburgh Steelers, Paul Martha, berichtete über eine außergewöhnliche Erweiterung seiner visuellen Wahrnehmung. „Ganz plötzlich, mitten in der Saison von 1967", schrieb er, „wurde mir bewußt, daß ich dem Quarterback über das ganze Feld folgte – und auch dem Receiver. Es passierte einfach – als ob ich in eine gänzlich neue Dimension eingetreten wäre."[4] Noch dramatischer beschrieb der Running Back [Hinterspieler] MacArthur Lane seinen erweiterten peripheren Gesichtssinn. Er behauptete, mit einem „extra Auge" zu sehen, manchmal von einem Punkt über seinem Kopf aus.[5]

Ähnlich wie die Erhellung des Geistes in der Kontemplation scheinen solche Erlebnisse (1) Gaben zu sein, auch wenn sie durch intensives Üben ausgelöst werden, (2) eine neue Fähigkeit zu enthalten (eine „neue Dimension" wie bei Martha oder ein „Punkt über dem Kopf" wie bei Lane) und (3) eine konzentrierte Hingabe zu erfordern (das „Nicht-in-Frage-Stellen" bei Fleck).

Außergewöhnliches Hörvermögen. Eine von Eugene Marais beschriebene hypnotisierte Versuchsperson konnte ein gleichmäßig lautes Zischen aus einer Entfernung von 210 Metern hören, während nicht hypnotisierte Personen den gleichen Laut erst aus einer

Entfernung von 27 Metern wahrnahmen.[6] Die Buschmänner der Kalahari lernen, sich anschleichende Tiere sogar im Schlaf zu hören, indem sie sich mit einem Ohr auf den Boden legen.[7] Manche Dirigenten können in einer Symphonie eine einzelne falsche Geigennote unter den Klängen von mehr als 100 Instrumenten heraushören. Meditation befähigt einige Menschen dazu, viele Geräusche gleichzeitig zu hören oder akustische Reize wahrzunehmen, die normalerweise der Aufmerksamkeit entgehen. In der großen Schrift des Theravada-Buddhismus, dem *Visuddhimagga*, heißt es, daß man lernen kann, eine enorme, dem normalen Hörvermögen nicht zugängliche Skala von Tönen zu erfassen. Nach dem Üben der Konzentration richtet der Meditationsschüler seine Aufmerksamkeit

auf die in seinen natürlichen Hörkreis dringenden, in der Ferne entstandenen groben Geräusche, wie die Stimme des Löwen usw. im Walde, dann auf den Klang der Glocken im Kloster, den Klang der Trommeln, der Muschelhörner, die Stimmen der mit aller Macht auswendig lernenden Novizen und jungen Mönche, auf die Stimmen der eine gewöhnliche Unterhaltung Führenden, wie: „Wie, o Ehrwürdiger?" oder: „Was ist los, o Freund?" usw.; ferner auf die Vogelstimmen, die Geräusche von Wind, von Schritten, auf das zischende Geräusch des kochenden Wassers, das Geräusch der in der Sonnenhitze trocknenden Palmblätter, auf das Geräusch der Ameisen usw. In dieser Weise achte er auf alle Geräusche, von den ganz groben ausgehend und der Reihe nach auf die feineren Geräusche übergehend; und er beachte den Schalleindruck der von Osten, Westen, Norden und Süden, von oben und unten her kommenden Geräusche, der von der östlichen, westlichen, nördlichen und südlichen Zwischenrichtung her kommenden Geräusche ...[8]

Auf einer höheren Ebene der Meditation kann der Schüler einen Bereich von der Breite eines Fingers abgrenzen und zu sich sagen:

„Hier in diesem Zwischenraum lasse mich alle Töne vernehmen!“, und dann bringe er [dies] zum Anwachsen. Sodann beschränke er es der Reihe nach auf die Breite von zwei Fingern, vier Fingern, acht Fingern, von einer Spanne, einer Doppelspanne, auf die Größe einer Kammer, einer Hausterrasse, eines Turmes, eines Wohnsitzes, eines Ordensklosters, des benachbarten Dorfes, des Landbezirks, ja bis auf die Größe eines Weltsystems oder noch darüber hinaus.[9]

Außergewöhnlicher Tastsinn. Auch der Tastsinn kann verfeinert werden. Eugene Marais berichtete, daß eine seiner hypnotisierten Versuchspersonen durch das bloße Berühren eines Metallstabes wußte, ob dieser magnetisiert war.[10] In ihrer umfangreichen Studie *The Senses of Animals and Men* (dt. *Die Sinneswelt der Tiere und Menschen*) beschrieben Lorus und Margery Milne *„cloth-feelers“ („Tuchfühler“),* die Stoffe durch einmaliges Berühren mit einem Stock identifizieren oder die Qualität eines Stoffes beurteilen können, selbst wenn ihre Finger mit einem Kollodiumfilm überzogen sind.[11] Helen Keller konnte den Klang verschiedener Musikinstrumente unterscheiden, indem sie

mit den Händen über eine Schallplatte strich, während diese abgespielt wurde (14), und einige blinde Menschen können anscheinend die Farbe von Stoffen, die sie in der Hand halten, erkennen.[12] Das Tastvermögen wurde auch unter Laborbedingungen geschult. An der Universität von Virginia entwickelten Forscher einen alphabetischen Code, der durch drei auf der Brust befestigte Vibratoren übertragen wurde. Die Versuchspersonen lernten drei verschiedene Reizstärken und drei Signallängen zu unterscheiden, von denen die kürzeste nur eine Zehntelsekunde betrug. Nach 65 Trainingsstunden konnte eine Versuchsperson – mit einer Genauigkeit von 90 Prozent – komplette, als Vibrationen übermittelte Sätze von 38 Wörtern mit jeweils fünf Buchstaben pro Minute verstehen. In Kapitel 18 beschreibe ich einige körperorientierte Verfahren, die die Empfänglichkeit für Wahrnehmungen des Tastsinns erhöhen. Dazu gehört das von Charlotte Selver entwickelte Sensory Awareness Training, das uns neue Erkenntnisse und Freude durch Berührung entdecken läßt.

Außergewöhnlicher Geruchssinn. Der englische Lyriker und Essayist Peter Redgrove hat verschiedene erstaunliche Geruchsphänomene beschrieben. Ein Forscher etwa lernte bei seiner Arbeit mit Augenspinnern die für ihn bisher nicht wahrnehmbaren Gerüche der Falter zu erkennen und Duftströme aufzuspüren, die sich durch ein Haus zogen. Ein Therapeut berichtete, daß er Gefühlszustände seiner Patienten an deren Körpergeruch erkennen könnte: es gäbe „Ich werde mich gleich an einen Traum erinnern“-Gerüche, Panik-Gerüche, Einsichten-Gerüche und Unstimmigkeits-Gerüche. Eskimos lassen sich beim Navigieren durch die eisige See vom Geruch des Windes und des

Schnees leiten.[13] In Kapitel 14 beschreibe ich den außergewöhnlichen Geruchssinn von Helen Keller, deren Blind- und Taubheit sie zu einer besonders ausgeprägten Sensitivität führte. Der Geruchssinn, schrieb Helen Keller,

kündigt mir Stunden vorher, bevor es noch ein sichtbares Zeichen gibt, einen Sturm an. Ich bemerke als erstes ein erwartungsvolles Beben, ein leichtes Schaudern und eine Anspannung in meiner Nase. Wenn der Sturm näher kommt, öffnen sich meine Nasenlöcher, um die Erdgerüche, die immer intensiver zu werden scheinen, besser aufnehmen zu können, bis ich spüre, wie der Regen mir ins Gesicht klatscht.[14]

Kosmetikfirmen sind auf Menschen angewiesen, die ein ungewöhnlich sensibles Geruchsempfinden besitzen oder entwickelt haben. Nach Schätzungen eines Herstellers können Fachleute mehr als 30 000 Nuancen von Düften unterscheiden.[15] Eine solche Expertin, die in Rußland geborene Sophia Grojsman, erzählte Diane Ackerman, daß sie, wenn sie ein neues Parfüm kreiert,

einfache Düfte [hat], einfache Akkorde aus zwei bis drei Tönen. Und das hört sich an wie eine Band aus zwei oder drei Musikern. Und dann stellt man viele Akkorde zusammen, und daraus entsteht ein

großes modernes Orchester. In beiden Bereichen müssen die richtigen Akkorde gefunden werden ... Doch [der Duft] muß neu gestaltet werden, denn man kann ja keine Kopie verkaufen, kein Plagiat begehen. Man muß also wieder von vorn anfangen, doch es gibt Leitdüfte, die als Abkürzungen dienen können. Ich stelle ungefähr fünf- bis siebenhundert Formeln im Jahr her.[16]

Geschmackssinn. Ein erwachsener Mensch besitzt normalerweise etwa 10 000 Geschmacksknospen, die auf der Zunge nach der jeweiligen Empfindungskategorie angeordnet sind. Jede dieser Knospen verfügt über etwa 50 Sinneszellen, die Reize an das Gehirn weiterleiten. Wir schmecken Süßes an der Spitze der Zunge, Bitteres hinten, Saures an den Rändern und Salziges auf der ganzen Oberfläche der Zunge. Jeder Geschmack, den wir wahrnehmen, setzt sich aus Kombinationen nur dieser vier Geschmacksqualitäten sowie einiger untergeordneter zusammen, und doch sind diese Kombinationen zu viele, als daß man sie zählen könnte. In der Tat überwinden wir unsere instinktive Abneigung gegen Bitteres und schlecht Schmeckendes um des sinnlichen Abenteuers willen. Wir alle schulen unseren Geschmackssinn bis zu einem gewissen Grade, wohingegen Menschen, die von Berufs wegen Tee, Wein oder anderes testen, ihren Geschmackssinn durch lebenslange Übung verfeinern. Eine dichterische Beschreibung des hochentwickelten Geschmackssinns findet sich in Diane Ackermans „Lob der Vanille".[17]

Außergewöhnliche Synästhesien. Die meisten von uns erleben gelegentlich Synästhesien, die Stimulierung eines Sinnes durch einen anderen. Bei manchen Menschen jedoch ist das Sichkreuzen der Sinne hoch entwickelt und eine Quelle großen Vergnügens und hoher Kreativität. Wenn es ein beständiges, die Wahrnehmung bereicherndes Merkmal ist, könnten wir es als metanormal betrachten. Rimskij-Korsakow und Scrjabin assoziierten beide E-Dur lebhaft mit Blau, As mit Purpurrot und D-Dur mit Gelb.[18] Baudelaire schrieb ein Sonett über Zusammenhänge von Düften, Farben und Tönen und inspirierte so die Verherrlichung der Synästhesie durch die Bewegung des Symbolismus. Rimbaud stellte sich Farben in Zusammenhang mit jedem Selbstlaut vor und sagte, daß seine Suche nach künstlerischer Wahrheit „eine immense geplante Verwirrung aller Sinne“ beinhalte. Und Vladimir Nabokov erlebte „farbiges Hören“, das er so beschrieb:

Vielleicht ist Hören nicht ganz korrekt, da die Farbempfindung durch meine mündliche Formulierung eines Briefes hervorgerufen zu werden scheint, während ich mir seine Kontur vorstelle. Das lange *a* des englischen Alphabets... hat für mich die Färbung verwitterten Holzes, doch ein französisches *a* erinnert mich an poliertes Ebenholz. Diese dunkle Gruppe schließt auch das harte *g* ein (Hartgummi) und das *r* (ein rußiger Lappen, der zerrissen wird). Das hafermehlfarbige *n*, das nudelgetönte *l* und der mit Elfenbein verzierte Handspiegel des *o* kümmern sich um die Weißtöne. Ich bin verwirrt von meinem

französischen *on*, das ich als die gespannte Oberfläche eines randvoll mit Alkohol gefüllten kleinen Glases sehe. In der blauen Gruppe ist das stahlfarbene *x* anzuführen, das gewittrige *z* und das heidelbeerfarbene *k*. Da eine subtile Interaktion zwischen Ton und Farbe besteht, sehe ich *q* brauner als *k*, während das *s* nicht so hellblau ist wie *c*, sondern eine seltsame Mischung von Azurblau und Perlmutt. Benachbarte Farbtöne verschmelzen nicht, und Diphtonge besitzen keine speziellen eigenen Farben, wenn sie nicht durch einen einzigen Buchstaben in irgendeiner anderen Sprache dargestellt werden ... Das englische Wort für Regenbogen, das entschieden trübe klingt, ist in meiner privaten Sprache das kaum aussprechbare *kzspygu*. Soweit ich weiß, befaßte sich zum erstenmal 1812 ein Autor mit der *audition colorée*, ein Albino-Arzt, der in Erlangen lebte.

Die Geständnisse eines Synästheten müssen für jene, die gegen derartige Einflüsse festere Wände haben als ich, lästig und anmaßend klingen. Doch meiner Mutter erschien dies alles ganz natürlich. Das Ganze kam auf, als ich sechs Jahre alt war und einmal einen Stapel alter Buchstabenwürfel dazu benutzte, einen Turm zu bauen. Beiläufig sagte ich zu ihr, daß die Farben alle nicht stimmten. Wir entdeckten, daß bei ihr einige Buchstaben die gleiche Farbe hatten wie bei mir und daß musikalische Noten optisch auf sie wirkten. Doch ich hatte dabei keinerlei Farbempfindungen.[19]

Wahrnehmung des Numinosen in der physischen Welt. Die lebhafte synästhetische Erfahrung, über die viele Künstler berichten, wird häufig durch religiöse Übung erzielt. Der heilige Franz von Assisi sah Vogelgezwitscher und hörte die Sonne singen. Eine junge Amerikanerin erzählte mir von schimmernden Gestalten, die sie sah, wenn sie aus ihrer meditativen Abgeschiedenheit heraus in der Ferne Stimmen hörte. Doch die außergewöhnlichen Sinneserfahrungen, über die religiöse Ekstatiker berichten, sind für gewöhnlich mehr als Synästhesien. Es gibt eine Form der Wahrnehmung, die in ihrer Fülle, Kraft und Tiefe über das bisher beschriebene hohe Sinnesempfinden hinausgeht. So erblickte während eines Zen-buddhistischen *Sesshin* ein pensionierter japanischer Regierungsangestellter eine Wollmispel:

Ihre Zweige schienen von seltsamer, unbeschreiblicher Feierlichkeit beherrscht. „Was ich sehe, ist absolute Wahrheit!" sagte ich mir. Ich wußte, daß ich zu erhöhter geistiger Wachheit gelangt war, und wandte mich mit erneuter Kraft dem Sitzen wieder zu. Beim Abend-Dokusan erzählte ich dem Roshi, was ich bei dem Baum gespürt hatte, und fragte ihn, was das zu bedeuten habe. „Sie haben einen entscheidenden Punkt erreicht ... Das ist der letzte Abend des Sesshin. Üben Sie die ganze Nacht Zazen." ...

Gewöhnlich werden abends um neun Uhr alle Lichter gelöscht, aber in dieser Nacht ließ ich mit Genehmigung des Roshi eine kleine Lampe brennen. Herr M., der Haupt-Mahner, saß mit mir zusammen, und dadurch, daß seine geistige Kraft zu meiner hinzukam, fühlte ich mich weitaus stärker. Ich sammelte alle Kraft im Hara und fühlte mich allmählich heiter erhoben. Gespannt betrachtete ich den unbeweglichen Schatten von meinem Kinn und Kopf, bis ich ihn in tiefer Konzentration nicht mehr wahrnahm. Als die Nacht vorrückte, wurden die Schmerzen in meinen Beinen derart quälend, daß

selbst ein Wechsel von Voll-Lotus zu Halb-Lotus sie nicht linderte. Die einzige Möglichkeit, sie zu überwinden, lag darin, all meine Energie in entschlossener Konzentration ausschließlich auf Mu zu richten. Aber selbst bei ingrimmigster Konzentration bis zu dem Punkt, da ich „Mu! Mu! Mu!" keuchte, gab es nichts, was ich tun konnte, um mich von diesen Folterqualen zu befreien, außer geringen Veränderungen in meiner Haltung.

Urplötzlich verschwanden die Schmerzen – da ist einzig MU! ... Alles ist die Frische und Reinheit selbst. Jedes Ding tanzt voll Lebendigkeit und lädt mich ein zu schauen. Jedes Ding hat seinen natürlichen Platz inne und atmet ruhig. Ich bemerke Zinnien in einer Vase auf dem Altar, eine Opfergabe für Monju, den Bodhisattva der unendlichen Weisheit. Sie sind unbeschreiblich schön![20]

William Wordsworths *Lines Composed A Few Miles Above Tintern Abbey* wurde von einer quasi-mystischen Begeisterung inspiriert. „Ich begann [das Gedicht], als ich Tintern verließ, nach der Überquerung des Wye", schrieb Wordsworth, „und beendete es, als ich abends in Bristol ankam, nach einem Streifzug von vier oder fünf Tagen. Keine einzige Zeile wurde geändert oder niedergeschrieben, bis ich Bristol erreicht hatte."[21]

Und wieder
erblicke ich diese steilen und erhabenen Felsen,
die vor einem wild einsamen Hintergrund
Gedanken einer noch tieferen Einsamkeit einprägen,
und die Landschaft mit der Stille des Himmels vereinen ...

Und ich habe eine Gegenwart gespürt,
die mich mit der Freude erhabener Gedanken aufwühlt;
einem hehren Gefühl, von etwas weit stärker durchdrungen,
dessen Heimstatt das Licht sinkender Sonnen ist,
und das runde Meer und die lebende Luft,
und der blaue Himmel; und im Geiste des Menschen,
eine Bewegung und ein Geist,
der alle denkenden Dinge beflügelt,
alle Objekte aller Gedanken,
und sich durch alle Dinge zieht.

Diese Zeilen werden von einer Wahrnehmung berührt, die sich der sinnlichen Empfindung eines tieferen, reicheren Erfassens äußerer Geschehnisse bedient als gewöhnliches Sehen oder Hören. Derart begnadet, eröffnen alltägliche Anblicke und Klänge eine Welt, die – wie in folgendem Text ausgedrückt – „vom Immerwährenden zum Immerwährenden" reicht. In seinen *Centuries of Meditations* schrieb der englische Lyriker und Priester Thomas Traherne:

Das Korn ging auf und war unvergänglicher Weizen, der nie gemäht werden sollte, noch je gesät wurde. Es dünkte mich, er hätte vom Immerwährenden zum Immerwährenden gestanden. Der Staub und die Steine der Straße waren kostbar wie Gold. Die Tore waren zunächst das Ende der Welt. Die grünen Bäume, als ich sie zum ersten Mal durch eines der Tore erblickte, erregten und entzückten mich. Ihre Süße und ihre ungewöhnliche Schönheit machten mein Herz beben und fast verrückt vor Ekstase, sie waren so seltsame und wunderbare Dinge. Die Menschen! Oh, was für verehrungswürdige Geschöpfe schienen die Alten! Unsterbliche Cherubim! Und junge Männer, glänzende und glitzernde Engel, junge Mädchen seltsame seraphische Werke des Lebens und der Schönheit! Knaben und Mädchen, die auf der Straße tollten und spielten, waren sich bewegende Juwelen. Ich wußte nicht, daß sie geboren waren oder sterben sollten.

Hellsichtigkeit oder „Fernwahrnehmung"

In Kapitel 2.1 berufe ich mich auf Nachweise, daß außersinnliche Wahrnehmung von Gegenständen oder Ereignissen (Hellsehen oder „Fernwahrnehmung") auch ohne eine Transformationspraxis geschehen kann. Ihr spontanes Auftreten bei Menschen unterschiedlichen Temperaments und aus den verschiedensten Kulturen und Glaubensrichtungen hat einige Theoretiker zu der Annahme geführt, daß es sich dabei um eine universelle Fähigkeit des Menschen (oder sogar der Tiere) handelt, die unbewußt – sowohl kreativ als auch destruktiv – im Dienste bestehender Bedürfnisse und Wünsche eingesetzt wird. Zum Teil angeregt durch Freuds Interesse an der unbewußten

Gestaltung telepathischer Interaktionen, haben Jan Ehrenwald, Jule Eisenbud und andere Psychiater verschiedene Arten von Psi – einschließlich Hellsehen – untersucht, die durch weitgehend im Unbewußten stattfindende Prozesse, die die normalen Sinneseindrücke formen, verzerrt werden. Es gibt inzwischen eine wahre Fülle von klinischen Nachweisen, daß ASW in unserem Alltagsleben auf eine Weise wirkt, die wir gewöhnlich nicht erkennen. In Kapitel 17.3 stelle ich einige Fallbeispiele vor.

Das Hellsehen aber kann von den unbewußten Verzerrungen befreit und der bewußten Kontrolle zugänglich gemacht werden. Es wurde zum Beispiel nachgewiesen, daß Schamanen steinzeitlicher Kulturen es bei der Jagd und zu anderen Zwecken eingesetzt haben.[22] In vielen kontemplativen Richtungen des Hinduismus und Buddhismus wird Hellsehen als eine Kraft des Yogi angesehen.[23] Seit alters her schreibt man es religiösen Persönlichkeiten des Christentums zu, zum Beispiel in der *Historia Monachorum*, der berühmten Geschichte der Wüstenväter, und *Butler's Lives of the Saints*.[24] Und es wurde immer wieder von Versuchspersonen in zeitgenössischen Experimenten demonstriert, wie die Berichte von Russell Targ und Harold Puthoff über ihre Studien über die Fernwahrnehmung am Stanford Research Institute (SRI) zeigen, die mehrere Jahre lang mit staatlichen Mitteln unterstützt wurden.* Bezeugungen des

Hellsehens in religiösen Traditionen und die eindrucksvollen Ergebnisse moderner Untersuchungen haben mich in der Auffassung bestärkt, daß bewußt einsetzbare Hellsichtigkeit eine Fähigkeit ist, die latent in jedem Menschen vorhanden ist.

Wahrnehmung von Wesenheiten oder Geschehnissen außerhalb der gewöhnlich wahrnehmbaren Bereiche

Zu Erfahrungen dieser Art zähle ich die Wahrnehmung von außergewöhnlichen Lichtphänomenen, Visionen von körperlosen Wesenheiten, das Hören von Geräuschen oder Klängen, für die es keine erkennbare physikalische Ursache gibt, und über den Tastsinn laufende Empfindungen, die durch außerkörperliche Kräfte verursacht scheinen. Es könnten weitere Arten der Erfahrung hinzukommen, da viele Formen

* Targ und Putthoff 1977; Targ und Harary 1987; Tart, Puthoff und Targ 1979. Der Erfolg ihrer Experimente führte Targ und Puthoff zu der Feststellung, „daß [wir] bis heute nicht einen Menschen gefunden haben, der unfähig wäre, Fernwahrnehmung zur Zufriedenheit zu demonstrieren. Natürlich sind die einzelnen unterschiedlich begabt – das ist beim Singen oder Klavierspielen nicht anders. Die einen sind beständiger und zuverlässiger, die anderen verbessern sich rascher. Die Anzeichen sprechen dafür, daß es sich um eine weit verbreitete menschliche Befähigung handelt ..." (Targ und Puthoff 1977, S. 170).

Siehe auch: *The New York Times* (Leitartikel) 6. 11. 1974, „Paranormal Science"; und Targ, R., und H. Puthoff 1974, „Information transmission under conditions of sensory shielding", *Nature* 18. 10., S. 602 bis 607.

eines metanormalen Gewahrwerdens seit langem bezeugt sind. Im hinduistisch-buddhistischen Yoga wird diese Wahrnehmung dem Wirken der *indriyas* zugeschrieben, die Kennzeichen des feinstofflichen Körpers *(sukshma sharira)* sind, und nach den Schriften einiger neuplatonischer, christlicher und muslimischer Denker soll sie durch die geistlichen Sinne vermittelt werden. Origenes, der berühmte Theologe des 3. Jahrhunderts, hat – wie seither viele andere christliche Mystiker und Philosophen – beträchtliche Zeugnisse und Verweise auf die Bibel zusammengetragen, um die Vorstellung zu untermauern, daß es metanormale Entsprechungen der gewöhnlichen fünf Sinne gibt. In seinen *Prinzipien* schrieb Origenes:

Dieser Sinn aber entfaltet sich in verschiedene Einzelsinne: ein Sehen zur Betrachtung unkörperlicher Gestalten, wie es offensichtlich den Cherubinen und Seraphinen gegeben ist; ein Hören zur Unterscheidung der Stimmen, die nicht in der Luft widerhallen; ein Schmecken, um das lebendige Brot zu verkosten, das vom Himmel kam, um der Welt das Leben zu schenken (Joh. 6,33); und sogar ein Geruchssinn, mit dem etwa Paulus jene Wirklichkeiten aufnahm, die ihn von sich selbst sagen ließen, er sei ein Wohlgeruch Christi (2 Kor. 2,15); ein Tasten schließlich, wie es Johannes besaß, wenn er sagt, er habe mit eigenen Händen das Wort des Lebens betastet (1 Joh. 1,1). Entdeckt wurde dieser Sinn für

das Göttliche bei den Propheten ... Schon Solomon wußte, daß es in uns zwei verschiedene Sinnlichkeiten gibt: eine sterbliche, vergängliche und menschliche; und eine unsterbliche, geistliche und göttliche.[25]

Diese Form des Erlebens wurde von christlichen Mystikern und Philosophen von der Antike bis in die Neuzeit anerkannt. In seinen *Schriften zur Theologie* umreißt der katholische Theologe Karl Rahner, in welcher Weise Origenes und die Denker des Mittelalters die geistlichen Sinne auffaßten.[26] In *Die Fülle der Gnaden*, ein Werk, das gemeinhin als maßgebende Abhandlung der christlich-mystischen Theologie des 20. Jahrhunderts gilt, beschreibt Pater August Poulain jene Befähigungen, die er grundlegend von den gewöhnlichen wie den Sinnen mit Einbildungskraft abgrenzt, und zitiert bedeutende Mystiker der Kirche, die darüber schrieben.[27]

Wahrnehmungen außergewöhnlicher Lichtphänomene. Die Wahrnehmung von Auren oder Heiligenscheinen um Tiere, Pflanzen oder Menschen, von mit besonderen Gedanken oder Gefühlen verbundenen Lichtgestalten, von Funken, die aus dem leeren Raum zu entstehen scheinen, und von unerklärlichem Licht, das einen Raum oder anderen Ort durchdringt, wurde seit langem von Schamanen, Medien und Meditierenden beschrieben. In neuerer Zeit erachteten Carl Jung, Wilhelm Reich und ihre Anhänger solche Wahrnehmungen als bedeutsam. Jung fand zum Beispiel Verweise auf *Opintheres* oder Scintillae in alchimistischen Texten, die er mit kabbalistischem Gedankengut über Seelenfunken, die die Welt durchdringen, mit gnostischen Lehren über Lichtatome und Anmerkungen bei Heraklit und Demokrit bezüglich „Funken von Sternensubstanz" in Verbindung brachte.[28] Jung und andere Erforscher paranormaler Erfahrungen haben behauptet, daß solche Vorstellungen aus der Wahrnehmung von Lichtphänomenen herrühren, für die es keine erkennbare physikalische Ursache gibt. Der Physiker und Präsident einer New Yorker Computerberatungsfirma, Edward Russell, beschrieb ein persönliches Erlebnis in der Zeitschrift *Quadrant*:

Vor einigen Jahren erkannte ich, daß ich nur selten jemanden direkt ansah, sondern meine Augen nach einem flüchtigen Blick von meinem Gegenüber abwandte oder ständig blinzelte. Da dies ein unbewußter Mechanismus war, irritierte es mich, und ich begann dagegen anzukämpfen. Schon bei meinen ersten Bemühungen, den Brennpunkt meines Sehens zu kontrollieren, sah ich das, worum ich mich nach Kräften bemüht hatte, es nicht zu sehen: kleine Lichtpunkte, die sich um mein Gegenüber herum bildeten. In dem Moment kam mir die Idee, daß mein Ausweichen vor ihnen ein repressiver, in meiner frühen Kindheit entwickelter Mechanismus sein könnte, vielleicht infolge des seltsamen Gefühls, das mit ihrer Wahrnehmung verbunden ist, oder weil sie sich unmöglich in die Welt meiner Eltern integrieren ließen.

Mit der Zeit hat dieses Ausweichen etwas nachgelassen. Obwohl ich mich normalerweise bewußt anstrengen muß, Auren wahrzunehmen, und dies immer noch mit einem eigenartigen Gefühl verbunden ist, sind sie für mich eine alltägliche Realität geworden.

In seinem Artikel in *Quadrant* beschrieb Russell verschiedene Situationen, in denen er diese Lichtphänomene sah:

Während der Diskussion eines schwierigen Entwurfs mit einem meiner Angestellten mußte ich wohl Unmögliches verlangt haben, denn ein Ausdruck tiefer, hoffnungsloser Verzweiflung kam über ihn. Dann leuchtete seine Aura plötzlich mit Hunderten kleiner Lichter auf, und als ich ihn fragte, was er denn hätte, antwortete er: „Alle Lichter auf der Schalttafel gingen auf einmal an."

Ein Bekannter unterdrückte ein Niesen, während er ein Taschentuch aus einer Schublade zog. Eine große Wolke aus gasähnlichem, gelbem Licht sammelte sich vor seiner Stirn. Er nieste, und gleichzeitig löste sich die Wolke auf. Man denke an den alten Brauch, der das Niesen mit einem Austausch der Seelen gleichsetzt. Gesundheit!

Ich hatte gerade mit einem Kunden eine Diskussion über geschäftliche Möglichkeiten beendet. Er lehnte sich zurück und sah zur Seite. Da erschien etwa ein Dutzend kleiner heller Lichtpunkte und tanzte über seinem Kopf. Verblüfft fragte ich mich, was vor sich ging. Kurz darauf kamen die Funken zum Stillstand, und er gab mir eine mündliche Zusammenfassung der zu schaffenden Beziehungen und Prioritäten für die vielen von uns diskutierten Vorschläge. Die Klarheit seiner Zusammenfassung versetzte mich in Erstaunen.

> Mein Begleiter versuchte, auf einen bestimmten Gedanken zu kommen. Er sagte etwas in der Art, daß er ihn nicht ganz fassen könnte. Dann bemerkte ich, daß er einen kleinen goldenen Punkt mit seiner Hand zu sich winkte. Er gab jedoch auf, bevor er auf den Gedanken kam. Der Lichtpunkt entfernte sich von ihm und verschwand außer Sichtweite.
>
> Manchmal geht ein heller Funken direkt zwischen und etwas oberhalb von zwei Personen einer intimen Verständigung voraus, die sich auf gemeinsame Vorstellungen gründet. Ich habe Liebende beobachtet, die von einer „Wolke der Zuneigung“ umgeben scheinen, die ich als feinen Nebel oder Dunstschleier sehe, der sie umgibt und sich zwischen ihnen ausbreitet. Oder ich habe während einer angeregten Unterhaltung (bei der die Funken sprühen!) Lichter regelrecht zwischen den Teilnehmern hin und her fließen sehen.
>
> Was ich mit meinen Beispielen vor allem zeigen möchte, ist die relative Autonomie der Lichtphänomene. Normalerweise läßt sich nicht genau bestimmen, zu wem sie gehören. Die Wahrscheinlichkeit, daß ein Lichtphänomen „auf eine Person einwirkt“ oder „zu ihr gehört“, scheint generell proportional zu seiner Entfernung von ihr zu sein; aber wenn sie besonders intensiv sind ... selbst wenn die Lichter unmittelbar von der Haut der Person ausstrahlen, fühle auch ich ihre Wirkung. Vielleicht wäre es richtiger, sie als autonome Wesenheiten zu begreifen statt in der Atmosphäre vorhandene „Schwin-

> gungen“. Eine Lichterscheinung mag scheinbar zu einer bestimmten Person gehören, doch der Funke kann jederzeit zu dem überspringen, der für ihn empfänglich ist.[29]

Reichianische Therapeuten haben von Phänomenen berichtet, wie Russell sie beschreibt. Die Auren oder „Bio-Felder“ lebender Wesen sind von sowjetischen Wissenschaftlern untersucht worden. Verschiedene Studien westlicher Mediziner über die menschliche Aura sind seit Anfang des 20. Jahrhunderts veröffentlicht worden (siehe Anhang F). Der Psychiater John Pierrakos beschrieb, wie er im Rahmen psychotherapeutischer Behandlung die Aura liest:

> Ich nutze die so gewonnenen Informationen zur Diagnose der Erkrankung und zur Lokalisierung der muskulären Panzerungen sowie der Charakterblockaden, die aufgelöst werden müssen, um den Menschen zu seiner inneren Integration zu führen. Außerdem macht die Aura uns oft erstaunlich detaillierte Mitteilungen über die besonderen Begabungen eines Menschen ... Der Mensch scheint in ihr zu schwimmen wie in einer ruhigen See, rhythmisch getönt von brillanten Farben, die ständig glitzern, vibrieren und sich verändern.[30]

In Kapitel 22.5 beschreibe ich Lichterscheinungen katholischer Heiliger und Mystiker und zitiere einen Bericht über Therese Neumann, die berühmte deutsche Stigmatikerin, bei der sich eine Aura um ihre linke Hand zeigte, die von mehreren Anwesenden gleichzeitig gesehen und fotografiert wurde. Ihrem Biographen Albert Schimberg zufolge „erschien auf der fotografischen Platte beim Entwickeln ein starkes, helles Licht, eine Aura gewissermaßen, um das Stigma an ihrer linken Hand".[31]

Frei nach einer berühmten Abhandlung aus der iranischen Mystik meinte der Religionsgelehrte Henri Corbin, daß – als allgemeine Regel – die Fähigkeit, übersinnliche Lichter wahrzunehmen, dem Grad der spirituellen Erfahrung entspricht oder dem Grad des „Polierens", das ein kontemplativer Mensch erlangt hat. „Anfangs manifestieren sich diese Lichter wie Wetterleuchten, wie flüchtige Blitze", schrieb Corbin. „Je vollkommener die Transparenz [des ‚Anwärters'], desto größer werden sie, gewinnen an Dauer, werden verschiedenartiger, bis sie schließlich die Gestalt himmlischer Wesenheiten manifestieren. Noch eine allgemeine Regel: Die Quelle, wo diese Lichter Gestalt annehmen, ist die geistige Wesenheit des Mystikers ..."[32] Corbin zitierte den islamischen Mystiker Nadschmaddin Razi:

> „Jemand könnte vielleicht fragen, ob all diese Theophanien ihren Ort in der esoterischen Welt haben oder auch wohl in der äußeren exoterischen Welt? Seine Antwort ist, daß jemand, der eine solche Frage stellt, außerhalb der wirklichen Situation steht, wo die beiden Welten sich vereinen und zusammenfallen. Einerseits kann es sein, daß die übersinnliche Wahrnehmung angelegentlich einer sinnlichen

> Wahrnehmung erweckt und hervorgerufen wird ... Andererseits kann es sein, daß ohne sinnliches Organ oder physische Unterstützung eine direkte Wahrnehmung des Über-Sinnlichen ... entsteht."

Die Lichterscheinungen des Mystischen sind nach dieser Aussage ebenso auf das Wahrgenommene wie den Wahrnehmenden angewiesen. Sie stellen, mit anderen Worten, eine objektive Wirklichkeit dar, sind aber nur wahrnehmbar für diejenigen, die geschult sind, sie zu sehen.[33] Einige außersinnliche Lichter wurden jedoch angeblich auch von Personen ohne eine besondere Gabe der Wahrnehmung gesehen. Die Lichterscheinungen einiger Mystiker, so heißt es, überwinden unsere gewöhnliche Blindheit ihnen gegenüber (22.5).[34]

Nach der Lehre der indischen kontemplativen Tradition können solche Lichtphänomene ebenso wie Buchstaben, Worte und Sätze *(lipi)*, Gesichter, Landschaften oder andere Formen *(rupa)* durch *drishti*, spirituelle oder innere Schau, erfaßt werden. Der indische Philosoph Sri Aurobindo führte Aufzeichnungen über seine eigene innere Schau, in denen er seine Fort- und Rückschritte bei dem Versuch, sie zu einer verläßlichen Fertigkeit auszubilden, notierte. Er beschrieb sorgfältig die verschiedenen Eigenschaften der *lipi* und *rupa*, die er sah, ihre Lebhaftigkeit, Dauer, Farbe, Dichte, ihren Hintergrund und ihre Erscheinungsweise. Einige dieser Bilder werden mit offenen Augen, andere mit geschlossenen wahrgenommen, flüchtig im Äther *(akasha)* oder zweidimensional vor einem deutlich erkennbaren Hintergrund *(chitra)* oder wie in eine Glasscheibe, Wand oder andere Fläche geritzt *(sthapatya)*. Solche Enthüllungen zeigten Aurobindo entfernte Ereignisse, erhellten philosophische Lehren, inspirierten seine eigene Yoga-Praxis und andere Dinge. Auszüge seiner Aufzeichnungen über diese Erfahrungen sind in der Zeitschrift *Archives and Research* von April 1986 und späteren Ausgaben zu finden, herausgegeben vom Sri Aurobindo Ashram in Pondicherry, Indien.

Wahrnehmungen körperloser Wesenheiten. Visionen von Engeln, Dschinns, Devas und anderen außerkörperlichen Wesen sind in nahezu allen Kulturen geschichtlich belegt. Die meisten Schilderungen können sicherlich als Einbildungen abergläubischer Menschen abgetan werden, aber bei einigen ist das nicht so einfach möglich. Über Begegnungen mit Phantomgestalten berichten beispielsweise auch Langstreckenläufer, Seefahrer, Entdecker und Abenteurer, die nicht zu okkulten Erfahrungen tendieren. Dies geschah auch 1975 bei der erfolgreichen Besteigung des Mount Everest durch ein britisches Team, dessen Mitglieder Doug Scott und Nick Estcourt „Phantomgefährten" spürten. Scott fühlte eine Gegenwart, die die Gruppe über eine Art geistige Sprache führte und sie vor kommenden Gefahren warnte. „Ich unterhielt mich geistig mit ihm", schrieb er; „... es kam mir vor wie eine Ausdehnung meines Verstandes über meinen Schädel hinaus."[35] Estcourt jedoch berichtete über eine andere Erfahrung:

Ich befand mich etwa 60 Meter oberhalb des Lagers, als ich mich umdrehte. Ich kann mich nicht erinnern, warum, aber vielleicht hatte ich das Gefühl, daß mir jemand folgte. Jedenfalls drehte ich mich um und sah diese Gestalt hinter mir ... Er sah wie ein gewöhnlicher Bergsteiger aus, weit genug hinter mir, daß ich nicht merkte, wie er an dem Fix-Seil kletterte, aber doch nicht zu weit entfernt. Ich konnte seine Arme und Beine sehen und nahm an, daß mich jemand einzuholen versuchte.

Ich hielt an und wartete auf ihn. Daraufhin schien auch er anzuhalten oder sich sehr, sehr langsam zu bewegen; er versuchte nicht, mir ein Zeichen zu geben oder zu winken; ich rief nach unten, bekam aber keine Antwort, und so dachte ich mir schließlich: „Was soll's, ich mache am besten, daß ich weiterkomme." Ich fragte mich, ob es vielleicht Ang Phurba war, der vom Camp 2 heraufstieg in der Hoffnung, uns alle in Camp 5 zu überraschen, wenn wir am Morgen dort ankämen.

Ich kletterte weiter, wandte mich aber auf dem Weg zum ehemaligen Camp 4 drei oder vier Mal um ... und diese Gestalt war immer noch hinter mir. Es war eindeutig eine Gestalt mit Armen und Beinen, und ich kann mich erinnern, daß ich sie einmal hinter einer leichten Welle des Abhangs sah, wie zu erwarten von der Taille an aufwärts, den Unterkörper in einer kleinen Vertiefung verborgen.

Ich wandte mich erneut um, als ich das ehemalige Camp 4 erreichte. Hier war niemand. Es war mir unheimlich; ich war nicht sicher, ob nicht vielleicht jemand abgestürzt war; er konnte nicht die Zeit gehabt haben, umzukehren und das Seil hinunter aus meiner Sichtweite zu verschwinden, da ich fast die gesamte Strecke bis zu Camp 4 überblicken konnte.[36]

Estcourts lebhafte, stete Wahrnehmung eines Phantomgefährten and Scotts wiederholtes Empfinden der Anwesenheit einer körperlosen Präsenz, so bemerkenswert an sich, bekamen noch einen seltsameren Beigeschmack, als bekannt wurde, daß ein bekannter psychischer Forscher, C.J. Williamson, anscheinend eine Vorhersage der Ereignisse empfangen hatte. 1974, während einer Sitzung mit automatischem Schreiben, hatte Williamson nach Einzelheiten der Everest-Expedition von 1924 gefragt, bei der die britischen Bergsteiger Mallory und Irvine umgekommen waren. Die körperlose Wesenheit, die er empfing, gab auf seine Frage hin an, daß die beiden Bergsteiger den Gipfel des Mount Everest erreicht hatten, bevor sie verschwanden, und sagte dann ein zukünftiges Geschehen voraus: „Es kamen Hinweise durch“, schrieb Williamson, „daß sich während der britischen Expedition 1975 irgend etwas Übersinnliches auf dem Berg ereignen sollte.“[37] Später erhielt Williamson eine weitere Mitteilung durch automatisches Schreiben,

> eine Botschaft von solcher Bedeutung, daß ich sie am 17. Januar 1975 in einem versiegelten Umschlag im Safe der Bank of Scotland Ltd. in Lerwick hinterlegte. Dieses Schreiben blieb dort ungeöffnet, bis ich nach der Rückkehr der Expeditionsteilnehmer durch Presse und Fernsehen erfuhr, daß einige der Bergsteiger tatsächlich etwas Seltsames erlebt hatten.[38]

Als er von den Visionen der Bergsteiger hörte, nahm Williamson Kontakt mit John Beloff von der Universität in Edinburgh auf, dem damaligen Präsidenten der *Society for*

Psychical Research, und bat ihn, sein versiegeltes Schreiben zu öffnen. Beloff tat dies in Anwesenheit eines Zeugen und las die folgenden Zeilen:

> Bonington wird nicht enttäuscht sein, selbst wenn sie den Gipfel nicht erreichen sollten. Sie werden mit besseren Nachrichten als dieser zurückkehren. Auf dem Berg werden sie andere sehen, die nicht zu ihrer Gruppe gehören und die nicht einfach in einem wirklichen Körper dort sein können. Er wird dir alles nach seiner Rückkehr erzählen. Du fragst, ob sie den Gipfel erreichen werden? Das Wetter wird schwierig sein, und Eis wird brechen, einigen wird Unglück zustoßen, aber Bonington wird sicher zurückkehren. Hastie – oder Haston? – wird in sehr großer Gefahr sein, und ich fürchte um seine Sicherheit.[39]

Die Mitteilung war insofern zutreffend, als der Expeditionsleiter Chris Bonington sicher zurückkehrte und ein Mitglied der Gruppe starb. Ein anderer Teilnehmer, Dougal Haston, war unter den ersten, die den Gipfel erreichten, mußte dann aber die Nacht ohne Sauerstoff in einem Biwak verbringen – in einer Höhe, in der dies noch niemand zuvor gewagt hatte. Er überlebte, hatte sich aber tatsächlich in Lebensgefahr befunden. Das Erstaunlichste an Williamsons Mitteilung war jedoch die Voraussage, sie würden „andere sehen, die nicht zu ihrer Gruppe gehören, und ... nicht einfach in einem wirklichen Körper dort sein können“. In seinem eigenen Bericht wies Bonington die Möglichkeit von sich, daß Estcourt seinen Phantomgefährten aufgrund mangelnder Gewöhnung an die Höhe halluziniert habe, und nahm statt dessen an, daß Estcourt ein übersinnliches Erlebnis hatte, das entweder mit dem Tod eines anderen

Expeditionsmitglieds (der sich später an jenem Tag ereignete) oder einer weiter zurückliegenden Tragödie in Zusammenhang stand. Bonington schrieb, daß Estcourt sich nahe der Stelle befand, an der ein Sherpa, „der sehr eng mit Nick zusammengearbeitet hatte ..., in einer Lawine umgekommen war".[40] Jedenfalls deuten Scotts lebhaftes Empfinden einer unsichtbaren Präsenz, Estcourts stete Wahrnehmung einer Phantomgestalt und Williamsons versiegelte Voraussage übereinstimmend darauf hin, daß etwas an diesen bemerkenswerten Geschehnissen beteiligt war, das über bloße Halluzinationen hinausgeht.

Der amerikanische Abenteurer Joshua Slocum segelte als erster mit seiner elf Meter langen Jolle *Spray* allein um die Welt – von Boston, das er am 24. April 1895 verließ, nach Gibraltar, von dort zurück nach Südamerika und um das Kap Horn – einmal war er 72 Tage auf See, ohne einen Hafen anzulaufen – und weiter nach Südafrika, über den Atlantik in Richtung Vereinigte Staaten, wo er seine Reise am 27. Juni 1898 in Newport, Rhode Island, beendete. Slocums Bericht *Sailing Alone Around the World* (dt. *Allein um die Welt*), zuerst in *The Century Illustrated Monthly* (1899–1900) erschienen, ist eine klassische Abenteuergeschichte. Slocum schildert darin ein Erlebnis, das in die Annalen der Gespensterschiffahrt einging:

Sonst bin ich vorsichtig auf See. Aber in dieser Nacht ließ ich trotz des aufkommenden Sturms die Segel oben und sicherte nur die Schoten; auch mit zwei Reffs war das für so schweres Wetter zuviel Zeug. Mit einem Wort: Ich hätte beidrehen sollen, tat es aber nicht. Statt dessen ließ ich das zweifach gereffte Großsegel und den ganzen Klüver stehen, und die Slup steuerte sich damit allein. Dann ging ich wirklich nach unten und warf mich mit großen Schmerzen auf den Kajütboden. Wie lange ich da gelegen habe, weiß ich nicht, denn ich fing an zu phantasieren. Als ich, wie es mir vorkam, aus meiner Ohnmacht erwachte, merkte ich, daß die Slup in einer schweren See stampfte. Und als ich aus dem Niedergang schaute, sah ich einen hochgewachsenen Mann am Ruder. Wie ein Schraubstock hielt seine Hand die Speichen des Steuerrads. Man kann sich mein Erstaunen vorstellen. Er war aufgeputzt wie ein fremder Seemann, seine große rote Mütze hing über das linke Ohr herunter, und sein ganzes Gesicht war von einem zotteligen schwarzen Bart bedeckt. Überall auf der Erde hätte man ihn für einen Piraten gehalten. Als ich auf diese furchterregende Erscheinung starrte, vergaß ich den Sturm und fragte mich, ob er mir wohl die Kehle durchschneiden würde. Diesen Gedanken schien er zu erahnen. „Señor", sagte er und nahm seine Mütze ab, „ich will Ihnen nichts tun." Und ein Lächeln, sehr schwach zwar, aber immerhin doch ein Lächeln, spielte auf seinem Gesicht, das beim Sprechen jetzt gar nicht mehr so unfreundlich aussah. „Ich werde Ihnen nichts tun. Ich habe zwar ‚frei' gesegelt", sagte er, „aber ich war nie etwas Schlimmeres als ein *contrabandista.* Ich bin einer aus der Mannschaft des Kolumbus. Ich bin der Steuermann der *Pinta* und gekommen, Ihnen zu helfen. Legen Sie sich ruhig hin, Señor Kapitän, ich werde Ihr Schiff heute nacht führen. Sie haben eine *calentura,* aber morgen werden Sie wieder wohlauf sein." Ich dachte, was für ein Teufelskerl er doch sein mußte, jetzt noch soviel Segel stehenzulassen. Und als ob er wieder meine Gedanken gelesen hätte, rief er aus: „Da voraus ist die *Pinta,* wir müssen sie überholen. Gib ihr Segel! Gib ihr Segel! *Vale, vale, muy vale!*" Und indem er ein großes

Stück schwarzen Kautabaks abbiß, sagte er: „Das war falsch, Kapitän, Käse und Pflaumen durcheinander zu essen. Weißkäse ist nie geheuer, wenn Sie nicht wissen, woher er kommt. *Quien sabe*, vielleicht ist er von *Leche de Capra* und ist eben kapriziös geworden ..."

„Genug jetzt!" schrie ich. „Ich bin nicht in der Verfassung für Gardinenpredigten."

Ich drehte mich um, schob mir eine Matratze zurecht und legte mich darauf statt auf den harten Boden; dabei ließ ich jedoch meinen seltsamen Gast nicht aus den Augen. Der beruhigte mich noch einmal, ich würde „nur Schmerzen und *calentura*" haben, kicherte und sang dann ein wildes Lied:

Hoch geht die See, wütet und schäumt,
Hoch klingt des Sturmes Rumoren!
Hoch der wilde Seevogel schreit!
Hoch die Azoren!

Ich glaube, ich war jetzt auf dem Wege der Besserung, denn ich wurde mürrisch und beschwerte mich: „Ich finde dein Gejaule abscheulich. Deine ‚Azoren' sollten auf der Schlafstange hocken, wo alle anständigen Vögel hingehören!" Ich bat ihn, falls es noch mehr Strophen geben sollte, den Rest des Liedes mit einem Tampen abzuwürgen. Immer noch war ich im Wahn. Riesige Seen brachen über der

Spray, doch mein Fieberhirn machte aus ihnen Boote, die auf Deck fielen, weil unvorsichtige Fuhrleute sie von den Wagen auf die Pier fallen ließen, an der die *Spray* festgemacht war, allerdings ohne Fender. „Ihr werdet eure Boote zerschmeißen!" rief ich wieder und wieder, wenn die Seen auf das Kajütdach über meinem Kopf krachten. „Ihr werdet eure Boote zerschmeißen, aber der *Spray* könnt ihr nichts anhaben. Sie ist zu stark."

Als Leibschmerzen und *calentura* vorüber waren, fand ich, daß das Deck nun von überkommenden Seen so weiß wie Haifischzähne war; alles, was nicht niet- und nagelfest war, hatten sie fortgeschwemmt. Am hellichten Tag sah ich nun zu meinem Erstaunen, daß die *Spray* noch immer den Kurs hielt, auf den ich sie gelegt hatte, und wie ein Rennpferd auf ihm voranjagte. Kolumbus selbst hätte sie nicht besser auf ihrem Kurs halten können. Durch die grobe See hatte die Slup in der Nacht 90 Meilen gutgemacht ... Eine Mittagshöhe und die Distanz auf dem Patentlog, das ich immer nachschleppte, zeigten mir, daß die Slup die ganzen 24 Stunden Kurs gehalten hatte ... Ich hängte nur meine nassen Kleider hinaus in die Sonne, legte mich auch dort nieder und schlief ein. Wer sollte mich denn sonst besuchen außer meinem alten Freund aus der vergangenen Nacht, diesmal allerdings im Traum. „Das war gut, daß Sie letzte Nacht meinen Rat befolgt haben", sagte er. „Und wenn Sie wollen, kann ich auf dieser Reise öfter mit Ihnen fahren – nur so aus Abenteuerlust." Als er mit seinem Spruch zu Ende war, nahm er wieder seine Mütze ab und verschwand so geheimnisvoll, wie er gekommen war; wahrscheinlich kehrte er auf sein Geisterschiff *Pinta* zurück. Ich erwachte erfrischt und mit dem Gefühl, daß ein Freund und Seemann mit großer Erfahrung bei mir gewesen war. Dann sammelte ich meine Kleider ein, die inzwischen trocken geworden waren, und warf wie in einer Eingebung die restlichen Pflaumen über Bord.[41]

Slocums Erlebnis kann natürlich auf verschiedene Arten interpretiert werden. Vielleicht hatte er ganz einfach Glück gehabt, und sein hochgewachsener Seemann war eine Halluzination. Doch seine Vision entspricht den Erfahrungen anderer Abenteurer. Charles Lindbergh zum Beispiel begegnete Geistwesen auf seinem Pionierflug über den Atlantik. Obgleich er diese Begegnung in seinem ersten, 1927 veröffentlichten Buch *We, Pilot and Plane* (dt. *Wir zwei*) verschwieg, beschrieb er sie sehr detailliert in seinem zweiten, *The Spirit of St. Louis* (dt. *Mein Flug über den Ozean*), das 26 Jahre später erschien:

Während der überirdischen Spanne Zeit, in der ich – halb wach, halb im Schlaf – auf die Instrumente starre, füllt sich die Kabine hinter mir mit Geistern – verschwommenen, transparenten Gestalten, die sich schwebend regen und mich gewichtslos begleiten. Ihre Erscheinung überrascht mich nicht... Ohne den Kopf zu drehen, sehe ich sie so klar, als ob sie in meinem normalen Gesichtsfeld lägen. Auch meine Sicht also ist nicht mehr begrenzt – ein einziges großes Auge ist nun mein Schädel – ein Auge, das gleichzeitig überallhin blickt.

Die Phantome sprechen mit menschlicher Stimme – freundliche Schatten, wie Nebel, ohne Substanz, jederzeit in der Lage, zu erscheinen und zu verschwinden. Die Wände des Rumpfes sind für sie

keine Wände. Bald stehen sie dicht gedrängt hinter mir; bald sind nur ein paar von ihnen da. Erst lehnt der eine sich, dann ein anderer nach vorne, an meine Schulter, um über das Motorgeräusch hinweg mit mir zu sprechen, und zieht sich danach wieder auf die Gruppe dahinter zurück. Zuweilen kommen die Stimmen direkt aus der Luft, deutlich, doch von weither, nach einer Reise durch Räume, für die eine menschliche Meile kein Maßstab ist; vertraute Stimmen, die meinen Flug mit mir besprechen, mir technische Ratschläge erteilen, Probleme der Navigation mit mir diskutieren; die mich beruhigen; die mir Botschaften überbringen, wie sie im wirklichen Leben unerhältlich sind ...

Ich bin auf der Grenze zwischen dem Leben und einem größeren Reiche jenseits; bin wie im Gravitationsfeld zweier Planeten zugleich verfangen; von Kräften geführt, auf die ich keine Einwirkung habe; Kräften so leicht an Gewicht, daß keine der mir zur Verfügung stehenden Methoden sie wägen kann; Kräften, die eine Macht darstellen, wie sie mir in dieser Stärke bisher nie begegnet ist.[42]

Lindbergh, Slocum, Estcourt und Scott waren vor ihren seltsamen Begegnungen an der Grenze ihrer Belastbarkeit angelangt. Sie waren erschöpft und kämpften darum, wach zu bleiben. Es ist denkbar, daß dieses Zusammentreffen von Belastung und Schlafmangel sie für übersinnliche „Besucher" empfänglich machte. Ihre Not schien ihre Sinne zu verändern und sie für ungewöhnliche Wahrnehmungen zu öffnen. Auch Ernest Shackleton spürte 1916 auf seiner berühmten Expedition zum Südpol einen Phantomgefährten:

Wenn ich an jene Tage zurückdenke, habe ich keinen Zweifel, daß uns die Vorsehung leitete, nicht nur über jene Schneefelder, sondern auch über die sturmgepeitschte See, die Elephant Island von unserem

Landeplatz auf South Georgia trennte. Ich weiß, daß es mir auf diesem langen und kräftezehrenden Marsch von 36 Stunden oft so vorkam, als wären wir zu viert statt zu dritt. Ich erzählte meinen Begleitern damals nichts davon, aber später sagte Worsley zu mir: „Boß, ich hatte auf dem Marsch das merkwürdige Gefühl, daß noch jemand bei uns war." Crean gestand dasselbe ein. Man fühlt „die Unzulänglichkeit menschlicher Worte, die Grobheit vergänglicher Sprache", wenn man versucht, etwas Nicht-Greifbares zu beschreiben, doch ein Bericht unserer Reise bliebe ohne die Erwähnung jener Begebenheit, die uns sehr naheging, unvollständig.[43]

Shackletons Eindruck wurde von F. A. Worsley bestätigt, der schrieb:

... jeder Schritt jener Reise ist mir deutlich in Erinnerung, und selbst jetzt ertappe ich mich dabei, wie ich die Teilnehmer unserer Expedition zähle – Shackleton, Crean und ich und – wer war der andere? Wir waren selbstverständlich nur zu dritt, aber es ist merkwürdig, daß wir immer, wenn wir uns an die Überquerung zurückerinnern, an einen vierten denken und uns dann verbessern.[44]

Alle diese berühmten Abenteurer – Slocum, Lindbergh, Estcourt und Scott, Shackleton und seine Begleiter – nahmen Phantomgestalten wahr oder spürten die Anwesen-

heit unsichtbarer Wesen, die sie später nicht mehr losließen. Gemeinsam mit ähnlichen Erfahrungen religiöser Persönlichkeiten und anderer Abenteurer legen ihre Visionen und die in merkwürdiger Weise übereinstimmenden Begebenheiten, die sie in einigen Fällen begleiten, nahe, daß Menschen tatsächlich körperlose Wesenheiten wahrnehmen können. Diese Wesenheiten scheinen einmal feindlich, dann wieder freundlich gesonnen zu sein. Sie können, wie Slocums hochgewachsener Seemann, in extremen Situationen Hilfe leisten. Manchmal gewähren sie Trost, stellen bequeme Lösungen in Frage, übermitteln Informationen, weisen darauf hin, daß das Leben Dimensionen hat, die über das Reich der normalen Sinne hinausgehen, oder sie versetzen den Perzipienten in Ekstase. Einige Menschen scheinen die Fähigkeit entwickelt zu haben, sie wahrzunehmen. In Kapitel 5.5 beschreibe ich die Schulung dieser Fähigkeit bei Emanuel Swedenborg und Stainton Moses.*

Metanormale Auditionen. Die Fähigkeit, Geräusche oder Klänge zu hören, für die es keine erkennbare physikalische Ursache gibt, bildet eine weitere Form sich entfalten-

* In allen religiösen Traditionen werden Phantomgestalten seit langem bezeugt, ihre mannigfaltige Beschreibung findet sich in den Veröffentlichungen der psychischen Forschung, und es gibt eine große Zahl spekulativer Überlegungen über ihr Wesen und das, was sie hervorruft. Da die menschliche Wahrnehmung von der gewohnheitsmäßigen Geisteshaltung geprägt wird, geht man beispielsweise davon aus, daß körperlose Wesenheiten entsprechend des betreffenden Kulturkreises als Engel, Dschinns, Devas, Elfen oder (heute) als UFOs wahrgenommen werden – und ebenso, daß solche Wesenheiten – falls sie tatsächlich existieren – selbst gemäß den Erwartungen und der Geisteshaltung des Perzipienten Gestalt annehmen. Siehe Kapitel 9.

der metanormaler Wahrnehmung. In seinen *Phantasms of the Living* (dt. *Gespenster Lebender*) führte der bahnbrechende psychische Forscher Edmund Gurney verschiedene Fälle an, in denen eine oder mehrere Personen Musik hörten, während ein Freund oder Verwandter starb. Eine Mrs. Lucia Stone wiederum erzählte folgendes:

Am 13. Januar 1882 fuhr mein ältester Sohn, der uns besucht hatte, morgens mit dem Zug zurück nach Hause; ich wußte aber nicht die genaue Zeit, zu der er an seinem Bestimmungsort ankommen sollte. Am Nachmittag desselben Tages, als meine Tochter in den Nachbarort gegangen war, ... saß ich an einem Fenster, dessen obere Klappe offenstand, bei der Arbeit. Plötzlich hörte ich ganz deutlich die Stimme meines Sohnes, ich konnte mich nicht irren. Er klang ungeduldig und so, als wäre er verärgert. Die Stimme schien mir durch einen Windhauch zugetragen, doch ich konnte keine einzelnen Worte ausmachen. Ich erschrak, war aber nicht sehr besorgt – die Stimme schien nicht auf einen Unfall oder ein anderes Unglück hinzudeuten. Ich sah auf meine Uhr, die drei Minuten nach drei anzeigte. Nach ein paar Sekunden hörte ich seine Stimme ein zweites Mal, sie wurde aber immer leiser und verlor sich in der Ferne ... Ich war sehr dankbar, als ich am nächsten Morgen eine Postkarte von meinem Ältesten erhielt: „Gut angekommen, Zug sehr pünktlich, genau drei Minuten nach drei; aber zu meinem Ärger wartete weder ein Wagen auf mich noch mein Gepäck, nur Frank auf seinem Fahrrad." Er schrieb, daß

sie sich in der Zeit geirrt hätten, weil sie auf die Bahnhofsuhr gesehen hatten (die eine Stunde nachging) und wieder weggefahren waren.[45]

Ein Mr. Fryer aus Bath erzählte für Gurneys Sammlung folgendes Erlebnis:

Einer meiner Brüder war bereits drei oder vier Tage von zu Hause fort, als ich eines Nachmittags um halb sechs (oder um diese Zeit herum) zu meinem Erstaunen sehr deutlich meinen Namen rufen hörte. Ich erkannte die Stimme meines Bruders so eindeutig, daß ich im ganzen Haus nach ihm suchte; aber da ich ihn nicht fand und in der Tat nur zu genau wußte, daß er sich gute 65 Kilometer entfernt befinden mußte, schrieb ich den Vorfall letztendlich einer Eingebung meiner Phantasie zu und dachte nicht mehr daran. Bei seiner Rückkehr am sechsten Tag erzählte mein Bruder jedoch unter anderem, daß er nur knapp einem schlimmen Unfall entgangen war. Scheinbar hatte er, als er aus dem Zugabteil stieg, den Halt verloren und war der Länge nach auf den Bahnsteig gefallen; er hatte sich mit den Händen abfangen können, und außer einem Schrecken war ihm nichts passiert. „Merkwürdigerweise", sagte er, „rief ich deinen Namen, als ich fiel." Zuerst konnte ich nichts daraus schließen, doch als er auf meine Frage, wann an jenem Tage sich dies zugetragen hatte, die Zeit nannte, entsprach diese genau dem Moment, in dem ich ihn hatte nach mir rufen hören.

Fryer erzählte Gurney, daß er seinen Bruder schon häufig dafür gescholten hatte, daß er von fahrenden Zügen absprang und daß sich das automatische Rufen seines Namens bei dieser Gelegenheit so erklären ließe. Fryers Bruder bestätigte den Vorfall und stimmte der Erklärung seines Bruders zu.[46]

Ein anderes Beispiel für außergewöhnliche Auditionen wurde von Freunden des sterbenden Goethe geschildert. Der folgende Bericht stammt aus Professor Ernesto Bozzanos *Phénomènes Psychiques au Moment de la Mort*:

Am 22. März, um etwa zehn Uhr abends, zwei Stunden vor Goethes Tod, hielt ein Wagen vor dem Haus des großen Dichters. Eine Dame stieg aus, eilte zum Eingang und fragte den Diener mit zitternder Stimme: „Ist er noch am Leben?" Es war die Gräfin V., eine leidenschaftliche Verehrerin des Dichters, der sie aufgrund ihrer angenehmen und lebhaften Konversation immer freudig empfing. Während sie die Stufen hinaufging, hielt sie plötzlich inne, lauschte und fragte dann den Diener: „Was! Musik in diesem Haus? Gütiger Himmel, wie kann man an solch einem Tag Musik machen?" Der Mann lauschte ebenfalls, aber er war blaß geworden und hatte angefangen zu zittern, und er gab keine Antwort. Unterdessen hatte die Gräfin den Salon durchquert und war in das Studierzimmer eingetreten, zu dem nur ihr der Zutritt gestattet war. Frau von Goethe, die Schwägerin des Dichters, kam ihr entgegen, um sie zu begrüßen: Die beiden Frauen fielen einander in die Arme und brachen in Tränen aus. Alsbald fragte die Gräfin: „Sagen Sie, Ottilie, als ich die Stufen hinaufkam, hörte ich Musik im Haus. Warum? Warum? Oder habe ich mich geirrt?"

„So, Sie haben es auch gehört?" antwortete Frau von Goethe. „Es ist unerklärlich! Seit gestern morgen erklingt zeitweilig eine geheimnisvolle Musik, die uns in die Ohren und in die Glieder dringt." In eben dem Moment vernahmen sie von oben, wie aus einer höheren Sphäre, süße und anhaltende musikalische Klänge, die nach und nach schwächer wurden, bis sie sich ganz verloren.

Im selben Moment kam Jean, der Kammerdiener, aus dem Zimmer des Sterbenden, tiefbewegt von den Klängen, und fragte: „Haben Sie es gehört, Madame? Diesmal kam die Musik aus dem Garten, ertönte direkt vor dem Fenster."

„Nein", sagte die Gräfin, „sie kam aus dem Nebenzimmer."

Sie zogen die Vorhänge zurück und sahen hinaus in den Garten. Ein leichter, kaum hörbarer Wind strich durch die kahlen Zweige der Bäume. In der Ferne konnte man einen Karren auf der Straße fahren hören, es war aber nichts zu sehen, das hätte erklären können, woher die rätselhafte Musik kam.

Dann begaben sich die beiden Freundinnen in den Salon, aus dem sie die Musik zu vernehmen glaubten, ohne jedoch etwas Ungewöhnliches zu entdecken. Während sie immer noch eifrig suchten, vernahmen sie erneut eine Folge herrlicher Harmonien. Dieses Mal schienen sie aus dem Studierzimmer zu kommen.

Die Gräfin ging zurück in den Salon und sagte: „Ich glaube kaum, daß ich mich irre; es muß ein Quartett sein, das in einiger Entfernung Musik spielt, die von Zeit zu Zeit bis zu uns dringt."

Aber Frau von Goethe bemerkte ihrerseits: „Im Gegenteil, mir scheint, als hörte ich ein Klavier, deutlich und ganz in der Nähe. Heute morgen war ich mir so sicher, daß ich den Diener zu meinen Nachbarn schickte mit der Bitte, das Klavierspiel aus Rücksicht auf den Sterbenden einzustellen. Aber sie sagten alle das gleiche – daß sie um den Zustand des Dichters wüßten und viel zu bekümmert wären, um auch nur im Traum daran zu denken, seine letzten Stunden durch Klavierspielen zu stören."

Plötzlich war wieder Musik zu vernehmen, zart und süß, diesmal scheinbar in dem Raum, in dem sie sich befanden. Nur erschien es der einen wie der Klang einer Orgel, der anderen wie Choralgesang und einen dritten wie … die Klänge eines Klaviers. Ein Herr S., der sich in dem Moment mit Doktor B. in der Halle befand, um den ärztlichen Befund zu unterschreiben, sah seinen Freund überrascht an und fragte ihn: „Spielt da jemand eine Konzertina?"

„Es scheint so", antwortete der Arzt. „Vielleicht vergnügt sich jemand in der Nachbarschaft."

„Nein", sagte Herr S., „wer immer da spielt, befindet sich auf jedem Fall in diesem Haus."

Auf diese Weise erklang die seltsame Musik wieder und wieder, bis zu dem Moment, in dem Johann Wolfgang von Goethe seinen letzten Atemzug tat – manchmal ertönte sie nach langen Pausen wieder, dann gleich nach einer kurzen Pause, mal aus der einen, dann aus der anderen Richtung, aber immer schien sie aus dem Haus selbst oder aus der Nähe zu kommen. Alles Suchen und Erkunden – unternommen, um das Geheimnis zu lüften – war vergebens.[47]

Über herrliche und aufschlußreiche Klänge wird oft im Zusammenhang mit religiösen Größen berichtet. Der heilige Guthlac soll Engelsgesang gehört haben, als er starb; die heilige Therese von Lisieux hörte himmlische Musik auf ihrem Totenbett; Joseph von

Copertino hörte an dem Tag, bevor er starb, eine Glocke, die ihn zu Gott rief.[48] Der englische Mystiker Richard Rolle (1290–1349) beschrieb in seinem Essay *The Fire of Love* eine Musik, die sich ihm im Gebet offenbarte:

Als ich denn in der gleichen Kapelle saß und vor dem Essen Psalmen rezitierte, hörte ich über mir die Geräusche von Harfenspielern oder vielleicht von Sängern. Und als ich mich mit ganzem Herzen den himmlischen Dingen im Gebet widmete, nahm ich – ich weiß nicht wie – in mir eine Melodie und eine wonnige Harmonie vom Himmel her wahr, die in meinem Geist verweilte. Denn meine Gedanken wurden sogleich in Gesang verwandelt, und auch wenn ich betete und Psalmen sang, ertönte ebenderselbe Klang.[49]

Supraphysische oder „himmlische" Musik, wie Rolle sie beschreibt – im Sanskrit als *nad* bezeichnet –, hat seit jeher in hinduistisch-buddhistischen Lehren einen hohen Stellenwert inne. Ihre Rhythmen und Harmonien, in religiöser Hingabe offenbart, steigen zu wachsender Erhabenheit auf und durchdringen das Universum. Bestimmten Überlieferungen des Yoga zufolge stehen wir alle mit *nad* in Verbindung, so als wären wir im verborgenen im Einklang mit einer ständigen Hintergrundmusik. Sorgen, Freude, Zorn, Triumphgefühl, ja alle unsere Stimmungen werden insgeheim durch sie verstärkt. Diese Lehre ist in der Nada-Bindu Upanishad des Rigweda zusammengefaßt, nach der uns die Konzentration auf supraphysische Klänge über das normale Bewußtsein erhebt, metanormales Hörvermögen hervorbringt und uns zu einem außergewöhnlichen Leben leitet.[50]

Metanormales Tastempfinden. Außergewöhnliche Eindrücke unseres Tastsinns wurden von modernen psychischen Forschern wie auch religiösen Ekstatikern beschrieben. Frederic Myers stellte zum Beispiel fest, daß bestimmte Erfahrungen der Berührung, für die es keine erkennbare physikalische Ursache gab, in manchen Fällen telepathische Botschaften signalisierten. Edmund Gurney beschrieb einen solchen, von einem gewissen Reverend Newnham und seiner Frau berichteten Fall:

Im März 1854 beendete ich mein Universitätsstudium zu Oxford [schrieb der Reverend Newnham]. Ich wohnte damals in möblierten Zimmern; heftige neuralgische Kopfschmerzen, die sich gewöhnlich erst mit dem Schlafe verloren, quälten mich zu der Zeit außerordentlich. Eines Abends, es mochte 8 Uhr sein, litt ich in so ungewöhnlich heftigem Grade an diesen Schmerzen, daß ich, als die Schmerzen gegen 9 Uhr geradezu unerträglich geworden waren, in mein Schlafzimmer ging und mich mit meinen Kleidern aufs Bett warf, um auch bald in Morpheus' Arme zu sinken.

Da hatte ich nun einen erstaunlich deutlichen und lebhaften Traum; alle Einzelheiten sind auch noch jetzt vollständig klar meinem Gedächtnis eingeprägt. Es kam mir vor, als befände ich mich in der Familie einer Dame zu Gaste, die später meine Frau werden sollte. Die jüngeren Familienmitglieder waren sämtlich zu Bette gegangen, und ich stand noch allein am Kamine im Gespräch mit den Eltern.

Als ich auf den Korridor trat, bemerkte ich, daß man meine Braut unten zurückgehalten haben mußte und daß sie erst jetzt auf den oberen Treppenflur ging. Ich sprang die Treppe hinauf und holte sie auf der oberen Stufe ein, sie mit beiden Armen um die Taille fassend. Obgleich ich, als ich die Treppe hinaufstieg, in der linken Hand einen Leuchter hielt, so hinderte doch dieser Umstand im Traume keineswegs.

Dabei erwachte ich, und in demselben Augenblick schlug es im Hause 10 Uhr.

Der Eindruck, den dieser Traum auf mich hervorgebracht hatte, war ein so lebhafter, daß ich am anderen Morgen sofort meinem Bräutchen ganz genau darüber Mitteilung machte. Ihr Brief hatte sich mit meinem gekreuzt.

„Hast Du", schreibt sie, „gestern abend gegen 10 Uhr scharf an mich gedacht? Als ich die Treppe hinaufging, hörte ich deutlich Deine Schritte mir nachkommen und fühlte, wie Du mich um die Taille faßtest."

Wenn auch diese Briefe nicht mehr vorhanden sind, so sind dennoch die Tatsachen einige Jahre darnach von uns bestätigt worden, als wir uns unsere alten Briefe noch einmal gegenseitig vorlasen, um sie dann dem Feuer zu übergeben. Wir vergewisserten uns damals, daß unsere persönlichen Erinnerungen nicht im geringsten von dem Inhalt der Briefe abwichen. Daher können die oben angeführten Mitteilungen als vollständig genau angesehen werden.

Mrs. Newnham bestätigte den Bericht ihres Mannes:

Ich entsinne mich noch klar des Umstandes, der dem Traumgesicht meines Mannes entspricht. Ich begab mich aus Gewohnheit gegen 10 Uhr schlafen. Kaum war ich jedoch auf dem ersten Podest angelangt, als ich deutlich die Schritte meines Bräutigams vernahm, der rasch hinter mir die Treppe herauf sprang, ebenso klar aber sollte ich auch seine Umarmung spüren. Dies brachte auf mich einen so starken Eindruck hervor, daß ich am folgende Tage sofort einen Brief absandte, worin ich bei meinem Bräutigam anfragte, ob er besonders scharf am vergangenen Abend gegen 10 Uhr an mich gedacht hätte. Wie erstaunte ich nun, als ich von ihm zur selben Zeit einen Brief erhielt, als er den meinigen erhalten mußte. Er beschrieb mir hierin seinen Traum fast mit denselben Worten, welche ich gebraucht hatte, als ich ihm meinen Eindruck von seiner Anwesenheit schilderte.[51]

Supraphysische Eindrücke des Tastsinns werden von vielen hinduistischen, muslimischen und katholischen Heiligen geschildert.[52] Die heilige Theresia von Avila schrieb über ihre Begegnung mit einem flammenden Engel:

In den Händen des mir erschienenen Engels sah ich einen langen goldenen Wurfpfeil, und an der Spitze des Eisens schien mir ein wenig Feuer zu sein. Es kam mir vor, als durchbohre er mit dem Pfeile einigemal mein Herz bis aufs Innerste, und wenn er ihn wieder herauszog, war es mir, als zöge er diesen innersten Herzteil mit heraus. Als er mich verließ, war ich ganz entzündet von feuriger Liebe zu Gott. Der Schmerz dieser Verwundung war so groß, daß er mir die erwähnten Klageseufzer ausprеßte; aber

auch die Wonne, die dieser ungemeine Schmerz verursachte, war so überschwenglich, daß ich unmöglich von ihm frei zu werden verlangen, noch mit etwas Geringerem mich begnügen konnte als mit Gott. Es ist dies kein körperlicher, sondern ein geistiger Schmerz, wiewohl auch der Leib, und zwar nicht im geringen Maße, an ihm teilnimmt. (Theresia von Avila, *Leben von ihr selbst beschrieben,* Kapitel 29, Abschnitt 15)

Obgleich Erfahrungen wie die des Ehepaars Newnham oder der Theresia von Avila sich vielleicht nur in der Vorstellung abspielen oder somatisierte telepathische Interaktionen sind, ist es denkbar, daß einige dieser Erfahrungen von im Traum projizierten Phantomen oder generell körperlosen Wesenheiten ins Leben gerufen werden – was die meisten religiösen Traditionen behaupten.

Weitere Erfahrungen könnten an dieser Stelle hinzugefügt werden, wie die Wahrnehmung des Geruchs der Heiligkeit (siehe beispielsweise 22.7). Wie ich schon sagte, umfaßt diese Übersicht nicht alle Arten außergewöhnlicher Fähigkeiten.

[5.2]
SOMATISCHE BEWUSSTHEIT UND AUTOREGULATION

Alle lebenden Organismen sind für ihr Fortbestehen von einer fein abgestimmten Kommunikation ihrer wesentlichen Bestandteile abhängig. Bei Menschen kann diese Sensibilität durch Biofeedback-Training, somatische Schulung, die Kampfkünste,

Sport, Meditation und andere Methoden erhöht werden. Darüber hinaus zeigen die lange Erfahrung mit diesen Methoden und auch experimentelle Untersuchungen, daß Menschen ihre Fähigkeit der willentlichen Eigenkontrolle mit der Entfaltung somatischer Bewußtheit steigern können. Wir besitzen heute ausreichende Beweise dafür, daß auf jede Erscheinungsform körperlicher Funktionen – sobald man sich dieser gewahr ist – bis zu einem gewissen Grade mit dem Ziel der Heilung oder der Entwicklung neuer Fähigkeiten willentlich Einfluß genommen werden kann. Die Nachweise hierfür werden in Teil II aufgeführt, insbesondere in den Kapiteln 16, 18 und 23.1.

Eine solche Bewußtheit und Fähigkeit zur Autoregulation beruht, wie ich meine, nicht nur auf dem vom Zentralnervensystem ermöglichten kinästhetischen (propriozeptiven) Wahrnehmungsvermögen, sondern ebenso auf einem exsomatischen Kontakt mit den eigenen Körperteilen. In diesem Abschnitt trenne ich somatische Bewußtheit und Fähigkeiten der Autoregulation in zwei Gruppen: erstens jene, die vor allem über die Vorgänge des Zentralnervensystems vermittelt werden, und zweitens jene, die allem Anschein nach auf das Empfangen und Senden von Psi zurückzuführen sind, das heißt auf Hellsehen und Psychokinese. Wie die anderen hier beschriebenen

Fähigkeiten des Menschen können auch diese nach und nach von unbewußten Verzerrungen befreit und der willentlichen Kontrolle zugänglich gemacht werden.

Außergewöhnliche, über das Zentralnervensystem vermittelte somatische Bewußtheit

Biofeedback-Training kann zur Steigerung der kinästhetischen Sensibilität und Kontrolle autonomer Funktionen eingesetzt werden. In Kapitel 16 beschreibe ich die willentliche Regulierung von Vorgängen im Gehirn, des Herzens, der Haut, des Magen-Darm-Trakts und andere durch ein Feedback mit Geräten. Selbst die Aktivität einer einzelnen Nervenzelle kann durch ein solches Training modifiziert werden.

Auch andere Methoden fördern die Sensibilität für Nerven- und Muskelfunktionen. Die Alexander-Technik, Feldenkrais-Methode, Progressive Muskelentspannung, das Autogene Training und Sensory Awareness Training erhöhen beispielsweise die somatische Bewußtheit und Fähigkeit der Autoregulation; mehrere Erfahrungsberichte werden in Kapitel 18 vorgestellt. Frank Jones beschrieb seine Erfahrung mit der Alexander-Technik, die er unter Anleitung von Alexanders Bruder A. R. machte:

Ich war mir schon vorher der Verspannung der Nackenmuskeln bewußt gewesen, wußte aber nicht, daß sich die Spannung als Reaktion auf Reize verstärkte. Jetzt begann sich das Reaktionsmuster – die wachsende Verspannung – von dem neu geschaffenen Hintergrund des Haltungstonus abzuheben, so daß zwischen ihnen eine eindeutige Gestalt-Hintergrund-Beziehung sichtbar wurde. Was die Übungen – so erfuhr ich von A. R. – getan hatten, war, einen großen Teil der „Geräusche“ von dem tonischen „Grund“ zu entfernen, so daß die „Gestalt“ der Anspannung leichter wahrzunehmen war.* Sobald die Gestalt als das angesehen wurde, was sie tatsächlich war – ein Spannungsanstieg als Reaktion auf einen bestimmten Reiz –, konnte sie kontrolliert werden – „gehemmt“ war das Wort, das A. R. gebrauchte.

Nachdem ich das Muster der Verspannung meiner Nackenmuskulatur klar erkannt hatte und begriff, welche Rolle sie bei einer der alltäglichen Bewegungen spielte, begann ich, sie auch bei anderen Bewegungen zu spüren. Sie trat auf, sobald ich mich hinsetzte oder aufstand. Ich bemerkte sie deutlich, wenn ich Treppen stieg, einen Koffer hob, tief Luft holte, einen Brief schrieb. Weniger klar, doch unmißverständlich tauchte das Muster bei allem auf, was ich tat. [Doch] das Muster beschränkte sich nicht auf den Nacken. Dieser war nur der Verteiler, von dem die Spannungszunahme ausging und sich netzartig über andere Körperteile ausbreitete.

Hemmung ist ein negativer Begriff, aber er beschreibt einen positiven Vorgang. Indem man sich weigert, gewohnheitsmäßig auf einen Reiz zu reagieren, setzt man eine Reihe von Reflexen frei, die den Körper strecken und Bewegung ermöglichen. Das unmittelbare Ergebnis der Alexanderschen Hem-

mung ist ein Gefühl von Freiheit, als hätte man ein schweres, jegliche Bewegung behinderndes Kleidungsstück abgelegt.[53]

Sport, Tanz und die Kampfkünste können die Kinästhesie und Autoregulation ebenfalls fördern. Erfahrene Langstreckenläufer passen ihren Schritt flexibel minimalen Veränderungen ihres Muskeltonus an. Segler können den Kurs einer Yacht durch nahezu unmerkliche Verlagerungen ihres Körperschwerpunkts bestimmen. Erstklassige Rodeoreiter bleiben auf bockenden Bullen, Turner machen einen Handstand, und Kunstspringer können durch außergewöhnliches Muskelgefühl glatt ins Wasser eintauchen. Man denke nur an diese wundervollen Ausdrucksformen von Körperbewußtsein und -kontrolle:

- die indischen Kathakali-Tänzerinnen, die gleichzeitig ihre Wangen-, Stirn-, Ohr- und Augenmuskulatur bewegen, komplizierte Gesten mit ihren Fingern ausführen, ihre Bauchmuskeln anspannen und in harmonischer Übereinstimmung mit den anderen Tänzerinnen komplexe Schrittfolgen ausführen können;

* Die von Jones gebrauchte Geräuschmetapher ähnelt dem von einigen Biofeedback-Forschern vorgeschlagenen Geräuschverringerungs-Modell zur Autoregulation. Bei den in Kapitel 16.3 beschriebenen Experimenten von Shurley und Lloyd zum Beispiel wurden äußere Reize (wahrgenommen als Geräusche) dadurch reduziert, daß man die Versuchsperson in einen abgedunkelten, ruhigen Raum setzte, um ihre Aufmerksamkeit für propriozeptive Signale zu erhöhen.

- indianische Trommler, die gleichzeitig unterschiedliche Rhythmen auf verschiedenen Trommeln schlagen;
- ein Bergsteiger, der unter einem Felsüberhang mit seiner linken Hand ein Seil einholt, sich mit der rechten am Haken festhält, sich mit dem einen Fuß hochstemmt und mit dem anderen ausbalanciert;
- ein Running Back [Hinterspieler], der, wenn er an den Knien gepackt wird, in der Luft einen Salto schlägt, einem anderen Angreifer ausweicht und weiterläuft.

Außergewöhnliche Kinästhesie ist jedoch nicht nur auf das Gefühl für die Muskeln oder den Gleichgewichtssinn begrenzt. Sie wird ebenso über das Hören, Schmecken und Riechen vermittelt. Einige Läufer haben mir beispielsweise erzählt, daß sie das Ausmaß des Stresses, unter dem sie stehen, am Geschmack ihres Speichels oder dem Geruch ihres Schweißes erkennen können. Viele Leute behaupten, daß sie wie mit einem inneren Ohr Töne wahrnehmen, die ihre körperliche Verfassung widerspiegeln, zum Beispiel rauschendes Wasser, auflaufende Brandung, Seufzer, Lachen, Glocken, Hörner oder Trommeln. Sportler haben von körperlosen Stimmen erzählt, die ihnen

sagten, welche Spielzüge sie machen oder welchen Weg über einen gefährlichen Berghang sie nehmen sollten,[54] andere berichten von Musik, die sie wissen läßt, auf welche Art sie eine Leistung erbringen können. Bobby Jones meinte beispielsweise, daß er sein bestes Golf spielte, als er seinen Schwung auf eine Melodie abstimmte, die spontan in ihm entstand – als ob die Melodie seine besten Rhythmen für diese Gelegenheit eingefangen hätte. Diese spontan auftretenden Klänge weisen auf Vitalität oder Ermüdung hin, einen ruhigen oder heftigen Stil, einen langsamen oder schnellen Takt. Im hinduistischen und buddhistischen Yoga gibt es ein großes Wissen über solche Klänge oder *shravanas.* In der Nadu Bindu Upanishad heißt es etwa, daß wir in der Lage sind, für ein normales Gehör nicht wahrnehmbare Töne zu erspüren.[55] Durch Übung können wir ihr Anschwellen und Verhallen verfolgen, ihre fast unmerkliche Umwandlung, und so neue Aspekte von Leib und Seele entdecken.

Somatische Bewußtheit wird auch über visuelle Vorstellungsbilder vermittelt. Einige Läufer erzählten mir zum Beispiel, daß sie bei Wettkämpfen oder hartem Training flüchtige, lebhafte Bilder sahen, die sie für Abbildungen ihrer eigenen Venen oder Kapillargefäße hielten.[56] Während intensiver Psychotherapiestunden haben Menschen von flüchtigen Anblicken ihres Inneren erzählt, die nach ihrem Gefühl ihren momentanen physischen Zustand wiedergaben.[57] Der Arzt Carl Simonton beschrieb einen Patienten, der akkurate Zeichnungen seines Halstumors anfertigen konnte, während dieser sich durch Visualisierungsübungen und Strahlentherapie zurückbildete.[58] Und Schüler des Aikido-Lehrers George Leonard haben ein breites Spektrum von Eindrücken geschildert, von denen einige Fotografien in medizinischen Lehrbüchern ähnelten und anscheinend ihre Organe, Gewebe und Zellen darstellten.[59] Diese Berichte, die mir über viele Jahre von Leuten unterschiedlichen Temperaments und Glaubens zugetragen wurden, haben mich zu der Annahme geführt, daß in uns Fähigkeiten des inwendigen Sehens verborgen sind, die auch hinduistischen, buddhistischen und taoistischen Yoga-Adepten zugeschrieben werden. Im nächsten Abschnitt erörtere ich solche Kräfte.

Außergewöhnliche somatische Bewußtheit durch inwendiges Hellsehen

Es gibt Gründe zu der Annahme, daß die Bewußtheit des Körpers neben den rein physischen auch außerkörperliche Komponenten hat. Diese exsomatische Sensibilität, wie das in Kapitel 5.1 erörterte Hellsehen, ist nach der hier verwendeten Definition metanormal oder außergewöhnlich, wenn sie weitgehend frei von Verzerrungen und der bewußten Kontrolle zugänglich geworden ist. Auf ihre tatsächliche Existenz wird in zahlreichen Schriften des hinduistischen, buddhistischen und taoistischen Yoga hingewiesen. So heißt es zum Beispiel, daß es unter den aus der Yoga-Praxis entstehenden

Siddhis einige gibt, durch die wir kleinste Materiepartikel wahrnehmen können, sowohl innerhalb als auch außerhalb des Körpers. Der *anudrishti*-Siddhi – ein Begriff aus dem Sanskrit, der aus *anu*, Atom, und *drishti*, Einsicht, gebildet wird – bezieht sich auf das yogahafte Erkennen kleiner, verborgener oder ferner Dinge, einschließlich der Körperstrukturen. Der *antara-drishti*-Siddhi soll eine Art „Röntgenblick“ in unseren Körper ermöglichen – ebenso wie der *animan*-Siddhi, eine von acht berühmten Kräften, die in mehreren Yoga-Sutras erwähnt wird.* Patanjalis Yoga-Sutras weisen im 26. Sutra des dritten Buches, *Vibhuti Pada*, auf diese Kraft hin.

Inwendiges Hellsehen, falls es dies tatsächlich gibt, würde – wie die außersinnliche Wahrnehmung äußerer Ereignisse – bei den verschiedenen Menschen auch unterschiedlich ausgebildet sein. Die in Kapitel 5.1 erwähnten Untersuchungen von Targ und Puthoff haben gezeigt, daß gewohnheitsmäßige psychische Prozesse – ob bewußt oder unbewußt – die mit Hellsichtigkeit in Verbindung gebrachte Vorstellungskraft beeinflussen und manchmal exakt erscheinende Informationen verzerren können. Eine Versuchsperson der Targ-Puthoff-Experimente meinte, daß das bestimmte Ziel,

* Die *anudrishti*- und *antara-drishti*-Siddhis sind in einem Verzeichnis von Siddhis aufgeführt, das der Philosoph Haridas Chaudhuri, der Gründer des California Institute of Integral Studies in San Francisco, zusammenstellte. Chaudhuri war der Ansicht, daß der *animan*-Siddhi verschiedene Aspekte wie inwendiges Hellsehen innehat, durch das wir die Zellen, Moleküle und atomaren Strukturen unseres Körpers wahrnehmen können. In Gesprächen mit mir beschrieb er diese Fähigkeit detailliert, wobei er sich auf seine tiefe Kenntnis der Yoga-Lehren stützte. Mein Roman *Jacob Atabet* enthält fiktive Schilderungen eines solchen Sehens, das auf persönlichen Erfahrungsberichten basiert, die ich von Sportlern, Meditierenden und Yoga-Schülern erhielt.

in Wirklichkeit ein Swimmingpool, eine Kläranlage sein könne, und hielt ein Autokino mit Lautsprechersäulen für einen Parkplatz voller Parkuhren. Eine andere Versuchsperson bezeichnete eine Fußgängerbrücke als „einen Trog in der Luft“ und beschrieb einen Videobildschirm als einen „schwarzen Kasten in der Mitte eines Zimmers, mit einem Glasbullauge, aus dem Licht dringt“, hielt ihn aber fälschlicherweise für einen Herd oder einen Bestrahlungsapparat.[60]

Experimentelle Ergebnisse wie diese weisen ebenso wie Zeugnisse der hinduistischen, buddhistischen und taoistischen Yoga-Traditionen darauf hin, daß Hellsehen – wie jedes andere außergewöhnliche Funktionsvermögen – von dem Leib-Seele-Komplex geformt wird, in dem es geschieht – mit seiner gesamten genetischen und kulturellen Geschichte. Auf diesen Punkt werde ich immer wieder zurückkommen: *All unsere Fähigkeiten, ob normal oder metanormal, körperlich oder außerkörperlich, unterliegen den durch unsere ererbte oder gesellschaftlich konditionierte Natur hervorgerufenen Beschränkungen und Verzerrungen.* Demnach werden einige Bilder des inwendigen Hellsehens dann exakter sein als andere, wenn sie in geringerem Maße von halb- oder unbewußten psychischen Prozessen gefiltert werden, und sie könnten durch Transformationsübungen verbessert werden – wie es im 26. Sutra des dritten

Buches von Patanjali angedeutet wird. Einige von uns – oder vielleicht wir alle – mögen Teile unseres Körpers durch gelegentlich auftretendes Psi wahrnehmen, jedoch nur undeutlich, während wir sie durch Üben klarer sehen könnten.

Überdies gibt es Grund zu der Annahme, daß wir zusätzlich zu gelegentlichen hellsichtigen Einblicken in unser Inneres in einer ständigen, wenn auch weitgehend unbewußten exsomatischen Wechselbeziehung zu ihm stehen. Psychiater wie Jule Eisenbud und Jan Ehrenwald haben aus ihrer therapeutischen Praxis Beweise dafür vorgelegt, daß Menschen ohne ihr Wissen mit anderen telepathisch interagieren und daß diese Interaktionen häufig Einfluß nehmen auf körperliche Vorgänge (siehe 17.3). Der Theologe David Griffin hat eine große Menge an Daten gesammelt, um die Vorstellung zu untermauern, daß alles Lebende (wie auch Anorganische) über das Senden und Empfangen von Psi (also Psychokinese beziehungsweise Telepathie und Hellsehen) formend aufeinander einwirkt – was sich hauptsächlich außerhalb des Bewußtseins abspielt (siehe 7.2). Solche Untersuchungsergebnisse haben mich zu der Überzeugung geführt, daß wir tatsächlich auf jene Weise Verbindungen zu anderen Menschen und Teilen unseres Körpers knüpfen und daß diese Interaktionen durch Übungen zur Transformation auf die Ebene ständigen Gewahrseins und willentlicher Kontrolle erhoben werden können.

*

Obgleich sie keine überzeugenden Beweise für eine hellsehende Wahrnehmung mikroskopischer Vorgänge erbracht haben, läßt eine Reihe von Versuchen der

Theosophen Annie Besant und Charles Leadbeater darauf schließen, daß der *animan*-Siddhi, das Mikro-Psi, sich experimentell untersuchen ließe. In seinem Buch *Extra-Sensory Perception of Quarks* gibt der Physiker Stephen Phillips einen Überblick über die Besant-Leadbeater-Experimente:

> Von 1895 bis 1933 untersuchten Besant und Leadbeater alle Elemente von Wasserstoff bis Uran und eine Reihe organischer und anorganischer Verbindungen. Bei dieser gewaltigen Aufgabe wurden sie von ihrem Kollegen C. Jinarajadasa unterstützt, der ihre experimentellen Versuche aufzeichnete. Der bekannte Chemiker Sir William Crookes, ein Freund der beiden Forscher, stellte Proben einiger Elemente zur Verfügung. Verschiedene Mineralien wurden in einem Museum in Dresden, Deutschland, untersucht.[61]

Phillips beschrieb einige offensichtliche Übereinstimmungen zwischen den Mikro-Psi-Beobachtungen von Besant und Leadbeater und späteren wissenschaftlichen Entdeckungen. Die beiden Theosophen stellten zum Beispiel 1908 die Behauptung auf, daß einige Elemente wie Neon mehr als nur eine Form hätten – fünf Jahre, bevor der Physiker Soddy den Begriff der Isotopen einführte. Sie scheinen auch die Entdeckung

der Larmor-Präzession, des magnetischen Drehmoments in Atomen, und das Verhalten von geladenen Teilchen in magnetischen Feldern vorweggenommen zu haben. Nach der Durchsicht der umfangreichen, über einen Zeitraum von 33 Jahren in zahlreichen Artikeln und Büchern publizierten Berichte von Besant und Leadbeater kam Phillips zu dem Schluß, daß die beiden Theosophen durchaus akkurate Mikro-Psi-Beobachtungen demonstriert haben könnten.[62] Obgleich diese Experimente nicht speziell auf atomare Vorgänge innerhalb lebender Gewebe ausgerichtet waren, bestätigen sie die Annahme, daß das hellsehende Wahrnehmen von Zellen und ihren Molekülen auf die submolekularen oder sogar subatomaren Ebenen des Körpers ausgedehnt werden könnte.

Insgesamt gesehen ist also denkbar, daß es ein inwendiges Hellsehen gibt, durch das wir eine somatische „Abtastvorrichtung" entwickeln können, ein Mikroskop mit einem Zoom sozusagen, das wir im Dienste der Transformation unseres Körpers auf unsere Organe und Zellen richten können. Wenn es auch weniger Beweise für diese Art von Hellsehen gibt als für andere außergewöhnliche Fähigkeiten – nichtsdestotrotz existieren einige.

[5.3]
FÄHIGKEITEN DES KOMMUNIZIERENS

Im langwährenden Verlauf der hominiden und menschlichen Entwicklung entfalteten sich die Signalsysteme der Primaten zu dem komplexen Repertoire aus Sprache, Gestik und Mimik, das uns befähigt, mit unseren Mitmenschen zu kommunizieren. Unsere Fähigkeit, Informationen und Stimmungen zu vermitteln, entwickelt sich von der frühen Kindheit an und wird – zum Besseren oder Schlechteren – von unseren Eltern, Lehrern und Freunden bis zu dem Tag mitgestaltet, an dem wir sterben. Durch Imitation und Anleitung lernen wir, neue Worte und Sätze zu bilden, unsere Hände zu bewegen, bestimmte Haltungen einzunehmen und unsere Gesichtsmuskeln zu verändern, um unsere Gefühle und Gedanken auszudrücken. Wir lernen mehr oder weniger gut, den geistig-emotionalen Zustand anderer Menschen zu erfassen, so daß wir kreativ auf sie eingehen können. Durch Beziehungen zu unterschiedlichen Menschen erlernen wir neue Formen der persönlichen Interaktion. In Kapitel 6.1 gebe ich einen

Überblick über verschiedene Studien, die die große Bandbreite und Formbarkeit wie auch die alles durchdringende kulturelle Beeinflussung unserer Kommunikationsfähigkeiten deutlich machen. Die Entwicklung der Methoden, mit anderen zu kommunizieren, ist eine überwältigende Errungenschaft der Menschheit.

Die physischen, emotionalen und kognitiven Fähigkeiten, von denen Kommunikation zwischen Menschen abhängt, können mit den verschiedensten Methoden verbessert werden. Die Psychotherapie kann – indem sie unser Verständnis für unser Verhalten, unsere Motive und Triebe fördert – dazu beitragen, klare, einfühlsame und effektive Ausdrucksformen zu entwickeln (17.1, 17.2). Durch körperorientierte Verfahren können Gefühle freigesetzt werden, die sowohl Sprache als auch Gestik bereichern und eine neue Lebendigkeit, Feinheit und einen größeren Spielraum in unsere Interaktion mit anderen bringen (18). Eine dauerhafte Innenschau, ob sie nun von einem Therapeuten, Pädagogen oder Meditationslehrer unterstützt wird, kann Hemmungen unserer Ausdrucksfähigkeiten aufdecken, das Verhaltensrepertoire erweitern, unsere Empathie vertiefen und uns so dabei helfen, unseren Mitmenschen mit mehr Gefühl und Wissen zu begegnen. Diese vielfältigen Resultate einer Transformationspraxis werden in etlichen Artikeln und Büchern beschrieben, aus denen ich in den folgenden Kapiteln zitiere.

Die metanormalen Fähigkeiten des Kommunizierens unterteile ich in zwei Klassen: erstens solche, die in erster Linie von sensorischen Signalen abhängen, und zweitens solche, die weitgehend durch telepathische Interaktion vermittelt scheinen.

Außergewöhnliche, über sensorische Signale vermittelte Fähigkeiten des Kommunizierens

Einige Männer und Frauen teilen ihren Humor auf eine magische Weise mit, die sich nicht analysieren läßt. Sie bringen uns zum Lachen durch eine Kombination aus Haltungen, Gesten, Gesichtsausdrücken, Stimmodulationen, Redewendungen, bildlichen Vorstellungen und anderen Mitteln, deren Gesamtwirkung sich nur schwer – wenn überhaupt – erklären läßt. Die Fähigkeit eines Harpo Marx, W.C. Fields, Jonathan Winters oder einer Whoopi Goldberg, die absurden, ironischen oder grotesken Aspekte des Lebens aufzudecken, hat etwas Geniales an sich. Große Komödianten oder Humoristen und auch weniger komisch begabte Menschen können Bilder erfinden, die außergewöhnlich sind. Solche Inspirationen vermögen Konflikte zu lösen, ein neues Verständnis für bestimmte Ereignisse zu wecken und durch Lachen eine völlig neue Dimension des Lebens sichtbar zu machen. Wie andere Formen außergewöhn-

licher menschlicher Aktivität scheint manch zündender Humor und Witz von Kräften jenseits des normalen Selbst verliehen zu sein.

Und dieselbe undefinierbare Fähigkeit des Kommunizierens wird auch bei anderen Formen des menschlichen Austauschs offenbar. Man denke nur an Mozart, Bach oder Beethoven – das bloße Nennen ihrer Namen beschwört einzigartige Welten herauf, die sie – und nur sie – uns vermittelt haben. Ihre musikalischen Botschaften sind in der Tat so wichtig für die Menschheit, daß sie heute in jedem Moment irgendwo auf der Welt wiedergegeben werden. Gleichermaßen gilt dies für Sophokles und Dante, die Autoren des Alten und Neuen Testaments und die Seher, die die Upanischaden verfaßten. Nach der indischen Yoga-Lehre ist der *vak*-Siddhi eine außergewöhnliche Kraft, um Sprache zu erschaffen und zu übermitteln. Menschen im Besitz dieser Kraft verfassen Mantras, Gedichte und Schriften, welche das Leben auf diesem Planeten verwandeln.

Es läßt sich nicht bestreiten, daß in jedem Bereich unseres Erlebens einige Menschen außergewöhnliche Kräfte der Kommunikation besitzen. Ihre Botschaft kann musikalisch, poetisch oder humoristisch, religiös oder philosophisch sein, der Bereicherung – oder Verarmung – des Lebens dienen. Gleich, an welche Form des Kommunizierens wir denken – es gibt Männer und Frauen mit Fähigkeiten, die die normalen Muster des menschlichen Verbundenseins transzendieren.

Außergewöhnliche Arten des Kommunizierens über telepathische Interaktion

Dauerhafter telepathischer Rapport. Es ist hinreichend nachgewiesen, daß einige enge Freunde und Familienmitglieder einen erstaunlichen außersinnlichen Rapport entwickeln können. In dem Buch *Parent-Child-Telepathy* beschreibt der Psychiater Berthold Schwarz 505 Episoden, in denen ein telepathischer Austausch zwischen ihm, seiner Frau Ardis und ihren Kindern Eric und Lisa stattzufinden schien. Ähnlich wie Freud und andere Psychoanalytiker, die sich mit Telepathie beschäftigt haben (siehe 17.3), notierte Schwarz die verschiedenen Wege, auf denen außersinnliche Kommunikation von unbewußten psychischen Prozessen beeinflußt wird. Sein Buch enthält außerdem eine Übersicht über experimentelle Untersuchungen der Eltern-Kind-Telepathie, die – ebenso wie andere der hier angeführten vernachlässigten Studien – eine größere Beachtung von seiten derer verdient, die sich dem Studium der menschlichen Entwicklung widmen. Im folgenden einige Auszüge aus seinem Buch:

(Am 24. November 1958 feierte Lisa ihren zweiten Geburtstag.)

29. Dezember 1958. Nachdem wir die letzten alkoholischen Getränke mit Freunden aufgetrunken hatten, dachte Ardis etwas trübselig: „Gut, zum Abendessen gibt es nichts Alkoholisches mehr." Gleichzeitig rief Lisa: „Gib mir ein Glas Ginger Ale!" Ardis trinkt fast immer Ginger Ale und Bourbon, und Lisa bekommt dann immer ein kleines Glas Ginger Ale.

4. März 1959. Ardis dachte darüber nach, ob sie „schwarze Wildleder- oder Lackschuhe bei dem Schnee tragen sollte". Lisa sagte darauf: „Lisa geht Indianerschuhe suchen." Ardis' nächster Gedanke war: „Ich frage mich, wo Erics Tisch ist." Lisa reagierte darauf sofort telepathisch und erzählte ihr, wo er war. Um sechs Uhr abends, am Ende einer Fernsehsendung, sagte die zweijährige Lisa unvermittelt: „Besser Kugel [den Babysitter] holen – Papa, hol jetzt Kugel." Es war der Zeitpunkt, zu dem Mrs. Kugel kommen sollte. Lisa wußte nichts von unserem Plan auszugehen, und wir gingen auch nicht oft zum Essen aus. Lisa schien sich der Situation und ebenso der Person, die auf sie aufpassen sollte, bewußt zu sein.

23. Juli 1959. Ardis' Blick fiel flüchtig auf einen Rest Schokoladenglasur in einer Keksdose. Sie wollte die Dose ausputzen, um sie wieder ansehnlich zu machen. Die Dose befand sich hinter Töpfen und Pfannen, außerhalb von Lisas Sichtweite, die gerade in den Raum gekommen war. Bevor Ardis die Dose ausputzen konnte, sagte Lisa plötzlich, wobei sie aus dem Fenster (auf der gegenüberliegenden Seite des Zimmers) auf Dr. R.s Haus sah: „Annie hat einen Schokoladenanzug." Annie, die Tochter von Dr. R., die ein Jahr älter ist als Lisa, war nirgends zu sehen. Lisa liebt Schokolade, aber Ardis gibt

ihr nur selten welche, um ihr den Appetit nicht zu verderben. Durch die Wiedergabe ihrer Gedanken gab Lisa die geliebte Schokolade (den Anzug) ihrer Freundin Annie.

1. November 1959. Ardis sah in meinen Terminkalender für den kommenden Monat, und ihr Blick fiel auf den 24. November. Als sie daran dachte, „Lisas Geburtstag" hinter das Datum zu schreiben, sagte Lisa: „Zeichne einen Geburtstagskuchen!" Lisa war gutgelaunt. Obwohl sie möglicherweise den Terminkalender mit ihrem noch unentwickelten Zeitverständnis in Zusammenhang gebracht haben könnte und dies wiederum mit ihrem Geburtstag, sollte ich darauf hinweisen, daß Lisa bei früheren Gelegenheiten nie etwas dazu sagte, wenn ihre Mutter oder ihr Vater in den Kalender geschaut und dabei nicht direkt an ihren Geburtstag gedacht hatten. Dies ist möglicherweise ein weiteres Beispiel dafür, daß telepathische Kommunikation eine Ausdehnung des durchschnittlichen Denkens und Wahrnehmens ist. Es scheint, daß telepathische Reaktionen so harmonisch mit den Sinnesorganen und Reflexen zusammenarbeiten, wie diese es untereinander tun.

1. Januar 1963. Nach der Silvesterfeier saß ich in meinem Zimmer und dachte: „Wie müde man sein kann – ob wohl Telepathie in solchen Momenten genauso häufig vorkommt? Habe letzte Nacht einige nette Leute kennengelernt; sie werden auch mal Kinder haben; vielleicht wird Lisa eines Tages eines

von ihnen heiraten." In dem Moment kam Lisa in das Zimmer und fragte: „Wieviel kostet ein Haus? Eines Tages bin ich eine Mutter und werde eins kaufen wollen." Auf den ersten Blick könnte es so aussehen, als seien die Assoziationen vom Vater telepathisch übertragen worden; aber wer kann sagen, daß nicht das Gegenteil der Fall war und die Gedanken des Vaters nur darauf hinausliefen, daß er einen telepathischen Austausch entlarvte?[63]

Rapport mit offensichtlich telepathischen Elementen ist nicht nur auf Familienmitglieder beschränkt, sondern tritt auch zwischen Menschen auf, die eng zusammenarbeiten. Der Baseball-Pitcher [Werfer] Sandy Koufax erinnert sich an ein besonders lebhaftes Erlebnis während der World Series von 1963:

Als ich den Ball zurückbekam und anfing, nach dem Zeichen Ausschau zu halten, dachte ich bei mir selbst: Am liebsten würde ich den Drallwurf etwas abschwächen ... Aber wieso kommt dir plötzlich so ein Gedanke? Nun, ein Change-up-Wurf ist genau der Wurf, den du Mantle nicht zuspielen solltest, und schon gar nicht dann, wenn es dich ein Spiel kosten kann. Solche Bälle schlägt Mantle immer ins Aus. Soweit ich mich erinnern konnte, hatte ich während des ganzen Spiels noch keinen Change-up abgegeben. Doch noch in dem Augenblick, in dem mir dieser Gedanke durch den Kopf schoß, flackerte auch schon die Antwort dazu durch mein Gehirn: Aber wie werde ich mich später rechtfertigen, warum ich ihm den Ball so zugeworfen habe, wenn er ihn sowieso ins Aus schlägt?

Und während ich den Gedanken noch zu Ende dachte, schaute ich zum Schlagmal rüber, und da streckte John Roseboro gerade zwei Finger nach unten aus – das Zeichen für den Drallwurf. Er streckte sie nur zögernd aus, so zögernd allerdings, als wenn er mir noch etwas anderes sagen wollte, hatte ich im

Gefühl, etwas, über das man sich nicht mit Zeichen verständigen konnte. Sonst nahm er die Finger immer gleich wieder zurück. Aber diesmal hielt er sie für einige Sekunden ausgestreckt und fing an, allerdings noch unschlüssig, damit zu wackeln – das Zeichen, den Wurf etwas abzuschwächen.

Sowie ich seine Finger wackeln sah, begann ich, festentschlossen mit dem Kopf zu nicken. Ich konnte sehen, wie John hinter seiner Gesichtsmaske lächelte, und dann fingen seine Finger noch schneller an zu wackeln, als ob er sagen wollte: „Sandy, Liebling, du kannst dir gar nicht vorstellen, wie froh ich bin, daß du die Sache genauso siehst."

Genaugenommen konnte ich jetzt nicht mehr voll und ganz zu mir selbst stehen. Ich warf den Ball schon etwas langsamer, als ich es normalerweise tat, aber ich warf ihn nicht wirklich langsam. Dennoch war es ein guter Wurf. Er brach gerade über dem Schlagmal ab und brachte den dritten Strike.

Sobald wir zum Klubhaus kamen, schnappte ich mir Roseboro. „Was war denn los, John?" fragte ich. „Du schienst ein wenig unschlüssig, als du wegen Mantle mit deinen Fingern gewackelt hast." Und er grinste zurück und sagte: „Ich wollte es voraussagen, aber ich dachte mir: Wie werden wir jemals einen Change-up rechtfertigen können, wenn er ihn ins Aus schlägt?"

So eng können wir miteinander in Verbindung treten. Nicht, daß wir im gleichen Moment nur dieselbe Idee hatten, nein, wir hatten auch noch dieselben Gedanken, was sich dann anschließend im Klubhaus abspielen würde.[64]

In allen religiösen Traditionen gibt es Überlieferungen von Heiligen und Weisen, die über unerklärliche Kräfte der Kommunikation verfügen. Seinen Freunden und anderen Bettelmönchen zufolge sprach der heilige Franz von Assisi mit den Geschöpfen des Waldes. Yogis, so heißt es, können Tiere allein durch ihre ansteckende heitere Gelassenheit zähmen, ihre Absichten ohne sensorische Signale erkennen (durch den *pasutwa*-Siddhi) und sich mit ihnen in ihrer Sprache verständigen (durch den *jantujna*-Siddhi). Und wenn wir Berichten wie denen der *Historia Monachorum* Glauben schenken (siehe 21.2), sind kontemplative Menschen in der Lage, notleidende Seelen auf telepathischem Wege zu trösten.[65]

Telepathische Übertragung von Zuständen der Erleuchtung. Von einigen Heiligen und Yogis heißt es, daß sie Zustände mystischer Ekstase durch außersinnliche Einwirkung auf andere übertragen können. In den Lehren des Hinduismus kann eine solche Übertragung oder *diksha* durch einen flüchtigen oder konzentrierten Blick, eine Berührung, ein Wort, eine Umarmung oder andere Gesten oder auch durch eine nicht von sensorischen Signalen abhängige Form der Kommunikation erfolgen. Sie kann sogar stattfinden, wenn der Empfänger physisch nicht anwesend oder sich der Vorgänge nicht bewußt ist. Sri Aurobindo, sowohl ein Yogi als auch ein Philosoph, schrieb einem Schüler: „Meine Berührung ist immer bei dir, aber du mußt lernen, sie nicht nur von außen zu fühlen ... sondern ihre direkte Einwirkung auf den Verstand und Herz und Körper."[66] Der bengalische Mystiker Sri Ramakrishna weihte seinen berühmten Schüler Narendra (den späteren Swami Vivekananda) durch eine solche direkte Übertragung ein. Swami Nikhilananda berichtet darüber folgendes:

Aufgrund seiner brahmanischen Erziehung betrachtete Narendra es als Blasphemie, den Menschen als eins mit seinem Schöpfer zu sehen. Eines Tages sagte er im Garten des Tempels zu einem Freund: „Wie töricht. Dieser Krug ist Gott. Diese Tasse ist Gott. Was immer wir auch sehen, ist Gott, und wir selbst sind Gott. Nichts könnte absurder sein." Sri Ramakrishna trat aus seinem Zimmer und berührte ihn sacht. Wie gebannt erkannte [Narendra] im selben Augenblick, daß tatsächlich alles in der Welt Gott ist. Ein neues Universum tat sich ihm auf.

Benommen ging er nach Hause, und auch dort schien alles Gott zu sein – das Essen, der Teller, der Essende selbst, die Menschen um ihn. Wenn er durch die Straßen ging, sah er, daß die Droschken, die Pferde, der Strom von Menschen, die Gebäude Brahman waren. Er konnte kaum mehr seinen Geschäften nachgehen. ... Und als die Intensität der Erfahrung etwas nachließ, sah er die Welt als einen Traum. Als er über einen Platz ging, schlug er seinen Kopf gegen die Eisengeländer, um zu sehen, ob sie real waren. Er brauchte einige Tage, um zu seinem normalen Selbst zurückzufinden. Er hatte einen Vorgeschmack auf die großen Erfahrungen, die kommen sollten, und er erkannte, daß die Worte des Vedanta wahr waren.[67]

Gemeinsam erfahrene Ekstase und Erleuchtung. Spirituelle Übertragung geschieht nicht immer nur in einer Richtung. Meditierende, Liebende und Freunde haben spontan zwischen ihnen auftretende außergewöhnliche Zustände gemeinsam erlebt. Der Lyriker W. H. Auden beschreibt ein eigenes Erlebnis dieser Art:

In einer Sommernacht im Juni 1933 saß ich nach dem Abendessen mit drei Kollegen auf dem Rasen, zwei Frauen und einem Mann. Wir mochten einander, waren aber keineswegs intime Freunde, noch hatte einer von uns sexuelles Interesse an einem der anderen. (Übrigens hatten wir keinen Alkohol getrunken.) Wir sprachen zwanglos über alltägliche Dinge, als ganz plötzlich und unerwartet etwas geschah. Ich fühlte mich von einer Kraft ergriffen, die, indem ich ihr nachgab, unwiderstehlich war und mit Sicherheit nicht die meine. Zum ersten Mal in meinem Leben wußte ich genau – da ich es dank dieser Kraft tat –, was es heißt, seinen Nächsten wie sich selbst zu lieben. Ich war mir auch sicher, daß meine drei Kollegen das gleiche erlebten, obgleich die Unterhaltung ganz normal weiterverlief. (In einem Fall wurde es mir später bestätigt.) Meine persönlichen Gefühle ihnen gegenüber waren unverändert – sie waren immer noch Kollegen, keine intimen Freunde –, aber ich fühlte ihre Existenz als das, was sie waren, als unendlich wertvoll, und ich erfreute mich daran.[68]

In *Watcher on the Hill: A Study of Some Mystical Experiences of Ordinary People* legte der Physiker und Philosoph Raynor Johnson den folgenden Bericht über eine gemeinsam erfahrene Erleuchtung vor:

Es gibt ein Mädchen, das mich so verletzt hat, wie eine Frau eine andere nur verletzen kann, doch eine höhere Macht schien von mir zu fordern, daß ich diesem Mädchen helfe, selbst gegen meinen eigenen Willen und meine eigenen Interessen.

Wir standen eines Tages da und unterhielten uns ernsthaft, als ich jene Macht fühlte und zu sprechen begann ... Ich befand mich in der Türöffnung zwischen zwei Räumen; sie sah mich an und sagte plötzlich: „Als du dein Haar waschen ließest, hattest du da eine blaue Spülung?" Ich hielt dies für eine ziemlich triviale Unterbrechung eines ernsten Gesprächs, aber ich antwortete: „Nein, warum fragst du?" Sie antwortete irgendwie verwirrt: „Weil da ein blaues Licht um dein Haar herum ist, und es ist wunderschön."

... Wir beide wurden still, die Schwingung wurde stärker und breitete sich zwischen uns aus, und in dem Moment spürte ich Mitgefühl in meinem Herzen aufsteigen, die Vergebung Christi, und ich wußte, sie fühlte es auch, obgleich sie nicht wußte, was sie fühlte. Sie warf ihre Arme auseinander, das Gesicht nach oben gewandt in einer Art Ekstase ... und sie stammelte: „Es ist wunderbar ... Es ist phantastisch." Was durch mich wirkte, weiß ich nicht, ich kann es nur vermuten, aber ich ging zu ihr, legte meine Arme um sie und sagte: „Alles ist gut", und sie antwortete: „Ich habe mich noch nie so wunderbar gefühlt, so glücklich." Es berührte uns beide tief.[69]

Dieser Aufstellung von Formen des Kommunizierens könnten noch weitere hinzugefügt werden. So heißt es zum Beispiel, daß manche Yogis, Schamanen und Heilige telepathisch Willenskraft und Anstöße vermitteln können. Menschen vieler Kulturen haben aus der Ferne von Heilern oder Freunden neue Lebenskraft erhalten. In der Tat beinhalten die meisten spirituellen Traditionen den Glauben, daß *jede* geistige Fähigkeit außerhalb der gewöhnlichen Sinnestätigkeit übertragen werden kann.* Diese Fähigkeiten können jedoch – wie andere der in diesem Buch beschriebenen ungewöhnlichen Erscheinungsformen – auch destruktiv eingesetzt werden. Dieselben religiösen Traditionen, die die metanormale Übertragung von Zuständen der Erleuchtung rühmen, bezeugen, daß Fähigkeiten des Kommunizierens egozentrischen, unterdrückerischen und sogar widernatürlichen Zwecken dienen können. In beinahe jeder religiösen Kultur gibt es Berichte über Adepten, die ihre besonderen Kräfte selbstsüchtig nutzen. Diese Berichte werden, wie mir scheint, durch die moderne Erforschung der Fernsuggestion bestätigt. Frederic Myers zum Beispiel beschrieb von Pierre Janet und anderen vertrauenswürdigen Medizinern beobachtete Experimente, bei denen nichtsahnende Versuchspersonen ganz offensichtlich hypnotischen Befehlen folgten (siehe Anhang A.7). Diese und ähnliche Studien aus den letzten hundert

* Auch hier können metanormale Fähigkeiten mehr als einer Gruppe von Merkmalen zugeordnet werden. Die Übermittlung von Willens- oder Lebenskraft beispielsweise kann auch als eine Form der Einwirkung auf die Umgebung betrachtet werden (siehe 5.6).

Jahren lassen darauf schließen, daß es möglich ist, auf andere telepathisch Einfluß zu nehmen.[70] Es gibt überdies gute Gründe zu der Annahme, daß außersinnliche Formen des Kommunizierens im Alltag destruktiv wirken.

In Kapitel 17.3 zitiere ich Sigmund Freud, Wilhelm Stekel, Jule Eisenbud, Jan Ehrenwald und andere Psychotherapeuten, die aus ihrer eigenen therapeutischen Erfahrung heraus die Behauptung aufstellen, daß telepathische Interaktion häufig krankhafte Impulse befriedigt.

[5.4]
VITALE KRÄFTE

Zu den evolutionären Entwicklungen, die einen Fortschritt beinhalten, zählte der Paläontologe George Gaylord Simpson den generellen Anstieg der verfügbaren Energie oder die Entwicklung zum Warmblüter. Der typische Organismus der Säugetiere, schrieb er, „weist ein höheres Vitalitätsminimum auf, das auf einem fast gleichmäßigen

Niveau gehalten wird“ und das Säugetieren eine Unabhängigkeit von Umweltveränderungen sichert, die Reptilien oder Amphibien nicht haben.[71] Diese von unseren Primaten-Vorfahren ererbte Anlage kann durch verschiedenste Methoden an Stärke gewinnen. So vermögen psychotherapeutische und körperorientierte Verfahren die für unser geistiges und körperliches Handeln zur Verfügung stehende Energie dadurch merklich zu erhöhen, daß sie innere Konflikte lösen, Widerstände gegen tiefe Gefühle abbauen und chronische Muskelanspannung reduzieren (17.1 und 18). Fitneßtraining kann die Vitalität durch eine Verbesserung der Blutzirkulation, der Herz-Lungen-Kapazität und des Stoffwechsels erhöhen (19.2). Die Kampfkünste schenken dem Übenden eine neue Lebendigkeit, indem sie geistige Wachheit und emotionale Ausgeglichenheit unter Streßbedingungen fördern (20). Und religiöse Übung bringt häufig eine ungewöhnliche Lebenskraft hervor, da sie den Adepten von kräftezehrenden Sorgen und Gefühlen der Feindseligkeit frei macht, indem sie die Willenskräfte in Einklang bringt. Die Fähigkeit, extreme Umweltbedingungen auszuhalten, wie manche Schamanen es können (21.3), die starke innere Kraft der Wüstenväter (21.2), das *Incendium amoris* katholischer Mystiker (22.6.), die „kochende *Num*“ der Buschmänner der Kalahari (13.2), die Fähigkeit, der Kälte zu widerstehen, die tibetische Yogis entwickeln, und die von bestimmten Yoga-Übungen ausgelöste Erweckung der Kundalini – sie alle rufen einen außergewöhnlichen Anstieg des Energieniveaus hervor.[72]

Die neuen, aus den oben erwähnten Methoden erwachsenen Energien verleihen eine deutliche Unabhängigkeit von Umweltveränderungen und unterstützen spirituelle, geistige und körperliche Handlungen. Dieses Anwachsen der vitalen Kräfte geht natürlich zum Teil aus Prozessen hervor, die die zeitgenössische Wissenschaft erklären kann. Fitneß geht mit einer Veränderung der Herz-Lungen-Kapazität einher, die von der Schulmedizin beschrieben wird. *Tumo* wird zum Teil durch Gefäßerweiterung verursacht. Die „kochende *Num*" wird zu einem gewissen Grad durch das ekstatische Tanzen der Kung hervorgebracht. Jede Steigerung der Vitalität bei Sportlern und religiösen Adepten scheint mir zu einem großen Anteil von am normalen menschlichen Funktionsvermögen beteiligten Vorgängen verursacht. Möglicherweise tragen aber auch von der zeitgenössischen Wissenschaft noch nicht bestimmte Faktoren zu einigen dieser energetischen Veränderungen bei. *Incendium amoris*, Kundalini, *Tumo*, die kochende *Num*, schamanische Kräfte und die Freisetzung neuer Energien im Sport stehen in manchen Fällen mit religiöser Ekstase, Erscheinungsformen der Psychokinese und mystischen Einsichten in Zusammenhang. Angesichts der Tatsache, daß sie überdurchschnittliche Kräfte und höhere Bewußtseinszustände auslösen, ist es denkbar, daß *Tumo*, *Num* und gleichartige Energien mit Vorgängen in Verbindung stehen, die jenseits des normalen Funktionsvermögens liegen. Und genau dies behaupten viele Schamanen, Yogis, Buschmänner, katholische Heilige und selbst einige Sportler:

„Das spirituelle Bewußtsein eines Menschen wird nicht erweckt", sagte Sri Ramakrishna, „bevor nicht seine Kundalini erweckt wird."[73] Die Kung-Buschmänner erzählten dem Anthropologen Richard Katz, daß *Num* „von den Göttern gegeben" sei.[74] Für unzählige katholische Heilige ist das *Incendium amoris gratie gratis datae*, ein Geschenk des Heiligen Geistes.

Mircea Eliade schrieb, daß in Dobu, auf den Rossel- und den Salomon-Inseln Zauberei von „magischer Hitze" begleitet werde. Er fügte hinzu, daß sich die gleichen Vorstellungen

> auch in komplexeren Religionen erhalten [haben]. Die heutigen Hindus geben einer besonders mächtigen Gottheit die Epitheta *prakhar*, „sehr heiß", *jajval*, „brennend" oder *jvalit*, „Feuer besitzend". Die indischen Mohammedaner glauben, daß ein Mensch, der sich mit Gott vereinigt, „brennend" wird. Ein Mensch, der Wunder tut, wird *sahib-josh* genannt, wobei *josh* „kochend" bedeutet ...
>
> Alle diese Mythen und Glaubensvorstellungen sind bemerkenswerterweise gleichbedeutend mit Initiationsritualen, welche eine wirkliche „Meisterschaft über das Feuer" enthalten. Der künftige Eskimo- oder Mandschu-Schamane muß wie der himalajische oder tantrische Yogi seine magische Kraft durch Aushalten der härtesten Kälte oder Trocknen von nassen Tüchern mit seinem Körper beweisen.[75]

In bestimmten hinduistisch-buddhistischen Traditionen des Yoga wird die Fähigkeit, große Kälte zu überstehen, erprobt, indem man nackt im Schnee sitzt.[76] In Tibet wird diese als *Tumo* bezeichnete Fähigkeit von Mönchen praktiziert, die sich in einer großen Höhe in nasse Tücher hüllen. Um dies zu erforschen, testete Herbert Benson von der Harvard Medical School mit einer Gruppe von Kollegen 1981 drei tibetische Lamas im indischen Dharmsala und beschrieb die Experimente anschließend in der britischen Zeitschrift *Nature.* Während einer 55minütigen *Tumo*-Meditation zur Steigerung der inneren Hitze zeigte die erste Versuchsperson, ein 59jähriger, einen Anstieg der Fingertemperatur um 5,9° C und der Zehentemperatur um 7° C. In der Nabel- und Lendengegend stieg seine Temperatur während der Meditation um 1° C, und seine Rektaltemperatur blieb konstant, während die Lufttemperatur in seinem Meditationsraum von 22° auf 23,5° C anstieg. Während der Meditation beschleunigte sich sein Herzschlag um zwei Schläge pro Minute, kehrte dann auf das ursprüngliche Niveau zurück. Die Fingertemperatur der zweiten Versuchsperson, eines 46jährigen, stieg um 7,2° C, wobei sie den höchsten Wert während seiner Ruheperiode zu einer Zeit erreichte, als er *Tumo* weiter erfuhr, obgleich er seine Meditation beendet hatte. Seine Zehentemperatur stieg um 4° C und blieb nach Beendigung der 85minütigen Meditation auf diesem Niveau, während seine Nabeltemperatur um 1,9° C, die Temperatur an seinen Brustwarzen um 1,5° C stieg und seine Rektaltemperatur konstant blieb. Auch in seinem Raum erhöhte sich die Raumtemperatur von

16° auf 19,2° C. Die Herzfrequenz dieses Lamas blieb während der Meditation und der anschließenden Ruhephase im wesentlichen unverändert. Die dritte Versuchsperson, ein 50jähriger, wurde in einem kühlen Hotelzimmer in Dharmsala dem Versuch unterzogen und zeigte einen Anstieg der Fingertemperatur um 3,15° C, der Zehentemperatur um 8,3° C, während seine Rektaltemperatur konstant blieb. Er wies jedoch keine anderen größeren Veränderungen der Hauttemperatur auf, allerdings fiel die Lufttemperatur im Zimmer während seiner 40minütigen Meditation von 20° auf 18,5° C und stieg während seiner Ruhephase wieder auf 19,5° C. Seine Herzfrequenz verlangsamte sich, nachdem er seine sitzende Meditationshaltung eingenommen hatte, und fiel während des gesamten Experiments langsam weiter. Unter Berücksichtigung der Magerkeit der Lamas und ihrer normalen Herzfrequenz im Ruhezustand während des Experiments schlossen Benson und seine Kollegen, daß „der wahrscheinlichste, für den Anstieg der Finger- und Zehentemperatur verantwortliche Mechanismus eine Gefäßerweiterung" sei.[77]

Die Temperaturveränderungen, die Benson bei den drei Lamas beobachtete, waren nicht so dramatisch wie die einigen Mystikern und Heiligen zugeschriebenen Veränderungen der Körpertemperatur. Zahlreichen Zeugen zufolge fühlte beispielsweise der katholische Heilige Philipp Neri oftmals die brennende Liebe Gottes, das *Incendium amoris*, im Bereich seines Herzens. Herbert Thurston schrieb,

„... daß diese oft auf den ganzen Körper übergriff. Trotz seines Alters, der Abgezehrtheit und spärlichen Nahrung mußte er an kältesten Wintertagen, selbst mitten in der Nacht, die Fenster öffnen, das Bett auskühlen lassen, sich, wenn er im Bette lag, fächeln und auf jede Weise versuchen, die große Hitze abzukühlen. Manchmal brannte sie ihm geradezu die Kehle aus, und in die Medizinen mußte man etwas Kühlendes hineinmischen, um ihm Erleichterung zu verschaffen. Kardinal Crescenzi, einer seiner geistlichen Söhne, erzählte, die Hand des Heiligen habe, wenn man sie berührte, häufig gebrannt, wie wenn er an rasendem Fieber litte ... Selbst im Winter hatte er die Kleider meist vom Gürtel an aufwärts geöffnet, und wenn man ihm sagte, er solle sie schließen, er könnte sich eine Krankheit zuziehen, erwiderte er meist: er könne das wegen der übermäßigen Hitze, die er empfinde, unmöglich tun. Als eines Tages in Rom viel Schnee gefallen war, wanderte er durch die Straßen, ohne die Soutane zuzuknöpfen; und da einige der Beichtkinder, die ihn begleiteten, die Kälte kaum ertrugen, lachte er sie aus und sagte, es sei für junge Leute eine Schande zu frieren, wenn nicht einmal er als alter Mann friere." ...

Zweifellos muß die Entdeckung, die man bei der Autopsie der Leiche Philipps machte, mit dieser himmlischen Liebesglut in engerem Zusammenhang stehen. Während mehr als fünfzig Jahren seines langen Lebens hatte er an einem merkwürdigen, unerklärlichen Herzklopfen gelitten. Nicht nur durch ihn selber, sondern auch durch viele seiner Gefährten und Freunde, die er in seiner zärtlichen Liebe oft an seinen Busen drückte, wissen wir davon. Als die Ärzte den Körper öffneten, fanden sie unter der linken Brust eine Anschwellung; bei zwei Rippen war die Verbindung zwischen dem knochigen und

dem knorpeligen Teil zerrissen, und die Rippen waren nach außen gebogen. Schon zu seinen Lebzeiten hatten Ärzte von außen eine merkwürdige Veränderung festgestellt, und die Biographen Philipps führen sie auf das Erlebnis in den Katakomben an Pfingsten 1544 zurück, als er, von der Liebe Gottes überwältigt, meinte, der Heilige Geist komme als Feuerball aus der Höhe herab, dringe durch seinen Mund ein und lasse sich in seinem Herzen nieder. „Als die Entrückung vorüber war, merkte er, daß sich über seinem Herzen die Brustwand um die Dicke einer Faust erhoben hatte." Von diesem Augenblick an wurde er bei starker Gemütserregung am ganzen Leibe von heftigem Zittern ergriffen, und die geringste Erhebung der Gedanken zu Gott löste ein heftiges Herzklopfen aus. [Die ausführlichste Beschreibung der Autopsie gibt Philipps intimer Freund und Schüler, P. Gallonio, in seiner Lebensbeschreibung. Vgl. Acta Sanctorum, Mai, Bd. VI, S. 510] Merkwürdigerweise trat eine ähnliche, wenn auch weniger auffällige Ausbuchtung der Rippen, die in einer ähnlichen Liebesglut ihre Ursache hat, zwei Jahrhunderte später beim heiligen Paul vom Kreuz auf, beim Gründer des Ordens der Passionisten. Und selbst in neuester Zeit begegnen wir bei Gemma Galgani, die 1903 in Lucca starb, einem analogen Fall.[78]

Auch die heilige Katharina von Genua, die zur Zeit der Renaissance lebte, wurde durch das *Incendium amoris* verzehrt und erlitt körperliche Veränderungen, die denen des heiligen Philipp Neri ähnelten. Bezugnehmend auf verschiedene Berichte über ihr Leben schrieb Thurston:

Als sich am 28. August die Leidenstragödie allmählich dem Ende näherte, brannte sie wieder wie in einem Feuer. „Alles Wasser, das die Welt enthält", schrie sie auf, „könnte mir nicht die geringste

Kühlung bringen." Zunge und Lippen wurden schließlich ganz ausgedörrt, so daß sie sie nicht mehr bewegen und nicht mehr sprechen konnte. Berührte man ein Haar ihres Hauptes, ja nur die Bettücher oder den Bettrand, schrie sie auf, als versetzte man ihr Stiche. Manchmal zögerte der Beichtvater, ihr die Kommunion zu reichen, da sie weder Speise noch Trank schlucken konnte. „Aber mit freudigem Antlitz gab sie ihm ein Zeichen, daß sie sich nicht fürchte, und nach dem Empfang des heiligen Sakramentes lag sie da mit rosigem, glühendem Gesicht wie ein Seraph."[79]

Ähnliche Veränderungen der vitalen Kräfte treten auch bei den Kung-Buschmännern der Kalahari auf (siehe 13.3).

„Du tanzt und tanzt und tanzt und tanzt", erzählte ein Kung-Heiler dem Anthropologen Richard Katz. „Dann hebt dich die Num im Bauch hoch und hebt dich im Rücken hoch, und du fängst an zu zittern. Die Num läßt dich erzittern; sie ist heiß ... Dann dringt die Num in jeden Winkel deines Körpers, bis vor in die Zehenspitzen und sogar in die Haarspitzen."[80]

Auch moderne westliche Menschen berichten über diese Erfahrungen. Der Psychiater Lee Sannella beschrieb die folgende Episode, der ihm eine Bekannte erzählt hatte:

1973 bemerkte eine Frau, die damals 41 Jahre alt war [und die an verschiedenen Intensivgruppen und Meditationskursen teilgenommen hatte], einen Anstieg der Temperatur in ihrem Kopf und ihrer Brust, während sie meditierte ... Sie empfand eine stechende und juckende Hitze überall in ihrem Körper, aber sie war nicht beunruhigt, da sie glaubte, daß diese Empfindungen eine erfolgreiche und konzentrierte Meditation anzeigten sowie ein Fließen zwischen ihr und anderen. Sie nahm an, daß sie das Aufsteigen der Kundalini erlebte, einer Kraft, die sie für gefährlich hielt, wenn sie nicht von einem „höheren Bewußtsein" kontrolliert würde.

Wenige Monate nach diesem Energieansturm fühlte sie sich bei der Meditation so, als wäre sie einen halben Meter größer als sonst und als würden ihre Augen von einem Punkt über ihrem Kopf aus sehen. Zu dieser Zeit war sie sich sicher, zu wissen, was andere dachten, und viele ihrer Eindrücke wurden bestätigt.

Sie fühlte Hitze auf einer Seite des Rückens und war der Überzeugung, daß sie in Gefahr wäre, wenn sich die Hitze nicht auf beide Seiten ausbreitete. Als es ihr gelungen war, die Empfindung über den ganzen Rücken auszudehnen, ging die Krise vorüber.

Dann begann ein Prickeln von ihrem Becken aus über den Rücken bis in ihren Nacken aufzusteigen. Sie fing an, Licht in ihrem Kopf zu sehen, und stellte erstaunt fest, daß sie dieses Licht auch entlang ihrer gesamten Wirbelsäule sehen konnte. Die Energie und das Prickeln breiteten sich über ihre Stirn aus und konzentrierten sich unterhalb ihres Kinns. Sie fühlte sich, als hätte ihr Kopf oben eine Öffnung. An Schlaf war kaum zu denken, und in den folgenden sechs Wochen war Meditation das einzige, was ihr half. Sie spürte, daß die durch ihren Körper fließende Hitze ohne Meditation so groß werden würde, daß sie ihr Schaden zufügen würde. Andere konnten, wenn sie ihren Lendenwirbelbereich berührten, die übermäßige Hitze spüren.[81]

Ich glaube, daß derartige Erfahrungen zu stark mit einer besonderen Energie, Erregung und Vision geladen sind, als daß man sie als Resultate einer Psychoneurose, körperlichen Aktivität, Gefäßerweiterung oder einer Einflußnahme des sozialen Umfelds abtun könnte. Sie haben eine autonome Kraft, eine unerbittliche und überwältigende Intensität, die den Körper verändert, den Empfangenden in Ekstase versetzt und ihm besondere Kräfte verleiht; die Traditionen, in denen diese Erfahrungen beheimatet und vertraut sind, schreiben sie durchgängig übernatürlichen Kräften zu. *Num* ist „von den Göttern geschenkt". Das *Incendium amoris* zeigt sich als Antwort auf die „lebendige Gegenwart" Christi. Kundalini ist eine geheime Kraft der *shakti*, der alles durchdringenden Göttlichkeit. All diese Phänomene werden von denen, die sie erfahren, deutlich abgegrenzt von gewöhnlichen geistigen oder körperlichen Begebenheiten und in den entsprechenden Traditionen Kräften jenseits des normalen Funktionsvermögens zugeschrieben.

Doch unerklärliche Energien entstehen auch ohne die Unterstützung religiöser Übung. In einer Krisensituation, beim Sport und unter normalen Umständen werden manche Menschen von unerklärlichen Kräften erfüllt und befähigt, sich ungewohnten Herausforderungen zu stellen oder sich auf erstaunliche Weise selbst zu übertreffen.

Der Psychiater Lee Sannella hat viele Erfahrungen dieser Art beschrieben[82]; und auch Kampfkünstler und Sportler berichten häufig über ähnliche Erlebnisse.[83] Der Quarterback John Brodie schrieb beispielsweise, daß

> es Momente gibt, in denen sich das ganze Team sprunghaft steigert. Dann kann man diesen Energieschub über das ganze Spielfeld hinweg fühlen. Wenn man elf Männer hat, die sich gut kennen und all ihr [Wollen] auf ein gemeinsames Ziel konzentrieren, und all ihre Energie in dieselbe Richtung fließt, schafft dies eine ganz besondere Konzentration von Kraft. Jeder spürt es. Die Leute auf den Rängen spüren es und reagieren darauf, ganz gleich, ob sie es nun benennen können oder nicht.[84]

Wie andere außergewöhnliche Fähigkeiten sind solche Veränderungen der vitalen Kräfte wahrscheinlich weiter verbreitet, als viele von uns annehmen.

[5.5]
BEWEGUNGSVERMÖGEN

Das Bewegungsvermögen, das wir von unseren Vorfahren aus der Tierwelt geerbt haben, hat verschiedene metanormale Entsprechungen, die ich hier in vier Gruppen unterteilen möchte:

- außergewöhnliche Beweglichkeit des Körpers
- Levitation – die nur unzureichend nachgewiesen ist
- außerkörperliche Erfahrungen (Out-of-Body-Experience) und Seelenreisen, die von alters her in jeder Kultur bezeugt sind, und
- das Reisen in „andere Welten“ während ungewöhnlich lebhafter Träume, todesnaher Erfahrungen, medialer Trancezustände oder religiöser Visionen.

Außergewöhnliche Beweglichkeit des Körpers

Von alters her haben Menschen sich darum bemüht, ihr Bewegungsvermögen zu verbessern. Tatsächlich ist der Trieb des Menschen, über sich selbst hinauszuwachsen, so groß, daß er manchmal zu einer religiösen Besessenheit führen kann. Indianische Läufer, tibetische Yogis, taoistische Mönche (21.4 und 21.5) und Kampfkünstler (20) haben sich spirituellen Übungen zugewendet, um sich auf neue Arten zu bewegen, und dabei häufig die Grenzen ihrer körperlichen Leistungsfähigkeit überschritten. Bei diesem weltweiten Bemühen, über sich selbst hinauszuwachsen, haben die Schama-

nen, Yogis, Kampfkünstler und modernen Sportler eine neue Beweglichkeit, Kraft und Koordination entdeckt, die sie ich-transzendenten Kräften zuschreiben. Die Schwertkunst wurde für den japanischen Schwertmeister Yagyu Tajima zu einem Tun, in dem der „ursprüngliche Geist“ oder Leere, *K'ung* oder *sunyata*, „mit menschlichen Händen greifen, mit menschlichen Füßen gehen, mit menschlichen Augen sehen“ konnte (20.1). Indianische Läufer haben gesagt, daß Götter oder Mächte aus dem Tierreich ihnen halfen, über ihre normalen Fähigkeiten hinaus zu laufen. Das *Lung-gom* des tibetischen Yoga kann, wie es heißt, eine gewöhnliche Bewegung in etwas Übermenschliches wandeln.* Lama Govinda, ein aus Europa stammender Gelehrter, der tibetische Methoden der Kontemplation erforschte, schrieb, daß *Lung-gom*

> als „Konzentration auf das dynamische, vitale Prinzip“ wiedergegeben werden [könnte]. Es enthält die dynamische Natur unseres physischen Organismus und aller materiellen Aggregatzustände – jedoch nicht im Sinne getrennter, in sich geschlossener Dynamismen, sondern als etwas, das vom Zusammenwirken verschiedenster Vorgänge und vor allem von den Urkräften und den universellen Eigenschaften des Bewußtseins abhängt. In dieser Weise wird eine direkte Beeinflussung körperlicher Organe und Funktionen ermöglicht, so daß ein harmonisches psycho-physisches Zusammenwirken erzielt wird:

* Der Begriff *Lung-gom* bezieht sich auf eine Yoga-Praxis, die bestimmte Bewegungen des Körpers beinhaltet. Er setzt sich zusammen aus dem tibetischen *lung*, das Luft, vitale Hitze oder Energie bedeutet, und *gom*, Meditation über ein bestimmtes Objekt, bis eine Einheit mit ihm erreicht ist.

ein Parallelismus von Gedanken und Bewegung und ein Rhythmus, der alle verfügbaren Kräfte des Individuums in seinen Dienst nimmt.

Wenn man den Punkt erreicht hat, an dem die Transformation einer Kraft oder eines Materialisationszustandes in einen anderen möglich ist, können verschiedenartige Wirkungen von scheinbar übernatürlichem Charakter erzielt werden, wie z. B. die Verwandlung psychischer Energie in körperliche Bewegung (ein Wunder, das wir in kleinerem Maßstab in jedem Augenblick vollziehen, ohne uns dessen bewußt zu sein) oder die Transformation von Materie in einen aktiven Energiezustand, der zugleich in einer Gewichtsabnahme oder in einer scheinbaren Aufhebung oder Verminderung der Gravitation resultiert.[85]

Lama Govinda beobachtete Zellen in Klöstern, in denen diese Übungen vermittelt wurden. Im Nyang-tö Kyi-phug waren zum Beispiel sieben buddhistische Mönche in kleinen Zellen eingeschlossen, die sie nur mit Erlaubnis ihres Oberen verlassen konnten. Zur Zeit seines Besuches, schrieb Lama Govinda, hatte

einer von ihnen ... bereits drei Jahre des Schweigens und der Meditation hinter sich, und man erwartete, daß er seine Klause nicht vor Ablauf weiterer sechs Jahre verlassen würde.

Es war niemandem erlaubt, mit einem Lung-gom-pa zu sprechen oder auch nur den geringsten Teil seiner Person zu sehen. Die letztere Regel dient der Sicherstellung und Aufrechterhaltung völliger Anonymität. Aus diesem Grund ist selbst die Hand des Eremiten in einem Strumpf oder Stoffsack verborgen, wenn er Almosen durch die erwähnte Öffnung unter der Mauer seiner Klause entgegennimmt, so daß er nicht durch die besondere Form seiner Hand, sei es durch eine Narbe, eine Deformation oder eine Tätowierung, erkannt werden kann. Dieselbe kleine Öffnung, die nach meiner Messung $22^{1}/_{2} \times 25$ cm betrug, sollte nach neunjähriger Übung dem Lung-gom-pa als Ausgang dienen können.

Es heißt, daß nach einer solchen Zeitspanne sein Körper so leicht und geschmeidig geworden ist, daß ... [es ihm möglich wird], die vorgeschriebene Pilgerschaft zu allen Hauptheiligtümern Zentraltibets in einer geradezu unglaublich kurzen Zeit zu bewerkstelligen.[86]

Alexandra David-Neel, die sich ebenfalls mit tibetischer Mystik befaßte, behauptete, einen *Lung-gom*-Adepten im Norden der tibetischen Hochebene gesehen zu haben, der sich auf einer Pilgerschaft zu befinden schien, wie Lama Govinda sie beschrieb. Der Mann bewegte sich in einer ungewöhnlichen Weise, den Blick starr auf den fernen Horizont gerichtet.

„Der Lama lief nicht", schrieb Alexandra David-Neel. „Er hob sich scheinbar bei jedem Schritt von der Erde und flog wie eine elastische Kugel sprungweise in die Höhe. Seine Schritte waren so gleichmäßig wie ein Pendel." Die Tibeter in ihrer Begleitung erkannten den Mann sofort als einen *Lama lung-gom-pa* und verneigten sich respektvoll, als er sie überholte. Mit dem Fernglas sah Alexandra David-Neel den Mann in den Bergen am Rande der Steppe verschwinden. Vier Tage später erzählten

Hirten ihr und ihren Begleitern, daß sie den *Lung-gom-pa* gesehen hätten, wodurch Alexandra David-Neel in der Lage war, die Geschwindigkeit zu bestimmen, mit der er vorankam. Um die Hirten zu jenem Zeitpunkt zu treffen, mußte der Mönch zwei Tage lang ohne anzuhalten in hoher Geschwindigkeit durch die Berge gelaufen sein.[87]

In den letzten Jahren beschrieben viele Sportler einen Grenzbereich (amerik. „the zone"), in dem ihre körperlichen Fähigkeiten ein übermenschliches Niveau erreichten. Auch in diesem Bereich behaupten Menschen unterschiedlicher Herkunft und unterschiedlichen Temperaments, daß besondere Fähigkeiten – in diesem Fall das Bewegungsvermögen des Körpers – zuzeiten von etwas jenseits der normalen Kapazität hervorgerufen wird.

Levitation

Levitation – wenn es sie gibt – würde das normale menschliche Bewegungungsvermögen transzendieren und auf eine Weise geschehen, die von der gängigen Wissenschaft nicht erklärt werden kann. Doch bisher ist Levitation nie mit Filmkameras fest-

gehalten worden. Es gibt Fotografien, die Leute zeigen sollen, die über dem Boden schweben – einige davon stammen von der Transcendental Meditation Society, die so ihre Siddhi-Kurse propagiert –, aber keines davon beweist, daß die abgebildeten Personen nicht nur hochhüpfen. Nichtsdestotrotz besteht in den schamanischen und religiösen Traditionen der Glaube an dieses Phänomen seit mindestens zwei Jahrtausenden fort. *Vayu stambhan* ist ein alter Begriff aus dem Sanskrit für dieses Phänomen; und Schamanen überall auf der Welt wird nachgesagt, daß sie sich entgegen der Schwerkraft über den Boden erheben können.[88] Doch trotz dieser weltweiten Überlieferungen hat noch niemand in Gegenwart moderner Forscher auf Befehl levitiert. Als beispielsweise Herbert Benson mit einer Gruppe von Mitarbeitern (und der Unterstützung des Dalai Lama) zwei Lamas beobachtete, die sich angeblich auf übernatürliche Weise vom Boden erheben konnten, schlug ihr Versuch, die Levitation zu beweisen, völlig fehl. Benson schrieb:

> Zwei Mönche, der ehrenwerte K. G., 70, und der ehrenwerte T. O., 34, demonstrierten ihre Praktiken. Nur mit Lendentüchern bekleidet, saßen sie mit verschränkten Beinen auf einem kleinen Stapel Teppiche. Sie führten gemeinsam eine Reihe von Körperübungen aus – tiefes Atmen, mit den Händen gegen Brust, Arme und Beine schlagen und wiegende Bewegungen. Während dieser Übungen sangen sie. Sie standen auf, kreuzten schnell ihre Beine und fielen mit gekreuzten Beinen auf den Boden. Als sie auf den Teppichen landeten, schlugen sie mit den Außenseiten ihrer Beine außen und unten auf, was ein sehr lautes Geräusch erzeugte. Dann, als sie mit verschränkten Beinen saßen, zogen sie den Bauch ein, unter ihren Brustkorb, und erzeugten so einen großen Hohlraum unterhalb ihrer Rippen.

> Zu diesem Zeitpunkt sagte der ältere Mönch, daß der jüngere die Übung nun allein weiter ausführen würde, da das Folgende für jemanden seines Alters zu anstrengend sei.
>
> Der jüngere Mönch stand auf, beugte seine Knie ein wenig und sprang mit gestreckten Beinen etwa einen Meter hoch in die Luft. In der Luft kreuzte er schnell die Beine und fiel zu Boden, die Beine weiterhin in dieser Position. Er landete mit einem lauten Aufschlag auf dem Boden, als er seine gekreuzten Beine nach außen und unten aufschlagen ließ. Die Mönche beendeten ihr Ritual, indem sie beieinander saßen und offenbar viele ihrer vorherigen Übungen wiederholten.
>
> Wir fragten, ob das, was wir beobachtet hatten, die sogenannte „Levitationsmeditation" gewesen sei, was man uns bestätigte. Wir waren Zeugen einer bemerkenswerten athletischen Vorführung gewesen, aber keines Schwebens. Die Tatsache, daß nur der jüngere Mönch die Übung ausführen konnte, wies auch darauf hin, daß es sich um eine athletische, nicht um eine spirituelle Übung handelte. Denn in dem Fall sollte man erwarten, daß der ältere Mönch sie hätte besser ausführen können.
>
> Ich fragte sie später, ob es möglich sei, in der Luft zu bleiben. Der jüngere Mönch sagte, daß sein Urgroßvater dies gekonnt hätte, er aber niemanden kenne, der es heute vermochte. Dann fragte ich den älteren Mönch, ob er von irgend jemandem wüßte, der eine solche Leistung vollbringen könnte. Er sagte, daß dies eine Fähigkeit sei, die es vor vielen Hunderten von Jahren gegeben habe, die aber heute

> nicht mehr auftrete. Ich fragte ihn, ob er gerne levitieren würde, und mit einem Augenzwinkern antwortete er: „Das ist nicht nötig. Jetzt haben wir ja Flugzeuge."[89]

Kein moderner Forscher hat bisher schlüssige Beweise für Levitation vorlegen können. Dennoch wird eine derartige Überwindung der Schwerkraft in nahezu jeder religiösen Tradition geheiligt. Autoritäten der römisch-katholischen Mystik haben sie beschrieben und ausführlich in den Kirchenberichten über Verfahren der Heiligsprechung erörtert. Angesehene Zeugen schworen unter Eid, daß sie gesehen hätten, wie sich der heilige Joseph von Copertino ohne erkennbare Hilfe über den Boden erhoben hätte, oft vor zahlreichen Zuschauern (siehe 22.10). Diese Aussagen überzeugten Papst Benedikt XIV. – der die meisten Richtlinien aufstellte, nach denen die Kirche Wundertaten von Heiligen beurteilt –, daß Joseph tatsächlich levitiert hatte. Er schrieb: „Augenzeugen von unanfechtbarer Integrität haben die berühmten Erhebungen über den Boden und die ansehnlichen Flüge des genannten Dieners Gottes bestätigt."[90]

Die heilige Theresia von Avila, bekannt für ihre Integrität und ihren gesunden Menschenverstand, schrieb, daß ihre Verzückung manchmal so groß war, daß „der ganze Körper nach[folgte], so daß dieser frei über der Erde schwebte."[91] Diese Worte stammen eindeutig von der heiligen Theresia, da sie in ihrer eigenen Handschrift in einer Faksimileausgabe ihrer Autobiographie erhalten sind, die noch zu ihren Lebzeiten der Inquisition vorgelegt worden war. Überdies stimmen die Aussagen verschiedener Beobachter mit ihrem Bericht überein. Nach den *Acta Sanctorum* beschrieben vor der Ritenkongregation zehn Augenzeugen die Levitationen der heiligen Theresia in lebhaften Einzelheiten. Schwester Anna von der Kongregation der Menschwerdung Christi gab folgende Erklärung ab: „Als ich hinsah, war [die heilige Theresia] etwa einen halben Meter über den Boden, den die Füße nicht berührten, emporgehoben. Darüber erschrak ich sehr, und sie selber zitterte am ganzen Leibe ... [Später fragte sie mich], ob ich die ganze Zeit hier gewesen sei. Ich bejahte dies. Da befahl sie mir unter Gehorsamspflicht, nichts von dem, was ich gesehen hatte, zu erzählen.“[92] In *The Physical Phenomena of Mysticism* (dt. *Die körperlichen Begleiterscheinungen der Mystik*) legte Herbert Thurston eine Aufstellung von levitierten Ekstatikern und Verweise auf detailliertere Beschreibungen vor (siehe Anhang K.2).

Zusammen ergeben die Aussagen katholischer Heiliger und der vielen, die sie beobachteten, ansehnliche Zeugnisse der Levitation in den letzten Jahrhunderten. Angesichts dieser Aussagen und der vielfältigen Überlieferungen zu diesem Phänomen in anderen spirituellen Traditionen sind wir vorsichtig bei dem Urteil, ob Menschen sich unter Umständen auf übernatürliche Weise vom Boden erheben können. Wir sind noch nicht im Besitz von Filmen, Fernsehaufzeichnungen oder anderen Aufnahmen,

denen auch Skeptiker Vertrauen schenken können. Bis wir diese haben, werden viele von uns Levitation als möglich, aber unbewiesen erachten. Eines Tages mag ein Hochspringer, ein Wide Receiver oder Basketball-Star vor den Fernsehkameras die Schwerkraft überwinden. Vielleicht wird ein hervorragender Tänzer so hoch springen oder so lange in der Luft schweben, daß Videoaufnahmen von seiner Leistung den unbestreitbaren Beweis für Levitation erbringen werden. Der Autor James Michener beschrieb, wie er Hank Luisetti 1941 bei einem Basketballspiel beobachtete:

Irgendwie blieb Luisetti in der Luft stehen, täuschte einen Wurf zum Korb vor, zwang den Denver-Mittelverteidiger zur Aktion, und mit einer Bewegung, die ich noch nie zuvor gesehen hatte, streckte er seinen Arm mir nichts, dir nichts gute extra 30 Zentimeter weit aus und lancierte einen einhändigen Schuß gegen das Spielbrett und in den Korb rein. Es schien, als ob er eine Minute in der Luft geblieben wäre, drei verschiedene Spieler irreführte und mit einem verzögerten Schuß, der überwältigend in seiner Schönheit war, endete.[93]

Mit ähnlicher Verwunderung beschrieb ein Reporter der Zeitschrift *Time* das Tanzen von Mikhail Baryshnikov:

Wenn er seinen vollendet gewölbten Körper in den Bogen eines seiner unwahrscheinlich langanhaltenden Sprünge lanciert – hoch, leicht, die Beinbewegungen in verschwimmender Präzision –, überschreitet er die Grenzen des physisch Möglichen und, wie es manchmal scheint, der Schwerkraft selbst. Dem angehaltenen Atem im Theater oder der ekstatischen Bewunderung der Kritiker nach zu urteilen

> verwandeln solche Momente Mikhail Baryshnikov wenn schon nicht in einen kleinen Gott, so doch in einen mächtigen Zauberer.
>
> Er ist ein unglaublicher Techniker, mit einer unsichtbaren Technik. Die meisten Tänzer, selbst die größten unter ihnen, bereiten ihre Sprünge deutlich vor. Er dagegen gleitet einfach in phantastische akrobatische Kunststücke und kommt dann in vollkommener innerer Ruhe zum Stillstand. Er zwingt das Auge, zweimal hinzusehen: Hat dieser Mann dies tatsächlich gerade getan?[94]

Spielte bei diesen Leistungen von Luisetti und Baryshnikov eine leichte Form der Levitation mit eine Rolle? Könnte das lange, harte Training, eine besondere Begabung und das leidenschaftliche Engagement mancher Sportler und Tänzer außergewöhnliche Arten der Energie auslösen oder, auf andere Weise, die Beziehungen der Elemente untereinander neu ordnen, um solche Momente der Überwindung der Schwerkraft hervorzubringen?

Freunde von Nijinskij glaubten, daß der berühmte Tänzer ein Werkzeug okkulter Kräfte sei; und der Basketballstar Julius Erving meinte, daß das Spiel „über dem Korb" die Beschränkungen der Schwerkraft manchmal überwindet.[95]

Außerkörperliche Erfahrungen

Außerkörperliche Erfahrungen, während der man die physische Umgebung wahrnehmen kann, sind in vielen Kulturen beschrieben worden und wurden von den frühen psychischen Forschern untersucht (siehe Anhang E). In *Human Personality* gibt Frederic Myers die Schilderung eines S.R. Wilmot wieder, die ursprünglich nach dem Bericht von Mrs. Henry Sidgwick in den *Proceedings of the Society for Psychical Research*, Band 7, erschienen war:

> Am 3. Oktober 1863 reiste ich von Liverpool nach New York und nahm den Dampfer der Inman-Linie, *City of Limerick*, der unter dem Kommando von Kapitän Jones stand. Am Abend des zweiten Tages auf See, kurz hinter Kinsale Head, begann ein heftiger Sturm, der neun Tage anhielt. Während dieser Zeit sahen wir weder Sonne noch Sterne noch irgendein Schiff; aber auf der Luvseite wurden die Schanzkleider weggeweht, einer der Anker löste sich aus seiner Laschung und richtete beträchtlichen Schaden an, bis er festgezerrt werden konnte, und mehrere starke Sturmsegel wurden, obwohl sie fest gerefft waren, weggerissen und die Spieren zerbrochen.
>
> Nach dem achten Tag auf See legte sich der Sturm nachts ein wenig, und zum ersten Mal, seit wir den Hafen verlassen hatten, fiel ich in einen erquickenden Schlaf. Gegen Morgen träumte ich, ich sähe meine Frau, die ich in den Vereinigten Staaten zurückgelassen hatte, im Nachthemd an die Tür meiner Kabine kommen. Dort schien sie zu bemerken, daß ich nicht allein im Raum war; sie zögerte einen Augenblick, kam dann zu mir, beugte sich herunter und küßte mich, und nachdem sie mich ein wenig gestreichelt hatte, zog sie sich still wieder zurück.

Als ich erwachte, bemerkte ich mit Verwunderung, daß mein Mitreisender, dessen Schlafkoje sich oberhalb der meinen befand – aber nicht direkt darüber, da unsere Kabine im Heck des Schiffes lag –, sich auf seinen Ellbogen stützte und mich anstarrte. „Sie sind mir ein feiner Kerl", sagte er schließlich, „daß Sie sich so von einer Dame besuchen lassen." Ich drängte ihn zu einer Erklärung, die er mir zuerst verweigerte, dann aber erzählte er mir endlich, was er – hellwach in seiner Koje liegend – gesehen hatte. Es stimmte genau mit meinem Traum überein.

Der Name meines Mitreisenden war William J. Tait, und wir hatten auf der Hinreise im vergangenen Juli auf der *Olympus*, einem Dampfer der Cunard-Linie, eine Kabine geteilt; er war in England geboren und der Sohn eines Geistlichen der Kirche von England. Er hatte ein paar Jahre in Cleveland im Staate Ohio gelebt, wo er in der Bücherei die Stelle eines Bibliothekars innehatte. Er war zu diesem Zeitpunkt etwa 50 Jahre alt und in keinster Weise zu Scherzen aufgelegt, sondern ein gesetzter und tiefgläubiger Mann, dessen Aussage über jeden Zweifel erhaben war.

Der Vorfall schien mir so merkwürdig, daß ich ihn darüber ausfragte, und zu drei verschiedenen Gelegenheiten – das letzte Mal kurz vor der Ankunft – wiederholte Mr. Tait mir gegenüber die Beobachtungen, die er gemacht hatte. Bei der Ankunft in New York trennten wir uns, und ich sah ihn nie wieder.

Am Tag nach der Ankunft fuhr ich mit dem Zug nach Watertown in Connecticut … Beinahe die erste Frage, die [meine Frau] mir stellte, als wir allein waren, lautete: „Habe ich dich Dienstag vor einer Woche besucht?" – „Besucht?" fragte ich. „Wir waren mehr als 1000 Meilen vom Land entfernt." „Das weiß ich", antwortete sie, „aber es schien mir, als ob ich dich besucht hätte."

Dann erzählte mir meine Frau, daß sie sich wegen des schlechten Wetters und der Berichte über den Untergang der *Africa*, die am selben Tag, an dem wir in Liverpool abgelegt hatten, nach Boston ausgelaufen und am Cape Race auf Grund gelaufen war, große Sorgen um mich gemacht hätte. In der Nacht davor, der Nacht, in der der Sturm eben abzuflauen begann, hatte sie lange wachgelegen und an mich gedacht. Gegen vier Uhr morgens schien es ihr, als trete sie hinaus, um mich zu suchen. Sie überquerte die endlose stürmische See, bis sie schließlich zu einem tief liegenden schwarzen Dampfer kam, an dessen Seite sie hinaufstieg und dann zu den Kabinen hinab zum Heck ging, bis sie zu meiner Kabine kam. „Sag mir", sagte sie, „gibt es Kabinen wie die, die ich sah, in der die obere Koje weiter hinten liegt als die untere? In der oberen Koje lag ein Mann, der mich direkt ansah, und einen Moment hatte ich Angst, einzutreten, aber dann ging ich zu deiner Koje, beugte mich herunter und küßte und umarmte dich und ging dann wieder."

Die Beschreibung des Dampfers, die mir meine Frau gab, traf in allen Einzelheiten zu, obgleich sie ihn nie gesehen hatte. Aus dem Tagebuch meiner Schwester entnehme ich, daß wir Liverpool am 4. Oktober verließen; der Tag, an dem wir in New York ankamen, war der 22., und zu Hause war ich am 23.[96]

Wilmots Schwester, die sich ebenfalls an Bord des Schiffes befand, erzählte von ihrer Unterhaltung mit Tait, in der er den Vorfall genau wie ihr Bruder beschrieb, und

Wilmots Frau bestätigte ihre außerkörperliche Erfahrung schriftlich. Wir müssen bei derartigen Geschehnissen nicht unbedingt der Ansicht sein, daß die Betroffenen tatsächlich in einer Art Geistkörper reisen. Dieser Fall erscheint mir jedoch zwingend, da vier Personen beteiligt waren – drei davon direkt – und ihre Erfahrungen in verblüffender Weise übereinstimmen. Berichte wie die der Wilmots gaben Anlaß für Experimente, in denen ein Sender willentlich versuchte, jemandem, der nicht wußte, daß er als Ziel ausgesucht wurde, als Phantomgestalt zu erscheinen. Edmund Gurney berichtete über solche Experimente in seinem Buch *Phantasms of the Living* (dt. *Gespenster Lebender*). Die folgende Passage übernahm Gurney nach dem Bericht eines Mr. S. H. B.

An einem bestimmten Sonntagabend im November 1881, nachdem ich über die große Macht gelesen hatte, die der menschliche Wille auszuüben in der Lage ist, beschloß ich mit meiner ganzen Kraft, im vorderen Schlafzimmer des Hauses Nr. 22 in der Hogarth Road in Kensington als Geist zu erscheinen, in dem zwei mir bekannte Damen schliefen – Miss L. S. V. und Miss E. C. V., 25 und 11 Jahre alt. Ich lebte damals in Kildare Gardens 23, etwa fünf Kilometer von der Hogarth Road entfernt, und hatte meine Absicht, dieses Experiment zu erproben, in keinster Weise gegenüber den beiden Damen

erwähnt, aus dem einfachen Grunde, daß ich mich erst beim Zubettgehen an diesem Sonntagabend dazu entschlossen hatte. Die Zeit, zu der ich dort zu sein beschlossen hatte, war ein Uhr nachts, und es war meine feste Absicht, meine Gegenwart dort spürbar zu machen.

Am darauffolgenden Donnerstag besuchte ich die besagten Damen, und im Verlauf der Unterhaltung erzählte mir die Ältere (ohne irgendeine Anspielung meinerseits), daß sie in der vorigen Sonntagnacht sehr erschrocken sei, als sie mich neben ihrem Bett stehen sah, und daß sie geschrien hätte, als die Erscheinung sich ihr näherte, und ihre kleine Schwester weckte, die mich ebenfalls sah.

Ich fragte sie, ob sie zu der Zeit wach gewesen sei, was sie entschieden bejahte, und als ich nach der Zeit des Vorfalls fragte, antwortete sie, es sei gegen ein Uhr nachts gewesen. Auf meine Bitte hin legte diese Dame eine schriftliche Erklärung zu dem Vorfall ab und unterzeichnete diese.

Es war das erste Mal, daß ich ein solches Experiment versuchte, und sein vollkommenes Gelingen verwirrte mich. Außer daß ich meine Willenskraft mit aller Macht gebrauchte, vollbrachte ich eine Leistung, die ich kaum mit Worten beschreiben kann. Ich war mir einer rätselhaften Kraft bewußt, die meinen Körper durchdrang, und hatte das bestimmte Gefühl, daß ich etwas Gewaltiges tat, das ich bis dahin nicht gekannt hatte, seitdem aber zu manchen Zeiten willentlich hervorbringen kann.

Die Ziele dieses Experiments, Miss L. S. und Miss E. C. Verity, bestätigten die von Mr. S. H. B. beschriebenen Erfahrungen schriftlich, und Gurney nahm sie ins Kreuzverhör. Er schrieb:

Es gibt nicht den geringsten Zweifel, daß sie den Vorfall Mr. S. H. B. gegenüber spontan erwähnten. Sie hatten zuerst nicht die Absicht, dies zu tun, aber als sie ihn sahen, siegte das Gefühl der Absonderlichkeit des Vorfalls über ihren Entschluß. Miss Verity ist eine äußerst besonnene und vernünftige Zeugin, ohne Neigung zu Phantastereien und mit einer erheblichen Furcht und Abneigung [diesen gegenüber].

Auf Gurneys Veranlassung hin versuchte Mr. S.H.B. ein zweites Mal, sich in die Gegenwart der Schwestern zu projizieren. Miss L.S. Verity gab später folgende Erklärung ab:

44 Norland Square, W

Samstagnacht, am 22. März 1884, gegen Mitternacht, hatte ich das deutliche Gefühl, daß Mr. S.H.B. in meinem Zimmer anwesend war, und während ich hellwach war, konnte ich ihn klar erkennen. Er kam auf mich zu und strich über mein Haar. Ich gab ihm freiwillig diese Information, als er mich am Mittwoch, den 2. April, besuchte, und sagte ihm die Uhrzeit und die Umstände der Erscheinung, ohne jegliche Einflußnahme von seiner Seite aus. Die Erscheinung in meinem Zimmer war höchst lebendig und unverkennbar.

Mr. S.H.B.s eigener Bericht lautete folgendermaßen:

Am Samstag, den 22. März beschloß ich, Miss V. im Haus Norland Square 44, Notting Hill um Mitternacht zu erscheinen, und wie ich es vorher mit Mr. Gurney verabredet hatte, ihm nämlich am Vorabend meines nächsten Experiments (über den Zeitpunkt und andere Einzelheiten) zu schreiben, sandte ich ihm eine Nachricht mit den oben erwähnten Fakten. Etwa zehn Tage später besuchte ich Miss V., die mir von sich aus erzählte, daß sie mich am 22. März um Mitternacht so lebendig in ihrem Zimmer gesehen hätte, daß ihre Nerven völlig zerrüttet seien und sie am Morgen nach einem Arzt hätte schicken müssen.[97]

Erfahrungen wie die der Wilmots und Veritys ähneln dem in mystischen Traditionen seit alters bekannten Phänomen der Bilokation, der gleichzeitigen Anwesenheit (eines Yogis oder Heiligen) an mehr als einem Ort. In der *New Catholic Encyclopedia* wird Bilokation unter den bedeutendsten Gnadengaben für christliche Hingabe aufgeführt. Sie ist auch eine Folgeerscheinung der *akasha-* und *moksha-*Siddhis im indischen Yoga und wird in den Lehren des Taoismus, tibetischen Buddhismus und Sufismus beschrieben.

Zwar kann man die abergläubische Vorstellung zurückweisen, daß bei solchen Begebenheiten jemand in seinem materiellen Körper an zwei Orten zugleich anwesend ist, aber es gibt viele Zeugnisse für Seelenexkursionen in Vergangenheit und Gegenwart. Doch wie wir bereits gesehen haben, beschränken sich derartige Vorkommnisse nicht allein auf religiöse Adepten. Sie geschehen häufig spontan, während einer Krankheit, eines todesnahen Erlebnisses, lebhafter Träume oder gewagter Abenteuer. Ein Kletterer zum Beispiel behauptete, daß er etwa fünf Meter über dem Boden den Halt verlor und fiel. Während ich fiel, schien ich etwa zwei bis drei Meter von der Wand entfernt zu sein und sah meinen Körper fallen. Ich erinnere mich vage, daß ich mich zur anderen Seite meines Körpers bewegte, um sie anzusehen. Sobald ich auf dem Boden aufschlug, war ich nur noch mit meinem Schmerz beschäftigt.[98]

Ein Mann, der in einen starken Sog geraten war, beschrieb ein ähnliches Erlebnis. Nach einem verzweifelten Kampf fühlte er sich so erschöpft, daß ihm alles gleichgültig geworden war.

Ich fühlte, wie Frieden sich in mir ausbreitete. Nun, dachte ich, ich hatte es versucht, und jetzt war ich nur noch müde. Ich befand mich hoch über dem Wasser und sah auf es herab. Der Himmel, der so grau und verhangen gewesen war, schillerte unbeschreiblich schön. Musik erklang, die ich eher zu fühlen als zu hören schien. Wogen ekstatisch anmutender und feiner Farben vibrierten um mich herum und schenkten mir ein unfaßbares Gefühl des Friedens.

Auf dem Wasser unter mir kam ein Boot in Sicht, in dem zwei Männer und ein Mädchen saßen. Dann sah ich einen Fleck im Wasser. Eine Welle spielte mit ihm und warf ihn herum. Ich sah in mein eigenes verzerrtes Gesicht. Was für eine Erleichterung, dachte ich, daß ich dieses unbeholfene Etwas

nicht länger brauche. Dann hoben die Männer mich in das Boot, und meine Vision verblaßte. Als nächstes erinnere ich mich, daß es dunkel war und ich am Strand lag – ich fror, mir war übel, und ich war schlimm zugerichtet. Männer bemühten sich um mich – später erfuhr ich, daß sie dies mehr als zwei Stunden lang getan hatten.[99]

Das Reisen in andere Welten

Reisen in extraphysische Welten bilden eine weitere Art außergewöhnlicher Bewegung. Wie Seelenreisen sind solche Erfahrungen von modernen psychischen Forschern untersucht worden. Das berühmte britische Medium Stainton Moses behauptete zum Beispiel:

... ein oder zwei Mal – ein Mal erst kürzlich auf der Isle of Wight – erwachten meine inneren schlafenden Kräfte, und ich verlor völlig den Bezug zu den äußeren. Einen Tag und eine Nacht lang lebte ich in einer anderen Welt, während ich mir der materiellen Umgebung schwach bewußt blieb. Ich sah meine Freunde, das Haus, das Zimmer, die Landschaft, aber nur schwach. Ich sprach und ging herum und verhielt mich wie gewöhnlich, aber durch alles hindurch und weit deutlicher sah ich meine geistige Umgebung, die Freunde, die ich so gut kannte, und viele, die ich nie zuvor gesehen hatte. Die Szene war deutlicher als die materielle Landschaft, doch in gewisser Weise mit ihr verschmolzen. Ich wollte nicht reden. Es genügte mir zu sehen und in einer solchen Umgebung zu leben. Es war so wie der Eindruck, den ich von Swedenborgs Visionen habe.[100]

Moses' Erlebnis ähnelt Charles Lindberghs Visionen während seiner heldenhaften Atlantiküberquerung (siehe 5.1). Lindbergh schrieb über seine Visionen jedoch erst 26 Jahre nach dem Flug. Eine ähnliche Zurückhaltung brachte den schwedischen Wissenschaftler und Philosophen Emmanuel Swedenborg (1688 bis 1772) dazu, sich aus dem öffentlichen Leben zurückzuziehen, um jene außerirdischen Welten zu erforschen, welche ihm seine tiefe Innenschau eröffnet hatte. Swedenborg beschrieb seine spirituellen Exkursionen in etwa 282 Werken in lateinischer Sprache und schien, ähnlich wie Stainton Moses einhundert Jahre später, hellseherische Fähigkeiten zu besitzen, die mit derartigen Einblicken in Verbindung gebracht werden. Sein visionäres Zeugnis hat viele Künstler und Denker, darunter Henry James senior, William Blake und Charles Baudelaire, beeinflußt.[101]

Es gibt etliche zeitgenössische Schriften über extraphysische Welten, deren Wert jeder für sich selbst einschätzen kann. Es sind natürlich recht unterschiedliche Werke, sie reichen von reiner Erfindung bis zu ernst zu nehmenden Berichten wie denen Lindberghs, aber wir können in ihnen viele Übereinstimmungen mit schamanischen und kontemplativen Lehren finden. In der Tradition des Yoga beispielsweise ermöglichen die *manomaya-* und *akashaloka-*Siddhis den Zugang zu anderen Dimensionen des

Universums. Sibirische Schamanen steigen hinab in die Unterwelt, fliegen hinauf zum Himmel und betreten die Welt der Geister ihrer Ahnen. In der iranischen Mystik ist Hurqalya, das himmlische Land, durch Reisen der Seele erreichbar.[102] In Anhang E habe ich eine Auswahl von Berichten über Reisen in andere Welten zusammengestellt.

Zusammenfassend können wir vier Arten von metanormalem Bewegungsvermögen erkennen: die außergewöhnliche, bestimmten Sportlern, Tänzern, Schamanen und Heiligen zugeschriebene Beweglichkeit, angedeutete oder vollständige Levitation, außerkörperliche Erfahrung, Seelenreisen und Bilokation sowie das Reisen in andere Welten.

In den Überlieferungen des Yoga sind für jede dieser Erfahrungen Siddhis benannt worden; manche religiösen Überlieferungen jedoch verbinden sie zu einer umfassenden Form des außergewöhnlichen Bewegungsvermögens. Der Katholizismus zum Beispiel schreibt dieses Vermögen den auferstandenen Körpern der Gerechten zu. Nach dem *Katechismus des Konzils von Trient* 1.12.13 wird der verklärte Körper bei der Auferstehung „frei sein von der Schwere, die ihn jetzt niederdrückt, und wird sich mit äußerster Leichtigkeit und Schnelligkeit [überall dahin begeben], wohin es der Seele gefällt".[103] In Kapitel 8.1. gehe ich näher auf diese Doktrin ein und zeige auf, daß sie eine intuitive Ahnung von einem metanormalen Bewegungsvermögen sein könnte.

[5.6]
FÄHIGKEITEN DER EINWIRKUNG AUF DIE UMGEBUNG

Außergewöhnliche manuell-visuelle Koordination und Geschicklichkeit

Die Evolution hat spezialisierte Werkzeuge wie die Klaue, den Schnabel und die Hand des Primaten hervorgebracht, mit denen Tiere ihre unmittelbare Umgebung handhaben können. Bei den Menschen entfalten sich die manuellen Fähigkeiten durch Arbeiten, die von der Chirurgie bis zum Nähen reichen, und Methoden wie somatische Schulung und die Kampfkünste. Die Strukturelle Integration (Rolfing) kann zum Beispiel die Gewandtheit verbessern, indem sie Muskeln und Bänder von chronischen Verspannungen befreit (18.5), Sensory Awareness fördert die einfühlsame, sanfte und liebevolle Berührung (18.7), verschiedene Kampfkünste lehren die Fähigkeit, mit großer Genauigkeit, Schnelligkeit und Kraft zuzuschlagen (20.2). Anatomie, Kinesiologie und andere Fachbereiche haben vielfältige Erkenntnisse über derartige Fähigkeiten zusammengetragen, aber es gibt einen Aspekt außergewöhnlicher manuell-visueller Koordination, den die gängige Wissenschaft nicht erklären kann. In seinem Essay

Psi-Sensorimotor Interaction führte der an Parapsychologie interessierte Physiker Joseph Rush den Begriff *psi-enhancement* ein, Kraftvermehrung durch Psi. Eine solche Vermehrung wird seiner Ansicht nach durch die direkte Einwirkung des Geistes auf lebende Materie verursacht, besonders indem „tiefere Schichten des Selbst oder das Überbewußte“ die Muskelaktivität beeinflussen.[104] Der Boxweltmeister im Schwergewicht, Ingemar Johansson, erzählte zum Beispiel einem Interviewer, daß

> etwas seltsam ist an meiner rechten Hand, das sich nur schwer erklären läßt. Es ist fast so, als ob sie gar nicht mir gehört. Ich weiß nie, wann es passiert. Der Arm handelt von allein. Er ist schneller als das Auge, und ich kann ihn nicht einmal sehen. Ohne daß ich es ihr befehle, schnellt meine Rechte vor, und wenn sie trifft, gibt mir das ein gutes Gefühl, das sich meinen Arm entlang und über meinen ganzen Körper ausbreitet.[105]

Der Golfspieler Frank Beard schrieb über seine letzten Löcher bei seiner ersten Meisterschaft:

> Ich war noch ungefähr 180 Meter von der Mitte des Grüns entfernt, als mir ein Gedanke durch den Kopf schoß, die gute Regel, nach der ich mich noch immer richte: Wenn du aufgeladen bist, nimm immer einen kürzeren Schläger, als du für nötig hältst, weil du weiter schlagen wirst als normalerweise. Für 180 Meter nehme ich sonst ein Eisen 3. Ich nahm also ein Eisen 5. Bei einer normalen Lage des Balles, unter normalen Bedingungen, könnte ich mit einem Eisen 5 keine 180 Meter weit schlagen,

selbst wenn mein Leben davon abhinge. Aber ich schlug den Ball genau in die Mitte des Grüns, vielleicht 6 Meter am Flaggenstiel vorbei. Mit einem Eisen 3 hätte ich den Ball wahrscheinlich bis über das Klubhaus geschlagen.[106]

Der moderne Sport hat noch keine psychologische Erklärung für metanormale Aktivitäten hervorgebracht. In einigen Lehren der Kontemplation und der Kampfkünste werden solche Fertigkeiten jedoch geschult und verfeinert. Der deutsche Philosoph Eugen Herrigel übte zum Beispiel in Japan das Bogenschießen unter einem Zen-Meister und lernte beim Spannen des Bogens auf den Moment zu warten, in dem etwas jenseits seiner normalen Reflexe den Pfeil abschnellen läßt. Eines Tages, unmittelbar nach einem Schuß,

verbeugte sich der Meister tief und brach dann den Unterricht ab. „Soeben hat ‚Es' geschossen", rief er aus, als ich ihn fassungslos anstarrte. Und als ich endlich begriffen hatte, was er meinte, konnte ich die jäh aufbrechende Freude darüber nicht unterdrücken.

„Was ich gesagt habe", tadelte der Meister, „war kein Lob, nur eine Feststellung, die Sie nicht berühren darf. Ich habe mich auch nicht vor Ihnen verbeugt, denn Sie sind ganz unschuldig an diesem

Schuß. Sie verweilten diesmal völlig selbstvergessen und absichtslos in höchster Spannung; da fiel der Schuß von Ihnen ab wie eine reife Frucht. Nun üben Sie weiter, wie wenn nichts geschehen wäre!"

Erst nach geraumer Zeit gelangen dann und wann wieder rechte Schüsse, die der Meister wortlos durch eine tiefe Verbeugung auszeichnete. Wie es vor sich ging, daß sie sich ohne mein Zutun wie von selbst lösten, wie es kam, daß meine fast geschlossene rechte Hand plötzlich geöffnet zurückschnellte, konnte ich weder damals noch kann ich es heute erklären. Die Tatsache steht fest, daß es so geschah, und dies allein ist wichtig. Aber wenigstens dahin kam ich allmählich, die rechten Schüsse von den mißlungenen selbständig unterscheiden zu können. Der qualitative Unterschied zwischen ihnen ist so groß, daß er nicht mehr übersehen werden kann, hat man ihn einmal erfahren ...

Innerlich aber, für den Schützen selbst, wirken sich rechte Schüsse derart aus, daß ihm zumute ist, als habe der Tag erst jetzt begonnen. Er fühlt sich nach ihnen zu allem rechten Tun und, was vielleicht noch wichtiger ist, zu allem rechten Nichtstun aufgelegt. Überaus köstlich ist dieser Zustand. Aber wer ihn hat, mahnt der Meister mit einem feinen Lächeln, tut gut daran, ihn so zu haben, als hätte er ihn nicht. Nur entschiedener Gleichmut besteht ihn so, daß er nicht zögert wiederzukommen.[107]

Joseph Rush schrieb die handelnde Eingebung, die Herrigels Lehrer *Es* nannte, den tieferen Schichten des Selbst oder Überbewußten zu.* Andere dagegen führen diese einfach auf das effiziente Zusammenspiel von Nerven und Muskeln zurück. Im *The*

* Herrigels Erfahrung beinhaltete auch eine außergewöhnliche Form der Willenskraft (siehe 5.9).

New York Times Magazine ging der Autor Lawrence Shainberg davon aus, daß die athletischen Leistungen, zu denen Sportler im Grenzbereich des Leistungsvermögens fähig sind, möglicherweise durch ein in den Basalganglien und anderen subkortikalen Elementen des Zentralnervensystems eingebettetes, hochtrainiertes motorisches Gedächtnis hervorgerufen werden. Ausgehend von Untersuchungen des Psychiaters Monte Buchsbaum, die zeigten, daß in Momenten tiefer Konzentration ein deutlicher Abfall der Stoffwechselrate des Gehirns auftritt, schloß Shainberg, daß Meditation die sensomotorischen Befehlszentren unterstützt, effizienter zu arbeiten, unbehindert von unnötiger mentaler Aktivität. Als der Zen-Meister Herrigel sagte, er solle weiterüben, „wie wenn nichts geschehen wäre“, und positive und negative Erinnerungen fallenlassen, gab er die Aussage traditioneller und moderner Lehrer wieder, daß geistige Ruhe den an einer bestimmten Aufgabe mitwirkenden Körperteilen ermöglicht, ihre Arbeit effizienter zu tun. Shainberg zitierte in diesem Zusammenhang den Baseballspieler Tim McCarver: „Der Geist ist eine tolle Sache“, sagte der ehemalige Catcher [Fänger], „solange man ihn nicht einsetzen muß.“ Bogenschieß-Trainer Tim Strickland stellte fest: „Je besser die Technik, um so mehr kann man seinen Geist darin verankern. Und je mehr man seinen Geist verankert, um so besser wird die Technik.“

Denise Parker, ein Wunderkind im Bogenschießen, beschrieb ihren Zustand, als sie als erste Frau Amerikas bei einem Wettkampf 1300 Punkte erreichte: „Ich weiß nicht, was passierte“, sagte sie. „Ich hatte mich auf nichts konzentriert. Es fühlte sich nicht so an, als ob ich meine Pfeile abschoß, sondern so, als ob sie sich selbst abschossen. Ich versuche mich daran zu erinnern, so daß ich in diesen Raum zurückkehren kann, aber wenn ich versuche, es zu verstehen, gerate ich nur in Verwirrung. Es ist, als würde ich über die Entstehung der Welt nachdenken.“[108] Kraftvermehrung durch Psi? Effiziente Basalganglien? Es gibt verschiedene Theorien zur Erklärung der Grenzbereiche und außergewöhnlichen Geschicklichkeit. Aber ganz gleich, wie wir diese Phänomene bezeichnen und in welchen wissenschaftlichen, philosophischen oder religiösen Begriffen wir sie zu erklären suchen – sie zeigen sich bei vielen sensomotorischen Aktivitäten. Manuell-visuelle Fertigkeiten werden, wie andere Resultate der Evolution, manchmal auf eine Weise transformiert, die Urheber und Beobachter gleichermaßen in Erstaunen versetzen.

Außerkörperliche Einwirkung auf die Umgebung

Metanormales Einwirken auf unsere Umgebung beschränkt sich jedoch nicht auf eine besondere Geschicklichkeit und manuell-visuelle Koordination, es umfaßt auch die folgenden drei Arten des Handelns:

1. Telergie, das direkte Einwirken des Geistes auf das Gehirn oder andere lebende Gewebe außerhalb von gewöhnlichen Sinnen (oder ihren Erweiterungen wie einem Mikroskop) beobachtbarer Vermittlungsprozesse, zum Beispiel bei spirituellen Heilweisen.

2. Telekinese, das Einwirken auf unbelebte Objekte aus der Ferne und ohne materielle Verbindung zu der bewegenden Energie oder dem Sender.

3. Die direkte Veränderung von einem Teil des Raumes durch geistige Einflußnahme.

In der derzeitigen Terminologie der Parapsychologen werden diese drei Arten der Interaktion zwischen Geist und Materie als Formen der Psychokinese bezeichnet, als direktes Einwirken des Geistes auf organische oder anorganische Materie.

Telergie. In Kapitel 13 gebe ich einen kurzen Abriß der Geschichte der spirituellen Heilweisen und eine Übersicht über experimentell erbrachte Nachweise, daß Geistheilen aus der Ferne und ohne Anzeichen einer Sinnesvermittlung geschehen kann.

Zahlreiche Aussagen glaubhafter Zeugen über Heilungen, die wissenschaftlich nicht erklärbar sind, sowie viele Laboruntersuchungen beweisen, daß Menschen anderen durch Handlungsweisen, die nicht von physikalischen Reizen abhängig sind – wie Beten –, helfen können (siehe 13 und D.1). Telergie zeigt sich auch in dem aus der Ferne ausgeübten harmonisierenden und energetisierenden Einfluß, der Heiligen und Weisen zugeschrieben wird. Ein derartiges Wirken, das ebenso als Form metanormaler Kommunikation eingestuft werden kann (5.3), ist immer wieder bezeugt worden, seit die Menschen begonnen haben, ihre religiösen Erfahrungen aufzuzeichnen. Die Wüstenväter, die Schamanen Sibiriens, Amerikas und der Südsee, indische und tibetische Yogis, jüdische Mystiker, Sufis und weitere religiöse Adepten können, so heißt es, anderen Menschen durch außerkörperliches Wirken helfen – oft sogar dann, wenn die Empfänger dieser Heilkräfte nicht wissen, wie oder warum eine Besserung eintritt. Außerkörperliches Einwirken auf den Leib wird auch etlichen Sportlern,[109] Ärzten, Musikern, Liebenden, Eltern und Freunden zugeschrieben. In Kapitel 17.3 zitiere ich Wilhelm Stekel, Jule Eisenbud und andere Psychiater, die psychosomatische Auswirkungen telepathischer Interaktionen untersucht haben. Die von diesen Psychiatern zur Vergügung gestellten Fallgeschichten zeigen, daß Telergie – im Guten wie im Schlechten – in allen menschlichen Lebenslagen wirkt.

Telekinese. Telekinese wird von der katholischen Kirche als eines der wesentlichen Charismen anerkannt (siehe 22.11). Herbert Thurston zitierte zum Beispiel die folgende Aussage des Pfarrers von Ars, eines französischen Geistlichen aus dem 19. Jahrhundert, der berühmt war für seine fromme Aufrichtigkeit.

Kürzlich kamen zwei protestantische Geistliche hierher, die nicht an die Gegenwart Christi im heiligsten Altarsakrament glaubten. Ich fragte sie: „Glauben Sie, daß sich ein gewöhnliches Stück Brot aus der Hand entwinden und sich von selber auf die Zunge einer Person, die es zu empfangen wünscht, legen könnte?" – „Nein", sagten sie ...

Doch hatte einer von ihnen den Wunsch zu glauben. Er betete zur allerseligsten Jungfrau, daß sie ihm den Glauben erbitte. Nun höret wohl auf das, was ich Euch erzähle. Ich sage nicht, das habe sich irgendwo und mit irgendwem ereignet, sondern ich sage, mir ist das begegnet. Als dieser Mann zur Kommunionbank kam, um das heilige Sakrament zu empfangen, da entschwebte die heilige Hostie, als ich noch ein gutes Stück von jenem Mann entfernt war, von sich aus meinen Fingern und legte sich auf seine Zunge.[110]

Nach der hinduistischen Lehre ist die Telekinese ein bedeutender Siddhi. Sie wurde auch den Schamanen steinzeitlicher Kulturen zugeschrieben.[111] Und heutzutage berichten Kampfkünstler (20.1) und Sportler darüber. Der Quarterback John Brodie

erzählte mir beispielsweise, daß sich die Macht des Geistes über die Materie bei einem Touchdown-Paß [Paß, der zu einem Punktgewinn führt] zeigte, den er dem Wide Receiver [Außenstürmer] Gene Washington zuspielte.

Murphy: Als das Spiel begann, sah es für einen Moment lang so aus, als ob der Safety [freier Verteidiger] den Ball abfangen würde. Aber dann schien der Ball durch oder über seine Hände hinwegzufliegen, als er sich vor Washington schob.
Brodie: Pat Fisher, der Cornerback [Verteidiger], erzählte Reportern nach dem Spiel, daß der Ball über seine Hände zu springen schien, als er ihn fassen wollte. Als wir die Filmaufzeichnungen des Spiels in jener Woche ansahen, sah es so aus, als wäre der Ball irgendwie über seine Hände hinweg direkt in Genes Hände gesprungen. Einige Trainer meinten, es sei der Wind gewesen – und vielleicht stimmt das.
Murphy: Was meinst du mit „vielleicht"?
Brodie: Was ich damit meine, ist, daß unser Gefühl für den Paß so eindeutig und unsere Absicht so stark waren, daß der Ball genau dahin mußte – komme, was wolle.[112]

Viele Sportfans fühlen mehr oder weniger bewußt, daß das Anheizen der Stimmung eine Wirkung ausübt, die über ein bloßes Anspornen der Teilnehmer an einem Wettkampf hinausgeht. Man denke nur an die vielen „Beschwörungen", die über Radios und Fernsehgeräte auf die Spieler gerichtet werden. Ein solches Verhalten scheint bei Fans aller Nationen instinktiv vorhanden zu sein. Wenn das Anfeuern die Macht des Geistes über die Materie kanalisiert oder auslöst, ist es nicht verwunderlich, daß bei manchen Wettkämpfen Bälle seltsame Kurven machen und Athleten höher als je zuvor springen oder aus unerklärlichen Gründen stolpern. Viele von uns haben etwas Unheimliches bei Sportereignissen verspürt – ein einfaches Spiel kann plötzlich zu einem Schauspiel des Okkulten werden. Beschwörungen sind selbst in der vergeistigten Atmosphäre von Schachmeisterschaften eingesetzt worden. Man denke nur an die Weltmeisterschaft zwischen Kortschnoi und Karpow in Manila, bei dem Karpow sich von einem Parapsychologen assistieren ließ und Kortschnoi Meditationsschüler anheuerte, um Karpow aus der Ferne zu beeinflussen. So sonderbar diese Versuche erscheinen mögen, sie verdeutlichen doch den beharrlichen Glauben vieler Sportler an die Macht des Geistes über die Materie.

Psychokinetische Veränderung physikalischer Räume oder Objekte. Es gibt eine dritte Form des außerkörperlichen Einwirkens auf das physikalische Umfeld, nämlich die Veränderung von einem Teil des Raumes oder der Struktur physikalischer Objekte. Die heilende Kraft vieler Schreine wird dem Einfluß ihrer Gründer zugeschrieben (siehe 13.1). Viele Besucher der Räume der indischen Mystiker des 20. Jahrhunderts, Ramana Maharshi und Sri Aurobindo, haben dort eine unergründliche Gelassenheit

erlebt. Von manchen Gegenständen heißt es, daß sie die Kräfte außergewöhnlicher Menschen in sich beherbergen. Als Herrigels Unterweisung im Bogenschießen beendet war, überreichte ihm sein Zen-Meister seinen besten Bogen. „Wenn Sie mit diesem Bogen schießen", sagte er, „werden Sie fühlen, daß die Meisterschaft des Meisters gegenwärtig ist."[113]

Es gibt Beweise dafür, daß manche Menschen willentlich durch mentales Einwirken Bilder auf einem Film hinterlassen können. So unwahrscheinlich dieses Phänomen erscheint, ist es doch seit den sechziger Jahren des vorigen Jahrhunderts immer wieder in Europa, Japan und den Vereinigten Staaten demonstriert worden. Viele Jahre lang beobachtete der Psychiater Jule Eisenbud den Amerikaner Ted Serios, der im Beisein von Ärzten, Physikern und anderen zuverlässigen Beobachtern mehrere tausend sogenannte Gedanken- oder Psychofotografien erzeugte – unter Umständen, die Betrügerei ausschlossen. Eisenbud hat diese Studien mit Ted Serios in einem Buch und mehreren Artikeln beschrieben (siehe Anhang A.8).

Frederic Myers definierte ein *„phantasmogenetisches Zentrum"* als „einen durch die Anwesenheit eines Geistes so umgewandelten Punkt im Raum, daß er für in der Nähe befindliche Personen wahrnehmbar wird".[114] Um seine Annahme, daß solche Zentren existieren, weiter auszuführen, wies Myers darauf hin, daß es ein ganzes Spektrum von Erscheinungen gibt:

Am spirituellen Ende mag sich befinden, was wir als „hellsichtige Visionen" bezeichnet haben – offenkundig symbolische Bilder, die vom Beobachter nicht im normalen dreidimensionalen Raum auszumachen sind. Sie scheinen der Sichtweise der spirituellen Welt zu entsprechen, welche Sensitive in Trancezuständen erleben. Darauf folgt jene größere Klasse der Wahrerscheinungen, bei denen das Abbild als aus dem Geist des Perzipienten heraus verkörpert zu werden scheint, nachdem Einfluß auf ein entsprechendes Hirnzentrum genommen wurde – entweder vom Geist des Agenten oder des Perzipienten. Diese Fälle von „Sinnesautomatismus" ähneln jenen versuchsweisen Übertragungen von Bildern auf Karten und so weiter. Und auf diese wiederum folgen auf der physischen oder besser der ultra-physischen Seite all jene Erscheinungen, die meiner Ansicht nach eine unbekannte Form der Veränderung von einem bestimmten Teil eines Raumes beinhalten, der von keinem Organismus besetzt ist – im Gegensatz zur Veränderung der Zentren in einem bestimmten Gehirn. Hier findet meiner Auffassung nach der allmähliche Übergang vom Subjektiven zum Objektiven statt, da der fragliche Teil des Raums verändert wird, um auf den Geist einer immer größeren Zahl von Wahrnehmenden einzuwirken.[115]

Zusammenfassend kann man sagen, daß außerkörperlicher Einfluß auf die Umgebung (einschließlich lebenden Gewebes) auf vielfältige Weise wirkt, darunter durch spirituelle Heilweisen und andere Formen der Telergie, durch Telekinese und die psychokinetische Veränderung der Struktur eines Objektes oder eines Teils des Raums. In den

meisten spirituellen Traditionen wird dauerhaft bezeugt, daß solche Fähigkeiten geschult und der bewußten Kontrolle zugänglich gemacht werden können. In diesem Zusammenhang möchte ich auf das von David Griffin vorgeschlagene Konzept eines animistischen Interaktionismus hinweisen (siehe 7.2), nach dem Wahrnehmung und kausaler Einfluß, wie Griffin es ausdrückt, „einfach zwei Sichtweisen desselben Ereignisses sind". Telergie, Telekinese und die psychokinetische Veränderung bestimmter örtlicher Gegebenheiten geschehen möglicherweise deshalb, weil die modifizierende Macht und die modifizierten Objekte, wie verschieden auch immer sie sein mögen, einander verhaftet sind.

[5.7]
SCHMERZ UND LUST

Bei den Wirbeltieren laufen Schmerz- und Lustempfindungen über das Zentralnervensystem und werden von im Blut zirkulierenden opiatähnlichen Peptiden reguliert. Bei den Menschen werden sie darüber hinaus von kulturell bedingten, psychophysischen Vorgängen beeinflußt, die willentlich modifiziert werden können. In Hypnose etwa mag Kälte als heiß empfunden werden (oder umgekehrt), und chirurgische Eingriffe können ohne Betäubung vorgenommen werden. Im Rahmen von Sport- oder Kampfkunsttraining lernen viele Menschen, anstrengende Übungen oder auch extreme Umweltbedingungen zu genießen. In Askese eignen sich Schamanen und Yogis die Fähigkeit an, Verletzungen mit vollkommenem Gleichmut zu ertragen. Es gibt inzwischen beträchtliche wissenschaftliche Beweise dafür, daß Menschen ihre Reaktionen auf potentiell schmerzhafte Reize verändern können (siehe 15.8, 15.9, 17.2, 20.2, 22.3, 22.4, 23). Viele klinische und experimentelle Untersuchungen haben gezeigt, daß Schmerz durch hypnotische, psychotherapeutische, meditative oder andere Verfahren verringert und in einigen Fällen sogar ausgeschaltet werden kann.

Neuere Studien über Schmerzkontrolle stützen die in allen spirituellen Traditionen begründete Überzeugung, daß Leiden durch bestimmte Tugenden und Übungen überwunden werden kann. In den folgenden Aussagen von Sri Aurobindo spiegeln sich die Lehren zahlloser Philosophen und religiöser Lehrer wider:

> Bei einem besonderen Kontakt fühlen wir Lust oder Schmerz, weil unsere Natur diese Gewohnheit gebildet und weil der Empfänger diese beständige Beziehung zwischen sich und diesem Kontakt festgelegt hat. Es liegt durchaus innerhalb unserer Macht, mit der entgegengesetzten Reaktion zu antworten, mit Lust, wo wir uns an Schmerz gewöhnt hatten, mit Schmerz, wo wir gewöhnlich mit Lust reagierten ...

> Dagegen ist das nervliche Wesen in uns an eine gewisse feste Geltung in diesen Beziehungen und an einen falschen Eindruck ihrer Absolutheit gewöhnt ... Das mentale Wesen ist absolut nicht gezwungen, über Niederlage, Schande und Verlust Kummer zu empfinden. Diesen wie allen Dingen kann es mit vollkommener Gleichgültigkeit gegenübertreten. Es kann ihnen sogar mit vollkommener Freude begegnen ...
>
> In unserem gewöhnlichen Leben ist diese Wahrheit vor uns verborgen, oder sie taucht nur gelegentlich flüchtig vor unserem Blick auf oder wird unvollkommen erfaßt und begriffen. Wenn wir es aber lernen, in unserem Inneren zu leben, erwachen wir unfehlbar zur Erkenntnis dieser Gegenwart in uns, die unser wirklicheres Selbst ist: eine tiefe, stille, frohe und machtvolle Gegenwart, deren Meister nicht die Welt ist ...[116]

Jene Seins-Seligkeit, von der Aurobindo spricht, wird manchmal auch bei extremen sportlichen Belastungen gegenwärtig. Der 1500-Meter-Läufer Herb Elliott sagte, daß sein Trainer Percy Cerutty ihm zu Weltrekorden verhalf, „nicht so sehr, indem er mich dazu brachte, meine Technik zu verbessern, sondern indem er in meinem Geist und in meiner Seele eine Kraft freisetzte, deren Existenz ich nur vage erahnt hatte. Stemm dich gegen den Schmerz, sagte Percy zu mir. Geh auf das Leiden zu. Liebe das Leiden. Nimm es an."[117] Cerutty und Elliott versicherten, daß das Meistern der Strecke einen zu einem „größeren Menschen" macht. Beide glaubten, daß es im Sport eine tiefere Freude gibt als gewöhnliche Lust. Das Annehmen des Leidens bei Sportlern, das für manche von uns schwer zu verstehen ist, wird begreiflicher, wenn wir an jene Ermahnung denken, daß in uns etwas Tiefgründigeres als das gewöhnliche Bewußtsein existiert, etwas, das Freude gleichermaßen in Mühen und Leiden empfindet.

Bei einer Untersuchung über die Methode der natürlichen Geburt nach Lamaze fand die Forscherin und Psychologin Deborah Tanzer heraus, daß manche Mütter während der Geburt einen Zustand des Entrücktseins erlebten,[118] und einige Ärzte berichteten, daß das Gebären für manche Frauen mit einem Glücksgefühl verbunden war, das Schmerz in Lust verwandelt. Der Arzt Grantly Dick-Read schrieb:

> Viele Frauen haben mir über diesen Glückszustand geschrieben: „[Es ist] etwas, das Worte nicht beschreiben können" ... Was heißt das? Ich weiß nicht, welche Schlüsse man aus diesen ... Äußerungen ziehen soll. Die Gedanken und Worte der Frauen, die die Geburt ihrer Kinder erleben, sind so übereinstimmend, wenn auch unterschiedlich ausgedrückt, daß sie in den Ablauf des Geburtsvorgangs mit einbezogen werden müssen. Junge Mütter, die nicht im geringsten zu Frömmigkeit neigten, haben mir ohne Zögern erzählt, daß sie bei der Geburt ihres Kindes die Nähe Gottes fühlten oder die Gegenwart eines übermenschlichen Wesens oder „ein himmlisches Gefühl, das sie nie zuvor gekannt hatten".[119]

Techniken der Verhaltensmodifikation, Wildnis-Training für junge Menschen, die Kampfkünste und viele Sportarten schließen schmerzhafte Reize ein, damit sie gemeistert werden können. Bei diesen Aktivitäten ist unausgesprochen der Glaube vorhanden, daß wir unsere gewohnheitsmäßigen Reaktionen auf Dinge, die uns leiden lassen, durchbrechen können – eine Überzeugung, die im Mittelpunkt vieler religiöser Übungen steht. Für die Mystiker des Christentums werden gewöhnlicher Schmerz und Lust durch Nächstenliebe und die Verbindung mit der lebenden Gegenwart Christi transzendiert. Für Buddhisten wurzelt das Leiden in Begierden, die im Nirwana erlöschen. Für Anhänger der Vedantalehre wird das Leiden durch die Erfahrung von *ananda*, der Seins-Seligkeit, überwunden. Trotz ihrer voneinander abweichenden metaphysischen Anschauungen haben religiöse Lehrer in Ost und West bejaht, daß wir eine Freude empfinden können, die gewöhnliche Empfindungen von Schmerz und Lust überwindet.* In der Taittiriya Upanishad heißt es: „Aus der Seligkeit sind alle diese Wesen geboren, durch Seligkeit existieren und wachsen sie, in die Seligkeit kehren sie zurück. Wer könnte denn leben oder atmen, gäbe es nicht diese Seins-Seligkeit als den Äther, in dem wir wohnen?"

* Das religiöse Leben kennt zahllose Arten der Freude. Im Sanskrit sind viele von ihnen benannt worden, wie *kamananda*, ein sinnliches Gefühl, das aus der Verwandlung sexuellen Verlangens entsteht; *raudranananda*, das durch die Umwandlung von Schmerz in Lust erzeugt wird; *vaidyutananda*, ein elektrisierendes Lustgefühl, das als ein glückseliger Schock erlebt wird, und *visayananda*, eine Sinnes-Seligkeit des Yoga. Daß es eine immense Vielfalt außergewöhnlicher Lustempfindungen gibt, ist ein offenes Geheimnis spiritueller Traditionen.

Jede spirituelle Tradition huldigt einer Glückseligkeit, die nicht von der Befriedigung alltäglicher Bedürfnisse und Begierden abhängt. Doch die Erkenntnis einer solchen Glückseligkeit befreit uns nicht von unseren biologisch ererbten und kulturell konditionierten Reaktionen auf potentiell schmerzhafte Reize. Nur durch Übungen zur Transformation und Selbstaufgabe können wir gewohnheitsmäßige Schmerzen und Lust in die immerwährende Seligkeit verwandeln, die die Taittiriya Upanishad beschreibt.

Eine solche Erfüllung verlangt jedoch nicht immer eine formale Übung. Wenn wir an einem sonnigen Morgen eine vertraute Straße hinuntergehen, ohne an etwas Bestimmtes zu denken, durch den Blick eines Menschen, den wir lieben, oder auf einem Feld bei Sonnenuntergang kann uns eine plötzliche, unerklärliche Freude, etwas Befreiendes und Unfaßbares geschenkt werden. Auch aus unserem Leiden kann eine erlösende Heiterkeit erwachsen, die unseren Schmerz mit einer sanften Gegenwart durchdringt, uns barmherzigen Beistand gewährt, von selbst auf andere übergreift. In solchen Momenten wissen wir, tief in unserem Inneren und ohne jeden Zweifel, daß es eine Wahrheit und eine Güte, eine erlösende Freude gibt, in der diese Welt

ruht. In diesen unerwarteten und unbewachten Momenten erfahren wir die Gabe, die Mystiker beschreiben, eine Seligkeit, die jedes Verstehen hinter sich läßt.

[5.8]
KOGNITION

Der Begriff *Kognition* bezieht sich auf verschiedene Wege der Erkenntnis, darunter das Analysieren und Folgern, das Erkennen von Mustern über den Einsatz von Metaphern, das intuitive Erfassen des subjektiven Zustands eines anderen, das Lösen von Problemen, das Sehen, Hören und andere Vorstellungskräfte mit einbezieht, und mystische Erleuchtung.[120] An dieser Stelle bemühe ich mich nicht um eine umfassende Übersicht außergewöhnlicher Arten des Erkennens, sondern richte den Fokus auf die in den Traditionen der Kontemplation geheiligte mystische Einsicht, das Einsbewußtsein sowie auf das höchste Erkennen, das in manchen inspirierten Werken spürbar ist und üblicherweise von dem Gefühl begleitet wird, daß eine über die gewöhnlichen Fähigkeiten hinausgehende Einsicht oder schöpferische Kraft empfangen wurde. Diese zwei Formen der Kognition stehen wie andere menschliche Wesensmerkmale in einem kontinuierlichen Zusammenhang mit entsprechenden Fähigkeiten der Tiere, in diesem Fall der Informationsverarbeitung bei Primaten. Beide werden von denjenigen, die sie erleben, als eine über gewöhnliche Arten des Wissens hinausgehende Erkenntnis angesehen, und beide Formen können von in diesem Buch beschriebenen Methoden ausgelöst werden. Hypnotische Suggestion und imaginative Verfahren vermögen zum Beispiel die Ergebnisse visueller Gedächtnisleistungen zu verbessern, umfassende Vorstellungsbilder zur Lösung von Problemen hervorzubringen, Erinnerungen und Wahrnehmungen zu enthüllen, die Worte nicht adäquat wiedergeben können, die Fähigkeit zur Neubildung von Begriffssystemen zu fördern und nicht-analytische, ganzheitliche Strategien zu entwickeln, die in schöpferische Inspiration münden (siehe 15.11 und 17.2). Psychotherapeutische Verfahren können Hemmungen auflösen, neue Muster der Problemlösung entwickeln helfen und innere, die Verstandesleistung behindernde Konflikte lösen (17.1). Religiöse Übung vermag – indem sie die Konzentration und den Zugang zu den subliminalen Tiefen des Geistes fördert – zu mystischer Erkenntnis anzuregen. Diese und andere Methoden können direkt oder indirekt außergewöhnliche Erkenntnisse ermöglichen, indem sie besondere geistige Fähigkeiten verstärken oder die damit verbundenen Wahrnehmungs-, Gefühls- und Willensprozesse auf eine höhere Stufe stellen.

Mystische Erkenntnis

Vielfältige Formen der mystischen Erkenntnis sind in spirituellen Traditionen und von modernen Erforschern religiöser Erfahrungen beschrieben worden. Die buddhistische Erkenntnis einer unpersönlichen *sunyam* oder fruchtbringenden Leere zum Beispiel unterscheidet sich von der Vorstellung eines persönlichen Erlösergottes, den hinduistische, christliche oder islamische Mystiker beschreiben. Das Erkennen eines Welt-transzendenten Brahman (und die daraus folgende Sicht von der Welt als Illusion) in der indischen Yoga-Lehre unterscheidet sich von den Visionen des Göttlichen in *dieser* Welt, wie sie die Weisen in vielen Kulturen heiligen. Wenn mystische Erkenntnis als Gattung von Erfahrungen angesehen wird, so hat diese viele Arten. Es ist aber nicht meine Absicht, mystisches Wissen in seiner Mannigfaltigkeit aufzulisten. Ich möchte nur die Tatsache hervorheben, daß es eine Form außergewöhnlicher Kognition ist. Wie bereits in Kapitel 2.1 erwähnt, behaupten nahezu alle Kontemplierenden, daß die Ziele mystischer Einsicht, ob Buddhanatur, Gott oder Brahman, von jeglicher menschlichen Erfahrung unabhängig bestehende Realitäten sind.

Anerkanntermaßen enthüllt mystische Erkenntnis eine grundlegende Wirklichkeit, das Selbst oder die Göttlichkeit durch direkte Erfahrung, außerhalb von Analyse oder Schlußfolgerungen. „Obwohl Gefühlszuständen so ähnlich, scheinen mystische Zustände für die, die sie erfahren, auch Zustände der Erkenntnis zu sein", schrieb William James. „Sie sind Zustände der Einsicht in die Tiefen der Wahrheit, die vom diskursiven Intellekt nicht ausgelotet werden. Sie sind Erleuchtungen, Offenbarungen, voll von Bedeutung und Wichtigkeit, so unartikuliert sie im ganzen bleiben; und in der Regel haben sie einen merkwürdigen Geschmack von Autorität für die Nachwelt bei sich."[121] In *The Varieties of Religious Experience* (dt. *Die Vielfalt religiöser Erfahrung*) stellt James einen Erfahrungsbericht des kanadischen Psychiaters Richard Bucke vor:

Ich hatte in einer großen Stadt den Abend damit zugebracht, mit zwei Freunden Poesie und Philosophie zu lesen und zu diskutieren. Wir trennten uns um Mitternacht. Ich hatte eine lange Fahrt in einer zweiräderigen Droschke zu meiner Unterkunft. Mein Geist, tief unter dem Einfluß der Ideen, Bilder und Gefühle, die die Lektüre und Unterhaltung geweckt hatten, war ruhig und friedvoll. Ich war in einem Zustand ruhigen, fast passiven Genießens, dachte nicht eigentlich nach, sondern ließ Ideen, Bilder und Gefühle selber wie es gerade kam durch den Geist fließen. Ganz plötzlich, ohne irgendein Vorzeichen, fand ich mich in eine flammenfarbene Wolke gehüllt. Einen Augenblick lang dachte ich an Feuer, an eine ungeheure Feuersbrunst irgendwo nahebei in jener großen Stadt; als nächstes merkte ich,

daß das Feuer in mir selber war. Direkt danach überkam mich ein Gefühl von Jubel, von ungeheurer Freude, begleitet oder unmittelbar gefolgt von einer intellektuellen Erleuchtung, die man unmöglich beschreiben kann. Unter anderem kam ich nicht nur zu der Überzeugung, sondern sah, daß das Universum nicht aus toter Materie besteht, sondern im Gegenteil eine lebendige Gegenwart ist; ich wurde mir in mir selbst des ewigen Lebens bewußt. Es war nicht eine Überzeugung, daß ich das ewige Leben haben würde, sondern ein Bewußtsein, daß ich das ewige Leben in dem Augenblick besaß; ich sah, daß alle Menschen unsterblich sind; daß die kosmische Ordnung von der Art ist, daß ohne jeden Zweifel alle Dinge zum Guten jedes einzelnen und des Ganzen zusammenwirken; daß das Grundprinzip der Welt, aller Welten, das ist, was wir Liebe nennen, und daß die Glückseligkeit jedes einzelnen und des Ganzen auf lange Sicht gesehen absolut sicher ist. Die Vision dauerte ein paar Sekunden und verging, aber die Erinnerung an sie und das Gefühl der Realität dessen, was sie lehrte, überdauerte das Vierteljahrhundert, das seitdem vergangen ist. Ich wußte, daß das, was die Vision zeigte, wahr sei. Ich hatte einen Gesichtspunkt erreicht, von dem aus ich sah, daß sie wahr sein müsse. Diese Anschauung, diese Überzeugung, ich darf sagen dieses Bewußtsein, habe ich niemals, auch nicht in Perioden tiefster Depression, verloren.*

* Zitiert in James 1979, Vorlesung XVI und XVII. Dieser Abschnitt ist einem Aufsatz entnommen, der vor der Veröffentlichung von Buckes Buch *Cosmic Consciousness* (dt. *Die Erfahrung des kosmischen Bewußtseins*) gedruckt wurde, in dem dieser Bericht in leicht abgeänderter Form enthalten ist. Bucke schrieb derartige Erfahrungen einer neu auftretenden Fähigkeit der menschlichen Natur zu, die er als kosmisches Bewußtsein bezeichnete. Dieses, schrieb er, „ist nicht einfach eine Ausdehnung oder Erweiterung des selbst-bewußten Geistes, der uns allen vertraut ist, sondern das zusätzliche Auftreten einer psychischen Funktion, die von allen, die der durchschnittliche Mensch besitzt, so verschieden ist, wie *Selbst*-Bewußtsein von jener psychischen Funktion verschieden ist, die irgendein höheres Tier besitzt." (Zitiert in W. James, 1979, S. 371.)

Die Gewißheit, eine außergewöhnliche Erkenntnis erlangt zu haben, wird auch in dem folgenden Bericht der Religious Experience Research Unit der Universität Oxford deutlich:

Ich weiß nicht genau, wie alt ich war. Sicher war ich noch keine acht; ich denke, ich war vielleicht sechs. Eines Abends nahm man mich mit in den Park, um ein Feuerwerk anzuschauen. Es war Sommer. Eine Menge Leute standen um den See herum. Es dämmerte schon, und ich erinnere mich, daß ich, bevor das Feuerwerk begann, diese Bäume gegen den dunkler werdenden Himmel erblickte. Pappeln waren es, drei Stück. Es ist sehr schwierig, genau zu sagen, was passierte, denn es war eine ganz einzigartige Erfahrung. Ein leichter Wind kam auf, und die Blätter der Pappeln zitterten und raschelten. Ich glaube, ich sagte zu mir: „Wie schön, wie wundervoll diese drei Bäume sind." Ich war von ehrfürchtigem Staunen erfüllt und erinnere mich, wie ich das Luminöse – das ist natürlich der Ausdruck eines Erwachsenen –, die unfaßbare Schönheit, die eindringliche, beklemmende Macht dieser Bäume mit der Unechtheit meiner Umgebung verglich, den Menschen, dem Feuerwerk und so weiter. Seltsam – ich wußte in dem Moment, als es geschah, irgendwie, daß dies etwas Außergewöhnliches war. Es war nur das, nur der Anblick dieser Bäume, aber es war *das* Ereignis meiner Kindheit. Allen Kindern prägen sich etliche dauerhafte Eindrücke in ihr Gedächtnis ein, und auch ich erinnere mich an viele

andere Begebenheiten aus meiner Kindheit. Ich habe seitdem oft genug beim Gedichtelesen, Musikhören, bei der Betrachtung der Schönheit der Natur oder in einer Liebesbeziehung zwischen zwei Menschen Begeisterung verspürt. Doch Liebe und künstlerische oder literarische Freuden sind in all ihrer Intensität eindeutig unterscheidbar von dem Erlebnis, das ich als Kind hatte. Das sind schöne, ekstatische Erfahrungen, jedoch auf einer anderen Ebene.

Ich sehe es jetzt als eine Art religiöse Erleuchtung, ein Argument für den Theismus. Für meinen kindlichen Verstand hatte dieses Erlebnis nichts mit derartigen rudimentären Lehren moralischer Rechtschaffenheit wie Gebete-Aufsagen und ähnlichem zu tun. Es schien keinerlei Beziehung zu dem christlichen Glauben eines Kindes zu haben. Und selbst jetzt fällt es mir nicht leicht, jenes Kindheitserlebnis mit der Theologie und der Kirche, die ich jetzt anerkenne und der ich mich unterordne, in einen Zusammenhang zu bringen. Das heißt nicht, daß es keinen Zusammenhang gibt, sondern nur, daß es mir schwerfällt, sie miteinander in Verbindung zu bringen.

Zurückblickend könnte ich sagen, daß es eine Art Gewißheit des Göttlichen war, die ich erlebte; nichts als ein Wahrnehmen der Dreieinigkeit, die ich nichtsdestoweniger akzeptiere. Aber sie stehen nicht in Widerspruch zueinander, jenes Erlebnis und mein heutiger Glaube. Ob diese Erfahrung irgendeinen Einfluß darauf hatte, daß ich mit 27 zum Katholizismus übertrat, kann ich nicht sagen: ob sie auf diesen Schritt hindeutete oder ihn herbeiführte – ich halte es für möglich.[122]

Andere Versuchspersonen der Oxford-Studie unterschieden Erleuchtungen wie die oben beschriebene von ihren formalen Glaubenssätzen. Wie nahezu alle Größen des religiösen Lebens machten diese Menschen – von denen die meisten nicht in Religionspsychologie geschult waren – einen Unterschied zwischen ihren spirituellen

Erkenntnissen und den entsprechenden Begriffssystemen oder dem übergeordneten Glauben, mit denen diese üblicherweise verbunden sind. Obgleich sich in ihnen „im allgemeinen ein ziemlich deutlicher Zug zum Theoretischen" zeigt, schrieb William James, sind mystische Einsichten fähig, „eheliche Verbindungen mit Material einzugehen, das von höchst verschiedenen Philosophien und Theologien bereitgestellt wird ... Hier kommen die Propheten all der verschiedenen Religionen herein mit ihren Visionen, Auditionen, Entrückungen und anderen Eröffnungen, von denen jeder annimmt, daß sie seine eigenen besonderen Glaubensüberzeugungen authentisieren."[123]

Mystische Erkenntnis unterliegt, kurz gesagt, wie alle metanormalen Erfahrungen einer kulturellen Formung. Und sie kann auch von verschiedenen krankhaften Zuständen getrübt werden. Eben weil sie durch unerforschte Motive, Wünsche oder Überzeugungen verzerrt sein mag, sollte sie geschult werden. Sie „muß sortiert und geprüft werden und den Spießrutenlauf der Konfrontation mit dem Gesamtkontext der Erfahrung durchmachen ...", schrieb James.[124] Wie ich bereits in Kapitel 2.1 bemerkte, können mystische Einsichten durch eigenes Hinterfragen und das Zeugnis anderer bestätigt werden.

Wissenschaftliche, künstlerische und philosophische Inspiration

Kreative Menschen haben häufig die Aussage gemacht, daß sie in ihren besten Werken weit über sich selbst hinausgegangen sind und von Göttern, dem höheren Selbst, einem Daimon oder dem Göttlichen selbst inspiriert wurden.

In *Ecce Homo* beschrieb Nietzsche die Offenbarung, aus der sein Werk *Also sprach Zarathustra* entstand.

Hat jemand, Ende des neunzehnten Jahrhunderts, einen deutlichen Begriff davon, was Dichter starker Zeitalter Inspiration nannten? Im andren Falle will ich's beschreiben. – Mit dem geringsten Rest von Aberglauben in sich würde man in der That die Vorstellung, bloss Incarnation, bloss Mundstück, bloss Medium übermächtiger Gewalten zu sein, kaum abzuweisen wissen. Der Begriff Offenbarung, in dem Sinn, dass plötzlich mit unsäglicher Sicherheit und Feinheit, Etwas sichtbar, hörbar wird, Etwas, das Einen im Tiefsten erschüttert und umwirft, beschreibt einfach den Thatbestand. Man hört, man sucht nicht; man nimmt, man fragt nicht, wer da giebt; wie ein Blitz leuchtet ein Gedanke auf, mit Notwendigkeit, in der Form ohne Zögern, – ich habe nie eine Wahl gehabt. Eine Entzückung, deren ungeheure Spannung sich mitunter in einen Thränenstrom auslöst, bei der der Schritt unwillkürlich bald stürmt, bald langsam wird; ein vollkommenes Ausser-sich-sein mit dem distinktesten Bewusstsein einer Unzahl feiner Schauder und Überrieselungen bis in die Fusszehen; eine Glückstiefe, in der das Schmerzlichste und Düsterste nicht als Gegensatz wirkt, sondern als bedingt, als herausgefordert, sondern als eine nothwendige Farbe innerhalb eines solchen Lichtüberflusses; ein Instinkt rhythmischer Verhältnisse, der weite Räume von Formen überspannt – die Länge, das Bedürfnis nach einem weitgespannten Rhythmus ist beinahe das Mass für die Gewalt der Inspiration, eine Art Ausgleich gegen deren Druck und Spannung ... Alles geschieht im höchsten Grade unfreiwillig, aber wie in einem Sturme von Freiheits-Gefühl, von Unbedingtsein, von Macht, von Göttlichkeit ... Die Unfreiwilligkeit des Bildes, des Gleichnisses ist das Merkwürdigste; man hat keinen Begriff mehr, was Bild, was Gleichniss ist, Alles bietet sich als der nächste, der richtigste, der einfachste Ausdruck. Es scheint wirklich, um an ein Wort Zarathustra's zu erinnern, als ob die Dinge selber herankämen und sich zum Gleichnisse anböten ...[125]

Frederic Myers meinte, daß geniale Werke einen „subliminal aufsteigenden Schub", das Aufsteigen von Vorstellungen in das Bewußtsein beinhalten, die der Betroffene „nicht bewußt herbeigeführt, sondern die sich jenseits seines Willens geformt haben, in tieferen Schichten seines Selbst".[126] Zur Stützung seiner These zitierte Myers Wordsworths *The Prelude; or Growth of a Poet's Mind* (dt. *Präludium oder Das Reifen eines Dichtergeistes*).

Myers schrieb: „Wie wir sehen, besteht Wordsworth auf dem unverwechselbaren Charakter dieses subliminal aufsteigenden Schubs ... Über die Vorstellungskraft sagt er (Sechstes Buch):"

... die erhabne Macht, / erhob sich da aus tiefstem Seelenabgrund / gleich einem ursprungslosen Nebel, der / auf einmal einen einsam Wandernden / umfängt. Ich war verwirrt, verloren, an / den Ort gebannt und ohne Fähigkeit, / aus eigner Kraft den Zauber zu durchbrechen; / doch kann ich heute dem in meiner Seele, / was sich zu voll bewußtem Sein erklärt hat, / zurufen: „Ich erkenne deine Glorie": / in solch gewaltigem Besessenwerden, / wenn unsrer Sinne Licht erlischt, jedoch / mit einem jähen Blitz erlischt, der uns / die unsichtbare Welt entschleiert hat, / in solcher Usurpation des Geistes / hat Größe ihren Ursprung, ihren Hafen.*

Diese Stelle, [fuhr Myers fort], drückt in dichterischer Sprache genau die Zusammenhänge zwischen dem Supraliminalen und den Subliminalen aus, von denen ich schrieb. Die Eingebung hat keine erkennbare Ursache. Einen Moment lang mag sie den bewußten Verstand überraschen oder verwirren, dann aber wird sie als eine Quelle des Wissens erkannt, erlangt durch innere Einsicht, während das Wirken der Sinne in einer Art vorübergehender Trance aufgehoben ist. Die gewonnene Erkenntnis jedoch ist einfach eine Wahrnehmung der „unsichtbaren Welt", es besteht kein Anspruch auf eine eindeutigere Enthüllung.

Und da diese bemerkenswerten Dinge in Wahrheit wesentlich durch inwendige Schau erkannt werden, tritt eine zunehmende Verschmelzung von Subjektivem und Objektivem auf, zwischen dem, was im Sehenden selbst entsteht, und dem, aus dem die sichtbare Welt die halb-begriffene Botschaft übermittelt (Zweites Buch):

Helfende Helle kam aus meinem Innern, / die lieh der Sonn' im Sinken neuen Glanz*

* Zitiert nach der Übersetzung Hermann Fischers, Stuttgart: Reclam 1974

Subliminal aufsteigende Schübe bringen, mit anderen Worten, soweit sie geistiger Art sind, ... unbestimmte Andeutungen dessen mit sich, was ich für die tiefe Wahrheit halte – daß der menschliche Geist grundsätzlich zu einer tieferen als der Sinneswahrnehmung fähig ist, zu einer unmittelbaren Erkenntnis der Tatsachen des Universums, die außerhalb der Reichweite irgendeines angepaßten Organs oder irgendeiner irdischen Sichtweise liegt.[127]

Für Nietzsche, Wordsworth und Myers existierte eine Form der Kognition, durch die „alles unwillkürlich geschieht", mit einer Vollkommenheit und Macht jenseits des normalen Denkens. Solches Erkennen ist wie eine Vision: „Alles bietet sich als der naheliegendste, der offensichtlichste, der einfachste Ausdruck an." Myers zufolge sind aus diesem Grund große Dichter „gewöhnlich Platoniker", die eine Form der Schönheit jenseits des menschlichen Wissens und unabhängig davon – wenn auch manchmal ihm zugänglich – anerkennen. Der folgende, W. A. Mozart zugeschriebene Brief schildert ein solches Erkennen:

Wenn ich recht für mich bin und guter Dinge, etwa auf Reisen im Wagen, oder nach guter Mahlzeit beym Spazieren, und in der Nacht, wenn ich nicht schlafen kann: da kommen mir die Gedanken

stromweis und am besten. Woher und wie, das weiss ich nicht, kann auch nichts dazu. Die mir nun gefallen, die behalte ich im Kopfe, und summe sie wol auch vor mich hin, wie mir Andere wenigstens gesagt haben. Halt' ich das nun fest, so kommt mir bald Eins nach dem Andern bey, wozu so ein Brocken zu brauchen wäre, um eine Pastete daraus zu machen nach Contrapunkt, nach Klang der verschiednen Instrumente et caetera, et caetera, et caetera. Das erhitzt mir nun die Seele, wenn ich nämlich nicht gestört werde; da wird es immer grösser; und ich breite es immer weiter und heller aus; und das Ding wird im Kopfe wahrlich fast fertig, wenn es auch lang ist, so dass ichs hernach mit Einem Blick, gleichsam wie ein schönes Bild oder einen hübschen Menschen, im Geiste übersehe, und es auch gar nicht nach einander, wie es hernach kommen muss, in der Einbildung höre, sondern wie gleich alles zusammen. Das ist nun ein Schmauss. Alles das Finden und Machen gehet in mir nur, wie in einem schönstarken Traume vor: aber das Ueberhören, so alles zusammen, ist doch das Beste. Was nun so geworden ist, das vergesse ich nicht leicht wieder; und das ist vielleicht die beste Gabe, die mir unser Herregott geschenkt hat. Wenn ich nun hernach einmal zum Schreiben komme, so nehme ich aus dem Sack meines Gehirns, was vorher, wie gesagt, hineingesammelt ist. Darum kömmt es hernach auch ziemlich schnell aufs Papier; denn es ist, wie gesagt, eigentlich schon fertig, und wird auch selten viel anders, als es vorher im Kopfe gewesen ist. Darum kann ich mich auch beim Schreiben stören lassen; und mag um mich mancherlei vorgehen; ich schreibe doch; kann auch dabei plaudern, nämlich von Hühnern und Gänsen, oder von Gretel und Bärbel und dgl. Wie nun aber über dem Arbeiten meine Sachen überhaupt eben die Gestalt oder Manier annehmen, dass sie mozartisch sind, und nicht in der Manier irgend eines Andern: das wird halt eben so zugehen, wie, dass meine Nase eben so groß und herausgebogen, dass sie mozartisch und nicht wie bey andern Leuten geworden ist! Denn ich lege es nicht auf Besonderheit an, wüsste die meine auch nicht einmal näher zu beschreiben ...[128]

Dieses „gleich alles zusammen“ der Inspirationen Mozarts unterscheidet sie von gewöhnlichen Schöpfungen des Geistes. Der große Mathematiker Henri Poincaré gelangte gleichermaßen *tout ensemble* zu seinen Einsichten. Im folgenden Absatz beschrieb er seine Entdeckung der Fuchsschen Funktionen. Diese sind immens komplex, erschienen ihm aber – wie Mozart die Musik – in einer Reihe dichtgedrängter Offenbarungen.

Seit vierzehn Tagen mühte ich mich ab, zu beweisen, daß es keine derartigen Funktionen gibt, wie doch diejenigen sind, die ich später Fuchssche Funktionen genannt habe; ich war damals sehr unwissend, täglich setzte ich mich an meinen Schreibtisch, verbrachte dort ein oder zwei Stunden und versuchte eine große Anzahl von Kombinationen, ohne zu einem Resultate zu kommen. Eines Abends trank ich entgegen meiner Gewohnheit schwarzen Kaffee, und ich konnte nicht einschlafen: die Gedanken überstürzten sich förmlich; ich fühlte ordentlich, wie sie sich stießen und drängten, bis sich endlich zwei von ihnen aneinander klammerten und eine feste Kombination bildeten. Bis zum Morgen hatte ich die Existenz einer Klasse von Fuchsschen Funktionen bewiesen, und zwar derjenigen, welche aus der hypergeometrischen Reihe ableitbar sind; ich brauchte nur noch die Resultate zu redigieren, was in einigen Stunden erledigt war ...

In diesem Moment verließ ich Caen, wo ich damals wohnte, um mich an einer von der Écoles des Mines veranstalteten geologischen Exkursion zu beteiligen. Die Wechselfälle der Reise ließen mich meine mathematischen Arbeiten vergessen; nach der Ankunft in Coutances stiegen wir zu irgendeiner gemeinsamen Fahrt in einen Omnibus; als ich den Fuß auf das Trittbrett setzte, kam mir, ohne daß meine Gedanken irgendwie darauf vorbereitet waren, die Idee, daß die Transformationen, welche ich zur Definition der Fuchsschen Funktionen benutzte, mit gewissen Transformationen der nichteuklidischen Geometrie identisch seien. Damals konnte ich das nicht verifizieren, dazu hatte ich keine Zeit, denn kaum hatten wir im Omnibus Platz genommen, so beteiligte ich mich an der allgemeinen Konversation, und doch hatte ich die volle Gewißheit von der Richtigkeit meiner Idee. Nach Caen zurückgekehrt, verifizierte ich das Resultat zur Beruhigung meines Gewissens.

Damals beschäftigte ich mich sodann mit arithmetischen Fragen, ohne bemerkenswerte Resultate zu erlangen und ohne zu ahnen, daß diese Fragen mit meinen früheren Untersuchungen irgendwie im Zusammenhang stehen könnten. Durch meinen Mißerfolg entmutigt, ging ich für einige Tage an die Meeresküste, und ich dachte an ganz andere Dinge. Mit derselben charakteristischen Kürze, Plötzlichkeit und unmittelbaren Gewißheit kam mir eines Tages beim Spaziergange über die Klippen der Gedanke, daß die arithmetischen Transformationen der ternären quadratischen Formen identisch seien mit den Bewegungen der nichteuklidischen Geometrie.

Nach Caen zurückgekehrt, dachte ich über dieses Resultat weiter nach und verfolgte die sich daraus ergebenden Konsequenzen; das Beispiel der quadratischen Formen zeigte mir, daß es noch andere Fuchssche Gruppen gäbe als diejenigen, welche der hypergeometrischen Reihe entsprechen ... Alle meine Anstrengungen indessen dienten zunächst nur dazu, mich die zu überwindende Schwierigkeit besser erkennen zu lassen. Und das war immerhin etwas. Bei allen diesen Arbeiten ging ich systematisch vor und war mir der Bedeutung jedes einzelnen Schrittes bewußt.

Darauf mußte ich mich auf dem Mont-Valérien zu einer militärischen Dienstleistung stellen; dort hatte ich natürlich eine ganz andere Beschäftigung. Bei einem Gange über den Boulevard erschien eines Tages plötzlich die Lösung der Schwierigkeit, an welcher ich haltgemacht hatte, vor meinem geistigen Auge. Damals konnte ich diese Lösung nicht sofort ganz durchdenken, und erst nach Beendigung meiner militärischen Übung nahm ich die Frage wieder auf. Alle Elemente waren bereit, und ich brauchte sie nur zusammenzufassen und zu ordnen. Die endgültige Redaktion konnte ich deshalb in einem Zuge und ohne weitere Anstrengung herstellen.[129]

Frederic Myers beschrieb noch ein weiteres Merkmal künstlerischer, philosophischer und mathematischer Inspiration. Aus unseren subliminalen Tiefen kommen Enthüllungen, die uns auf eine „erweiterte" Existenz hinweisen, bemerkte er. Er kritisierte die materialistische Sichtweise der Evolution, die im späten 19. Jahrhundert aufkam, und schrieb:

Die meiste Zeit über, in der das Leben auf der Erde existierte, wäre es als phantastisch erachtet worden, anzunehmen, daß wir in etwas anderem [als Wasser] leben könnten. Es war ein bedeutender Tag für

uns, als einer unserer Ahnen aus dem sich langsam abkühlenden Meer an Land kroch – oder vielmehr, als eine zuvor nicht vermutete Fähigkeit zum direkten Atmen von Luft allmählich die Tatsache enthüllte, daß wir schon seit langem Luft im Wasser geatmet hatten – und daß wir inmitten einer unermeßlich erweiterten Umwelt lebten – der Atmosphäre der Erde. Es war wieder ein bedeutender Tag, als ein anderer unserer Ahnen einen Sonnenstrahl auf seinem Pigmentflecken fühlte – oder vielmehr, als eine zuvor nicht vermutete Fähigkeit zum Wahrnehmen von Licht die Tatsache enthüllte, daß wir seit langem unter dem Einfluß von Licht wie auch von Wärme gestanden hatten und daß wir inmitten einer unermeßlich erweiterten Umwelt lebten – nämlich dem von Licht erhellten Universum, das sich bis zur Milchstraße erstreckt. Es war ein bedeutender Tag, als der erste Rochen (wenn es ein Rochen war) eine unbekannte Kraft von sich auf irgendeinen Wurm oder Schlammfisch ausgehen fühlte – oder vielmehr, als eine zuvor nicht erwartete Fähigkeit zu elektrischer Erregung die Tatsache bewies, daß wir seit langem unter dem Einfluß von Elektrizität standen, genauso wie unter dem Einfluß von Wärme und Licht ... All dies – vielleicht etwas anders in Worte gefaßt – wird von allen Menschen als wahr anerkannt. Können wir dann nicht davon ausgehen, daß noch andere Umgebungen existieren, andere Auslegungen, denen ein weiteres Erwachen heute noch subliminaler Fähigkeiten vorbestimmt ist – durch ihre eigene, in der Entstehung begriffene und noch zu entdeckende Reaktion? Ist es unvereinbar mit der bisherigen Evolutionsgeschichte, wenn ich hinzufüge: Es war ein bedeutender Tag, als der erste Gedanke oder das erste Gefühl in den Geist eines Tieres oder Menschen fuhr, der von einem anderen Geist kam – als eine zuvor nicht vermutete Fähigkeit der telepathischen Wahrnehmung die Tatsache enthüllte, daß wir uns seit langem unter dem Einfluß telepathischer wie auch sinnlicher Reize befunden hatten und daß wir in einer unfaßbaren und grenzenlosen Umwelt lebten – einer Gedankenwelt, einem geistigen Universum voll von unendlichem Leben ... bis zu dem, was einige Weltenseele, andere Gott genannt haben?

Die höheren Gaben der Genialität – Dichtung, bildende Künste, Musik, Philosophie, reine Mathematik –, alle diese befinden sich genau im zentralen Fluß der Evolution, sind Wahrnehmungen neu gefundener Wahrheiten und Kräfte für neue Handlungen. Folglich haben jene nichts Exotisches, nichts Zufälliges an sich; sie sind ein innewohnender Teil jener sich immer weiter entwickelnden Antwort auf unsere Umwelt, die nicht nur die irdische, sondern auch die kosmische Geschichte unserer gesamten Spezies formt.[130]

Nach Myers' Ansicht trägt das Erfassen supraphysischer Welten (oder neuer Dimensionen der physischen Welt) zu unserem evolutionären Fortschreiten bei, indem es der menschlichen Spezies neue Bereiche offenbart, die sie erforschen und in denen sie leben kann. Diese enthüllende und wegbereitende Kraft ist, denke ich, ein weiteres Merkmal der metanormalen Erkenntnis.

Die von Wordsworth, Nietzsche, Mozart und Poincaré beschriebenen Inspirationen weisen eine Reihe gemeinsamer Erscheinungsformen auf, wie ihr Tempo und ihre Spontaneität, ihre Freude und Erregung, ihr Hinausgehen über gewöhnliche geistige

Vorgänge und die Schönheit ihrer Schöpfungen. Sie ähneln einander auch in ihrer Abhängigkeit von mehreren außergewöhnlichen kognitiven Fähigkeiten, darunter das ungewöhnliche Erinnerungsvermögen (Wordsworth schrieb zum Beispiel seine umfangreichen *Lines Written Above Tintern Abbey* erst einige Tage später nieder), die Gabe, komplexes Material in eine großartige und doch gewählte Form zu bringen, eine gute Integration von Analyse und Synthese sowie das Vermögen, abstraktes Denken mit tiefem Fühlen zu verbinden. Auch wenn schöpferische Inspiration noch nicht vollständig erfaßt werden kann, hat die moderne Psychologie mehrere Formen der Intelligenz bestimmt, von denen sie abhängt.*

In den meisten Fällen jedoch dauern Zustände eines metanormalen Erkennens nicht lange an. Nach dem Erlebnis, das ihn veranlaßte, die oben zitierte Textstelle zu schreiben, erkrankte Nietzsche in Genua, „dann folgte ein schwermüthiger Frühling in Rom".[131] In einigen Fällen, schrieb Myers,

scheinen wir unsere subliminalen Wahrnehmungen und Fähigkeiten als eine Einheit zu sehen, wahrhaft als ein Selbst – auf eine harmonische „Inspiration des Genius" abgestimmt, oder als tiefe und verständige hypnotische Umgestaltung des Selbst, oder als weit reichende, erhabene Verwirklichung einer hellsichtigen Vision oder Projektion des Selbst in eine spirituelle Welt.

* Der Psychologe Howard Gardner geht beispielsweise davon aus, daß es mindestens sechs Grundformen der Intelligenz gibt: linguistisch, musikalisch, logisch-mathematisch, räumlich, körperlich-kinästhetisch und personal (oder interpersonal), die alle geschult werden können. Siehe H. Gardner, 1991.

Doch es scheint, als ob dieses Maß an Klarheit, an Integration, nicht lange aufrechterhalten werden kann. Viel häufiger wirken die subliminalen Wahrnehmungen und Fähigkeiten auf weniger abgestimmte und eingegliederte Weise. Wir erhalten Ergebnisse, die zwar Spuren von über unseren normalen Spielraum hinausgehenden Fähigkeiten enthalten, die aber dennoch etwas so Unabsichtliches und Sinnentleertes wie die neurophysiologische Entladung zur Folge haben, welche die unkontrollierten Arm- und Beinbewegungen bei einem epileptischen Anfall verursacht. Wir erhalten, kurz gesagt, eine Reihe von Phänomenen, die am besten mit dem Ausdruck „traumähnlich" zu beschreiben sind.

Im Reich der Genialität – oder der aufsteigenden Gedanken- und Gefühlsschübe, die unterhalb der Schwelle des Bewußtseins in künstlerische Form gebracht werden – erhalten wir nicht länger Meisterwerke, sondern einen Beinahe-Wahnsinn – nicht die Sixtinische Madonna, sondern Wiertz' Visionen eines Enthaupteten, nicht Kublai Khan, sondern den Opiumrausch.[132]

Über jene verzerrten Eingebungen schrieb Myers: „Verborgen in der Tiefe unseres Wesens sind eine Abfallgrube und eine Schatzkammer – Entartung und Wahnsinn ebenso wie die Anfänge einer höheren Entwicklung." Die Vermischung von metanormalen und abnormen Elementen, dem Unrat und den Schätzen der Psyche kommt in religiösen und philosophischen wie auch künstlerischen Werken zum Ausdruck.

Inspiration kann auf jedem Gebiet durch verschiedenste krankhafte Erscheinungen getrübt werden.[133] Um sie über längere Zeit unverzerrt zu erleben, eine beständige Anlage hierfür zu entfalten, benötigen die meisten von uns ein diszipliniertes Eingebundensein in die kreative Arbeit in gleichem Maße wie wachsende Selbsterkenntnis. In Teil III beschreibe ich einige Methoden, auf die sich eine solche Arbeit stützen kann, entweder um bestimmte kognitive Fähigkeiten zu verstärken oder die an ihr beteiligten Prozesse von Wahrnehmung, Gefühl und Körper zu erheben.

Dennoch treten inspirierte Erkenntnisse auch außerhalb einer formalen Methode auf. Sie können kommen, wenn wir sie am wenigsten erwarten, und neues Licht auf gewöhnliche Umstände werfen. Obgleich wir sie nicht anstreben, können uns derartige Erleuchtungen zeigen, warum wir eine bestimmte Situation erdulden oder in einem schwierigen Unternehmen ausharren müssen. Als ein Geschenk können sie Mißverständnisse auflösen oder uns endlich zum Handeln befähigen. Frederic Myers' „subliminal aufsteigende Schübe" beschränken sich nicht auf berühmte Künstler oder Philosophen. Sie geschehen bei uns allen, und zwar deshalb, meine ich, weil wir ein größeres Leben in uns tragen, das unser alltägliches Verhalten beseelt. Edward Robinson, der lange Jahre die Religious Experience Research Unit der Universität Oxford leitete, nannte derartige Epiphanien „kleine Vorkommnisse". Schilderungen wie die folgende, schrieb er, spiegeln ihre „Alltäglichkeit".

Ich war elf oder zwölf. Es war Sommer; ich spielte hinter dem Haus, in einer Gasse in der Stadt, in der wir lebten ... Ein plötzlicher Sturm kam auf und unterbrach unser Spiel. Ich saß allein zwischen den

Garagen hinter dem Haus und wartete darauf, daß er vorbeizog. Es war fast Mittag. Der Regen hörte beinahe ebenso schnell auf, wie er gekommen war, und die Sonne schien wieder heiß und hell. Plötzlich hatte ich das Gefühl, alles zum ersten Mal zu sehen. Das Licht erschien mir wie Gold, der Geruch der nassen Erde und Blätter war wie Parfüm, das Regenwasser schimmerte und floß in kleinen Bächen ab, das Summen und Schwirren der Insekten und Bienen klang angenehm in meinen Ohren. Wohin ich auch sah, erblickte ich Schönheit. In der schmutzigen Gasse – wo auch immer ein Blatt oder Grashalm war, funkelte es ... Jetzt beobachtete ich einen Käfer, dann eine kleine Spinne, und ich glühte vor Wärme. Es war, als ob ich fühlte, daß ich Teil von dem war, was außerhalb von mir existierte. Dann kam ein Gedanke. Er sagte: „Sieh! Alles ist lebendig, alles lebt. Dieses Insekt hat ein Leben, das Gras, selbst die Luft!" Und dann verspürte ich Freude, und mit der Freude Liebe, und dann Ehrfurcht ... Ich war Teil von allem, doch ich erlebte mich auch als Wesen, getrennt, bewußt, mit einem höheren Bewußtsein als das Gras und die Geschöpfe, denen ich zusah. Ich empfand eine liebevolle Verpflichtung, respektvoll und gütig zu sein und allem Leben mit einem Gefühl der Achtung und Liebe zu begegnen. Sanftmütig zu sein, niemals etwas zu verletzen, denn in allem wohnte Leben. Das Bewußtsein meiner selbst war klar. Ich fühlte, daß das Leben, das ich um mich herum sah, so wirklich wie mein eigenes war, doch entschieden anders. Das Leben um mich herum war sich meiner nicht so bewußt, wie ich mir seiner bewußt war. Dadurch fühlte ich mich sehr groß, und ich war von einem

liebevollen Gefühl der Verpflichtung erfüllt. Das ganze Erlebnis dauerte nur wenige Minuten, und als meine Mutter mich zum Mittagessen rief, erzählte ich nichts davon, sein Leuchten jedoch hielt eine Zeitlang an.[134]

[5.9]
WILLE

Über den Weg der Selbstbeobachtung können wir das Wesen unserer veränderlichen oder beständigen Motive abklären, von denen einige in grundlegenden Bedürfnissen verwurzelt, andere über gesellschaftliche Konditionierung erworben, einige gesund, andere zerstörerisch, viele nicht bemerkt oder unterdrückt sind. Eine ständige Selbstreflexion, die von den religiösen Führern und moralischen Obrigkeiten aller Kulturen sowie von modernen Psychotherapeuten auferlegt wird, kann dabei helfen, verborgene oder teilweise verschleierte Haltungen zu erhellen, die unser Denken und Verhalten bestimmen. Wenn wir unsere widerstreitenden Triebe deutlicher erkennen, können wir freier unter ihnen wählen, die einen unterdrücken oder sublimieren und andere ausleben. In dem Maße, in dem religiöse oder moralische Übung oder auch therapeutische Verfahren erfolgreich sind, werden die vielen Willenskräfte des Menschen zu einem einzigen, jedoch artikulierten Willen. Zu einem Ganzen zusammengefügt, erbringen die vormals entgegengesetzten Bestrebungen bessere Ergebnisse. Wie ein Körper, in dem jeder Muskel mit anderen Körperteilen zusammenarbeitet und doch seine eigene Vollständigkeit bewahrt, kann ein gut artikuliertes Selbst die einzelnen Willenskräfte in Einklang bringen, um seine höchsten Ziele zu erreichen.

Wenn sie erfolgreich sind, verbessern Übungen zur Transformation die Fähigkeit zu zweckvollem Handeln, welches die Evolution der Tiere hervorbrachte. Sie können die in früheren Lebensformen angelegte Fertigkeit des zielgerichteten Verhaltens stärken, indem sie eine größere Auswahl kreativer Verhaltensweisen schaffen. Diese Übungen können uns sozusagen gleichzeitig zu besseren Tieren und besseren Menschen machen, zielstrebiger, wenn wir uns dafür entscheiden, aber flexibler in der Verwirklichung unserer Vorhaben. Wie der Psychiater Roberto Assagioli es ausdrückt, ist es möglich, einen starken, guten und geschickten Willen zu besitzen.[135]

Die religiösen Traditionen in Ost und West bezeugen die Tatsache, daß der Wille geschult werden kann, und geben uns viele Berichte über seine metanormalen Ausdrucksformen. Nach der katholischen Lehre zum Beispiel entspringt die heilige Kraft der Mildtätigkeit der Aufgabe der Ichbezogenheit, die es ermöglicht, durch Gottes Gnade zu wirken. Selbst wenn wir ihre religiöse Lehre nicht teilen, können wir etliche Bestätigungen einer außergewöhnlichen Willenskraft in den Werken der heiligen Theresia von Avila, des heiligen Johannes vom Kreuz und anderer, für ein kontempla-

tives Leben maßgeblicher katholischer Persönlichkeiten entdecken. Die gleichen Bezeugungen finden sich auch in der Bhagavadgita. Im Überwinden seiner Unterjochung unter unerforschte Begierden und soziale Konvention wird Arjuna zu einem mächtigen Instrument Gottes in der Schlacht von Kurukshetra. Indem er seine direkten Neigungen transzendiert, erfüllt er den Willen des Göttlichen. Eingebettet in dieses maßgebende Gleichnis hinduistischer Religionsphilosophie ist die Erkenntnis eines Willens jenseits des gewöhnlichen Wollens.

Der Taoismus bietet eine ähnliche Lehre. Durch das Konzentrieren unserer vitalen Kräfte, die Ruhigstellung unserer Gedanken und Nichtbeachtung des äußeren Lohns können wir es zu einer Meisterschaft in der alltäglichen Arbeit bringen und unsere innerste Natur oder den Weg zum Ausdruck bringen. Die taoistische Doktrin des *wu wei*, fließendes oder ungehindertes Tun, bezieht sich auf solche Aktivitäten. Ch'uang-tse schrieb dazu:

> Ch'ing, der Oberschreiner, schnitzte aus Holz einen Ständer für Musikinstrumente. Als die Arbeit fertig war, schien sie den Anwesenden von übernatürlicher Ausführung zu sein, und der Fürst von Lu fragte den Schreiner: „Welches ist das Geheimnis dieser Kunst?"
>
> „Kein Geheimnis, Eure Durchlaucht", antwortete Ch'ing. „Und doch ist was dran. Wenn ich einen solchen Ständer zu machen habe, schütze ich mich vor einer Verminderung meiner vitalen Kraft. Zuerst bringe ich meinen Geist in einen Zustand absoluter Ruhe. Drei Tage in diesem Zustand, und ich achte nicht mehr auf den möglichen Lohn. Nach fünf Tagen vergesse ich den Ruhm, den ich gewinnen könnte. Und nach sieben Tagen bin ich mir nicht mehr meiner Arme und Beine und meines Kör-

pers bewußt. Dann, ohne daß ich an den Fürstenhof denke, spannt sich mein Können ganz, und alle störenden Gedanken von außen sind weg. Ich betrete einen Bergwald und suche nach einem passenden Baum. Dieser enthält die gewünschte Form, die nachher ausgearbeitet wird. Ich sehe den Ständer mit dem Auge des Geistes an und beginne dann meine Arbeit. Sonst ist nichts dran. Ich schaffe eine Beziehung zwischen meiner eigenen, angeborenen Fähigkeit und jener des Holzes. Was an meiner Arbeit für übernatürliches Wirken gehalten wurde, ist nur dieser Tatsache zuzuschreiben.[136]

All diese Lehren basieren auf Handlungsweisen, die die Menschen vieler Kulturen gemein haben, doch sie sind in unterschiedliche philosophische Anschauungen eingebettet. Nach dem heiligen Johannes vom Kreuz ist die Willenskraft der Heiligen von Gott gegeben, während Ch'uang-tses Schreiner sagt, daß seine übernatürlich erscheinende Meisterschaft natürliche Ursachen hat. Katholizismus wie Taoismus bezeugen eine außergewöhnliche Willenskraft, begründen sie jedoch auf andere Art und Weise. Sie steht, kurz gesagt, wie alle metanormalen Fähigkeiten mit unterschiedlichen Überzeugungen in Zusammenhang. Wir können jedoch versuchen, gemeinsame Merkmale herauszufinden. Aus persönlichen Erfahrungsberichten über jene Art des Wollens aus Sport, den Kampfkünsten und anderen Methoden – ja, aus nahezu allen Bereichen

des Lebens – wird klar, daß sie durch zielgerichtetes Handeln, Gleichmut gegenüber den direkten Ergebnissen, Spontaneität, Unabhängigkeit und ein müheloses Meistern gekennzeichnet ist, sowie durch das Gefühl, daß das Selbst irgendwie größer und komplexer ist – oder umgekehrt, daß es in etwas jenseits seiner selbst mündet. Der Langstreckenläufer Ian Jackson schilderte einen Trainingslauf, bei dem er seine normalen Fähigkeiten übertraf.

Wir liefen die Meile entspannt in 7.00 [Minuten], und einer von uns (ich wußte nie wer) zog das Tempo leicht an. Dann fielen wir beide in den schnelleren Schritt ein. Später kam eine neue Steigerung, nur ein kleiner, fast unmerklicher Anstieg des Tempos. Aber wir steigerten es weiter. Als wir erst einmal liefen, hielt uns nichts zurück. Wir spielten mit unserem Tempo. Er erhöhte es etwas, ich paßte mich an und wurde selbst etwas schneller. Nach einer Meile waren wir von 7.00 auf 6.30 herunter, zwei Meilen später unter 6.00 Minuten. Noch eine Meile, und wir lagen bei 5.30. Es geschah so reibungslos, daß man es kaum bemerkte. Schließlich flogen wir mit einem Tempo von 5.15 oder 5.10 dahin, und die Meilen zogen in Mühelosigkeit vorbei.[137]

Es scheint, daß die außergewöhnliche Qualität von Jacksons Laufstil ansteckend wirkte, da auch Jacksons Partner eine über seinen normalen Willen hinausgehende Spontaneität, Mühelosigkeit und Leistung zeigte. Gleich wie man sie bezeichnet, diese Fähigkeit ist von vielen im Bereich des Sports bemerkt worden. Der Philosoph Michael Novak schrieb:

> Dies ist eines der größten Geheimnisse des Sports. Es gibt einen bestimmten Punkt der Einheit innerhalb des Selbst, und zwischen dem Selbst und seiner Welt, ein bestimmtes Verbündetsein und eine magnetische Verschmelzung, eine gewisse Harmonie, die der bewußte Geist und Wille nicht lenken können. Vielleicht sind die Analyse und die Beherrschung jedes einzelnen Elements notwendig, bevor die Instinkte bereit sind, den Befehl zu übernehmen, aber nur am Anfang. Die instinktive Steuerung ist schneller, subtiler, tiefgehender, genauer, wirklichkeitsnäher als die des bewußten Verstandes. Diese Entdeckung verschlägt einem den Atem.[138]

Der amerikanische Psychologe Mihalyi Csikszentmihalyi hat als Teil seiner Bemühungen, ein Funktionsvermögen zu verstehen, das er *Flow* nannte, viele Jahre lang Erfahrungen dieser Art untersucht. Obgleich Flow, nach der Auffassung von Csikszentmihalyi, viele menschliche Wesensmerkmale betrifft, beinhaltet es eindeutig eine außergewöhnliche Willenskraft. Flow ist beispielsweise durch eine ausgeprägte Konzentration auf die jeweilige Aktivität gekennzeichnet, durch innere Motivation statt der Suche nach äußeren Belohnungen, durch die Reduzierung oder Abwesenheit einer einschränkenden Befangenheit, durch ein ausgeprägtes Gefühl des Könnens, durch ein äußerst effizientes Wechselspiel leib-seelischer Funktionen, durch positive Stim-

mungen und durch das Wachsen einer Komplexität des Selbst. Flow bricht außerhalb der sozialen Verstärkung zu neuen Ebenen des Denkens und Verhaltens durch und dauert ohne direkte Belohnungen an. Flow-Untersuchungen sind mit alten Frauen in Korea, Erwachsenen in Indien und Thailand, Teenagern in Tokio, Navaho-Hirten, Bauern in den italienischen Alpen und Fließbandarbeitern in Chicago durchgeführt worden.[139] Die wichtigsten Dimensionen des Flow-Erlebnisses, schrieb Csikszentmihalyi, „das intensive Eingebundensein, die starke Konzentration, die Eindeutigkeit der Ziele und der Rückmeldungen, der Verlust des Zeitgefühls, die Selbstvergessenheit und Selbst-Transzendenz ... gehören in mehr oder weniger der gleichen Form zum Erfahrungsgut von Menschen in aller Welt".[140]

Außergewöhnliche Willenskraft hat demzufolge mehrere Erscheinungsformen, die von zeitgenössischen Psychologen untersucht worden sind. In einigen ihrer dynamischeren Ausdrucksformen jedoch hat sie Merkmale, die von der gegenwärtigen Wissenschaft nicht betrachtet werden. So etwa scheinen in manchen Fällen tiefgründige Intentionen und konzentrierte Aktivitäten jene erstaunlichen Ereignisse auszulösen, die Carl Jung als Synchronizitäten, „sinngemäße Koinzidenzen", bezeichnete. Jung meinte, daß diese ein lebhaftes Zusammenströmen psychischer und physischer Ereignisse beinhalten, das mögliche neue Wege, eine lang gesuchte Entdeckung oder etwas anderes, persönlich Bedeutsames enthüllt.[141] In *Erinnerungen, Träume, Gedanken* beschrieb Jung Ereignisse aus seinem Leben, die von einer solchen mysteriösen Beschaffenheit waren.

Eine Bestätigung der Gedanken über das Zentrum und das Selbst erhielt ich Jahre später (1927) durch einen Traum. Seine Essenz habe ich in einem Mandala dargestellt, das ich als „Fenster in die Ewigkeit" bezeichnete. Das Bild ist in „Das Geheimnis der Goldenen Blüte" abgebildet. Ein Jahr später malte ich ein zweites Bild, ebenfalls ein Mandala, welches im Zentrum ein goldenes Schloß darstellt. Als es fertig war, fragte ich mich: „Warum ist das so chinesisch?" – Ich war beeindruckt von der Form und Farbenwahl, die mir chinesisch erschienen, obwohl äußerlich nichts Chinesisches an dem Mandala war. Aber das Bild wirkte so auf mich. Es war ein seltsames Zusammentreffen, daß ich kurz darauf einen Brief von Richard Wilhelm erhielt. Er schickte mir das Manuskript eines chinesischen taoistisch-alchemistischen Traktates mit dem Titel „Das Geheimnis der goldenen Blüte" und bat mich, ihn zu kommentieren. Ich habe das Manuskript sofort verschlungen; denn der Text brachte mir eine ungeahnte Bestätigung meiner Gedanken über das Mandala und die Umkreisung der Mitte. Das war das erste Ereignis, das meine Einsamkeit durchbrach. Dort fühlte ich Verwandtes, und dort konnte ich anknüpfen.

Zur Erinnerung an dieses Zusammentreffen, an die Synchronizität, schrieb ich damals unter das Mandala: „1928, als ich das Bild malte, welches das goldene wohlbewehrte Schloß zeigt, sandte mir Richard Wilhelm in Frankfurt den chinesischen, tausend Jahre alten Text vom gelben Schloß, dem Keim des unsterblichen Körpers."[142]

Jung hielt weitere Koinzidenzen in Zusammenhang mit wichtigen Ereignissen in seinem Leben fest; viele mehr sind in den Schriften der Jungschen Psychologie beschrieben.[143] Diese Synchronizitäten scheinen das Zusammentreffen von bewußten und unbewußten Intentionen zu bestätigen und lassen eine Zweckbestimmtheit jenseits des gewöhnlichen Willens erkennen.

[5.10]
INDIVIDUATION UND SELBSTBILD

Der Paläontologe George Gaylord Simpson schilderte die Individualisierung, die aus der Evolution der Tiere, besonders der höheren Wirbeltiere, entstand. Das Reaktionsvermögen auf die unterschiedlichen Umwelteinflüsse, schrieb er,

ist mit einer Anpassungsfähigkeit gekoppelt und bringt oft einen Fortschritt der individuellen Vielseitigkeit mit sich. Diese Ausweitung des möglichen Wirkungsbereiches und der Mannigfaltigkeit der Reaktionen des einzelnen Lebewesens läßt jedes als Einheit unabhängiger und in seinen besonderen Handlungen und Beziehungen ausgeprägter werden. Kurz gesagt, es kann ein begleitender Fortschritt in der Ausbildung der Persönlichkeit vor sich gehen ... Jeder hat bemerkt, daß ein Säugetier oder ein Vogel viel mehr Persönlichkeit hat als beispielsweise eine Auster. Das gilt nicht für Struktur oder Erscheinung, die bei Austern mannigfaltiger und ausgeprägter als bei Säugetieren oder Vögeln sein kann, sondern für Reaktionsformen, Verhalten oder allgemeine Fähigkeiten. Der Fortschritt in der

Ausbildung der Vielseitigkeit des Individuums und der Persönlichkeitsbildung innerhalb der Art ist durch die menschliche Evolution wiederum zu einem neuen Höhepunkt geführt worden.[144]

Es kann in der Tat behauptet werden, daß jeder von uns eine einzigartige Identität besitzt, die sich in all unserem Tun ausdrückt. Der Essayist George Leonard schrieb:

Die Wahrscheinlichkeit, daß zwei Fingerabdrücke exakt gleich sind, soll weniger als 1 zu 64 Milliarden betragen; daß ein ganzer Satz von Fingerabdrücken mit einem anderen übereinstimmt, ist unmöglich. Gesichter sind ebenso unterscheidbar und außer bei eineiigen Zwillingen leicht wiederzuerkennen. Ein guter Stimmabdruck – das gedruckte Ebenbild elektronisch aufgezeichneter Stimmfrequenzen – kann den Sprecher identifizieren. Die Handschrift mag gefälscht werden, aber nur mit äußerster Geschicklichkeit, und selbst dann nicht mit unumstößlicher Sicherheit. Ein Bluthund kann die Witterung einer Person unter einer Million anderer herausfinden. Hirnwellenmuster scheinen eindeutig charakteristisch zu sein, je präziser unsere Instrumente zu ihrer Analye werden. Säuglinge werden mit eigenen und erkennbaren Schlaf- und Wachrhythmen geboren. Neuere Untersuchungen legen nahe, daß die Atemmuster Neugeborener so unterscheidbar wie Fingerabdrücke sind.

Die Fähigkeit, andere Individuen als Angehörige der gleichen Spezies zu erkennen, geht evolutionär weit zurück, sicherlich bis zur Entstehung getrennter Geschlechter. Soziale Insekten wie Bienen, Ameisen oder Termiten besitzen die zusätzliche Fähigkeit, zwischen verschiedenen Kasten zu unterscheiden (die Bienenkönigin von den Arbeiterinnen zum Beispiel), und können auch ein Lebensstadium vom anderen unterscheiden (Eier von Larven und so weiter). Weiter oben auf der Evolutionsleiter können alle Wirbeltiere Neugeborene, Jungtiere und ausgewachsene Tiere ihrer Spezies erkennen ... Der Gehirn-Sinnesmechanismus sorgt charakteristischerweise für vielfältige und raffinierte Hilfsmittel für den Prozeß des Erkennens. Einige Primaten können genau wie Menschen Gesichter erkennen. Viele Säugetierarten benutzen, wie jeder Hundebesitzer weiß, ihre Ausscheidungen als persönliche Markierung. Die Fähigkeit dieser Tiere, einzelne Individuen an ihrem Geruch zu unterscheiden, ist phänomenal. Das Heulen eines Wolfes gibt Auskunft darüber, in welchem Gefühlszustand er ist und wo er sich befindet, und spektrographische Aufnahmen zeigen, daß Wölfe äußerst feine Lautunterschiede wahrnehmen können. Vögel können einzelne Individuen an der Gesamtfrequenz, dem Muster oder dem „Dialekt" ihres Gesangs oder ihrer Rufe erkennen und auch an ihrer äußeren Gestalt.

Alle menschlichen Gesellschaften sind auf persönlicher Individualität aufgebaut, und es ist aufschlußreich, mit welch extremer Bedeutung diese Angelegenheit von der Geburt bis zum Tod gesehen wird. Einen Menschen „ohne Identität" umgibt etwas Alptraumhaftes und fast Undenkbares. Da jede Zelle des Körpers mit Ausnahme der roten Blutkörperchen DNS-Moleküle enthält, in denen der Bauplan des gesamten Körpers aufgezeichnet ist, ist es theoretisch möglich, eine – oder eine Million – exakte Kopien eines Menschen aus einer Zelle zu schaffen. *Klonen*, wie dieser Prozeß genannt wird, ist nicht nur ein Hauptthema der Science-fiction, sondern wird tatsächlich von einigen Wissenschaftlern

> in Betracht gezogen. Unser gesunder Menschenverstand rebelliert gegen diese Vorstellung, und es kann sein, daß wir eines Tages wünschen werden, es möge schwieriger sein, als manche Futuristen glauben, oder vielleicht sogar unmöglich. Denn wir alle erkennen auf der höchsten Ebene unserer Intuition, daß eine Million Hans Meiers, selbst eine Million Albert Einsteins, irgendwie etwas anderes als Menschen wären. Neuere Untersuchungen deuten in der Tat darauf hin, daß der Evolutionsprozeß selbst Mechanismen beinhaltet, individuelle Abweichungen innerhalb jeder Spezies hervorzubringen und zu erhalten.
>
> Mensch zu sein heißt, eine persönliche Individualität zu besitzen – das scheint klar. Diese Individualität ist einmalig und irreversibel. Sie bestimmt unsere besondere Sichtweise des Universums; sie drückt sich auf vielfältige Arten aus und ordnet sich das unter, was wir als Körper, Geist und Seele, Gedächtnis und unsere Schöpfungen bezeichnen.[145]

Die Einzigartigkeit, die in allen Menschen offenkundig ist, wird noch ausgeprägter, wenn sich unsere Fähigkeiten entfalten. Die Erweiterung des Repertoires an Erkenntnis, Gefühlen und Verhaltensweisen, die Vertiefung des Gewahrseins seiner selbst, die Kreativität und der Ausdruck des menschlichen Willens tragen zu der Individualität bei, die die Entwicklung von Mensch und Tier ermöglicht hat. Diese Individualität

trägt, wie ich annehme, mindestens zwei Formen metanormaler Entwicklung in sich: erstens die Verwirklichung einer das Ich transzendierenden Identität, von der Menschen aus vielen Bereichen des Lebens, besonders aber religiöse Mystiker berichten, und zweitens das komplexe Repertoire an Erkenntnis, Gefühlen und Verhaltensweisen oder jene Subpersönlichkeiten, die bei besonders kreativen Menschen zu erkennen sind. Ich möchte hier kurz diese beiden Seiten unserer sich entfaltenden Persönlichkeit untersuchen.

Ich-transzendente Identität

Berichte über die Verwirklichung einer Identität jenseits des normalen Selbst-Bewußtseins sind weltweit in allen Kulturen zu finden. Obgleich diese Erfahrungen verschiedenen Ursachen zugeschrieben werden, werden sie von Menschen unterschiedlicher Herkunft, Weltanschauung und unterschiedlichen Temperaments auf ähnliche Weise dargestellt. Zum Beispiel heißt es, daß eine solche Identität das Gefühl des Getrenntseins von anderen mindert, zur selben Zeit jedoch eine stärkere Persönlichkeit verleiht. Man ist zugleich weniger und mehr als sein früheres Selbst, auf neue Weise mit der ganzen Welt verbunden, doch auch mächtiger, selbständiger und unabhängiger. Diese Erfahrung bewirkt charakteristischerweise ein Zusammenströmen von Freiheit und Sicherheit, das nicht von diesem oder jenem Vorstellungs- oder Verhaltensmuster abhängt. Die Kombination von Befreiung und Vertrauen kann so intensiv werden, daß es heißt, sie beinhalte ein Selbst-sein oder Ewigkeit. Auch wird sie häufig durch ein

Zusammentreffen von etwas Neuem mit etwas Erinnertem gekennzeichnet. Während uns dieses Erleben jenseits der „Wegmarken“ des gewöhnlichen Selbst erhebt, wird es direkt erkennbar, und zwar so sehr, daß es manchen Menschen ihre wahre Identität oder eigentliche Natur zu enthüllen scheint. Jene Art der Erfahrung verbindet, kurz gesagt, inneren Abstand von und Verbundenheit mit anderen, Freiheit und Sicherheit, die nicht von besonderen Persönlichkeitsstrukturen abhängt, und das Gefühl, wiedergeboren zu sein mit einer persönlichen Betrachtungsweise, die immerwährend zu sein scheint. Eine solche Ich-Transzendenz wird jedoch unterschiedlich interpretiert. William James schrieb:

Die Mind-curer… haben bewiesen, daß eine Form der Regeneration durch Entspannung, durch Gehenlassen, die psychologisch von der lutherischen Rechtfertigung durch den Glauben und die wesleyische Annahme der freien Gnade nicht unterschieden werden kann, für Menschen erreichbar ist, die keine Überzeugung von Sünde haben und sich überhaupt nicht um lutherische Theologie kümmern. Es handelt sich nur darum, dem eigenen kleinen privaten, verkrampften Selbst Ruhe zu geben und zu bemerken, daß ein größeres Selbst zur Stelle ist. Die Ergebnisse der Verbindungen von Optimismus und Erwartung – langsam oder plötzlich, groß oder klein –, die Regenerationsphänomene, die auf das

Aufgeben der Anstrengung folgen, bleiben sichere Tatsachen der menschlichen Natur, ganz gleich, ob wir einer theistischen, einer pantheistisch-idealistischen oder einer medizinisch-materialistischen Auffassung ihrer letztlich gleichgültigen Erklärung folgen.[146]

Die theistische Erklärung einer solchen Erfahrung, schrieb James, postuliert eine

… göttliche Gnade, die im Menschen eine neue Natur in dem Moment schafft, in dem die alte Natur von Herzen aufgegeben wird. Die pantheistische Erklärung … lautet: Durch Eintauchen des engeren privaten Selbst in das weitere oder größere Selbst, den Geist des Universums (der unser eigenes „unterbewußtes Selbst“ ist), in dem Moment, in dem die isolierenden Barrieren von Mißtrauen und Ängstlichkeit entfernt sind.[147]

Nach Sri Aurobindos Auffassung ist unser alltägliches Selbst nur „eine zweckgebundene Auswahl und beschränkt bewußte Synthese für den vorübergehenden Gebrauch des Lebens in einem bestimmten Körper. Dahinter verbirgt sich ein Bewußtsein, ein *purusha*,* das nicht durch diese Individualisierung oder diese Synthese bestimmt oder

* *Purusha*, oder reines Bewußtsein, ist eine komplexe Entität (oder eine Gruppe von Entitäten) in Aurobindos Psychologie, die sowohl *Atman*, das ewige Selbst, und ein psychisches Wesen oder Seele umfaßt, die sich von Leben zu Leben entwickelt. Während *Atman* in seiner Einheit mit *Brahman* ewig ist, ist das psychische Wesen sein zeitweiliger Repräsentant, der – obgleich er in seinem innersten Wesen göttlich ist – allmählich eine einzigartige Identität entwickelt, die dem Geist, Leben und Körper jedes Menschen besondere Qualität verleiht. Durch Übungen zur Transformation kommt dieser verborgene Kern des Selbst „zum Vorschein“ und prägt seine essentielle Einzigartigkeit tiefer in die Gedanken, Gefühle und körperlichen Ausdrucksformen ein. Siehe Sri Aurobindo, Index des 30. Bandes der *Collected Works*, unter den Stichworten *psychic being*, *psychic entity* und *jivatman*.

eingeschränkt wird, sondern diese im Gegenteil bestimmt, unterstützt und über sie hinausgeht."[148] *Purusha*, oder das innere Selbst, kann durch beobachtende Meditation und andere Formen der Innenschau erkannt werden. In seiner größeren Selbstverwirklichung ist es *atman*, eins mit *brahman*, das seine Einheit mit allem wahrnimmt, doch gleichermaßen alle Schöpfung transzendiert. Dieses höhere oder innere Selbst entspricht in seiner gleichzeitigen Immanenz und Transzendenz dem Gott des Panentheismus (siehe 7.2). Nach Aurobindo und anderen Kommentatoren der Veden und Upanischaden wird es von den folgenden Zeilen des Rigweda (1.164.20) symbolisiert:

Zwei Vögel, eng verbundene Kameraden, umklammern den gleichen Baum. Der eine von ihnen ißt die süße Beere, der andere schaut ohne zu essen zu.

Dieser Vers bezieht sich, so heißt es, auf die Einheit oder grundlegende Verbundenheit zwischen einem an der Welt teilhabenden Selbst („... ißt die süße Beere") und einer die Welt transzendierenden Identität („... schaut ohne zu essen zu"). Eine ähnliche Vorstellung ist in dem folgenden Absatz aus der Svetasvatara Upanishad (IV.7) enthalten:

Die Seele, die ihren Sitz auf demselben Baum der Natur hat, wird aufgezehrt und getäuscht und hat Kummer, weil nicht sie der Herr ist. Wenn sie aber jenes andere Selbst und dessen Hoheit schaut und mit ihm, der der Herr ist, zur Einung kommt, schwindet ihr Kummer dahin.

In der Bhagavadgita (15.7) sagt Krishna, der Herr des Lebens: „Ein unvergänglich' Teil von mir wird zu den Seelen in der Welt." Kommentatoren der Bhagavadgita haben diese Zeile dahingehend gedeutet, daß eine höchste Personalität *(purushottoma)* das Handeln des Individuums in der Alltagswelt mitträgt. Krishna symbolisiert nach dieser Interpretation die höchste Individualität, die in der Welt immanent ist, doch all ihre Werke transzendiert. Selbst im Buddhismus gibt es in der Lehre des *anatta*, Nicht-Ich, eine ähnliche Auffassung. Der japanische buddhistische Gelehrte Gadjin Nagao schrieb:

Das Selbst lebte in den Schriften des Mahayana mit dem Ausdruck „großes Selbst" *(mahatmya)* wieder auf, ein Begriff, der unzweifelhaft in enger Beziehung zu der Universalen Seele des *atman*-Konzepts stand. Das wahrhafte Erwachen oder Erlangen der Buddhaschaft wird als Aufhebung des „geringen Selbst" und die Verwirklichung des „großen Selbst" gedeutet.[149]

Die Bestimmung eines „großen Selbst" im Mahayana spiegelt sich auch in der Sprache Shunryu Suzuki Roshis, dem Gründer des San Francisco Zen Centers. Suzuki Roshi verwendete häufig den Begriff *Großer Geist* als Unterscheidung zum *Kleinen Geist*:

Wasser und Wellen sind Eines. Großer Geist und Kleiner Geist sind Eines. Wenn Ihr Euren Geist in dieser Weise versteht, habt Ihr einige Sicherheit in Euren Gefühlen. Nachdem Euer Geist nichts von außen erwartet, ist er immer erfüllt. Ein Geist mit Wellen in sich ist nicht ein gestörter, sondern tatsächlich ein verstärkter Geist. Was auch immer Ihr erfahrt, es ist ein Ausdruck des Großen Geistes.

Die Aktivität des Großen Geistes ist es, sich selbst durch verschiedenartige Erfahrungen zu vergrößern. In einer Hinsicht sind unsere Erfahrungen, wie sie eine nach der anderen kommen, immer frisch und neu, aber in anderer Hinsicht sind sie nichts anderes als das ständige oder wiederholte Enthüllen des einen Großen Geistes ...

Deshalb sagte Dogen-zenji: „Erwarte nicht, daß alle, die Zazen praktizieren, Erleuchtung erlangen über diesen Geist, der immer bei uns ist." Er meinte, wenn Ihr denkt, daß der Große Geist irgendwo außerhalb Eurer selbst ist, außerhalb Eurer Praxis, dann ist das ein Fehler ... Ihr müßt Vertrauen setzen in den Großen Geist, der immer bei Euch ist.[150]

Suzuki Roshis Vorstellung wendet sich gedanklich hin zu der allgemeinen Betonung der Verbundenheit – und nicht der Trennung – von geringem Selbst und großem Selbst im Mahayana-Buddhismus. Großer Geist und Kleiner Geist sind eins. Im Gegensatz zu Yoga-Lehren, die die Loslösung von den weltlichen Dingen betonen,

weist die Zen-Praxis uns den Weg zur Entfaltung des Großen Geistes im Erleben des Alltags.

Auch Neuplatoniker haben eine insgeheime Verbindung zwischen gewöhnlicher Individualität und unserer größeren Identität beschrieben, jedoch aus einer anderen Perspektive als Buddhisten. Plotin war beispielsweise der Ansicht, daß sich jedes irdische Selbst auf einen ewigen Archetypus gründet:

Gewiß waren wir auch vor dieser Erzeugung dort als andere Menschen und einige auch als Götter, reine Seelen und mit der Gesamtsubstanz verknüpfter Intellect, Theile des Intelligiblen, die nicht abgesondert noch abgeschnitten waren, sondern dem Ganzen zugehörten; denn nicht einmal jetzt sind wir abgeschnitten.[151]

Zu seiner persönlichen Erfahrung eines höheren, in *Nous*, der „reinen Seinsweise Gottes", verankerten Selbst schrieb Plotin:

Oft wenn ich aus dem Schlummer des Leibes zu mir selbst erwache und aus der Aussenwelt heraustretend bei mir selber Einkehr halte, schaue ich eine wundersame Schönheit; ich glaube dann am festesten an meine Zugehörigkeit zu einer bessern und höhern Welt, wirke kräftig in mir das herrlichste Leben und bin mit der Gottheit eins geworden, ich bin dadurch, dass ich in sie hineinversetzt worden, zu jener Lebensenergie gelangt und habe mich über alles andere Intelligible emporgeschwungen; steige ich dann nach diesem Verweilen in der Gottheit zur Verstandestätigkeit aus der Vernunftanschauung herab, so frage ich mich, wie es zuging, dass ich jetzt herabsteige und dass überhaupt einmal meine Seele in den Körper eingetreten ist, obwohl sie doch das war, als was sie sich trotz ihres Aufenthaltes im Körper, an und für sich betrachtet, offenbarte.[152]

Die Verwirklichung einer Identität, die die Zwänge einer gewöhnlichen Eigenpersönlichkeit transzendiert, wird von christlichen wie islamischen Mystikern geheiligt: „Mein Mich ist Gott, und ich anerkenne kein anderes Mich außer meinem Gott selbst", schrieb die heilige Katharina von Genua.

Wer eine Seele messen will, der soll sie nach Gott messen, denn der Grund Gottes und der Grund der Seele sind ein Wesen ... Der Erkenner und das Erkannte sind eins ... Einfältige Leute stellen sich vor, sie sollten Gott sehen, als stünde Er da und sie hier. Dies ist nicht so. Gott und ich, wir sind eins in der Erkenntnis.

Meister Eckhart[153]

Die in diesen Aussagen beschriebene höchste Identität beinhaltet – wenngleich sie nicht davon abhängig ist – eine Ausgestaltung des normalen Selbstbewußtseins und wird von jenen erkannt, die sie als den geheimen Urgrund und die Erfüllung der

üblichen Persönlichkeit erfahren. Offensichtlich haben Mystiker der verschiedenen Kulturen aus diesem Grund ein „wirklichstes Ich" oder „wahrstes Selbst" beschrieben. Aber jene Art von Verwirklichung ist nur eine Seite unserer sich entfaltenden Selbstwerdung. Sie ist nur ein Teil unserer größeren Persönlichkeit.

Einzigartigkeit von Erkenntnis, Gefühl und Verhalten

Durch die Entdeckung einer Identität jenseits des gewöhnlichen Bewußtseins können wir unsere unterschiedlichen Fähigkeiten freier entfalten. Wir können uns an unzähligen Geisteszuständen erfreuen und im beobachtenden Selbst, im weiten Raum, in der Leere oder im Großen Geist (angedeutet in Begriffen wie *purusha, sunyam* und *mahatmya*) verschiedene Subpersönlichkeiten ausleben. Wenn wir unser zwanghaftes Festhalten an bestimmten Handlungsweisen aufgeben und erkennen, daß unser eigentliches Wesen nicht von irgendeinem Muster aus Überzeugungen oder Verhalten abhängt, erlangen wir eine neue Freiheit zur Erweiterung unserer Erfahrung. Indem wir unser Verlangen nach einer von anderen grundlegend getrennten Identität fallenlassen, finden wir die Stärke, auf eine neue Weise zu handeln. Aus diesem Grund erheben sich nach der hinduistischen Lehre Heilige in ihrem inspirierten, aber unkonventionellen Verhalten über die Kasten. Die nicht voraussagbaren Gesten der Liebe, die einzigartige Sprache und die ungewöhnlichen Einstellungen der Mystiker aus Ost und West sind legendär. In ihrer Verwirklichung in Gott, Brahman, *sunyam* oder dem Tao werden viele Heilige zu unvergeßlichen Persönlichkeiten.

Allgemein gesagt können wir demnach zwei Aspekte metanormaler Selbstwerdung bestimmen: erstens eine Verwirklichung, die in Begriffen wie *atman* oder *Großer Geist* ausgedrückt wird, und zweitens die einzigartige Verknüpfung außergewöhnlicher Eigenschaften, die sich bei einem bestimmten Menschen entfalten können. Eine dergestalte Persönlichkeit wäre die metanormale Entsprechung der Individualisierung, die aus früheren Evolutionsschritten entstanden ist.

[5.11]
LIEBE

Liebevolles Verhalten ist bei vielen Tierarten zu beobachten, so zum Beispiel bei Walmüttern, die ihren Jungen selbstaufopfernden Schutz gewähren, bei der gegenseitigen Fellpflege der Primaten und dem zärtlichen Spiel der Katzen. Die Welt der Tiere wie die der Menschen zeigt zahllose Akte liebender Hinwendung und erotischen Vergnügens. In der Tat ist das Heranwachsen des Menschen vom allerersten Moment

an auf Liebe angewiesen. Kein Säugling kann ohne physische und emotionale Zuwendung überleben, noch sich ohne irgendeine Form liebevoller Berührung annähernd normal entwickeln. Ohne die beständige Zuneigung der Menschen um ihn herum kann kein Kind Sprechen, Denken oder den Umgang mit anderen erlernen. Liebe vermehrt sich, wie alle Eigenschaften des Menschen, indem sie gelebt wird. Liebe wächst durch Akte der Liebe, in ihrem Geben und Empfangen.

Wie unsere anderen Fähigkeiten auch kann Liebe auf außergewöhnliche Weise erblühen, diese Welt bis zu einem gewissen Grade wandeln und uns so neue Welten offenbaren. In Liebe empfangen und von unseren Müttern in Liebe geboren, öffnet uns die Liebe für unsere gesamten Möglichkeiten. Diese Wahrheit des Lebens wird seit Anbeginn der Zeit gewürdigt. In Platons *Symposion* (*Das Gastmahl* – 210 bis 212) beschreibt Sokrates den Weg der Liebe von der Verehrung eines einzelnen Körpers hin zur Schönheit in allen Körpern und von der Verehrung der Körper hin zur Schönheit in Gesetzen, Institutionen, Wissenschaft und Weisheit,

> ... bis [er], hierdurch gestärkt und vervollkommnet, eine einzige solche Erkenntnis erblicke, welche auf ein Schönes folgender Art geht ... Wer nämlich bis hierher in der Liebe erzogen ist, das mancherlei Schöne in solcher Ordnung und richtig schauend, der wird, indem er nun der Vollendung in der Liebeskunst entgegengeht, plötzlich ein von Natur wunderbar Schönes erblicken, nämlich jenes Selbst, um dessen willen er alle bisherigen Anstrengungen gemacht hat, welches zuerst immer ist und weder entsteht noch vergeht, weder wächst noch schwindet, ferner auch nicht etwa nur insofern schön, insofern aber häßlich ist, noch auch jetzt schön und dann nicht, noch im Vergleich hiermit schön,

damit aber häßlich, noch auch hier schön, dort aber häßlich, als ob es nur für einige schön, für andere aber häßlich wäre ...

Oder glaubst du nicht, daß dort allein ihm begegnen kann, indem er schaut, womit man das Schöne schauen muß; nicht Abbilder der Tugend zu erzeugen, weil er nämlich nicht ein Abbild berührt, sondern Wahres, weil er das Wahre berührt? Wer aber wahre Tugend berührt und aufzieht, dem gebührt, von den Göttern geliebt zu werden, und, wenn irgendeinem anderen Menschen, dann gewiß ihm auch, unsterblich zu sein.

Sokrates' berühmte Rede reflektiert bestimmte Charakteristika der Liebe, die für das in diesem Buch beschriebene Erfülltsein des Menschen entscheidend sind. Das Wichtigste ist, daß Liebe andersartige Eigenschaften mit sich bringt, daß sie jene, die Liebe geben und empfangen, wandelt, und daß sie die Macht besitzt, „nicht Abbilder der Tugend, sondern Wahres" hervorzubringen. Obgleich die vielen Formen der Liebe unverwechselbare Merkmale haben, umfassen sie alle ein komplexes Gefüge von Fähigkeiten, von denen unser weiteres Wachstum abhängt. Sie alle verwandeln, auch wenn nur für einen Augenblick, den, den sie berühren, schenken einem Geliebten, Freund, Kind oder Fremden eine neue Tiefe, Schönheit und Freude.

Der Psychiater Rudolf von Urban, ein Schüler Freuds, beschrieb verschiedene Formen der erotischen Erfahrung. Ein Ehepaar erzählte ihm beispielsweise, daß die Frau in Momenten körperlicher Intimität plötzlich von einem „Kranz grünlich-blauen Lichts, das von ihrem ganzen Körper ausstrahlte", umgeben war. Ein anderes Paar spürte einen elektrisierenden Strom durch die Haut hindurch. „Eine Million Quellen der Freude verschmolzen zu einer einzigen", erzählten sie von Urban.[154] Zur Erläuterung solcher Erlebnisse zitierte der englische Dichter Peter Redgrove einen Ausspruch des heiligen Gregors von Nyssa: „Ihm, [der seine Seele Gott anvertraute,] wurde ein Luftgewand angezogen. Es reicht vom Kopf bis zu den Füßen."[155] Redgrove brachte diese Metapher des Heiligen mit einer Episode in Verbindung, die ihm ein Freund erzählt hatte, und schrieb:

Er schlief und erwachte kurze Zeit später mit einem wunderbaren Gefühl, das vom Liebesakt herrührte, als wäre [seine Haut] geöffnet und vergrößert und nicht länger eine Barriere, und durch sie hindurch konnte er seine Frau neben sich schlafen und seine Haut durchdringen fühlen, als ob sich ihre Körper vermischt hätten ... Nachdem er eine Weile so dagelegen und dieses Nachglühen genossen hatte, öffnete er seine Augen und sah, daß der Raum voller goldfarbener Spinnfäden war, zu einem Netz verwoben, die von ... goldenen Zentren ausstrahlten und sich wie voller Fürsorge zu dem kleinen Bett ihrer Tochter hin ausbreiteten. Er dachte, dies wäre ein Traum, der seinen entspannten Zustand widerspiegelte, bis er die von mir zitierten Zeilen des heiligen Gregors las.[156]

Viele Menschen erzählen, daß sich in Momenten tiefer Liebe ungewohnte Energien oder Wesenheiten im Raum um sie herum verstofflichen. Wie Redgroves Freund spüren sie eine neuartige Tiefe und fühlen, wie ihre Grenzen sich verschieben. Der Essayist George Leonard beschrieb diese Erfahrung. Bei Tagesanbruch, schrieb er, nach einer Liebesnacht,

> begann das Bewußtsein selbst sich zu verändern. Das Gewahrsein der verschiedenen Teile unserer Körper, die uns am Abend zuvor solches Vergnügen bereitet hatten, war verblaßt und hatte nur eine allgemeine Bewußtheit einer lichtvollen Verschlungenheit hinterlassen. Getrennte Akte waren zu einer einzigen langen Bewegung verschmolzen. Selbst die Unterscheidung zwischen Wachen und Schlafen hatte sich verwischt. Verstehen Sie mich bitte nicht falsch. Ich bin kein Fachmann auf diesem Gebiet – solche Nächte mögen für mich seltener sein als für Sie. Doch ich muß Ihnen sagen, daß der Moment kam, in dem sich unsere eigenen, zuvor getrennten Gefühle auf dem Gesicht des anderen zu zeigen begannen. Nur das. Jedes Aufflackern eines Gefühls, von dem ich hätte erwarten können, daß es in mir entstand, erschien statt dessen auf ihrem Gesicht. ... Dieses Verschmelzen hatte nichts Metaphorisches an sich. Im schwachen Lichtschein, der aus einem anderen Zimmer kam, konnten wir beide unser eigentliches Selbst im anderen verkörpert sehen – und wir waren zu Tode erschrocken.
>
> Aber das war noch nicht alles. Am nächsten Nachmittag geschah ein kleines Wunder. Wir aßen in einem kleinen Restaurant am Pazifik spät zu Mittag, an einem Tisch am Fenster, von dem aus wir einen

> schmalen Streifen Strand überblickten. Es war ein milder, dunstiger Tag, mit transparenten weißen Wolken hoch am Himmel. Wir rührten unser Essen kaum an. Allmählich merkten wir, daß das Erlebnis des vorigen Abends zurückkehrte, nur behutsamer und nicht bedrohlich.
>
> Wir hielten uns über den Tisch hinweg bei den Händen und gaben uns hin. Langsam verschwand unser Getrenntsein.
>
> Am Strand direkt unter unserem Fenster liefen sieben oder acht Strandläufer hin und her, auf der Suche nach Futter. Manchmal liefen sie auf ihren unglaublich schnellen Beinen hinter dem zurückweichenden Wasser her und hasteten dann kurz vor den Wellen zurück. Aber wir nahmen sie nicht als von den Wellen getrennt wahr. Sie und wir und Welle und Himmel und Strand und Meer und alles darin und die gesamte Existenz waren Teil eines einzigen Fließens.
>
> Wir blieben den ganzen Nachmittag dort, wünschten nicht, irgendwo anders irgend etwas anderes zu tun, und sahen geradewegs durch die substanzlose Illusion unseres Getrenntseins hindurch. Als die Sonne im Pazifik unterging, flogen die Vögel davon. Die Tische wurden für das Abendessen gedeckt. Cocktailgäste trafen ein. Und wir erwachten aus der Wirklichkeit in die Teil-Existenz von Wünschen und Warten, die uns allen so vertraut ist.[157]

Erotische Intimität kann mit einer bewußten Aufmerksamkeit für Zustände, wie Redgrove und Leonard sie beschrieben haben, genossen werden. Eine Frau schrieb, daß sie und ihr Mann nach einem tantrischem Liebesakt nebeneinander lagen, als

> die Energie zwischen uns [durch unsere] Augen übertragen wurde und mich zum Weinen brachte. Wir fühlten beide dasselbe, ohne auch nur ein Wort zu sagen. Es war, als ob wir einander erkannt hatten,

nicht nur von einem objektiven Standpunkt aus, sondern als ob wir ein Wesen, ein Kraftfeld bildeten. Es gab zwischen uns kein Hindernis, keine Trennungslinie. Mein Herz fühlte sich an, als wenn es aufgebrochen wäre.

Ich fühlte mich sehr verletzlich, sehr leer und leicht. In einem gewissen Sinne atmete [mein] ganzer Körper. Ich sah alles mit dem Herzen, nicht nur mit den Augen. Es war, als ob ... mein ätherisches Wesen sich im Einklang mit dem ätherischen Wesen meines Mannes befand. Irgendwie paßten sich unsere Schwingungen einander an, und wir waren nicht nur auf den Leib beschränkt ...[158]

In sexueller Vereinigung quillt das Glück über und löst die Grenzen zwischen Liebendem und Geliebtem auf, es vertieft die Fürsorglichkeit des einen für den anderen. Aber diese Verbindung von Fürsorglichkeit und Glück ist nicht von sexueller Intimität abhängig. Sie ist ein Merkmal der Liebe in all ihren Ausdrucksformen. In *Die Vielfalt religiöser Erfahrung* zitiert James die folgende Schilderung von Mrs. Jonathan Edwards über eine Liebe, die aus ihrer spirituellen Erleuchtung erwuchs:

Die vorige Nacht ... war die süßeste, die ich je in meinem Leben hatte. Niemals zuvor genoß ich eine so lange zusammenhängende Zeit so viel von dem Licht und der Ruhe und der Süße des Himmels in

meiner Seele, aber ohne die geringste körperliche Agitation während der ganzen Zeit. Einen Teil der Nacht lag ich wach, eine Zeitlang schlafend und eine Zeitlang zwischen Schlaf und Wachen. Aber die ganze Nacht durch blieb mir das anhaltende, klare und lebhafte Empfinden der himmlischen Süße von Christi erhabener Liebe, seiner Nähe zu mir und daß er mich schätzt ...

Als ich ... am Morgen des Sabbats erwachte, fühlte ich eine Liebe zur ganzen Menschheit, die ganz und gar eigenartig in ihrer Stärke und Süßigkeit war und weit über alles hinausging, was ich vorher je gefühlt hatte. Die Macht dieser Liebe schien unaussprechlich. Ich dachte, wenn ich von Feinden umgeben wäre, die ihre Bosheit und Grausamkeit an mir ausließen und mich marterten, würde es doch unmöglich sein, daß ich irgendwelche anderen Gefühle gegen sie äußern würde als solche der Liebe und des Mitleids und brennender Wünsche für ihre Glückseligkeit. Ich fühlte mich nie zuvor so frei von jeder Neigung, andere zu berichtigen und zu zensieren, wie an jenem Morgen.[159]

„Dergestalt besteht eine organische Nähe zwischen Heiterkeit und Rücksichtnahme ...“, schrieb James. „Religiöse Verzückung, moralische Begeisterung, ontologisches Staunen, kosmische Emotion sind alles personale, einheitsstiftende Geisteszustände, in denen der Sand und Grus der Selbstbezogenheit zu verschwinden und rücksichtsvolles Wesen zu regieren neigt.“[160] In einem Zustand, wie ihn Mrs. Edwards beschrieb, gebären wir neue Energien, Freude und Schönheit über unsere gewöhnliche Erfahrung hinaus. Diese erneuernde, verkörperte Macht der Liebe wird besonders im Zusammenhang mit religiöser Begeisterung deutlich. „Im Verlauf spiritueller Übung“, sagte Sri Ramakrishna, „erhält man einen ‚Liebes-Körper‘ mit ‚Liebes-

Augen‘ und ‚Liebes-Ohren‘. Man sieht Gott mit jenen Liebes-Augen. Man hört die Stimme Gottes mit jenen Liebes-Ohren. Man erhält selbst ein aus Liebe geformtes Sexualorgan ..., und mit diesem Liebes-Körper hält die Seele Zwiesprache mit Gott.“[161]

Während seiner ekstatischen Hingabe gingen von Ramakrishna ein eindrucksvolles körperliches Strahlen und eine hochgradig übertragbare Energie aus. Bei der Initiation seines Schülers Narendra (siehe 5.3) und anderen Gelegenheiten fühlten die Menschen, die er berührte, eine Gegenwart oder Kraft, die sich unmittelbar auf ihren Körper auswirkte. Ramakrishnas Schüler „M.“ schilderte in seinem Tagebuch verschiedene Fälle solcher Übertragungen, die scheinbar etwas in sich bargen, das sich durch Ramakrishnas Liebe zu Gott verstofflichte.[162] Manche sahen Lichter um den indischen Heiligen, fühlten eine befreiende Kraft oder waren von einer fühlbar spirituellen Atmosphäre umgeben – so wie die oben erwähnten Menschen eine neuartige Energie und Gegenwart um ihre Geliebten spürten. Um auf Sokrates’ Rede zurückzukommen, brachte Ramakrishna nicht Abbilder der Tugend und Schönheit hervor, sondern deren körperliche Ausdrucksformen. Tatsächlich wird spirituelle Ekstase wie die Ramakrishnas in den meisten Religionen mit denselben körperlichen Phänome-

nen in Verbindung gebracht – einer großen Schönheit von Stimme und Antlitz, Lichterscheinungen (siehe 5.1 und 22.5), überfließender vitaler Kräfte (5.4 und 22.6) und einem Gefühl einer neuen Begrenzung oder eines heiligen Leibes (zum Beispiel das „Luftgewand“ des heiligen Gregors). In jeder spirituellen Tradition haben einige Männer und Frauen ihre Körper und die sie umgebende Atmosphäre durch ihre Liebe zu Gott verwandelt.

Doch die verkörperte Macht der Liebe ist nicht auf sexuelle oder religiöse Leidenschaft begrenzt, sie wird auch in andersgearteten zwischenmenschlichen Beziehungen offenbar. Denken Sie beispielsweise nur an einen Schüler, den Sie kannten, der sich abquälte, aber durch das besondere Interesse eines Lehrers neue Eigenschaften und Begabungen zeigte, an einen normalerweise verdrießlichen Bekannten, der, indem er großmütig handelte, von neuer Schaffenskraft erfüllt wurde, oder an einen entmutigten Freund, der eine neue Richtung, eine neue Sinngebung durch jemanden erhielt, der seine besonderen Gaben zu schätzen wußte. Es gibt viele Ausdrucksformen der Liebe, ja viele Arten der Liebe, jede mit der ihr eigenen Kraft der Transformation. Dichter und Philosophen haben Agape, Wohlwollen, Philanthropie, Freundschaft, Mitgefühl, Empathie, Geistesverwandtschaft, romantische Liebe, eheliche Hingabe, selbstloses Geben von Eltern und Liebe für ein Werk oder Ideal wie auch Eros und religiöse Hingabe geheiligt. Liebe nimmt viele Formen an und hat viele Wirkungen, doch immer gebärt sie neues Leben. In Romain Rollands Roman *Johann Christof* liebt die Hauptperson einen anderen jungen Mann:

Während dieses Honigmondes ihrer Freundschaft redeten sie kaum miteinander, wagten kaum miteinander zu sprechen; sie durchlebten jene erste Zeit tiefen und stummen Jubels ... Es genügte ihnen, das Bewußtsein von der Nähe des anderen zu haben, einen Blick auszutauschen, ein Wort, das ihnen bewies, daß ihre Gedanken nach langem Stillschweigen denselben Weg gingen. Ohne eine Frage aneinander zu richten, ja ohne einander auch nur anzuschauen, sahen sie sich doch beständig. Ein Mensch, der liebt, wandelt sich unbewußt nach dem Vorbild dessen, den er liebt; er wünscht so sehr, ihn nicht zu verletzen, alles das zu sein, was jener ist, daß er durch ein geheimnisvolles und jähes Ahnungsvermögen die unmerklichsten Regungen auf dem Grunde des anderen liest. Der Freund ist dem Freunde durchsichtig, sie tauschen ihr Wesen miteinander aus. Die Züge bilden sich nach den Zügen, die Seele bildet sich nach der Seele des anderen ...

Christof sprach mit gedämpfter Stimme, er ging leise, er nahm sich in acht, im Zimmer neben dem des stillen Olivier keinen Lärm zu machen; er war durch die Freundschaft verklärt; er hatte einen Ausdruck von Glück, von Zuversicht, von Jugend, den keiner an ihm kannte. Er liebte Olivier über alles. Für diesen wäre es ziemlich leicht gewesen, seine Macht zu mißbrauchen, wenn er über sie nicht wie über ein unverdientes Glück errötet wäre: denn er empfand sich als sehr gering Christof gegenüber, obgleich Christof ebenso bescheiden war. Diese gegenseitige Bescheidenheit, die ihrer großen Liebe entsprang, war eine Wonne mehr. Es war köstlich, zu fühlen – selbst mit dem Bewußtsein, es nicht zu

verdienen –, daß man einen so großen Raum im Herzen des Freundes einnahm. Einer empfand für den anderen dankbare Rührung.[163]

Eine derartige Freundschaft, ob unter Männern oder Frauen, besteht nur selten in einem solchen Zustand von Gnade weiter. Alle Flitterwochen haben ein Ende, jede Freundschaft muß gepflegt werden. Liebe in ihrem wahren Sinne erfordert Hingabe ebenso wie natürliche Anziehung und eine innere Beständigkeit durch etliche Schwierigkeiten hindurch. Doch sie ist immer erneuerbar und kann sich überall verwurzeln. Tatsächlich entspricht es dem Geist der Liebe, daß sie aus Umständen, die sie auf den ersten Blick unmöglich zu machen scheinen, erwachsen kann. In dem Roman *Inkognito*, ein Werk des rumänischen Schriftstellers Petru Dumitriu, erkennt dies die Hauptperson während einer brutalen Folterung. Warum, fragt er,

hatte ich so lange gesucht? Warum hatte ich eine von draußen kommende Lehre angenommen? Warum hatte ich darauf gewartet, daß die Welt sich vor mir rechtfertigte, daß sie mir ihren Sinn und ihre Reinheit beweise? Ich selber hatte sie zu rechtfertigen, indem ich sie liebte und ihr verzieh, ich hatte ihr durch die Liebe ihren Sinn zu geben und sie durch die Verzeihung zu läutern ...

Sie prügelten mich immer noch; aber ich gewöhnte mir an zu beten, selbst wenn die Schreie, die der Körper mechanisch ausstieß, aus meinem blutigen Mund mit seinen wackeligen Zähnen drangen; wortlos zu einer Welt zu beten, die ein Ding, oder eine Person, oder ein Tier, oder eine Menge, oder etwas anderes sein konnte, wer kann es wissen?

Diese Erkenntnis führt Dumitrius Protagonisten dazu, in allem, was geschieht, Möglichkeiten für die Liebe zu finden und so überall die Gegenwart des Göttlichen zu schauen. Alle Geschehnisse, alle Menschen sind die „Inkognitos Gottes",

... denn wenn ich [die Welt] liebe, wie sie ist, habe ich sie schon verwandelt: Ein erster Punkt der Welt, wie sie war, ist schon verwandelt, und das ist mein Herz. Von diesem ersten Punkt aus dringen Gottes Licht, seine Güte und seine Liebe mitten in den Zorn und die Trauer und Finsternis Gottes und verdrängen sie, wie ein Lächeln die gerunzelte Stirn glättet und die düstere Miene verdrängt ...

... nichts ist außerhalb Gottes. Ich versuchte, derart zu lieben, daß die Liebe von mir ausstrahlte und sich so weit wie möglich ausbreitete. Ich versuchte, mich in der sonnigen Hemisphäre Gottes aufzuhalten, mich so weit wie möglich von seinem schrecklichen Gesicht zu entfernen: Wir sind nicht dazu geschaffen, um im Bösen zu verweilen, ebensowenig wie wir im Innern von metallischen Gasen, aus denen der Kern weißglühender Sterne besteht, leben können. Jede Berührung mit dem Bösen ist unlösbar mit ihrer Bestrafung verbunden, und Gott leidet; aber es ist an uns, seinen Schmerz zu lindern, seine Freude zu mehren, seine Ekstase zu steigern. In der Menge, bei den Versammlungen, im Stadion, beim Verlassen der Kinos machte ich mir Freunde, die meisten nur für eine Sekunde: Zwei brüderlich gewechselte Worte, ein Lächeln, ja sogar ein gemeinsames Schweigen oder ein Blick vereinten uns. Durch tiefere Beziehungen verbreitete sich die neue Erkenntnis langsam und beständig von einem zum anderen in diesem dichten und geheimen, ausschließlich aus privaten Ereignissen bestehenden Abgrund.[164]

Einige von uns werden Dumitrius Helden jedoch Zweifel entgegenbringen. Ist es nicht so, fragen wir uns, daß diejenigen, die Ungerechtigkeit nur mit Liebe erwidern, die Welt den Dieben und Mördern überlassen? Verlangt dieses unvollkommene Leben nicht, daß wir Tyrannen mit Gewalt, Grausamkeiten mit Bestrafung begegnen? „Dann müssen wir ... frei gestehen", schrieb William James, „daß in der Welt, wie sie wirklich ist, die Tugenden der Sympathie, der Nächstenliebe und des Verzichts auf Widerstand sich in übermäßiger Form manifestieren können und oft manifestiert haben. Die Mächte der Finsternis haben dies systematisch ausgenutzt."[165] Wir könnten darauf wie William James antworten: Wenn die Welt einzig von „hartköpfigen, hartherzigen und hartfäustigen" Methoden abhinge, so schrieb er, wäre sie ein unvorstellbarer Schrecken. Unser tägliches Leben ist auf zahllose Akte der Güte angewiesen. Die Überwindung von Ungerechtigkeit erfordert Liebe wie auch Stärke. Ohne die vielen Zeichen der Nächstenliebe würde unsere Welt nicht lange Bestand haben. Wenn Liebe auch andere Eigenschaften erfordert, darunter den Mut im Umgang mit Grausamkeit und Aggression, kann sie das Gute unter allen Umständen hervorbringen. Sie ist die höchste Entwicklung der liebevollen Verhaltensweisen, die wir bei Tieren beobachten können, der tiefstgehende Akt zur Transformation.

[5.12]

STRUKTUREN, ZUSTÄNDE UND PROZESSE DES KÖRPERS

Jede Transformationspraxis, gleich auf welchen Teil des Leib-Seele-Komplexes sie ausgerichtet ist, hat physische Auswirkungen*, die meist von der medizinischen Forschung erfaßt sind. In späteren Kapiteln beschreibe ich die positiven körperlichen Veränderungen, die durch hypnotische Suggestionen (15), Biofeedback-Training (16), Autogenes Training (18.3), Strukturelle Integration (18.5), Progressive Muskelentspannung (18.6), Fitneßtraining (19.2), die Kampfkünste (20), Yoga und Zen-Buddhismus (23.1) und Meditationsübungen aus den verschiedensten säkularen Richtungen (23.2) hervorgerufen werden. Zahlreiche klinische und experimentelle Untersuchungen haben gezeigt, daß jede dieser Methoden sich gleichermaßen auf die Physis wie auf die Psyche auswirkt. Die Medizin hat zweifelsfrei bewiesen, daß jede der oben genannten Methoden der Entwicklung unseres körperlichen Funktionsvermögens wie auch unserem mental-emotionalen Leben Nutzen bringen kann.

Daß wir auf unsere Muskeln, Organe, Zellen und molekularen Prozesse kreativ Einfluß nehmen können, ist klar erwiesen. Angesichts dieser Tatsache können wir uns

fragen, wo die Grenzen für eigens herbeigeführte körperliche Veränderungen liegen. Könnte unser Körper sich auf Wandlungsprozesse einstellen, die über die derzeitig von der Medizin erfaßten hinausgehen? Da neue Fähigkeiten bei unseren Vorfahren aus der Tierwelt häufig über Veränderungen in ihrer Körperstruktur ermöglicht wurden, können wir annehmen, daß analoge – eher durch Übung als durch natürliche Auslese entstehende – Veränderungen eine dauerhafte Etablierung metanormaler Fähigkeiten begleiten und fördern würden. Diese Annahme wird durch beträchtliche Erkenntnisse über außergewöhnliche somatische Prozesse aus Religion und Schamanismus gestützt. So umfaßt die esoterische Anatomie einiger indischer Yoga-Lehren *nadis* oder Energiekanäle, Chakras oder Energiezentren und die Kundalini-Kraft. Aus ihrer Erweckung, so heißt es, entstehen bei Yogis das Strahlen ihrer Augen und Haut, die außergewöhnliche Geschmeidigkeit ihrer Muskeln und Gelenke sowie andere, dramatische Vervollkommnungen des Leibes.

Obgleich ich der Ansicht bin, daß eine metanormale Entwicklung neue somatische Strukturen und Prozesse erfordert, meine ich jedoch nicht, daß wir die esoterische Anatomie kritiklos übernehmen sollten. Die Berichte über Chakras, Nadis oder Kun-

* Je nach ihrem primären Ziel könnte eine Transformationsmethode als psychosomatisch oder somatopsychisch angesehen werden. Meditation und imaginative Verfahren sind Beispiele für ersteres, Sport und Fitneßtraining Beispiele für das zweite, während die Kampfkünste, die dem körperlichen Training und der mentalen Schulung die gleiche Bedeutung beimessen, sich irgendwo dazwischen befinden.

dalini sind unter Umständen auch nur unvollkommene Darstellungen jener psychophysischen Prozesse, die außergewöhnliche Fähigkeiten ermöglichen. Die verschiedenen Schulen vertreten unterschiedlichste Auffassungen, von denen keine durch die moderne Wissenschaft bestätigt wurde. In seinem lehrreichen Werk *Layayoga* listete Shyam Sundara Goswami (1891 bis 1978) etliche Beschreibungen von Nadis und Chakras aus den Veden, Upanischaden und Tantra Shastras auf, die von denen anderer Gelehrter abweichen. Satyananda Saraswati hat beispielsweise sieben Chakras unter den sieben traditionell beschriebenen Stellen zwischen Steißbein und Schädeldecke angegeben.[166] Nach Saraswati gibt es vierzehn Haupt- und mehrere Nebenchakras. Und wie bringen wir die Beschreibungen verschiedener *Ochemata* oder feinstofflicher Körper in Einklang – des *Soma Pneumatikon, Eidolon, Imago, Simulacrum, Skia* und *Umbra* aus den mystischen Schriften der griechisch-römischen Antike?[167] Oder die verschiedenen okkulten Anatomielehren islamischer Mystiker, wie sie etwa Henri Corbin in *Spiritual Body and Celestial Earth* beschreibt?[168] Oder die unterschiedlichen Schilderungen von Buddha-Körpern in den chinesischen und tibetischen Yoga-Lehren?[169] Angesichts der vielen Abweichungen können wir esoterische Lehren über die metanormale Verkörperung nicht zwangsläufig akzeptieren.

Doch wir können uns somatische Veränderungen, die möglicherweise eine weitere Entfaltung außergewöhnlicher Fähigkeiten begleiten, vorstellen, wenn wir annehmen, daß erstens die Beschreibungen von Chakras, der Kundalini und ähnlichem tatsächliche Entwicklungen von Körperstrukturen widerspiegeln, die von der Medizin bisher nicht erkannt wurden – auch wenn sie in mancher Hinsicht phantastisch erscheinen; zweitens, daß metanormale Fähigkeiten bestimmte Arten sie unterstützender Prozesse erfordern; und drittens, daß wir, ausgehend von physiologischen Veränderungen, die die moderne Forschung erkannt hat, auf jene für einen tiefgreifenden Wandel erforderlichen somatischen Entwicklungen schließen können. Wir könnten zum Beispiel vermuten, daß sich molekulare und atomare Austauschprozesse innerhalb der Zellen verändern, um eine außergewöhnliche Kraftentfaltung und Bewegung zu ermöglichen. Die unglaubliche Beweglichkeit, die Sportler bei bestimmten Höchstleistungen zeigen, die erstaunlichen Verformungen der Glieder und des Rumpfes einiger katholischer Heiliger (22.9) und die atemberaubende Beweglichkeit mancher Tänzer und Schamanen zeigen, daß Muskeln, Sehnen und Bänder unter bestimmten Bedingungen zu einer außergewöhnlichen Elastizität fähig sind. Könnte diese Elastizität noch weiter entwickelt werden? Wie wir in Kapitel 19.2 sehen, wird durch Fitneßtraining eine Vielzahl von zellulären Veränderungen ausgelöst, die von der medizinischen Forschung inzwischen beschrieben wurden. Ein höheres Fitneß-Niveau ermöglicht neue sportliche Rekorde. Niemand weiß, wie weit derartige körperliche Veränderungen und Rekorde gehen können. Wird eine auf die integrale Transformation von Leib und Seele ausgerichtete Kultur unsere Grenzen in analoger Weise ausdehnen? Kundalini-ähnliche Erfahrungen haben möglicherweise mit der Freisetzung außergewöhnlicher Kräfte in gewöhnlichen, grobstofflichen Körperteilen zu tun. Haben Lichtphänomene bei Yogis und der Geruch der Heiligkeit mit Energien zu tun, die aus einer Art elementarer Umstrukturierung entstehen? Die „metanormale Umstrukturierung" des Körpers könnte, kurz gesagt, atomare oder molekulare Umgestaltungen beinhalten, die letztlich das Aussehen, das Empfinden sowie die Eigenschaften und Prozesse von Gewebe und Zellen verändern würden.

Die meisten spirituellen Traditionen weisen überdies seit langer Zeit auf feinstoffliche Körper hin, die mit solchen Annahmen in Einklang stehen. So gibt es im tibetischen Buddhismus Lehren über den Diamant-Körper und im Taoismus über das Geist-Kind (8.2), das innerhalb des Leibes geschaffen werden kann, um metanormale Fähigkeiten zu unterstützen und ihnen Ausdruck zu verleihen. In ähnlicher Weise können die *sariras, koshas* und *dehas* des indischen Yoga, der *jism* des persischen Neuplatonismus und Sufismus und entsprechende Entitäten aus anderen religiösen Überlieferungen so entwickelt werden, daß sie den physischen Körper wandeln. Weiterhin sagt man, daß sich unser Leib in seinem gegenwärtigen Entwicklungsstadium Verkörperungen oder dem Berührtwerden von feinstofflicher Energie aus höheren Welten, in

die wir eingebettet sind, öffnen kann (siehe 9). In *Spiritual Body and Celestial World* faßt Henri Corbin Lehren iranischer Seher über das Einströmen solcher Energie aus „dem himmlischen Reich Hurqalya" zusammen.[170] Auch hier stimmt eine seit alters überlieferte Anschauung mit heutigen Erlebnisweisen überein, denn viele Menschen berichten von einer neuen Stofflichkeit, einem energetischen Aufwallen und von Kräften, die anscheinend in ihrem Körper infolge der Übungen zur Transformation entstehen.[171] Ein systematischer Vergleich dieser Berichte mit den esoterischen Lehren über feinstoffliche Energie würde, wie ich glaube, neue Einsichten in die Fähigkeit des Körpers zu dramatischen Umstrukturierungen erbringen (siehe Anhang F).

[5.13]
UNTERSCHIEDE IN DER ZUGÄNGLICHKEIT DES METANORMALEN

Kein menschliches Wesensmerkmal steht für sich allein, selbst jene nicht, die von ich-transzendierenden Kräften gegeben zu sein scheinen. *Antakolouthia* oder Antakoluthie, ein Begriff der Stoiker, umfaßt die „Bindung der Tugenden aneinander". Diese Einsicht ist Bestandteil vieler Transformationsübungen geworden. Der christlich-mystische Weg möchte den egoistischen Willen über eine Betonung der Hingabe zu Gott auf den richtigen Weg lenken, der Buddhismus über die Lehre des Nicht-Erreichens [sondern des uneingeschränkten Realisierens der Einheit], der Taoismus in der Ermutigung des Vertrauens in das Tao. Erfahrene Psychotherapeuten versuchen eine gestörte Selbsteinschätzung mit Selbstakzeptanz, Weitherzigkeit mit Empathie, Ehrenhaftigkeit mit Güte auszugleichen. Die besten Lehrer somatisch orientierter Disziplinen vermeiden eine starre Vorstellung von Abläufen im Körper, da sie gelernt haben, daß die einzigartige Komplexität eines jeden Körpers respektiert werden muß. Aikido, T'ai Chi und andere Kampfkünste verbinden Kraft und Nachgeben, Aggressivität und Harmonie, Hartes und Weiches in ihren komplexen Techniken. Aufgrund der Beobachtung, welche destruktiven Ergebnisse ein einseitiges Streben haben kann, betonen viele Meditationslehrer, Psychotherapeuten, Lehrer somatisch orientierter Disziplinen und Kampfkünstler die Ganzheitlichkeit in ihren auf das Wachstum ausgerichteten Lehren. Dieser Ganzheitlichkeit wird in der Praxis allerdings nicht immer Achtung erwiesen. Nahezu jede Transformationsübung ist mißbraucht worden. Um jene hier beschriebenen Merkmale zu entfalten, müssen wir sowohl aus den positiven als auch den negativen Ergebnissen der religiösen, therapeutischen und anderen Verfahren lernen.

Destruktive Wirkungen werden zu einem gewissen Grad durch eine generelle Eigenschaft der menschlichen Natur ausgeglichen, dadurch, daß einige Bereiche des

menschlichen Potentials für uns in höherem Maße zugänglich sind als andere. Untersuchungen über metanormale Erfahrungen (wie die in Anhang A.3 und A.4 aufgeführten) lassen darauf schließen, daß die für das Gute im Menschen und sein Wachstum wichtigsten Eigenschaften – Liebe, eine das Leid transzendierende Freude und die Wahrnehmung des Einsseins mit anderen – weitaus häufiger erfahren werden als möglicherweise gefahrvolle und verwirrende Phänomene wie Kundalini oder inwendiges Hellsehen.

Darüber hinaus können diese drei Eigenschaften normalerweise mit einem unmittelbareren und lohnenderen Erfolg geübt werden als die anderen hier beschriebenen. Wir alle sind in der Lage, anderen in den meisten Situationen mit Liebe zu begegnen: Es gibt ungezählte Möglichkeiten, in Güte zu handeln. Wir alle können Gleichmut gegenüber Ereignissen pflegen, die sonst Leid verursachen, und so ein neu erwecktes Glücksgefühl erleben. Wir alle vermögen die Verbundenheit mit anderen zu empfinden, uns das Einssein mit der gesamten Welt vorzustellen und so zu dem Gewahrsein der Einheit allen Seins zu erwachen, das die menschliche Erkenntnis krönt. In diesem für uns am leichtesten zugänglichen Wachstumspotential liegt der sicherste Weg zu wahrer Erfüllung. Es ist schwieriger, gefahrvoller und weniger lohnenswert, Phänomene wie Kundalini oder metanormale Kinästhesie an den Beginn einer Transformationspraxis zu stellen.

Unterschiede in der Zugänglichkeit metanormaler Eigenschaften sind eine Gabe, wie mir scheint, ein weiteres Anzeichen dafür, daß eine umfassende Ganzheit lebende Wesen beseelt. Wir neigen uns sozusagen in die richtige Richtung, hin zu einem ausgewogenen Wachstum. In dieser Hinsicht mag unsere Spezies günstige Aussichten für die Zukunft haben, wenngleich jeder von uns von seinem Weg durch irreführende Methoden, eine destruktive soziale Verstärkung, dunklere Motive oder reinen Eigensinn abkommen kann.

6

Kultur, Gene und aussergewöhnliches Funktionsvermögen

[6.1] DER EINFLUSS DER KULTUR AUF DAS INDIVIDUELLE FUNKTIONSVERMÖGEN

Die in diesem Buch beschriebenen psychophysischen Wandlungen veranschaulichen die immense Fähigkeit der menschlichen Natur, sich zurückzuentwickeln, fortzuschreiten oder sich einfach zu verändern. Berichte über diese Veränderungen rufen häufig allein schon aufgrund ihrer Eigenartigkeit Skepsis hervor. Angesichts der Fremdartigkeit jener Phänomene ist es hilfreich, sich daran zu erinnern, daß die meisten Kulturen Verhaltensweisen und Bewußtseinsmodelle hervorbringen, die anderen Völkern fremd erscheinen. Menschen aus dem westlichen Kulturkreis, die heutzutage Hindu-Feste besuchen, sind oft über das, was sie für Exzesse der indischen religiösen Hingabe halten, ebenso überrascht wie ihre Vorgänger dreihundert Jahre zuvor. Die Ekstasezustände mancher Schamanen haben Anthropologen, die sie beobachteten, oftmals tief beunruhigt. Bestehende Unterschiede in der Körperhaltung, dem als gut befundenen Ausdruck von Emotionen und metaphysischen Sichtweisen verwirren die verschiedenen Völker seit langem. Beim Nachsinnen über einige der in diesem Buch beschriebenen außergewöhnlichen Erfahrungen konnte sich meine Skepsis ihnen gegenüber verändern, indem ich mich daran erinnerte, daß sie sich in Kulturen ereignen, die sich von der meinen unterscheiden. Um gewisse Wachstumspotentiale einschätzen zu können, müssen wir unser Urteil sowie Teile unseres ästhetischen Geneigtseins zurückstellen.

Doch es gibt noch einen anderen, wesentlicheren Grund für die Hervorhebung des prägenden Einflusses der Kultur auf die menschliche Entwicklung, nämlich daß sich *ungewöhnliche Fähigkeiten in den Kulturen voll entfalten, in denen sie gewürdigt werden.* Mit einigen bemerkenswerten Ausnahmen wird ihnen in den Gruppen, in denen sie erblühen, ein besonderer Wert beigemessen. Umgekehrt werden jene Fähigkeiten häufig durch soziale Konditionierung verformt oder unterdrückt. Einige Sportler besitzen beispielsweise eine hochgradig ausgeprägte Selbstkontrolle, was darauf schließen läßt, daß sie in der hinduistischen Kultur bedeutende Yogis werden könnten, und einige zu Phantasien neigende Persönlichkeiten aus der heutigen Zeit haben imaginative Fähigkeiten, die sie zu einer anderen Zeit an einem anderen Ort zu begabten Mystikern gemacht hätten (15.6). Tatsächlich ist kein Aspekt der menschlichen Natur immun gegen soziale Einflüsse, nicht einmal jene mystische Erleuchtung, die jegliche Konditionierung zu transzendieren scheint. Wie alle unsere Fähigkeiten ist auch die metanormale Erkenntnis den gestaltenden Kräften der Kultur unterworfen. Da wir ständig von unserer Kultur geprägt werden, sie unsere weitreichenden Möglichkeiten verstärkt oder ausmerzt, sollten wir wissen, was Wissenschaftler und Gelehrte über jene formende Kraft herausgefunden haben.

Von Aristoteles bis zu Hegel, Durkheim und Marx haben Gelehrte und Philosophen erkannt, daß wir soziale Wesen sind und daß unterschiedliche soziale Milieus auch unterschiedliche menschliche Funktionen hervorbringen. Diese Einsicht vertiefte sich, als die Anthropologen unseres Jahrhunderts herausfanden, daß Merkmale unseres Wesens, die zuvor als universell galten, über Sozialisation erworben sind. Selbst Gestik und Gesichtsausdruck, die früher von den meisten Biologen und Sozialwissenschaftlern als von unseren Vorfahren aus der Tierwelt ererbt angesehen wurden, werden jetzt im wesentlichen als sozial bedingt erkannt.* Sogar unsere körperliche Erscheinung wird durch die Erwartungen und Gewohnheiten unserer Nation, Familie und Klasse beeinflußt.

1935 veröffentlichte Marcel Mauss, ein Schüler Émile Durkheims, eine einflußreiche Abhandlung mit dem Titel *Les Techniques du Corps* (dt. *Techniken des Körpers*), in der er eine dreistufige Studie der menschlichen Natur vorschlug: Dadurch, „daß wir

* In *The Expression of the Emotions in Man and Animals* (1872) (dt. *Der Ausdruck der Gefühle bei Mensch und Tier*) entwickelte Charles Darwin die Idee, daß die meisten psychophysischen Ausdrucksformen quer durch sämtliche Kulturen die gleichen sind und durch biologische Vererbung von Generation zu Generation weitergegeben werden. Er schrieb: „Soweit wir es beurteilen können, werden nur wenige Ausdrucksbewegungen ... von jedem Individuum erlernt; d. h. sie wurden bewußt und willkürlich während der ersten Lebensjahre zu irgendeinem bestimmten Zweck oder in Nachahmung anderer ausgeführt und wurden dann gewohnheitsmäßig. Die weit größere Zahl der Ausdrucksbewegungen, und zwar alle wichtigeren, sind, wie wir gesehen haben, angeboren oder ererbt; und von solchen läßt sich nicht sagen, daß sie von dem Willen des einzelnen abhängen." (S. 232 f.) Zeitgenössische anthropologische Felduntersuchungen haben dagegen gezeigt, daß Gestik und Gesichtsausdruck des Menschen stärker kulturell bestimmt werden, als Darwin es erkannte – siehe zum Beispiel Hinde 1972.

uns überall in der Gegenwart physisch-psychisch-soziologischer Verbindungen von Handlungsreihen finden“, schrieb er, ist „die dreifache Betrachtungsweise des ‚totalen Menschen‘ notwendig“.[1] Seit Mauss diese Abhandlung veröffentlichte, haben Sozialwissenschaftler in Europa und den Vereinigten Staaten den formenden Einfluß der Kultur auf den *l'homme total*, dem „totalen Menschen“, untersucht. Die Anthropologen Jane Below, Flora Bailey und George Devereaux haben aufgezeigt, daß bei den Balinesen, den Navaho und Mohawe manche körperliche Verhaltensweisen einzigartig sind.[2] Margot Astrov hat den Zusammenhang von motorischen Gewohnheiten der Navaho und der besonderen Sprache und Mythologie ihrer Kultur nachgewiesen.[3] Weston Labarre hat die Gestik und deren Bedeutung bei Völkern aus allen Teilen der Welt beschrieben.[4] David Efron hat an großen Bevölkerungsgruppen aufgezeigt, daß angeglichene Juden und Italiener in New York City sich in ihrer Gestik stark von nicht angeglichenen Mitgliedern derselben Bevölkerungsgruppen unterscheiden.[5]

Auch die Haltung wird kulturell beeinflußt. In seiner weitgefächerten Untersuchung *World Distribution of Certain Postural Habits* (1955) verglich Gordon Hewes Formen des Sitzens, Hockens, Kniens und Stehens bei Völkern in Europa, Asien, Afrika und Amerika. Hewes sagte, seine Arbeit würde das Grenzgebiet zwischen

Kultur und Biologie erforschen. Obgleich einige Körperstellungen des Menschen archetypisch oder vorkulturell bedingt sein mögen, so schrieb er,

> verbreiten sich andere wahrscheinlich wie die sonstigen Bestandteile der Kultur. Das Ausmaß und die Wirksamkeit der Etikette der Haltung unterscheidet sich deutlich von einer Kultur oder Gegend zur nächsten, wobei manche Gesellschaften große Anstrengungen unternehmen, um eine Einhaltung dieser Umgangsformen bei allen öffentlichen Anlässen zu gewährleisten. Viele Kulturen treffen sorgfältige Unterscheidungen der Haltung in bezug auf das Geschlecht, andere dagegen heben Alters- oder Statusunterschiede in der Art zu sitzen oder zu stehen hervor. Eine Konformität der Haltung wird im allgemeinen durch die gleichen Methoden verstärkt wie die Konformität mit anderen Regeln der Etikette – durch Spott, verbale Zurechtweisung oder körperliche Bestrafung in den Fällen, in denen die Abweichung von den Normen an Majestätsbeleidigung oder absichtliche Demütigung eines Höhergestellten grenzt. Während unsere Kultur ihre Regeln der Haltung seit dem 19. Jahrhundert gelockert haben mag, wird in bestimmten Bereichen eine überholte, über Sanktionen verstärkte Etikette der Haltung weiterhin aufrechterhalten – vergleiche den militärischen Drill.[6]

Der britische Ethnograph Raymond Firth untersuchte die Auswirkungen der Kultur auf die Körperhaltung; und Edward Sapir vermutete, daß Gestik eine Art Code ist, der erlernt werden muß, um erfolgreich zu sein.[7] Die von diesen und anderen Sozialwissenschaftlern entwickelte Theorie und Feldarbeit trugen zu der Untersuchung des amerikanischen Anthropologen Edward Hall über jenes Verhalten bei, wie Menschen in ihren Beziehungen räumliche Gegebenheiten nutzen und strukturieren („proxemics“) sowie zu einer systematischen Untersuchung der Körpersprache („kinesics“), die von dem amerikanischen Kommunikationstheoretiker Ray Birdwhistell entwickelt wurde.[8] Soziale Konditionierungen wirken sich jedoch nicht nur auf unsere Haltung, Gestik und Sprache aus. Jedes Merkmal des *l'homme total* wird zu einem gewissen Grad kulturell geformt. In der Befürwortung dieser Tatsache des menschlichen Seins setzte sich die englische Soziologin Mary Douglas für eine interdisziplinäre Forschung im Sinne von Marcel Mauss ein. Indem sie in ihrer Arbeit biologische, psychologische und soziologische Perspektiven miteinander verband, entwickelte sie die These, daß der menschliche Körper ein Abbild der Gesellschaft sei.

Der Körper übermittelt Informationen an das und von dem sozialen System, dessen Teil er ist. Es ist davon auszugehen, daß er das soziale System in mindestens dreifacher Weise vermittelt. Er selbst ist das Feld, in dem eine auf Rückkoppelungen basierende Interaktion stattfindet. Er ist selbst als eigentliches Mittel für einige der Austauschprozesse verfügbar, die die soziale Situation bestimmen. Und weiter vermittelt er die Sozialstruktur durch sich selbst, indem er ihr Abbild wird.[9]

Der Körper als soziales Gebilde steuert die Art und Weise, wie der Körper als physisches Gebilde wahrgenommen wird; und andererseits wird in der (durch soziale Kategorien modifizierten) physischen

Wahrnehmung des Körpers eine bestimmte Gesellschaftsauffassung manifest ... Infolge dieser beständigen Interaktion ist der Körper ein hochgradig restringiertes Ausdrucksmedium.[10]

Im Geiste von Marcel Mauss und Mary Douglas hat der französische Soziologe Pierre Bourdieu einige Auswirkungen sozialer Normen auf den Körper und die Gebräuche von Angehörigen der französischen Arbeiterklasse beschrieben. Bourdieu zeigte, daß Unterschiede in Gestik, Kleidung, Eßgewohnheiten und der körperlichen Erscheinung entscheidend zur Bestimmung der eigenen Stellung in einer gegebenen Kultur beitragen.

So sind die unteren Klassen, denen mehr an der *Kraft* des (männlichen) Körpers gelegen ist als an dessen Gestalt und Aussehen, nach gleichermaßen billigen wie nahrhaften Produkten aus, während die Angehörigen der freien Berufe den geschmackvollen Erzeugnissen, die gesundheitsfördernd und leicht sind und nicht dick machen, den Vorzug geben. Der Geschmack: als Natur gewordene, d. h. inkorporierte Kultur, Körper gewordene Klasse, trägt er bei zur Erstellung des „Klassenkörpers“; als inkorporiertes, jedwede Form der Inkorporation bestimmendes Klassifikationsprinzip wählt er aus und modifiziert er, was der Körper physiologisch wie psychologisch aufnimmt, verdaut und assimiliert, woraus folgt, daß der Körper die unwiderlegbarste Objektivierung des Klassengeschmacks darstellt, diesen vielfältig zum Ausdruck bringt: zunächst einmal in seinen scheinbar natürlichsten Momenten – seinen Dimensionen (Umfang, Größe, Gewicht etc.) und Formen (rundlich oder vierschrötig, steif oder geschmeidig, aufrecht oder gebeugt etc.), seinem sichtbaren Muskelbau, worin sich auf tausenderlei Art ein ganzes Verhältnis zum Körper niederschlägt, mit anderen Worten, eine ganz bestimmte, die tiefsitzenden Dispositionen und Einstellungen des Habitus offenbarende Weise, mit dem Körper umzugehen, ihn zu pflegen und zu ernähren ...

Die gesellschaftliche Definition der jeweils angemessenen Speisen und Getränke setzt sich nicht allein durch die quasi bewußte Vorstellung von der verbindlichen äußeren Gestaltung des wahrgenommenen Körpers und zumal seiner Dickleibigkeit oder Schlankheit als Norm durch; vielmehr liegt der Wahl einer bestimmten Nahrung das gesamte Körperschema, nicht zuletzt die spezifische Haltung beim Essen selbst zugrunde. Ist Fisch z. B. nichts für den Mann aus den unteren Klassen, dann nicht allein deshalb, weil es sich dabei um eine leichte Kost handelt, die „nicht vorhält" und die man tatsächlich nur aus Gesundheitsgründen zubereitet, für Kranke und Kinder; hinzu kommt, daß Fisch wie Obst (ausgenommen Bananen) zu jenen delikaten Dingen gehört, mit denen Männerhände nicht umzugehen wissen, vor denen Männer gleichsam Kinder sind. (So ist es denn die Frau, die getreu ihrer mütterlichen Rolle wie häufig in solchen Fällen sich um die Zubereitung des Fisches auf dem Teller oder um das Schälen des Obstes kümmert.) Nicht zuletzt aber will Fisch auf eine Weise gegessen sein, die in allem dem männlichen Essen zuwiderläuft; mit Zurückhaltung, maßvoll, in kleinen Happen, durch sachtes Kauen mit *Vordermund* und Zungenspitze (wegen der Gräten). In beiden Arten des Essens steht die gesamte männliche Identität – und das heißt: Virilität – auf dem Spiel. Ob mit leicht verkniffenen Lippen und von Häppchen zu Häppchen, wie die Frauen, denen es geziemt, *wenig* und

ohne Appetit zu essen – oder mit vollem Mund und mit kräftigem Biß, wie es den Männern ansteht. Um jene Identität geht es nicht minder beim Sprechen, auch hier zwei mit dem Vorerwähnten vollkommen homologe Arten: mit der vorderen Mundpartie oder dem ganzen Mund, insbesondere dem hinteren Teil der Kehle ...

Dieser Gegensatz ließe sich in jedem Körpergebrauch und -verhalten wiederfinden, zumal in den *scheinbar unbedeutendsten Äußerungen*, die in dieser Eigenschaft auch vorzüglich als eine Art *Gedächtnisstütze* fungieren, in der die tiefsitzenden Werte einer Gruppe, deren grundlegende „Überzeugungen" gespeichert sind. Es wäre beispielsweise ein leichtes zu zeigen, daß Kleenex-Tücher, mit denen die Nase bloß betupft wird, man sich gewissermaßen lediglich an der Nasenspitze sachte schneuzt, sich zum richtigen Leinen-Taschentuch, das man ordentlich an die Nase preßt und dann einmal kräftig und laut schnaubt, mit vor Anstrengung zusammengekniffenen Augen, so verhalten, wie das stille, sich nach außen hin eher zurücknehmende *Lächeln* oder *Schmunzeln* zum *schallenden Gelächter*, bei dem der *ganze Körper* mitmacht, die Nase sich kräuselt, der Mund weit aufgerissen und tief Luft geholt wird („sich vor Lachen biegen"), so als wäre ein ins Äußerste gesteigertes Erlebnis unbedingt weiterzuvermitteln, das auf keinen Fall für sich behalten werden darf, vielmehr den anderen gezeigt und mit ihnen geteilt werden muß. Die praktische Philosophie des männlichen Körpers im Sinne einer Art *Macht* oder *Stärke*, mit gebieterischen und brutalen Bedürfnissen, die sich in der ganzen männlichen Körperhaltung, insbesondere jedoch in der Nahrungsaufnahme mit Nachdruck bekundet, liegt letztlich auch der geschlechtsspezifischen Teilung der Nahrung zugrunde, jener in Wort und Tat gleichermaßen von beiden Geschlechtern anerkannten Teilung. Dem Mann steht es zu, mehr und „Stärkeres" zu trinken und zu essen. So wird beim Aperitif dem Mann auch zweimal gereicht (um so mehr, wenn gefeiert wird), die großen Gläser bis zum Rand voll (der Erfolg von „Pernod" und „Ricard" ist sicherlich

> wesentlich darin begründet, daß es sich dabei um ein zugleich starkes und ergiebiges Getränk handelt – kein „Fingerhütchen"); die zum Aperitif gereichten Appetizers (Salzstangen, Nüsse etc.) bleiben den Kindern und den Frauen überlassen, welch letztere sich lediglich ein Gläschen vom Selbstgemachten (dessen Rezepte ausgetauscht werden) genehmigen („man muß ja auf den Beinen bleiben") ...
>
> Der Körper, gesellschaftlich produzierte und einzige sinnliche Manifestation der „Person", gilt gemeinhin als natürlichster Ausdruck der innersten Natur – und doch gibt es an ihm kein einziges bloß „physisches" Mal; Farbe und Dicke des aufgetragenen Lippenstifts werden ebenso wie ein spezifisches Mienenspiel, wie eine bestimmte Mund- und Gesichtsform unmittelbar als Indiz für eine gesellschaftlich gekennzeichnete „moralische" Physiognomie gelesen, für eine „vulgäre" oder „distinguierte" Gestimmtheit – von Natur aus „Natur" oder von Natur aus „kultiviert" ...
>
> Es zeichnet sich damit ein Raum jeweils klassenspezifischer Körper ab, der bis auf einige biologische Zufälligkeiten ... tendenziell die Struktur des sozialen Raumes reproduziert.[11]

Ich habe Bourdieu so ausführlich zitiert, um die vielgestaltige Art aufzuzeigen, in der wir kulturellen Einflüssen unterliegen. Denken Sie zum Beispiel nur an die Gründe, aus denen Sie manche Nahrungsmittel wählen oder eine besondere körperliche Erscheinung bevorzugen. Welche Erwartungen von Familie oder Freunden

bestimmen Ihre körperliche Betätigung, Ihre Umgangsformen und Eßgewohnheiten? Und könnten Sie von Gebräuchen anderer Kulturen beeinflußt sein? Einer meiner Nachbarn erzählte mir nach seiner Rückkehr von einer Klettertour im Himalaja, daß seine Sherpa-Führer Kassettenrecorder bei sich hatten, Michael Jackson hörten, Laufschuhe von Nike und Hemden aus Kalifornien trugen. Kulturelle Konditionierung wird heutzutage über weltweite Kommunikationsnetze vermittelt.

Auch forschende Psychiater und Psychologen haben sich mit den kulturellen Auswirkungen auf die menschliche Entwicklung befaßt. Seymour Fisher und Sidney Cleveland beschrieben zum Beispiel die Abweichungen des Körperschemas in den verschiedenen Kulturen und Unterschiede beim Einhalten des körperlichen Abstands in den verschiedenen Gruppen.[12] Wilhelm Reich nahm an, daß Beziehungen zwischen Charakterbildung, „Körperpanzer" und sozialer Konditionierung bestehen, und räumte der Körperarbeit einen zentralen Platz in seiner Therapie ein (18.8). Seit Freud sind die Zusammenhänge von der Dynamik des Ich und der Eingewöhnung in eine neue Kultur unter vielen Gesichtspunkten untersucht worden, so daß Sozialwissenschaftler heute weitgehend darin übereinstimmen, daß unser Körper, unsere Gefühle und unsere Gedanken durch die Normen, Erwartungen und Belohnungen unseres sozialen Milieus geprägt werden.[13]

Die Kultur prägt auch die metanormalen Fähigkeiten. Mystische Einsichten, zum Beispiel, sind gesellschaftlichen Einflüssen unterworfen, selbst wenn sie in einem Urgrund wurzeln, der jegliche Konditionierung transzendiert. Dergestalte Erkenntnisse nehmen in den religiösen Traditionen unterschiedliche Formen an, weisen aber gleichzeitig bestimmte, universal anmutende Züge auf. Wie gewöhnliches Bewußtsein scheinen sie sowohl gesellschaftlich determinierte als auch unwandelbare Merkmale zu besitzen. Einige Schriftsteller, darunter Aldous Huxley, Walter Stace und Frithjof Schuon, haben die universale Gestalt mystischer Erfahrung betont, während andere wie William James ihre Vielfalt sowie ihre Universalität untersucht haben[14] und wieder andere ihre grundlegende Verschiedenheit von Kultur zu Kultur hervorgehoben haben. Der Religionsgelehrte Steven Katz behauptete etwa, daß es eine „ewige Philosophie“ nicht gebe.

> Weder die mystischen noch die gewöhnlicheren Arten der Erfahrung geben irgendeinen Hinweis darauf oder irgendwelche Begründungen dafür, daß sie unvermittelt auftreten. Das soll heißen, daß jegliche Erfahrung auf äußerst komplexe Weise von uns verarbeitet und gestaltet wird und sich uns zugänglich macht. Die Vorstellung einer unvermittelten Erfahrung scheint bestenfalls inhaltsleer, wenn nicht in sich widersprüchlich. Diese erkenntnistheoretische Tatsache erscheint mir zutreffend aufgrund der Art unseres Wesens, sogar im Hinblick auf das Erfahren jener höchsten Seinsformen oder Zustände, mit denen Mystiker in Beziehung stehen, Gott, Wesen, Nirwana usw. Dieser „vermittelte“ Aspekt all unserer Erfahrungen scheint ein unausweichliches Merkmal jeder erkenntnistheoretischen

> Untersuchung zu sein, einschließlich der Erforschung der Mystik, das angemessen berücksichtigt werden muß, wenn unsere Untersuchung von Erfahrung, eben auch mystischer Erfahrung, voranschreiten soll.
>
> Der Hindu-Mystiker hat keine *x*-Erfahrung, die er dann in der ihm vertrauten Sprache und den Symbolen des Hinduismus beschreibt, sondern er macht statt dessen eine Hindu-Erfahrung, das heißt seine Erfahrung ist keine unvermittelte Erfahrung von *x*, sondern ist in sich die – zumindest teilweise – vorgeformte, vorauszusehende Hindu-Erfahrung Brahmans. Der christliche Mystiker wiederum erfährt nicht irgendeine unbekannte Wirklichkeit, die er dann einfach Gott nennt, sondern die zumindest teilweise vorgeformte christliche Erfahrung von Gott, Jesus oder ähnlichem.
>
> Das Bezeichnende an diesen Überlegungen ist, daß die Bewußtseinsmodelle, die der Mystiker in die Erfahrung einbringt, strukturierte und begrenzende Parameter setzen für das, was die Erfahrung sein wird, das heißt, was erfahren wird, und daß sie von vornherein das ausschließen, was in dem speziell gegebenen, konkreten Kontext „unerfahrbar“ ist. Dementsprechend gestaltet beispielsweise die Natur des „prämystischen“ Bewußtseins eines christlichen Mystikers das mystische Bewußtsein in der Weise, daß er die mystische Wirklichkeit in Bedeutungen wie Jesus, Dreieinigkeit oder eines persönlichen Gottes usw. erfährt, statt in denen der nicht-persönlichen ... buddhistischen Lehre des Nirwana.[15]

Katz gab eine Sammlung von Essays unter dem Titel *Mysticism and Philosophical Analysis* heraus, die die Tatsache hervorheben, daß Mystiker unterschiedlicher Traditionen auch unterschiedliche Formen spiritueller Erkenntnis haben. Daß dies der Fall ist, ist für die meisten Gelehrten, die sich mit dem religiösen Leben auseinandersetzen, offensichtlich – einschließlich jener Philosophen, die glauben, daß jede mystische Erkenntnis einen universalen Kern besitzt.* Ein kulturelles Bedingtsein heißt aber nicht, daß diese nur Illusionen hervorbringen. Die Rolle der Kultur in derartigen Erfahrungen zu bestimmen, schrieb Katz,

> bedeutet weder, den Wahrheitsanspruch der gesuchten und geschilderten Erfahrungen im Judentum oder Buddhismus usw. zu bewerten, noch sich anzumaßen, sie als besser oder schlechter einzustufen. Ich möchte nur aufzeigen, daß ein deutlich ursächlicher Zusammenhang zwischen religiöser und sozialer Struktur besteht, den jeder in das Erleben und die Natur seiner tatsächlichen religiösen Erfahrung mit einbringt.[16]

Ich möchte mich nicht einmischen in die Debatte von Gelehrten, die wie Katz die kulturell bedingten Unterschiede zwischen religiöser Verwirklichung hervorheben, und Philosophen wie Schuon und Stace, die den universalen Kern des Mystischen betonen. Wenngleich es offensichtlich ist, daß viele Unterschiede zwischen den kulturellen Bestimmungen, Verwirklichungen und den Berichten der Mystiker aus den verschiedensten Kulturen bestehen, so ist es ebenso offensichtlich, daß Adepten der verschiedenen Religionen über viele ähnliche oder übereinstimmende metanormale Fähigkeiten verfügen. Dies wird besonders deutlich, wenn wir an die große Bandbreite der in diesem Buch beschriebenen Phänomene denken. Die verschiedenen spirituellen Traditionen berichten über ähnliche Formen der außergewöhnlichen Wahrnehmung, Kinästhesie, des Kommunizierens, der vitalen Kräfte, Bewegung, Einwirkung auf die Umgebung, Freude, Kognition, Willenskraft, Liebe und des Selbstbildes. Darüber hinaus werden diese Erfahrungen auch von Sportlern und Kampfkünstlern beschrieben (19.6, 20.1) sowie von Menschen, die sich an keine Transformationspraxis binden (4.3, 14).

Die Aussagen von Angehörigen verschiedener Kulturen über jene in Kapitel 5 beschriebenen zwölf Gruppen von metanormalen Fähigkeiten weisen viele erstaunliche Ähnlichkeiten auf. Diese unbestreitbar ähnlichen und in manchen Fällen übereinstimmenden Berichte lassen darauf schließen, daß alle Menschen über das gleiche Potential für ein außergewöhnliches Leben verfügen.

Gleichzeitig veranschaulichen die in diesem Buch beschriebenen Metanormalitäten jedoch den prägenden Einfluß der Kultur. In fast allen spirituellen Traditionen wird beispielsweise die mystische Erkenntnis höher gewertet als die außergewöhnliche

* Der Philosoph Huston Smith, der sich zugunsten der ewigen Philosophie oder einer Anschauung, die den universalen Kern aller Erfahrungen betont, aussprach, schrieb beispielsweise, daß „die Mystiker der verschiedenen Traditionen – und zu einem gewissen Grad verschiedener Bereiche innerhalb derselben Tradition – andere Dinge ‚sehen'. Das ist selbstverständlich überwiegend der Fall. Die Frage ist, ob es inmitten dieser mannigfaltigen Unterschiede, die niemand bestreitet, eine Art mystischer Erfahrung gibt, die kulturübergreifend gleichgeartet *ist*." (H. Smith, 1987)

Kraftentfaltung, Kinästhesie oder motorischen Fähigkeiten. Tatsächlich werden, wie in Kapitel 7.1 zu lesen ist, manche aus religiöser Übung erwachsende Fähigkeiten (wie Siddhis und Charismen) geringgeschätzt oder bewußt unterdrückt. Dies ist ein Punkt, auf den ich in den folgenden Kapiteln zurückkommen werde. Jede Religionsgemeinschaft – wie jede Gesellschaft – verstärkt nur einige unserer möglichen Fähigkeiten, während sie andere ausmerzt, und entwickelt so ihr eigenes bevorzugtes Muster eines vorbildlichen Funktionierens. Wie die von Bourdieu beschriebenen Angehörigen der Arbeiterklasse werden auch Heilige und Mystiker von ihrer jeweiligen Kultur geprägt. Indische Yogis zeigen beispielsweise keine Stigmen, die Wundmale Christi (22.3), genausowenig tun das Mönche der orthodoxen Kirche. Nur das westliche Christentum und insbesondere die römisch-katholische Kirche kennt zahlreiche Ekstatiker, deren Hände und Füße am Karfreitag bluten. Ebenso verfügen römisch-katholische Heilige charakteristischerweise nicht über die körperliche Gewandtheit der *Lung-gom*-Läufer Tibets (5.6) oder der vom Zen inspirierten Kampfkünstler (20.1). Ich betone dies, weil ein vielseitiges Wachstum hin zu einer integralen Verkörperung durch die Gruppen, denen wir angehören, konditioniert und dementsprechend gefördert oder behindert wird. In späteren Kapiteln und besonders in Teil III weise ich auf einige

Regeln hin, die eine wirkungsvolle gesellschaftliche Förderung einer ausgewogenen und umfassenden metanormalen Entwicklung schaffen können.

[6.2]
DIE GENETISCHE GRUNDLAGE METANORMALER EIGENSCHAFTEN

Untersuchungen wie die des vorigen Abschnitts können dazu beitragen, den formenden Einfluß der Kultur auf die individuelle Entwicklung zu begreifen. Wir sind soziale Wesen – auf jeder Stufe unseres Verhaltens, in jedem Erfahrungsbereich. Der unabhängigste Asket wird geprägt durch Haltungen, die er von seinen Eltern oder Gleichgesinnten erlernt, durch den in seiner Gemeinschaft als gut befundenen Gefühlsausdruck, durch Anschauungen, die er von Priestern und Philosophen übernimmt. Der grimmigste Einsiedler nimmt seine Gesellschaft mit in die Wildnis. Das kann selbstverständlich, je nach der Beschaffenheit der kulturellen Konditionierung, gut oder schlecht sein. Wir übernehmen sowohl Stärken als auch Schwächen von unseren Familien, Freunden und Lehrern. Unsere Gemeinschaften fördern einige der Eigenschaften, die ein weiteres Wachstum ermöglichen, und andere, die es behindern.

Auf welche Weise bestimmt uns unser genetisches Erbe nun für einen tiefgehenden Wandel? Verfügen wir alle, die meisten von uns oder nur wenige über das richtige genetische Material für eine integrale Entwicklung? Angesichts unserer begrenzten

Einsicht in die Natur des Menschen und der großen Unterschiede zwischen Individuen können wir diese Frage noch nicht mit Sicherheit beantworten, aber wir können einige erste Überlegungen anstellen.

Erstens: Gleich, über wie viele genetisch ererbte Begabungen oder Eigenschaften, die den Weg zur Transformation unterstützen können, irgend jemand von uns verfügt – wie geistige Energie, emotionale Flexibilität oder körperliche Ausdauer –, so ist doch niemand dafür vorbestimmt, in Besitz *aller* der in diesem Buch beschriebenen außergewöhnlichen Merkmale zu sein. Falls es Ausnahmen von dieser Regel geben sollte, sind sie mir und den von mir zu Rate gezogenen Experten auf dem Gebiet der menschlichen Entwicklung nicht bekannt. Selbst die Begabtesten unter uns haben ihre Grenzen und ihre Unzulänglichkeiten.

Zweitens können nur wenige von uns aufgrund der eine Auswahl treffenden kulturellen Konditionierung alle Fähigkeiten, die zu einem tiefgehenden Wandel führen, genau bestimmen. Anthropologie und Soziologie haben aufgezeigt, daß jede Kultur nur einige wenige unserer Fähigkeiten fördert, während sie andere geringschätzt oder unterdrückt. Wie wir gesehen haben, reicht diese Auslese bis hin zur Haltung und Art der Bewegung, zu emotionalen Mustern und Denkweisen. Und weil das so ist, läßt

sich unmöglich bestimmen, in welcher Weise jeder einzelne von uns zur Entfaltung der verschiedenen metanormalen Eigenschaften befähigt ist – von denen einige in den meisten heutigen Gemeinschaften nicht gewürdigt, beziehungsweise nicht einmal erkannt werden. So könnten Sie zum Beispiel ein telepathisches Einfühlungsvermögen haben, das keiner Ihrer Lehrer bisher zu schätzen wußte. Oder ein junger Mann hat bei einem sportlichen Wettkampf eine außersinnliche Wahrnehmung, die keiner seiner Trainer beachtet. Ein Familienmitglied mag überirdische Musik hören, über die er oder sie nicht zu sprechen wagt. Die Geschichte des Intelligenztests sollte uns bei der Beurteilung von *irgend jemandes* Entwicklungsmöglichkeiten vorsichtig machen. Seit mehr als einem halben Jahrhundert haben psychometrische Forscher den Intelligenztests weitere Testreihen hinzugefügt, sobald sie zuvor noch nicht erfaßte Aspekte kognitiver Fähigkeiten erkannten. Der Psychologe Howard Gardner geht beispielsweise davon aus, daß es wenigstens sechs Haupttypen von Intelligenz gibt: linguistisch, musikalisch, logisch-mathematisch, räumlich, kinästhetisch und persönlich.[17] Auch das Erinnerungsvermögen hat sich als komplexer erwiesen, als die Psychologen zuvor annahmen. Es hat sich zum Beispiel herausgestellt, daß manche Menschen sich an Dinge erinnern können, die sich in ihren ersten Lebensmonaten ereigneten, und daß die meisten von uns sich in besonderen Geisteszuständen am besten an bestimmte Bilder, Wahrnehmungen und Geschehnisse zu erinnern vermögen.[18] Angesichts der Erkenntnis, daß die Fähigkeiten des Menschen umfassender sind, als bisher von der Wissenschaft angenommen, kann man berechtigterweise davon ausgehen, daß in Zukunft weitere Fähigkeiten erkannt werden.

Drittens können uns nicht-gewöhnliche Zustände oder Prozesse – man mag sie der Gnade Gottes, dem Wirken der Buddhanatur, den Kräften des Tao oder der Vermittlung übernatürlicher Kräfte zuschreiben – über uns selbst erheben, Fähigkeiten, über die wir bereits verfügen, verbessern oder uns neue verleihen. Dieses Buch enthält viele Beispiele für ein grundlegendes und unerwartetes Sich-selbst-Übertreffen. Die Form der Liebe, die ich als metanormal bezeichne, da sie gewöhnliche Bedürfnisse transzendiert, wird von den verschiedensten Menschen erlebt – von denen einige durchaus auch boshaft sein können. Mystische Erhebung ist bei Männern und Frauen geschehen, die bislang keine kontemplative Veranlagung zeigten. Menschen, deren sportliche Leistungen normalerweise im Bereich des Durchschnitts liegen, haben eine erstaunliche Beweglichkeit bewiesen. Solche Phänomene deuten darauf hin, daß jeder von uns bis zu einem gewissen Grad seine eigene evolutionäre Transzendenz verwirklichen, über seine genetische Veranlagung hinausgehen kann. Wie bei großen Entwicklungssprüngen, die in früheren Stadien der Evolution stattfanden, werden wir manchmal auf eine neue Stufe erhoben. Die Tatsache, daß eine dergestalte Transzendenz aus dem, was wir über Gene und Kultur wissen, nicht völlig vorhersagbar ist, schließt aus, daß wir die Grenzen irgendeines Wachstumspotentials bestimmen können.

Viertens hat eine Reihe von Befragungen gezeigt, daß spirituelle Erleuchtung und andere außergewöhnliche Erfahrungen zu einem hohen Prozentsatz in mehreren Versuchsgruppen auftraten (siehe Anhang A.4). Diese Studien zeigen, daß Menschen völlig unterschiedlicher Begabung, Ausbildung und Temperamente erhellende Erkenntnisse, Gefühle und Wahrnehmungen erleben – oftmals ohne die Unterstützung einer schöpferischen Disziplin (siehe 4.3). Angesichts der Ergebnisse dieser Untersuchungen läßt sich schwerlich behaupten, daß metanormale Fähigkeiten auf die wenigen unter uns beschränkt sind, die über eine besondere genetische Veranlagung oder ein günstiges kulturelles Umfeld verfügen. Nach dem Sinnbild einer buddhistischen Metapher deuten diese Untersuchungen an, daß wir alle „in den Strom eintreten" können, indem wir uns in den Fluß der Gemeinschaft, der Lehre und Disziplin begeben, der hin zu einem außergewöhnlichen Leben fließt. Die Versicherung religiöser Lehrer aus Ost und West, daß jeder Mensch erleuchtet werden kann, steht im Einklang mit den in diesem Buch angeführten Beweisen für das Transformationsvermögen des Menschen.

Es gibt gute Gründe zu der Annahme, daß wir alle uns durch Übungen zur Transformation weiterentwickeln können und wir alle Zugang zu subliminalen Prozessen haben, die uns Hilfestellung geben. Unsere genetisch bedingte Veranlagung und Begabung, die von unserer jeweiligen Kultur (positiv oder negativ) weiter geprägt wird, kann durch Übung entfaltet und von Kräften jenseits unserer gewöhnlichen Sphäre erhöht werden. In späteren Kapiteln gehe ich auf die Zusammenhänge von Natur, Förderung, Übung und Gnade ein.

7

Philosophie, Religion und die Entwicklung des Menschen

In diesem Kapitel möchte ich einige Denkweisen schildern, die uns helfen – und andere, die uns *nicht* helfen –, unser Transformationsvermögen zu verstehen. Damit sie uns helfen können, außergewöhnliche Fähigkeiten zu begreifen und zu schulen, müssen solche Konzepte im Lichte unserer wachsenden Erfahrung verbessert oder aufgegeben werden. In Übereinstimmung mit neuen Erkenntnissen aus den Natur- und Geisteswissenschaften, der psychischen Forschung, der vergleichenden Religionswissenschaft und anderen Bereichen sollten sie neu gestaltet oder verworfen werden.

[7.1]
METANORMALE FÄHIGKEITEN UND GNADE ALS ANZEICHEN EINES EVOLUTIONÄREN FORTSCHREITENS

Siddhis und Charismen

Die meisten Siddhis der hinduistisch-buddhistischen Lehren, die Charismen der katholischen Heiligen und ähnliche Phänomene werden in ihren jeweiligen Traditionen geringer geschätzt als die Erleuchtung oder Vereinigung mit Gott. Ihre untergeordnete Rolle spiegelt sich in der hinduistischen Aussage „*Moksha* vor Siddhi“, Befreiung vor Macht, in der römisch-katholischen Auffassung, daß Charismen *gratiae gratis datae*, frei gewährte Gaben, und nicht an sich Zeichen von Tugendhaftigkeit oder Heiligkeit sind, und der Sicht des Zen-Buddhismus, nach der sie als mögliche Ablenkung von der Erleuchtung gelten oder als Phänomene, die sie vorbereiten. Aus einer evolutionären Perspektive hingegen können sie anders gewertet werden – als in Erscheinung tretende Anzeichen der Entwicklung des Menschen, als einem reicheren Leben innewohnend, das uns nun zugänglich wird. Betrachten wir Charismen und Siddhis in ihrer großen Mannigfaltigkeit, dann erkennen wir sie als Zeichen einer vielschichtigen Transformation unseres gesamten Wesens. Diese kraftvollen Begleiterscheinungen religiöser Übung müssen nicht als Hindernisse auf dem Weg zum höchsten Guten, sondern können auch als aufkeimende Gaben unseres höheren Menschseins gesehen werden.

Es ist jedoch verständlich, daß die meisten religiösen Traditionen vielen Fähigkeiten dieser Art mit Mißtrauen begegnet sind. Erstens treten einige von ihnen, wie metanormale Kinästhesie und Kraftentfaltung, während der kontemplativen Übung nur vorübergehend auf und können fremdartig oder sogar wider unsere Natur erscheinen. Zweitens gebietet die praktische Vernunft ihre Unterordnung unter ein Gewahrsein der Einheit allen Seins und die Nächstenliebe, denn einige dieser Fähigkeiten können Ichbezogenheit und verschiedene Formen destruktiven Handelns hervor-

rufen. Und drittens konnten sie in der Vergangenheit nicht in dem von mir erforschten Zusammenhang betrachtet werden, da diese Traditionen entstanden, bevor die Fakten der Evolution aufgedeckt wurden. Als die Upanischaden, die buddhistischen Sutras und das Tao te King geschrieben wurden – ja eigentlich, als die ersten Lehren aller großen kontemplativen Schulen in Worte gefaßt wurden –, verfügten ihre Verfasser nicht über unser heutiges Wissen über die kosmische und biologische Entwicklung. Obgleich die spirituellen Traditionen das Verständnis zahlreicher außergewöhnlicher Fähigkeiten förderten, waren sie nicht in der Lage, die Entwicklung des Fortschritts in der morphologischen Komplexität, dem Verhaltensrepertoire und der Bewußtheit lebender Spezies zu erfassen. Für die Begründer der meisten mystischen Philosophien war die Welt kein Schauplatz, auf dem im Laufe der Zeit lebendigere, bewußtere Lebensformen auftraten, sondern ein im wesentlichen von Leiden und Tod gezeichneter Ort. Die frühen Buddhisten erlebten die durch die gewöhnlichen Sinne wahrgenommene Welt als *Samsara*, ein leidvolles Rad von Tod und Wiedergeburt. Für die Neuplatoniker war sie die unterste Stufe auf der großen Skala des Seins. Viele, wenn nicht die meisten christlichen Mystiker sahen sie als durch die Schöpfung und durch den Sündenfall zweifach von Gott getrennt.[1] Wenngleich alle religiösen Traditionen zutiefst lebensbejahende Aspekte haben, kennen sie eine ebenso machtvolle Sprache der Unbeständigkeit der Welt, ihres essentiellen Leidens, ihrer grundlegenden Unempfänglichkeit für den Fortschritt. Indem sie die sichtbare Welt als einen Ort ansahen, dem es zu entrinnen galt, haben manche der größten Mystiker dazu beigetragen, die religiöse Übung abseits der integralen Entwicklung des Menschen auszurichten. „Der Körper ist ein Misthaufen“, schrieb Thomas à Kempis. Eine erleuchtete Seele in einem Leib sei wie ein Elefant, der aus einer dürftigen Hütte ausbricht, sagte Sri Ramakrishna. Vielen Asketen, die den Körper als Exempel der Vergänglichkeit und des Leidens der Welt sehen (statt als Potential für ein außergewöhnliches Leben), erscheint es logisch, nach einer Erlösung vom Körper zu streben, und sinnvoll, anzunehmen, daß die meisten Charismen oder Siddhis nicht mehr Wert haben als jede irdische Fähigkeit, die unseren minderwertigen Zustand aufrechterhält.

Solche Haltungen müssen jedoch nicht unser Denken beherrschen, denn die Entdeckungen der modernen Wissenschaft schenken uns andere Sichtweisen der Welt und der Fähigkeiten des Menschen. Unser Planet hat sich in einem neuen Licht gezeigt – nicht als statische oder zyklische Welt, sondern als ein Schauplatz, auf dem sich seit mehreren hundert Millionen Jahren immer neue Arten entwickelt haben. Dieser erstaunliche Fortschritt deutet darauf hin, daß die Menschen sich weiter entfalten können. Die bisherige Evolution ist eine großartige, nicht zu übersehende Gebärde, die in die Richtung einer geheimnisvollen Zukunft der Lebensformen deutet und uns vermuten läßt, daß diese über Äonen fortdauern wird. Tatsächlich hat sie sogar ihre aufgestellten Gesetze und Muster überwunden. Da die Evolution ihre eigenen Gren-

zen bereits überschritten hat – beispielsweise, als aus anorganischer Materie Leben entstand und die Menschheit sich aus ihren Vorfahren aus der Tierwelt entwickelte – und da wir über Fähigkeiten zu einer Transformation verfügen, scheint der Gedanke nicht zu weit hergeholt, daß trotz unserer vielen Fehler ein weiteres Fortschreiten, sogar ein neuer Evolutionsschritt, möglich ist.

Das Universum selbst – so wie es uns die moderne Wissenschaft enthüllt – lädt uns ein, unsere Vorstellungskraft zu entfalten und unsere Einschätzung des Menschenmöglichen auf die Kraft der Evolution abzustimmen. Die Vision eines in die kosmische Wirklichkeit eingebetteten Fortschreitens des Menschen eröffnet uns eine neue Sichtweise bestimmter, mit dem religiösen Leben verbundener Phänomene, wozu auch Charismen und Siddhis zählen. Denn um ein reicheres Leben auf der Erde zu verwirklichen, benötigen wir die Fähigkeit zu einer schöpferischen Interaktion mit unserem materiellen Leben. Um mit anderen Menschen und unserer physischen Umwelt im Lichte eines höheren Bewußtseins in Beziehung treten zu können, brauchen wir Fähigkeiten der Wahrnehmung, des Kommunizierens und der Bewegung, Willenskraft, Kinästhesie und vitale Kräfte ebenso wie das Gewahrsein des Einen, Liebe und Seligkeit, die in den spirituellen Traditionen begreiflicherweise heilig gehalten werden. Der indische Philosoph Sri Aurobindo schrieb:

> Wir müssen den Siddhis nicht ausweichen, und wir können es auch nicht. Es gibt ein Stadium für den Yogi, in dem er, wenn er nicht auf jegliches Handeln in der Welt verzichtet, nicht länger vermeiden

> kann, die Siddhis der Macht und Erkenntnis zu nutzen, genausowenig wie ein gewöhnlicher Mensch es vermeiden kann, zu essen und zu atmen; denn diese Dinge sind die natürliche Wirkung des Bewußtseins, zu dem er aufsteigt, genauso wie geistige Aktivität und körperliche Bewegung die natürliche Wirkung des gewöhnlichen Lebens des Menschen sind. Alle *Rishis* vergangener Zeiten nutzten diese Kräfte, alle großen Avatare und Yogis nutzten sie, noch gibt es einen erhabenen Menschen ..., der sie nicht ständig in unvollkommener Form anwendet, ohne genau zu wissen, was diese höchsten Fähigkeiten sind, deren er sich erfreut.[2]

Doch um es noch einmal zu wiederholen: Die „Siddhis der Macht und Erkenntnis", von denen Aurobindo sprach, werden häufig von eben den Traditionen, in denen sie am ausgeprägtesten auftreten, geringgeschätzt. Das rührt teilweise daher, daß sich ein Mißtrauen ihnen gegenüber verstärkte. Da viele Asketen jenem überlieferten Wissen folgten, daß die Überwindung der Ichbezogenheit eine Voraussetzung für Erleuchtung oder Vereinigung mit Gott ist, haben sie die metanormalen Fähigkeiten, die ihre Übungen mit sich brachten, verachtet. In der Tat haben viele Yogis und Mönche bestimmte *gewöhnliche* Fähigkeiten unterdrückt. Den asketischen Exzessen einiger Wüstenväter wurde im 4. und 5. Jahrhundert und bis ins Mittelalter hinein weit und

breit nachgeeifert.[3] Sri Chaitanya (geboren 1485), einer der meistverehrten Heiligen Indiens, verbrachte seine letzten Lebensjahre nahezu ständig in Trance und setzte damit ein Beispiel, das zahllose Fanatiker nachahmten.* Obgleich diese Extremfälle im religiösen Leben nicht die Regel waren, kamen sie in allen Traditionen vor. In den großen Religionen gibt es eine ganze Skala transformierender Handlungsweisen, von der rigorosen Unterdrückung von Leib und Seele bis zu den vom Zen inspirierten Kampfkünsten (20.1), taoistischen Methoden zur Transformation des Körpers (8.2, 21.5) und der chassidischen Verehrung des Heiligen im Alltagsleben. Diese vielfältigen Methoden sind in der Abbildung 7.1 auf Seite 190 dargestellt.

Die diagonale Achse dieser Graphik steht für eine Entfaltung der menschlichen Natur, bei der Geist, Gefühle und Körper als *wesentlich* für ein kreatives Fortschreiten angesehen werden, das heißt nicht nur als förderlich oder sogar nachteilig, wie es bei den Methoden der Fall ist, die durch die Linien nahe der senkrechten Achse gekennzeichnet sind. Auf der diagonalen Achse würden Siddhis der Macht und Erkenntnis als aufkeimende Merkmale unserer erhabeneren Natur einen bedeutenden Platz einnehmen. Hier würden unsere diesseitsbezogenen Fähigkeiten innerhalb einer sich ver-

* In Pondicherry in Indien beobachtete ich einen Yogi in Trance, der von seinen Schülern gefüttert wurde. Seine Augäpfel waren zurückgerollt, so daß nur das Weiße seiner Augen zu sehen war. Er saß aufrecht im Lotussitz, und sein Gesicht leuchtete in Ekstase. Den Leuten zufolge, die bei ihm waren, hatte er *nirvikalpa-samadhi* erreicht und „würde niemals in diese Welt zurückkehren".

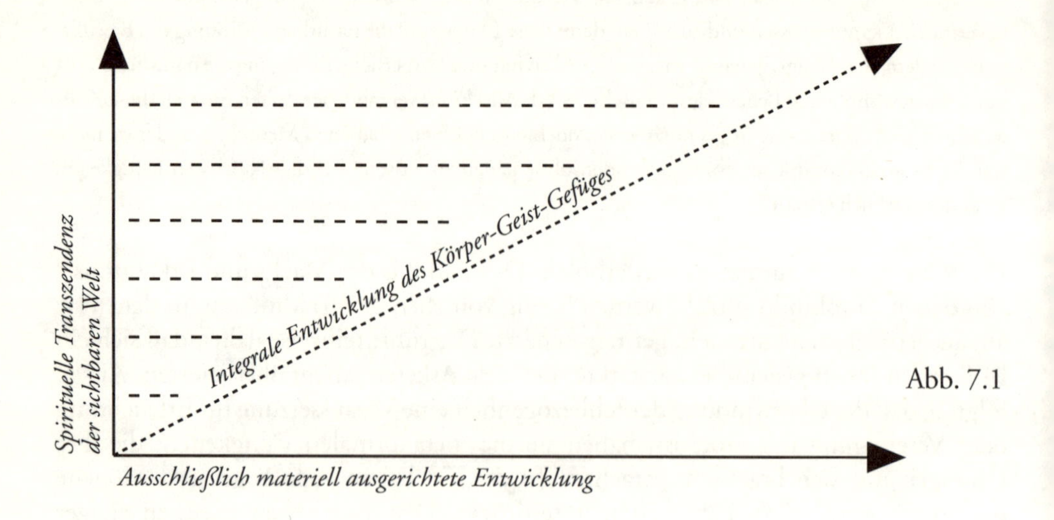

Abb. 7.1

Abbildung 7.1. Die senkrechte Achse steht für die Welt-Transzendenz, wofür Yogis in Trance als Beispiel dienen, die waagerechte Achse für ein rein materiell ausgerichtetes Programm zur Umwandlung des Körpers (etwa durch Gentechnik oder komplizierte Prothesen). Der schraffierte Bereich zwischen der diagonalen und der senkrechten Achse stellt die vielen Richtungen religiöser Übung dar, von der Welt-Transzendenz bis zu einer integralen Transformation.

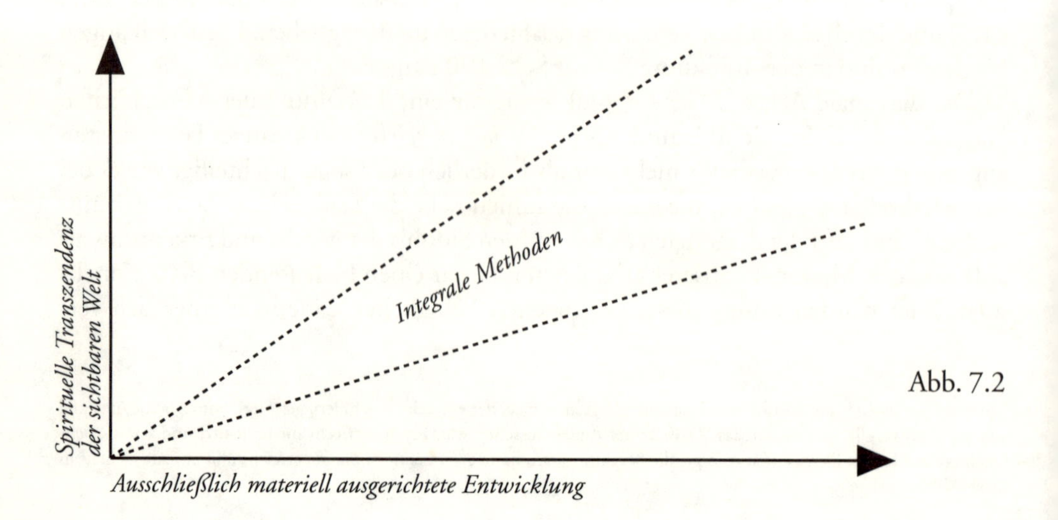

Abb. 7.2

tiefenden spirituellen Verwirklichung geschult und als notwendig – und nicht als hinderlich – angesehen werden.*

Präziser gesagt, nehmen die integralen Methoden einen recht großen Teil jenes Spektrums ein, in das der individuelle Verlauf des Fortschritts fallen könnte. Angesichts des Ausmaßes der individuellen Unterschiede in allen Dimensionen der menschlichen Natur können viele Formen eines ausgewogenen Fortschritts auftreten. Das wird in Abbildung 7.2 dargestellt.

Gnade als Anzeichen evolutionärer Transzendenz

Wie ich bereits angedeutet habe, beziehen sich die Lehren der Barmherzigkeit oder Gnade Gottes in den westlichen Religionen, des Nicht-Erreichens im Buddhismus, der Hingabe an den göttlichen Willen in einigen Hindu-Sekten und der Nicht-Einmischung in das Tao auf dieselbe Wahrheit menschlicher Erfahrung, nämlich daß das Gewahrsein des Einen und andere außergewöhnliche Fähigkeiten oft als Gabe erscheinen statt als erworben, spontan offenbart statt durch ichbezogenes Streben erlangt (obgleich hingebungsvolle Übung die Voraussetzungen für ihr Erscheinen schafft und

sie oft einer bewußten Kontrolle zugänglich macht). Es ist zu verstehen, daß diese sich ähnelnden Vorstellungen in Verbindung mit sehr unterschiedlichen Weltanschauungen entstehen, denn sie alle beziehen sich auf ein bestimmtes Stadium der menschlichen Entwicklung – auf das Sichtbarwerden einer erhabeneren Natur, deren Dimensionen uns ein Geheimnis sind. Lehren von Gnade, Nicht-Erreichen und Nicht-Einmischung in das Tao weisen alle auf ein im Entstehen begriffenes Ereignis auf unserem Planeten hin, das ich (nach Dobzhansky und Ayala) als *evolutionäre Transzendenz* bezeichnet habe. Trotz ihrer unterschiedlichen metaphysischen Annahmen erkennt jede bestehende Glaubenstradition einen das Ich transzendierenden Prozeß, aus dem ein außergewöhnliches Leben erwächst.

Es gibt jedoch den Einwand, daß wir die jüdischen, christlichen oder islamischen Aussagen über die Barmherzigkeit oder Gnade Gottes nicht mit dem Erscheinen der Buddhanatur oder dem Sich-Überlassen an ein unpersönliches Tao gleichsetzen können. Wie können die Gaben eines persönlichen Gottes mit der spirituellen Verwirklichung innerhalb einer unpersönlichen Ordnung in Einklang gebracht werden? Als Antwort auf derartige Einwände möchte ich den Philosophen Philip Novak zitieren, der einige Jahre lang buddhistische Meditation geübt hat:

* Die Achsen in diesem Diagramm zeigen selbstverständlich idealisierte Darstellungen. „Rein spirituelle" Transformation bezieht selbst bei den in hohem Maße asketischen Yoga-Lehren immer körperliche Veränderungen mit ein, während umgekehrt die körperliche Entwicklung entlang ausschließlich materieller Ebenen eine Erhöhung des Bewußtseins beinhalten könnte.

> Inmitten seines Strebens nach Vollkommenheit wird der Schüler daran erinnert, daß eine Reife jenseits seiner Kontrolle alles ist. Der Wille zu sein und der Wille zu tun werden durch die Erkenntnis, daß Zwang die innere Arbeit beeinträchtigen kann, in einem empfindlichen Gleichgewicht gehalten. Nur wenn sie durch ein Sichausliefern an eine „höhere" oder umfassendere Ordnung ergänzt wird, kann die Bemühung des persönlichen Willens positive Früchte tragen. Dies gehört zu den Gemeinplätzen des Christentums wie auch der Zen-Tradition. Dort gibt es eine Fülle von Geschichten über Meister, die die mühevollen Versuche ihrer Schüler untergraben, indem sie sie erinnern ..., daß es letztendlich nichts zu tun oder zu erlangen gibt. [Ein jeder], der versucht hat, bei einem Zen-*Sesshin* sechzehn Stunden am Tag mehr oder weniger ununterbrochen stillzusitzen und inmitten dieser qualvollen Bemühungen die Textstelle aus dem Herz-Sutra liest, die besagt, daß es keinen „Pfad" und „nichts zu erreichen" gibt – der kennt beide Seiten des Paradoxons. Es gibt gute Gründe für die Annahme, daß Dogen [einer der Hauptbegründer des japanischen Zen] die mühevolle Zen-Übung so verstand, als fände sie in einem von Gnade durchdrungenen Kosmos statt, in einer Ordnung, in der Hingabe an sie oder zumindest Ausrichtung auf sie, doch nicht das Erreichen die angemessene Haltung ist.[4]

Weiter schrieb Novak über die Gleichartigkeit der Auffassungen von Christentum und Buddhismus:

> Unter Dogens Übungsanleitungen finden wir die Ermahnung, uns dem Wirken Buddhas zu ergeben. Dogens Verständnis der Übung könnte eher mit dem Empfangen einer allgegenwärtigen Gabe als dem Erreichen eines entfernten Zieles verglichen werden. Tatsächlich scheint darin die zentrale Bedeutung seiner Lehre von der Wesenseinheit von Übung und Erleuchtung zu liegen. Der Dynamismus der Buddhanatur ist allesdurchdringend, und die Erfüllung des Bodhisattva-Gelöbnisses hängt nicht so sehr davon ab, daß wir sie erreichen, sondern davon, daß wir ihr unaufhörliches, Erlösung bringendes Wirken nicht behindern ... Das Konzept einer besonderen, zeitweilig von einer höchsten Wesenheit verliehenen Gnade ist dem Zen selbstverständlich vollkommen fremd, doch wenn die Gnade im Zen weitgehend unerwähnt bleibt, dann, weil der Fisch nicht daran denkt, über den Ozean zu reden. Weit näher an der Wahrheit liegt die Vorstellung, daß Gnade immer und überall gegenwärtig ist, statt nicht vorhanden zu sein. Eine der Klagen des Zen lautet, daß wir blind für die gnadenreiche Immanenz der Buddhanatur bleiben, uns ihrer Macht nicht bedienen.[5]

Die Idee einer besonderen, zeitweilig von einer übernatürlichen Gottheit gewährten Gnade, die, wie Novak richtig bemerkt, dem Zen fremd ist, ist ebenso unvereinbar mit einer auf den Fakten der Evolution basierenden Sichtweise der Entwicklung des Menschen. Ein außergewöhnliches Leben hat seine eigenen Strukturen und Gesetzmäßigkeiten, die sich von jenen, die in gewöhnlichen funktionellen Abläufen erkennbar sind, unterscheiden, doch es ist nicht *willkürlich* von Gott verliehen. Statt dessen ist es, ähnlich wie Dogens Buddhanatur, „immer und überall gegenwärtig", immerwährend zur Verfügung stehend, ewig auf unser Streben antwortend.

Auch der Philosoph Marco Pallis hat dargelegt, daß die Lehre von der Gnade im buddhistischen Denken enthalten ist.

Die anziehende Wirkung der Erleuchtung, die als eine aus göttlicher Vorsehung und Mitleid bestehende (buddhistische) Emanation aus dem lichtvollen Zentrum erfahren wird, trifft auf das menschliche Bewußtsein in dreifacher Weise, was beschrieben werden könnte als: (1) Einladung zur Erleuchtung, (2) Umgang mit der Erleuchtung und (3) Erinnerung an die Erleuchtung. Erstgenanntes entspricht der (christlichen) „Bekehrung", dem Geschenk des Glaubens, das zweite dem Menschen im „Zustand der Gnade", kraft derer seine scheinbare Schwachheit dazu erhoben wird, sich Aufgaben zu stellen und Hindernisse zu überwinden, die gewöhnliche menschliche Kräfte übersteigen. Das dritte stimmt mit dem Zur-Verfügung-Stellen verschiedener „Wege oder Mittel der Gnade" überein, das heißt von der Tradition geweihte *upayas* – schriftliche Darlegungen der Lehre, Methoden der Meditation, Initiationsriten und ähnliches.[6]

In einem Essay mit dem Titel *Is There Room for Grace in Buddhism?* beschrieb Pallis einige sich ähnelnde Wege, auf denen Christen, Buddhisten und Taoisten zu spiritueller Erfüllung gelangen:

Der Ausdruck „Gnade" entspricht einer ganzen Dimension spiritueller Erfahrung; es ist undenkbar, daß diese in einer der großen Weltreligionen fehlen sollte. Tatsächlich weiß jeder, der in einem traditionell buddhistischen Land gelebt hat, daß diese Dimension auch dort in angemessener Form ihren Ausdruck hat.

In China sprechen die Taoisten seit jeher vom „Wirken des Himmels", demnach ist es keineswegs weit hergeholt, wenn wir vom „Wirken der Erleuchtung" sprechen. Dies ist tatsächlich die Funktion der Gnade, nämlich des Menschen Heimkehr zum Zentrum vom Anfang bis zum Ende zu bedingen. Es ist die Anziehungskraft des Zentrums selbst, die sich uns in vielfältiger Weise offenbart, die uns den Ansporn gibt, uns auf den Weg zu machen, und die Energie schenkt, sich den vielen und verschiedenartigen Hindernissen zu stellen und sie zu überwinden. Gleichermaßen ist Gnade die einladende Hand in das Zentrum, wenn der Mensch sich schlußendlich am Rande der Trennlinie befindet, wo jegliche vertrauten Orientierungszeichen des Menschen entschwunden sind.[7]

Die „einladende Hand in das Zentrum", die sowohl Christentum als auch Buddhismus bezeugen, wird auch in einigen Hindu-Schriften beschrieben.* In der Bhagavadgita gibt es beispielsweise in der Beziehung Krishnas zu Arjuna die drei wesentlichen Merkmale, die Pallis sowohl in der christlichen wie auch der buddhistischen Erfahrung fand: ein Ruf Krishnas nach seinem menschlichen Werkzeug (oder die Einladung), Krishnas weiterer Umgang mit Arjuna auf den Feldern von Kurukshetra und

* Nach Sri Ramakrishna „... wehen die Winde Gottes immer, aber du mußt dein Segel setzen". (H. Smith, 1983)

die Erinnerungen (oder die kundigen Mittel), über die Arjuna während seiner leidvollen Erfahrung erleuchtet werden konnte.

Der Koran offenbart eine ähnliche Lehre. Seine erste Zeile, *Bismi 'Lahi'r-Rahmani 'r-Rahim* bezieht sich auf Barmherzigkeit, die gleichermaßen Gott innewohnt, *Ar-Rahman*, und in die Schöpfung projiziert wird, *Ar-Rahim*. Diese für die islamische Lehre bedeutende Formulierung besagt, daß Gottes Barmherzigkeit in dieser Welt aus seinem ursprünglichen Wesen erwächst. Der Glaube an die Gnade drückt sich ebenso aus in der jüdischen Lehre von Gottes Barmherzigkeit, Platons Erkenntnis, daß *daimons* die menschlichen Seelen formen und leiten, und dem Glauben an die Mildtätigkeit des Tao. Diese Lehren enthalten jedoch mehr als nur einfache Bekräftigungen der gnadenreichen Macht jenseits des gewöhnlichen Selbst. Gemeinsam bezeugen die spirituellen Traditionen viele Aspekte der Gnade, einschließlich der bereits erwähnten. Es existiert ein beträchtliches Wissen über jene Wege, auf denen Gnade sich in der Erfahrung des Menschen entfaltet. Eine vergleichende Untersuchung dieser Lehren in den verschiedenen Traditionen würde unser Verstehen der begnadeten menschlichen Handlungsweisen erweitern.

Doch wenn das Gewahrsein des Einen und Seins-Seligkeit Ergebnisse des Evolutionsprozesses und gleichzeitig „nicht erreicht“ oder frei gewährt werden, so als existierten sie vor dem Bemühen, sie zu verwirklichen, stehen wir vor einem philosophischen Dilemma. Wie kann eine solche Bewußtheit und Seligkeit „entstehen“, wenn sie bereits existiert? Wie können unsere begrenzten mühevollen Anstrengungen Kräfte und Erkenntnisse hervorbringen, die grundlegend als vollkommen scheinen? Der nächste Abschnitt enthält eine Antwort von Philosophen wie Henry James senior und Sri Aurobindo auf derartige Fragen – nämlich, daß die Evolution mit all ihren gewundenen Verläufen ein lichtvolles Sein enthüllt, das in unserem Universum seit den Anfängen verborgen oder enthalten ist.

[7.2]

GEDANKEN ZUR ERHELLUNG DER BEZIEHUNG ZWISCHEN EVOLUTION UND HÖHERER NATUR

Um unsere Möglichkeiten für ein außergewöhnliches Leben einschätzen zu können, sollten wir sowohl die durch die zeitgenössische Wissenschaft aufgedeckten Fakten der Evolution wie auch das Zeugnis der spirituellen Traditionen aus Ost und West mit einbeziehen. Dazu müssen wir uns mit zwei grundlegenden Realitäten auseinandersetzen: der gesamten Entwicklung der (anorganischen und organischen) Formen, die seit einigen Milliarden Jahren andauert, und den transzendenten Formen der Existenz, die seit mehreren Jahrtausenden von Menschen überall auf der Erde erkannt oder erfahren wurden. Die Möglichkeit, diese zwei Aspekte der Existenz zu integrieren, ist für meine hier angestellten Überlegungen von grundlegender Bedeutung.

In den zwei Jahrhunderten, in denen sich die Vorstellung des „Fortschritts" im Westen durchsetzte, haben unter anderem die Philosophen Fichte, Schelling, Hegel, Solowjow, Berdjajew, Bergson, Whitehead, Samuel Alexander, C. Lloyd Morgan, Jean Gebser, Charles Hartshorne, Teilhard de Chardin und Sri Aurobindo versucht, das sich entwickelnde Universum in einer Beziehung zu etwas Grundlegendem, Ewigem oder Immerwährendem zu begreifen oder zu erklären. Jeder von ihnen hat auf seine Weise das gleichzeitige Erfassen von Natur und höherer Natur bekräftigt, indem er den Fortschritt der Welt mit Geist, Gottheit, „dem allgegenwärtigen Ursprung", *Satchitananda* oder einer anderen Form einer die Welt transzendierenden (doch ihr innewohnenden) Wirklichkeit in Verbindung brachte. Die Fülle der Spekulationen zeigt, welch reiches Gebiet für philosophische Untersuchungen entsteht, wenn die universelle Entwicklung im Zusammenhang mit intuitiver Erkenntnis und Erfahrung

eines höchsten Prinzips oder der Göttlichkeit betrachtet wird. Überdies erhellen jene Einblicke häufig gewisse Vorgänge und besondere menschliche Bedingungen, welche metanormale Fähigkeiten hemmen oder fördern. Viele der Einsichten dieser Philosophen deuten darauf hin, daß die Verbindungen zwischen übernatürlichen Dimensionen der Existenz und den Entwicklungsprozessen dieser Welt reif sein könnten für ein neues Verständnis.

Läßt man nur einen der Aspekte der Existenz außer acht, so bedeutet das für die Philosophie, entscheidenden Fragen auszuweichen. Den Philosophen des Altertums und des Mittelalters sollte dies nicht zum Vorwurf gemacht werden, da sie nichts von der Evolution wußten, aber jeder, der sich heute bemüht, ein umfassendes Bild der Welt zu zeichnen, ohne ihre erstaunliche Entwicklungsgeschichte einzubeziehen, würde sich selbst Scheuklappen anlegen. Und umgekehrt kann keine allgemeingültige Theorie der Entwicklung des Menschen in gutem Glauben die immensen Zeugnisse mystischer Erkenntnis sowie andere metanormale Fähigkeiten übersehen, die durch zeitgenössische Studien der Religion, die psychische Forschung, anthropologische Untersuchungen des Schamanismus und andere systematische Nachforschungen über außergewöhnliche Erfahrungen offenbart wurden. Das sich entwickelnde Universum und die höhere Natur, gleich wie man sie benennen mag, sind für uns heute zwei unausweichliche Tatsachen. Meiner Ansicht nach ist es aufschlußreich, daß dermaßen viele große Philosophen seit dem späten 18. Jahrhundert ihre Beziehung zueinander untersucht haben.

Die Aussage dieses Buches stützt sich auf verschiedene gedankliche Strömungen der Beziehung zwischen Evolution und metanormalen Wirklichkeiten, wovon ich hier fünf näher beschreiben möchte:

- Ansichten über Emergenz und das evolutionäre Prinzip des Neuen,
- Vorstellungen einer evolutionären Subsumtion,
- Sichtweisen, die als Panpsychismus, animistischer oder nicht-dualistischer Interaktionismus bezeichnet werden könnten,
- die Behauptung, daß sich neue Bewußtseinsformen zu verschiedenen Zeiten und an verschiedenen Orten innerhalb der menschlichen Spezies entwickelt haben, und
- Lehren von Involution / Evolution.

Ich stimme nicht mit allen Konzepten dieser fünf Denkansätze überein, aber jeder Standpunkt liefert Einsichten, eine Terminologie oder philosophische Standpunkte, die meine Spekulationen über die Entwicklung des Menschen bestätigen. Wie wissenschaftliche Theorien auch, stehen oder fallen diese Vorstellungen mit den Erkenntnis-

sen, die wissenschaftliche, parapsychologische, kontemplative und andere empirische Methoden liefern.

Emergenz und das evolutionäre Prinzip des Neuen

Samuel Alexander, C. Lloyd Morgan, C. D. Broad, Joseph Needham, Michael Polanyi und andere haben den Gedankengang entwickelt, daß die Evolution auftauchende Strukturen, Prozesse und Gesetzlichkeiten (oder Gewohnheiten) hervorbringt, die zuvor nicht existierten.[8] Nach den meisten Versionen dieser These können die auftauchenden Gegebenheiten aus den Bedingungen, Ereignissen oder Strukturen heraus, aus denen sie erwachsen, nicht erklärt oder vorhergesagt werden. Sie sind grundlegend neuartig und keine Umgestaltung bereits existierender Elemente. Sie unterscheiden sich qualitativ – nicht nur quantitativ – von allem, was vor ihnen war.

Das von den oben erwähnten Denkern entwickelte Konzept der Emergenz setzt die Existenz von Stufen voraus, das heißt Anteile der Welt, die durch ihnen eigene Qualitäten, Formen und Gesetzlichkeiten gekennzeichnet sind und aus anderen Bereichen hervorgehen.[9] Die Vertreter der Emergenzphilosophie sind sich jedoch nicht einig über die Anzahl der in unserem Universum vorhandenen Stufen. Morgan benannte vier – psychophysische Ereignisse, Leben, menschlicher Geist und absoluter Geist (oder Gott) und Alexander fünf – Raum, Zeit, Materie, Leben und Gottheit, während andere solche fest umrissenen Auflistungen ablehnen, da innerhalb von anorganischer Materie, Tierarten und der Menschheit unzählige Abstufungen existieren. Der Philosoph T.A. Goudge schrieb beispielsweise: „Es stimmt mehr mit den Beweisen überein, Leben und Geist als letzte Stadien einer langen Reihe minimaler Emergenzen statt als plötzlich auftretende Sprünge zu verstehen.“[10] Doch trotz ihrer unterschiedlichen Auffassungen unterstützen die Philosophen, die Emergenz und Neuartigkeit in der Entwicklung der Welt betonten, die in Kapitel 3 beschriebene Idee der evolutionären Transzendenz. Wie die Biologen Dobzhansky und Ayala haben sie dazu beigetragen, die Tatsache zu erhellen, daß Materie, Leben und Geist nach jeweils eigenen Gesetzmäßigkeiten funktionieren. Sie helfen uns, metanormale Phänomene auf die ihnen eigene Weise zu betrachten und nicht auf eine reduktionistische Art, welche ihre Bedeutung für die Entwicklung des Menschen verschleiert. Die Emergenztheoretiker ermutigen uns dazu, jene reduktionistischen Vorstellungen abzulehnen, die das Verstehen von Begebenheiten hemmen, die vom wissenschaftlichen Standpunkt aus als anormal gelten – einschließlich jener außergewöhnlichen Erfahrungen, die eine neue evolutionäre Ordnung ankündigen könnten.*

Emergenzkonzepte allein sind jedoch nicht in der Lage, bestimmtes Wissen und Kräfte zu erklären, die spontan oder als Folge von Übungen zur Transformation auftreten. Zahllose Heilige und Weise haben seit alters eine Wirklichkeit beschrieben, die

schon vor jeglichem Versuch, sie zu fassen, zu existieren scheint. Die Segnungen dieser ich-transzendierenden Ordnung spiegeln sich in der Sprache des Christentums als *von Gott gegeben* oder in der des Budddhismus als *nicht-erreicht.* Wie bringen wir die Erfahrung des ewigen Lebens mit der Vorstellung in Einklang, daß solches Leben sich entwickelt?

Später in diesem Kapitel beschreibe ich Denkweisen, die auf dieses Paradoxon eingehen, nämlich die Lehren von Emanation und Rückkehr, die in neuplatonischen, vedantischen und anderen Philosophien angesprochen werden oder enthalten sind und aus der evolutionären Sicht von zeitgenössischen Denkern wie Henry James senior und Sri Aurobindo neu formuliert wurden.

Evolutionäre Subsumtion

Im Verlauf der Evolution bauten neue Stufen auf den ihnen vorhergehenden auf und subsumierten frühere Prozesse in ihre einzigartigen Aktivitäten. So nimmt alles Lebende anorganische Elemente auf und verwendet sie zu eigenen Zwecken; und die Menschen sind in ihren Funktionen, die komplexer als die ihrer Vorfahren aus der Tierwelt

* Emergenztheorien wurden von zahlreichen Wissenschaftlern entwickelt, die sich den evolutionären Philosophien von Alexander oder Morgan nicht anschlossen. „[Die] evolutionäre Version der Emergenztheorie“, schrieb Ernest Nagel, „hat keineswegs das Verständnis der Emergenz als nicht reduzierbare hierarchische Ordnung zur Folge, und die zwei Formen der Lehre müssen auseinandergehalten werden.“ (Siehe Nagel 1979)

sind, von biologischen Prozessen abhängig. Hegel sah einen analogen Prozeß in der psychosozialen Entwicklung, und er bediente sich des Begriffs *aufheben* – was sowohl auf Vernichtung als auch Erhaltung hindeutet –, um die häufig auftretenden Subsumtionen von kulturellen Mustern durch ihre Nachfolger zu beschreiben. In der Dialektik der Geschichte wurden, behauptete er, frühere Formen des menschlichen Verhaltens und Bewußtseins *(Gestalten des Bewußtseins)* zu höheren Stufen „aufgehoben".[11]

Auch der indische Philosoph Sri Aurobindo hob diesen Aspekt evolutionärer Wandlung hervor. Das entstehende Bewußtsein, das in Aurobindos Philosophie seinem Wesen nach göttlich ist, nimmt die Lebensform, die es bewohnt, mit sich, um sie

> ... auf eine höhere Ebene emporzuheben, [ihr] höhere Werte zu geben, aus [ihr] höhere Wirkmöglichkeiten hervorzubringen. Das tut [es], weil [es] offensichtlich nicht die niederen Töne des Lebens zum Schweigen bringen oder zerstören will, sondern sie einzubeziehen sucht, da die Dasein-Freude sein ewiges Anliegen ist und es darum die Methode seiner Musik sein muß, eine Harmonie der vielartigen Variationen zu komponieren und sich nicht nur an einer einzigen lieblichen, aber monotonen Melodie zu erfreuen. Weil [es] sie mit einer tieferen und feineren Bedeutung auflädt, erlebt [es] durch sie ein höheres Entzücken ...[12]

Nach Aurobindos Anschauung müssen wir, um ein außergewöhnliches Leben auf der Erde verwirklichen zu können, unser mannigfaltiges Erbe annehmen – einschließlich unserer biologischen Prozesse und der entsprechend notwendigen anorganischen Elemente, anstatt sie über eine asketische Disziplin zu transzendieren. In Teil III beschreibe ich, auf welche Weise bestimmte Methoden verschiedene Fähigkeiten ausgrenzen – indem sie zum Beispiel die Imagination oder den Intellekt gering schätzen, potentiell schöpferische Gefühle oder diese oder jene Tugend unterdrücken, eben weil der Begründer der Methode sie nicht befürwortete oder weil sie unsere physischen Energien durch Kasteiung drosseln. Wenn wir jedoch begreifen, daß wir die vielen Dimensionen unserer menschlichen Natur zu einer „Harmonie der vielartigen Variationen", wie Aurobindo es nannte, vereinigen können, und wenn wir die Tatsache anerkennen, daß eine derartige Integration jenen Subsumtionen entspricht, die in früheren Stadien des evolutionären Fortschritts geschahen, so vermögen wir aus unserem reichen Erbe zu schöpfen und unser höheres Potential voll zu entfalten.

Panpsychismus und animistischer Interaktionismus

Wie die oben erwähnten Emergenztheoretiker haben die Philosophen Henri Bergson, Alfred North Whitehead und Charles Hartshorne das auf allen Stufen des Universums zu erkennende Prinzip des Neuen hervorgehoben. Jeder von ihnen hat auf seine Weise sowohl allgemein verbreitete Vorstellungen als auch philosophische Lehren in Frage gestellt, die davon ausgehen, daß die grundlegenden Einheiten der physischen Welt ohne Kreativität sind.[13] Der Theologe David Griffin, der einige der Gedanken Whiteheads und Hartshornes weiterentwickelt hat, schrieb:

> Für Whitehead ist Kreativität die letzliche Wirklichkeit, für die alle Dinge als Beispiele gelten. Das bedeutet, daß die grundlegenden Dinge oder Einzelwesen Ereignisse sind, raum-zeitliche Prozesse des Werdens. Whiteheads Sichtweise ist nicht nur eine Verallgemeinerung des von Einstein erkannten Prinzips von der Äquivalenz von Masse und Energie, sondern gebraucht eine weitere maßgebende Vorstellung Einsteins, nämlich daß Raum und Zeit untrennbar miteinander verbunden sind. Man kann nicht getrennt von Raum und Zeit sprechen, sondern nur von Raum-Zeit oder Zeit-Raum. Whitehead erläutert diesen Gedankengang so, daß die Dinge, aus denen die Welt besteht, nicht im wesentlichen nicht-zeitliche Dinge sind, die zufällig in der Zeit stattfinden. Sie sind ihrem Wesen nach raum-zeitliche Ereignisse. Sie benötigen – oder schaffen sich – Zeit ebenso wie Raum, um zu geschehen. Es gibt keine Natur in diesem Augenblick, wobei „Augenblick" im technischen Sinne, ohne Dauer oder zeitliche Ausdehnung zu verstehen ist. Ebensowenig gibt es Wirklichkeiten ohne räumliche Ausdehnung. Alle Wirklichkeiten sind zeit-räumliche Ereignisse. Aus diesem Grunde sagt Whitehead, daß alle wirklichen Einzelwesen „wirkliche Ereignisse" sind. Kein wirkliches Ding besteht nur passiv weiter. Jedes wirkliche Ding ist ein raum-zeitliches Ereignis.

> Diese wirklichen Ereignisse können extrem kurz sein, zu Hunderten, Tausenden, Millionen oder sogar Milliarden innerhalb einer Sekunde auftreten. Dinge, die Dauer haben, wie Elektronen, Atome, Moleküle, Zellen und Geist, bestehen alle aus einer Reihe von kurzen Ereignissen.
>
> Momente in der Lebensgeschichte eines Elektrons, einer Zelle und eines Menschen unterscheiden sich offensichtlich immens in den Begriffen der Form, die sie verkörpern. Aber sie alle haben eines gemeinsam – sie sind Beispiele für Kreativität. Kreativität in diesem Sinne ist die höchste Realität, das, was alle Wirklichkeiten verkörpern. Alle wirklichen Einzelwesen sind demzufolge kreative Ereignisse.[14]

Für Whitehead, Griffin und andere, die eine ähnliche Überzeugung vertreten, wird diese Sicht physikalischer Dinge durch die Annahme der Quantentheorie gestützt, daß subatomare Ereignisse nicht absolut bestimmt sind. Doch scheinen dieselben subatomaren Ereignisse, in großen Gruppen gesehen, Muster aufzuweisen und auf molekularer Ebene klar strukturiert zu sein. Whitehead zufolge werden solche Muster und die strukturelle Vollständigkeit durch eine allen raum-zeitlichen oder wirklichen Ereignissen innewohnende Aktivität vermittelt, nämlich durch das *Erfassen.* Subatomare Teilchen, Zellen und Menschen *erfassen* andere raum-zeitliche Ereignisse, indem sie sie entweder in ihre eigene Aktivität einbeziehen (durch positives Erfassen) oder sie ausschließen (durch negatives Erfassen). Erfassen schließt nicht notwendigerweise die Sinneswahrnehmung oder das Bewußtsein ein, da es bei physikalischen Elementen wie beim Menschen ständig auf sowohl bewußter als auch unbewußter Ebene abläuft. Es bezieht jedoch den Kontakt mit anderen Einzelwesen (oder Ereignissen) mit ein, sowie den Einfluß auf sie und von ihnen.

Whitehead bezeichnete positives Erfassen als *Empfindungen* und hob damit ihre mehr als sinnliche und begriffliche Natur hervor, während negatives Erfassen *aus dem Empfinden eliminiert.*[15] Erfassen hat viele subjektive Formen, einschließlich „Gefühle, Wertungen, Zwecksetzungen, Zuneigung, Abneigung, Bewußtsein".[16] Das menschliche Selbstverständnis ist einfach eine Form des Erfassens. Durch Erfassen treten alle Einzelwesen, aus denen sich unser Universum zusammensetzt, ununterbrochen miteinander in Verbindung und beeinflussen andere Einzelwesen mit einem gewissen Ausmaß an Kreativität. Diese von Whitehead, Griffin und anderen vertretene Sichtweise, daß das gesamte Universum aus einem ununterbrochen erfassenden Prozeß besteht, wird als *Panpsychismus* oder *Panempirismus* bezeichnet, da hiernach Seele, Erfahrung oder Subjektivität in allem, sogar in den physikalischen Elementen, vorhanden ist.[17]

Diese panpsychische oder panempiristische Auffassung des Universums hat David Griffin dazu geführt, die Vorstellung eines „nicht-dualistischen oder animistischen Interaktionismus" zu unterbreiten, wodurch Telepathie, Psychokinese und psychophysische Transformationen erklärt werden können. Aus dieser Sicht steht jegliches Bewußtsein, jede Seele, selbst eine körperlose Seele in Wechselbeziehung mit anderen

– anorganischen, tierischen, menschlichen oder übermenschlichen – Einzelwesen, durch ein Erfassen, das nicht immer von Wahrnehmungsvorgängen, der Sprache oder dem direkten Einsatz der Muskelkraft abhängt. Mit David Griffins Worten:

> Da die Wahrnehmung der Welt durch die Seele nicht nur oder nicht in erster Linie eine Sinneswahrnehmung ist, wäre eine vom Sinnesapparat ihres physischen Körpers getrennte Seele immer noch zur Wahrnehmung fähig. Während sie sich im Körper befindet, setzt die Wahrnehmung der äußeren Welt durch die Seele mit Hilfe der körperlichen Sinnesorgane die Wahrnehmung ihres Körpers selbst, insbesondere des Gehirns, voraus, und diese Wahrnehmung ist keine sinnliche. Auch nimmt das gegenwärtige Stadium der Seele ihre vergangenen Stadien wahr, eine Form der Wahrnehmung, die wir Erinnerung nennen, und diese Wahrnehmung ist keine sinnliche. Die unmittelbare Wahrnehmung Gottes durch die Seele, durch die sie die Wirklichkeit logischer, moralischer und ästhetischer Normen erfährt und auch im engeren Sinne religiöse Erfahrungen macht, ist keine sinnliche Erfahrung.

In dem von Griffin vorgeschlagenen animistischen Gefüge sind Wahrnehmung und kausaler Einfluß einfach zwei Aspekte desselben Ereignisses, das heißt,

> ... was aus der Perspektive der Ursache kausaler Einfluß ist, ist aus der Perspektive der Wirkung Wahrnehmung. Die Seele ist zu bewußter Einflußnahme auf das Muskelsystem des Körpers fähig, weil die Körperzellen dieses Systems die bewußten, auf die Teile des Körpers gerichteten Absichten der Seele wahrnehmen; die Seele wirkt insofern unbewußt auf den Körper ein, als die Körperzellen die unbewußten Empfindungen wahrnehmen. Der Körper beeinflußt die Seele gleicherweise insofern, als die

> Seele die Empfindungen seiner verschiedenen Körperzellen wahrnimmt. Wahrgenommen zu werden bedeutet, einen kausalen Einfluß aufzubieten. Wenn es Seelen möglich ist, einander in körperlosem Zustand wahrzunehmen ..., ist es ihnen demzufolge per definitionem möglich, einander zu beeinflussen.
>
> Diese philosophische Deduktion aus animistischer Sicht wird durch psychosomatische und parapsychologische Nachweise empirisch bestätigt. Psychosomatische Studien zeigen, daß der Einfluß der Seele auf den ihr zugehörigen Körper nicht auf die Muskulatur begrenzt ist; die Körperzellen scheinen allgemein auf die Absichten der Seele und andere Empfindungen zu reagieren. Phänomene wie Stigmata zeigen, wie stark der Einfluß der Seele auf das zu ihr gehörende vegetative System sein kann.[18]

In den Kapiteln 11 bis 23 habe ich eine ganze Reihe von Nachweisen dafür zusammengetragen, daß menschlicher Wille, Vorstellungskraft, somatische Bewußtheit, physiologische Prozesse und Körperstrukturen einander tiefgreifend beeinflussen und daß sie alle auf ich-transzendente Kräfte ansprechen können. Der in Whiteheads spekulativer Philosophie einbezogene und von Griffin begründete panpsychische oder animistische Interaktionismus vermittelt uns ein Bild des Universums, das weitgehend mit den Schlußfolgerungen übereinstimmt, die ich aus derartigen Nachweisen ziehe –

daß wir Menschen zu einer weiteren psychophysischen Entwicklung fähig sind. Dieses Bild der Dinge zeigt, daß unser Bewußtsein und unsere Willenskräfte nicht in dem Maße von den physischen Prozessen unseres Körpers getrennt sind, wie streng mechanistische und dualistische Weltanschauungen es nahelegen.

Die Evolution des Bewußtseins

In den letzten zweihundert Jahren wurde von Hegel, Bergson, Aurobindo und anderen Philosophen der Gedanke dargelegt, daß das Bewußtsein der menschlichen Spezies in seiner Entwicklung fortschreitet. Die Vorstellung eines mehrstufigen Bewußtseins bestand natürlich schon zuvor; sie tauchte zum Beispiel in Platons Metapher der geteilten Linie (*Der Staat*, Sechstes Buch) auf, in Plotins Unterscheidung zwischen *Nous* und *Dianoia* sowie bei hinduistischen und buddhistischen Denkern seit der Zeit der Upanischaden. Moderne Philosophen wie Hegel und Bergson haben jedoch betont, daß im Verlauf der Geschichte der Menschheit neue Stufen des Bewußtseins entstehen – wie andere, auftauchende Merkmale des Universums. Selbst wenn sie in dem ewigen oder vorher existierenden Plan des Daseins verwurzelt sind, so haben sich die neuen Formen des Wissens als erstes in bestimmten Gesellschaften oder Individuen *auf der Erde* manifestiert und sich von dort aus über die Erziehung oder durch Beispielhaftigkeit verbreitet.

Nach Hegel wird jedes Stadium der menschlichen Entwicklung im dialektischen Fortschritt der Geschichte aufgehoben und erhalten. In der *Phänomenologie des Geistes*

(1805) ging er diesem fortlaufenden Prozeß nach – vom Sklaven der Antike, der erfolgreich gegen die Schwierigkeiten der Natur ankämpfte, zum Stoiker, der die Freiheit in sich selbst, unabhängig von den Anforderungen der Natur, begründete, hin zum Skeptiker, der die Freiheit erwarb, indem er einschränkende Kategorien des Denkens auflöste, zum gläubigen Christen, der die Freiheit in einem transzendenten Gott entdeckte und zum modernen Intellektuellen, der sich die höchsten Prinzipien der Vernunft aneignet. In dieser Dialektik subsumieren die aufeinanderfolgenden Formen *(Gestalten)* des Bewußtseins die ihnen vorausgehenden Formen.[19]

Auch Henri Bergson unterschied Stufen des Bewußtseins, die im Laufe der Zeit erschienen, insbesondere *Intellekt* und *Intuition.* Die Intuition entstand, wie er glaubte, aus den instinktiven Verhaltensweisen der Tiere und wurde beim Menschen uneigennützig und sich selbst bewußt. Wie die Fähigkeit des Malers zu einer reinen Wahrnehmung erfaßt sie die Welt direkt, erbringt Erkenntnisse, die ein Philosoph zu einem umfassenden Verständnis der Welt und des Selbst benötigt. In seiner *Einführung in die Metaphysik* (1903) betonte Bergson den unmittelbaren, nicht-begrifflichen Charakter der Intuition und beschrieb sie als direkte Teilnahme an oder Identifikation mit dem, was intuitiv erfaßt wird. Auf die äußere Welt gerichtet, wird sie zu einem Akt,

„kraft[dessen] man sich in das Innere eines Gegenstandes versetzt, um auf das zu treffen, was er an einzigem und Unausdrückbarem besitzt". Auf das Selbst gerichtet, wird sie zu einem Eintauchen in den unteilbaren Strom des Bewußtseins, zu einem Begreifen des reinen Werdens. Anders als der Intellekt, der vom Objekt getrennt bleibt und Erkenntnisse hervorbringt, die sich auf einen bestimmten Gesichtspunkt beziehen, versetzt sich die Intuition in das hinein, was sie kennenlernt, und verzichtet auf Symbole.[20] Später wandelte sich Bergsons Charakterisierung der Intuition. Der Philosoph T.A. Goudge schrieb:

> Er hob [ihren] kognitiven Charakter statt ihre Unmittelbarkeit hervor und bezeichnete sie sogar als Form des Denkens. Als solches ist sie kein spontanes Aufblitzen der Einsicht, sondern ein durch geistige Bestrebung erzeugter Akt. Um eine Intuition zu erlangen, müssen wir unsere Aufmerksamkeit von der natürlichen Beschäftigung mit dem Handeln abwenden. Dieser Akt erfordert konzentriertes Denken. Selbst wenn wir Erfolg haben, sind die Ergebnisse unbeständig. Und doch kann der Intellekt eine teilweise Übermittlung der Ergebnisse bewirken, indem er sich „konkreter Ideen", ergänzt durch Vorstellungsbilder, bedient ... Infolgedessen ist das durch Intuition erlangte Wissen nicht gänzlich unnennbar. Noch ist es im engsten Sinne absolut, da die Intuition eine fortschreitende Aktivität ist, die ihre Reichweite unendlich erweitern und vertiefen kann. Ihre Grenzen können a priori nicht festgesetzt werden.[21]

Der religiöse Aspekt in Bergsons Denken wurde gegen Ende seines Lebens noch ausgeprägter. Er sah ein göttliches Ziel in der Evolution, das über Intuition erfaßt werden kann. Der *élan vital,* der innewohnende Lebensdrang, der die universelle Entwicklung antreibt, wird manchmal „in seiner Ganzheit" jenen Mystikern übermittelt, die eine anteilige Übereinstimmung mit dem schöpferischen Tun erlangen, das „von Gott, wenn nicht Gott selbst" ist. Diese Erfahrung mündet jedoch nicht in Passivität, sondern führt zu einem intensiven Handeln, das Gottes Liebe zur Welt in sich verkörpert. Mystiker werden dazu angetrieben, die göttliche Absicht weiterzutragen, indem sie ihren Mitmenschen Gutes tun. Bergson glaubte, daß der Geist der Mystiker universell werden müßte, um die weitere Entwicklung der Menschheit zu sichern.

Auch Aurobindo war der Ansicht, daß im Verlauf der menschlichen Geschichte neue Formen des Bewußtseins entstehen, doch seine Metapsychologie war komplizierter als die Hegels oder Bergsons. Wie sie unterschied er umfassendere von weniger umfassenden Formen des Wissens, beschrieb aber mehrere Stufen eines höheren Bewußtseins bis zu der höchsten Entwicklung im *Supramentalen,* in dem sich die göttliche Einheit in Vielheit ausdrückt, Individuen mit ihrem kosmischen Wesen in Einklang gebracht werden und der persönliche Wille mit dem kosmischen Willen verbunden ist. Die hierarchischen mentalen Stufen, die zum Supramentalen führen, werden charakteristischerweise in besonderen Formen außergewöhnlicher Handlun-

gen ausgedrückt – das *höhere Mentale* in synoptischem Denken, das *erleuchtete Mentale* in mystischer Inspiration, das *intuitive Mentale* in religiöser Schöpferkraft und das *Übermentale* in weltveränderndem Wirken – während das Supramentale auf diesem Planeten noch verkörpert werden muß.

Aurobindos spirituelle Einsicht war mannigfaltig und umfaßte all jene Bewußtseinszustände, die in den verschiedensten religiösen Traditionen beschrieben werden. Ähnlich wie der große bengalische Mystiker Sri Ramakrishna schilderte er seine Erfahrungen einer persönlichen und unpersönlichen, transzendenten und immanenten, statischen und dynamischen Göttlichkeit, und wie sein indischer Vorgänger behauptete er, daß Gottes Übernatur viele Dimensionen hat.

Aufgrund seiner vielgestaltigen kontemplativen Erfahrung und seiner weitreichenden Kenntnis religiöser Schriften aus Ost und West war Aurobindo dafür bestimmt, eine differenziertere spirituelle Psychologie als Hegel oder Bergson zu entwickeln. Selbst wenn wir (wie ich) seiner Schilderung der höheren mentalen Stufen agnostisch gegenüberstehen, können wir doch die dahinterstehende allgemeine Auffassung akzeptieren, daß das Bewußtsein weitaus fließender und komplexer ist, als die meisten westlichen Philosophen erkennen.*

* Aurobindo beschrieb die Stufen zwischen dem gewöhnlichen Intellekt und dem Supramentalen in *Das Göttliche Leben,* Buch 2, Kapitel 26. Weniger formelle und anschaulichere Beschreibungen der höheren mentalen Stufen sind in einigen von Aurobindos Briefen zu finden – siehe beispielsweise *Briefe über den Yoga,* Teil I.

Hegel, Henry James senior und Sri Aurobindo haben neben anderen den Gedankengang entwickelt, daß sich die Entfaltung dieser Welt auf das verborgene Wirken, das Herniedersteigen oder die Involution eines Höchsten Prinzips oder der Göttlichkeit gründet. Jeder dieser Philosophen nahm an, daß ein fortschreitender Ausdruck höherer Formen oder Qualitäten durch ihre insgeheime Existenz oder Immanenz in der Natur möglich wird. Nach Hegels Vorstellung offenbart sich der Geist sich selbst durch die dialektische Entwicklung in der Geschichte, indem er seine grundlegende Vollkommenheit über These, Antithese und Synthese wiedererlangt, in denen ein Aspekt nach dem anderen in einem höheren Erfülltwerden aufgehoben wird.

Henry James senior, der im Schatten seiner berühmten Söhne William und Henry stand, entwickelte eine Synthese aus ethischem, sozialem und metaphysischem Denken, das sich weitgehend auf die Auffassungen Swedenborgs und der Neuplatoniker gründete. Für ihn ging der Evolution die Involution des Göttlichen in dieser Welt voraus. „Was auch immer ein Ding erschafft", schrieb er, „gibt ihm Leben, *in*-volviert es, nicht umgekehrt. Der Schöpfer involviert das Geschöpf, das Geschöpf *e*-volviert den

Schöpfer."[22] James' Vorstellung ging zum Teil auf Swedenborg zurück. In seinem metaphysischen Werk *Substance and Shadow* (1863) schrieb er:

> Nach Swedenborg – kurz gesagt – erschafft uns Gott oder gibt uns Leben, indem Er sich vollendet in unserer Natur verkörpert. Doch insofern, als dieses Herniedersteigen des Schöpfers zu den menschlichen Begrenzungen natürlich, auf der Seite des Geschöpfes, die genaueste Umkehrung der schöpferischen Vollkommenheit mit sich bringt ..., muß es notwendigerweise eine entsprechende aufsteigende Bewegung auf Gottes Seite bewirken, die uns spirituelle Befreiung von unseren Fehlern schenkt. Sonst würde die Schöpfung vollkommen wirkungslos bleiben, außer in einer abwärts führenden Richtung.
>
> Folglich ist eindeutig zu schließen, daß sich das göttliche Wirken in der Schöpfung aus zwei Bewegungen zusammensetzt: die eine ... erschaffend, uns das ursprüngliche Wesen oder die Identität gebend, die andere ... erlösend, eine Bewegung der Verklärung, die uns die weitestreichende individuelle oder spirituelle Entwicklung von unserem niederen Ursprung aus schenkt. Die vorausgehende Bewegung, das Herniedersteigende, Ruhende, das eigentlich Erschaffende – gibt uns das natürliche, eigentliche Selbst oder Bewußtsein, ein Bewußtsein der Trennung von Gott, von einer uns innewohnenden und unabhängig von Ihm bestehenden Kraft. Die nachfolgende Bewegung – das Aufsteigende, Dynamische und eigentlich Erlösende – schenkt uns spirituelles Bewußtsein, ein Bewußtsein der Einheit mit Gott.[23]

Aber die „nachfolgende, aufsteigende, dynamische Bewegung" war nicht auf menschliches Bewußtsein begrenzt. In einigen seiner späten Werke ging James davon aus, daß auch die unbelebte Natur an der Evolution der involvierten Göttlichkeit teilnimmt. Das Bewußtsein, schrieb er, gehört so wahrhaftig, wenn auch nicht so eindeutig, zum Mineralreich wie zum Pflanzen- und Tierreich. Es ist die meist verbreitete oder die allgemeinste Form des Bewußtseins und daher die am wenigsten offensichtliche für das menschliche Auffassungsvermögen.

Die mineralische Form ist folglich die früheste oder niedrigste Entwicklung des Ich. Es ist das Ich in einem äußerst trägen Zustand, einem passiven Zustand oder einfach einem Zustand der Ruhe. Es ist das Ich, das zuerst einen Platz oder einen Standort erhält für seine nachfolgende Erfahrung des *Wachstums* in der pflanzlichen Form, der *Bewegung* in der tierischen und des *Handelns* in der menschlichen Form.

Die Natur ist nur ein Echo der Seele und spiegelt daher nichts von der göttlichen Schöpfung und Vorsehung, was nicht ursprünglich von der Seele durchdrungen ist.[24]

Mehrere Jahrzehnte nach James sprach sich Aurobindo für den Grundsatz der Involution / Evolution aus, der dem von James ähnelt. Das Tier, so schrieb er,

ist ein lebendiges Laboratorium, in dem die Natur sozusagen den Menschen erarbeitet hat. Der Mensch mag sehr wohl ein denkendes, lebendiges Laboratorium sein, in dem sie mit seiner bewußten Mitwirkung den Über-Menschen, den Gott erarbeiten will ... Denn wenn die Evolution die fortschrei-

tende Offenbarung seitens der Natur von dem ist, was in ihr schlief oder involviert in ihr wirkte, ist die Natur auch die offenbare Realisation von dem, was sie insgeheim ist. Wir dürfen sie also nicht auf einer gewissen Stufe ihrer Evolution bitten, innezuhalten, und wir haben auch nicht das Recht, mit den Vertretern der Religion als verkehrt und anmaßend oder, mit den Vertretern des Rationalismus, als Krankheit oder Halluzination ihre etwaige Absicht oder ihr Bemühen zu verurteilen, über die jetzige Stufe hinauszugehen. Wenn es wahr ist, daß Geist in Materie involviert und sichtbare Natur insgeheim Gott ist, dann ist es für den Menschen auf Erden das erhabenste und legitime Ziel, in sich selbst das Göttliche zu offenbaren und Gott im Innern und nach außen hin zu verwirklichen.[25]

Trotz der deutlichen Unterschiede in ihren Philosophien sahen sowohl Aurobindo als auch James die universelle Evolution aus einer vorausgehenden Involution Gottes in der Natur hervorgehen. Man könnte beide als Vertreter eines evolutionären Emanatismus bezeichnen, da sie die sichtbare Welt als Emanation des Göttlichen (oder des Einen) ansahen, gleichzeitig jedoch als einen dynamischen Prozeß, der Gott in der äußeren Welt schöpferisch zu offenbaren sucht. James' Biograph Frederic Young schrieb: „Liest man Aurobindos Meisterwerk *Das Göttliche Leben*, erwacht bei demjenigen, der mit James seniors Werken vertraut ist, das unbeschreibliche Gefühl, daß Aurobindo und James miteinander korrespondiert und diskutiert haben müssen – so groß ist die geistige Verwandtschaft der Philosophien dieser beiden Denker!"[26] Beide Philosophen betrachteten die „sichtbare Natur" als „insgeheim Gott" und sahen die Höchste Wirklichkeit im Wandel der Zeiten immer vollständiger auf dieser Welt in Erscheinung treten. Wie Hegel, Bergson und andere Philosophen seit dem späten

18. Jahrhundert sahen sie „das Eindringen der Zeit in die Kette der Wesen", um mit dem Historiker Arthur Lovejoy zu sprechen, indem sie die sichtbare Welt „nicht als Beschreibung eines Bestandes, sondern als Programm der Natur" begriffen. Lovejoy schrieb zu diesem Eindringen der Zeit:

Ein großer Teil der maßgebenden philosophischen Ideen des frühen 18. Jahrhunderts – die Konzeption der Kette der Wesen, die Gesetze der Kontinuität und Fülle, auf denen sie beruhte, die optimistische Weltanschauung, die sie begründen half, und die geltende Biologie – waren also alle im Einklang mit dem Salomo zugeschriebenen Ausspruch ... Es ist nicht nur nichts Neues unter der Sonne, es wird auch niemals etwas Neues geben. Der Fortgang der Zeit bedeutet keinen Zuwachs an Mannigfaltigkeit in der Welt; in einer Welt, welche Ausdruck einer ewigen Vernunft ist, durfte dies auch gar nicht sein. Und doch setzte gerade zu der Zeit, als dieser Aspekt der alten Auffassung am klarsten ausgesprochen wurde, eine Reaktion dagegen ein.

Eines der wichtigsten Ereignisse im Denken des 18. Jahrhunderts war nämlich das Eindringen der Zeit in die Kette der Wesen. Das *plenum formarum* wurde nunmehr von manchen nicht als Beschreibung eines Bestandes, sondern als ein Programm der Natur verstanden, welches allmählich und in langen Zeiträumen der kosmischen Geschichte verwirklicht wird. Alle möglichen Dinge verlangen nach

Verwirklichung, aber nicht allen wird sie zur gleichen Zeit gewährt. Einige haben sie in der Vergangenheit erhalten und dann anscheinend wieder eingebüßt; viele sind in den jetzt lebenden Geschöpfen verkörpert; unendlich viel mehr sollen das Geschenk der Existenz in den kommenden Zeitaltern noch erhalten. Das Prinzip der Fülle gilt nur vom Universum in seinem gesamten zeitlichen Ablauf. Der Demiurg hat es nicht eilig: seiner Güte ist Genüge getan, wenn jede Idee früher oder später in der sinnlichen Welt manifest wird.[27]

Bevor sich die Vorstellung von Fortschritt und Evolution im Westen durchsetzte, war der Gedanke von Emanation und Rückkehr im allgemeinen in einer Weltanschauung verankert, die die Welt als statisch (oder zyklisch) sah, zu der der Faktor Zeit nichts Neues hinzufügt.[28] Daß sich die Sichtweise des Emanatismus sowohl mit evolutionären als auch mit nicht-evolutionären Kosmologien vereinigte, deutet an, welch dauerhafte Anziehung sie auf die metaphysische Vorstellungskraft ausübte und wie das intuitive Wissen anderer Zeiten und Kulturen in ihr Widerhall fand. Die Idee einer göttlichen Emanation zeigt seit dem Altertum in einfacher und vortrefflicher Weise die Erkenntnis zahlloser Menschen, daß sie eine verborgene Verbindung, eine Verwandtschaft oder Gleichartigkeit mit dem grundlegenden Prinzip dieses Universums haben. Ein solches Erkennen, das philosophische Lehren von Emanation und Rückkehr (oder Involution / Evolution) nachhaltig begründet und trägt, kann kurz sein oder von Dauer, spontan auftreten oder als Ergebnis von Übungen zur Transformation. Philosophen und Mystiker aus nahezu allen spirituellen Traditionen haben dies in verschiedenen Darstellungen in Parabeln, Aphorismen oder metaphysischen Aussagen ausgedrückt:

- „Bevor es deine Eltern gab“, fragt ein berühmtes Zen-*Koan*, „was war dein eigentliches Gesicht?“ Diese berühmte Frage weist darauf hin, daß wir im Besitz einer wesentlichen Subjektivität oder Persönlichkeit sind, die der Geburt vorausgeht und den Tod selbst überdauert.

- In einer berühmten hinduistischen Parabel heißt es, daß ein seit der Geburt von seiner Mutter getrennter Tiger von Schafen aufgezogen wird und glaubt, eines von ihnen zu sein, bis ein anderer Tiger ihm im Wasser eines Flusses sein Spiegelbild zeigt. Wir alle sind Tiger, besagt die Parabel, alle insgeheim Gott (oder Brahman), obwohl wir uns für etwas anderes halten.

- Platons Lehre der *Anamnesis* oder „Wiedererinnerung“ besagt, daß wir uns jener den Sinneseindrücken zugrundeliegenden göttlichen Ideen erinnern können, und gründet sich auf die Überzeugung, daß Menschen im Besitz einer unsterblichen Seele sind, die mit jenen Ideen in Verbindung steht, bevor sie eine sterbliche Hülle annimmt. Obgleich sich die Gelehrten uneins darüber sind, inwieweit Platon selbst eine mystische Erleuchtung erfuhr, gingen die platonischen und neuplatoni-

schen Denker üblicherweise davon aus, daß die Menschen insgeheim in Gott verwurzelt sind und diese Tatsache durch das Üben bestimmter Tugenden, das Streben nach Schönheit und philosophische Beweisführung (oder Dialektik) realisieren können. „Gott also“, schrieb Plotin, „ist nicht fern von einem jeden, sondern ist in allen nahe, ohne daß sie es wissen. Sie selbst aber entfliehen ihm, oder vielmehr sie entfliehen sich selbst. Sie können darum den nicht ergreifen, dem sie entflohen sind, und können auch, da sie sich selbst vernichtet haben, keinen anderen suchen; wird doch ein Kind, das im Wahnsinn außer sich geraten, seinen Vater nicht kennen; wer sich selbst aber kennengelernt hat, wird auch wissen woher.“[29] Die in diesem Absatz angesprochene Metapher der Heimkehr hat der deutsche Dichter Novalis mit seiner berühmten Zeile *immer nach Hause*, zu unserem geheimen Ursprung, ausgedrückt.

- Wenn auch die Seele des Menschen nach der Lehre des Christentums keine Identität mit Gott haben kann, so schrieb der Dominikanerpater Meister Eckhardt: „Der Erkenner und das Erkannte sind eins ... Einfältige Leute stellen sich vor, sie sollten Gott sehen, als stünde Er da und sie hier. Dies ist nicht so. Gott und ich, wir sind eins in der Erkenntnis.“ Ähnlich sagte die heilige Katharina von Genua: „Mein Mich ist Gott, und ich anerkenne kein anderes Mich außer meinem Gott selbst.“[30]

- Und der Sufi-Heilige Bayazid-al-Bistami schrieb: „Ich ging von Gott zu Gott, bis sie aus mir in mich riefen, ‚O du Ich!‘ “

Dieses Gedankengut aus buddhistischen, hinduistischen, platonischen, christlichen und islamischen Traditionen spiegelt die seit dem Altertum von zahllosen Menschen geteilte Erkenntnis einer Wirklichkeit, die gewöhnlich verborgen ist, doch unmittelbar wiedererkannt wird als unser eigentliches Gesicht, unsere wahre Identität (als Tiger unter Schafen), unsere unsterbliche Seele, unser gemeinsames Fundament mit Gott, unser insgeheimes Einsseins „mit allen Göttern".[31] Diese Erkenntnis fördert und gebärt die Lehren von Emanation und Rückkehr. So gesehen scheint es naheliegend, die sichtbare Welt als eine Bühne für die Rückkehr der individuellen Seele zu ihrem Ursprung zu sehen oder (wie Aurobindo und James) als einen universellen Evolutionsprozeß, der stufenweise seine insgeheime Göttlichkeit zum Ausdruck bringt.

Die Idee der Involution / Evolution trägt dazu bei, manche Sehnsüchte, Erleuchtung und scheinbare Erinnerungen an eine ursprüngliche Über-Existenz zu begründen. Sie hilft, die tiefe Übereinstimmung zwischen Willen, Vorstellung, Gefühlen und Leib zu erklären, durch die leib-seelische Wandlungen vermittelt zu werden scheinen. Unsere Zellen reagieren demzufolge auf unsere Gedanken und Absichten (und die ichtranszendenten Kräfte), weil sie dieselbe ewige oder ursprüngliche Quelle haben. Die Vorstellung der Involution / Evolution stimmt mit meiner Ansicht überein, daß Übun-

gen zur Transformation (wie die Evolution selbst) unsere latenten Möglichkeiten für ein außergewöhnliches Leben erwecken können. Diesen Worten zufolge kann die menschliche Natur metanormale Fähigkeiten verwirklichen, weil sie dazu bestimmt ist. Da der Schöpfer in sein Geschöpf herabgestiegen ist, wie Henry James senior es ausdrückte, gibt uns die erlösende Bewegung der Natur „ein Bewußtsein der Einheit mit Gott". Oder wie Aurobindo schrieb: „Wenn die sichtbare Natur insgeheim Gott ist, dann ist es für den Menschen auf Erden das erhabenste und legitime Ziel ..., Gott im Innern und nach außen hin zu verwirklichen."

Die Involution / Evolutions-Lehren von Henry James senior und Sri Aurobindo haben vieles gemein mit der Sichtweise Alfred North Whiteheads und Charles Hartshornes. Whiteheads *Erfassen* hat beispielsweise zwei Grundformen: das physische Erfassen wirklicher Einzelwesen, raum-zeitlicher Ereignisse, die den universellen Prozeß ausmachen (siehe den Abschnitt über den animistischen Interaktionismus), und das begriffliche Erfassen von zeitlosen Gegenständen, die an die platonischen Formen erinnern. Gott in seiner „Urnatur" erhält die zeitlosen Gegenstände, die allen wirklichen Ereignissen oder Einzelwesen ihr anfängliches subjektives Ziel geben. Oder anders gesagt, Gott zieht wirkliche Einzelwesen (einschließlich Atome, Zellen und Menschen) an, indes er in seiner „Folgenatur" mit ihren Aktivitäten leidet und durch sie geformt wird.[32] Charles Hartshorne hat eine ähnliche Anschauung entwickelt. Da Whitehead und Hartshorne sowohl die zeitlosen als auch die sich entwickelnden Aspekte des Göttlichen erkennen, kommen sie der Vorstellung Aurobindos von der Involution / Evolution nahe. Tatsächlich kann man alle vier Denker als *Panentheisten* ansehen, da sie sowohl den transzendenten als auch den immanenten Aspekt des Göttlichen bestätigen. (Der *Panentheismus* besagt, daß das Wesen Gottes das gesamte Universum umfaßt und durchdringt, so daß jedes seiner Teile in ihm existiert, doch – im Gegensatz zum *Pantheismus* – daß sein Wesen mehr als das Universum ist und sich nicht in ihm erschöpft.)[33] Der britische Theologe John Robinson entwickelte die panentheistische Lehre in seiner *Exploration into God* weiter. Da wir, nach seiner Aussage, bereits in Gott existieren, suchen wir nicht nach ihm, sondern „erforschen ihn".[34]

Als ich mich in die Berichte über religiöse Erfahrungen aus den verschiedenen Kulturen vertiefte, erschien mir die panentheistische Sichtweise immer zwingender. Seit Geschichte geschrieben wird, haben Menschen mit unterschiedlichen Anschauungen über Gott und die menschliche Natur ihr Erkennen einer Wirklichkeit beschrieben, die, auf das Universum bezogen, sowohl immanent als auch transzendent ist. Moderne Untersuchungen über religiöse und säkulare ekstatische Erfahrungen, die unter anderem von William James, Marghanita Laski, Raynor Johnson und Edward Robinson durchgeführt wurden, haben viele detaillierte Berichte solcher Erfahrungen erbracht.[35] Obgleich derartige Erleuchtungen bei Menschen mit unterschiedlichem kulturellem Hintergrund geschehen, sind sie charakteristischerweise mit dem Erfassen

von etwas Vertrautem, einer insgeheim erkannten Wirklichkeit und Aussagen wie den folgenden verbunden: „Ich bin wieder heimgekehrt", oder „Hier beginnt alles", oder „Dies bin ich wirklich."* Und häufig begleitet sie ein metanormaler Wille, außergewöhnliche Kraftentfaltung und Bewegung. Jene außergewöhnlichen, in diesem Buch beschriebenen Kräfte werden beispielsweise dem Erfülltsein in Gott (13.1, 21.3), der Allgegenwart Gottes (22) oder dem Wirken der „Leere *(sunyam)* durch menschliche Hände und Füße" (20.1) zugeschrieben. Von nahezu jedem metanormalen Merkmal wurde angenommen, daß es aus einer transzendenten Realität hervorgeht, die auf grundlegende Weise mit der gewöhnlichen menschlichen Natur verknüpft ist. Mir scheint, daß aus diesem Grunde die Beweise für außergewöhnliche Fähigkeiten in die Richtung eines Panentheismus führen.

*

Diese fünf gedanklichen Strömungen – alle in neuerer Zeit von Philosophen ausgearbeitet, die versuchten, die Evolution mit höchsten oder ewigen Prinzipien in Einklang zu bringen – stimmen insgesamt gesehen mit meinen Überlegungen überein:

* Mit den Worten von T. S. Eliot: „... und am Ende aller Forschungsreisen/werden wir an unseren Ausgangspunkt gelangen/und zum ersten Mal den Ort wahrhaft erkennen" *(Vier Quartette)*. Eine Zusammenstellung von Parabeln, Aphorismen und metaphysischen Aussagen, die dieser Erkenntnis Ausdruck verleihen, ist in Metzner 1987, Kapitel 8: Die Rückkehr zum Ursprung, enthalten.

- Erstens die anti-reduktionistischen Lehren der Emergenz, die das evolutionäre Prinzip des Neuen und auftauchende Stufen der Existenz betonen – sie enthalten Einsichten und einen philosophischen Standpunkt zur Begründung der Vorstellung, daß metanormale Fähigkeiten Teil des kreativen Fortschreitens der Welt sind.
- Zweitens die Idee der Subsumtion – sie erhellt einen wesentlichen Aspekt der Entwicklung in den kosmischen, biologischen und psychosozialen Bereichen und stützt die Vorstellung, daß Übungen zur Transformation all unsere Wesensanteile mit einbeziehen können, um eine umfassendere Integration des Selbst hervorzubringen.
- Drittens der panpsychische oder animistische Interaktionismus – er integriert Daten aus verschiedenen Wissenschaftsbereichen und weist darauf hin, daß die Entwicklungsfähigkeit des Menschen aus einer schöpferischen Kraft erwächst, die überall im Universum vorhanden ist, und er hebt hervor, daß Einzelwesen auf verschiedenen Stufen, von subatomaren Ereignissen bis zu menschlichen Aktivitäten, einander erfassen und miteinander über ein gegenseitiges Formen in Verbindung stehen.

- Viertens die Vorstellung, daß sich das Bewußtsein der menschlichen Spezies stufenweise fortentwickelt hat – sie setzt unser Verständnis des individuellen Wachstums mit dem langen Prozeß der menschlichen Geschichte in Beziehung.
- Fünftens die Idee der Involution / Evolution – sie verbindet in einer solch beeindruckenden und einfachen Weise die verschiedenen Formen der außergewöhnlichen menschlichen Erfahrung miteinander.

Jede dieser Ideen – und andere selbstverständlich auch – kann weiterentwickelt werden, um unsere Möglichkeiten für ein schöpferisches Fortschreiten aufzuzeigen. Doch lassen Sie mich das Wort (weiter-)*entwickeln* hervorheben. Um dem täglichen Leben – einschließlich der integralen Methoden – von Nutzen zu sein, müssen Denksysteme im Lichte unserer wachsenden Erfahrung verfeinert werden. Sie müssen im Gefolge neuer Erkenntnisse aus Wissenschaft, psychischer Forschung, vergleichenden Studien der Religionen, Transformationspraxis und anderen Bereichen geändert (oder aufgegeben) werden. Auch wenn sie uns eine gewisse Orientierung hinsichtlich der Methoden und des Lebens im allgemeinen geben, dürfen wir nicht vergessen, daß philosophische Landkarten nicht die von ihnen gezeigten Gebiete sind und daß sie oft genug viele Merkmale dessen, das sie beschreiben sollen, verbergen oder verschleiern. Sie müssen daher in manchen Fällen von anderen Landkarten und Metaphern ergänzt werden. Tatsächlich verlangt Erfolg in jedem Bereich eine Bereitschaft zur Anwendung von Prinzipien, die zuerst widersprüchlich erscheinen mögen. Religiöse Übung wird beispielsweise durch Vorstellungen, über sich selbst hinauszugehen, gefördert (und durch die heldenhaften Metaphern, die sie inspirieren), ein anderes Mal erfordert sie die Einstellung des Nicht-Erreichens, die Hingabe an Gott oder Selbstbejahung. Da die in diesem Buch beschriebenen außergewöhnlichen Handlungsweisen aus komplexen Prozessen der Wahrnehmung, Kognition, der Gefühle und des Körpers entstehen, benötigen wir eine große Vielfalt an Leitbildern, um sie zu erfassen und zu beschreiben.[36]

Vorstellungen, die das Verständnis der metanormalen Entwicklung erschweren

Wenn man berücksichtigt, daß die fünf beschriebenen gedanklichen Strömungen jederzeit revidiert werden können, so vermögen sie (ebenso wie viele andere) dazu beizutragen, Theorien und Daten zu integrieren, die die Möglichkeiten unseres Wachstums erhellen. Aber daneben existieren andere Vorstellungen – von denen einige heute sehr weit verbreitet sind –, die einer solchen Integration nicht förderlich sind.

Wissenschaftliche Reduktionismen, die systematisch mystische Erfahrungen und Nachweise für paranormale Phänomene ausschließen, dualistische Denkweisen über Körper und Geist, die subjektive Erfahrung und somatische Prozesse radikal voneinander trennen, und asketische Weltanschauungen, die den Anteil des Körpers an dem Erfülltsein des Menschen herabsetzen, sind allesamt hinderlich für die Integration der Einsichten, die von den Bio-Wissenschaften, der psychischen Forschung und vergleichenden Religionsstudien hinsichtlich der menschlichen Entwicklung gewonnen werden konnten. Noch helfen sie uns, Methoden zu entwickeln, die unseren erhabeneren Fähigkeiten angemessen sind. Zum Abschluß dieses Kapitels möchte ich noch kurz auf zwei Konzepte eingehen, die bei einigen Menschen ein Verständnis unserer Fähigkeiten zur Transformation unterbinden – nämlich die auf Nietzsche zurückgehende Idee des Übermenschen sowie die Folgerungen aus Hegels Denkweise, daß Gott die Menschen als austauschbare Mittel zu einem bestimmten Zweck gebraucht, als bloße Trittsteine auf dem Weg zu höheren Lebensformen.

*

Nietzsches Übermensch hatte, wie der Philosoph Walter Kaufman es nannte, seinen „ersten öffentlichen Auftritt“ in *Also sprach Zarathustra.* Der Begriff selbst fand schon bei Heinrich Müller (in *Geistliche Erbauungsstunden*, 1664–1666) und Goethe (in einem Gedicht – *Zuneigung* – und im *Faust* I, 490) Verwendung; Nietzsche jedoch gab ihm eine neue Bedeutung. Der *Übermensch* ist natürlich kein Muskelprotz oder

Tyrann, noch ist er durch natürliche Auslese entstanden. In *Ecce Homo* (III.3) schrieb Nietzsche, daß nur „gelehrtes Hornvieh" seine Vorstellung auf darwinistische Weise interpretieren könnte. Nach Kaufman überwindet der Übermensch seine animalische Natur, „indem er seine Triebe sublimiert, seine Leidenschaften heiligt und seinem Charakter Stil gibt".[37] Die Macht des Übermenschen erwächst aus der Beherrschung des Selbst, nicht aus der Herrschaft über andere. Sein Glück entsteht aus einer transzendenten Dimension der Persönlichkeit (seinem wahren Selbst), nicht aus der Befriedigung gewöhnlicher Triebe. Nichtsdestotrotz haben verschiedene Aspekte und Verzerrungen von Nietzsches Gedanken über den Übermenschen eine Auseinandersetzung mit der Fähigkeit des Menschen, über sich selbst hinauszugehen, behindert. An erster Stelle steht hier die Verwendung bestimmter Aussagen Nietzsches von den Nazis, um deren Anspruch zu rechtfertigen, eine Herrenrasse zu sein.

Um dieser falschen Verwendung von Nietzsches Worten entgegenzutreten, beschrieb Kaufman dessen lebenslange Ablehnung des Antisemitismus, sein starkes Eintreten für eine Mischung der Rassen (zur Förderung einer kulturellen Lebendigkeit), seine Verehrung des Alten Testaments, seine Verachtung für den deutschen

Nationalismus, seine Abscheu gegenüber den meisten politischen Funktionären, seine Überzeugung, daß menschlicher Fortschritt von „Selbstzucht" statt von selektiver Züchtung abhängt, und seine Verachtung für die Begeisterung der Massen, wie sie später die Nazis auslösen sollten. Nazi-Apologeten wie Richard Oehler gebrauchten systematisch verfälschte Zitate von Nietzsche und rissen einige seiner Aussagen aus dem Zusammenhang, um die Behauptung zu untermauern, daß er den Anspruch der Nazis vorwegnahm, daß die Deutschen eine Herrenrasse seien.[38]

Kaufman schrieb,

> ... daß Nietzsches Thesen denen der Nazis eindeutig widersprechen, und zwar in größerem Maße als die fast aller prominenten Deutschen seiner Zeit oder vor ihm. Wichtig ist ferner, daß es sich dabei nicht um Antithesen handelt, die er aus zufälligen Launen heraus formuliert hat, sondern um Konsequenzen aus seiner Philosophie. Nietzsche war in dieser Frage alles andere als zweideutig – genausowenig zweideutig, wie es die Behauptung ist, daß die Art, wie die Nazis ihn zitiert haben, zu den dunkelsten Seiten in der Geschichte literarischer Skrupellosigkeit gehört.[39]

Doch die Richtigstellung der Ansichten Nietzsches in bezug auf die Rasse wird die Tendenz mancher Leute, Vorstellungen über eine weitere menschliche Entwicklung mit einem machthungrigen Übermenschen in Verbindung zu bringen, nicht auflösen. De facto hat diese Gleichsetzung das Vermögen einiger Menschen, mutig über einen tiefgreifenden Wandel auch nur nachzudenken, sehr gehemmt. Unser Denken muß jedoch nicht auf diese Weise begrenzt werden. Niemand zwingt uns, außergewöhnliche Fähigkeiten mit einer Herrenrasse oder einem narzißtischen Übermenschen gleichzusetzen; die in diesem Buch beschriebenen metanormalen Fähigkeiten scheinen sich zudem am besten in Verbindung mit einer Liebe zu allem Lebendigen zu entfalten. Die Sensibilität, Empathie und Liebe – wie sie aus den hier angesprochenen Methoden hervorgehen – machen uns dazu geneigt, uns allen Wesen auf dieser Erde zuzuwenden. Es gibt einen Willen, der über den Machttrieb hinausgeht, eine das Ich transzendierende Identität, die sich auf das Zusammengehörigkeitsgefühl mit anderen gründet, außergewöhnliche vitale Kräfte, die auf Menschen in Not überfließen können.

Dennoch ist es meiner Überzeugung nach richtig, daß die Besorgnis über ehrgeizige Vorhaben im Hinblick auf das Wachstum des Menschen ein Teil unserer intellektuellen Stimmung ist, da außergewöhnliche Fähigkeiten viele Arten von destruktiven Handlungsweisen hervorrufen oder begünstigen können.

Der „Übermensch" erinnert uns durch seine eindringliche Präsenz heute daran, daß die Gedanken über das Wachstum des Menschen mit Weisheit und Sorgfalt formuliert werden müssen.

Aussagen darüber, daß wir an einem grundlegenden evolutionären Fortschritt teilhaben können, werden von manchen Leuten sofort mit dem Gedanken assoziiert, daß Gott (oder irgendein anderes Überwesen) uns als Mittel zu seinen eigenen Zwecken, als bloßes Instrument in einem großen Plan benutzt. Diese Einstellung wurde von Kierkegaard vertreten, der glaubte, daß Hegels Vision einer Welt, die nach der unerbittlichen Logik des Absoluten fortschreitet, jedes Individuum seiner Bedeutung, Subjektivität und seines Selbstwertgefühls beraubt. Ähnliche Einwände wurden auch gegen andere visionäre Philosophien erhoben, gegen Teilhard de Chardins Äußerung, daß das Universum sich unaufhörlich auf den Punkt Omega zubewegt, oder Marx' Lehre, daß der Sieg des Proletariats unvermeidlich ist. Doch die Nachweise für das Transformationsvermögen des Menschen – selbst wenn sie im Sinne eines allgemeinen evolutionären Fortschritts beurteilt werden – besagen nicht notwendigerweise, daß Gott, Geist, Evolution, Natur, Dialektik oder irgendeine andere Entität unwillkürlich den eigenen großen Plan erfullen, ohne die Bedeutung des Individuums oder seine Wahlmöglichkeiten zu berücksichtigen. Da der Verlauf der Evolution, beim Menschen wie beim Tier, eher gewunden als geradeaus fortschreitend ist, kann man vernünftigerweise davon ausgehen, daß auch die Evolution auf der metanormalen Ebene von Höhen und Tiefen gekennzeichnet ist. Die Entscheidung, unser höheres Potential zu entfalten, liegt bei uns, nicht bei Gott. Jeder tiefgreifende Wandel eines Menschen schließt seine Subjektivität mit ein. Es wird keine menschliche Weiterentwicklung geben, wenn nicht einige von uns auf ihre Verwirklichung hinarbeiten. Die Lehren über einen zwangsläufigen oder notwendigen menschlichen Fortschritt sind in

Verruf geraten. Glücklicherweise haben sich Vorbehalte gegenüber der Unausweichlichkeit des Klassenkampfes, der dialektischen Entwicklung des Absoluten und Gottes unaufhörliche Bewegung auf den Punkt Omega zu durchsetzen können. Diese Vorbehalte verneinen jedoch nicht die Tatsache, daß wir über weitere Möglichkeiten der Entwicklung verfügen, wie sie hier beschrieben werden.

Nichtsdestotrotz rufen Ideen wie die der Involution / Evolution bei manchen Menschen starke Einwände hervor. Auf philosophische Anschauungen, die dem Bösen – im Vergleich zum Gang der Geschichte in Richtung zum Guten – eine untergeordnete oder dienliche Bedeutung beimessen, reagieren viele von uns instinktiv mit Ablehnung. Mit Iwan Karamasow weigern wir uns, die Eintrittskarte in eine Welt anzunehmen, in der unschuldige Kinder leiden. Angesichts der Ungeheuerlichkeiten des Lebens fällt es uns schwer, an eine geheime Göttlichkeit zu glauben, die die Menschheit in eine möglicherweise großartige Zukunft führt. Keine intellektuelle Erklärung allein, wie kraftspendend sie auch sein mag, gibt auf derartige Einwände eine ausreichende Antwort. Unsere beste Reaktion auf das Böse besteht darin, so zu leben, daß wir helfen, es zu verringern. Keine Idee allein vermag die Wege Gottes für uns zu recht-

fertigen. Das Leiden dieser Welt erfordert *Akte* der Transformation, die allen Lebewesen auf unserem Planeten ein besseres Leben ermöglichen.

Tatsächlich kann ein mitreißender Idealismus eine kontemplative Sicht der menschlichen Existenz, die von der Auseinandersetzung mit tatsächlichen Problemen ablenkt, begünstigen. Die meisten von uns würden zustimmen, daß es besser ist, die wirkliche Welt zu verbessern, als das Leben aus einer Hegelschen Sicht, wie von einem Berggipfel aus, zu betrachten. Letztlich muß eine Weltanschauung an dem gemessen werden, was sie erbringt, und philosophische Ansätze, die die Begrenzung des Menschen hervorheben, haben vielleicht mehr Gutes zur Folge als die Visionen eines Aurobindo oder Whitehead. Meine Überlegungen stehen jedoch mit gewissen Vorstellungen dieser beiden Philosophen in Einklang, so daß wir uns fragen sollten, auf welche Weise sie zum Gemeinwohl beitragen.

Antworten hierauf lassen sich überall in diesem Buch finden, doch auf einige möchte ich hier an dieser Stelle eingehen. Erstens kann uns die Aufstellung der außergewöhnlichen Fähigkeiten in den Teilen I und II helfen, Wachstumsmöglichkeiten zu erkennen, auf die wir möglicherweise sonst nicht aufmerksam würden. In Teil III bringe ich auf der Grundlage dieser Aufstellung einige Methoden vor, die uns fähiger machen, unseren Mitmenschen zu dienen. Darüber hinaus zeigt eine solche Aufstellung, daß in manchen Handlungsweisen des Menschen, die auf den ersten Blick fremdartig oder weniger anziehend erscheinen, eine mögliche Kreativität verborgen ist. Daraus können uns Wachstumsmöglichkeiten eröffnet werden, die von Philosophien, die für unsere tiefergehenden Möglichkeiten zur Transformation nicht offen sind, unter Verschluß gehalten werden. Daß bestimmte kraftspendende Eigenschaften zuerst als Krankheit oder Exzentrizität auftreten, ist ein immer wiederkehrendes Thema dieses Buches. Wenn wir uns eine streng reduktionistische oder materialistische Sichtweise der menschlichen Natur zu eigen machen, werden wir wahrscheinlich nicht erkennen, daß manche beunruhigenden oder widernatürlich erscheinenden Begebenheiten die Tendenz haben, Fähigkeiten freizusetzen, die ein Verhalten zugunsten anderer hervorbringen. Beispielsweise fördert die ungewöhnliche Kraftentfaltung, die mit Kundalini-ähnlichen Erfahrungen oder dem *Incendium amoris* verbunden ist (siehe Kapitel 5.4), Werke der Liebe und des Dienens. Die Erkenntnis, daß solche Begebenheiten möglicherweise erste Anzeichen für schöpferische Fähigkeiten sind, kann uns dabei helfen, sie in unser Alltagsleben einzubinden.

Die Idee der Involution / Evolution schafft eine größere Offenheit gegenüber kraftspendenden Fähigkeiten, aber sie kann mehr als das. Indem sie uns auf die Immanenz eines höchsten Guten in der Welt aufmerksam macht, kann sie – *ohne das Böse oder das Leiden zu übersehen* – ein allgemeines Gefühl von Hoffnung bestärken, ein Vertrauen in das Leben und eine Bereitschaft, in allem in dieser Welt das Gute zu sehen.

Die hier entwickelte Sichtweise der Möglichkeiten des Menschen verheißt uns, mit ihrer involutionär-evolutionären Perspektive, bedeutende Abenteuer. Wenn wir tatsächlich über das in diesem Buch beschriebene Potential verfügen, so befinden wir uns am Rande einer ungeheuren Grenze. Es ist denkbar, daß diese Grenze unseren Hang zum Erforschen, unser Bedürfnis nach neuen Territorien, unser Bestreben, über uns selbst hinauszuwachsen, herausfordern wird. Dadurch könnte manches Übel gemindert werden, das von einem Mangel an Möglichkeiten zu einer schöpferischen Betätigung verursacht wird. Ich halte es nicht für übertrieben anzunehmen, daß ein Großteil unseres übermäßigen Konsums, des Drogenmißbrauchs und des Bedürfnisses nach tödlichen Konflikten aus Kräften hervorgeht, die in andere Kanäle geleitet werden könnten. Integrale Methoden – wie die hier beschriebenen – geben uns neue Ersatzhandlungen für Gewalt, Drogen, Kriminalität und die Zerstörung unserer natürlichen Umgebung. Die Schulung außergewöhnlicher Fähigkeiten kann uns dazu befähigen, die Welt reicher zu machen. Da die in diesem Kapitel beschriebenen Denkweisen solches Handeln zu fördern vermögen, dienen sie mitfühlenden Absichten statt einer vom Leben losgelösten Kontemplation, gegen die viele von uns Einwände erheben.

8

METANORMALE VERKÖRPERUNG IN LEGENDE, KUNST UND RELIGION

Obgleich die meisten Religionen körperverneinende Sicht- und Verhaltensweisen gefördert haben, so haben sie auch zu der Entstehung von Mythen und Lehren über die Verklärung des Körpers beigetragen. Einige dieser Gedanken deuten auf tatsächlich bestehende Möglichkeiten hin. Die christliche Lehre vom verklärten Körper und taoistische Legenden über einen heiligen Leib könnten zum Beispiel Vorahnungen von etwas, das tatsächlich geschehen mag, Ausdruck verleihen. Auch wenn man solche Legenden und Lehren nicht wortgetreu auffassen muß, könnten sie intuitiv auf jenes außergewöhnliche Leben vorgreifen, das Menschen eines Tages verwirklichen werden.

[8.1]
CHRISTLICHE LEHREN VOM VERKLÄRTEN KÖRPER

Die Wiederauferstehung der Toten ist ein Dogma, das in allen bedeutenden Glaubensbekenntnissen der römisch-katholischen Kirche bezeugt wird. Und neben diesem hält die Kirche an einem anderen Glaubenssatz fest, der offiziell vom vierten Lateran-Konzil (1215) mit folgenden Worten definiert wurde: „Alle werden auferstehen mit ihren eigenen Körpern, die sie jetzt haben, so daß ihnen gegeben werde entsprechend ihren Werken, seien diese gut oder schlecht." Die Körper jener, die Gutes getan haben, werden verklärt werden und der glückseligen göttlichen Schau der Seele teilhaftig werden.[1] Diese Doktrin hat Theologen seit alters fasziniert und einige der größten Denker des Christentums zu Spekulationen angeregt. Nach der Religionshistorikerin Caroline Bynum heißt es:

In den doktrinären Auseinandersetzungen des 2. bis 5. Jahrhunderts wurde die Auferstehung des Körpers eindeutig als Element des christlichen Glaubens festgesetzt. Die Konzile des Mittelalters bekräftigten dies. Das vierte Lateran-Konzil von 1215 verlangte von den Katharern und anderen Häretikern die Anerkennung des Lehrsatzes, daß „alle wiederauferstehen werden mit ihren eigenen Körpern, den Körpern, die sie jetzt haben", was 1274 vom zweiten Konzil von Lyon nochmals bestätigt wurde.

Die Theologen des Hochmittelalters gaben diese Doktrin weder auf noch beendeten sie ihre Diskussion. Einige (wie Albertus Magnus und Giles von Rom) schrieben Abhandlungen darüber. Sie wurde zudem immer wieder in Übungsdisputen (das heißt in Disputen der Studenten und ihrer Mentoren über Fragen von aktuellem Interesse) aufgegriffen und gab die Gelegenheit, einige von Aristoteles aufgeworfene philosophische Grundsatzfragen zu erörtern.[2]

Christliche Denker mit sehr unterschiedlichen Sichtweisen der menschlichen Natur teilten die Faszination der Vorstellung von der Auferstehung des Körpers. Um die Bedeutung jener Gedanken im langen Verlauf der Geschichte des Christentums zu

verdeutlichen, möchte ich hier den heiligen Paulus, Origenes, Thomas von Aquin und einen katholischen Schriftsteller des 20. Jahrhunderts, Romano Guardini, zitieren.

Der Bibelvers, auf den sich die meisten Diskussionen über die Verklärung beziehen, stammt aus dem ersten Brief an die Korinther, 15, 39–44. Dieser vielzitierte Abschnitt lautet*:

Auch die Lebewesen haben nicht alle die gleiche Gestalt. Die Gestalt der Menschen ist anders als die der Haustiere, die Gestalt der Vögel anders als die der Fische. Auch gibt es Himmelskörper und irdische Körper. Die Schönheit der Himmelskörper ist anders als die der irdischen Körper. Der Glanz der Sonne ist anders als der Glanz des Mondes, anders als der Glanz der Sterne; denn auch die Gestirne unterscheiden sich durch ihren Glanz.

So ist es auch mit der Auferstehung der Toten. Was gesät wird, ist verweslich, was auferweckt wird, unverweslich. Was gesät wird, ist armselig, was auferweckt wird, herrlich. Was gesät wird, ist schwach, was auferweckt wird, ist stark. Gesät wird ein irdischer Leib, auferweckt ein überirdischer Leib.

Christliche Theologen haben die vier Merkmale, die der heilige Paulus dem verklärten Körper zuschrieb, oftmals kommentiert, nämlich seine *Leidensunfähigkeit* („was gesät wird, ist verweslich, was auferweckt wird, unverweslich"), *Klarheit* („was gesät wird, ist armselig, was auferweckt wird, herrlich"), *Bewegung* („Was gesät wird, ist schwach, was

* Hier in der Fassung der Einheitsübersetzung aus *Die Bibel*, Freiburg i. Br.: Herder 1980

auferweckt wird, ist stark") und *Vervollkommnung* („gesät wird ein irdischer Leib, auferweckt ein überirdischer Leib"). Thomas von Aquin beschrieb diese vier Aspekte der Verklärung in seiner Schrift *Summa Contra Gentiles (Summe gegen die Heiden)* 4.86. In Anlehnung an Aristoteles sah er die Seele als „Form" des Körpers, die Kraft, die dem menschlichen Leib Leben gibt und ihn bewahrt. Lesen Sie bitte die folgenden Abschnitte als gedankliches Experiment, und vergleichen Sie sie mit den Beschreibungen metanormaler Fähigkeiten in Kapitel 5.

Aber aus der Klarheit und Kraft der Seele, die zur göttlichen Schauung erhoben ist, erwächst dem mit ihr vereinten Körper noch weiteres:

Der Leib wird nämlich ganz und gar der Seele unterworfen sein, indem dies die göttliche Kraft bewirkt, und zwar nicht nur in bezug auf das Sein, sondern auch in bezug auf die Tätigkeiten und Leidenschaften, Bewegungen und körperlichen Eigenschaften. Wie also die Seele beim Genuß der Anschauung Gottes mit einer gewissen geistigen Klarheit erfüllt wird, so wird durch ein gewisses Überfließen aus der Seele in den Leib dieser Körper auf seine Weise mit der Glorie der Klarheit umkleidet werden; weshalb der Apostel (1 Kor. 15,43) sagt: „Gesäet wird er", der Leib, „in Unehre, auferstehen wird er in Herrlichkeit" ...

Auch wird die Seele, die die Anschauung Gottes genießt, mit ihrem letzten Ziel verbunden, in allem ihr Verlangen als ein ganz erfülltes erfahren; und weil der Körper durch das Verlangen der Seele bewegt wird, so wird auch die Folge sein, daß der Leib überhaupt dem Geiste hinsichtlich der Bewegung gänzlich gehorchen wird; und deshalb werden die Körper der auferstandenen Seligen in der Zukunft leicht beweglich (agilia) sein; und dies deutet der Apostel an derselben Stelle (1 Kor. 15,43) an, wenn er sagt: „Gesäet wird er in Schwachheit, auferstehen wird er in Kraft." Die Schwachheit erfahren wir nämlich im Leibe, weil er sich als zu schwach erweist, um dem Verlangen der Seele in den Bewegungen und Tätigkeiten, die die Seele befiehlt, Genüge zu leisten. Diese Schwachheit wird dann ganz und gar aufgehoben sein, indem aus der mit Gott vereinten Seele die Kraft auf den Leib überfließt, weswegen es auch von den Gerechten (Weis. 3,7) heißt: „Sie werden glänzen, und wie Funken im Geröhre hin- und herfahren." Diese Bewegung erfolgt aber in ihnen nicht auf Grund einer Notwendigkeit, da, die Gott besitzen, nichts bedürfen, sondern sie geschieht nur zur Offenbarung der Kraft ...

... insofern er [der Körper] nichts erleiden können wird, was ihm irgendwie lästig ist; und deswegen werden jene Körper leidensunfähig (impassibilia) sein. Diese Leidensunfähigkeit schließt aber von jenen Körpern doch nicht die Leidenschaft (passionem) aus, die dem Charakter des Sinnes eigentümlich ist; denn sie werden sich der Sinne bedienen, um sich alles dessen, was dem Zustand der Unvergänglichkeit nicht widerspricht, zu erfreuen. Um diese Leidensunfähigkeit anzudeuten, sagt der Apostel (1 Kor. 15,42): „Gesäet wird er in Verweslichkeit, auferstehen wird er in Unverweslichkeit."

Fernerhin: Die Gott genießende Seele wird in vollkommenster Weise Gott anhängen und an seiner Gutheit im höchsten Maße ihrer Weise entsprechend teilnehmen. Somit wird also auch der Körper in vollkommener Weise der Seele unterworfen sein und an den Eigenschaften derselben teilnehmen, soweit dies möglich ist; nämlich in der Schärfe der Sinne, in der Ordnung des körperlichen Begehrens und in jedweder Vollkommenheit der Natur; denn um so vollkommener ist etwas in seiner Natur, je vollkommener seine Materie der Form unterworfen ist; und deswegen sagt der Apostel (1 Kor. 15,44): „Gesäet wird ein tierischer Leib, auferstehen wird ein geistiger Leib." Jedoch wird der Körper des Auferstandenen nicht deshalb geistig (spirituale) sein, weil er ein Geist ist, wie manche fälschlich dachten, indem sie unter dem Geiste entweder eine geistige Substanz oder eine luft- oder windartige Substanz verstanden; sondern er wird deshalb geistig genannt, weil er gänzlich der Seele unterworfen ist ...[3]

Der heilige Thomas beschrieb eine wesentliche Anschauung des Christentums, als er sagte, daß der auferstandene Körper der Gerechten „nicht deshalb geistig sein [wird], weil er ein Geist ist, wie manche fälschlich dachten". Nein, er wird wirklich ein *Körper* sein. Er hielt – trotz des scheinbar Absurden – leidenschaftlich an der Idee fest, daß unser gegenwärtiger Körper – eben der Leib, den wir jetzt haben – verklärt werden wird, wenn unsere Werke gut sind. Nicht nur die Seelen der Gerechten werden Glückseligkeit erlangen, auch ihre Körper müssen Anteil daran haben. Tatsächlich ist es gegen die Natur der Seele, ohne ihr körperliches Abbild zu existieren (*Summa Contra Gentiles* 2.68, 83; 4.79). Eine vom Körper getrennte Seele ist unvollkommen, *in statu violento.* Die Wiederauferstehung ist natürlich, indem sie die beiden vereinigt, obwohl

ihre Ursache übernatürlich ist (*Summa Contra Gentiles* 4.81). Der heilige Thomas und andere christliche Denker spürten eine aus der Intuition hervorgehende Wahrheit in dieser Vision, wenngleich sie der offensichtlichen Tatsache widersprach, daß der Körper verfällt. Diese Wahrheit wog allem Anschein nach auch folgende begriffliche Schwierigkeiten auf: Wenn unsere Körper Jahrhunderte nach ihrer Verwesung verklärt werden, aus welchem Stoff werden sie dann wieder erschaffen? Welches Entwicklungsstadium wird zur Schablone für die Ewigkeit? Und was geschieht mit unschuldigen Kindern, die sterben? Werden sie auch im Himmel Kinder sein? Caroline Bynum schrieb:

Hugh von St. Viktor fragte sich, ob wir nach der Auferstehung in der Lage seien, unsere Augen zu öffnen und zu schließen. Honorius (und Herrad von Landsberg, der diesen Gedanken aufnahm) überlegte, welche Hautfarbe wir im Himmel haben und ob wir Kleider tragen werden. Guibert von Nogent wetterte gegen den Kult um den Zahn Christi und die heilige Vorhaut, weil dies bedeuten würde, daß Christus nicht in vollkommener körperlicher Unversehrtheit auferstanden sei und daß unsere Auferstehung demgemäß auch unzulänglich sein könnte. Verschiedene Theologen debattierten darüber, ob die zu Lebzeiten des Körpers aufgenommene Nahrung Teil dieses Körpers werde und am Ende auferstehen werde.[4]

Trotz der begrifflichen Schwierigkeiten und der offensichtlichen Ungereimtheiten, die Bynum erwähnte, hielten viele christliche Theologen an ihrem Glauben an eine verklärte Verkörperung fest. Obgleich die Lehre der Auferstehung Teil einer vorwissenschaftlichen Weltanschauung ist und von schlichtem Aberglauben mit getragen wird, hat sie überdauert – wahrscheinlich, weil intelligente und sensible Denker das Potential des Körpers zu einem grundlegenden Wandel erspürten. Wenn man die christliche Sichtweise aus der hier zugrunde liegenden entwicklungsgeschichtlichen Perspektive heraus umgestaltet, könnte die Lehre von den letzten Dingen einen neuen Evolutionsbereich symbolisieren, und die „auferstandenen Körper der Gerechten" könnten eine metanormale Verkörperung versinnbildlichen.

Origenes, der Theologe des 3. Jahrhunderts, den viele für den bedeutendsten christlichen Denker seiner Zeit hielten, schrieb mit einer eindringlichen Kraft und großem Vorstellungsvermögen über den verklärten Körper.[5] Obgleich einige seiner Lehren mit dem Kirchenbann belegt wurden und die meisten seiner Schriften verlorengegangen sind (es hieß, er habe über tausend Bücher geschrieben), ist uns sein einflußreiches Werk *Von den Prinzipien* erhalten geblieben – zum großen Teil in der lateinischen Übersetzung von Rufinus aus dem 4. Jahrhundert, aber auch in Fragmenten der ursprünglich griechischen Fassung. Als weiteres gedankliches Experiment lesen Sie bitte die folgenden Abschnitte, während Sie sich an die in Kapitel 5 beschriebenen außergewöhnlichen Fähigkeiten des Menschen erinnern.

Wenn die Leiber auferstehen, tun sie es zweifellos, um uns zu bekleiden; und wenn wir Leiber haben müssen – und das ist sicherlich notwendig –, so werden wir in keinem anderen als in unserem eigenen Leib sein. Wenn es nun zutrifft, daß sie auferstehen, und zwar als „geistliche Leiber", so ist es klar, daß gemeint ist, sie stünden befreit von Verweslichkeit und Sterblichkeit von den Toten auf; sonst wäre es nichtig und überflüssig, daß einer von den Toten auferstünde, um noch einmal zu sterben. Dies läßt sich erst dann deutlicher erkennen, wenn man sich gründlich klarmacht, welches die Beschaffenheit des „natürlichen Leibes" ist, der in die Erde gesät wird und die Beschaffenheit des „geistlichen Leibes" annimmt ... Denn aus dem „natürlichen Leib" bringt eben die Kraft und Gnade der Auferstehung den „geistlichen Leib" hervor, indem sie ihn von der „Unehre" in die „Herrlichkeit" verwandelt ...

So meinen die Törichten und die Ungläubigen, unser Fleisch verginge nach dem Tode in der Weise, daß nichts von seiner Substanz übrig bleibe; wir aber, die wir an seine Auferstehung glauben, erkennen, daß im Tod nur eine Umwandlung des Fleisches geschieht, seine Substanz aber, das steht fest, bleibt und wird durch den Willen seines Schöpfers zu einer bestimmten Zeit wieder ins Leben gerufen, und dann geschieht eine neue Umwandlung ...

In diesen Zustand, so ist anzunehmen, wird all unsere Körpersubstanz übergeführt werden, zu der Zeit, wo alles zum Einssein zurückgebracht wird, und Gott „alles in allem" sein wird. Dies muß man sich aber nicht als ein plötzliches Geschehen vorstellen, sondern als ein allmähliches, stufenweise im Laufe von unzähligen und unendlich langen Zeiträumen sich vollziehendes, wobei der Besserungsprozeß langsam einen nach dem anderen erfaßt ...

Denn der Glaube der Kirche erkennt nicht die Lehre einiger griechischer Philosophen an, daß es außer diesem (irdischen) Stoff, der aus vier Elementen besteht, noch einen fünften Stoff gebe, der ein völlig anderer und von unserem Körper verschiedener sei. Denn weder kann man aus den heiligen Schriften den geringsten Hinweis darauf anführen, noch gestattet eine folgerichtige Erwägung der Sache eine solche Annahme; vor allem spricht der heilige Apostel klar aus, daß den von den Toten Auferstehenden nicht neue Körper gegeben werden, sondern daß sie dieselben Körper erhalten, die sie im Leben gehabt haben, (nur) verwandelt vom Schlechteren zum Besseren. Denn er sagt: „Gesät wird ein natürlicher Leib, erweckt wird ein geistiger Leib" und: „Gesät wird in Vergänglichkeit, erweckt wird in Unvergänglichkeit; gesät wird in Schwachheit, erweckt wird in Kraft; gesät wird in Unehre, erweckt wird in Herrlichkeit." ...

All diese Überlegungen setzen voraus, daß Gott ganz allgemein zwei Wesenheiten geschaffen hat: die sichtbare, körperliche, und die unsichtbare, unkörperliche. Diese zwei Wesenheiten nun unterliegen verschiedenen Umwandlungen. Jene, die unsichtbare, die auch vernunftbegabt ist, wandelt sich durch Gesinnung und Willensentschluß, da sie mit Freiheit der Entscheidung begabt ist, und daher befindet sie sich zeitweise im Guten, zeitweise im Entgegengesetzten. Diese, die körperliche, unterliegt einem Wandel der Substanz; daher steht sie zu Diensten für alles, was Gott, der Werkmeister des Alls, ins Werk setzen oder herstellen oder verändern will; er kann daher die körperliche Wesenheit in alle beliebigen Formen und Gestalten, wie sie das Verdienst erfordert, umwandeln und übertragen. Dies will offenbar der Prophet sagen mit dem Wort: „Gott, der alles schafft und umwandelt."[6]

Origenes sah manche der in diesem Buch beschriebenen gedanklichen Anregungen durch sein intuitives Erkennen unserer Möglichkeiten für ein außergewöhnliches Leben voraus – durch seine Überzeugung, daß jede stoffliche Substanz „jeder Form der Verwandlung" unterliegen kann, durch seinen beharrlich vertretenen Standpunkt, daß der verklärte Körper – auf welch geheimnisvolle Weise auch immer – aus unserem gegenwärtigen Körper wiedererstehen wird, nicht aus einem „fünften Stoff", wie einige griechische Philosophen annahmen, und durch seinen Glauben an eine allmähliche Entwicklung hin zu einer Verklärung „im Laufe von unzähligen und unendlich langen Zeiträumen". Obgleich die Gelehrten noch immer über die Quellen seines Denkens debattieren, die sie abwechselnd christlichen, neuplatonischen und gnostischen Ideen zuschreiben, lassen sich bei Origenes viele Übereinstimmungen mit späteren christlichen Vorstellungen über den verklärten Körper finden. Er nahm, ähnlich wie der heilige Paulus vor ihm und Thomas von Aquin eintausend Jahre später, den Gedanken vorweg, daß die menschliche Natur – sowohl Geist als auch Körper – eine lichtvolle Existenz verwirklichen kann.

In den folgenden Aussagen des zeitgenössischen katholischen Schriftstellers Romano Guardini wird deutlich, daß der Lehre vom verklärten Körper auch heute noch eine wesentliche Bedeutung für einige Gelehrte innewohnt.

Mensch aber ist der Geist, sofern er sich im Leibe ausdrückt und auswirkt. Mensch ist der körperliche Organismus, sofern er in der Wirksphäre des persönlichen Geistes steht und durch diesen zu einer

Gestalt und Wirksamkeit geformt wird, die er aus sich nie gewinnen kann; zum Ort, wo der Geist mit seiner Würde und Verantwortung in der Geschichte steht. Auferstehung bedeutet also, daß die Geistseele wieder wird, wozu sie durch ihr Wesen bestimmt ist, nämlich Seele eines Leibes – ja daß sie jetzt erst zum Werk der Leibgestaltung ganz frei und mächtig wird. Und sie bedeutet, daß der entseelte Stoff wieder durchgeistete, personbestimmte Körperlichkeit, das heißt also Menschenleib wird – welcher Leib freilich nicht mehr den Bedingungen von Raum und Zeit unterworfen, sondern, wie Paulus sagt, in einem neuen Zustande, „geistlich", pneumatisch ist ...

In diesen verschiedenen Seienden begegnet uns immer wieder „Körper": im Bergkristall, im Apfelbaum, im Pferd, in dem Menschen da vor mir – aber durch welche Unterschiede getrennt! Jedesmal wird die Körperlichkeit in den Dienst eines neuen Prinzips gestellt und gewinnt dadurch nicht nur andere Eigenschaften und Verhaltensweisen, sondern jeweils einen neuen Charakter. Immer mehr überwindet sie das Lastende, Gebundene, Harte, Dumpfe. Sie wird leichter, steigt ins Weitere und Freiere. Der Bereich der Wirklichkeit, zu dem sie Verhältnis gewinnt, wird größer ...

Hört diese Linie mit dem Menschen, wie wir ihn kennen, auf? Das unwillkürliche Empfinden sagt, sie müsse weitergehen; diese Menschlichkeit sei kein Abschluß; die Möglichkeit dessen, was Leib heißt, könne in ihr noch nicht erschöpft sein. Dafür gibt es auch einen unmittelbar einleuchtenden Hinweis, nämlich die Stufung der Leiblichkeit im Menschen selbst.

Der Menschenleib ist nichts Festes und Fertiges, sondern steht in beständigem Werden. Daß ein gesunder, durch Pflege und Übung gebildeter Körper mehr „Leib" ist als ein vernachlässigter, liegt auf der Hand. Wo ist aber intensivere und wertvollere Leiblichkeit: im Antlitz, in der Gestalt oder Haltung eines Menschen, der mit edlen Dingen umgeht und ein tiefes Innenleben führt, oder in einem zwar gesunden und sportlich geübten, aber ungeistigen und oberflächlichen? Die Frage überrascht im ersten Augenblick; aber nur deshalb, weil man gewöhnt ist, die Körperlichkeit des Menschen nicht viel anders zu sehen als die des Tieres, nämlich als bloße Natur. Der Menschenleib ist aber in entschiedener Weise vom Geiste bestimmt. Das durchgearbeitete Antlitz eines um die Wahrheit ringenden Menschen ist nicht nur „geistiger", sondern einfachhin antlitzhafter als das eines dumpfen; das heißt aber, echterer, intensiverer Leib. Ebenso ist in der Haltung eines Menschen mit gütigem, frei gewordenem Herzen nicht nur mehr „Seele" als bei einem selbstsüchtigen und innerlich groben, sondern lebendigere Leiblichkeit. So beginnt hier eine ganz neue Stufenfolge der Verwirklichung. Der Leib wird als solcher um so intensiver und wertvoller, je tiefere Innerlichkeit, je reicheres Herzensleben, je edlere Geistigkeit sich in ihm auswirkt ...

Was muß aber erst möglich werden, wenn im Durchbruch der Ewigkeit, im Allwalten der heiligen Macht Gottes der Geist zu seiner vollen Reinheit und Kraft freigegeben ist?[7]

[8.2]
LEGENDEN ÜBER UNSTERBLICHE TAOISTEN

Der Schriftsteller John Blofeld beschrieb einen chinesischen Gelehrten, der glaubte, daß er seinen Leib in eine „schimmernde, diamantene Substanz, schwerelos, doch so hart wie Jade“ transformieren würde. Der alte Mann behauptete, seine Transmutation wäre innerhalb von drei Jahren vollendet. Der Meister Hsü Yin, der hoch in seinen Neunzigern Blofeld noch davonlief, erhielt sich seine jugendliche Beweglichkeit bis zum Alter von einhundertzwanzig Jahren. Die chinesische Schrift *Geschichten von Unsterblichen* berichtet:

> Tseng Ying, der in seinen Achtzigern zum Tao gelangt war, besaß wieder das glänzende schwarze Haar seiner Jugendtage und solche körperliche Geschmeidigkeit, daß seine Pfeile ein hundert Schritte entferntes Ziel trafen. An einem einzigen Tag konnte er mehrere hundert Meilen in einem Tempo zurücklegen, daß sogar Jünglinge nur unter Schwierigkeiten mithalten konnten. Einmal fastete er fünfzig Tage lang, ohne vom Hunger geplagt zu werden.[8]

In seinem Buch *Taoism: The Quest for Immortality* (dt. *Der Taoismus oder Die Suche nach Unsterblichkeit*) beschrieb Blofeld die „geheime taoistische Alchimie“, durch die unsterbliche Körper geschaffen werden. Durch die Sublimierung der Kräfte des *ching* (der Samen oder eine psychophysische Essenz), *ch'i* (Atem oder Lebenskraft) und *shen* (Verstand oder Geist) schafft der Adept ein „Geist-Kind“ oder einen „Geist-Körper“, ein Medium für immerwährendes Leben.[9] Wenngleich solche Lehren unterschiedlich interpretiert werden können, weisen sie stark darauf hin, daß einige Taoisten annahmen, daß Menschen zu höheren Formen der Verkörperung gelangen können, in diesem Leib oder einem in ihm geschaffenen Wesen.

[8.3]
SCHAMANISCHE ZERSTÜCKELUNG UND WIEDERERWECKUNG

Der Schamanismus weist große Ähnlichkeiten von Kultur zu Kultur auf.[10] Rituale einer symbolischen Zerstückelung und Wiedererweckung, die Gespräche mit Geistern und Trancezustände, in denen der Schamane in andere Welten reist, wurden bei Völkern in Sibirien, Zentralasien, Nord- und Südamerika, Afrika und der Südsee beobachtet. Diese und andere Techniken nehmen meiner Auffassung nach Methoden, die eine metanormale Verkörperung hervorbringen, vorweg. Betrachten Sie zum Beispiel die folgenden Vorgänge, die Mircea Eliade beschrieb:

Das ekstatische Erlebnis der Zerstückelung des Körpers und der Erneuerung der Organe kennen auch die Eskimos. Sie sprechen von einem Tier (Bär, Walroß, Robbe), das den Kandidaten verwundet, zerteilt und verschlingt; darauf wächst neues Fleisch um seine Knochen ... Gewöhnlich manifestieren sich solche Fälle spontaner Berufung durch eine Krankheit oder wenigstens durch ein besonderes Unglück (Kampf mit einem Meertier, Einbrechen im Eis usw.), das den künftigen Schamanen ernstlich angreift. Doch die meisten Eskimoschamanen suchen selbst die ekstatische Initiation und unterziehen sich in ihrem Verlauf vielen Prüfungen, die manchmal an die Zerstückelung der sibirischen und zentralasiatischen Schamanen nahe herankommen. Gelegentlich handelt es sich um ein mystisches Erlebnis von Tod und Auferstehung, das durch die Betrachtung des eigenen Skeletts hervorgerufen wird ...

Bei den Ureinwohnern von Warburton Ranges (im westlichen Australien) spielt sich die Initiation in folgender Weise ab: Der Bewerber dringt in eine Höhle ein, und zwei Totemheroen (die Wildkatze und der Emu) töten ihn, öffnen seinen Körper, nehmen die Organe heraus und ersetzen sie durch magische Substanzen. Sie entfernen auch das Schulterblatt und das Schienbein, trocknen sie, füllen sie mit denselben Substanzen und setzen sie wieder ein. Während dieser Probe wird der Aspirant von seinem Initiationsmeister überwacht, welcher die angezündeten Feuer unterhält und seine ekstatischen Erlebnisse kontrolliert.[11]

Ilpailurkna, ein Zauberer der Aborigines aus Australien, erzählte den Anthropologen B. Spencer und F. J. Gillen folgendes:

Als er Medizinmann wurde, kam eines Tages ein sehr alter Doktor und warf mit einem Wurfspießwerfer einige *atnongara*-Steine nach ihm. Einige von den Steinen trafen ihn an der Brust, andere fuhren durch seinen Kopf von einem Ohr zum anderen und töteten ihn. Darauf nahm ihm der Greis alle seine inneren Organe heraus – Darm, Leber, Herz und Lunge – und ließ ihn die ganze Nacht ausgestreckt auf dem Erdboden liegen. Am nächsten Tag kam er wieder, betrachtete ihn, legte weitere *atnongara*-Steine in das Innere seines Körpers, seine Arme und Beine und bedeckte ihn mit Blättern; dann sang er über seinem Körper, bis dieser aufschwoll. Nun versah er ihn mit neuen Organen, deponierte noch viele *atnongara*-Steine in ihm und klopfte ihm auf den Kopf; das belebte ihn, und er sprang auf die Füße. Darauf ließ ihn der alte Medizinmann Wasser trinken und Fleisch essen, das *atnongara*-Steine enthielt. Als er aufwachte, wußte er nicht, wo er war. „Ich glaube, ich bin verloren!" sagte er. Dann aber schaute er sich um und sah den Greis an seiner Seite, der zu ihm sprach: „Nein, du bist nicht verloren; ich habe dich vor langer Zeit getötet." Ilpailurkna hatte alles vergessen, was ihn und sein früheres Leben betraf. Der Greis führte ihn nun zum Lager zurück und zeigte ihm seine Frau, seine *lubra*: er hatte sie ganz vergessen. Aus dieser sonderbaren Rückkehr und aus seinem fremdartigen Benehmen konnten die Eingeborenen sofort entnehmen, daß er ein Medizinmann geworden war.[12]

Nach Spencer und Gillen sind die bei dieser Initiation verwendeten *atnongara*-Steine „kleine Kristalle, die ein Medizinmann nach Belieben aus seinem Körper hervorbringen kann, wo sie verteilt sein sollen. Der Besitz eben dieser Steine gibt dem Medizinmann seine Macht."[13]

Imaginierte Zerstückelungen werden auch in Amerika, Afrika und Indonesien ausgeführt. Eliade schreibt: „Traum, Krankheit oder Initiationszeremonie – das zentrale Element bleibt immer dasselbe, nämlich symbolischer Tod und Auferstehung des Neophyten mit verschiedenen Arten der Zerstückelung (Zerteilung, Aufschneiden, Öffnen des Bauchs usw.).“[14] Auch die Eskimos Sibiriens, Grönlands und Labradors feiern Rituale von Tod und Wiedergeburt. Der berühmte Arktisforscher Knud Rasmussen beschrieb in *Intellectual Culture of the Iqlulik Eskimos* seine Gespräche mit Schamanen, von denen er einige in dem folgenden Abschnitt zusammenfaßte:

> Kein Schamane kann das Wie und Warum erklären, doch er ist durch die Kraft, die seinem Denken nach aus dem Übernatürlichen kommt, imstande, seinen Körper von Fleisch und Blut zu entkleiden, so daß nichts übrigbleibt als die Knochen. Darauf muß er alle Teile seines Körpers nennen und einen jeden Knochen mit Namen aufführen, und zwar darf er sich dazu nicht der gewöhnlichen menschlichen Sprache bedienen, sondern einzig der speziellen, heiligen Schamanensprache, die er von seinem Lehrer gelernt hat. Während er sich nun so nackt und von dem vergänglichen, ephemeren Fleisch und Blut völlig befreit erblickt, weiht er sich selbst – immer in der heiligen Sprache der Schamanen – durch

> diesen der Wirkung von Sonne, Wind und Zeit am längsten standhaltenden Teil seines Körpers seiner großen Aufgabe.[15]

Diese schamanischen Initiationsriten spiegeln meiner Ansicht nach das Streben nach körperlicher Transformation. Obgleich wir sie als Ergebnisse einer primitiven Mentalität abtun können, welche spirituelle Werte auf grobe physische Begriffe reduziert, können wir sie auch als Ausdruck der intuitiven Erkenntnis begreifen, daß wir tatsächlich – mit Geist und Körper – wiedergeboren werden könnten.

[8.4]
SUPERKRÄFTE IN DER PHANTASTISCHEN LITERATUR, CARTOONS, FILMEN UND SCIENCE-FICTION

In der phantastischen Literatur, in Cartoons, Filmen und der Science-fiction lassen sich reiche Bildnisse einer Transformation des Menschen finden. Solche Bildnisse unterscheiden sich in Eindringlichkeit und Einfallsreichtum, reichen von der karikaturhaften Einfachheit Supermans bis zur rätselhaften Wiedergeburt des Astronauten im Sternentor in Stanley Kubricks *2001 – Odyssee im Weltraum,* doch in ihrer Gesamtheit spiegeln sie nahezu alle der in diesem Buch beschriebenen metanormalen Fähigkeiten. In diesen Geschichten finden sich überdimensionales Bewußtsein und Lichtkörper, außergewöhnliche Kraftentfaltung und (Fort-)Bewegung, mystische Ekstasen und das Gewahrsein des Einen. Überdies werden viele der in diesen Geschichten dargestellten Transformationen durch Kräfte über der menschlichen Ebene vollbracht: Im *Krieg der Sterne* zerstört Luke Skywalker den Todesstern, als er sich der *Macht* hingibt; Kubricks Astronaut wird durch die ungeheure und namenlose Intelligenz wiedergeboren, die das Sternentor auf dem Mond des Jupiter zurückgelassen hat. Und diejenigen, die diesen Transmutationen ausgesetzt sind, kämpfen sich durch Initiationsriten wie Schamanen und Mystiker im wirklichen Leben. Luke Skywalker leidet unter Yodas Führung, um ein Instrument der *Macht* zu werden. Kubricks Astronaut scheidet stufenweise aus seinem alten Ich, während sein Geist und Körper sich umwandeln. In ihrer Beschreibung von Techniken und Prozessen der Transformation, in ihrem Verweis auf die göttliche Gnade und in ihrer Darstellung der vielen außergewöhnlichen Kräfte gleicht die populäre visionäre Kunst dem in diesem Buch gezeichneten Bild der Metanormalität. Wenn wir uns von den in Kapitel 4 und 5 aufgeführten Fähigkeiten gedanklich leiten lassen, begegnen uns folgende Bildnisse:

- Metanormale Wahrnehmung bei Ben Kenobes Spüren einer „Erschütterung in der *Macht*“, als Prinzessin Leias Planet vom Todesstern zerstört wird; Rays Fähigkeit in dem Film *Field of Dreams*, Shoeless Joe Jackson zu sehen, auch wenn andere ihn ohne das zweite Gesicht nicht sehen können; und Jimmy Stewarts Vision des Guten in der Welt in *It's a Wonderful Life* (dt. *Ist das Leben nicht schön?*).
- Metanormale Kinästhesie bei dem Helden von Paddy Chayevskys Buch (und Film) *Altered States* (dt. *Höllentrip*), der die Evolution durch den engen Kontakt mit seinen eigenen Zellen nacherlebt.
- Metanormale Fähigkeiten des Kommunizierens in Ben Kenobes telepathischer Verbindung zu Luke Skywalker; und die telepathischen Kräfte von Jommy Cross, der „Mutation nach dem Menschen“ in A. E. Van Vogts Roman *Slan*.
- Metanormale vitale Kräfte bei den leuchtenden Außerirdischen in dem Film *Cocoon*, die (eine Zeitlang) auf der Erde ohne ihre gewohnte Nahrung durchhalten; und die unermüdliche Energie des Superhelden in Van Vogts *Slan*.
- Metanormales Bewegungsvermögen in der von E. T. bewirkten Levitation, durch die seine jungen Begleiter auf Fahrrädern mit ihm fliegen; die Fähigkeit der Helden in Jack Londons *Star Traveler* und Van Vogts *Supermind* (dt. *Intelligenzquotient 10 000*), außerhalb ihrer Körper zu reisen; Ben Kenobes Materialisation in der normalen Raum-Zeit nach seinem Tod; und James Earl Jones' Eintritt in das Land der verstorbenen Baseballspieler in *Field of Dreams*.

- ○ Metanormale Einwirkung auf die Umgebung in E.T.s heilender Berührung; Luke Skywalkers Macht, auf die imperialen Sturmtruppen aus der Ferne Einfluß zu nehmen; Yodas Fähigkeit, Lukes Raumfahrzeug zu heben, ohne es zu berühren; und Rays Erschaffen eines magischen Raumes, indem er in *Field of Dreams* ein Baseball-Spielfeld anlegt.
- ○ Metanormale Seligkeit in den Ekstasezuständen, die die schöne Außerirdische in dem Film *Cocoon* ihrem Verehrer gewährt (worauf der junge Mann ausruft: „Wenn dies das Vorspiel ist, bin ich ein toter Mann!"); und die Heirat der mutierten Superfrau mit Punkt Omega in Van Vogts *Supermind.*
- ○ Metanormale Kognition in der intuitiven Denkweise des Homo intelligens, dem Nachfolger des Homo sapiens in Lester del *Reys Kindness;* die vielen gemeinsam erlangten Visionen eines numinosen Raumfahrzeugs in dem Film *Close Encounters of the Third Kind* (dt. *Unheimliche Begegnung der dritten Art*); und Rays Vision in *Field of Dreams,* daß ein Baseball-Spielfeld etwas Großes und Wunderbares anziehen wird.

- ○ Außergewöhnliche Willensäußerung in Luke Skywalkers Kraft, den Todesstern zu vernichten, indem er sich der *Macht* hingibt, statt sich auf seinen Bordcomputer zu verlassen.
- ○ Metanormale Persönlichkeit bei dem Astronauten aus *2001,* als er aus seinem gewöhnlichen Geist und Körper scheidet, damit er die immense Intelligenz, die der menschlichen Spezies ein Zeichen hinterlassen hat, verwirklichen kann.
- ○ Außergewöhnliche Liebe in der numinosen Umarmung der Heldin mit dem geheimnisvollen Unterwasserwesen in dem Film *The Abyss;* Michael Valentine Smiths Opferung seines Körpers für seine Mitmenschen in Robert Heinleins *Stranger in a Strange Land* (dt. *Ein Mann in einer fremden Welt*); und Ben Kenobes freiwilliger Tod durch die Hand von Darth Vader für die Sache der Rebellen.
- ○ Metanormale Verkörperung in der gestaltverwandelnden Hauptperson von Jack Williamsons *Darker Than You Think* und bei den leuchtenden Außerirdischen in *Cocoon,* die durch natürliche Barrieren gehen, levitieren, ohne Nahrung auskommen können und unter sich und den Menschen, die sie berühren, Gefühle der Ekstase ausstrahlen.

Ähnlich wie Jules Verne, der in *20 000 Leagues Under the Sea* (dt. *20 000 Meilen unter dem Meer*) die Atomkraft vorwegnahm, könnten bestimmte Cartoons, Filme und phantastische Literatur möglicherweise einem intuitiven Wissen über uns zur Verfügung stehende Fähigkeiten Ausdruck verleihen.

Wenn Künstler, wie Marshall McLuhan es ausdrückte, das „Frühwarnsystem" einer Kultur sind, mögen die oben beschriebenen Bildnisse jenes lichtvolle Wissen und die Kräfte andeuten, welche die menschliche Spezies verwirklichen kann.

9

Evolution in einer grösseren Welt

In einem vielzitierten Abschnitt seiner *Religio Medici* charakterisierte der englische Essayist Thomas Browne den Menschen als „diese große und wahre Amphibie, dessen Natur es ist, nicht nur wie andere Geschöpfe in unterschiedlichen Elementen, sondern in getrennten und voneinander verschiedenen Welten zu leben". Wir Menschen existieren, mit anderen Worten, auf vielen Ebenen zugleich, als Subjekt und Objekt, Erfahrung und elektrochemisches Ergebnis. Wie Amphibien leben wir in verschiedenen Bereichen, bewegen uns durch Träume, Tagträumereien und das Bewußtsein des Alltags, inmitten von Gedanken, Gefühlen und Sinneseindrücken, wagen uns zuzeiten in innere Räume fernab unseres gewohnten Lebens. Brownes Metapher mag uns im Sinne dieses Buches zu verstehen geben, daß eine integrale Entwicklung uns eine größere Welt eröffnen kann – statt uns auf getrennte Ebenen der Existenz zu stellen. Wie die Amphibien vermögen wir uns den Zugang zu unserem gegenwärtigen Umfeld zu erhalten, während wir in andere Welten eintreten, die es subsumieren. Wenn wir den Spielraum unserer Handlungen in einer weniger begrenzten Umwelt vergrößern, müssen wir dabei nicht von unserer jetzigen Umgebung getrennt sein. Schließlich erschufen die ersten lebenden Zellen neue Bereiche für die organische Entwicklung, und Menschen entdecken innere Welten, die es zu erforschen gilt, während sich ihr Bewußtsein weiterentwickelt. Da sich die Spezies der Tiere anorganische Strukturen in ihrer Entwicklung unterordnete und die Menschen wiederum viele Merkmale der Funktionen der Tiere, sollten wir annehmen, daß sich auch das metanormale Leben in analoger Weise entwickeln wird. Statt ausschließlich in entstofflichten himmlischen Sphären oder voneinander getrennten Realitäten zu leben, können wir unseren

Horizont in dieser Welt erweitern und neue Formen des Lebens im Kontakt mit immer größeren Dimensionen des Universums verwirklichen. Unsere weitere Entwicklung würde uns die derzeitig wahrgenommene Welt eröffnen, statt uns von ihr zu entfernen.

Solche Möglichkeiten sind in Märchen und der Science-fiction-Literatur beschrieben worden. Die Eldila in C. S. Lewis' Weltraum-Trilogie beispielsweise leben „hypersomatisch", strukturieren Materie nach ihrem Willen um, um sich ihrer erstaunlichen Seinsform zu erfreuen. Diese Geschichten sind meiner Ansicht nach Ausdruck eines großartigen gedanklichen Experiments und helfen uns dabei, uns Möglichkeiten eines außergewöhnlichen Lebens vorzustellen. In Lewis' Roman *Perelandra* erscheinen die Herrscher von Mars und Venus der Hauptfigur Ransom:

> Ein Wirbelsturm ungeheuerlicher Dinge schien über Ransom hereinzubrechen. Fliegende Säulen voller Augen, zuckende Flammen, Schnäbel und Klauen und wolkige Massen wie von Schnee schossen durch Vierecke und Siebenecke in eine unendliche schwarze Leere. „Aufhören – aufhören!" schrie Ransom, und der Sturm legte sich. Er sah blinzelnd auf die Lilienfelder, und dann gab er den Eldila zu verstehen, daß solche Verkörperungen für menschliche Sinne ungeeignet waren. „Dann sieh dies an",

> sagten die Stimmen. Er folgte der Aufforderung mit einigem Widerwillen und sah, wie von der anderen Seite des kleinen Tals Kreise herangerollt kamen. Das war alles – konzentrische Kreise, die sich, einer im anderen, unangenehm langsam bewegten. Es war nichts Schreckliches daran, wenn man sich an ihre furchterregende Größe gewöhnen konnte, aber auch nichts Bedeutsames. Ransom bat sie, es ein drittes Mal zu versuchen. Und plötzlich standen am anderen Ufer des Teichs zwei menschliche Gestalten. Sie waren größer als die Sorne, die Riesen, denen er auf Malakandra begegnet war. Sie erreichten eine Höhe von vielleicht dreißig Fuß und waren von einem brennenden Weiß wie weißglühendes Eisen. Wenn er genau hinsah, flimmerten die Umrisse ihrer Körper leicht vor dem roten Hintergrund der Landschaft, als ob die Beständigkeit ihrer Gestalt wie bei Wasserfällen oder Flammen mit der schnellen Bewegung der Materie, aus der sie bestanden, zusammengehörte. Ganz am Rand konnte er durch ihre Umrisse die Landschaft sehen; abgesehen davon waren sie undurchsichtig.
>
> Wenn er nur sie ansah, schienen sie mit enormer Geschwindigkeit auf ihn zuzustürzen; betrachtete er sie dagegen in ihrer Umgebung, merkte er, daß sie sich nicht von der Stelle rührten. Dieser Eindruck mochte darauf beruhen, daß ihr langes und funkelndes Haar wie im Sturm waagerecht hinter ihnen stand. Aber wenn es einen Wind gab, dann war er nicht aus Luft, denn kein Blütenblatt regte sich. Auch schienen sie im Verhältnis zum Talboden nicht ganz senkrecht zu stehen; aber Ransom kam es vor (wie mir auf der Erde, als ich einen von ihnen sah), als seien die Eldila selbst senkrecht. Schräg war das Tal – die ganze perelandrische Welt. Ransom erinnerte sich an die Worte, die Oyarsa vor langer Zeit auf dem Mars zu ihm gesprochen hatte: „Ich bin nicht hier auf dieselbe Art und Weise wie du." Ransom wurde klar, daß sie sich tatsächlich in Bewegung befanden, aber nicht in Beziehung zu ihm. Dieser Planet, der ihm, während er sich darauf befand, als eine feste, unbewegte Welt erschien – als die Welt schlechthin –, war für sie ein Körper, der sich durch die Himmelstiefen bewegte. Gefangen in

ihrem eigenen himmlischen Bezugsrahmen, eilten sie vorwärts, um ihren Platz in diesem Hochtal zu halten. Wären sie stehengeblieben, hätte die Umdrehung des Planeten um sich selbst sowie seine Bahn um die Sonne den Schauplatz des Geschehens im Nu unter ihnen weggezogen.

Ihre Körper waren weiß, aber ein farbiger Glanz ging von ihren Schultern aus, strömte über Nacken und Gesicht und umrahmte den Kopf wie ein Federschmuck oder Heiligenschein. Ransom meinte, in gewisser Weise könnte er sich an diese Farben erinnern – das heißt, er würde sie erkennen, wenn er sie wiedersähe –, aber selbst wenn er sich noch so viel Mühe gebe, könne er sie sich nicht bildlich vorstellen oder benennen. Die sehr wenigen Leute, mit denen er und ich solche Dinge besprechen können, geben alle dieselbe Erklärung dafür. Wir denken, daß, wenn hypersomatische Geschöpfe uns erscheinen wollen, sie nicht auf unsere Netzhaut einwirken, sondern direkt die entsprechenden Teile in unserem Gehirn beeinflussen. Wenn das zutrifft, so ist es durchaus möglich, daß sie die Empfindungen hervorrufen können, die wir haben sollten, wenn unsere Augen diese Töne im Farbenspektrum wahrnehmen könnten, Farbtöne, die in Wirklichkeit außerhalb unseres Wahrnehmungsbereiches liegen.[1]

Es ist denkbar, daß eine integrale Entwicklung uns in kleinen Schritten mit einer Existenz vertraut machen könnte, die den hypersomatischen Wesen von Lewis entspricht und die sich in den im folgenden beschriebenen Phänomenen andeutet.

Wahrnehmung von Phantomgestalten und extraphysischen Welten

Manche Menschen nehmen Phantomgestalten oder extraphysische Welten wahr, die mehr als nur Phantasiegebilde zu sein scheinen. So beschrieben beispielsweise die Bergsteiger Estcourt und Scott, der Forscher Ernest Shackleton, der Seefahrer Joshua Slocum und der Flieger Charles Lindbergh körperlose Wesenheiten, die mit ihnen zu kommunizieren versuchten und deren Erscheinung mehrere Stunden oder Tage andauerte (5.1). Viele Menschen schildern todesnahe Erlebnisse, bei denen sie Wesen wahrnehmen, die zu wissen scheinen, was in dieser Welt geschieht (10). Kontemplative Adepten haben ihre Wahrnehmung außerkörperlicher Wesenheiten und Ausblicke auf etwas, das von unserer gewohnten Umgebung nicht weit entfernt zu sein scheint, detailliert beschrieben (5.1). Bestimmte mathematische oder musikalische Formen werden in ihrer Ganzheit wahrgenommen, so als ob sie bereits existierten (5.8). Während solcher Erfahrungen fühlen sich die Betroffenen, als ob sie etwas Wirkliches erfassen, etwas mit einer eigenen Objektivität, das irgendwie mit unserem physischen Universum in Verbindung steht.

Sind diese Dinge erste flüchtige Erscheinungen einer größeren Welt? Für einen Frosch mit einem einfach strukturierten Auge ist die Welt im Vergleich zu unserer eine verschwommene Ansammlung von Eindrücken. Sind wir in Beziehung zu einer Umgebung, die wir noch nicht erkennen können, wie die Frösche? Sind gewisse Erfahrungen anderer Welten sinngemäß vergleichbar mit dem Sehvermögen der ersten Amphibien?

Außerkörperliche Erfahrungen, Seelenreisen, Bilokation und Dematerialisation

Beispiele für *Bilokation* werden in *Butler's Lives of the Saints* beschrieben, und die katholische Kirche zählt sie zu den von ihr anerkannten Charismen.[2] Von taoistischen Weisen wird gesagt, daß sie auf außergewöhnliche Weise in ihrer „unsterblichen, diamantenen Form" reisen können.[3] Bestimmten islamischen Schriften zufolge bewegen sich die iranischen „Lichtmenschen" durch die hyperdimensionalen Welten des „himmlischen Landes" *Hurqalya*.[4] Ist dieses Reisen, das sich in solchen Schilderungen spiegelt, verbunden mit Strukturen der Materie oder Dimensionen der Raum-Zeit, die die Wissenschaft noch nicht entschlüsseln konnte? Diese Arten der Bewegung werden in Geschichten über UFOs und in der Science-fiction-Literatur geschildert.* Spiegeln die Legenden über metanormale Beweglichkeit die Tatsache wider, daß sie gelegentlich auftritt, wie manche Philosophen es für möglich halten?[5] In den letzten Jahren haben einige Mathematiker und Physiker darüber spekuliert, daß Theorien, die darauf abzielen, die fundamentalen Kräfte in einer Raum-Zeit mit mehr als vier Dimensionen zu vereinigen (manchmal als Kaluza-Klein-Theorien bezeichnet),

paranormale Phänomene erklären könnten.** Der Physiker Saul-Paul Sirag schrieb beispielsweise, daß „wir den Körper als eine Projektion aus dem absoluten Hyperraum betrachten könnten. Platon ging scheinbar von einem ähnlichen Gedanken aus, als er in seinem Höhlengleichnis äußerte, daß wir uns mit unserem dreidimensionalen Körper identifizieren, so wie sich die angeketteten Sklaven mit ihren zweidimensionalen Schatten identifizierten."[6] In jedem Fall stimmen die hyperdimensionalen Modelle des Universums, die heute unter Mathematikern und Physikern vermehrt auftreten, überein mit esoterischen Schilderungen von Welten außerhalb des Raumes, in die unsere vertraute Existenz eingebettet ist, aus denen heraus sich Phantomgestalten, Lichtphänomene, der Geruch der Heiligkeit und andere außerkörperliche Erscheinungen materialisieren und durch die sich hochentwickelte Geist-Körper bewegen.

* Siehe zum Beispiel *Angels and Aliens* von Keith Thompson, Addison-Wesley 1991, insbesondere Kapitel 16.

** Für eine Darstellung der Kaluza-Klein-Theorien einer hyperdimensionalen Raum-Zeit siehe Freedman und van Nieuwenhuizen 1985: Die verborgenen Dimensionen der Raumzeit, *Spektrum der Wissenschaft* (Mai), S. 78 bis 86. Dieser Artikel geht der Entwicklung der hyperdimensionalen Modelle von ihren Anfängen in der Quantentheorie und der Allgemeinen Relativitätstheorie Albert Einsteins über die Vorschläge von Theodor Kaluza, daß die Raum-Zeit in eine fünfdimensionale Welt eingebettet ist, bis zu den zeitgenössischen Superstring- und Supergravitations-Theorien nach. Freedman und van Nieuwenhuizen schrieben, daß es oft ein langer Weg ist

„von der Formulierung einer eleganten theoretischen Idee bis hin zu präzisen Voraussagen, die experimentell überprüft werden können ... So dauerte es dreizehn Jahre, bis man mit Hilfe nichtabelscher Eichtheorien drei Grundkräfte vereinheitlichen konnte. Wenn es zur Zeit noch an eindeutigen Hinweisen fehlt, daß sich mit den Konzepten der Supergravitation und der Kaluza-Klein-Theorie die Experimente korrekt beschreiben lassen, so braucht das nicht zu bedeuten, daß die Ideen selbst falsch sind. Wahrscheinlich bedarf es nur noch weiterer theoretischer Arbeit."

Könnte unser gegenwärtiges Bewegungsvermögen dem jener ersten Amphibien entsprechen, die noch nicht gelernt hatten, zu atmen und sich frei an Land zu bewegen?

Außergewöhnliche Zustände von Energie und Materie

Wir können uns demzufolge eine Form des Daseins vorstellen, die eine größere Bandbreite an Wahrnehmungsphänomenen hat als unsere und in der wir uns mit neuer Agilität und Freiheit bewegen könnten. Eine solche Existenz würde außergewöhnliche energetische Zustände beinhalten. Sind die Initiationsriten der schamanisch-religiösen Lehren mit dergestalten Energien verbunden? Übertragungen von mystischen Zuständen können durch eine Berührung, einen Blick, ein Lächeln oder eine Umarmung geschehen, aber auch aus der Ferne und ohne sensorische Signale übermittelt werden (5.3). Die einen solchen Austausch verursachende Kraft wird *Geist*, *prana* oder *Ki* genannt, könnte aber genauso präzise als eine Art hyperdimensionales Umfeld bezeichnet werden. Es ist vorstellbar, daß verschiedene Arten von Kraft und Glückseligkeit, die vom Meister an den Schüler, zwischen Liebenden, Sportlern oder von Eltern an ihr Kind weitergegeben werden, Prozesse und Strukturen beinhalten, die

weder Wissenschaft noch Religion bisher angemessen beschrieben haben. Wenn Sportler sagen, sie befänden sich „in der Zone", scheinen sie damit auf eine über den normalen Raum hinausgehende Sphäre hinzudeuten, die eng mit Geist und Körper verwoben ist. Sind die unerklärliche Ausstrahlung im Gesicht eines Heiligen, die glänzende Haut mancher Sportler oder das Licht in den Augen eines Liebenden das Ergebnis einer Umgestaltung von Materie in einer Art Hyperraum? Werden diese Begebenheiten von multidimensionalen Welten ermöglicht, wie sie moderne Physiker unterbreiten? Werden einige Fälle von spiritueller Heilung oder die strömenden Empfindungen, die sportliche Leistungen begleiten können, oder die tanzenden Lichter, die manche Heilige zu umgeben scheinen, möglicherweise durch Muster der Energie hervorgerufen, die von einer größeren Welt projiziert werden? Geht metanormale Seligkeit aus der Materialisierung subatomarer Teilchen hervor, die die Ausschüttung von opiatähnlichen Peptiden fördern?

Aussagen über feinstoffliche Körper und Materie, die in nahezu jeder spirituellen Tradition existieren, bestätigen derartige Spekulationen. Das *ka* aus der altägyptischen Überlieferung, die *sariras*, *koshas* und *dehas* aus dem hinduistisch-buddhistischen Yoga, die griechischen *Ochemata*, der *jism* (oder Astralkörper) aus dem iranischen Neuplatonismus und Sufismus und der Geist-Körper der geheimen taoistischen Alchimie (8.2) sollen aus einer Materie bestehen, die sich von der des gewöhnlichen menschlichen Körpers unterscheidet. Beseelte, aus einer derartigen Geist-Materie bestehende Körper können, wie es heißt, durch Wände gehen, sich materialisieren oder dematerialisieren und ihre Form und Größe verändern. Diese Körper sind empfänglicher für Gefühle, Gedanken oder Willensäußerungen als unser gegenwärtiger Leib. Wie Henri Corbin es ausdrückte, ist ihr Vorstellungsvermögen „vergleichbar mit dem, was die Hand für den [physischen] Körper ist".[7] Zeugnisse der feinstofflichen Körper aus religiösen Überlieferungen und den Sammlungen von Psi-Phänomenen der modernen psychischen Forschung (siehe Anhang F) weisen darauf hin, daß der Körper des Menschen mit außergewöhnlichen Formen der Materie interagiert und sie hervorbringt.

Angesichts der zitierten Anekdoten, Legenden und Erfahrungsberichte ist es zumindest denkbar, daß wir eine metasomatische Existenz verwirklichen können, wie die Amphibien an Land kommen, in eine Welt jenseits unserer ersten Heimat, und viele Muster des gewöhnlichen menschlichen Lebens transzendieren können. Rückblickend auf die Diagramme in Kapitel 7 können wir die integrale Entwicklung gemäß der Abbildung 9.1 darstellen.

Wie die Abbildung zeigt, könnte eine metanormale Verkörperung nur entlang der richtigen Wege der Entwicklung entstehen, das heißt der Vektoren, die eine Schulung von Körper und Geist integrieren. Diejenigen, die die Fähigkeiten der menschlichen Natur zu aktivem Tun vernachlässigen – wie auf der senkrechten Achse –, würden

nicht in eine größere Welt hineinwachsen. Andererseits würden diejenigen, die nach einer rein physisch orientierten Entwicklung streben, beispielsweise über Genmanipulation oder durch Hilfsmittel wie Prothesen, nicht ihr lebendes Gewebe und ihr Bewußtsein in außergewöhnliche Zustände transformieren können.

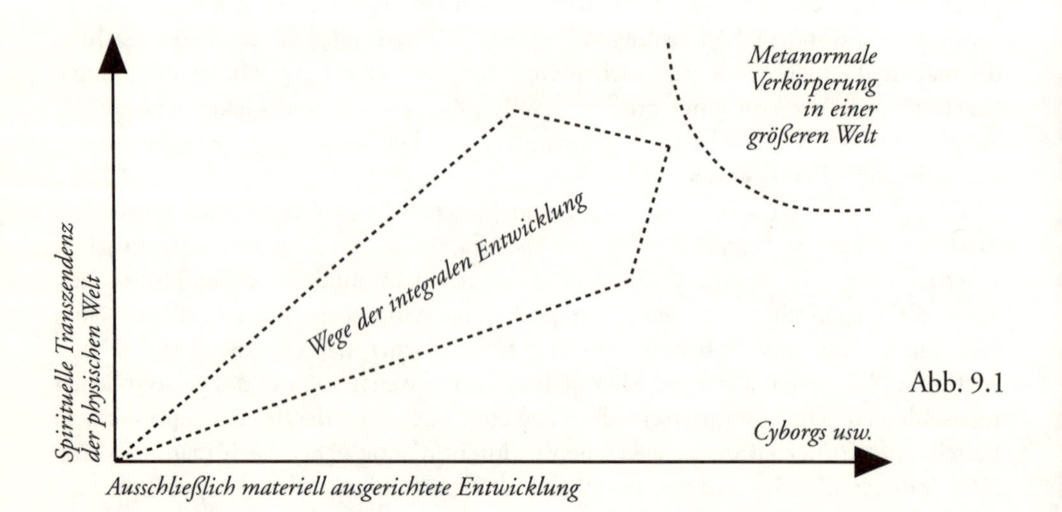

Abb. 9.1

Verschiedene Methoden eröffnen uns auch verschiedene Bereiche und bewirken, daß wir verschiedene Eindrücke in unserer Umgebung hinterlassen. Es ist beispielsweise denkbar, daß Indiens natürliche und kulturelle Umwelt durch den transzendentalen Einfluß der hinduistischen Philosophie Schaden erlitten hat. Einige der bedeutendsten indischen Yogis verbrachten einen großen Teil ihres Lebens in Trance, wandten ihre Aufmerksamkeit von äußeren Dingen ab und wurden so zu einem machtvollen Beispiel für andere. Als Vorbilder für die nachfolgenden Generationen trugen sie möglicherweise dazu bei, daß Indien seine materielle und soziale Entwicklung vernachlässigte, was noch durch die Lehre, daß diese Welt *maya*, Illusion, ist, verstärkt wurde. Doch auch wenn wir der Asketik nicht die Schuld für Indiens Schwierigkeiten geben, so müssen wir erkennen, daß wir uns von dem Leben auf der Erde abschneiden können, wenn wir mit der kontemplativen Innenschau nicht auch unsere vielfältige Natur weiterentwickeln. Werten wir die mystische Erkenntnis höher als unsere anderen metanormalen Fähigkeiten oder ziehen wir uns in eine asketische Abgeschiedenheit zurück, durchtrennen wir einen Großteil unserer Verbindungen zur Welt. Integrale Methoden würden jedoch sowohl das gegenwärtig für uns wahrnehmbare Universum einbeziehen als auch jene Welten, die es subsumieren. Um derartige

Methoden zu unterstützen, mag es hilfreich sein, sich unsere weitere Evolution in den Begriffen einer größeren Welt vorzustellen statt in Begriffen von Welten oder himmlischen Sphären, die von dieser Welt getrennt sind.

Im nächsten Kapitel äußere ich die Vermutung, daß eine Entwicklung hin zu einem außergewöhnlichen Leben sich nach dem Tode in einer Art Geist-Körper fortsetzen könnte. Dieser Gedanke steht nicht im Widerspruch zu der Vorstellung, daß ein Fortschreiten in Richtung einer metanormalen Verkörperung in diesem Leben eine größere Welt zu enthüllen vermag. Zum jetzigen Zeitpunkt getrennte Welten können *sowohl in diesem Leib wie im Jenseits* vereint werden, wenn wir uns immer weiteren Dimensionen der Existenz öffnen.

10

Evolution und das Weiterleben nach dem Tod

Einige der in diesem Buch beschriebenen Phänomene werfen Fragen nach einem Weiterleben nach dem Tode auf. Enthüllen beispielsweise die außerkörperlichen Zustände eine Seele, die nach dem Tod existieren kann? Wenn bestimmte mystische Erfahrungen unsere metanormale Identität offenbaren, welcher Form der Existenz wird sich dann jene Identität nach dem Ableben des Körpers erfreuen? Da wir uns hinsichtlich der Nachweise für unsere höheren Fähigkeiten stark auf religiöse Traditionen beziehen, sollten wir dann nicht auch deren Ansichten über ein Leben nach dem Tod annehmen? Ich möchte auf diese Fragen in der Art eingehen, daß wir erstens die Tatsache als gegeben ansehen, daß außersinnliche und mystische Erfahrungen auftreten können, ohne daß wir uns allen mit ihnen verbundenen Überzeugungen verschreiben müssen. Tatsächlich zwingt uns die große Vielfalt an Theorien über das Leben nach dem Tod dazu, bei der Einschätzung all dieser Aussagen vorsichtig zu sein. Yogis des Hinduismus und des tibetischen Buddhismus glauben an Reinkarnation. Nahezu alle jüdischen, christlichen und islamischen Mystiker sind davon ausgegangen, daß wir nur ein Leben auf der Erde leben, aber nach dem Tod in einem entkörperlichten Zustand existieren. Und einige taoistische Weise haben behauptet, daß nur wenige fortgeschrittene Seelen weiterleben werden. Angesichts dieser verschiedenen Anschauungen, die alle von religiösen Adepten bezeugt worden sind, gibt es gute Gründe zu einer agnostischen Haltung gegenüber den meisten Vorstellungen über ein Leben nach dem Tod.

Nichtdestotrotz gründen sich manche der Behauptungen zur Frage des Weiterlebens auf die unmittelbare Erfahrung von Menschen mit den verschiedensten

Anschauungen über ein jenseitiges Leben. Es ist beispielsweise nicht zu bestreiten, daß zu vielen Zeiten und in vielen Kulturen einzelne Menschen – darunter Meister der Kontemplation und Philosophen, die eine zentrale Stellung in der Religionsgeschichte einnehmen – Erleuchtungen erfahren haben, durch die sie sich eines ewigen oder unsterblichen Selbst auf überwältigende Weise bewußt wurden. In Kapitel 5.10 habe ich Mystiker aus Ost und West zitiert, die eine Identität beschreiben, die nicht sterblich ist. Ebenso unbestreitbar machen Menschen aller Altersgruppen bei todesnahen Erlebnissen, sportlichen Wettkämpfen, in Narkose, bei der Geburt eines Kindes, hohem Fieber oder extremen Schmerzen außerkörperliche Erfahrungen. Solche Erlebnisse werden ausführlich in allen religiösen Kulturen und in medizinischen Fachzeitschriften, psychiatrischen Fallstudien und den Berichten der psychischen Forschung beschrieben (5.5 und Anhang E).

Ebensowenig können wir leugnen, daß einzelne Menschen mit weit voneinander abweichenden Überzeugungen über ein künftiges Leben im Gebet, in emotionalen Krisen oder durch sonstige Erfahrungen etwas wahrgenommen haben, was sie für andere Welten (und Wesen, die in diesen leben) hielten. Obgleich wir nicht gezwungen werden zu glauben, daß solche Erfahrungen ein Weiterleben der Seele nach dem

Tod des Körpers beweisen, so müssen wir doch zugeben, daß sie viele Menschen dazu führen, eine Existenz nach dem Tode zu bejahen.

Daneben treffen wir auf ungewöhnlichere Erfahrungen, oder Erlebnisse, die indirekte Beweise für das Weiterleben der Seele nach dem Tod beinhalten, so zum Beispiel Seelenreisen, bei denen der Betroffene allem Anschein nach als Phantomgestalt wahrgenommen wird. Bei dem in Kapitel 5.5 zitierten Fall der Wilmots waren drei Personen beteiligt: Mrs. Wilmot, die träumte, sie sei bei ihrem weit entfernten Mann, Mr. Wilmot, der träumte, seine Frau stünde neben seiner Koje, und ein Mitreisender von Mr. Wilmot, der zur selben Zeit, als die Wilmots diese Episode träumten, meinte, eine Frau in der Kabine zu sehen. Wir könnten diese Begebenheit erklären, indem wir die Vision von Wilmots Mitreisendem einer Illusion zuschreiben, die durch telepathische Eindrücke von den beiden anderen Personen verursacht wurde, doch es ist ebenso möglich, daß Mrs. Wilmot in einer Art Geist-Körper reiste, den ihr Ehemann im Traum wahrnahm und den sein Mitreisender irrtümlich für eine leibhaftige Gestalt hielt. Der in Kapitel 5.5 beschriebene Verity-Fall gehört zur selben Gruppe von Erfahrungen. Und neben den glaubwürdigeren Fällen von projizierten Phantomgestalten, wie sie in der Literatur der psychischen Forschung beschrieben sind, sind auch einige religiöse Schilderungen dieses Phänomens nur schwer zu verwerfen. Wenn wir wortwörtliche Auslegungen der Berichte über Bilokation ausklammern sowie die Idee, daß jemand in der Lage ist, physisch an zwei Orten zugleich anwesend zu sein, dann können wir einigen der Aussagen (von östlichen und westlichen Religionen) Glauben schenken, daß bestimmte Heilige sich selbst auf paranormale Weise projiziert haben.

Darüber hinaus gibt es zahlreiche Berichte über eine Kommunikation mit Verstorbenen. Seit mehr als hundert Jahren wurden von den britischen und amerikanischen *Societies for Psychical Research* und anderen Gruppen engagierter Forscher Untersuchungen der Medialität durchgeführt. Ich möchte noch einmal auf die in Myers' *Human Personality* aufgeführten repräsentativen Studien hinweisen sowie auf Alan Gaulds *Mediumship and Survival*, eine umfassende Übersicht dieses Gebietes.[1] Einige Arten der Erfahrung liefern Beweise für eine Seele oder einen Geist-Körper, die den Tod überdauern, wenngleich sie zu unterschiedlichen Überzeugungen über das Leben nach dem Tod geführt haben. Angesichts dieser voneinander abweichenden Glaubenssysteme haben sich Denker wie William James, C.D. Broad, H.H. Price und John Hick wie auch Erforscher der Erinnerungen an vergangene Leben wie Ian Stevenson und zeitgenössische Beobachter von todesnahen Erlebnissen der Frage des Weiterlebens sowohl mit kritischer Distanz als auch mit Offenheit genähert (siehe Anhang E).[2]

Wenn wir nun also unser Urteil über die Art des Lebens nach dem Tode in der Schwebe lassen, welche Vermutungen können wir dann über seine möglichen Beziehungen zu einer integralen Entwicklung anstellen? Welche Zusammenhänge mag es zwischen außergewöhnlichen Fähigkeiten und dem Weiterleben nach dem Tode

geben? Als Antwort auf diese Fragen möchte ich zu bedenken geben, daß erstens das Leben nach dem Tod in einer Art von Körper weitergehen könnte, zweitens, wenn das Leben nach dem Tod in einer Welt von Geist-Körpern geschieht, eine Entwicklung hin zu einer metanormalen Verkörperung dort weitergehen könnte, und drittens, wenn eine solche Weiterentwicklung in einer jenseitigen Welt geschehen kann, die Schulung unserer verschiedenen Fähigkeiten in diesem Leben ihre Entwicklung und die weitere Entfaltung im künftigen Leben begünstigen würde.

Jenseitige Körper

Vielen Berichten über außerkörperliche Erfahrungen gemäß hat die Seele oder der Geist Begrenzungen, eine einzigartige Gestalt, einen Standpunkt, (variable) Standorte in einer Art Umwelt und spürt einen Zusammenhang mit ihrem Leben auf der Erde. Und einigen Menschen zufolge besitzt dieses Mittel zu einem Weiterleben sogar ein Gesicht und Organe. In zahllosen Berichten, die von zeitgenössischen Erforschern todesnaher Erlebnisse gesammelt wurden, sowie in vielen Schilderungen von Medien, Mystikern und Schamanen, die in Trance gereist sind, finden wir Beschreibungen eines bewußten Selbst oder einer Person, die bestimmte Orte in der geistigen Welt bewohnt. Dies kann anderen geistigen Wesen begegnen, schaut wunderbare oder schreckliche Seelenlandschaften, hört überirdische Musik, berührt andere Gestalten (und tauscht sich mit ihnen aus), bewegt sich von Ort zu Ort und wirkt auf seine Umgebung ein. Solche Beschreibungen deuten darauf hin, daß dieses reisende Selbst, diese Seele, eine Art von Körper ist.* In der Tat könnte es eine grundlegende Gleichstellung von Persönlichkeit und Verkörperung geben, in dieser Welt und jeder anderen. Eine besondere Person zu sein erfordert schließlich, unverwechselbare Züge zu haben und damit Konturen und Begrenzungen, wie hyperdimensional auch immer. Wir sehen die Welt von einem bestimmten Standpunkt aus, selbst wenn wir zur selben Zeit unsere Einheit mit anderen wahrnehmen. Als verkörpertes Selbst interagieren wir mit unserer Umgebung auf eine ganz besondere Weise, mit einem Empfindungsvermögen und einer Geschichte, die uns einzigartig macht. Wie in Kapitel 5.10 angedeutet, haben Heilige und Mystiker aller Kulturen – in ihrem inneren und äußeren Wesen – wohlgestaltete und lebhafte Züge *nach* ihrer Erleuchtung gezeigt. Sie haben sich ihre einzigartige Identität und individuelle Form des Ausdrucks bewahrt. Wenn sie eine charakteristischere Verkörperung in diesem Leben verwirklicht haben, so ist es denkbar, daß sie diese auch in ihrem zukünftigen behalten werden.

Daß die Seele einen jenseitigen Körper hat, ist ein uralter Gedanke, der sich in Begriffen wie dem ägyptischen *ka*, dem griechischen *Ochema* und dem *kosha, deha* und *sarira* des Sanskrit spiegelt, die uns Hüllen oder Träger des Bewußtseins vergegenwärtigen, die nach dem Tod weiter existieren können. Verschiedene Lehren sind mit der

Vorstellung verbunden, daß wir einen (oder mehrere) feinstoffliche Körper besitzen – zu viele, um hier näher auf sie einzugehen. Einige wurden von dem Philosophen G. R. S. Mead in seinem Buch *The Doctrine of the Subtle Body in Western Tradition* (dt. *Die Lehre vom feinstofflichen Körper in der westlichen Tradition*) beschrieben,[3] die umfassendste Abhandlung ist jedoch in dem maßgebenden vierbändigen Werk

* Emmanuel Swedenborg schrieb:
„Wenn der Mensch im Tode aus der natürlichen in die geistige Welt hinübergeht, so nimmt er alles mit, was zu ihm gehört, bzw. was seinen Menschen bildet, ausgenommen seinen irdischen Leib. Das ist mir aufgrund vielfacher Erfahrung zur Gewißheit geworden. Wenn nämlich der Mensch in die geistige Welt oder in das Leben nach dem Tode eintritt, so lebt er dort in einem Leib wie in der Welt. Scheinbar besteht gar kein Unterschied, jedenfalls fühlt und empfindet er ihn nicht ... Dieser zu einem Geist gewordene Mensch besitzt auch alle äußeren und inneren Sinne, die er in der Welt hatte. Er sieht wie zuvor, er hört und spricht wie zuvor, er riecht und schmeckt auch, und wenn er berührt wird, fühlt er es auch – ganz wie zuvor." (Swedenborg 1977, S. 323)

In *The Projection of the Astral Body* (dt. *Die Aussendung des Astralkörpers*) zitieren Sylvan Muldoon und Herewood Carrington aus Prescott Halls *Astral Projection*. Bei außerkörperlichen Erfahrungen hört die Person, wie Hall schreibt,
„... ein Zischen oder Pfeifen wie von entweichendem Dampf, einzelne musikalische Klänge, musikalische Tonsätze, die mir im allgemeinen unbekannt waren, Melodien von Gesängen und andere Weisen, die ich kannte, Harmonien, die oft sehr schön waren, zwei oder drei Töne, die in regelmäßiger Folge abwechselten, den Klang einer oder mehrerer Glocken, manchmal harmonisch, metallische Klänge von Schlägen auf einen Amboß. Es ist nicht ungewöhnlich, zu Beginn einer Astralwanderung offensichtlich weit entfernte Töne zu hören, die uns bekannt erscheinen. Oft scheint es, als riefe jemand in weiter Ferne mit musikalischer Stimme. Eine ganz sonderbare Empfindung hat man zuweilen, nämlich, als ob ein Unsichtbarer uns ins Gesicht bliese. Ferner scheint es manchmal, als ob unsichtbare Fingerspitzen uns am Hals, am Mund und an der Nase berührten und dabei ein Gefühl des Gekitzeltwerdens verursachten." (Muldoon und Carrington 1983, S. 102)

Vehicles of Consciousness: The Concept of Hylic Pluralism des holländischen Philosophen J.J. Poortman zu finden.[4] Poortmans Übersicht verdeutlicht die große Vielfalt der Beweise und Argumente für den Geist-Körper, die beispielsweise im Rigveda, den Upanischaden, dem Alten Testament, bei den vorsokratischen Philosophen, Platon, Aristoteles, bestimmten Epikureern und Stoikern, Plotin, Porphyrios, Iamblichos, Proklos, dem heiligen Paulus, vielen Gnostikern, Augustinus, Thomas von Aquin, Origenes, Descartes, Paracelsus, Swedenborg und in den Werken einiger moderner Philosophen, Romanschriftsteller und Wissenschaftler zu finden sind. Die große Detailliertheit, Schönheit und Fülle der Beschreibungen des feinstofflichen Körpers und die leidenschaftliche Bejahung seiner Existenz durch große Heilige und Philosophen seit dem Altertum werden die meisten Leser von Poortmans Studie tief beeindrucken.

Jenseitige Weiterentwicklung

Findet das Leben nach dem Tod in einem Geist-Körper statt, so ist denkbar, daß sich das gesamte Spektrum der metanormalen Fähigkeiten nach dem Tod weiterent-

wickeln kann. Wenn Geist-Körper ihre außerkörperliche Umgebung wahrnehmen und auf sie einwirken, sich in einer Art geistigem Raum bewegen und mit anderen kommunizieren, wie so viele Berichte es andeuten, erscheint es zumindest als möglich, daß sie teilhaben an dem universellen Abenteuer der Entwicklung, mit seinen Siegen und Niederlagen, den Fort- und Rückschritten. Und tatsächlich zeigt sich diese Auffassung in den religiösen Lehren. Nach der christlichen und islamischen Überlieferung gibt es Fegefeuer, durch die wir näher zu Gott gelangen können. Vielen hinduistischen, neuplatonischen und buddhistischen Lehren zufolge nehmen wir die Erfahrung unserer vergangenen Inkarnation in dem Zeitraum zwischen dieser und der nächsten auf. Wie sich diese Lehren auch voneinander unterscheiden mögen, sie betrachten das Jenseits als einen Zustand, in dem Seelen leiden und wachsen.

Die Vorbereitung auf das Leben nach dem Tode

Ein Bewahren steter Bewußtheit bis in das Leben nach dem Tode wird im Bardo-Thödol beschrieben, dem *Tibetanischen Totenbuch*.[5] Gemäß einigen Yoga-Schulen kann dies auch geübt werden – durch die Technik eines bewußten Schlafs, bei dem man einen beständigen inneren Zeugen entwickelt, oder durch luzides Träumen, das die ganze Nacht währt, und indem bei mühsamen Nachtwachen die stete Bewußtheit erhalten wird. Es heißt, daß wir durch kontemplative Übung lernen können, bei Veränderungen der geistigen Zustände, in denen die Erinnerung normalerweise ausgelöscht wird, im Wachbewußtsein zu bleiben. Indem wir die Bewußtheit in

Momenten, in denen wir sie gewöhnlich verlieren, bewahren,* können wir uns darauf vorbereiten, sie dann zu erhalten, wenn unser Leben nach dem Tode seinen Anfang nimmt. Die Schulung einer kontemplativen Achtsamkeit hilft uns, diese an den überlebenden Geist weiterzugeben. Doch wenn es tatsächlich ein Leben nach dem Tod gibt, muß es mehr als nur Bewußtheit umfassen. Ich möchte hier die Idee vorbringen, daß eine große Vielfalt von Fähigkeiten sich nach dem Tod weiterentwickeln könnte. Durch ihre Schulung in diesem Leben können sie für die jenseitige Reise des Geist-Körpers an Kraft gewinnen.

Als Beispiel:

- Die Wahrnehmung äußerer Ereignisse würde, wenn sie durch Übungen zur Transformation auf Hellsehen und das Gewahrwerden von außerkörperlichen Lichtphänomenen, Wesen, Klängen und Eindrücken des Tastsinns erweitert werden könnte, der überlebenden Wesenheit erhalten bleiben. Da diese Wahrnehmungsfähigkeiten anscheinend nicht von physischen Rezeptoren abhängig sind (5.1), können wir vermuten, daß sie – exsomatisch – in den Welten des Lebens nach dem Tode weiterhin funktionieren. Und die Wahrnehmung des Numinosen könnte

sich dort gleichermaßen entfalten, da sie die Schönheit überall erblickt – in den „anderen Welten" visionärer Trancezustände ebenso wie im materiellen Universum.

* In einem der Briefe über den Yoga schrieb Aurobindo:

„Im gewöhnlichen Schlaf jedoch werden wir uns der inneren Welten nicht bewußt; das Wesen scheint in ein tiefes Unterbewußtsein versunken zu sein. An der Oberfläche dieses Unterbewußtseins treibt eine dunkle Schicht, in der, wie es uns scheint, die Träume stattfinden – oder richtiger ausgedrückt, in der sie aufgezeichnet werden. Wenn wir in sehr tiefen Schlaf fallen, kommt es uns so vor, als ob wir traumlos schlummern; tatsächlich aber setzen sich die Träume fort, sie sind aber entweder zu tief unten, um die aufzeichnende Oberfläche zu erreichen, oder werden vergessen, und jede Erinnerung daran, selbst daß sie existiert haben, wird in dem Übergang zum Wach-Bewußtsein ausgelöscht. Gewöhnliche Träume sind zum größten Teil zusammenhanglos oder scheinen es zu sein, denn sie werden entweder vom Unterbewußtsein gewoben aus tiefliegenden Eindrücken, die unser vergangenes inneres und äußeres Leben darin zurückgelassen hat – auf eine phantastische Weise gewoben, die der Erinnerung des Wach-Bewußtseins nicht ohne weiteres einen Hinweis auf ihre Bedeutung gibt –, oder sie sind unfertige, meist entstellte Aufzeichnungen von Erfahrungen, die hinter dem Schleier des Schlafes fortdauern – tatsächlich werden diese beiden Elemente größtenteils untereinander vermischt. Denn in Wirklichkeit versinkt ein großer Teil unseres Schlaf-Bewußtseins nicht in diesen unterbewußten Zustand; es wandert jenseits des Schleiers zu anderen Seins-Ebenen, die mit unseren eigenen inneren Ebenen verbunden sind, Ebenen überphysischen Daseins, Welten eines größeren Lebens, Mentals oder einer größeren Seele, die sich im Hintergrund befinden und uns ohne unser Wissen beeinflussen. Gelegentlich gelangt ein Traum von diesen Ebenen zu uns, etwas mehr als ein Traum – eine Traum-Erfahrung, die ein direkter oder symbolischer Bericht dessen ist, was wir dort erleben oder was um uns herum geschieht. In dem Maß, wie das innere Bewußtsein durch die Sadhana [die Ausübung des Yoga] wächst, nehmen diese Traum-Erfahrungen an Zahl, Deutlichkeit, Zusammenhang und Genauigkeit zu, und nach einer gewissen Entwicklung der Erfahrung und des Bewußtseins können wir, wenn wir genau beobachten, sie und ihre Bedeutung für unser inneres Leben verstehen lernen. Durch Übung können wir sogar so bewußt werden, daß wir unser Durchwandern vieler Bereiche – unserer Wahrnehmung und Erinnerung gewöhnlich verhüllt – sowie den Vorgang der Rückkehr zum Wach-Zustand verfolgen können. An einem bestimmten Punkt inneren Wachsens kann diese Art von Schlaf, ein Schlaf der Erfahrungen, den üblichen unterbewußten Schlummer ersetzen." (Sri Aurobindo 1981, *Briefe über den Yoga*, Band 3, S. 157 f.)

- Da inwendiges Hellsehen nicht von den physischen Sinnen abhängig ist, wäre es das auch bei einer exsomatischen Wesenheit nicht. Wenn die außersinnlichen Fähigkeiten in diesem Leben wachsen können, ist es denkbar, daß sie auch im nächsten entwickelt werden könnten.
- In Kapitel 5.3 erwähne ich drei Formen des außersinnlichen Kommunizierens: dauerhafter telepathischer Austausch von bestimmten Gefühlen, Gedanken oder Absichten, telepathische Übertragung von Zuständen der Erleuchtung und gemeinsam erfahrene Ekstase, die telepathisch herbeigeführt zu sein scheint. Da keine dieser Formen des Kommunizierens von sensorischen Signalen bedingt ist, ist es denkbar, daß sie zwischen Geist-Körpern oder zwischen Geist-Körpern und Menschen dieser Welt auftreten. In dem Maße, wie wir diese Fähigkeiten entwickeln, werden wir vermutlich immer besser mit jenen Geschöpfen in Verbindung treten können, denen wir im Jenseits begegnen. Das schließt jene mit ein, die uns bei unserer Weiterentwicklung unterstützen mögen.
- Es ist vorstellbar, daß die außergewöhnlichen vitalen Kräfte – oder der spirituelle Aspekt eines höheren Energieniveaus –, die kontemplative Adepten dazu be-

fähigen, extreme Umweltbedingungen auszuhalten (5.4, 21.1. bis 21.3, 22.6, 23.1) und lange Zeit ohne Nahrung zu überleben (21.2, 21.7, 22.4, 23.1), sich auf das Leben nach dem Tode übertragen. Dies könnte diejenigen, die mit ihnen vertraut sind, dazu befähigen, schwankende Umweltbedingungen oder Entbehrungen zu meistern, die dort möglicherweise vorkommen.

  Es gibt etliche Nachweise dafür, daß eine solche Kraftentfaltung nicht auf wirkliche Nahrung angewiesen ist. Da sie nicht von Essen, Trinken, Kleidung oder anderen Formen äußerlicher Hilfestellung abhängt, könnte sie ebenso in einem Geist-Körper geschehen.

- In Kapitel 5.5 gehe ich von vier Arten des metanormalen Bewegungsvermögens aus: außergewöhnliche Beweglichkeit, die bestimmte Schamanen, Kampfkünstler und Sportler zeigen, Levitation, Seelenexkursionen und bewußtes Reisen in andere Welten. Die beiden letztgenannten Fähigkeiten würden – durch Übungen zur Transformation geschult – es dem Geist-Körper vermutlich erleichtern, sich im Kontakt mit der materiellen Welt oder in den supraphysischen Dimensionen des Lebens nach dem Tode von Ort zu Ort zu bewegen. Es gibt eine große Anzahl von überlieferten Erzählungen über das Erscheinen von verstorbenen Heiligen und Verwandten in dieser Welt sowie über ihre bewußten Reisen durch die Welten des Jenseits.
- Da Telergie, Telekinese und die Veränderung von einem Teil des Raumes durch geistige Einwirkung nicht von den Organen oder Gliedern des Körpers abhängen

(5.6), könnten sie sich in einem Geist-Körper weiterentwickeln. Diese Annahme wird durch etliche Überlieferungen von der Beeinflussung der Lebenden durch die Verstorbenen bestätigt – einschließlich der Aussagen von Medien und Mystikern, daß sie Wesenheiten aus außerkörperlichen Welten berühren und von ihnen berührt werden.

- Durch verschiedene Transformationstechniken können wir lernen, den Schmerz zu kontrollieren, das Lustempfinden zu steigern, Reaktionen auf innere oder äußere Reize, die uns zuvor Leid brachten, abzuschwächen (15.8, 17.2, 21.1. bis 21.4, 23.1), und eine Seins-Seligkeit zu erfahren, die gewöhnliche Schmerzen und Freuden auflöst (5.7). In dem Maße, in dem wir diese Meisterung hier verwirklichen, in einem Körper, der zu etlichen Beschwerden neigt, könnte sie Bestandteil eines Geist-Körpers werden. Wenn wir gelernt haben, die Einflüsse dieser Welt, die zuvor Ursachen von Leid waren, mit Freude anzunehmen, könnte unsere den Tod überlebende Seinsform ihre Reaktionen auf das jenseitige Leben meistern und ihre wechselseitigen Handlungsweisen dort als Quelle immer wiederkehrender Freude erkennen.

- Menschen, die außerkörperliche Erfahrungen oder die Kommunikation mit Verstorbenen geschildert haben, haben gesagt, daß Geist-Körper über kognitive Fähigkeiten wie in dieser Welt verfügen. Schamanen aus steinzeitähnlichen Kulturen, zeitgenössische Medien und Mystiker aus allen Weltreligionen haben behauptet, daß Seelen ihre exsomatische Umgebung erkennen und ein immer größeres Wissen über ich-transzendente Wirklichkeiten erwerben. Überdies soll mystische Erleuchtung im jenseitigen Leben geschehen können. Angesichts der Tatsache, daß diese Erleuchtung nicht in erster Linie von sensorischen Signalen bedingt ist, könnte sie im Laufe der jenseitigen Existenz der Seele auftreten.
- Es gibt eine Form des Willens, die als in Einklang mit einer Macht jenseits des gewöhnlichen Lebens empfunden wird. Im Tod, wenn die physische Orientierung verlorengeht, könnte ein solcher Wille dazu beitragen, dem Geist-Körper Wege zu einem außergewöhnlichen Leben zu zeigen, die von der Literatur über Kontemplation und todesnahe Erfahrungen geschildert werden. Wenn der Geist-Körper sich seiner supraphysischen Existenz besser angepaßt hat, könnte ein derartiger Wille wachsen, seine Ausrichtung auf eine höhere Bestimmung vertiefen und eine immer erhabenere Meisterung des Selbst erzielen.
- Durch ein Sich-Bewußtwerden über den inneren Zeugen in der Meditation kann eine tiefgründige Subjektivität entstehen. Im Verlauf der kontemplativen Übung, wo Gedanken losgelassen werden, wird offenbar, daß das zuschauende Subjekt nicht auf besondere Objekte angewiesen ist. Da es nicht von bestimmten Dingen –

psychischer oder materieller Art – abhängt, könnte sich dieses höhere, tiefere oder wahrste Selbst (*purusha* oder *mahatmya*) über den Tod hinaus entfalten.

- Heilige und Mystiker haben seit alters behauptet, daß eine Liebe zu Gott und anderen Geschöpfen, die nicht von der Befriedigung ichbezogener Begierden abhängig ist, im jenseitigen Leben wachsen kann. Es ist auch denkbar, daß dort alle Emotionen aufblühen und eine höllische, wechselhafte oder himmlische Existenz kreieren. Wie auf der Erde könnte auch die Evolution jenseits des Todes stagnieren, in bezug auf eine metanormale Verkörperung zurück- oder fortschreiten.
- Unter Medien und kontemplativen Adepten gibt es ein großes Wissen darüber, daß Geist-Körper Strukturen wie die in Kapitel 5.12 angeführten in sich zusammenfügen. Wenn Geist-Körper an dem universellen Abenteuer der Entwicklung teilhaben, so werden sie Wandlungen erfahren, um metanormale Fähigkeiten verwirklichen zu können. Sehen wir das Universum als ein großes Bodybuilding-Studio, dann können wir uns recht gut vorstellen, daß sich dieser formende Prozeß auch im jenseitigen Leben fortsetzt und daß eine fortgeschrittene Ausbildung des Geist-Körper-Gefüges in diesem Leben seine künftige Formgebung erleichtert.

Andere Vorstellungen über das jenseitige Leben

Auf der Grundlage der kontemplativen Lehren, psychischen Forschung, zeitgenössischen Untersuchungen über todesnahe Erfahrungen und Studien über sogenannte Erinnerungen an frühere Leben lassen sich natürlich viele weitere Mutmaßungen über ein Leben nach dem Tod aufstellen. Der englische Philosoph John Hick hat genau das getan und Jenseitsvorstellungen des Judaismus, Christentums, Hinduismus und Buddhismus untersucht, um deren jeweilige Stärken und Schwächen aufzudecken. Hick zufolge wird der Glaube an irgendeine Art von Leben nach dem Tod weder durch gesicherte wissenschaftliche Erkenntnisse noch durch allgemein anerkannte philosophische Argumente für unzulässig erklärt. Er weist indes darauf hin, daß östliche Vorstellungen von Reinkarnation, westliche Ansichten über ein unsterbliches Selbst und christliche Visionen von ewiger Verdammnis gegenüber den Fakten und einigen philosophischen Fragen über das Leben nach dem Tod nicht genügen. Östliche und westliche Auffassungen vom jenseitigen Leben weisen über sich selbst hinaus, hin zu „der allgemeinen Idee des *Eschaton*, des letzten und ewigen Zustands“.[6] Übereinstimmend legen sie nahe, daß jede Seele, die mit ihrer Geburt als Mensch eine Existenz angenommen hat, viele Leben in anderen Welten als der unseren durchlebt, nicht nur auf diesem (oder irgendeinem anderen) Planeten wiedergeboren wird, sondern in immer höheren Sphären, in denen sie zunehmend die glückselige Freude Gottes und anderer Seelen verwirklichen kann.

Sri Aurobindo hat die Frage des Weiterlebens ähnlich umfassend wie Hick erforscht, indem er seine persönlichen Erkenntnisse aus der Kontemplation mit seiner weitreichenden Kenntnis der Yoga-Überlieferungen und der Untersuchung verschiedener Ideen über unser zukünftiges Schicksal verband. Durch die Verknüpfung von philosophischen Argumenten, religiösen Bezeugungen und seine eigene Yoga-Erfahrung gelangte er zu der Ansicht, daß jede Seele die Möglichkeit hat, durch viele Leben hindurch in die Richtung eines glückseligen Einzelwesens zu wachsen. Anders als Hick glaubte Aurobindo jedoch, daß es aufeinanderfolgende Leben in der materiellen Welt (mit zwischengeburtlichen Aufenthalten auf anderen Existenzebenen) gibt und daß die Seele hin zu einer lichtvollen Verkörperung schreiten kann, die eine Vergöttlichung lebender Materie mit sich bringt.*

Die Vorstellungen von Aurobindo und Hick über das Schicksal der Seele zeigen, daß ähnliche philosophische Ansätze zu sehr unterschiedlichen Auffassungen über das Leben nach dem Tod führen können.** Und mit denselben Fakten, die Aurobindo und Hick verwendeten, können wir noch weitere Vermutungen über eine jenseitige Existenz anstellen. Es ist beispielsweise denkbar, daß ein Geist-Körper zwischen Inkarnationen auf der Erde, auf anderen Planeten oder in supraphysischen Sphären wählen

könnte, so daß sowohl Aurobindo als auch Hick teilweise recht behielten.[7] Aber wie auch immer das Leben nach dem Tod weitergeht, so haben wir gute Gründe zu der Annahme, daß integrale Methoden unsere Reise im Jenseits erleichtern können. Wenn wir metanormale Fähigkeiten verwirklichen, werden wir uns ihrer nicht nur in diesem Leben, sondern auch in künftigen Welten erfreuen. Was immer das Leben nach dem Tode für uns bereithält – wir können uns der Einheit mit unserem Ursprung gewahr werden, unserer Liebe zu anderen und einer Seins-Seligkeit, die durch alle Formen einer verkörperten Existenz hindurchscheint.

* Aurobindo schrieb:
„Denn eine neue Geburt, ein neues Leben nimmt die Entwicklung nicht genau an dem Punkt wieder auf, wo sie im letzten Leben aufhörte. Sie wiederholt nicht nur unsere frühere vordergründige Persönlichkeit und die Gestaltung unserer Natur und setzt diese fort. In jener Zuflucht findet Angleichung statt. Alte Charaktereigenschaften und Beweggründe werden abgelegt, manche verstärkt und neu geordnet. Die Entwicklungen der Vergangenheit werden neu gesichtet und für die Zwecke der Zukunft ausgewählt. Ohne das kann der neue Anfang nicht erfolgreich sein, die Entwicklung nicht weiterführen. Denn jede Geburt ist ein neuer Anfang. Gewiß entwickelt er sich aus der Vergangenheit; er ist aber nicht deren mechanische Fortsetzung: Wiedergeburt ist keine ständige Wiederholung, sondern ein Fortschritt ... Es ist auch wahrscheinlich, daß die integrierende positive Vorbereitung von der Seele selbst durchgeführt und von ihr der Charakter des neuen Lebens am Zufluchtsort, ihrer eigentlichen Heimat, entschieden wird, auf einer Ebene psychischer Ruhe, wo sie alles in sich zurücknehmen und ihre neue Stufe in der Evolution erwarten kann." (Sri Aurobindo 1991 (2), *Das Göttliche Leben*, Band 3, S. 201 f.)

** Es ist wohl mehr als nur Zufall, daß Aurobindo als Hindu geboren wurde (obwohl er sich selbst formell keiner hinduistischen Tradition zugehörig fühlte) und Hick als Christ.

TEIL

2

Beweise für das Transformationsvermögen des Menschen

... sondern der Blitz der Erleuchtung –
Wir haben das Erlebnis gehabt, doch erfaßten den Sinn nicht,
Wenn man den Sinn erkundet, kehrt das Erlebnis wieder
In veränderter Form, jenseits von jedwelchem Sinn,
Den man dem Glück zuschreiben könnte.

T. S. ELLIOT

Meine ganze Erziehung weist mich darauf hin, daß die Welt unseres gegenwärtigen Bewußtseins nur eine von vielen existierenden Bewußtseinswelten ist und daß jene anderen Welten Erfahrungen enthalten müssen, die auch für unser Leben von Bedeutung sind, und daß ferner die Erfahrungen dieser verschiedenen Welten zwar der Hauptsache nach meist getrennt bleiben, doch aber an gewissen Punkten zusammentreffen und daß dadurch höhere Kräfte einströmen.

WILLIAM JAMES

Der Teil hat immer die Neigung, sich mit seinem Ganzen zu vereinen, um seiner Unvollkommenheit zu entfliehen.

LEONARDO DA VINCI

In Teil II beschreibe ich Transformationen von Geist und Körper, die in Zusammenhängen geschehen, die von krankhaften Funktionsstörungen über psychosomatische Heilung und Methoden, die nur geringe Anforderungen an den Übenden stellen, bis hin zu religiösen Übungen und anderen, das ganze Leben einbeziehenden Verfahren reichen. Ich habe all dies Material zusammengestellt, um aufzuzeigen,

- daß signifikante Veränderungen von Bewußtsein und Körper entweder bei gespaltenen und funktionsgestörten, bei teilweise integrierten oder aber bei ungewöhnlich gesunden und gut organisierten Menschen auftreten können und
- daß psychophysische Veränderungen innerhalb dieses gesamten Erfahrungsbereiches zu einem großen Teil von gewissen erkennbaren Aktivitäten – oder Transformationsmodalitäten – verursacht werden, die in Programme, die auf das Wachstum des Menschen ausgerichtet sind, integriert werden können.

11

Abnorme seelische Verhaltensweisen

In diesem Kapitel beschreibe ich psychophysische Veränderungen, die bei hysterischen Stigmen, Scheinschwangerschaft und dem Multiplen-Persönlichkeitssyndrom auftreten. Wenngleich diese Veränderungen gewöhnlich Krankheit und Leid mit sich bringen, veranschaulichen sie doch auch Möglichkeiten der Transformation, die – wie ich glaube – kultiviert werden können, um das Wachstum des Menschen zu fördern.

[11.1] STIGMATISATION

Hysterische Stigmen ähneln den religiösen darin, daß sie mit einer großen Eindeutigkeit wichtige Leitbilder aus dem Leben des Betroffenen vertreten, sich normalerweise in Verbindung mit starken Emotionen zeigen und häufig bei leicht beeinflußbaren Menschen vorkommen. Sie unterscheiden sich jedoch von religiösen Stigmen dadurch, daß sie nur selten von Ekstase oder anderen mystischen Phänomenen begleitet werden. Ihre Bedeutung für die Thematik dieses Buches liegt darin, daß sie die Anpassungsfähigkeit des Körpers und seine Empfänglichkeit für machtvolle bewußte oder unbewußte Willensäußerungen, Emotionen und geistige Vorstellungsbilder demonstrieren.

Der Psychiater Joseph Lifschutz behandelte eine Patientin, die derartige körperliche Veränderungen aufwies. Sie „war eine besonders nüchterne und ernste Person“, schrieb er, „und ich hatte kaum Zweifel an der Glaubwürdigkeit ihres Berichtes.“

> Als sie dreizehn war, kratzte [ihr] Vater mit seinen Fingernägeln über ihren Rücken und hinterließ drei lange Narben. Diese verheilten im Laufe der Zeit. Vier Jahre später, mit siebzehn, hatte sie ihr Elternhaus wegen der Brutalität ihres Vaters verlassen und lebte mit ihrem Bruder auf dem Lande. Ich bin mir nicht sicher, wie lange sie ihren Vater nicht gesehen hatte, doch ich habe den Eindruck, es waren mehrere Monate gewesen, vielleicht über ein Jahr. Irgendwie fand [er] heraus, wo sie war, und kündigte seinen Besuch an. Die Patientin berichtet daraufhin, daß, als die Zeit des Besuches nahte, ihre alten Narben auf dem Rücken, die seit vier Jahren verheilt waren, sich gerötet und geblutet hätten. ... Die Rötung und Blutung der drei alten verheilten Narben hätten spontan aufgehört, doch diese Ereignisse wiederholten sich mehrmals – immer wenn sie einen Besuch ihres Vaters erwartete.[1]*

Die Wunden dieser Patientin ähnelten denen der katholischen Stigmatiker darin, daß sie periodisch bluteten. Allerdings begleitete Angst und nicht Freude ihre Reaktivie-

rung. Wie die Male von Gemma Galgani, Anna Katharina Emmerich und Padre Pio (22.3) zeigten sie die große spezifische Besonderheit, mit der der menschliche Körper hochgradig besetzten Themen Ausdruck verleihen kann. Auch der Psychoanalytiker William Needles beschrieb eine Reihe von Blutungen in der Art von Stigmen bei einem 31jährigen Mann, der bei drei Anlässen aus den Händen blutete, bei denen er sich jedesmal an Situationen erinnert hatte, die „ödipale Wünsche, Phantasien und Schuldgefühle“ hervorriefen.[2] Und die Psychotherapeutin Helene Deutsch berichtete von ähnlichen Hautveränderungen, die sexuelle Triebe auszudrücken schienen. Sie schrieb, sie hätte oft Fälle gesehen, bei denen die Hände des Patienten anschwollen und rot wurden, wenn seine Assoziationen ihn hin zu Erinnerungen an verdrängte Masturbation führten.[3]

Eine kompliziertere Reihe von Stigmen wurde von dem Psychiater Ernest Hadley beschrieben, dessen Patient, ein 24jähriger Mann, während vier- bis fünftägiger Perioden im Lauf von mindestens sieben regelmäßigen monatlichen Zyklen aus seiner

* Der Psychoanalytiker Sandor Ferenczi schrieb manche hysterische Stigmen einer „Verkörperung der ödipalen Phantasie [zu], die umgewandelte Erregungskonzentrationen auf Teile des Körpers begrenzte, die unbewußten Triebkräften leicht zugänglich gemacht werden konnten“ (Ferenczi 1926). Aus einer ähnlichen psychoanalytischen Sicht stellte Otto Fenichel folgende Vermutung auf: „Verdrängte Gedanken finden einen ersatzweisen Ausdruck in einer materiellen Veränderung von Körperfunktionen, wobei das befallene Organ unbewußt als Ersatz für die Genitalien eintritt. Diese Genitalisation kann auch aus objektiven Veränderungen im Gewebe, z. B. aus einer Hyperämie oder einem Anschwellen, bestehen, die eine Erektion vertreten, oder es kann auf abnorme Empfindungen begrenzt sein, die genitale Empfindungen nachahmen.“ (Fenichel 1975, Bd. 2, S. 43 bis 44)

linken Achselhöhle blutete. In einer dieser Phasen erschien „eine blutähnliche Substanz", schrieb Hadley. „Nachdem die Achselhöhle gewaschen war, kam unbeschädigte, unverfärbte Haut zum Vorschein. Nach und nach tauchten wieder Tröpfchen der blutigen oder von Hämoglobin gefärbten Absonderung auf." Die Tatsache, daß diese Blutung ähnlich wie ein Menstruationszyklus auftrat, führte Hadley zu der Annahme, daß sie die Identifikation des Patienten mit dem Weiblichen darstellte. Er deutete darauf hin, daß Menstruation sowohl eine Abwehr gegen sexuelle Übergriffe als auch die weibliche Unschuld symbolisierte, denn sein Patient hatte die Achselhöhle seit seiner Kindheit mit der Vagina identifiziert.[4]*

Psychogene Stigmen können jedoch auch Schwierigkeiten symbolisieren, die nicht primär sexueller Natur sind. So beschrieb der Psychiater Robert Moody einen Mann, der wegen anfallsartig auftretendem Somnambulismus behandelt wurde und Einschnitte an seinen Armen aufwies, die Striemen von Seilen ähnelten. Diese erschienen, als er einen Ereigniszeitraum innerlich noch einmal durchlebte, während dem er im Bett festgebunden worden war, um ihn am Schlafwandeln zu hindern. In der englischsprachigen medizinischen Fachzeitschrift *Lancet* schrieb Moody:

In der Nacht des 9. April 1944 wurde der Patient von der diensthabenden Krankenschwester dabei beobachtet, wie er sich auf seinem Bett hin und her warf. Er hielt seine Hände auf dem Rücken und schien sich von eingebildeten Fesseln befreien zu wollen. [Hinterher] bemerkte die Krankenschwester tiefe Striemen auf beiden Armen, die denen von Seilen ähnelten, was der Patient anscheinend nicht wahrnahm. Am nächsten Tag waren die Male immer noch sichtbar und wurden von mir und anderen beobachtet. Der Patient erinnerte sich nur vage an das, was in der vorangegangenen Nacht geschehen war. Am Abend des 11. April waren die Male verschwunden – mit Ausnahme einiger zurückbleibender subkutaner hämorrhagischer Verfärbungen.

In der Nacht des 11. April wurde der Vorfall unter Betäubung reproduziert.

Ich beobachtete, wie er sich mindestens eine Dreiviertelstunde lang stark krümmte. Nach einigen Minuten erschienen auf beiden Unterarmen Striemen, die sich allmählich vertieften, und schließlich traten während dieses Verlaufs neue Blutungen auf.

[Später] gab er eindeutig wieder, was geschehen war, und brachte dies mit seinen Erlebnissen im Krankenhaus in Indien in Verbindung. Am nächsten Morgen waren die Male deutlich sichtbar und wurden fotografiert.[5]

Der Artikel im *Lancet* enthielt ein Foto der oben beschriebenen Male. Obwohl es vorstellbar war, schrieb Moody, daß sein Patient ein Seil verwendet hatte, um sich die ersten Einschnitte selbst zuzufügen, „machte die strenge Beobachtung bei der zweiten

* Hadleys Beschreibung ähnelt den Berichten von Louise Lateaus Stigmen (22.3). Wie bei den Wundmalen dieser damals bekannten Ekstatikerin war auch die Blutung bei seinem Patienten nicht von Blutergüssen oder Narben begleitet.

Gelegenheit eine Täuschung unmöglich. Daher ist es schwer zu verstehen, wie dieser Vorfall auf irgendeine andere Weise als die eines echten psychosomatischen Phänomens erklärt werden kann." Moody beschrieb auch andere psychogene Male am Körper, die er im Laufe seiner therapeutischen Arbeit beobachtet hatte. Während einer Katharsis wies ein Patient, der einmal durch eine Bombenexplosion verschüttet worden war, eine Schwellung des linken Knöchels an der Stelle auf, wo er getroffen worden war, und eine zweite dort an seinem Kopf, wo er ebenfalls getroffen worden war. Die Entladung aufgestauter Affekte bei einem Seemann, der früher einmal ins eiskalte Meer gefallen war, führte eine teilweise Durchblutungsminderung in seinen Extremitäten herbei. Und eine Frau, die noch einmal einen Reitunfall durchlebte, wies psychogene Prellungen auf ihrer rechten Seite auf, wo sie sich bei ihrem Sturz einige Rippen gebrochen hatte. Moody schrieb:

Diese Phänomene zeigen, daß, wenn ein Erlebnis, das sowohl ein somatisches als auch ein akutes psychisches Trauma beinhaltet, vom normalen Bewußtsein abgespalten wird, der hieraus entstehende Komplex sozusagen mit dem lebenden Abbild der somatischen und psychischen Erfahrung behaftet sein mag und daß, wenn ein solcher Komplex seinen Weg in das Bewußtsein findet – selbst wenn er

über viele Jahre nur latent vorhanden war –, die somatische Komponente des ursprünglichen Erlebnisses wieder ausgedrückt werden kann.[6]

In einem 1948 veröffentlichten Brief an den *Lancet* beschrieb Moody eine Patientin, die mehrere psychogene Male aufwies, unter anderem ein rotes Mal auf ihrer Schulter, das erschien, als sie noch einmal durchlebte, wie sie geschlagen und von einer Peitsche genau an dieser Stelle getroffen worden war, ferner eine Schwellung ihres rechten Handgelenks, nachdem sie sich an einen Unfall erinnerte, bei dem sie sich ihr Handgelenk gebrochen hatte, rote Streifen auf ihren Beinen, die mit einem anderen Unfall zusammenhingen, und das Auftauchen eines blauen Flecks, der in seiner Form einem kunstvoll geschnitzten Stock ähnelte, den ihr Vater benutzt hatte, um sie zu schlagen. Moody schilderte auch ein Experiment, das er mit derselben Patientin im Beisein eines anderen Arztes durchgeführt hatte. Nachdem sie sich an einen Vorfall erinnerte, bei dem sie auf die Hände geschlagen worden war, wies sie dort rote Striemen auf, wo die Peitsche ihres Vaters blutige Male hinterlassen hatte. Daraufhin legte Moody ihr an der rechten Hand einen festen Gipsverband an, den er am folgenden Morgen im Beisein seines Kollegen abnahm. Sie sahen „deutliche Blutflecken dort auf dem Verband, wo dieser die Striemen bedeckt hatte". Ein dritter Arzt beobachtete ebenfalls die Wunden der Patientin, kurz nachdem der Verband entfernt worden war.[7]

Manche Stigmen spiegeln mehrere Traumata und Konflikte zugleich wider. Zum Beispiel wies ein 27jähriger Mann entlang einer kunstvollen Tätowierung in Form eines Dolches Striemen auf, die einer Frau mit spitz zulaufenden Beinen und einer penisartig hervortretenden Stelle ähnelten. Während dem Patienten im Laufe der Psychotherapie eine Reihe von Aggressionen, Ängsten, Schuldgefühlen und neurotischen Unterwürfigkeiten, von denen einige mit seinem Transvestismus zusammenhingen, bewußt wurden, schwoll von mehreren Tätowierungen auf seinem Körper nur der Dolch an. „Das Symptom", meinten die Therapeuten Norman Graff und Robert Wallerstein, „diente dazu ..., einen ganzen Komplex von feindseligen, erotischen und exhibitionistischen Trieben, verbunden mit dem Bedürfnis nach Selbstbestrafung, zu lösen und dadurch die Gefahr eines Ausbruchs zu verringern."[8] Fotografien dieses komplizierten Stigmas, die in der Zeitschrift *Psychosomatic Medicine* erschienen, zeigen die erstaunliche Fähigkeit des Körpers, umfassende persönliche Probleme über komplizierte und äußerst spezifische psychogene Veränderungen auszudrücken.

1955 stellten Frank Gardner und Louis Diamond von der Harvard University die These auf, daß einige Menschen eine Sensibilität für ihre eigenen roten Blutkörperchen entwickeln, wodurch bei geringfügigen Verletzungen blaue Flecken entstehen. Sie untersuchten ihre Hypothese, indem sie Patienten, die unter wiederholt spontan auftretenden blauen Flecken litten, kleine Mengen an Eigenblut injizierten, und fanden heraus, daß um die Einstichstelle herum häufig Schmerzen und eine Verfärbung

auftraten. Gardner und Diamond nannten diese Störung „autoerythrozytäre Sensibilisierung".[9] Doch bei der Überprüfung von 27 derartigen Fällen, die an der Case Western Reserve University untersucht worden waren, fanden Oscar Ratnoff und David Agle heraus, daß psychische Traumata ebenfalls zu diesem Leiden beitrugen.[10] Injektionen von Salzlösung und anderen Substanzen riefen bei einigen Patienten die gleichen blauen Flecken hervor, die die Injektionen von Eigenblut verursacht hatten, und ihre Beschwerden lasen sich „wie das Inhaltsverzeichnis einer Monographie über die Hysterie".[11] Viele der Frauen wiesen einen Hang zu dramatischer Selbstdarstellung, starke Stimmungsschwankungen, sexuelle Frigidität und eine ansprüchliche Abhängigkeit auf. Mehrere hatten außergewöhnlich viele Operationen durchgemacht, zehn von ihnen hatten sich schon vor ihrem vierzigsten Lebensjahr einer Hysterektomie unterziehen müssen. Ihre auffälligen Symptome führten Ratnoff und Agle zu der Annahme, daß emotionale Probleme ihre spontan auftretenden blauen Flecken entweder verursachten oder zu deren Entstehung beitrugen, auch wenn sie auf ihr eigenes Blut reagierten.* Ratnoff schrieb:

* H. Haxthausen testete acht Patienten, die hysterische Hautreaktionen aufwiesen, um festzustellen, ob sie eine rein körperliche Reaktion auf eine auf mechanischer oder chemischer Einwirkung beruhende Verletzung aufwiesen, und fand heraus, daß dies auf keinen von ihnen zutraf. – „In keinem einzigen Fall", schrieb er, „trat bei der Durchführung dieser Tests eine Reaktion auf, die sich qualitativ von entsprechenden Reaktionen bei normalen Personen unterschied." (Haxthausen 1936)

Wie diese emotionalen Streßfaktoren in eine körperliche Symptomsprache übertragen wurden, ist uns entgangen. Aber bei vier von fünf Patienten, die erfolgreich hypnotisiert wurden, erschienen an den suggerierten Stellen Verletzungen, die spontan auftretenden blauen Flecken ähnelten. Außerdem waren wir über hypnotische Suggestion in der Lage, das Sichtbarwerden einer positiven Hautreaktion bei einer Patientin zu unterbinden, die zuvor auf ihr eigenes Blut reagiert hatte. Umgekehrt gelang es uns, eine positive Reaktion bei einem Patienten hervorzurufen, der mehrmals negative Testergebnisse gehabt hatte.

Auf welche Weise auch immer – die Suggestion scheint bei der Pathogenese von Läsionen bei autoerythrozytärer Sensibilisierung eine wichtige Rolle zu spielen.

[Ist dieses Leiden] ein weltliches Äquivalent zu [religiösen] Stigmen? Diese Frage zu stellen heißt, sich auf Dinge jenseits unseres Wissens einzulassen. Doch eine unserer Patientinnen blutete während einer Phase starken emotionalen Schmerzes aus einer Stelle ... an ihrem Oberschenkel, die etwa die Größe eines Silberdollars hatte, wobei das Blut aus ihren Haarfollikeln austrat. Die Blutung hörte nach einigen Minuten auf, und es konnte keine wunde Stelle gefunden werden, die den Eindruck erweckte, sie hätte sie selbst herbeigeführt. Dort, wo sich Geist und Körper begegnen, müssen wir alle unsere Unwissenheit erkennen.[12]

[11.2]
SCHEINSCHWANGERSCHAFT

Pseudokyese, ein Zustand, in dem nicht-schwangere Frauen Anzeichen einer Schwangerschaft aufweisen, war bereits den Ärzten des Altertums bekannt. Um 400 v. Chr. beschrieb Hippokrates zwölf Frauen, „die glauben, sie seien schwanger, da die Menstruation ausbleibt und die Gebärmutter geschwollen ist“.[13] Maria Tudor, die Tochter Heinrichs VIII., hatte – vielleicht durch den starken Wunsch ihres Vaters nach Söhnen beeinflußt –, zweimal die Symptome einer Schwangerschaft, die in Scheinwehen gipfelten.[14] Und Joanna Southcott, eine religiöse Führerin des 19. Jahrhunderts, wähnte sich mit 64 mit dem zweiten Messias schwanger und starb, nachdem sie nur Scheinwehen gehabt hatte.[15] 1823 führte John Mason-Good den Begriff *Pseudokyese* in die medizinische Literatur ein[16], und 1938 unterschied Flanders Dunbar diesen Zustand von einer halluzinierten Schwangerschaft als Folgeerscheinung einer Psychose, von einer Schwangerschaft, die absichtlich vorgetäuscht wurde, und von einer Pseudogravidität, die durch einen Tumor oder eine andere körperliche Störung verursacht wurde.[17]

Im Jahre 1937 untersuchten G. D. Biven und M. P. Klinger 444 beispielhafte Fälle von Pseudokyese. Die beteiligten Frauen waren zwischen 5 und 79 Jahre alt. Allerdings waren 73 Prozent zwischen 15 und 39, und 22 Prozent waren klimakterisch. Insgesamt waren 182 mindestens einmal tatsächlich schwanger gewesen, bevor sie eine Scheinschwangerschaft durchmachten, 307 waren verheiratet, 43 Prozent wiesen neun Monate lang Symptome einer (Schein-)Schwangerschaft auf, und eine 79jährige zehnfache Mutter hatte Symptome, die sieben Jahre andauerten. 23 von den 444 Frauen waren mehr als einmal in diesem Zustand, und eine von ihnen wies von ihrer Hochzeit bis zu ihrem Tod alle neun Monate Anzeichen einer Schwangerschaft auf.[18] Bei einer späteren, weniger umfangreichen Fallstudie untersuchten P. H. Fried und seine Mitarbeiter 27 Beispiele von Pseudokyese.[19]

Jane Murray und Guy Abraham, die 1978 die englischsprachige medizinische Literatur durchsahen, fanden 512 Berichte über Scheinschwangerschaft, von denen nur 17 nach 1960 veröffentlicht worden waren.[20] Murray und Abraham äußerten die Vermutung, daß, falls dieser Rückgang an berichteten Fällen einen tatsächlichen Rückgang dieser Störung anzeigen sollte, dies das Ergebnis von sozialen Veränderungen sein könnte, durch die den Frauen andere befriedigende Rollen als die der Mutterschaft gewährt wurden. Andere Forscher haben die These aufgestellt, daß heutzutage weniger Frauen diesen Zustand entwickeln, weil das medizinische Allgemeinwissen größer geworden ist und weil Schwangerschaftstests verläßlich und billig geworden sind und leichter zur Verfügung stehen.[21]

Die Fälle von Pseudokyese, die Biven und Klinger sowie Fried untersuchten, beinhalteten die folgenden Symptome (nach Häufigkeit geordnet): (1) teilweises oder vollständiges Ausbleiben der Menstruation, (2) Vergrößerung des Bauchraumes, (3) Veränderungen der Brüste einschließlich Anschwellen und Empfindlichkeit, Absonderung von Milch und Kolostrum, Pigmentierung und vergrößerte Brustwarzen, (4) Wahrnehmung von Bewegungen des Fetus, (5) Cervix-Auflockerung und Vergrößerung der Gebärmutter, (6) Übelkeit und Erbrechen, manchmal mit Irritation des Appetits, und (7) Gewichtszunahme, normalerweise größer als bei einer Schwangerschaft.[22]

Vor dem 20. Jahrhundert schrieben die meisten Ärzte und Physiologen die Scheinschwangerschaft einfachen körperlichen Ursachen zu, wie Luftschlucken, einem Übermaß an Fett, Ausdehnung der Bauchmuskulatur, Kontraktion des Zwerchfells oder Harnverhaltung. Die von vielen Patienten berichteten Wahrnehmungen von fetalen Bewegungen wurden der Kontraktion der Bauchmuskulatur oder der intestinalen Peristaltik zugeschrieben. Seit Anfang unseres Jahrhunderts sind indessen von mehreren Theoretikern auf dem Gebiet der Medizin psychogene Begründungen der Scheinschwangerschaft vorgebracht worden. Zu den vermuteten psychischen Bedürfnissen und Antriebskräften, die zur Entwicklung der Pseudokyese beitragen können, zählen die folgenden: narzißtische Selbstbezogenheit, bei der eine Frau sich von unerwünschten Belastungen durch das unbewußte Vortäuschen einer Schwangerschaft befreit; der Wunsch, eine Ehe mit einem Mann zu stabilisieren, der ein Kind will; das Bedürfnis nach Zuneigung, Aufmerksamkeit und Fürsorge vom Ehemann, den

Eltern, Freunden oder Ärzten, das durch eine Schwangerschaft erfüllt werden könnte; eine kompensatorische Antwort auf tiefsitzende Schwangerschaftsängste; symbolischer Ausgleich eines eingebildeten oder tatsächlichen Verlusts; der Wunsch nach körperlichem Erfülltsein und einem Gefühl von Ganzheit, das eine Schwangerschaft häufig vermittelt; die Linderung emotionaler Leere und Erstarrung; das Überwinden einer körperlichen Unzulänglichkeit durch einen geschwollenen Bauch und größere Brüste; das Verlangen nach Vollkommenheit oder Wiedergeburt, die ein neues Kind symbolisiert; der Wunsch, daß die Menstruation ausbleibt, da sie Auflösung und Grenzverlust symbolisiert; das Bedürfnis, seine Identität als Frau über die Fähigkeit zur Fortpflanzung unter Beweis zu stellen; das Verlangen nach Macht über den Ehemann, die Kinder, Eltern, Freunde oder Situationen – indem unter Umständen eine Ehe erzwungen oder gefestigt oder indem Überlegenheit über andere Frauen demonstriert wird; ein Bedürfnis nach Selbstbestrafung, das hervorgerufen wird durch verbotene Gedanken oder Handlungen auf sexuellem Gebiet, die Schuldgefühle verursachen; ein Zwang, Schmerz und Leiden zu durchleben, und das wiederkehrende, zwanghafte Bedürfnis, sich selbst als schöpferisch und fruchtbar zu erweisen.[23] Wenngleich diese Auflistung von beteiligten Ursachen nicht vollständig ist, so deutet sie doch die Bandbreite der

Faktoren an, die diese Störung herbeiführen. Langjährige klinische Erfahrung hat gezeigt, daß viele Bedürfnisse und Konflikte zur Pseudokyese beitragen, obgleich die beherrschende Vorstellung von Schwangerschaft an sich bestimmend ist.

Einige Forscher haben Wege aufgezeigt, wie psychische und physiologische Prozesse zusammenwirken könnten, um eine Scheinschwangerschaft hervorzubringen. E. J. und M. F. Pawlowski erklärten zum Beispiel diese Störung auf eine Weise, die als *somatopsychisch* bezeichnet werden könnte, und meinten, daß geringfügige körperliche Veränderungen wie ein leichtes Anschwellen des Bauches oder eine ausbleibende Periode bei leicht beeinflußbaren Frauen gelegentlich zu der falschen Überzeugung führt, sie seien schwanger. Diese Überzeugung, argumentierten die Pawlowskis, könnte dann weitere Anzeichen einer scheinbaren Schwangerschaft hervorrufen.[24]

Ein umfassenderes psychosomatisches Modell des Syndroms wurde von Edward Brown und Peter Barglow unterbreitet. Sie waren der Meinung, daß Depression Störungen des normalen hormonellen Gleichgewichts über das kortikale und limbische System verursacht, so daß Ovulation und Menstruation unterdrückt werden. Gleichzeitig regt das durch dieses Ungleichgewicht vermehrt ausgeschüttete Prolaktin die Milchabsonderung an, führt zum Ausbleiben der Menstruation und erhöht die Ausschüttung von Östrogen und Progesteron, um die Gebärmutter in einem quasischwangeren Zustand zu halten.[25] Die Theorie von Brown und Barglow läßt allerdings Fragen offen, denn die Hormonprofile der betroffenen Frauen wiesen bedeutende Unterschiede auf. Unter sechs Patientinnen zum Beispiel, die Monica Starkman und ihre Kollegen beschrieben, war der Spiegel des luteinisierenden Hormons bei zweien erhöht, bei zweien normal und bei zweien niedrig, der Spiegel des follikelstimulierenden Hormons bei zweien niedrig und bei vieren normal, und Prolaktin war bei dreien erhöht und bei dreien normal. Diese Befunde zeigten, schrieben Starkman und ihre Kollegen, daß „bei allen Patientinnen mit Pseudokyese kein gemeinsames endokrines Profil zu erkennen ist".[26]

Die Untersuchung der Pseudokyese zeigt, kurz gesagt, daß der gleiche Typus einer körperlichen Veränderung durch verschiedene psychische und physiologische Prozesse verursacht werden kann. Es wird vermutet, daß in manchen Fällen die scheinbaren Anzeichen einer Schwangerschaft die Annahme hervorrufen, man sei schwanger, wodurch weitere Anzeichen einer Schwangerschaft ausgelöst werden. In anderen Fällen initiieren bewußte oder unbewußte Vorstellungen den Zustand. Ich betone dies, weil auch andere psychobiologische Veränderungen auf mehr als eine Art entlang verschiedener psychologischer und physiologischer Bahnen hervorgebracht werden.

Pseudokyese bei Männern

Selbst wenn bewiesen werden würde, daß alle Frauen, die unter Pseudokyese leiden, einen identischen Spiegel der zirkulierenden Hormone hätten, so würde das Krankheitsbild der Scheinschwangerschaft bei Männern zeigen, daß ähnliche körperliche Veränderungen auf verschiedenste Arten verursacht werden können. Es ist naheliegend, daß Männer – da sie keine Eierstöcke und andere Organe haben, die Anzeichen einer Schwangerschaft hervorbringen – die Symptome einer bevorstehenden Geburt mit ungewöhnlichen Mitteln erzeugen. Ein 33jähriger Seemann zum Beispiel, den der Psychiater James Knight beschrieb, hatte seinen Taillenumfang um 13 Zentimeter erweitert, obwohl er kaum zugenommen hatte, unter keiner organischen Störung litt und keine hormonalen Anomalien aufwies. Dieser Patient, der Knight zufolge „stark, gesund und männlich" zu sein schien, hatte unter morgendlichem Erbrechen, offenbaren abdominalen Bewegungen und verstärktem Appetit gelitten, seit sein Bauch angeschwollen war – und all das hatte ihn davon überzeugt, daß er schwanger wäre. Seine körperlichen Symptome ließen nach, als er Einsichten in die Bedürfnisse und Konflikte gewann, die sein ungewöhnliches Leiden hervorgerufen hatten.[27]

Die Psychiater Dwight Evans und Thomas Seely beschrieben ebenfalls einen Fall von männlicher Pseudokyese bei einem 40jährigen Schwarzen, dessen Leber, Schilddrüse und Blutwerte normal waren, als er wegen Depression und Verfolgungswahn ins Krankenhaus eingeliefert wurde. Am achten Tag seiner Behandlung sagte der Mann, er wolle ein Kind von seiner Frau haben, zum Teil deshalb, weil seine fünfjährige

Tochter „kein Baby mehr ist“. In der zweiten Woche seines Krankenhausaufenthaltes begann sein Bauch anzuschwellen, obwohl er nicht zunahm, ihm war übel, und er erbrach sich. Am vierzehnten Tag der Behandlung fühlte er, daß sich in seinem Bauch etwas bewegte, „wie ein Baby“. In den folgenden Wochen nahm er 14 Pfund zu, während sein Bauch weiter wuchs. „Wiederholte Untersuchungen“, schrieben Evans und Seely,

> offenbarten einen hervortretenden, unempfindlichen Bauch ohne Organvergrößerung, zu ertastende Verhärtungen oder Anzeichen von Bauchwassersucht [Ansammlung von seröser Flüssigkeit in der Bauchhöhle]. Wiederholte Röntgenuntersuchungen zeigten keine Anzeichen [intestinaler Obstruktion]. Ultraschalluntersuchungen des Bauchraums ließen keine Anomalien der Leber oder Bauchspeicheldrüse erkennen. Eine gastroenterologische Untersuchung ergab keinen pathologischen Befund, der seinen hervortretenden Bauch hätte erklären können.

Nach acht Wochen wurde der Mann entlassen, obwohl sein Bauch weiterhin geschwollen war. Später verbesserte sich sein geistiger Zustand, und die Anzeichen einer Schwangerschaft verschwanden durch eine Behandlung mit Lithiumkarbonat.[28]

Über andere Fälle von Scheinschwangerschaft bei Männern wurde von W. N. Evans und G. J. Aronson berichtet.[29]

[11.3]
MULTIPLE PERSÖNLICHKEITEN

Das Transformationsvermögen des Menschen wird ebenso – wenn auch auf eine widernatürliche Weise – durch die Multiple-Persönlichkeitsstörung veranschaulicht, ein Leiden, bei dem verschiedene Ichzustände (die in manchen Fällen nichts voneinander wissen) abwechselnd Geist und Körper kontrollieren. Die Wechsel von einer Persönlichkeit zur anderen können in wenigen Sekunden stattfinden, wenngleich sie gewöhnlich innerhalb von Minuten oder Stunden geschehen. Wenn Menschen mit dieser Störung Persönlichkeiten wechseln, wandeln sich ihre Gestik, Haltung, Stimme, geistige Verfassung, Gefühle und Identität auf dramatische Weise. Manchmal verändern sich die Struktur ihrer Augen und ihr Sehvermögen sowie Muster der elektrochemischen Aktivität im Gehirn. Viele von dieser Störung Betroffene beherbergen in sich Persönlichkeiten mit radikal voneinander abweichenden Lebensstilen, Werten und religiösen Vorstellungen. Oft haben sie mindestens eine Persönlichkeit, die glaubt, jünger als zwölf Jahre zu sein, und mindestens eine, die dem anderen Geschlecht angehört.[30]

Der Psychiater Bennett Braun beschrieb die psychophysischen Veränderungen, die er bei verschiedenen Multiplen beobachtet hatte. Einer seiner Patienten zum Beispiel reagierte in all seinen Persönlichkeiten – außer einer – allergisch auf Zitrussäfte. „Wenn diese Persönlichkeit eine Apfelsine aß“, schrieb Braun, „und lange genug die Kontrolle über den Körper behielt, um [sie] zu verdauen und umzuwandeln, [hatte das] keine schädlichen Auswirkungen.“ Eine andere Patientin, die gewöhnlich dermaßen allergisch auf Katzen reagierte, daß sie unter Juckreiz und Tränenfluß litt, konnte in einem ihrer Ichzustände eine beträchtliche Zeit lang mit ihnen spielen und sogar – ohne offensichtliche allergische Reaktionen – gekratzt und geleckt werden.

Braun sah rote Flecken von dem Durchmesser einer Zigarette auf der Haut einer dritten Patientin auftreten, wenn diese von einer Persönlichkeit dominiert wurde, die mit Zigaretten gefoltert worden war. Braun berichtete:

> Jedes Mal, wenn diese Persönlichkeit wiederkam, kehrten die Flecken zurück. Dieselbe Patientin entwickelte unter einer anderen Persönlichkeit Striemen außen an den Armen und auf ihren Schultern und dem Nacken, die ich allesamt beobachten konnte. Es hieß, sie wären die Folge einer Auspeitschung von ihrer Mutter.[31]

Ein anderer von Brauns Patienten litt unter psychogener Epilepsie als Antwort auf Gewalt beziehungsweise die Aufdeckung von Mißbrauch in seiner Kindheit und zeigte eine starke Reaktion auf potentiell beunruhigende Themen, was unter Multiplen üblich ist. Eine andere ging mit Schmerz um, indem sie ihn von einer Persönlichkeit zur anderen weitergab, und fiel einmal durch eine Bauchfellentzündung, die sie verleugnet hatte, in einen Zustand tiefer Bewußtlosigkeit. „Als [sie] auf der Intensivstation aufwachte“, schrieb Braun, „hörte sie jemanden stöhnen und machte sich Sorgen um den Patienten im Bett nebenan, merkte dann aber, daß sie allein im Zimmer war. Sie [die Grundpersönlichkeit] hörte den Schmerz, den ihre verschiedenen Teilpersönlichkeiten erlitten.“[32]

Der Psychologe Scott Miller von der University of Utah ließ einen Ophthalmologen zehn Multiple in verschiedenen Zuständen optischen Standardtests unterziehen und fand heraus, daß sie signifikante Veränderungen der Sehschärfe, der Form und Krümmung der Augen und ihrer optischen Refraktion aufwiesen. Eine Frau mit Persönlichkeiten im Alter von 5, 17 und 35 Jahren hatte nur in ihrem fünfjährigen Zustand die Kinderkrankheit „Suppressionsamblyopie“, während ein männlicher Patient, der eine Verletzung erlitten hatte, durch die sein linkes Auge nach außen sah, dieses Leiden nur in einer seiner Persönlichkeiten zeigte. Die Untersuchung von Miller bestätigte die Beobachtung von verschiedenen Klinikern, daß Multiple häufig andere Brillen für ihre verschiedenen Teilpersönlichkeiten haben.[33]

Es gibt außerdem Beweise, daß Multiple bei ihren bemerkenswerten Wandlungen hochgradige Veränderungen ihrer Gehirnaktivität erfahren. Wenngleich eine Untersuchung von Philip Coons und seinen Kollegen keine angeborenen Unterschiede zwischen den Gehirnen Multipler und normaler Personen aufzeigte,[34] so berichtete der Psychiater Frank Putnam, daß elf Multiple größere Abweichungen in ihren EEG-Aufzeichnungen aufwiesen als Kontrollpersonen, die instruiert worden waren, sich mit imaginären Teilpersönlichkeiten zu identifizieren. „Diese Ergebnisse zeigen", schrieb Putnam, „daß normale Kontrollpersonen nicht einfach in der Lage sind, dieses Leiden vorzutäuschen."[35] Es gibt außerdem Beweise, daß einige Multiple abnorme Veränderungen im zerebralen Blutfluß erfahren, wenn sie die Persönlichkeit wechseln.[36] Die Tatsache, daß manche Multiple ihre Händigkeit mit ihren Ichzuständen wechseln, weist ebenfalls darauf hin, daß sie ein größeres Repertoire an Gehirnmechanismen haben als die meisten normalen Menschen.*

Beweise wie die von Miller, Braun und Putnam, daß Multiple außergewöhnliche körperliche Veränderungen erfahren, werden bestätigt durch ein großes klinisches Wissen darüber, daß sie schneller als die meisten Menschen von den verschiedensten Beschwerden genesen. Es gibt beispielsweise Berichte darüber, daß ihre Wundheilung ungewöhnlich schnell verläuft, und die Ärztin Cornelia Wilbur hat die Behauptung aufgestellt, daß ihr Alterungsprozeß oft verlangsamt zu sein scheint. Diese Anhäufung

von experimentellem und klinischem Beweismaterial hat einige Mediziner in der Annahme bestärkt, daß dissoziative Zustände eine Heilung begünstigen. Ärzte, die von dieser Voraussetzung ausgehen, führen die Erfolge von Heilern an, die die Kranken in Trance versetzen, sowie die positiven Resultate von unter Hypnose durchgeführten Operationen.

Die meisten Kliniker sind überzeugt, daß so gut wie alle Multiplen sich ihr bizarres Verhalten in der Kindheit aneignen, um mit extremem Mißbrauch fertig zu werden, und daß sie ihre verschiedenen Rollen und ihre psychische wie physische Gewandtheit durch lebenslange Übung ausbauen. Frank Putnam vom National Institute of Mental Health verglich die heftigen Stimmungsschwankungen, die kognitiven Stile und die muskulär-nerval-hormonale Struktur von Betroffenen der Multiplen-Persönlichkeitsstörung mit den lebhaften Stimmungsumschwüngen bei Kindern, die ihre Gefühle mit einer großen Geschwindigkeit und Flexibilität umstellen. Indem sie in Zustände eintreten, die denen einer hypnotischen Trance ähneln, und sich von ihren schmerzhaften Erlebnissen in einem anderen Ichzustand abspalten, distanzieren sich manche

* Der Psychiater Joel Brende berichtete von deutlichen Schwankungen der elektrodermalen Reaktion in den Händen eines Multiplen. „Dissoziative Zustände", schrieb er, „markieren den Übergang zwischen den zwei Teilpersönlichkeiten Jay und James; es wurde beobachtet, daß sie mit der elektrodermalen Reaktion und einer angenommenen hemisphärischen Spaltung zusammenhingen. Das heißt, jede der beiden Gehirnhälften, die hypothetisch betrachtet jeweils eine der beiden Teilpersönlichkeiten beheimaten, scheint zu funktionieren, als ob sie von der anderen abgespalten wäre." (Brende 1984)

der chronisch mißbrauchten Kinder von den Erinnerungen an Schläge und andere Traumata. Wenn sie Multiple werden, übertragen sie den fließenden Charakter der Kindheit auf das Erwachsensein. „Es zeugt von Anpassungsfähigkeit, wenn [mißbrauchte] Kinder ihre Persönlichkeitszustände voneinander getrennt halten", sagte Putnam zu Daniel Goleman von der *New York Times*, „denn so können sie das Wissen um den Mißbrauch vom anderen Selbst fernhalten. Auf diese Weise werden sie von den [schmerzhaften] Gefühlen und Erinnerungen nicht überschwemmt."[37] Eugene Bliss, Professor für Psychiatrie, wies ebenfalls darauf hin, daß Multiple Zustände, die einer hypnotischen Trance ähneln, dazu gebrauchen, um beunruhigende Erinnerungen an Mißbrauch in der Kindheit zu vermeiden.

> Die meisten können eine posthypnotische Amnesie herbeiführen, und viele beherrschen automatisches Schreiben. Einige sind Meister der Hypnose. Dieser klinische Eindruck ist durch formelle hypnotische Tests bestätigt worden. Die meisten behaupteten, niemals hypnotisiert worden zu sein, wenn sie jedoch nach vergangenen vergleichbaren Erfahrungen gefragt wurden, so erinnerten sich viele daran. Sie berichteten über eine Vielzahl von hypnoseähnlichen kurzen Erlebnissen, die nahezu jeden klassischen Kunstgriff der Hypnose beinhalteten.[38]

Bliss fand heraus, daß einige seiner Patienten durch Hypnose dazu gebracht werden konnten, zu erklären, wie sie Persönlichkeiten wechseln. Eine Patientin sagte zum Beispiel, „sie lege sich hin, könne es aber auch im Sitzen, konzentriere sich sehr stark, kläre ihren Verstand, blocke alles ab und wünsche sich dann [eine andere Identität], aber sie sei sich nicht bewußt, was sie tut".[39] Diese Patientin, so schien es, brachte eine starke Konzentration auf, um eine Teilpersönlichkeit hervorkommen zu lassen. Sie hatte eine bevorzugte Haltung (im Liegen) und ein kognitives Ritual (alles abblocken). Durch lange Zeit der Übung hatte sie eine Methode zur Umgestaltung des Selbst vervollkommnet, die Ähnlichkeiten mit Methoden der Transformation aufweist, die in späteren Kapiteln beschrieben werden.

Wie einige religiöse Adepten (21 und 22) verändern Multiple ihren Körper und ihr Bewußtsein mit Hilfe einer hochgradig konzentrierten Absicht, über hypnoseähnliche Trancezustände und das Bewahren einer kindlichen Wandlungsfähigkeit. Sie tun dies jedoch auf eine abgespaltene und psychisch destruktive Weise. Zusätzliche Untersuchungen ihrer selbst-transformierenden Gewandtheit könnten weitere Handlungsweisen enthüllen, die sie – wie verdreht auch immer – mit Menschen teilen, die gut integrierte Formen eines außergewöhnlichen Verhaltens an den Tag legen.

12

Placebo-Effekte

Der Begriff *Placebo* bezieht sich auf jeden Bestandteil eines Heilverfahrens ohne spezifische Wirkungen, der absichtlich oder unabsichtlich als Behandlungsmethode oder Mittel zur Kontrolle bei experimentellen Untersuchungen eingesetzt wird.[1] Ein so definiertes Placebo kann eine Pille, eine Injektion, ein chirurgischer Eingriff, ein psychotherapeutisches Verfahren oder eine Apparatur sein, die keine besonderen

psychophysiologischen Funktionsweisen hat oder vollkommen von solchen abhängt, um bestimmte Wirkungen zu erzielen. Ein *Placebo-Effekt* ist das psychische oder physiologische Resultat, das ein Placebo hervorruft.*

Mit der Hilfe von Placebos haben unzählige Menschen Veränderungen der Stimmung und Wahrnehmung, Verbesserungen der autonomen und motorischen Funktionen oder eine Linderung von Beschwerden und Leiden erlebt. Wie die hysterischen Stigmen und Scheinschwangerschaften, die im vorigen Kapitel beschrieben worden sind, veranschaulichen die von Placebos ausgelösten psychosomatischen Veränderungen unsere Fähigkeit zur Selbsttransformation.

[12.1]
DIE PLACEBO-FORSCHUNG

Das Placebo hat in der westlichen Medizin eine lange Tradition. Der Begriff selbst stammt aus dem Lateinischen (*placebo:* „ich werde gefallen“) und fand im späten 18. Jahrhundert Eingang in die medizinische Ausdrucksweise. 1787 bezeichnete Quincys *Lexicon* es als „gängige medizinische Methode“, und 1811 definierte Hoopers

* Eine Erörterung dieser Definitionen und ihrer verschiedenen Bedeutungen findet sich in „Explication and Implications of the Placebo Concept“ des Philosophen Adolf Grunbaum und in „Placebo Effect: An Examination of Grunbaum's Definition“ von Howard Moody. Beides sind Kapitel aus *Placebo: Theory, Research, and Mechanisms* (White, L., et al. 1985).

Medical Dictionary es als jede Medizin, „die eher verwendet wird, um den Patienten zufriedenzustellen, als ihm zu nützen".[2] Die hinter dem Begriff stehende Idee war jedoch schon den Ärzten der griechischen Antike bekannt, die wußten, daß ihre Heilmethoden stark von psychischen Faktoren abhängig waren – etwa den Erwartungen der Patienten hinsichtlich des therapeutischen Erfolgs. Die Vorstellung, daß die meisten Verordnungen sowohl stimmungshebende Eigenschaften als auch spezifische Wirkungen hatten, war Bestandteil der medizinischen Weisheit der Antike.

Placebo-Effekte wurden jedoch vor dem 20. Jahrhundert nicht systematisch untersucht. Seit Anfang dieses Jahrhunderts haben Krankenhäuser, Universitäten und Pharmakonzerne herausgefunden, daß Scheinbehandlungen eine erstaunliche Reihe von Beschwerden lindern, „toxische" Nebenwirkungen haben und Änderungen der Stimmung und des Verhaltens auslösen. Die in modernen Experimenten von Placebos hervorgerufenen dramatischen Veränderungen haben viele Psychologen und Mediziner davon überzeugt, daß der Mensch im Besitz weitgehend ungenützter Möglichkeiten ist, seine eigenen Funktionen ins Gleichgewicht zu bringen und wiederherzustellen.[3] So untersuchte Henry Beecher von der Harvard-Universität in einer bahnbrechenden Studie, die 1955 veröffentlicht wurde, 15 Doppelblindversuche, in

denen Patienten ein Placebo bei postoperativen Schmerzen, Husten, Angina pectoris, Kopfschmerzen, Seekrankheit, Angstzuständen, drogeninduzierten Stimmungsumschwüngen oder Erkältung verabreicht wurde. Er fand heraus, daß 35 Prozent der 1082 Versuchspersonen eine befriedigende Linderung der Beschwerden erfuhren. Beecher schrieb:

> Die Regelmäßigkeit des Placebo-Effekts bei einer recht großen Vielfalt an Beschwerden, darunter Schmerzen, Übelkeit und Stimmungsumschwünge, deutet darauf hin, daß in diesen zahlreichen Fällen ein fundamentaler Mechanismus am Werk ist, der sicherlich weitere Untersuchungen verdient. Viele „effektive" Medikamente haben nur eine etwas größere Wirkkraft. Selbst die Unterscheidung ziemlich starker, echter Wirkungen von denen eines Placebos ist auf der Grundlage klinischer Eindrücke offensichtlich schwierig oder unmöglich.[4]

Der Psychiater Arthur Shapiro war der Ansicht, daß die Geschichte der Medizin weitgehend die Geschichte der Placebo-Effekte war. Als er 1956 wegen einer Krankheit das Bett hüten mußte, arbeitete er sich durch 100 Jahre alte Akten von medizinischen Zeitschriften hindurch und stieß auf immer wiederkehrende Behandlungsmuster. „Medizinische Moden kamen und gingen", schrieb er. „Eine Behandlungsmethode mochte vielversprechend erscheinen, hatte erstaunliche Ergebnisse und verschwand dann. *Irgend etwas* schien zu funktionieren."[5] Im Zuge dieser Beobachtung glauben Mediziner heute allgemein, daß die Wirkung eines Placebos von verschiedenartigen Aspekten einer medizinischen Behandlung hervorgerufen wird, die keine pharmakologisch bestimmten Wirkungen auf den Patienten haben. Der Ruf einer Behandlungsmethode, die Erwartungen des Patienten, das therapeutische Umfeld und der Glaube des Arztes an seine eigene Diagnose tragen allesamt zum medizinischen Erfolg bei.[6] Wie mehrere Experimente gezeigt haben, entscheiden sogar die Größe, Form und Farbe einer Kapsel mit über deren Wirksamkeit.[7] Keine Behandlungsmethode, so scheint es, ist ohne einen gewissen Placebo-Effekt, sei dieser nun heilsam oder toxisch. Pharmakologisch wirksame Medikamente wie Insulin, Penicillin oder Dilantin (Phenytoin) können mehr oder weniger effektiv sein – je nach der Einstellung der Patienten ihnen gegenüber und den Umständen, unter denen sie verabreicht werden.

In einer im *The New England Journal of Medicine* veröffentlichten Studie gaben Herbert Benson und David McCallie einen Überblick über die Entwicklung der Behandlungsmethoden von Angina pectoris. Zusammenfassend schrieben sie:

> Viele Therapieformen ... werden verfochten, nur um später aufgegeben zu werden. Eine vorläufige Aufstellung würde folgendes beinhalten: Herz- und Muskelextrakte, Pankreas-Extrakt, verschiedene Hormone, Röntgenbestrahlung, Antikoagulantien, Monoaminoxydasehemmer, Thyreoidektomien, radioaktives Jod, Sympathektomien, verschiedene Vitamine, Cholin, Meprobamat, Ligatur der Arteria

> mammaria interna, epikardiale Abrasionen und Schlangengift der Kobra. Da mittlerweile bekannt ist, daß die meisten von ihnen keine spezifischen physiologischen Wirkungen in der Behandlung von Angina pectoris haben, können wir den Nutzen, [der ihnen zugeschrieben wurde,] analysieren sowie den Grad des Einflusses [ihres] Placebo-Effekts bestimmen.

Nahezu alle dieser Behandlungsmethoden waren mit Enthusiasmus auf seiten der Ärzte, die sie anwendeten, und der Patienten, die sich ihnen unterzogen, aufgenommen worden, doch Kontrolluntersuchungen ihrer Wirksamkeit, welche von Skeptikern unter Bedingungen durchgeführt wurden, die ihren Placebo-Effekt minimierten, stellten sie schließlich in Frage. Wenn die Zahl an negativen Ergebnissen zunahm oder wenn eine andere, neuartige Methode auftauchte, wurde die ursprüngliche Therapie aufgegeben. Benson und McCallie schrieben:

> Quantitativ gesehen ist das Muster gleichbleibend. Die anfänglichen 70 bis 90 Prozent Wirksamkeit in den Berichten der „Enthusiasten" [reduzierten sich] auf die 30 bis 40 Prozent vom Ausgangswert der Placebo-Wirksamkeit in den Berichten der „Skeptiker". Dieses Muster wurde im 19. Jahrhundert von dem französischen Arzt Armand Trousseau erkannt, der angeblich feststellte: „Man sollte so viele Patienten wie möglich mit den neuen Arzneien behandeln, solange sie noch die Macht haben zu heilen."

Benson und McCallie erläuterten ihre Ausführungen anhand des Werdegangs von fünf aufgegebenen Behandlungsmethoden und beschrieben detailliert die abweichenden Resultate von Enthusiasten und Skeptikern. Sie kamen zu folgendem Ergebnis:

Selbst bei unwirksamen Verfahren haben Ärzte in der Vergangenheit übereinstimmend bei etwa 80 Prozent der Patienten mit Angina pectoris deutliche symptomatische Verbesserungen erzielt. Diese bemerkenswerte Effektivität sollte nicht ignoriert oder lächerlich gemacht werden. Immerhin hat sich der Placebo-Effekt – im Gegensatz zu fast allen anderen Therapieformen – als dauerhaft erwiesen und ist weiterhin zuverlässig und kostengünstig.[8]

Wie psychogene Stigmen oder das Verschwinden von Allergien bei multiplen Persönlichkeiten veranschaulichen die von Placebos induzierten Heilungen beziehungsweise deren toxische Auswirkungen unsere Fähigkeit, ohne äußere Hilfsmittel verborgene Kräfte zur Transformation aufzubieten – sowohl bei Krankheit als auch bei Gesundheit. „Das Placebo ist ein geheimer Bote zwischen dem Lebenswillen und dem Körper“, schrieb Norman Cousins. „Doch der Bote ist entbehrlich.“[9]

[12.2]
DIE LINDERUNG KÖRPERLICHER BESCHWERDEN DURCH PLACEBOS

Angina pectoris

Die Ligatur der Arteria mammaria interna wurde in den Vereinigten Staaten in den fünfziger Jahren bei der Behandlung von Angina pectoris in dem Glauben eingesetzt, daß sie eine Verbesserung des koronaren Blutflusses bewirken würde. Henry Beecher verglich die Ergebnisse von begeisterten und skeptischen Chirurgen, die die Operation ausführten.[10] Vier der in Beechers Abhandlung beschriebenen „Enthusiasten“ operierten 213 Patienten, von denen 38 Prozent eine vollständige Linderung erfuhren und insgesamt 65 bis 75 Prozent eine deutliche Verbesserung zeigten. Die Studien von Dimond (1958) und L. A. Cobb (1959) führten jedoch zur Aufgabe der Methode. Bei diesen beiden Studien wurde in allen Fällen ein Hautschnitt gemacht, die Arterie jedoch nur bei zufällig ausgewählten Patienten ligiert. In Dimonds Gruppe berichteten 100 Prozent der nicht ligierten und 76 Prozent der ligierten Patienten über einen verringerten Bedarf an Nitroglyzerin und eine erhöhte Belastbarkeit. Sechs Monate nach ihrer Operation berichteten fünf ligierte und fünf nicht ligierte Patienten aus Cobbs Gruppe über mehr als 40 Prozent subjektive Verbesserungen.[11] „Beide Studien zeigten, daß die Ligatur der Arteria mammaria interna nicht besser war als ein Hautschnitt und daß ein solcher Schnitt zu einem dramatischen, anhaltenden Placebo-Effekt führen konnte", folgerten Benson und McCallie in ihrer Untersuchung der Behandlungsmethoden der Angina pectoris.

Benson und McCallie faßten auch die Ergebnisse der Methode nach Vineberg zusammen, bei der die Arteria mammaria interna mit der Vena mammaria interna und dem angrenzenden Muskel- und Bindegewebe in einen drei bis vier Zentimeter langen Myokardtunnel der linken Vorder- oder Seitenwand des Herzens eingenäht wurde, um die Durchblutung in den Koronararterien zu verbessern. „Obwohl über eine Verbesserungsrate von 85 Prozent berichtet wurde", schrieben sie, „zeigten mehrere Nachforschungen, daß weder objektive noch subjektive Maßstäbe einer Verbesserung mit der Durchgängigkeit der umgestellten Arterie oder der Kollateralisierung übereinstimmten. Bei keiner [dieser Nachforschungen] entsprach die Verbesserung dem angiographischen Nachweis einer Revaskularisierung." Und doch wurden um die 10 000 bis 15 000 solcher Operationen ausgeführt (bei einer Todesrate von etwa 5 Prozent), bevor die Methode aufgegeben wurde – so überzeugend waren die Ergebnisse

gewesen, bis Skeptiker ihre Studien veröffentlichten. Auch mehrere Medikamente, die zur Behandlung von Angina pectoris eingesetzt wurden, erwiesen sich als weniger wirksam, als aufgezeigt wurde, daß sie unspezifisch waren.[12]

Warzen

1934 berichtete der Arzt Herman Allington über ein Experiment, bei dem 105 Patienten Sulfarsphenamin – ein Medikament, das erfolgreich zur Behandlung von Warzen eingesetzt wurde – und 120 Patienten gefärbtes destilliertes Wasser gegeben wurde. Das Experiment war ein Doppelblindversuch, das heißt, die Personen, die die Injektionen gaben, wußten nicht, ob sie das Medikament oder das Placebo verabreichten. Von den mit Sulfarsphenamin behandelten Patienten erzielten 52,5 Prozent eine vollständige Remission gegenüber 47,6 Prozent aus der Gruppe derer, die das Placebo erhalten hatten.[13] Im Rahmen einer früheren Studie, über die 1927 berichtet wurde, heilte der Arzt Bruno Bloch 44 Prozent seiner Patienten, die unter der einen Art von Warzen litten, und 88 Prozent, die unter einer anderen Art litten, allein durch Suggestion. Dadurch bestärkte sich die Annahme vieler Ärzte, daß psychische Faktoren eine große Rolle beim Ausbruch und bei der Heilung dieser Beschwerden spielen.[14] Nachdem er 1959 die Forschungsliteratur durchgesehen hatte, schloß der Psychiater Montague Ullman, daß Suggestion der wichtigste Faktor bei der Heilung von Warzen sei, sogar wenn ihre Behandlung Röntgenbestrahlung, Medikamente oder chirurgische Eingriffe mit einbezog.*

Asthma

Etliche Untersuchungen haben gezeigt, daß Placebo-Effekte Atmungsbeschwerden bei Asthmatikern entweder lindern oder verstärken können. In einer Studie entwickelten beispielsweise 19 von 40 Patienten einen Bronchialwiderstand, nachdem sie eine Salzlösung inhaliert hatten, von der sie glaubten, sie enthielte Allergene, und von diesen 19 Patienten mußten 12 heftig keuchen und bekamen Bronchospasmen. Drei Minuten nach der Inhalation des Salzlösungs-Placebos hatte sich der Bronchialwiderstand aller Versuchspersonen wieder normalisiert.[15] Bei einer zweiten Studie derselben Forscher bekamen 15 von 29 Asthmatikern Bronchospasmen, nachdem sie die Salzlösung eingeatmet hatten, von der sie glaubten, daß sie Allergene enthielte. „Angesichts [dieser] Ergebnisse", schlossen die Autoren, „muß eine bedeutungsvolle Einschätzung der Auslöser von Asthma und die Behandlung asthmatischer Patienten

notwendigerweise eine Bewertung der Rolle beinhalten, die die Suggestion spielt. Die Erwartungen des Patienten könnten einen beachtlichen Einfluß auf die Wirksamkeit einer verordneten therapeutischen Lebensweise haben."[16]

Schmerzen

Bei einer Überprüfung von 11 Doppelblindstudien, die zwischen 1959 und 1974 durchgeführt wurden, fand der medizinische Forscher Frederick Evans heraus, daß 36 Prozent der 908 Versuchspersonen, die Placebos erhielten, eine mindestens 50prozentige Linderung verschiedener Arten von Schmerz erzielten. Seine Ergebnisse stimmten fast genau mit den 35 Prozent überein, auf die Henry Beecher 1955 bei seiner Durchsicht von 15 Doppelblindversuchen mit Placebos kam.[17]

* Ullman 1959. In einer späteren Untersuchung analysierten Ullman und Dudek das Wesen der therapeutischen Beziehung bei derartigen Behandlungen und fanden heraus, daß 8 von 15 Patienten, die sich in eine tiefe hypnotische Trance begaben, innerhalb von 4 Wochen vollständig geheilt waren – verglichen mit nur 2 von 47, die nicht tief hypnotisiert werden konnten. (Ullman u. Dudek 1960)

Zu weiteren Forschungen über die Rolle der Suggestion bei der Heilung von Warzen siehe: Dudek 1967 und Sulzberger u. Wolf 1934.

Arthritis und andere Erkrankungen

Bei einer Studie über Placebo-Effekte bei arthritischen Patienten profitierte etwa die gleiche Anzahl Patienten von den Placebo-Tabletten wie von konventionellen Arthritismitteln. Außerdem spürten Patienten, die zuvor keine Linderung erfahren hatten, ebenfalls eine Abschwächung ihrer Symptome, wenn ihnen Placebo-Injektionen gegeben wurden.

Unter den positiven Auswirkungen, von denen diese Versuchspersonen berichteten, waren gesteigerter Appetit, vermehrter Schlaf und verbesserte Ausscheidung ebenso wie ein Rückgang der Schwellung.[18] Auch Heuschnupfen, Husten, Kopfschmerz, Diabetes, gastrointestinales Ulcus, Seekrankheit und Erkältungen sind mit Placebos gelindert oder geheilt worden.[19]

[12.3]
DER EINFLUSS VON PLACEBOS AUF STIMMUNG UND VERHALTEN

Angst

Sowohl klinische als auch experimentelle Forschungen haben ergeben, daß Placebos vermehrt Schmerzen lindern, wenn sie helfen, Angst zu verringern. In einer Studie konnten beispielsweise 14 Versuchspersonen, deren Angst nachließ, nachdem sie ein Placebo genommen hatten, im Rahmen des Experiments verursachte Schmerzen längere Zeit aushalten als zuvor.[20] Frederick Evans, einer der Versuchsleiter, schloß daraus: „Diese Ergebnisse und andere neuere Studien legen nahe, daß man eine Placebo-induzierte Verringerung des Leidens erwarten kann, wenn die Angst abnimmt."[21]

Depression

Wie Angst wird auch Depression von einer organischen Krankheit oder von Affektstörungen verursacht, und wie Angstzustände können sich depressive Zustände durch Placebos bessern. Zum Beispiel erfuhren bei einer Doppelblindstudie mit 203 depressiven Patienten Versuchspersonen, denen Placebos verabreicht wurden, eine ebenso große Besserung wie sechs Gruppen, die verschiedene Antidepressiva erhielten.[22] Zu den Symptomen dieser Patienten zählten unter anderem Traurigkeit, häufiges Weinen, Verzweiflung, Selbstmordgedanken, psychomotorische Retardierung, Schlafstörungen, Appetitstörungen, Gewichtsverlust und Abnahme des sexuellen Verlangens. Untersuchungen von Louis Lasagna und anderen Placebo-Forschern erbrachten ähnliche Resultate.[23]

Sonstige Veränderungen der Affekte und des Verhaltens

Verschiedene Untersuchungen haben gezeigt, daß Placebos

- verlangsamten oder erhöhten Puls, wahrzunehmende Ruhe oder Nervosität und beruhigende oder euphorische Gefühle hervorrufen können,
- bei Schlaflosigkeit und anderen Schlafstörungen helfen können,
- bei Menschen, die Marihuana rauchen, Veränderungen der Gefühle und Wahrnehmungen hervorrufen können, die denen der Drogenerfahrung ähneln, und
- helfen können, Fettleibigkeit und Harninkontinenz zu reduzieren.[24]

Negative Reaktionen auf Placebos

In den 15 Studien, die Henry Beecher im Rahmen seiner bedeutenden Abhandlung aus dem Jahre 1955 durchsah, zählte er 35 „toxische“ Nebenwirkungen von Placebos, darunter Übelkeit, trockener Mund, Schweregefühl, Kopfschmerzen, Konzentrationsstörungen, Schläfrigkeit, Erschöpfung und unerwünschter Schlaf.[25] Bei einer Untersuchung des Wirkstoffs Mephenesin entdeckten Stewart Wolf und Ruth Pinsky, daß Placebos bei einigen ihrer Versuchspersonen Kombinationen von Schwäche, Herzklopfen, Übelkeit, Hautausschlag, Schmerzen im Oberbauch, Durchfall, Nesselsucht und ein Anschwellen der Lippen hervorriefen, was den bekannten Nebenwirkungen des Wirkstoffs ähnelte.[26] Eine Gruppe mexikanischer Forscher berichtete, daß Frauen, die Placebo-Kontrazeptiva erhielten, über erhöhte oder verminderte Libido, Kopfschmerz, Blähungen, Schwindel, Lumbalgie, Nervosität, Dysmenorrhö, Übelkeit, Schmerzen im Oberbauch, Anorexie, Akne, Sehstörungen und Herzklopfen berichteten.[27] Untersuchungen wie diese zeigen, daß Placebos sowohl destruktive als auch heilsame Reaktionen hervorrufen können. Wie psychotherapeutische Verfahren oder religiöse Übung können sie ein zweischneidiges Schwert für uns sein.

[12.4]
PLACEBO-EFFEKTE UND TRANSFORMATION

Die oben erwähnten Studien sowie andere, die in einer vollständigen Sammlung der Placebo-Forschung enthalten wären, zeigen, daß Krankheiten gelindert, Stimmung und Wahrnehmung verändert und autonome und motorische Funktionen zu einem gewissen Grad durch unspezifische Behandlungsmethoden, die die selbstregulierenden Kräfte des Patienten unterstützen, verbessert werden können. Diese Art der Forschung hat jedoch bis heute nur wenige Beweise dafür erbracht, daß Placebos außergewöhnliche Funktionen, wie sie durch die willentliche Schulung bestimmter Fähigkeiten hervorgerufen werden, antreiben können.[28] Das ist aus dem Grunde so, weil wir charakteristischerweise unsere außergewöhnlichen Merkmale und Eigenschaften durch Verhaltensweisen entwickeln, die ein Ich-Bewußtsein beinhalten, während die Wirksamkeit eines Placebos im allgemeinen von *mangelnder Bewußtheit* abhängt.[29]

Trotzdem sind Placebo-Effekte im Rahmen dieser Thematik wichtig, denn sie veranschaulichen unsere Fähigkeit zu dramatischen psychosomatischen Veränderungen. An dieser Stelle möchte ich bestimmte Prinzipien beschreiben, die sowohl beim

Placebo-Effekt als auch bei einer erfolgreichen Transformationspraxis eine Rolle spielen.

Unterstützende soziale Bedingungen

Positive soziale Unterstützung wirkt sich im allgemeinen fördernd auf Placebo-induzierte Heilung und Autoregulation aus. Mehrere Untersuchungen haben zum Beispiel folgendes gezeigt:

- Vergrößert man die Patientengruppen, in denen die Behandlung erfolgt, kann sich die Reaktion auf Placebos verbessern – wahrscheinlich deshalb, weil die Kraft der Suggestion durch die größere Teilnehmerzahl wächst.
- Die Wirksamkeit eines Placebos hängt zum großen Teil vom Interesse des Arztes an dem betreffenden Patienten, an der Behandlungsmethode und an den Ergebnissen der Behandlung ab.
- Die Wirkungskraft eines Placebos wird durch experimentelle Untersuchungen, die den Versuchspersonen ein Gefühl von Interesse und Fürsorge vermitteln, gesteigert.
- Die Placebo-Effekte werden meistens dann verstärkt, wenn die Behandlungsmethode einen guten Ruf hat.[30]

Erwartung, positive Suggestionen und Glaube

Um die Rolle der Suggestion bei Placebo-Effekten aufzuzeigen, haben Versuchsleiter die gleiche Scheintherapie mit unterschiedlichen Beschreibungen ihrer Wirkungen verabreicht. In einer Studie erhielten Freiwillige das Placebo zu drei verschiedenen Gelegenheiten, wobei ihre Magenaktivität kontrolliert wurde. Bei der ersten Verabreichung wurde allen Versuchspersonen gesagt, daß sie ein Medikament erhielten, das eine starke Magenaktivität verursachen würde, bei der zweiten, daß sie durch das Medikament ein Völle- und Schweregefühl im Magen verspüren würden, und bei der dritten, daß das Medikament ein Placebo sei. Obwohl sie jedesmal die gleiche Substanz einnahmen, zeigten die Versuchspersonen solche Veränderungen ihrer Magenaktivität, die ihren Erwartungen entsprachen.[31] Diese Studie und andere zeigen, daß die Geisteshaltung physiologische Prozesse mit großer Wirksamkeit beeinflußt.

Seit dem Altertum haben Ärzte die heilende Kraft des Glaubens erkannt, was sich in Heiligtümern wie in Epidauros und Wallfahrtsorten wie Lourdes zeigt (13.1). Tatsächlich kann der Glaube so stark sein, daß Versuchspersonen, die unter Magenverstimmung litten, eine Linderung durch *Übelkeit verursachende* Mittel erfuhren, wenn die

Ärzte ihnen sagten, daß diese Mittel ihnen helfen würden.[32] Psychologen haben unterschiedliche Arten erkannt, auf die ein erwartungsvoller Glaube die Heilung begünstigt. Richard Bootzin behauptete zum Beispiel, daß Patienten mit hohen Erwartungen in ihr Vermögen, eine Situation zu meistern, dazu neigen, sich in positiven Gedanken, Vorstellungsbildern und Stimmungen zu üben. „Es kann sein, daß die Person, die eine angeblich wirksame Therapie bekommt", schrieb Bootzin, „die Anzahl an defätistischen Gedanken und Vorstellungsbildern, mit denen sie sich beschäftigt, reduziert und die Häufigkeit [ihrer] verarbeitenden Gedanken und positiven Vorstellungsbilder steigert."[33] Auch der Psychologe William Plotkin hat dargelegt, daß der Glaube ein charakteristischer Bestandteil des Placebo-Effekts ist:

> Sobald geglaubt wird, daß die Behandlung begonnen hat, fangen Personen, die an diese Behandlung glauben, auf der Grundlage ihres Glaubens damit an, sich als Menschen zu sehen, die geheilt sind. Der Grund dafür ist, daß, wenn sie es nicht an Vertrauen in die Behandlung fehlen lassen, es für sie keinen Zweifel gibt, daß diese erfolgreich sein wird. Sehen sie sich als im Prozeß der Heilung befindlich und haben sie die notwendige Befähigung, dementsprechend zu handeln, dann können wir sagen, daß sie bereits begonnen haben, die Menschen zu sein, die geheilt sind – sie verhalten sich so und handeln entsprechend (sie tun nicht nur so).
>
> ... Wenn Patienten wie geheilte Personen handeln, können sie auch jene Fähigkeiten verstärken, die für einen therapeutischen Fortschritt entscheidend sind. Weil sie durch Übung und Erfahrung gelernt haben, als geheilte Personen zu handeln, können sie die Verhaltensweisen übernehmen, die eine Heilung begünstigen oder zum Ausdruck bringen. Man sollte dazu anmerken, daß die Person, die an

> ein Heilverfahren glaubt, sogar noch eher eine Besserung erfährt als jemand, der lediglich eine „positive Erwartung“, „feste Überzeugung“ oder „Hoffnung“ hat: Wenn ein Mensch nicht einfach nur erwartet, geheilt zu werden, sondern davon ausgeht, daß er oder sie geheilt ist oder sich auf dem Weg zur Heilung befindet, dann ist es nicht wahrscheinlich, daß dieser Mensch etwas als gegenteiligen Beweis ansieht, und er wird daher eher auf eine Weise handeln, die einer Heilung entspricht und sie unterstützt.
>
> ... Stellen Sie sich einen Mann vor, der unter Kopfschmerzen aufgrund chronischer Muskelverspannung leidet. Wenn man ihm Placebopillen verschreibt und er an die Wirksamkeit der vermeintlichen Medizin glaubt, wird er davon ausgehen, daß seine Kopfschmerzen gelindert werden, und sich dementsprechend verhalten. Es kann sein, daß er nicht länger erwartet, Kopfschmerzen zu bekommen, daß er aufhört, sich zu sorgen, regelmäßig arbeitsunfähig zu sein, daß ihm ein schwerer Stein vom Herzen fällt, daß er vielleicht seine neu gewonnene Zeit damit verbringt, verschiedene angenehme und entspannende Dinge zu tun, die für ihn zuvor nicht in Frage kamen, und es kann sein, daß er sich nicht länger anderen (oder sich selbst) gegenüber als jemand präsentiert, der unter Kopfschmerzen leidet. Daraus folgt eine Minderung des sozialen Drucks, sich entsprechend zu verhalten (und zu erleben).[34]

Kurz gesagt, ein erwartungsvoller Glaube – zusammen mit positiver Vorstellungskraft und Stimmung – spornt an zu heilsamen Verhaltensweisen. Wie die Ärzte der Renais-

sance, die an den hippokratischen Lehrsatz glaubten, daß die Elemente von Geist und Körper „vereint im Kreise schreiten“, haben zeitgenössische Forscher der Medizin gezeigt, daß Wahrnehmung, Gefühl und Verhalten sich gegenseitig stark beeinflussen – zum Guten oder zum Schlechten.

Komplexe und redundante Vermittlungen

1978 wurde in der englischen Zeitschrift *Lancet* berichtet, daß einige Zahnarztpatienten, denen impaktierte Backenzähne gezogen wurden, deutlich weniger Schmerzen hatten, wenn ihnen Placebos gegeben wurden – im Gegensatz zu vergleichbaren Patienten, denen Naloxon gegeben wurde, eine Substanz, die die Wirkung von Endorphinen blockiert. Wenn den Versuchspersonen, die eine Schmerzlinderung erfahren hatten, Naloxon gegeben wurde, verstärkten sich ihre Schmerzen bis auf das Niveau derer, die nicht auf das Placebo angesprochen hatten, und derer, die ursprünglich den Endorphin-Blocker erhalten hatten. Da Naloxon die von dem Placebo ausgelöste Analgesie rückgängig machte, schlossen die Verfasser der *Lancet*-Studie, daß Endorphine an einer Schmerzlinderung durch Placebos beteiligt sind.[35]

Spätere Untersuchungen zeigten jedoch, daß die Vermittlung der Schmerzlinderung durch Placebos komplizierter ist. 1983 berichtete Richard Gracely in *Nature*, daß Placebos bei manchen Patienten, die unter postoperativem Zahnschmerz litten, halfen, den Schmerz zu lindern, obwohl die Endorphin-Rezeptoren in ihren Gehirnen durch Naloxon blockiert waren. Die Ergebnisse dieser und anderer Experimente deuten darauf hin, daß sich Naloxon vorzugsweise an bestimmte Rezeptoren bindet, so daß andere Rezeptoren für andere schmerzstillende opiatähnliche Peptide verfügbar bleiben.[36] Es ist nun offensichtlich, daß die Schmerzlinderung mit verschiedenen Arten physiologischer Interaktion verbunden ist. Tatsächlich deutet die derzeitige medizinische Forschung darauf hin, daß – weil unser Körper so komplex ist – viele, wenn nicht die meisten somatischen Veränderungen auf mehrere Arten vermittelt werden, auf unterschiedlichen Wegen oder Interaktionsketten, durch verschiedene Kombinationen von Aktivitäten des Zentralnerven-, Immun-, endokrinen oder eines anderen Systems. Unsere psychosomatische Komplexität und die über das Notwendige hinausgehende Vielfalt an Körperprozessen ermöglichen es den Programmen zur Transformation, auf verschiedene Weise zu wirken und Hindernisse wie blockierte Endorphin-Rezeptoren, verletzte Organe oder beeinträchtigte Nervenfunktionen zu überwinden. In einem maßgebenden Überblick über die Placebo-Forschung bemerkten Leonard White, Bernard Tursky und Gary Schwartz: „Es gibt keinen einzigen Placebo-Effekt, der nur *einen* Mechanismus und *eine* Wirkungskraft hat, sondern eher eine Mannigfaltigkeit von Wirkungen mit differenzierten Wirkungskräften und Mechanismen."[37]

Zusammenfassend kann man demnach sagen, daß Placebo-Effekte abhängig sind von unterstützenden sozialen Bedingungen im Umfeld einer Behandlung, von positiven Erwartungen darin, daß die Behandlung erfolgreich sein wird, und begleitenden Suggestionen, von einem hoffnungsvollen Glauben, der zu positiven Vorstellungsbildern und Gefühlen, zu einem verdeckten Üben und einem Verhalten anregt, das die Behandlung unterstützt, sowie von verschiedenen physiologischen Prozessen, die für Heilung und Wachstum mobilisiert werden können. Wie wir sehen werden, wirken diese Faktoren nicht nur bei Placebo-induzierten (Be-)Handlungen, sondern auch bei anderen Aktivitäten – wie den in diesem Buch beschriebenen Techniken zur Transformation.

13

Spirituelle Heilweisen

Den Heilmethoden, die ich in diesem Kapitel beschreibe, sind verschiedene Namen gegeben worden, darunter spirituelles, schamanisches, religiöses, mentales, charismatisches und paranormales Heilen, Heilung durch die Kraft des Glaubens, durch Handauflegen, Heilmagnetismus und Wunderheilung.[1] Wenngleich diese Begriffe nicht unbedingt austauschbar sind, beziehen sie sich doch allgemein auf heilende Handlungen, die zum Teil von einer Kraft jenseits des gewöhnlichen Heilungsprozesses abhängig zu sein scheinen. Wenn diese Handlungen von einem Schamanen, Heiligen oder anderen Heilern ausgeführt werden, so werden sie etwas Besonderem in diesem Heiler zugeschrieben – seiner oder ihrer Gabe der Heilung, der Nähe zu Gott, einem Überfluß an Lebenskraft oder Mana. Sind sie mit einem Tempel oder Heiligtum verbunden, werden die Heilungen der numinosen Kraft zugeschrieben, die diesem Ort innewohnt. Und wenn sie ohne den Einfluß eines Heilers oder heiligen Ortes geschehen, heißt es, daß sie aus dem Kontakt mit außergewöhnlichen Dimensionen des Selbst, einer körperlosen Wesenheit oder dem Göttlichen selbst hervorgehen.

Selbstverständlich wird spirituelle Heilung zu einem großen Teil von Kräften oder Bedingungen hervorgerufen, die auch bei anderen Heilverfahren mitwirken, wie zum Beispiel dem Ansehen des Heilers oder der Heilweise, der kulturellen Unterstützung und Suggestion der Gruppe, einer zuversichtlichen Erwartungshaltung und starken Vorstellung von Linderung (oder zumindest einer unbewußten Empfänglichkeit dafür), dem Verarbeiten zugrunde liegender Probleme, was zur Heilung führt, der Klärung zwischenmenschlicher Probleme, die in einem Verhältnis zu dem betreffenden Leiden oder der Behinderung stehen, starker Erregung und / oder Entspannung sowie veränderten Bewußtseinszuständen, die Heilungsprozesse in sich tragen und eine Empfänglichkeit für sie fördern. Derartige Kräfte und Bedingungen, die bis zu einem gewissen Grad von der Psychologie und Medizin erhellt wurden, werden jedoch bei den spirituellen Heilweisen, so heißt es, durch einen oder mehrere der folgenden

Einflüsse ergänzt: die Übertragung elektrischer, magnetischer oder anderer Formen physikalischer Energie, das Einflößen von Lebenskraft wie *Prana* oder *Chi* des hinduistischen, buddhistischen und taoistischen Yoga, psychokinetische Einflüsse sowie heilende Transaktionen, die mit suprakosmischen Dimensionen der Existenz verbunden sind.

Einige Psychologen und medizinische Forscher sind, ebenso wie die meisten Heiler, der Ansicht, daß die verschiedenen oben erwähnten Arten des Geschehens oder Kräfte bei einer spirituellen Heilung gleichzeitig wirken. Obgleich Schamanen häufig für die Menschen, die sie behandeln, beten und sich dadurch auf die Ebene einer spirituellen Einheit mit ihnen begeben oder diese verstärken, übertragen sie in manchen Fällen den heilenden Einfluß durch Berührung. Viele christliche Heilige und Heiler wie Valentine Greaterakes praktizierten solche vielschichtigen Heilverfahren (13.2), und Menschen, die zu heilkräftigen Orten wie Lourdes pilgern oder eine Heilung ohne den Einfluß eines Heilers oder Ortes erfahren, bezeugen gleichermaßen das Wirken einer heilenden Energie, die aus physischen, vitalen und transpersonalen Elementen besteht. Angesichts des hierarchischen Gefüges der menschlichen Natur ist es einleuchtend, daß die hier beschriebenen Heilweisen viele Ebenen und Formen

therapeutischer Transaktion beinhalten.[2] Die spirituellen Heilungen unterscheiden sich daher von den Ergebnissen anderer Heilverfahren dadurch, daß sie teilweise oder ganz von vitalen Energien wie *Ki*, dem Psi-Einfluß, heiligen Orten, tiefen Schichten des Selbst oder suprakosmischen Energien abhängen.[*] Häufig werden sie begleitet von einer Wahrnehmung des Numinosen, einem Kontakt mit einer transzendenten Energie und dem Licht. Manchmal geschehen sie aus starken Emotionen heraus oder in Trance, wenn die Wahrnehmungskonstanten außer Kraft sind. Oftmals erheben sie den Menschen, erwecken sein „Zentrum der persönlichen Energie“, wie William James es nannte, verankern das Selbst – wenn auch nur für kurze Zeit – in einer erhabeneren Macht und höheren Funktionen. Und sie vermitteln normalerweise ein deutliches Gefühl davon, daß eine grundlegende Veränderung stattgefunden hat, daß wirklich etwas geschieht, daß spirituelle Energie einströmt und psychologische und materielle Wirkungen hervorruft.[3] Auf diese und andere Merkmale der spirituellen Heilweisen wird in den folgenden Abschnitten eingegangen.

[*] Menschen, die sich spirituellen Heilweisen zuwenden, können weiterhin auf schulmedizinische Behandlungen angewiesen sein – oder auch nicht. Viele Anhänger der Christian Science akzeptieren beispielsweise weder Operationen noch Medikamente, selbst wenn sie ernsthaft krank sind, und überlassen sich ausschließlich der Gnade Gottes. Die meisten Leidenden jedoch, die sich Heilern, Wallfahrtsorten oder dem Gebet zuwenden, verlassen sich vernünftigerweise auch auf medizinische Hilfe. In Lourdes, dem heutzutage weltweit wahrscheinlich aktivsten Zentrum spirituellen Heilens, werden die Pilger aufgefordert, sowohl medizinische als auch religiöse Hilfe für ihre Beschwerden zu suchen. Eine Erörterung von Problemen, die sich aus fehlgeleiteten Vorstellungen über spirituelles Heilen ergeben, findet sich in Wilber 1988.

[13.1]
HISTORISCHE BEISPIELE SPIRITUELLER HEILUNG

Im alten Ägypten waren Heilungsrituale von einer immensen Komplexität. Der Papyros Ebers schildert die Anrufungen der Götter zur Linderung bestimmter Krankheiten. Aus diesen Aufzeichnungen geht hervor, daß physikalische Therapien, von denen einige selbst für moderne Maßstäbe anspruchsvoll waren, und religiöse Heilung gleichermaßen Anwendung fanden. Der legendäre Imhotep, von dem es heißt, er wäre der oberste Arzt, Magier und Baumeister von Djoser, dem Pharao der 3. Dynastie, gewesen, wurde in Ägypten bis zu Alexanders Eroberung verehrt. Viele der in seinem Namen gegründeten Tempel wurden Stätten der medizinischen Unterweisung.[4] Die Tatsache, daß Medizin, Magie und Religion in der Person und dem Kult des Imhotep vereint waren, spiegelt deren Eingebundensein in die altägyptische Kultur. Auch im *Totenbuch* und anderen Abhandlungen wurden magisch-religiöse Heilweisen beschrieben. Rituale der Reinigung und Versöhnung – ähnlich denen, die heute von Gesundbetern praktiziert werden – wurden in Ägypten seit der Zeit der ersten Pharaonen über 3000 Jahre lang zelebriert.*

Auch die Griechen verbanden physikalische mit spirituellen Heilweisen, besonders in den etwa 300 Tempeln, die Äskulap, dem Gott der Heilkunde, geweiht waren und im 8. und 7. Jahrhundert v. Chr. erbaut wurden. Der berühmteste Tempel in Epidauros bestand aus einem zentralen Heiligtum, Bädern, Herbergen, Sportstätten, einem Theater und Stadion.

In den meisten sogenannten Asklepieien erfuhren Kranke durch Läuterungsriten eine innere Reinigung und wurden dann in den Vorbau des Tempels gelassen, wo sie ein oder zwei Tage in Gebet und Meditation verbrachten. Nach dieser Vorbereitung schliefen sie im zentralen Heiligtum, manchmal unter dem Einfluß von Narkotika, auf daß ihnen der Gott in ihren Träumen erscheinen möge, um sie zu inspirieren, zu heilen und zu beraten. Solche Behandlungsweisen wurden häufig durch Bäder, Massagen, Gymnastik und Diät ergänzt.

Hippokrates, der berühmteste Arzt der griechischen Antike, schilderte in seinen Ausführungen über Epilepsie (die er naturgegebenen Ursachen zuschrieb) eine „Gottheit, die von Sünden läutert und reinigt".[5] Auch bestimmte Charaktere aus Platons Dialogen stellen fest, daß die Medizin den Leib über die Seele behandeln muß. „Denn alles", sagte Sokrates in den „Charmides", „entspränge aus der Seele, Böses und Gutes, dem Leibe und dem ganzen Menschen, und ströme ihm von dorther zu ‚wie aus dem

* Eine Beschreibung des altägyptischen Geheimwissens findet sich in Budge 1901 und Petrie 1909.

Kopfe‘ den Augen ... So wie man nicht unternehmen dürfe, die Augen zu heilen ohne den Kopf noch den Kopf ohne den ganzen Leib, so auch nicht den Leib ohne die Seele; sondern eben dieses wäre auch die Ursache, weshalb bei den Hellenen die Ärzte den meisten Krankheiten noch nicht gewachsen wären, weil sie nämlich das Ganze verkennten.“[*]

Heilung in der Bibel

Im ersten Buch der Könige (17:20–22) beschreibt Elija, wie er einer Mutter begegnet, deren Sohn gestorben ist. An Gott gewandt, bittet der Prophet:

> Herr, mein Gott, willst du denn auch über die Witwe, in deren Haus ich wohne, Unheil bringen und ihren Sohn sterben lassen?
>
> Hierauf streckte er sich dreimal über den Knaben hin, rief zum Herrn und flehte: Herr, mein Gott, laß doch das Leben in diesen Knaben zurückkehren!
>
> Der Herr erhörte das Gebet Elijas. Das Leben kehrte in den Knaben zurück, und er lebte wieder auf.[**]

In einer ähnlichen Erzählung (das zweite Buch der Könige 4:18–37) erweckt der Prophet Elischa den Sohn der Shunemiterin, der an Schmerzen im Kopf gestorben ist; das Buch Jesaja (35:5–6) verheißt das Kommen des Herrn der Gerechtigkeit, der die Macht Gottes zeigen wird:

> Dann werden die Augen der Blinden geöffnet, auch die Ohren der Tauben sind wieder offen.
> Dann springt der Lahme wie ein Hirsch, die Zunge des Stummen jauchzt auf.

Den vier Evangelien zufolge heilte Jesus:

- Vier Fälle von Blindheit: Bartimäus (Markus 10:46–52, Matthäus 20:29–34, Lukas 18:35–43), den Blinden bei Betsaida (Markus 8:22–26), zwei Blinde (Matthäus 9:27–31) und den von Geburt an Blinden (Johannes 9:1–34).

- Zwei Fälle von Fieber: die Schwiegermutter des Petrus (Matthäus 8:14–15, Markus 1:30–31, Lukas 4:38–39) und den Sohn eines königlichen Beamten (Johannes 4:46–54).

[*] Entnommen aus: Platon, *Werke* in acht Bänden, Bd.1, hg. von Gunther Eigler, Darmstadt: Wiss. Buchgesellschaft 1977.

[**] Alle Bibelzitate sind entnommen aus: *Die Bibel*, Einheitsübersetzung, Freiburg: Herder 1980.

- Elf Aussätzige: einen Aussätzigen (Matthäus 8:1–4, Markus 1:40–45, Lukas 5:12–16) und zehn Aussätzige (Lukas 17:11–19).
- Einen Taubstummen (Markus 7:31–37).
- Eine Frau mit Blutungen (Matthäus 9:20–22, Markus 5:25–34, Lukas 8:43–48).
- Einen Mann, dessen Hand verdorrt war (Matthäus 12:9–13, Markus 3:1–5, Lukas 6:6–10).
- Einen Wassersüchtigen (Lukas 14:1–6).
- Den kranken Diener eines Hauptmanns (Matthäus 8:5–13, Lukas 7:1–10).
- Den verwundeten Diener eines Hohenpriesters (Lukas 22:50–51).
- Die Besessenen und Kranken in Kafarnaum (Matthäus 8:16–17, Markus 1:32–34, Lukas 4:40–41).
- Viele Menschen aus Tyrus, Sidon und Galiläa (Matthäus 12:15–21, Markus 3:7–12, Lukas 6:17–19).
- Die Menschen am Ufer des Sees Genezareth (Matthäus 14:34–36, Markus 6:53–54).

- Die Kranken in Betsaida (Matthäus 14:14, Lukas 9:1–11) und am See von Tiberias (Johannes 6:2).
- Menschenmengen bei ihrem Einzug in das Gebiet von Judäa (Matthäus 19:2).[6]

Jesus legte den Kranken seine Hände auf (Markus 6:5), faßte sie an der Hand (Markus 1:31) oder berührte sie nur (Matthäus 8:3, Markus 1:41, Lukas 5:13). Er „legte ihm die Finger in die Ohren und berührte dann die Zunge des Mannes mit Speichel ... und sagte zu dem Taubstummen: ‚Öffne dich!'" (Markus 7:33–34). Er bestrich die Augen eines Blinden mit Speichel, dann legte er seine Hände auf (Markus 8:23–25), und er machte mit seinem Speichel einen Teig und strich ihn dem Blinden auf die Augen (Johannes 9:1–12). In manchen Fällen, wenn sich Menschen über Vermittler an ihn wandten, heilte er auch aus der Ferne. Wie die Heiler aus vielen religiösen Traditionen ging er auf Bedürftige mit einer intuitiven, spontanen und starken Gewißheit ein und erhob Anspruch darauf, ein Werkzeug von Gott dem Erlöser zu sein. Wenn auch die Berichte über Heilungen aus den Evangelien von einigen Gelehrten der Bibel angezweifelt wurden, ähneln die Heilweisen von Jesus denen anderer Heiler aus vielen Epochen. Der heilige Franz von Assisi, Valentine Greaterakes und unzählige andere haben – wie auch von Jesus gesagt wird – den Kranken ihre Hände aufgelegt, sie liebevoll umarmt, ihren Speichel auf Wunden aufgetragen oder Gott voller Inbrunst angerufen. Durch ihr Vorgehen und ihre Erfolge erlangten sie einen Ruf, der Vertrauen in ihre heilenden Kräfte erweckte. Seit dem Altertum haben Heiler bestimmte Methoden und Glaubensauffassungen gemein, die mit den Berichten aus den Evangelien übereinstimmen.*

Heilung im Mittelalter

Im Mittelalter wurden Schreine, die Heiligen und Märtyrern gewidmet waren und häufig Relikte ihrer Schutzherren beherbergten, zu Zentren der Heilkunst. Von Mönchen aus dem Mittelalter zusammengetragene Verzeichnisse der Wunder zeigen, daß dort eine große Vielfalt an Heilungen stattfand.[7] Solche Verzeichnisse, die der französische Mediävist Luchaire „medizinische Fachzeitschriften des Mittelalters" genannt hat, erbringen detaillierte Hinweise auf die Wirksamkeit der spirituellen Heilweisen. Der Historiker Ronald Finucane analysierte zwei Sammlungen dieser Art, eine vom Schrein des heiligen Godric im Nordosten Englands und eine vom Grab des Thomas Becket in Canterbury, die zusammen etwa 600 Berichte über Heilungen enthalten, und stellte fest, daß Adlige, Ritter, Beamte, Geistliche, Kunsthandwerker und Arme aufgeführt waren. Den Verzeichnissen der Wunder zufolge wurden an beiden Orten Blind- und Taubheit, Lähmungen und andere, vermutlich psychogene Beschwerden,

organische Leiden wie Knochenbrüche, Epilepsie, Lepra und Gicht, sowie offenkundige Geistesstörungen geheilt oder gelindert. Finucane schrieb: „Aus vielen Gründen ... zeigten beide Kulte einzigartige Merkmale, doch das Verhalten der Pilger, die an beiden Schreinen geheilt wurden, ähnelte sich – es wiederholte sich in der Tat bei jedem weiteren Schrein eines Heiligen im mittelalterlichen Europa – und kann auch heute noch in manchen Gebieten des Christentums beobachtet werden."[8]

Nachdem er etwa 1500 Heilungen analysiert hatte, die diesen und anderen mittelalterlichen Zentren der Heilung zugeschrieben wurden, rekonstruierte Finucane einige der typischen Rituale, denen Pilger auf ihrer Suche nach Linderung nachgingen. Manche Gläubige wurden zum Beispiel von Träumen an einen bestimmten Ort geführt, andere ließen den Zufall entscheiden oder wurden von Ärzten dorthin geschickt. Nach ihrer Ankunft am Schrein erfuhren viele zunächst eine Läuterung durch die Beichte, und die meisten brachten Opfer dar und beteten zu dem betreffenden Heiligen oder Märtyrer um dessen Fürsprache. Dabei wurden sie gewöhnlich von etlichen anderen Leidenden begleitet, von denen einige eine Heilung erfuhren, die neues Vertrauen bei den anderen erweckte. Wie die Kranken im Heiligtum des Äskulap schliefen manche in der Kirche des Schreins oder wachten mehrere Nächte lang.

* Einige Gelehrte der Bibel sind davon ausgegangen, daß Jesus von charismatischen jüdischen Heilern wie etwa Hanina ben Dosa und von der Legende über Elijas Heilungen beeinflußt wurde, so daß seine dramatische Mission mit einer bereits bestehenden, wenn auch unkonventionellen Tradition übereinstimmte. Siehe: Vermes 1992.

Für diejenigen, die einen besonders engen Kontakt mit der Heilkraft des Heiligen benötigten, wurden manchmal Nischen in der Nähe seiner Gebeine zur Verfügung gestellt. In einem mittelalterlichen Bericht hieß es:

Ein blindes Mädchen wurde zu Beckets Schrein geführt. Sie legte ihren Kopf auf das Grab des Märtyrers und schlief dort ein. Als sie aufwachte, rieb sie ihre Augen und entdeckte, daß sie sehen konnte. Sie wandte sich um zu ihrer Mutter und sagte: „Mutter, ich kann sehen, obwohl ich es vorher nicht konnte." Ihre Mutter antwortete: „Sei still! Leg deinen Kopf wieder auf den Sarkophag." Das tat sie, und nach einer Weile erhob sie sich und war vollständig geheilt.[9]

Die Gebete der Pilger wurden häufig von Tränen, Stöhnen, Ohnmachtsanfällen, Erbrechen, Sich-Winden vor Schmerzen, Schreien oder starken Blutungen begleitet, woraus eine Atmosphäre entstand, die dazu beitrug, daß sich jeder in der nahen Umgebung in neue Begeisterung und emotionale Ausbrüche hineinsteigerte. Eine taube Frau fühlte zum Beispiel, als sie betend an Beckets Schrein stand, „eine Welle des Schmerzes, und in ihrem Kopf schien es, als würden viele Zweige in winzige Stücke gebrochen. Dabei schrie sie, als ob sich eine innere Vergiftung entladen hätte. Eine

große Menge Eiter floß aus ihren Ohren, danach trat Blut aus, und nach dem Blut kehrte ihr Hörvermögen zurück." Eine Blinde, die zu Beckets Schrein geführt wurde, fühlte sich, „als ob sie von der tobenden Hitze eines Ofens umgeben wäre". Sie riß sich den Schleier vom Kopf und die Kleider von der Brust, fiel zu Boden und lag dort eine Stunde lang. Dann öffnete sie ihre Augen, stand auf, und es brach aus ihr heraus: „Ich kann sehen!"[10]

Manche Pilger erfuhren an einem bestimmten Schrein nur eine Linderung, bevor sie an einem anderen völlig geheilt wurden. Finucane beschreibt eine Blinde, deren Sehvermögen an Beckets Grab zum Teil wiederhergestellt wurde und die dann zu Godrics Grab reiste, wo sie, nachdem sie die Nacht dort verbracht hatte, wieder normal sehen konnte.[11] Wie die vielen Wallfahrer, die im 20. Jahrhundert nach Lourdes zogen, erlebten die von Finucane beschriebenen Menschen durch ihre hohe Erwartung einer Linderung einen Energiezuwachs und wurden in die extrem aufgeladene Atmosphäre des Schreins hineingesogen. Diese Menschen spürten – wie viele, die heute unter ähnlichen Umständen geheilt werden –, daß sie mit einer transzendenten Ganzheit, einer Präsenz oder Energie jenseits ihres gewöhnlichen Lebens in Berührung gekommen waren, die sie auf eine an ein Wunder grenzende Weise heilte.

Valentine Greaterakes

Valentine Greaterakes, der „irische Streicher", wurde 1629 in einer englischen Familie geboren, die sich in der Grafschaft Waterford niedergelassen hatte. Er schrieb:

[1662] hatte ich eine innere Regung oder eine feste Überzeugung in meinem Geiste (für die ich einem anderen keine vernünftige Erklärung geben kann), die mir sehr häufig sagte, daß mir die Gabe gewährt sei, *King's Evil* zu heilen. ... Ob allein oder in Gesellschaft, schlafend oder wachend – immer verspürte ich die gleiche innere Regung.[12]

„King's Evil" war der volkstümliche Name für Skrofulose, eine tuberkulöse Haut- und Lymphknotenerkrankung, die in manchen Fällen durch den Königssegen geheilt werden konnte.* Greaterakes beschränkte seine Heilkräfte jedoch nicht auf dieses Leiden. In den drei Jahren, die auf seine „Regung" folgten, heilte er in Waterford und den umliegenden Grafschaften Menschen mit den unterschiedlichsten Krankheiten und zog schließlich Leidende aus England an, wo die Pest wütete. Im Sommer 1665 war sein Ruhm bis nach London gedrungen; hier zog er die Aufmerksamkeit des Vicomte Conway von Ragley Hall auf sich, dessen Frau seit ihrer Kindheit unter unerträglichen Kopfschmerzen litt. Auf die Bitte des Vicomte reiste Greaterakes nach Ragley Hall, konnte dessen Frau jedoch nicht helfen. Er heilte aber Hunderte anderer Menschen und wurde vom König selbst nach London eingeladen, wo er weitere Tausende behandelte, darunter Adlige, Wissenschaftler und Gelehrte. Der englische Chemiker und

Physiker Robert Boyle bezeugte sieben Heilungen Greaterakes, die er beobachtet hatte, wenngleich er sie „einer zufälligen, der Heilung zuträglichen Erregung des Blutes und des Geistes" zuschrieb, „die durch verstärkte Einbildung und heftiges Verlangen [angeregt wurde]."[13] Trotz seiner Erfolge provozierte der irische Heiler ein äußerst kritisches Pamphlet von David Lloyd, einem Kaplan von Isaac Barrow, dem bekanntesten Wissenschaftler Englands. Als Antwort auf Lloyds Angriff schrieb Greaterakes eine Autobiographie, mit der er seine Glaubwürdigkeit und Aufrichtigkeit beweisen wollte. Diese beinhaltete Zeugenaussagen über seine Heilungen, die von John Wilkins, einem Gründer der Royal Society, den Platonikern Ralph Cudworth und Benjamin Whichcote aus Cambridge, dem Dichter Andrew Marvell, mehreren Medizinern und anderen Prominenten unterschrieben wurden. Diese Dokumente und andere Aufzeichnungen aus jener Zeit zeigen, welch großen Eindruck Greaterakes auf die Londoner gemacht hatte.

Wie berühmte Heiler anderer Zeiten begegnete Greaterakes den Kranken häufig auf spontane, lebhafte Weise, machte Striche oder massierte sie, nahm gelegentlich ein Messer, um Eiterbeulen zu öffnen, bot seinen Urin zum Trinken an oder trug ihn auf

* Einigen Königen und Königinnen Europas wurden Heilkräfte zugeschrieben, die letztendlich als Bestätigung des Amtes als Herrscher von Gottes Gnaden betrachtet wurden. Während seines Exils in Holland demonstrierte Karl II. von England sein gottgegebenes Recht zu herrschen, indem er Tausende von Leidenden berührte oder „Striche" machte. Nach Aufzeichnungen aus seiner Herrschaftszeit berührte er nach seiner Wiedereinsetzung 22 982 Kranke (Crawfurd 1911. In: Laver 1978).

die Wunden auf und gab seinen Speichel auf ihre Augen. Ein Zeuge seiner Handlungen schrieb:

> Wenn er wegen Schmerzen seine Striche machte, gebrauchte er nur seine trockene Hand, bei Geschwüren oder eiternden Entzündungen gab er Speichel auf seine Hand oder seine Finger, aber bei dem „Evil", wenn [die Patienten] kamen, bevor es aufbrach, strich er darüber und befahl ihnen, einen Brei aus gekochten Rüben aufzulegen, und dies jeden Tag, bis es reif zum Öffnen war, und dann öffnete er es, und mit seinen Fingern drückte er den Pfropf und die Fäulnis aus.[14]

Wenngleich Greaterakes sagte, daß er die Striche mit seiner Hand „nur außen auf den Kleidern" machte, stimmten dem nicht alle Zeugen zu. Einer berichtete, daß manche Frauen „ihre Unterröcke aufschnürten und sie ablegten, und er folgte [dem Schmerz] auf ihren nackten Körpern, bis er verschwunden war". Trotzdem bestand er zu jeder Zeit darauf, lediglich ein Werkzeug Gottes zu sein – eine Behauptung, die seine Wirkungskraft bei den Gläubigen verstärkt haben muß. „Die Ähnlichkeit der durch [Greaterakes'] Striche hervorgerufenen Phänomene mit denen Franz Anton Mesmers und seiner unmittelbaren Nachfolger fast ein Jahrhundert später sind bemer-

kenswert", schrieb der Psychologe A. Bryan Laver.[15] So hatten Greaterakes' Hilfesuchende wie manche der Patienten von Mesmer häufig „konvulsive Krisen" (15.1) und zeigten auch eine vorübergehende Schmerzunempfindlichkeit, die mit Nadeln und Messern erfolgreich überprüft werden konnte. Wie Mesmer zog der irische Heiler gelegentlich den Schmerz aus dem Zeh heraus und schüttelte ihn ab wie verunreinigtes Wasser. Gegenstände, die den beiden Männern gehörten, wurden manchmal wie die Gebeine der Heiligen oder andere religiöse Relikte zu Heilzwecken verwendet, wenn ihre Besitzer abwesend waren. Wegen ihres Rufes und ihrer eindrucksvollen Persönlichkeiten schufen sowohl Mesmer als auch Greaterakes eine Aura des Glaubens um sich, der die Selbstheilungskräfte derer, die sie behandelten, stärkte. Obwohl Mesmer seine Heilungen dem Einströmen des magnetischen Fluidums zuschrieb und Greaterakes auf die Gnade Gottes vertraute, regten beide viele Menschen dazu an, ihr Zentrum der persönlichen Energie zu erwecken, um psychologische und materielle Wirkungen hervorzurufen, wie William James es formulierte.

Die Neugeist-Bewegung und die Christian Science

Das Gesundbeten ist in den Vereinigten Staaten von Organisationen gefördert worden, die der Neugeist-Bewegung nahestehen. Diese wurde in hohem Maße von Phineas Quimby (1802–1866) inspiriert, einem Uhrmacher, der unter dem Einfluß der Gedanken französischer Mesmerianer eine Form des Geistheilens entwickelte. Von allen Anhängern Quimbys war Mary Baker Eddy am einflußreichsten. Er heilte sie von lebenslangen Beschwerden, die vermutlich größtenteils seelisch bedingt waren. Mary Baker Eddy studierte Quimbys Lehren voller Inbrunst und schuf dann ihre eigene Form des Neugeistes, die in ihrem 1875 veröffentlichten Buch *Science and Health* (dt. *Wissenschaft und Gesundheit*) eine endgültige Gestalt annahm (spätere Ausgaben des Buches hießen *Science and Health with Key to the Scriptures* [dt. *Wissenschaft und Gesundheit, mit Schlüssel zur Heiligen Schrift*]). Bis zu ihrem Tod im Jahre 1910 verkündete sie ihre Lehre innerhalb der Kirche der Christian Science, die in den Vereinigten Staaten und anderen Ländern Verbreitung fand. „Materie ist nichts weiter als ein Abbild des sterblichen Geistes", schrieb sie. „Das Böse hat keine Wirklichkeit. Es ist einfach ein Glaube, eine Illusion der materiellen Sinne. Nichts außer Gott ist wirklich und ewig, und Krankheit ist ein Irrtum." Der gläubige Anhänger der Christian Science begegnet gesundheitlichen Problemen gewöhnlich mit einem Gebet und diesen Grundsätzen. Dabei lehnt er standhaft die „Irrtümer" ab, die eine Krankheit hervorrufen. Ein geübter Gläubiger darf auch anderen leidenden Menschen helfen – etwa aus der Ferne –, indem er sie darin unterstützt, ihre Gedanken und Gefühle in Übereinstimmung mit dem „göttlichen Geist" zu bringen. Strenggläubige Anhänger

akzeptieren über hygienische Maßnahmen hinaus keine schulmedizinischen Behandlungen.

Die Christian Science hebt die Bedeutung der Suggestion besonders stark hervor und betrachtet negative Gedanken mit „einem fast abergläubischen Abscheu", wie ein Autor es nannte.[16] Ihr Verneinen von Krankheit und Unglück wird von Ärzten kritisiert, die einwenden, daß eine solche Einstellung Menschen davon abhält, angemessene Hilfe bei Krankheiten zu suchen, die mit Hilfe der Schulmedizin behandelt werden können. Psychologen argumentieren, daß auf diese Weise eine Unterdrückung emotionaler Probleme, die nicht durch Suggestion allein gelöst werden können, ermutigt wird. Der enorme Erfolg der religiösen Bewegung zeigt jedoch, daß das Wohlergehen vieler Menschen in erster Linie von einem Vertrauen in das Gebet und Affirmationen des Guten gefördert wird.

Die amerikanische Neugeist-Bewegung und die Christian Science haben viele Organisationen mit ähnlichen Glaubenssystemen hervorgebracht, darunter die Jewish Science des Rabbiners Morris Lichtenstein. Die folgenden Abschnitte aus seinem Buch *Jewish Science and Health* enthüllen Lichtensteins Affinität zu Phineas Quimby und Mary Baker Eddy.

Der göttliche Geist steht mit dem menschlichen Geist durch die Kraft der Vorstellung in Verbindung. Daher sollte ein Gebet in der Form eines geistigen Bildes vorgebracht werden. Der Mensch muß sich das, was er will, vorstellen, er muß seine Vorstellungskraft einsetzen, um seine Bitte klar in Begriffe zu fassen, die er in seinem Geist entwirft. Die tiefe Konzentration der Aufmerksamkeit und der Gedanken, die diese Form des Gebetes erfordert, füllt auch das Herz mit einer tiefen Ernsthaftigkeit und Hingabe. Der Mensch muß genauso von ganzem Herzen wie von ganzem Geist beten, er muß in seinem Herzen glauben, daß sein Wohlergehen vollkommen vom Gebet abhängt.

Ein Gebet um Gesundheit wird auf eine Weise vorgebracht, die dem Gebet in jeder anderen Notlage ähnelt, und besteht aus zwei Teilen: zuerst aus der Vorstellung der göttlichen Gabe und dann dem menschlichen Empfangen; als erstes aus dem Vorgang der Heilung, danach aus dem Zustand der Gesundheit, der aus dem heilenden Vorgang erwächst.

Wenn ein bestimmtes Organ des Körpers betroffen ist, muß die Affirmation verkünden, daß es erfüllt wird von Gesundheit und jede Störung und alles Leiden ausgelöscht wird. ... Diese Formel kann auch angewendet werden, wenn die Krankheit in den Lungen, Verdauungsorganen, Leber, Nieren oder einem anderen Teil des Körpers sitzt. Es muß darauf geachtet werden, daß der betreffende Teil eindeutig benannt wird.[17]

[13.2]
SPIRITUELLES HEILEN IM 20. JAHRHUNDERT

Die Autoren einer im *Journal of Nervous und Mental Disease* veröffentlichten Studie behaupteten, daß 43 Anhänger der Pfingstbewegung, die Heilungen durch die Kraft des Glaubens erfahren hatten, als typische Verhaltensweisen oder Eigenschaften „Verleugnung, Verdrängung, Projektion und Nichtbeachtung der Wirklichkeit" an den Tag legten und daß die primäre Funktion solcher Heilungen nicht darin bestand, „die Gesamtheit der Symptome zu verringern, sondern ein magisches Glaubenssystem zu verstärken, das mit der eigenen Subkultur vereinbar" sei.[18] Derartige Kritiken negieren jedoch nicht die positiven Ergebnisse des spirituellen Heilens. Wenngleich Verleugnung und Verdrängung unter ihren Mitgliedern offensichtlich sind, bringen diese Bewegungen häufig wirkliche Heilungen hervor. Religiöse Heilung ist einfach zu oft und bei zu vielen verschiedenen Menschen geschehen, um als eine ausweichende Reaktion auf Schwierigkeiten abgetan zu werden.

Diese Tatsache wird am Beispiel von Lourdes deutlich, das jedes Jahr von Tausenden von Ärzten besucht wird – unter ihnen Katholiken, Protestanten, Juden, Muslims, Buddhisten und Agnostiker –, von denen viele dramatische Heilungen beobachten und bezeugen.

Heilung in Lourdes

1883 (25 Jahre, nachdem Bernadette Soubirous ihre berühmte Vision der Jungfrau Maria hatte) gründete die katholische Kirche als Teil ihrer Bemühungen, die Glaubwürdigkeit religiöser Phänomene zu beweisen, in Lourdes ein ständiges Ärztebüro, das die Art der Heilungen, die an diesem berühmten Wallfahrtsort stattfinden, ermitteln sollte. Seit 1954 hat das Büro Dossiers der Fälle, die wissenschaftlich nicht zu erklären sind, an das Internationale Ärztekomitee weitergeleitet, einer Gruppe von Ärzten und medizinischen Forschern, die die zur Debatte stehenden Fälle noch einmal untersuchen. Saint John Dowling, ein englischer Arzt, der Mitglied des Internationalen Komitees war, schrieb im *Journal of the Royal Society of Medicine:*

> Wenn nach der ersten Untersuchung und der darauffolgenden Überprüfung das Ärztebüro annimmt, daß eine unerklärliche Heilung vorliegt, wird ein Dossier [von der Heilung] an das [Internationale Komitee] geschickt, das sich normalerweise einmal im Jahr in Paris trifft. Eine vorläufige Untersuchung der Einzelheiten schließt sich an. Wenn die Mitglieder darin übereinstimmen, daß der Fall es wert ist, untersucht zu werden, ernennen sie eines oder zwei der Mitglieder dazu, als Berichterstatter zu

> fungieren. Der Berichterstatter untersucht den Fall gründlich, trifft den Patienten gewöhnlich selbst und gibt seine Unterlagen in einem ausführlich geschriebenen Dossier an die Mitglieder vor dem Treffen, auf dem sie ihre Entscheidung fällen werden, weiter.
>
> Der Bericht wird dann sehr ausführlich und kritisch nach 18 Punkten erörtert, für die jeweils eine Abstimmung erfolgt. In den ersten drei Etappen überprüft das Komitee die Diagnose und muß zu der Ansicht gelangen, daß die richtige Diagnose erstellt und durch die Ergebnisse einer vollständigen Untersuchung des Körpers und – soweit zutreffend – durch Labortests, Röntgenuntersuchungen, Endoskopie und Biopsie bestätigt wurde. Ein Scheitern auf dieser Ebene rührt meistens von einer unzureichenden Untersuchung oder fehlenden Unterlagen her. Auf den folgenden beiden Stufen muß das Komitee überzeugt werden, daß die Krankheit organisch und ernsthaft war, ohne eine signifikante psychologische Überlagerung. Als nächstes muß es sicherstellen, daß der normale Verlauf der Krankheit die Möglichkeit einer spontanen Remission ausschließt und daß die erfolgte medizinische Behandlung nicht Ursache der Heilung sein kann. ... Dann werden die Beweise dafür, daß der Patient tatsächlich geheilt wurde, überprüft, und das Komitee muß der Überzeugung sein, daß sowohl objektive Anzeichen als auch subjektive Symptome verschwunden sind und die Untersuchungen normale Werte ergeben. Die Plötzlichkeit und Vollständigkeit der Heilung sowie etwaige Folgeerscheinungen werden in Betracht gezogen. Schließlich wird erwogen, ob die Nachfolgeuntersuchungen ausreichend waren. Im Anschluß an diese detaillierte Untersuchung wird die Frage gestellt: „Ist die Heilung dieser Person ein Phänomen, das den Beobachtungen und Erwartungen des medizinischen Wissens zuwiderläuft und wissenschaftlich nicht zu erklären ist?" Eine einfache Mehrheit entscheidet den Fall auf die eine oder andere Art.

Die Erklärung des [Internationalen Komitees], daß es die Heilung als wissenschaftlich nicht erklärbar betrachtet, macht aus ihr kein Wunder, denn das ist eine Angelegenheit der Kirche, nicht der Ärzte. Die Entscheidung wird an den Bischof des Patienten geschickt, und wenn dieser es für richtig hält, ernennt er eine Kanonische Kommission, die eigene medizinische Berater hat. Wenn die Kommission einen positiven Bericht erstattet und der Bischof diesen akzeptiert, erläßt er ein Dekret, in dem der Fall zu einem Wunder erklärt wird.*

Das Ärztebüro in Lourdes und das Internationale Komitee haben eine Fülle an Materialien über spirituelles Heilen erbracht. Ihre Archive, die Röntgenaufnahmen, Fotografien, Biopsieberichte und die Ergebnisse anderer Laboruntersuchungen enthalten, sind eine wertvolle Quelle für Untersuchungen unserer Fähigkeiten zur Regeneration.[19] Prominente Besucher von Lourdes haben ebenfalls eindrucksvolle Erklärungen hinsichtlich der dort stattfindenden Heilungen wie auch Einblicke in deren Ursachen gegeben. Alexis Carrel, Nobelpreisträger für Medizin und medizinischer Direktor des Rockefeller Institutes, erzählte die Geschichte seiner ersten Reise nach Lourdes 1903 in allen Einzelheiten.[20] Er fuhr als neugieriger Skeptiker und schloß sich einer Frau mit tuberkulöser Peritonitis an. Im Laufe seiner Beobachtung veränderte sich ihre kranke

Erscheinung so dramatisch, daß er glaubte, er „leide unter einer Halluzination“. Dann verschwand innerhalb weniger Minuten vor seinen Augen eine große abdominale Schwellung, die ihren Nabel mit Eiter gefüllt hatte. Auf einmal schien die Frau, zu Carrels Verblüffung, schmerzfrei zu sein. Als er sie später am selben Tag in einem örtlichen Krankenhaus besuchte, saß sie mit strahlenden Augen und rosigen Wangen aufrecht im Bett. Ihr Bauch schien normal und zeigte keine Anzeichen der hoffnungslos aussehenden Schwellung, die Carrel vor nur wenigen Stunden gesehen hatte. Dieser und andere Fälle überzeugten ihn, daß viele der Heilungen in Lourdes authentisch waren – ob Wunder oder nicht – und nicht einfach nur der Linderung funktioneller Störungen zugeschrieben werden konnten. Einige der Krankheiten, von denen Carrel sich überzeugt hatte, schienen vor ihrer Heilung schwer zu behandeln zu sein. Als Rationalist und Wissenschaftler, so sagte er, wurde er durch seine Erlebnisse in Lourdes gezwungen zuzugeben, daß der Mensch geheimnisvolle Fähigkeiten besitzt, die die Wissenschaft ebenso gründlich untersuchen sollte wie Krankheitskeime und neue chirurgische Methoden.[21] Die im folgenden beschriebenen Fälle veranschaulichen die Bandbreite organischer Störungen, die an der heiligen Stätte oder durch Wasser aus ihren Quellen geheilt wurden.

* Dowling 1984. Nach Theodore Mangiapan, dem langjährigen Direktor des Ärztebüros, hat das Internationale Komitee zwischen 1954 und 1990 20 Heilungen für wissenschaftlich nicht erklärbar erachtet, doch nur einige davon wurden von den Bischöfen der betreffenden Diözesen zu Wundern erklärt.

Francis Pascal. Bei seiner Geburt war Pascal ein normales Kind, bekam dann im Alter von drei Jahren eine Meningitis und wurde in der Folge blind und teilweise gelähmt. Im August 1938, als er vier war, wurde er nach zwei Eintauchungen in Lourdes auf der Stelle geheilt. Mitglieder des Ärztebüros und andere Mediziner bestätigten, daß sowohl seine Blindheit als auch seine Lähmung organisch waren und nicht funktionell. Der Erzbischof von Aix-en-Provence erklärte die Heilung 1949 zum Wunder, und Pascal konnte das Leben eines normalen Erwachsenen führen.[22]

Gerard Bailie. Als er zweieinhalb war, erkrankte Bailie an beidseitiger Chorioretinitis und Sehnervenatrophie, einem Augenleiden, das normalerweise unheilbar ist, und verlor nach einer Operation sein Augenlicht. Im September 1947, mit sechs Jahren, wurde er während eines Besuchs in Lourdes von seiner Blindheit geheilt. Obwohl seine Krankheit als unheilbar galt, da die Sehnerven atrophiert waren, konnte er bei einer Untersuchung durch das Ärztebüro Gegenstände deutlich erkennen.

Delizia Cirolli. 1976 bekam Delizia, ein Kind aus Sizilien, ein schmerzhaft geschwollenes rechtes Knie, was schließlich als ein Fall von Ewing-Sarkom diagnostiziert wurde.

Ihre Eltern weigerten sich, Delizias Bein amputieren zu lassen, und ihre Mutter brachte sie nach Lourdes. Röntgenaufnahmen einen Monat später zeigten keine Verbesserung ihres Zustands, und die Familie bereitete sich auf ihren Tod vor. Freunde und Mitfühlende beteten jedoch weiterhin zu der Jungfrau von Lourdes, und Delizia bekam regelmäßig Wasser aus der Grotte. Dann, etwa drei Monate, nachdem das Leiden aufgetreten war, verschwand es. Röntgenaufnahmen zeigten eine Heilung und Erneuerung des erkrankten Knochens. Vier Besuche beim Ärztebüro (1977, 1978, 1979, 1980) bestätigten, daß die Heilung vollständig war.[23]

Vittorio Micheli. 1963 erlebte Micheli aus dem italienischen Ort Scurele die vollständige Remission eines Sarkoms, das Teile seiner Beckenknochen zerstört hatte. Röntgenaufnahmen vor und nach seiner Heilung, die Teil des Berichtes von Professor Michel-Marie Salmon an das Internationale Komitee waren (der vom Ärztebüro angefordert werden kann), zeigen, daß Michelis Darmbein, dessen Knochenstruktur stark zerstört war, sich erneuert hatte.[24] Die Wiederherstellung von Michelis Becken dauerte mehrere Monate, wenngleich er in Lourdes plötzlich schmerzfrei wurde und das Gefühl hatte, er wäre geheilt.

Serge Perrin. 1970 wurde Perrin aus Lion d'Angiers von einer organischen Hemiplegie mit okularen Läsionen, hervorgerufen durch Durchblutungsstörungen des Gehirns, geheilt. Ärzte, die ihn untersuchten, waren der Überzeugung, daß sein Leiden organisch war, und ihre Diagnose wurde vom Internationalen Komitee bestätigt. Perrins

Heilung wurde als wissenschaftlich nicht erklärbar betrachtet, zum Teil deshalb, weil sie spontan und vollständig war. In einer Zusammenfassung seines Falls durch das Ärztebüro heißt es:

> Er war in einem Rollstuhl [in Lourdes], mit seiner Frau und Tochter an seiner Seite. Der Priester ging vorbei und gab Öl auf seine Stirn und Hände, ölte dann den Mann neben ihm, dann eine Frau. In diesem Augenblick fühlte er eine seltsame Wärme in seinen Zehen, die bis dahin beinahe abgestorben waren und sich taub anfühlten. Dann realisierte er, daß seine Füße wieder zum Leben erwachten, und die Wärme breitete sich in seinen Füßen aus. Er dachte, daß dies von den Wärmflaschen herrührte, obwohl er gewöhnlich deren Wärme nicht fühlen konnte. Als er seine Decke hochhob, sah er, daß sein rechter Knöchel stark geschwollen war. Er schrieb dieses Ödem einer Herzinsuffizienz zu und dachte, dies sei das Ende. Das Wärmegefühl breitete sich jedoch in seine Beine aus, und er fing an, sich im Rollstuhl zu bewegen. Seine Frau dachte, er müsse urinieren, und bat ihn, Geduld zu haben. Er erwiderte: „Ich weiß nicht, was mit mir geschehen ist, aber ich habe den Eindruck, daß ich meine Krücken nicht länger brauchen werde und daß ich gehen könnte." Die Erwärmung seines Körpers dauerte etwa weitere 10 Minuten. Er kehrte zum Krankenhaus zurück, das er erst vor kurzem in einem kleinen Wagen, der von seiner Frau gezogen wurde, verlassen hatte. Auf dem Weg dorthin hob er die

> Decke hoch und sah, daß sein Knöchel jetzt wieder normal war. Um in den Aufzug zum ersten Stock zu gelangen, wurde ihm ein Rollstuhl gebracht, und zur Überraschung des Krankenpflegers, der ihn gut kannte, stand er auf und setzte sich ohne fremde Hilfe in seinen Rollstuhl. Wieder im Bett, bat er seine Frau, mit ihm zur Toilette zu gehen. Sie wollte ihm seine Krücken geben, doch er lehnte ab: „Ich kann nicht. Ich werde nie wieder mit ihnen gehen." Daraufhin stand er auf, und zum ersten Mal ging er ohne Krücken oder Unterstützung durch die Station. Dann kehrte er zu seinem Bett zurück. Die ganze Zeit über ging er ohne Hilfe, und schließlich fuhr er – aus Gefälligkeit – in seinem Rollstuhl in den Speiseraum ...
>
> Man führte ihn zur Grotte und dann auf den Platz des Rosenkranzes zur Prozession des Heiligen Sakramentes. Während er wartete, nahm er automatisch seine Brille ab und merkte, daß er, wenn er sein rechtes Auge bedeckte, mit seinem linken die Namen der verschiedenen Büros unter den Arkaden auf der anderen Seite des Platzes sehen konnte. Er sah auch die Fahnen der verschiedenen Pilgerzüge. Nach der Prozession wurde er zum Bahnhof gebracht, und wie auf der Hinfahrt half man ihm in sein Bett im Krankenabteil. Dr. Sourice, sein Hausarzt, der ihn gut kannte, nahm eine kurze, vorläufige Untersuchung vor. Besonders testete er das Sehfeld und kam zu dem Ergebnis, daß er sein Sehvermögen ohne jeden Zweifel wiedererlangt hatte. Herr Perrin stand von seiner Liege auf und ging den Gang hinunter, um sich von seiner Familie zu verabschieden, die vor dem Abteil stand. Er stieg sogar ohne fremde Hilfe oder Krücken aus auf den Bahnsteig und ein paar Minuten vor Abfahrt ebenso wieder ein.
>
> Die Rückfahrt verlief ereignislos. Ihm wurde – ganz absichtlich – seine letzte Vincamin-Injektion gegeben, und in der Nähe von Bordeaux nahm er ein [...] Schlafmittel. Er war die ganze Zeit über ruhig und zeigte keine offensichtlichen Gefühlsregungen.

Am Sonntag, den 3. Mai – dem Tag nach seiner Rückkehr – untersuchte ihn Dr. Sourice eingehend und unter besseren Bedingungen. Die neurologische Untersuchung war ohne krankhaften Befund. Es zeigten sich keine motorischen Störungen, seine Reflexe waren ruckartig, aber normal. Oberflächen- und Tiefenempfindung waren ebenfalls im Normalbereich. Die Hirnnerven und sein Sehvermögen waren normal. Die Pulsation der Karotis und Temporalis war normal und tastbar.[25]

Unter den Heilungen in Lourdes hat es vollständige Remissionen von Geschwüren mit ausgeprägtem Gangrän, amyotrophischer Lateralsklerose, Tuberkulose, Peritonitis, Tumoren am Bein und im Bauch, dorsolumbarer Spondylitis, cerebraler Blindheit, beidseitiger Sehnervenatrophie, Multipler Sklerose, Sarkomen im Becken und dem Budd-Chiari-Syndrom gegeben.[26]

Heilung bei den Kung

In der Sammler- und Jäger-Gemeinschaft der Kung in der Kalahari-Wüste dient das *Kia*-Heilen zur emotionalen Entladung, gibt dem Körper verlorene Energie zurück, fördert den sozialen Zusammenhalt und die Erkenntnis, daß außergewöhnliche

Fähigkeiten dem Leben einen Reiz und Sinn geben. „Der Kern der Heilungserfahrung bei den Kung ist die Veränderung des Bewußtseins", schrieb der Psychologe Richard Katz. "[Das] geschieht nur nach einem schmerzlichen Übergang in einen erweiterten Bewußtseinszustand, [der] ein Gefühl der Verbundenheit einer spirituellen Heilkraft mit den Heilern und deren Gemeinschaft hervorbringt."[27] Heilen bei den Kung erfordert die Erregung – oder das „Kochen" – der *Num*, einer psychophysischen Energie oder Substanz, die durch rituelles Tanzen, Trommeln und Singen aktiviert wird. Die Teilnehmer dieses Rituals sehen den Ungewißheiten und Widersprüchlichkeiten des Lebens ins Auge, lösen Probleme, die sie entzweien, und bekräftigen den Zusammenhalt ihrer Gruppe. Kung-Heiler übertragen die *Num* auf Menschen, um deren Krankheit „herauszuziehen", sie arbeiten oft mit dem Feuer oder laufen darüber (manchmal halten sie ihren Kopf direkt in die Flammen), sehen in das Innere eines Körpers, beobachten Geschehnisse aus der Ferne und „reisen in die Heimat Gottes". Laut Katz sagen die Kung häufig, daß *Kia*, ein außergewöhnlicher geistiger und körperlicher Zustand, ihnen ein stärkeres Identitätsgefühl gibt – ein Gefühl, mehr sie selbst zu werden. Das mit *Kia* verbundene außergewöhnliche Sehvermögen wurde von K'au Dau, einem blinden Heiler, anschaulich beschrieben:

Gott bewahrt meine Augäpfel in einem kleinen Beutel aus Tuch auf. [Er] nahm meine Augäpfel heraus und tat sie in den Beutel, und dann band er die Augäpfel an seinen Gürtel und fuhr in den Himmel hinauf. Und jetzt, in den Nächten, in denen ich tanze und das Singen emporsteigt, kommt er vom Himmel herunter, schwingt den Beutel mit den Augäpfeln über meinem Kopf, und dann läßt er die

Augäpfel bis auf meine Augenhöhe herunter, und während das Singen kraftvoll wird, setzt er die Augäpfel in meine Augenhöhlen, und sie bleiben da, und ich heile. Und dann, wenn die Frauen aufhören zu singen und auseinander gehen, nimmt er die Augäpfel heraus, tut sie wieder in den Beutel und nimmt sie mit in den Himmel.[28]

Die rituellen Tänze der Kung bringen die *Num* durch Anstrengung und ihre Nähe zum Feuer hervor. Wenn sie stark ist, ist sie „schwer", und Kung-Heiler haben „viel davon". Die kochende *Num* kann schmerzhaft sein, sogar furchterregend, und bringt zu manchen Zeiten die Wahrnehmung und die Verhaltensweisen des Heilers aus dem Gleichgewicht. Wegen ihrer gefährlichen Macht muß die *Num* durch Übung und persönliche innere Stärke kontrolliert werden. Wi, ein alter und erfahrener Heiler, beschrieb Dau, der noch neu im *Kia* war:

Was mir zeigt, daß Dau noch nicht alles gelernt hat, ist, wie er sich verhält. Du siehst ihn schwanken oder umherrennen. Seine Augen rollen nur so herum. Wenn deine Augen rollen, kannst du nicht [mit] festem Blick auf die Krankheit starren. ... Du mußt genau sehen können. Deine Gedanken wirbeln nicht durcheinander, das Feuer schwebt nicht über dir, wenn du richtig siehst.[29]

Kia löst eine außergewöhnliche somatische Bewußtheit aus (5.2). Wi, der alte Heiler, sagte:

Du siehst die *Num* in anderen Heilern aufsteigen. Du siehst das Singen und die *Num*, und es überträgt sich auf dich. Als *Kia*-Heiler siehst du jeden. Du siehst, daß das Innere gesunder Menschen rein ist. Du siehst das Innere von dem, den die Geister zu töten versuchen, und du gehst dorthin. Dann siehst du die Geister und vertreibst sie.[30]

[13.3]
PARANORMALE ASPEKTE DES SPIRITUELLEN HEILENS

Bei den ersten Laborversuchen mit Psychokinese wurden Würfel und andere leblose Gegenstände als Ziele verwendet. Doch in den vierziger Jahren und Anfang der fünfziger demonstrierten einige Forscher psychokinetische Effekte bei lebenden Systemen, indem Pantoffeltierchen mental dazu gebracht wurden, sich in einen bestimmten Quadranten des Mikroskop-Feldes zu bewegen,[31] indem das Wachstum von Sämlingen mental beeinflußt[32] und auf die Wachstumsrate von Bakterien eingewirkt wurde. Seitdem sind andere Versuche mit Heilern, mit Versuchspersonen, von denen angenommen wurde, daß sie psychokinetisch begabt wären, und mit gewöhnlichen Versuchspersonen vorgenommen worden, um herauszufinden, ob lebende Organismen auf paranormale Weise beeinflußt werden können. In den meisten Abhandlungen über mentales Heilen bildeten diese Versuche im allgemeinen eine Gruppe, da angenommen wurde, daß mentales Heilen eine Form der Psychokinese wäre. Um eine sorgfältigere Untersuchung zu ermöglichen, teilte der Psychologe Jerry Solfvin die Versuche in zwei Gruppen ein: eine, die sich hauptsächlich auf Heilung, und eine andere, die sich hauptsächlich auf Psychokinese konzentrierte. Er unterteilte beide Gruppen nach den verwendeten Versuchsobjekten.[33] In diesem Abschnitt beziehe ich mich vor allem auf Solfvins Einteilung. Alle unten aufgeführten Verweise finden sich in Anhang D.1.

Psychokinetische Versuche mit lebenden Zielen

Barry (1968a, b) und Tedder und Monty (1981) berichteten über erfolgreiche psychokinetische Versuche mit dem Wachstum von Pilzen, Braud (1974) und Nash (1982) mit Bakterien, Haraldsson und Thorsteinsson (1973) und Nash und Nash (1967) mit Hefe, Metta (1972) mit Schmetterlingslarven und Brier (1969) mit den Aufzeichnungen eines Polygraphen, der an die Blätter einer Pflanze angeschlossen war. Kief (1972) bekam bei Versuchen, Enzyme mental zu beeinflussen, keine Resultate. Braud et al.

(1979) berichteten von Auswirkungen auf biochemische Prozesse in Blutzellen nach Behandlungen des Geistheilers Matthew Manning, Deamer (1979) entdeckte jedoch keine Auswirkungen von Mannings Behandlung auf Blutzellen, lipide Monolayer und Proteine.

Es gibt Berichte über psychokinetische Wirkungen – die alle in bezug auf die Voraussage signifikant sind – auf das Verhalten einer Katze (Osis 1952), von Hunden (Bechterev 1948), Mäusen (Gruber 1979a, b), Ratten (Extra 1971), Ameisen (Duval 1971), Küken (Nash und Nash 1981), Protozoen (Randall 1970) und Pantoffeltierchen (Richmond 1952). Gruber (1979a) berichtete von einem psychokinetischen Einfluß auf das motorische Verhalten des Menschen und Braud (1978) auf die galvanische Hautreaktion einer ahnungslosen Versuchsperson.

Studien über mentale Heilung mit Mikroorganismen und Pflanzen

Versuche mit praktizierenden mentalen Heilern haben signifikante Wirkungen auf Hefe (Grad 1965), Enzyme (Edge 1980, Smith 1968, 1972, 1977) und Salmonella typhimurium (Rubik und Rauscher 1980) aufgezeigt. Snel (1980) und Kmetz (1981) haben von signifikanten Wirkungen auf In-vitro-Krebszellen berichtet. Die Ergebnisse könnten jedoch zumindest teilweise der Handhabung der Versuchsgegenstände zugeschrieben werden.

Andererseits entdeckten MacDonald et al. (1976) nach Behandlungen eines mentalen Heilers keine Auswirkungen auf das Bakterienwachstum, und Knowles (1954) war erfolglos, als er versuchte, die Gerinnungszeit und Sedimentationsgeschwindigkeit von menschlichem Blut sowie experimentell verursachte Hautverbrennungen bei menschlichen Patienten zu beeinflussen.

Andere Studien haben ein signifikant erhöhtes Wachstum von Pflanzen festgestellt, die mit Wasser oder Kochsalzlösungen gegossen wurden, die Heiler zuvor behandelt hatten. Siehe zum Beispiel: Grad 1963, 1964, Loehr 1959 und Miller 1972.

Studien über mentale Heilung bei Tieren

Die ersten veröffentlichten Laborversuche mit spiritueller Heilung bei Tieren wurden in den fünfziger und sechziger Jahren von Bernard Grad an der McGill University vorgenommen. Grad hatte bereits eine signifikante Steigerung des Ertrages und ein erhöhtes Wachstum von Pflanzen nachgewiesen, deren Sämlinge mit Lösungen gegossen wurden, die von einem Heiler behandelt worden waren.[34] Grad arbeitete mit dem Heiler Oskar Estebany zusammen, mit dem er auch seine Pflanzenexperimente durchgeführt hatte. In einer Versuchsreihe erhielten Mäuse kein Jod, aber einen Zusatz von Thiorazil in ihrer Nahrung, um die Bildung eines Kropfes hervorzurufen. Er konnte

beweisen, daß Mäuse, wenn sie durch Handauflegen behandelt wurden, den Kropf langsamer entwickelten als diejenigen, die die gleiche Nahrung, aber keine Heilbehandlung erhielten. Bei diesen Experimenten konnte Estebany die Mäusekäfige berühren, aber nicht die Mäuse selbst. Um die Wirkungen von Wärme auf das Versuchsergebnis auszuschließen, wurden die Käfige einiger Kontrollgruppen mit einem hitzebeständigen Isolierband umwickelt, was den Erwärmungseffekt von Estebanys Händen simulierte. In der Bemühung, einen Körperkontakt mit den Mäusen noch weiter zu verringern, behandelte Estebany Wattebäusche, die in die Käfige der Versuchsmäuse gelegt wurden, während identische, unbehandelte Wattebäusche in die Käfige der Kontrollgruppen gelegt wurden. Wieder entwickelte die behandelte Gruppe langsamer einen Kropf als die Kontrollgruppe. Bei einem dritten Experiment sollte sich der Kropf mehrere Wochen lang entwickeln, bevor die Mäuse wahllos in Versuchs- und Kontrollgruppen unterteilt wurden und eine normale Ernährung erhielten. Wenngleich sich das Gewicht der Schilddrüse bei allen Mäusen verringerte, ging es bei denen der behandelten Gruppe schneller zurück.[35]

Bei einem späteren Versuch ließ Grad bei Mäusen Fetzen von Haut entfernen, um Wunden zu erhalten, deren Größe exakt bestimmt werden konnte. Messungen am elften und vierzehnten Tag dieses Experimentes ergaben, daß die Wunden der behandelten Gruppe schneller heilten als die der zwei Kontrollgruppen, von denen eine in Käfige mit hitzebeständigem Isolierband gesperrt war, was die Wärme der Hände simulieren sollte, und eine in gewöhnliche Käfige.[36] Bei einem ähnlichen Experiment, das unter noch strengeren Bedingungen stattfand, teilte Grad 300 verletzte Mäuse in

Gruppen auf, die entweder von Estebany geheilt wurden, überhaupt nicht behandelt wurden oder in Käfigen gehalten wurden, die zeitweilig von Medizinstudenten gehalten wurden, um das Verfahren des Heilers zu simulieren. Wieder zeigte Estebanys Gruppe kleinere Wunden (am fünfzehnten und sechzehnten Tag des Experiments) als die anderen beiden Gruppen.[37] Zu diesem Zeitpunkt hatte Grad seine Experimente genug unter Kontrolle, um sicherzustellen, daß Estebanys Erfolg nicht dadurch verursacht wurde, daß er die Mäuse berührte oder daß seine Hände Wärme ausstrahlten. Soweit Grad feststellen konnte, unterschieden sich die Versuchsparameter der Ziele von denen der Kontrollgruppen nur durch Estebanys Absicht zu heilen.

Die Biologen G. K. und A. M. Watkins führten mehrere Experimente durch, um festzustellen, ob mentales Heilen die Wiederbelebung betäubter Mäuse beschleunigen würde. Bei ihrem ersten Versuch war ein Heiler im gleichen Raum wie seine Ziele anwesend, durfte sie aber nicht berühren. Trotzdem erholten sich diese Mäuse schneller als die der Kontrollgruppen, die zur selben Zeit betäubt worden waren. Bei einem zweiten Experiment wurden die Ziele der Heiler abgeschirmt, aber wieder erholten sie sich schneller als die Kontrollgruppen. Bei einem dritten Versuch sahen mehrere Heiler die Mäuse durch eine Spiegelglasscheibe von außerhalb des Raumes, in dem sie

gehalten wurden. Bei den ersten vier Durchgängen (von jeweils 24 Versuchen), bei denen die Zeitnehmer wußten, welche Mäuse behandelt wurden, erholten sich die Ziele schneller als die Mäuse, die nicht aus der Ferne beeinflußt wurden. Die folgenden sieben Durchgänge wurden jedoch durchgeführt, ohne daß die Zeitnehmer wußten, welche Mäuse behandelt werden sollten. Dabei wurden zwischen den Versuchs- und Kontrollgruppen keine Unterschiede festgestellt. Während der Versuche beschwerten sich die Heiler, daß das komplizierte Verfahren sie ablenke. Aus diesem Grund machte man bei den letzten vier Versuchen einen Kompromiß, bei dem die Versuchsleiter „blind“ waren. Auch bei diesem Verfahren erholten sich die Ziele schneller. Ungeachtet der sieben Durchgänge, die kein Resultat gezeigt hatten, waren die Unterschiede in der Erholungszeit der Versuchs- und der Kontrollgruppen bei allen Versuchen dieses Experiments zusammengenommen signifikant.[38]

Später wurden weitere sieben dieser Versuchsreihen von den Watkins' und ihren Kollegen durchgeführt. Bei einem Versuch wurde ein neuer Zeitnehmer und Anästhesist eingesetzt, bei einem anderen ersetzten gewöhnliche Versuchspersonen die begabten Heiler. Alle Experimente mit Ausnahme des letztgenannten hatten signifikante Ergebnisse. Bei den beiden letzten Versuchsreihen erholten sich Mäuse, die auf die Seite des Tisches gelegt wurden, die zuvor von einem Heiler beeinflußt worden war, schneller als die der Kontrollgruppe, obwohl der Heiler nun abwesend war. Die „geheilte Seite des Tisches“ fuhr damit fort, die Mäuse schneller zu erwecken als die andere Hälfte, was auf einen möglichen bleibenden Effekt von Psychokinese und spirituellem Heilen schließen läßt.[39]

Mentale Heilung bei Menschen

Durch Grads Versuche mit Pflanzen und Tieren angeregt, vermutete Dolores Krieger, eine erfahrene Krankenschwester, daß Menschen durch den Einfluß von Heilern eine Zunahme des Hämoglobins – ähnlich der Zunahme des Chlorophylls bei von Heilern behandelten Pflanzen – aufweisen würden, da Hämoglobin eine zentrale Rolle in mehreren lebenswichtigen Prozessen spielt. Ihrer Intuition folgend, führte Krieger drei Experimente mit Versuchspersonen aus und maß den Hämoglobingehalt des Blutes vor und nach den Behandlungen von Oskar Estebany. Bei ihren ersten beiden Experimenten, bei denen sie vergleichbare Versuchspersonen verschiedenen Alters und Geschlechts einsetzte, entdeckte sie, daß nach dem Handauflegen des Heilers der durchschnittliche Hämoglobingehalt der Versuchspersonen ihre früheren Werte bei einem Konfidenzniveau von 0,01 überschritt (die Möglichkeit, daß diese Erhöhung zufällig geschah, ist 1 zu 100). Bei einem dritten Experiment übertrafen die durchschnittlichen Hämoglobingehalte ihre früheren Werte bei einem Konfidenzniveau von 0,001 (das heißt, die Chancen stehen 1 zu 1000), und das trotz einer strengeren Kontrolle des Versuchsplans. In diesen Studien wurden die Zeiten der Hämoglobin-

Messung nach dem Heilen zwar nicht präzise kontrolliert, dennoch wurden ähnliche Reaktionen in anderen Experimenten beobachtet.* Krieger verwendete diese Forschungsergebnisse und das praktische Wissen über spirituelles Heilen, um eine ergänzende Methode zur Behandlung der Patienten zu entwickeln, die sie *Therapeutic Touch* („heilende Berührung" oder „Kontaktheilung") nannte.[40] Diese Methode beruht auf der Idee, daß ein gesunder menschlicher Körper einen Energieüberschuß hat, der auf andere zu deren Nutzen übertragen werden kann.

Die Ergebnisse einer Studie, die Janet Quinn mit 60 Herzpatienten am St. Vincent's Medical Center in New York durchführte, deuten stark darauf hin, daß die Person des Heilers eine entscheidende Rolle beim *Therapeutic Touch* spielt. Quinn teilte eine Gruppe des Pflegepersonals dem Zufall nach auf. Die eine Hälfte unterwies sie für dieses Experiment in der Methode nach Krieger, den anderen wurde gesagt, sie sollten von 100 an in Siebenergruppen rückwärts zählen, während sie die üblichen Handbewegungen der Methode ausführten. Unabhängige Beobachter konnten die

* Krieger 1975. Ein Experiment des Psychologen William Braud von der Mind Science Foundation in San Antonio, Texas, untermauerte die Glaubwürdigkeit von Kriegers Ergebnissen. Bei Brauds Experiment versuchten 32 Versuchspersonen menschliche rote Blutzellen in Reagenzgläsern vor einer Hämolyse (Auflösung der roten Blutkörperchen durch Austritt des Hämoglobins) ohne jegliche körperliche Einwirkung allein durch mentale Absicht und Visualisierung zu schützen. Der Anteil der Hämolyse wurde photometrisch gemessen, und sowohl die Versuchspersonen als auch die Versuchsleiter waren hinsichtlich entscheidender Aspekte des Experimentes „blind". Braud zufolge wurden bei einer nicht zufallsbedingten Anzahl von Versuchspersonen ($p = 1{,}91 \times 10 - 5$) signifikante Unterschiede im Anteil der Hämolyse bei den experimentellen (das heißt mental geschützten) und den Kontrollblutproben gefunden. Siehe Braud 1988.

ausgebildeten Heiler nicht von deren Kontrollgruppe unterscheiden, und den Patienten wurde nur gesagt, daß das Pflegepersonal versuchte, „über ihre Hände etwas über den Körper herauszufinden". Mit anderen Worten: Keiner der Patienten wußte, daß sie Teilnehmende an diesem Versuch waren. Trotzdem hatten die Patienten der Heiler, die in *Therapeutic Touch* ausgebildet worden waren, weniger Angstgefühle als die der Kontrollgruppe, die lediglich rückwärts zählte.[41]

Anzeichen dafür, daß beim *Therapeutic Touch* mehr als nur ein Kontakt mit den Händen im Spiel ist, ergaben sich aus einem Doppelblindversuch, den Daniel Wirth durchführte. In seiner Studie wurden 44 gesunde Versuchspersonen per Zufall in Behandlungs- oder Kontrollgruppen eingeteilt, doch keiner wußte, zu welcher Gruppe er gehörte. Allen Versuchspersonen wurden dann Einstichwunden zugefügt und am ersten, achten und sechzehnten Tag gemessen. Ein *Therapeutic-Touch*-Heiler behandelte die Versuchspersonen von einem anderen Raum aus. Die Ergebnisse vom achten Tag zeigten, daß die Wunden der behandelten Personen verglichen mit denen der unbehandelten bedeutend schneller heilten. Am sechzehnten Tag waren die Wunden von 13 der 23 behandelten Personen im Gegensatz zu keiner der 21 Kontrollpersonen vollständig verheilt. Placebo-Effekte und der mögliche Einfluß von Suggestion wur-

den ausgeschlossen, indem die Versuchspersonen vom Heiler isoliert wurden, sie über das Wesen der Behandlung im unklaren gelassen wurden und ein unabhängiger Versuchsleiter eingesetzt wurde, der nicht wußte, welches Verfahren angewendet wurde.[42]

Joyce Goodrich, eine Studentin der Union Graduate School of Cincinnati, Ohio, führte eine Studie über spirituelles Heilen durch, bei der sowohl an Heiler als auch an Patienten vor und nach den Behandlungen Fragebögen bezüglich ihrer Gefühle, Stimmung, Empfindungen und ihres gegenwärtigen Gesundheitszustands ausgegeben wurden. Bei ihren ersten Treffen nahmen Heiler und Klienten am Heilverfahren des Typus 1 nach Leshan teil, bei dem der Heiler sich mit seinem Patienten in einem spirituellen Licht oder einer anderen Form der Einheit sehr tief verbunden fühlt. In den folgenden Sitzungen sollten die Patienten still sitzen oder meditieren, während ihre Heiler aus der Ferne über sie meditierten. Goodrich hatte es jedoch so arrangiert, daß nur die Hälfte der Sitzungen dann stattfanden, wenn Heiler und Patienten sich gleichzeitig konzentrierten. Als das Experiment beendet war, wurden die Fragebögen, aus denen Hinweise auf den Zeitpunkt entfernt worden waren, unabhängigen Gutachtern übergeben, die versuchen sollten herauszufinden, welche vor und welche nach den synchronen Sitzungen ausgefüllt worden waren. Das gelang den Gutachtern besser, als es der Zufall erwarten ließ.[43]

Shirley Winston untersuchte die Beziehung zwischen Heiler und Klient, indem sie dieselben Menschen, die an Goodrichs Versuch beteiligt waren, in vier Stufen des persönlichen Kontakts einordnete. Sie fand heraus, daß eine wirkungsvollere Heilung dann stattfindet, wenn der Kontakt gering ist, woraus sie schloß, daß spirituelles Heilen ein transpersonaler Vorgang ist, der durch zwischenmenschliche Kommunikation behindert werden kann.[44] Ihre Sichtweise unterschied sich allerdings von der Auffassung F. W. Knowles', einem Arzt, der chronischen Schmerz bei einigen seiner Patienten behandelte, indem er „ihn wegbefahl". Knowles untersuchte seine Methode mit Experimenten, bei denen seine Patienten in manchen Fällen nicht wußten, ob er sich mental mit ihnen befaßte oder nicht, und entwickelte eine Theorie, die den gleichzeitigen Einfluß von normalen und paranormalen Prozessen in der Beziehung zwischen Heiler und Patient hervorhob.[45] In seiner umfassenden Überprüfung der Experimente mit mentalem Heilen unterstützte Jerry Solfvin Knowles' Ansicht, daß Heilung sowohl interpersonale als auch transpersonale Elemente hat.[46]

Um die Auswirkungen von Bittgebeten auf die Heilung zu untersuchen, teilte Randolph Byrd Patienten einer Pflegestation für Herzkranke im San Francisco General Hospital per Zufall in eine Versuchsgruppe von 192 und eine Kontrollgruppe von 201 Patienten auf. Weder die Patienten, das Personal, die Ärzte noch Byrd selbst wußten, für welche Patienten gebetet wurde. Den Menschen, die beteten, wurden lediglich der Vorname, die Diagnose und der Allgemeinzustand ihrer Patienten bekanntgegeben. Jede Versuchsperson war drei bis sieben Betenden zugeteilt, die aufgefordert wurden,

jeden Tag für eine baldige Gesundung der Patienten zu beten. Byrd sammelte die Informationen von allen Versuchspersonen, ohne zu wissen, wer zur Ziel- und wer zur Kontrollgruppe gehörte. Bei der Gruppe, für die gebetet wurde, traten kongestives Herzversagen, Herz- und Atemstillstand und Lungenentzündung seltener auf als in der Kontrollgruppe. In der Gebetgruppe benötigten weniger Patienten eine atemunterstützende Therapie, Antibiotika oder Diuretika. 85 Prozent der Gebetgruppe wurde ein „guter Krankheitsverlauf" bescheinigt – gegenüber 73 Prozent der Kontrollgruppe. Und schließlich zeigte eine allgemeine Analyse der Unterschiede zwischen Ziel- und Kontrollgruppe hinsichtlich ihrer Gesundung einen hohen Grad an statistischer Signifikanz zwischen den beiden Gruppen.[47]

Distanzexperimente mit Biofeedback

13 Studien mit 62 „Beeinflussenden", 271 Versuchspersonen und 4 Versuchsleitern, die vom Psychologen William Braud und der Anthropologin Marilyn Schlitz von der Mind Science Foundation in San Antonio, Texas, durchgeführt wurden, deuten darauf hin, daß ein Mensch die Hautaktivität eines anderen mit Hilfe verschiedener Visualisierungsübungen und dem Biofeedback seines Zieles aus der Ferne willentlich beeinflussen kann. Bei diesen 13 Experimenten wurden den „Beeinflussenden" gleichzeitig laufende Polygraph-Aufzeichnungen der elektrodermalen Aktivitäten ihrer räumlich entfernten Versuchspersonen gegeben, die sie zu beruhigen oder zu erregen versuchten. Dabei wendeten sie eine oder mehrere der folgenden Methoden an:

- Techniken der Imagination und Autoregulation, um den beabsichtigten Zustand (entweder Entspannung oder Erregung) in sich selbst hervorzurufen, während sie sich eine entsprechende Veränderung bei der entfernten Person vorstellten und diese beabsichtigten.
- Sie stellten sich die *andere Person* in einem geeigneten entspannenden oder aktivierenden Rahmen vor.
- Sie stellten sich die gewünschten Kurven des Polygraphen vor, das heißt, wenige und kleine Abweichungen für beruhigende Phasen, häufige und große Abweichungen für Aktivierungsphasen.

Zusammen genommen ergaben diese 13 Experimente signifikante Anzeichen für den experimentellen Erfolg (p = 0,000023, z = 4,08, durchschnittliche Erfolgsgröße = 0,29). Der Braud-Schlitz-Versuchsplan wurde extrem streng kontrolliert und schloß Zufall, gemeinsame äußere Einflüsse (da die Beeinflussenden und ihre Versuchspersonen an verschiedenen Orten untergebracht waren) und gemeinsame physiologische Rhythmen aus. Braud und Schlitz zufolge zeigten ihre Ergebnisse

verläßliche und relativ starke anomale Interaktionen zwischen lebenden Systemen aus der Distanz. Die Effekte können als Fälle einer anomalen „kausalen" Einflußnahme einer Person unmittelbar auf die physiologische Aktivität einer anderen Person interpretiert werden [oder] als ein anomaler Informationsprozeß, verbunden mit einer unbewußten physiologischen Autoregulation der beeinflußten Person.

Unsere Versuchsplanung garantierte, daß der Effekt nicht konventionellen sensomotorischen Signalen, gemeinsamen externen Reizen, gemeinsamen inneren Rhythmen oder zufälligen Übereinstimmungen zugeschrieben werden konnte. Eine Reihe weiterer, potentieller künstlicher Fehlerquellen soll hier erwähnt und anschließend effektiv fallengelassen werden.

1. *Die Erkenntnisse sind das Ergebnis von Fehlern in der Aufzeichnung und absichtlichen Fehlinterpretationen der Polygraph-Aufzeichnungen.* Diese Erklärung wird auf der Grundlage einer Blind-Auswertung der Polygraph-Aufzeichnungen und später durch die Verwendung von vollständig automatisierten Beurteilungstechniken und die Computerauswertung der Reaktionsaktivität zurückgewiesen.

2. *Die Versuchspersonen wußten vorher, wann Versuche zu ihrer Beeinflussung gemacht werden wurden, und „kooperierten", indem sie ihre autonome Aktivität zur gegebenen Zeit veränderten.* Diese Erklärung kann zurückgewiesen werden, da den Versuchspersonen nicht gesagt wurde, wann oder wie viele Versuche gemacht werden würden. Noch war sich der Versuchsleiter des Beeinflussungs-/Kontrollphasen-Zeitplans bewußt, bevor alle vorläufigen Interaktionen mit der Versuchsperson abgeschlossen waren. Die Versuchspersonen wußten nichts über die Existenz von Umschlägen, die Informationen über die Zeitpläne enthielten, und hatten auch keinen Zugang zu diesen.

3. *Den Versuchspersonen selbst hätte während der experimentellen Sitzungen bewußt werden können, wann Beeinflussungsphasen stattfanden, und sie hätten eigens ihre physiologischen Reaktionen während*

dieser Phasen ändern können. Diese Möglichkeit wurde dadurch ausgeschlossen, daß die Versuchsperson von jeglichem Signal des Beeinflussenden isoliert wurde. Versuchsperson und Beeinflussender waren in getrennten, geschlossenen Räumen mindestens 20 Meter voneinander entfernt.

4. *Unterschiede der autonomen Aktivität zwischen Beeinflussungs- und Kontrollphasen sind einem Systemfehler zuzuschreiben, das heißt einer progressiven Veränderung der elektrodermalen Aktivität, beruhend auf dem Ablauf der Zeit.* Dieser Einwand kann zurückgewiesen werden. Progressive (auf Zeit beruhende) Fehler könnten durch die folgenden Faktoren herbeigeführt werden: (a) Veränderungen der Sensitivität der Geräte, während sie warmliefen, (b) Veränderungen der elektrodermalen Aktivität infolge der Anpassung oder Gewöhnung an das experimentelle Umfeld oder (c) Veränderungen der elektrodermalen Aktivität infolge der Polarisation der Aufzeichnungselektroden. Die Geräte konnten vor Beginn einer Sitzung 15 bis 20 Minuten warmlaufen und waren daher thermisch stabil, bevor das Experiment begann. Der Gebrauch von Elektroden mit großer Fläche und eines EDA-Gleichstrom-Aufzeichnungsgeräts reduzierte die Möglichkeit von Polarisationsproblemen. Die Verwendung von Silber-Silberchlorid-Elektroden und halbleitender Paste in anderen Experimenten verringerte das Problem der Polarisation noch mehr. Eine spezielle Analyse der Daten von Experiment 5 ist für die Frage einer Habituation relevant. Die statistische Auswertung der gesamten elektrodermalen Aktivität der ersten Hälften der Sitzungen gegenüber den zweiten Hälften zeigte keine Anzeichen eines Habitua-

tionseffekts. Dieses Fehlen einer Habituation könnte der Funktion einer Anpassungsphase vor der eigentlichen aufzuzeichnenden Phase und einer ständig wechselnden auditiven und visuellen Reizung der Versuchsperson (das heißt dem Einsatz von zufälligen Tönen und farbigen Lichtanzeigen) zugeschrieben werden. Aus diesen Gründen existierte keine progressive Veränderung der elektrodermalen Aktivität, die auf die drei oben aufgeführten möglichen Prozesse zurückzuführen wäre. Doch selbst wenn eine progressive Veränderung eingetreten wäre, hätte der Einsatz der ausgleichenden ABBA-Versuchsplanung und der wirklich zufälligen Beeinflussungs- und Kontrollsequenzen bei anderen Experimenten verhindert, daß dieser Fehler auf unterschiedliche Weise dazu beigetragen hätte, die Beeinflussungsphasen gegenüber den Kontrollphasen zu beeinflussen.

5. *Die Erkenntnisse sind einer willkürlichen Auswahl der Daten zuzuschreiben.* Diese Erklärung kann zurückgewiesen werden, da die Gesamtzahl der Versuchspersonen und Versuche im voraus festgelegt wurde und die angegebenen Analysen sämtliche aufgezeichneten Daten enthalten.

6. *Die Ergebnisse sind einem Betrug auf seiten der Versuchspersonen zuzuschreiben.* Diese Erklärung kann zurückgewiesen werden. Die Versuchspersonen waren nicht ausgesucht und Freiwillige. Es kann davon ausgegangen werden, daß diese Versuchspersonen kein Motiv für einen Betrug hatten. Doch selbst wenn eine Versuchsperson dazu motiviert gewesen wäre, ergab sich keine Gelegenheit zu einem Betrug. Dieser hätte die Kenntnis der Reihenfolge der Beeinflussungs- und Kontrollphasen und der genauen Anfangszeit der Sitzungen erfordert – oder die Hilfe eines Komplizen. Beide Bedingungen waren ausgeschlossen.

7. *Die Ergebnisse sind einem Betrug auf seiten der Versuchsleiter zuzuschreiben.* Kein noch so differenziertes Experiment kann jemals absolut sicher vor Betrug seitens des Versuchsleiters sein. Selbst wenn ein Experiment von einem außenstehenden Gremium desinteressierter Personen kontrolliert werden

würde, könnte ein negativ eingestellter Kritiker immer noch behaupten, daß ein geheimes Einverständnis existierte. Das eingebildete Ausmaß einer derartigen Konspiration würde nur durch die Vorstellungskraft und den Grad der Paranoia des Kritikers begrenzt. Wir können hier nur darlegen, daß wir die verschiedenen Versuchsleiter in den Versuchsplänen so einsetzten, daß der Teil des Experiments eines Versuchsleiters als eine Art Kontrolle für die Arbeit eines anderen Versuchsleiters diente. Nur die erfolgreiche Replikation unserer Untersuchungsergebnisse in anderen Labors würde Betrug seitens der Versuchsleiter gegenstandslos machen. Es bleibt zu hoffen, daß dieser Bericht zu solchen Versuchen anregt.

Wir schließen daraus, daß unsere Ergebnisse keiner der oben aufgeführten unterschiedlichen potentiellen Fehlerquellen oder Verwechslungen zugeschrieben werden können und daher nicht verfälscht sind. Statt dessen spiegeln die Ergebnisse eine anomale psychophysische Interaktion zwischen zwei räumlich voneinander getrennten Individuen wider.[48]

Die Versuchspersonen der Braud-Schlitz-Experimente reagierten nicht nur physiologisch auf eine Art und Weise, die den geistigen Vorstellungsbildern der räumlich entfernten Beeinflussenden entsprach, sondern berichteten auch häufig von subjektiven Reaktionen, die mit den Erlebnissen der Beeinflussenden übereinstimmten. Zum

Beispiel hatte eine männliche Versuchsperson den lebhaften Eindruck, daß der Beeinflussende in seinen Raum kam, sich hinter ihn stellte und seinen Stuhl kräftig rüttelte. Der Eindruck war so stark, daß er kaum glauben konnte, daß es nicht geschehen war. Bei dieser Sitzung hatte der Beeinflussende tatsächlich ein solches Bild verwendet. Während einer anderen Sitzung erwähnte ein Versuchsleiter gegenüber einem Beeinflussenden, daß die elektrodermalen Kurven der Versuchsperson ihn an die deutsche Techno-Pop-Gruppe *Kraftwerk* erinnerten. Als der Versuchsleiter am Ende der Sitzung in den Raum der Versuchsperson ging, war deren erster Kommentar, daß sie zu Beginn der Sitzung aus unerfindlichen Gründen an die Gruppe *Kraftwerk* gedacht hatte. Die Versuchsperson konnte die vorhergehende Bemerkung des Versuchsleiters gegenüber dem Beeinflussenden nicht gehört haben.*

* Der Parapsychologe Rex Stanford hat das Konzept des „Anpassungsverhaltens" *(conformance behavior)* unterbreitet, um telepathische Interaktionen wie die, die in den Experimenten von Braud und Schlitz sichtbar wurden, zu erklären. Ein solches Verhalten beinhaltet „eine anomale Interaktion zwischen physisch voneinander isolierten Systemen und schließt die Phänomene der Psychokinese [und] des rezeptiven Psi ein". Braud hat Stanfords Begriff verallgemeinert und darauf hingewiesen, daß „ein System, das einen höheren Grad an Unregelmäßigkeit besitzt (Zufälligkeit, Labilität, Störung, Entropie), unter bestimmten Bedingungen seine Organisation verändert, um sich so einem anderen System, das weniger Unregelmäßigkeiten, eine geringere Entropie und ausgeprägtere Strukturen hat, anzupassen". Braud führte die Ergebnisse verschiedener Experimente als Beispiele für das Anpassungsverhalten an, darunter Orientierungswechsel bei Fischen, die in eine bestimmte Position befohlen oder visualisiert wurden, und Veränderungen der Fortbewegung bei Nagetieren, auf die in einer ähnlichen Weise durch Intention und Vorstellungsbilder aus der Distanz eingewirkt wurde. Bei diesen Experimenten, schrieb Braud, schienen Menschen, Fische und Nagetiere „gleichermaßen zu einem Anpassungsverhalten zu tendieren" (Braud 1979).

Weitere Nachweise dafür, daß exsomatische Einflüsse eine Rolle bei spirituellem Heilen spielen, wurden von dem bedeutenden russischen Forscher L. L. Wassiliew erbracht, der berichtete, daß Versuchsleiter die Muskeln von Versuchspersonen, deren Augen verbunden und die in tiefer Hypnose waren, zum Kontrahieren brachten, indem sie auf sie deuteten.[49] Graham Watkins, Anita Watkins und Roger Wells legten bei Experimenten zur Fernheilung lichtgeschützte Filme unter Mäuse und entdeckten, daß sie nach den Experimenten belichtet waren.[50] In anderen Studien schienen Heiler die Wasserqualität zu verändern oder ultraviolettes Licht von ihren Händen auszustrahlen.[51]

Die Ergebnisse dieser Experimente deuten darauf hin, daß außersinnliche Einflüsse gelegentlich auf ganze Mannschaften, auf Orchester oder Jazzgruppen wirken können, die plötzlich inspiriert werden, und auch bei Massenheilungen an heiligen Stätten oder Versammlungen der Erweckungsprediger, bei Hypnoseexperimenten, bei denen die meisten der Versuchspersonen besonders gut reagieren, sowie bei anderen Gruppenaktivitäten spürbar sind. Man kann natürlich einwenden, daß der ansteckende Charakter des Gruppenverhaltens ausschließlich durch sensorische Signale vermittelt wird, doch die in diesem Kapitel angeführten Versuche bieten weitere Nachweise

dafür, daß außersinnliche Einflüsse auch daran beteiligt sind, Stimmungen und Willenskräfte von einer Person auf eine andere zu übertragen.

[13.4]
SPIRITUELLE HEILWEISEN UND TRANSFORMATION

Selbst wenn wir die große Vielschichtigkeit spirituellen Heilens nicht ganz verstehen,* zeigt es doch, daß die mentale Absicht durch Bilder, die „von ganzem Herzen, aus *einem* Geist" kommen, und eine geübte Aufmerksamkeit gegenüber den betreffenden Strukturen oder Prozessen direkt auf den Körper einwirken kann. Spirituelles Heilen erinnert daran, daß Bewußtsein und lebende Materie in tiefem Einklang stehen und einen formgebenden Einfluß aufeinander haben. Es zeigt, daß wir ohne Apparaturen und äußere Vorrichtungen ein großes Spektrum an Energien für Heilung und Wachstum aufbieten können, daß das Bestreben, dem Mitmenschen zu helfen, diesen über

* Angesichts dieser Vielschichtigkeit hat Larry Leshan spirituelle Heilweisen in zwei große Gruppen unterteilt: eine, bei der Energien vom Heiler auf den Patienten übertragen werden, meist durch Handauflegen oder ähnliche Rituale, und eine andere, die die Vorstellung eines Verbundenseins von Heiler und Patient in einer spirituellen Einheit umfaßt. Siehe Leshan 1975.

exsomatische Vorgänge berühren kann (selbst wenn er sich dessen nicht bewußt ist), daß unterstützende Kulturen oder Gruppen unser allgemeines Wohlbefinden fördern können. Und es weist auch stark darauf hin, daß ein Plan, eine Präsenz oder eine Macht jenseits unseres gewöhnlichen Seins tiefe Wirkungen auf uns haben kann. Wie wir sehen werden, haben wir gute Gründe zu der Annahme, daß all diese Faktoren zu einer erfolgreichen Transformation beitragen.

14

Aussergewöhnliche Fähigkeiten behinderter Menschen

Blindheit, Taubheit und andere Behinderungen weisen vielen Menschen den Weg zu einer Entwicklung metanormaler Fähigkeiten. In diesem Kapitel möchte ich kurz einige Männer und Frauen beschreiben, die dadurch, daß sie schweren Leiden voller Mut begegneten, außergewöhnliche Tiefen des menschlichen Verstehens, neue Feinheiten der Sinneserfahrung und eine wahrhafte Freude in gewöhnlichen Vergnügungen und im Leiden entdeckt haben. Wie jene Veränderungen von Geist und Körper, die in anderen Kapiteln erwähnt sind, enthalten die hier geschilderten bemerkenswerten Fähigkeiten dramatische Beweise für das Transformationsvermögen des Menschen.

*

Einige blinde Menschen können ihren Standort durch Geräusche erfassen, die sie mit einem Gehstock machen, sie wissen, daß der Mond aufgegangen ist, und können auf ihn deuten, bestimmen die Position und den Zug der Wolken am Taghimmel, fühlen Hitze, die von entfernten Objekten ausgeht, erspüren die Farbe von Stoffen durch Berührung oder erkennen Haushaltsgegenstände anhand von nichttastbaren Anhaltspunkten.[1] Selbstverständlich ist dieses Können zum größten Teil mit einer außergewöhnlichen Entwicklung sensorischer Fähigkeiten verbunden. Seinen Standort durch das Klopfen mit einem Stock zu bestimmen bedeutet, daß dem Echo, das auch mit dem gewöhnlichen Gehör wahrgenommen werden kann, genaue Aufmerksamkeit geschenkt wird. Die Position des Mondes kann durch Wärmeempfindungen, die die meisten von uns durch Übung unterscheiden lernen können, erraten werden. Feinste

Unterschiede im Gewebe bei den einzelnen Farben sind wahrscheinlich für jeden, der ein normales Tastempfinden hat, erkennbar. Aber es scheint auch so zu sein, daß Blindheit, wie eine willentliche Außenreizabschirmung, außergewöhnliche Fähigkeiten begünstigen kann. Helen Keller zum Beispiel verfügte zu manchen Zeiten über ein Wissen, das im Sinne von gewöhnlichen sensorischen Signalen nicht vollständig erklärt werden konnte, und sie erlebte später in ihrem Leben Geisteszustände, die den Erleuchtungen religiöser Mystiker ähnelten.

Auch viele taube Menschen haben besondere Kräfte. Manche können einer Unterhaltung folgen, indem sie die Kehle des Sprechers beim Reden berühren. Andere finden Gefallen an Liedern, indem sie eine sich drehende Schallplatte berühren. Einige wenige erfreuen sich an Chorälen oder Symphonien durch auditive Phantasmen. Der südafrikanische Dichter und Schriftsteller David Wright, der im Alter von sieben Jahren taub wurde, beschrieb die „geisterhaften Stimmen", die er hörte, wenn er das Gesicht eines Sprechenden beobachtete. Er schrieb, daß seine Taubheit

schwieriger zu erkennen war, weil meine Augen von Anfang an unbewußt begonnen hatten, Bewegung in Geräusche zu übersetzen. Meine Mutter verbrachte den größten Teil des Tages in meiner Nähe, und

ich verstand alles, was sie sagte. Warum auch nicht? Ohne es zu wissen, hatte ich mein ganzes Leben lang von ihren Lippen gelesen. Wenn sie sprach, schien ich ihre Stimme zu hören. Es war eine Illusion, die auch dann noch fortbestand, als ich wußte, daß es eine Illusion war. Mein Vater, mein Vetter, alle, die ich gekannt hatte, behielten geisterhafte Stimmen. Daß sie eine Einbildung waren, Projektionen von Gewohnheit und Erinnerung, wurde mir nicht klar, bis ich das Krankenhaus verlassen hatte. Eines Tages sprach ich mit meinem Vetter, und er bedeckte in einem Augenblick der Eingebung während des Sprechens seinen Mund mit seiner Hand. Stille! Ich verstand ein für allemal, daß ich nicht hören konnte, wenn ich nicht sehen konnte.[2]

Als Kommentar zu Wrights Erfahrung bemerkte der Neurologe Oliver Sacks in seinem Buch *Stumme Stimmen*, daß es einen „Konsens" der Sinne gibt:

... man hört, sieht, fühlt, riecht Objekte, und zwar gleichzeitig, im selben Augenblick; Hören, Sehen, Riechen, Fühlen gehören zusammen. Zu dieser Korrespondenz kommt es durch Erfahrung und Assoziation. Normalerweise ist dies etwas, dessen wir uns gar nicht bewußt sind; sehr überrascht wären wir hingegen, wenn sich etwas nicht so anhören würde, wie es aussieht, wenn unsere Sinne uns unvereinbare Eindrücke übermittelten. Es kann jedoch geschehen, daß uns die Korrespondenz unserer Sinne sehr unvermittelt und überraschend bewußt *gemacht* wird, wenn wir plötzlich einen Sinn verlieren oder einen hinzugewinnen. So „hörte" David Wright Sprache, als er das Gehör verlor; ein an Anosmie leidender Patient von mir „roch" Blumen, wenn er welche sah; ein von Richard Gregory beschriebener Patient [...] konnte nach einer Operation, die ihm das Augenlicht zurückgab, sofort die Uhr lesen: Vorher hatte er die Uhrzeit an den Zeigern einer Uhr ohne Glas abgetastet, aber nun, da er sehen konnte, war er in der Lage, eine sofortige „transmodale" Übertragung vom taktilen zum visuellen Eindruck vorzunehmen.[3]

Helen Keller, die im Alter von 19 Monaten taub und blind wurde, machte Gebrauch von jenem „Konsens" der Sinne, den Sacks erwähnte, um ihre außergewöhnlichen Wahrnehmungsfähigkeiten zu entwickeln. Sie schrieb:

... und doch habe ich in der Tat hohen Genuß bei der Berührung großer Kunstwerke. Wenn meine Fingerspitzen die Linien und Formen verfolgen, so finden sie die Idee und die Empfindung heraus, die der Künstler dargestellt hat. Ich kann in den Zügen der Götter und Heroen Haß, Mut und Liebe wahrnehmen, genau so wie ich diese Gemütsbewegungen bei lebenden Personen erkennen kann, wenn ich ihr Gesicht berühren darf.

... Die Hände der Menschen führen für mich eine beredte Sprache. Die Berührung mancher Hände ist eine Beleidigung. Ich bin Leuten begegnet, die so bar aller Lebensfreude waren, daß, wenn ich ihre eisigen Fingerspitzen berührte, es mir vorkam, als reiche ich einem Nordoststurm die Hand. Es gibt andere, deren Hände gleichsam Sonnenstrahlen in sich tragen, so daß mir ihre Berührung das Herz erwärmt. Es braucht nur der Druck einer Kinderhand zu sein; aber für mich liegt darin ebensoviel erquickender Sonnenstrahl wie für andere in einem Liebesblick.[4]

Im Alter von 8 Jahren entwickelte sich Helen Kellers außergewöhnliche Sensibilität. Ihre Lehrerin Anne Sullivan schrieb:

In der Tat ist ihr Körper so fein organisiert, daß er ihr als Mittel zu dienen scheint, sich mit ihren Mitmenschen in nähere Beziehung zu setzen. Sie ist nicht nur imstande, die von den verschiedenen Tönen und Bewegungen hervorgerufenen Schwingungen der Luft und Erschütterungen des Bodens zu unterscheiden und ihre Freunde und Bekannten sofort zu erkennen, wenn sie deren Hand oder Kleider berührt, sondern sie erkennt auch die Gemütsbewegungen der Personen in ihrer Umgebung. Es ist unmöglich für jemand, mit dem Helen sich unterhält, besonders heiter oder traurig zu sein und ihr diesen Umstand verhehlen zu wollen.

Sie bemerkt den leichtesten Nachdruck, der in der Unterhaltung auf ein Wort gelegt wird, und weiß jede Veränderung sowie das wechselvolle Spiel der Handmuskeln zu deuten. Sie beantwortet rasch den leisen Druck der Zuneigung, den kräftigen der Zustimmung, das Zucken der Ungeduld, die feste Bewegung beim Befehl und die vielen anderen Verschiedenheiten der unendlich reichen Sprache der Gefühle ...

Helen Keller schien gelegentlich auch Dinge zu wissen, die ihre Freunde und Bekannten nicht im Sinne von sensorischen Signalen erklären konnten. Anne Sullivan schrieb:

Während wir nun in Brewster in Massachusetts einen Besuch machten, begleitete Helen eines Tages meine Freundin und mich auf den Friedhof. Sie untersuchte einen Stein nach dem anderen und schien sich zu freuen, wenn sie einen Namen entziffern konnte. ... Als ihre Aufmerksamkeit von einer

Marmorplatte, auf der der Name Florence in erhabenen Buchstaben ausgemeißelt war, gefesselt wurde, kauerte sie sich auf den Boden nieder, als suche sie etwas, wandte sich dann mit ganz verstörtem Gesicht zu mir und fragte: „Wo ist die arme kleine Florence?“ Dann setzte sie hinzu: „Ich denke, sie ist sehr tot. Wer legte sie in das große Loch?“ Als sie mit diesen traurig gestimmten Fragen fortfuhr, verließen wir den Friedhof. Florence war die Tochter meiner Freundin, die [früh] gestorben war; ich hatte aber Helen nichts von ihr erzählt; ja, sie wußte nicht einmal, daß meine Freundin eine Tochter gehabt hatte. Helen hatte ein Bett und einen Wagen für ihre Puppen geschenkt bekommen, die sie benutzte wie alle anderen Geschenke. Als wir vom Kirchhof nach Hause kamen, lief sie in das Zimmer, wo sie aufbewahrt wurden, und brachte sie meiner Freundin mit den Worten: „Sie gehören der armen kleinen Florence.“ Dies traf zu, obgleich wir nicht begriffen, wie sie das hatte erraten können.[5]

Im Alter schrieb Helen Keller: „Ich träume von Empfindungen, Farben, Gerüchen, Ideen und Dingen, an die ich mich nicht erinnern kann.“ Sie behauptete, daß ihr im Schlaf ein außergewöhnliches Licht offenbart wurde: „... und was für ein Strahl der Herrlichkeit das ist! Im Schlaf tappe ich nicht herum, sondern bewege mich ungehindert.“ Helen Keller lebte trotz ihrer Blind- und Taubheit ein erfolgreiches Leben. Menschen in vielen Teilen der Welt sind von ihrer Kreativität, ihrer Liebe für das

Abenteuer, ihrer großen Energie inmitten äußerster Schwierigkeiten inspiriert worden. Ihr Leben erinnert uns daran, daß bei uns allen trotz unserer Beschränkungen außergewöhnliche Fähigkeiten entstehen können. In der Tat ist anzunehmen, daß ihre außergewöhnlichen taktilen und kinästhetischen Fähigkeiten, ihr ausgeprägter Geruchssinn, ihre starke Vorstellungskraft und liebevolle Überschwenglichkeit sowie ihr Kontakt mit transzendenten Wirklichkeiten zu einem gewissen Grad durch ihre Behinderungen ausgelöst wurden.

*

Jacques Lusseyran, der im Alter von acht Jahren erblindete, nachdem ihn ein anderer Junge geschlagen hatte, entwickelte eine bemerkenswerte Sensibilität gegenüber anderen Menschen und eine beständige Wahrnehmung eines inneren Lichtes. Er wurde 1924 in Paris geboren und war 15, als die Zeit der deutsche Besatzung begann. Mit 16 organisierte er mit Jungen unter 21 Jahren eine Widerstandsbewegung im Untergrund, die *Les Volontaires de la Liberté* hieß. Da er eine bemerkenswerte intuitive Wahrnehmung der Charaktere anderer Menschen hatte, wurde er von seinen jungen Kameraden dazu ausgewählt, die Rekrutierung für die Bewegung zu leiten. Innerhalb eines Jahres wuchs *Les Volontaires* auf über 600 Mitglieder an. Schließlich wurde Lusseyran verhaftet und verbrachte 21 Monate im Gefängnis, 15 davon in Buchenwald. 1963 veröffentlichte er ein Buch über seine frühen Jahre, aus dem ich die folgenden Abschnitte entnommen habe.

Die Bewegung der Finger war sehr wichtig, sie durfte nicht unterbrochen werden. Denn es ist eine Illusion zu glauben, daß die Gegenstände starr an einen Punkt gebunden, auf immer an ihn gefesselt und in eine einzige Form gepreßt sind: die Objekte leben, selbst die Steine. Mehr noch: sie vibrieren, sie erzittern. Meine Finger fühlten deutlich dieses Pulsieren, und wenn sie darauf nicht mit eigenem Pulsschlag antworteten, waren sie sogleich hilflos und verloren ihr Gefühl. Wenn sie jedoch den Dingen entgegengingen, mit ihnen pochten, dann erkannten sie sie.

Doch es gab noch etwas Wichtigeres als die Bewegung: den Druck. Legte ich die Hand leicht auf den Tisch, so wußte ich, daß da der Tisch war, sonst aber erfuhr ich nichts über ihn. Um etwas zu erfahren, mußten meine Finger einen Druck ausüben, und das Überraschende dabei war, daß mir dieser Druck sogleich vom Tisch erwidert wurde. Ich – der ich als Blinder allen Dingen entgegengehen zu müssen glaubte – entdeckte, daß die Dinge es waren, die mir entgegengingen ...

Wie mit dem Tastsinn verhielt es sich auch mit dem Geruch: wie der Tastsinn war auch er offensichtlich ein Teil des liebenden Alls des Universums. Ich begann zu erraten, was Tiere empfinden müssen, wenn sie in die Luft schnuppern. Wie die Töne und Formen war auch der Geruch sehr viel ausgeprägter, als ich zuvor angenommen hatte. Es gab physische Gerüche, und es gab moralische Gerüche ...

Ich war noch nicht zehn Jahre alt, da wußte ich schon – und mit welcher vertrauensvollen Gewißheit –, daß alles in der Welt ein Zeichen von allem ist, daß jedes Ding allzeit bereitsteht, den Platz eines anderen einzunehmen, falls dieses ausfällt. Vollkommener Ausdruck für dieses ständige Wunder der Genesung war für mich das „Vater Unser", das ich jeden Abend vor dem Einschlafen aufsagte.

Ich hatte keine Angst. Andere würden sagen: ich hatte den Glauben. Wie hätte ich ihn nicht haben sollen – vor diesem sich ständig erneuernden Wunder: alle Töne, alle Gerüche, alle Formen wandelten sich in mir unaufhörlich in Licht, das Licht wurde zu Farben und machte meine Blindheit zu einem Kaleidoskop.

... Was die Gegenstände mir mitteilten, war, wie bei der Berührung, ein Druck, doch ein so neuartiger Druck, daß ich zunächst nicht daran dachte, ihn so zu benennen. Wenn ich mich ganz in die Aufmerksamkeit vertiefte und meiner Umgebung keinen eigenen Druck mehr entgegensetzte, dann legten sich Bäume und Felsen auf mich und drückten mir ihre Form ein, wie es Finger tun, die ihren Abdruck in Wachs hinterlassen.

Diese Neigung der Gegenstände, aus ihren natürlichen Grenzen herauszutreten, verursachte Eindrücke, die ebenso deutlich waren wie Sehen oder Hören. Ich brauchte allerdings mehrere Jahre, um mich an sie zu gewöhnen, sie ein wenig zu zähmen. Noch heute bediene ich mich – wie alle Blinden, ob sie es wissen oder nicht – eben dieser Eindrücke, wenn ich mich in einem Haus oder im Freien allein bewege ...

Ich wurde nicht Musiker, und der Grund dafür war komisch. Kaum hatte ich einen Ton auf der a-, d-, g- oder c-Saite gebildet, hörte ich ihn schon nicht mehr. Ich betrachtete ihn. Töne, Akkorde, Melodien, Rhythmen, alles verwandelte sich sofort in Bilder, krumme und gerade Linien, Figuren,

Landschaften und vor allem in Farben. Wenn ich mit dem Bogen die a-Saite leer anklingen ließ, sprühte vor meinen Augen so starkes und anhaltendes Licht, daß ich im Spiel oft innehalten mußte.

Im Konzert war das Orchester für mich wie ein Maler... Wenn das Violinsolo einsetzte, war ich oft angefüllt mit Gold und Feuer, und mit einem so hellen Rot, daß ich mich nicht erinnern konnte, es je an einem wirklichen Gegenstand gesehen zu haben. Bei der Oboe erfüllte mich ein durchsichtiges Grün, das so frisch war, daß ich auf mir den Hauch der Nacht zu spüren glaubte.

... es gibt nichts auf der Welt, was nicht durch ein anderes ersetzt werden könnte, Töne und Farben tauschen sich unaufhörlich aus wie die Luft, die wir atmen, und das Leben, das sie uns gibt, nichts ist je einzeln, nichts je verloren, alles kommt von Gott und kehrt zu Gott zurück auf vielerlei Wegen ...[6]

Weil er andere junge Franzosen dazu inspiriert hatte, 1941 *Les Volontaires de la Liberté* zu gründen, wurde Lusseyran vom Zentralkomitee der Bewegung mit der Aufgabe betraut, die Rekruten auszuwählen.

Ich hätte, sagten sie, das „Gefühl für Personen" ... Außerdem würde ich besser hören, mehr achtgeben, mich nicht leicht täuschen lassen, ich würde weder Namen noch Orte, Adressen oder Telephon-

nummern vergessen. Bei meinen wöchentlichen Berichten über die Anwerbung brauchte ich keine bloßstellenden Papiere oder Listen zu Hilfe zu nehmen. Jedes Schriftstück (mochte es auch chiffriert sein) stellte ein Risiko dar, das keiner von uns wagen durfte ...

In weniger als einem Jahr schlugen annähernd sechshundert Jungen den Weg zum Boulevard Port-Royal ein ...

Wenn ich Herzen und Gewissen erforschen konnte (und daran hatte ich keinen Zweifel), so deshalb, weil ich blind war, aus keinem anderen Grund ...

Wir mußten uns von einem Tag zum anderen an seltsame Erscheinungen gewöhnen. Seitdem wir an der Résistance teilnahmen, waren unsere geistigen Fähigkeiten gewachsen ... Unser aller Gedächtnis hatte sich unerhört geübt. Wir lasen zwischen den Worten und in den Pausen. Unternehmen, die uns zwei Monate vorher unausführbar schienen, die wie Mauern oder Gespenster vor uns standen, lösten sich in staubartig-kleine, leichte Aktionen auf ...

Diese Eingebungen waren alltäglich; ich ertappte mich dabei, daß ich Sachen wußte, die man mir nicht gesagt hatte, daß ich, wenn ich morgens aufwachte, eine dringende und für mich völlig neue Absicht verspürte, die, wie ich drei Stunden später entdeckte, zwei oder sogar zehn andere Kameraden auch hatten.

Der Geist der Résistance war geboren. Er bediente sich meiner.[7]

Lusseyran gab nur eine kurze Erklärung zu seinem Gefängnisaufenthalt. Er schrieb, daß er niemanden durch Buchenwald führen wolle. Dazu sei keiner fähig. Er schloß sein Buch mit zwei Wahrheiten, die für sein Leben bestimmend waren:

> Die Freude kommt nicht von außen; sie ist in uns, was immer uns geschieht. Das Licht kommt nicht von außen; es ist in uns, selbst wenn wir keine Augen haben.[8]

Helen Keller und Jacques Lusseyran entwickelten – großenteils, um ihre Blind- und Taubheit zu kompensieren – außergewöhnliche sensorische Fähigkeiten und Intuitionen anderen Menschen gegenüber sowie einen Kontakt mit einer spirituellen Präsenz und dem Licht. Wenn Behinderungen mit einem solchen Mut und einer solchen Kraft begegnet wird, können sie uns helfen, unser größeres Potential zu verwirklichen. Behinderungen – wie auch Techniken der Transformation – erlegen uns Beschränkungen auf, die uns darin unterstützen mögen, uns besser zu verstehen und unsere besten Energien auf kreative Ziele zu lenken. Und dieses Prinzip gilt auch für andere Schwierigkeiten als Blind- und Taubheit. Bei der Behinderten-Olympiade und ähnlichen Wettbewerben zeigen in der Motorik beeinträchtigte Menschen eine große Ausdauer, Beweglichkeit und Kraft. Oliver Sacks beschrieb die mathematischen Leistungen von Idiot-Savants und andere eindrucksvolle Fähigkeiten von Menschen mit neurologischen Störungen.[9] Isaac Newton entdeckte die Gesetze der Schwerkraft in einem hochgradig agitierten Zustand, der ihn zwang, vorübergehend allein zu leben. Virginia

Woolf schrieb Geschichten von bleibendem Wert, während sie unter auditiven Halluzinationen litt. Van Gogh wurde durch einen schmerzlichen Aufruhr seiner Gefühle zum Malen getrieben.[10]

Behinderungen können uns, kurz gesagt, hin zu einem außergewöhnlichen Leben führen, ungewohnte Tiefen des Charakters, eine üppigere Beschaffenheit der Sinneswelten und den Schein eines Lichts in Freude und Leid offenbaren.

15

Mesmerismus und Hypnose

Seit Franz Mesmer um 1770 seine Theorie des animalischen Magnetismus darlegte, hat die hypnotische Suggestion als eine Methode, durch die Leiden gelindert oder ungewöhnliche Fähigkeiten verstärkt werden, beträchtliche Kontroversen ausgelöst. Doch trotz ihres sich ständig ändernden Rufes in den letzten zweihundert Jahren

wurde Hypnose von unzähligen Therapeuten und Versuchsleitern eingesetzt, um Schmerzen zu lindern, die Heilung von Hautkrankheiten zu unterstützen, Allergien zum Abklingen zu bringen, die Durchblutung zu verbessern, den Blutdruck zu senken, von Phobien und Süchten zu heilen, Halluzinationen hervorzurufen, Temperaturveränderungen in den Händen und Füßen zu bewirken, die Sinne zu schärfen, verschiedene Wahrnehmungsleistungen zu verbessern, das Erinnerungsvermögen zu unterstützen, die Konzentrationsfähigkeit bei sportlichen oder musikalischen Leistungen zu erhöhen, außerkörperliche Empfindungen zu ermöglichen, paranormal erscheinende Erfahrungen herbeizuführen und erhebende Gefühle wachzurufen, die mystischen Zuständen ähneln. Der klinische und erzieherische Nutzen der Hypnose ist durch viele sorgfältig kontrollierte Experimente bestätigt worden, und die Beweise für einige ihrer Wirkungen sind heutzutage überwältigend.[1]

[15.1] GESCHICHTE

Franz Anton Mesmer wurde 1734 in einem schweizerischen Dorf in der Nähe des Bodensees geboren. Er studierte Medizin an der Universität in Wien, wo er 1766 seinen Doktortitel erhielt. Seine frühen Jahre und die Ursprünge seiner berühmten Theorien liegen gewissermaßen im dunkeln. Paracelsus hatte zur Behandlung von

Hysterie den Gebrauch eines Magneten verordnet und geschrieben, daß der Mensch eine magnetische Kraft besitzt, durch die er bestimmte Einflüsse guter oder böser Beschaffenheit auf dieselbe Weise anziehen kann, wie ein Magnet Eisenpartikel anzieht.[2] Der schottische Arzt William Maxwell hatte in seinem 1679 veröffentlichten Buch *De Medicine Magnetica* altes Wissen über magnetische Heilungen zusammengetragen. Und ein englischer Arzt, Richard Mead, hatte eine Abhandlung mit dem Namen *De Imperio Solis et Lunae in Corpora Humana* geschrieben, die Einfluß auf Mesmers Denkweise gehabt haben könnte.[3] Doch welche Ideen auch immer ihn beeinflußt haben mögen, so heilte Mesmer in den Jahren 1773 und 1774 eine 27jährige Patienten, Fräulein Österlin, von mehreren Krankheiten, indem er ihr eine eisenhaltige Zubereitung zu schlucken gab und drei Magnete an ihrem Körper befestigte. Die Heilung, so behauptete Mesmer, wurde nicht in erster Linie durch die Magneten hervorgerufen, sondern durch eine Substanz in seinem eigenen Körper, die er magnetisches Fluidum oder animalischen Magnetismus nannte. Er stellte die Behauptung auf, daß die Magnete nur dessen Fluß verstärkten und ihm eine Richtung gaben. Mesmer verbrachte den Rest seines Lebens damit, die mit dieser Idee verbundenen Heilverfahren zu entwickeln.[4]

In mancher Hinsicht ähnelte Mesmers Therapie Methoden, die seit dem Altertum von Heilern angewendet wurden, doch er faßte sie in pseudowissenschaftliche Begriffe, die in die Zeit des europäischen Rationalismus des 18. Jahrhunderts paßten. Mesmer stellte sich Gesundheit als eine harmonische Verteilung des magnetischen Fluidums im Körper vor. Er glaubte, daß diese Substanz das Universum durchdrang. Sie konnte durch Gegenstände aus Metall oder Striche mit der Hand manipuliert, im Körper gespeichert und vom menschlichen Willen beeinflußt werden. Mesmer behandelte seine Patienten, indem er bei ihnen durch Einflößungen des magnetischen Fluidums – entweder aus seinem Körper oder aus speziell dafür konstruierten Geräten – konvulsive Krisen auslöste. Er war der Ansicht, daß nach solchen Krisen das innere Gleichgewicht und die Gesundheit des Kranken wiederhergestellt wären. Die Tatsache, daß viele seiner Patienten geheilt wurden, bestätigte seine Ideen immer wieder aufs neue.*

Wie Valentine Greaterakes und die europäischen Könige, die durch Berührung heilten (13.1), regte er eine sich selbst erfüllende Erwartung einer Heilung an, die

* Mesmers Erfolg beruhte auf seinen Suggestivkräften, mag aber auch zum Teil durch die Energieübertragung vom Heiler auf den Patienten, wie in Kapitel 13 beschrieben, hervorgerufen worden sein. Obwohl er die hypnotische Suggestion als „einen erfolgreichen Appell an das subliminale Selbst" bezeichnete, meinte Frederic Myers, daß Mesmer mit seiner Vorstellung von einer Übertragung eines spürbaren Einflusses vom Heiler auf den Patienten teilweise recht hatte. Er schrieb: „Wir verdanken Mesmer die Lehre des nervlich bedingten Einflusses oder der Ausstrahlung von einem Menschen auf den anderen – eine Lehre, die, auch wenn wir ihr eine nicht so ausschließliche Bedeutung beimessen wie er, meiner Ansicht nach nicht gänzlich ignoriert oder abgestritten werden kann." (Myers, F. W. H., 1954, Bd. 1, S. 159)

seine Methode erfolgreich machte. Auch wenn wir heute annehmen, daß seine Heilungen durch die Mobilisierung der Selbstheilungskräfte seiner Patienten hervorgerufen wurden, so glaubte er, daß sie von den gesetzmäßigen Wirkungen des animalischen Magnetismus abhingen.

In Wien verwendete Mesmer Magnete, die der jesuitische Astronom Maximilian Hell erfunden hatte, um sein Heilverfahren zu unterstützen, verzichtete dann aber zugunsten des „baquet" auf sie, als er 1778 nach Paris zog. Diese Vorrichtung, ein großer Eichenholzzuber, der unter anderem mit Flaschen mit Wasser gefüllt war, das er „magnetisiert" hatte, trug dazu bei, die außergewöhnlichen Krisen hervorzurufen, die ihn berühmt machten. Wie ein Biograph schrieb:

Der ganze Apparat war eine Art Karikatur des galvanischen Elements. Um die Ähnlichkeit hervorzurufen, wurden Löcher in [den] Deckel gebohrt, durch die unterschiedlich lange, dünne Eisenstäbe geführt wurden, die mit Gelenken versehen und beweglich waren, so daß sie leicht an jedem Körperteil des Patienten angebracht werden konnten. Um diese Batterie herum saßen die Patienten im Kreis. ... Des weiteren wurde ein an einem Ende des Zubers befestigtes Band um die Körper der Sitzenden gewickelt, um sie auf diese Art in einer Kette zu verbinden. Oft wurde außerhalb des ersten Kreises ein

zweiter gebildet, dessen Mitglieder sich an den Händen hielten und so miteinander verbunden waren. Mesmer, gekleidet in einer lilafarbenen Robe, und seine Assistenten – kräftige und gutaussehende junge Männer, die zu diesem Zweck ausgesucht worden waren – gingen durch den Raum und zeigten mit ihren Fingern oder einem Eisenstab auf die erkrankten Stellen.

Dieser Vorgang wurde die ganze Zeit über durch die Musik von einem Klavier oder einem anderen Instrument belebt.[5]

1784 ernannte Ludwig XVI. eine Kommission der *Académie des Sciences* und der *Faculté de Médecine*, um Mesmers Methoden zu untersuchen. Diese Kommission, der unter anderem Benjamin Franklin, der Astronom Bailly und der Chemiker Lavoisier angehörten, gab den folgenden Bericht über die „baquet"-Sitzungen ab:

Das Bild, das die Patienten ergeben, ist eines von äußerster Vielfalt. Manche sind ruhig, beherrscht und fühlen nichts, andere husten, spucken, haben leichte Schmerzen, verspüren an einer Stelle oder am ganzen Körper ein Glühen, das von Schwitzen begleitet wird, andere werden von Krämpfen geschüttelt und gepeinigt. Diese Krämpfe sind in der Häufigkeit ihres Auftretens, ihrer Dauer und Intensität erstaunlich. Sobald ein Anfall beginnt, kündigen sich andere an. Die Kommission hat gesehen, daß sie mehr als drei Stunden andauern ... [sie] werden von unwillkürlichen, krampfartigen Bewegungen der Glieder und des ganzen Körpers gekennzeichnet, von Kontraktionen der Kehle, Krämpfen des Hypochondriums und Epigastriums, die Augen wandern und sind verwirrt, es gibt durchdringende Schreie, Tränen, Schluckauf und zügelloses Gelächter. Vor und nach den Krämpfen stellen sich Schläfrigkeit, Zustände von Träumerei und Erschöpfung ein. Die Patienten fahren bei jedem plötzlichen Geräusch hoch, und selbst eine Veränderung im Charakter der Klaviermusik zeigt eine Wirkung – eine lebhafte Melodie erregt sie aufs neue und löst weitere Krämpfe aus.[6]

Vor seiner Berufung in die königliche Kommission war Franklins Einstellung dem Mesmerismus gegenüber sowohl skeptisch als auch von einer gutmütigen Toleranz. Seine Ansichten werden in dem folgenden Abschnitt aus einem Brief vom 14. März 1784 an einen Monsieur de la Condamine deutlich:

Mit dem animalischen Magnetismus, über den so viel geredet wird, bin ich überhaupt nicht vertraut, und ich muß seine Existenz bezweifeln, bis ich irgendeine Wirkung davon sehen oder spüren kann. Keinen der Fälle von Heilung, die ihm zugeschrieben werden, habe ich beobachten können, und da es so viele gesundheitliche Störungen gibt, die sich selbst heilen, und eine so starke Neigung der Menschheit, sich selbst und andere bei diesen Anlässen zu betrügen, und da mein lange währendes Leben mir so häufig die Gelegenheit gegeben hat, bestimmte Mittel zu Gesicht zu bekommen, die als Allheilmittel angepriesen werden, kann ich nicht anders als befürchten, daß die Erwartung eines großen Nutzens dieser neuen Behandlungsmethode sich als Täuschung erweisen wird. Diese Täuschung kann allerdings in manchen Fällen nützlich sein, solange sie andauert. Es gibt in jeder großen, reichen Stadt eine

Reihe von Menschen, die nie gesund sind, weil sie ihre Arzneien so schätzen und sie ständig nehmen, wodurch sie die natürlichen Funktionen stören und ihrer Konstitution schaden. Wenn diese Menschen überzeugt werden können, von ihren Arzneien abzulassen – in der Erwartung, nur vom Finger des Arztes oder einem auf sie gerichteten Eisenstab geheilt zu werden –, können sie möglicherweise gute Wirkungen erfahren, obgleich sie die Ursache verwechseln.[7]

Das Verhalten von Mesmers Patienten erinnert an die Ohnmachtsanfälle und das Stöhnen der Pilger im Mittelalter an Schreinen wie denen des heiligen Godric und Thomas Becket (13.1) oder die enthusiastischen Bezeugungen auf zeitgenössischen Veranstaltungen von Wunderheilern, wenngleich bei Mesmer die Einflößung des sogenannten magnetischen Fluidums anstelle des Heiligen Geistes als Ursache betrachtet wurde. Es wundert nicht, daß die Wissenschaftler jener Zeit, einschließlich der meisten Mitglieder der königlichen Kommission, keine Beweise für eine neue Form des Magnetismus finden konnten und derartige Verhaltensweisen der Macht der Suggestion zuschrieben. Die dominierende Erscheinung Mesmers und sein Vertrauen in eine besondere Kraft ähneln anderen spirituellen Heilern – mit dem Unterschied, daß seine Theorien in der mechanistischen Sprache des späten 18. Jahrhunderts abgefaßt waren. Dem Hypnoseforscher Ronald Shor zufolge

hatten orthodoxe Mediziner [zu Mesmers Zeit] den Kranken außer einer entpersönlichten Glaubensheilung, die sich in Form von Tränken, Aderlaß und Abführmitteln gestaltete, wenig zu bieten. Mesmers eigene Art der Glaubensheilung war andererseits ein Kredo, das mit einem enthusiastischen

> Glauben und hohen Erwartungen in eine Heilung für sich warb. ... Mesmer versäumte nicht anzumerken, daß, wenn seine Patienten nicht kooperierten und aufrichtig geheilt werden wollten, sie dadurch nicht zuließen, für den heilenden Einfluß des Arztes empfänglich zu sein. Mit anderen Worten, obwohl seine physikalisch-theoretischen Auslegungen nicht korrekt waren, hatte Mesmer als Kliniker ein scharfsinniges praktisches Wissen von der Bedeutung einer guten Arzt-Patienten-Beziehung.[8]

1784 beschrieb ein Schüler Mesmers, Armand Chastenet, der Marquis de Puysegur, seine Entdeckung des „künstlichen Somnambulismus". Noch im gleichen Jahr führte er dies in der ersten Auflage seiner *Mémoires* näher aus. Der Marquis hatte beobachtet, daß einer seiner magnetisierten Patienten, Victor Race, in einen sonderbaren Zustand verfiel, in dem er über bestimmte Kenntnisse verfügte, die er im Wachzustand nicht hatte. In diesem Zustand, den Puysegur die „vollkommene Krise" nannte, hatte Race keine Krämpfe, wie sie beim „baquet" vorkamen, und drückte sich mit einem höheren Grad an Intelligenz aus, als er gewöhnlich besaß. Sein außergewöhnliches Verhalten veranlaßte Puysegur, einen ähnlichen Zustand bei anderen Patienten herbeizuführen. In dieser nichtkonvulsiven Krise, so wurde allgemein berichtet, konnten manche Per-

sonen ihre eigene Krankheit diagnostizieren, deren Verlauf vorhersehen und Behandlungen dafür verordnen.[9] Einer alten Tradition folgend, nach der Könige und Adlige ihre Untertanen heilen konnten, behandelte der Marquis seine Bauern, Diener und Nachbarn mit seiner eigenen Art des Magnetismus. Schließlich entwickelte er ein Verfahren, bei dem seine Patienten sich an Seilen festhielten, die von einer magnetisierten Ulme hingen, während das magnetische Fluidum sie durchströmte. Viele dieser Patienten fielen in die gleiche Art von Trance, die Puysegur auch bei Victor Race induziert hatte – zum Teil wohl deshalb, weil sie nicht von Erzählungen über Mesmers „baquet" beeinflußt waren. In diesem Zustand konnten sie klar sprechen, ihre Augen öffnen und ohne Schwierigkeiten herumgehen, auf die Befehle des Heilenden reagieren und ihre Erlebnisse in Trance wieder vergessen, wenn sie in ihren Normalzustand zurückkehrten. Bei der Arbeit mit diesen Patienten entdeckten (oder schufen) Puysegur und seine Anhänger die meisten der heute anerkannten mesmerisch-hypnotischen Phänomene, darunter motorische Automatismen, Katalepsie, Amnesie, Anästhesie, Halluzinationen, posthypnotische Phänomene und individuelle Unterschiede in der hypnotischen Empfänglichkeit.[10]

Diese ersten Entdeckungen waren jedoch häufig mit übertriebenen Behauptungen über Kräfte, die sich im somnambulen Zustand zeigten, und wilden Theorien über das Okkulte vermischt. Diese Phantastereien veranlaßten die französische *Académie des Sciences* dazu, den Mesmerismus um 1820 abzulehnen, und waren auch ausschlaggebend für die Ablehnung der meisten Wissenschaftler und Ärzte. Das Interesse am Mesmerismus schwand jedoch nicht völlig. Trotz des Übermaßes an Leichtgläubigkeit, das er verursachte, ging die Erforschung der echten Phänomene innerhalb des bestehenden Gefüges aus den Wissenschaften der Physik und Psychologie weiter. Dieses Stadium des Verständnisses war durch drei Einsichten geprägt: (1) daß mesmerisch-hypnotische Phänomene authentisch und wichtig waren, (2) daß sie im wesentlichen psychologischer Natur waren und (3) daß sie einen begründeten Anlaß zur wissenschaftlichen Forschung gaben.[11] Aus dieser Anerkennung erwuchs die moderne Hypnoseforschung.

Die Auffassung, daß Mesmerismus ein psychologisches Phänomen war, das wissenschaftlich untersucht werden konnte, wurde von mehreren Menschen in der ersten Hälfte des 19. Jahrhunderts vertreten. Der portugiesische Priester Jose Faria wies beispielsweise die mesmerischen Ideen über das magnetische Fluidum zurück und behauptete, daß „luzider Schlaf" oder Somnambulismus vom Vertrauen, den Erwartungen und der empfänglichen Einstellung des Patienten hervorgerufen würden. Um 1840 entwickelte James Braid, ein englischer Arzt aus Manchester, den Begriff des Monoideismus, einer zielgerichteten Aufmerksamkeit (in Trance), und verbreitete Methoden der Hypnoseinduktion, die ohne die mesmerischen Striche auskamen. Braid verwendete auch den Begriff *Hypnotismus*, den er 1843 geprägt hatte, und gab

durch seine Arbeit vielen Ärzten und Wissenschaftlern die Gelegenheit, die in Verruf geratenen mesmerischen Phänomene einer neuen Betrachtung zu unterziehen.

In Deutschland wurde der Mesmerismus mehrere Jahrzehnte lang jedoch in einer anderen Richtung weiterentwickelt – häufig von berühmten Literaten oder Wissenschaftlern und Universitäten, die Untersuchungen des animalischen Magnetismus förderten.[12] Mesmers Theorie eines universalen Fluidums sprach viele deutsche Romantiker an, die sich das Universum als einen lebenden Organismus vorstellten, der durch eine spirituelle Präsenz vereint wird. Die Entdeckung des Marquis des Puysegur, daß der magnetische Somnambulismus paranormale Kräfte hervorbrachte, ließ deutsche Philosophen glauben, daß der menschliche Geist in der Lage wäre, eine Verbindung mit der Weltseele herzustellen. So beschrieb der Mesmerianer Carl Kluge in einem Lehrbuch über den animalischen Magnetismus sechs Stufen des magnetischen Schlafs: Wachsein, Halbschlaf, „innere Dunkelheit", das heißt Schlaf im eigentlichen Sinn und Unempfindlichkeit, „innere Klarheit", einschließlich außersinnlicher Wahrnehmungen, „Selbstbeschauung", durch die jemand in der Lage ist, das Innere seines Körpers und das Körperinnere von Menschen, mit denen er in Rapport ist, wahrzunehmen, und „allgemeine Klarheit", die Wahrnehmung von Dingen, die in der Vergangenheit, Zukunft oder in der Ferne verborgen sind. In einem Kommentar zu derartigen Theorien schrieb Henri Ellenberger: „Während die Franzosen besonders luzide Somnambule als Hilfsorgane für die ärztliche Praxis suchten, wollten die Deutschen sie zu einem kühnen Versuch experimenteller Metaphysik benützen."[13]

Mesmer hatte über das magnetische Fluidum gesprochen, das einen „sechsten Sinn“ umfaßte, und der Marquis de Puysegur hatte die Behauptung aufgestellt, daß die mesmerische Trance Hellsichtigkeit und Präkognition hervorbrachte. Von solchen Ideen inspiriert, untersuchten deutsche Denker die unüblichen Kräfte von außergewöhnlich „magnetischen“ Personen. Der Dichter Clemens Brentano brach zum Beispiel mit seinem bisherigen Leben, um in der Nähe der deutschen Stigmatikerin Anna Katharina Emmerich (22.3) zu sein, damit er ihre ekstatischen Trancezustände studieren und ihre Visionen aufzeichnen konnte, die sich jede Nacht nach dem Lauf des Kirchenjahres offenbarten. Aus seinen Aufzeichnungen stellte er zwei vielgelesene Bücher zusammen.[14] Der deutsche Arzt und Dichter Justinus Kerner, der als erster den Botulismus beschrieb und unter Ärzten und Literaten Einfluß besaß, nahm eine lange Untersuchung der Seherin Friederike Hauffe vor, die er durch magnetischen Schlaf von Krämpfen geheilt hatte. Nach ihrer Heilung führte Friederike ein „körperloses Leben“, wobei ihre Lebenskraft durch tägliches Magnetisieren erhalten blieb. In Trance wurde sie zu einer Seherin und sprach in einer feierlichen, musikalischen Stimme auf Hochdeutsch. Kerner und anderen prominenten Zeugen zufolge schien sie entfernte Geschehnisse zu sehen, die Zukunft vorauszusagen, brachte Gegenstände

ohne körperlichen Kontakt dazu, sich zu bewegen, und sprach alte Sprachen. Schrittweise offenbarte sie eine Vision von „magnetischen Kreisen“, die eine Hierarchie geistiger Zustände symbolisierten. Philosophen und Theologen, unter ihnen Schelling, Eschenmayer und Schleiermacher, suchten ihren Rat in philosophischen Fragen, und Kerner veröffentlichte ein Buch, *Die Seherin von Prevorst*, das Berichte über seine Experimente mit ihr enthielt. Henri Ellenberger nannte Kerners Buch, das erstaunlichen Erfolg in Deutschland hatte, „die erste Monographie auf dem Gebiet der dynamischen Psychiatrie, die einer einzelnen Patientin gewidmet war“.* Kerners Studie über Friederike Hauffe inspirierte zu weiteren Berichten über paranormale Phänomene von Ärzten und interessierten Laien; diese wurden zu einem großen Teil von Kerner und seinen Freunden in den *Blättern von Prevorst* (1831–1839) und dem *Magikon* (1840–1853) veröffentlicht, wahrscheinlich den ersten Periodika, die der psychischen Forschung gewidmet waren.

Während Kluge, Kerner und andere Deutsche die metaphysischen und paranormalen Aspekte der mesmerischen Phänomene erforschten, machten einige Ärzte weiterhin die mesmerischen Striche und verwendeten andere Methoden des klassischen

* Ellenberger zufolge hatte Kerner „sich offensichtlich große Mühe gegeben, objektiv zu sein und seine Beobachtungen von Experimenten und philosophischen Interpretationen zu trennen, die er Eschenmayer überließ.“ Siehe: Ellenberger 1973, S. 130 bis 131

Mesmerismus, um viele verschiedene Leiden zu lindern. Unter den Ärzten waren auch zwei Engländer, John Elliotson und James Esdaile, die in den vierziger und fünfziger Jahren des 19. Jahrhunderts sehr bekannt waren. Elliotson leitete ein Krankenhaus in London, wo er den magnetischen Schlaf einsetzte, um Patienten bei Operationen zu anästhesieren. Er schrieb ein Buch über seine Arbeit und gab von 1843 bis 1856 eine Zeitschrift heraus, *The Zoist*, die über klinische Anwendungen des Mesmerismus ebenso berichtete wie über Experimente mit magnetischem Schlaf bei Menschen und Tieren.[15] Während Elliotson den Mesmerismus in London praktizierte, führte Esdaile mehrere hundert Operationen in Indien durch, bei denen er magnetischen Schlaf als Anästhesie einsetzte. Im Vorwort zu seinem Buch *Mesmerism in India* war die folgende Aufstellung aufgeführt, die „die Zahl der schmerzlosen Operationen in Hooghly während der letzten acht Monate zeigt".

Arme amputiert	1
Brüste amputiert	1
Tumor aus dem Oberkiefer extrahiert	1
Scirrhus testis extirpiert	2
Penis amputiert	2
Kontraktierte Knie ausgerichtet	3
Kontraktierte Arme ausgerichtet	3
Operationen bei Katarakt	3
Großer Tumor in der Lendengegend entfernt	1
Operationen bei Hydrozele	7
Operationen bei Wassersucht	2
Entzündung kauterisiert	1
Entzündung mit Salzsäure behandelt	2
Eiternde Entzündung aufgeschnitten	7
Abszesse eröffnet	5
Sinus, 16 cm lang, offengelegt	1
Haut von der Ferse entfernt	1
Daumenspitze abgeschnitten	1
Zähne extrahiert	3
Zahnfleisch beschnitten	1
Vorhaut beschnitten	3
Hämorrhoiden entfernt	1
Große Zehennägel vollständig entfernt	5
Großer Tumor am Bein extirpiert	1
Skrotale Tumore, Gewicht zwischen 7 und 73 Pfund	14

Da Schlaf und Schmerzfreiheit [schrieb Esdaile] die besten Voraussetzungen für den Körper sind, um die Heilung einer Entzündung durch die Kräfte der Natur zu fördern, habe ich lokale Entzündungen inzidiert, indem ich die Patienten in Trance hielt, bis dieses geschehen war. Ich möchte feststellen, zur Befriedigung derer, die noch keine praktische Erfahrung mit diesem Thema haben, daß ich bei Personen, die in mesmerischer Trance operiert werden, keine schädlichen Folgen welcher Art auch immer beobachtet habe. Es sind Fälle vorgekommen, bei denen selbst nach der Operation kein Schmerz fühlbar gewesen ist, die Wunden in wenigen Tagen geheilt sind ..., und beim Rest habe ich keine Anzeichen einer schädlichen Wirkung auf die Konstitution gesehen. Im Gegenteil, es scheint mir, daß eine geringere konstitutionelle Störung folgte als unter normalen Umständen. Unter den Fällen, die [ich] operiert habe, hat es nicht einen Todesfall gegeben.[16]

In seinem Buch *Natural and Mesmeric Clairvoyance* druckte Esdaile den folgenden Zeitschriftenartikel über eine Operation, die er durchgeführt hatte, erneut ab.

Die Frau lag auf einem *Charpoy* (einer einheimischen Liege), und einer der Assistenten lehnte sich über ihren Kopf, um sie zu mesmerisieren. Daraufhin wurde der *Charpoy* auf die gegenüberliegende Seite

eines Fensters gestellt, das geöffnet war, um Licht hereinzulassen. Dann schaute ich die Patientin aufmerksam an, die allem Anschein nach friedlich schlief.

Dr. Esdaile bereitete die Operation vor, und ich stellte mich so, daß ich sehen konnte, was der Doktor tat, und auch den Gesichtsausdruck und die Bewegungen (falls welche stattfinden sollten) der Patientin beobachten konnte. Das Bein wurde knapp unterhalb des Knies abgetrennt, und ich war über die geringe Menge an Blut überrascht, das aus der Wunde austrat. Es waren nicht mehr als zwei, höchstens drei Eßlöffel voll. Der Oberschenkel und das Knie, unterhalb dessen der Unterschenkel entfernt wurde, wie auch jeder andere Körperteil, waren vollkommen unbeweglich, und das einzige Anzeichen, daß der Doktor nicht eine Leiche operierte, war ihre Brust, die sich beim Einatmen hob. Sie wurde in keiner Weise festgehalten oder -gebunden, und während der ganzen Operation fand nicht die geringste Bewegung oder Veränderung ihrer Glieder, des Körpers oder des Gesichtsausdrucks statt. Sie schien denselben ruhigen Schlaf wie am Anfang zu haben, und ich habe keinen Grund dazu, nicht zu glauben, daß es ihr vollkommen gut ging.[17]

Englische Ärzte, Journalisten und Regierungsbeamte studierten Esdailes Arbeit und trugen zu seiner Berühmtheit bei, doch ihre positiven Berichte konnten nicht die Feindseligkeit aus medizinischen Kreisen verhindern. Tatsächlich beschwerten sich sowohl Esdaile als auch Elliotson über die heftige Opposition, die ihnen entgegengebracht wurde, unter anderem auch von der *Royal Medical and Chirurgical Society*.[18] Doch trotz der Skepsis und Feindseligkeit, auf die sie stießen, fuhren die beiden bahnbrechenden Ärzte damit fort, über ein Jahrzehnt lang über ihre Arbeit in Büchern und dem *Zoist* zu berichten, und machten auch Theorien publik, die den Mesmerismus mit paranormalen Kräften in Zusammenhang brachten. Schließlich sollten jedoch Äther und Chloroform die mesmerische Anästhesie verdrängen. Ärzte und Wissenschaftler lehnten den Mesmerismus entweder völlig ab oder wandten sich Ideen wie denen von Braid zu, die die rein psychologischen Prozesse hervorhoben, von denen hypnotische Phänomene abhängig sind. Als Kommentar zu der Tatsache, daß der Mesmerismus seine anästhesierende Macht verloren hatte, als der Glaube an ihn in London abnahm, schrieb Elliotson:

> Ich glaube, ich hatte nicht unrecht. Ich glaube, daß in dem, was ich ursprünglich beobachtete, der Mesmerismus genau die Rolle spielte, die ich ihm zuschrieb. Es ist ein böswilliger Trugschluß anzunehmen, daß ich an einer Täuschung mitwirkte, oder wenn man so sagen will, an einer ganzen Reihe von Täuschungsmanövern. Doch ich sage offen, daß der Mesmerismus im gegenwärtigen Augenblick nicht die Macht hat, Schmerzen zu lindern. Es ist mysteriös, er hatte die Macht ..., aber jetzt befinden wir uns in einem anderen Zyklus, und es scheint mir, daß es nur besondere Phasen sind, in denen mesmerische Phänomene herbeigeführt werden können.[19]

Derselbe Spott, dieselbe Skepsis, denen Elliotson und Esdaile begegneten, hielten die meisten Ärzte, die wert auf ihren Ruf legten, davon ab, mit dem Mesmerismus zu arbeiten. Selbst Braids Hypnotismus, der nicht von mesmerischen Strichen oder Theorien über ein magnetisches Fluidum abhängig war, wurde von Medizinern im allgemeinen ignoriert. Ellenberger schrieb: „In der Zeit von 1860 bis 1880 waren Magnetismus und Hypnotismus so sehr in Verruf geraten, daß ein Arzt, der sich dieser Methoden bedient hätte, unweigerlich seine wissenschaftliche Laufbahn aufs Spiel gesetzt und seine Arztpraxis verloren hätte."[20]

Die Hypnose bekam jedoch durch den berühmten französischen Neurologen Jean-Martin Charcot, der 1882 seine eigenen Untersuchungen des hypnotischen Zustands der französischen *Académie des Sciences* vorlegte, neues wissenschaftliches Ansehen. Da Charcot im allgemeinen als der größte Neurologe seiner Zeit angesehen wurde und wichtige Entdeckungen über organische und funktionelle Nervenleiden gemacht hatte, wurde seinen Theorien über Hypnose von derselben Akademie zugestimmt, die den Mesmerismus bei mehreren Gelegenheiten verurteilt hatte. Durch Charcots Ansehen wurde die Hypnose erneut gewürdigt; seine berühmte Darlegung im Jahre 1882 vor der Akademie war ein Auslöser für viele Untersuchungen hypnotischer Phänomene, obgleich er fälschlicherweise behauptete, daß der Zustand der Hypnose sich aus drei zu bestimmenden aufeinanderfolgenden Stadien zusammensetzte („Lethargie", „Katalepsie" und „Somnambulismus") und daß dies ein krankhafter, mit Hysterie verbundener Zustand sei. Mit der Zeit realisierten Studenten der Hypnose, daß Charcots Patienten in der Salpêtrière – dem Pariser Krankenhaus, in dem seine berühmten

Versuche stattfanden – unabsichtlich dazu veranlaßt worden waren, sich so zu verhalten, wie es der Meister vorausgesagt hatte. Da viele der Patienten an seinen Forschungen über Hysterie beteiligt waren und in der Salpêtrière lagen, nahmen sie das Verhalten an, das von ihnen in Hypnose erwartet wurde. Als die behandelnden Ärzte anfingen, dies zu beobachten, wurde Charcots Theorie ins rechte Licht gerückt. Die Hypnose selbst wurde jedoch nicht erneut in Verruf gebracht.

Charcot trug nicht nur dazu bei, daß die Hypnoseforschung begründet wurde, sondern machte auch andere Entdeckungen, die später die dynamische Psychiatrie inspirieren würden. Er analysierte die Unterschiede zwischen organischen und hysterischen Lähmungen, reproduzierte hypnotische Lähmungen in Versuchen, erkannte die Rolle vergessener Traumata in der Hysterie und verstand den Nervenschock als hypnoiden Zustand, der es seinem Opfer erlaubte, seine Beschwerden durch Autosuggestion zu fixieren. Er stellte hysterische, post-traumatische und hypnotische Lähmungen organischen Gebrechen gegenüber und unterschied die „dynamische Amnesie", bei der verlorene Erinnerungen durch Hypnose wiedergewonnen werden können, von der organischen Amnesie, bei der Erinnerungen für immer verlorengehen.[21] Diese Beob-

achtungen sollten einen großen Einfluß auf Freud ausüben, der von Oktober 1885 bis Februar 1886 an der Salpêtrière studierte. Charcot beschrieb die Dissoziation bei der normalen und gestörten Persönlichkeit, den Einfluß verdrängter Gedanken auf das menschliche Verhalten und andere psychologische Dynamiken, die sich direkt oder indirekt auf eine Transformation auswirken. Seine Loyalität gegenüber einer strengen Beobachtung und experimentellen Vorgehensweise trug dazu bei, Hypnose auf ein wissenschaftliches Fundament zu stellen.[22] Charcots unrichtige Theorie sollte durch dieselben Forschungsmethoden, für die er einstand, korrigiert werden.

Der Hypnotismus wurde auch von einer Gruppe von Ärzten mit Zentrum im französischen Nancy befürwortet, die eine besondere Art von Suggestionstherapie entwickelten. Die Schule von Nancy, inspiriert von Auguste Liébeault, einem französischen Landarzt, und angeführt von Hippolyte Bernheim, einem Professor der Medizin, der wegen seiner Forschungen über Typhus und andere Krankheiten berühmt war, verbreitete ihre Methoden über ein Netzwerk von Ärzten in Europa, Rußland und Amerika. Albert Moll und von Schrenck-Notzing in Deutschland, Krafft-Ebing in Österreich, Bechterew in Rußland, Milne Bramwell in England, Boris Sidis und Morton Prince in Amerika, Auguste Forel in der Schweiz und Sigmund Freud wurden von ihren Verfahren und Theorien beeinflußt.

Die Hypnosetherapie in der Tradition von Nancy beinhaltete zuversichtliche und gebieterische Suggestionen eines allgemeinen Wohlbefindens und der Symptombeseitigung. Liébeault, ein praktischer Arzt, hielt sich nicht mit langen Einführungen auf, während Bernheim den Hypnotismus schließlich immer seltener anwandte. Er verfocht die Ansicht, daß die Wirkung durch Suggestionen im Wachzustand erreicht werden könnte. Das Liébeault-Bernheim-Verfahren hatte häufig nur oberflächliche Resultate, da es normalerweise keine Diagnose über die Ursachen einer Krankheit stellte und sich nicht ausreichend mit abgespaltenen Anteilen des Bewußtseins befaßte. Trotzdem veranschaulichte es die therapeutische Wirksamkeit der Suggestion, trug dazu bei, daß die Hypnose medizinisches Ansehen erlangte, und inspirierte berühmte Psychiater wie Bechterew, Bramwell, Prince und Freud.[23]

Im 20. Jahrhundert haben Psychologen und Mediziner die oben beschriebenen Pionierarbeiten weitergeführt. Einige, wie Milton Erickson, haben neue Methoden der Hypnoseinduktion und therapeutische Anwendungsmöglichkeiten der Hypnose entdeckt und uns dadurch gezeigt, wie vielfältig ihre Anwendung und ihre Auswirkungen sein können,[24] während andere den experimentellen Zugang weiterentwickelt haben, den Charcot vertreten hatte. In den dreißiger Jahren arbeitete Clark Hull von der Yale University quantitative Analysen hypnotischer Phänomene aus; andere Forscher erfanden standardisierte Verfahren, die den Anteil des Versuchsleiters an der Beurteilung minimierten, um die hypnotische Reagibilität im Hinblick auf zu beobachtende Verhaltenskriterien bewerten zu können. In den fünfziger und sechziger Jah-

ren entwickelten Ernest Hilgard und seine Kollegen an der Stanford University diese experimentelle Arbeit weiter, zum Teil durch Skalen der hypnotischen Empfänglichkeit, die dazu beitrugen, die experimentelle Hypnoseforschung zu vereinfachen.

Die experimentellen und klinischen Hypnosestudien setzen heute die Suche nach einer wissenschaftlichen Erklärung, die von Mesmer begonnen wurde, fort und beziehen dabei die Bindung an die Methode ein, die Charcot betonte. Dabei werden sie von den Erkenntnissen der dynamischen Psychiatrie und den quantitativen Analysen, die durch statistische Modelle möglich wurden, unterstützt. Indem sie die Solidität ihrer Methoden verwirklichten, haben die meisten zeitgenössischen Experimentatoren allerdings die Beweise für außersinnliche Vorgänge, die die Hypnose gelegentlich erbringt, zurückgewiesen. Zwar verhelfen akademische Psychologen der Hypnoseforschung zu einer Genauigkeit, doch sie haben das Interesse an hellseherischen, telepathischen und quasi-mystischen Erfahrungen verloren, von denen Puysegur, Kluge, Kerner, Esdaile, Elliotson und andere Pioniere auf diesem Gebiet berichtet haben. Und doch haben in den letzten Jahrzehnten einige Forscher die offensichtlichen Verbindungen von hypnotischen und paranormalen Phänomenen untersucht. In Abschnitt 15.13 werde ich einige ihrer Erkenntnisse zusammenfassen.

[15.2]
EINIGE TYPISCHE HYPNOTISCHE PHÄNOMENE

Amnesie

Posthypnotische Amnesie, ob spontan oder suggeriert, ist seit ihrer Entdeckung durch den Marquis de Puysegur um 1780 häufig als Merkmal einer tiefen Hypnose angeführt worden. Wenn sie auftritt, werden Suggestionen, Befehle oder Dinge, die in Hypnose gelernt werden, nach der Sitzung vergessen, oder es werden frühere Geschehnisse in Trance vergessen, während die Versuchsperson hypnotisiert bleibt. Normalerweise wird die Amnesie durch ein vorher vereinbartes Signal aufgehoben. Einige Gedächtnisforscher sehen diesen Vorgang wie gewöhnliche Amnesien als eine echte Gedächtnisstörung, während andere ihn als strategisches Sozialverhalten betrachten, durch das Geheimnisse bewahrt werden sollen.[25] Die hypnotische Amnesie veranschaulicht die Anpassungsfähigkeit des Gedächtnisses und hilft uns zu verstehen, wie die Erinnerung von uns selbst oder anderen auf kreative oder destruktive Weise manipuliert werden kann. Mehrere Forscher sind der Ansicht, daß Menschen mit multiplen

Persönlichkeiten eine Art Selbsthypnose einsetzen, um ihre verschiedenen Teilpersönlichkeiten hervorzubringen, und daß sie traumatische Ereignisse oder unerwünschte Konflikte auf die gleiche Weise vergessen wie Versuchspersonen in Hypnose, denen Suggestionen für eine Amnesie gegeben werden.

Analgesie

In Abschnitt 15.8 beschreibe ich mehrere klinische Berichte und experimentelle Ergebnisse, die darauf hinweisen, daß hypnotische Suggestionen Schmerzen und Leiden lindern können.

Hypermnesie

Hypnotische Hypermnesie, das Wiedererinnern vergessener Erlebnisse, wurde von Puysegur beobachtet und in den letzten zwei Jahrhunderten von vielen Ärzten bezeugt. Freud setzte sie bei einigen seiner frühen Patienten ein, um verdrängte Erinnerungen wachzurufen, gab sie aber zugunsten der Traumdeutung und des freien Assoziierens auf. Bei vielen Psychotherapeuten findet sie noch heute Anwendung. Auch die experimentelle Forschung hat Beweise dafür erbracht, daß Hypnose tatsächlich das Wiedererinnern vergangener Erlebnisse, vergessener Sprachen und anderer Dinge fördern kann, wenngleich die Erinnerung durch Leitfragen oder die Erwartungen des Hypnotiseurs verzerrt werden kann.[26] Die Altersregression, bei der ein Patient so handelt, als ob er ein früheres Ereignis wiedererlebt, ist ebenfalls ein häufig vorkommendes Merkmal der Hypnose.

Eine Erinnerung an vergessene Dinge kann auch während anderer transformierender Handlungsweisen auftreten – etwa bei einem Sportler, der sich unter Extrembedingungen an einen vergessenen Vorfall erinnert, oder bei einem Meditierenden, der in tiefer Versenkung spontan sein Leben an sich vorbeiziehen sieht. Das Erinnern vergangener Geschehnisse hat in der religiösen Praxis eine lange Tradition und ist für viele therapeutische Methoden von zentraler Bedeutung. Es kann ein neues Licht auf zwischenmenschliche und innerpsychische Dynamiken werfen und dabei helfen, abgespaltene Anteile des Selbst zu integrieren.

Besondere körperliche Leistungen

Hypnotisierte Personen zeigen gelegentlich bei Induktionen, die ihr Vertrauen stärken oder die Trance vertiefen sollen, eine große Agilität und Stärke. Eine hypnotisierte Person kann zum Beispiel ihren Arm lange Zeit gestreckt halten, wie ein Brett zwischen zwei Stühlen liegen oder eine außergewöhnliche manuell-visuelle Koordination

demonstrieren. Obgleich solche besonderen Leistungen dem Wunsch zugeschrieben werden können, dem Hypnotiseur zu gefallen oder Zuschauende zu beeindrucken, sind sie doch zum Teil das Ergebnis einer außergewöhnlichen Konzentration und neuromuskulären Integriertheit, die durch die Hypnose angeregt wurden.

Halluzinationen, Täuschungen und andere Wahrnehmungsphänomene

Hypnotisierte Personen haben über verschiedene Veränderungen in der Wahrnehmung berichtet, darunter Halluzinationen, visuelle Täuschungen, erhöhte Seh- und Hörschärfe, vorübergehende Farbenblindheit, Einschränkung des Sehfeldes, optische Verzerrungen, verbesserte Reaktionszeit bei Tests mit dem Tachistoskop und teilweise oder völlige Taubheit.[27] All diese positiven oder negativen Effekte spiegeln zumindest bei einigen Versuchspersonen die Fähigkeit der Deautomatisierung und Umstrukturierung wider – eine Fähigkeit, die unter Meditierenden, Künstlern und kreativen Athleten zu finden ist. Ich bin mir bewußt, daß Hypnoseforscher noch immer über die Beschaffenheit hypnotischer Täuschungen und Halluzinationen diskutieren. Es gibt jedoch beispielsweise genügend Anzeichen dafür, daß eine hypnotisch induzierte Farbenblindheit der angeborenen Farbenblindheit nicht völlig gleicht. Nicholas Spanos hat Nachweise erbracht, die die Authentizität mancher Halluzinationen in Zweifel ziehen.[28] Andererseits scheinen einige hypnotisierte Personen Verzerrungen der Wahrnehmung zu erleben, die weder einer Unaufmerksamkeit noch einer Vortäuschung zugeschrieben werden können. David Spiegel von der Stanford University entdeckte zum Beispiel, daß die evozierten kortikalen Potentiale durch hypnotisch induzierte Halluzinationen signifikant verändert werden können.[29]

Posthypnotische Effekte

Posthypnotische Effekte, die charakteristischerweise bei Patienten auftreten, die sich nicht an die Suggestionen, die sie hervorgerufen haben, erinnern können, sind weitere Anzeichen dafür, daß bedeutungsvolle Verhaltensweisen, Gefühle und Kognitionen durch menschliche Einflüsse außerhalb des gewöhnlichen Wachbewußtseins geprägt werden können. Da viele unserer Triebe und Hemmungen ihren Ursprung in größtenteils vergessenen Ermahnungen von Eltern, Lehrern und anderen Autoritäten haben, können wir durch Experimente mit dieser Art von hypnotischen Phänomenen etwas über deren Entstehung und ihre Verdrängung lernen. Bei diesen Experimenten wird den hypnotisierten Versuchspersonen meist befohlen, sich auf eine bestimmte Art zu verhalten, ohne sich an die hypnotischen Befehle zu erinnern. Eine Person, die unter einem solchen Zwang steht, kann geistige oder körperliche Aufgaben ausführen – beispielsweise als Reaktion auf ein bestimmtes Signal oder spontan nach Ablauf einer

bestimmten Zeitspanne –, ohne zu erkennen, daß diese ihr befohlen wurden. Oder sie kann im Wachzustand unterbewußt Rechenaufgaben lösen, ohne sich bewußt zu sein, daß (oder warum) sie dies tut. Edmund Gurney berichtete zum Beispiel von einer Reihe von Experimenten, bei denen seine erwachten Versuchspersonen automatisch Rechenoperationen durchführten, während sie laut vorlasen, oder eine zweite Zeile zu einem Vers niederschrieben, die sich auf die erste Zeile, die ihnen in der hypnotischen Trance gesagt worden war, reimte. Eine seiner Versuchspersonen multiplizierte sogar komplizierte Zahlen, während sie „God Save the Queen“ laut wiederholte und dabei jedes zweite Wort ausließ.[30]

Gurney beschrieb zwei Experimente, bei denen seine Versuchspersonen instruiert wurden, eine bestimmte Handlung zu einer vorgegebenen Zeit oder nach einer vorgegebenen Anzahl von Minuten oder Tagen auszuführen. Einem Mann wurde gesagt, daß er in 39 Tagen

um 21.30 Uhr zu dem Haus, in dem ich wohnte, kommen und dort einen Mieter aufsuchen sollte, den er nicht kannte. Er hatte beim Aufwachen natürlich keine Erinnerung an diese Anweisung. Der Befehl wurde bis zum 19. März nicht erwähnt, als er unerwartet in Trance gefragt wurde, wie viele Tage vergangen waren, seit dieser ihm erteilt worden war. Er sagte *sofort*: „16“ und fügte hinzu, daß es noch 23 weitere Tage wären und der Tag, an dem er [den Befehl] auszuführen hatte, Ostermontag war. All diese Antworten waren korrekt. Doch das Merkwürdige war, daß er bei einer weiteren Befragung sowohl den Tag [der Instruktion] als auch den Tag der Ausführung, den 3. März und den 11. April, falsch angab. Das macht es recht deutlich, daß er ursprünglich nicht durch sofortiges Nachrechnen vom Tag des Befehls auf den Tag der Ausführung gekommen war und diesen sich dann einfach als Datum gemerkt hatte. (Man kann den Ostermontag sofort errechnen, wenn es nur noch 23 Tage bis dahin sind, wenn man den Wochentag angibt.) Weiterhin, wenn er den 1. März als seinen *terminus a quo* gewählt hätte, hätte er 18 statt 16 sagen müssen und das wahrscheinlich nachrechnen müssen. Die sinnvollste Deutung des Ergebnisses ist natürlich, daß er auf irgendeine Weise die vergehenden Tage zählte.

Beim nächsten Fall, der geschah, nachdem das obige geschrieben wurde, erhielt ich einen tatsächlichen Bericht über den Vorgang, der [meine Interpretation] bestätigte. P__LL wurde am 26. März aufgetragen, daß er 123 Tage später ein leeres Blatt Papier in einen Briefumschlag stecken und ihn an einen Freund von mir schicken sollte, dessen Namen und Adresse er kannte, den er aber nie gesehen hatte. Das Thema wurde bis zum 18. April nicht mehr erwähnt, als er hypnotisiert und gefragt wurde, ob er sich an irgend etwas erinnern könne, das mit diesem Herrn in Zusammenhang stand. Er wiederholte sofort den Befehl und sagte: „Heute ist der dreiundzwanzigste Tag, noch 100."

S.: „Woher wissen Sie das? Haben Sie jeden Tag vermerkt?"

P__LL.: „Nein, es schien selbstverständlich."

S.: „Haben Sie oft daran gedacht?"

P__LL.: „Es fällt mir am Morgen ein, früh. Etwas scheint mir zu sagen: ‚Du mußt zählen.'"

S.: „Geschieht das jeden Tag?"

P__LL.: „Nein, nicht jeden Tag – eher jeden zweiten Tag. Ich vergesse es, am Tag denke ich nie daran. Ich weiß nur, daß es getan werden muß."

Bei der weiteren Befragung machte er deutlich, daß der Zeitraum zwischen diesen Eindrücken nie lang genug war, um Zweifel aufkommen zu lassen. Er „denkt zwei oder drei Tage lang nicht daran, dann scheint ihn etwas zu erinnern". Am 20. April wurde er wieder befragt und sagte sofort: „Es läuft gut – 25 Tage", und fügte hinzu: „27 Tage." Nachdem er am 18. April aufgeweckt worden war, fragte ich ihn, ob er den fraglichen Herrn kannte oder an ihn gedacht hätte. Er war eindeutig von der Frage überrascht und sagte, daß er glaubte, ihn einmal in meinem Zimmer gesehen zu haben (was jedoch nicht der Fall war) und seitdem nicht an ihn gedacht hätte.[31]

Einige Versuchspersonen zählen anscheinend die Tage, um posthypnotische Befehle auszuführen (ohne sich im Wachzustand darüber bewußt zu sein), andere wenden jedoch eine mysteriösere Methode an, um die Zeit zu messen. Der englische Psychiater Milne Bramwell instruierte zum Beispiel einige seiner Versuchspersonen, nach unterschiedlichen Zeiträumen, die in Minuten angegeben wurden, ein Kreuz auf ein Blatt Papier zu malen. Bei einem Experiment wurde einer Versuchsperson, Fräulein A., gesagt, sie solle nach 24 Stunden und 2880 Minuten ein Kreuz malen, was sie korrekt ausführte, ohne sich an den hypnotischen Befehl im Wachzustand zu erinnern. In folgenden Experimenten führte sie den Befehl nach 4417, 11 470, 10 070 Minuten und anderen, ähnlich komplizierten Zeitabständen aus. Als sie in Hypnose über ihre geistigen Prozesse während dieser außergewöhnlichen Leistungen befragt wurde, sagte sie, daß sie, wenn Bramwells Befehle in der Hypnose erteilt wurden, nicht ausrechnen würde, wann sie auszuführen wären, daß sie dies zu keiner späteren Zeit errechnete, daß sie sich nicht an sie erinnern könnte, nachdem sie aufwachte, daß in ihrem Wachzustand nie eine Erinnerung daran auftauchte, daß sie kurz vor der Ausführung erlebte, wie ihre Finger sich bewegten, als ob sie einen Bleistift halten und den Akt des Schreibens ausführen wollten, daß diesem Impuls zu schreiben sofort der Gedanke folgte, ein Kreuz zu machen und die Zeit zu wissen, und daß sie nie auf eine Uhr schaute, bis sie diese nicht aufgeschrieben hätte.[32] In einer Zusammenfassung von 55 Experimenten mit dieser Patientin schrieb Bramwell:

... von diesen wurde eines von Fräulein A. nicht ausgeführt oder von mir nicht niedergeschrieben, während sie bei einem anderen die ursprüngliche Suggestion mißverstand, sie aber in Entsprechung mit dem, was sie dachte, richtig ausführte. 45 waren absolut erfolgreich, das heißt Fräulein A. schrieb nicht nur die richtige, termingemäße Zeit nieder, sondern tat dies auch in dem Augenblick, in dem das Experiment stattfinden sollte. Acht waren teilweise erfolgreich. Bei diesen wurde jedesmal die termingemäße Zeit richtig aufgeschrieben, aber es gab geringfügige Unterschiede, nie länger als 5 Minuten,

zwischen der korrekten Einschätzung der Patientin, wann die Suggestion auszuführen wäre, und dem Augenblick, in dem sie sie tatsächlich ausführte. Das Verhältnis von diesen Fehlern zu ihren jeweiligen Zeiträumen liegt zwischen 1 zu 2028 und 1 zu 21 420.

24mal wurde Fräulein A. gebeten, (in Hypnose) auszurechnen, wann die Suggestionen ausgeführt werden sollten. Bei den ersten neun Malen lag sie falsch, aber bei den restlichen fünfzehn hatte sie elfmal recht und viermal unrecht. Im Verlauf der Experimente verringerte sich nicht nur die Häufigkeit, sondern auch das Ausmaß ihrer Berechnungsfehler, und die Antworten wurden weitaus schneller gegeben. Manchmal kamen die richtigen Antworten fast auf der Stelle, und in diesen Fällen konnten keine bewußten Berechnungen verfolgt werden. Es muß angemerkt werden, daß ihre Rechenfehler keinen Einfluß auf die Richtigkeit ihrer Ergebnisse hatten.[33]

Frederic Myers bemerkte:

Der grundlegendste Unterschied zwischen diesen und Gurneys Fällen scheint der zu sein, daß die tatsächliche Methode von Bramwells Versuchspersonen, die Zeit einzuschätzen, bei der Befragung in Hypnose nicht aufgedeckt werden konnte, doch zu einer Schicht des Bewußtseins zu gehören scheint, die tiefer reicht als die hypnotische (was eine Analogie zu der „Eingebung des Genius" nahelegt), während Gurneys Versuchspersonen sich bewußt waren, daß sie das Verstreichen der Zeit wahrnahmen, wenn sie wieder hypnotisiert wurden, bevor eine Suggestion erfüllt worden war.[34]

Experimentelle Ergebnisse dieser Art von Gurney, Bramwell, Pierre Janet und anderen veranlaßten William James zu folgendem Kommentar:

Der wichtigste Fortschritt in der Psychologie seit der Zeit, da ich mich dem Studium dieser Wissenschaft zu widmen begann, ist meines Erachtens die zum erstenmal im Jahre 1886 gemachte Entdeckung, daß – bei gewissen Personen wenigstens – nicht nur das Bewußtsein der gewöhnlichen Sphäre existiert (mit zentralem und peripherischem Gebiet), sondern daß noch eine Gruppe von Erinnerungen, Gedanken und Gefühlen dazukommt, die zwar jenseits ihres Randes, also außerhalb des eigentlichen Bewußtseins liegen, die aber doch als Bewußtseinstatsachen irgendeiner Art bezeichnet werden müssen, da sie ihre Existenz durch unmißverständliche Anzeichen zu erkennen geben können.[35]

Versuche mit posthypnotischer Suggestion sind seit der Zeit Gurneys und Bramwells verbessert und sorgfältiger kontrolliert worden, so zum Beispiel von Wesley Wells (1940), der zu dem Ergebnis kam, daß sowohl die Erinnerung an seine Befehle als auch die Amnesie zu hundert Prozent vollständig waren und effektive hypnotische Suggestionen ein Jahr oder länger anhielten, von Griffith Edwards (1963), der entdeckte, daß eine seiner Versuchspersonen eine posthypnotische Suggestion 405 Tage lang im Gedächtnis behielt, sowie von anderen Forschern.[36]

Im Rahmen dieser Erörterung ist es wichtig anzumerken, daß durch posthypnotische Suggestion sowohl Zwänge als auch ungewöhnliche Verhaltensweisen induziert werden können. Einer Person kann gesagt werden, daß sie eine bestimmte körperliche Leistung *nicht* vollbringen kann, wenn die Trance beendet wird, oder daß sie einen bestimmten Rechenvorgang *nicht* ausführen kann. Solche Hemmungen wirken in unserem täglichen Leben ebenso durch eine direkte Beeinflussung oder allgemeine kulturelle Zwänge, derer wir uns nicht vollkommen bewußt sind.* Einige Sportler haben beispielsweise erzählt, daß die Hypnose ihnen unbewußte Vorstellungen davon enthüllte, daß sie ein bestimmtes Leistungsniveau nicht erreichen könnten. Viele Menschen in psychotherapeutischer Behandlung haben die Macht unbewußter Hemmungen, die durch vergessene Traumata oder Konditionierungen entstanden und

* Der Psychologe Charles Tart hat Hypnose mit dem Sozialisierungsprozeß verglichen und vertritt die Ansicht, daß Akkulturation viele gemeinsame Merkmale mit hypnotischen Induktionen und Verhaltensweisen hat, die im Labor beobachtet werden. Körperbewegungen, die den kulturellen Normen entsprechen, entstehen beispielsweise auf eine Art, die an die Induktion automatischer Bewegungen durch einen Hypnotiseur erinnert. Bestimmte Einstellungen, Phantasien und Wünsche werden von Kindheit an durch Suggestionen von Eltern und Lehrern verstärkt, die als „kulturelle Hypnotiseure" fungieren. Die Macht einer Kultur, eine Hypnose zu induzieren, ist jedoch beherrschender, länger anhaltend und wirksamer als die eines einzelnen Hypnotiseurs, behauptet Tart, denn sie beschränkt sich nicht auf wenige Sitzungen und kann unzählige Bestrafungen und Belohnungen einsetzen, um ihre Wirkungskraft zu verstärken. Ihre Versuchspersonen fügen sich beispielsweise in ihre Induktionen, wenn sie zu klein sind, um sich gegen sie zu wehren. Nahezu alle Mitglieder einer gegebenen Kultur sind Teil einer „Konsensus-Trance", die quasi nicht durchbrochen werden kann, so daß sie von den meisten Menschen, denen sie begegnen, ständig aufs neue hypnotisiert werden. Siehe: Tart, C.: *Hellwach und bewußt leben*, München: Heyne 1991.

über die sie sich nicht bewußt waren, durchbrochen. Angesichts der Kraft, die die posthypnotische Suggestion selbst unter den relativ sachlichen und konsequenzlosen Bedingungen eines Laborversuchs hat, wundert es nicht, daß viele Transformationsmethoden die Erforschung unserer unbewußten Zwänge mit einschließen.

Posthypnotische Phänomene veranschaulichen jedoch auch schöpferische Aspekte des menschlichen Willens. Die Beharrlichkeit, mit der einige der Versuchspersonen von Gurney und Bramwell unbewußt ihre Befehle ausführten, erinnert an die Zielgerichtetheit engagierter Sportler, Meditierender und anderer geduldiger Teilnehmer an Aktivitäten zur Transformation, wenngleich das Ziel ihres Verhaltens belanglos war. Zumindest veranschaulicht ihre Zwanghaftigkeit unsere menschliche Tendenz zu einem ausdauernden und zielstrebigen Verhalten – eine Tendenz, die für große oder kleine, kreative oder destruktive Ziele eingesetzt werden kann. Die Tatsache, daß Bramwells Versuchsperson, Fräulein A., bei 55 verschiedenen Experimenten mit einer Kraft, die von Myers mit „der Eingebung des Genius" verglichen wurde, mehrere tausend Minuten lange und zu berechnende Zeiträume im Gedächtnis behielt, ist ein Zeichen einer außergewöhnlichen Willenskraft und Kognition.

In Teil III stelle ich die These auf, daß der Wille durch Methoden wie die Selbsthypnose, die unsere bewußte wie auch unsere unterschwellige Bereitschaft zu zielgerichtetem Handeln einbezieht, geschult werden kann. Ärzte und Meditierende, die erkannt haben, daß die meisten Menschen auf eine abgespaltene Weise funktionieren und widerstreitende Intentionen haben, die die Freude am Leben einschränken und die Verwirklichung metanormaler Fähigkeiten verhindern, haben seit Tausenden von Jahren Methoden dieser Art eingesetzt.

[15.3]
DIE HYPNOSEINDUKTION

Seit Mesmer sind verschiedene Arten der Hypnoseinduktion angewendet worden – manchmal mit großem Erfolg –, bis neue Theorien oder Modeerscheinungen zu ihrer Ablehnung führten. Mesmer verwendete das „baquet", um die konvulsiven Krisen auszulösen, der Marquis de Puysegur band seine Bauern an Bäume, um somnambule Zustände hervorzurufen, Elliotson und Esdaile machten mesmerische Striche, um eine Anästhesie für Operationen herbeizuführen, James Braid ließ seine Patienten nach oben und innen starren, bis sie hypnotisiert waren, Liébeault starrte in die Augen seiner Patienten, während er ihnen sagte, daß ihre Symptome sich gebessert hätten, und Charcot schlug Hysterikern ohne verbale Suggestionen gelegentlich auf den

Rücken, um eine vorübergehende Lähmung der Arme hervorzurufen. Jede dieser Berühmtheiten hatte eine eigene Methode, um hypnotische Zustände herbeizuführen. Die meisten zeitgenössischen Hypnotiseure neigen jedoch aufgrund der heutigen Theorien und Modeerscheinungen dazu, eine lockere Form des Gesprächs, Entspannung und beruhigende Vorstellungsbilder einzusetzen, um eine schlafähnliche Trance zu induzieren.

Doch die Geschichte lehrt uns, daß beruhigende Instruktionen nicht die einzige Möglichkeit sind, einen hypnotischen Zustand auszulösen. Einige zeitgenössische Forscher induzieren Hypnose mit Hilfe von anstrengenden Aktivitäten, um zu zeigen, daß viele Menschen unnötigerweise voreingenommen sind und meinen, daß Hypnose dem Schlaf ähnelt. Arnold Ludwig und William Lyle lösten zum Beispiel hypnotische Effekte durch Drehbewegungen, Kniebeugen und verbale Instruktionen aus, die dazu dienten, die Wachsamkeit, sensomotorische Reizung und kognitive Aktivität zu erhöhen. Die beiden Forscher berichteten, daß ihre Versuchspersonen in Trancezuständen mit erhöhter Wachheit suggestibler, spontaner und aktiver waren als nach gewöhnlichen (entspannenden) einleitenden Verfahren.[37] Andere haben entdeckt, daß Versuchspersonen, die mit Suggestionen hypnotisiert wurden, um die Vielfalt und

Intensität ihres Bilderlebens zu steigern, eine höhere Suggestibilität zeigen als nach schlafähnlichen Induktionen,[38] daß Versuchspersonen, die hypnotisiert wurden, während sie auf einem Standfahrrad fuhren, etwa die gleiche Suggestibilität aufwiesen wie Personen, die auf eine übliche Weise hypnotisiert wurden,[39] und daß Radfahren während des Abhörens einer Kassette mit Induktionen eine größere Suggestibilität hervorrief als das Hören der Kassette allein.[40] Etzel Cardena entdeckte, daß durch Induktionen, die aktives Radfahren, das Sitzen auf einem Gerät, dessen Pedale sich von selbst drehen, oder das Sitzen in einem Sessel beinhalten, leichte Unterschiede in der Qualität der hypnotischen Erfahrung hervorgerufen werden.[41]

Kurz gesagt haben mehrere Studien aufgezeigt, daß die hypnotische Erfahrung durch Induktionen ausgelöst werden kann, die intensive körperliche oder geistige Aktivitäten einbeziehen. Angesichts der „Spiel-Trance“ einiger Sportler, der meditativen Grundhaltung mancher Kampfkünstler und der hypnoseähnlichen Erfahrung, die durch rituelles Trommeln oder Drehen hervorgerufen wird, sollte uns diese Entdeckung nicht überraschen. Der Erfolg aktiver Hypnoseinduktionen bestätigt die allgemeine These dieses Buches, nämlich daß Bewußtsein, Verhalten und physiologische Vorgänge willentlich durch körperliche Aktivität gleichermaßen intensiviert werden können wie durch Ruhe oder eine unbewegte Konzentration.

Auch der Psychologe Theodore Barber hat die kulturellen Vorurteile zeitgenössischer Vorstellungen über die Hypnoseinduktion in Frage gestellt und behauptet, daß Induktionen für den Erfolg von Suggestionen nicht notwendig sind. Allerdings haben viele

Experimente gezeigt, daß Induktionen bei den meisten Versuchspersonen die Empfänglichkeit für Befehle des Hypnotiseurs erhöhen. Wenngleich einige dazu veranlagte Personen gut auf Suggestionen im Wachzustand reagieren, nimmt die Reagibilität vieler oder vielleicht der meisten Menschen durch hypnotische Verfahren zu.*

[15.4]
DER HYPNOTISCHE ZUSTAND

Seit vielen Jahren ist die Frage diskutiert worden, ob der hypnotische Zustand ein besonderer Bewußtseinszustand ist. Der Psychologe Theodore Sarbin hat die Hypnose als eine Form von Rollenspiel klassifiziert und dadurch häufig den Eindruck vermittelt, daß das Verhalten von hypnotisierten Personen irgendeine Art der Täuschung beinhaltet (obgleich Sarbin betont hat, daß hypnotisches Verhalten kein Betrug ist und daß ein großer Teil des Verhaltens über den Wunsch hinausgeht, dem Hypnotiseur zu gefallen).[42] Der Psychologe Nicholas Spanos hat argumentiert, daß die Erfor-

schung von Trance-Logik, hypnotischer Amnesie und Analgesie keine zwingenden Beweise für eine „Zustands-Theorie" der Hypnose ergeben hat.[43] Theodore Barber hat behauptet, daß die hypnotische Trance sich nicht grundsätzlich vom gewöhnlichen Bewußtsein unterscheidet, und sich regelmäßig auf experimentell erbrachte Nachweise dafür berufen, daß Suggestionen ohne Hypnoseinduktion ebenso wirksam sind wie dieselben Suggestionen mit Hypnoseinduktion.[44] Ernest Hilgard und andere Forscher haben jedoch derartige Studien kritisiert, weil sie wahllos leicht hypnotisierbare und nicht hypnotisierbare Versuchspersonen in ihren Versuchsgruppen mischen. Bei solchen Experimenten reagieren nicht hypnotisierbare Personen charakteristischerweise auf Suggestionen im Wachzustand ebenso wie auf hypnotische Befehle, während die hypnotisierbaren Personen dazu neigen, während der Suggestionen im Wachzustand in Hypnose zu fallen, so daß die daraus folgenden statistischen Ergebnisse irreführend sind.

Diskussionen darüber, ob Hypnose ein Zustand ist, sind auch dafür kritisiert worden, daß sie hauptsächlich die Semantik betreffen. Hilgard zufolge, sind solche Argumente

* Evans, F., 1963 und Weitzenhoffer u. Sjoberg 1961. Charles Tart hat empfängliche Versuchspersonen mit durchtrainierten Läufern verglichen, die einen Trainingslauf mit einer höheren Geschwindigkeit angehen können als Menschen, die nicht in Form sind. Gewöhnliche Versuchspersonen, wie Läufer, die nicht durchtrainiert sind – so meint Tart –, brauchen das Aufwärmen mit Induktionsverfahren, bevor sie sich den Fähigkeiten einer „begabten" Versuchsperson nähern können.

für den Forscher, der selten dazu tendiert, seine Entdeckungen durch die Zuordnung zu einem besonderen „Zustand" als kausal auszulegen, größtenteils irrelevant. Ich habe an anderer Stelle die Analogie vom Schlaf und den Träumen herangezogen: Die Tatsache, daß Träume sich gewöhnlich im Schlaf ereignen, impliziert nicht, daß [sie] zufriedenstellend erklärt werden können, indem man sagt, daß der Schlaf sie verursacht. Ich ziehe es vor, ein *Gebiet* der Hypnose zu definieren, das dann zu einem Forschungsbereich wird.

Wie können wir das hypnotische „Gebiet" definieren? Eine Definition des Verhaltens in Hypnose gelingt am ehesten, indem man auf die Verhaltensweisen von Personen verweist, die in hohem Maße für hypnoseähnliche Verfahren empfänglich sind, [das heißt] eine hypnotische Starre des Armes, Verlust der willentlichen Kontrolle, unmittelbare muskuläre Reaktion, Halluzinationen, Analgesie, Amnesie, Reaktion auf posthypnotische Suggestion [zeigen]. Es scheint nicht so wichtig zu sein, welche Form der Induktion oder ob überhaupt eine angewendet wird. Diese Verhaltensweisen treten dennoch gemeinsam auf, wobei die am meisten hypnotisch ansprechbaren Personen mehr von ihnen hervorbringen und die weniger ansprechbaren Personen weniger.

Ich komme ohne eine Zustands-Theorie aus, wenn sich das als zu problematisch erweist, und kann nach wie vor das Gebiet des hypnoseähnlichen Verhaltens erforschen. Aber größtenteils wäre das für mich eine bloße Umschreibung, denn selbst wenn „Zustand" nur eine Metapher ist, so ist sie doch sehr

passend. Und doch ist es irgendwie mehr als nur das. Orne hat in einer Reihe von genialen Experimenten durchwegs aufgezeigt, daß die tatsächlich hypnotisierten Versuchspersonen sich in ihrer Erlebnisweise von denen unterschieden, die Hypnose lediglich simulierten.[45]

Wenn Hypnose kein spezifischer Zustand ist, wie Barber argumentiert hat, sondern lediglich eine Form des Rollenspiels, sollte man in der Lage sein, sie zu simulieren. Martin Orne und seine Kollegen haben jedoch bei den Experimenten, auf die sich Hilgard bezieht, herausgefunden, daß tatsächlich hypnotisierte Versuchspersonen bestimmte Gefühle, Empfindungen und Wahrnehmungen haben, die von Kontrollpersonen, die versuchten, Hypnose zu imitieren, nicht erlebt wurden.[46] Obwohl an die Kontrollpersonen bei derartigen Experimenten andere Anforderungen gestellt werden als an die Versuchspersonen (Orne hat sie Simulatoren oder Quasi-Kontrollgruppen genannt), weisen diese Versuche darauf hin, daß der Zustand der Hypnose mehr als nur eine „Metapher" ist.[47] Es gibt in der Tat Gründe zu der Annahme, daß Hypnose mehr als nur einen veränderten Bewußtseinszustand in sich vereint. Mesmerianer des 19. Jahrhunderts wie Carl Kluge und Justinus Kerner (siehe 15.1) behaupteten zum Beispiel, daß magnetischer Schlaf den Zugang zu verschiedenen Dimensionen des Bewußtseins ermöglichte, und einige Untersuchungen der letzten Jahre haben darauf hingedeutet, daß es mehrere klar zu unterscheidende Formen des hypnotischen Zustands gibt. Ich werde diese Möglichkeit auf den folgenden Seiten weiter ausführen.

Doch es ist nicht notwendig, sich zwischen Zustands- und Rollenspiel-Theorien der Hypnose in einer Entweder-oder-Manier zu entscheiden. Psychologen der

„Zustands-Position" haben die zwischenmenschlichen und kulturellen Faktoren anerkannt, die das Verhalten in Hypnose prägen; Forscher, die die soziokulturellen Elemente der Hypnose hervorheben, sind der Ansicht, daß Zustands-Theorien zu unserem Verständnis hypnotisierter Personen beitragen.[48] Hypnose, wie jede Aktivität, die das Verhalten und Bewußtsein verändert, beinhaltet kulturelle Konditionierungen ebenso wie biologisch bedingte und zustandsabhängige Elemente des menschlichen Wesens.

[15.5]
DIE TIEFE DER HYPNOSE

Der Psychologe Charles Tart hat verschiedene Ebenen und Formen des hypnotischen Zustands erforscht. In einer Studie über sehr tiefe Trance bezog er beispielsweise Hypnoseforschung, dynamische Psychiatrie und religiöse Studien mit ein, um die Erlebnisse einer leicht hypnotisierbaren Versuchsperson zu interpretieren, die Erfahrungen in Trance gemacht hatte, welche in mancher Hinsicht einer kontemplativen Erleuch-

tung ähnelten.[49] Tarts Versuchsperson, William, beschrieb das Erleben einer tiefgreifend veränderten Identität und eines „Einsseins mit dem Universum".[50]

Tarts Studie hat auch andere Forscher dazu inspiriert, die Tieftrance zu untersuchen. Der Psychologe Spencer Sherman fand mit Hilfe von Elektroenzephalographie und Patientenberichten heraus, daß seine Versuchspersonen Gefühle eines „Einsseins mit allem", Phasen tiefer Stille oder Leere des Geistes, Wahrnehmungen verschiedener Realitätsebenen und das Empfinden einer starken Helligkeit erlebten. Die tiefsten hypnotischen Zustände, die bei Shermans Versuch herbeigeführt wurden, korrelierten mit drastischen Verringerungen in der EEG-Amplitude. Eine ähnliche Studie wurde von dem Psychologen Brian Feldman geleitet, wobei die Teilnehmer von Gefühlen des Einsseins mit der Umgebung wie auch einem Gefühl von Ehrfurcht und Staunen berichteten. Der Psychologe Etzel Cardena induzierte bei zwölf Versuchspersonen durch aktive Induktionsmethoden Gefühle des Einsseins und Verschmelzens mit dem Licht. Außerdem fand Cardena heraus, daß Cluster-Analysen von Phänomenen, über die auf verschiedenen Stufen der Trance berichtet worden war, darauf hinwiesen, daß Hypnose mehrere unterscheidbare Arten der Erfahrung umfaßt. Cardena unterbreitete die Ansicht, daß der Zustand der Hypnose in Wirklichkeit eine Kombination von Zuständen, oder Modalitäten, der Erfahrung ist.[51]

Diese Erkenntnisse von Tart, Sherman, Feldman und Cardena stimmen ebenso wie die Entdeckungen von Kluge, Kerner und anderen Mesmerianern mit den schamanischen und kontemplativen Traditionen darin überein, daß das Bewußtsein jenseits des gewöhnlichen Wachzustandes viele Dimensionen hat.

[15.6]
HYPNOTISCHE EMPFÄNGLICHKEIT

Die Einschätzung der Hypnotisierbarkeit

Die Entwicklung der *Stanford Hypnotic Susceptibility Scales* durch Ernest Hilgard, A. M. Weitzenhoffer und Kollegen gegen Ende der fünfziger und Anfang der sechziger Jahre verhalf der Hypnoseforschung der folgenden Jahrzehnte zu einem Durchbruch. Diese und ähnliche Tests ermöglichten es den Forschern, die Reagibilität der Versuchspersonen bei Hypnoseexperimenten einzuschätzen, homogene Versuchs- und Kontrollgruppen zu schaffen, nicht empfängliche Versuchspersonen, die Hypnose vortäuschen könnten, zu erkennen und die Natur der Hypnoseempfänglichkeit selbst zu erforschen. Die Skalen sehen normalerweise spezifische Suggestionen für eine Reihe hypnotischer Erlebnisse vor (wie den ausgestreckten Arm, der schwer wird), die mit Hilfe von Verhaltenskriterien bewertet werden (zum Beispiel muß der ausgestreckte Arm in weniger als 30 Sekunden 30 Zentimeter oder mehr sinken). Der

Grad der Empfänglichkeit oder Reagibilität einer Versuchsperson wird nach der Anzahl der von ihr gezeigten hypnotischen Verhaltensweisen und der Anzahl der von ihr berichteten üblichen hypnotischen Erfahrungen bewertet. Verschiedene Typen einer jeweiligen Skala ermöglichen Studien mit Methoden der Testwiederholung, und ähnliche psychometrische Methoden wie die *Stanford Profile Scales of Hypnotic Susceptibility* erlauben die Bewertung individueller Stärken und Schwächen im allgemeinen Gebiet der Hypnose. So kann mit ihnen getestet werden, ob eine Versuchsperson Halluzinationen, hypnotische Träume und Regressionen, Amnesie, posthypnotische Effekte oder den Verlust der motorischen Kontrolle erleben kann. Mit einer anderen Bewertungsmethode, der *Barber Suggestibility Scale*, wird hypnoseähnliches Verhalten, das durch Suggestion ohne einleitende Hypnoseinduktion hervorgerufen wird, untersucht. Die von diesen verschiedenen Methoden erbrachte Reliabilität und Validität der Ergebnisse wurde durch jahrzehntelange Versuchsreihen nachgewiesen.

Mit Hilfe dieser Skalen durchgeführte Studien haben ergeben, daß die Hypnotisierbarkeit von Mensch zu Mensch stark variiert, daß sie jedoch bei einer gegebenen Versuchsperson im Laufe der Zeit relativ stabil bleibt. Untersuchungen an der Stanford University haben gezeigt, daß die Empfänglichkeitswerte von Versuchspersonen, die als Studenten getestet wurden, in hohem Maße mit ihren Werten zehn Jahre später korrelierten (Korrelationskoeffizient 0,60). Für kürzere Zeiträume sind diese Korrelationen größer.[52]

Korrelate der Hypnoseempfänglichkeit

Josephine Hilgard, Theodore Barber, Patricia Bowers und andere haben aufgezeigt, daß in hohem Maße reaktionsfähige Versuchspersonen ein beträchtliches Vermögen haben, sich voller Phantasie in Tagträumereien, Filme, Geschichten, Schauspielerei und das Lesen von phantastischer Literatur zu vertiefen. Diese Menschen beginnen üblicherweise in der Kindheit damit, ihre Neigung zu Phantasien zu entwickeln.[53] Bowers hat Beweise dafür zusammengetragen, daß hypnotisierbare Personen mehrere Eigenschaften mit äußerst kreativen Menschen gemein haben; unter anderem zeigte sich, daß es ihnen leichtfällt, Vorstellungsbilder zu erleben, daß sie fähig sind, die Gestalt unfertiger Bilder zu vervollständigen, daß sie Aufgabenstellungen bevorzugen, die ihre Phantasie anregen, und daß sie die Fähigkeit zur Regression im Dienste des Ichs besitzen.[54] Bowers' Vergleiche berufen sich auf Studien von Frank Barron, Donald MacKinnon und deren Kollegen am *Institute of Personality Assessment and Research* der Universität von Kalifornien, die darauf hinweisen, daß berühmte Schriftsteller und Architekten eine größere Bewußtheit ihres inneren Erlebens, einen geringeren Zugang

zu unterdrückenden Abwehrmechanismen sowie eine größere Unabhängigkeit von Urteilen haben als weniger kreative Menschen.[55] Bowers schrieb:

> Bestimmte Typen von kreativen Menschen sind in der Lage es zuzulassen, daß die Struktur eines Problems auf Assoziationsvorgänge einwirkt, ohne bewußte, willentliche Strategien einzuschalten. Wenn die Aufgabenstellung kreative Lösungen erfordert, wie das Schreiben von Teilen eines Romans, kann die Person die Lösungen als „einfach so geschehend" oder „aus heiterem Himmel kommend" erfahren, denn der Schriftsteller hat den Verlauf der Lösung nicht willentlich bestimmt.[56]

Bowers behauptete, daß jemand, der sich in Hypnose aufgeben kann, dies auch bei kreativen Aufgabenstellungen vermag. Studien von Helen Crawford bestätigen das und zeigen, daß hypnotisierbare Personen Gestaltergänzungsaufgaben besser lösen als nicht empfängliche Personen. Crawford hat argumentiert, daß die imaginative Beteiligung, die Fähigkeit in etwas aufzugehen, und die Fertigkeit, die Geschlossenheit der Gestalt zu vollenden, die verschiedene Forscher bei hoch empfänglichen Versuchspersonen entdeckt haben, eine synthetische oder holistische Denkweise einschließt, die im allgemeinen für Kreativität entscheidend ist.[57]

Einige Untersuchungen deuten darauf hin, daß Hypnotisierbarkeit mit der hemisphärischen Spezialisierung der Gehirnfunktionen in Verbindung steht. Ruben und Raquel Gur untersuchten zum Beispiel laterale Augenbewegungen, die die Art der hemisphärischen Funktionsweisen charakterisieren. Ihre Versuchsergebnisse, schrieben die Gurs, deuteten darauf hin, daß die Fähigkeit, hypnotisiert zu werden, durch die „nonverbale, holistische, synthetische oder ‚appositionelle' Hemisphäre" vermittelt wird.[58] Weitere Nachweise für einen solchen Zusammenhang wurden von Kenneth Graham und Kevin Pernicano erbracht, die aufzeigten, daß Hypnose eine Sinnestäuschung, den sogenannten autokinetischen Effekt, hervorrufen kann, wobei ein fester Lichtpunkt sich auf dunklem Hintergrund zu bewegen scheint. Versuchspersonen des Graham-Pernicano-Experiments nahmen, wenn sie nicht hypnotisiert waren, zu etwa 33 Prozent der Zeit wahr, daß sich das Licht nach links bewegte – gegenüber 54 Prozent der Zeit, wenn sie hypnotisiert waren. Diese Ergebnisse, so schrieben die Forscher, bestätigen eine „Lateralitätstheorie ..., die Hypnose vom Standpunkt einer relativen Verlagerung kognitiver Funktionen von der dominanten (linken) auf die nicht-dominante (rechte) Hemisphäre des Gehirns betrachtet".[59] Studien von Harold Sackeim und seinen Mitarbeitern, die ergeben haben, daß hypnotisierbare Personen dazu tendieren, auf der rechten Seite eines Klassenzimmers zu sitzen, bekräftigen diese Annahme.[60] Kurz gesagt zeigen drei Gruppen von experimentellen Ergebnissen mit hypnotisierbaren Versuchspersonen – aus Studien über laterale Augenbewegungen, den autokinetischen Effekt und Muster der Platzverteilung in Klassenzimmern – die

Tendenz dieser Menschen, Information in der nonverbalen Gehirnhälfte zu verarbeiten.[61]

Arten und Formen der Aufmerksamkeit sind ebenfalls mit hypnotischer Empfänglichkeit in Beziehung gebracht worden. A. Tellegen und G. Atkinson berichteten beispielsweise von einem gleichbleibenden Verhältnis zwischen dem Grad der Hypnotisierbarkeit und Papier-Bleistift-Tests zum Messen der Fähigkeit, von einer gegebenen Aufgabenstellung absorbiert zu werden.[62] Charles Graham zeigte, daß hoch empfängliche Versuchspersonen eine deutliche Einschränkung der Aufmerksamkeit im Sehfeld erleben, wenn sie sich in Hypnose begeben, daß aber nicht empfängliche Personen nach der gleichen Induktion ihre Umgebung weiterhin so wahrnehmen wie zuvor.[63] David Van Nuys entdeckte eine signifikante negative Korrelation (–0,42) zwischen der Anzahl störender Gedanken, die von Versuchspersonen bei einer Meditationsübung berichtet wurden, und dem Grad ihrer Hypnotisierbarkeit.[64] Diese Experimente mit Arten und Formen der Aufmerksamkeit deuten darauf hin, daß die hypnotische Empfänglichkeit mit der Fähigkeit zu einem ungewöhnlich tiefen Versunkensein verbunden ist.

Diese Möglichkeit hatten Charles Graham und Frederick Evans im Sinn, als sie ein Experiment durchführten, bei dem hypnotisierbare Personen gebeten wurden, aufs Geratewohl Zahlen zu nennen. Die beiden Forscher nahmen an, daß sie dazu besser imstande sein sollten als weniger reaktionsfähige Personen, nicht nur, weil sie ihre Aufmerksamkeit besser fokussieren konnten, sondern auch, weil sie eine kognitive Deautomatisierung, die eine solche Aufgabe erfordert, ebenso erreichen können wie kreative Menschen, die sich ihrer Phantasie hingeben und vorübergehend auf eine Überprüfung der Realität verzichten. Graham und Evans gestalteten ihr Experiment so, daß ihre Versuchspersonen unter Zeitdruck standen, und verlangten von ihnen 100 Sekunden lang jede Sekunde das Nennen einer Zahl zwischen 1 und 10. Die Schwierigkeit, diese Aufgabe auszuführen, scheint zwei Ursachen zu haben. Auf der kognitiven Ebene muß

die Person unter dem Druck, 100 Sekunden lang pro Sekunde eine Reaktion zu liefern, ihre bisherige Leistung überwachen, um Wahrscheinlichkeiten anzugleichen und Alternativen auszuwählen. Auf einer anderen Ebene ähnelt die Aufgabe in etwa der Methode des freien Assoziierens, das auch täuschend einfach zu sein scheint, sich für manche Personen jedoch als sehr schwierig erweisen kann. Die Schwierigkeit ... scheint aufzukommen, weil Zufälligkeit im Widerspruch zu allem steht, was uns in unserem Leben beigebracht wurde. Anscheinend wird von jedem von uns von Geburt an erwartet, daß wir in unserem Verhalten immer organisierter und vorhersehbarer werden, vor allem in unseren Denkstrukturen. [Diese] Aufgabe erfolgreich zu lösen scheint jedoch das genaue Gegenteil zu erfordern: das kontrollierte Nicht-Strukturieren des Denkens. Auch Verzerrungen der Erinnerung und die Imagina-

tion mögen daran beteiligt sein. Jeder dieser Aspekte [der Kognition] scheint gleichermaßen auch auf die hypnotische Situation zuzutreffen.[65]

Die Hypothese von Graham und Evans wurde bestätigt, da die Personen, die am erfolgreichsten Zahlen in einer zufälligen Reihenfolge nennen konnten, auch dazu neigten, leichter hypnotisierbar zu sein als die anderen. Einige dieser leichter hypnotisierbaren Versuchspersonen setzten ihre Imagination ein (etwa die Vorstellung einer Reihe von zehn Lichtern, von denen in jeder Sekunde eines anging), während andere ihre kognitiven und verbalen Fähigkeiten abschalteten und die „Zahlen einfach kommen ließen". Graham und Evans bezogen sich auf Arthur Deikmans Theorie, daß die Deautomatisierung für meditative Erfahrungen und verschiedene veränderte Bewußtseinszustände von zentraler Bedeutung ist, und stellten die These auf, daß, um bei ihrem Experiment erfolgreich zu sein, die Fähigkeit benötigt wurde, „eine etablierte, automatisierte, kognitive ordnende Struktur zu umgehen". Sie schrieben, daß ihre Ergebnisse Ernest Hilgards Behauptung zu stützen schienen, daß in hohem Maße hypnotisierbare Personen keine Angst haben, auf eine Überprüfung der Realität zu verzichten oder sich stark auf subjektive Erfahrungen einzulassen.[66]

Eine Studie der selektiven Aufmerksamkeit von Robert Karlin bestätigt die Ergebnisse von Graham und Evans. Bei Karlins Experiment hörten die Versuchspersonen zwei verschiedenen Tonbändern zu, die gleichzeitig abgespielt wurden und aus einer einzigen Schallquelle ertönten. Sie wurden gebeten, ihre Schwierigkeiten, eine der beiden Aufnahmen zu verstehen, zu bewerten und anzugeben, an was sie sich erinnern konnten. Es wurde eine signifikante Korrelation zwischen der erfolgreichen Erinnerung an Teile der Aufnahmen und dem Grad ihrer Hypnoseempfänglichkeit festgestellt. „Gemeinsam mit der Untersuchung von Graham und Evans (1977)", schrieb Karlin, „[deuten diese Ergebnisse darauf hin], daß in hohem Maße hypnotisierbare Versuchspersonen in der Lage sind, ihre Aufmerksamkeit sowohl auf Wahrnehmungs- als auch auf kognitive Aufgaben auf eine Weise aufzuteilen, die weniger hypnotisierbaren Versuchspersonen nicht zugänglich ist."[67]

Die Fähigkeit der Aufmerksamkeit von hypnotisierbaren Personen, die die Experimente von Graham und Evans und von Karlin zeigen, und die sowohl eine anhaltende Konzentration als auch die Deautomatisierung gewohnheitsmäßiger Abläufe einschließt, ähnelt der hoch konzentrierten und doch spontanen Reagibilität von begabten Sportlern, Tänzern, Kampfkünstlern, Schamanen und Zen-Meistern.[68] Diese Kombination aus Fähigkeiten scheint mir ein grundlegendes Merkmal des außerge-wöhnlichen Verhaltens zu sein und kann durch die in diesem Buch dargelegte integrale Entwicklung verfeinert werden. Korrelate der Hypnotisierbarkeit, wie eine Anpassungsfähigkeit der Wahrnehmung, Toleranz gegenüber Mehrdeutigkeit, das

Vermögen, auf die Überprüfung der Wirklichkeit zu verzichten, Offenheit für fremdartige Erfahrungen, lebhafte und spontane Imagination und die Fähigkeit, sich in eine gegebene Aufgabenstellung zu vertiefen, die kreative Menschen aus vielen Bereichen aufweisen, können bis zu einem gewissen Grad durch körperorientierte Verfahren (18), Psychotherapie (17.1, 17.2), Meditation (23.2) und andere Methoden entwickelt werden.

Die „zu Phantasien neigende" Persönlichkeit

Die Forscher und Psychologen Theodore Barber und Sheryl Wilson identifizierten 27 Frauen, die ausgezeichnete hypnotische Versuchspersonen waren, und verglichen sie mit 25 Frauen, die weniger empfänglich für Hypnose waren. Sie fanden heraus, daß – mit einer Ausnahme – die ausgezeichneten hypnotischen Versuchspersonen ein ausgeprägtes Phantasieleben besaßen, daß ihre Phantasien häufig halluzinatorischer Art waren und daß ihr Eingebundensein in Phantasien zu ihren hervorragenden Leistungen in Hypnose beitrug. Offenbar hatten diese 26 Versuchspersonen ihre Phantasien seit der Zeit ihrer Kindheit entwickelt. Wilson und Barber schrieben:

Diejenigen, die mit Puppen und Stofftieren gespielt hatten, glaubten, daß diese lebendig waren und Gefühle und einzigartige Persönlichkeiten hatten. Daher behandelten sie ihre Puppen und Stofftiere stets voller Respekt und Rücksicht. Einige der [sogenannten] Phantasierer erzählten uns, daß sie jede Nacht mit einer anderen Puppe oder einem anderen Stofftier schliefen, um die Gefühle der anderen nicht zu verletzen. Wenn sie nicht mehr mit ihnen spielten, ließen sie sie außerdem in einer bequemen Haltung zurück, etwa auf dem Bett liegend oder in einem Sessel sitzend, damit sie aus dem Fenster sehen konnten. Waren sie einmal unvorsichtig oder hatten einer Puppe oder einem Stofftier unabsichtlich „wehgetan", entschuldigten sie sich. Ihre Puppen oder Stofftiere taten ihnen auch leid, wenn sie sie allein zu Hause ließen, denn sie dachten, daß sie sich einsam fühlen würden.

Fast alle Phantasierer glaubten als Kinder an Feen, Kobolde, Elfen, Schutzengel und ähnliche Wesen. Die Kraft dieses Glaubens wird durch die Erklärung einer Versuchsperson veranschaulicht, daß sie – nachdem sie endlich davon überzeugt worden war, daß der Weihnachtsmann eine Erfindung war – nicht verstehen konnte, warum die Erwachsenen versucht hatten, eine solche Person „zu erfinden", wenn es doch so viele wirkliche Wesen wie Baumgeister und Feen gab. Die Kraft des Glaubens an solche Wesen, die bei zu Phantasien neigenden Personen [beobachtet werden kann], stammt wahrscheinlich aus ihrer Überzeugung, daß sie diese gesehen, gehört oder sogar mit ihnen gespielt haben. Viele sahen nicht mehr als „winzige Beine, die um Ecken verschwinden". Für einige waren die Begegnungen mit solchen Wesen jedoch lebhaft und „so wirklich, als wären sie wirklich". Eine [Versuchsperson] erzählte uns zum Beispiel, daß sie als Kind Stunden damit zugebracht hatte, voller Faszination die kleinen Leute zu beobachten, die im Kaktusgarten ihrer Großmutter lebten und von denen die

Erwachsenen behauptet hatten, es gäbe sie nicht. Von wenigen Ausnahmen abgesehen, beschränkte sich der Glaube an Elfen, Kobolde, Feen, Schutzengel, Baumgeister und ähnliche Wesen nicht auf die Kindheit. Als Erwachsene glaubten sie entweder immer noch an sie oder waren sich nicht völlig sicher, ob es sie nicht wirklich gäbe.

Einige der Phantasierer hatten entweder Gott oder Jesus als imaginären Gefährten. Da diese Personen aus zerrütteten Familien kamen oder als Kinder mißbraucht worden waren, kann ihre persönliche Beziehung zu Gott oder Jesus so beurteilt werden, daß sie wichtigen Bedürfnissen dient. Sie hatten sich einen idealen Gefährten erschaffen, der ihnen bedingungslose Liebe, Anerkennung, Unterstützung und Rat in einer Welt gab, die ansonsten unbeständig, herabsetzend und grausam war und sie in keiner Weise unterstützte.

Mit nur zwei Ausnahmen gaben die zu Phantasien neigenden Personen während ihrer Kindheit vor, jemand anders zu sein, etwa ein Waisenkind, eine Prinzessin, ein Vogel oder ein [anderes] Tier oder eine Märchenfigur wie Aschenputtel oder Schneewittchen. Sie gingen so sehr in diesen Rollen auf, daß sie sich tatsächlich für das hielten, was sie vorgaben zu sein. Ihre Verstellung ging häufig weit über eine festgelegte Spielphase hinaus und setzte sich in ihrem täglichen Leben fort. Eine Versuchsperson glaubte, daß sie nicht gespielt hatte, ein Vogel zu sein, sondern daß sie ein Vogel war, der so tat, als ob er ein Mädchen wäre. Eine andere Versuchsperson, die ständig vorgab, eine Prinzessin zu sein, erzählte etwas ähnliches, nämlich daß sie sich wirklich für eine Prinzessin hielt, die vorgab, daß sie ein gewöhnliches Mädchen wäre, das all das tat, was gewöhnliche Kinder tun – wie zur Schule gehen, Fahrrad fahren und so weiter. Für sie war ihr Haus ein Schloß mit einem richtigen Burggraben und einer Zugbrücke, und sie erzählte den Kindern in der Schule, daß sie eine Prinzessin wäre und in einem Schloß mit einem Burggraben lebte.[69]

Die Kontrollpersonen dieser Studie hatten auch nicht annähernd mit der gleichen Intensität phantasiert wie die Phantasierer. Ihre Imagination war charakteristischerweise weniger lebhaft, mehr durch eine Überprüfung der Realität eingeschränkt, trat seltener auf und machte weniger Spaß. Die zu Phantasien neigenden Versuchspersonen von Wilson und Barber waren allerdings überwiegend stabil und konnten ihre Phantasien eindeutig von der existierenden Wirklichkeit unterscheiden. Es schien so, als ob sie alle gelernt hatten, ihre imaginären Handlungsweisen zu verheimlichen. Die oben beschriebene „Prinzessin"

wurde [zum Beispiel] von ihren Schulfreundinnen der Lüge bezichtigt, als sie ihnen ihr imaginäres Schloß zeigte (in Wirklichkeit ein Haus der Mittelschicht). Sie war schockiert, daß sie das Schloß nicht sehen konnten, denn für sie war es real. Aus diesem Moment erwuchs ihre Heimlichtuerei. Seitdem versuchte sie nie wieder, ihre Freunde an ihren Phantasien und Spielen teilhaben zu lassen.[70]

Nach Wilson und Barber trugen die folgenden vier Faktoren zu den Phantasien ihrer Versuchspersonen bei:

1. Mindestens 70 Prozent der Phantasierer erinnern sich, von einem für sie wichtigen Erwachsenen zum Phantasieren ermutigt worden zu sein. Dies geschah auf eine oder mehrere der folgenden Arten: (a) Der Erwachsene erzählte oder las dem Kind Märchen oder phantastische Geschichten vor, (b) der Erwachsene lobte das Kind für seine Vorstellungen und seine Phantasien, und (c) der Erwachsene behandelte die Puppen oder Stofftiere des Kindes, als ob diese lebendig wären, und ermutigte so das Kind zu glauben, daß sie wirklich lebten.

2. 16 der Phantasierer, im Gegensatz zu nur einer Person in der Vergleichsgruppe, glaubten, in ihrer Kindheit sehr einsam und isoliert gewesen zu sein. Diese Phantasierer waren der Meinung, daß sie so stark in den Phantasien aufgingen, um ihre Isolation zu überwinden, und sahen sie als etwas, das ihnen Gesellschaft und Unterhaltung bot.

3. Neun der Phantasierer (und keine der Personen in der Vergleichsgruppe) gaben an, daß sie eine schwierige oder spannungsreiche Kindheit hatten. Sie berichteten von: (a) schwerem körperlichem Mißbrauch durch einen Elternteil, Pflegeelternteil oder ältere Geschwister (was in manchen Fällen eine medizinische Behandlung erforderte), (b) einer Mutter, die schwere emotionale Probleme hatte, (c) einer Mutter, die die Familie im Stich ließ, (d) unsicheren Lebensumständen, wie das Wohnen bei verschiedenen Verwandten und in mehreren Pflegefamilien, und (e) unterschiedlichen Kombinationen von einigen oder allen oben aufgeführten Punkten. Alle neun Versuchspersonen aus dieser Gruppe erzählten uns, daß sie ihre Phantasie benutzt hatten, um aus ihren Umständen zu entfliehen. Erstaunlicherweise hatten die meisten von ihnen ein geheimes Versteck (zum Beispiel auf einer nahegelegenen Wiese oder hinter dem Sofa), wo sie sich gewöhnlich verbargen, um ungestört zu sein, während sie ein völlig andersartiges Phantasieleben führten.

4. Mindestens neun der zu Phantasien neigenden Versuchspersonen hatten besondere Lebensumstände, die zu ihrem extremen Eingebundensein in ihre Phantasien beitrugen. Im Alter von zwei, drei oder vier Jahren bekamen alle neun Versuchspersonen intensiven Klavier-, Ballett-, Schauspiel- oder Kunstunterricht, und sechs davon hatten damit angefangen, sich mit zweien oder mehr als zweien dieser Fächer eindringlich zu beschäftigen. Sie setzten ihre Phantasien ein, wenn sie diesen Betätigungen nachkamen.[71]

Als Erwachsene verbrachten diese Frauen einen großen Teil ihres Wachzustandes damit, sich in ihren Phantasien zu ergehen, so zum Beispiel bei einer langweiligen Unterhaltung, bei Routineaufgaben, während freier Zeit, die sie hierfür reserviert hatten, oder vor dem Einschlafen. Ihre Phantasien waren oft so lebhaft, daß die eingebildeten Gerüche, Geschmäcke, Klänge und Tastempfindungen die Unmittelbarkeit und Intensität von Wahrnehmungen hatten, die durch äußere Reize verursacht waren. 75 Prozent dieser Personen sagten, daß sie ohne physische Stimulierung, allein durch sexuelle Phantasien zum Orgasmus kamen, und 65 Prozent behaupteten, daß sie Phantasien von einer halluzinatorischen Intensität hatten.[72]

21 der 22 befragten Phantasierer, in krassem Gegensatz zu nur einer von elf Kontrollpersonen, sagten, sie wären sich seit der Kindheit ihrer halluzinatorischen Erlebnisse genauestens bewußt gewesen, da diese ihnen Spaß machten. Ihre Erinnerungen an Eindrücke des Tastsinns, an Gerüche und Klänge waren weitaus lebhafter und intensiver als die der Kontrollpersonen, woraus Wilson und Barber schlossen, daß die Aufmerksamkeit der Phantasierer im allgemeinen größer war – nicht nur in bezug auf Imagination, sondern auch auf äußere Reize.[73] Es ist denkbar, daß diese Schärfe der Aufmerksamkeit die Erinnerungen der zu Phantasien neigenden Personen so besonders lebhaft macht. Die Forscher schrieben:

Von den 26 Phantasierern gaben 24 (und nur drei in der Vergleichsgruppe) an, daß sie lebhafte Erinnerungen an Ereignisse vor ihrem dritten Geburtstag hatten. Von diesen berichteten acht über deutliche Erinnerungen an Ereignisse, die an oder vor ihrem ersten Geburtstag geschahen.

Wenn sie versuchen, sich an ihre ersten Lebensjahre zu erinnern, scheinen sie die Gedanken, Emotionen und Gefühle, einschließlich der Empfindung, in ihrem Körper als Baby zu sein, auf dieselbe Weise wieder zu erleben, wie sie es ursprünglich taten. Als beispielsweise eine unserer Versuchspersonen ihre Erinnerung an ihren ersten Geburtstag beschrieb, erlebte sie intensiv wieder, wie ihr Vater „Happy Birthday" sang, ihre Mutter hinter ihr stand und ihr bei dem Versuch half, die Kerze auszupusten, und wie ihre Schwester neben ihr saß. Sie konnte fühlen, wie sie in ihrem Kinderstuhl saß, und konnte ihren Körper spüren, wie er zu jener Zeit war („mit meinem dicken, fetten Bäuchlein"). Unmittelbar nach dieser lebhaften Wiedererinnerung rief sie aus: „Damals war das Leben wunderbar!"

Zusätzlich zu der Nutzung lebhafter Erinnerungen für ihre persönliche Erfahrung zeigten zwei der Phantasierer, anscheinend als Folge ungewöhnlicher Umstände in ihren frühen Lebensjahren, überragende auditive Erinnerungen an gesprochene Worte.

Im Alter von vier Jahren schien eine der zu Phantasien neigenden Versuchspersonen all ihre Kinderbücher von vorne bis hinten laut vorlesen zu können. Doch sie konnte überhaupt nicht lesen. Sie sah sich jede Seite des Buches an und wiederholte Wort für Wort die Stimme des Erwachsenen, der ihr das Buch ursprünglich vorgelesen hatte. Sie bewahrte diese auditive eidetische Vorstellung ihr Leben lang und fand sie äußerst nützlich.[74]

25 dieser Versuchspersonen wurde übel, wann immer sie im Fernsehen oder in Filmen Gewalt sahen.

19 berichteten von körperlichen Symptomen in Verbindung mit starken Phantasien oder Erinnerungen, so zum Beispiel, als eine Versuchsperson (irrtümlich) glaubte, sie habe etwas Verdorbenes gegessen. 13 der 22, die befragt wurden, sagten, sie hätten eine Scheinschwangerschaft mit einem oder mehreren der folgenden Symptome gehabt: Ausbleiben der Menstruation, Anschwellen der Brüste, Anschwellen des Bauches, Übelkeit am Morgen, heftiges Verlangen nach bestimmten Speisen und das

Gefühl von Bewegungen des Fetus. Zwei wollten sogar Abtreibungen vornehmen lassen, weil die Symptome so überzeugend waren. Eine derartige Reagibilität führte Barber und Wilson zu der Annahme, daß diese Frauen eine bemerkenswerte psychosomatische Gestaltungsfähigkeit besaßen, mittels derer sich ihre Körper an ihre eindringlichen Vorstellungsbilder anpaßten.[75]

92 Prozent dieser außergewöhnlichen Personen behaupteten, daß ihre Phantasien in manchen Fällen Telepathie, Hellsehen, Präkognition, religiöse Visionen oder eine spirituelle Heilung begleiteten oder auslösten. 88 Prozent von ihnen berichteten über Zustände außerkörperlicher Erfahrung, verglichen mit 8 Prozent der Kontrollgruppe. Zwei davon machten diese während todesnaher Erfahrungen. Und 50 Prozent hatten das Gefühl, daß „jemand oder etwas sich ihrer bediente, um ein Gedicht, ein Lied oder eine Botschaft zu schreiben".[76] Als Erklärung der besonderen Vermischung außergewöhnlicher Fähigkeiten, die ihre Versuchspersonen zeigten, stellten Wilson und Barber die Hypothese auf,

daß lebhafte sensorische Erfahrungen, lebhafte Erinnerungen und lebhafte Phantasien folgendermaßen in einer kausalen Wechselbeziehung zueinander stehen: Personen, die sich auf ihre sensorischen Erfahrungen konzentrieren und diese lebhaft spüren, haben relativ lebhafte Erinnerungen an ihre Erfahrungen, und Personen mit lebhaften Erinnerungen an ihre Erfahrungen sind in der Lage, relativ lebhafte Phantasien zu haben, da sie ihre lebhaften Erinnerungen als Rohmaterial verwenden können, aus dem sie ihre Phantasien schöpferisch entfalten.

Wenngleich die oben aufgestellte Hypothese sich schwer überprüfen läßt, führt die Beziehung, die wir zwischen sensorischer Erfahrung, Erinnerungen und Phantasien bemerkt haben, zu Voraussagen, die sich leicht überprüfen lassen. Zum Beispiel sollten wir in der Lage sein, die Lebhaftigkeit der Phantasien einer Person durch die Einschätzung der Lebhaftigkeit ihrer sensorischen Erfahrungen vorauszusagen. Wir könnten sie auch bitten, sich bestimmte persönliche Ereignisse zu vergegenwärtigen, wie den ersten Schultag, das erste Mal, als sie eine Zigarette rauchten, oder das erste Mal, als sie betrunken waren. Das Ausmaß, in dem sie lebhafte sensorische Erfahrungen haben, sowie das Ausmaß, in dem sie sich frühere persönliche Ereignisse mit Hilfe aller Sinnesmodalitäten vergegenwärtigen und diese wiedererleben, müßte die Lebhaftigkeit (oder halluzinatorischen Qualitäten) ihrer Phantasien (und korrelierende Variablen wie Hypnotisierbarkeit und Psi-Fähigkeiten) voraussagen.[77]

Barber und Wilson waren der Ansicht, daß sie einen Persönlichkeitstypus entdeckt hatten, der bisher noch nicht beschrieben worden war, auch wenn einige der ungewöhnlichen Fähigkeiten ihrer Versuchspersonen zuvor getrennt voneinander untersucht worden waren. Halluzinatorische Fähigkeiten bei normalen Personen waren zum Beispiel im 19. Jahrhundert von Francis Galton aufgezeichnet worden.[78] E. R. Jaensch hatte Menschen mit ungewöhnlichen geistigen Vorstellungen studiert, die er

Eidetiker nannte.[79] Vogt und Sultan hatten eine Abhandlung über die außergewöhnlichen geistigen Vorstellungen von Nikola Tesla verfaßt, der im Kopf komplizierte Maschinen mit photographischen Details konstruieren konnte.[80] Und der russische Psychologe A. R. Luria hatte eine klassische Studie über einen Mann geschrieben, dessen Vorstellungsbilder so lebhaft waren, daß sie wirklich erschienen: *The Mind of a Mnemonist.*[81] Diese frühen Untersuchungen, so meinten Wilson und Barber, gaben die verschiedenen Aspekte der zu Phantasien neigenden Persönlichkeit jedoch nicht angemessen wieder.

Soweit wir wissen, ist das Syndrom, das wir aufgedeckt haben und das Phantasieren, die Fähigkeit zu halluzinieren, lebhafte Erinnerungen, Hypnotisierbarkeit und Psi-Fähigkeiten umfaßt, bisher nicht als einheitliches Gebilde geschildert worden. Allerdings ist jeder einzelne Aspekt des Syndroms separat untersucht worden, und in manchen Fällen wurden zwei oder mehr Aspekte miteinander in Beziehung gebracht.[82]

Um Wilsons und Barbers These zu erforschen, verglichen die Psychologen Steven Lynn und Judith Rhue 156 Versuchspersonen mit außergewöhnlichen Phantasien mit Personen, die weniger aktive Imaginationen hatten.

Wilsons und Barbers Theorie der Phantasieneigung wurde im allgemeinen bestätigt. Es ließ sich feststellen, daß Phantasierer sich in bezug auf Hypnotisierbarkeit, Imagination, Suggestibilität im Wachzustand, halluzinatorische Fähigkeiten, Kreativität, Psychopathologie und Kindheitserfahrungen von Nichtphantasierern und in vielen Fällen von den durchschnittlichen Versuchspersonen unterscheiden.

> [Jedoch] fügen sich Personen am äußersten Ende des Kontinuums der Phantasieneigung nicht notwendigerweise in einen einheitlichen Persönlichkeitstypus ein. Obgleich wir unsere Forschungen mit der Absicht begannen, einen bestimmten Persönlichkeitstypus zu untersuchen, wurden wir im Laufe der Untersuchung immer mehr von der Vielfalt der Phantasierer beeindruckt. ... Phantasierer unterschieden sich stark in bezug auf ihre Hypnotisierbarkeit, halluzinatorischen Fähigkeiten, Entwicklungsgeschichte und psychologische Anpassung. Während einige Phantasierer leicht hypnotisierbar sind, sind andere das nicht; während manche Phantasierer ein Objekt „so wirklich, als wäre es wirklich" halluzinieren können, sind andere nicht dazu fähig, überzeugende Halluzinationen hervorzubringen; während einige Phantasierer von Mißbrauch in der Kindheit berichten, zeichnen andere ein rosarotes Bild ihres familiären Milieus in der Kindheit; und während manche Phantasierer vorbildliche Beispiele von gesunder Anpassung zu sein scheinen, kann die Anpassung anderer Phantasierer bestenfalls als am Rande stehend bezeichnet werden.[83]

Obgleich Lynn und Rhue keinen sich deutlich abzeichnenden Persönlichkeitstypus fanden, wie Wilson und Barber angedeutet hatten, zeigen ihre Erkenntnisse doch auf,

daß manche Menschen tatsächlich regelmäßig lebhafte und gelegentlich halluzinatorische Imaginationen haben. Insgesamt gesehen zeigt die Erforschung der Phantasieneigung durch Wilson, Barber, Lynn und Rhue ebenso wie Studien über imaginative Beteiligung von Josephine Hilgard und anderen Hypnoseforschern, daß manche Menschen durch das lebenslange Üben ihrer Imagination ein ausgeprägtes Phantasieleben entwickeln. Ob es nun eine definitive Klassifizierung oder eine „einheitliche Wesenhaftigkeit" der Phantasieneigung gibt oder nicht, so scheint die lebenslange Schulung und Verfeinerung der Imagination, über die Versuchspersonen der oben angeführten Studien berichten, eine starke Vorstellungskraft und Erinnerung, intensive Konzentration, Offenheit für ungewöhnliche Erfahrungen, Sinnesschärfe und große somatische Reagibilität auf geistige Vorstellungsbilder hervorzurufen. All diese Fähigkeiten vermögen die außergewöhnlichen Funktionen im allgemeinen zu fördern.

Die Entwicklung hypnotischer Reagibilität

Eine Reihe von Studien zeigen, daß Hypnotisierbarkeit bis zu einem gewissen Grad entwickelt werden kann. Michael Diamond beschäftigte sich mit mehreren Experimenten, bei denen die Versuchspersonen durch Musik, Stille, psychedelische Drogen, Biofeedback, sensorische Deprivation, ein Programm zur persönlichen Entfaltung am *Esalen Institute*, Training in hypnotischem Verhalten, operante Konditionierung oder Entspannungsübungen reaktionsfähiger auf Hypnose wurden. „Ein Training in psychophysiologischer Kontrolle, fokussiertes Denken und imaginative gegenwartsbezogene Aktivitäten“, schrieb Diamond, „scheinen allesamt das Vermögen, sich auf hypnotische Suggestionen einzulassen, zu stärken.“[84] Ein späterer Überblick über die Hypnoseforschung von dem Psychologen I. Wicramasekera bestätigte Diamonds allgemein gehaltene Aussagen.[85] Tatsächlich entwickelten in einigen der von Diamond untersuchten Studien bestimmte Versuchspersonen in kurzer Zeit Fähigkeiten, die mit hypnotischer Reagibilität verbunden sind.[86] Wenn Menschen innerhalb der beschränkten Übungsdauer im Rahmen solcher Experimente ihre grundlegenden Anlagen wandeln können, wundert es nicht, daß religiöse oder andere, das gesamte Leben umfassende Übungen dramatische Veränderungen des Bewußtseins und Verhaltens hervorbringen.

[15.7]
SELBSTHYPNOSE

James Braid prägte nicht nur den Begriff *Hypnotismus* und stellte erfolgversprechende Theorien über die hypnotische Suggestion auf, sondern war auch der erste, der syste-

matisch die Selbsthypnose erforschte.[87] Er wandte sie bei sich selbst bei eigenen Problemen an und war davon überzeugt, daß sich „Patienten in den ‚nervösen Schlaf‘ fallenlassen können und all die üblichen Phänomene des Mesmerismus durch eigene Anstrengung, ohne fremde Hilfe, aufweisen können“. Braid untermauerte diese Behauptung durch eine Reihe von Experimenten, bei denen mehrere Versuchspersonen hypnotische Phänomene ohne den Einfluß eines Hypnotiseurs zeigten.[88]

Seither haben viele Ärzte und Psychotherapeuten ihre Patienten die Selbsthypnose als Mittel zur Symptomverbesserung gelehrt. Die Methode ist auch von Sportlern, Musikern und anderen angewendet worden, um eigene Leistungen zu verbessern. Experimentelle Studien haben ergeben, daß in hohem Maße empfängliche Personen durch Selbsthypnose häufig spontanere und lebhaftere Imaginationen, mehr Ebenen der Trance und verschiedenartigere Wirkungen erfahren und sich der Einzelheiten der Imagination vermehrt bewußt sind als bei Fremdhypnose. Es scheint, daß die meisten hypnotisierbaren Personen für Selbsthypnose empfänglich sind, wenngleich einige Schwierigkeiten damit haben. Der Psychologin Lynn Johnson zufolge, die die beiden Hypnoseformen systematisch miteinander verglich, erweckt die Selbsthypnose häufig einen spontanen, sich ausdehnenden und wandelbaren Aufmerksamkeitsmodus mit einer unerwarteten Bewußtheit über innere Vorgänge, während die Fremdhypnose im Vergleich dazu einen fokussierteren Zustand mit einer geringeren Anzahl von Vorstellungen hervorruft. In den meisten Fällen sagen Personen, die sich selbst hypnotisiert haben, daß sie dabei kreativer sind und mehr Selbstkontrolle zu haben scheinen als in der Fremdhypnose.[89]

[15.8]
HYPNOTISCHE SCHMERZLINDERUNG

Seit der Zeit von Mesmers „baquet" haben Mesmerismus und Hypnose die Linderung vieler verschiedener Leiden bewirken können. Eine Sammlung der bedeutenden klinischen Literatur zeigt, daß Hypnose Schmerzen, die aus den unterschiedlichsten Krankheiten resultieren, verringern kann.[90]

Durch Hypnose gelinderte körperliche und emotionale Schmerzen

In einer in den fünfziger Jahren veröffentlichten Serie von Artikeln berichtete der Arzt Byron Butler von der erfolgreichen Schmerzreduzierung bei Krebspatienten und gab einen Überblick über die Geschichte der Krebsbehandlung durch Hypnose, die bis in das Jahr 1890 zurückreicht.[91] In jüngerer Zeit gab V. W. Cangello 73 Krebspatienten posthypnotische Suggestionen zur Schmerzreduzierung und konnte feststellen, daß 30 von ihnen von ausgezeichneten und 20 von guten Ergebnissen berichteten. Seine

tief hypnotisierbaren Patienten verspürten im allgemeinen eine größere Linderung als die anderen, obgleich etwa der Hälfte seiner weniger empfänglichen Patienten ebenfalls geholfen werden konnte.[92] Die Ergebnisse dieser Studien, schrieben Ernest und Josephine Hilgard, „zeigen eine Verbindung zwischen hypnotischer Reagibilität und erfolgreicher Schmerzreduzierung. Das Ergebnis, das allgemein ersichtlich ist – etwa 50 Prozent der Fälle zeigen eine beträchtliche Verbesserung –, liegt nahe bei dem, das von anderen Klinikern berichtet wird."[93]

Hypnose ist ferner eingesetzt worden, um mit Erregung und Angstzuständen vor Operationen fertig zu werden, die Genesung zu unterstützen, den Bedarf an postoperativen Narkotika zu verringern, Übelkeit zu beseitigen und die geistige Verfassung zu stärken.[94]

Ernest und Josephine Hilgard stellten die folgende Auflistung von Operationen zusammen, die zwischen 1955 und 1974 durchgeführt wurden und bei denen eine hypnotische Schmerzreduzierung ohne chemische Analgetika oder Anästhetika eingesetzt wurde.[95]

Appendektomie	Tinterow 1960
Kaiserschnitt	Kroger und DeLee 1957, Taugher 1958, Tinterow 1960
Gastrostomie	Bonilla et al. 1961
Mammaplastik	Mason 1955
Exzision eines Brusttumors	Kroger 1963

Exzision von Brustgewebe	Van Dyke 1970
Hauttransplantation, Débridement etc.	Crasilneck et al. 1956, Tinterow 1960, Finer und Nylen 1961
Herzchirurgie	Marmer 1959, Tinterow 1960, Ruiz und Fernandez 1960
Frakturen und Dislokationen	Goldie 1956, Bernstein 1965
Zervikale Radiumimplantation	Crasilneck und Jenkins 1958
Kürettage bei Endometritis	Taugher 1958
Vaginale Hysterektomie	Tinterow 1960
Zirkumzision bei Phimose	Chong 1964
Prostataresektion	Schwarcz 1965
Transurethrale Resektion	Bowen 1973
Oophorektomie	Bartlett 1971
Hämorrhoidektomie	Tinterow 1960
Nervennaht des Nervus facialis	Crasilneck und Jenkins 1958
Thyreoidektomie	Kroger 1959, Chong 1964, Patton 1969
Ligatur und Stripping	Tinterow 1960

Entfernung einer Reißzwecke aus der Nase eines Kindes	Bernstein 1965
Nähen einer Rißwunde am Kinn eines Kindes	Bernstein 1965
Entfernung einer Fettgeschwulst vom Arm	Scott 1973

Wie zu sehen ist, sind selbst Herzoperationen und Tumorextirpationen ohne Medikamente durchgeführt worden. Behauptungen wie von Esdaile und Elliotson, daß größere Operationen mit Hilfe des mesmerischen Schlafes oder Hypnose ohne Schmerzen durchgeführt werden können (15.1), fanden in den letzten Jahrzehnten immer wieder Bestätigung.[96]

Mittlerweile existiert eine umfangreiche klinische Fachliteratur über die hypnotische Analgesie während des Geburtsvorgangs. Der amerikanische Arzt R. V. August berichtete zum Beispiel, daß 58 Prozent der 850 Entbindungen, für die er verantwortlich war, überhaupt keine medikamentöse Behandlung erforderten, während 38 Prozent leichte Analgetika wie Demerol und nur 4 Prozent (36 der 850) eine örtliche Betäubung oder Vollnarkose benötigten.[97] In einer sowjetischen Studie wurde bei 29 Prozent von 501 Entbindungen eine vollkommene Schmerzlosigkeit durch Hypnose erzielt, eine teilweise Schmerzlosigkeit bei 38 Prozent, zweifelhafte Ergebnisse bei 12 Prozent und Versagen bei 21 Prozent.[98] Bei einer Untersuchung von 210 Geburten, über die im *British Medical Journal* berichtet wurde, zeigte sich, daß Frauen, die Selbsthypnose erlernt hatten, signifikant weniger Schmerzen hatten als Frauen, die Entspannung und kontrolliertes Atmen oder keine der Techniken erlernt hatten.[99] In einer anderen amerikanischen Studie erfuhren 16 von 22 Frauen eine Schmerzlinderung während der Wehen und der Geburt.[100]

Hypnose fand bereits 1837 Anwendung, um Schmerzen bei Zahnextraktionen zu lindern, wurde dann aber allgemein von Lachgas und Äther verdrängt. Allerdings wendete man sie seit dem Ende des Zweiten Weltkriegs in vielen Bereichen der Zahnchirurgie erfolgreich an.[101] Hypnose ist außerdem zur Linderung von Rückenschmerzen, Geschwürschmerz, Phantomschmerzen, hartnäckigen Schulterschmerzen, postoperativen Beschwerden nach augenchirurgischen Eingriffen Verbrennungsschmerzen und Migränekopfschmerz eingesetzt worden.[102]

Schmerzreduzierung als Funktion der Hypnotisierbarkeit

Mehrere Experimente haben gezeigt, daß die Fähigkeit zur hypnotischen Analgesie etwa eine Korrelation von 0,50 mit der allgemeinen hypnotischen Reagibilität auf-

weist.[103] Wenn auch fast jeder eine gewisse Linderung durch die Entspannung und Ablenkung, die die Hypnose bietet, erfahren kann, so verspüren die meisten leicht hypnotisierbaren Menschen eine größere Schmerzreduzierung durch Hypnose als gewöhnliche Versuchspersonen. Des weiteren gibt es genügend Anzeichen dafür, daß die hypnotische Schmerzreduzierung mehr als nur ein Placebo-Effekt ist. In einer Studie von McGlashan, Evans und Orne hatten hypnotisierbare Versuchspersonen mit Hilfe hypnotischer Analgesie signifikant weniger Schmerzen als durch ein Placebo, von dem sie glaubten, es wäre ein schmerzstillendes Mittel. Nicht empfängliche Versuchspersonen erfuhren hingegen eine ebensolche Linderung durch das Placebo wie durch die hypnotische Suggestion. Die Autoren schlossen daraus, daß es zwei Komponenten der hypnotischen Analgesie gibt: erstens einen Placebo-Effekt und zweitens „eine Verzerrung der Wahrnehmung, die besonders in tiefer Hypnose verursacht wird".* In einem Kommentar zu diesen Versuchsergebnissen schrieb Ernest Hilgard: „Es ist nicht schwer zu sehen, wie im Rahmen einer praktischen klinischen Situation Ergebnisse, die der Hypnose zugeschrieben werden, von einem Placebo-Effekt hervorgerufen sein könnten. Daraus ließe sich dann schließen, daß hypnotische Analgesie unabhängig von der gemessenen hypnotischen Reagibilität ist. Die Werte ... zeigen,

* McGlashan et al. 1969. Die nicht empfänglichen Versuchspersonen dieser Studie wiesen eine Korrelation von 0,76 zwischen ihren Reaktionen auf eine hypnotische Suggestion zur Schmerzreduzierung und einem Scheinmedikament auf, von dem sie glaubten, daß es ein starkes Schmerzmittel wäre, während die hypnotisierbaren Versuchspersonen von einer Schmerzlinderung berichteten, die über die Wirkung desselben Placebos hinausging.

wie falsch eine solche Schlußfolgerung wäre."[104] Die hypnotische Analgesie ist für die meisten hypnotisierbaren (und auch für einige nicht hypnotisierbare) Personen mehr als ein Placebo-Effekt – und sie ist auch mehr als nur ein Mittel, um Angstzustände zu verringern.

Hypnotische Analgesie und Angstreduzierung

In einer Studie von Ronald Shor wurden Versuchspersonen, die Hypnose simulierten, indem sie so taten, als ob sie entspannt wären, mit einer Gruppe hypnotisierter Versuchspersonen verglichen, um herauszufinden, wie sie auf Elektroschocks reagierten. Die Simulation gelang so gut, daß Beobachter die beiden Gruppen nicht unterscheiden konnten. Doch während der Befragung nach dem Experiment, bei der auf ehrliche Antworten Wert gelegt wurde, gaben die hypnotisierten Versuchspersonen an, keinen Schmerz gefühlt zu haben, während die Simulatoren sagten, sie hätten ihn gefühlt. Entspannung allein, obgleich sie dabei half, die Beschwerden abzumildern, beseitigte den Schmerz der Simulatoren nicht völlig.[105] In einer Stellungnahme zu Shors Studie schrieb Ernest Hilgard: „Die Schlußfolgerung [aus diesem Experiment]

ist eindeutig: Der analgetische Effekt der hypnotischen Suggestion darf nicht mit dem Entspannungs- oder Angstreduzierungseffekt verwechselt werden. [Entspannung] mag tatsächlich wichtig sein, etwa bei der Vorbereitung auf eine Operation oder während der Genesungszeit, es ist [jedoch] ein Irrtum, die beiden Effekte gleichzusetzen, wenn man verstehen will, was geschieht."[106] So wie die echte hypnotische Schmerzfreiheit mehr als ein Placebo-Effekt ist, ist sie auch mehr als nur eine Technik der Angstreduzierung.[107]

Offener und verdeckter Schmerz

Ernest Hilgard und seine Mitarbeiter an der Stanford University haben ebenso wie andere Forscher Verfahren entwickelt, durch die Versuchspersonen von Schmerzen berichten, die von einem subliminalen Prozeß wahrgenommen werden, den Hilgard den „verborgenen Beobachter" *(hidden observer)* genannt hat. Um Aussagen über verborgenen Schmerz zu bekommen, sagt der Versuchsleiter üblicherweise zu einer Versuchsperson, daß ein Teil von ihr, wie andere Steuerungsmechanismen körperlicher Vorgänge, die somatischen Prozesse überwacht und daß sie in der Hypnose auf ein vorher vereinbartes Signal hin Schmerzen registrieren wird, obgleich sie sich im Wachzustand nicht daran erinnern wird. Unter diesen Bedingungen bestimmen einige Versuchspersonen das Ausmaß des Schmerzes, den sie fühlen, auch wenn er während der Hypnose außerhalb ihres Bewußtseins bleibt. Außerdem berichten diese Versuchspersonen gewöhnlich, daß ihr Schmerz irgendwie nicht so stark wäre wie unter normalen Umständen und daß er kein besonderes Unbehagen verursacht. Bei Versuchspersonen, die von verdecktem Schmerz berichten, schrieb Hilgard, „wird offensichtlich, daß dieser Teil ihres Erlebens durch eine Art amnestischen Prozeß verborgen wurde". Diese Amnesie kann aufgehoben werden, unterscheidet sich aber von der gewöhnlichen posthypnotischen Amnesie dadurch, daß die Ablenkung von der Erinnerung geschieht, *bevor* der Schmerz erfahren wird. Normalerweise ist Amnesie das Vergessen von etwas, das früher wahrgenommen oder erinnert wurde.[108]

Es ist vorstellbar, daß ein Mechanismus wie Hilgards „verborgener Beobachter" bei Meistern der Kampfkünste, Sportlern und Meditierenden in Kraft ist. Vielleicht ermöglicht eine solche Kontrolle den Menschen, die im Rahmen ihrer Übung absichtlich Schmerzen ertragen, aufzuhören, bevor sie sich Schaden zufügen.

Schmerzreduzierung durch Hypnose und Wachsuggestion

Einige Hypnoseforscher haben behauptet, daß Trance für die hypnotische Schmerzreduzierung nicht notwendig ist,[109] doch Ernest Hilgard und andere haben diese Ausführungen kritisiert, da sie sich auf Studien beziehen, in denen leicht und nicht hyp-

notisierbare Versuchspersonen unterschiedslos in Gruppen eingeteilt wurden. Bei diesen unzureichend geplanten Versuchen reagieren nicht hypnotisierbare Versuchspersonen charakteristischerweise ebenso auf Wachsuggestionen wie auf hypnotische, während hypnotisierbare Versuchspersonen dazu neigen, während der Wachsuggestionen in Hypnose zu fallen, so daß die so entstandenen statistischen Ergebnisse irreführend sind. Um dieses Problem im Versuchsplan zu umgehen, setzten Hilgard und seine Mitarbeiter hypnotisierbare Versuchspersonen als Kontrollpersonen ein. Sie verglichen ihre Reaktionen auf den Kälte-Druck-Schmerz (der durch das Eintauchen der Hand in eiskaltes Wasser verursacht wurde) unter drei Versuchsbedingungen: nach Suggestionen der Analgesie im Wachzustand, nach denselben Suggestionen in hypnotischer Trance und im Wachzustand ohne Suggestionen. Bei diesen reaktionsfähigen Versuchspersonen wurde der offene Schmerz tatsächlich durch Wachsuggestionen gelindert, doch in höherem Maße geschah das durch eine in hypnotischer Trance induzierte Analgesie.[110]

Anders ausgedrückt hat die hypnotische Schmerzkontrolle zwei Komponenten. Die eine setzt sich zusammen aus der Ablenkung der Aufmerksamkeit, Entspannung und verminderter Angst und ist allen Versuchspersonen zugänglich, während die andere ein Amnesie-ähnlicher Prozeß ist, der nur leicht hypnotisierbaren Versuchspersonen zugänglich ist. Diese beiden Bestandteile der hypnotischen Analgesie sind der Grund für einige Meinungsverschiedenheiten zwischen Experimentatoren und Klinikern. Hilgard schrieb:

Viele praktizierende Hypnotherapeuten glauben, daß jeder hypnotisierbar sei, während die Experimentatoren charakteristischerweise der Ansicht sind, daß nur ein kleiner Teil der Bevölkerung ausreichend hypnotisiert werden kann, um tatsächliche Amnesien, Halluzinationen und andere Beweise für eine tiefe hypnotische Beteiligung zu liefern. Die Zwei-Komponenten-Theorie zeigt auf, daß therapeutische Verfahren, die hypnotische Methoden verwenden, durch Entspannung, Angstreduzierung, Ablenken der Aufmerksamkeit und erhöhtes Selbstvertrauen fast jedem von Nutzen sein können, wenngleich unter aufmerksamen Einschätzungskriterien gezeigt werden würde, daß manche von denen, denen geholfen wurde, kaum hypnotisierbar sind.[111]

Hypnotische Schmerzreduzierung als „willfähriges Verhalten"

Einige Forscher – darunter besonders diejenigen, die Hypnose als „Rollenspiel" interpretieren – haben hypnotische Schmerzreduzierung einem willfährigen Verhalten zugeschrieben und argumentieren, daß das Verhalten einer Versuchsperson zu einem großen Teil auf dem Wunsch beruht, es dem Hypnotiseur recht zu machen. Der Psychiater David Spiegel und seine Mitarbeiter an der Stanford University School of Medicine fanden jedoch heraus, daß bei zehn hypnotisierbaren Versuchspersonen die

Gehirnaktivität als Zeichen der Reaktion auf einen Elektroschock verändert war, nachdem ihnen Suggestionen zur Schmerzreduzierung gegeben worden waren. „Leicht hypnotisierbare Versuchspersonen", schrieb Spiegel, „jedoch nicht diejenigen mit geringer Hypnotisierbarkeit, zeigten in Übereinstimmung mit der hypnotischen Aufgabenstellung Veränderungen der Amplitude der ereignisbezogenen Potentiale. Diese Studie deutet darauf hin, daß derartige sensorische Veränderungen von einer Veränderung der neuronalen Reaktion auf Reize begleitet werden."[112]

Daß hypnotische Analgesie mehr als nur ein willfähriges Verhalten ist, wird auch aus der Tatsache deutlich, daß manche Menschen ihre Schmerzen durch Autosuggestion ohne einen Hypnotiseur kontrollieren. Ernest Hilgard schrieb:

> Ein Student hatte an einem Skihang einen Unfall, der einen komplizierten Beinbruch zur Folge hatte. Es dauerte lange, bis der Rettungsschlitten den Hang hinaufgebracht wurde, um ihn ins Unfallkrankenhaus bringen zu können, [doch] er hypnotisierte sich selbst, und es ging ihm die ganze Zeit über gut. Das Pflegepersonal im Krankenhaus konnte nicht begreifen, wie jemand mit einer so schweren Verletzung nach einer derartigen Verzögerung in dem Maße entspannt sein und sich so wohl fühlen konnte. Ein anderer junger Mann brach sich in dem Moment einen Knochen in seinem Fuß, als er gerade seinen Auftritt in einer Hauptrolle bei einer Studentenaufführung hatte, die eine impulsive mexikanische Tanzdarbietung von ihm verlangte. Nach den erforderlichen Röntgenaufnahmen sprach er mit seinem Arzt über die Möglichkeit eines bleibenden Schadens, falls er für die Dauer der Aufführungen seinen Fuß ohne Gipsverband lassen würde. Der Arzt stimmte mit ihm darin überein, daß

der Knochen nicht in einer Position wäre, in der eine Belastung auf diesen Teil des Fußes einen bleibenden Schaden hervorrufen würde, wenngleich es ohne Zweifel sehr schmerzhaft sein würde, das Gewicht auf ihn zu verlagern. Der Student wandte an, was er im Labor gelernt hatte, und schaltete den Schmerz bei jeder Vorstellung mit Hilfe von Hypnose aus. Er kam seinen Verpflichtungen nach, bis sein Fuß schließlich eingegipst wurde, damit der Knochen heilen konnte. Nur ein einziges Mal berichtete er über Schmerzen: Einer der Akteure war auf seinen Fuß getreten; glücklicherweise fing er sich und machte ihn wieder schmerzfrei. Eine junge Studentin hatte sich Schnittverletzungen an beiden Knien zugezogen; die Naht erforderte 38 Stiche. Weil sie allergisch auf Novocain reagierte, kontrollierte sie den Schmerz auf eine subjektive Weise, indem sie ihren Verstand völlig leerte, sich auf den Atem konzentrierte und sich vorstellte, daß ihr Kopf mit etwas wie Schaumgummi gefüllt war, das alle Empfindungen abblockte. Das ist „willfähriges Verhalten", allerdings gegenüber den eigenen Forderungen, sich angesichts einer normalerweise schmerzhaften Reizung wohl zu fühlen.[113]

Psychologische Mechanismen der hypnotischen Schmerzkontrolle

Ernest Hilgard und seine Mitarbeiter untersuchten die Möglichkeit, daß hypnotische Analgesie durch die Ausschüttung von Endorphinen oder ähnlichen Substanzen im

Mittelhirn wirken könnte. Dabei verabreichten sie Versuchspersonen, denen Suggestionen zur Schmerzlinderung gegeben wurden, Naloxon, einen Endorphin-Blocker. Da die Analgesie ihrer Versuchspersonen durch das Medikament nicht signifikant beeinflußt wurde, schien es, daß hypnotische Suggestion über andere Mechanismen als Endorphine vermittelt wurde. Hilgards Ergebnisse wurden durch weitere Experimente von David Spiegel und Albert Leonard bestätigt, bei denen es nicht möglich war, die Linderung chronischer Schmerzen durch Hypnose mit Naloxon umzukehren.[114] Ergebnisse wie die von Hilgard und Spiegel deuten darauf hin, daß die physiologischen Mechanismen, die eine hypnotisch induzierte Schmerzreduzierung vermitteln, äußerst kompliziert sind. In der Tat bezweifeln einige Forscher, daß angesichts der immensen Flexibilität und Redundanz des menschlichen Organismus jemals sämtliche Mechanismen erfaßt werden können.

Hypnotische Schmerzreduzierung und Kontemplation

Die Aussagen hypnotischer Versuchspersonen, daß sie keine Schmerzen erlitten, obgleich sie „wußten, daß sie da waren", erinnert an die kontemplative Einstellung, daß „Schmerz eine Ansichtssache ist", daß er einfach eine Information ist, auf die man auf unterschiedliche Arten reagieren kann (5.7). In dieser Hinsicht ähnelt die Bewußtheit und Selbstkontrolle, die hypnotische Analgesie in manchen Fällen begleitet, dem fein artikulierten Bewußtsein und der Meisterung des Selbst, die aus erfolgreicher Meditation erwächst.

[15.9]
HEILUNG DURCH HYPNOTISCHE SUGGESTION

Erythrodermia congenitalis ichthyosiformis (Fischschuppenkrankheit)

Die Fischschuppenkrankheit zeichnet sich durch dicke, schwarze, verhornte Haut aus (häufig so hart wie ein Fingernagel und taub bis in eine Tiefe von mehreren Millimetern), die reißt, wenn sie gedehnt wird und dann ein blutiges Serum absondern kann. Obwohl die meisten medizinischen Abhandlungen diese Krankheit früher als unheilbar betrachteten, sind in der medizinischen Fachliteratur Berichte über ihre Remission nach hypnotischer Suggestion erschienen. Der englische Arzt A. A. Mason beschrieb in einem Artikel, der 1952 vom *British Medical Journal* veröffentlicht wurde, die erfolgreiche Behandlung des Leidens durch die Suggestion, daß die verhornte Haut seines Patienten abfallen würde.[115] Ein anderer englischer Arzt, C.A.S. Wink, schilderte ähnliche Ergebnisse bei zwei Schwestern im Alter von sechs und acht Jahren.[116]

1966 berichtete C. Kidd über eine 90prozentige Besserung bei einem Patienten und J. M. Schneck über eine 50prozentige Heilung bei einem anderen.[117]

Inspiriert von Masons erstem Bericht über die hypnotische Behandlung der Fischschuppenkrankheit, wendeten Mullins, Murray und Shapiro das gleiche Verfahren bei einer ähnlichen angeborenen Krankheit an, der Pachyonchia congenita, die sich durch Veränderungen der Haut und Verdickung der Nagelplatten an den Händen und Füßen auszeichnet. Ihr Patient, ein 11jähriger Junge, der vor seiner Behandlung nur kroch oder an Krücken ging, lernte mit einer nur geringfügigen Behinderung zu gehen und konnte zum ersten Mal, soweit er sich erinnern konnte, ohne Schmerzen stehen.[118]

Warzen

In seinem 1872 veröffentlichten Buch *Illustrations of the Influence of the Mind upon the Body in Health and Disease Designed to Elucidate the Action of the Imagination* (dt. *Geist und Körper. Studien über die Wirkung der Einbildungskraft*, 1888) beschrieb D. H. Tuke ein Heilverfahren bei Warzen, das die Anweisung enthielt, die Haut mit Rindfleisch abzureiben, das aus einer Schlachterei gestohlen war. Tuke meinte, daß die lebhafte „Einbildung“, die durch diese eher dramatische Behandlungsmethode erweckt wurde, zur Heilung des Patienten beitrug.[119] Der Züricher Arzt B. Bloch behandelte das Leiden mit einer anderen, in hohem Maße suggestiven Methode: einem „Warzen-Töter“ mit lautem Motor, Blitzlichtern und vorgetäuschten Röntgenstrahlen. Bloch berichtete im Jahre 1927, daß 31 Prozent von 179 Patienten ihre Warzen nach einer einzigen Behandlung mit dieser furchteinflößenden Maschine loswurden.[120]

Viele Ärzte haben die von solchen Verfahren herbeigeführten Remissionen als Resultat einer starken Imagination gedeutet und Warzen mit hypnotischer Suggestion behandelt. 1942 untersuchte R. H. Rulison 921 Fälle, und 1960 beschrieben M. Ullman und S. Dudek viele weitere Methoden, durch die Warzen mit Hilfe der Hypnose abgeschwächt oder entfernt wurden.[121] Der Essayist Lewis Thomas meinte zu solchen Studien, daß

> irgendein geistiger Apparat, der eine Warze abstoßen kann, doch etwas ganz anderes ist. Das ist nicht jener verwirrte, ungeordnete Vorgang, den man von der Art von Unbewußtem erwarten würde, über das man in Büchern liest – etwas am Rande des Geschehens, das sich Träume ausdenkt oder Worte verwechselt oder hysterische Anfälle bekommt.
>
> Was auch immer oder wer auch immer dafür verantwortlich ist, verfügt über die Sorgfalt und Präzision eines Chirurgen. Es müßte fast eine leitende Person sein, jemand, der Angelegenheiten mit einer jenseits unseres Verstehens liegenden, äußersten Detailliertheit erledigt – ein fähiger Ingenieur oder Manager, ein Geschäftsleiter, der Chef vom Ganzen. Ich habe bisher nie daran gedacht, so einen

> Bewohner zu haben. Oder vielleicht besser gesagt, so einen Hausherren, da ich, wenn das alles so ist, nichts als ein Untermieter wäre.
>
> Unter anderem müßte er ein erstklassiger Zellbiologe sein und sich in den verschiedenen Arten der Lymphozyten auskennen – die alle unterschiedliche Funktionen haben, die ich nicht verstehe –, um die richtigen zu aktivieren und die falschen von der Aufgabe der Gewebeabstoßung auszuschließen.
>
> Irgendeine Intelligenz oder was auch immer weiß, wie sie Warzen loswird, und das ist ein beunruhigender Gedanke. ... Es ist allerdings auch ein wundervolles Problem, das gelöst werden muß. Man denke nur daran, was wir wissen würden, wenn wir so etwas wie ein klares Verständnis davon hätten, was vor sich geht, wenn eine Warze weghypnotisiert wird. Wir wüßten um die Identität der zellulären und chemischen Beteiligten an der Gewebeabstoßung, möglicherweise mit einigen Sonderinformationen darüber, auf welche Art Viren eine Veränderung in Zellen erzeugen. ... Aber das beste wäre, daß wir etwas über eine Art Superintelligenz herausfinden würden, die in jedem von uns existiert, die unendlich viel klüger ist als wir und ein technisches Wissen besitzt, das über unseren jetzigen Wissensstand hinausgeht. Das wäre einen Krieg gegen die Warzen wert, eine Eroberung der Warzen, ein Nationales Institut für Warzen und all das.[122]

Blutflußkontrolle bei Verletzungen, Operationen und Krankheit

1975 beschrieben Thomas Clawson und Richard Swade mehrere Verletzungen und Krankheiten, bei denen der Blutfluß durch hypnotische Suggestion entweder verstärkt, vermindert oder zum Versiegen gebracht wurde.[123] Ein Zahnchirurg konnte bei Zahnextraktionen bei 75 Hämophilie-Patienten die Blutung durch Suggestionen, die Nachdruck auf eine Beruhigung legten, verhindern. Ein anderer verminderte während zahnchirurgischer Eingriffe den Blutverlust bei neun normalen Patienten durch ein ähnliches Verfahren.[124] Suggestion wurde ebenfalls angewendet, um gastrointestinale Blutungen zu kontrollieren und hämophile Blutungen nach Verletzungen zu verringern.[125]

Verbrennungen

Um 1887 hypnotisierte der Hypnoseforscher Delboeuf ein Bauernmädchen, suggerierte ihr dann, daß ihr rechter Arm betäubt wäre, und verbrannte sie an beiden Armen mit einem glühenden Eisen. Der linke Arm, in dem sie Schmerzen spürte, wies eine drei Zentimeter große Verbrennung auf, während die auf dem rechten Arm weniger als einen Zentimeter groß war.[126] 1917 berichtete J. A. Hadfield von ähnlichen Ergebnissen bei einem weiteren Experiment dieser Art.[127] Chapman, Goodell und Wolff führten 1959 noch einen Versuch aus, wobei sie die Suggestion hinzufügten, daß einer der Arme empfindlich wäre. Bei diesem Experiment waren in dem Arm, der als empfindlich suggeriert worden war, die Gefäßerweiterung stärker und die Hauttemperatur

höher, beides hielt länger an, und es wurde dort eine Histamin-ähnliche, gefäßerweiternde Substanz in größeren Mengen entdeckt.[128] Diese Ergebnisse führten D. M. Ewin dazu, heilende Suggestionen bei Verbrennungsopfern einzusetzen. Einer seiner Patienten war ein Mann, der bis zum Knie in einen Kessel mit geschmolzenem Blei (950° C) gefallen war. Nachdem ihm vor Ablauf einer halben Stunde nach seiner Verbrennung die Suggestion gegeben wurde, daß seine Verbrennung abkühlte, zeigten sich Brandwunden, die weniger ernst waren als die, die normalerweise aus einem solchen Unfall resultierten.[129]

Bei späteren Experimenten nahmen Moore und Kaplan an Personen mit Verbrennungen Eigenkontrollen vor, indem sie die heilenden Suggestionen nur auf einige der Verbrennungen richteten und die anderen sich selbst überließen.[130] Ewin war der Ansicht, daß die Verbrennungen seiner Patienten abkühlten, wenn sie innerhalb von 30 Minuten nach ihrem Auftreten behandelt wurden. Moore und Kaplan setzten am Tag nach den Unfällen Wärmesuggestionen ein. Da normalerweise nach Brandverletzungen sofort kalte Umschläge gemacht werden und Wärme einen oder zwei Tage später angewendet wird, simulierten sowohl Ewin als auch Moore und Kaplan die entsprechende Standardbehandlung mit Hypnose.

Herpes simplex, Psoriasis und Kontaktdermatitis

Herpes simplex und Psoriasis wurden durch hypnotische Suggestionen einer starken Zellstruktur, gesunden Haut, hormonellen Ausgeglichenheit, Sauberkeit oder Empfindungen von Kühle gelindert oder geheilt.[131] Ausschläge, die von verschiedenen Pflanzen ausgelöst worden waren, konnten durch Hypnose gelindert oder hervorgerufen werden. So bekamen dreizehn japanische Jungen eine Dermatitis, nachdem ihnen gesagt worden war, daß harmlose Blätter, die an ihrer Haut gerieben wurden, von einem Baum stammten, auf den sie überempfindlich reagierten. Elf Jungen derselben Gruppe reagierten nicht mit dem üblichen Juckreiz oder Blasen, nachdem ihnen gesagt worden war, daß die Blätter des schädlichen Baumes, die mit ihren Armen in Kontakt gekommen waren, unschädlich wären.[132] Diese Ergebnisse, schrieb Theodore Barber,

> zeigten, daß, wenn eine überempfindliche Reaktion auf ein Kontaktallergen einmal fest etabliert ist, diese Reaktion durch das Gefühl, den Gedanken und die Überzeugung, daß man [dem schädlichen Wirkstoff] wieder ausgesetzt ist, erneut hervorgerufen werden kann. Dies hat selbstverständlich eine enorme Bedeutung für die Immunologie, denn es zeigt, daß zumindest einige der Immunreaktionen, wie die durch T-Zellen vermittelte Hautreaktion auf ein Allergen, viel stärker von emotional gefärbten „Gefühlen-Gedanken-Vorstellungen-Überzeugungen" geprägt sein könnten, als bisher angenommen wurde.*

Erkrankungen des Bewegungsapparates

John LeHew beschrieb die hypnotische Linderung mehrerer Erkrankungen des Bewegungsapparates, darunter Stauchungen der unteren Wirbelsäule, degenerative Erkrankungen der Wirbelsäule, Knochenbrüche, Schleimbeutelentzündungen, Muskelzerrungen und Muskelkrämpfe. Unter den von LeHew beschriebenen Behandlungsmethoden waren hypnotische Suggestionen zur Entspannung, Schmerzfreiheit, Muskelstärkung, inneren Ruhe und korrekten Ausrichtung der Knochen.[133]

Asthma und andere Erkrankungen

Im *British Medical Journal* vom 12. Oktober 1968 berichtete ein Unterausschuß der British Tuberculosis Association über seine positive Einschätzung der Hypnose bei der Behandlung von Asthma. Der Unterausschuß wählte für seine Studie 252 Patienten aus und teilte sie in zwei Gruppen auf: eine, die monatliche Hypnosebehandlungen erhielt und in Selbsthypnose unterrichtet wurde, und eine andere, die Übungen aus

* Barber 1984, S. 72. Weitere allergische Reaktionen wurden ebenfalls durch hypnotische Suggestionen beeinflußt, darunter auch Heuschnupfen. Die Tuberkulinreaktionen waren bei einigen hypnotisierbaren Personen besonders dramatisch. Sie wurden nicht nur ausgeschaltet, sondern bei bestimmten Versuchspersonen sowohl verhindert als auch stimuliert, indem ihnen gesagt wurde, daß eine Injektion unschädlich wäre (obwohl sie Tuberkulin enthielt) und eine andere echt (obwohl sie es nicht war). Siehe: Mason u. Black 1958, Mason 1960.

der Progressiven Muskelentspannung durchführte. Unabhängige Sachverständige stellten fest, daß sich das Asthma bei 59 Prozent der Hypnosegruppe und bei 43 Prozent der Kontrollgruppe gebessert hatte.[134] Viele Ärzte und Psychotherapeuten haben Asthma erfolgreich mit Hypnose behandelt, darunter H. H. Diamond, der 40 asthmatische Kinder vollkommen heilte, C. W. Moorefield, der deutliche Verbesserungen bei neun Patienten erzielte, und Z. Ben-Zvi und seine Mitarbeiter, die über Erfolge bei der Behandlung von Asthmaanfällen berichteten, die durch körperliche Anstrengung ausgelöst wurden.[135] In diesen Studien wurden üblicherweise Suggestionen zur Entspannung der Bronchien, allgemeinen Ruhe und entspannten Atmung gegeben, die häufig durch Selbsthypnose und Autosuggestion verstärkt wurden.

Meir Gross berichtete, daß Magersucht bei 50 Patienten durch hypnotische Suggestionen, die die Hyperaktivität verminderten, verzerrte Körperschemen korrigierten, Minderwertigkeitsgefühle beseitigten, perfektionistische Tendenzen verringerten, den Widerstand gegen eine Therapie abbauten und das kinästhetische Bewußtsein erhöhten, geheilt wurde.[136] 1979 wurden im *American Journal of Clinical Hypnosis* mehrere Artikel veröffentlicht, die über die Behandlung von Fettleibigkeit durch hypnotische Suggestion berichteten.[137]

Harold Crasilneck behandelte mit Hilfe der hypnotischen Suggestion Patienten, die unter Impotenz litten. Er schrieb:

> Basierend auf [einer Studie mit] circa 1875 Männern, die in den letzten 29 Jahren wegen psychogener Impotenz behandelt wurden, davon 600 im Rahmen einer kooperativen, empirischen Studie, ist es meine Ansicht, daß Hypnose als eine primäre Behandlungsmethode angesehen werden sollte, [wenn] Fälle von psychogener Impotenz nicht auf eine pharmakologische Behandlung reagieren.[138]

Hypnose ist ebenfalls eingesetzt worden, um Phobien abzubauen oder zu heilen. (Siehe zum Beispiel die Ausgabe des *American Journal of Clinical Hypnosis* vom April 1981.)[139]

[15.10]
VERÄNDERUNGEN DER KÖRPERSTRUKTUR

Brustwachstum

Eine Reihe von Forschern und Klinikern hat bei Frauen durch Hypnose eine Vergrößerung der Brüste bewirkt. Im allgemeinen geschah dies durch die Anregung der Durchblutung in den Brüsten mit Hilfe der Vorstellung, daß die Sonne auf sie schiene, durch das Wiedererleben leichter Gefühle des Anschwellens in der Pubertät oder durch die Herbeiführung von pulsierenden, kribbelnden Empfindungen, die mit sexueller Erregung assoziiert werden. Etwa 70 Teilnehmerinnen der fünf Hypnoseexperimente wiesen ein durchschnittliches Brustwachstum von fast 4 Zentimetern auf, während die Brüste einiger Frauen sich um 7 Zentimeter und mehr vergrößerten. Bei den meisten dieser Untersuchungen wurden die Messungen unter Berücksichtigung der Gewichtsveränderungen und des monatlichen Zyklus sorgfältig durchgeführt. Wie zu erwarten war, erzielten leicht hypnotisierbare Versuchspersonen und solche mit einer starken Motivation oder hohen Erwartungen allgemein die höchsten Ergebnisse. In diesen Studien mußten einige Frauen sexuelle Hemmungen aufarbeiten, die sich seit ihrer Pubertät auf sie ausgewirkt hatten.[140]

Entzündungen, Schwielen, Blasen und Blutergüsse

Hypnotische Suggestionen haben Entzündungen, Blutergüsse und Blasen hervorgerufen. Während eines Experiments reagierte zum Beispiel eine Frau auf die Suggestion, daß sie sich verbrannt hätte, mit einer leuchtendroten Entzündung, die sich

über den größten Teil ihrer Hand zog. Es schien, daß die hypnotische Suggestion Erinnerungen an eine frühere, von einem Unfall in der Küche verursachte Verbrennung der Hand wachrief und die schmerzhaften Empfindungen, die sie damals gefühlt hatte, wiederaufleben ließ.[141] Bei einem anderen Experiment röteten sich Gesicht, Schultern und Arme einer Frau als Reaktion auf die Suggestion, daß sie an einem sonnigen Strand säße.[142]

Hypnotische Suggestionen können auch Schwielen und Blasen hervorrufen. J. A. Hadfield suggerierte beispielsweise einem seiner Patienten im Jahre 1917, daß ein glühendes Eisen auf seinen Arm gepreßt wurde. Dann bandagierte er den Arm und beobachtete den Patienten 24 Stunden lang, bis der Verband in Anwesenheit von drei anderen Ärzten abgenommen wurde. Dort, wo Hadfield es suggeriert hatte, hatte sich eine Blase gebildet, die im Lauf der Zeit größer wurde.[143] Montague Ullman fand eine große Blase auf der Hand eines Soldaten als Reaktion auf die Suggestion, daß seine Hand von dem geschmolzenen Teil eines Geschosses gestreift worden wäre.[144] Und in der Studie eines russischen Forschers wies eine in hohem Maße empfängliche weibliche Versuchsperson auf die Suggestion, daß eine auf ihren Arm gelegte Münze heiß wäre, eine Rötung, Schwellung und dann eine Blase auf.[145] Untersuchungen von F. A. Pattie (1941), A. M. Weitzenhoffer (1953), Theodore Barber (1961), G. L. Paul (1963) und Leon Chertok (1981b) haben mehrere hundert Fälle von hypnotisch suggerierten Schwielen oder Blasen beschrieben.[146] Barber zufolge treten die meisten hypnotisch induzierten Entzündungen bei Personen auf, die enge Beziehungen zu ihren Hypnotiseuren haben, zu Phantasien neigen oder eine Labilität der Haut aufweisen, die Nesselausschlägen und Dermatitis zugrunde liegt.[147] Solche Versuchspersonen, nahm Barber an, können eine lokale Gefäßerweiterung der Kapillaren bewirken, die sonst als Reaktion auf eine tatsächliche Verbrennung auftritt.

Auch Blutergüsse sind durch Hypnose hervorgerufen worden. David Agle, Oscar Ratnoff und Marvin Wasman konnten bei vier Patienten durch Suggestion Ekchymosen (durch Extravasation hervorgerufene flächenhafte Blutergüsse) an zuvor bestimmten Stellen induzieren. Diese Patienten, die unter „autoerythrozytärer Sensibilisierung" litten (einer Reaktion auf die eigenen roten Blutkörperchen, die in das umgebende Gewebe austreten und spontan auftretende Male hervorrufen), tendierten dazu, psychische Probleme mittels körperlicher Symptome auszudrücken.[148]

Zusammenfassend kann man sagen, daß die Versuchspersonen vieler Experimente auf ihrer Haut Male aufwiesen, die durch Suggestionen herbeigeführt wurden. Wie religiöse Stigmen (22.3) oder psychogene Läsionen, die in der Therapie durch eine Katharsis ausgelöst werden (11.1), veranschaulichen die hypnotisch induzierten Blasen und Blutergüsse, wie spezifisch starke geistige Vorstellungen auf die Strukturen und Prozesse des Körpers einwirken können.*

Veränderungen der Hauttemperatur

Ein polnischer Forscher beschrieb 38 hypnotisierte Versuchspersonen, die nach Wärmesuggestionen eine Erhöhung der Hauttemperatur an ihren Fingern und Zehen von durchschnittlich 2,7° C aufwiesen (bei einer 63prozentigen Erhöhung der kapillaren Durchblutung).[149] Bei einem Versuch mit Selbsthypnose und Biofeedback erhöhten Versuchspersonen im Alter von 5 bis 15 Jahren ihre Temperatur am Zeigefinger um bis zu 1,5° C und senkten sie um bis zu 4° C.[150] Während einer Demonstration der hypnotischen Kontrolle, die von J. A. Hadfield geschildert wurde, zeigte eine Versuchsperson, die durch körperliche Anstrengung die Temperatur in beiden Händen auf 35° C erhöht hatte, als Reaktion auf eine hypnotische Suggestion in ihrer rechten Handfläche einen Abfall auf 20° C, während die Temperatur in ihrer linken Handfläche bei 34,4° C blieb.[151] Viele der durch hypnotische Suggestion ausgelösten Veränderungen

* Da Blutergüsse durch hypnotische Suggestion hervorgerufen werden können, scheint es naheliegend, daß sie durch eine Form der kognitiven Kontrolle auch kleiner werden können. Die Tatsache, daß einige religiöse Stigmatiker einen äußerst schnellen Rückgang ihrer Male durch das Gebet erlangt haben, bestätigt diese Annahme (22.3). Tatsächlich glauben manche Menschen, sie hätten eine Art Widerstandskraft gegen Blutergüsse entwickelt. George Leonard, Lehrer an einer Aikidoschule in Kalifornien, schrieb in einem Brief an mich:
„Ich habe bemerkt, daß Schüler, die damit anfangen, Aikido zu üben, häufig Blutergüsse aufweisen, die daher stammen, daß sie fest an den Handgelenken gefaßt oder an den Armen getroffen werden, wenn sie Schläge abwehren. Doch schon nach einigen Wochen können sie Griffe oder Schläge der gleichen oder einer viel größeren Stärke aushalten und weisen keine Blutergüsse auf. Da Aikido wenig für die Ausbildung des Oberkörpers tut, kann dieses Phänomen nicht durch den Muskelzuwachs erklärt werden."

des Körpers geschehen zu einem großen Teil durch Veränderungen des Blutflusses. „Wir können vermuten", schrieb Theodore Barber, „daß Suggestionen, die angenommen werden und in ständige Wahrnehmungen einfließen, die Blutzufuhr in lokalisierten Bereichen beeinflussen. Die veränderte Blutzufuhr spielt wiederum eine Rolle bei Phänomenen wie örtlichen Entzündungen, der Heilung von Warzen, der Vergrößerung der Brustdrüsen, der Entstehung von Blasen und Blutergüssen, der Reduktion von Verbrennungen und der Verringerung von Blutungen."[152]

Regulierung der Magensäuresekretion

In zwei Studien mit gesunden, leicht hypnotisierbaren Versuchspersonen fanden Kenneth Klein und David Spiegel heraus, daß hypnotische Suggestion die Magensäuresekretion regulieren kann. Beim ersten Versuch wurden 13 Frauen und 15 Männer hypnotisiert, nachdem der Ausgangswert ihrer Säuresekretion gemessen worden war. Dann wurde ihnen gesagt, daß sie sich vorstellen sollten, eine ganze Reihe von leckeren Mahlzeiten zu essen. Ihre durchschnittliche Absonderung von Magensäure erhöhte

sich um 89 Prozent. Bei dem zweiten Experiment derselben Versuchsleiter mußten sich nach dem Zufallsprinzip sieben Frauen und zehn Männer zweimal Magenanalysen unterziehen, einmal ohne Hypnose und einmal mit der hypnotischen Instruktion, sich zu entspannen. Verglichen mit der Sitzung ohne Hypnose wiesen die Versuchspersonen unter dem Einfluß hypnotischer Suggestionen, die sie von ihrem Hungergefühl ablenkten, eine durchschnittliche Verringerung ihrer basalen Säuresekretion um 39 Prozent auf. „Wir haben nachgewiesen", schrieben Klein und Spiegel, „daß es durch unterschiedliche hypnotische Suggestionen, die starke geistige Vorstellungen auslösen, möglich ist, die Magensäuresekretion entweder anzuregen oder zu verringern."[153]

[15.11]
ANDERE RESULTATE HYPNOTISCHER SUGGESTION

Veränderungen der Wahrnehmung

Theodore Barber beschäftigte sich mit Experimenten von Milton Erickson und anderen, die hypnotisch induzierte Blindheit oder Farbenblindheit hervorgerufen hatten. Studien über die visuelle Verzerrung finden sich in den umfassenden Berichten über die Hypnoseforschung der Jahre 1965 und 1975 von Ernest Hilgard und 1985 von

John Kihlstrom.[154] Hypnotische Suggestion hat jedoch in gleichem Maße dazu beigetragen, das Sehvermögen zu verbessern, wie es einzuschränken oder zu verzerren. M. V. Kline und A. M. Weitzenhoffer gaben an, daß kurzsichtige Personen in der Hypnose eine Steigerung ihrer Sehkraft erfuhren. Milton Erickson berichtete von ähnlichen Verbesserungen bei Patienten, die in ein Alter zurückgeführt wurden, in dem sie noch keine Brillen getragen hatten. Gerald Davison und Lawrence Singleton entdeckten per Zufall, daß eine ihrer Versuchspersonen in Hypnose besser sehen konnte. Charles Graham und Herschel Leibowitz fanden heraus, daß mehrere empfängliche Versuchspersonen, die kurzsichtig waren, nach direkten und posthypnotischen Suggestionen eine Verbesserung ihres Sehvermögens zeigten. Sheehan, Smith und Forrest riefen durch Suggestionen bei einer Gruppe kurzsichtiger Studenten eine vermehrte Sehschärfe in einem Auge hervor.[155]

Wie das Sehen kann auch Hören durch Hypnose verzerrt werden. Tausenden von Versuchspersonen wurde im Rahmen der *Stanford Hypnotic Susceptibility Scales*, die auditive Halluzinationen von summenden Mücken als ein Standardmaß der Hypnotisierbarkeit verwenden, induziert, daß sie das Summen von Mücken hörten. Tests, bei

denen die Lautstärke eingeschätzt werden sollte, ergaben nach Suggestionen von Taubheit deutliche Veränderungen der auditiven Sensitivität.[156] Allerdings haben nur wenige Laborversuche die Anwendung von Hypnose zur Verbesserung des Gehörs erforscht, wenngleich Suggestionen von Taubheit dazu beigetragen haben, Sprachfehler zu verringern.[157]

Jerome Schneck beschrieb mehrere Eindrücke des Tastsinns und kinästhetische Empfindungen, die einer seiner Patienten während der Hypnotherapie erlebte, darunter Gefühle, daß sein Kopf während der Therapie von Schneck abgewendet war, daß seine Arme „nicht da waren", daß er schwerelos war, daß sein Kopf kurz davor war zu platzen, daß er steif war, daß er auf einem Drahtseil balancierte, daß seine Arme taub und leblos wären, daß ihm schwindelig war, daß er über der Erde schwebte, daß er flachgepreßt wurde und daß er gelähmt wäre. Schneck interpretierte diese Erlebnisse als symbolische Somatisierungen verschiedener emotionaler Probleme, mit denen sein Patient zu jenem Zeitpunkt konfrontiert war.[158] Wallace entdeckte, daß eine hypnotisch induzierte Anästhesie die Adaptation der Wahrnehmung an Fehler, die durch verzerrende Prismen hervorgerufen werden, unterbrach. Nash, Lynn und Stanley lösten bei einer Reihe empfänglicher Personen außerkörperliche Erfahrungen aus; Brenman, Gill und Hacker gaben an, daß eine Veränderung der Bewußtheit für den eigenen Körper die häufigste spontane Veränderung in Hypnose wäre. Josephine Hilgard berichtete, daß Verzerrungen des Körperschemas gelegentlich als unbeabsichtigte Folgeerscheinungen hypnotischer Trancen auftraten.[159]

Verbesserungen von Kognition und Lernfähigkeit

Theodore Barber untersuchte mehrere Studien, bei denen Konzentration, Lerngewohnheiten und Erinnern mit Hilfe hypnotischer Suggestionen verbessert wurden. G. S. Blum und seine Mitarbeiter fanden heraus, daß sich die hypnotische Suggestion auf die Lernfähigkeit und das Gedächtnis auswirken kann, indem sie auf Angstzustände, kognitive Erregung, Freude und Aufmerksamkeit Einfluß nimmt. Helen Crawford und Steven Allen berichteten, daß reaktionsfähige Versuchspersonen in Hypnose ihre Leistung bei einer visuellen Gedächtnis-Unterscheidungs-Aufgabe verbesserten. G. H. Bower und seine Kollegen stellten fest, daß hypnotisch suggerierte Stimmungen unter manchen Bedingungen zustandsspezifische Verbesserungen der Gedächtnisleistung auslösen können.[160] (*Zustandsspezifisches Lernen* und *Gedächtnis* sind Begriffe, die Psychologen anwenden, um eine Form des Lernens oder Erinnerns zu kennzeichnen, die von bestimmten Konfigurationen von Emotion, Imagination und physiologischen Vorgängen abhängt. Bedeutende Forschungsergebnisse weisen darauf hin, daß Dinge, die in einem bestimmten Zustand gelernt oder erlebt werden, am besten in dem gleichen oder einem ähnlichen Zustand erinnert werden.)

Verbesserungen der körperlichen Leistungsfähigkeit

Berichte über den Nutzen der Hypnose im Sport werden von Laborversuchen bestätigt, die gezeigt haben, daß Hypnose einigen Menschen helfen kann, ihre Körperkraft und ihre motorischen Fähigkeiten zu verbessern. J. A. Hadfield und W. R. Wells fanden zum Beispiel heraus, daß Personen, denen Suggestionen für einen Zuwachs an Körperkraft gegeben wurden, ihren Druck auf einen Handkraftmesser verstärkten. Sieben Versuchspersonen einer Studie von M. Ikai und A. H. Steinhaus zeigten eine vermehrte Kraft im Unterarm nach Suggestionen, daß sie stärker wären. N. C. Nicholson erreichte, daß sieben Personen Drei-Kilogramm-Gewichte mit den Beugemuskeln ihrer Zeigefinger 20 Minuten lang 30mal in der Minute hoben, nachdem ihnen entsprechende hypnotische Suggestionen gegeben worden waren. Williams wiederholte Nicholsons Experiment mit einer einzigen Versuchsperson, die ein Gewicht von 4 Kilogramm mit ihrem Mittelfinger 80mal in der Minute eine halbe Stunde lang hob, und mit fünf Versuchspersonen, die 5 Kilogramm 80mal in der Minute hoben. Andere Studien haben gezeigt, daß motivierende Suggestionen – nach einer Induktion oder im Wachzustand – bei vielen Versuchspersonen Kraft und Ausdauer steigern und die Koordination verbessern. Folgende Tests werden dazu eingesetzt: Springen und greifen, Armstarre, an den Händen hängen, Armkraftmesser, Rückenkraftmesser, Beinkraftmesser, Fahrradergometer, Hanteln stemmen, Gewichte halten und das „menschliche Brett“, bei dem der Körper steif zwischen zwei Brettern ausgestreckt ist und dabei ein Gewicht tragen muß.[161]

Kenneth Callen war der Ansicht, daß Langstreckenlauf auf natürliche Weise eine Art Selbsthypnose auslöst, wodurch sich das Vergnügen und die Leistung des Läufers steigern. Mehr als die Hälfte der 424 Läufer, die einen Fragebogen über ihre Laufgewohnheiten ausfüllten, gaben an, daß sie lebhafte Vorstellungen und tranceähnliche Zustände mit erhöhter Empfänglichkeit für innere Vorgänge erlebten – alles Kennzeichen der Selbsthypnose. Das Laufen selbst wäre insofern eine Form der Induktion, argumentierte Callen, als es tiefes, rhythmisches Atmen erfordert und oftmals Vorstellungen, Augenstarre und die zwanghafte Wiederholung eines Klanges oder einer Phrase mit sich bringt.[162]

[15.12]
EINIGE NEGATIVE AUSWIRKUNGEN DER HYPNOSE

Selbstverständlich kann Hypnose negative Auswirkungen haben. Wird sie zu Unterhaltungszwecken benutzt – sei es im privaten Rahmen oder auf der Bühne –, kann sie dazu beitragen, daß Leute Dinge tun oder sagen, die ihnen später peinlich sind, daß sie

versuchen, anstrengende Leistungen zu vollbringen, die körperliche Verletzungen verursachen, oder in eine Trance fallen, die sie in einen Zustand von Verwirrung stürzt. Tatsächlich haben scheinbar harmlose Hypnosedemonstrationen bei Menschen, die am Rande eines Nervenzusammenbruchs standen, emotionale Krisen ausgelöst. In seinem Buch *Hypnosis Complications* erwähnt der Therapeut Frank MacHovec mehrere Berichte über negative Auswirkungen der Hypnose, von denen die meisten von Showhypnotiseuren oder Amateuren hervorgerufen wurden.[163] Auch eine psychotherapeutische Behandlung, bei der Hypnose unterstützend eingesetzt wird, kann unerwünschte Auswirkungen haben, obgleich die meisten Therapeuten, die mit Hypnose gearbeitet haben, der Ansicht sind, daß die Interpretationen des Verhaltens sowie andere therapeutische Aspekte – und nicht die Hypnose selbst – gewöhnlich die Hauptursachen von negativen Hypnoseresultaten im Therapieverlauf sind.[164]

Wenn sich hypnotisierte Patienten bei Experimenten oder psychotherapeutischen Behandlungsweisen, die von geschulten Hypnotiseuren durchgeführt werden, potentiell beunruhigenden Themenkomplexen nähern, schlafen sie jedoch gewöhnlich ein, überlassen sich harmlosen Phantasien oder wachen aus der Trance auf. In der Tat haben sorgfältige Studien aufgezeigt, daß verantwortungsvoll durchgeführte Hypnoseexperimente nur wenige negative Ergebnisse mit sich bringen. In einer 1968 veröffentlichten Studie hatten zum Beispiel mehr als 100 Versuchspersonen innerhalb von 90 Tagen nach ihren hypnotischen Sitzungen generell weniger negative Veränderungen nach dem *Minnesota Multiphasic Personality Inventory*, es gab weniger Selbsteinweisungen in das Beratungszentrum, in dem die Untersuchung durchgeführt wurde, und eine geringere Notwendigkeit einer medizinischen Betreuung als bei einer Gruppe vergleichbarer Kontrollpersonen, die nicht hypnotisiert worden waren.[165] 1974 berichtete die Psychiaterin Josephine Hilgard, daß von 120 hypnotisierten Studenten nur 19 kurzfristige und 18 längerfristige Nachwirkungen verspürten. Von den ersteren hatte einer Kopfschmerzen, einer einen steifen Nacken, acht berichteten von Verzerrungen oder Verwirrungen der Wahrnehmung, einer von Angstzuständen, acht fühlten sich schläfrig oder schliefen ein, doch alle 19 fühlten sich eine Stunde später wieder wie sonst auch. Von den Studenten mit länger anhaltenden Nachwirkungen hatten drei Kopfschmerzen, einem war schwindlig, einer hatte einen steifen Arm, zwei berichteten über Verzerrungen oder Verwirrungen der Wahrnehmung, sieben waren schläfrig oder schliefen ein und vier hatten Träume, die anscheinend mit ihrer hypnotischen Erfahrung zusammenhingen, doch keine der Reaktionen schien ernst zu sein. Die Hälfte der Nachwirkungen verschwand innerhalb weniger Stunden, die übrigen nach ein paar Tagen.[166] 1979 berichteten William Coe und Klazina Ryken, daß eine Gruppe von Studenten mit der Hypnose insgesamt keine negativeren Erfahrungen als mit einem kurzen verbalen Lernexperiment, einer

Prüfung, einem Seminar oder „dem Universitätsleben allgemein“ gemacht hatten. Tatsächlich stuften die beiden Forscher die Prüfung als das streßreichste dieser Ereignisse ein, während die Studenten dazu neigten, die Hypnosesitzungen als das angenehmste zu bewerten.[167]

Selbst psychotherapeutische Verfahren, in denen Hypnose Anwendung findet, rufen relativ wenig Berichte über negative Auswirkungen hervor. Eine Überprüfung von Zeitschriftenartikeln über diese Form der Therapie, die 1961 von Ernest und Josephine Hilgard und M.R. Newman vorgenommen wurde, sowie repräsentative Diskussionen dieses Themas von Meares (1961), Pulver (1963), Kost (1965) und West und Deckert (1965) ergaben, daß bei fähigen Therapeuten nur wenige ernsthafte Probleme auftreten. „Doch [diese Artikel] weisen allesamt darauf hin, daß Therapie von jenen ausgeübt werden sollte, die darin ausgebildet sind“, schrieb Josephine Hilgard, „und nicht von jemandem, der nur Hypnosetechniken gelernt hat.“[168]

Auch in Strafverfahren und bei polizeilichen Ermittlungen kann Hypnose mißbraucht werden, wenn sie angewendet wird, um das Erinnerungsvermögen von Opfern und Zeugen zu fördern. Ein Ausschuß der *American Medical Association* warnte 1985 vor dem systematischen Einsatz von Hypnose zur Förderung der Gedächtnisleistung, da zum einen das hypnotische Erinnern ebenso zu freien Erfindungen wie zu einer klareren Erinnerung führen kann, und zum zweiten, weil es bei hypnotisierten Personen ein künstliches Gefühl von Gewißheit über etwas hervorrufen kann, von dem sie fälschlicherweise annehmen, es erinnert zu haben. Aufgrund der

Fragwürdigkeit des hypnotischen Erinnerns beschränken New York, Arizona, New Jersey und andere amerikanische Bundesstaaten die Zeugenaussagen auf vorhypnotische Erinnerungen, und in Kalifornien werden Aussagen eines hypnotisierten Zeugen oder Opfers nicht zugelassen, eben weil sie erfunden sein könnten oder auch im Kreuzverhör unanfechtbar wären, da dies die irrtümlichen Überzeugungen nur verstärken würde.[169]

[15.13]
PARANORMALE ERFAHRUNGEN UND QUASI-MYSTISCHE ZUSTÄNDE

Maßgebende 10-Jahres-Überblicke über die Hypnoseforschung von Ernest Hilgard und John Kihlstrom, die 1965, 1975 und 1985 von der *Annual Review of Psychology* veröffentlicht wurden, enthielten keinerlei Hinweise auf Studien der außersinnlichen

Wahrnehmung und nur zwei oder drei auf solche, die sich mit transpersonalen Zuständen befaßten.[170] Dieses Versäumnis offenbart ein allgemeines Vorurteil zeitgenössischer akademischer Psychologen gegenüber der Parapsychologie, denn Anfang der fünfziger bis Anfang der achtziger Jahre wurden mehrere Untersuchungen durchgeführt, die hypnotische und außersinnliche Phänomene miteinander in Verbindung brachten. 14 davon wurden 1969 von R. L. Van De Castle im *American Journal of Clinical Hypnosis* und 25 von Ephraim Schechter 1984 im *Journal of the American Society for Psychical Research* geschildert.[171] Hilgards und Kihlstroms Versäumnis, auch nur eine der Untersuchungen von Van De Castle und Schechter zu erwähnen, ist ein Zeichen für die allgemeine Bemühung experimenteller Forscher (und vieler Kliniker) dadurch wissenschaftliche Anerkennung für die Hypnose zu erzielen, indem man sie von jeder Verbindung zum Mystizismus und Okkultismus befreit. Die beiden Bereiche wurden in den letzten Jahrzehnten von Hypnoseforschern getrennt, nicht von den Parapsychologen.

Doch eine solche Vorsichtsmaßnahme steht in krassem Widerspruch zu der Einstellung großer Hypnoseforscher aus der Vergangenheit. Mesmer behauptete zum Beispiel, daß einige magnetisierte Personen Vergangenheit und Zukunft auf paranormale Weise wahrnehmen konnten.[172] Der Marquis de Puysegur beschrieb Menschen, die die Beschwerden anderer allem Anschein nach hellsichtig diagnostizieren konnten oder deren unausgesprochene Gedanken verbalisierten.[173] James Esdaile berichtete von Personen, die er aus der Ferne hypnotisierte, und einer magnetisierten Frau, die

die Zahl und Farbe von Spielkarten angeben konnte, die auf ihren Bauch gelegt wurden.[174] Wie in Kapitel 15.1 erwähnt, beschäftigten sich auch Carl Kluge, Justinus Kerner und andere deutsche Mesmerianer mit paranormalen Fähigkeiten, die durch magnetischen Schlaf hervorgerufen wurden.

Berühmte Forscher aus anderen Bereichen haben ebenfalls das außersinnliche Erleben hypnotisierter Personen untersucht. Henry Sidgwick, ein bekannter Professor für Ethik an der *Cambridge University* (und einer der Begründer der *Society of Psychical Research*) berichtete in Zusammenarbeit mit Edmund Gurney von der Frau eines Pfarrers, die – wie durch Telepathie – Geschmäcke im Mund ihres Hypnotiseurs identifizieren konnte.[175] Obgleich er wußte, daß es seinem Ruf schaden könnte, beschrieb Freud offensichtliche telepathische Interaktionen mit einigen seiner Patienten (17.3). Und Pierre Janet, der Hauptbegründer der dynamischen Psychiatrie, schilderte eine bemerkenswerte Reihe von Experimenten, bei denen ein Dr. Gibert aus Le Havre seine Versuchsperson Léonie allem Anschein nach aus der Ferne hypnotisierte. 1885 und 1886 führten Janet und Gibert 25 Experimente mit telepathischer Hypnose durch, von denen sie 19 als erfolgreich betrachteten (siehe Anhang A.7). Frederic Myers, Charcot und andere bekannte Persönlichkeiten beobachteten diese Vorgänge

und berichteten anschließend über verschiedene Gelegenheiten, bei denen Léonie speziellen Aufgaben nachkam, die Gibert ihr telepathisch befohlen hatte (als sie zum Beispiel zu Giberts Haus ging, hielten sich einige ihrer berühmten Beobachter hinter Laternenpfählen und Büschen versteckt und beobachteten sie).[176] Janet suggerierte Léonie in einem Fall sogar, in hypnotischer Trance zu „reisen" und ihm hellsehend von dem berühmten französischen Physiologen Claude Richet zu berichten. Er war erstaunt, als sie zutreffend angab, daß Richets Labor brannte.[177]

Der prominente englische Physiker Sir William Barrett berichtete von einem eigenen Experiment mit hypnotisch induzierter Hellsichtigkeit, bei dem ein irisches Bauernmädchen einen Optikerladen in London, den Barrett kannte, genauestens beschrieb und Einzelheiten angab, wie eine Uhr, die über dem Eingang des Gebäudes hing.[178] Jedoch weigerte sich die *British Association for the Advancement of Science* im Jahre 1876, Barretts Bericht über dieses Experiment zu berücksichtigen, bis Alfred Russell Wallace, ein Mitentdecker des Gesetzes der natürlichen Auslese, zu seinen Gunsten intervenierte. Als Barrett vor der anthropologischen Unterabteilung der Vereinigung von seinem Experiment erzählte, verließ ein Großteil der Anwesenden den Raum. Die generelle Skepsis der Wissenschaftler gegenüber Hypnose und paranormalen Phänomenen, die jener Vorgang widerspiegelte, wurde in der folgenden Aussage des Physikers Hermann Helmholtz treffend zum Ausdruck gebracht:

Ich kann es nicht glauben. Weder das Zeugnis aller Mitglieder der *Royal Society* noch die durch meine eigenen Sinne erbrachten Beweise würden mich dazu bringen, an Gedankenübertragung von einer Person auf eine andere, unabhängig von den bekannten Sinneskanälen, zu glauben. Es ist eindeutig unmöglich.*

William James hingegen war anderer Ansicht. In einer Auseinandersetzung mit Frederic Myers' Konzept des Unterbewußten schrieb er:

Sieht man die subliminale Region auf diese Weise als Tatsache begründet, ergibt sich als nächste Frage die nach ihren äußersten Grenzen. ... Mein subliminales Bewußtsein etwa hat mein gewöhnliches Bewußtsein als eines seiner Umfelder, doch hat es zusätzliche Umfelder auf der ferneren Ebene? Hat es beispielsweise direkte Beziehungen im Austausch zu dem Bewußtsein, subliminal oder supraliminal, anderer Menschen? Einige Phänomene des Hypnotismus oder Mesmerismus weisen darauf hin, daß dies tatsächlich der Fall ist. Ich berufe mich hier auf die Berichte über Hypnose aus der Ferne (von denen einige einwandfrei aufgezeichnet worden sind), auf den Gehorsam gegenüber unausgesprochenen Befehlen und auf „die Gemeinschaft des Empfindens" zwischen Hypnotiseur und Versuchsperson.

Das System der Fähigkeiten einer Versuchsperson in Hypnose unterscheidet sich sehr von ihrem System der Fähigkeiten im Wachzustand. Während Teile des üblichen „Wachsystems" eingeschränkt sind, wird anderen Teilen in der Hypnose gelegentlich auf übernormale Weise Energie verliehen, was

nicht nur Halluzinationen erweckt, sondern Nachwirkungen in der Art von Sinnesunterscheidungen und einer Kontrolle organischer Funktionen hat, die das Wachbewußtsein nicht erlangen kann.[179]

Fernhypnose und Fernsuggestion, die durch die Experimente von Janet und Gibert mit Léonie in Le Havre bekannt wurden, wurden auch von dem russischen Physiologen L. L. Wassiliew eingehend untersucht. Mit Hilfe mehrerer Messungen der körperlichen Entspannung, womit der Beginn der hypnotischen Trance angezeigt werden sollte, entdeckte Wassiliew, daß seine Versuchspersonen durch telepathische Beeinflussung schläfriger oder wacher gemacht werden konnten. Als er einige seiner „Empfänger" in eine Konstruktion aus Bleiplatten und seine Versuchspersonen in einen Faradayschen Käfig aus Eisenblech setzte, um sie gegen elektromagnetische Einflüsse abzuschirmen, über die die Fernsuggestion vermittelt werden könnte, erhielt er noch immer positive Ergebnisse. Nach vielen Experimenten dieser Art, die sich über Jahre hinzogen, wies er die Vorstellung zurück, daß außersinnliche Wahrnehmung über das elektromagnetische Spektrum vermittelt wird. Telepathische Übertragung, schrieb er, geschieht durch irgendeine Form von Energie oder durch Faktoren, die uns bisher unbekannt sind.[180]

* Heywood 1961. Eine ähnliche Gesinnung wurde in einem Artikel von G. R. Price in *Science* vertreten, in dem es hieß: „Keine 1000 Experimente mit 10 Millionen Durchgängen und von 100 verschiedenen Forschern mit der Wahrscheinlichkeit von 10 zu einem Tausendstel von 1" könnten ihn dazu bringen, ASW zu akzeptieren. Siehe: Price, G. R., 1955.

Obgleich er letzten Endes Hypnose als Mittel, die außersinnliche Wahrnehmung zu fördern, ablehnte, führte J. B. Rhine Anfang der dreißiger Jahre Experimente mit hypnotischer Suggestion durch. In seinem ersten Buch, in dem er seine Arbeit am *Duke Parapsychology Laboratory* ausführte, beschrieb er ein Experiment, bei dem 30 hypnotisierte Personen 530 Versuche mit einstelligen Zahlen als Ziele ausführten, 340 Versuche, bei denen dieselben Versuchspersonen ihre rechte oder linke Hand hoben, wenn die Versuchsleiter auf die Worte *rechts* oder *links* schauten, und 245 Versuche, bei denen sie herauszufinden versuchten, auf welches Achtel eines Kreises ihre Versuchsleiter blickten. Rhines Ergebnisse waren bei einem Verhältnis von 25 zu 1 über der Zufallsgrenze positiv.[181] Rhine war der Ansicht, daß seine Untersuchung keine signifikante ASW-Fähigkeit offenbarte; seine Ergebnisse können jedoch dahingehend gedeutet werden, daß Hypnose Telepathie oder Hellsehen fördert.

Die Vermutung, daß hypnotische Suggestionen paranormale Fähigkeiten fördern können, fand durch zwei Analysen von Experimenten, die ASW-Werte in Hypnose mit ASW-Werten im Wachzustand verglichen, Bestätigung. In der ersten untersuchte R. L. Van De Castle 14 Studien, bei denen Hypnose eingesetzt worden war, um ASW zu verstärken. Er berechnete, daß diese Experimente kumulative Beweise für ASW bei

einem Wahrscheinlichkeitsgrad von 10^{-10}, oder 1 in 10 Milliarden, lieferten.[182] Die zweite Analyse – 1984 von Ephraim Schechter veröffentlicht – untersuchte 25 Studien, die bis zum Jahr 1984 veröffentlicht worden waren (20 Arbeitspapiere von zwölf Forschern oder Forschungsteams aus zehn Labors). Sieben zeigten nach der Hypnoseinduktion signifikant verbesserte ASW-Ergebnisse, neun erbrachten positive, aber statistisch nicht signifikante Ergebnisse. Keine der Studien hatte ein negatives Ergebnis. Schechter errechnete als Wahrscheinlichkeit, daß sieben Studien signifikante Ergebnisse erbringen würden, eine Zufallsrate von nur 34 in einer Million, und die Wahrscheinlichkeit, daß 16 der Experimente zufällig eine verbesserte Leistung nach der Induktion ergeben würden, mit 6 zu 10 000. Nachdem er sämtliche Studien auf experimentelle Fehler hin untersucht hatte, schätzte Schechter, daß die Korrelation zwischen einem Wert, den er für mögliche Probleme bei der Versuchsplanung bestimmt hatte, und der Erfolgsrate der Studien weitab von jeglicher statistischen Signifikanz lag. Er schloß daraus, daß es keine offensichtliche systematische Beziehung zwischen Unzulänglichkeiten der Experimente und ihren positiven Ergebnissen gäbe. „Es scheint, daß der Unterschied zwischen ASW-Leistungen in [hypnotischer] Induktion und unter Kontrollbedingungen ein verläßlicher Effekt ist“, schrieb er. „Er tritt häufiger auf, als es vom Zufall erwartet werden könnte, und er scheint nicht einer fehlerhaften ASW-Testmethode oder Versuchsplanung zuzuschreiben zu sein.“[183]

Diese experimentellen Ergebnisse werden von vielen klinischen Berichten bestätigt, denen zufolge in der Hypnose paranormale Erfahrungen auftreten. Zum Beispiel gaben 24 Prozent von 200 Beantwortern eines an sämtliche Mitglieder der *Australian*

Society of Hypnosis ausgegebenen Fragebogens an, daß sie in Hypnose ASW erlebt hätten. Die Verfasserin des Fragebogens, Lorna Channon, schrieb, daß sie – als große Skeptikerin in bezug auf paranormale Phänomene – auf die Frage, ob Hypnose bei den Beantwortern des Fragebogens eine außersinnliche Kommunikation hervorgerufen hatte, positive Reaktionen in dieser Größenordnung nicht erwartet hätte. Channon meinte, daß Hypnotiseure, die sich in einen tranceähnlichen Zustand begeben, während sie die Hypnose induzieren, sich außersinnlichen Botschaften stärker öffneten – zum Teil deshalb, weil sie dann einen besseren Rapport mit ihren Patienten haben und ein höheres Maß an Empathie ihnen gegenüber spüren.*

Auch quasi-mystische Erlebnisse sind in zeitgenössischen Experimenten durch Hypnose hervorgerufen worden. Bernard Aaronson führte geübte Versuchspersonen hin zu einer Loslösung von Sinneserfahrungen, einem Aufgeben der Identifikation mit dem Ich und einem Loslassen gewöhnlicher Denkkategorien, was Erfahrungen zur Folge hatte, die mystischen Zuständen ähnelten.[184] Zum Teil auf Aaronsons Methode aufbauend, induzierte Paul Sacerdote quasi-mystische Erfahrungen, um die Schmerzen von Patienten zu lindern.[185] Charles Tart beschrieb ebenfalls transpersonale Zustände, die bei einer seiner hypnotisierten Versuchspersonen auftraten (15.5).[186]

[15.14]
HYPNOTISCHE PHÄNOMENE UND TRANSFORMATION

Mesmerismus und Hypnose haben gewöhnlich nicht die Erleuchtung und Kreativität hervorgebracht, wie sie beispielsweise in der kontemplativen Übung zu erkennen ist. Ein Grund dafür ist, daß sie als therapeutische Verfahren angesehen wurden und nicht als Programme für eine hochgradige Veränderung – wenngleich der Marquis de Puysegur, Kluge, Kerner, Esdaile, Myers, James und andere ihre metanormalen Auswirkungen beschrieben haben. Nahezu jeder, der Erfahrungen mit Hypnose gemacht hat, hat sich nur gelegentlich darauf eingelassen – etwa um ein bestimmtes Leiden zu lindern oder, was seltener vorkommt, um gewisse Fähigkeiten zu verbessern. Die hypnotische Suggestion selbst ist weder eine das gesamte Leben umfassende Übung wie das christlich-mystische Gebet, der buddhistische Yoga oder der Schamanismus, noch ist sie bisher wie ein Langzeitprogramm in der Art mancher Kampfkünste eingesetzt worden.

Trotzdem haben Mesmerismus und Hypnotismus Erfahrungen und Fähigkeiten hervorgerufen, die eine bedeutende Rolle in der Transformationspraxis spielen, darun-

* Channon 1984. Die Frage in bezug auf ASW lautete: „Haben Sie jemals bei der Anwendung von Hypnose Erfahrungen gemacht, die darauf hindeuten, daß Hypnose eine Art außersinnlicher Kommunikation zwischen Ihnen und Ihrem Patienten hervorruft?“

ter eine kreative Versunkenheit, Flexibilität der Wahrnehmung, Hypermnesie, ungewöhnliche physiologische Kontrolle, psychosomatische Gestaltungsfähigkeit und Zugang zu subliminalen Ebenen des Bewußtseins. Während der hypnotischen Suggestion kann sich eine mysteriöse Intelligenz entfalten. Wie Lewis Thomas meinte, wäre das nicht die Art von verwirrter, ungeordneter Intelligenz, die man vom Freudschen Unbewußten erwarten würde. „Es müßte fast eine leitende Person sein", schrieb Thomas, „jemand, der Angelegenheiten mit einer jenseits unseres Verstehens liegenden, äußersten Detailliertheit erledigt – ein fähiger Ingenieur oder Manager, ein Geschäftsleiter ... ein erstklassiger Zellbiologe."[187] Vielleicht ist genau das die grundlegendste Einsicht, die uns durch Hypnose zuteil wird – dieser flüchtige Blick auf eine überlegene Intelligenz in uns, die unsere Wahrnehmung und unser Denken drastisch verändern, die Gesundheit wiederherstellen und unsere bedeutendsten Fähigkeiten verstärken kann. Aus der Fülle der mesmerischen und hypnotischen Phänomene erkennen wir, daß die Fähigkeiten des Menschen sich durch das Wachrufen von etwas, das an Frederic Myers' subliminales Bewußtsein erinnert, auf dramatische Weise entfalten können.

Die Hypnoseforschung lehrt uns unter anderem, daß:

- tiefe Versunkenheit verschiedene Arten von außergewöhnlichen Fähigkeiten anregen kann,
- Angst, Schmerzen und physiologische Prozesse durch eine konzentrierte Intention umgewandelt werden können,
- bestimmte Fähigkeiten, die die Kreativität im allgemeinen fördern, mit hypnotischer Reagibilität korrelieren, so zum Beispiel die Flexibilität der Wahrnehmung, Toleranz gegenüber Mehrdeutigkeit, die Fähigkeit, auf die Überprüfung der Wirklichkeit zu verzichten, Offenheit für neuartige Erfahrungen, lebhafte und spontane Imagination, Fähigkeiten, die Geschlossenheit der Gestalt wahrzunehmen, und holistisches oder synthetisches Denken,
- hypnotische Reagibilität und ihre psychophysischen Korrelate geschult werden können,
- hypnotische „Virtuosen" ihre außergewöhnlichen Fertigkeiten durch jahrelange Übung entwickeln (und damit meistens in der Kindheit beginnen),
- diese Praxis eine psychosomatische Flexibilität erzeugen kann, mittels derer der Körper schöpferisch verändert werden kann, und daß
- soziale Zusammenhänge (wie die, die aus den interpersonalen Dynamismen hypnotischer Prozesse sichtbar werden) etliche Fähigkeiten des Menschen verbessern oder einschränken können.

16

Biofeedback-Training

Das Biofeedback-Training ist eine Methode, über die psychosomatische Autoregulation erlernt werden kann, um die Gesundheit zu fördern, besondere Fertigkeiten zu

verbessern oder angestrebte geistige Zustände zu erreichen. Im Rahmen dieses Trainings werden Aktivitäten in einem bestimmten Körperteil von empfindlichen Geräten festgestellt und durch Klänge und Geräusche oder visuelle Anzeigen der betreffenden Person zurückgemeldet, so daß sie lernen kann, jene Aktivitäten zu verändern. Funktionen, die früher als der willentlichen Kontrolle unzugänglich angesehen wurden, werden heute mit Hilfe von Feedback mit Geräten modifiziert. Obwohl die kognitiven und somatischen Vorgänge, die eine solche Kontrolle ermöglichen, nicht völlig verstanden werden, hat der Erfolg des Biofeedbacks gezeigt, daß die meisten – wenn nicht alle – Menschen ihre Fähigkeit zur Autoregulation verbessern können.

Alyce und Elmer Green von der *Menninger Foundation* gaben die Überzeugung vieler Forscher wieder, als sie schrieben: „Vielleicht läßt sich jeder physiologische Vorgang, der verstärkt und sichtbar gemacht werden kann, unter ein gewisses Maß an willentlicher Kontrolle bringen.“[1]

Darüber hinaus haben zahlreiche Untersuchungen gezeigt, daß die durch das Biofeedback-Training erlangten selbstregulierenden Fähigkeiten erhalten bleiben, nachdem auf das Feedback mit Geräten verzichtet wurde. Bis 1990 hatten beispielsweise über 2000 Personen im Rahmen der *Menninger Foundation* gelernt, verschiedene Körperprozesse durch eine Kombination von Feedback, Autogenem Training (siehe 18.3) und Visualisierung zu verändern, so daß ihre neu erworbene Selbstkontrolle nicht von Geräten abhing. Im folgenden Abschnitt beschreibe ich einige Aspekte des Biofeedback-Trainings, die für die Transformation von allgemeiner Bedeutung sind.

[16.1]
VORLÄUFER DES BIOFEEDBACKS

Viele Hilfsmittel, die die Selbststeuerung bestimmter Körperfunktionen fördern, können als Feedback-Vorrichtungen betrachtet werden. Eine Rassel oder Puppe kann zum Beispiel einem Kleinkind helfen, motorische Fähigkeiten zu erlernen. Die Flugbahn eines Balls liefert Informationen, die einem Kind ermöglichen, seine Wurftechnik zu verbessern. Ein schwankendes Kanu gibt jemandem, der Beinarbeit und Balance übt, direkt ein Feedback. Hilfsmittel dieser Art – und unzählige andere – sind Vorläufer der modernen Biofeedback-Geräte. Gegen Ende des 19. und Anfang des 20. Jahrhunderts wurden äußerst differenzierte Geräte erfunden, die zur Meisterung des eigenen Körpers beitrugen. Um beispielsweise Lippenlesern zu helfen, setzte Alexander Graham Bell den von dem Franzosen Leon Scott erfundenen Phonautographen ein. Dieses Gerät hatte eine Membran, die über das engere Ende eines Trichters gespannt war. Sprach der Benutzer in den Trichter, zeichnete eine Bürste Wellenlinien auf einem rauchgeschwärzten Glas auf. Bell interessierte sich auch für die „manometrische Flamme" Rudolph Königs. Bei dieser Vorrichtung war eine Membran über ein Loch

in einem Gasrohr gespannt, so daß eine Bewegung der aus dem Rohr kommenden Flamme verursacht wurde, wenn jemand in der Nähe sprach. Die Flamme wurde von Spiegeln reflektiert, die auf einem sich drehenden Rad befestigt waren. Diese Reflexionen ergaben charakteristische Lichtmuster, mit denen Taube experimentieren konnten, bis sie die gewünschten Klänge hervorbrachten.[2] Der Phonautograph und die manometrische Flamme waren Vorläufer des Sonagramms, das zur Untersuchung von besonderen Eigenheiten der Sprache verwendet wird. Bells Pionierarbeit trug mit dazu bei, eine Grundlage für die zeitgenössischen Trainingsmethoden für Taube zu schaffen.[3]

Auch O. und W. Mowrer (1938) waren Wegbereiter für das Biofeedback mit Geräten. Sie benutzten ein Wecksystem, das durch Urin ausgelöst wurde, um Kindern das Bettnässen abzugewöhnen. Lawrence Kubie (1943) spielte verstärkte Atemgeräusche vor, um einen hypnagogen Zustand zu induzieren, und Edmund Jacobson (1939) plazierte Elektroden auf den Beugemuskeln des Armes, um ein Feedback für die Muskelentspannung zu geben.

Andere Kliniker und Experimentatoren legten mit ihren Studien über die Autoregulation ohne Geräte das Fundament für das Biofeedback-Training. Der Physiologe J. R. Tarchanoff (1885) beschrieb einen Mann, der seine Herzfrequenz willentlich erhöhen konnte. Eine solche Kontrolle, meinte Tarchanoff, würde durch ein unbekanntes Zentrum im Gehirn vermittelt. Andere Forscher beschrieben einen Medizinstudenten, der seine Herzfrequenz um 27 Schläge in der Minute erhöhen konnte, einen 29jährigen, der Tachykardien durch „geringfügige und abrupte Anstrengungen der Muskulatur“ auslösen konnte, und zwei Personen, die ihren Puls willentlich beschleunigten.[4] Obwohl diese Studien eher anekdotenhafte Schilderungen waren, trugen sie dazu bei, einige Psychologen und medizinische Forscher in der Vermutung zu bestärken, daß die Herzfrequenz willentlich verändert werden könnte.

Gegen Ende des 19. und zu Beginn des 20. Jahrhunderts wurden zeitweise auch Fälle von außergewöhnlicher muskulärer Kontrolle erforscht. Schafer, Canney und Tunstall (1886) maßen den Grad der Muskelkontraktion beim Menschen als Reaktion auf Willensäußerungen. J. H. Bair (1901) brachte Studenten bei, mit ihren Ohren zu wackeln, indem er dem betreffenden Muskel einen leichten Elektroschock versetzte und die Studenten dann die daraus resultierenden Krämpfe nachahmen ließ, wobei sie ihre Kiefer- und Gesichtsmuskeln anspannten. R. S. Woodworth (1901) erforschte die willentliche Kontrolle der Kraft der Bewegung. Und seit Anfang der zwanziger Jahre entwickelte Edmund Jacobson seine richtungweisenden Studien der Progressiven Muskelentspannung (siehe 18.6 und Anhang H). All diese Forscher trugen dazu bei, die weit verbreitete Erforschung der muskulären Autoregulation, die nach 1960 begann, anzuspornen.

Es gab noch andere Methoden der Autoregulation, die dem Biofeedback-Training vorausgingen. Die Alexander-Technik und das Autogene Training wurden entwickelt, bevor das Feedback mit Geräten bekannt wurde, und die Ausübenden dieser Methoden verbreiteten die Auffassung, daß die kinästhetische Wahrnehmungsfähigkeit und die Kontrolle muskulärer und autonomer Vorgänge geschult werden kann (18.2, 18.3). Zur selben Zeit trugen hinduistische, buddhistische und Sufi-Gruppen im Westen dazu bei, eine Atmosphäre zu schaffen, in der das Biofeedback seine plötzliche Popularität erlangen konnte. Östliche Religionen erfreuten sich in Europa und Amerika besonders in den sechziger Jahren einer großen Beliebtheit und inspirierten einige der frühen Biofeedback-Studien.

[16.2]
ZEITGENÖSSISCHES BIOFEEDBACK-TRAINING

Trotz der oben beschriebenen Arbeiten glaubten die meisten Physiologen und forschenden Psychologen vor den sechziger Jahren nicht daran, daß autonome Funktionen ebenso wie die Muskel- und Skelettaktivität willentlich kontrolliert werden könnten.[5] Nach Ansicht der Experimentatoren war die von einigen Personen gezeigte Selbstkontrolle entweder indirekt durch Vorgänge verursacht, die der willentlichen

Kontrolle unterstehen, oder das Ergebnis eines Placebo-Effekts. Aufgrund dieser weit verbreiteten Annahme erlangten Demonstrationen darüber, daß die Herzfrequenz bei paralysierten Ratten konditioniert werden konnte, unmittelbare Popularität.

Gegen Ende der sechziger Jahre schien der hoch angesehene Psychologe Neal Miller mit L. V. DiCara und anderen Mitarbeitern bewiesen zu haben, daß die Herzfrequenz von Ratten, die durch das Pfeilgift Curare vorübergehend gelähmt waren, durch die Elektrostimulation des Gehirns konditioniert werden konnte. Miller und seine Mitarbeiter waren auch der Ansicht, daß sie nachgewiesen hätten, daß die konditionierte Kontrolle des Herzschlags bei unter Curare-Einfluß stehenden Ratten auf den nichtparalysierten Zustand übertragen werden konnte.[6] Zum Teil durch Millers Arbeiten inspiriert, berichteten andere Forscher von ähnlichen Ergebnissen und bekräftigten so die Idee, daß autonome Systeme kontrolliert werden könnten – wie es Yogis und einige bahnbrechende Forscher behauptet hatten. Schließlich hatte Miller jedoch Schwierigkeiten, seine anfänglichen Versuchsergebnisse zu replizieren, und begann sie ernsthaft anzuzweifeln. Doch er hatte neue Versuche angeregt, die beweisen sollten, daß die Kontrolle der autonomen Funktionen beim Menschen möglich ist.[7]

In der Tat hatte Millers Arbeit mit unter Curare-Einfluß stehenden Ratten eine Sensation unter den Experimentatoren ausgelöst, zum einen, weil sie die traditionelle Theorie zu widerlegen schien, daß autonome Reaktionen nur über die klassische Konditionierung* zu modifizieren wären, zum anderen, weil sie besonders anschaulich die wachsende Überzeugung bestätigte, daß autonome Prozesse der willentlichen Kontrolle zugänglich gemacht werden können. John Basmajian hatte gezeigt, daß normale Versuchspersonen willentlich *Single Motor Units* (die kleinsten motorischen Einheiten) aktivieren konnten, und 1963 in *Science* über seine Arbeit berichtet. Johann Stoyva, T. H. Budzynski und andere hatten Techniken entwickelt, durch die ein Elektromyograph eingesetzt werden konnte, um die Muskelspannung zu kontrollieren. Joe

* Millers Forschungsergebnisse trugen dazu bei, einen Grundsatz der Lerntheorie zu Fall zu bringen, nach dem über das autonome Nervensystem (ANS) kontrollierte Reaktionen auf andere Art und Weise erlernt würden als die über das Zentralnervensystem (ZNS) kontrollierten. Man nahm an, daß ANS-Lernen – häufig zufällig – durch klassische Konditionierung geschah, während ZNS-Reaktionen operant oder instrumentell konditioniert werden könnten. Bei der klassischen Konditionierung wird ein konditioneller Reiz – wie eine Glocke – mit einem nichtkonditionellen Reiz wie Nahrung in Verbindung gebracht, so daß eine bestimmte Reaktion ausgelöst wird – wie die Speichelabsonderung eines Hundes. Der Hund in diesem Beispiel reagiert auf die Manipulationen des Versuchsleiters automatisch, unwillkürlich und reflektorisch. Bei der operanten Konditionierung wird andererseits das Versuchstier *nach* dem erwünschten Verhalten belohnt – zum Beispiel mit Nahrung oder Lob –, so daß es dazu tendiert, sich erneut so zu verhalten. Die Überzeugung, daß autonome Prozesse nicht operant konditioniert werden können, entstand hauptsächlich aus einem historischen Zufall, da B. F. Skinner und seine behavioristischen Anhänger – die meisten von ihnen Psychologen – sich auf das operante Modell bezogen, als sie Lernprozesse untersuchten. Ihre experimentellen Ergebnisse trugen zu einer Art Legende bei (die dann als Tatsache angesehen wurde), daß die Vorgänge bei der operanten Konditionierung sich auf äußerliche Verhaltensformen, die über die Skelettmuskulatur laufen, bezogen, nicht jedoch auf autonomes Verhalten.

Kamiya fand Ende der fünfziger Jahre heraus, daß Versuchspersonen ihre von einem EEG aufgezeichnete Gehirnaktivität kontrollieren konnten. Und H. D. Kimmel setzte die operante Konditionierung ein, um die galvanische Hautreaktion zu modifizieren (das Maß der elektrischen Leitfähigkeit der Haut, die auf emotionale Erregung zurückgeführt werden kann).[8]

Als Folge dieser Untersuchungen, über die sowohl in wissenschaftlichen Fachzeitschriften als auch in der Tagespresse berichtet wurde, zeigte sich Ende der sechziger Jahre bei Physiologen und experimentellen Psychologen ein entscheidender Gesinnungswandel – von der Überzeugung, daß das autonome Nervensystem verhältnismäßig unzugänglich wäre, hin zu der Erkenntnis, daß es willentlich beeinflußt werden konnte. Trotz übertriebener Behauptungen über Biofeedback und die daraus entstandene Kontroverse hat sich dieser Gesinnungswandel auf alle nachfolgenden Studien über die Autoregulation positiv ausgewirkt.[9]

Die wachsende Anerkennung, daß autonome Prozesse willentlich beeinflußt werden können, ließ Trainingsprogramme zur Autoregulation in vielen Teilen der Welt entstehen. Im Jahre 1970 wurde die *Biofeedback Research Society* gegründet und später

erweitert, was das weit verbreitete klinische, forscherische und erzieherische Interesse an der Autoregulation in den Vereinigten Staaten widerspiegelte. Sie wurde später in *Biofeedback Society of America* umbenannt und gibt seit 1975 die Zeitschrift *Biofeedback and Self-Regulation* heraus. Eine Bibliographie der Literatur, die 1978 von Francine Butler veröffentlicht wurde, enthielt mehr als 2300 Eintragungen, und John Basmajian schätzte 1983, daß „[dieses Gebiet] in seinem kurzen Leben in ungefähr 10 000 Fachartikeln dokumentiert worden ist und seine Praktizierenden und Wissenschaftler weltweit in die Tausende gehen". Wenngleich andere Experten auf diesem Gebiet andere Schätzungen angeben, so ist die Literatur über Biofeedback doch immens.[10]

[16.3]
DIE WILLENTLICHE KONTROLLE DER MUSKELAKTIVITÄT

Die willentliche Kontrolle der *Single Motor Units*

Im Jahre 1934 beschrieb Oliver Smith die willentliche Kontrolle einzelner Potentiale der Bewegungseinheiten. D. B. Lindsley (1935) bestätigte Smiths Entdeckung und zeigte, daß manche Versuchspersonen einen Muskel so vollständig entspannen konnten, daß keine aktiven Einheiten zu finden waren. Andere führten die Erforschung dieser feinmotorischen Kontrolle fort, und John Basmajian baute seine Arbeit darauf auf, um zu zeigen, daß normale Versuchspersonen lernen können, einzelne Bewegungseinheiten zu isolieren und willentlich zu aktivieren (d. h. einzelne Nervenzellen und die Muskelfasern, die von ihnen versorgt werden).[11] Basmajians Demonstration dieser bemerkenswerten Form der Selbstkontrolle ist seither von anderen Forschern wiederholt worden und gab der Biofeedback-Forschung allgemein einen großen Auftrieb. Die Kontrolle der *Single Motor Units* ist mittlerweile in vielen Muskelgruppen trainiert worden.[12] Des weiteren werden heutzutage sogenannte Firing-Muster der *Single Motor Units* unterschiedlich modifiziert. Zum Beispiel läßt sich ihre Frequenz verändern oder ihr Rhythmus variieren. Basmajian hat solche Variationen *Spezialeffekte* genannt, einigen Bezeichnungen wie „Trommelwirbel" oder „Galopp" gegeben und sie durch die Verstärkung ihrer Signale über Lautsprecher hörbar gemacht.

Diese außerordentliche Spezifizität der Autoregulation konnte von vielen Menschen entwickelt und aufrechterhalten werden. In einer Studie lernten beispielsweise 13 normale Versuchspersonen *Single Motor Units* von drei Stellen des rechten Trapezmuskels aus zu kontrollieren und hielten diese Kontrolle daraufhin ohne Feedback aufrecht. Vier dieser Personen waren in der Lage, diese Kontrolle aufrechtzuerhalten, während sie Wasser aus einem Glas tranken, wodurch sie den Trapezmuskel als Ganzes

aktivierten, während sie gleichzeitig die Aktivität der *Single Motor Units* in verschiedenen Bereichen des Muskels unterdrückten.[13]

Um die inneren Systeme zu erspüren, die an der Kontrolle der *Single Motor Units* beteiligt sind – um deren nonverbale „Sprache" zu erlernen –, muß eine Versuchsperson das schwache und unbeständige kinästhetische Feedback mit visuellen oder auditiven Anzeigen ergänzen. Die Forscher A. J. Lloyd und J. T. Shurley meinten, daß die Biofeedback-Methode aus kybernetischer Sicht gesehen eine Technik sei, die ein schwaches propriozeptives Signal in einem verhältnismäßig lauten System verstärkt. Aber, so meinten sie, man könne auch den Lärm des Systems verringern, statt das Signal zu verstärken. Genau das taten Lloyd und Shurley, als sie die Kontrolle der *Single Motor Units* in einem ruhigen, abgedunkelten Raum trainierten. Sie wiesen nach, daß diese Form eine weitaus effektivere Methode des Trainings war.[14] Ihre Ergebnisse bekräftigen die langgehegte Überzeugung, daß Yogis und andere Meditierende ihre außergewöhnliche Selbstkontrolle zum Teil dadurch erreichen, daß sie von außen kommende Reize ausgrenzen, um kinästhetische Signale besser wahrnehmen zu können.[15]

Die willentliche Kontrolle der großen Muskeln

Seit den sechziger Jahren haben Versuchspersonen in vielen Biofeedback-Studien ihre Kontrolle der Muskelaktivität erweitert.[16] Zu den Beschwerden, die mit Hilfe von Biofeedback geheilt oder gelindert wurden, zählt die Dysfunktion des Kiefergelenks, die von Schmerzen im Gesicht und Kiefer, Ohrenklingen, Zähneknirschen während des Schlafs, Schwierigkeiten beim Schlucken, Erschöpfung und anderen Symptomen gekennzeichnet ist, und die orofaciale Dyskinesie, ein Leiden, das unkoordinierte Bewegungen des Gesichts, Kiefers, Halses und der Zunge mit sich bringt.[17] Spannungskopfschmerz wurde durch die Entspannung der Stirnmuskeln gelindert oder ausgeschaltet.[18] Mehrere Forscher haben erfolgreich den Schiefhals behandelt, eine Muskelkontraktur, bei der der Kopf zu einer Seite hin verdreht ist.[19] Das Feedback mit Geräten hat unzähligen Menschen auch bei folgenden Krankheiten oder Problemen geholfen: bei Symptomen der Gehirnlähmung, subvokalem Sprechen, Speiseröhrendysfunktion, übermäßigem Näseln, unwillkürlichen Zuckungen der Lider, Problemen beim Öffnen der Augen nach einem psychischen Trauma, Muskellähmungen infolge zerebrovaskulärer Störungen und Problemen beim Spielen von Musikinstrumenten.[20]

[16.4]
DIE EIGENKONTROLLE DER ELEKTRISCHEN GEHIRNAKTIVITÄT

Seit dem Ende des 19. Jahrhunderts haben Neurologen, Physiologen und Psychologen die elektrische Aktivität des Nervensystems der Säugetiere untersucht – anfangs mit Galvanometern, Kymographen und anderen einfachen elektromechanischen Geräten und heutzutage mit Elektroenzephalographen. Der britische Physiologe Richard Caton machte 1875 eine Aufzeichnung der elektrischen Aktivität in der Hirnrinde von Kaninchen, Ratten und Affen. Der Pole Adolph Beck zeichnete 1890 die Oszillationen des menschlichen Gehirns auf. Hans Berger veröffentlichte 1924 eine richtungweisende Beschreibung der EEG-Aufzeichnungen beim Menschen, die zum Teil aus seinen Bemühungen entstand, physikalische Wege zu finden, über die telepathische Eindrücke vermittelt werden. Berger gab den verschiedenen Arten von Wellen und Spektren der elektrischen Aktivität, die vom Elektroenzephalographen aufgezeichnet werden, die griechischen Buchstaben *delta*, *theta*, *alpha* und *beta*.[21]

Alpha-Gehirnwellen-Training

Gegen Ende der fünfziger Jahre entdeckte der Forscher und Psychologe Joe Kamiya an der *University of Chicago*, daß einige Menschen ihre Alpha-Rhythmen mit Hilfe von

EEG-Feedback kontrollieren konnten. Kamiyas Arbeit rief schon vor der Veröffentlichung ein lebhaftes Interesse unter seinen Kollegen hervor, und nach der Veröffentlichung seiner Artikel 1968, 1969 und 1970 trug sie dazu bei, die Neugier der Öffentlichkeit in bezug auf das Biofeedback zu erwecken.[22] Kamiya berichtete, daß seine Versuchspersonen gelernt hatten, ihre Alphawellen-Frequenz (8 bis 13 Hertz) zu erhöhen oder zu verringern, häufig in Abschnitten, die nach 5 Minuten wechselten, und er zeigte auf, daß bildhafte Vorstellungen, mentale arithmetische Aufgaben und andere konzentrierte intellektuelle Vorgänge die Alpha-Aktivität unterdrückten. Er wies auch auf die mögliche Bedeutung eines Verschiebungseffektes hin, bei dem der Anteil an Alphawellen im EEG sich in der experimentellen Situation spontan erhöht. Auch die Experimente von Barbara Brown am *Veterans Administration Hospital* in Sepulveda, Kalifornien, die zu beweisen schienen, daß Versuchspersonen durch eine Manipulation ihrer Gefühlszustände ihre Alpha-Frequenz und -Amplitude modifizieren konnten, leisteten der Idee, daß die elektrische Gehirnaktivität verändert werden könnte, Vorschub.

Diese ersten Studien führten zu einer allgemeinen Begeisterung für das Alpha-Training, zum Teil deshalb, weil viele Menschen glaubten, daß Alpha-Zustände mit mysti-

schen Zuständen in Zusammenhang stünden. Doch es ergaben sich auch viele Fragen. Erik Peper und T. B. Mulholland zeigten beispielsweise, daß Versuchspersonen Alpha zwar durch EEG-Feedback verringern konnten, es aber nicht über einen Bereich hinaus erhöhen konnten, der während eines Ruhezustands mit geschlossenen Augen herbeigeführt wurde. Ihre Ergebnisse wurden auch von anderen Forschern bestätigt.[23] Dies führte Peper zu der Annahme, daß bestimmte motorische Impulse Alpha blockieren und daß die Entspannung dieser Impulse es der Alpha-Aktivität erlaubt, zu ihrem normalen Niveau im Ruhezustand zurückzukehren. In einer 1971 veröffentlichten Abhandlung argumentierte er, daß diese Impulse korrigierende Befehle an das okulomotorische System enthalten, wodurch Alphawellen, die im okzipitalen Bereich des Gehirns gemessen werden, unterdrückt werden.[24] In späteren Studien wiesen Peper und Mulholland nach, daß sich der Anteil an Alphawellen erhöhte, wenn die Augen nach oben gerichtet wurden oder ein Ziel, das mit den Augen verfolgt wurde, verschwommen wahrgenommen wurde. Andere Forscher haben nachgewiesen, daß eine erhöhte Augenkonvergenz zu einer Verringerung von Alpha führt, während das Gegenteil geschieht, wenn die Augen divergieren.[25] Außerdem hat sich direktes Feedback von einem Elektrokulogramm, mit dem kleinste Augenbewegungen aufgezeichnet werden, bezüglich der Fähigkeit mancher Personen, derartige Veränderungen der Gehirnaktivität hervorzurufen, als ebenso wirksam erwiesen wie das EEG-Feedback. Es scheint, daß Alpha verstärkt wird, wenn man in die Ferne sieht, während es unterdrückt wird, wenn man auf etwas Nahegelegenes blickt. In Anbetracht dieser Wechselbeziehung ist es wahrscheinlich, daß die „weichen Augen", die im Aikido geübt werden, das entspannte Schauen im Zazen und bestimmte hypnotische Suggestionen die Entspannung der Konvergenz beinhalten, durch die Alpha blockiert wird.

Führende Biofeedback-Forscher behaupten gewöhnlich nicht, daß Alpha-Frequenzen verläßliche Hinweise auf mystische Erfahrungen sind. Kamiya hat beispielsweise unentwegt beteuert, daß das mit erhöhter Alpha-Aktivität zusammenhängende Wohlbefinden nicht mit einem *Satori* oder anderen religiösen Zuständen gleichgesetzt werden sollte, auch wenn Akira Kasamatsu und Tomio Hirai entdeckten, daß in den EEG-Aufzeichnungen von Zen-Meistern und ihren fortgeschrittenen Schülern Alphawellen überreichlich vorhanden waren (23.1). Als Versuchsperson in einigen seiner Experimente im Jahre 1965 kann ich Kamiyas Weigerung, die Kontrolle der Alphawellen mit mystischer Erleuchtung gleichzusetzen, bestätigen. Obwohl er sich der Ergebnisse aus Kasamatsus und Hirais Studien bewußt war, weigerte er sich, oberflächliche Vergleiche zwischen dem *Satori* und den Erfahrungen von Personen in Biofeedback-Experimenten anzustellen. Dem Psychologen William Plotkin zufolge, der Biofeedback-Studien mit dem EEG sorgfältig überprüfte, wird die sogenannte „Alpha-Erfahrung" in hohem Maße durch eine Außenreizabschirmung, introspektive

Informationsempfänglichkeit, die Wahrnehmung des Erfolgs bei der Feedback-Aufgabe und Mythen über das Alpha-Training hervorgerufen.[26] Plotkin schrieb:

> Das Biofeedback-Training ist nicht einfach nur eine Form der Manipulation der Physiologie des Menschen, es ist eine komplizierte Interaktion des Sozialverhaltens, bei der nicht nur die Physiologie, sondern auch Einstellungen, Erwartungen, Motivationen, Aufmerksamkeit, Wachsamkeit und Verständnis direkt und indirekt, unabhängig von jeglichen Ereignissen zwischen Physiologie und Feedback, beeinflußt werden.[27]

Eine hoch angesehene Studie von D. H. Walsh bestätigt Plotkins Sichtweise insofern, als einige der Versuchspersonen trotz erhöhter Erzeugung von Alphawellen keine besonderen Zustände erlebten und andere von unangenehmen Erfahrungen berichteten.[28] Die Tatsache, daß die vom EEG aufgezeichneten Gehirnwellen komplizierte Gebilde sind, die aus vielen Interaktionen des Zentralnervensystems entstehen, macht es unwahrscheinlich, daß irgendeine exakte Wechselbeziehung zwischen ihnen und der Erfahrung einer bestimmten Person formuliert werden kann. Der Forscher und Psychologe Joel Lubar schrieb:

> Das EEG, das beim Menschen mit Hilfe von Elektroden auf der Kopfhaut aufgezeichnet wird, stellt die Spitze eines Eisbergs dar. Wir machen oft den Fehler anzunehmen, daß das EEG einheitliche Prozesse, die Verhaltenszustände definieren, voneinander abgrenzt. Bei der Aufzeichnung eines EEGs mit bipo-

laren Elektroden an einem bestimmten Meßpunkt erkennen wir in Wirklichkeit den Unterschied zwischen den elektrischen Potentialen der beiden Meßpunkte, an denen die Elektroden angebracht sind. Diese Unterschiede der Potentiale schließen wiederum die folgenden Elemente ein: dendritische Aktivität der oberen kortikalen Schichten, direkte Veränderungen der elektrischen Aktivität in weiten Bereichen des Kortex, gelegentlich evozierte oder Ereignispotentiale, die während der Aufzeichnung von sensorischen Reizen ausgelöst werden, und Aktivitätsrelais, die die Aktivierung und Hemmung aus Thalamus- und Hirnrinden-Pools und Schrittmachern wiedergeben, die wiederum von Relais aus dem Retikulärsystem im Hirnstamm beeinflußt werden. Das ist äußerst bedeutungsvoll, denn wenn wir jemandem beibringen, eine spezifische EEG-Komponente zu verändern, wie Alpha-Rhythmus, Beta-Spindeln oder den sensomotorischen Rhythmus, wissen wir nicht, welche grundlegenden Prozesse mit der Ausführung der Aufgabe am engsten in Verbindung stehen. In einigen Fällen könnten es Veränderungen des dendritischen Potentials sein. In anderen könnte es eine direkte Aktivität aus neuronalen Verbänden unter den Aufzeichnungselektroden sein, und / oder es könnte die Aktivität der Thalamuskerne sein, die sich auf die darüberliegende kortikale Aktivität nur indirekt auswirkt.

Es wäre auch möglich, daß die Konditionierung eines bestimmten EEG-Musters bei der einen Person andersgeartete Prozesse repräsentiert als bei einer anderen. Das bedeutet, daß ein bestimmtes Muster der EEG-Aktivität bei unterschiedlichen Menschen das Ergebnis unterschiedlicher Aktivitäten

des Subkortex und Hirnstamms ist. Dies würde zu der Erklärung beitragen, warum die subjektiven Schilderungen in bezug auf eine Konditionierung über Alpha-EEG-Biofeedback bei Menschen recht unterschiedlich sind.[29]

Thetawellen-Training

Thetawellen (4 bis 7 Hertz), die aus vielen Bereichen des Kortex abgeleitet werden können, treten besonders häufig während Schläfrigkeit und Schlaf auf und stehen mit Tagträumereien, Imagination und kreativer Visualisierung in Verbindung. Sie wurden in Versuchen von Elmer und Alyce Green, Barbara Brown, Joel Lubar und anderen mit Hilfe von Feedback willentlich modifiziert. Die Greens und ihre Mitarbeiter an der *Menninger Foundation* haben beispielsweise Versuchspersonen darin unterwiesen, die Theta-Aktivität zur Verstärkung der Kreativität, zur Induktion hypnagogischer Vorstellungsbilder im Rahmen einer Psychotherapie und zur Verstärkung paranormaler Erfahrungen zu erhöhen. Lubar hat das Theta-Feedback bei der Behandlung von Schlafstörungen eingesetzt. Die auf diese Weise behandelten Patienten – so behauptete Lubar – berichteten, daß unangenehme Gedanken während der Einschlafphase durch Vorstellungen von angenehmen Farben, Formen und Orten ersetzt würden.[30]

Betawellen-Training

Der Psychophysiologe D. E. Sheer wies darauf hin, daß ein schmales Frequenzband um 40 Hertz eine fokussierte Erregung anzeigt, die mit dem Lernprozeß in Verbindung steht. Er gründete seine Behauptung auf Versuche, bei denen er während eines visuellen Diskriminationstrainings mit Katzen in deren visuellem Kortex sowie bei Kindern, die Kurzzeitgedächtnis-Aufgaben lösten, eine 40-Hertz-Aktivität entdeckte. Studien, die in den fünfziger Jahren von Das und Gastaut (23.1) durchgeführt wurden, führten ihn ebenfalls zu diesen Schlußfolgerungen. Sheers Forschungsergebnisse deuten darauf hin, daß ein Training im Bereich von 40 Hertz einigen Menschen helfen kann, ihr Erinnerungsvermögen zu verbessern und Lernschwierigkeiten zu verringern. B. L. Bird und seine Mitarbeiter stützten die Annahmen von Sheer und brachten normalen Versuchspersonen bei, ihre 40-Hertz-Aktivität zu erhöhen oder zu vermindern. In späteren Experimenten zeigten sie, daß ihre Versuchspersonen diese Aktivität ohne Feedback hervorrufen konnten.[31]

Training bei asymmetrischen Hirnstromkurven

Erik Peper entdeckte, daß manche Menschen lernen können, verschiedene Anteile von Alphawellen in den Hirnhälften gleichzeitig hervorzurufen. In einer 1971 veröffentlichten Studie demonstrierten seine Versuchspersonen diese Art von Kontrolle, nachdem ihnen bei auftretender Alpha-Asymmetrie ein auditives Feedback gegeben wurde. Da er den Verdacht hatte, daß seine Ergebnisse durch eine bereits bestehende Alpha-Asymmetrie verfälscht worden waren, die aufgrund der Erhöhung der gesamten Alpha-Aktivität hätte verstärkt werden können, führte er einen zweiten Versuch durch, bei dem er unterschiedliche Signale verwendete, um das Auftreten von Symmetrie und Asymmetrie zu registrieren, kam hierbei aber zu fragwürdigen Ergebnissen.[32] Später haben jedoch andere Forscher aufgezeigt, daß die Alpha-Aktivität getrennt in jeder Hemisphäre kontrolliert werden kann. Ein 14jähriger Junge konnte Alpha in seiner linken Hemisphäre erhöhen und gleichzeitig Beta oder Theta in seiner rechten. Männliche und weibliche Versuchspersonen konnten Alpha in beiden Hirnhälften unterdrücken – oder in einer unterdrücken, während sie es in der anderen verstärkten. Bestimmte Versuchspersonen konnten Alpha in einem Bereich einer Hemisphäre erhöhen und es in einem anderen in derselben Hemisphäre verringern.[33]

[16.5]
DIE WILLENTLICHE KONTROLLE ANDERER KÖRPERFUNKTIONEN

Herzfrequenz

Nachdem Tarchanoff 1885 seine Studien über die Kontrolle der Herzfrequenz veröffentlicht hatte (siehe 16.1), beschrieben einige Ärzte und Physiologen Menschen, die ihren Herzschlag verändern konnten. Diese Beobachtungen trugen dazu bei, daß in den sechziger Jahren unzählige Experimente mit Konditionierungen durchgeführt wurden, bei denen man die Versuchspersonen nicht darüber informierte, daß sich ihre Herzfrequenz veränderte.[34] Der Psychologe Peter Lang und seine Mitarbeiter zeigten jedoch, daß Personen mit echtem Feedback ihre Herzfrequenz stärker reduzierten als diejenigen, denen gesagt worden war, daß dieses Feedback lediglich eine Tracking-Aufgabe wäre. Langs Studien halfen die Annahme in Zweifel zu ziehen, daß das Wissen einer Versuchsperson, daß ihr Herz konditioniert wurde, die experimentelle Kontrolle

des Herzens beeinträchtigen würde.[35] Langs Studie sowie ein wachsendes Interesse an Biofeedback im allgemeinen brachten mehrere Forscher dazu, die Autoregulation der Herzfrequenz zu untersuchen.[36] Lang und seine Mitarbeiter zeigten ebenfalls, daß Instruktionen allein den Versuchspersonen ermöglichten, ihre Herzfrequenz zu verändern, daß aber das Feedback ihnen dabei half, diese Kontrolle zu steigern und aufrechtzuerhalten, auch wenn daraufhin kein Feedback mehr gegeben wurde. Später bestätigten andere Forscher Langs Entdeckungen.[37]

Herzfunktionsstörungen konnten mit Hilfe des Biofeedback-Trainings ebenfalls modifiziert und in manchen Fällen beseitigt werden. Sinustachykardien, das Wolff-Parkinson-White-Syndrom und Vorhofflimmern wurden bei Patienten kontrolliert, denen im Labor und zu Hause ein Feedback der einzelnen Herzschläge gegeben wurde; Patienten mit präventrikulären Kontraktionen lernten, die vorherrschende Dysfunktion zu reduzieren.[38]

Blutdruck

In den siebziger und achtziger Jahren wurden die Untersuchungen über die Veränderung des Blutdrucks differenziert und auf mehrere verwirrende Ergebnisse hin kontrolliert. Insgesamt zeigten ihre Resultate, daß:

- viele Versuchspersonen mit Hilfe von Feedback oder Entspannungsübungen ihren systolischen Blutdruck verändern können,

- der systolische Blutdruck für die meisten Versuchspersonen leichter zu kontrollieren ist als der diastolische,
- es für die meisten Versuchspersonen leichter sein könnte, den diastolischen statt den systolischen Blutdruck ansteigen zu lassen, und daß
- Versuchspersonen, die gelernt haben, ihren Blutdruck zu senken – sowohl durch Feedback als auch durch Entspannungsübungen –, eine deutliche Senkung ihres diastolischen Blutdrucks für länger als ein Jahr aufrechterhalten können.

Johann Stoyva zeigte auf, daß Entspannungsübungen als Ergänzung zum Biofeedback Menschen helfen können, eine derartige Kontrolle zu erlangen.[39]

Elektrodermale Aktivität

Die elektrodermale Aktivität wird gemessen, indem ein schwacher Gleichstrom zwischen zwei Meßpunkten über die Haut geleitet wird (häufig auf der Handfläche) und

entweder der Widerstand gegen ihn im stabilen Zustand oder aber Veränderungen des Widerstandes gemessen werden, die spontan oder als Reaktion auf einen inneren oder äußeren Reiz auftreten. Experimentelle Psychologen haben die elektrodermale Aktivität zum großen Teil deshalb untersucht, weil sie Streß und Angst widerspiegelt, und eine beträchtliche Anzahl experimenteller Nachweise deutet nun stark darauf hin, daß die elektrodermale Aktivität operant konditioniert werden kann.[40] Den an Experimenten zur operanten Konditionierung beteiligten Versuchspersonen wird jedoch gewöhnlich nicht mitgeteilt, welche Körpervorgänge konditioniert werden. Mit den Worten von Elmer Green: Bei diesen Experimenten „konditioniert der Kortex des Versuchsleiters das autonome System der Versuchspersonen“.

Allerdings haben mehrere Studien, die seit den sechziger Jahren durchgeführt wurden, aufgezeigt, daß Versuchspersonen ihre elektrodermale Aktivität zum einen mit Hilfe von Feedback oder aber durch Übungen, die an streßreiche Situationen erinnern, modifizieren können. Einige Forscher fanden beispielsweise heraus, daß Schauspieler, die in einer speziellen Methode einer Schauspielschule ausgebildet waren, ihren Hautwiderstand besser erhöhen oder verringern konnten als diejenigen, die diese Ausbildung nicht erhalten hatten.[41] Studien dieser Art haben ebenfalls gezeigt, daß Versuchspersonen sich stark in ihrer Fähigkeit unterscheiden, Veränderungen der elektrodermalen Aktivität festzustellen wie auch diese zu modifizieren. Es scheint, als ob die willentliche Kontrolle der Hautaktivität bei manchen Personen effektiver über Entspannung, Meditation oder Imagination herbeigeführt werden kann als über Feedback mit Geräten.[42]

Periphere Temperatur und Durchblutung

In mehreren Kliniken und Labors wurden mit Hilfe von Feedback auch Veränderungen der Temperatur in der Hand und der peripheren Durchblutung unter ein gewisses Maß an Kontrolle gebracht, um die Entspannung zu fördern, Migränekopfschmerz zu behandeln oder andere Beschwerden zu lindern.[43]

Magen-Darm-Trakt

Viele Menschen haben durch das Biofeedback-Training gelernt, ihre Magen-Darm-Sekretion und -Motilität zu modifizieren. Diese Kontrolle, die Drüsen und die glatte Muskulatur, die normalerweise vom autonomen Nervensystem reguliert werden, einschließt, kann von hohem therapeutischem Wert sein. Patienten mit Refluxösophagitis haben zum Beispiel gelernt, die Kontraktion ihres unteren Speiseröhrensphinkters zu verstärken, um so einen Rückfluß aus dem Magen zu verhindern. Menschen mit neuromuskulär bedingter Stuhlinkontinenz haben gelernt, ihren Analsphinkter zu

kontrollieren. Und Patienten, die unter einer Übersäuerung des Magens, Geschwüren oder einem nervösen Darm leiden, haben gelernt, die anomalen Reaktionen ihrer glatten Muskulatur und Säuresekretionen zu unterdrücken.[44]

[16.6]
BIOFEEDBACK UND TRANSFORMATION

Trotz der praktischen Erfolge, die das Biofeedback-Training aufweisen kann, sind sich Experimentatoren und Kliniker über seine Wirksamkeit und möglichen Vermittlungen uneinig. Da einige der Themen, die im Rahmen dieser Diskussionen berührt wurden, einen Bezug zur Transformation im allgemeinen haben, möchte ich sie im folgenden kurz erwähnen und Hinweise auf weiterführende Erörterungen liefern.

Die Qualität des Trainings

Unter den Tausenden von Biofeedback-Studien, die in wissenschaftlichen Fachzeitschriften veröffentlicht wurden, scheinen viele gezeigt zu haben, daß Biofeedback bei manchen Versuchsgruppen nicht erfolgreich war, ein bestimmtes Leiden nicht gelindert hat oder daß es nicht dazu beigetragen hat, eine spezielle Fertigkeit zu entwickeln.

Nach Alyce und Elmer Green waren 15 der ersten 16 Versuche, bei denen Feedback mit Geräten zur Kontrolle von erhöhtem Blutdruck eingesetzt wurde, entweder ein völliger Mißerfolg oder hatten positive Ergebnisse ohne klinischen Wert. Die Greens schrieben:

Diese [gescheiterten Versuche] waren aus einer konditionierenden Sichtweise im allgemeinen gut geplant, setzten ausgezeichnete statistische Methoden ein, waren aber *klinisch* unzulänglich. Genauer gesagt wenden erfolgreiche Kliniker keine Methoden an, durch die der Patient daran gehindert (oder nicht unterstützt) wird, ein Bewußtsein seiner selbst zu entwickeln. Die Versuchspläne und Vorgehensweisen bei [diesen] Untersuchungen stellen diejenigen zufrieden, die die Kontrolle der Versuchspersonen durch instrumentelle Konditionierung bevorzugen, aber... nicht diejenigen, die Freiheit von Konditionierungen, erhöhte Bewußtheit und den Erfolg des Patienten bei der Entwicklung selbstregulierender Fähigkeiten anstreben.

Ein Professor demonstrierte zum Beispiel, daß Biofeedback zur Kontrolle der Herzfrequenz absolut ohne Wert sei. Er nahm eine große Anzahl von Versuchspersonen (183 Studenten im dritten Semester), verarbeitete die Daten mit einwandfreien statistischen Methoden, gab seinen Versuchspersonen

jedoch nur *sechs fünfminütige Trainingsperioden!* Mit einem gleich großen „n“, den gleichen statistischen Methoden und mit sechs fünfminütigen Trainingsperioden könnten wir beweisen, daß Hören (auditives Feedback) beim Erlernen der Pikkoloflöte absolut ohne Wert ist.

Die einzige der frühen Studien, die über einen Erfolg bei der Nachbehandlung von Patienten mit erhöhtem Blutdruck berichtete (Patel 1973 und 1975a), hatte einen klinischen Versuchsplan, bei dem *Shavasana*, eine traditionelle Yoga-Übung zur Tiefenentspannung und Förderung der Bewußtheit über den eigenen Körper, zu Hause geübt und in Verbindung mit einem Feedback der galvanischen Hautreaktion im Labor eingesetzt wurde.

Im Gegensatz zu den oben erwähnten konditionierenden Studien (in denen das Bewußtsein ignoriert wurde) wenden wir in unserer eigenen Arbeit im Bereich des erhöhten Blutdrucks eine Vielfalt von Autoregulationstechniken an, darunter thermales Biofeedback (wobei auf die erhöhte Durchblutung in den Füßen Wert gelegt wird), Entspannung der gestreiften Muskulatur, Atemübungen und Autogenes Training mit Visualisierung. Wir heben die Bewußtheit des Selbst, Kontrolle des Blutflusses, Senkung des Blutdrucks und Reduzierung der Medikamenteneinnahme hervor. Bei unserer ersten Gruppe von Patienten waren sechs von sieben, die rezeptpflichtige Medikamente zur Einstellung des erhöhten Blutdrucks eingenommen hatten (über eine Dauer von 6 Monaten bis zu 20 Jahren), in der Lage, ihren Blutdruck zu regulieren und gleichzeitig ihre Medikamenteneinnahme auf Null zu reduzieren. Später wurden weitere Patienten mit erhöhtem Blutdruck trainiert, davon viele in Gruppen, und sie zeigten ähnlich positive Resultate.

Die Patienten, die ohne Medikamente auskamen, schrieben die Dauerhaftigkeit ihres Erfolges über einen langen Zeitraum (die längste Nachbeobachtung war acht Jahre) ihrer Fähigkeit zu, die Selbstbewußtheit und Eigenkontrolle aufrechtzuerhalten, die sie im ursprünglichen Training entwickelt hatten.[45]

Um korrekte Ergebnisse bei Laborversuchen zu erhalten, empfahlen die Biofeedback-Forscher Solomon Steiner und W. Dince, daß

die Dauer der Biofeedback-Aufgabe verlängert werden muß, so daß sie vermehrt der Situation der klinischen Praxis angepaßt wird. Wenngleich 8 bis 25 Trainingsstunden sich als notwendig erwiesen haben, um eine wirksame und anhaltende Symptomverbesserung zu erzielen ..., geben die meisten Biofeedback-Versuche der Versuchsperson weniger als 4 Stunden. In den meisten Studien über die Effektivität [des Biofeedback-Trainings] wurde weniger als die Hälfte der für ein positives klinisches Resultat notwendigen Trainingszeit gewährt.[46]

Im Jahre 1983 machte der Psychologe Steven Fahrion in seiner Ansprache als Präsident der *Biofeedback Society of America* eine Reihe von ähnlichen Vorschlägen. Er war der Ansicht, daß Forscher den Beweis erbringen sollten, daß ihre Versuchspersonen die entsprechenden Fähigkeiten der Autoregulation erlernt hatten.[47] Fahrion, Steiner,

Dince und die Greens legten nahe, daß das Biofeedback-Training, um wirksam zu sein, lange genug dauern und gut genug geplant sein muß, um den Versuchspersonen verläßliche Fähigkeiten der Autoregulation zu vermitteln. Ein adäquater Versuchsplan erfordert, daß die Versuchsleiter den Versuchspersonen eine Erklärung für ihre Vorgehensweise liefern sowie ein Programm, das darauf abzielt, ihre Bewußtheit und Selbstmeisterung zu fördern. Eine operante Konditionierung, die die Bewußtheit und den Willen der Person außer acht läßt, sollte durch experimentelle Modelle ersetzt werden, die die willentliche Kontrolle physiologischer Vorgänge hervorheben. Die Greens haben auch gegen diejenigen Einwände erhoben, die der Meinung sind, daß hohe Erwartungen eines Versuchsleiters lediglich einen Placebo-Effekt hervorrufen. Sie schrieben, es sei ein Fehler,

nicht zu erkennen, daß der Placebo-Effekt lediglich ein Abkömmling des allgemeinen „Autoregulationseffekts“ ist. Wenn Visualisierung und Erwartungshaltung durch den Einsatz eines Placebos aktiviert werden, wird die Wirkung im Laufe der Zeit fast unweigerlich schwächer werden, weil sie mit einem inaktiven medizinischen Faktor – zusammen mit einer sich verlierenden Visualisierung und Erwartungshaltung – verknüpft ist. Sind aber Visualisierung und Erwartungshaltung an die eigene Willensanstrengung gebunden, kann eine echte Fähigkeit entwickelt werden, die die tatsächliche Autoregulation des autonomen Nervensystems beinhaltet. ... Damit das Training am effektivsten ist, muß der Patient von Grund auf verstehen, daß die Autoregulation psychologische, neurologische und praktische Komponenten hat.[48]

Diese Gedanken über Biofeedback-Studien treffen auf alle Transformationsmethoden insoweit zu, daß sie Nachdruck auf die Notwendigkeit von ausreichender Übung, Motivation und Selbstbewußtheit legen, um die Meisterschaft über das Selbst erlangen zu können. Kaum einer von uns vermag ohne eine größere innere Verpflichtung und Anstrengung dauerhafte, nutzbringende Veränderungen – gleich welcher Art – zu verwirklichen.

Bewußtheit und Willenskraft

Forscher haben oftmals Probleme damit, ihren Versuchspersonen genaue Anweisungen zur Kontrolle autonomer Funktionen zu geben, und Versuchspersonen, die gelernt haben, diese Funktionen zu kontrollieren, sind häufig nicht in der Lage zu beschreiben, wie dies vor sich geht. Einige Forscher machen sich Gedanken wegen der Schwierigkeiten, über die Biofeedback-Erfahrung zu reden, doch sollten diese für niemanden überraschend sein, der mit nonverbalen Aktivitäten vertraut ist. Die Aneignung jeglicher motorischer und sensorischer Fertigkeiten beinhaltet Feinheiten, die der Wahrnehmung entgehen, und Merkmale, die keine allgemeingültige Benennung

haben. Mit ausreichender Übung kann man jedoch flüchtige Empfindungen und Vorstellungen, die mit somatischen Vorgängen zusammenhängen, unterscheiden und sie als Signale verwenden, um diese Vorgänge ohne ein Feedback mit Geräten kontrollieren zu können.

Operante Konditionierer haben jedoch – um ihre Überzeugung zu rechtfertigen, daß Bewußtheit und Willenskraft bei der Erweiterung der Selbstkontrolle auf autonome Prozesse keine wesentliche Rolle spielen – auf die Tatsache hingewiesen, daß manche Versuchspersonen keine mit ihrer neuerworbenen Kontrolle in Zusammenhang stehende physiologische Bewußtheit feststellen können. Indes haben mehrere Forscher in Langzeitstudien herausgefunden, daß Bewußtheit sich allerdings um derart subtile Leistungen der Selbstkontrolle wie das „Firing" einer einzelnen Nervenzelle herum entfalten kann.[49] Versuchspersonen, die die Autoregulation beherrschen, berichten häufig von inneren Anzeichen, die mit bestimmten physiologischen Funktionen in Verbindung stehen, und diese Anzeichen können das Feedback mit Geräten, mit dem sie in Verbindung gebracht wurden, ersetzen. „Die Information des Gerätes", schrieben die Greens, „[wird dann] durch direkte Körperbewußtheit ersetzt."[50] Überdies verlangt somatische Bewußtheit nach keiner verbalen Beschreibung. Wenn eine Versuchsperson die subtilen, wechselnden und manchmal flüchtigen Empfindungen wahrnimmt, die mit den Veränderungen der Hirnwellen in Zusammenhang stehen, braucht sie, um sie zu kontrollieren, keine Begriffe zu ihrer Beschreibung. Eine solche verbale Aktivität könnte sogar die Selbstkontrolle erschweren (oder verhindern) – so als würde man eine Treppe hinuntergehen und drei Stufen auf einmal nehmen oder irgendeine andere Aufgabe ausführen, die höchste Aufmerksamkeit erfordert.

Angesichts der Rolle, die somatische Bewußtheit und Willenskraft bei der erworbenen Autoregulation spielen, haben mehrere Forscher das Biofeedback-Training als eine Art Geschicklichkeitstraining verstanden. Der Psychologe Peter Lang hat behauptet, daß es mehr Ähnlichkeiten mit dem Erlernen von Darts oder Tennis hat als mit der operanten Konditionierung von Tieren.[51] Lang ist der Ansicht, daß Feedback als Information und nicht als Verstärkung betrachtet werden sollte. Bezugnehmend auf die Abhandlungen über das Erlernen der motorischen Geschicklichkeit wiesen David Shapiro und Richard Surwit auf folgendes hin:

> Während die Verstärkung um so effektiver ist, je schneller sie auf die vorangegangene Reaktion folgt, funktioniert Feedback am besten, wenn es der folgenden Reaktion näher ist. Das bedeutet, daß bei der Konzeption der Feedback-Information die Verzögerung von dem Feedback zur folgenden Reaktion entscheidender ist als die Verzögerung von der Reaktion zum Feedback(-Verstärker).[52]

Weiterhin ist bei der operanten Konditionierung der Verstärkungsplan entscheidend dafür, wie schnell ein Lernerfolg eintritt und wie lange er andauern wird, während das Erlernen von motorischen Geschicklichkeiten mehr durch den Inhalt des Feedbacks als durch seinen Plan beeinflußt wird. Shapiro und Surwit argumentierten, daß Feedback eine Information enthält, die Eigenschaften hat, durch die Reaktionen angepaßt und richtiges Verhalten bestätigt werden. Diese Information kann verstärkend wirken, wenn sie eine unmittelbare Ermutigung liefert und die Versuchsperson an zukünftige Belohnungen erinnert, aber es ist mehr als nur das. So gesehen schließt das Lernmodell des Biofeedback-Trainings die Verstärkungstheorie mit ein und fügt ihr weitere Elemente hinzu.

Shapiro und Surwit haben jedoch auch darauf hingewiesen, daß die operante Konditionierung dazu eingesetzt werden kann, die Verhaltensweisen, die das Biofeedback fördert, zu erhalten. Sie meinten, daß die neuerworbenen Fähigkeiten der Autoregulation verstärkenden sozialen Bedingungen überlassen werden können, wenn sie erst einmal erlangt sind.[53]

Das Signal-Störspannungsverhältnis

Wie schon in 16.3 angeführt, fanden Lloyd und Shurley heraus, daß eine Außenreizabschirmung für das Biofeedback-Training förderlich sein kann. Ihr Versuchsplan wurde von dem Gedanken inspiriert, daß Biofeedback von einer einfachen kybernetischen Analyse des Signal-Störspannungsverhältnisses aus betrachtet werden könnte. Sie stellten die These auf, daß Versuchsleiter die Aufmerksamkeit der Versuchspersonen für Feedback-Anzeigen und propriozeptive Signale durch eine Verminderung von sensorischen Ablenkungen erhöhten.

Der Erfolg der Experimente von Lloyd und Shurley bestätigt eine Beobachtung aus alter Zeit, daß Einsamkeit und die Stille des Geistes die Selbstkontrolle des Yogis fördern. In der Tat lautet die erste Belehrung in den Sutras von Patanjali, Indiens berühmtester Schrift über den Yoga: *Yogas citta-vritti nirodhah* – „durch Yoga kommen die feinen Bewegungen des Verstandes zur Ruhe". Indem wir den Lärm zum Verstummen bringen, die Turbulenzen beruhigen, die die kinästhetische oder sensorische Wahrnehmung beeinträchtigen, erreichen wir eine größere Kenntnis und Meisterschaft über das Selbst. In Teil III unterbreite ich die These, daß innere Ruhe und die daraus erwachsende erhöhte Sensibilität für den Weg der Transformation von grundlegender Bedeutung sind.

Individuelle Unterschiede

Das Bild, das die Forschung hinsichtlich individueller Unterschiede beim Erlernen der selbstregulierenden Fertigkeiten ergibt, ist noch vage.[54] Dies liegt wahrscheinlich darin begründet, daß nur wenige Forscher ihren Versuchspersonen ausreichend Zeit gegeben haben, Autoregulation zu üben, um signifikante Unterschiede zwischen diesen Personen zu entdecken. Elmer Green bemerkte in einem Brief an mich, daß gute „Somatisierer", die persönliche Probleme schnell in lebhafte körperliche Reaktionen umwandeln, im allgemeinen hervorragende Teilnehmer an Biofeedback-Programmen sind. Wenn mehr Kliniker und Experimentatoren ihre Versuchspersonen sorgfältiger aussuchen würden, so meinte er, würden sie diese Tatsache deutlicher erkennen können. Greens Beschreibung von Menschen, die sich gut für das Biofeedback eignen, ähnelt Theodore Barbers Charakterisierung „hypnotischer Virtuosen" (15.6).

Es ist ebenso möglich, daß Menschen sich in der naturgegebenen Stärke ihres Willens unterscheiden, so daß ein Mensch mit hoher innerer Bewußtheit seine Selbstkontrolle nicht so einfach erhöhen kann wie jemand mit weniger Bewußtheit, aber einem stärkeren Willen. Und es ist weiterhin vorstellbar, daß sich Menschen in ihrer Fähigkeit, Bewußtheit mit dem Willen zu koordinieren, voneinander unterscheiden. Dies ist zwar nur eine Vermutung, die aber nicht so weit hergeholt zu sein scheint, wenn wir bedenken, daß die Autoregulation eine komplizierte Fertigkeit ist, die sich aus mehreren Komponenten zusammensetzt.

Kognitive und somatische Mechanismen

Somatische Funktionen können auf verschiedenste Art und Weise modifiziert werden. Wir alle sind beispielsweise in der Lage, unsere Herzfrequenz durch einfache Muskelbewegungen der Brust oder durch die Veränderung der Geschwindigkeit und Tiefe unserer Atmung zu verändern, selbst wenn wir dabei stillsitzen. Manche Menschen können dies sogar ohne derartige Aktivitäten erreichen.[55] Die elektrische Aktivität des Gehirns kann ebenfalls durch verschiedene Techniken verändert werden, zum Beispiel durch Augenbewegungen, besonders die Konvergenz, die die Alphawellen-Aktivität vermindert, oder die Divergenz, die sie erhöht, durch das Herbeiführen von Veränderungen der Herzfrequenz oder durch kognitive Übungen wie Visualisierungen und nicht gerichtete Aufmerksamkeit.[56] Kurz gesagt, werden Fähigkeiten der Autoregulation, wie jede andere Fähigkeit auch, auf mehr als eine Weise vermittelt und können daher durch unterschiedliche Methoden entwickelt werden.

Die Kontrolle kognitiver und somatischer Vorgänge

Einige Biofeedback-Forscher haben die These aufgestellt, daß es einfacher sei, die integrierenden physiologischen Netze zu kontrollieren, als die spezifischeren Prozesse, die sie beinhalten, zu modifizieren.[57] Eines dieser integrierenden Netze besteht aus den ergotropen und trophotropen Systemen.[58] (Die Aktivierung des ergotropen Systems findet bei Wut, Aufregung, Angst und anderen Formen der Erregung statt, während das trophotrope System durch Entspannung aktiviert wird.) Die somatischen Reaktionen, die sich aus der Anregung dieser beiden Systeme ergeben, sind äußerst kompliziert und beziehen gestreifte und glatte Muskeln, Hormone, opiatähnliche Peptide, das Gehirn und das vegetative Nervensystem mit ein. Wenn auch niemand bewiesen hat, daß das Biofeedback-Training all diese Prozesse in einer koordinierten Weise bewältigen kann,[59] modifizieren Meditation und körperorientierte Verfahren wie das Autogene Training durch die Anregung der Entspannungsreaktion mehrere zur selben Zeit.

Zugleich kann die Modifikation einiger äußerst spezifischer physiologischer Vorgänge heilsame Ergebnisse erbringen. Zum Beispiel läßt sich der Spannungskopfschmerz durch eine Kontrolle der Stirnmuskeln und Migräne durch eine Neuverteilung des Blutflusses in Händen und Füßen lindern. Spezifische Reaktionen können auch modifiziert werden, um außergewöhnliche Fähigkeiten zu fördern, so zum Beispiel, wenn ein ekstatischer Trancezustand durch die Verlangsamung der Atmung herbeigeführt wird.

Kurz gesagt: Sowohl kognitive als auch gewöhnliche und außergewöhnliche somatische Fähigkeiten lassen sich durch die Kontrolle entweder ganzer Systeme oder bestimmter Organe und Muskeln verbessern. Das Autogene Training beinhaltet Übungen zur allgemeinen Entspannung wie auch organspezifische Formeln, um entsprechende Funktionen zu verändern. Jacobsons Progressive Muskelentspannung setzt sowohl allgemeine als auch spezielle Methoden der Selbstkontrolle ein (18.3, 18.6). Integrale Methoden können ebenso wie diese Verfahren Eingriffe auf den verschiedenen Ebenen der komplizierten Hierarchie des Organismus vornehmen, von einer einzelnen Zelle bis hin zu allgemeinen Reaktionen, die vom Zentralnervensystem vermittelt werden.

17

Psychotherapie und imaginative Verfahren

[17.1]
DAS SPEKTRUM DER PSYCHOTHERAPIE

In der heutigen Zeit finden viele Arten der Psychotherapie Anwendung.[1] Einige, wie die Jungianische Therapie, sind spezielle Formen der Psychoanalyse, andere basieren auf neueren Weiterentwicklungen der Theorien Freuds, wieder andere haben ihre Wurzeln im Behaviorismus, der Kognitionspsychologie und anderen Formen psychologischer Erforschung. Diese mannigfaltigen Therapieverfahren umfassen unzählige Techniken und richten sich an verschiedene Probleme oder Stufen der Entwicklung. *Strukturbildende Methoden* zielen zum Beispiel darauf ab, das unterentwickelte Selbst zu fördern, indem sie erste Schritte hin zu einem Selbstvertrauen bestärken und die Neigung des Klienten, sich zu stark mit Eltern, Mentoren oder Gleichgestellten zu identifizieren, enthüllen.[2] *Aufdeckende Verfahren*, wie das freie Assoziieren, sind andererseits so strukturiert, daß sie Verdrängungen des bereits entwickelten Selbst aufzeigen. Die *Klärung der eigenen Rolle* (wie zum Beispiel in der Transaktionsanalyse und der Familientherapie) findet Anwendung, um verborgene Themen, unaufrichtige Transaktionen und konfuse Selbstbilder zu erhellen.[3] Die *Kognitive Umstrukturierung* ist so aufgebaut, daß sie einschränkende oder zerstörerische Überzeugungen korrigieren hilft.[4]

Das Ziel all dieser Methoden ist es, Leiden zu lindern und psychisch bedingte Störungen zu überwinden. Einige Therapien beziehen sich jedoch auf mehr als nur Krankheiten oder Anzeichen von Störungen. Die existentielle Psychologie von Ludwig

Binswanger, Medard Boss, Rollo May und James Bugental umfaßt grundlegende Fragen nach dem Sinn des Lebens, nach Authentizität und Tod und fördert dadurch Unabhängigkeit und Selbstreflexion.[5] Ziel der Jungianischen Therapie ist es, das Bewußtsein reicher werden zu lassen und die Individuation zu unterstützen. Transpersonale Therapien fördern spirituelle Einsichten und verbinden Elemente medizinischer Heilverfahren mit Meditationsübungen im Rahmen umfassender Programme für persönliches Wachstum.[6]

So wie sich im 20. Jahrhundert die therapeutische Erfahrung entwickelt hat, zeigt sich auch – zumindest bei einigen Therapeuten – eine hohe geistige Differenziertheit, die die Notwendigkeit einer korrekten Diagnose angesichts der komplexen Bedürfnisse, Schwierigkeiten und Möglichkeiten des persönlichen Wachstums anerkennt. Kompetente Psychotherapeuten werden gewöhnlich bei Menschen, die zum Beispiel eine schwache Impulskontrolle oder ein unterentwickeltes Ich haben, keine Betonung auf aufdeckende Verfahren legen, während erfahrene transpersonale Therapeuten deprimierten oder zwanghaften Klienten nicht zu Meditation raten würden. Eine Reihe von Psychiatern hat verschiedene Arten psychisch bedingter Probleme den ihnen angemessenen therapeutischen Verfahren zugeordnet,[7] und die American

Psychiatric Association veröffentlicht ein *Diagnostic and Statistical Manual*, das psychische Störungen und Krankheiten klassifiziert und die jeweils geeignetesten Behandlungsmethoden vorschlägt.[8] Der Philosoph Ken Wilber hat den lobenswerten Versuch unternommen, ein breites Spektrum von Schwierigkeiten mit angemessenen Therapieverfahren in Zusammenhang zu bringen – von der Psychose bis zu Problemen in der kontemplativen Entwicklung.[9]

Zeitgenössische Psychotherapeuten haben – mit den unterschiedlichsten Zielen und Methoden – Anspruch auf vielerlei Arten des therapeutischen Erfolgs erhoben. Kritiker bezweifeln jedoch häufig, ob dies gerechtfertigt ist. Bringt diese oder jene Therapie tatsächlich die Erfolge hervor, die deren Verfechter ankündigen? Die Antwort hängt natürlich von der genauen Prüfung der jeweiligen Methode oder des Therapeuten ab: Einige Verfahren und einige Therapeuten erzielen bessere Ergebnisse als andere, und mancher therapeutische Erfolg beruht lediglich auf dem Placebo-Effekt. Trotzdem ist offenkundig, daß die Psychotherapie vielen Menschen geholfen hat. Ich vermute, daß auch einige Leser wertvolle Erfahrungen damit gemacht haben, und es steht wohl außer Zweifel, daß all die positiven Resultate, über die in angesehenen Fachzeitschriften berichtet wird, nicht zumindest in einigen Fällen wirklich aufgetreten sind. Das scheint zutreffend zu sein, obgleich es beträchtliche Unstimmigkeiten über die Wirksamkeit gewisser Methoden gibt.

In den Jahrzehnten, seit der Psychiater H. J. Eysenck in einem häufig zitierten Artikel behauptete, daß die Psychotherapie nicht mehr positive Veränderungen hervorbringe als die normale Lebenserfahrung auch, haben viele Untersuchungen aufgezeigt, daß durch therapeutische Verfahren Leiden gelindert und verschiedene Formen des Wachstums unterstützt werden können.* So deutete zum Beispiel eine richtungweisende Untersuchung von 474 Ergebnisstudien (mit etwa 25 000 Klienten) an, daß es dem durchschnittlichen Klienten nach einer psychotherapeutischen Behandlung besser ging als 80 Prozent der Kontrollpersonen. Diese Untersuchung umfaßte viele Formen der Therapie, bewertete die Bedeutung der Auswirkungen einer Behandlung und analysierte komplexe Wechselbeziehungen zwischen den Eigenschaften des Klienten und des Therapeuten und zwischen Techniken und tatsächlichen Ergebnissen. Wenngleich sich diese Untersuchung auch auf einige Studien bezog, die unzureichend kontrolliert waren und voneinander abweichende Methoden für eine statistische Analyse zusammenfaßten, zeigte sie doch, daß Therapie tatsächlich mehr positive als negative Ergebnisse hervorbrachte.[10] Selbst wenn man diese oder jene Methode anzweifelt und klugerweise manchen Therapeuten mißtraut, sollte man nicht abstreiten, daß viele Menschen durch eine psychologische Behandlung eine Veränderung zum Besseren erfahren haben. In der Tat weist die Psychotherapie viele positive Ergebnisse auf – von der Minderung der Angst über verbesserte Kommunikationsfähigkeiten hin zu philosophischen Einsichten, die das Leben bereichern. Viele Menschen werden bei-

spielsweise von Depressionen geheilt, entdecken neue Möglichkeiten, Zuneigung zu zeigen, oder werden mit ihrer Willensschwäche fertig. Manche bekommen Einblicke in ein ständiges Gefühl zu versagen oder Anleitungen, den Sinn des Lebens zu erforschen. Wahrscheinlich ist es unmöglich, alle Formen der Hilfestellung aufzuzählen, die die Psychotherapie heute leistet. Unter ihrem Banner hat sich eine komplexe Kultivierung der menschlichen Entwicklung entfaltet, die Elemente der medizinischen Behandlung, emotionalen Erziehung und Ethik beinhaltet. Aus diesem Grunde wenden die meisten Therapeuten mehr als eine Methode an, selbst wenn sie einer bestimmten Richtung angehören.** Bisher hat jedoch kein Sozialhistoriker die vielseitige Entwicklung dieses Gebietes oder die große Bandbreite der Erfolge angemessen beschrieben. Die meisten Laien und viele akademische Psychologen sind sich nicht bewußt, wie vielgestaltig der Bereich der Psychotherapie ist, und setzen ihn mit Psychoanalyse, Behaviorismus oder irgendeiner anderen Richtung gleich. Die

* Eysenck behauptete, daß Ergebnisstudien, die zu der Zeit verfügbar waren, „nicht die Hypothese stützten, daß Psychotherapie die Heilung neurotischer Störungen fördert" (Eysenck 1952).

** Als Antwort auf eine Umfrage gaben 55 Prozent der Mitglieder der American Psychological Association's Division of Clinical Psychology 1973 an, daß sie sich auf mehr als eine Richtung oder Methode bezogen (Garfield u. Kurtz 1974 und 1976). Ein solcher Eklektizismus macht es gemeinsam mit der Tatsache, daß die meisten Therapien sowohl unspezifische als auch spezifische Wirkungen zeigen, unmöglich, bestimmte Ergebnisse auf bestimmte Methoden zu beschränken. Zum Beispiel kann ein Training der Verhaltensmodifikation bei einer Phobie das Selbstvertrauen und die Selbstachtung stärken, während eine Jungianische Analyse, die das Verständnis der tiefen Schichten des Selbst fördern soll, eine bis dahin schwer zu behandelnde Phobie heilen kann.

Mannigfaltigkeit der zeitgenössischen Psychotherapie wird im allgemeinen weder von den Sozialwissenschaftlern noch von der Öffentlichkeit ausreichend gewürdigt.

Auf der anderen Seite ist eine psychologische Behandlung nicht immer erfolgreich. Sie kann zum Beispiel gewisse Fähigkeiten auf Kosten anderer fördern. Manche Therapeuten begreifen nicht das Prinzip der „Bindung der Tugenden aneinander" (25.2) und ermutigen zu einer Ehrlichkeit ohne Güte, Mut ohne Vorsicht oder Selbstbehauptung ohne Empathie. Therapeuten haben ihre Grenzen, und alle therapeutischen Verfahren haben sowohl Schwächen als auch Stärken. Trotzdem kann Psychotherapie eine ethisch-emotionale Schulung, psychische Gesundung, philosophische Einblicke und sogar eine neue Freude am Leben und die Sinngebung fördern. Die aus der Psychotherapie hervorgegangenen Einsichten und Methoden sind von entscheidender Bedeutung für das Wachstum des Menschen. Eine integrale Entwicklung – wie sie in diesem Buch vertreten wird – hängt ab von gesunden Emotionen, Selbstbewußtsein und dem Zusammenspiel widerstreitender Impulse. All dies kann von Techniken unterstützt werden, die von zeitgenössischen Therapeuten entwickelt wurden. In Kapitel 26.1 führe ich einige psychotherapeutische Verfahren an, die bestimmte Tugenden und außergewöhnliche Fähigkeiten fördern.

[17.2]
IMAGINATIVE VERFAHREN

Viele klinische und experimentelle Studien haben den Nachweis erbracht, daß imaginative Verfahren bei verschiedenen Beschwerden zur Heilung beitragen können, unter anderem bei Depressionen, Angst, Schlaflosigkeit, Übergewicht, sexuellen Problemen, chronischen Schmerzen, Phobien, psychosomatischen Krankheiten, Krebs und anderen Erkrankungen.[11] Darüber hinaus sind imaginative Verfahren entwickelt worden, um bestimmte Qualitäten, Fertigkeiten und Fähigkeiten zu erwecken. Anees Sheikh und Charles Jordan haben eine hilfreiche Zusammenfassung solcher Methoden vorgenommen, worauf die folgende Aufstellung aufgebaut ist.[12]

Janet. Um 1890 bahnte der französische Psychiater und Philosoph Pierre Janet den Weg für die Anwendung von Vorstellungsbildern in der Therapie – zum Teil dadurch, daß er zeigte, daß bei der Ideation seiner hysterischen Patienten eine Vorstellung durch eine andere ersetzt werden konnte.[13]

Freud. In seiner frühen klinischen Arbeit rief Freud bei seinen Patienten Vorstellungsbilder hervor, indem er Druck auf ihre Stirn ausübte; er gab diese Methode allerdings um 1900 auf. Und doch tragen einige der psychoanalytischen Vorgehensweisen dazu bei, die Vorstellungskraft anzuregen, so etwa das Zurücklehnen in eine beruhigende Position, die leichte Außenreizabschirmung, die durch den Blick zur Decke hervorgerufen wird, die Aufmerksamkeit gegenüber Träumen und Übertragungsphantasien, die Technik des freien Assoziierens und die Betonung frühkindlicher Erinnerungen.

Jung. Jung betrachtete die geistige Vorstellung als einen grundlegenden, andauernden, schöpferischen Aspekt der Psyche, den man im Dienste der Heilung und des persönlichen Wachstums einsetzen konnte. Seine Technik der *aktiven Imagination*, die viele Psychotherapeuten beeinflußt hat, fokussiert die Imagination, so daß sie das Bewußtsein zu bereichern und den Individuationsprozeß zu steuern vermag.[14] Jung war der Ansicht, daß gewöhnliche Phantasien lediglich persönliche Erfindungen sind, die sich an der Oberfläche abspielen, während die aktive Imagination aus den höheren Bestimmungen der Psyche und mythischen Strukturen entspringt. In einigen seiner Schriften behauptete Jung, daß die aktive Imagination den Träumen in bezug auf eine schnellere Entwicklung der Psyche überlegen sei.

Binet. Der durch seine Intelligenztests berühmt gewordene Psychologe Alfred Binet bestärkte seine Patienten darin, sich mit ihren visuellen Vorstellungsbildern in einem Zustand der ausgelösten Introspektion auseinanderzusetzen. Wie Janet war er der

Ansicht, daß das psychologische Material, das durch eine solche Selbstbetrachtung an die Oberfläche kam, die verschiedenartigen, wenn auch größtenteils unbewußten Subpersönlichkeiten seiner Klienten offenbarte.

Happich. Carl Happich entwickelte in den zwanziger Jahren das therapeutische Verfahren Binets in Deutschland weiter, indem er das Auftauchen von Vorstellungsbildern mit Hilfe von Muskelentspannung, bewußter Atmung und Meditation induzierte. Er beschrieb eine meditative Ebene, auf der neue Gedanken, die im Unbewußten reiften, vor dem geistigen Auge sichtbar wurden. Um das Bildbewußtsein anzuregen, ließ er seine Patienten sich entsprechende Szenerien vorstellen, wie zum Beispiel eine Kapelle, eine Wiese oder einen Berg.[15]

Caslant. In Frankreich ermutigte Eugene Caslant seine Patienten dazu, in einem vorgestellten Raum auf- oder herabzusteigen. Seine Absicht war es, sie mit Hilfe dieser Übungen von den gewohnheitsmäßigen geistigen Einschränkungen zu befreien und ihnen auf diese Weise zu helfen, eine Vorstellung zu entwickeln, die außersinnliche Wahrnehmung und persönliches Wachstum unterstützen konnte.[16]

Europäische Kliniker in der Zeit nach dem Zweiten Weltkrieg. Nach dem Zweiten Weltkrieg haben mehrere einflußreiche europäische Kliniker die Imagination als vorrangiges therapeutisches Verfahren eingesetzt. Robert Desoille gab hierzu den Anstoß mit seinem *le rêve éveillé dirigé*, dem gelenkten Tagtraum – einer Methode, die auf die Arbeiten von Caslant, Jung und Freud zurückzuführen ist. André Virel und R. Fretigny, die von Desoille beeinflußt waren, entwickelten das *Oneirodrama* oder „Traumdrama", bei dem Phantasien in Form einer Erzählung eingesetzt werden. Hanscarl Leuner arbeitete mit einer Methode, die er Katathymes Bilderleben (oder Tagtraumtechnik) nannte und die auf frühe Therapieformen Freuds zurückging. All diese Therapeuten beschäftigten sich mit weitreichenden Phantasien, um Informationen über Motivationen, Konflikte, Selbstwahrnehmung, Verzerrungen der Wahrnehmung und frühe Erinnerungen ihrer Klienten zu erhalten.

Verhaltenstherapeuten in Nordamerika. Zwischen 1920 und 1960 wurden in Nordamerika relativ wenig klinische oder experimentelle Arbeiten über die Imagination durchgeführt und kein einziges Buch zu diesem Thema veröffentlicht, was in hohem Maße auf den großen Einfluß des Behaviorismus zurückzuführen ist. Studien über sensorische Deprivation, die Schlafforschung und die Arbeit mit Halluzinogenen gegen Ende der fünfziger und Anfang der sechziger Jahre erweckten jedoch das Interesse der Experimentatoren an subjektiven Erfahrungen aufs neue. Zur gleichen Zeit lernten Kliniker der verschiedenen Richtungen den Nutzen der Vorstellungskraft in

der Therapie wieder zu schätzen. Ironischerweise waren Verhaltenstherapeuten unter den ersten Klinikern, die der Imagination als therapeutischem Verfahren zu Ansehen verhalfen. Zum Beispiel:

- Die *Systematische Desensibilisierung*, die zu einem großen Teil Joseph Wolpe zugeschrieben wird, setzt stufenweise die Visualisierung angstauslösender Reize ein, während der Patient entspannt ist, so daß Gegenstände und Situationen, die sie repräsentieren, weniger bedrohlich werden.[17]
- *Implosionstherapie* und *Flooding* (Reizüberflutung) setzen den Patienten über eine intensive Visualisierung angstauslösender Objekte (wie zum Beispiel Schlangen) oder Situationen (wie Reden vor einem Publikum) ihren Ängsten aus, so daß diese ohne negative Konsequenzen aufgelöst werden können.[18] Die Implosionstherapie weckt im Gegensatz zur systematischen Desensibilisierung oftmals extreme Angstzustände, zum Teil, weil der Patient (in der Vorstellung) über seine tiefsten Ängste hinaus in Situationen geführt wird, denen er unter gewöhnlichen Umständen kaum, wenn überhaupt, entgegentreten würde.
- Das *verdeckte Modellernen*, das von Joseph Cautela entwickelt wurde, beinhaltet eine Reihe von Techniken, die verdeckte Analogien operanter und sozialer Lernvorgänge sind, darunter die verdeckte positive Verstärkung (wobei Belohnungen für bestimmte Verhaltensweisen imaginiert werden), die verdeckte negative Verstärkung (wobei schmerzhafte Konsequenzen für bestimmte Verhaltensweisen imaginiert werden), die verdeckte Löschung (wobei imaginiert wird, daß ein uner-

wünschter Charakterzug oder eine Verhaltensweise verschwindet) und die verdeckte Modellbildung (wobei ein erwünschtes Verhalten imaginiert wird).[19]

Eugene Gendlin. Gendlin und seine Kollegen haben das *Focusing* als Therapie und Mittel zum persönlichen Wachstum entwickelt. Bei dieser Methode taucht häufig ein Vorstellungsbild auf, das den Klienten von einem allgemeinen, intuitiven Empfinden des Problems zu seinem zugrundeliegenden Kern führt. Gendlin zufolge wandelt sich ein Vorstellungsbild, sobald es ausreichend verstanden wird, mit einem charakteristischen Gefühl der Erleichterung, und seine Bedeutung wird offenbar. Therapeuten, die diese Methode anwenden, behaupten, daß eine solche Offenbarung typischerweise mit einem neuen Verständnis des Klienten für seine persönlichen Probleme oder mit kreativen Lösungen für die anstehenden Probleme einhergeht.[20]

Reyher und Shorr. Joseph Reyher, Joseph Shorr und andere psychoanalytisch orientierte Therapeuten haben die Imagination als eine wichtige Technik in ihre Arbeit eingegliedert. Reyher setzte das klassische freie Assoziieren ein, jedoch mit einer Betonung von Vorstellungsbildern anstelle von Worten. Es ist verwirrend für die Klienten, wenn

angstauslösende Vorstellungsbilder harmlos erscheinen. „Wird dadurch ihre Neugier geweckt", schrieb Reyher, „so werden sie eingeladen, [sie] erneut zu visualisieren. Angst und Widerstand werden [so] intensiviert und die Symptome verstärkt, da der zugrundeliegende Drang sich mit zunehmender Deutlichkeit abzeichnet." Reyher hat diesen Vorgang *emergent uncovering* genannt und behauptet, daß ein Patient so – auch ohne die Interpretation des Therapeuten – bedeutende Einsichten erlangen kann.[21]

Joseph Shorr hat in seiner *Psychoimagination* aktivere Interventionen als Reyher eingesetzt, aber wie dessen Arbeit beruht seine in hohem Maße auf dem Hervorrufen und Interpretieren des imaginativen Erlebens. In seiner Gruppentherapie visualisieren beispielsweise alle Teilnehmer ein bestimmtes Mitglied, das dann die anderen visualisiert, oder alle Teilnehmer visualisieren den Therapeuten als Reaktion auf seine Vorstellungen von ihnen. In der therapeutischen Situation hat Shorr seine Klienten ermutigt, ihre eigene Sicht des Selbst von dem zu unterscheiden, was ihnen von anderen für sie wichtigen Personen zugeschrieben wird.[22]

Eidetische Psychotherapie. Die eidetische Psychotherapie, die von Anees Sheikh, Akhter Ahsen und ihren Mitarbeitern entwickelt wurde, hebt die Vielfalt der Persönlichkeit anstelle ihrer Einheit hervor und arbeitet damit, dreidimensionale eidetische Vorstellungsbilder wachzurufen und zu beeinflussen. Diese Vorstellungsbilder werden als halbbewußte Vergegenwärtigungen formender Ereignisse aus der Vergangenheit angesehen, die sich aus einem visuellen Teil (Bild), einer Reihe von körperlichen Empfindungen und Spannungen (somatisches Muster) und einer kognitiven oder erfahrungsbedingten Bedeutung zusammensetzen. Nach dieser Auffassung „weist [die eidetische Vorstellung] gewisse gesetzmäßige Tendenzen zu Veränderungen auf".[23] Eidetische Therapeuten versuchen die dreidimensionalen Vorstellungsbilder, die gewöhnlich unzusammenhängend oder verzerrt sind, wiederzuerwecken, damit sie sich zu gesunden Ausdrucksformen wandeln und die Entfaltung der Persönlichkeit unterstützen können.[24]

Gestalttherapie. Fritz Perls, der Hauptbegründer der Gestalttherapie, trug dazu bei, auf Vorstellungsbildern basierende psychotherapeutische Verfahren populär zu machen. Gestalttherapeuten setzen gewöhnlich verschiedene Arten des Psychodramas ein, wobei die Klienten Vorstellungen der untergeordneten Teilaspekte ihrer Persönlichkeit oder verschiedene Episoden ihrer Träume, Phantasien und Lebenssituationen ausagieren, um abgespaltene Teile ihrer selbst wieder in das bewußte Verhalten integrieren zu können.[25]

Humanistische und transpersonale Psychologie. Mehrere Therapeuten und Erzieher, die der humanistischen und transpersonalen Psychologie zugeordnet werden – darunter

Ira Progoff, Robert Gerard, Robert Masters und Jean Houston –, haben Methoden entwickelt, um die Imagination zur Heilung und für persönliches Wachstum einzusetzen.[26]

Die hier aufgeführten imaginativen Verfahren vermögen – indem sie bestimmte Hemmnisse eines kreativen Verhaltens beseitigen und gewisse Qualitäten und Charakterzüge fördern – zu einem ausgeglichenen Wachstum des Menschen beizutragen. In Kapitel 26.1 zeige ich einige Möglichkeiten auf, wie sie in die integralen Methoden eingebunden werden können.

[17.3]
PARANORMALE GESCHEHNISSE UND TRANSPERSONALE PERSPEKTIVEN

Freuds Akzeptanz der Telepathie

Im Jahre 1921 veröffentlichte der Psychoanalytiker Wilhelm Stekel das Buch *Der telepathische Traum*,[27] und Freud selbst gelangte nach Jahrzehnten der geistigen Auseinandersetzung zu der Ansicht, daß Telepathie eine Tatsache wäre. Seine Schlußfolgerung legte er 1925 öffentlich in einem Essay dar, das er für seine *Gesammelten Schriften* abgefaßt hatte. Sowohl Stekel als auch Freud waren der Meinung, daß eine auf telepathischem Wege erlangte Information auf dieselbe größtenteils unbewußte Weise gefiltert wird und Form annimmt wie eine über die gewöhnlichen Sinne vermittelte Information.* Freuds britischer Kollege und späterer Biograph Ernest Jones war über die Anerkennung der Telepathie von seiten Freuds dermaßen beunruhigt, daß er einen Rundbrief an andere Analytiker in England und Europa schickte, in dem er sie folgendermaßen warnte:

Diesen Monat bringt die „Psyche" einen Leitartikel „The Conversion of Freud" und noch einen zweiten, in dem folgende Stelle steht: „Vor ein paar Jahren müssen viele Anhänger der Wiener Schule den Eindruck gewonnen haben, daß sich die Traumanalyse zu einer nicht ganz unexakten Wissenschaft entwickle. ... Aber heute sind die Wilden wieder nicht mehr weit von der Hürde, denn wenn die Telepathie einbezogen würde, müßte die Möglichkeit einer bestimmten Ätiologie der Träume ganze Dekaden, wenn nicht Jahrhunderte in die Zukunft verlegt werden." Noch viel heftigere Artikel sind in der Tagespresse erschienen.[28]

Freud reagierte auf Jones' Protest mit einem eigenen Rundbrief an Kollegen und Freunde:

Unser Freund Jones scheint mir über das Aufsehen, das meine Bekehrung zur Telepathie in englischen Zeitschriften erregt hat, zu unglücklich zu sein. Er wird sich erinnern, wie nahe ich einer solchen Bekehrung kam anläßlich der Mitteilung, die ich während unserer Harzreise machte. Außenpolitische Rücksichten hielten mich seither lange genug zurück, aber schließlich muß man doch Farbe bekennen und braucht sich um den Skandal diesmal ebensowenig zu kümmern wie früher bei vielleicht noch wichtigeren Angelegenheiten.[29]

Jones schrieb daraufhin ganz offen an Freud:

Sie haben zweifellos wie gewöhnlich recht, wenn Sie sagen, die Sache mit der Telepathie drücke mich zu sehr nieder; denn es wird uns sicher schon einmal gelingen, den Widerstand, den sie zur Folge hat, zu überwinden, wie wir alle anderen Widerstände überwinden. Aber Sie haben das Glück, in einem Lande zu leben, in dem „Christian Science" mit allen Formen sogenannter „psychical research" voll von Hokuspokus und Handleserei nicht so vorherrscht wie hier, wo sie die Opposition gegen alle Psychologie stärkt. Erst unlängst sind hier zwei Bücher geschrieben worden, die die Psychoanalyse nur

* In einer früheren Schrift über Träume und Telepathie, die von Karl Abraham vor der Wiener Psychoanalytischen Vereinigung verlesen und im März 1922 in der *Imago*, 8:1–23 veröffentlicht wurde, hatte Freud keineswegs die Behauptung vertreten, daß Telepathie tatsächlich geschieht. Man werde daraus nichts über das Rätsel der Telepathie erfahren, schrieb er, nicht einmal, ob er selber daran glaube oder nicht (siehe: Freud, *Gesammelte Werke*). In seinem Essay von 1925 deutete Freud jedoch seine Überzeugung an, daß Telepathie ein Faktum der menschlichen Erfahrung wäre. Einige der Beobachtungen, aufgrund derer Freud zu seinen Schlußfolgerungen im Hinblick auf die Telepathie kam, finden sich in: Jones, E., 1984, Bd. 3, Kap. XIV, in den beiden oben angeführten Essays und bei Devereux 1953, Kap. 3–8.

von dieser Seite her in Mißkredit zu bringen suchen. Sie vergessen auch, in welcher besonderen Lage Sie persönlich sind. Bei allem, was unter dem Namen Psychoanalyse segelt, haben wir gegenüber Fragestellern die Antwort „Psychoanalyse ist Freud“; aber der Behauptung, daß die Psychoanalyse logischerweise zur Telepathie usw. führe, läßt sich nun schwerer begegnen. In Ihren privaten politischen Ansichten könnten Sie ein Bolschewist sein, aber Sie würden der Verbreitung der Psychoanalyse nicht helfen, wenn Sie es laut verkünden würden. Wenn Sie sich also vorher durch „außenpolitische Rücksichten“ genötigt sahen, Schweigen zu bewahren, so sehe ich nicht ein, inwiefern sich die Situation in dieser Hinsicht geändert haben sollte.[30]

Freud antwortete Jones:

Ich bedauere sehr, daß ich Sie durch meine Äußerung über die Telepathie in neue Schwierigkeiten gestürzt habe. Aber es ist wirklich schwer, englische Empfindlichkeiten nicht zu verletzen. Manchmal hatte ich doch die Empfindung, ich hätte das „Ich und das Es“ nicht schreiben sollen, denn das Es läßt sich im Englischen nicht wiedergeben. Ich habe keine Aussicht, die englische öffentliche Meinung zu besänftigen, aber Ihnen möchte ich meine scheinbare Inkonsequenz in Sachen der Telepathie doch aufklären. Sie erinnern sich, daß ich schon während unserer Harzreise ein günstiges Vorurteil für die

Telepathie geäußert habe. Aber es bestand keine Nötigung, es öffentlich zu tun, meine Überzeugung war nicht sehr erstarkt, und die diplomatische Rücksicht, die Psychoanalyse vor der Annäherung an den Okkultismus zu bewahren, konnte leicht die Oberhand behalten. Nun hat sich mit der Bearbeitung der „Traumdeutung“ für die Gesamtausgabe ein Anstoß ergeben, das Problem der Telepathie wieder zu berücksichtigen, unterdes aber haben meine eigenen Erfahrungen durch Versuche, die ich mit Ferenczi und meiner Tochter angestellt habe, so überzeugende Kraft für mich gewonnen, daß die diplomatischen Rücksichten dagegen zurücktreten mußten. Ich sah wieder einen Fall vor mir, wo ich in sehr verjüngtem Maßstabe das große Experiment meines Lebens zu wiederholen hatte, nämlich mich zu meiner Überzeugung zu bekennen, ohne auf die Resonanz der Umwelt Rücksicht zu nehmen. So war es denn unvermeidlich. Wenn Ihnen jemand meinen Sündenfall vorhält, so antworten Sie ruhig, das Bekenntnis zur Telepathie sei meine Privatsache wie mein Judentum, meine Rauchleidenschaft und anderes, und das Thema der Telepathie sei der Psychoanalyse wesensfremd.[31]

Nachdem er den oben zitierten Brief erhalten hatte, schien Jones sich mit Freuds Entscheidung abzufinden. „Dazu konnte man nichts mehr sagen“, schrieb er. Freud bekannte sich öffentlich dazu, daß er an Telepathie glaubte, obwohl dies die Akzeptanz der Psychoanalyse auf seiten der medizinischen Fachwelt zu erschweren vermochte. Die Analytiker um Freud, denen es darum ging, wissenschaftliche Anerkennung für ihre ohnehin schon kontroversen Theorien zu erlangen, hatten erkannt, daß es ein „Schritt von großer Tragweite“ wäre, Telepathie als Tatsache anzuerkennen. „Das würde heißen, man stimme der wesentlichsten Behauptung der Okkultisten zu“, schrieb Jones, „nämlich es gebe seelische Vorgänge, die sich unabhängig vom menschlichen Körper abspielen.“[32] Freud war sich dessen wohl bewußt. „*Dans des cas pareils, ce n'est que le premier pas qui coûte ...* Das weitere findet sich“, schrieb er über die Akzeptanz der Telepathie. „In solchen Fällen ist nur der erste Schritt entscheidend.“ Jones schrieb:

In den Jahren vor dem Ersten Weltkrieg führte ich mit Freud mehrmals Gespräche über den Okkultismus und verwandte Themen. Besonders nach Mitternacht tischte er mir gern seltsame oder unheimliche Erlebnisse mit Kranken auf, vorzugsweise solche, bei denen viele Jahre nach einem Wunsch oder einer Vorhersage Unglück oder Tod eingetroffen war. An solchen Geschichten konnte er sich besonders ergötzen, und gerade das mysteriöse Element beeindruckte ihn sichtlich. Wenn ich bei manchen von den zu unglaubhaften Geschichten protestierte, pflegte Freud mit seinem Lieblingszitat zu antworten: „Es gibt mehr Ding' im Himmel und auf Erden, als Eure Schulweisheit sich träumt.“ Manche von den Vorfällen klangen wie bloße Koinzidenzen, andere wie dunkle Wirkungen unbewußter Motive. Wenn es sich um hellseherische Visionen von fernen Episoden oder um Erscheinungen von Geistern Verstorbener handelte, wagte ich es, ihm vorzuwerfen, er neige auf Grund fadenscheiniger Beweise an Übersinnliches zu glauben. Seine Erwiderung war: „Ich mag das alles nicht, aber irgend etwas Wahres ist daran“; ein kurzer Satz, in dem beide Seiten seiner Natur zum Ausdruck kamen. Dann fragte ich ihn,

wo solcher Glaube hinführen würde: wenn man an seelische Vorgänge in der Luft glaube, könne man auch weitergehen und an Engel glauben. An diesem Punkt (etwa um drei Uhr morgens) schloß er die Diskussion mit der Bemerkung: „Ganz richtig, sogar an den lieben Gott.“ Dies äußerte er in scherzendem Ton, als sei er damit einverstanden, daß ich die Sache ad absurdum geführt habe, und mit einem leicht spöttischen Blick, als mache es ihm Freude, mich zu schockieren. Aber in seinem Blick lag auch etwas Suchendes, und ich ging nicht ganz zufrieden fort, vielmehr mit der Befürchtung, dahinter stecke doch etwas Ernsteres.[33]

Jungs Theorien der Synchronizität und transpersonalen Archetypen

Daß die Akzeptanz der Telepathie okkulten und mystischen Phänomenen Tür und Tor öffnen würde, wie Jones es befürchtet hatte, sogar für den „lieben Gott“, wurde im Leben und in der Arbeit von Carl Gustav Jung verdeutlicht. Die Theorien des berühmten Psychiaters über Synchronizität oder sinngemäße Koinzidenzen und die transpersonalen Archetypen sowie seine empfängliche Aufmerksamkeit für religiöse Erfahrungen ließen die Psychotherapie weit über die konventionelle medizinische Behandlung hinausgehen. Liest man Jungs Autobiographie *Erinnerungen, Träume, Gedanken* und andere Schilderungen über seine Entwicklung, nimmt man den Zustrom außergewöhnlicher Phänomene wahr, den Jones zu befürchten schien.[34] Während die ersten Psychoanalytiker sich bemühten, den Beweis dafür zu erbringen, daß viele oder die meisten religiösen Überzeugungen Projektionen unbewußter Vorgänge oder die Folge eines Verlangens nach omnipotenten Eltern waren, ließ Jung diese Belange hinter sich, um die autonome Psyche zu erkunden, eine unermeßliche Welt mit ihrer eigenen objektiven Wirklichkeit.

Wie Freud pflichtete Jung in seinen Veröffentlichungen einem allgemeinen Glauben an die geistige Welt nicht bei (obgleich er das in einigen seiner Briefe zu tun schien), doch er dehnte die Grenzen der Psychotherapie aus und bezog viele Formen außersinnlicher Vorgänge ein. Mit seiner Behauptung, daß Psi-Phänomene aus einem biologisch verwurzelten, kollektiven Unbewußten aufsteigen, half er Psychotherapeuten aus vielen Richtungen, derartige Phänomene anzuerkennen. Jungs Überzeugungen hinsichtlich dieser Thematik spiegeln sich in den folgenden Auszügen eines Briefes wider, den er im Jahre 1960 an A. D. Cornell schrieb, den damaligen Präsidenten der *Cambridge University Society for Psychical Research.*

Während meines ganzen Lebens habe ich mich für paranormale Phänomene interessiert. In der Regel kommen sie, wie gesagt, in bestimmten akuten seelischen Zuständen vor (Emotionen, Verstimmungen, Schocks, etc.). Sie treten vermehrt auf bei Individuen von besonderer oder pathologischer Persönlichkeitsstruktur, bei denen die Schwelle zum kollektiven Unbewußten habituell erniedrigt ist. Auch Menschen mit einem schöpferischen Genius gehören zu diesem Typus. ...

Wie in der Physik Kernprozesse nicht direkt beobachtet werden können, sind auch die Inhalte des kollektiven Unbewußten nicht unmittelbar erkennbar. In beiden Fällen wird die eigentliche Natur nur durch Rückschlüsse erkennbar, wie die Bahn eines Kernteilchens durch die Wilsonsche Kammer, wo Kondensationsstreifen den Bewegungen der Partikelchen folgen und sie auf diese Weise sichtbar machen. Die archetypischen „Spuren" beobachtet man praktisch vor allem in Träumen, wo sie als psychische Formen wahrnehmbar werden. Aber das ist nicht der einzige Weg, auf dem sie wahrnehmbar werden: sie können auch objektiv und konkret erscheinen, nämlich in Form psychischer Fakten. In diesem Falle ist die Wahrnehmung keine endopsychische Perzeption (Phantasie, Intuition, Vision, Halluzination etc.), sondern ein reales äußeres Objekt verhält sich so, als würde es durch einen entsprechenden Gedanken bewegt oder hervorgebracht, oder als würde er ihn zum Ausdruck bringen. ...

Der Archetypus wird nicht durch einen bewußten Willensakt hervorgerufen: erfahrungsgemäß tritt er dann auf, wenn eine vom Willen nicht beeinflußte psychische Situation vorliegt, welche der Kompensation durch einen Archetypus bedarf. Man kann sogar von einem spontanen Eingreifen des Archetypus sprechen. Die religiöse Sprache bezeichnet solche Vorkommnisse als „Willen Gottes" – dies ist richtig, insofern sie sich auf das besondere Verhalten des Archetypus, auf seine Spontaneität und seine funktionelle Beziehung zur aktuellen Situation bezieht. ...

Ich muß jedoch auch erwähnen, daß ich Menschen beobachtet und zum Teil auch analysiert habe, die anscheinend eine supranormale Fähigkeit besaßen und sich ihrer auch bewußt bedienen konnten. Ihre anscheinend supranormale Fähigkeit bestand darin, daß sie sich in einem Zustand befanden oder sich absichtlich in einen solchen begeben konnten, der einem konstellierten Archetypus entspricht, also in einen Zustand numinoser Ergriffenheit, in welchem synchronistische Phänomene möglich und sogar einigermaßen wahrscheinlich werden. Diese Fähigkeit war bei ihnen deutlich mit einer religiösen Haltung verbunden, womit sie dem Gefühl der Unterlegenheit des Ich dem Archetypus gegenüber gebührenden Ausdruck verliehen.[35]

Die dynamische Psychiatrie und Psi

Im Jahre 1947 bildete eine Gruppe von Psychiatern, die größtenteils psychoanalytisch geschult waren, eine Medizinische Sektion der *American Society for Psychical Research*, um paranormale Phänomene aus der Sicht der dynamischen Psychiatrie zu erforschen. Zu dieser Gruppe gehörten Jan Ehrenwald, Jule Eisenbud, Joost Meerloo, Montague Ullman und G. Pederson-Krag. Wie Frederic Myers und andere Forscher, die in diesem Buch oftmals zitiert werden, sammelten sie eine große Anzahl von Beweisen für paranormale Fähigkeiten; ihre Veröffentlichungen lassen überzeugend darauf schließen, daß Telepathie, Hellsichtigkeit und sogar Psychokinese während der Therapie auftreten können – gelegentlich auf höchst ungewöhnliche Weise.[36] Einige der Psychiater haben darüber hinaus argumentiert, daß viele außergewöhnliche Prozesse

der Aufmerksamkeit der Parapsychologen entgehen, da diese mit den meist unbewußten Assoziationsmustern und Abwehrmechanismen, die durch die Psychoanalyse enthüllt werden, nicht vertraut sind. Da Psi häufig über subliminale Prozesse vermittelt wird, können viele Phänomene am besten mit Hilfe psychoanalytischer Erkenntnisse und Methoden verstanden werden. Das Bild des psi-bedingten Verhaltens, das aus gewissen Daten entstanden ist, die von Psychotherapeuten seit Stekel und Freud gesammelt wurden, legt nahe, daß paranormale Fähigkeiten helfen, unsere grundlegenden Bedürfnisse zu befriedigen. Jene Daten weisen darauf hin, daß Psi sowohl unseren destruktiven als auch unseren konstruktiven Impulsen dienen kann. Eisenbud, Ehrenwald und ihre Kollegen haben Nachweise dafür erbracht, daß paranormale Geschehnisse mit unserem gesamten Verhalten – ob haßerfüllt oder voller Liebe – verwoben sind. Mir scheint, daß es berechtigte Gründe für die Annahme gibt, daß psi-bedingte Handlungsweisen einen Teil unseres täglichen Lebens ausmachen. Eisenbud schrieb:

> Im Jahre 1921 berichtete Wilhelm Stekel über telepathische Träume bei einer Reihe seiner Patienten, die darauf hinwiesen, daß die Träumer sich nicht in der Hauptsache mit Katastrophen eines größeren Ausmaßes befaßten, sondern mit alltäglichen Erfahrungen, aus denen die Träume gewöhnlich gestaltet werden. Die Beweggründe hinter dem paranormalen Erwerb der Informationen, die in diesen Träumen in Erscheinung traten – so berichtete Stekel –, entstanden nicht überwiegend aus empathischer Besorgnis über das Schicksal geliebter Personen, sondern häufiger aus Haß, Unstimmigkeiten und Eifersucht. Im darauffolgenden Jahr zeigte Sigmund Freud in einer tiefgehenden Analyse eines

angeblich telepathischen Traumes, über den ihm ein Briefpartner geschrieben hatte, daß die Gesetzmäßigkeiten, mit denen der Träumer versuchte, eine konfliktbeladene Situation durch den Gebrauch seiner telepathisch erworbenen Information zu bewältigen, die gleichen waren wie die, die andere Bereiche des unbewußten geistigen Lebens regelten.

Sowohl Stekel als auch Freud dehnten ihre Beobachtungen in den nächsten Jahren aus. Stekel, der die Art der alltäglichen emotionalen Verbindung in telepathischen Interaktionen hervorhob, zeigte darüber hinaus, daß Informationen, die auf telepathischem Wege empfangen wurden, nicht bewußt als solche verstanden werden müssen: Zum Beispiel könnte eine Frau exakt in dem Augenblick, in dem ihr Ehemann sie betrügt, ein schmerzhaftes körperliches Symptom aufweisen anstelle einer direkten Vision. Freud zeigte, daß Wahrsager eine Begabung dafür haben, die verdrängten, im Unbewußten vorhandenen Wünsche ihrer Klienten wahrzunehmen, und daß diese Wünsche auch Mord beinhalten konnten. Ebenso bewies er auf überzeugende Weise, daß ein Patient in der Behandlung für die Sorgen des Analytikers empfänglich war und daß die Reaktion, die sich in den Assoziationen des Patienten offenbarte – wie zum Beispiel Eifersucht –, mit diesen Sorgen auf eine dynamische Art verbunden sein konnte, als ob der Patient eine bewußte Kenntnis von dem erlangt hatte, was sich im Verstand des Analytikers abspielte. Andere Forscher erweiterten diese Beobachtungen schon bald. Als man ein

klinisch fundiertes System der Traumanalyse anwendete, zeigte sich, daß die alltäglichen Träume weitaus häufiger, als bis dahin angenommen wurde, paranormal erworbene Informationen in sich trugen. Eine solche Information war nachweisbar in das Gewebe des Traumes verwoben, nicht nur auf dieselbe Weise wie die auf üblichem Wege erworbene Information, sondern auch zu den gleichen Zwecken – besonders als ein Versuch, Konfliktsituationen mit Hilfe einer magischen, wenn auch nur in der Einbildung existierenden Manipulation der inneren und äußeren Umgebung zu lösen. Wie bei der gewöhnlichen Traumbearbeitung kann die paranormal erworbene Information auf eine symbolische Weise verwendet werden – so kann das Element Feuer sexuelle Erregung symbolisieren, das Element Wasser Geburt. In manchen Fällen mochten Traumelemente wie Zeitungsüberschriften, Radio oder Telefone anzeigen, daß der Traum sich der Telepathie oder des Hellsehens bediente.

Überdies ließen Daten aus dem Wachzustand erkennen, daß paranormale Prozesse nicht nur in der Lage sind, alle Bereiche des Denkens und des Bewußtseins zu konditionieren, sondern auch unsere grundlegendsten körperlichen Funktionen. Klinische Ergebnisse bekräftigten Stekels Beobachtung, daß fast nahezu jedes Symptom, von Störungen des Muskel-Skelett-Systems bis hin zu Störungen des Herzgefäß- und Atmungssystems, mit äußeren Ereignissen in Verbindung gebracht werden konnte, die vermutlich auf paranormale Weise wahrgenommen wurden.[37]

Auch der Psychiater Jan Ehrenwald war – wie Eisenbud – der Ansicht, daß psychoanalytische Erkenntnisse dazu beitragen, die Wirkung von Psi in der Therapie aufzuzeigen. In seinem erstmals 1954 veröffentlichten Buch *New Dimensions of Deep Analysis* legte er Fallstudien vor, in denen Telepathie zwischen ihm und seinen Patienten eine bedeutsame Rolle zu spielen schien. Zusammenfassend schrieb er:

Ein vorteilhafter psychologischer Rahmen (wie die Psychotherapie) kann eine mehr oder weniger dauerhafte telepathische Empfänglichkeit für äußerst komplexe Motivationssysteme schaffen, die im Verstand eines möglichen Agenten vorherrschen. [Der] unbeabsichtigte Effekt vorbewußter Motivationen und Einstellungen ... wird hier als telepathisches „Leck" beschrieben, und es ist genau die unbeabsichtigte, vorbewußte Natur eines derartigen Lecks, die es zu einem besonders wichtigen Thema [in der Therapie] macht. Solange der Therapeut sich dessen Wirkung nicht bewußt ist, kann das telepathische Leck die Ergebnisse seiner analytischen Untersuchung leicht beeinflussen und so zu einer möglichen Fehlerquelle werden, die seine Schlußfolgerungen beeinträchtigt. Ein wirkliches telepathisches Leck geht über eine kulturelle Konditionierung hinaus. Zum Beispiel hatten Jungs Patienten in bestimmten Phasen seiner Arbeit Träume, die grandiose Hinweise auf altägyptische, assyrische oder hinduistische Texte enthielten. Zu anderen Zeiten schienen sie einige der phantastischen Glaubenssysteme mittelalterlicher Astrologen und Alchimisten zu bestätigen. Kein Freudscher oder Adlerscher Analytiker scheint jemals Trauminhalte dieser Art aufgezeichnet zu haben. Doch ich selbst habe eigentümliche Veränderungen in den Traumbildern bemerkt, derer sich meine Patienten in verschiedenen Phasen meiner analytischen Arbeit bedienen. Diese Veränderungen scheinen in hohem Maße

von meiner eigenen Beschäftigung mit Traummaterial aus verschiedenen analytischen Richtungen konditioniert zu sein.

Man könnte nun den Einwand erheben, daß all diese Unstimmigkeiten einfach Veränderungen der allgemeinen Anschauungen von Patient und Therapeut widerspiegeln, verstärkt durch gemeinsame Interessen und intellektuelles Vertieftsein. Das ist ein völlig legitimer Einwand, doch er trifft nur auf jene Fälle zu, in denen die Übertragung von entsprechenden Inhalten vom Therapeuten auf den Patienten durch eine offene verbale Kommunikation erklärt werden kann. Er trifft jedoch nicht auf die Beobachtungen zu, die Hauptthema dieser Untersuchung sind.[38]

Eisenbuds und Ehrenwalds selbstbewußte Feststellungen über Psi-Manifestationen in der Arzt-Patienten-Beziehung scheinen von der vorsichtigen Akzeptanz der Telepathie durch Freud 30 Jahre zuvor um einiges entfernt zu sein. In den fünfziger Jahren waren mehrere Psychiater zu der Überzeugung gekommen, daß Telepathie eine zentrale Rolle in der Therapie und im Alltagsleben spielte. Eisenbud argumentierte sogar, daß ein Nichtanerkennen des allgegenwärtigen Einflusses paranormaler Phänomene das Verständnis des Therapeuten für seinen Patienten erschweren könnte. Er schrieb:

Es wäre denkbar, daß die unergründlichen Tiefen des Traumes ... niemals ohne die systematische Anwendung der Psi-Hypothese ausgelotet werden können. Das ergiebigste Feld für die Anwendung der Psi-Hypothese sind jedoch nicht unbedingt die Träume, sondern der normale Tagesablauf mit seinen alltäglichen Geschehnissen, die auf die verschiedenste Weise untersucht werden können, wobei der beste Ansatzpunkt dafür eine analytische Sitzung ist. Das psi-bedingte Wechselspiel zwischen Analytiker und Patient bietet in dieser affektgeladenen Situation konzentrierter und besonders scharf akzentuiert eine Auswahl dessen, was sich Tag für Tag in den zwischenmenschlichen Beziehungen abspielt.[39]

Eisenbud, Ehrenwald und anderen Psychotherapeuten zufolge ereignet sich das paranormale Wechselspiel, das in der Therapie stattfindet, auch im täglichen Leben. „Jetzt aber haben wir die Möglichkeit", schrieb Eisenbud, „psi-bedingte Vorgänge, falls es sie wirklich gibt – nicht nur hier und unter bestimmten Bedingungen, sondern überall –, zu untersuchen."[40]

In Anhang A.5 habe ich mehrere Bücher aufgeführt, die psychoanalytische Untersuchungen der paranormalen Interaktion enthalten. Dieses Material kann uns helfen zu verstehen, auf welche Art größtenteils unbewußte Bedürfnisse, Impulse und Konflikte unsere latenten Fähigkeiten zu einem außergewöhnlichen Leben sowie unsere gewöhnlichen Funktionen verzerren.

Transpersonale Psychologie

Die therapeutische Beschäftigung mit außersinnlicher Erfahrung, die Stekel, Freud und Jung initiierten, ist von einem freien Zusammenschluß transpersonaler Psychologen in Amerika, Europa, Japan und Australien weiterentwickelt worden. Es gibt keine einzelne Person, die ihr Denken bestimmt, noch fordert eine einheitliche Methode ihre Loyalität; sie orientieren sich in ihrer Denkweise über persönliches Wachstum jedoch häufig an Jung, Roberto Assagioli, Abraham Maslow und William James sowie an kontemplativen Techniken aus Ost und West. Die transpersonale Ausrichtung wird kaum von experimentellen Untersuchungen getragen, sondern hat sich bis zu einem gewissen Grad aus Artikeln, die seit 1969 im *Journal of Transpersonal Psychology* veröffentlicht werden, und auf den Treffen der *Association for Transpersonal Psychology* weiterentwickelt.[41] Anthony Sutich, der Hauptbegründer des *Journals* und der Vereinigung, faßte einige der grundlegenden Annahmen der transpersonalen Position folgendermaßen zusammen:

Die transpersonale Therapie kümmert sich um die psychologischen Prozesse, die mit der Verwirklichung oder Realisierung von Zuständen wie „Erleuchtung", „mystische Einheit", „Transzendenz" oder „kosmisches Einssein" verbunden sind. Sie beschäftigt sich auch mit den psychologischen Bedingungen oder psychodynamischen Prozessen, die direkt oder indirekt Hindernisse für diese transpersonalen Verwirklichungen bilden. In der Vergangenheit und in der Gegenwart hatten die Menschen zwangsläufig unterschiedliche Beziehungen zu ihren Impulsen in Richtung auf höchste Zustände und emotionales Wachstum; in bezug darauf hatten sie auch unterschiedliche Entwicklungsstufen zu verschiedenen Zeiten in ihren Lebenszyklen erreicht.[42]

Der Philosoph Ken Wilber hat ein Modell für das Wachstum des Menschen vorgeschlagen, das eine transpersonale Perspektive mit den Entwicklungstheorien von Piaget, Maslow, Jane Loevinger, Margaret Mahler und anderen Psychologen, den Theorien über die Entwicklung des moralischen Urteils von Lawrence Kohlberg und zahlreichen kontemplativen Lehren verbindet. Mit seiner Behauptung, daß zeitgenössische Entwicklungstheorien mit religiösen Einblicken vereint werden können, vertritt Wilber die Ansicht der meisten transpersonalen Therapeuten.[43]

Viele Therapeuten mit einer transpersonalen Orientierung sind von dem italienischen Psychiater Roberto Assagioli beeinflußt worden, der seit den Zwanzigern bis zu seinem Tod im Jahre 1974 eine umfassende Methode für Heilung und Wachstum entwickelte, die er *Psychosynthesis* nannte. Assagiolis Arbeit ging aus der Psychoanalyse und der Arbeit von Therapeuten wie Desoille, Leuner und Jung hervor und setzt meditative Techniken der kontemplativen Traditionen aus Ost und West ein. Das Ziel

der Psychosynthesis ist es, das Zentrum der Persönlichkeit vom normalen Bewußtsein hin zu seinem innersten Kern zu verlagern, den Assagioli manchmal das wahre oder höhere (transpersonale) Selbst nannte. Die Methoden, die die Psychosynthesis einsetzt, umfassen Techniken der Symbolverwendung über Visualisierungen und den gelenkten Tagtraum, um unbewußte Themen zu erhellen oder neue Dimensionen des Bewußtseins zu erschließen, die evokative Imagination, um den Kontakt mit den innersten Zielen und Dynamiken der Psyche herzustellen, und die Konzentration auf positive Symbole, um erstrebenswerte Fähigkeiten zu verstärken.[44] Indem sie Heilverfahren mit der Schulung metanormaler Fähigkeiten vereinigt und viele Aspekte des menschlichen Wesens einbezieht, führt uns die Psychosynthesis in die Richtung der integralen Methoden, die in Teil III näher beschrieben werden.[45]

18

Körperorientierte Verfahren

[18.1] Das Gebiet der somatischen Schulung

Der Begriff *Somatische Schulung* bezieht sich auf mehrere Methoden, die in diesem Jahrhundert in Europa und Amerika entwickelt wurden. Vor einigen Jahren nannte

der amerikanische Philosoph Thomas Hanna dieses umfassende Gebiet „Somatics", während französische Ärzte und Pädagogen den Begriff *Somatotherapie* prägten.[1] Don Johnson, ein Philosoph, der mehr als jeder andere zum Verständnis der grundlegenden Prinzipien dieses Gebietes beigetragen hat, unterscheidet die somatische Schulung von der Osteopathie, Chiropraktik und von schulmedizinischen Verfahren, deren erstes oder ausschließliches Ziel eine Symptomverbesserung ist. Johnson schrieb:

> *Somatics* wird zu Recht als ein Gebiet beschrieben, denn seine vielen Methoden richten gemeinsam den Fokus auf die Beziehungen zwischen Körper und Kognition, Emotion, dem Willen und anderen Dimensionen des Selbst. Während Schulmedizin, Orthopädie, Physiotherapie, Chiropraktik und Osteopathie den Körper als unabhängige Seinsform betrachten, erforschen somatische Methoden den Körper in bezug auf die Gesamterfahrung eines Individuums. Im Rahmen der allgemeinen Einheit dieses Gebietes läßt sich jede einzelne somatische Methode durch ihre Konzentration auf ein oder mehrere Körpersysteme definieren. *Rolfing* erforscht zum Beispiel, wie sich die Struktur des Bindegewebes auf Gedanken, Wahrnehmung und Emotionen auswirkt. Die von F. M. Alexander und Moshe Feldenkrais entwickelten Methoden konzentrieren sich auf Nerven-, Muskel- und Skelettsysteme. Völlig anders hingegen erforscht die Gruppe der auf Wilhelm Reich zurückzuführenden Therapien das Vegetativum und die Peristaltik, während die Arbeit von Elsa Gindler und die *Sensory Awareness* von Charlotte Selver eine grundlegende Untersuchung der Fähigkeiten der Wahrnehmung beinhalten.
>
> Ein zweites Merkmal, das dieses Gebiet vereint, ist die gemeinsame Auffassung, daß Therapie oder Heilung auf wesentliche Transformationen des Erlebens und die Schulung neuer Fähigkeiten zurück-

zuführen ist. Da sie primär „Erzieher“ sind, versprechen die Praktizierenden von Rolfing, der Feldenkrais-Methode, der „Sensory Awareness“ und anderen somatischen Methoden charakteristischerweise keine medizinische Therapie. Jedoch teilen sie die Auffassung, daß die Transformation des körperlichen Erlebens die Selbstheilungskräfte stärkt und die Symptomverbesserung fördern kann.[2]

In diesem Kapitel findet sich eine Beschreibung von sieben bekannten körperorientierten Verfahren. Ich glaube, daß jedes von ihnen einen Beitrag zu den integralen Methoden leisten kann, die in Teil III näher ausgeführt sind.

[18.2]
DIE ALEXANDER-TECHNIK

Geschichte und Methode

Der 1869 geborene australische Schauspieler Frederick Matthias Alexander entwikkelte seine erzieherische Methode, während er sich selbst von dem besorgniserregenden Verlust seiner Stimme heilte. Da die Ärzte ihm nicht helfen konnten, begann er, die Verspannungen seiner Muskulatur zu beobachten – manchmal mit Hilfe von Spiegeln –, und entdeckte, daß seine gesundheitliche Störung dadurch verursacht wurde, daß er seinen Kopf meist nach hinten und unten schob.[3] Durch die Linderung seiner Beschwerden gelangte Alexander zu der Überzeugung, daß jede noch so kleine Bewegung den gesamten Menschen einbezieht.

Mit seinen Worten:

> Der Begriff *psycho-physisch* findet in meinen Arbeiten Verwendung, um auf die Unmöglichkeit hinzuweisen, „körperliche“ und „geistige“ Vorgänge im Rahmen [meiner] Auffassung des menschlichen Organismus voneinander zu trennen. ... Daher verwende ich die Worte „psycho-physische Aktivität“, um alle menschlichen Ausdrucksformen zu bezeichnen, und „psycho-physische Mechanismen“, um die Hilfsmittel zu bezeichnen, die diese Ausdrucksformen ermöglichen.[4]

Alexanders Entdeckung, daß eine falsche Haltung seine Beschwerden verursacht hatte, führte ihn hin zu der Entwicklung von Techniken, die die kinästhetische Bewußtheit fördern und Reaktionen, die ein optimales Funktionieren verhindern, unterbinden. Obgleich sein System letzten Endes den gesamten Körper einbezieht, beginnt die Arbeit meist damit, die Aufmerksamkeit auf die Beziehung zwischen Kopf und Rumpf zu richten. Alexanders Instruktionen wirken entspannend auf den Nacken, so daß sich der Kopf nach vorne und oben richtet und der Rumpf sich ohne Anstrengung streckt und dehnt. Alexander betonte nachdrücklich, daß seine Methode mehr wäre als nur eine Reihe von Übungen, da das optimale Funktionieren eine bewußte Selbstkontrolle und eine sich entfaltende sensorisch-kinästhetische Bewußtheit verlangt – anstelle gespeicherter, unterbewußter Gewohnheiten. Wenn diese Kontrolle und Selbstbewußtheit heranwachsen, verbessert sich die Körperhaltung, der Kopf erhebt sich über den höchsten Punkt der Wirbelsäule, und der Rücken streckt sich und befreit sich von dem unnatürlichen Druck, der auf ihm lastet. Diese gesundheitsfördernden Veränderungen sind jedoch nur ein Teil jener konstruktiven Selbstkontrolle, die man durch diese Methode erlangen kann. Der Altphilologe Frank Jones, ein Lehrer der Alexander-Technik, schrieb folgendes über die Philosophie des Begründers:

> [Die Alexander-Technik lehrt einen], in höherem Maße eine praktische Intelligenz in das einzubringen, was man sowieso schon tut; wie man stereotype Reaktionen ausmerzt; wie man mit Gewohnheiten und Veränderungen umgeht. Es bleibt einem selbst überlassen, sich ein persönliches Ziel zu setzen, doch [die Technik] erlaubt einem den besseren Gebrauch seiner selbst, während man daran arbeitet. Alexander entdeckte eine Methode, das Bewußtsein auszudehnen, um Hemmungen wie auch Erregung einzubeziehen, so daß eine bessere Integration der reflexiven und der willentlichen Elemente

> eines Reaktionsmusters erreicht wird. Das Verfahren macht jede Bewegung oder Handlung eleganter und leichter und wirkt kräftigend.[5]

Wenn sie Erfolge zeigt, unterstützt die Alexander-Technik sowohl eine stimulierende als auch hemmende Selbstkontrolle, Selbstbewußtheit und Spontaneität, Meisterschaft durch Hingabe und schenkt ein befriedigendes Gefühl von Leichtigkeit und Freiheit. Alexander hatte nicht nur Einfluß auf psychotherapeutische Techniken, sondern auch auf andere körperorientierte Verfahren, darunter Methoden von Wilhelm Reich und Moshe Feldenkrais. Seine Ideen wurden durch einige seiner berühmten Schüler weitergetragen, darunter Aldous Huxley (der Alexander in *Geblendet in Gaza* als Vorbild für eine der Hauptfiguren nahm), George Bernard Shaw, Raymond Dart, John Dewey, Sir Stafford Cripps, Nikolaas Tinbergen und Charles Sherrington. Dewey schrieb das Vorwort zu drei Büchern von Alexander und empfahl seinen Kollegen die Alexander-Technik über Jahrzehnte hinweg; Tinbergen widmete Alexander anläßlich der Verleihung des Nobelpreises für seine Arbeit in der Verhaltensforschung einen großen Teil seiner Dankesrede.

Forschung

Die Alexander-Technik wurde kaum durch experimentelle Studien erforscht – zum Teil deshalb, weil Alexander selbst sich den Bemühungen, seine Arbeit wissenschaftlich einzuschätzen, widersetzte. Wie viele somatische Lehrer seitdem, befürchtete er, daß die meisten Wissenschaftler die Feinheiten seiner Arbeit nicht zu begreifen vermochten. Seine Abneigung, mit Experimentatoren zusammenzuarbeiten, frustrierte John Dewey, der viele Jahre lang andere Therapeuten sowie die Öffentlichkeit dazu bewegen wollte, Alexander zu akzeptieren.* Frank Jones nahm jedoch solche Experimente vor, wie Dewey sie vorgeschlagen hatte. In mehreren Studien an der *Tufts University* untersuchte er Personen, die die Alexander-Technik ausübten, mit Hilfe von Elektromyogrammen, Röntgen- und Fotoaufnahmen und subjektiven Befragungen. Sein Buch *Body Awareness in Action* enthält eine verständliche und detaillierte Schilderung der Ergebnisse. Jones schrieb:

- Die Reflexbeantwortung der Schwerkraft durch den Organismus ist ein grundlegender Feedback-Mechanismus, der andere Reflexsysteme einbezieht.
- Unter zivilisierten Bedingungen wird dieser Mechanismus üblicherweise von gewohnheitsmäßigen, erlernten Reaktionen beeinträchtigt, die das Spannungsverhältnis von Kopf, Hals und Rumpf stören.

- Wird diese Beeinträchtigung kinästhetisch wahrgenommen, kann sie unterbunden werden. Dadurch wird die Anti-Schwerkraft-Reaktion unterstützt und ihre integrierende Wirkung auf den Organismus wieder ermöglicht.[6]

[18.3]
DAS AUTOGENE TRAINING

Geschichte

Der deutsche Neurologe Johannes Schultz entwickelte das Autogene Training, nachdem er um die Jahrhundertwende in Berlin die Arbeit des Physiologen Oskar Vogt studiert hatte. Im Rahmen der Erforschung der Mechanismen von Schlaf und Hypnose hatte Vogt beobachtet, daß intelligente und kritisch eingestellte Versuchspersonen autosuggestive Zustände herbeiführen konnten. Von Vogts Entdeckung inspiriert, begann Schultz mit eigenen Forschungen über die psychophysischen Mechanismen der Hypnose. Bei seinen ersten Experimenten berichteten die Versuchspersonen immer wieder von Gefühlen der Schwere in ihren Gliedern, denen meistens Gefühle

* Dewey schrieb an Frank Jones, daß Alexander „niemals in der Lage war, [experimentelle Studien seiner Arbeit] zuzulassen, da er frühe, eigensinnige Vorurteile hatte" (Jones, F. P., 1979, S. 105).

der Wärme folgten. Diese Schilderungen führten Schultz zu der Erkenntnis, daß Muskelentspannung, die ein Gefühl von Schwere hervorrief, und das Nachlassen der Gefäßspannung, die das Gefühl von Wärme erzeugte, Grundfaktoren der Hypnose waren. Seine Schlußfolgerung veranlaßte ihn zu der Frage, ob „die psychophysischen Mechanismen, die für die Induktion von Schwere und Wärme verantwortlich sind, durch Autosuggestionen hervorgerufen werden können und ob daraus ein Zustand verstärkter Entspannung, ähnlich dem hypnotischen Zustand, resultieren würde".[7]

Weitere klinische und experimentelle Studien führten Schultz im Jahre 1932 dazu, die erste Ausgabe seines Buches *Das Autogene Training* zu veröffentlichen, in dem er sein Verfahren und seine Theorie beschrieb. In den folgenden Jahren begannen Psychotherapeuten und Ärzte in Europa und Amerika, seine Methode in ihrer klinischen Praxis anzuwenden, und viele experimentelle Psychologen testeten ihre Wirksamkeit bei der Behandlung verschiedener Krankheiten. In den achtziger Jahren hatte das Autogene Training zu der Entwicklung des Biofeedback-Trainings (siehe 16) und mehrerer verhaltenstherapeutischer und imaginativer Verfahren beigetragen. Gleichermaßen hatte es die zeitgenössische Erforschung der Meditation inspiriert. Als

Schultz mit seinem Schüler und Kollegen Wolfgang Luthe 1959 die erste englischsprachige Ausgabe seines Buches *(Autogenic Training)* veröffentlichte, konnte er sich auf mehr als 600 veröffentlichte Studien über seine Theorien und Methoden beziehen.

Methode

Da viele Versuchspersonen von Schwere und Wärme während der Hypnose berichtet hatten, begann Schultz diese Empfindungen über seine Hypnoseinduktionen zu verstärken. Um die Entspannung zu vertiefen, fügte er Anweisungen hinzu, daß die Personen ihre Herz- und Atemfrequenz verlangsamen sollten; da warme Bäder und kalte Umschläge einen beruhigenden Effekt auf erregte Patienten hatten, fügte er als weitere Anweisung hinzu, daß sie sich Wärme im Sonnengeflecht und Kühle auf der Stirn vorstellen sollten. „Diese sechs physiologisch orientierten Schritte: Schwere und Wärme in den Extremitäten, Regulierung der Herzaktivität und der Atmung, Wärme im Sonnengeflecht und Kühle auf der Stirn", schrieb er, „[sind] der Kern des Autogenen Trainings."[8] Später fügte Schultz diesen sechs Suggestionen eine Reihe von präzisen verbalen Instruktionen hinzu und beschrieb die Körperhaltungen während des Trainings; dies nannte er die „Standardübungen" des Autogenen Trainings.

Die Standardübungen sind am effektivsten, meinte Schultz, wenn sie in einer ruhigen Umgebung ausgeführt werden. Aus diesem Grunde riet Schultz seinen Patienten, sich an einen stillen Ort zu setzen oder zu legen, einengende Kleidung zu lockern und die Augen zu schließen. Dann sollten die sechs Standardübungen der Reihe nach geübt werden, anfangs für jeweils 30 bis 60 Sekunden. Unabhängig davon, ob ein Übungsleiter die sechs Instruktionen erteilt oder die Personen sie für sich allein üben, sollten die Formeln allmählich verkürzt werden, so daß ihre Wirkungen schneller eintreten können. Schließlich braucht der Übende nur noch Formeln wie „linke Hand schwer und warm“ zu sagen. Wenngleich Schultz ein standardisiertes Verfahren vorgab, haben die Praktiker seine Übungen ihren eigenen Verfahren oder den Lebensumständen des Patienten auf verschiedenste Arten angepaßt. Mit entsprechender Übung kann durch das Aufsagen der autosuggestiven Formeln auch dann eine deutliche Entspannung erzeugt werden, wenn die betreffende Person körperlich aktiv ist. Ausführliche Instruktionen sowie kurze Beschreibungen der Erfahrungen, die sie begleiten, finden sich in den Werken von Schultz.[9]

Nach Schultz bilden die sechs Standardübungen die Grundlage für weitere Eigenanweisungen, die die Heilung oder bestimmte Fähigkeiten fördern sollen. Diese fortgeschrittenen Übungen (die sogenannte Oberstufe des Autogenen Trainings) beinhalten organspezifische und intentionale Formeln und die folgenden sieben meditativen Übungen:

1. die Induktion des spontanen Erlebens von Farben,
2. die Induktion bestimmter Farben, die spezifische Vorstellungen oder Gefühle auslösen können,
3. die Visualisierung konkreter Objekte,
4. eine Meditation über abstrakte Qualitäten, wie Gerechtigkeit, Freiheit oder Glück, unter Einsatz von visuellen, auditiven, taktilen, kinästhetischen, Geschmacks- und Geruchsvorstellungen,
5. das Erleben ausgewählter Gefühlszustände,
6. die Visualisierung anderer Menschen und
7. das Aufsteigenlassen spezifischer Informationen aus dem Unbewußten.[10]

Organspezifische Formeln richten sich an ganz bestimmte somatische Störungen. Um beispielsweise Heuschnupfen oder Bronchialasthma zu lindern, entspannt sich eine Person mit Hilfe der Standardübungen und wiederholt dann eine Formel wie „meine Augen sind kühl“ oder „meine Augenlider sind kühl und taub“, bis eine Linderung zu spüren ist. Intentionale Formeln sollen sich in erster Linie auf geistige Vorgänge auswirken – zum Beispiel durch die Suggestion, daß gewisse Umweltbedingungen einen Asthmaanfall nicht auslösen müssen, oder durch die Bestärkung einer positiven Einstellung bei Prüfungen oder das Verstärken der Absicht, das Rauchen aufzugeben.[11]

Theorie

Schultz und Luthe behaupteten nicht, daß sie alle physiologischen Mechanismen verstanden hätten, die für die vom Autogenen Training hervorgerufenen Veränderungen verantwortlich sind. Wie auch immer – ihre Forschungsergebnisse wiesen darauf hin, daß solche Veränderungen zum Teil deshalb geschehen, weil das Zentralnervensystem durch die Verringerung sensorischer Reize beruhigt wird. Sie waren der Ansicht, daß eine derartige Beruhigung die Deaktivierung ergotroper Mechanismen (die die Kampf-oder-Flucht-Reaktion auslösen) fördert, und trophotrope Funktionen (die eine allgemeine Entspannung verursachen) begünstigt. Schultz und Luthe gründeten ihre Theorie über die Autoregulation auf das von Walter Hess entwickelte Modell der trophotrop-ergotropen Reaktionen auf die Aktivierung von Parasympathikus und Sympathikus.

Mehrere Studien haben aufgezeigt, daß Meditation physiologische Reaktionen hervorruft, die denen des Autogenen Trainings ähneln. Herbert Benson hat die übereinstimmenden Ergebnisse, die er „Entspannungsreaktion" nannte, der Verstärkung der von Hess beschriebenen trophotropen Reaktion (23.2) zugeschrieben und dargelegt, daß stille Meditation, Autogenes Training und andere Entspannungsverfahren die „negativen Auswirkungen einer unangebrachten Auslösung der Kampf-oder-Flucht-Reaktion" aufheben.

Anwendungen

Schultz und Luthe konnten im Jahre 1959 berichten, daß ihre Methode dazu beigetragen hatte, die folgenden Leiden zu lindern: Bronchialasthma und Tuberkulose, gastrointestinale Störungen, „Herzneurosen" und Funktionsstörungen des Herzens, Angina pectoris, erhöhten Blutdruck und andere Kreislauferkrankungen, Störungen des endokrinen und des urogenitalen Systems, Schwangerschaftsprobleme, Augen- und Hautkrankheiten, Epilepsie, Stottern, Alkoholismus und Schlafstörungen.[12] Im Gegensatz zu vielen anderen, die solche Behauptungen aufstellen, gaben Schultz, Luthe und ihre Anhänger Anlaß zu umfangreichen Arbeiten verantwortungsbewußter Kliniker und Experimentatoren, von denen ein großer Teil in führenden wissenschaftlichen Fachzeitschriften veröffentlicht wurde. Die 604 Bücher und Artikel, die in der Ausgabe des *Autogenic Training* vom Jahr 1959 aufgeführt sind, weisen auf den Umfang dieser Forschungen hin.[13]

[18.4]

DIE FELDENKRAIS-METHODE

Geschichte

Moshe Feldenkrais wurde im Jahre 1904 geboren; ein eigenes Leiden – eine Knieverletzung, die er sich beim Sport zugezogen hatte – gab ihm den Anstoß, seine Methode zu entwickeln. Feldenkrais, ein gelernter Physiker, studierte Anatomie, Physiologie und Psychologie, um sein Knie ohne Operation wiederherzustellen. Dabei entwickelte er sowohl eine Lebensanschauung als auch seine erzieherische Methode. Wie Alexander kam er zu der Überzeugung, daß der Mensch sein automatisches, nicht geschultes Verhalten durch fein artikulierte, frei bestimmte, selbstbewußte und spontane Funktionsweisen ersetzen könnte. In den siebziger Jahren gewann er in Europa und Amerika eine große Anhängerschaft; bis zu seinem Tod 1984 lehrte er viele Jahre lang am Feldenkrais-Institut in Tel Aviv Schülern aus allen Teilen der Welt seine Philosophie und Methode.

Methode

Feldenkrais behauptete, daß die Haltung und Koordination vieler Menschen schon in der Kindheit Schaden nimmt, woraufhin ihre allgemeinen Fähigkeiten für den größten Teil ihres Lebens eingeschränkt werden.

> Wir hören für gewöhnlich zu lernen auf, sobald wir genügend Fertigkeit erworben haben, um unseren unmittelbaren Zweck zu erreichen. Wir verbessern z. B. unser Sprechen nur so lange, bis wir uns verständlich machen können. Einer, der so klar sprechen möchte wie ein Schauspieler, wird finden, daß er zwei, drei Jahre lang Sprechunterricht nehmen muß, um der Grenze seines Potentials in dieser Hinsicht auch nur in die Nähe zu kommen.[14]

Feldenkrais ging davon aus, daß diese Verkümmerung eine allgemeine Atrophie im Körper bewirkt, die mit einem Verlust der Spontaneität, einem eingeschränkten Selbstbild, Hemmungen in Hinsicht auf weiteres Lernen, einer unterentwickelten sensorischen und kinästhetischen Bewußtheit und unnötigen Beschränkungen emotionaler und mentaler Fähigkeiten einhergeht.[15] Das Ziel der Feldenkrais-Methode ist es, diese verkümmerten Fähigkeiten wieder wachzurufen und zu weiterem Wachstum anzuregen, indem Empfindung, Emotionen, Denken und motorische Fähigkeiten gleichzeitig geschult werden, wenngleich die Methode primär auf physischer Bewegung beruht. Für Feldenkrais bietet die Bewegung einen besonders wirkungsvollen Ansatz für eine Transformationspraxis. Durch die Einführung neuer motorischer

Muster wird es möglich, sich zu öffnen und andere Aspekte der Fähigkeiten des Menschen zu kultivieren.

Die Feldenkrais-Methode umfaßt zwei Lernformen. Die erste, Funktionale Integration genannt, besteht aus einer direkten Körperarbeit, die auf die besonderen Bedürfnisse des Patienten oder Schülers zugeschnitten ist. Ein ausgebildeter Lehrer hilft dem Klienten durch sanfte Manipulationen des Körpers, einfache Berührung und Instruktion, sich seiner einschränkenden Muster bewußt zu werden. Dies ist eine sanfte, einfühlsame Methode (wenn sie korrekt ausgeführt wird), die eine erhöhte Bewußtheit der Empfindungen, Emotionen und Gedanken fördern kann, während sie zu Bewegungen anregt, mit denen der Klient nicht vertraut ist. Über die Veränderung der motorischen Muster wird sich das Verhaltensrepertoire erweitern. Wie bei der Alexander-Technik kann auch hier ein Gefühl von Freiheit, Leichtigkeit und Ausgewogenheit hervorgerufen werden, das von einer neuartigen Spontaneität und Freude begleitet wird.

Der zweite Teil der Arbeit, die „Bewußtheit durch Bewegung", findet in der Gruppe statt und bezieht Übungen ein, bei denen Glieder, Kopf, Hals und Rumpf auf eine ungewohnte Art bewegt werden. Die Lehrer sagen ihren Schülern immer wieder,

daß sie nichts tun sollen, was weh tut, während sie neue Bewegungen ausprobieren. Hierin folgen sie der Maxime von Feldenkrais, daß Lernen dann am effektivsten ist, wenn es angenehm ist. Alle Übungen werden ohne Anstrengung langsam und auf eine so angenehme Art wie möglich ausgeführt, so daß jeder Teilnehmer die Möglichkeit hat, kleinste Veränderungen des Tonus und der Haltung wahrzunehmen. Feldenkrais glaubte, daß Anweisungen, sich zu entspannen und langsam vorzugehen, aus dem Grunde hilfreich sind, weil sie den Körper unterstützen, seine gewohnheitsmäßige Neigung zu schmerzhaften, selbstzerstörerischen Handlungen aufzugeben. Diese Übungen erhöhen Flexibilität, Vitalität, Selbstbewußtheit und Vergnügen, so behauptete er, weil sie seit der Kindheit erlernte gewohnheitsmäßige und unwillkürliche Bewegungen umgehen. Sie lösen negative Verhaltensmuster auf und eröffnen neue Möglichkeiten des Handelns und Fühlens. Nach einiger Zeit der Übung übertragen sich ihre Wirkungen auf andere Aktivitäten und regen an zu neuen Gedanken und tieferen Emotionen. Bis zu seinem Tode hatte sich Feldenkrais mehr als tausend Übungen ausgedacht, um Bewußtheit und neuartige Bewegungsmuster zu fördern.[16]

[18.5]

ROLFING

Geschichte

Unter *Rolfing* oder Struktureller Integration versteht man ein System physischer Manipulationen mit dem Ziel, den Körper auszurichten und zu integrieren, so daß er ökonomischer funktionieren kann. Ida Rolf, die Begründerin der Methode, wurde 1896 geboren und arbeitete am *Rockefeller Institute* in New York als Biochemikerin. Ihre Methode wurde von ihren Studien mit Pierre Bernard, einem amerikanischen Yoga-Lehrer, und der Arbeit von Amy Cochran, einer Osteopathin, die Ida Rolf in den dreißiger Jahren kennenlernte, beeinflußt. Obwohl Ida Rolf bereits andere in ihrer Methode ausgebildet hatte, gewann sie erst gegen Ende der sechziger Jahre eine größere Anhängerschaft, als sie am *Esalen Institute* in Big Sur, Kalifornien, zu unterrichten begann. In den siebziger Jahren wurde das *Rolf Institute* in Boulder, Colorado, gegründet, um Rolfer auszubilden und die Methode der Strukturellen Integration zu vereinheitlichen.

Theorie und Methode

Der Rolfer manipuliert den Körper des Klienten – in manchen Fällen schmerzhaft. Die Myofaszien (das Bindegewebe, das die Muskeln umhüllt) sind das vorrangige Ziel bei diesem Verfahren. Der Rolfer versucht mit Händen, Unterarmen oder Ellenbogen das Gewebe zu „befreien", so daß die entsprechenden Muskeln auf eine gut artikulierte und integrierte Weise unbehindert funktionieren können. Rolf zufolge „ist das grundlegende Gesetz des Rolfing, daß man dem Körper eine Struktur gibt. Dadurch fordert man auf zu einer Veränderung in der Funktion."[17] In seinem Buch *The Protean Body* (dt. *Wie der Körper des Proteus*) beschrieb Don Johnson einige funktionelle Veränderungen, die er als Klient und Praktizierender erlebt hatte.

Eines Tages ging ich auf einem Pier im Golf von Mexiko, nachdem Ida eine Stunde lang mit mir hauptsächlich daran gearbeitet hatte, meinen unteren Rückenbereich zu lockern und in eine neue Position zu bringen. Ich hörte auf zu existieren. Ich erlebte mich als Teil der vom Meer kommenden Brise, als Teil der Bewegungen des Wassers und der Fische, als Teil der Sonnenstrahlen, als Teil der Palmen und der tropischen Blumen. Ich hatte kein Gefühl für Vergangenheit oder Zukunft. Das war nicht gerade ein beglückendes Erlebnis für mich: ich war entsetzt. Es war jene Art von Ekstase, die ich mit großem Energieaufwand zu vermeiden versucht hatte. ...

Die psychotische Qualität dieser Erfahrung kam von meiner Angst, die tief in meinem Körper verankert war. Nachdem mein Körper im Laufe der Jahre integrierter geworden ist, sind mir derartige Erlebnisse ohne Angst zugänglich.[18a]

Über seine Erfahrungen als Praktizierender schrieb er:

Mein Ziel in dieser Sitzung war es, Schultern und Brustkorb ins Gleichgewicht zu bringen. Ursprünglich hatte sein ganzer Rumpf so ausgesehen, als habe ihn jemand im Uhrzeigersinn um seine senkrechte Achse gedreht. Die elften und zwölften Rippen waren besonders auf der linken Seite so verschoben gewesen, daß ich sie in den ersten Stunden kaum lokalisieren konnte. Die Stauchungen in den oberen drei Rippen und in den mit den Schultergelenken verbundenen myofaszialen Strukturen hatten es ihm beinahe unmöglich gemacht, sich von mir dort berühren zu lassen. Aber dieses Mal stellte sich heraus, daß die unteren Rippen aufgrund der vorangegangenen Arbeit sich verlagert hatten, daß ich leicht an ihnen arbeiten und sie in eine normale Position bringen konnte. Er konnte es zulassen, daß ich tief in seine Achselhöhlen vordrang, um den kleinen Brustmuskel zu dehnen und den obersten Rippen mehr Bewegungsfreiheit zu ermöglichen. Ich dehnte außerdem das Gewebe in seinen Armen, wobei ich seinem rechten Handgelenk besondere Beachtung schenkte, das er bei einem Unfall schwer verletzt hatte. Als ich an seinem linken Unterarm arbeitete, erinnerte er sich daran, daß er sich vier Jahre zuvor einen Nagel durch seinen rechten Unterschenkel gerammt hatte. Am Ende der Sitzung wirkten Rippen und Schultern voller und ausgeglichener. Die neue Position des Brustkorbs gewährte dem Becken mehr Freiheit. Auf seinen Fotos zeigte sich wiederum eine deutliche Veränderung.[18b]

Rolfing-Sitzungen lösen oftmals starke Vorstellungsbilder und Emotionen aus, wenn vergessene Traumata mit einer erstaunlichen Kraft wieder auftauchen. Obgleich Ida Rolf im allgemeinen darauf bestand, daß ihre Praktizierenden nicht versuchen sollten, Psychotherapeuten zu sein, besprechen doch manche Rolfer die Gefühle und Einsichten, die im Laufe der Sitzung auftauchen, mit ihren Klienten, und einige Psychologen setzen die Strukturelle Integration als ergänzende Behandlungsmethode in ihrer therapeutischen Arbeit ein.

Forschung

Obwohl Rolfing eine große Anzahl klinischer Erkenntnisse erbracht hat, wurde es unter Laborbedingungen nicht sehr umfassend untersucht. Der Psychologe Julian Silverman, der damalige Forschungsdirektor des *Esalen Institutes*, und die Kinesiologin Valerie Hunt, die zu der Zeit am *Movement Behavior Lab* der *University of California* in Los Angeles arbeitete, konnten jedoch im Jahre 1973 feststellen, daß die Strukturelle Integration bei elf männlichen Versuchspersonen zu bemerkenswerten Ergebnissen geführt hatte. Silverman und Hunt, die mit verschiedenen Teams arbeiteten, um die von zehn Sitzungen hervorgerufenen Auswirkungen zu beurteilen, entdeckten, daß ihre unabhängig voneinander erbrachten Ergebnisse ein einheitliches Bild der bei den Versuchspersonen aufgetretenen Veränderungen ergaben. Silvermans Studie zeigte, daß alle Teilnehmer dieses Experiments nach dem Rolfing durchschnittlich erhöhte Amplituden in ihren EEG-Antworten aufwiesen. Diese Entdeckung war vielsagend, schrieb Silverman, denn andere Forscher hatten herausgefunden, daß hohe evozierte EEG-Amplituden im allgemeinen mit „einer offenen, empfänglicheren Orientierung an externen Reizen" einhergingen.[19] Außerdem wiesen die EEG-Antworten der Versuchspersonen nach dem Rolfing im allgemeinen weniger Schwankungen auf, was anzeigte, daß diese Personen gelernt hatten, mit sensorischer Stimulierung effizienter umzugehen. Das Gefälle der EEG-Kurven von einigen Versuchspersonen ähnelte nach dem Rolfing dem von Menschen, die in hohem Maße reaktionsfähig auf subtile Reizung sind, starke Einflüsse jedoch effizient regulieren können. Diese Veränderungen der Gehirnaktivität stimmten mit den verbalen Äußerungen der Versuchspersonen überein, die darauf hindeuteten, daß sie nach Beendigung der Rolfing-Sitzungen offener und empfänglicher für sensorische Reize waren.

Als die EEG-Ergebnisse mit Messungen der chemischen Zusammensetzung des Blutes kombiniert und mit statistischen Methoden analysiert wurden, ergaben sich drei Gruppen.[20] Daraufhin wurden Emmett Hutchins, einem erfahrenen Rolfer, Ganzkörperfotos aller Versuchspersonen gezeigt. Ohne irgend etwas über die experimentellen Ergebnisse zu wissen, die zu Silvermans Einordnung in die drei Gruppen geführt hatten, gab Hutchins folgende Beschreibung der Körper auf den Fotos ab:

Der höchste Grad an [muskulärer] Balance wurde bei den Versuchspersonen in Gruppe 1 erzielt. Diese können leicht als die Personen mit der größten Veränderung in Richtung Normalität erkannt werden.

Die Versuchspersonen der Gruppe 2 gehören zu dem weichen Körpertypus, bei dem die intrinsische Muskulatur hypertonisch ist, während die äußeren Muskeln weich und ohne Tonus sind. Wenngleich die Strukturelle Integration eine starke Verbesserung dieser Innen/Außen-Balance hervorgerufen hat, [blieben die Versuchspersonen] im Grunde unverändert. Diese Gruppe benötigt weitere Rolfing-Sitzungen.

Gruppe 3 ist das Gegenteil von Gruppe 2. Diese Versuchspersonen haben eine weiche Kernstruktur und eine harte äußere Hüllenstruktur. Wie bei Gruppe 2 ist selbst nach 10 Stunden Struktureller Integration die Innen/Außen-Balance größtenteils unausgewogen, weitere Behandlungen sind notwendig.[21]

Diese Beschreibungen der Gruppen, schrieb Silverman, stimmten mit den Ergebnissen der biochemischen und elektrophysiologischen Messungen überein. Die Versuchspersonen, die laut Hutchins' Beurteilung den höchsten Grad an Balance der intrinsischen und extrinsischen Muskeln hatten, ähnelten

dem experimentellen Prototyp eines offenen, rezeptiven, effizienten Verarbeiters von sensorischen Informationen. Diese Personen wiesen bei der EEG-Messung der evozierten Potentiale das deutlichste Reduktionsgefälle auf. Sie zeigten bei hoher Intensität die niedrigste Amplitude und die geringsten Schwankungen bei den EEG-Messungen. Diese Muster deuten hin auf eine effiziente sensorische

Anpassung. Sie wiesen [EEG-Aufzeichnungen] auf, die mit einer hohen Sensitivität, niedrigem CPK* [einem Muskelenzym, dessen Wert unter gewissen Streßbedingungen erhöht ist] ... und dem niedrigsten SGOT** [was ebenfalls auf ein niedrigeres Streßniveau hinweist] zuzuordnen sind. Das Muster ihrer Reaktionen auf leichte und starke Reizung wird als anpassungsfähig betrachtet. Es weist sowohl eine Sensitivität gegenüber Reizen als auch die Kapazität auf, starke Reize effizient zu regulieren. Persönliche Angaben, die bei der Hälfte der Versuchspersonen zur Verfügung standen, stimmten ebenfalls mit dieser Formulierung überein.

Es ist wichtig anzumerken, daß die physischen Unterscheidungen, die Emmett Hutchins vornahm, für eine Anzahl der Wissenschaftler im Forschungsteam alles andere als offensichtlich waren. Vielmehr schien es so, als ob diese Unterscheidungen das Ergebnis einer spezialisierten Sicht des Körpers waren, die Praktizierende der Strukturellen Integration kultivieren.[22]

Valerie Hunt und ihre Kollegen testeten Silvermans Versuchspersonen unabhängig von diesen Untersuchungen vor und nach den Rolfing-Sitzungen mit telemetrischen Elektromyogrammen. Diese Aufzeichhungen, schrieb Hunt, bestätigten die Hypothese, daß Rolfing „Veränderungen der Energiefreisetzung und der Frequenz der Muskeldepolarisierung [hervorruft], was verbesserte motorische Fähigkeiten zur Folge hat.

[Um solche Veränderungen in den Myogrammen der Versuchspersonen hervorzurufen], muß im Zentralnervensystem irgendeine Art von Neuorganisierung stattgefunden haben, unter Umständen eine funktionelle Veränderung in der neuralen Befehlskette, die bei willentlich koordinierten motorischen Funktionen eingesetzt wird." Versuchspersonen, die Rolfing-Sitzungen erhielten, wandten zum Beispiel weniger Energie auf, wenn sie Bälle warfen oder wenn sie lagen. „Diese ... Ergebnisse", schrieb Hunt, „wiesen darauf hin, daß die Versuchspersonen [nach Sitzungen in Struktureller Integration] im Ruhezustand weitaus entspannter waren und daß ihre mechanische Effizienz erhöht war, wenn sie sich kraftvoll bewegten."[23]

Sowohl Silverman als auch Hunt folgerten, daß diese gleichzeitige Verbindung von Wahrnehmungs- und motorischen Fähigkeiten darauf hinwies, daß Rolfing ineinandergreifende Verbesserungen der Aktivitäten der Muskulatur und des Zentralnervensystems hervorbringt.[24]

Hunt und Silverman schlossen, daß ihre unabhängig voneinander erbrachten Ergebnisse unter anderem zeigten, daß verschiedene Körperteile unterschiedliche Reaktionen auf Rolfing aufweisen, daß diese unterschiedlichen Reaktionen meßbar sind und daß ausgebildete Körpertherapeuten Einblicke in den Körper haben, die im Labor verifiziert werden können. Diese Studien deuten darauf hin, daß klinische

* Anmerkung des Übersetzers: CPK = Kreatinphosphokinase
** Anmerkung des Übersetzers: SGOT = Serum-Glutamat-Oxalazetat-Transaminase

Fertigkeiten und experimentelle Wissenschaften miteinander verbunden werden können, um unser Verständnis der somatischen Schulung zu verbessern.*

Der Mißbrauch des Rolfing

Obgleich Rolfing positive Auswirkungen zeigt, haben einige Menschen die Rigidität in Frage gestellt, mit der es gelegentlich praktiziert wird. Don Johnson, sowohl ein Praktizierender als auch Theoretiker auf diesem Gebiet, hat Ida Rolf dafür kritisiert, daß sie einer einschränkenden, in manchen Fällen schädigenden Idee der Ausrichtung des Körpers Vorschub leistete. Johnson hat diese Prokrustes-Tendenz „somatischen Platonismus" genannt, da sie auf der Überzeugung beruht, daß alle Körper nur in dem Maße gesund sind, wie sie in eine allgemeingültige Vorstellung von der Körperhaltung und Wirbelsäulenstruktur passen. Eine ähnliche Rigidität zeigte sich auch bei Alexander, vielen Reichianern und einigen Bioenergetikern. Johnson schrieb:

> Ich vermute, daß die Arbeit mit einem idealistischen Modell einer der Hauptfaktoren ist, der schmerzhafte Erfahrungen, die bei einer Reihe von somatischen Therapien üblich sind, hervorruft. Wenn ich beispielsweise an einem Fuß mit dem Gedanken arbeite, daß ich – noch bevor ich in das Bindegewebe eingedrungen bin – weiß, in welche Position der Knöchel gehört, werde ich dazu tendieren, den Knöchel in die „Normalposition" hineinzuzwingen. Doch die Richtung, in die ich den Fuß bewegen will, mag im Konflikt mit dem Gefühl von Richtigkeit stehen, das dem Organismus innewohnt; und dieser Konflikt ruft Schmerz hervor, der häufig als Widerstand seitens des Klienten interpretiert wird. [Daher] kann es sein, daß die schmerzhafte Erfahrung des Klienten nicht seinen Widerstand gegenüber einer Veränderung anzeigt, sondern einen Konflikt zwischen der Weisheit seines Körpers und den Zielen des Therapeuten.[25]

Körperorientierte Verfahren sind jedoch nicht die einzigen Methoden, die in dieser Art mißbraucht werden können. Die Auferlegung einschränkender Regeln für Geist und Körper hat der psychotherapeutischen oder religiösen Praxis oftmals Grenzen gesetzt oder sie verzerrt. *Programme zur kreativen Veränderung des Menschen müssen auf einer klaren Erkenntnis der leib-seelischen Einzigartigkeit jedes Individuums aufgebaut sein.* Darauf werde ich in den folgenden Kapiteln zurückkommen.

* Bei einem anderen Versuch untersuchte Hunt 24 Versuchspersonen, die Rolfing erhielten, im Vergleich zu 24 Kontrollpersonen, die ihnen in Haltung, Körperstruktur, körperlichem Aktivitätsniveau, Größe, Gewicht und Alter ähnlich waren, auf ihre Neigung zu Angstzuständen, die Gehirn- und Muskelaktivität und elektrische Felder. Hunt entdeckte, daß Rolfing die Angst bei den Versuchspersonen reduzierte, die Dominanz der rechtshemisphärischen Gehirnaktivität bei entsprechenden Aufgabenstellungen erwartungsgemäß verstärkte, einige ihrer muskulären Funktionen verbesserte, die Effizienz ihrer motorischen Leistungen allgemein erhöhte und den Fluß elektrischer Ströme zwischen verschiedenen Meßpunkten in ihrem Körper beeinflußte (Hunt et al. 1977).

[18.6]

DIE PROGRESSIVE MUSKELENTSPANNUNG

Geschichte und Theorie

Der amerikanische Arzt Edmund Jacobson (1888–1983) entwickelte eine Methode zur Autoregulation, die er *Progressive Relaxation* (oder Progressive Muskelentspannung) nannte. Er war einer der ersten, der experimentelle Untersuchungen über die willentliche Kontrolle somatischer Funktionen durchführte. Sein Werk bietet – wie das Autogene Training von Johannes Schultz – ein beispielhaftes Modell für die Entwicklung somatischer und anderer Disziplinen zur Transformation, da es klinische und experimentelle Studien miteinander verband.

Jacobson begann mit seiner experimentellen Arbeit, als er erkannte, daß positive Berichte seiner Patienten allein keine wissenschaftlichen Schlußfolgerungen über seine Methode zuließen. „Ich fühlte mich wiederholt veranlaßt zu fragen", schrieb er, „ob ich wirklich ein höheres Maß an Entspannung garantieren konnte als [andere Ärzte]. Diese Frage führte zu experimentellen Nachforschungen, denen [die Progressive Mus-

kelentspannung] zum großen Teil ihre Entwicklung verdankt."[26] Über seine ersten Experimente – über die Hemmung von Empfindungen – wurde 1911 in der *Psychological Review* berichtet. Diesen folgten weitere Studien über die neuromuskuläre Kontrolle, die bis in die sechziger Jahre veröffentlicht wurden. Die repräsentative Aufstellung theoretischer und experimenteller Abhandlungen Jacobsons in Anhang H deutet den Umfang, die Vielfältigkeit und den wegweisenden Charakter seines Werkes an.

In einigen seiner ersten experimentellen Studien, die seit 1908 an der *Harvard University* durchgeführt wurden, zeigte Jacobson, daß Muskelverspannungen, die sich in einer gerunzelten Stirn oder starren Haltung zeigten, die entsprechenden Personen für eine ausgeprägte Schreckreaktion prädestinierten. Andererseits reagierten entspannte Personen auf potentiell unangenehme Reizungen nicht mit derartig starken Kontraktionen. Diese Beobachtungen führten Jacobson zu der Annahme, daß bereits verkrampfte Muskeln sich als Reaktion auf einen unerwarteten Reiz noch weiter verkrampfen. Der Wahrheitsgehalt dieser Erklärung, so schrieb er,

> konnte kontrolliert werden, indem eine verstärkte Kontraktion oder ein höherer Tonus hervorgerufen wurde, woraufhin wir dann testen konnten, ob ein plötzliches Geräusch ein Erschrecken auslösen würde, das sich in seinem Ausmaß mit dem Tonus in Verbindung bringen ließ. Also wurde die Versuchsperson instruiert, die Muskeln von Armen, Beinen, Kopf und Rumpf zu versteifen, das heißt, stillzusitzen und gleichzeitig die Muskeln zum Teil anzuspannen. Bei anderen Tests wurde sie angewiesen, ihre Muskeln so vollständig wie möglich zu entspannen. Auch ein mittlerer Zustand wurde angewiesen, bei dem die Muskeln nur leicht angespannt wurden.

... Die Kontraktion schien bei diesen einleitenden Tests bei einer extremen Muskelanspannung weitaus stärker zu sein als bei einer schwachen, während es bei der Entspannung weder ein Erschrecken noch einen Schock gab und das Geräusch seinen irritierenden Charakter zu verlieren schien. Auf diese Weise kamen wir zu der Überzeugung, daß zusätzlich zu den Faktoren, die von anderen beschrieben wurden, das unwillkürliche Erschrecken von dem bereits bestehenden neuromuskulären Zustand abhängig ist und daß, wenn ein Erschrecken sich charakteristischerweise dann ereignet, während es zu einer Unterbrechung von Gedankengängen oder der Ablenkung der Aufmerksamkeit kommt, dies deshalb geschieht, weil die geistige Aktivität von Kontraktionen der Skelettmuskulatur begleitet wird.[27]

Jacobson verband seine Erkenntnisse über die Schreckreaktion mit Forschungen über die Auswirkungen starker Reize auf Pulsschlag, Blutdruck, Atmung, zerebrospinalen Flüssigkeitsdruck, Blasenmuskulatur und Kontraktionen des Dickdarms und der Speiseröhre. Diese Forschungen zeigen an, daß die inneren Organe in entspanntem Zustand auf äußere Reize nicht so stark reagieren wie in einem angespannten Zustand. Wird Entspannung zu einer direkten Gewohnheit, argumentierte Jacobson, können

die großen Muskeln wie auch die inneren Organe gelassener auf Reize von außen reagieren.

Leicht zu erschreckende Individuen neigen dazu, ihre Reaktion der Stärke des Reizes zuzuschreiben. Doch gemäß unseren Testergebnissen scheint eine starke Reaktion mit gleichzeitiger subjektiver Erregung von dem vorausgehenden Spannungszustand der Muskulatur abzuhängen. Einige Individuen erschrecken in der Regel offensichtlich überhaupt nicht. ... Diese Beobachtungen [weisen darauf hin], daß jede subjektive Irritation oder Befindlichkeitsstörung verringert werden könnte, wenn das Individuum ausreichend entspannt wäre; diese Hypothese dient heute als Vorbild für weitere Experimente und Beobachtungen.[28]

In späteren Studien an der *Cornell University* entdeckte Jacobson, daß Versuchspersonen, die er ausgebildet hatte, so entspannt waren, daß es für andere sichtbar war. Diese Studien, schrieb er, „deuten an, daß das, was in unserer subjektiven Erfahrung gewöhnlich *Anstrengung* genannt wird, zum Teil aus leicht zu beobachtenden Kontraktionen der Skelettmuskulatur besteht."[29] Bei einer ausgebildeten Versuchsperson

wird eine deutlich andere Form der Reaktion auf die Umgebung möglich. Ihre Reaktionen werden weniger von festgelegten Assoziationen oder einer habituellen Konditionierung bestimmt. Ihre Emotionen beginnen einer gewissen Kontrolle zu unterliegen. Sie kann mit geringeren neuromuskulären Spannungen arbeiten. Sie kann lernen, zwischen Problem und Einstellung zu unterscheiden, zwischen den Problemen, denen sie sich gegenübersieht, und ihren neuromuskulären Mechanismen.

Dadurch werden [ihre] Anstrengungen befreit, um im wirklichen Interesse [ihres] Organismus zu wirken; daraus entsteht eine größere Effizienz, was einen geringeren pathologischen Verschleiß beinhaltet. Das liegt daran, daß Anstrengung auf seiten des Organismus ... offensichtlich dem Gebrauch eines jeden Instrumentes entspricht. Trotz der erstaunlichen Heilung des Gewebes, zu der der Organismus fähig ist, führt eine übermäßige Anstrengung langfristig zu einer organischen Störung oder zu senilen Veränderungen.[30]

Jacobsons Arbeit wies auch darauf hin, daß geistige Vorgänge, die unabhängig von äußeren Reizen ablaufen, häufig von muskulären Kontraktionen begleitet werden. Von 1922 bis 1923 beobachtete er bei Experimenten an der *University of Chicago* die Gesichtsausdrücke und Veränderungen in der Haltung bei Versuchspersonen, die sich mit geistigen Vorstellungen beschäftigten. Diese Studien ergaben, daß geistige Vorstellungsbilder gewöhnlich von subtilen Augenbewegungen und geringfügigen Muskelkontraktionen der Stirn, Zunge, Rumpf und Glieder begleitet werden. Wie Jacobsons frühere Experimente mit der Schreckreaktion zeigten auch diese, daß unnötige Bewegungen durch Entspannung reduziert oder sogar ausgeschaltet werden können. Diese

und weitere Erkenntnisse, die Anfang der dreißiger Jahre im *American Journal of Physiology* und anderen Fachzeitschriften veröffentlicht wurden, nahmen die spätere Biofeedback-Forschung vorweg. Jacobsons Abhandlung über die willentliche Kontrolle der Speiseröhre (1925), die in der Literatur über Autoregulation häufig zitiert wird, und seine experimentellen Studien über die Muskelentspannung beeinflußten eine große Anzahl von Klinikern und Experimentatoren, die in den sechziger und siebziger Jahren das Biofeedback-Training entwickelten.[31]

Die Progressive Muskelentspannung beruht wie kontemplative und andere Methoden zur Transformation auf dem Gedanken, daß menschliches Leid zu einem großen Teil von uns selbst hervorgerufen wird. Jacobson vertrat die Auffassung, daß wir – anstatt unsere Probleme äußeren Einflüssen zuzuschreiben – lernen können, uns selbst zu kontrollieren, so daß wir unter allen Bedingungen ruhiger und effizienter handeln können, selbst wenn wir potentiell schädlichen Einflüssen ausgesetzt sind. Indem wir zunehmend Verantwortung für unser Leben übernehmen, können wir auf unsere Umgebung mit einer ausgeglichenen Stimmung antworten. Jacobson entwickelte aus diesen Vorstellungen eine allgemeine Lebensphilosophie, ähnlich wie es Alexander, Reich und andere Therapeuten aufgrund ihrer klinischen Erkenntnisse getan haben. Er beharrte darauf, daß wir deshalb in besonderem Maße zur Autoregulation befähigt sind, weil unser Nervensystem im gesamten Körper so weit und fein verzweigt ist und weil wir die grundlegende Fähigkeit besitzen, seine Funktionen durch Selbstbewußtsein und bewußte Willensanstrengungen zu verändern. „Effiziente Kontrolle der Anstrengung", schrieb er, „bedeutet Effizienz bei jeder Beschäftigung."[32]

Methode

Jacobson unterschied die allgemeine Entspannung des gesamten Körpers von der differenzierten Entspannung verschiedener Körperteile, wenngleich beide Arten der Entspannung durch dieselben Grundtechniken der Progressiven Muskelentspannung erreicht werden. Als erstes lernt man, die verschiedenen Empfindungen, die von den Muskeln herrühren, zu unterscheiden – gewöhnlich durch das Anspannen und dann das Entspannen bestimmter Muskelgruppen. Diese Grundübung kann im Liegen, Sitzen, Stehen oder in der Bewegung ausgeführt werden, so daß man – im Ruhezustand und während einer Aktivität – die allmähliche Beherrschung immer weiterer Muskeln erreicht. Jacobson beschrieb einige seiner Methoden in seinem Buch *Progressive Relaxation*:

> Zwischen Arzt und Patient sollte nur ein Minimum an Worten gewechselt werden, da der Patient durch konkrete Erfahrung lernen soll und nicht durch Diskussion. Im Liegen beugt die betreffende Person ihren linken Arm gleichmäßig, vermeidet dabei die unnötige Kontraktion anderer Muskelgruppen ... und teilt mit, ob sie die Empfindungen spürt, die von der Kontraktion des Bizeps ausgelöst

> werden. Um die Empfindung zu verstärken, hilft der Arzt durch passiven Widerstand. Einige Patienten nehmen es sofort wahr, während andere viele Wiederholungen brauchen, besonders die erregten und unaufmerksamen Typen.
>
> ... Wenn die Empfindung während der Beugung des Bizeps deutlich wahrgenommen wird, kann die Aufmerksamkeit [des Patienten] unvermittelt auf den Vorgang gelenkt werden, indem ihm gesagt wird: „Das machen Sie! Was wir wollen, ist einfach das Gegenteil davon, nämlich, es nicht zu tun!“ Wenn er sich daraufhin entspannt, beginnt er zu begreifen, was es heißt, es nicht zu tun. ... Nachdem er seinen Arm mehrere Minuten lang entspannt hat, um sich dies zu veranschaulichen, wird er gebeten, ihn wieder anzuspannen und zu entspannen. Dieses Mal wird er darauf aufmerksam gemacht, daß die Entspannung keiner Anstrengung bedarf: Er brauchte seinen Arm oder irgendeinen anderen Körperteil nicht anzuspannen, um sich zu entspannen.
>
> Wenn all dies ganz offensichtlich aufgenommen wurde, soll die Person den Bizeps erneut anspannen und dann loslassen. Sie wird aufgefordert, diesen Körperteil mit jeder Minute mehr und mehr loszulassen. „Was es auch immer sein mag, das Sie tun oder nicht tun – wenn Sie beginnen, sich zu entspannen, sollen Sie immer weiter machen, über den Punkt hinaus, an dem Sie glauben, daß dieser Teil Ihres Körpers vollkommen entspannt ist!“ Diese Instruktion vermittelt – wenn sie eindeutig veranschaulicht wird – ihr die Bedeutung der Progressiven Muskelentspannung in einer direkten Erfahrung. Wenn sie zu diesem Zeitpunkt ruhig mit geschlossenen Augen daliegt und bereit zu sein scheint, sich zu entspannen, kann sie allein gelassen werden.
>
> ... Gefühle der Anspannung können aufgrund ihrer verhältnismäßigen Schwäche leicht übersehen werden. Diese Gefühle sind manchmal in dem Sinne „unbewußt“, daß sie gewöhnlich übersehen werden. Zweifellos können diese „unbewußten“ Erfahrungen „weg“ entspannt werden. Eine weitere

Unterscheidung, die gelehrt wird, ist die zwischen Anspannungen, die in der Bewegung auftreten, und solchen, die statisch sind, das heißt sich verändernde muskuläre Kontraktionen im Gegensatz zu Spannungszuständen. Die Beugung des Armes liefert ein Beispiel für eine Bewegungsanspannung, während das Steifhalten [des Armes] die statische Anspannung veranschaulicht.[33]

In *Progressive Relaxation* gab Jacobson einen Überblick über Methoden zur differenzierten Entspannung verschiedener Muskelgruppen bei unterschiedlichen Haltungen und Bewegungen des Körpers. Eine Entspannung dieser Art, so schrieb er, ist in den Künsten wohlbekannt: Gesangslehrer kultivieren

die Entspannung der Muskulatur des Rachens, Kehlkopfes und der Atmung. Die Sänger lernen, daß es nicht lauter Töne bedarf, um in der hintersten Reihe eines Saales mit guter Akustik gehört zu werden.

Beim Ausdruckstanz und im Ballett spielt die Entspannung eine deutlich sichtbare Rolle. Wer sich bei der Ausübung dieser Künste steif hält, verfehlt die Wirkung. Eine bestimmte Übung wird so lange wiederholt, bis sie anmutig geworden ist. Das heißt, daß nur die Muskeln eingesetzt werden, die für die Bewegung erforderlich sind, und daß diese keine überflüssige Anspannung zeigen.

Differenzierte Entspannung bedeutet daher ein Minimum an Anspannung in den an einer Bewegung beteiligten Muskeln und gleichzeitig die Entspannung anderer Muskeln. Im täglichen Leben läßt

sich hierfür eine große Anzahl von Beispielen finden. Ein Sprecher mit einer ausgebildeten Stimme ermüdet selbst nach längerwährender Anstrengung nicht, wenn er seine Kehle differenziert entspannt hält. Der Billardspieler wird bei einem schwierigen Stoß beeinträchtigt, wenn er insgesamt zu angespannt ist. Der Golf- oder Tennisspieler muß lernen, in seine Schläge eine gewisse Entspannung einzubauen, um erfolgreich zu sein. Der unruhige oder emotionelle Schüler hat Schwierigkeiten, sich zu konzentrieren. Dem aufgeregten Verkäufer gelingt es nicht, einen möglichen Käufer zu überzeugen. Der geschickte Akrobat erschafft den Eindruck von Anmut und Leichtigkeit, indem er die Muskeln entspannt, die er nicht braucht. Der Komödiant ruft witzige Effekte häufig dadurch hervor, daß er bestimmte Körperteile extrem entspannt, während er andere aktiv einsetzt oder steif hält. Es scheint sicher zu sein, daß jeder Lernvorgang von dem Erwerb gewisser Anspannungen bei gleichzeitiger Entspannung abhängig ist. In psychologischen Lehrbüchern wird der frühkindliche Lernprozeß oftmals von einem Kind am Klavier dargestellt, das unruhig hin und her rutscht, vielleicht sogar die Zunge herausgestreckt hat, während es zum ersten Mal Noten liest. Sobald eine Fertigkeit erworben ist, verschwinden diese Anspannungen; ein bestimmtes Maß an differenzierter Entspannung stellt sich ein.[34]

Jacobson entwickelte Übungen, um die Eigenkontrolle bei bestimmten Verhaltensweisen zu schulen. Dieses Training, schrieb er, war so aufgebaut, daß es jene sekundären Aktivitäten ausschalten sollte, die bei der anstehenden Aufgabe nicht erforderlich waren. Während des Lesens kann beispielsweise

einem Geräusch nachgegangen werden, indem man aufschaut und den Kopf in die betreffende Richtung dreht. Auf jeden ablenkenden Reiz kann eine derartige sekundäre Aktivität folgen. Sehr häufig hat der Durchschnittsmensch beim Lesen oder während einer anderen Beschäftigung unterschwellige, ablenkende gedankliche Prozesse in Form von Sorgen, Reflexionen, unwichtigen Erinnerungen, Absichten, dieses oder jenes zu tun, und sehr oft werden sogar Lieder oder Melodien still, aber nahezu unaufhörlich wiederholt.[35]

Mit Hilfe der Progressiven Muskelentspannung können wir frei werden von subtilen Bewegungen und den ablenkenden Gedanken oder Gefühlen, die sie begleiten und jede Aktivität beeinträchtigen. Zusammenfassend beschrieb Jacobson seine Methode folgendermaßen:

[Dieser] Standpunkt scheint die Physiologie und Psychologie des gewöhnlichen Verhaltens zu erhellen und folglich auch das pathologische Verhalten, wodurch sich ein weites Feld der Untersuchung auftut. Ich habe Beweise dafür erbracht, daß propriozeptive Empfindungen der muskulären Kontraktionen wichtige Elemente im „Strom des Bewußtseins" sind, daß – wenn sich diese im Rahmen der fortschreitenden Entspannung vermindern – nicht nur kinästhetische, sondern auch visuelle und auditive Vorstellungen abnehmen, bis schließlich für wiederkehrende kurze Zeiträume die geistige Aktivität sozusagen abgeschaltet wird. Entsprechend dem Übermaß an willentlicher und reflexiver Muskel-

aktivität bei nervöser Hypertension wurde unterbreitet, daß die externe Beobachtung einer Person ... Kontraktionen der Skelett- und der viszeralen Muskulatur zeigte. Diese muskulären Zustände sind klinisch gesehen nicht weniger interessant als im Rahmen von Laborversuchen. So wurde eine dreifache Entsprechung (die insgesamt eine Identität darstellt) der muskulären Zustände, der propriozeptiven Sinnesimpulse und der bewußten Prozesse der Person entdeckt, die uns offensichtlich intime und detaillierte Einblicke in die Beziehung zwischen „dem Geist und dem Körper" erlauben."[36]

[18.7]
DIE ARBEIT VON ELSA GINDLER UND CHARLOTTE SELVER

Geschichte und Philosophie

1910 erkrankte Elsa Gindler, eine junge Gymnastiklehrerin aus Berlin, an Tuberkulose. Da die Behandlung in einem Sanatorium ihre Mittel überstieg, suchte sie nach Wegen, die natürlichen Heilkräfte ihres Körpers anzuregen. Auf dieser Suche nach Gesundung fand sie zu einer einfühlsamen Aufmerksamkeit für Atmung, Haltung und Bewegung, die die Grundlage ihrer späteren Arbeit bildete. „Bei diesen Übungen", schrieb ihre Mitarbeiterin Elfriede Hengstenberg, „erreichte sie einen Zustand, in dem ihre Gedanken und Sorgen sie nicht länger störten. Sie begann zu sehen, daß Gelassenheit im physischen Bereich das Äquivalent von Vertrauen im psychischen

Bereich ist. Das war ihre Entdeckung und bildete die Grundlage all ihrer späteren Forschungen."[37] Das Wort Gelassenheit enthält „lassen", wie in „loslassen" oder „zulassen", und bezieht das Vertrauen in die Schwerkraft ein. Gindler meinte, daß wir durch das Gefühl, von der Erde angezogen zu werden, ein beruhigendes Selbstvertrauen entwickeln könnten.

Um sich zu heilen, versuchte Elsa Gindler die Bereiche ihrer Lunge auszuruhen, die von der Tuberkulose infiziert waren. Sie tat dies, indem sie ein Gewahrsein ihrer Kehle, ihres Zwerchfells, Brustkorbs und Magens schulte und so diesen Organen erlaubte, einen optimalen Tonus zu erlangen. Diese Übungen führten sie zu denselben Einsichten, die auch Alexander und Jacobson zuteil wurden, nämlich daß eine kinästhetische Bewußtheit motorische, viszerale und andere Funktionen unterstützen kann. Mit den Worten des Körpertherapeuten Thomas Hanna:

> Elsa Gindler nahm ein Phänomen ernst, mit dem Menschen schon immer vertraut gewesen sind: Wenn man seine Aufmerksamkeit auf einen Körperteil richtet, wird dieser dadurch sofort beeinflußt. Wenn Sie in diesem Augenblick das Buch genauso halten wie bisher, ohne die Haltung zu verändern und die relative Anspannung oder ein angenehmes Gefühl in Ihren Händen und Fingern spüren, ist es,

> als ob Sie einen Scheinwerfer darauf richteten. Die Empfindungen, die Sie einen Augenblick zuvor in Ihren Händen verspürten, waren schwach verglichen mit dem, was Sie jetzt spüren. Ihre Bewußtheit hebt hervor, was tatsächlich in Ihren Händen geschieht, und wenn Ihre Hände auf eine unbewußte Weise verspannt oder in einer unbequemen Position wären, könnten Sie beobachten, daß Sie die Haltung der Hände nun automatisch verändern, so daß diese das Buch auf eine angenehmere Weise halten.
>
> Die vom Nervensystem vermittelte Bewußtwerdung über das kinästhetische Feedback macht die Muskulatur dafür empfänglich, sich auf ein effizienteres Funktionieren umzustellen ..., [dann] wiederholt sich das veränderte motorische Muster und gibt neuartige sensorische Eindrücke weiter, die wiederum die Koordination der Muskeln neu ordnen, und so weiter. Diese beständige Feedback-Schleife endet von der Geburt bis zum Tod niemals.[38]

Durch ihre Selbstheilung kam Elsa Gindler zu der Überzeugung, daß sie einen neuen Zugang zum Leben entdeckt hatte. Charles Brooks, der dazu beitrug, ihre Arbeit in Amerika weiterzuentwickeln, schrieb, daß Gindlers intuitive Selbstheilung sie weit über die Therapie hinaustrug.[39] 50 Jahre lang – bis zu ihrem Tode 1961 – lehrte sie vielen ihr treu ergebenen Schülern ihre Methode, die sie schlicht *Arbeit am Menschen* nannte. Der Großteil ihres schriftlichen Werkes wurde zerstört, als ein junger Nazi eine Bombe in ihr Haus in Berlin warf. Ihr Essay „Die Gymnastik des Berufsmenschen" wurde jedoch ins Englische übersetzt und in der Zeitschrift *Somatics* veröffentlicht.[40] In den Vereinigten Staaten entwickelten Charlotte Selver und Carola Speads Gindlers Ansatz weiter, den Selver „Sensory Awareness" nannte. In den vierziger Jahren stellte Selver ihre Arbeit dem Psychoanalytiker Erich Fromm sowie Fritz Perls vor, der einen Teil davon in die Gestalttherapie übernahm. 1956 lernte sie den Philosophen Alan Watts kennen; er leitete mit ihr Seminare in New York und Kalifornien. Den ersten von vielen Kursen am *Esalen Institute* gab sie 1963, wodurch ihre Methoden einem breiteren Publikum bekannt wurden.

Methode

Die Arbeit von Gindler und Selver erwehrt sich einfachen Formulierungen. Sie kann nicht durch eine Reihe von Anweisungen oder bestimmte Übungsfolgen definiert werden, denn sie geschieht zwanglos aus Handlungsweisen, die der betreffenden Person und ihren Umständen angepaßt sind. Nach Don Johnson ist diese Arbeit ein Beispiel für das Prinzip der „reinen Erforschung". Sie fördert die kinästhetische Sensibilität, das Spiel und eine Offenheit um ihrer selbst willen und führt erst in zweiter Linie zu einer Verbesserung von Symptomen oder der Entwicklung bestimmter sensorischer oder motorischer Fähigkeiten. Wie alle erzieherischen Methoden, die überwiegend nonverbaler Art sind, muß auch diese erlebt werden, um wirklich verstanden zu werden. Die

folgenden Auszüge aus Charles Brooks' Buch *Sensory Awareness* (dt. *Erleben durch die Sinne*) mögen uns einiges von ihrem Charakter vermitteln.

Es ist ... unwahrscheinlich, daß uns mehr bewußt wird als eine sehr vage Wahrnehmung der Struktur und Funktion unserer Füße, selbst dann, wenn wir die Namen der Knochen und anatomischen Teile kennen und eine Abbildung von all dem aus dem Anatomiebuch in unserem Kopf haben.

Um diesem Mangel abzuhelfen, können wir etwas ganz Einfaches tun: wir können uns hinsetzen und unsere Füße direkt erforschen. Wir können mit den eigenen Händen tief in sie eindringen und die vielen Gelenke und Bänder, aus denen ein Fuß besteht, entdecken und beleben. Wie weit und wie tief muß man gehen, um eine Zehe zu ertasten, bis sie sich im Fußinnern verliert? Was können wir von der Bauweise des Spanns erfühlen? Wie fühlt sich die Ferse für die Handfläche und die Finger an, in ihrer doppelten Eigenschaft als Knochen und als Polster?

Wir können natürlich ebenso gut den Fuß eines Partners erforschen. Das kann in einer neuen Gruppe einige gespannte Augenblicke erzeugen. Denn wer hat schon einmal den Fuß eines Fremden in der Hand gehabt und unbefangen an ihm gearbeitet?

... Wir nehmen uns wieder Zeit zum Fühlen, wo der Boden ist. Wie ist unsere Verbindung zu ihm? Wir schließen noch einmal die Augen. Diesmal mag es leichter sein. Viele fühlen jetzt, daß sie mit dem Fußboden *in Verbindung sind.* Sie stehen nicht mehr auf ihren Füßen, sondern auf etwas, das sie wirklich fühlbar von unten stützt. Die Füße fühlen sich beweglich und lebendig an, nicht wie etwas, worauf man steht, sondern frei, zu erforschen, was sie berühren, so wie die Hände vor einem Augenblick *sie* erforscht haben. ...

Jetzt fragt der Leiter vielleicht: „Lassen Sie die Verbindung mit dem Boden auch höher in sich hinaufkommen?" und ein wenig später: „Lassen Sie sie durch Ihre Knie kommen?" Später wird eine Anzahl der Teilnehmer berichten, sie hätten festgestellt, daß ihre Knie sich verschlossen anfühlten, und als sie das Abschließen aufgegeben hätten, hätten Veränderungen in den Fesseln, oder im Becken, oder noch höher hinauf stattgefunden.

Wir können bei der Aufgabe, eine vollständigere, mehr organische Verbindung mit dem, worauf wir stehen, zuzulassen, auf alle möglichen Arten nach oben weiterwandern. ... Häufig ändert sich die Atmung, wenn eine Entspannung die nächste auslöst oder vielleicht anderswo eine Verspannung bewirkt.

... Wir legen nun, immer noch im Stehen, unsere Hände leicht auf unseren Kopf. Wenn wir sensitiv sind, können wir durch Handflächen und Finger nicht nur das Haar, sondern auch die Temperatur und das Belebtsein des Gewebes darunter spüren.[41]

[18.8]
THERAPIE NACH REICH

Geschichte und Theorie

Der Psychiater Wilhelm Reich (1897–1957) leitete von 1924 bis 1930 die Wiener Psychoanalytische Vereinigung; einige der Abhandlungen, die er in dieser Zeit schrieb, werden bis zur heutigen Zeit angehenden Analytikern zum Studium empfohlen.[42] Er gründete in Wien, in Berlin und anderen deutschen Städten Sexualberatungskliniken und entwickelte Theorien über die Destruktivität autoritärer gesellschaftlicher Strukturen, die er in *Die Massenpsychologie des Faschismus* (1933) und anderen Schriften darlegte. In einer Abkehr von der orthodoxen Freudschen Theorie lehnte Reich die Symptomanalyse zugunsten einer Charakteranalyse ab, bei der die gesamte Persönlichkeitsstruktur untersucht wurde. Solange die charakterliche Grundlage psychischer Probleme nicht modifiziert würde – so lautete seine Überzeugung –, würden ähnliche Probleme an deren Stelle treten.[43] Seine Ansichten über die Charakteranalyse nahmen andere Psychotherapien vorweg – und inspirierten sie –, und seine Erkenntnisse über die sozialen Faktoren der Neurose haben die Familienberatung, Gruppentherapie und die Industriepsychologie direkt oder indirekt beeinflußt.

Reich wandte sich auch mit seiner Orgasmustheorie von den meisten Psychoanalytikern ab. Einfach ausgedrückt geht diese Theorie davon aus, daß ein Patient nicht vollständig geheilt ist, bis er eine tiefe und gesunde Befriedigung durch den Geschlechtsverkehr erlebt. „Die orgastische Potenz", so glaubte Reich, verstärkt die sexuelle Lust und wirkt sich stabilisierend auf den gesamten Organismus aus. Diese Potenz schließt „die Fähigkeit zur Hingabe an das Strömen der biologischen Energie ohne jede Hemmung [ein], die Fähigkeit zur Entladung der hochgestauten sexuellen Erregung durch unwillkürliche lustvolle Körperzuckung".[44] Verschiedene Erstarrungen und Abweichungen der Persönlichkeit, die Reich „Charakterpanzerung" nannte, stauen die orgastische Potenz und verhindern die Ausbildung eines reifen genitalen Charakters, der frei von sexuellen Stauungen ist. Das Ziel der Charakteranalyse ist es, diese Panzerung aufzulösen – nicht, indem sie sich auf einzelne Symptome oder vergessene Traumata aus der Kindheit konzentriert, sondern durch die direkte Konfrontation mit den gewohnheitsmäßigen Reaktionen und Einstellungen des Patienten. Reich schrieb: „Der Patient sprach nicht mehr über seinen Haß, sondern er fühlte ihn, er konnte dem gar nicht entgehen, sofern ich nur die Panzerung korrekt abbaute."[45] Der Charakterpanzer ist bei jedem Patienten anders. „Ich verglich die charakterlichen Schichtungen mit geologischen Schichtenablagerungen", schrieb Reich, „die ebenfalls

erstarrte Geschichte sind. Ein Konflikt, der in einem bestimmten Lebensalter ausgekämpft wurde, läßt regelmäßig eine Spur im Wesen zurück. Diese Spur verrät sich als *Charakterverhärtung.*"[46]

In den dreißiger Jahren begann Reich damit, seine Therapie auf die chronischen Muskelverspannungen – oder die muskuläre Panzerung – zu konzentrieren, die den Charakterpanzer verankerte. Er kam zu der Überzeugung, daß Haltung, Gestik, Gesichtsausdruck und andere Verhaltensweisen die Persönlichkeitsstruktur ausdrücken und aufrechterhalten. Es wäre ein Fehler, Emotionen lediglich als Vorgänge des Geistes zu betrachten, da sie in körperlichen Prozessen verwurzelt wären. Reich kritisierte die Neigung, theoretische Begriffe wie *Es* oder *Über-Ich* als Wirklichkeiten zu betrachten. Durch die Untersuchung der körperlichen Strukturen, die aus den Erfahrungen eines Menschen entstehen, kann man jedoch sehen, wie sämtliche Funktionen der betreffenden Person geprägt werden. Auszüge aus zwei Fallstudien, die er in der *Charakteranalyse* vorstellte, spiegeln Reichs Interesse am körperlichen Ausdruck in seiner Therapie wider. Ein Patient, so schrieb er,

> ist von sympathischer äußerer Erscheinung, mittelgroß, sein Gesichtsausdruck zurückhaltend-vornehm, ernst, etwas hochmütig. Auffallend ist sein gemessener, langsamer, vornehmer Gang. Es dauert eine geraume Weile, ehe er durch die Tür und das Zimmer zum Sofa schreitet; man merkt es ihm deutlich an, daß er jede Hast oder Erregung vermeidet – oder verdeckt. Seine Rede ist wohlgesetzt und geordnet, ruhig und vornehm; gelegentlich unterbricht er sie mit einem betonten, stoßartig

vorgebrachten „Ja!“, wobei er beide Arme vorstreckt, um nachher mit einer Hand über die Stirne zu streichen. Gelassen, mit gekreuzten Beinen, liegt er am Sofa. An dieser Gelassenheit und Vornehmheit ändert sich nichts oder nur sehr wenig, auch bei der Besprechung sehr heikler und narzißtisch sonst leicht kränkender Themen. Als er nach einigen Tagen Analyse seine Beziehung zur ganz besonders geliebten Mutter besprach, konnte man deutlich sehen, daß er seine vornehme Haltung verstärkte, um der Erregung Herr zu werden, die sich seiner bemächtigte. Trotz eindringlichen Zuredens meinerseits, sich nicht zu genieren und den Gefühlen freien Lauf zu lassen, behielt er seine Haltung und gelassene Sprechweise bei. Ja, als ihm eines Tages Tränen aufstiegen und seine Stimme deutlich verschleiert war, blieb die Bewegung, mit der er sein Taschentuch zu den Augen führte, die gleiche vornehm gelassene. …

Als ich ihn, bald nach der sichtbaren Erregung, fragte, welchen Eindruck denn diese analytische Situation auf ihn gemacht habe, meinte er gelassen, das sei ja alles sehr interessant, aber es berühre ihn nicht sehr tief, die Tränen seien ihm nur „durchgegangen“, es sei ihm sehr peinlich gewesen. Eine Erklärung der Notwendigkeit und Fruchtbarkeit solcher Erregungen nützte nichts. Sein Widerstand verstärkte sich sichtlich, seine Mitteilungen wurden oberflächlicher, seine Haltung hingegen prägte sich voll aus, er wurde noch vornehmer, gelassener, ruhiger.

Es mag nur ein bedeutungsloser Zufall gewesen sein, daß mir eines Tages gerade die Bezeichnung „Lordtum“ für sein Benehmen einfiel. Ich sagte ihm, er spiele den englischen Lord, und das müsse seine Vorgeschichte in der Jugend und der Kindheit haben. Auch über die aktuelle Abwehrfunktion des „Lordtums“ wurde er aufgeklärt. Darauf brachte er das wichtigste Stück seines Familienromans: Er hatte als Kind nie geglaubt, daß er der Sohn des kleinen, unbedeutenden jüdischen Kaufmanns, der sein Vater war, sein konnte; er mußte, so dachte er, englischer Herkunft sein. Er hatte in der Kindheit gehört, daß seine Großmutter ein Verhältnis mit einem echten englischen Lord gehabt hatte, und seine Mutter phantasierte er als Halblutengländerin. In seinen Zukunftsträumen spielte die Phantasie, einmal als Botschafter nach England zu kommen, eine überragende Rolle. …

Als wir immer konsequenter auf sein „lordeskes“ Benehmen eingingen, stellte sich heraus, daß mit dem Lordtum eine zweite Charaktereigenschaft eng zusammenhing, die in der Analyse nicht geringe Schwierigkeiten bereitete: seine Neigung, jeden Mitmenschen zu *verhöhnen*, und seine *Schadenfreude*. Das Höhnen und Frotzeln erfolgte in vornehmer Weise vom hohen Throne des Lordtums herab, diente aber gleichzeitig der Befriedigung seiner besonders intensiven sadistischen Triebregungen. Er hatte zwar vorher schon berichtet, daß er in der Pubertät sadistische Phantasien reichlich produziert hatte. Aber er hatte eben nur *berichtet*. Zu *erleben* begann er sie erst, als wir sie in ihrer aktuellen Verankerung, in der Neigung zum Höhnen, aufzuspüren begannen. – Die *Beherrschtheit* im Lordtum war der *Schutz* gegen ein Zuweitgreifen des Höhnens als *sadistischer* Betätigung. Die sadistischen Phantasien waren nicht verdrängt, aber befriedigt im Höhnen und abgewehrt im Lordtum. Sein hochmütiges Wesen war also ganz wie ein Symptom aufgebaut: Es diente der Abwehr und gleichzeitig der Befriedigung einer Triebkraft.[47]

Methode

Reich nannte seine Behandlung der muskulären Panzerung *Vegetotherapie*, da sie sich direkt mit dem vegetativen oder peripheren Nervensystem befaßte, doch er betonte nachdrücklich, daß sie kein Ersatz für die Charakteranalyse war. Sie war, wie er sagte, eine „Charakteranalyse im Reich des Körpers". David Boadella, der eine Therapieform praktiziert hat, die stark von Reich beeinflußt wurde,* beschrieb das Konzept und die Methoden der Vegetotherapie in seinem Buch *Wilhelm Reich:*

Die körperlichen Spannungszustände kann man sich als eine Reihe von Funktionseinschränkungen vorstellen, die dazu dienen, physische Beweglichkeit, Atmung und emotionale Erlebnisintensität herabzusetzen. Reich beschrieb später eine Anzahl von Körpersegmenten, von denen jedes seine charakteristischen Mechanismen der Blockierung der vegetativen Energie besitzt. In bezug auf die obere Kopfpartie stellte Reich beispielsweise fest, daß bei vielen Neurotikern Kopfhaut und Stirn besonders angespannt sind, was oft mit einer Neigung zu chronischen Kopfschmerzen verbunden ist, die auf Spannungen der Vorderseite – wie zum Beispiel chronisch hochgezogene Augenbrauen und Kontraktur der Stirnmuskeln – zurückgehen, und solchen, die von einer Verspannung der Nacken-

muskeln herrühren. Gelingt es, diese Verspannungen aufzulösen, dann ergibt sich, daß die stirnseitigen Kontraktionen dem Körperausdruck der angstvollen Erwartung entsprechen. Bei plötzlichem Erschrecken reißt man instinktiv die Augen weit auf und spannt die Muskulatur der Kopfhaut an. ... Ein Patient mag dem Analytiker mit lernbegieriger Ernsthaftigkeit oder mit ängstlich ausweichendem Blick begegnen; er mag einen durchdringenden-überlegenen Blick oder ein besorgtes Stirnrunzeln zur Schau tragen oder den typischen „leeren Blick" des Schizoiden besitzen. Diese unterschiedlichen Ausdrücke spiegeln das Verhältnis des Menschen zur Welt wider. Sie enthalten in verschlüsselter und zunächst unzugänglicher Form die „Geschichte" der frühen Beziehungen des Betreffenden zu seinen Eltern und Geschwistern – und wie er damit fertig geworden ist. Die Muskelverspannungen sind also in ihrer jeweils individuellen Anordnung ein Spiegelbild ihrer Entstehung.

... Die Patienten tragen, wenn sie in die Therapie kommen, ganz verschiedene Arten des Lächelns und des Mundausdrucks zur Schau. Es gibt da das starre, ironische Lächeln oder die resignierend nach unten gezogenen Mundwinkel, oder – beim Zwangscharakter – eine straff gespannte Oberlippe; es gibt verkrampfte Kiefer, ein fliehendes Kinn, hohle Wangen – und jeder dieser Ausdrücke zeigt, welchen Gebrauch der Patient von seinen Gesichtsmuskeln zu machen gelernt hat.

Der gesunde Mensch, ob Kind oder Erwachsener, verfügt über Muskeln, die den Erfordernissen der Situation entsprechend das gesamte Spektrum der Emotionen zum Ausdruck bringen können. Sein Gesicht ist beweglich und anpassungsfähig. Die verkrampfte Person dagegen ist in den Ausdrucksmöglichkeiten ihres Gesichts auf einen schmalen Ausschnitt eingeengt, auf bestimmte Haltungen, die sie bei der Bewältigung emotionaler Streßsituationen erworben hat. Es fällt ihr schwer, diese Ausdrucks-

* Anmerkung des Übersetzers: Gemeint ist die Biosynthese-Therapie.

haltungen bewußt zu verändern. Reich machte die Erfahrung, daß eine wirklich grundlegende Veränderung nur dann eintritt, wenn die von den Kontraktionen der Gesichtsmuskulatur unterdrückten Emotionen freigesetzt werden können. ...

In der Halspartie sind hauptsächlich die mit Lärm verbundenen emotionalen Impulse, zu schreien, zu schluchzen und wütend zu werden, blockiert. In den meisten Kulturen erwartet man von den Kindern, daß sie sich möglichst ruhig verhalten. Heulen und Schluchzen sind für viele Erwachsene unangenehme kindliche Gefühlsäußerungen. Aber was sollte ein Kleinkind in einer unerträglichen Streßsituation anderes tun? Wird sein Schreien bestraft, so kann es nur lernen, seinen Zorn hinunterzuschlucken, seinen Kummer in ersticktem Schluchzen auszudrücken. Wenn es mit der vegetotherapeutischen Technik gelang, diese niedergehaltenen Impulse in ihrer ursprünglichen Intensität zum Ausbruch zu bringen, empfanden die Patienten gewöhnlich ein Gefühl des „Klarwerdens" im Kopf und spürten, daß sich zwischen ihrem Kopf und ihrem Rumpf eine Einheit hergestellt hatte, die früher nicht vorhanden war.

Wutimpulse, die in der Nackenmuskulatur gebunden sind, lassen sich auch in kontrahierten Muskeln der direkt anschließenden Schulter- und großer Teile der Rückenpartie lokalisieren. ... Bei der „militärischen Haltung" wird dieser organische Rhythmus durch eine „maschinenhafte" Atmung und Pose ersetzt ...

... Es besteht eine offenkundige Beziehung zwischen dieser Körperhaltung und der emotionalen Haltung, die ihren extremsten Ausdruck in der Ideologie des Faschismus fand.

Als Reich damit begann, die körperlichen Muskelanspannungen zu bearbeiten, wandte er dabei zunächst noch rein charakteranalytische Methoden an, das heißt, er beschrieb seinen Patienten nachdrücklich ihre körperlichen Haltungen oder machte sie ihnen imitierend vor, um ihnen die Art und Weise, in der sie vitale Emotionen mit Hilfe von Blockierungen in verschiedenen Körperpartien unterdrückten, stärker ins Bewußtsein zu heben. Dann forderte er den Patienten auf, eine bestimmte Muskelanspannung gezielt zu verstärken, um sie dem Betreffenden so besser bewußt werden zu lassen. Durch diese gezielte Verstärkung gelang es häufig, den emotionalen Impuls, den die chronisch gewordene Verspannung gebunden hielt, wieder wachzurufen. Nur durch das Ausagieren dieses Impulses konnte die chronische Kontraktion wirksam beseitigt werden.

Mit der Zeit ging Reich mehr und mehr dazu über, auch mit den Händen am Körper des Patienten zu arbeiten und die verspannten Muskelknoten direkt anzugehen. Er legte großen Wert auf die Klarstellung, daß dies etwas ganz anderes sei als eine physiotherapeutische Massage, da es hier darauf ankomme, die Funktion jeder einzelnen Verspannung im gesamten Muskelpanzer der Person zu begreifen. Der leitende Gesichtspunkt bei der Vegetotherapie war stets die *emotionale Funktion* der Muskelspannung. Wurde diese nicht erfaßt, so erreichte man mit der mechanischen Bearbeitung von Muskelpartien nur sehr oberflächliche Wirkungen.[48]

Während Reichs ursprüngliche Charakteranalyse so aufgebaut war, daß sie die orgastische Potenz und eine gesunde Selbststeuerung unterstützte, sollte die Vegetotherapie sie durch die Förderung der „vegetativen Lebendigkeit" im gesamten Organismus ergänzen. Diese Lebendigkeit wird durch Strömungsempfindungen gekennzeichnet, die durch die Lösung der muskulären Verkrampfung hervorgerufen werden. Boadella schrieb:

In dem Maß, wie die Patienten ihre körperlichen Verkrampfungen zu beseitigen vermögen, wie ihre Atmung freier wird, nimmt ihre Fähigkeit zu, sich spontanen und unwillkürlichen Bewegungsimpulsen hinzugeben. Schritt für Schritt beginnen die verschiedenen Wärme-, Prickel- und Schauerempfindungen der Haut und der peripheren Muskulatur von Rumpf und Gliedmaßen sich zu einer konvulsivischen Reflexbewegung des gesamten Körpers zu verbinden, bei der sich das Rückgrat in unwillkürlichen klonischen Zuckungen krümmt und dehnt. In seiner Ganzheit betrachtet, scheint der Körper sich wie pulsierend zusammenzuziehen und zu strecken. Weil diese Bewegung große Ähnlichkeit mit den klonischen Zuckungen des Körpers beim Orgasmus besitzt, nannte Reich sie den „Orgasmusreflex“.[49]

Reichs biologische und kosmische Theorien

Reich fand eine Bestätigung seiner Vegetotherapie in der biologischen Forschung, die ihm zeigte, daß alle Organismen durch einander abwechselnde Phasen des Zusammenziehens und Ausdehnens und einer damit verbundenen elektrischen Aufladung und Entladung mit Leben erfüllt werden.[50] In seinen letzten Lebensjahren brachte Reich die psychophysischen Prozesse, die er bei seinen Patienten beobachtete, mit einer universellen Lebenskraft in Verbindung, die er *Orgon* nannte. Er kam zu der Überzeugung, daß dieses Orgon sich wie der Äther über den gesamten Raum erstreckte, von allen lebenden Wesen angezogen würde und ein Feld um sie herum bildete, das von sensiblen Menschen wahrgenommen werden konnte. Wie das *Prana* im Hinduismus oder das chinesische *Chi* durchdrang es den gesamten Organismus und konnte direkt über die Hände oder den Geschlechtsverkehr übertragen werden.

Mir scheint, daß Reichs kosmische Theorien im Ganzen gesehen eine quasi-mystische Vision des Universums enthalten, die in einen materialistischen Rahmen gestellt wurde. In diesem Sinne sah Reich alle Dinge als durch eine greifbare, biophysikalische Energie, das Orgon, verbunden, und er propagierte einen Weg hin zur Befreiung (durch die orgastische Potenz und den Kontakt mit dem Strömen des Orgons). Wie andere Mystiker seit Anbeginn der Zeit empfand er die Welt als von *einer* Präsenz durchdrungen und wollte, daß auch andere ihre Ekstase kennenlernten; doch er setzte die Hierarchien des Himmels und der Erde herab, um sie in seine begrenzte Philosophie einzupassen.

Wie einige religiöse Reformatoren war er ein Verfechter eines menschlichen Ideals, das sowohl befreiende als auch tyrannische Züge aufwies, denn seine Lehre von der orgastischen Potenz und dem reifen genitalen Charakter schloß nicht jede Form des menschlichen Wachstums ein. In der Tat haben viele Menschen, die ihre Sexualität während ihres gesamten Lebens nicht lebten oder sich zu einem bestimmten Zeitpunkt von ihr abwandten, jene Liebe und Freude erlebt, nach der Reich in seiner Therapie suchte.

Reich lehrte uns viel über die Beziehungen zwischen kognitiver, emotionaler und somatischer Erfahrung; er entdeckte einige Wege, über die psychische Probleme somatisiert werden; und seine Arbeit hat über ein halbes Jahrhundert hinweg Körpertherapeuten inspiriert; doch er wußte nicht all unsere Möglichkeiten für ein erhabeneres Leben zu schätzen – oder er erkannte sie nicht.

[18.9]
KÖRPERORIENTIERTE VERFAHREN UND INTEGRALE METHODEN

Es gibt außer den in diesem Kapitel beschriebenen Methoden noch viele weitere körperorientierte Verfahren. So haben beispielsweise die wegbereitenden Methoden von Emily Conrad D'aoud und Bonnie Bainbridge Cohen eine große Zahl von Anhängern gefunden. Beide werden mittlerweile eingesetzt, um verschiedenste Arten von Beschwerden zu lindern und um sensorische, kinästhetische, emotionale und kognitive Fähigkeiten zu verbessern. Die sieben hier näher beschriebenen Methoden haben jedoch – wenn sie auch nicht das gesamte Gebiet der somatischen Schulung abdecken – bei seiner Entwicklung eine zentrale Rolle gespielt oder übten jahrzehntelang einen großen Einfluß aus. Obgleich nur zwei von ihnen (das Autogene Training und die Progressive Muskelentspannung) eingehend in Experimenten untersucht wurden, hat jede von ihnen viele Arten der Heilung und des Wachstums hervorgebracht. Sie enthalten Techniken, die die folgenden Fähigkeiten fördern:

- sensorische und kinästhetische Bewußtheit
- Kontrolle autonomer Prozesse
- effiziente Regulierung sensorischer Reize
- sensomotorische Koordination

- Verbindung und Koordinierung bestimmter Muskelgruppen
- eine anmutige und effiziente Haltung und Bewegung
- neuartige Bewegungsmuster
- Flexibilität von Mimik und Gestik
- allgemeine Entspannung und lokale Entspannung bestimmter Körperteile während komplizierter Handlungen
- Erholung von Streß
- Vitalität
- Bewußtheit und Kontrolle emotionaler und geistiger Vorgänge
- sinnliches, kinästhetisches, emotionales und intellektuelles Vergnügen.

Körperorientierte Verfahren können mit diesen Ergebnissen einen Beitrag zu ausgewogenen Wachstumsprogrammen leisten. Indem sie helfen, verschiedene körperliche und psychische Vorgänge zu verbinden und zu koordinieren, können sie außer-

gewöhnliche Fähigkeiten entstehen lassen und zu einem wichtigen Bestandteil der integralen Methoden werden, die ich in Teil III vorstelle.

19

Sport und Abenteuer

Der gesamte Bereich von Sport und Abenteuer veranschaulicht in besonderem Maße unsere Fähigkeit, über uns selbst hinauszuwachsen. Die unglaubliche Vielfalt der Herausforderungen, denen sich Sportler auf dem Land, in der Luft und im Wasser stellen, die wachsende Anzahl neuer Spiele und Wettbewerbe (und die zunehmende Kompliziertheit vieler alter), die ausgezeichneten Methoden, die Technik und Physio-

logie analysieren und dann eingesetzt werden, um Höchstleistungen zu erzielen, die Vielfalt von Körperformen, die für die verschiedenen Wettbewerbsarten kultiviert werden, und die Schmerzen, Risiken und Opfer, die viele Menschen für die Ausübung ihrer Sportart auf sich nehmen, zeigen unsere Fähigkeit und die treibende Kraft, neue Ebenen und Ausdrucksformen des Menschenmöglichen zu erreichen. Wenn man den Sport in seiner unglaublichen Komplexität betrachtet, könnte man meinen, daß die heutige Welt ihn unabsichtlich zu einem riesigen Laboratorium gemacht hat, um mit den Kräften unseres Körpers zu experimentieren.

Überdies machen Athleten und Abenteurer häufig paranormale Erfahrungen, erleben veränderte Bewußtseinszustände und ekstatische Augenblicke, die an das Mystische grenzen. Daß solche Erlebnisse ungebeten in das Leben vieler Sportler eintreten, sie tief beeindrucken und ihre Annahmen über sich selbst in Frage stellen, verdeutlicht, daß sich Leib und Bewußtsein beim Ausüben anstrengender Disziplinen gemeinsam entwickeln. Die Tatsache, daß spirituelle Zustände bei vielen Athleten spontan auftreten, deutet darauf hin, daß körperliche Disziplinen in manchen Fällen einen tiefgehenden Einfluß auf den Geist haben, und das sogar bei Menschen, die nichts oder nur wenig mit einem derartigen Erlebnis anfangen können. Häufig öffnet sich der Geist im Sport und durchströmt Knochen und Muskeln mit seinen verborgenen Energien – unabhängig davon, ob der Athlet beschreiben kann, was mit ihm geschieht. Ich bin zu der Auffassung gelangt, daß Sport manchmal zu einer Art von westlichem Yoga wird, zu einer weltlichen Form der Transformationspraxis. Durch eine Übertragung, der wir uns kaum bewußt sind, erwacht in einigen Sportlern, die in ihrer Höchstform sind, ein geheimes Wissen darüber, daß wir Möglichkeiten für ein außergewöhnliches Leben in uns tragen.

Wenngleich moderne Sportler nur in den seltensten Fällen im Besitz einer Philosophie sind, die ihre erhellenden Erlebnisse oder grenzüberschreitenden Leistungen erklären könnte, haben verschiedene Kulturen den Zusammenhang zwischen solchen Erlebnissen und dem Sport erkannt. Bei einigen indianischen Stämmen beispielsweise hat sich das rituelle Laufen aus religiösen Zeremonien entwickelt.[1] Kathakali und andere Formen des hinduistischen Tanzes verbinden Elemente des Yoga, Athletik und religiöse Hingabe. In den Tempeln des Äskulap ging Körperschulung mit der Verehrung einer Gottheit einher. In Kapitel 19.5 erörtere ich einige Zusammenhänge von athletischen und religiösen Übungen.

Der organisierte Sport hat eine lange Geschichte. Die Olympischen Spiele begannen 776 v. Chr. (einigen Berichten zufolge noch früher) und nahmen die hellenische Welt so in ihren Bann, daß die griechischen Stadtstaaten während der Austragung der Spiele eine einmonatige Waffenruhe einhielten. Im 16. Jahrhundert kannten die Europäer eine Vielzahl von Spielen, die von arm und reich, am Hofe und auf den

Straßen mit der gleichen Begeisterung gespielt wurden. Heutzutage erlauben wachsender Wohlstand und zunehmende Freizeit die größte Verbreitung des Sports in der Geschichte. Aktivitäten wie Drachenfliegen und Windsurfing, die höchste Anforderungen stellen, haben in nur wenigen Jahren eine weltweite Anhängerschaft gewonnen, und auch Spiele mit einem eher esoterisch anmutenden Charakter wie Unterwasserhockey ziehen viele Menschen an. Diese exotischen Sportarten erfordern – ebenso wie die etablierten – hochgradig spezialisierte Trainingsprogramme, die häufig von wissenschaftlichen Untersuchungen und neuartigen Technologien abhängen. Professionelle Football-Spieler erhalten beispielsweise Richtlinien für ihr Gewicht und ihren Muskelumfang, und Zehnkämpfer entwickeln eine körperliche Erscheinung, die die Stärke des Kugelstoßers, Läufers und Springers in sich vereint. Bodybuilder haben aus ihrem Training eine Kunstform gemacht: Frank Zane zum Beispiel gestaltete seinen Körpertypus für aufeinanderfolgende „Mr. Olympia"-Wettbewerbe jedesmal neu und gewann drei Weltmeisterschaften mit drei deutlich verschiedenen Formen seines Körpers.*

* Zane sagte mir in mehreren Gesprächen, daß er geplant hatte, welchen Körpertypus er für jeden der drei „Mr. Olympia"-Wettbewerbe haben wollte. Die Unterschiede seiner Muskulatur bei den einzelnen Wettbewerben sind auf Fotos deutlich zu erkennen.

Frauen haben diesen Wandlungsprozeß noch weiter geführt. Überall dort, wo Frauen in großer Zahl an Wettbewerben teilnehmen, haben sich ihre Bestleistungen weit drastischer gesteigert als die der Männer. Das gilt insbesondere für das Schwimmen, den Langstreckenlauf und die Leichtathletik. Heute nehmen Frauen auch an gefährlichen Sportarten wie Bergsteigen, Fallschirmspringen und Drachenfliegen erfolgreich teil. Noch bemerkenswerter ist die Zunahme athletischer Höchstleistungen bei älteren Männern und Frauen. Die Rekorde der höheren Altersgruppen verbessern sich im Schwimmen und Laufen ständig.

Doch der Sport hat sich entwickelt, ohne daß diejenigen, die ihn ausüben, die evolutionären Möglichkeiten wahrnehmen, die ich erforsche. Nur wenige kennen sich bisher in diesem riesigen Laboratorium aus – besonders dort, wo es um subjektive Erfahrungen geht. Aber das Abenteuer athletischer Entdeckungen geht weiter – mit neuen Rekorden und Fähigkeiten, die niemand zuvor erkannt hat, und mit immer mehr Menschen, die daran teilhaben. Sportliche Leistungen werden uns weiterhin in Erstaunen versetzen, uns stark machen und uns den Weg zu neuen Grenzen des menschlichen Wachstums weisen.

[19.1]
LEISTUNGSSTEIGERUNG IM SPORT

Die unaufhaltsame Steigerung sportlicher Rekorde bietet anschauliche Beweise dafür, daß der menschliche Körper ein großes Potential für verschiedene Formen der Entwicklung hat. Die verbesserten Zeiten von Männern und Frauen aller Altersgruppen im Schwimmen, Langstreckenlauf und der Leichtathletik sind nicht zu bestreiten. Sie zeigen sich bei nationalen und Weltmeisterschaften ebenso wie bei den Olympischen Spielen, in den Rekorden der verschiedenen Altersgruppen und in der wachsenden Anzahl von Weltklassesportlern. Im Jahre 1982 übertrafen zum Beispiel 150 Frauen die Zeit für den Marathonlauf, die 1973 noch Weltrekordzeit gewesen war – so plötzlich blühten die Marathon-Talente auf. 1980 brachen über 100 Männer den Weltrekord im Marathonlauf vom Jahre 1962, der bei 2:15:17 gelegen hatte. 1990 liefen 170 Männer die Strecke unter 2:15.*

* Diese Zahlen stammen von Jeff Hollobaugh von der *Track and Field News.*

Roger Bannister durchbrach 1954 die 4-Minuten-Grenze für die Meile. Bis 1990 hatten 595 Männer die Meile in einer Zeit unter 4 Minuten gelaufen, und während des Jahres 1990 erbrachten 62 Männer diese Leistung.

Altersrekorde werden sogar noch schneller verbessert. 1985 lief der Portugiese Carlos Lopes, der zu jener Zeit 38 Jahre alt war, den Marathonlauf in 2:07:12 und stellte damit einen neuen Weltrekord auf. Als er 1984 den olympischen Marathonlauf gewann, besiegte er 37 Männer, die mindestens 10 Jahre jünger waren als er. 1981 – 20 Jahre, nachdem er 14 nationale und Weltrekorde aufgestellt hatte – übertraf Lance Larson, 41, seine bisherigen Bestzeiten auf mehreren Strecken. Die Engländerin Joyce Smith verbesserte zwischen 1979 und 1981 den Marathon-Weltrekord der Frauen über vierzig auf 2:29:57 – ein Rekord, der fast 10 Minuten unter der bisherigen Zeit lag (Micky Gorman mit 2:39:11). Im folgenden findet sich eine Aufstellung weiterer bemerkenswerter Altersrekorde, die von Peter Mundle, dem führenden Kompilator von Laufrekorden von Menschen über vierzig, zusammengetragen wurde.

- Im Alter von 95 Jahren lief der Amerikaner Herb Kirk die 800 Meter in 6 Minuten 3 Sekunden.

- Im Alter von 90 Jahren warf der Amerikaner Buell Crane den Diskus 20,57 Meter und den Hammer 16,97 Meter weit.
- Im Alter von 87 Jahren lief der Deutsche Josef Galia die 1500 Meter in 7:29:4 und die Meile in 8:04:07.

In einigen Sportarten steigern sich die Leistungen weniger schnell als in anderen. So haben sich Verbesserungen bei den Kurzstrecken der Männer in den letzten Jahren seltener eingestellt als bei den Langstrecken. Doch die Zeiten der 50. und 100. Plätze sind besser geworden. Bedeutet das, daß sich der menschliche Körper in diesen Sportarten einer absoluten Grenze nähert? Dies ist eine häufig diskutierte Frage, denn scheinbare Grenzen wie die 4 Minuten für die Meile sind mit einer solchen Regelmäßigkeit überschritten worden, daß der Gedanke sich aufdrängt, daß es einen neuen Durchbruch auch bei Rekorden oder Leistungen geben wird, bei denen es nicht danach aussieht, als könnten sie weiter verbessert werden. Und doch bietet der Körper in bestimmten Bereichen größere Entwicklungsmöglichkeiten als in anderen. Die explosionsartige Verbesserung der Rekorde im Schwimmen und Laufen der Frauen veranschaulicht die unverkennbare Tatsache, daß Frauen über ein größeres nicht entfaltetes Potential verfügen als Männer. Auch die Langstreckenrekorde der Männer haben sich in den letzten Jahrzehnten deutlich verbessert, zum Teil deshalb, weil afrikanische Läufer mehr denn je zuvor an internationalen Wettbewerben teilgenommen haben.

Fähigkeiten, die einst für außergewöhnlich gehalten wurden, werden heute von Sportlern aus vielen Teilen der Welt dargeboten. Unzählige europäische, afrikanische und amerikanische Basketballspieler können heutzutage besser dribbeln, springen und werfen als die größten Stars der vierziger Jahre. Schließlich war es erst in den Jahren nach 1940, als der einhändige Wurf von Hank Luisetti von der Stanford University berühmt wurde, und vor dem Zweiten Weltkrieg beherrschten nur wenige Spieler den „Slamdunk". Die Zunahme an Geschicklichkeit ist besonders bei Sportarten wie Gymnastik und Eiskunstlauf zu beobachten, wo Kampfrichter den Wettbewerb entscheiden. Die Fortschritte in Technik und Ausführung bei diesen Sportarten sind ebenso beeindruckend wie die neuen Rekorde im Schwimmen und Laufen (siehe 19.3).

Außergewöhnliche Körperbeherrschung wird auch bei neuen oder bislang eher esoterisch anmutenden Sportarten deutlich. Höhlenforscher klettern zum Beispiel häufig unter Einsatz ihres Lebens durch Öffnungen, die kaum größer sind als der Kopfumfang eines Kletterers, in die Höhlen hinein; Unterwasserhockey-Spieler bleiben zwei Minuten oder länger unter Wasser, während sie versuchen, einen Puck über den Boden eines Schwimmbeckens zu schieben; Windsurfer überschlagen sich

mit Board und Rigg um 360 Grad, ohne den Mast zu brechen oder zu stürzen; und Kletterer erklimmen immer gefährlichere Berge und Felswände und meistern dabei Schwierigkeiten, die einst als unüberwindlich galten. Bei jeder dieser Sportarten – wie auch bei vielen anderen, die heute an Popularität gewinnen – werden Höchstleistungen ständig überboten. In jeder dieser Disziplinen werden immer wieder neue Rekorde aufgestellt, und jede einzelne Disziplin ermöglicht es denen, die sie ausüben, außergewöhnliche Formen geistiger und körperlicher Fähigkeiten zu entwickeln.

Die Leidenschaft, mit der Sportler über ihre Grenzen hinausgehen, spiegelt den Trieb, sich selbst zu übertreffen, der bis zu einem gewissen Grad in uns allen wohnt. Dieser Trieb, so scheint mir, könnte in der Entwicklung der in diesem Buch beschriebenen metanormalen Fähigkeiten seinen Ausdruck finden.

[19.2]
FITNESS UND GESUNDHEITSFORSCHUNG

Durch moderne epidemiologische, klinische und experimentelle Studien erlangen wir ein neues Verständnis physiologischer Vorgänge und insbesondere der gesundheitsfördernden Praktiken. Diese Studien zeigen, daß Männer und Frauen aller Altersgruppen ihre Vitalität durch intelligent geplante Übungsprogramme erhöhen und ihren Geisteszustand verbessern können. Niemals zuvor in der Geschichte der Menschheit ist das Verhältnis von Fitneß und Gesundheit so gründlich untersucht oder so gut verstanden worden. Da die Diskussionen über Fitneß und Körpertraining gelegentlich unter einer Begriffsverwirrung leiden, möchte ich einige wichtige Fachausdrücke definieren. *Körperliche Aktivität* bezieht sich auf jede Körperbewegung, die von der Aktivität der Skelettmuskulatur hervorgerufen wird. Der Begriff *Körpertraining* bezieht sich andererseits auf körperliche Aktivitäten, die geplant, strukturiert und auf ein Ziel gerichtet sind – sei es im Spiel, im Sport oder zur Erlangung von Gesundheit. *Gesundheit* bedeutet in diesem Rahmen das Freisein von Krankheit und eine allgemeine Vitalität während der Arbeit und in der Freizeit, wohingegen *Fitneß* sich zum einen auf eine Kombination aus Beweglichkeit, Balance, Koordination, Geschwindigkeit, Kraft und Reaktionszeit und zum anderen auf eher gesundheitliche Merkmale wie Belastbarkeit von Herz, Lungen und Muskeln, Stärke, Körperstruktur und Gelenkigkeit bezieht. Da sich die verschiedenen Elemente der Fitneß unabhängig voneinander entwickeln können, habe ich entsprechende Begriffe wie *kardiorespiratorische Fitneß* oder *Grad der Gelenkigkeit* gewählt.[2]

Geschichte

Die Ergebnisse der zeitgenössischen Gesundheitsforschung bestätigen jene Erkenntnis, daß ein Training des Körpers sowohl das psychische als auch das physische Wohlbefinden fördert.

Das griechische Ideal *mens sana in corpore sano*, ein gesunder Geist in einem gesunden Körper, hat die Gesundheitslehre seit der Antike durchdrungen. Platon drückte sich in *Timaios* so aus:

> Für beide Teile gibt es nur einen einzigen Weg der Rettung: weder die Psyche ohne den Körper noch den Körper ohne die Psyche zu bewegen, damit beide, sich gegenseitig helfend, ins Gleichgewicht zueinander kommen und so gesund bleiben. Wer also die Wissenschaft oder irgendeinen anderen stark geistigen Beruf ausübt, der muß auch die Körperbewegungen betreiben, indem er sich mit Gymnastik befaßt. Und wer für die Ausbildung seines Körpers besorgt ist, der muß zugleich eine Gegenwirkung durch Bewegungen der Psyche, durch Pflege der Musik und jeder Art Philosophie leisten, wenn er mit Recht sowohl körperlich schön als auch zugleich wahrhaft verständig genannt werden will.*

Im Siebenten Buch der *Gesetze* empfahl Platon die Gymnastik als Leibesübung für die Kinder seiner idealen Gesellschaft:

* Entnommen aus Platons *Timaios* (Übers. R. Kapferer), Stuttgart: Hippocrates Verlag 1952, S. 107

Was ferner die Lerngegenstände angeht, so ergeben sich sozusagen zweierlei Arten hinsichtlich ihrer Anwendung: alle, die mit dem Leib zu tun haben, fallen in den Bereich der Gymnastik, die auf eine gute Seelenverfassung abzielenden in den Bereich der Musenkunst. Bei der Gymnastik gibt es wieder zwei Teile, den Tanz und das Ringen. Vom Tanz besteht die eine Art in der Nachahmung der Worte der Muse unter Wahrung der würdevollen und edlen Haltung; die andere dagegen, die auf gute körperliche Verfassung, Behendigkeit und Schönheit abzielt, wahrt bei der Beugung und Streckung der Glieder und Teile eben des Körpers das rechte Maß, wobei auch allem eine wohlabgemessene Bewegung ihrer selbst zuteil wird, die sich zugleich über den gesamten Tanz ausbreitet und ihn geziemend begleitet. ... aber die Kunstgriffe, die vom Ringen in aufrechter Stellung herstammen, vom Herauswinden des Nackens, der Arme und der Flanken, und die man mit Siegeseifer und in anmutiger Körperstellung übt um der Kräftigung und Gesundheit willen, diese dürfen wir, da sie zu jedem Zweck brauchbar sind, nicht übergehen ...*

Hippokrates aus Kos, seit alters als Vater der westlichen Medizin verehrt, war davon überzeugt, daß es unmöglich wäre, einen Patienten zu behandeln, ohne den ganzen Körper mit einzubeziehen. Im *Corpus Hippocraticum*, einer Sammlung alter Schriften,

die dem berühmten Arzt zugeschrieben werden, wird die körperliche Aktivität als Heilmittel für viele Arten von Beschwerden gepriesen.[3] In den Heilzentren der griechischen Antike wurden bestimmte Übungsfolgen verordnet. Ein gewisser Aristides beschrieb die Übungen, denen er in Pergamon nachging:

Wir wurden angewiesen, viele paradoxe Dinge zu tun. Unter denen, an die ich mich erinnere, ist ein Wettlauf, den ich barfuß im Winter laufen mußte, und dann noch Reiten, das schwierigste Unternehmen. Ich erinnere mich auch an die folgende Übung: Wenn die Wellen vom Wind aufgewühlt und die Schiffe in Seenot waren, mußte ich zum gegenüberliegenden Ufer segeln, dort den Honig und die Eicheln einer Eiche essen und mich erbrechen – dann war eine vollständige Reinigung erzielt. All das tat ich, als meine Entzündung am schlimmsten war.[4]

In Epidauros wurden Festspiele in den *Asklepieien* abgehalten, die dazu dienten, die Idee des *mens sana in corpore sano* zu verbreiten; ähnliche Spiele, Nikephoria genannt, fanden über Jahrhunderte hinweg in Pergamon statt.[5] Auch östliche Kulturen erkannten, daß die Körperkultur die Basis für psychische Gesundheit bildet. In den Yoga-Sutren des Patanjali ergänzten meditative Haltungen *(asanas)* und Atemübungen *(pranayamas)* die geistigen Übungen, und Kampfkünste wie T'ai Chi sind oftmals Teil der taoistischen Unterweisung.

* Entnommen aus: Platon, Werke in acht Bänden, Bd. 8/2: *Gesetze* VII, S. 25, Darmstadt 1977

Doch trotz jener Weisheiten über die vorteilhaften Auswirkungen von Leibesübungen begann die gründliche wissenschaftliche Erforschung der Auswirkungen von körperlicher Aktivität auf die Gesundheit erst in den fünfziger Jahren unseres Jahrhunderts. 1953 berichteten J. Morris von der London School of Hygiene and Tropical Medicine und seine Mitarbeiter, daß aktive Londoner Busschaffner, die in den Bussen ständig Treppen steigen mußten, seltener Herzkrankheiten hatten als Busfahrer, die den ganzen Tag hinter dem Steuer saßen.[6] Da die steigende Anzahl kardiovaskulärer Erkrankungen weltweit Besorgnis erweckte, veranlaßte Morris' Studie andere Forscher dazu, die Auswirkungen der beruflichen Tätigkeit auf den Gesundheitszustand zu untersuchen. Briefträger wurden mit anderen Postangestellten verglichen, amerikanische Farmer mit überwiegend sitzenden Städtern, italienische Eisenbahnarbeiter mit Büroangestellten.[7] Forscher untersuchten die körperliche Verfassung und die Arbeitsgewohnheiten israelischer Kibbuz-Arbeiter und die Häufigkeit von Herzerkrankungen bei Hafenarbeitern in San Francisco.[8] Obgleich diese ersten Studien nachdrücklich darauf hinwiesen, daß regelmäßige körperliche Aktivität einen Schutz vor kardiovaskulären und anderen Erkrankungen bietet, erbrachten andere Untersuchun-

gen über das Verhältnis der Arbeitsgewohnheiten zum Gesundheitszustand keine schlüssigen Ergebnisse, da sie nicht-arbeitsbezogene Aktivitäten, unterschiedliche körperliche Anforderungen in den verschiedenen Berufen oder ethnisch-kulturelle Unterschiede bei ihren Zielgruppen unberücksichtigt ließen.[9] Seit den siebziger Jahren ist die epidemiologische Forschung allerdings weitaus differenzierter geworden; Langzeitstudien mit großen Personengruppen wie die *San Francisco Longshoremen Study*, die *Framingham Study* und die *Harvard Alumni Study* liefern heutzutage überzeugende Beweise dafür, daß regelmäßige körperliche Aktivität und Körpertraining das Risiko kardiovaskulärer und anderer Erkrankungen verringern. 1979 gab das amerikanische Gesundheitsministerium die Erklärung ab, daß Fitneß bei der Verbesserung der Volksgesundheit eine zentrale Rolle gespielt hat, und um die epidemiologische Erforschung körperlicher Aktivitäten zu unterstützen, gründeten die amerikanischen Gesundheitsämter 1983 eine eigene Abteilung, die sogenannte *Behavorial Epidemiology and Evaluation Branch.* Ein Seminar über die Bedeutung der körperlichen Aktivität für die Volksgesundheit, das im September 1984 von den Gesundheitsbehörden abgehalten wurde, hatte eine richtungweisende Anerkennung der Fitneß-Forschung von seiten der amerikanischen Ärzteschaft zur Folge.[10]

So wie das Interesse der Ärzteschaft am Körpertraining gewachsen ist, hat sich in vielen Ländern die Teilnahme an fitneßfördernden Aktivitäten erhöht. Viele Millionen Menschen in Nordamerika, Europa, Australien, Japan und Rußland haben damit begonnen, regelmäßig zu wandern, zu laufen, zu schwimmen oder Rad zu fahren. In der Tat stimmen die meisten Forscher auf dem Gebiet der Medizin mittlerweile darin überein, daß diese Aktivitäten in Amerika zu der deutlichen Abnahme von Todesfällen aufgrund kardiovaskulärer Erkrankungen seit Ende der sechziger Jahre beigetragen haben.[11]

Studien über Gesundheit und Körpertraining

Landesweite Befragungen über körperliche Aktivitäten während der Freizeit, die zwischen 1972 und 1983 durchgeführt wurden (sechs in den Vereinigten Staaten und zwei in Kanada), ergaben, daß etwa 20 Prozent der Bevölkerung beider Staaten ein Körpertraining für ihre kardiovaskuläre Gesundheit mit der allgemein empfohlenen Intensität und Häufigkeit betrieben. Weitere 40 Prozent waren zwar weniger aktiv, bewegten sich aber ausreichend häufig, um gesundheitlich davon zu profitieren.[12] Die Umfragen des *Gallup*-Instituts bestätigten diese Ergebnisse, als bekanntgegeben wurde, daß die regelmäßige körperliche Aktivität der Befragten sich zwischen 1961 und 1984 von 24 auf 59 Prozent erhöht hatte – umgerechnet ein Anstieg von 246 Prozent.[13] Ergebnisse aus Studien, die auf kommunaler Ebene durchgeführt wurden,

ergaben ebenfalls, daß die Teilnahme an körperlichen Aktivitäten in Kanada und den Vereinigten Staaten beträchtlich gestiegen ist.[14]

Die *San Francisco Longshoremen Study* begann 1951 und verfolgte 22 Jahre lang die Arbeitsgewohnheiten und Todesfälle von 3686 Hafenarbeitern in San Francisco. Physikalische Messungen der körperlichen Aktivitäten jedes Mannes wurden am Arbeitsplatz vorgenommen, veränderte Anforderungen wurden jährlich überprüft, und die Sterblichkeitsziffer basierte auf amtlichen Totenscheinen. Als man Lagerarbeiter mit Vorarbeitern und Verwaltern mit überwiegend sitzender Tätigkeit verglich, stellte sich heraus, daß die Sterblichkeitsziffer aufgrund von Erkrankungen der Herzkranzgefäße bei Männern, die in der Woche zusätzlich mehr als 8500 Kilokalorien verbrauchten, nur etwa halb so groß war (0,56) wie bei Männern mit weniger anstrengenden Aufgaben. Eine Vorstudie hatte gezeigt, daß die Freizeitaktivitäten der Teilnehmer wenig Einfluß auf diese Berechnungen hatten.[15]

Die *Harvard Alumni Study* hat beträchtliche Nachweise dafür erbracht, daß körperliche Aktivitäten vor kardiorespiratorischen Erkrankungen, Diabetes und anderen Krankheiten schützen. Eine Analyse der gesammelten Angaben von Ralph Paffenbarger und anderen medizinischen Forschern zeigte 1984, daß körperlich aktive ehemalige Studenten Herzerkrankungen, Schlaganfälle, Lungenkrankheiten, Krebs und allgemeine Todesfälle seltener aufwiesen als diejenigen, die sich weniger bewegten.[16] In einem späteren Artikel berichteten Paffenbarger und seine Kollegen, daß die Sterblichkeitsziffer bei den Teilnehmern der Studie bis zu einem Wert von zusätzlich 3500 Kilokalorien pro Woche beständig abnahm (über diesem Wert erhöhte sich die Ziffer wieder leicht). Körpertraining senkte die Sterblichkeitsziffer, selbst wenn die Teilnehmer erhöhten Blutdruck oder Übergewicht hatten, regelmäßig rauchten, oder wenn ein Elternteil vor dem 65. Lebensjahr gestorben war. Raucher konnten ihre Chance für ein längeres Leben jedoch erhöhen, indem sie das Rauchen aufgaben.[17]

Die *Framingham-Studie*, eine sorgfältig aufgebaute Untersuchung verschiedener Gewohnheiten und körperlicher Merkmale in Bezug zum Auftreten von Herz- und Gefäßerkrankungen, ergab unter anderem, daß der prozentuale Anteil von High Density Lipoprotein-Cholesterin (HDL-C) im Verhältnis zum Gesamtcholesterin bei Männern und Frauen in einem umgekehrten Verhältnis zu den Koronarerkrankungen stand. Da sich dieser prozentuale Anteil durch regelmäßiges Ausdauertraining erhöht, lieferte die Framingham-Studie (indirekt) weitere Beweise dafür, daß Körpertraining die Gesundheit und Langlebigkeit fördert.[18]

Die *Lipid Research Clinics Mortality Study* untersuchte 4276 Männer über einen Zeitraum von durchschnittlich 8,5 Jahren. Die Ergebnisse weisen nachdrücklich darauf hin, daß ein niedriges Fitneßniveau mit einem erhöhten Risiko, an kardiovaskulären Erkrankungen zu sterben, in Verbindung steht.[19]

Die *Aerobic Center Longitudinal Study* untersuchte 10 224 Männer und 3120 Frauen über einen Zeitraum von durchschnittlich acht Jahren, was einem Gesamtbeobachtungszeitraum von 110 482 Personen-Jahren entsprach. Unter Berücksichtigung des Alters ergab sich eine Sterblichkeitsziffer von 64,0 pro 10 000 Personen-Jahren bei den Männern mit dem niedrigsten Fitneßniveau, aber nur 18,6 bei denen mit dem höchsten Fitneßniveau. Bei den Frauen mit dem niedrigsten Fitneßniveau ergab sich eine Sterblichkeitsziffer von 39,5 pro 10 000 Personen-Jahren, verglichen mit 8,5 bei den Frauen mit dem höchsten Fitneßniveau. Diese deutliche Korrelation von Fitneß und Sterblichkeitsziffer blieb auch bestehen, nachdem statistische Anpassungen in bezug auf Alter, Rauchen, Cholesterinspiegel, systolischen Blutdruck, Blutzuckerspiegel im nüchternen Zustand, Vorkommen von Koronarerkrankungen bei den Eltern und zeitliche Abstände der Nachuntersuchungen vorgenommen wurden. Die Autoren der Studie folgerten, daß Fitneß das Leben verlängert – zum großen Teil durch die Reduzierung kardiovaskulärer und Krebserkrankungen.[20]

Es wurde der Einwand erhoben, daß regelmäßige körperliche Aktivität aus dem Grunde mit einem geringeren Auftreten von Herzerkrankungen, erhöhtem Blutdruck, Diabetes mellitus und Osteoporose in Zusammenhang steht, weil Menschen mit diesen Erkrankungen körperlich nicht so aktiv sein können wie gesunde Menschen. Die oben genannten Forschungsergebnisse würden demgemäß einen Auswahlfaktor und keinen Schutzfaktor widerspiegeln. Wiederholte Überprüfungen dieser Studien haben jedoch bewiesen, daß körperliche Aktivität tatsächlich einen echten Schutz vor den oben genannten Krankheiten bietet. Zum Beispiel zeigte die Analyse von vier Langzeitstudien mit insgesamt über 40 000 Menschen, daß (1) jede Studie mit gesunden Menschen begann und daher eine mögliche Konfundierung minimierte, die sich aus dem anfänglichen Einbeziehen vieler Kranker ergeben hätte, (2) andere potentiell verfälschende Faktoren wie Alter, Rauchen, Übergewicht, erhöhter Blutdruck und Familiengeschichte bei der Analyse berücksichtigt wurden, (3) Unterschiede in der Konstitution die Korrelation von Körpertraining und Gesundheitszustand nicht erklären konnten, zumindest nicht bei der Harvard-Studie, da die körperlichen Aktivitäten im Erwachsenenalter die Ursache für das geringere Risiko für Herzerkrankungen waren und nicht die sportlichen Aktivitäten während des Studiums, und (4) das Ausschließen von Herzerkrankungen, die zu Beginn des Folgezeitraums auftraten, oder die Berücksichtigung von arbeitsbedingten Veränderungen das Verhältnis von Aktivität und Nichtauftreten von Herzerkrankungen nicht veränderten.[21]

Epidemiologische Untersuchungen der Gewohnheiten in bezug auf die Gesundheit weisen deutlich darauf hin, daß das Körpertraining sich direkt durch die Verminderung kardiovaskulärer Erkrankungen und indirekt durch die Senkung des Blutdrucks, Gewichtsabnahme und andere Faktoren, die allgemein zur Entstehung von Krankheiten beitragen, auswirkt. Es sollte jedoch nicht außer acht gelassen werden, daß anstrengendes Körpertraining langfristig zwar einen Schutzfaktor darstellt, kurzfristig jedoch einige Risiken mit sich bringt. Paul Thompson, der in Zusammenarbeit mit der *Brown University* Erkrankungen des Herzens erforschte, entdeckte bei der Untersuchung von Todesfällen, die beim Jogging auftraten, daß die Sterblichkeitsziffer bei Joggern in Rhode Island – ein Todesfall pro Jahr bei jeweils 7620 Joggern – siebenmal höher war als die geschätzte Sterblichkeitsziffer aufgrund von Erkrankungen der Herzkranzgefäße bei überwiegend sitzender Tätigkeit. Das erhöhte Risiko während der Ausübung des Körpertrainings wurde jedoch durch den langfristigen Schutz, den das Laufen bot, mehr als ausgeglichen.

Thompson schrieb im *New England Journal of Medicine* folgendes: Obgleich „intensives Körpertraining sowohl einen Schutz gegen plötzlichen Herztod bietet, als ihn auch hervorrufen kann, wird jedes kurzfristige Risiko von den langfristigen positiven Auswirkungen übertroffen".[22] In ihrer Analyse von Studien über Herzerkrankungen folgerten Siscovick und Kollegen (1985), daß, auch wenn „das Risiko eines Herzanfalls bei der Ausübung eines intensiven Körpertrainings vorübergehend erhöht ist, Männer, die sich regelmäßig intensiv bewegen, insgesamt ein geringeres Risiko haben, Herzanfälle zu erleiden, als Männer, die sich wenig bewegen".[23] In einem Kommentar über das Abwägen des Risiko- und Schutzfaktors beim Laufen und Joggen sagte Thompson gegenüber Jane Brody von der *New York Times:* „Wenn ein Mensch nur eine Stunde zur Verfügung hätte und wissen will, wie er diese Stunde am sichersten zubringt, würde ich sagen, er soll sich hinsetzen, oder noch besser hinlegen, und nichts tun. Doch wenn einem Menschen ein ganzes Leben zur Verfügung steht, ist es keineswegs am sichersten, diese Stunde im Sitzen zuzubringen; es wäre besser für ihn, sich zu bewegen."[24]

Positive körperliche Veränderungen durch Körpertraining

In Anbetracht der folgenden Zusammenstellung von Veränderungen, die durch Körpertraining hervorgerufen werden, möchte ich betonen, daß bewährte trans-

formierende Praktiken üblicherweise mehrere positive Auswirkungen zugleich haben. Wie die Entspannungsreaktion, die aus der Meditation hervorgeht, erbringt Fitneß aufgrund von Körpertraining einen hohen Gewinn für eine psychische und physische Investition. In Kapitel 24.2 beschreibe ich komplexe koinzidente Reaktionen, die die kreativen Veränderungen des Menschen fördern, und stelle die These auf, daß sie die Methoden zur Transformation effizienter machen.

Vergrößerter und gestärkter Herzmuskel. Regelmäßiges Körpertraining kann das Herz vergrößern und stärken. Diese Art von Herzvergrößerung unterscheidet sich von der durch Krankheit verursachten und ist nicht das Resultat eines Widerstandes gegen den Blutfluß oder irgendeiner anderen Anpassungsstörung, sondern das Ergebnis struktureller Veränderungen, die das Herz stärker und effizienter machen. Das durchschnittliche Herzvolumen eines trainierten Athleten ist im allgemeinen etwa 25 Prozent größer als das einer in bezug auf Geschlecht, Alter und andere Merkmale vergleichbaren Person, die überwiegend sitzt. Obgleich Ausmaß und Struktur des Sportlerherzens von der betreffenden Sportart abhängen, weist es charakteristischerweise eine erhöhte Festigkeit und Masse der linken Herzwand auf, eine vergrößerte Herzkammer, die Verstärkung einzelner Myofibrillen und des Septums sowie eine größere Anzahl kontraktiler Fibrillen in den Muskelfasern.[25] Wenngleich die Stärkung des Herzens durch Körpertraining aufrechterhalten werden muß, so bietet sie während dieser Zeit Schutz vor degenerativen Erkrankungen.[26]

Erhöhtes Schlagvolumen. Weltklassesportler in den Langstreckendisziplinen haben eine Herzleistung von 35 bis 40 Litern Blut pro Minute, während vorwiegend sitzende, aber gesunde Menschen eine weitaus geringere haben.[27] Da die Herzleistung darüber bestimmt, wieviel Sauerstoff, Nährstoffe und Abbauprodukte vom Blut transportiert werden können, korreliert eine hohe Leistung mit physischer Effizienz, Stärke und Ausdauer. Ausdauersportler erreichen eine vermehrte Herzleistung, ohne ihre Herzfrequenz gegenüber Werten von vergleichbaren sitzenden Menschen zu steigern, weil ihr Schlagvolumen – die Blutmenge, die mit jedem Schlag gepumpt wird – stark erhöht ist. In einer Studie verbesserte sich beispielsweise die Herzleistung von olympischen Skilangläufern um beinahe achtmal gegenüber der Herzleistung im Ruhezustand auf 40 Liter in der Minute bei einem Schlagvolumen von 210 Millilitern pro Schlag, was fast doppelt so hoch war wie die Leistung gesunder, überwiegend sitzender Menschen gleichen Alters.[28]

Verlangsamte Herzschlagfolge (Bradykardie). Weil ihre Herzen stärker und effizienter sind als die von untrainierten Personen, haben Ausdauersportler im Ruhezustand normalerweise eine niedrigere Herzfrequenz als Menschen, die in bezug auf Alter und

andere Merkmale vergleichbar sind.[29] Viele Untersuchungen haben beispielsweise ergeben, daß die Frequenz bei 35 bis 40 Schlägen in der Minute liegen kann.[30] Außerdem erhöht sich die Herzfrequenz eines Ausdauersportlers bei anstrengenden Tätigkeiten langsamer als ein schlecht trainiertes Herz, zum großen Teil deshalb, weil es effizienter pumpt.[31]

Erhöhter Plasma- und Hämoglobinspiegel. Plasmavolumen und Gesamthämoglobin erhöhen sich infolge von Ausdauertraining. Diese Anpassung scheint Mechanismen des Kreislaufs und der Wärmeregulierung, die an der Sauerstoffzufuhr beim Körpertraining beteiligt sind, zu fördern.[32]

Erhöhter venöser Blutrückstrom. Die Kompression und Entspannung der Venen und die Tätigkeit der Venenklappen sorgen für eine „melkende“ Bewegung im Herzen. Diese mechanische Kompression der Venen in den trainierten Muskeln fördert die Herzleistung und ist das kombinierte Resultat aus einer Erhöhung des venösen Blutrückstroms, der Kompression der intraabdominalen Venen durch die Bauchwand und der Tätigkeit der Atmungsorgane im Brustkorb. Wenn sich die Herzleistung durch Ausdauertraining erhöht, verbessert sich auch der Tonus der Venen in den aktiven und passiven Muskeln.[33]

Erhöhter VO_2Max. Der Punkt, an dem der Sauerstoffverbrauch ein Plateau erreicht und nicht weiter steigt – maximale Sauerstoffaufnahme oder VO_2Max genannt –, wird im allgemeinen als der genaueste Gradmesser für die Fähigkeit des Herz-Lungen-Systems zum Energieaustausch angesehen.[34] Ausdauertraining kann diese lebenswichtige Fähigkeit in den ersten drei Monaten des Trainings um etwa 15 bis 30 Prozent und bis zu 50 Prozent über einen Zeitraum von zwei Jahren erhöhen.[35] In der Tat haben zuverlässige Studien bewiesen, daß Ausdauertraining eine Erhöhung der maximalen Sauerstoffaufnahme um bis zu 93 Prozent bewirken kann.[36]

Verbesserte Durchblutung. Personen, die körperlich fit sind, benötigen für Anstrengungen unterhalb ihrer Belastbarkeitsgrenze eine geringere Herzleistung als untrainierte Personen – zum Teil deshalb, weil das Körpertraining die Fähigkeit der Muskelzellen, Sauerstoff aufzunehmen und zu verwerten, verbessert. Daher ist ein geringerer lokaler Blutfluß erforderlich, um den Bedarf an Sauerstoff in den Muskeln zu decken; das nicht benötigte Blut kann so anderen passiven Geweben zugeführt werden.[37] Das athletische Training erhöht auch die Dichte der Kapillargefäße, wodurch die Diffusionsdistanz für Sauerstoff verkürzt wird, und fördert die profuse Versorgung der Muskeln mit Blut.[38] Eine sich wiederholende Gefäßerweiterung während des Körper-

trainings ruft außerdem einen Trainingseffekt bei den Arteriolen hervor, wodurch deren Fähigkeit, sich zu erweitern, verbessert wird.[39]

Senkung des Blutdrucks. Klinische und experimentelle Studien haben ergeben, daß sowohl der systolische als auch der diastolische Blutdruck durch Ausdauertraining gesenkt werden kann. Die Blutdrucksenkung wurde bei Menschen mit normalem und erhöhtem Blutdruck beobachtet.[40] In der Tat sind die Auswirkungen des Ausdauertrainings auf den Blutdruck bei Patienten mit Koronararterienerkrankungen und Grenzwerthypertonie beachtlich.[41] Die Tatsache, daß intensives Körpertraining die Blutgefäße erweitert, hat einige Forscher zu der Annahme geführt, daß dies eine dauerhafte Gefäßerweiterung hervorruft, die den Gefäßwiderstand gegen den Blutfluß verringert.[42] Auch mehrere epidemiologische Studien deuten darauf hin, daß körperlich aktive Menschen im Ruhezustand einen deutlich niedrigeren systolischen und diastolischen Blutdruck haben als weniger aktive gleichaltrige Personen und daher ein geringeres Risiko für kardiovaskuläre Erkrankungen aufweisen.[43]

Größere Knochenmasse. Menschen, die ein aktives Leben führen, haben – sogar bis in ihre Siebziger und Achtziger hinein – stärkere Knochen als Menschen, die überwiegend sitzen.[44] Mehrere Studien mit Frauen nach der Menopause zeigten eine starke Korrelation zwischen Körpertraining und Knochendichte.[45] Körpertraining unter Einsatz des eigenen Gewichts, wie Gehen, Laufen oder Tanzen, hat in dieser Hinsicht die positivsten Auswirkungen – zum Teil deshalb, weil es den Metabolismus der Knochen an der Stelle modifiziert, an der die Belastung ausgeübt wird. So weisen die Beinknochen von Langstreckenläufern oder die Knochen in den Wurfarmen von Sportlern einen höheren Mineraliengehalt auf als Knochen in weniger aktivierten Körperteilen.[46]

Verminderte Degeneration der Gelenke und Bänder. Körpertraining regt die Vermehrung des Bindegewebes und der Mantelzellen um die einzelnen Muskelfasern herum an und verbessert die strukturelle und funktionelle Unversehrtheit von Sehnen und Bändern.[47] Diese Veränderungen bieten einen gewissen Schutz vor Verletzungen der Gelenke und Muskeln.

Erhöhte Muskelkraft. Muskeln wachsen als Reaktion auf das Körpertraining durch die Vergrößerung einzelner Muskelfasern. Innerhalb der Muskelzellen verstärken sich die Myofibrillen, ihre Anzahl erhöht sich, und der Eiweißabbau nimmt ab.[48] Regelmäßiges Körpertraining hilft dem Muskelgewebe, Eiweiß zu behalten, und bewahrt alten

Menschen so ihre Kraft.[49] Ausdauertraining erhöht auch den Myoglobingehalt der Skelettmuskulatur, so daß sich die Sauerstoffmenge innerhalb der Muskelzellen erhöht.[50]

Verbesserte Reaktionszeit. Die altersbedingte Verlangsamung der Reaktionsgeschwindigkeit kann bis zu einem gewissen Grad durch regelmäßige körperliche Aktivität verhindert werden. Eine Studie ergab zum Beispiel, daß die Reaktionszeiten von aktiven Menschen in ihren Sechzigern ebensogut waren wie die von inaktiven Menschen in ihren Zwanzigern.[51]

Verbesserte Verwertung von Fetten und Kohlenhydraten. Regelmäßiges Körpertraining erhöht die Fähigkeit der trainierten Muskeln, Fett und Kohlenhydrate zu verwerten, denn es fördert eine erhöhte Durchblutung in den Muskeln, die Aktivität Fett-mobilisierender und Fett-metabolisierender Enzyme, eine effiziente Verbrennung freier Fettsäuren, die Oxydationsfähigkeit der Mitochondrien und die Glukosespeicherung im trainierten Muskel.[52]

Abnahme des Körperfetts. Regelmäßiges Ausdauertraining verursacht bei übergewichtigen Menschen eine Verringerung des Körpergewichts bei gleichzeitiger Abnahme des Körperfetts, zum Teil deshalb, weil das Körpertraining Hormone aktiviert, die dazu beitragen, Fettablagerungen im Körper zu reduzieren.[53]

Normalisierung der Blutfettwerte. Erkrankungen der Herzkranzgefäße stehen in einem umgekehrten Verhältnis zum High Density Lipoprotein-Cholesterinspiegel (HDL-C), während eine positive Korrelation zwischen der Häufigkeit dieser Krankheit und der Low Density Lipoprotein-Cholesterinkonzentration (LDL) zu beobachten ist. Aus diesem Grunde ermöglicht das Verhältnis zwischen Gesamt-Cholesterin im Serum und HDL zutreffende Vorhersagen über mögliche Erkrankungen der Herzkranzgefäße. Es existieren ausreichende Nachweise dafür, daß Ausdauertraining einen positiven Effekt auf diese Blutfettwerte hat, da es den HDL-Wert erhöht, während es den LDL-Wert senkt.[54]

Verbesserte Milchsäureaktivierung. Milchsäure, die durch körperliche Aktivitäten vermehrt abgesondert wird, stellt eine wertvolle Quelle chemischer Energie dar, die während eines anstrengenden Körpertrainings im Körper zurückgehalten wird. Mehrere Studien haben ergeben, daß der Milchsäurespiegel des Blutes trainierter Sportler nach anstrengendem Körpertraining von kurzer Dauer um 20 bis 30 Prozent höher ist als der von untrainierten Personen.[55]

Verbessertes Hormongleichgewicht. Ein vernünftiges Körpertraining wirkt sich auf die Sekretion der folgenden Hormone aus, wodurch das endokrine Gleichgewicht verbessert wird:[56]

- Wachstumshormone, die das Wachstum von Gewebe anregen und helfen, Fettsäuren in Energie umzuwandeln
- Prolaktin, das hilft, Fettsäuren zu aktivieren
- Endorphine, die Schmerzen blockieren und ein Stimmungshoch hervorrufen
- Vasopressin, das die Wasserausscheidung der Nieren kontrolliert
- Kortisol, das die Verwertung von Fettsäuren und den Eiweißabbau fördert sowie den Blutzuckerspiegel stabilisiert
- Adrenalin und Noradrenalin, die die Aktivität des Sympathikus fördern, die Herzleistung erhöhen, die Blutgefäße regulieren sowie den Glukoseabbau und die Freisetzung von Fettsäuren steigern
- Thyroxin T_3 und T_4, die den Stoffwechsel anregen und das Zellwachstum regulieren
- Insulin, das die Zufuhr von Kohlenhydraten zu den Zellen fördert, den Blutzuckerspiegel senkt und den Transport von Fettsäuren und Aminosäuren fördert.

Verstärkte Ausschüttung von Enzymen, die Blutgerinnsel auflösen, und Hemmung der Thrombozytenaggregation. Mehrere Studien haben ergeben, daß maßvolle körperliche Aktivität einen Schutz vor Herzinfarkt bietet, indem die Ausschüttung von Enzymen, die Blutgerinnsel auflösen und die Verklumpung der Blutplättchen hemmen, verstärkt wird.*

Stärkung des Immunsystems. Einige Studien haben gezeigt, daß in Maßen betriebenes Körpertraining die Aktivität des Immunsystems unterstützt, die für die Erholung nach Belastung verantwortlich ist und dazu beiträgt, vor Krankheiten zu schützen. Zum Beispiel:

- 17 gesunde Versuchspersonen – acht Frauen im Alter von 21 bis 39 Jahren und neun Frauen über 65 – wiesen eine signifikante Zunahme der natürlichen Killerzellen-Aktivität auf, nachdem sie im Rahmen der Studie damit begonnen hatten, Rad zu fahren.[57]

- Einige Bestandteile des Immunsystems, die Zytokine, werden infolge des Körpertrainings produziert – darunter Interleukin-1, Interleukin-2 und der Tumor-Nekrose-Faktor. Es gibt triftige Gründe für die Annahme, daß in Maßen betriebenes Körpertraining dazu beiträgt, diese Zytokine auf einem Niveau zu halten, das die Immunität gegen Krankheiten stärkt, daß anstrengendes Körpertraining, das auf Dauer erschöpfend wirkt, jedoch eine Unausgewogenheit in deren Produktion auslöst, wodurch das Immunsystem geschwächt wird.[58]
- Aerobic-Training erhöht bei Menschen, die HIV-positiv sind, den Anteil der sogenannten Helferzellen (CD4-Rezeptoren) im Immunsystem.[59]
- Regelmäßiges Körpertraining wirkt depressiven Verstimmungen entgegen, die die Widerstandskraft gegen Krebserkrankungen schwächen. Dies geschieht zum Teil durch die Stimulierung von Endorphinen, die verschiedene Teile des Immunsystems regulieren.[60]

* Ekelund, 1988. – Rauramaa, R., et al.: Effects of mild physical exercise on serum lipoprotein and metabolites of arachidonic acid. *British Medical Journal*, 1984, 288:603–606. Rauramaa, R., et al.: Inhibition of platelet aggregation by moderate-intensity physical exercise: a randomized clinical trial in overweight men. *Circulation*, 1986, 74:939–944. Williams, R., et al.: Physical conditioning augments the fibrinolytic response to venous occlusion in healthy adults. *New England Journal of Medicine*, 1980, 302:987–991.

An dieser Stelle möchte ich jedoch eine Warnung einfügen. Wenn zu hart oder zu viel trainiert wird, kann die Immunität gegenüber Infektionen geschwächt werden. In der Tat haben Studien verschiedener Labors ergeben, daß nach einem einzigen erschöpfenden Training eine zeitweilige Immunschwäche mit deutlichen Veränderungen in der Anzahl und den funktionellen Kapazitäten der Lymphozyten auftritt. Diese Veränderungen, die mehrere Stunden andauern können, sind sowohl bei durchtrainierten Athleten als auch bei untrainierten Personen beobachtet worden.[61]

Rückgang der Erkrankungen der Herzkranzgefäße. Eine dauerhafte gesunde Lebensführung, die fettarme, vegetarische Ernährung, Rauchverbot, Streß-Management-Training, Gruppentherapie, Meditation und maßvolles Körpertraining beinhaltete, rief bei einer Gruppe von Patienten, die von dem Arzt Dean Ornish und seinen Kollegen untersucht wurden, einen Rückgang ihrer Herzkranzgefäßerkrankungen hervor. Nachdem diese Lebensführung ein Jahr eingehalten worden war, wurden 28 Versuchspersonen mittels koronarer Angiographie, die das Ausmaß arterieller Läsionen zeigt, mit 20 Patienten verglichen, die die übliche Behandlung erhalten hatten. Insgesamt gesehen hatten 82 Prozent der Patienten der Versuchsgruppe weniger Läsionen in

ihren Blutgefäßen, während das bei den meisten Mitgliedern der Kontrollgruppe nicht der Fall war.[*]

Erhöhte Widerstandskraft gegen Krebserkrankungen. Die Krebsrate war in der *Harvard Alumni Study* bei den Teilnehmern, die mehr als 2000 Kilokalorien pro Woche durch körperliche Aktivitäten verbrannten, deutlich geringer als bei denjenigen, die weniger als 500 Kilokalorien verbrannten.[62] In einer anderen Studie wiesen Frauen, die kein Körpertraining betrieben, eine beinahe doppelt so hohe Rate von Brustkrebs und Unterleibskrebs auf wie ehemalige Athletinnen.[63] Eine schwedische Befragung ergab 1968 ein umgekehrtes Verhältnis zwischen Arbeitsaktivitäten und Dickdarmkrebs.[64]

Verbesserungen der geistigen Gesundheit

Über folgende positive mentale und emotionale Resultate, die regelmäßiger körperlicher Aktivität zugeschrieben werden, wurde in der medizinischen Fachliteratur berichtet: verbesserte schulische Leistungen, Selbstvertrauen, emotionale Stabilität, Unabhängigkeit, kognitive Fähigkeiten, Gedächtnis, Stimmung, Wahrnehmung, Körperbild, Selbstkontrolle, sexuelle Befriedigung und effizienteres Arbeiten. Alkoholmißbrauch, Wutanfälle, Angst, Verwirrung, Depressionen, schmerzhafte Regel-

[*] Ornish, Dean, et al.: Can lifestyle changes reverse coronary heart disease? *The Lancet*, 21. Juli 1990, 336:129–135.

blutungen, Kopfschmerz, Feindseligkeit, Phobien, Streß, psychotische Verhaltensweisen, Verspannung und Fehler bei der Arbeit nahmen hingegen ab. Zwar beruhen die meisten dieser Angaben auf subjektiven Schilderungen, Meinungen oder – in bezug auf den methodologischen Aufbau – unzureichenden Untersuchungen, doch es existieren genügend experimentell erbrachte Nachweise, daß regelmäßige körperliche Aktivität bestimmte Aspekte mentaler und emotionaler Funktionen tatsächlich verbessert. Mehrere angesehene Studien haben beispielsweise gezeigt, daß Körpertraining leichte bis mittelschwere Depressionen und Angst mindern, das Selbstbewußtsein stärken und ein allgemeines Wohlbefinden fördern kann.[65]

1987 werteten Forscher am U. S. National Institute of Mental Health klinische Befunde und andere Beweise für die Verbindung zwischen geistiger Gesundheit und Körpertraining aus und veröffentlichten einen übereinstimmenden Bericht darüber, daß Fitneß Gefühle des Wohlbefindens hervorruft und dazu beiträgt, Angst, Depressionen und neurotisches Verhalten zu reduzieren. Der Bericht endete mit folgenden Worten: „Die gegenwärtige klinische Auffassung lautet, daß Körpertraining positive emotionale Auswirkungen in allen Altersgruppen und bei beiden Geschlechtern hat."[66]

Negative Folgen

Wie andere heilsame Aktivitäten kann auch das Körpertraining destruktive Elemente haben und schwere Erschöpfungszustände, übertriebenes Konkurrenzdenken, eine ungesunde, ausschließliche Konzentration auf die Ernährung, Zwangsvorstellungen bezüglich des Körperbildes, eine extreme Selbstbezogenheit, körperliche Verletzungen oder ein Desinteresse an der Arbeit oder Partnerschaft hervorrufen (oder dazu beitragen). Auch das Körpertraining erfordert – wie jede andere Form der eigenen Kultivierung – Intelligenz, Ausgewogenheit und ein gutes Urteilsvermögen, um positive Ergebnisse hervorzubringen.[67]

[19.3] DIE ENTWICKLUNG DES SPORTS

Kunstturnen

Bei den Olympischen Spielen von 1972 erweckte Olga Korbut ein weltweites Interesse am Kunstturnen, wodurch ein breites Publikum für Nadia Comaneci und andere Wunderkinder, die ihr folgen sollten, entstand. Doch nur wenige Bewunderer Olga Korbuts wissen, wie viele Kunstturner und Trainer ihr über Jahrhunderte der Entwicklung hinweg den Weg bereitet hatten. Die charismatische russische Turnerin konnte auf ein enormes Repertoire an Übungen und hochentwickelte Trainingsmethoden zurückgreifen und hatte das Beispiel vieler meisterhafter Turner vor Augen. Wie alle großen Traditionen – der Wissenschaft, Kunst und anderer Sportarten – ermöglicht das Kunstturnen seinen Ausübenden, auf komplexe Errungenschaften aufzubauen, während es gleichzeitig immer höhere Anforderungen an sie stellt. Tatsächlich wurden einige der Aktivitäten, die Bestandteil des modernen Kunstturnens sind, bereits in der Antike entwickelt – zum Beispiel in Kreta, wo Akrobaten über rennende Stiere sprangen, in griechischen Gymnasien, in denen die Athleten durch Körperübungen auf Ringkämpfe und Rennen vorbereitet wurden, und in römischen Militärschulen, wo hölzerne Pferde eingesetzt wurden, um das Aufsteigen zu üben. Im Europa des späten Mittelalters und der Renaissance wurden die turnerischen Fähigkeiten weiterentwickelt. Balanceakte waren im 14. Jahrhundert sehr populär, zum Teil deshalb, weil der europäische Adel die Leistungen der Sarazenenmädchen am Hofe Friedrichs II. bewunderte. Rabelais beschrieb die umherziehenden Akrobaten des 16. Jahrhunderts, die Seile zwischen Bäume spannten „und sich dort an den Händen schwangen, ohne etwas zu berühren".

Im Jahre 1793 gab der deutsche Erzieher Johann Christoph Friedrich Guts Muths dem Turnen eine systematische Form. Von seinen Theorien ausgehend, entwickelte sich das Turnen zu dem Sport, den wir heute kennen.

Besonders zwei Männer waren daran beteiligt: Friedrich Ludwig Jahn (1778–1852) und Pehr Henrik Ling (1776–1839). Von Guts Muths inspiriert, eröffnete Jahn 1811 den ersten Turnplatz auf der Hasenheide in Berlin, und in den darauffolgenden Jahren gründete er Turnvereine, setzte sich für den Einsatz von drei Geräten ein, die heute zum Standardrepertoire gehören – Barren, Ringe und Reck –, und entwickelte mehrere Übungsabläufe. Auch Ling gründete einen Turnverein, nachdem er Guts Muths gelesen hatte, wurde aber auch vom Werk des dänischen Erziehers Franz Nachtegall beeinflußt. Ling bearbeitete Nachtegalls Werk für seine schwedische Heimat und erfand den Schwebebalken und die Sprossenwand, gründete ein Institut für Turnlehrer und stellte Turnregeln für die schwedische Armee auf. Seine Programme legten ein größeres Gewicht auf die freie Bewegung als Jahns, und sie erforderten nicht die gleiche Muskelkraft.

Im 19. Jahrhundert wurde das Werk von Jahn und Ling von Erziehern, Sportlern und Militärs in Europa und Amerika weiterentwickelt, die Turnprogramme in Vereinen, Schulen und beim Militär organisierten. 1881 gründeten Abgesandte mehrerer europäischer Turnvereine eine internationale Vereinigung dieser Sportart. Bis 1921 wurde sie *Fédération Européenne de Gymnastique* genannt, anschließend *Fédération Internationale de Gymnastique* (FIG). Die FIG ist die älteste internationale Sportvereinigung.

Turnen gehörte 1896 bei den ersten Olympischen Spielen der Neuzeit zu den neun beteiligten Sportarten, doch seine Struktur wurde von einer Olympiade zur nächsten verändert. Unter den Übungen, die Eingang in diese Sportart fanden, waren:

- 1912 am Reck – der Umschwung mit gestreckten Armen des Italieners Alberto Braglia,
- 1934 am Schwebebalken – der Spagat der Ungarin Gabriella Mészáros,
- an den Ringen – der umgekehrte Kreuzhang des Tschechoslowaken Alois Hudec,
- 1948 in London am Reck – eine Kombination des Schweizers Josef Stalder (die nach ihm benannte Stalder-Grätsche),
- 1960 am Boden – die Neueinführung mehrerer Bodenübungen durch den Italiener Franco Menichelli, darunter ausdrucksvolle Saltos und Übungen wie der Arabersprung,
- 1960 an den Ringen – der Kreuzhang des sowjetischen Turners Albert Asavjan,
- am Schwebebalken – der „gehaltene Hebelsitz“ der sowjetischen Turnerin Polina Astachova (eine Bewegung aus dem Spagat in den Handstand mit gestreckten

Armen, gefolgt von einer langsamen Hebelbewegung, um die gestreckten Beine beidseitig der Hände in eine Endposition vorbeizuführen, so daß sich der Körper in einem 90-Grad-Winkel mit den Händen zwischen den Knien befindet),
- am Seitpferd – die hohe Schere des Jugoslawen Miroslav Cerar (hohe Beintritte, während er sich von einem Ende des Pferdes zum anderen bewegte),
- 1962 bei den Weltmeisterschaften am Langpferd – der Bücküberschlag des Japaners Haruhiro Yamashita,
- an den Ringen – die dramatischen Schwingübungen des sowjetischen Turners Michajl Woronin,
- am Barren – die 360-Grad-Drehung in den Handstand des sowjetischen Turners Sergei Diomidow (die nach ihm benannt wurde),
- am Reck – die Flugbücke des sowjetischen Turners Michajl Woronin (jetzt Woronin-Bücke genannt),
- 1970 am Langpferd – der Sprung auf das Pferd mit einer halben Drehung des gesamten Körpers und einem anderthalbfachen Salto vor der Landung des Japaners Mitsuo Tsukahara (jetzt Tsukahara-Sprung genannt),
- 1972 bei der Olympiade am Reck – der Saltoabgang Tsukaharas,
- 1972 bei der Olympiade am Schwebebalken – der Rückwärtssalto von Olga Korbut und ihr Salto vom oberen Holm des Stufenbarrens (mit beiden Übungen erstaunte sie weltweit das Fernsehpublikum der Münchner Olympiade),

- 1974 bei Wettkämpfen am Boden – die 540-Grad-Drehung der sowjetischen Turnerin Nelli Kim,
- 1975 am Schwebebalken – der *Front Aerial Walkover* mit einer halben Drehung der Rumänin Nadia Comaneci und ihr Abgang vom Stufenbarren mit einer Pirouette und anschließendem Rückwärtssalto, und ihre dramatische Übungsfolge am Stufenbarren bei den Olympischen Spielen von 1976, für die zum erstenmal in der Geschichte des olympischen Turnens die höchste Wertung von 10 vergeben wurde,
- 1977 am Stufenbarren – der Korbut-Salto mit einer zusätzlichen ganzen Drehung und der Rückwärtssalto-Abgang der sowjetischen Turnerin Elena Muchina, und 1978 ihre volle Drehung in einen Salto hinein, um den oberen Holm des Stufenbarrens wieder zu ergreifen,
- 1978 am Boden und am Pferd – der Kreisel des Amerikaners Kurt Thomas (jetzt nach ihm benannt), eine dramatische Serie schwingender Beinbewegungen,
- 1980 am Stufenbarren – der Salto in der Luft zu Beginn der Übungen von Nadia Comaneci,
- 1980 am Boden – der doppelte Salto Yelena Davydovas.

Seit 1980 sind dem Kunstturnen noch weitere Übungen hinzugefügt worden, doch die hier aufgeführten mögen ausreichen, um die große Komplexität dieser Sportart deutlich zu machen. Heutzutage müssen Kunstturner erfinderisch sein und die feststehenden Übungsfolgen gemeistert haben, um weltweites Ansehen zu erlangen. Sie müssen eine große Vielfalt von Fertigkeiten demonstrieren können und eine besondere Ausstrahlung haben. Um dies zu erreichen, müssen sie viele Jahre lang auf eine Art trainieren, die weitaus höhere Anforderungen an sie stellt als früher. Als Allround-Champion muß ein Turner Kraft, Gelenkigkeit, Beweglichkeit, Koordination und Balance entwickeln und eine gute kardiopulmonale Kondition haben. Wie die besten Zehnkämpfer und Ballettänzer besitzen gute Kunstturner heute eine große Anzahl körperlicher Fähigkeiten.

Der Flugsport

Der Flugsport bringt das Verlangen des Menschen zum Ausdruck, die irdischen Beschränkungen zu überwinden. Eine wachsende Anzahl von Männern und Frauen haben mit Ballons, Flugzeugen, Fallschirmen, Raumfahrzeugen und im freien Fall die Möglichkeiten des Fliegens erforscht. Viele von ihnen haben dabei eine neue Freiheit der Bewegung und des Bewußtseins entdeckt. In seinem Buch *The Ultimate Athlete* schrieb George Leonard:

Wenn wir fliegen, fügen wir unserem Leben eine Dimension hinzu, [und] wir tun das plötzlich. Wir nähern uns diesem Augenblick voller Furcht, und wenn der Schritt einmal getan ist, erfüllt uns ein Gefühl von Fremdheit. Und doch haben wir häufig auch ein Gefühl des Wiedererkennens. Es ist, als ob wir in einen vertrauten Raum eingetreten wären. Die Freude am Fliegen ist nicht nur eine sinnliche, sie ist auch die Freude des Zurückkehrens, des Heimkehrens zu einer Freiheit, nach der wir uns gesehnt haben und die wir einst gekannt haben.[68]

Auch andere Flieger haben die gleichzeitige Wahrnehmung von Fremdheit und Vertrautheit beim Flugsport erfahren. Als der physiologische Forscher Harry Armstrong seine Empfindungen beim freien Fall schilderte, schrieb er, daß sein Denken und seine Wahrnehmung normal zu sein schienen – im Gegensatz zu seinen Erwartungen, daß sie verschwommen oder ausgelöscht sein würden. Seine Atmung war nicht gestört. Der Druck der Luft auf den Körper, schrieb er, wird wie „ein sehr sanfter, gleichmäßig verteilter, allgemeiner Oberflächendruck auf die Unterseite des Körpers empfunden ... Der zutreffendste Vergleich mit irgendeinem Vorgang auf der Erde ist: Man wird vorsichtig in ein großes Bett aus zartesten Daunen gelegt."[69] Fallschirmspringer sind mit diesem Gefühl vertraut. Manche von ihnen drehen sich und schweben, bilden mit

anderen komplizierte Formationen, reichen Stäbe weiter oder machen ballettähnliche Figuren, bevor sie ihre Schirme öffnen.[70] Und gelegentlich verwandelt sich die Freude am Fliegen in etwas jenseits irdischer Maßstäbe. Ich habe in Kapitel 5.1 die Schilderung eines solchen Erlebnisses von Charles Lindbergh zitiert.[71]

Wie Lindbergh beschrieb auch der Astronaut Russell Schweickart das Wunder des Fliegens. Trotz der körperlichen Anstrengungen, denen er während des Apollo-Neun-Abenteuers ausgesetzt war, fand er sofort Freude am Gefühl der Schwerelosigkeit.[72] Die religiösen Erscheinungen, die die freie Bewegung in drei Dimensionen begleiten, und das eigentümlich Vertraute am Flug haben in Piloten wie Lindbergh und Schweickart den Glauben entfacht, daß wir in eine freiere Existenz eintreten könnten, die unser geheimes Geburtsrecht ist. Die plötzliche Vertrautheit und das Gefühl des Sich-Erinnerns in einer neuen Dimension sind charakteristisch für einen Großteil der Transformationserfahrungen – ob sich diese nun in unbekannten physikalischen Räumen wie im Weltraum ereignen oder in veränderten Bewußtseinszuständen, die durch Meditation herbeigeführt werden. George Leonard und andere Flieger sind der Überzeugung, daß der Mensch für abenteuerliche Reisen geschaffen ist, daß wir unserem Wesen nach grenzüberschreitende Geschöpfe sind, die ihre Umgebung transzendieren. Es ist vorstellbar, daß der Hunger nach neuen Erfahrungen, der sich im Flugsport zeigt, uns befähigen wird, in eine erhabenere Stufe der Verkörperung einzutreten – in jene multidimensionale Existenz, die ich in diesem Buch erforsche.

Der Flug des Menschen wurde erst gegen Ende des 18. Jahrhunderts verwirklicht, obwohl er seit langem in Mythen und der Kunst anschaulich dargestellt wurde. Einige Menschen hatten schon vorher versucht zu fliegen, darunter ein Araber, Armen Firman, der sich Flügel baute und im Jahre 852 von einem Turm sprang, und ein Benediktinermönch der Abtei von Malmesbury, der sich 1020 bei einem ähnlichen Versuch beide Beine brach. Doch soweit es bekannt ist, sprang niemand sicher aus einer großen Höhe, bis der Franzose Louis Sébastian Lénormand am zweiten Weihnachtstag 1783 mit einem Fallschirm vom Turm des Observatoriums von Montpellier sprang.[73] Im selben Jahr hatten Joseph und Etienne Montgolfier einen großen Ballon steigen lassen, was eine Sensation in Europa ausgelöst und Versuche mit Tieren zur Folge hatte. Am 21. November – fünf Wochen vor Lénormands erstem Fallschirmsprung – hatten sich Pilatre de Rozier, der Direktor des königlich-französischen Museums für Naturgeschichte, und der Marquis d'Arlandes vor einer jubelnden Menge fast 200 Meter hoch über den Bois de Bologne erhoben. Ballonfahren wurde ein populärer Sport. Zwei Franzosen trugen ein Duell in Ballons aus und feuerten über den Tuilerien mit Donnerbüchsen aufeinander.

Das Fallschirmspringen entwickelte sich rapide, nachdem André Garnerin Anfang des 19. Jahrhunderts eine Reihe von Sprüngen aus großen Höhen ausgeführt hatte. Von Garnerins Erfolg inspiriert, entwickelten Ingenieure mehrere Arten von Fallschirmen und Gleitflügeln. Bei diesen Flugexperimenten kam es zwar zu zahllosen Verletzungen und Todesfällen, aber das Ballonfahren wurde zu einem internationalen Sport und Fallschirmspringen zu einer Form der Unterhaltung. Beeinflußt durch Kunststücke aus der Zirkusakrobatik, sprangen Männer mit Trapezen, die an aufgeblasenen Fallschirmkappen befestigt waren, aus Ballons ab, wobei sie sich manchmal nur mit den Beinen oder gar mit den Zähnen festhielten. Flugversuche mit propellergetriebenen Ballons und Flugapparaten wurden durchgeführt, wobei keiner gründlicher ausgeführt wurde als die Gleitflugexperimente des deutschen Erfinders Otto Lilienthal zwischen 1880 und 1896. Lilienthal unternahm über zweitausend sichere Gleitflüge (einige davon länger als 20 Sekunden), entwickelte zahlreiche Pläne für Flügelformen und Luftdrucktabellen und veröffentlichte ein Buch mit dem Titel *Vogelflug als Grundlage der Fliegekunst*, bevor er 1896 bei einem Absturz ums Leben kam.

Das Motorflugzeug gab dem Flugsport einen noch größeren Auftrieb. Der erste Flug von Orville und Wilbur Wright fand im Dezember 1903 statt, und im Jahre 1909 überflog Louis Bleriot den Ärmelkanal. 1911 flog Calbraith Rogers seine *Vin Pix* von New York nach Pasadena in Kalifornien, wofür er dreieinhalb Tage Flugzeit, verteilt auf 49 Tage, benötigte. In den folgenden Jahren wurden ständig sowohl Höhen- als auch Entfernungsrekorde gebrochen und Flugzeuge entwickelt, die Loopings, Sturzflüge und Rollen ausführen konnten. Die Luft schien ein immer freundlicherer Ort zu werden.

Gleichzeitig mit der Entwicklung des Motorflugs entwickelte sich das Fallschirmspringen. Die erste Reißleine wurde 1908 verwendet. Ein Oberst der amerikanischen Armee, Albert Berry, führte 1912 den ersten Sprung aus einem Flugzeug aus, und ein weiterer Amerikaner, Les Irvin, bewies 1919, daß der freie Fall möglich war, und widerlegte die langgehegte Überzeugung, daß man dabei das Bewußtsein verlieren würde. In der Folge ließen sich Springer ohne Kontrolle fallen, bevor sie ihre Schirme öffneten. Einige führten „Cutaways" oder Doppelsprünge aus, bei denen sie den Schirm öffneten, ihn kappten und einen zweiten Schirm öffneten. (Charles Lindbergh machte 1922 bei seinem ersten Sprung aus einem Flugzeug einen solchen Doppelsprung.) Andere versuchten Höhenrekorde zu brechen, unter ihnen der Amerikaner Joe Crane, der 1924 mit 6187 Metern den ersten allgemein anerkannten Weltrekord aufstellte. Einige wenige stiegen mit Flügeln an den Armen aus Flugzeugen aus, wodurch sie ihre Zeit im freien Fall ausdehnten und Loopings und Spiralen machten. 1942 stellte der russische Luftwaffenmajor Boris Kharankhonov mit 12 440 Metern einen neuen

Höhenrekord auf. Das Fallschirmspringen, wie wir es heute kennen, nahm allerdings erst seinen Anfang, als der Franzose Leo Valentin eine Technik erfand – heute als „große X-Lage" bekannt –, bei der der Springer seine Arme und Beine ausbreitet, um seine Stabilität zu wahren. Seit Valentin diese Technik entwickelte, haben Fallschirmspringer unzählige Kunststücke erfunden und ihre Zeit im freien Fall weiter ausgedehnt. Vielen Schilderungen zufolge rufen die langen Phasen, die sie frei schwebend verbringen, veränderte Bewußtseinszustände und quasi-mystische Erfahrungen hervor.

Schließlich wurden in Europa, Rußland und den Vereinigten Staaten Wettbewerbe im Fallschirmspringen durchgeführt. Die erste Weltmeisterschaft wurde 1951 in Jugoslawien ausgetragen, die zweite 1954 in Frankreich und die dritte 1956 in der Nähe von Moskau. Diese und andere Wettbewerbe beinhalten sowohl das Ziel- als auch das Stilspringen. Beim Zielspringen verlassen die Springer das Flugzeug in Höhen zwischen 600 und 2000 Metern und versuchen in einem Zielkreis zu landen, dessen Mittelpunkt bis vor kurzem einen Durchmesser von 10 Zentimetern hatte. Die Springer haben eine derartige Kontrolle erlangt, daß sie aus Höhen von über 4500 Metern direkt im Zielmittelpunkt landen können. 1972 landete ein tschechischer Springer bei den Weltmeisterschaften in den Vereinigten Staaten neunmal hintereinander direkt im Zielmittelpunkt. Dwight Reynolds schaffte 1978 in Yuma, Arizona, bei Tageslicht 105 aufeinanderfolgende perfekte Sprünge innerhalb von mehreren Tagen. Bill Wenger und Phil Munden von den *Golden Knights* der amerikanischen Armee führten jeweils 43 perfekte Sprünge hintereinander bei Nacht aus. Aufgrund dieser Leistungen wurde die Größe des Zielmittelpunkts von 10 auf 5 Zentimeter verkleinert.

Beim Stilspringen müssen die Wettbewerbsteilnehmer eine Reihe von Figuren ausführen, für die sie von einem Richtergremium Punkte erhalten. Zu dieser Art von Wettbewerb zählt auch das Relativspringen, bei dem zwei oder mehr Springer sich an den Händen halten, Stäbe weitergeben oder Synchronbewegungen ausführen. 1965 bildeten acht Springer den ersten achtzackigen Stern, und seitdem haben andere Springer statische geometrische Formationen wie Quadrate und Rhomben entwickelt. Gegen Ende der sechziger Jahre begannen die Fallschirmspringer, bekannte Figuren und Formationen mit einer größeren Geschwindigkeit auszuführen. Manchmal gelang es ihnen, bei einem einzigen Sprung zwei oder mehr statische Gruppenformationen zu bilden. Schließlich lernten die Springer ihre Figuren ohne Kontakt zu synchronisieren. Beim Fallschirmspringen wird ständig versucht, Rekorde zu brechen. So steht der Höhenrekord zur Zeit bei über 32 000 Metern, und an statischen Formationen waren über 75 Personen beteiligt. Die Nationalmannschaften haben eine größere Geschicklichkeit denn je zuvor erreicht, und bei den Frauen und älteren Springern gibt es immer mehr Virtuosen.

Auch das Drachenfliegen hat sich in den letzten Jahren weiterentwickelt. Drachenflieger brechen regelmäßig alte Rekorde der Flugdauer, Aufstiegshöhe und zurückgelegten Entfernung. Außerdem gibt es Geschwindigkeitswettbewerbe und Kunstflüge, bei denen beispielsweise wie beim Slalom um Ballons gesegelt werden muß. 1976 flog der Amerikaner Bob McCaffrey mit seinem Drachenflieger aus einer Höhe von 9600 Metern von einem Ballon aus über die Mojave-Wüste.

Neue Sportarten

Während die etablierten Sportarten komplizierter geworden sind und eine neue Schönheit zeigen, sind viele andere neu erfunden worden. Dazu gehören auch die folgenden:

Unterwasserhockey oder *Octopush.* Hierbei verwenden die Spieler einen abgewandelten Hockeyschläger, um einen Puck gegen die gegnerische Wand des Schwimmbeckens zu schlagen. Das Becken, in dem gespielt wird, muß mindestens 1,80 Meter tief sein; der Puck bleibt im allgemeinen am Boden. Es kann ein sehr rauhes Spiel werden, und die Teilnehmer müssen über eine große Lungenkapazität verfügen.

Trickskifahren. Es kann häufig Verletzungen verursachen und umfaßt folgende akrobatische Kunststücke:

- sich während der Fahrt auf den Skiern zurücklehnen und hinlegen
- den Rücken mit den Enden der Skier berühren, während die Skispitzen nach unten zeigen
- einen Hang rückwärts im Grätenschritt fahren, mit einer Reihe von 360-Grad-Drehungen
- springen, wobei ein Ski nach vorne und oben und der andere nach hinten und unten zeigt, bevor beide ausgerichtet werden
- doppelte 360-Grad-Drehungen in der Luft
- mit beiden Skis hinter dem Körper ein Kreuz bilden
- einen Ski anheben, hinter den anderen setzen und dann das Gewicht darauf verlagern
- sich auf einem Ski in die Hocke begeben, während der andere seitwärts hochgehoben wird
- eine auf Skistöcke gestützte 360-Grad-Drehung
- das Gewicht auf die Skispitzen verlagern, während die Hacken überkreuzt werden.

Jede Sportart stellt enorme Anforderungen an ihre Anhänger; jede erweckt außergewöhnliche Fähigkeiten und veranschaulicht den leidenschaftlichen Wunsch des Menschen, sich selbst zu übertreffen.

[19.4] ELEMENTE DES ERFOLGS

Bestimmte Elemente, die den sportlichen Erfolg begünstigen, können die psychophysische Entwicklung ganz allgemein fördern. Technologische Neuerungen, verbesserte medizinische Kenntnisse und Trainingsmethoden, neue Einblicke in die Psychodynamik des Menschen, soziale Unterstützung, die wachsende Zahl der Teilnehmer und die Inspiration durch kleine Trainingsgruppen tragen gemeinsam zur Schönheit des Sports bei. Sie alle können die integralen Methoden, die in diesem Buch besprochen werden, bereichern.

Technologische Neuerungen

Verbesserte Laufschuhe, synthetische Lauf- und Sprungbahnen, sicherere Aufsprunghügel, die es Hoch- und Stabhochspringern ermöglichen, ihre Körper größeren Höhen auszusetzen, und andere Verbesserungen der Ausrüstung und der Sportplätze haben dazu beigetragen, die Leistungen in der Leichtathletik zu steigern. Wendigere Surfbretter und leichtere Kletterausrüstungen erhöhen die Fähigkeiten von Surfern und Bergsteigern. Tragbare Monitore erlauben es Trainern und Ärzten, die Athleten beim Training genauestens zu beobachten, und Trainingsmethoden, die mit Videoaufnahmen von angestrebten Fertigkeiten arbeiten, haben vielen Sportlern geholfen, ihre Leistungen zu verbessern. Diese Neuerungen können zu jeder körperlichen Disziplin, die Teil einer integralen Methode ist, einen Beitrag leisten.

Verbesserte medizinische Kenntnisse und Trainingsmethoden

So wie sich die Art der Ernährung und die Motivation zum sportlichen Erfolg in vielen Ländern der Welt verbessert haben, ist auch das wissenschaftliche Verständnis des Körpers enorm gestiegen. Neues Wissen über die Auswirkungen von Streß, die Wechselbeziehung zwischen Hormonen und Körperübungen, die Einzelheiten der kardiopulmonalen Fitneß und andere Aspekte der Funktionsweisen des Körpers haben zu effizienteren Trainingsmethoden geführt. Niemals zuvor haben Trainer so viel über

die Reaktionen des Körpers auf unterschiedliche Anforderungen und athletische Übungen gewußt, und niemals zuvor konnten Sportler auf eine so effiziente Weise trainieren, ohne zusammenzubrechen. Ein anstrengendes Ganzjahrestraining war bei den meisten Sportarten bis vor wenigen Jahrzehnten nicht üblich, doch das erhöhte Leistungsniveau verlangt danach, und verbesserte medizinische Kenntnisse ermöglichen es. Die wachsende Verbindung von medizinischem Wissen und Sport verspricht für die kommenden Jahre sogar noch weitere Verbesserungen der Trainingsmethoden.

Von den vielen Lektionen über das richtige Training soll eine hier besonders hervorgehoben werden, und zwar, daß große Sportler unabsichtlich ein schlechtes Beispiel abgeben können. Al Oerter zum Beispiel gewann vier Goldmedaillen im Diskuswerfen – mehr als jeder andere Leichtathlet in einer einzigen Disziplin – mit einer fehlerhaften Technik, die daraufhin von vielen Werfern nachgeahmt wurde. Erkenntnisse aus der Biomechanik deckten schließlich seine Fehler auf und halfen ihm, seine Leistung weiter zu steigern, als er bereits über vierzig war und nachdem er andere mit seinen fehlerhaften Bewegungen inspiriert hatte. Aus diesem Beispiel können wir etwas über andere Arten der Übung lernen. Da die Grenzen unserer Entwicklung von den verschiedensten Menschen aufgezeigt werden – von denen sich einige äußerst eigenartig verhalten und beträchtliche charakterliche Mängel aufweisen –, ist es ein schwerwiegender Fehler, sich bei der Schulung außergewöhnlicher Fähigkeiten ausschließlich auf ein einziges Vorbild zu verlassen. Wir müssen vorsichtig damit sein, wem wir diesen Platz einräumen.

Neue Einblicke in die Psychodynamik des Menschen

Die Psychologie bietet Einblicke, auf denen Trainingsprogramme zur Förderung des sportlichen Erfolgs aufbauen können. So haben mehrere Studien ergeben, daß die Visualisierung in Kombination mit dem Körpertraining motorische Fertigkeiten verbessern kann;[74] in Schweden wurden im Rahmen landesweiter Programme der Leibeserziehung Tausende von Sportlern aus verschiedenen Disziplinen in Methoden zur Entspannung, Konzentration, Visualisierung und Meditation unterwiesen. Wie die oben angeführten Trainingsmethoden können auch psychologische Methoden nicht nur dem Sport, sondern auch anderen Disziplinen angepaßt werden, darunter auch den Programmen für eine integrale Entwicklung.

Soziale Unterstützung

Die Medien fördern den Sport seit langem (und profitieren davon) und haben ihr Augenmerk ständig auf sportliche Ereignisse gerichtet. Nach vorsichtigen Schätzun-

gen wurden im Jahre 1983 weltweit über 500 Zeitschriften veröffentlicht, die sich mit bestimmten Sportarten beschäftigten. Auch Schulen, Kirchen, Vereine und Jugendverbände sind mit ihren Mannschaften und Erziehungsprogrammen ein motivierender Faktor. Diese Art von kultureller Unterstützung fördert die großartigen sportlichen Leistungen, die wir heute zu sehen bekommen. Weiterhin sind viele internationale Wettkämpfe entstanden, die den Sportlern einen großen Anreiz geben. Die motivierende Kraft der Olympischen Spiele wird besonders deutlich, wenn man die Leistungssteigerungen in den ihnen vorausgehenden Monaten betrachtet, in denen viele Weltklassesportler ihr höchstes Leistungsniveau erreichen. Die weltweite Begeisterung für den Sport ermöglicht die Olympischen Spiele, und durch die Olympischen Spiele steigt die Begeisterung der Menschen für den Sport. Wie allgemein üblich, propagieren kulturelle Institutionen die von ihnen geschätzten Aktivitäten ganz besonders.

Die wachsende Zahl der Teilnehmer

Eine ständig wachsende Anzahl junger Menschen wendet sich dem Sport zu. Da die verheerenden Auswirkungen des Zweiten Weltkriegs (die dazu beitrugen, daß Weltklasseleistungen in den vierziger und fünfziger Jahren relativ selten waren) sich nicht wiederholt haben, wächst in Rußland, Europa, Japan und Amerika das Aufgebot an Talenten. Betrachtet man die Weltklassesportler, die in jüngster Zeit aus China und

Afrika gekommen sind, scheint nicht abzusehen zu sein, welche athletischen Genies die Dritte Welt weiterhin hervorbringen wird. Könnte es eine vergleichbare Zunahme metanormaler Fähigkeiten geben, wenn diese besser verstanden und in größerem Rahmen geschult würden?

Inspiration durch kleine Trainingsgruppen

Als Roger Bannister 1954 die 4-Minuten-Grenze für die Meile durchbrach, wurde er von seinen Kameraden Chris Chataway und Chris Brasher unterstützt. Die drei hatten vor dem Lauf gemeinsam trainiert und ihre Strategie vorausgeplant. Brasher legte in den ersten zwei Runden das Tempo fest, und Chataway in der dritten, um Bannister in einer guten Position vorbeizulassen, so daß er unter 4 Minuten bleiben konnte. Bannister sagte, daß er seine historische Zeit von 3:59:4 ohne die Unterstützung und Ermutigung seiner Freunde nicht hätte laufen können. Die erste Meile unter 4 Minuten war eine Teamsache. „Wir hatten es geschafft – wir drei!“ schrieb Bannister. „Wir teilten uns etwas, wohin noch kein Mensch vorgedrungen war – für alle Zeiten gesichert, egal, wie schnell man die Meile in Zukunft laufen würde. Wir hatten es geschafft, wo wir es

wollten, wann wir es wollten, wie wir es wollten.“[75] Wie Bannisters Gruppe trainierten auch John Walker, der Olympiasieger von 1976 über 1500 Meter und der erste Meilenläufer, der unter 3:50 blieb, Rod Dixon, der große Mittelstreckenläufer, und Dick Quax, der den Weltrekord über 5000 Meter hielt, mehrere Jahre lang gemeinsam. Sie alle erreichten neue Höhepunkte in ihrer Leistung, während sie in den siebziger Jahren in Neuseeland zusammenarbeiteten.

In diesen beiden Gruppen schenkte das große Vorbild, das jeder für die anderen war, jedem Training die inspirierende Qualität einer wichtigen Meisterschaft. Einfache Trainingsphasen wurden in solchen Gruppen zu legendären Wettkämpfen, die ihre Teilnehmer zu immer größeren Leistungen anspornten. Percy Cerutty, der Trainer des großen australischen Läufers Herb Elliott, schuf absichtlich diese Art von Elan. In seinem Trainingszentrum in Portsea, Australien, zog er junge Läufer durch seine spartanische Lebensweise, philosophische Inspiration und große Begeisterung für den Sport an. So kreierte er eine Dynamik, von der es hieß, daß sie Elliott und anderen zu ihrer Größe verhalf. Gruppen, die denen von Cerutty und Bannister ähneln, könnten meiner Ansicht nach die Entwicklung außergewöhnlicher Fähigkeiten allgemein fördern.

[19.5]
SPORT ALS WEG ZUR TRANSFORMATION

In diesem und anderen Kapiteln habe ich mehrere Arten außergewöhnlicher Erfahrungen von Sportlern beschrieben, wozu auch erhebende Geisteszustände und metanormales Bewegungsvermögen zählen. Im folgenden werde ich bestimmte Elemente des Sports beschreiben, die mit dazu beitragen, diese Erfahrungen hervorzurufen.

Regelmäßiges Üben bestimmter Körperbewegungen mit der Absicht, diese zu verbessern. Das Üben zieht unzählige physische und psychische Prozesse nach sich, durch die neue Fertigkeiten entstehen – nicht nur im Sport, sondern bei jeder Art von Bemühung. Das ist selbst dann der Fall, wenn der Übende wenig oder nichts über die spezifischen Veränderungen weiß, die dieser Lernprozeß mit sich bringt. Darüber hinaus lädt die Übung Gnade als Antwort ein. Wie in früheren Kapiteln nachzulesen ist, können aus disziplinierten Aktivitäten spontane Metanormalitäten hervorgehen. Es kommt vor, daß der Teil unseres Wesens, der die weiteste Ausdehnung erfährt, eine außergewöhn-

liche Version seiner selbst erschafft – wie zum Beispiel, wenn aus der geduldigen Liebe einer Mutter ein Gefühl des Einsseins zwischen ihr und ihrem Kind erwächst. Und so ist es auch bei der sportlichen Leidenschaft: ein hervorragender Sprung mag zu scheinbarer Levitation führen, die disziplinierte Beherrschung des Balls zu unirdischer manuell-visueller Koordination, geübte Beinarbeit zu außergewöhnlicher Gewandtheit. Dort, wo Fähigkeiten ihre Grenzen berühren, tauchen Metanormalitäten auf – unabhängig von den Erwartungen oder Wünschen derer, die sie empfangen.

Anhaltende und konzentrierte Aufmerksamkeit. Jede Sportart erfordert Konzentration und ein Freisein von Ablenkungen – Qualitäten, die auch für die kontemplative Hingabe von grundlegender Bedeutung sind. Athletische Fertigkeiten erfordern eine ungebrochene Aufmerksamkeit für die Umgebung, die Objekte und die anderen Menschen, die an einem sportlichen Wettkampf beteiligt sind, sowie für kinästhetische Empfindungen.

Der Erfolg ist verknüpft mit einer ständigen geistigen Präsenz. In der Tat kann die Konzentration einen Geisteszustand hervorrufen, der sich durch außergewöhnliche Klarheit und Fokussierung auszeichnet.[76] Der britische Golfspieler Tony Jacklin sagte zum Beispiel:

> Wenn ich mich in diesem Zustand befinde, in diesem Kokon von Konzentration, bin ich völlig im gegenwärtigen Augenblick, bewege mich nicht aus ihm heraus. Ich bin mir jedes Zentimeters meines Schwunges bewußt... Ich bin völlig vertieft in das, was ich in jedem Augenblick tue. Das ist wichtig.

Dieser Zustand ist schwer zu erreichen. Er kommt und geht, und allein die Tatsache, daß man bei einem Wettbewerb zum ersten *Tee* geht und sich sagt: „Heute muß ich mich konzentrieren", reicht nicht aus. Er muß bereits da sein.[77]

Viele Sportler haben „die Zone" beschrieben, einen Zustand jenseits der gewöhnlichen Fähigkeiten. Der Quarterback John Brodie beschrieb mir gegenüber einen solchen Zustand:

Oft verbessert sich in der Hitze und Aufregung eines Spiels die Wahrnehmung und Koordination eines Spielers ganz dramatisch. Zeitweise – und mittlerweile immer häufiger – erlebe ich eine Klarheit, die in keiner Geschichte über Football angemessen beschrieben wurde.[78]

Wenn Sportler versuchen, derartige Erfahrungen zu schildern, beginnen sie manchmal Metaphern zu gebrauchen, die Formulierungen aus religiösen Schriften ähneln. Solche Schilderungen haben mich zu der Überzeugung geführt, daß sportliche Leistungen das kontemplative Erleben von Gnade widerspiegeln können.

Imaginatives Üben. Jack Nicklaus beschrieb, wie die Vorstellungskraft zu erfolgreichen Golfschlägen beitragen kann:

Ich schlage niemals einen Ball, nicht einmal auf dem Übungsplatz, ohne ein genaues Bild davon zu haben, wie [der Schlag] ausgeführt werden soll. Es ist wie ein Farbfilm. Zuerst „sehe" ich den Ball, wo er meiner Vorstellung nach enden soll: eine weiße Kugel mitten auf der grünen Wiese. Dann ändert sich die Szene blitzartig, und ich „sehe" den Ball, wie er dorthin fliegt, seine Flugbahn und auch, wie und wo er landet. Dann blendet die Szene aus, und als nächstes sehe ich mich selbst und meinen Schwung, mit dem ich die vorherigen Bilder verwirklichen will.[79]

Auch der olympische Hochspringer Dwight Stones setzte die Technik der Visualisierung ein, um seine Leistung zu steigern. Tennisstar Chris Evert spielt ihre Spiele im Geiste durch, sieht die Schläge ihrer Gegner voraus und visualisiert ihre eigenen Angriffe.[80] Und manche Bodybuilder setzen Vorstellungsbilder ein, um das Wachstum ihrer Muskeln zu steigern. Sowohl Arnold Schwarzenegger als auch Frank Zane hatten, während sie sich auf die Weltmeisterschaften vorbereiteten, eine genaue Vorstellung von dem Körper, den sie anstrebten. „Einmal pumpen, wenn ich mir den Muskel vorstelle, den ich haben will", sagte mir Schwarzenegger, „ist soviel wert wie zehnmal, wenn meine Gedanken abschweifen." Sowohl er als auch Zane sagten, daß sie ihre Körperform bewußt geplant hätten und Symmetrie, Definition und Konturen, die sie erreichen wollten, in ihr mentales Bild einbauten. Beide erzählten mir, daß ihr Training zu einem großen Teil von mentaler Übung abhängig war.

Nachdem der Sportpsychologe Richard Suinn die Vorstellungsbilder erfolgreicher Athleten untersucht hatte, unterschied er diese von der entspannten Tagträumerei oder der Wiedererinnerung vergangener Ereignisse. Diese Imagination, schrieb er,

> ist mehr als nur visuell. Sie ist auch taktil, auditiv, emotional und muskulär. Eine Schwimmerin berichtete, daß die Szene vor ihrem geistigen Auge von Schwarzweiß auf farbig wechselte, als sie in der Vorstellung ins Becken sprang, und daß sie das kalte Wasser spüren konnte. Eine Skiläuferin, die sich für das amerikanische Team qualifiziert hatte, erlebte, als sie sich vorstellte, am Start zu sein, dieselbe Erregung, die sie von wirklichen Läufen her kannte. Sportler fühlen mit Sicherheit die Bewegung ihrer Muskeln, wenn sie ihren Sport geistig ausüben.[81]

Diese Art von Imagination beschleunigt laut Suinn die Wiederherstellung der körperlichen Leistungsfähigkeit. Sie stellt ein gut kontrolliertes Abbild der Erfahrung dar, eine Art körperliches Denken, das den starken Illusionen nächtlicher Träume ähnelt.[82] In Teil III zeige ich Möglichkeiten auf, wie eine solche Imagination außergewöhnliche Fähigkeiten allgemein fördern kann.

Das Aufgeben von begrenzenden kognitiven, willensmäßigen, emotionalen und sensomotorischen Mustern. Bis zu einem gewissen Grad müssen sich Sportler eine andere Natur aneignen (oder offen dafür sein), weshalb manche sagen, daß sie im Sport wiedergeboren werden (wenngleich das alte Selbst nach einem sportlichen Ereignis üblicherweise zurückkehrt). Selbst die meistverbreiteten Sportarten verlangen das Aufgeben gewohnheitsmäßiger Reaktionen. Läufer müssen zum Beispiel dem Verlangen widerstehen, dann aufzugeben, wenn sie Lungen, Herz und Beine über die normalen Grenzen hinaus belasten. Der Impuls, langsamer zu werden, ist bei Wettläufen und anstrengenden Trainingsläufen für jeden offensichtlich. Doch die Freude, eine Grenze zu überschreiten, das Wohlgefühl von Fitneß und die Befriedigung, einen Widerstand überwunden zu haben, schaffen einen Ausgleich. Viele Sportler kennen sowohl die Schmerzen als auch die Freude, über sich selbst hinauszugehen, die Freiheit, die aus der Qual entsteht, die zweite Energiewelle, die aus der Überwindung gewöhnlicher Muster hervorgeht. Indem sie inneren negativen Impulsen widerstehen, entdecken viele Sportler neue Fähigkeiten. Den Widerstand brechen, um etwas Neues aufzubauen – sei es körperlich, emotional oder kognitiv –, ist im Sport und bei jeder Transformationspraxis die Regel.

Innerer Abstand von den Ergebnissen. Die Ausübung einer Sportart verlangt unweigerlich einen inneren Abstand von den direkten Ergebnissen – selbst beim schlechtesten Verlierer. Ohne die Fähigkeit, Mißerfolge zu überwinden, könnten Sportler die meisten Spiele oder Wettkämpfe nicht zu Ende führen. Ein innerer Abstand, der aus den

Höhen und Tiefen des Trainings und der Wettkämpfe, den merkwürdigen Wendungen, die manche Spiele nehmen, und aus dem Wechsel von Gewinnen und Verlieren hervorgeht, führt oftmals zu einer bezeichnenden heiteren Gelassenheit. Viele, die im Sport erfolgreich sind, erkennen, daß es eine innere Freiheit und Anmut gibt, die über die ungewissen sportlichen Erfolge hinausgehen.

Die langfristige Verpflichtung, die der Sport häufig verlangt, unterstützt jedes der oben aufgeführten Elemente der Disziplin. Keine andere Aktivität erfordert mehr Hingabe an somatische Veränderungen und eine größere Bereitschaft, den Körper und das physische Verhalten neu zu strukturieren.

Grenzen im Sport. Johan Huizinga beschrieb in seiner klassischen Studie über das Spiel, *Homo Ludens*, die Rolle der Grenzen im Sport.

> In die unvollkommene Welt und in das verworrene Leben bringt [das Spiel] eine zeitweilige begrenzte Vollkommenheit. [Es] fordert unbedingte Ordnung. Die geringste Abweichung von ihr verdirbt das Spiel, nimmt ihm seinen Charakter und macht es wertlos. Diese innige Verknüpfung mit dem Begriff

> der Ordnung ist vielleicht der Grund, daß das Spiel ... zu solch großem Teil innerhalb des ästhetischen Gebiets zu liegen scheint. Das Spiel ... hat eine gewisse Neigung, schön zu sein. Der ästhetische Faktor ist vielleicht identisch mit dem Drang, eine geordnete Form zu schaffen, die das Spiel in allen seinen Gestalten belebt. Die Wörter, mit denen wir die Elemente des Spiels benennen können, gehören zum größten Teil in den Bereich des Ästhetischen. Es sind Wörter, mit denen wir auch Wirkungen der Schönheit zu bezeichnen suchen: Spannung, Gleichgewicht, Auswägen, Ablösung, Kontrast, Variation, Bindung und Lösung, Auflösung. Das Spiel bindet und löst. Es fesselt. Es bannt, das heißt: es bezaubert. Es ist voll von den beiden edelsten Eigenschaften, die der Mensch an den Dingen wahrzunehmen und auszudrücken vermag: es ist erfüllt von Rhythmus und Harmonie.[83]

Ein Ort wie der Fenway Park, ein olympisches Stadion oder der Old Course von St. Andrews beleben den Geist, konzentrieren die Energie, verbinden uns mit den Helden aus Vergangenheit und Zukunft. Doch auch ohne eine künstliche Arena kann der Sport Zeit und Orte verzaubern. Ein Berg, der erstiegen, ein Meer, über das gesegelt werden kann, ein Stück Gelände auf dem Land, über das man laufen kann, vermögen einfach dadurch eine besondere Bedeutung anzunehmen, daß sie zu einem Ort des Abenteuers werden. Die zeitliche und räumliche Begrenzung im Sport hilft uns, unsere Energien zu bündeln und sie zu sublimieren, unseren Geist zu konzentrieren und außergewöhnliche Fähigkeiten freizusetzen.

Neue Integration von Geist und Körper. Wille, Selbstbewußtheit, Vorstellungskraft, Emotion, die Sinne und die motorische Kontrolle sind allesamt an einer überdurchschnittlichen Leistung beteiligt. Um erfolgreich zu sein, muß die sportliche Übung unzählige psychische und physische Systeme harmonisieren. Sie soll neue Formen geordneter Funktionen etablieren und doch die spontane Aktion zulassen. Und sie muß unser Verhaltensrepertoire auseinandernehmen und mit einer neuen Kraft und Schönheit wieder zusammenfügen.

*

Die oben beschriebenen Elemente des Sports sind auch Bestandteil anderer Wege zur Transformation, doch im sportlichen Kontext rufen sie eine größere Vielfalt von körperlichen Fähigkeiten wach als bei allen übrigen Disziplinen. Im Dienste der integralen Methoden können sie – so glaube ich – ein noch größeres Spektrum an Fähigkeiten hervorbringen.

20

Die Kampfkünste

Wie jeder andere in der heutigen Zeit bedeutsame Weg zur Transformation leisten auch bestimmte Kampfkünste einen Beitrag zu der integralen Entwicklung des Menschen. In ihrer höchsten Ausdrucksform fördern sie gleichermaßen das moralische Empfinden, athletische Fähigkeiten und eine Ahnung von der Einheit allen Seins. Manche Kampfkünste, wie Aikido, sind sowohl den modernen Sportarten überlegen,

weil sie sich auf spirituelle Prinzipien gründen, als auch der stillen Meditation, weil sie Stille in der Bewegung kultivieren. In Kapitel 20.1 beschreibe ich einige Elemente, die dazu beitragen, daß Kampfkünste zu umfassenden Programmen für das persönliche Wachstum des Menschen werden können. In Kapitel 20.2 stelle ich einige wissenschaftliche Studien über dieses Thema vor. Und in Kapitel 20.3 veranschauliche ich ihre transformierende Kraft anhand der Beschreibung des Einflusses, den Aikido auf den großen japanischen Baseballspieler Sadaharu Oh ausübte.

[20.1]
ELEMENTE DER TRANSFORMATION

Die spirituelle Grundlage der Kampfkünste

Seit vielen Jahrhunderten haben Kampfkünstler ihr Übungssystem als *Weg* verstanden (das japanische Wort *Do* ist abgeleitet vom chinesischen *Tao*) und außergewöhnliche Fähigkeiten realisiert. Die Grundgedanken dieses Trainings stammen aus buddhistischen, taoistischen, konfuzianischen, schintoistischen und schamanischen Lehren des Fernen Ostens, von denen einige ihren Ursprung in Indien haben. Der Mönch Bodhidharma (oder Tamo auf Chinesisch) hatte den indischen Buddhismus, aus dem sich das japanische Zen entwickelte, nach China gebracht; er führte im 6. Jahrhundert n. Chr. bei den Mönchen des Shaolin-Tempels in der Provinz Honan eine Reihe von Selbstverteidigungstechniken ein. Das Tempelboxen, das aus Bodhidharmas Übungen hervorging, hatte auf spätere Kampfkünste in China, Japan und Okinawa einen bestimmenden Einfluß. Darunter war auch das T'ai Chi Chuan, das bestimmte Bewegungsabläufe des Shaolin-Boxens mit taoistischen Atemübungen und medizinischem Wissen verband. Der Legende zufolge schuf der taoistische Mönch Chang San Feng in der Yüan-Dynastie (1279–1368 n. Chr.) die 13 Grundstellungen des T'ai Chi als Abbild der acht Trigramme des I Ging und der fünf Elemente der chinesischen Kosmologie. Der tatsächliche Begründer dieser Methode ist jedoch unbekannt. Das moderne T'ai Chi könnte von Wang Tsung Yueh aus der Provinz Shansi stammen, der es während der Chien-Lung-Periode (1736–1795) der Ching-Dynastie nach Honan brachte.[1]

In den chinesischen Kampfkünsten werden Methoden, die auf spirituellen Prinzipien beruhen, der inneren Schule zugeordnet, um sie von rein muskulären Übungen zu unterscheiden. Das buddhistische und taoistische Meditationstraining, das die innere Schule beeinflußte, verwendete mehrere Methoden, die auch im indischen Yoga verbreitet waren, darunter die Kultivierung von *Chi*, der Lebenskraft (*Ki* auf

Japanisch und *Prana* auf Sanskrit), Augenfixierung, Atemübungen und Kontrolle der Eßgewohnheiten. T'ai Chi verleiht dem spirituellen Bewußtsein auf der körperlichen Ebene jedoch einen vollkommeneren Ausdruck als die meisten Formen des Yoga. Einer berühmten taoistischen Weisheit zufolge ist „Meditation in Aktivität der Meditation in der Ruhe hundert Mal, tausend Mal, eine Million Mal überlegen. Die Stille in der Stille ist nicht die wahre Stille. Nur wenn in der Bewegung Stille herrscht, offenbart sich der universelle Rhythmus.“

In Japan wurde eine andere Richtung der Kampfkünste durch die Kultur des *Bushido*, den Weg des Kriegers, beeinflußt, der sich auf die Morallehre des Konfuzianismus, schintoistische Rituale und Zen-Meditation gründete. In der relativ friedlichen Tokugawa-Periode vom 17. bis zum 19. Jahrhundert wandelten viele Samurai ihre *Bujutsu*, Kampfmethoden, in *Budo*, Wege des Kampfes, um, die sowohl auf spirituelle Entwicklung als auch auf körperliche Leistungsfähigkeit abzielten. „*Budo* ist weniger kämpferisch ausgerichtet und läßt das praktische Element des [*Bujutsu*] vermissen“, schrieben die Kampfkunst-Historiker Donn Draeger und Robert Smith. „Statt der Anwendung wird das Prinzip betont, und in manchen Fällen haben sie sich so weit von den [*Bujutsu*]-Formen entfernt, aus denen sie entstanden sind, daß sie jede praktische Anwendung für den Kampf verloren haben.“[2] Zu den traditionellen japanischen *Bujutsu* zählen Kampftechniken, deren Namen gewöhnlich mit der Nachsilbe *jutsu* enden; als sie zu eher spirituellen Techniken umgewandelt wurden, erhielten sie die Nachsilbe *do*. Jigoro Kano entwickelte Judo aus dem Jujutsu und gründete seine erste Schule im Jahre 1882 in Tokio; Morihei Ueshiba (1883–1969) schuf sein Aikido zum großen Teil aus dem Aikijutsu, um *Ki*, die kosmische Energie, und *ai*, die Harmonie des Selbst mit dem Universum, zu kultivieren. In Methoden wie Aikido, die anstelle eines *„jutsu"* ein *„do"* sind, strebt der Übende danach, das Sein weg vom gewöhnlichen Selbst und hin zu seinem eigentlichen Wesen zu verlagern. Der japanische buddhistische Gelehrte Daisetz Suzuki beschrieb diese Transformation und zitierte den großen Schwertkämpfer Yagyu Tajima.

Der Geist *(kokoro)* ist die Leere *(ku, k'ung, sunyata)* selbst, aber aus dieser Leere entsteht eine unermeßliche Zahl von Handlungen: in Händen greift sie, in Füßen geht sie, in Augen sieht sie ... es ist wirklich sehr schwierig, diese Erfahrung zu machen, denn wir können zu ihr nicht durch bloßes Lernen kommen, durch das bloße Zuhören, wenn andere darüber reden. Die Schwertkunst besteht darin, persönlich durch diese Erfahrung hindurchzugehen. Danach sind die Worte die Echtheit selbst, und das Verhalten kommt direkt aus dem ursprünglichen Geist, der von allen ich-bezogenen Inhalten entleert ist.[3]

In seiner Abhandlung über das Schwert zitierte Yagyu Tajima ein altes japanisches Gedicht:

Der Geist täuscht den GEIST,
denn es gibt keinen anderen Geist,
o GEIST, laß dich nicht
vom Geist irreführen!

In einem Kommentar zu diesem Gedicht schrieb Suzuki:

[Yagyu Tajima] unterscheidet zwei Arten des Geistes, wahr oder absolut und falsch oder relativ. Der eine ist Gegenstand psychologischer Untersuchungen, während der andere die WIRKLICHKEIT ist, die die Grundlage aller Wirklichkeiten darstellt. In dem zitierten Gedicht ist „Geist" der falsche und „GEIST" der wahre. Der wahre muß vor dem falschen Geist geschützt werden, um seine Reinheit und Freiheit zu bewahren.

Zen gebraucht in diesem Fall im allgemeinen den Begriff *kufu (Kung Fu* auf Chinesisch*)*, was gleichbedeutend mit „Disziplin" oder „Training" ist *(shungyo, hsiu-hsing)*. *Kufu* bedeutet, „sich beharrlich einzusetzen, um den Weg zum Ziel zu entdecken".[4]

Für Morihei Ueshiba war Aikido ein solches *kufu*, weil es den GEIST jenseits des Geistes in körperliche Bewegung umsetzte. „Aiki mit Hilfe des Echos der universellen Seele als ganzer in die Tat umzusetzen", schrieb er, „heißt, beständig eine Kraft hervorzubringen, die grenzenlos ist. Das Echo der Seele des Universums birgt in sich eine Kraft, die alles zu lösen vermag, was es auch sei."[5] Als junger Mann lernte Ueshiba bei verschiedenen Meistern, von denen Takeda Sokaku, einer der berühmtesten Kampfkünstler Japans, und Onisaburo Deguchi, der Begründer der modernen japanischen Religion *Omoto-kyo*, die wichtigsten waren. Wie viele Kampfkünstler vor ihm, verband Ueshiba mehrere Kampftechniken und Meditationsübungen miteinander, um sein eigenes *Budo* zu erschaffen. Obgleich er vor dem Krieg in Japan für seine Geschicklichkeit als Kämpfer berühmt war, zog er sich 1942 aufs Land zurück, da ihn der japanische Militarismus zutiefst beunruhigte. Bis zu seinem Tod im Jahre 1969 verbrachte er einen großen Teil seines Lebens im kontemplativen Gebet, während er Aikido zu einem Übungssystem weiterentwickelte, das ethische und spirituelle Prinzipien verkörpert.

Der amerikanische Schriftsteller und Aikidoka John Stevens beschrieb die außergewöhnlichen Kräfte Ueshibas in seinem Buch *Abundant Peace*, und mehrere Filme offenbaren die enorme Koordination und Beweglichkeit des Meisters. Etliche Aussagen von Menschen, die ihn kannten, wurden seit den dreißiger Jahren in zahlreichen Büchern und Artikeln zusammengetragen; sie weisen überzeugend darauf hin, daß Ueshiba telepathische und andere außersinnliche Fähigkeiten hatte. Nachdem ich mich ausführlich mit einigen seiner Schüler unterhalten und die erwähnten Bücher und Filme angesehen habe, ist es für mich durchaus vorstellbar, daß Ueshiba die

meisten der in Kapitel 5 beschriebenen, bedeutenden metanormalen Fähigkeiten realisiert hatte, darunter ein außergewöhnliches Bewegungsvermögen, mystische Erkenntnis und eine persönliche Ausstrahlung, die unzählige Menschen inspirierte (wie zum Beispiel mehrere japanische Politiker der Nachkriegszeit). Als er älter wurde, baute Ueshiba seine wachsenden Erkenntnisse in das System des Aikido ein, damit es der Liebe und Kraft, die im menschlichen Wesen schlummern, einen immer vollkommeneren Ausdruck geben konnte.[6]

Die Kampfkünste und die Entwicklung des *Ki*

Der japanische Begriff *Ki*, eine Abwandlung des chinesischen *Chi*, läßt sich als „vitale Energie" oder Lebenskraft übersetzen. Wie das *Prana* im Sanskrit oder das griechische *Pneuma* wird es als ein feinstofflicher Hauch, als Geist des Spirituellen oder Energie, die das Universum durchdringt, verstanden. Dem chinesischen Philosophen Ch'uang-tse zufolge kann man mit *Chi* sehen und hören, wenn man den Aufruhr der Psyche durch „geistiges Fasten" zur Ruhe gebracht hat, und so die „die Leere *(kyo, hsu)*, die unendliche Möglichkeiten in sich birgt", wahrnehmen.[7] Der Kampfkünstler kann entweder auf das *Ki* einwirken oder sich diesem hingeben. Durch die Vorstellung von Schwere oder die Visualisierung seines ausgestreckten Armes als fließende Energie vermag der Kampfkünstler *Ki* zu mobilisieren, um sich selbst schwerer oder seinen Arm stärker zu machen. In diesen und anderen Übungen wird *Ki* eingesetzt, um bestimmte Aufgaben auszuführen oder besondere Fähigkeiten zu entwickeln.[8] Andererseits kann es, wie Ch'uang-tse sagte, mit „geistigem Fasten", durch das der Übende Gedanken oder Gefühle losläßt, die seinem wahren Wesen entgegenstehen, kultiviert werden. Im Aikido, T'ai Chi und anderen Kampfkünsten wird *Ki* durch einen Punkt unterhalb des Bauchnabels kanalisiert, der im japanischen *Hara* und im chinesischen *Tan tien* heißt. Zahlreiche Übungen haben zum Ziel, an dieser Stelle eine zentrierte Bewußtheit zu aktivieren.[9]

Der berühmte japanische Schwertkämpfer Musashi lehrte seine Schüler – wie andere Meister der Kampfkünste auch –, ihre Aufmerksamkeit nicht auf das Schwert des Gegners oder bestimmte Bewegungen zu richten. Wer den Weg gemeistert hat, der könne die Schwere des Geistes seines Gegners erkennen, schrieb er. „Wenn man den Blick auf diese oder jene Stelle heftet, verliert man den Überblick über die Gesamtsituation; im Herzen entsteht eine Verwirrung, und so entgleitet einem schließlich der sichere Sieg."[10]

Der Aikido-Experte George Leonard beschrieb die „weichen Augen", eine visuelle Entspannungstechnik, die die Wahrnehmung des *Ki* fördert und das Handeln unter schwierigen Bedingungen erlaubt. „Im Aikido", schrieb er, „hat man, wenn man von

vier Leuten gleichzeitig angegriffen wird, keine Zeit, alles klar zu sehen, aber man muß die Bewegungen und Verbindungen deutlich erkennen. [Weiche Augen] ermöglichen es, alles auf einmal zu sehen, Teil von allem zu sein."[11]

Ki wirkt auf vielerlei Arten, fließt durch die Arme, um sie zu stärken, verdichtet sich im Körper, um ihn schwerer zu machen, oder verflüchtigt sich, um ihn leichter zu machen. Es kann auch wie ein gebündelter Lichtstrahl in einem Punkt gesammelt werden. Manche Schulen demonstrieren dieses Fokussieren, das *kime* genannt wird (*noi cun* auf chinesisch), durch das Spalten von Holzblöcken mit Schlägen, die dem Anschein nach kurz vor dem Zielobjekt gestoppt werden. Mit *kime* kann man eine Rüstung durchdringen, den Gegner mit verzögerter Wirkung verletzen und andere, an Wunder grenzende Taten vollbringen.[12] Auch die Stimme kann das *Ki* kanalisieren, besonders durch den *Kiai*, den geistigen Schrei, der aus dem *Hara* kommt. Mit Atemübungen, die auf das taoistische und indische Yoga zurückgehen, können Lungen, Zwerchfell und Kehlkopf trainiert werden, um *Kiais* hervorzubringen, die einen Gegner zu Fall bringen oder Gegenstände zerbrechen. Wie das *kime* konzentriert der *Kiai* das *Ki*, um die Schwingungen der organischen und anorganischen Materie neu zu strukturieren. Es heißt, daß einige Adepten den Schrei lautlos ausstoßen können.

Doch obgleich in der Tradition der Kampfkünste ein bedeutendes Wissen über *Ki* existiert, hat die gängige Wissenschaft kaum Beweise dafür geliefert. Vielleicht ist der Begriff *Ki* einfach eine Metapher oder ein Symbol physikalischer Energien, die die Physik oder Medizin nicht erklären können. George Leonard wies darauf hin, daß

> der Körper mehrere Energieformen ausstrahlt, die mit den Geräten der westlichen Wissenschaften gemessen werden können. Wir alle sind von einer Aura umgeben, man könnte auch sagen, von strahlender Wärme. Diese Wärme kann von einer sensiblen Hand mehrere Zentimeter vom Körper entfernt gespürt und aus weit größerer Entfernung mit einem Thermistor oder Infrarot-Sensoren gemessen werden. Wir sind, wie der Anthropologe Edward T. Hall es nannte, von einer „olfaktorischen Blase“ umgeben. Die Mitglieder einiger Kulturen ... fühlen sich unwohl, wenn sie mit jemandem sprechen, den sie nicht riechen können. Außerdem existiert im und um den Körper herum ein elektromagnetisches Feld, das mit dem Pulsschlag des Herzens in Verbindung steht. Hochempfindliche Geräte haben dieses Feld bis auf eine Entfernung von mehreren Zentimetern gemessen. Darüber hinaus ist der Körper von einer Wolke ionisierten Schweißes umgeben, die von elektrostatischen Geräten gemessen werden kann. Wir sollten auch daran denken, daß wir durch unseren Atem eine Wolke aus erwärmter Luft, Wasserdampf, Kohlendioxid, Bakterien und Viren hinter uns lassen. All diese Stoffe, die durch äußerst intime Hohlräume unseres Körpers geströmt sind, vermischen sich rasch mit den Substanzen derjenigen, die den Raum unseres Atems teilen.
>
> Alles in allem sind wir nicht annähernd so getrennt und in unserer Haut eingekapselt, wie man uns allgemein glauben machen will. In den dreißiger Jahren stellte der Psychologe Kurt Lewin die Theorie

> auf, daß Menschen innerhalb eines psychologischen „Lebensraumes“ existieren und mit der Außenwelt durch dieses durchlässige und formbare Feld anstelle eines direkten Kontaktes in Verbindung stehen. Geht man diesem Gedanken auch nur oberflächlich nach, wird offensichtlich, daß wir keineswegs in unserer Haut eingesperrt sind. Unsere Interaktionen mit der Welt sind vielzählig und vielfältig. Daß wir als sich vermischende Felder existieren, daß wir viele Möglichkeiten besitzen, einander aus der Entfernung wahrzunehmen, ist eigentlich nicht weiter erstaunlich.[13]

Möglicherweise ist *Ki* nichts weiter als das von Leonard beschriebene Feld. Vielleicht ist es auch einfach nur eine Abstraktion, die hilft, Fähigkeiten wie die „weichen Augen“, *kime* und den *Kiai* zu entwickeln. Andererseits könnte es genau die Form von Energie sein, für die Kampfkünstler sie halten. Unzähligen Schülern der Kampfkünste wurde ihre Fähigkeit, *Ki* wahrzunehmen oder einzusetzen, von Mitschülern und Lehrern bestätigt – oder auch nicht –, zum Beispiel durch das Zerschlagen – oder das Nicht-Zerschlagen – von Gegenständen durch *kime* oder das Werfen von Gegnern, ohne diese zu berühren. Auch wenn vermeintliche Wunder wie diese durch die gängige Physik oder soziale Suggestion erklärt werden können, scheint mir, daß es genügend Anzeichen für die Existenz von *Ki* gibt, um den Glauben daran zu rechtfertigen. Viele solcher Beweise finden sich zum Beispiel in der Zeitschrift *Subtle Energies*, in der klinische und experimentelle Forschungen über wissenschaftlich nicht erklärbare Energien, die in den psychologischen und somatischen Vorgängen des Menschen eine Rolle spielen, veröffentlicht werden.[14]

Die Kultivierung sinnlicher und außersinnlicher Bewußtheit

Im Kampfkunsttraining werden Fähigkeiten wie die Wahrnehmung subtiler Veränderungen der Atmosphäre, eines leisen Raschelns von Blättern und Gras, summender Insekten oder entfernter, von menschlichen Bewegungen verursachter Geräusche mit Hilfe von Atemübungen, Zurückgezogenheit, Meditation und anderen Techniken kultiviert, die den Geist zur Ruhe kommen lassen und die Sinne schärfen. „Schaue zuerst mit dem Geist, dann mit den Augen und schließlich mit dem Rumpf und den Gliedern", schrieb Yagyu Tajima.[15] Wenn der Geist von ablenkenden Gedanken befreit ist, können die Sinne mit einer neuen Reichweite und voller Klarheit funktionieren.

Durch das Erlangen dieser Stille des Geistes sind wir in der Lage, außersinnliche Fähigkeiten zu entwickeln. „Bei manchen Schwertkämpfern scheint sich eine Art Telepathie zu zeigen", schrieb Daisetz Suzuki. „Von Yagyu Tajima wurde gesagt, er habe diesen ‚sechsten Sinn'." Der berühmte Schwertkämpfer spürte zum Beispiel eine Atmosphäre von Mord in seinem Garten, als ein Bediensteter sich im Geiste vorstellte, er könne ihn erfolgreich angreifen.[16] Mehrere Schüler von Morihei Ueshiba beschrieben die Fähigkeit des Meisters, Angreifer zu spüren, die ihn im Schlaf zu überraschen versuchten.[17] Die Entwicklung dieses sogenannten sechsten Sinns ist noch immer ein zentrales Element des Kampfkunsttrainings. In seinem kalifornischen *Aiki-Dojo* hilft George Leonard seinen Schülern beispielsweise, den magnetischen Nordpol mit verbundenen Augen zu finden, Menschen zu erspüren, die sich außerhalb des Gebäudes verborgen halten, und andere Formen außergewöhnlicher Sensibilität kennenzulernen.*

Moralische Werte

Als während der Tokugawa-Periode die kriegerischen Auseinandersetzungen in Japan seltener wurden, wandten sich einige Samurai der Lustbarkeit und dem Verbrechen zu, statt sich die Kultur des Bushido anzueignen, während andere zu umherziehenden Kämpfern, *Ronin*, wurden, die ihre Dienste für Geld anboten. Diese Art des sich über jegliche Moral hinwegsetzenden Berufsstandes wurde im Ninjutsu zu einer Institution erhoben, die Techniken des Terrors, Tötens und der Spionage in sich vereinte. Die

* Einige wissenschaftliche Untersuchungen bestätigen manche der Ergebnisse Leonards, doch sie liefern keine Beweise für ASW. Der Physikprofessor Yves Rocard von der Sorbonne zeigte beispielsweise auf, daß ungeübte Personen Veränderungen in einem örtlich beschränkten magnetischen Feld spüren können. Siehe: Rocard 1964.

Ninjas wurden üblicherweise von Geheimgruppen in den entlegenen Gegenden von Iga und Koga ausgebildet, die vor Feinden und Reisenden geschützt waren. Ihre Mitglieder waren in drei Klassen unterteilt: die *Jonin*, die Aufträge annahmen, die *Chunin* oder Oberhäupter der Klans und die *Genin*, die die Aufträge ausführten. Die *Genin* wurden als die unterste Schicht der japanischen Gesellschaft angesehen und in Gefangenschaft oftmals gefoltert und verstümmelt. Die Ninjas entwickelten Techniken, sich zu verkleiden oder zu entfliehen, Menschen zu vergiften, zu verbrennen, zu verführen, in Häuser einzubrechen und um den Umgang mit Waffen zu beherrschen. Viele von ihnen waren geschickte Athleten, die beeindruckende Höhen erklimmen und am Tag 150 Kilometer und mehr zurücklegen konnten. In modernen Filmen werden sie als schwarzgekleidete Killer mit Strickleitern und vergifteten Wurfsternen dargestellt, worin sich ihre Rücksichtslosigkeit, Gerissenheit und Amoralität spiegelt.[18]

Doch trotz des Söldnertums der Ninjas und des gewissenlosen Verhaltens mancher *Ronin* verkörperten viele der Kampfkünste tiefgehende und hohe moralische Prinzipien. Die taoistischen Tugenden der Harmonie und Nachgiebigkeit spiegelten sich zum Beispiel in den Schulen der Kampfkünste, die Meditation lehrten, um kindliche Unschuld, flexibles Nachgeben und eine aus Nicht-Verhaftung erwachsende Freiheit

zu fördern.[19] Menzius, ein berühmter konfuzianischer Philosoph, behauptete, daß er *hao jan chih chi*, ein „immens großes, immens starkes *Chi*", im Gegensatz zu einer schwächeren Form der Vitalität kultiviert hätte. *Chi*, so sagte er, würde letzten Endes von der Ansammlung edler Taten und einer innewohnenden Güte abhängen und nicht mechanischen Übungen entspringen. Obgleich *i*, der Wille, das *Chi* lenkt, können beide nicht ohne die rechte Lebensführung realisiert werden. Die Kultivierung von *i* und *Chi* wird in der taoistischen Praxis durch *wu wei*, ein aktives Sich-Überlassen und die Hingabe an die unendliche Natur, sowie durch *tzu jan*, eine disziplinierte Spontaneität, ergänzt. Die Lehre des *wu wei* führt den Übenden dahin, daß er Streit und Wettbewerb vermeidet und still und zurückhaltend wird, während *tzu jan* es ihm ermöglicht, auf Kräfte, die ihn angreifen, natürlich und spontan zu reagieren. Die innere Schule des chinesischen Boxens hat ihre Grundlage in diesen vier taoistischen Tugenden, *i*, *Chi*, *wu wei* und *tzu jan*. Alle vier finden heute im Aikido, T'ai Chi und anderen Methoden ihren Ausdruck.[20]

In Japan beeinflußte der Zen-Buddhismus die Kampfkünste ähnlich wie in China der Taoismus und Konfuzianismus. Die Betonung des Selbstbewußtseins, der Spontaneität, des Gleichmutes und der Bedeutungslosigkeit des Todes sprach viele Samurai an, und seine Lehren vermischten sich schließlich mit konfuzianischen Moralvorstellungen und der schintoistischen Ehrfurcht vor dem Leben, um so zur Entstehung der Kultur des Bushido beizutragen. Die Transformation kriegerischer Tugenden zu einer Ethik der persönlichen Entwicklung wurde während des Tokugawa-Shogunats beschleunigt (1603–1867).[*] In der Kriegerethik der Tokugawa-Periode blieb der althergebrachte Kodex der Loyalität seinem Herrn und seiner Bestimmung gegenüber erhalten, wurde nun aber in Begriffen formuliert, die dem Konfuzianismus entlehnt waren. *Bushido*, ein Werk des japanischen Schriftstellers Nitobe, führte die sieben charakteristischen Tugenden dieser Kultur auf:

- Gerechtigkeit, die jede Täuschung oder Unehrlichkeit ausschließt
- Tapferkeit, sowohl moralisch als auch körperlich, die auf Gleichmut, Erfahrung und Wachsamkeit basiert
- Güte, die Großmut, Liebe und Sympathie einschließt (*bushi no nasake*, „die Sanftheit eines Kriegers", formte alle Maßregeln des Bushido)
- Höflichkeit, um Körper und Seele zu läutern
- Wahrheitsliebe (der Ausdruck *bushi no ichi-gon* bedeutet: „Das Wort eines Kriegers benötigt keine schriftliche Verpflichtung")
- Ehre
- Loyalität

Der rituelle Selbstmord durch Aufschlitzen des Bauches – als *seppuku* oder *hara kiri* bekannt – spielte im Kodex des Bushido eine wichtige Rolle, weil dadurch gezeigt wurde, daß der Krieger bestimmte Tugenden für wichtiger hielt als sein Leben. Seit Beginn des 13. Jahrhunderts war dies eine legalisierte Praxis. „Basierend auf dem konfuzianischen Prinzip, daß der Mensch nicht unter demselben Himmel leben sollte wie der Mörder seines Führers, Herrn oder Vaters", schrieben Draeger und Smith, „war *seppuku* Teil einer ‚mentalen Physiologie', nach der der Sitz der Seele im Unterbauch war. Durch das Öffnen der Seele offenbarte der Krieger allen seine Reinheit."[21]

Wenngleich viele Kampfkünste heutzutage weniger Wert auf moralische Werte legen, so verkörpern einige noch immer die Tugenden, die aus den edleren Formen des Bushido und anderer Kriegertraditionen stammen. Das gesamte System des Aikido von Morihei Ueshiba enthält beispielsweise eine genau definierte Ethik der Harmonie, Liebe und Versöhnung. Diese Ethik des Aikido findet in den körperlichen Techniken Ausdruck, so daß die Übenden sie in ihre Muskulatur und ihr Nervensystem aufnehmen. Wenn moralische Tugenden mit den Bewegungen des Körpers verwoben sind, haben sie eine stärkere Basis als in guten Absichten allein. „Man muß Aikido zuerst als Budo begreifen und dann als einen Weg des Dienens, um die Weltfamilie zu erschaf-

[*] Die Schriften von Kamo Mabuchi (1697–1769), Motoori Morinaga (1730–1801) und Hirata Atsutane (1776–1843), die konfuzianischen Lehren von Yamaga Soko (1622–1685), das *Hagakure* von Tsunemoto Yamamoto (1649–1716) sowie das *Lehrbuch des Bushido* von Daidoji Usan aus dem 17. Jahrhundert trugen zur Entstehung des Bushido-Konzeptes bei.

fen", schrieb Ueshiba. „Wahrer Budo ist das liebevolle Beschützen aller Wesen. Versöhnung heißt, jedem die Vollendung seiner Berufung zu gestatten. Wahrer Budo ist ein Weg der Liebe." Diese Ethik beruht auf Ueshibas Überzeugung, daß sich die Seele im Einklang mit den grundlegendsten universellen Kräften weiterentwickeln kann. „Wir üben uns nicht im Aikido", sagte er, „um stark zu werden oder einen Gegner zu Boden zu werfen. Wir trainieren vielmehr in der Hoffnung, mithelfen zu können bei der Aufgabe, der Menschheit in der ganzen Welt Frieden zu bringen, und sei unsere Rolle auch noch so gering. Diese Hoffnung vereint uns mit dem universellen Ganzen."[22]

Ueshiba verlieh diesen Idealen im Training, in der Strategie und in den Bewegungen des Aikido Ausdruck.* Wenn ein Angriff ausgeführt wird – auf der Matte oder auf der Straße –, bleibt der Angegriffene, *nage*, ruhig und unbeweglich, bis er den Schwung des Angreifers nutzt, ihn zu Boden wirft oder eines seiner Glieder verdreht, um ihn kontrollieren zu können. Wenn sie korrekt ausgeführt werden, sind die Bewegungen des Aikido fließend und kreisförmig und sehen nicht wie ein Kampf aus, sondern erinnern eher an einen Tanz. Im *randori* oder dem freien Üben, bei dem mehrere Personen angreifen, bewegt sich der *nage* inmitten all der versuchten Angriffe und

Schläge ganz ruhig und bringt seine Partner zu Fall, indem er sich ihren Bewegungen anpaßt. Wird Aikido von einem Meister ausgeführt, verbindet es die innere Ruhe kontemplativer Bewußtheit mit schwungvollen Bewegungen. Die Aikido-Strategie kann nicht erfolgreich sein, wenn Streß verhindert, daß sie anmutig ausgeführt wird, denn sie setzt voraus, daß der *nage* sich dem Angreifer nähert, um dessen Schwung umzulenken. So drückt Aikido die traditionelle Zen-buddhistische Samurai-Tugend der gelassenen Spontaneität unter schwierigen Bedingungen wie auch die taoistische Tugend der Harmonie aus. Darüber hinaus können Harmonie, Gleichmut, Spontaneität und Versöhnung auf den Angreifer übertragen werden. Beim *tenchi nage* zum Beispiel, dem „Himmel-und-Erde-Wurf", hebt der *nage* einen Arm und senkt den anderen, trennt den Angreifer von „Himmel und Erde", so daß dieser seine eigene Versöhnung durch das Fallen erlangen muß. Andere moralische Tugenden, die im Aikido verankert sind, sind das Gleichgewicht, das durch wirbelnde Schrittfolgen und rhythmische Atmung geschult wird, Sensibilität, die durch „weiche Augen" und die Wahrnehmung von *Ki* geübt wird, und eine psychische Stärke, die sich aus dem wilden Durcheinander beim Training entwickelt. Doch wie alle hoch differenzierten und seit langem bewährten Methoden verkörpert Aikido weitaus mehr Werte, als seine Philosophen benannt haben, und mehr Tugenden, als sich seine Adepten bewußt sind.

* Die Terminologie des Aikido spiegelt seine rein defensive Natur wider. Zum Beispiel heißt der Verteidiger *nage*, was von dem japanischen Wort für *werfen* abgeleitet ist, während der Angreifer *uke* heißt, was *fallen* bedeutet.

Die Kultivierung von psychischer und physischer Schönheit

Manche Kampfkünste sind in der Schönheit ihres Ausdrucks den höchsten Formen des Tanzes ebenbürtig. Methoden wie Kendo (Schwertkampf), Kyudo (Bogenschießen) und Aikido mit ihren eleganten Dojos (Schulen), Anzügen und anmutigen Ritualen spiegeln den Wert, den die Kulturen Chinas und Japans auf Ästhetik im Alltagsleben legen. T'ai-Chi- und Aikido-Bewegungen sind aus dem Grunde so anmutig, weil sie auf Prinzipien der Harmonie und auf disziplinierter Spontaneität beruhen, und sie sind meisterhaft, weil sie das hingebungsvolle Üben verkörpern. Darüber hinaus wird der Einfluß solcher Tugenden durch jene Philosophien unterstützt, die zum Entstehen der Kampfkünste beitrugen und die die ursprüngliche Einheit, kosmische Vitalität und die Fähigkeit des Menschen zu seiner Transformation hervorheben.

Diesen Philosophien zufolge kann der Schönheit immer und überall Ausdruck verliehen werden – selbst in der unbedeutendsten Handlung, im Streit oder Leid.

Das komplexe Verhaltensrepertoire der Kampfkünste

Die Kampfkünste beziehen einen Großteil ihrer Kraft zur Transformation aus der Fülle ihrer Techniken. Allein die Anzahl der Bewegungen, die sie verlangen, hilft den Übenden, Koordination, Balance, Beweglichkeit, Flexibilität, Stärke, Ausdauer und schnellere Hand- und Fußbewegungen zu entwickeln. Sie vereinigen unzählige Entdeckungen über unser psychophysisches Potential in sich, was sich daran erkennen läßt, daß viele Kampfkünste Techniken einsetzen, die moderne körperorientierte Therapieverfahren erst vor kurzem entdeckt haben. (T'ai Chi fördert zum Beispiel wie die Alexander-Technik eine korrekte Haltung und die Dehnung des Halsbereiches und lehrt wie die Feldenkrais-Methode weiche, angenehme Dehnungen. Siehe 18.2 und 18.4) In der heutigen Zeit umfassen die Kampfkünste ein immenses Wissen über die Physiologie und Bewegung des Menschen, das zu einem Großteil aus der östlichen Medizin und Religion hervorgeht.[23]

[20.2]
WISSENSCHAFTLICHE STUDIEN ÜBER DIE KAMPFKÜNSTE

Wissenschaftler haben gemessen, daß die Hand eines Karate-Experten eine Spitzengeschwindigkeit von 10 bis 14 Metern pro Sekunde erreichen und eine Kraft von mehr als 612 Pfund (oder 3000 Newtons) ausüben kann.[24] Wenn die Hand korrekt positioniert ist, kann sie der entstehenden Gegenkraft mit Leichtigkeit widerstehen, so daß Menschen in der Lage sind, Holz und Beton zu zerschlagen. Der Punkt, an dem ein Knochen zerbricht, „ist mehr als vierzigmal so groß wie der von Beton“, schrieben der Forscher Michael Feld und seine Mitarbeiter im *Scientific American.* „Wenn ein 6 Zentimeter langer [Knochen]-Zylinder mit einem Durchmesser von 2 Zentimetern nur an seinen Enden gehalten würde, könnte er in seiner Mitte einer Kraft von mehr als 25 000 Newtons widerstehen. Diese Kraft ist achtmal so groß wie die Kraft, die Beton bei einem Karate-Schlag auf die Hand ausübt. [Doch] die Hand vermag sogar Kräften zu widerstehen, die größer als 25 000 Newtons sind, weil sie nicht aus einem einzigen Knochen besteht, sondern aus einem Netzwerk aus Knochen, die durch Sehnen und Bänder miteinander verbunden sind.“* K. Hirata, F. B. Theiss und H. T. Yura haben weitere Prinzipien der Physik und Anatomie erklärt, die bei der außergewöhnlichen Schlagkraft mancher Kampfkünstler eine Rolle spielen.[25]

Phillip Rasch und Eugene O'Connell fanden heraus, daß eine Gruppe von Karate-Schülern pro Pfund Körpergewicht deutlich stärkere Beine hatte als alters- und leistungsmäßig vergleichbare Ringer der Universität. Die Forscher vermuteten, daß die Beine ihrer Versuchspersonen denen der Ringer in Stärke allgemein überlegen

waren, weil „in ihren Trainingsstunden eine beachtliche Anzahl von verschiedenen Trittechniken geübt wird und ihre Beine intensiv durch das gesamte Bewegungsspektrum hindurch trainiert werden.“[26] Rasch und William Pierson schätzten, daß mehrere Karateka, die sie untersuchten, wesentlich schnellere Reaktionszeiten als eine vergleichbare Gruppe von Ringern aufweisen würden, wenn man die Testergebnisse dem Altersunterschied der Versuchspersonen angleichen würde.[27] Ein anderer Forscher berichtete, daß eine Gruppe von 42 Karate-Schülern insgesamt schnellere Reaktionen aufwies als 42 Tennisspieler, deren athletisches Talent vergleichbar war.[28]

Forschende Psychologen beobachteten einen koreanischen Karatemeister, der gelassen seine Gefühle, seine Blutung und andere physiologische Reaktionen kontrollierte, als sein Arm mit einer Fahrradspeiche durchbohrt wurde, an der ein 22 Pfund schweres Gewicht hing. Die außerordentliche Kontrolle dieser Versuchsperson wurde anhand von fünf EEG-Aufzeichnungen, Messungen der galvanischen Hautreaktion und der Blutströmungsgeschwindigkeit sowie der Beobachtungen der Versuchsleiter belegt.[29] Dieses Experiment bildete eine Ausnahme unter den meisten wissenschaftlichen Studien von Kampfkünstlern, da in diesem Fall ein Meister untersucht wurde und keine Anfänger oder Fortgeschrittenen. Ein Großteil der Forschung über die Kampfkünste ist – wie die meisten experimentellen Studien über Biofeedback, Medi-

* Feld et al. 1979. Ein anderer Artikel im *Scientific American* beschrieb einige Grundwürfe aus dem Judo und Aikido, um zu zeigen, wie die physikalischen Gesetzmäßigkeiten der Kraft gegen einen Gegner eingesetzt werden können. Siehe: Walker 1980.

tation oder andere Aktivitäten zur Transformation – aufgrund der mangelnden Erfahrung der Versuchspersonen nur begrenzt aussagekräftig.

Im Jahre 1981 untersuchte George Leonard Verbesserungen der körperlichen Funktionen bei seinen Aikido-Schülern in Mill Valley, Kalifornien. Die folgenden sechs Elemente seiner Methode waren für die untersuchten Personen von besonderer Bedeutung:

- Zentrieren im Hara, das einer 54jährigen Frau dabei half, ihre Herzfrequenz in spannungsgeladenen Situationen zu reduzieren
- die Vorstellung eines Energieflusses, die eine Teilnehmerin gebrauchte, um die Deformierung eines Fingers zu beseitigen, die nach Aussage ihres Arztes von einer unheilbaren Arthritis herrührte
- konzentrierte Hingabe an Ziele, die die Teilnehmer festgelegt hatten, was einem 34jährigen Mann dabei half, eine spürbare Verbesserung der Beweglichkeit in seinem operierten Knie zu erlangen
- Atmung aus dem Unterbauch heraus

- Visualisierung
- erhöhte Ziel-Bewußtheit, die durch schriftliche Affirmationen der Teilnehmer angeregt wurde.

„Obwohl bei diesen Experimenten keine wissenschaftlichen Kontrollen verwendet wurden“, schrieb Leonard, „zeigte ein Fragebogen zur schriftlichen Selbstbewertung, daß die Teilnehmer überraschend erfolgreich darin waren, ihre Körper signifikant zu verändern.“

Zu den Veränderungen, die die Versuchspersonen angaben, zählten Verbesserungen im EKG, die neu erworbene Fähigkeit, die Temperatur in der Hand zu erhöhen (bei mehreren Schülern), und ein erhöhter Muskeltonus.

1982 führte Leonard mit 26 Schülern seiner Aikido-Schule eine zweite Studie durch, bei der (1) Affirmationen auf niedrigem Niveau eingesetzt wurden, um körperliche Veränderungen wie die Gewichtsabnahme über „direkte und gewöhnliche Handlungen“ zu erreichen, (2) Affirmationen auf mittlerem Niveau, um Asthmaanfälle zu lindern oder andere Wirkungen zu erzielen, die „schwer zu erlangen, aber wissenschaftlich leicht zu erklären waren“, und (3) Affirmationen auf hohem Niveau, um Veränderungen zu erzielen, die schwer zu erlangen *und* wissenschaftlich schwer zu erklären waren.[30] Leonards Gruppe war drei Monate lang zweimal wöchentlich zusammengekommen, bevor die Teilnehmer mit dem Experiment begannen. Während dieser Zeit hatte Leonard sie in die grundlegenden Elemente seiner Methode eingewiesen und ihnen geholfen, sich bei wachsender Belastung eine Ausgeglichenheit zu bewahren. Mit seinen vielen unkontrollierbaren Variablen konnte das Experiment statistisch zwar nichts beweisen – was auch gar nicht vorgesehen war –, aber einige der Teilnehmer berichteten von beachtlichen Ergebnissen. Eine Frau beschrieb zum Beispiel eine deutliche Linderung ihrer angeborenen Herzkrankheit, die sich vor dem Experiment verschlechtert hatte. Die Remission wurde durch ärztliche Untersuchungen am *Medical Center* der *University of California* in San Francisco bestätigt. Die Frau leidet heute nicht mehr unter ihren damaligen Herzbeschwerden, und ihre Ärzte bestätigten ihr, daß sie bei einem Marathonlauf mitmachen könnte. Eine andere Teilnehmerin, bei der eine Arthroskopie vorgenommen werden sollte, heilte ihr schwerverletztes Knie so weit, daß sie ohne Schwierigkeiten Aikido üben konnte. Andere Schüler konnten ihre Flexibilität, Beweglichkeit, Stärke und Herz-Lungen-Belastbarkeit signifikant verbessern.

[20.3]
DIE KAMPFKÜNSTE IM MODERNEN SPORT

Sadaharu Oh, Japans berühmtester Baseballspieler, erzielte in seiner Karriere 868 Homeruns* und übertraf so den amerikanischen Rekord von Hank Aaron. Er gewann in seiner 22jährigen Karriere 15 professionelle Homerun-Meistertitel. Außerdem trug er dazu bei, daß die *Tokyo Giants* viele nationale Meisterschaften gewannen – allein zwischen 1965 und 1973 neun Titel in Folge. Doch ohne das Spezialtraining des Baseballtrainers Hiroshi Arakawa hätte er diese großen Erfolge nicht erzielen können. Oh hat seine Geschichte in Zusammenarbeit mit dem Schriftsteller David Falkner schlicht und eindrucksvoll erzählt.[31]

Obwohl er auf der Schule als linkshändiger Werfer ein Star war, wurde Oh als Profi wegen seines kraftvollen Schlages an das 1. Base gestellt. Doch während seiner ersten drei Jahre bei den *Tokyo Giants* konnte er die an ihn gestellten Erwartungen nicht erfüllen und betrank sich häufig im Ginza-Viertel von Tokio. Wegen Ohs Schwierigkeiten stellte der Manager der *Giants* Arakawa ein, der mit ihm arbeiten sollte. Oh mußte Arakawa versprechen, mit dem Trinken und Rauchen aufzuhören; in den ersten Trainingsmonaten wurde er Morihei Ueshiba vorgestellt, der ihn mit Erkenntnissen aus dem Aikido vertraut machte. Ueshiba führte Oh in das Konzept von *ma*,

* Anmerkung des Übersetzers: Beim Homerun wird der Ball zumeist über die Begrenzung des Feldes hinaus geschlagen, so daß der Batter (Schläger) einen Run über alle vier Bases schaffen kann.

„der psychischen Zeit und dem Raum“, in dem ein Wettbewerb stattfindet, und in andere Aikido-Prinzipien ein. Diese Lektionen zeigten jedoch keine unmittelbaren Auswirkungen. Erst als Arakawa Oh dazu brachte, eine ungewöhnliche Schlaghaltung auf einem Bein einzunehmen, verbesserte sich seine Trefferquote. Diese dramatische Veränderung seines Stils trug dazu bei, Ohs Aikido-Training zu präzisieren. Der Sportler schrieb:

Ich war an einem Punkt angelangt, an dem Aikido für das, was ich tat, eine absolute Notwendigkeit geworden war und nicht nur eine Ergänzung. Ohne Aikido würde ich nicht lernen, auf einem Fuß zu stehen, ich würde es nicht „begreifen“.

Eines der ersten Dinge, die ein Aikido-Schüler lernt, ist, sich des „einen Punktes“ gewahr zu werden. Das ist ein Energie- oder Geistzentrum im Körper, etwa zwei Finger unterhalb des Bauchnabels. Zwar beziehen sich viele Kampfkünste auf dieses Zentrum, aber im Aikido ist es ganz essentiell. Aikido erfordert eine ungeheure Balance und Beweglichkeit, die beide nicht möglich sind, wenn man nicht völlig zentriert ist. Ein Großteil des anfänglichen Trainings bestand darin, meine Haltung mit dem Gedanken an den einen Punkt einzunehmen. Ich stellte mich auf einen Fuß, hob den Schläger, während ich mir die ganze Zeit über dieses Energiezentrums in meinem Unterbauch bewußt war. Ich entdeckte,

daß ich mehr im Gleichgewicht war, wenn ich meine Energie in diesem Teil des Körpers konzentrierte statt in irgendeinem anderen. Wenn ich zum Beispiel meine Energie in meiner Brust konzentrierte, wurde ich zu gefühlsbetont. Ich lernte auch, daß es einen oberlastig macht, wenn die Energie im oberen Teil des Körpers konzentriert wird. Balance und ein beständiger Geist stehen daher mit dem „einen Punkt“ in Verbindung.[32]

Oh lernte außer dem Zentrieren noch weitere Dinge durch das Aikido, darunter die Wahrnehmung von *Ki* und die Macht des Wartens.

Solange ich ruckartig ausholte, konnte ich nicht daran denken, *Ki* beim Schlagen einzusetzen. Doch mit dieser Haltung auf einem Fuß schien das Ziel, *Ki* einzusetzen, nicht mehr so weit hergeholt – falls ich lernen könnte, mich genug zu stabilisieren.

Am Anfang der Saison, als wir einfach versucht hatten, meine ruckartige Bewegung zu verbessern, hatte Arakawa-san das Problem mit Ueshiba Sensei besprochen. Der Sensei war kein großer Baseball-Fan und hatte ihn unterbrochen.

„Sehen Sie“, sagte er, „der Ball kommt angeflogen, ob man es will oder nicht. So ist es doch! Dann kann man nur darauf warten, daß er zu einem kommt. Warten ist der traditionelle japanische Stil. Warten. Lehren Sie ihn zu warten.“[33]

Während der Saison von 1962 baute Arakawa Konzentration, *Ki*, Zentrieren, Balance und Warten in Ohs Baseballtechnik ein, damit dieser den „Körper eines Steins“ erlangen konnte, von dem der legendäre japanische Schwertkämpfer Musashi gesprochen hatte. Oh schrieb: „Der Körper eines Steins! Das Bild drang in meinen Geist mit einer solchen Einfachheit ein, wie ein Vogel auf einem Zweig landet. Das Ziel, das zu vervollkommnen, was in meinem Körper war, schien völlig natürlich zu sein." Manchmal übte Oh vor einem Spiegel und visualisierte die verschiedenen Würfe, die auf ihn zukommen würden. Um Ohs Arm zu stärken, ließ Arakawa ihn visualisieren, daß sein Körper ein Barren wäre, der ohne zu zerbrechen dem größten Druck standhalten konnte. Oh übte seine Haltung mit diesem Bild vor seinem geistigen Auge vor einem Spiegel, in Umkleideräumen oder bei Arakawa zu Hause mit Schlägern, Holzstangen und anderen Gerätschaften, bis sich Hornhaut über seinen Blasen gebildet hatte. Doch seine Form war noch immer nicht vollkommen. Mit der Hilfe seines Lehrers erkannte er, daß auch sein Oberkörper und seine Schlaghaltung umstrukturiert werden mußten. Erst nach anstrengenden Monaten des Trainings konnte er seinen gesamten Körper so im Gleichgewicht halten, daß seine Kraft vollständig konzentriert war.

Und was war erreicht worden? Unser Training ermöglichte es mir, 38 Homeruns zu erzielen, davon 28 nach dem 1. Juli. Ich erhöhte meinen Trefferdurchschnitt auf 0,272 und mein Gesamt-RBI* auf 85, beides persönliche Rekorde. Am wichtigsten war, daß ich in dem Jahr die Meistertitel für Homeruns

und RBIs der *Central League* gewann. [Aber] in jenem Jahr wurde ich vom Meister der Arakawa-Schule nicht besonders gelobt. Ich akzeptierte das. Ich wußte, er hatte seine Gründe.

„Sehen Sie es einmal so, Oh", sagte er zu mir. „Gewinnen und verlieren sind die entgegengesetzten Seiten der Medaille. Am besten, man vergißt sie beide."

Es stellte sich heraus, daß Arakawa-san die ganze Zeit über seine eigenen Pläne hatte. Und die hatten wenig damit zu tun, daß ich ein oder zwei Titel gewonnen hatte. Er dachte bereits an die Zukunft.[34]

So begann ein neuer Abschnitt in Ohs Training, der sowohl auf dem Budo des Schwertkampfes als auch auf Aikido aufbaute. In einem Schwert-Dojo in Tokio lernte Oh, das *Ki* so durch den Schläger zu lenken, als ob es „um Leben oder Tod" gehen würde. Er erlernte *metsuke*, eine Methode des Sehens, als ob man zwei Paar Augen hätte, die Musashi als „nahe Dinge mit Fernsicht betrachten" beschrieben hatte. Durch diese Fähigkeit konnte man die Absichten des Werfers ebenso erkennen wie seine Bewegung.[35] Oh lernte auch die Geometrie physikalischer Aktionen – das Dreieck, das Arme und Beine bilden, wenn ein Schläger oder Schwert ausgestreckt wird, und die Kraft der kreisförmigen Bewegung beim Drehen der Hüften. „Wenn die Position des führenden Ellenbogens eines Schwertkämpfers – oder eines Batters – zu weit vom Körper entfernt ist", schrieb er, „ist es unmöglich, ein gutes Dreieck mit dem Rumpf zu bilden."[36] Oh übte jeden Tag, und in der Saison von 1963 gewann er seinen zweiten Homerun-Titel und verbesserte seinen Trefferdurchschnitt auf 0,305. Er schrieb:

* Anmerkung des Übersetzers: RBI bedeutet *runs batted in* (Läufe, die aufgrund seiner Treffer erzielt wurden).

Doch ich hungerte nach mehr. Manchmal wachte ich morgens während der Saison auf und merkte, daß mein Herz wie Feuer brannte. Es spielte keine Rolle, ob ich in die Ginza ging oder eine ganze Flasche Whisky und ein paar Biere in einer Nacht trank, ich wachte immer mit einem klaren Kopf und voller Begeisterung für Baseball auf. Ich war an dem Punkt, an dem ich nur noch lebte, um zu schlagen. Wie kann man das ausdrücken, ohne daß es verrückt klingt? Ich sehnte mich danach, einen Baseball zu schlagen, so wie ein Samurai sich danach sehnte, dem Weg des Schwertes zu folgen. Das war mein Leben.[37]

In der Saison des Jahres 1964 erzielte Oh 55 Homeruns und verbesserte seinen Trefferdurchschnitt auf 0,320. Er arbeitete weiterhin mit Arakawa. Als die gegnerischen Mannschaften ihre Feldspieler auf der rechten Seite des Spielfelds plazierten, was gewöhnlich sein Ziel war, schlug er einfach durch die Reihe der Spieler hindurch oder über sie hinweg. Er war zum größten und am meisten gefürchteten Batter im japanischen Baseball geworden. Als er sich 16 Jahre später im Alter von vierzig aus dem Sport zurückzog, hatte er mehr Rekorde gebrochen und war mehr bejubelt worden als jeder andere japanische Spieler.

Auch andere Sportler haben mit Hilfe der Kampfkünste ihre sportlichen Leistungen verbessern können.[38] Sie haben wie Sadaharu Oh bezeugt, daß Übungen aus den Kampfkünsten ihre körperlichen Fertigkeiten und ihren mentalen Zustand verbesserten und verschiedene Formen außergewöhnlicher Fähigkeiten hervorbrachten. Doch diese Form des Trainings hat weitaus mehr als nur die Welt des Sports beeinflußt. In den letzten Jahrzehnten haben Menschen aus allen Lebensbereichen durch Methoden wie Aikido eine neue Vitalität, Balance und Stärke erlangt. In der heutigen Zeit spiegelt die wachsende Popularität der Kampfkünste in vielen Teilen der Welt die generelle Attraktivität von Methoden wider, die uns größere Möglichkeiten von Geist und Körper offenbaren.

21

Aussergewöhnliche Fähigkeiten religiöser Adepten

Seit langem wird die transformierende Kraft des religiösen Lebens in mythischen Schilderungen über Schamanen, Yogis, Heilige und Weise verherrlicht. Selbstverständlich beweisen solche Mythen nicht die Existenz metanormaler Fähigkeiten; sie enthalten aber möglicherweise intuitive Einblicke in Fähigkeiten, die der Mensch entwickeln könnte (siehe 8). In diesem Kapitel konzentriere ich mich jedoch nicht auf Mythen, sondern auf Biographien, Reiseberichte, anthropologische Studien und andere Schilderungen, die glaubwürdige Bezeugungen außergewöhnlicher Fähigkeiten wiedergeben, die aus der religiösen Übung erwachsen.

[21.1]
DER TOD DES KALANOS

In seinem Buch *Alexanders Siegeszug durch Asien*, dem wohl maßgebendsten Bericht aus der Zeit der Antike über die Abenteuer Alexanders in Asien, schilderte Arrian den Selbstmord von Kalanos, eines indischen Weisen, der sich dem Zug der Makedonier angeschlossen hatte. Der griechische Historiker schrieb:

Kalanos war nämlich im persischen Lande krank geworden, er, der früher überhaupt nie krank gewesen war. Er hätte daher nicht die Lebensweise eines kranken Mannes führen wollen, sondern hätte zu Alexander gesagt, es wäre gut für ihn, wenn er in solchem Zustande stürbe, bevor ihn ein Leiden befallen würde, das ihn zwingen könnte, seine bisherige Lebensweise aufzugeben. Alexander hätte ihm lange Zeit widersprochen. Als er aber sah, daß jener sich nicht überzeugen ließ, sondern auf andere Weise abscheiden würde, wenn man ihm hierin nicht nachgäbe, habe er denn, wie Kalanos selbst es wollte, Befehl gegeben, für ihn einen Scheiterhaufen aufzurichten.

Kalanos verteilte die Geschenke, die er von Alexander erhalten hatte, und sang Hymnen zu Ehren der indischen Götter.

So sei er denn auf den Scheiterhaufen gestiegen und habe sich in ruhiger Würde niedergelegt vor den Augen des gesamten Heeres. Alexander habe es widerstanden, zuzuschauen bei der Bestattung des ihm teuren Mannes. Den anderen aber habe dieser Mann Staunen und Ehrfurcht erregt, wie er auch in den Flammen kein Glied seines Körpers rührte.

Als aber die, denen es oblag, die Brandfackeln auf den Scheiterhaufen warfen, da hätten die Trompeten geschmettert ... Denn so war es von Alexander angeordnet. Und das ganze Heer habe das Kriegsgeschrei angestimmt, wie es das tut, wenn es in die Schlacht geht, und die Elefanten hätten dazu in hellen und kriegerischen Tönen in den Schall eingestimmt, als ob auch sie den Kalanos ehren wollten.*

[21.2]
DIE WÜSTENVÄTER

Im 3. und 4. Jahrhundert wurden viele christliche Mystiker des Nahen Ostens wegen ihrer Heiligkeit und ihrer strengen Askese berühmt. Nach der Geschichte der frühen Kirche von Abbé Duchesne konnte Makarius der Ägypter „es nicht ertragen, von einer asketischen Leistung zu hören, ohne sofort zu versuchen, sie zu übertreffen". Als einige Mönche auf den Schlaf verzichteten, hielt Makarius sich 20 Nächte lang wach. Eine ganze Fastenzeit hindurch stand er aufrecht und aß nur einmal in der Woche Kohl. Dem Historiker W. E. Lecky zufolge schlief Makarius sechs Monate lang in einem Sumpf und bot seinen Körper ständig giftigen Insekten dar.[1] Der Mönch Bessarion legte sich 40 Jahre lang nicht zum Schlafen nieder, und Pachomius, der Vater der Koinobiten, legte sich 50 Jahre lang nicht hin. Von Symeon Stylites dem Älteren hieß es, er nehme häufig die gesamte Fastenzeit über keine Nahrung zu sich. Im Jahre 422 lebte er in Kalat Siman im Norden Syriens auf einer zwei Meter hohen Säule, errichtete später noch höhere, bis er sich endgültig auf einer 18 Meter hohen Säule niederließ. Obwohl der Durchmesser der Plattform nur etwa einen Meter betrug (mit einem Geländer, das ihn vor dem Herunterfallen bewahren sollte), lebte Symeon 30 Jahre

* Arrian, Siebentes Buch (1950, S. 360 ff.) Dem berühmten Historiker P. A. Brunt zufolge „liefert uns Arrian zweifelsohne die besten Beweise, die wir über Alexander besitzen. Ein Vergleich mit anderen antiken Berichten über Alexander zeigt eindeutig, daß seiner der beste ist" (Brunt 1976, S. XVI–XVII).

lang ohne Unterbrechung auf der Säule. Von diesem markanten Aussichtspunkt aus predigte er, verdammte die Ungläubigen, heilte, machte Kirchenpolitik, beschämte Geldverleiher, so daß diese ihre Zinsen senkten, und schüchterte zahllose Pilger ein.[2] Sein Beispiel inspirierte zwölf Jahrhunderte lang andere asketische Säulenheilige und wirkte sich in säkularisierter Form bis ins 20. Jahrhundert aus.[3]

Außer den heroischen Demonstrationen ihrer Standhaftigkeit und Meisterung des Selbst zeigten einige dieser Mystiker auch außersinnliche Kräfte. Der *Historia Monachorum* zufolge, eines zu Beginn des 5. Jahrhunderts geschriebenen Berichtes über die Wüstenväter, sah Johannes von Lykopolis die Zukunft voraus und beriet so erfolgreich Kaiser Theodosius und einen römischen Feldherren bei gewagten militärischen Unternehmen. Der unbekannte Verfasser der *Historia Monachorum* vermerkte auch die Gabe der Herzensschau bei dem Mönch Eulogius, die Präkognitionen des Apollonius, daß Fremde seine Zelle aufsuchen würden, und Theons Gabe der Prophezeiung. Die Wüstenväter waren außerdem für ihre Heilkräfte bekannt. Johannes von Lykopolis segnete Öl für die Frau eines Senatoren, der sie damit von ihrer Blindheit heilte, die durch grauen Star verursacht war. Abba Or führte Heilungen „ohne Unter-

laß [durch], so daß Mönche von überallher zu ihm strömten und sich zu Tausenden um ihn sammelten".

Auch Elias, Apollonius, Johannes der Eremit, Makarius und Ammun wurden wegen ihrer Heilkräfte von unzähligen Menschen aufgesucht. Viele dieser Einsiedler waren ebenso für ihre robuste Gesundheit bekannt. Der heilige Antonius, der berühmteste und einflußreichste von allen, wurde 105 Jahre alt (251–356). Abba Or und Johannes von Lykopolis waren etwa 90 Jahre alt, als der Verfasser der *Historia Monachorum* sie zwischen 394 und 395 aufsuchte. Und Elias war 100, wenngleich einige Wüstenväter sagten, daß sich niemand erinnere, wann er seine Zufluchtsstätte in den Bergen aufgesucht habe. Geregelte Lebensgewohnheiten und ein freudenvoller Gleichmut, zum Teil von der „immensen Stille" der Wüste inspiriert, trugen zu der Langlebigkeit dieser bemerkenswerten Asketen bei.[4]

Viele Erzählungen über die Wüstenväter wurden den Werken gelehrter Geistlicher entnommen, die für ihr klares Urteilsvermögen und ihre kritische Einstellung bekannt waren, unter ihnen der heilige Hieronymus, der die Bibel ins Lateinische übersetzt hatte, der heilige Rufinus, der Übersetzer der *Historia Monachorum* ins Lateinische, Athanasius, der Bischof von Alexandria, dessen Schilderung seines Freundes, des heiligen Antonius, einen großen Einfluß auf die griechisch sprechende Welt der frühen Kirche ausübte, und Evagrius, der Athanasius' *Leben des heiligen Antonius* ins Lateinische übersetzte.

Diese und andere Berichte über die Überwindung von Schmerz und Leid, die spärliche Nahrungsaufnahme und das nächtelange Wachen, die Langlebigkeit, der Gleichmut, die Heilkräfte und die ansteckend wirkende Überschwenglichkeit der heiligen Väter verliehen aufgrund ihrer inneren Schlüssigkeit und Übereinstimmung mit anderen zeitgenössischen Dokumenten den Geschichten über die Mönche in der Wüste Glaubwürdigkeit.

Seit den Tagen des heiligen Antonius inspirierten die freudvollen Einsiedler Tausende, ihrem Beispiel zu folgen, so daß immer mehr Eremiten und große Gemeinschaften von Mönchen, denen sich Menschen aus den höchsten Schichten der römischen Gesellschaft anschlossen, in die Wüste zogen. Die Liebe Gottes erfüllte die Atmosphäre, und Besucher aus vielen Teilen der Welt strömten herbei, um die strahlenden und kraftspendenden Asketen zu sehen. Der heilige Hieronymus drückte die allgemeine Begeisterung aus, als er im Jahre 375 an den heiligen Rufinus schrieb: „Ich habe vernommen, daß du in die verborgensten Orte Ägyptens vorgedrungen bist, Gruppen von Mönchen besuchst und unter der Familie des Himmels auf Erden einherwandelst. Zuletzt kam das volle Gewicht der Wahrheit über mich: Rufinus ist in Nitria und hat den gesegneten Makarius erreicht!" Diese frühchristlichen Mystiker, die „Familie des Himmels auf Erden", hatten die Vorstellungskraft der römischen Welt in ihren Bann gezogen.[5]

[21.3]

SCHAMANISCHE KRÄFTE

Mircea Eliade bezog sich auf Studien zahlreicher Anthropologen, um die wesentlichen Elemente des Schamanismus zu schildern. Er schrieb:

> Die Schamanen, scheinbar so ähnlich den Epileptikern und Hysterikern, geben Proben einer übernormalen Nervenkonstitution. Sie vermögen sich mit einer Intensität zu konzentrieren, welche dem profanen Menschen unerreichbar bleibt: sie trotzen erschöpfenden Anstrengungen; sie beobachten ihre Bewegungen in der Ekstase ... Bei seiner Vorbereitung auf die künftige Arbeit bemüht sich der Neophyt, seinen Körper zu kräftigen und seine geistigen Eigenschaften zu vervollkommnen. Mytchyll, ein jakutischer Schamane, den Sieroszewski kannte, übertraf bei der Sitzung trotz seines Alters die Jüngeren durch die Höhe seiner Sprünge und die Energie seiner Bewegungen. „Er wurde lebhaft, er schäumte über von Geist und Schwung. Er durchbohrte sich mit dem Messer, schlang Stöcke hinunter und verzehrte glühende Kohlen."[6]

Dieselbe schamanische Meisterschaft war auch bei einem jungen Labrador-Eskimo zu beobachten, der fünf Tage und Nächte lang im Meer blieb, woraufhin ihm der Titel *angalok* gegeben wurde, das Äquivalent seines Volkes für „Schamane". Eliade verglich die Kraft, so lange im eiskalten Wasser zu überleben, mit dem tibetischen *tumo* (siehe 5.4), der Fähigkeit von Mandschu-Initianden, unter dem Eis im gefrierenden Wasser zu schwimmen, und den *tapas* der Rigweda. Die Meisterung der „magischen Hitze", über die Eliade berichtete und die Yogis, Eskimo-*angaloks* und tibetischen Lamas zugeschrieben wurde, ist auch bei Schamanen von den Salomon-Inseln, Sumatra, dem Malaiischen Archipel und verschiedenen nordamerikanischen Indianerstämmen beobachtet worden.[7] Paviotso-Schamanen in Nordamerika steckten sich zum Beispiel „brennende Kohlen in den Mund ... und [faßten] ungestraft rotglühendes Eisen an".[8] Kung-Buschmänner tanzen ekstatisch durch die Flammen ihrer Lagerfeuer.[9] Schamanen der Araukanier aus Chile sind barfuß durch das Feuer gelaufen, ohne sich oder ihre Kleidung zu verbrennen.[10]

Eine andere Form der Unverwundbarkeit wurde von einem Medizinmann der Lakota, dem Schwarzen Hirsch, beschrieben. In einem Gespräch mit dem Schriftsteller John Neihardt schilderte er die Schlacht zwischen Indianern und Weißen bei Wounded Knee in South Dakota am 29. Dezember 1890.

Eben hier kämpften sie, und ein Lakota rief mir zu: „Schwarzer Hirsch, dies ist ein Tag, an dem Großes vollbracht werden sollte!" Ich antwortete: „Hau!"

Dann stieg ich vom Pferd und rieb mich mit Erde ein, um den Mächten zu zeigen, daß ich ohne ihre Hilfe gar nichts sei. Dann ergriff ich meine Flinte, stieg aufs Pferd und sprengte zur Höhe des Hügels

hinauf. Rechts unter mir schossen die Soldaten, und meine Leute riefen mir zu, ich solle mich nicht dort hinabwagen; die Soldaten hätten ein paar gute Schützen unter sich, und ich würde für nichts in den Tod rennen.

Doch ich gedachte meines großen Gesichts, jenes Teils, da die Gänse aus dem Norden erschienen. Ich verließ mich auf ihre Kraft. In der rechten Hand Gewehr und Waffen vor mich hinstreckend, wie eine Gans, wenn sie vor einem Umschlag des Wetters niedrig fliegt, gab ich den Laut der Gänse von mir: „br-r-r-p, br-r-r-p, br-r-r-p"; und also stürmte ich zum Angriff vor. Die Soldaten, die mich sahen, eröffneten ein heftiges Feuer. Ich rannte auf meinem Rehbraunen vorwärts, schoß ihnen, als ich ihnen nahe war, ins Gesicht, bog dann zur Seite und ritt wieder den Hügel hinauf.

Während dieser ganzen Zeit pfiffen die Kugeln um mich, und ich wurde nicht getroffen. Doch gerade als ich die Hügelkuppe erreicht hatte, war es mir, wie wenn ich plötzlich erwachte, und ich fürchtete mich. Ich ließ die Arme sinken und brach den Gänseruf ab. In diesem Augenblick fühlte ich einen Schlag über meinem Gürtel, als habe einer mit dem Rücken einer Axt dort hingetroffen. Ich wäre beinah aus dem Sattel gestürzt, vermochte mich aber noch zu halten und ritt über den Hügel.[11]

Mehrere Anthropologen haben Schamanen bei rituellen Operationen zugesehen. Waldemar Bogoras beobachtete zum Beispiel, wie eine Schamanin der Tschuktschen ihrem Sohn mit einem Messer den Bauch aufschnitt, ihre Hand in die Wunde schob, sie dann ohne eine Naht wieder schloß, so daß Bogoras hinterher keine Narbe entdecken konnte. Ein anderer Tschuktschen-Schamane öffnete – für andere sichtbar – seinen eigenen Bauch mit einem Messer, nachdem er getrommelt hatte, um Schmerzfreiheit zu erlangen.[12] Bogoras berichtete auch über den folgenden Vorfall: Während ein Tschuktschen-Schamane trommelte und sang, um eine Trance herbeizuführen, in der er in die Unterwelt hinabsteigen wollte, waren aus mehreren Richtungen Stimmen zu hören, manche davon aus einiger Entfernung. Anscheinend von einem Geist besessen, sprach der Schamane mit einer Falsettstimme, während das Zelt geschüttelt wurde und Holzstücke durch die Luft flogen. Ein anderer Erforscher des sibirischen Schamanismus, Sergei Shirokogoroff, berichtete über ähnliche Phänomene, die er bei den Tungusen beobachtet hatte, darunter vermeintliche Geisterstimmen und Telekinese.[*]

In den steinzeitlichen Kulturen Sibiriens, Amerikas und Zentralasiens wird die ekstatische Freiheit des Schamanen in Mythen über seine magischen Flüge und Abstiege in die Unterwelt zum Ausdruck gebracht. Ich bin der Ansicht, daß die angebliche Fähigkeit des Schamanen, sich durch verschiedene kosmische Zonen hindurch zu bewegen, nicht nur die Autonomie der Seele bekunden soll, sondern auch eine außergewöhnliche Mobilität ahnen läßt, die wir durch Übungen zur Transformation schulen können (siehe 5.5). Es wäre möglich, daß die Geschichten über schamanische Reisen ebenso wie die katholische Lehre vom verklärten Körper die latent vorhandene Fähigkeit des Menschen, verschiedene Erscheinungsformen der Materie hervorzubringen oder sich durch sie hindurch zu bewegen (siehe 8 und 9), vorwegnehmen.

[21.4]
INDIANISCHES LAUFEN

In seinem Buch *Indian Running* schrieb Peter Nabokov:

> Indianische Läufer verließen sich auf Kräfte, die über ihre eigenen Fähigkeiten hinausgingen und ihnen halfen, im Krieg, bei der Jagd oder zum Sport zu laufen. Um schnell auszuweichen, lange Strecken durchzuhalten, auf kurzen Strecken zu spurten, richtig zu atmen und sich selbst zu übertreffen, benötigten sie Kräfte und Fertigkeiten, die Tieren, Pfaden, Sternen und Elementen eigen waren. Ohne deren Anleitung und ihr Wohlwollen könnte das eigene Potential niemals verwirklicht werden.[13]

Bei einem Wettbewerb, über den seit dem 16. Jahrhundert von Europäern berichtet wurde, treten Indianermannschaften aus dem Osten Brasiliens gegeneinander an und müssen 100 bis 200 Pfund schwere Stämme tragen. Die Läufer erscheinen in Bema-

[*] Shirokogoroff 1935. In Eliade 1991, S. 228 ff. Die außergewöhnliche Ausdauer, Beweglichkeit, Selbstkontrolle und Heilkraft vieler Schamanen – wie auch die paranormalen Phänomene, die sie manchmal zu erwecken scheinen – gehen häufig aus einer ekstatischen Trance hervor. Wie Eliade und andere Anthropologen angemerkt haben, ist diese Trance insoweit nicht epileptisch, als sie willentlich herbeigeführt werden kann. Aber ihre Konvulsion scheint oftmals epileptoid zu sein und erinnert an die heftigen Begleiterscheinungen der Verzückung bei Theresia von Avila und die ekstatischen Anfälle von Derwischen. Siehe: Eliade 1991.

lung, und jeder Stamm zeigt seine bevorzugten Muster. Die Krahó-Indianer behaupten, daß ihre Ahnen, die Sonne und der Mond, diese Wettbewerbe einst für sich geschaffen und sie an ihre menschlichen Kinder weitergegeben hätten.[14] Der Ethnograph Curt Nimuendaju schilderte einen solchen Wettlauf:

Vier Männer aus jeder Mannschaft heben ihren Stamm auf die Schultern des ersten Läufers, und er läuft sofort in Richtung des Dorfes los, gefolgt und umringt von der lärmenden Gruppe seiner Kameraden. Zu Beginn wird immer einer der besten Läufer ausgewählt, um einen ermutigenden Start zu garantieren. Wenn die beiden Träger nebeneinander herlaufen, hat jeder die Spur für sich, auf der der Stamm am Anfang des Laufes lag.

Sofort beginnt eine wilde Verfolgungsjagd. Schreiend und die Läufer zu größeren Anstrengungen anfeuernd, in Hörner und Okarinas blasend, rennen die mit geflochtenen Gräsern geschmückten Indianer wie Hirsche rechts und links vom Pfad des Trägers umher, wobei sie über Grasbüschel und kleine Büsche springen. Nach etwa 150 Metern läuft ein Mitglied der Mannschaft auf den Träger zu, der sich geschickt wendet, ohne seinen Lauf zu unterbrechen, und den Stamm auf die Schulter seines Kameraden ablädt, woraufhin der Wettlauf ohne die geringste Unterbrechung fortgesetzt wird. So geht es wie wild weiter, in der sengenden Hitze der schattenlosen Steppe die Abhänge der Hügel hinunter,

durch Bäche und wieder hinauf durch den brennenden, losen Sand. Und jetzt kommen wir zu dem Charakteristikum, das für den Neubrasilianer unerklärlich bleibt und dazu führt, daß er hinter diesem indianischen Spiel ständig verborgene Motive vermutet. Der Sieger und alle anderen, die sich bis zum bitteren Ende bis zur völligen Erschöpfung verausgabt haben, vernehmen kein Wort des Lobes, noch werden die Verlierer und die abgeschlagenen Läufer auch nur im geringsten kritisiert. Es gibt keine triumphierenden oder unzufriedenen Gesichter. Der Sport genügt sich selbst und ist kein Mittel, um persönliche Eitelkeiten oder die der Gruppe zu befriedigen. Zwischen den Mannschaften läßt sich keine Spur von Neid oder Feindseligkeit entdecken. Jeder Teilnehmer hat sein Bestes gegeben, weil er sich einfach daran freut. Wer der Gewinner oder Verlierer ist, spielt so wenig eine Rolle wie die Frage, wer bei einem Festessen am meisten gegessen hat.[15]

Die zeremoniellen Läufe der Papago und der Pima am Golf von Kalifornien haben manchmal acht Stunden angedauert. „Jahrelang haben sich die Männer auf diese Erfahrung vorbereitet", schrieb Nabokov. „[Sie] brachten dem Meer Opfergaben dar [und] liefen 30 Kilometer bis zu einer Landzunge und zurück, wobei sie eine Vision herbeisehnten, die sie ihr Leben lang leiten sollte."[16] Die Anthropologin Ruth Underhill schilderte die visionären Erfahrungen dieser indianischen Läufer. Einer von ihnen, schrieb sie, sah weiße Kraniche, die ihm sein Tempo vorzugeben schienen, und erkannte, daß es ihm bestimmt war, ein großer Ball-Läufer zu werden. Ein anderer sah einen Berg sich vor ihm drehen und komponierte ein Lied darüber, das ihn bei seinem

Stamm berühmt machte. Und ein dritter hörte den Ruf eines „Meeresschamanen", zog sich mehrere Jahre in eine Höhle zurück und wurde ein Zauberer.[17]

Die 60-Kilometer-Läufe der Pima werden jedoch noch von den Tarahumara-Indianern Mexikos übertroffen. Karl Kernberger, der die Wettläufe der Tarahumara mehrere Jahre lang fotografierte, beschrieb einen ihrer Ball-Wettläufe, der zwei Tage und Nächte dauerte. „Sie schienen sich nicht anzustrengen oder über irgendeine Schmerzgrenze hinauszugehen", erzählte er Nabokov. „Sie schienen einfach das zu tun, was Tarahumara tun müssen."[18]

Diese erstaunlichen Läufe fördern den sozialen Zusammenhalt der Gruppe, bieten die Möglichkeit, Aggressionen abzureagieren, und regen die Gesundheit der Teilnehmer an. Aber sie tun mehr als das. Einige der indianischen Läufer werden von einem Bedürfnis nach Transzendenz angetrieben. „Diese alten amerikanischen Traditionen verleihen unserem Hunger, an der ‚kosmischen Totalität' teilzunehmen – wie es Mircea Eliade nannte –, eine gewisse Würde", schrieb Peter Nabokov. „Ich vermute, daß in gewisser Hinsicht alle Läufer jene Sehnsucht teilen, die sich in folgendem Navajo-Lied ausdrückt":

Die Berge, ich werde Teil davon ...
Die Kräuter, die Kiefer,
ich werde Teil davon.
Die Morgennebel,
die Wolken, die Wasser, die sich sammeln,
ich werde Teil davon.
Die Sonne, die die Erde überflutet,
ich werde Teil davon.
Die Wildnis, die Tautropfen, die Blütenpollen ...
ich werde Teil davon.

[21.5]
TAOISTISCHE MÖNCHE UND ZAUBERER

Der buddhistische Gelehrte John Blofeld beschrieb einen thailändischen Stammeszauberer, der vor einem Schrein saß und mit enormer Kraft sang. „Von Zeit zu Zeit", schrieb Blofeld, „begab sich etwas Außerordentliches, etwas wirklich und wahrhaftig Entsetzliches. Mit einem greulichen Aufschrei schoß er etwa einen oder anderthalb Meter hoch in die Luft und landete wieder mit solcher Wucht auf der Bank, daß sie bedrohlich erzitterte. Diese Bewegung eines sitzenden Mannes, dessen Beine sich kein einziges Mal für den Sprung streckten, war so unheimlich, daß mir der kalte Schweiß aus den Poren brach."[19] Blofeld beschrieb ebenfalls, wie taoistische Meister und ihre Schüler durchs Feuer gingen, ihren Körper durchbohrten, Blutungen kontrollierten, bemerkenswerte Kräfte aufboten und eine außerordentliche Beweglichkeit zeigten.[20] Die Fähigkeiten, die bei diesen Demonstrationen offenbart wurden, schrieb er, entwickelten sich aus der Meditation, aus Atemübungen, Yoga-Stellungen und anderen kontemplativen Praktiken, von denen viele Bestandteile des taoistischen Weges zur Erlangung eines unsterblichen Körpers waren (siehe 8.2).[21]

[21.6]
JÜDISCHE MYSTIKER

Für die meisten jüdischen Mystiker finden die größten Abenteuer des Geistes in den Handlungen des täglichen Lebens statt, wenn *Sohar*, die Herrlichkeit der Existenz, sich manifestiert. „Jedes Ereignis kann unsere höheren Gaben erwecken", schrieb

Edward Hoffman, ein Gelehrter der Kabbala und des Chassidismus, „denn die transzendente Kraft kann in allem und überall gefunden werden."[22] Doch trotz ihrer Konzentration auf die Güte im täglichen Leben schildern die mystischen Schriften des Judentums auch metanormale Fähigkeiten, die den Charismen katholischer Heiliger und den *siddhis* indischer Yogis ähneln. Vom Begründer des Chassidismus, Rabbi Israel Baal-Schem-Tob, wurde beispielsweise gesagt, daß er die Wünsche eines Bittstellers auf eine Weise erfüllt habe, die zeigte, daß er im Besitz einer außergewöhnlichen Kraft des Geistes über die Materie war. Auch hatte er die Gabe der „kleinen prophetischen Schau" und der Herzensschau. Rabbi Dow Baer von Meseritz (der „Große Maggid") und Rabbi Salman Schneur, der Begründer der in der heutigen Zeit florierenden Lubawitscher Chassidim, zeigten ebenfalls außersinnliche Fähigkeiten.[23]

[21.7]
BEGRÄBNISSE EINES YOGIS

In einem 1850 veröffentlichten Buch mit dem Titel *Observations on Trance or Human Hibernation* beschrieb James Braid, jener Arzt, der den Begriff *Hypnotismus* prägte, ein Experiment, das typisch für mehrere wissenschaftliche Untersuchungen religiöser Adepten im 19. Jahrhundert war.[24] Grundlage seines Werkes war ein Bericht von Sir Claude Wade, der damals als Vertreter der englischen Regierung am Hof des Maharadschas Runjeet Singh von Lahore lebte, der das Begräbnis eines Yogis namens Haridas im Jahre 1837 schilderte. Um mißtrauische Zeugen beeindrucken zu können, hatte der Yogi den Maharadscha gebeten, sein Begräbnis sechs Wochen lang zu überwachen. Da dieser solchen Leistungen eher skeptisch gegenüberstand, ordnete er besondere Vorsichtsmaßnahmen gegen einen möglichen Betrug an. In Wades Bericht war folgendes zu lesen:

> Als sich der gemäß unserer Einladung vereinbarte Zeitpunkt näherte, begleitete ich Runjeet Singh zu der Stelle, an der der Fakir begraben war. Es war ein Ort in den Gärten, die sich dem Palast von Lahore anschlossen, von einer offenen Veranda umgeben und mit einem geschlossenen Gebäude in der Mitte. Als wir dort ankamen, stieg Runjeet Singh, der bei dieser Gelegenheit von seinem gesamten Hofstaat begleitet wurde, von seinem Elefanten und bat mich, mit ihm das Gebäude zu untersuchen, um zu sehen, ob es noch so verschlossen war, wie er es hinterlassen hatte. Das taten wir. Es hatte an jeder der vier Seiten eine Tür gegeben, von denen drei völlig zugemauert waren; die vierte war eine schwere Tür, die bis auf das Vorhängeschloß mit Lehm verputzt war. Das Schloß war mit Runjeet Singhs persönlichem Siegel in seiner Gegenwart versehen worden, nachdem man den Fakir eingeschlossen hatte. Tatsächlich wies das Äußere des Gebäudes keinerlei Öffnungen auf, durch die Luft ein-

> dringen konnte, und auch keine Möglichkeiten, um dem Fakir Nahrung zukommen zu lassen. Ich möchte hinzufügen, daß die Mauern, die die einstigen Türöffnungen verschlossen, keine Anzeichen aufwiesen, daß sie kürzlich beschädigt oder versetzt worden wären.
>
> Runjeet Singh erkannte das Siegel als das wieder, das er selbst angebracht hatte; da er dem Erfolg eines solchen Unternehmens ebenso skeptisch gegenüberstand wie ein Europäer und sich so weit wie möglich gegen einen Betrug absichern wollte, hatte er zwei Kompanien seiner Leibgarde in der Nähe des Gebäudes stationiert. Diese stellten vier Wachen, die alle zwei Stunden abgelöst wurden und das Gebäude Tag und Nacht vor Störungen bewahrten. Gleichzeitig hatte er einen der Hofbeamten hohen Ranges angewiesen, den Ort gelegentlich aufzusuchen und ihm darüber zu berichten. Das Siegel über dem Vorhängeschloß wurde von ihm selbst oder seinem Minister verwahrt, und der Minister erhielt morgens und abends einen Bericht des Wachoffiziers.
>
> Nach der Überprüfung setzten wir uns auf die Veranda gegenüber der Tür, während einige von Runjeet Singhs Dienern die Lehmwand abtrugen und einer seiner Offiziere das Siegel brach und das Schloß öffnete. Als die Tür geöffnet wurde, war außer einem dunklen Raum nichts zu sehen. Runjeet Singh und ich betraten nun den Raum in Begleitung von Haridas' Diener, und als man ein Licht brachte, stiegen wir in eine Art Zelle hinab, die etwa einen Meter tiefer lag. Dort stand aufrecht eine hölzerne Kiste, etwa 1,20 Meter hoch und 90 Zentimeter breit und mit einem schrägen Dach. Der Deckel war ebenfalls mit einem Vorhängeschloß versehen und ähnlich wie die Außentür versiegelt. Nachdem wir ihn geöffnet hatten, erblickten wir eine Gestalt in einem Sack aus weißem Leinen, der mit einem Stück Band über dem Kopf zugeschnürt war. In diesem Augenblick wurde eine Ehrensalve abgefeuert, und die Menge drängte sich durch die Tür, um das Schauspiel zu beobachten. Als ihre Neugier befriedigt war, steckte der Diener des Fakirs seine Hände in die Kiste, nahm die Gestalt heraus, schloß den Deckel

und lehnte die Gestalt mit dem Rücken so dagegen, wie der Fakir in der Kiste gehockt hatte – wie ein hinduistisches Götzenbild.

Dann stiegen Runjeet Singh und ich in die Zelle hinab, die so klein war, daß wir auf dem Boden vor dem Körper nur noch sitzen konnten und ihn mit Händen und Knien berührten.

Nun begann der Diener, warmes Wasser über die Gestalt zu gießen, aber da es meine Absicht war zu prüfen, ob ich irgendwelche Zeichen von Betrug aufdecken könnte, schlug ich vor, den Sack aufzureißen und den Körper in Augenschein zu nehmen, bevor irgendwelche Wiederbelebungsmaßnahmen angewendet wurden. Ich tat es und möchte hier anmerken, daß der Sack, als wir ihn zuerst zu Gesicht bekamen, verschimmelt aussah – so als ob er einige Zeit lang begraben gewesen wäre. Die Beine und Arme des Körpers waren runzelig und steif, das Gesicht voll, der Kopf ruhte auf der Schulter wie der eines Leichnams. Daraufhin bat ich den Mediziner, der mich begleitete, herunterzukommen und den Körper zu untersuchen. Das tat er, konnte aber keinen Pulsschlag am Herzen, an den Schläfen oder am Handgelenk feststellen. Um das Gehirn herum war allerdings eine Hitze zu spüren, die von keinem anderen Körperteil ausging.

Der Diener schlug nun vor, ihn mit heißem Wasser zu baden. Vorsichtig lockerten wir seine steifen Arme und Beine; Runjeet Singh nahm das rechte und ich das linke Bein, und durch Reiben brachten wir sie wieder in ihre richtige Lage. Zur selben Zeit legte der Diener einen heißen Weizenfladen, der

etwa zwei Zentimeter dick war, auf den Kopf – ein Vorgang, den er zwei- oder dreimal wiederholte. Dann entfernte er das Wachs und die Watte, die die Nasenlöcher und Ohren verstopft hatten. Unter großer Anstrengung öffnete er den Mund, indem er die Spitze eines Messers zwischen die Zähne schob, und während er mit seiner linken Hand den Kiefer offenhielt, zog er mit seiner rechten die Zunge heraus, wobei die Zunge mehrere Male in ihre zusammengerollte Lage, in der sie sich ursprünglich befunden hatte, um den Schlund zu verschließen, zurückschnellte.

Dann rieb er ein paar Sekunden lang Butter auf die Augenlider, bis es ihm gelang, sie zu öffnen. Die Augen schienen unbeweglich und glasig. Nachdem der Fladen zum dritten Mal auf den Kopf gelegt worden war, wurde der Körper von heftigen Krämpfen geschüttelt, und die Nasenlöcher blähten sich, als die Atmung wieder aufgenommen wurde; die Glieder nahmen ihre natürliche Form an, doch der Pulsschlag war immer noch kaum wahrzunehmen. Der Diener gab etwas Butter auf die Zunge und veranlaßte ihn zu schlucken. Ein paar Minuten später weiteten sich die Pupillen und zeigten wieder ihre natürliche Farbe. Der Fakir erkannte Runjeet Singh, der vor ihm saß, und fragte ihn mit einer kaum hörbaren Grabesstimme: „Glaubt Ihr mir jetzt?" Runjeet Singh bejahte das und beschenkte den Fakir mit einer Perlenkette und zwei herrlichen Armreifen aus Gold, mit Seide und Musselin und Tüchern, woraus er ein sogenanntes *khelat* machte, das bedeutenden Persönlichkeiten gewöhnlich von indischen Prinzen überreicht wird.

Von dem Zeitpunkt, als die Kiste geöffnet wurde, bis zum Wiedererlangen der Stimme konnte nicht mehr als eine halbe Stunde vergangen sein, und nach einer weiteren halben Stunde redete der Fakir ungezwungen mit mir und den anderen, wenn auch mit schwacher Stimme wie ein Kranker. Dann verließen wir ihn in der Überzeugung, daß bei dieser Vorführung, die wir miterlebt hatten, kein Betrug oder Schwindel im Spiel gewesen war.[25]

Wades ausführliche Schilderung wurde von Johann Martin Honigberger bestätigt, einem deutschen Arzt, dem 1839 von dem englischen General Ventura und anderen vertrauenswürdigen Zeugen über das Begräbnis des Haridas berichtet wurde. In einem 1851 veröffentlichten Buch mit dem Titel *Früchte aus dem Morgenlande* gab Honigberger eine Geschichte wieder, die beinahe identisch mit Braids war, und fügte bestimmte Einzelheiten hinzu, die in Wades Bericht fehlten.[26] Honigberger zufolge hatte Haridas als Vorbereitung auf seine sonderbare Unternehmung sein Zungenband durchtrennt und vor dem 40tägigen Begräbnis seinen Magen mit einem langen Stück Stoff und seine Gedärme mit Einläufen gereinigt. Kurz vor seinem Begräbnis wurden seine Ohren, sein Rektum und seine Nasenlöcher mit Wachs verschlossen. Dann wurde er in ein Leinentuch gewickelt, das ebenfalls versiegelt wurde, woraufhin man ihn in die Kiste legte, die der Maharadscha verschloß und in die Öffnung hinunterließ, die Wade beschrieben hatte. Nach seiner Wiederbelebung, schrieb Honigberger, blies der Diener des Yogis Luft in dessen Kehle und Ohren, so daß das Wachs mit einem lauten Geräusch aus seinen Nasenlöchern trat. Nachdem Haridas auf diese Weise eingeschlossen worden war, überlebte er tatsächlich ohne jegliche Luftzufuhr.

Bei einem späteren Experiment des Maharadschas wurde die Kiste mit Haridas erneut begraben und

> Erde darauf geworfen und festgetrampelt, um sie vollständig zu umgeben und zu bedecken. Darüber wurde Gerste gesät, und eine ständige Wache blieb an der Stelle zurück. Außerdem ließ Runjeet Singh während der Zeit des Begräbnisses den Körper zweimal wieder ausgraben, woraufhin festgestellt wurde, daß er sich in genau derselben Position befand wie bei der Eingrabung und allem Anschein nach in einem Zustand völliger Unbelebtheit war. Nachdem dieses hinausgezögerte Begräbnis beendet war, erholte sich der Fakir mit Hilfe der üblichen Behandlung.[27]

[21.8]

DIE VERWANDLUNGEN DES SRI RAMAKRISHNA

Der indische Ekstatiker Sri Ramakrishna Paramahamsa (1836–1886) verehrte Gott als seinen Herrn, als Kind, Mutter, Freund und Geliebten. Er übte sich in mehreren tantrischen Disziplinen, erfuhr die verschiedenen Formen der Ekstase, die sie hervorbringen sollten, und erreichte *nirvikalpa samadhi*, als er dem Vedanta-Lehrer Totapuri begegnete, woraufhin er volle sechs Monate in Trance blieb. Im Laufe seiner spirituellen Verwirklichung hatte er Visionen von Krishna, Christus und Mohammed, was ihn erklären ließ, daß die kontemplativen Wege einer jeden Religion zu einer einzigen

Gottheit führen. Kein anderer Mystiker der neueren Zeit hat so viele Formen der religiösen Erfahrung erlebt.[28]

Während seiner asketischen Übungen zeigten sich bei Ramakrishna bemerkenswerte körperliche Veränderungen. Als er Rama wie Hanuman verehrte, den Affenkönig aus dem Epos Ramayana, ähnelten seine Bewegungen denen eines Affen. „Seine Augen wurden unruhig", schrieb der Vedanta-Gelehrte Swami Nikhilananda. „Er ernährte sich von Früchten und Wurzeln. Mit einem Stück Tuch um seine Lenden gewickelt, dessen Ende wie ein Schwanz hinunterhing, hüpfte er umher, anstatt zu gehen."[29] In seiner Ramakrishna-Biographie schilderte der Romanschriftsteller Christopher Isherwood das merkwürdige Verhalten des Heiligen in dessen eigenen Worten: „Ich tat das nicht absichtlich, es geschah einfach. Und das Erstaunlichste war, daß sich das untere Ende meiner Wirbelsäule verlängerte, etwa um zwei Zentimeter! Später, als ich aufhörte, diese Form der Hingabe zu üben, verkleinerte sie sich allmählich wieder auf ihre übliche Größe."*

Ramakrishna machte auch mehrere Kundalini-Erfahrungen, wobei einige von Visionen der Chakras und anderer Erscheinungsformen der esoterischen Anatomie

Indiens begleitet waren. In seinen ekstatischen Zuständen weinte er, wurde von Krämpfen geschüttelt, blutete aus den Poren, fühlte, daß seine Gelenke sich lockerten oder versteiften, schwitzte stark und verspürte ein Brennen.[30] Wie andere Ekstatiker war auch Ramakrishna im Besitz einer starken Vorstellungskraft, die zu seinen erhebenden Zuständen und körperlichen Veränderungen beitrug. Er reagierte – wie die außergewöhnlich hypnotisierbaren Versuchspersonen aus den Experimenten Theodore Barbers (15.6) – ganz extrem auf Suggestionen seiner Umgebung. So erschienen einmal Blutklumpen auf seinen Lippen, nachdem ein Cousin ihm gesagt hatte, er würde aus seinem Mund bluten. Die Suggestion hatte große Auswirkungen, aber Ramakrishna fand wieder zu sich, als ihn ein Sadhu aufforderte, die Blutung mit Hilfe seiner Selbstkontrolle zu stoppen.[31] Der berühmte Heilige weigerte sich jedoch, seine transformierenden Kräfte einzusetzen, um sich selbst von einer Krebserkrankung zu heilen. Als ein Freund ihm nahelegte, die Krankheit durch seine hohe Form der Konzentration zu beseitigen, wies er ihn zurecht und fragte, wie er denn seinen Geist von Gott abwenden könnte, um ihn diesem „wertlosen Käfig aus Fleisch" zuzuwenden.[32] Ramakrishna hielt – wie die meisten Asketen – die Wiederherstellung seines Körpers nicht für eine Sache von Wert.

* Isherwood 1959, S. 71. Isherwoods Wiedergabe von Ramakrishnas Beschreibung ist nahezu identisch mit einer früheren Biographie, die sich auf direkte Berichte der engsten Vertrauten des Heiligen stützte. Siehe: *Life of Sri Ramakrishna* 1924, S. 82.

Die Schilderungen dieses Kapitels zeigen nur einen kleinen Ausschnitt der metanormalen Fähigkeiten, die religiösen Menschen zugeschrieben werden. Kalanos' gelassene Geisteshaltung während seines Verbrennungstodes, die Heilkräfte der Wüstenväter, die schamanische Beherrschung der magischen Hitze, die Unverwundbarkeit des Schwarzen Hirsches während der Schlacht, die Kontrolle, die der Heiler der Tschuktschen über seine Schmerzen hatte, die außergewöhnlichen Bewegungen des Thai-Zauberers, die Kontrolle, die Haridas während seines 40tägigen Begräbnisses über seinen Metabolismus ausübte, und die bemerkenswerten körperlichen Veränderungen von Ramakrishna offenbaren die Macht der Transformation, die dem religiösen Leben innewohnt.

22

Die Charismen katholischer Heiliger und Mystiker

Katholische Heilige und Mystiker haben leib-seelische Veränderungen erfahren, die ebenso dramatisch sind wie jene Wandlungen, über die aus anderen Religionen berichtet wird. Zudem sind diese Phänomene durch die Kanonisationsverfahren und die Untersuchungen von Journalisten und Medizinern einer kritischen Betrachtung unterzogen worden. Als ich die umfangreiche Literatur der letzten 200 Jahre über das religiöse Leben des Katholizismus durchsah, war ich von der Menge der darin enthaltenen medizinischen Gutachten, Überprüfungen durch Geistliche und journalistischen Schilderungen beeindruckt. In ihrer Gesamtheit gesehen stellen die Untersuchungen der Heiligkeit im römisch-katholischen Sinne eine einzigartige Sammlung von Beweisen für die Fähigkeiten des Menschen zur Transformation dar.

[22.1] Die katholischen Kanonisationsprozesse

In diesem Kapitel beschreibe ich mehrere außergewöhnliche Phänomene, Charismen genannt, die großen Katholiken zugeschrieben werden. Meine Hauptquellen sind die Biographien von Heiligen, die Augenzeugenberichte aus Kanonisationsprozessen enthalten, *Butler's Lives of the Saints* in der Bearbeitung von Herbert Thurston und Donald Attwater, Bücher über die körperlichen Phänomene der Mystik von Herbert Thurston, Caroline Bynum, Antoine Imbert-Gourbeyre und anderen und – indirekt – die wissenschaftliche Beurteilung katholischer Hagiographien, die in den *Acta*

Sanctorum und *Analecta Bollandiana* der Bollandisten enthalten sind.[1] Bevor ich fortfahre, möchte ich einen kurzen Überblick über einige kirchliche Verfahren geben, die das Leben ihrer heroischen Gestalten untersuchen.

Wenn wir Beweise für metanormale Phänomene beurteilen, die aus römisch-katholischen Quellen stammen, sollten wir die Gründlichkeit würdigen, mit der diese Phänomene von Obrigkeiten der Kirche, Medizinern und Historikern untersucht worden sind, um frommen Betrug aufzudecken oder einem unkritischen Glauben die richtige Perspektive zu geben. Dieser Beschreibung der katholischen Untersuchungsverfahren folgt ein Abschnitt über die Wissenschaftlichkeit der Bollandisten und Pater Herbert Thurston. Seine ausgewogene, gut recherchierte Untersuchung körperlicher Wunder, die mit der katholischen Heiligkeit einhergehen, bilden die Hauptquelle für die hier dargelegten Fakten.

Geschichte

Bis ins Mittelalter hinein wurde die Kanonisierung gewöhnlich in jeder Region von einem oder mehreren Bischöfen durchgeführt, um die Heiligkeit einer Person, die

wegen ihrer Frömmigkeit oder ihres Märtyrertums hochgeachtet wurde, zu bestätigen und zu verehren. Im 11. oder 12. Jahrhundert trat jedoch die päpstliche Kanonisation in Kraft und wurde allmählich auf die gesamte Kirche ausgedehnt. 1234 gab Gregor IX. einen Erlaß heraus, demzufolge dieses päpstliche Verfahren die einzig legitime Untersuchung des Lebens eines Heiligen und der ihm nachgesagten Wunder war. 1588 betraute Papst Sixtus V. die Ritenkongregation mit den Kanonisationsprozessen; ihr gehörten Kardinäle, Bischöfe und andere Prälaten an, die die Gesamtheit der Kirche repräsentierten. Die Kongregation führte ein festgelegtes Verfahren ein, und im Jahre 1642 ordnete Urban VIII. die Veröffentlichung aller während seiner Amtszeit erlassenen Dekrete und folgenden Interpretationen über die Kanonisation von Heiligen in einem Band an.[2] Im folgenden Jahrhundert verfaßte Benedikt XIV. seine berühmte Abhandlung *De Servorum Dei Beatificatione et Beatorum Canonizatione*, die die Prinzipien der Kanonisation näher bestimmte, das Konzept der besonderen Tugenden erläuterte und Kriterien festlegte, nach denen die Authentizität von Wundern beurteilt werden konnte. Der heute geltende Kanonisationsprozeß ist in einem Vorwort zu *The Book of Saints* der Benediktinermönche der Abtei von St. Augustine in Ramsgate zusammengefaßt.

> [Er] ist außerordentlich komplex, [besteht] zunächst aus einer gründlichen Überprüfung aller Einzelheiten, die über das Leben und den Tod des vermeintlichen Heiligen zusammengetragen werden können. ... In diesem wie auch in jedem anderen Teil des Verfahrens wird ein jeder Zeuge unter Eid

und in Anwesenheit eines dafür ausgebildeten Anwalts der Kirche befragt, der verpflichtet ist, alle Einwände, die er sich nur ausdenken kann, vorzubringen, und dem nicht nur freisteht, die geladenen Zeugen ins Kreuzverhör zu nehmen, sondern der auch so viele weitere Zeugen vorladen kann, wie es ihm beliebt, um Aussagen zu widerlegen. Fällt das Urteil der ersten Instanz günstig aus, wird der Fall zwecks Neuverhandlung an ein höheres Tribunal übergeben. In diesem Verfahren werden nicht nur Zeugen zu bestimmten Tatsachen befragt, sondern es wird auch dem populären Urteil über den vermeintlichen Heiligen eine besondere Aufmerksamkeit beigemessen, das heißt dem Ruf, den er bei Menschen hatte, die mit ihm zu tun hatten oder die Gelegenheit hatten, sich eine Meinung über ihn zu bilden. Sämtliche Aussagen müssen unverzüglich gesammelt und beeidet werden; um sich jedoch gegen eine bloße Begeisterung zu schützen, die den Fall beeinflussen könnte, wird in einem bestimmten Stadium des Verfahrens eine mindestens zehnjährige Unterbrechung angeordnet.

Gewöhnlich dauert es bei Kanonisationsprozessen viele Jahre, bis sie abgeschlossen sind, denn zahlreiche Anhörungen und nochmalige Anhörungen müssen berücksichtigt werden. Die erste Phase ist die der „Seligsprechung", die aufgrund von Beweisen für die außergewöhnliche Heiligkeit des Lebens und für zwei Wunder ausgesprochen wird. Heutzutage wird diese Phase kaum jemals innerhalb von 50 Jahren nach dem Tode eines Heiligen abgeschlossen. Mit der Seligsprechung wird die Erlaubnis der örtlichen Verehrung erteilt. Für die eigentliche Kanonisierung werden Beweise für zwei oder mehr

Wunder verlangt, die seit der Seligsprechung erbracht wurden. Der Diener Gottes wird dann in das Verzeichnis der Heiligen und sein Name in das römische Martyrologium aufgenommen, das offizielle Verzeichnis der Heiligen, die von der einen Kirche als verehrungswürdig angesehen werden.[3]

Da der gesamte Kanonisationsprozeß Jahrzehnte oder sogar Jahrhunderte dauern kann, sind Phänomene wie Stigmen und Lichterscheinungen von vielen Leuten, die behaupten, sie gesehen zu haben, sowie von Ärzten, Physiologen, Physikern und anderen, die ihre Authentizität und Ursachen beurteilen könnten, in allen Einzelheiten diskutiert worden. Da die Zeugenaussagen unter Eid abgegeben werden und Lügen oder Übertreibungen von der Kirche als eine Sünde angesehen werden, wird auf die katholischen Experten und Zeugen ein enormer Druck ausgeübt, im Rahmen dieser Verfahren die Wahrheit zu sagen. Außerdem kann jede Aussage vom *Promotor Fidei*, dem „Advokaten des Teufels", angezweifelt werden, der greifbare Beweise verlangt. Kanonisationsakten ab dem 16. Jahrhundert enthalten viele sorgfältig überprüfte Berichte über außergewöhnliche Fähigkeiten, die zu verschiedenen Zeiten an verschiedenen Orten abgegeben wurden.

Wegen ihrer gewissenhaften Aufzeichnung können sie mit einer Gründlichkeit verglichen und untersucht werden, die bei mündlich überlieferten Legenden aus anderen Glaubensrichtungen nicht angewendet werden kann. Die Beschreibungen über die Enthaltung von jeglicher Nahrung bei einem bestimmten Heiligen können zum Beispiel von einem Zeugen zum anderen so unterschiedlich sein, daß sämtliche Aussagen darüber angezweifelt werden – sowohl von der Ritenkongregation als auch von denjenigen, die sich heutzutage damit beschäftigen. Wir brauchen uns hinsichtlich der Eigenschaften eines Heiligen nicht auf das Urteil der Kirche verlassen, sondern können unsere eigenen Schlüsse ziehen.

Die Kanonisationsakten der römisch-katholischen Kirche liefern beeindruckende Beweise für mehrere Formen von metanormalen Fähigkeiten und enthalten zweifellos Anhaltspunkte für außergewöhnliche Fähigkeiten, denen bisher noch niemand nachgegangen ist. Vielleicht wird die immense Sammlung von Augenzeugenberichten eines Tages gründlicher auf Erkenntnisse über leib-seelische Transformationsmöglichkeiten hin untersucht werden.

Kirchliche Beurteilungskriterien

Benedikt XIV. (der frühere Prosper Lambertini), der als *Promotor Fidei* fungierte, bevor er zum Papst gewählt wurde, sprach sich für Regeln zur Beurteilung von Wunderheilungen, Visionen und anderen religiösen Phänomenen aus. Auf seinen Wunsch

hin erstellte der Jesuit Emmanuel de Azevedo aus den vielen Dekreten, anhand derer die Kriterien für die Beurteilung von Wundern definiert wurden, eine theoretische Synthese.[4] Die Regeln der Beweisführung, die Benedikt XIV. und Pater Azevedo festlegten, sind mit Hilfe wissenschaftlicher Methoden ausgearbeitet worden. Sie unterscheiden zwischen physikalischen und geistigen Kräften, durch die ungewöhnliche Heilungen geschehen. Des weiteren unterteilen sie die Charismen in verschiedene Klassen und beschreiben auch die Rolle der Vorstellungskraft bei Krankheit und Gesundheit. Sie legen mehrere Arten von Visionen fest und unterscheiden eine authentische mystische Erfahrung von falscher Begeisterung. Während der letzten 200 Jahre wurden diese Regeln modernen Erklärungen von Heilungen, die einst als Wunder angesehen wurden, psychiatrischen Erkenntnissen über hysterische Phänomene, die einige Ekstatiker aufwiesen, und Entdeckungen der psychischen Forschung, die eine Bedeutung für außergewöhnliche Phänomene haben, angepaßt. Mit Hilfe dieser Regeln ist die Ritenkongregation in der Lage, mögliche Heilige eingehend zu untersuchen, wobei sie Erkenntnisse und Methoden der zeitgenössischen Wissenschaft mit der langwährenden Erfahrung der Kirche in bezug auf viele Arten des religiösen Erlebens verbinden kann.

Die Beweise für außergewöhnliche Fähigkeiten, die die Kanonisationsprozesse liefern, sind auf Übertreibung, Betrug und Täuschung hin überprüft worden, auch wenn sie von den Obrigkeiten der Kirche auf eine Weise interpretiert sein mögen, mit der wir nicht immer übereinstimmen. In seiner Gesamtheit gesehen ist diese Sammlung von Beweisen weitaus gründlicher gesichtet worden als das anekdotenhafte Material aus anderen religiösen Traditionen.*

Herbert Thurston und die Bollandisten

Herbert Thurston wurde 1856 in London geboren, trat 1874 den Jesuiten bei und wurde 1894 Mitarbeiter der katholischen Zeitschrift *The Month*, wo er bis zu seinem Tod im Jahre 1939 arbeitete. Als einer der führenden Gelehrten auf dem Gebiet der katholischen Geschichte, Liturgie und Heiligkeit schrieb er über 760 Artikel für Fachzeitschriften und Illustrierte und 180 Einträge für die katholische Enzyklopädie. Er half bei einer umfangreichen Neubearbeitung von *Butler's Lives of the Saints* und beschäftigte sich mit der psychischen Forschung und der Psychiatrie, besonders in dem Rahmen, in dem sie zum Verständnis der religiösen Mystiker beitrugen. Am wichtigsten für das Thema dieses Buches ist allerdings die Tatsache, daß er die körperlichen Phänomene des christlich-mystischen Lebens mit einer großen Sorgfalt und Beharrlichkeit erforschte. Einige seiner Artikel wurden von dem jesuitischen Gelehrten

Joseph Crehan in einem Band mit dem Titel *The Physical Phenomena of Mysticism* (dt. *Die körperlichen Begleiterscheinungen der Mystik*) zusammengefaßt. Ich halte dieses Buch für den besten Leitfaden in englischer Sprache in bezug auf das Material aus Kanonisationsprozessen, Studien der psychischen Forschung und psychiatrische Fallgeschichten, die leib-seelische Verwandlungen katholischer Heiliger und Mystiker betreffen. Der bedeutende Religionswissenschaftler Hippolyte Delehaye, der bis zu seinem Tod 1941 viele Jahre lang Präsident der Bollandisten war, nannte Thurston den führenden Gelehrten der hagiographischen Literatur seiner Zeit.[5] Eine Denkschrift über Thurstons Leben von Joseph Crehan enthält ein Verzeichnis seiner Veröffentlichungen, das das große Spektrum seines Wissens offenbart.[6]

Pater Thurston bezog sich häufig auf die kritischen Studien der Bollandisten, einer Gruppe von Jesuiten, die sich um Jean Bolland (1596–1665) gebildet hatte, um Dokumente über das Leben und die Verehrung der Heiligen zu sammeln und zu untersuchen.[7] Die *Acta Sanctorum* der Bollandisten enthalten viele wissenschaftliche Analysen der katholischen Heiligkeit, und in den *Analecta Bollandiana* finden sich Studien über hagiographische und historische Themen, die sich auf ihre fortlaufenden Forschungen beziehen. Seit dem 17. Jahrhundert haben diese jesuitischen Gelehrten sich

* Außer den vielen Untersuchungsgruppen, die bei den Kanonisationsprozessen eingesetzt werden, gibt es innerhalb der Kirche Untersuchungskommissionen und -büros, die jene Phänomene überprüfen, die als mögliche Wunder angesehen werden. Das *Bureau Médicale* zum Beispiel, das 1883 eingerichtet wurde, um die Heilungen in Lourdes zu untersuchen, hat seit seiner Gründung Tausende von Fällen überprüft (siehe 13.2).

darum bemüht, in den traditionellen Schilderungen der christlichen Helden Wahrheit von Dichtung zu unterscheiden, was ihnen oftmals den Zorn verärgerter Geistlicher einbrachte, die die Forderung erhoben, ihre Arbeit als häretisch einzustufen.

[22.2]
ANERKANNTE CHARISMATISCHE PHÄNOMENE

Obgleich sie für sich allein genommen von der Kirche nicht als Zeichen von Tugend oder Heiligkeit angesehen werden, begleiten oftmals mehrere außergewöhnliche Phänomene – Charismen genannt – die religiöse Hingabe. Nach der *New Catholic Encyclopedia* zählen hierzu:

- *Visionen* – die Wahrnehmung normalerweise unsichtbarer Objekte.
- *Offenbarungen durch das Wort* – innere Erleuchtungen durch Worte oder Aussagen, manchmal von einer Vision begleitet und scheinbar von dem betreffenden Objekt ausgehend.

- *Herzensschau* – telepathisches Wissen von verborgenen Gedanken oder Stimmungen ohne sensorische Signale.
- *Incendium amoris* (das Feuer der Liebe) – brennende Empfindungen im Körper ohne eine offensichtliche Ursache. Dazu gehören die innere Hitze, gewöhnlich ein Gefühl in der Herzgegend, das sich allmählich auf andere Körperteile ausbreitet, starke Glut (wobei die Hitze unerträglich wird und Kältebehandlungen notwendig werden) und ein materielles Brennen, das die Kleidung versengt oder Blasen auf der Haut hervorruft.
- *Stigmen* – das spontane Auftreten von Wunden und Blutungen, die den Wundmalen Christi ähnlich sehen.
- *Blutige Tränen und blutiger Schweiß* (Hämatidrose) – die Absonderung von Blut aus den Augen wie beim Weinen oder aus den Poren der Haut.
- *Geistliche Brautschaft* – das Erscheinen einer deutlichen Erhebung an einem Finger, die einen Ring als Zeichen der mystischen Vermählung mit Christus symbolisiert.
- *Bilokation* – die gleichzeitige Anwesenheit eines materiellen Körpers an zwei unterschiedlichen Orten.
- *Teleportation* – die unmittelbare Bewegung eines materiellen Körpers von einem Ort zum anderen ohne Durchquerung des dazwischenliegenden Raums.

- *Levitation* – die Erhebung des menschlichen Körpers über den Boden ohne sichtbare Ursache und sein Schweben in der Luft ohne natürliche Unterstützung. Sie kann auch in Form von ekstatischem Fliegen oder ekstatischem Gehen auftreten.
- *Durchdringung von Körpern* – ein materieller Körper scheint durch einen anderen hindurchzugehen.
- *Unverwundbarkeit durch Feuer* (Salamandrismus) – die Fähigkeit von Körpern, den Naturgesetzen der Brennbarkeit zu widerstehen.
- *Gestaltverwandlungen* – Elongation oder Schrumpfung.
- *Inedia* (Leben ohne Nahrung) – die Enthaltung von jeglicher Nahrung über eine lange Zeit hinweg.
- *Lichterscheinungen* – vom Körper ausgehendes Strahlen, besonders während der Ekstase oder mystischen Versenkung, was als Vorwegnahme des verklärten Körpers angesehen wird.
- *Blutwunder*, *Unverwesbarkeit* und *Ausbleiben der Totenstarre* bei menschlichen Leichnamen.[8]

Selbstverständlich gibt es für einige dieser Phänomene mehr Beweise als für andere. Es kann zum Beispiel keinen Zweifel geben, daß viele Heilige Stigmen gezeigt haben, während Levitation weniger gesichert ist, und daß Bilokation – in der Bedeutung als das Erscheinen desselben Leibes (und nicht einer projizierten Geisterscheinung) an zwei Orten gleichzeitig – unmöglich ist. In diesem Kapitel befasse ich mich nur mit denjenigen Phänomenen, die in verschiedenen Perioden der Geschichte des Christentums immer wieder von ernst zu nehmenden Zeugen beschrieben worden sind.

[22.3]
STIGMEN

Nach Herbert Thurstons vorsichtigen Schätzungen sind bis zum Jahre 1930 auf den Körpern von mindestens 60 Menschen Stigmen erschienen, die den Kreuzigungsmalen Christi entsprechen – die meisten davon bei Frauen. Seither ist in medizinischen Fachzeitschriften und der Tagespresse über weitere Fälle dieser Art berichtet worden. Außerdem hat eine weit größere Anzahl von Christen die Wundmale Christi nachempfunden, ohne äußere Male zu zeigen.[9] Sichtbare Stigmen treten in den meisten Fällen als Blutergüsse, Striemen, Narben oder blutende Wunden an Händen,

Füßen oder der Seite auf, doch Stigmatiker haben auch scheinbare Hautabschürfungen oder Stichwunden gezeigt, die an Druckstellen von der Dornenkrone erinnern, sowie Kreuze auf dem Rücken oder der Brust und Wunden, die die Geißelung Christi symbolisieren. Wie wir sehen werden, ähneln diese Male in manchen Fällen Gegenständen oder Ideen, die für das Erleben des Stigmatikers eine besondere Bedeutung haben. Manche Stigmen bluten jeden Freitag oder an bestimmten Freitagen, andere wiederum täglich. Die Beschaffenheit der Haut ist unterschiedlich, das Phänomen reicht von Hautrötungen über Blutergüsse bis hin zu Wunden, die verbunden werden müssen.* Einige wenige Stigmatiker wiesen neun oder zehn solcher Körpermale gleichzeitig auf, doch die meisten zeigten weniger und einige nur zwei oder drei Stigmen.

Der heilige Franz von Assisi

Unabhängig davon, ob der heilige Franz von Assisi nun der erste Stigmatiker war oder nicht, machte sein Fall einen großen Eindruck auf seine Zeitgenossen.[10] In den Jahrzehnten nach seinem Tode zeigten auch andere gläubige Christen – fast ausschließlich Frauen – Wundmale, die denen des heiligen Franz ähnelten. Da alle Stigmatiker, über

deren Wundmale wir uns sicher sein können, nach ihm kamen, könnte man sagen, daß er ein Wegbereiter dieser Art der körperlichen Transformation war. In der Tat riefen die Stigmen des Heiligen, die von seinen Anhängern bis zu seinem Tode geheimgehalten wurden, eine Sensation hervor. Kurze Zeit nach dem Ableben des heiligen Franz schrieb sein Vertrauter Bruder Elias an den Provinzial in Frankreich:

> Weiter verkünde ich euch eine große Freude ... Denn lange vor seinem Tode erschien unser Vater und Bruder als ein Gekreuzigter, der an seinem Körper die fünf Wunden trug, die in Wahrheit die Stigmata Christi sind. Denn seine Hände und Füße trugen Male, wie wenn Nägel von oben und unten hineingeschlagen worden wären, welche die Wunden offen legten und schwarz waren wie Nägel; die Seite erschien wie von einer Lanze durchbohrt, und oft floß Blut aus ihr.[11]

Überall in Europa gaben Priester und Erzähler ihrem Erstaunen über die Stigmen des heiligen Franz, die immer wieder von seinen engsten Vertrauten bestätigt wurden, Ausdruck. Der folgende Text war beispielsweise in der Handschrift von Bruder Leo, dem engsten Vertrauten des Heiligen, verfaßt und fand sich neben einem Segenswunsch, den der Heilige selbst über seinen Namen geschrieben hatte.

* Viele Beobachter haben darauf hingewiesen, daß nur wenige Stigmen sich wie gewöhnliche Wunden infiziert haben. Darin ähneln sie den psychogenen Körpermalen, die in Kapitel 11.1 beschrieben sind.

> Zwei Jahre vor seinem Tod hielt der selige Franz ein vierzigtägiges Fasten in der Einsamkeit auf dem Alverner Berg ... Und die Hand des Herrn kam über ihn durch eine Vision und Anrede des Seraphs und durch die Einprägung der Wundmale in seinem Leibe. Er verfaßte die umstehenden Lobsprüche auf diesem Blatt und schrieb sie mit eigener Hand, womit er dem Herrn für das empfangene Gnadenzeichen danken wollte.[12]

„Die Echtheit des unschätzbaren Dokumentes ist heute unbestritten", schrieb Herbert Thurston. „Wir können nicht energisch genug die Tatsache unterstreichen, daß Bruder Leo in diesem Autograph nicht bloß die Wirklichkeit der Stigmen bezeugt, ... sondern daß er ihr erstes Auftreten ausdrücklich in die Zeit jenes 40tägigen Fastens auf dem Berge Alverna ‚zwei Jahre vor seinem Tod' verlegt."[13] Thomas Celano, der von Papst Gregor IX. beauftragt wurde, eine Biographie des heiligen Franz zu schreiben, schilderte die Stigmen des Heiligen folgendermaßen:

> Als er [der heilige Franz] in dieser Sache nicht zur klaren Einsicht kommen konnte [über die Erscheinung des Seraphs] und sein Herz durch das neue Gesicht noch ganz beschäftigt war, begannen sachte an seinen Händen und Füßen die Nägelmale zu erscheinen, wie er es kurz vorher an dem gekreuzigten

> Mann über sich gesehen hatte. Seine Hände und Füße waren in der Mitte wie mit Nägeln durchbohrt, und zwar kamen an der inneren Handfläche und der oberen Seite der Füße die Köpfe der Nägel zum Vorschein, auf der jeweilig gegenüberliegenden Seite dagegen die Spitzen. Jene Zeichen waren nämlich rund an der inneren Handfläche, außen aber länglich; ein kleines Stück Fleisch erschien dort, das wie eine um- und zurückgeschlagene Nagelspitze aussah und über das übrige Fleisch hervorragte. So waren die Nägelmale auch an den Füßen beschaffen und ragten über das andere Fleisch hervor. Auch war die rechte Seite wie von einem Lanzenstich durchbohrt und zeigte eine verharschte Wunde, die oft blutete, so daß seine Kutte mit Flecken des heiligen Blutes betupft war.[14]

Wenngleich Schilderungen wie diese sicherlich ausgeschmückt waren, so haben sie doch gewisse auffallende Merkmale mit zeitgenössischen Fällen gemein, die genau beobachtet und in manchen Fällen auch fotografiert wurden. Erhebungen, die wie Nagelköpfe aussahen, erschienen zum Beispiel an den Händen der Domenica Lazzari, einer Stigmatikerin, die von 1815 bis 1848 in Südtirol lebte.[15] Obgleich es Unterschiede zwischen Thomas Celanos Beschreibungen der „Nägel" in den Händen des heiligen Franz und den Schilderungen über die Wunden der Domenica Lazzari gibt, ähneln sich diese Stigmen doch eindeutig. Und es ist völlig sicher, daß andere Stigmatiker in neuerer Zeit, darunter Padre Pio und Therese Neumann, dunkle, hervortretende Narben aufwiesen, wenn ihre Wunden nicht bluteten. Seit Anfang des 19. Jahrhunderts sind viele Arten von Stigmen sorgfältig von skeptischen Medizinern dokumentiert worden. Jeder der im folgenden beschriebenen Stigmatiker lebte nach 1800 und wurde viele Jahre lang genau untersucht und beobachtet.

Anna Katharina Emmerich

Anna Katharina Emmerich, eine Augustinerin, die im Jahre 1774 in der Nähe von Coesfeld in Westfalen geboren wurde, zeigte 1812 zum ersten Mal blutende Wundmale. Wie andere katholische Stigmatiker erlebte sie Verzückungen, in denen sie das Leiden Christi nachempfand. Ihr Diözesan, der Generalvikar von Münster, Clement August von Droste, teilte ihr Geistliche zu, die sie über einen Zeitraum von mehreren Jahren beobachten sollten – zum einen, um seine eigene Neugier zu stillen, und zum anderen, um das Aufsehen zu mindern, das ihre Stigmen bei Gläubigen und Zweiflern gleichermaßen erregt hatten. Da die Zeit der Aufklärung einen weitverbreiteten Skeptizismus gegenüber Phänomenen der religiösen Ekstase mit sich gebracht hatte, waren die Kirchenführer darauf bedacht, die Rechtschaffenheit ihres Glaubens zu bewahren, indem sie Betrügereien entlarvten und Krankheit von Heiligkeit unterschieden.

Die Beobachtungen der Geistlichen und Ärzte, die Anna Katharina Emmerich untersuchten, ergaben einen überzeugenden Bericht über die Echtheit ihrer Stigmen, unter denen sich ein Mal in der Form eines Y befand; es ähnelte einem Kreuz in Coesfeld, vor dem sie als Kind gebetet hatte.[16] Die folgenden Abschnitte stammen aus

Notizen des Generalvikars von Droste, der die Stigmatikerin mit zwei Ärzten und einem weiteren Geistlichen am 20. April 1813 in Dülmen untersuchte.

Ich untersuchte die Blutverkrustung auf ihrer linken Hand mit Hilfe eines Vergrößerungsglases und sah, daß diese sehr dünn war und ein wenig runzelig oder faltig wie die Epidermis, wenn sie unter der Lupe angeschaut wird.

Das Kreuz auf der Brust blutete nicht, war aber von einer schwach rötlichen Färbung, die durch das Blut unterhalb der Epidermis hervorgerufen war. Ich untersuchte auch die Linien, die das Kreuz bildeten, und die umgebende Haut, und ich konnte deutlich erkennen, daß sie die Haut nicht verletzten. Die Epidermis über den Linien und der umgebenden Haut war unversehrt und sah unter dem Vergrößerungsglas aus, als ob sie sich ein wenig abpellte.

Das Wundmal auf der rechten Seite blutete nicht, aber der obere Teil wies eine Verkrustung aus eingetrocknetem Blut auf, wie sie durch ausgetretenes Blut direkt unter der Epidermis verursacht sein mag.

Das Kreuz auf der Brust war durch das Blut rot gefärbt. Ich wusch den oberen Teil und untersuchte es noch einmal. Wäre die Haut verletzt gewesen, hätte ich es gewiß sehen sollen. Ich glaube, in der Nähe des Kreuzes befand sich ein kurzer Strich, der eine mit Blut gefüllte Vertiefung zu sein schien.

Da ihr Haar sehr dicht war, war es unmöglich, die Male um ihren Kopf herum zu untersuchen. Sie stimmte zu, es abzuschneiden, allerdings nicht so kurz, daß das Blut sofort ihre Haube und Kissen tränken konnte. Sie bat um der Sauberkeit willen darum. Nachdem das Blut abgewaschen war, konnte man mit dem bloßen Auge winzige Blutmale sehen, die in unregelmäßigen Abständen über ihre Stirn verteilt waren und von der Mitte der Stirn bis fast zum Scheitel herauf reichten.[17]

Nach drei Besuchen, bei denen er die berühmte Stigmatikerin untersucht hatte, schrieb der Generalvikar an den Generalkommissar der französischen Polizei, in dessen Gerichtsbarkeit Dülmen fiel:

Schwester Emmerich hat nur den einen Wunsch, daß sie von der Welt vergessen werden möge, damit sie sich einzig den spirituellen Dingen widmen könne, die sie interessieren. Sie bittet um nichts, sie nimmt nichts an, sie wünscht nicht, daß man über sie spricht, und ich hoffe, die Öffentlichkeit wird sie bald vergessen. Ich kann in ihrem Fall nicht den kleinsten Hinweis auf einen Betrug entdecken, werde sie aber weiterhin genauestens beobachten.[18]

Gemma Galgani

Gemma Galgani wurde 1878 geboren und starb 1903 in Lucca. Die folgende Schilderung ihrer Ekstasen und Stigmen wurde von ihrem Beichtvater und Biographen Pater Germano di S. Stanislao aufgezeichnet und von anderen, die sie beobachtet hatten, bestätigt.

Von diesem Tag an wiederholte sich die Erscheinung wöchentlich am gleichen Tage, nämlich am Donnerstag ungefähr um acht Uhr abends. Sie dauerte bis um drei Uhr nachmittags des folgenden Freitags.

Nichts Auffälliges ging voraus; kein Druck oder Schmerz war in den betroffenen Körperteilen zu spüren; nichts kündete diese Ekstasen an, außer die geistige Sammlung, welche sie vorbereitete. Kaum war die Ekstase eingetreten, erschienen rote Male innen und außen auf beiden Händen, und man sah, wie sich unter der Oberhaut im Fleisch nach und nach ein Spalt öffnete. Dieser war auf dem Handrücken länglich, im Handinnern unregelmäßig rund.

... Manchmal schien nur die Oberfläche gerissen, manchmal konnte man mit bloßem Auge kaum etwas sehen. In der Regel aber war die Wunde sehr tief und schien durch die Hand hindurchzugehen, so daß die Öffnungen von beiden Seiten her zusammenkamen. Ich sage: es schien so, denn die Höhlungen waren voll Blut, das zum Teil in flüssigem Zustand, zum Teil geronnen war. Wenn das Blut zu fließen aufhörte, schlossen sich die Wunden sogleich, so daß es nicht leicht war, sie ohne Sonde zu untersuchen.

... Die Wunden an den Füßen waren groß und an den Rändern von fahler Färbung. Im Unterschied zu den Händen befand sich die größere auf der Oberseite, die kleinere an den Sohlen; auch war die Wunde auf dem Rücken des rechten Fußes gerade so groß wie jene an der Sohle des linken. So müssen sie auch bei unserem Erlöser ausgesehen haben, vorausgesetzt, daß seine heiligen Füße mit einem einzigen Nagel ans Kreuz geheftet wurden.[19]

Herbert Thurston zufolge entsprachen Spuren einer scheinbaren Geißelung auf dem Körper der Gemma Galgani in Form und Lage den Wunden eines großen Kruzifixes, vor dem sie gewöhnlich betete. Das Kreuz, das auf der Brust der Katharina Emmerich auftrat, besaß die Form eines Y – genau wie ein Kruzifix in Coesfeld, zu dem sie in ihrer Kindheit große Verehrung zeigte. Alle diese Tatsachen weisen eher auf Autosuggestion hin als auf die Wirksamkeit einer Macht von außen, deren Wesen noch zu ergründen wäre.[20]

Louise Lateau

Louise Lateau, eine 1850 in Bois d'Haine geborene Belgierin, wies von 1868 bis zu ihrem Tod im Jahre 1883 Stigmen auf. Gerald Molloy, ein Theologe und Rektor des *University College* in Dublin, der sie persönlich sah, schrieb, daß, wenn eine gewisse Menge Blut aus ihren Wunden ausgetreten war, die Zuschauer es abwischten, so daß

man die Beschaffenheit der Stigmen besser erkennen [konnte]. Es waren ovale Male von leuchtend roter Farbe, ungefähr in der Mitte der Innen- und Außenseite jeder Hand. Jedes Stigma mag, grob gesprochen, etwa $2\frac{1}{2}$ cm lang und etwas mehr als $1\frac{1}{4}$ cm breit sein. Es sind keine eigentlichen

Wunden, sondern das Blut schien seinen Weg durch die unverletzte Haut zu nehmen. In sehr kurzer Zeit war wiederum genug Blut herausgeflossen, um es ein zweites Mal abzuwischen und dem frommen Wunsch anderer Pilger Genüge zu tun. Das wiederholte sich während meines Besuches mehrere Male.[21]

Nach Angaben ihrer Familie und Freunde blutete Louise Lateau seit ihrer Stigmatisierung am 24. April 1868 bis zu ihrem Tode am 25. August 1883 mit zwei Ausnahmen jeden Freitag aus ihren Wunden. Gewöhnlich begann sie am Dienstag brennende Empfindungen in ihren Stigmen zu verspüren. Zur gleichen Zeit wurde ihre Haut heiß und trocken, ihr Puls unregelmäßig und schnell, während stechende Schmerzen sich in ihrem Herzen zu sammeln begannen, die einen regelrechten Strom zwischen ihm und den Gliedern bildeten. Dann erschienen Blasen auf den angeschwollenen Narben ihrer Wundmale. Einem Dr. Lefebvre zufolge, Professor der allgemeinen Pathologie an der katholischen Universität von Louvain:

Auf der blaßroten Oberfläche der Hände und der Füße ist zu sehen, wie eine Blase entsteht, langsam anschwillt ... Hat sie ihre völlige Entwicklung erreicht, so bildet sie an der Hautoberfläche einen abgerundeten, halbkugelförmigen Höcker. Die Basis hat die gleichen Dimensionen wie die blaßrote Oberfläche, auf der sie ruht, das heißt ungefähr zweieinhalb Zentimeter Länge und eineinhalb Zentimeter Breite ... Die Blase ist mit klarer wäßriger Feuchtigkeit gefüllt ... Der die Blase umgebende Hautbereich zeigt weder eine Anschwellung noch eine Rötung der Haut.[22]

Diese Wundmale fingen meist Donnerstag nachts zwischen Mitternacht und ein Uhr an zu bluten, während Louise Lateau in Ekstase die Leiden Christi nachempfand. Medizinische Untersuchungen ergaben, daß das abgesonderte Blut normal war, allerdings eine erhöhte Anzahl weißer Blutkörperchen und einen hohen Serumanteil aufwies.[23] Nach Professor Lefebvre waren die Stigmen Samstags gewöhnlich trocken und etwas glänzend sowie mit Blut verkrustet, das sich ablöste.

Kardinal Deschamps, der Erzbischof von Malines, setzte in Zusammenarbeit mit dem Bischof von Tournai und mehreren Medizinern eine Untersuchungskommission ein, um die Echtheit und die Art ihrer Stigmen zu untersuchen. Eine zweite, eingehendere Untersuchung wurde 1874 von der königlich-belgischen Akademie der Medizin begonnen, nachdem auf einem wissenschaftlichen Kongreß in Breslau behauptet worden war, daß die Wunden der Stigmatikerin Betrug wären. Die Untersuchung der königlichen Akademie dauerte bis zum Oktober 1876, woraufhin die Akademie offiziell bekanntgab, daß die Fakten dieses Falles authentisch wären und daß sie keine befriedigende Erklärung dafür finden konnten. Während dieser Untersuchungen wurde Louise Lateau manchmal Tag und Nacht von skeptischen Zeugen

beobachtet. Am 16. Dezember 1868 wurden ihr lederne Handschuhe über die Hände gezogen, die dann versiegelt wurden, und über einen ihrer Füße wurde auf ähnliche Weise ein Schuh gezogen. Am nächsten Tag entfernte Dr. Spiltoir de Marchienne in Gegenwart von acht Zeugen die Handschuhe und den Schuh, nachdem er sich versichert hatte, daß die Siegel unversehrt waren. Aus den Stigmen an beiden Handflächen floß Blut, während sich auf ihrem Handrücken und an dem bedeckten Fuß Blasen zeigten.[24] Professor Lefebvre unternahm ein weiteres Experiment. Er schrieb:

> An diesem Tag floß das Blut reichlich aus allen Stigmen, besonders an der Rückenfläche der linken Hand. Die im Umfang von zweieinhalb Zentimetern bloßgelegte Lederhaut blutete ununterbrochen. Die gleiche Seite dieser Hand behandelte ich mit flüssigem Ammoniak auf einer runden Fläche von etwa zwei Zentimetern Durchmesser neben dem blutenden Stigma. Ich achtete jedoch darauf, einen Streifen gesunder Haut freizulassen, damit sich die beiden Wunden nicht mit ihren Rändern berührten und die auftretenden Erscheinungen klar getrennt blieben. Nach einer zwölf Minuten dauernden Behandlung mit Ammoniak hatte sich eine schöne, kreisförmige Blase gebildet, gefüllt mit durchsichtiger seröser Flüssigkeit...
>
> Ich zerriß die Epidermis und entfernte ihre Teilchen, so daß die Oberfläche der Lederhaut in einer kreisförmigen Fläche von mehr als zwei Zentimetern Durchmesser bloßgelegt war... So hatte ich nebeneinander zwei Wunden auf den gleichen Geweben, von den gleichen Gefäßen durchzogen, von gleichem Umfang und gleicher anatomischer Beschaffenheit. Wir beobachteten sorgfältig: die stigmatische Stelle blutete weiter, und als ich das Mädchen um zwei Uhr nachmittags verließ, hielt der Blut-

ausfluß noch immer an, und nichts deutete sein baldiges Versiegen an. Das künstliche Stigma aber gab keinen Tropfen Blut von sich. Ich beobachtete es zweieinhalb Stunden lang. Es schwitzte eine farblose Flüssigkeit während etwa einer halben Stunde aus, dann trocknete die Oberfläche ein; ich rieb sie mit einem rauhen Tuch: die seröse Flüssigkeit, die das Tuch während des Reibens netzte, war leicht rosa, doch als ich das Reiben einstellte, floß kein Tröpfchen Blut mehr.[25]

Marie-Julie Jahenny

Marie-Julie Jahenny, ein bretonisches Bauernmädchen, zeigte die Stigmen zum ersten Mal 1873, etwa fünf Jahre nach dem Auftreten der Wundmale bei Louise Lateau. Wie die belgische Ekstatikerin wurde auch sie viele Jahre lang gründlich von Geistlichen und Medizinern untersucht. Antoine Imbert-Gourbeyre, der 36 Jahre lang Professor an der medizinischen Fakultät in Clermont-Ferrand und Autor eines umfangreichen Werkes über Stigmatiker war, beobachtete sie über 20 Jahre lang, zum einen, weil ihn der Bischof von Nantes darum gebeten hatte, und zum anderen, um dieselbe Neugier zu befriedigen, die ihn veranlaßt hatte, Louise Lateau und andere Ekstatiker zu untersuchen. 1894 faßte er die Entwicklung der Stigmen Marie-Julie Jahennys zusammen.

Am 21. März 1873 erhielt sie die Stigmen der sieben Wunden; die Dornenkrone folgte am 5. Oktober; am 25. November erschien ein Abdruck auf ihrer linken Schulter, und am 6. Dezember erschienen die Stigmen auf dem Rücken der Hände und Füße. Am 12. Januar 1874 zeigten ihre Handgelenke Male, wie sie die Stricke erzeugt haben müssen, als die Arme unseres Heilandes gebunden wurden. Am gleichen Tage entwickelte sich über dem Herzen eine Art sinnbildliche Figur. Am 14. Januar wurden Striche an den Fußgelenken, Beinen und Vorderarmen sichtbar, Erinnerungszeichen an die Geißelung, und wenige Tage später zwei Striemen an der Seite. Am 20. Februar wurde ein stigmatischer Ring am vierten Finger ihrer rechten Hand als Zeichen ihrer mystischen Brautschaft gesehen. Später erschienen auf der Brust verschiedene Aufschriften und schließlich am 7. Dezember 1875 die Worte *O Crux ave* und ein Kreuz und eine Blume.[26]

Über das Geschehnis vom 7. Dezember 1875 schrieb Imbert-Gourbeyre:

[1875 hat Marie-Julie] einen Monat vor dem Ereignis und noch mehrmals angekündigt, daß sie bald ein neues Stigma erhalten werde; auf ihre Brust werde ein Kreuz und eine Blume mit den Worten *O Crux ave* aufgedrückt werden. Mehr als eine Woche, bevor dies eintrat, nannte sie den genauen Tag: es werde der 7. Dezember sein. Am Vortag wurde die Brust untersucht. Die genannten Symbole waren noch nicht aufgetreten. Am Morgen erklärte sie sich, bevor die Leiden auftraten, zu einer weiteren Untersuchung bereit, was als unnötig erachtet wurde; sie hatte ein Recht darauf, daß man ihr glaubte. Kurz darnach fiel sie in Trance. Während sich das wunderbare Sinnbild entwickelte, konnten ihre Familie und die übrigen Anwesenden einen wunderbaren Wohlgeruch wahrnehmen, der von ihrem

> Körper ausströmte und durch die Kleider hindurchdrang. Nach der Ekstase waren Kreuz, Blume und Inschrift auf ihrer Brust deutlich zu sehen.[27]

1894 – beinahe 20 Jahre später – schrieb der französische Arzt, daß die Blume und die Inschrift immer noch sichtbar wären.

Obgleich Thurston wegen Jahennys Interesse daran, welchen Eindruck sie erweckte, Vorbehalte hatte – worin sie sich von den meisten Stigmatikern unterschied, die kein Aufsehen erregen wollten –, sprach er sich zugunsten der Echtheit ihrer Male aus. „Immerhin, Marie-[Julie] hat mehr als zwanzig Jahre lang in der Verborgenheit gelebt und allezeit die Hochachtung der kirchlichen Oberen besessen. Auch läßt sich schwerlich glauben, daß ein Arzt, der in der Fachwelt eine anerkannte Stellung einnahm, von einem Bauernmädchen in einem abgelegenen Dorf so lange hinters Licht geführt worden wäre – indem sie beispielsweise sich mit einer Nadel die Wunden selbst beigebracht oder zu einem anderen leicht erkennbaren Trick Zuflucht genommen hätte. ... Wir müssen zugeben, daß in der Klinik von Salpêtrière Sinnbilder und Inschriften auf dem Körper von Hysterikerinnen durch bloße Suggestion vorübergehend erzeugt wurden. Das ist die sogenannte Dermographie T. Bathélémys und anderer französi-

scher Ärzte."[28] Wenn Dermographismus – oder „Hautschrift" – durch hypnotische Suggestion hervorgerufen werden kann, so könnten auch heilige Worte auf der Haut durch leidenschaftliche geistige Vorstellungen der Ekstatiker erscheinen.

Pio von Pietrelcina

Padre Pio, der 1887 als Francesco Forgione in Pietrelcina im Südosten Italiens geboren wurde, trat 1903 den Kapuzinern bei. Nachdem er mehrere Jahre lang phasenweise die Schmerzen der Wunden Christi erfahren hatte, wies er vom 20. September 1918 bis zu seinem Tod im Jahre 1968 bleibende Stigmen an den Händen, Füßen und der Seite auf. Er erlangte internationale Berühmtheit – nicht nur wegen seiner Stigmen, sondern auch wegen seiner lebhaften Persönlichkeit, seiner Heiligkeit und der ihm nachgesagten Heilkräfte. Fotografien seiner Wunden, die zwischen 1920 und seinem Tod aufgenommen wurden, bestätigten Beschreibungen in zahlreichen medizinischen Berichten und kirchlichen Studien.[29] Die folgende chronologische Übersicht verdeutlicht den immensen Einfluß, den Padre Pio auf seine Umgebung ausübte, sowie die außergewöhnliche Form der Untersuchung, der er ausgesetzt war.

1907 legte er sein Gelübde ab, wurde am 10. August 1910 zum Priester geweiht und zelebrierte am nächsten Tag in seiner Heimatstadt Pietrelcina seine erste Messe. Vier Wochen später zeigte er einem Gemeindepriester Stichwunden in seinen Händen, die aber auf sein Gebet hin verschwanden. 1916 trat er in ein Kloster ein, Santa

Maria delle Grazie in San Giovanni Rotondo, wo er den Rest seines Lebens verbrachte. Am 5. August 1918 hatte er eine Erscheinung einer himmlischen Gestalt, die eine Lanze auf ihn richtete. Am 20. September hatte er die gleiche Vision und entdeckte sichtbare Stigmen auf seinen Händen, seinen Füßen und seiner Seite. Neun Tage später bemerkten andere Mönche diese Wunden, als sie sein blutbeflecktes Bettzeug entdeckten.

Bis zum Jahre 1919 hatte sich die Nachricht von Padre Pios Stigmen über die ganze Welt verbreitet, und die ersten Pilger besuchten sein Kloster. Im Mai wurde er auf Anordnung der Kapuziner von einem Dr. Luigi Romanelli untersucht, und im Juli sandte das Heilige Offizium Professor Amico Bignami, einen Agnostiker und Pathologen der Universität in Rom, um seine Wundmale zu untersuchen. In seinem offiziellen Bericht beschrieb Professor Bignami oberflächliche Narben an den Händen und Füßen des Mönches sowie ein Kreuz links auf seiner Brust. Diese Male waren hochempfindlich, doch der Professor hielt sie nicht für künstlich zugefügt. Statt dessen charakterisierte er sie als „eine Necrosis (Brand) der Epidermis mit neurotischem Ursprung". Er schrieb „ihre symmetrische Anordnung ... wahrscheinlich unbewußter Suggestion" zu.[30]

Im Herbst 1919 bat die Kurie der Kapuziner Dr. Giorgio Festa, den inzwischen berühmt gewordenen Mönch zu untersuchen; wie Dr. Bignami und Dr. Romanelli hielt er die Wundmale Padre Pios für echt.[31] Zu diesem Zeitpunkt hatten bereits mehrere Mediziner beobachtet, wie ohne äußere Einwirkung Blut aus den Malen hervortrat. In seinem Kommentar zu den Berichten von Bignami und Festa schrieb Herbert Thurston, daß ihm kein anderes zufriedenstellendes Beispiel eines männlichen Stigmatikers seit dem heiligen Franz bekannt wäre.[32]

1920 sandte Papst Benedikt XV. seinen Leibarzt Professor Bastianelli nach San Giovanni Rotondo, und wieder wurde die Authentizität von Padre Pios Stigmen bestätigt. 1922, nachdem Pius XI. Papst geworden war, begann das Heilige Offizium eine weitere Untersuchung. Padre Pio wurde auferlegt, die Messe jeden Tag zu einer anderen und vorher nicht angekündigten Zeit zu halten, es wurde ihm verboten, Menschenmassen zu segnen, die Stigmen zu zeigen oder Briefe von Laien zu beantworten. Auch seinen spirituellen Ratgeber, Pater Benedetto, hielt man von ihm fern. Die Kirche traf diese Maßnahmen, um die Begeisterung der Verehrer Padre Pios im Zaum zu halten und Betrug von seiner Seite oder durch seine engsten Vertrauten auszuschließen. Im Mai 1923 wurde jedoch eine Versetzung, die von den Kirchenoberen vorgeschlagen worden war, von aufgebrachten Demonstrationen der Bürger San Giovanni Rotondos verhindert, und eine neue Anordnung aus Rom gestattete dem Mönch, in Santa Maria delle Grazie zu bleiben.

Am 24. Juli 1924 gab das Heilige Offizium öffentlich seine Zweifel an dem übernatürlichen Ursprung von Padre Pios Stigmen bekannt, zum einen, um das Aufsehen, das seine Verehrer um ihn machten, zu mindern, und zum anderen, um die Bedeutung solcher Phänomene für ein tugendhaftes Leben herunterzuspielen. Im Jahre 1925 wurde infolge der dringenden Bitten Padre Pios das Hospital des heiligen Franz in San Giovanni Rotondo gegründet.

1931 informierte der Vatikan Pater Raffaele von Santa Maria delle Grazie, daß die Öffentlichkeit Padre Pio nicht sehen dürfte, da das Heilige Offizium seine Wundmale erneut untersuchen wollte. Erst 1933 wurde die Einschränkung seiner priesterlichen Tätigkeit aufgehoben. Zwischen 1933 und 1957 blühte seine Arbeit als Seelsorger jedoch auf. Der fromme Priester förderte weltweit die Einrichtung von Gebetsgruppen und baute sein Krankenhaus auf, das zum Teil durch Gelder der Vereinten Nationen gefördert wurde. In den letzten Jahren seines Lebens kamen täglich mehrere hundert – manchmal sogar mehrere tausend – Menschen zusammen, um Padre Pio nahe zu sein. Am 5. Mai 1957 ernannte Pius XII. ihn zum geistlichen Leiter von Santa Maria delle Grazie. Johannes XXIII. widmete Padre Pios Werk seinen ersten apostolischen Segen. Trotzdem kam im Jahre 1960 Monsignore Carlo Maccari nach San Giovanni Rotondo, um eine weitere Untersuchung der Stigmen des berühmten Mönchs durchzuführen.

Padre Pio starb am 23. September 1968. Thurston schrieb über die langanhaltende Zurückhaltung der Kirche in bezug auf seine Stigmen und Heiligkeit:

> Aber auf Grund jahrhundertealter Erfahrungen sind die kirchlichen Instanzen in Rom sehr zurückhaltend, denn anormale psychische Zustände, wie Hysterie und Psychopathie, der Einfluß böser Geister oder auch Simulation und Betrug, können jederzeit an solchen Dingen beteiligt sein. Die Kirche spricht niemanden zu seinen Lebzeiten heilig, und auch nach dem Tode anerkennt sie solche Erscheinungen, so gut auch der Glaube an ihren übernatürlichen Ursprung begründet sein mag, nie als einzigen oder auch nur hauptsächlich bestimmenden Grund für eine positive Stellungnahme.[33]

Therese Neumann

Therese Neumann aus Konnersreuth, deren Vater Bauer war und gelegentlich als Schneider arbeitete, wies von 1926 bis zu ihrem Tod im Jahr 1962 Stigmen auf. 35 Jahre lang wurde sie von Geistlichen und Medizinern auf die gleiche schonungslose Weise untersucht, die auch Padre Pio erdulden mußte. Wie der italienische Mönch wurde sie zum Mittelpunkt größter Verehrung wie auch unbarmherziger Nachforschungen. Im Gegensatz zu Padre Pio litt sie jedoch unter körperlichen Beschwerden und der „heiligen Anorexie", ähnlich anderen bettlägerigen „Opferseelen" wie Louise Lateau. Angeblich hat sie in den letzten 30 Jahren ihres Lebens fast nur Hostien zu sich genommen.

In den Jahren vor dem Erscheinen der Stigmen war sie von mehreren neurotischen Leiden geheilt worden, darunter eine vorübergehende Blindheit, Lähmungen des Rückens und eine scheinbare Blinddarmentzündung. Als sie jedoch gesund wurde, sagte sie voraus, daß sie am Ende auf eine Weise leiden würde, mit der kein Arzt fertig werden würde. Während der Fastenzeit 1926 tauchten fünf der Stigmen auf, zuerst an ihrer Seite, dann an den Händen und Füßen, manchmal als Begleiterscheinung religiöser Visionen. Im November 1926 begann sie die Dornenkrone Christi zu spüren, und zwei Wochen darauf fingen acht deutlich sichtbare Wunden an ihrem Kopf zu bluten an. Am Karfreitag des Jahres 1927 schien es, als ob sich die Wundmale auf ihren Händen und Füßen durch die Handflächen und Fußsohlen hindurchbohrten, während ihre Augen bluteten, bis sie zugeschwollen und verkrustet waren. 1929 erschien eine Wunde auf ihrer Schulter an der Stelle, auf der Christus nach ihrer Vorstellung das Kreuz nach Golgatha getragen hatte. Den Rest ihres Lebens litt sie zeitweilig unter einem oder mehreren dieser Stigmen. Die vielen und dauerhaften Beweise ihrer Wundmale bestätigten deren Echtheit über jeden Zweifel hinaus. Sollte sie sich tatsächlich manchmal ihre Stigmen selbst zugefügt haben, wie einige Skep-

tiker behaupteten, so erlitt sie zahlreichen Zeugen zufolge doch häufig spontane Blutungen.[34]

Weniger bekannte Stigmatiker

Marie Rose Ferron, die 1902 in der Nähe von Quebec geboren wurde, zog mit ihrer katholischen Familie 1925 nach Woonsocket in Rhode Island. Schon als Kind kränkelte sie und war seit dem Umzug bis zu ihrem Tod 1936 bettlägerig und teilweise gelähmt. Wie andere Stigmatiker auch, nahm sie außer Hostien kaum etwas zu sich und war oft tief im Gebet versunken. 1926 erschienen auf ihren Armen Male, die an die Wunden der Geißelung Christi erinnerten; in der Fastenzeit 1927 bildeten sich Stigmen auf ihren Händen und Füßen; und im Januar 1928 fingen Stichwunden auf ihrer Stirn, die die Dornenkrone Christi symbolisierten, an zu bluten. Obwohl alle diese Male 1931 verschwanden, zog ihr außergewöhnliches Leiden und ihre tiefe Spiritualität eine Reihe von Gläubigen an, die sie verehrten. Viele Katholiken halten sie bis zum heutigen Tag für eine Heilige.[35]

Arthur Otto Moock aus Hamburg wies Wundmale an seinen Händen, Füßen und seiner Seite auf, die seit 1933 bis zu seinem Tod 1956 alle vier Wochen stark bluteten. Moock, der kein Katholik war, behauptete, er wäre nicht sonderlich religiös, und litt sehr unter seinem Leiden. Auf seine Bitte hin versuchten mehrere Ärzte ihn zu heilen, blieben aber erfolglos. Einem Priester zufolge, der sich für ihn interessierte, fehlt ihm offensichtlich das tiefe Innenleben und der feste Glaube anderer Stigmatiker. Er ist wohl kaum ein begeisterter Asket, [und] er hat nicht versucht, materiell oder spirituell von seinem Zustand zu profitieren, indem er ihn als übernatürlich ausgegeben oder sich ihm auf religiöse Weise hingegeben hätte. Er hat die Gläubigen, die zu ihm kamen, abgeschreckt, als er völlig offen über seine ungewöhnliche Krankheit und seinen unorthodoxen Glauben sprach.[36]

Die Ausgabe des *Southern Medical Journal* vom November 1980 enthält einen Bericht über eine 23jährige amerikanische Stigmatikerin mexikanischer Abstammung. Als sechstes von zwölf Kindern wurde sie katholisch erzogen und behauptete, sie habe in Visionen und Träumen gesehen, wie Christus ihr eine Dornenkrone aufsetzte. Dem Beispiel ihres Vaters folgend, trat sie aus der Kirche aus und schloß sich der örtlichen Pfingstgemeinde an, wo „der heilige Geist über sie kam". Sie begann ständig zu beten und bat gelegentlich darum, die Stigmen zu empfangen. Nachdem sie etwa sechs Monate lang verheiratet war, begannen sich Wundmale an ihren Händen zu bilden, als sie in der Kirche sang. Später erschienen neue Wundmale an ihren Füßen, ihrem Kopf und Rücken. Auch wenn diese sich gelegentlich öffneten, bluteten sie gewöhnlich

durch die unversehrte Haut. Zwei Ärzten zufolge, die sie untersuchten, gebärte sie eine Tochter, die später ebenfalls Stigmen an ihren Händen, Füßen und ihrem Kopf aufwies. In ihrem Bericht beschrieben die beiden Ärzte die Ergebnisse verschiedener Tests, die sie an der Mutter durchgeführt hatten, darunter Untersuchungen des Blutes, der Herzfrequenz und Atmung, der galvanischen Hautreaktion und des EEGs. Ihre persönlichen Beobachtungen überzeugten sie, daß weder die Stigmen der Mutter noch die des Kindes durch äußere Manipulationen herbeigeführt waren.[37]

In der Ausgabe der *Archives of General Psychiatry* vom Februar 1974 beschrieben die Kinderärztin Loretta Early und der Psychiater Joseph Lifschutz ein zehnjähriges schwarzes Baptistenmädchen, das vor dem Ostersonntag 1972 drei Wochen lang Stigmen zeigte. Sie schrieben: „Eine äußerst sorgfältige Überprüfung ergab, daß es sehr unwahrscheinlich ist, daß sie sich ihre Wunden selbst zugefügt hatte." Das Kind war tief religiös, stammte aus einer großen Familie der unteren Mittelklasse aus Oakland, Kalifornien, und schien körperlich gesund zu sein. Die beiden Ärzte schrieben:

Bei der Anamnese der Patientin und ihrer Familie konnten keine verzögerten Blutungen, Anfälligkeit für Blutergüsse, spontan auftretende Blutungen oder psychiatrische Störungen festgestellt werden. Sie war immer bei bester Gesundheit und hatte bisher keine schweren Krankheiten oder Unfälle gehabt.

Die erste körperliche Untersuchung durch [Dr. Early] zeigte etwa 1ml getrocknetes Blut auf der linken Handfläche der Patientin, die Blutung war etwa zehn Minuten zuvor in der Schule aufgetreten. Als das Blut abgewaschen wurde, war keine Verletzung der Haut oder Schleimhaut zu erkennen. In den

> nächsten fünf Tagen wurden die blutenden Stellen mit einer Lupe mit fünffacher und zehnfacher Vergrößerung untersucht und zeigten eine normale Haut.
>
> Am vierten Tag blutete sie aus der rechten Handfläche, am sechsten Tag aus dem linken Fußrücken, am siebten Tag aus ihrem linken Brustkorb und am vierzehnten Tag, sieben Tage vor Ostern, aus der Mitte ihrer Stirn. Über einen Gesamtzeitraum von 19 Tagen berichteten verschiedene Personen und die Patientin von Blutungen aus diesen Stellen, üblicherweise ein- bis fünfmal täglich, dann aber bis auf einmal alle zwei Tage abnehmend. [Diese Blutungen] wurden von ihren Lehrern, der Schulkrankenschwester, einem Krankenpfleger, einem Arzt und in einem Fall von einem anderen Mitglied des Krankenhauspersonals beobachtet.[38]

Nach Early und Lifschutz hatte ihre Patientin üblicherweise beim Nachtgebet akustische Halluzinationen, die aus einfachen Sätzen bestanden wie: „Deine Gebete werden erhört werden." Ihre Träume bezogen häufig biblische Geschehnisse mit ein, einige davon standen mit Christus in Zusammenhang. In der Woche vor ihren Blutungen hatte sie ein Buch über die Kreuzigung gelesen und einen Fernsehfilm darüber gesehen. Sie verneinte, daß sie außer den Wundmalen von Christus auch etwas über

andere Stigmen wüßte, identifizierte sich jedoch stark mit dem heiligen Franz von Assisi, als ihr von ihm erzählt wurde.

Stigmen und außergewöhnliche Fähigkeiten

Diese neueren Fälle und ähnliche, über die in medizinischen Fachzeitschriften und der Presse berichtet wurde, bestätigen Thurstons Meinung, daß Körpermale, die den Wunden Christi ähneln, häufiger auftreten, als gemeinhin angenommen wird – und das sogar bei Menschen, die weder Mystiker noch besonders tugendhaft sind.* Es scheint, daß sehr unterschiedliche Menschen religiöse Stigmen erfahren. Manche von ihnen haben unter nervösen Beschwerden gelitten, andere waren aktiv und jovial – wie Padre Pio, der 81 Jahre alt wurde und von dem es hieß, er habe zu Mittag ein bis drei Becher Wein und jeden Abend eine Flasche Bier getrunken.[39] Einige waren ständig ans Bett gefesselt, während andere den Kranken gedient, Pilgern Ratschläge erteilt oder den Armen geholfen haben. Trotz ihrer Unterschiede lehren uns die Stigmatiker als Gruppe gesehen jedoch etwas über das außergewöhnliche Funktionsvermögen im allgemeinen. Sie zeigen uns zum Beispiel folgendes:

* Eine andere Stigmatikerin, Ethel Chapman – ein englisches Mitglied der anglikanischen Kirche, die von 1921 bis 1980 lebte – wird in Harrison, T., 1981 beschrieben; und eine in Australien lebende polnische Katholikin, die während ihrer freitäglichen Ekstasen aus ihren Augenlidern blutete, wird in Whitlock u. Hynes 1978 erwähnt.

Wegbereiter können zu neuartigen Formen der psychophysischen Transformation inspirieren. Sobald sich die Nachricht von den Wundmalen des heiligen Franz in Europa verbreitet hatte, bekamen auch andere Menschen Stigmen. Der Untersuchung von Imbert-Gourbeyre zufolge gab es gegen Ende des 13. Jahrhunderts Aufzeichnungen über mindestens 31 weitere Stigmatiker, und seit jener Zeit haben viele andere ähnliche Wunden aufgewiesen – trotz der ständigen Belehrungen der Kirche, daß ein heroischer Asketizismus zwar bewundert, daß ihm aber nicht nachgeeifert werden soll.

Hier zeigt sich eine Parallele zu anderen Arten von außergewöhnlichen Fähigkeiten des Menschen. Als Roger Bannister die 4-Minuten-Grenze für die Meile durchbrach, tat John Landy es ihm fünf Wochen später nach, und schon bald folgten ihnen viele andere. Nachdem Nijinskij seine Technik vervollkommnet hatte, wurden jene schwungvollen Sprünge nicht nur denkbar, sondern zur Pflicht für männliche Balletttänzer.

Neue Formen von physischen Leistungen – sogar einige, die zuvor unmöglich erschienen – verbreiten sich, nachdem ein anderer sie vorgeführt hat.

Starke Vorstellungen rufen bestimmte körperliche Veränderungen hervor. Nichtchristliche Ekstatiker erleiden selten – wenn überhaupt – Stigmen, die den Wundmalen Christi ähneln. Jede Religion hat ihre bevorzugten körperlichen Ausdrucksformen, wie zum Beispiel die Stigmen des Katholizismus, die in der Schlacht erlittenen (stigmatischen) Wunden von Mohammed im Islam[40] oder die Kontrolle autonomer Funktionen im Hatha-Yoga.

Das leidenschaftliche Verlangen, ein Ideal zu verkörpern, kann starke Veränderungen der kognitiven, emotionalen und physischen Funktionen hervorrufen. Die meisten Stigmatiker wollten am Martyrium Christi teilhaben und beteten häufig darum, sein Leiden erleben zu dürfen. Tatsächlich haben manche ihre Identifikation mit Christus intensiviert, indem sie sich absichtlich Wunden zufügten. Der Biograph von Lukardis, einer Nonne aus Oberweimar, die im Jahre 1309 starb, schrieb: „Immer und immer wieder schlug sie mit dem Mittelfinger heftig an die Stelle, wo sich die Wunden in der Handfläche befunden haben mußten ... wobei die Fingerspitze wie ein spitzer Nagel aussah.“ So verhielt sie sich zwei Jahre lang, bis sie eine Vision hatte, in der ein wunderschöner stigmatisierter junger Mann ihre rechte Hand gegen die seine drückte und sagte: „Ich will, daß du mit mir leidest.“ In dem Augenblick bildete sich in ihrer rechten Hand eine Wunde, und in den folgenden Wochen zeigten sich in ihrer linken Hand und an ihren Füßen Stigmen. Ihre Wundmale bluteten daraufhin ohne äußere Einflußnahme regelmäßig jeden Freitag. Lukardis' Verhalten deutet darauf hin, daß der autonome

Vorgang der Stigmatisierung durch rein körperliche Maßnahmen ebenso hervorgerufen werden kann wie durch Imagination und inbrünstiges Verlangen.[*]

Unklare Motive in der religiösen Praxis können unklare Ergebnisse hervorbringen. Wenn das Verlangen nach der Vereinigung mit Gott teilweise aus Schuldgefühlen oder unbewußter Aggression herrührt, kann es Formen des Leidens erzeugen wie bei Louise Lateau und anderen in diesem Kapitel beschriebenen „Opferseelen".[**] Innere Konflikte und unverarbeitete Traumata allein können keine metanormalen Fähigkeiten hervorrufen. Sie werden diese eher behindern. Auch wenn sie dazu beitragen, manche Ekstatiker zu einer asketischen Disziplin anzutreiben, sind morbide Motive ein mangelhafter Ersatz für Selbstbewußtsein, ausgewogene Übungen und die gesunde Absicht, neue Ebenen und Arten von Fähigkeiten zu erlangen.

Zustände tiefer Versenkung können bedeutsame Veränderungen des Körpers fördern. Lukardis von Oberweimar erhielt ihre erste Wunde in einer Trance, wenn wir ihrem Biographen Glauben schenken dürfen. Der heilige Franz wurde stigmatisiert, als er die Vision eines Seraphs hatte. In neuerer Zeit erlebten Louise Lateau, Marie-Julie Jahenny, Gemma Galgani, Therese Neumann und Padre Pio ihre ersten Stigmen in

Zuständen der Ekstase. Auf ähnliche Weise werden Veränderungen des Körpers, die durch Sport, Kampfkunsttraining, Hypnose und andere zeitgenössische Methoden hervorgerufen werden, von geistigen Versenkungszuständen unterstützt (15.6, 19.5, 20.1, 20.3). Es scheint, daß sich geistige Vorstellungen am effektivsten in Zuständen tiefer Versenkung auf den Leib auswirken.[***]

[*] Thurston 1956, S. 64 f. Es ist auch möglich, daß einige Stigmatiker alte Wunden manipuliert haben, um sie zu erhalten – entweder, um ihre symbolische Nähe zu Gott zu bewahren, oder um eine ihnen ergebene Gefolgschaft an sich zu binden. Einige Forscher warfen Therese Neumann genau das vor. Beweise für derartige Manipulationen stellen jedoch nicht die authentische Spontaneität der ursprünglichen Stigmen der Ekstatikerin in Frage. Selbst ihre größten Kritiker hielten Therese Neumann nicht ausschließlich für eine Betrügerin, da ihre Wunden manchmal in Gegenwart vieler Zeugen spontan bluteten.

[**] Der Psychiater Richard Lord meinte, daß neurotische Motive eine Rolle bei der Entstehung einiger religiöser Stigmen spielen, darunter der Wunsch, durch eine periodische Verwundung die Menstruation zu vermeiden, ein Drang, sich selbst für den Wunsch nach Masturbation zu bestrafen, und die Sehnsucht, sich mit einem nichtsexuellen Geliebten zu identifizieren (Lord 1957).

[***] Dr. Alfred Lechler beschrieb in einer 1933 in Elberfeld veröffentlichten Abhandlung mit dem Titel *Das Rätsel von Konnersreuth*, wie er durch suggestive Hypnose Stigmen hervorrief (zitiert bei Thurston 1956, S. 247–249). Lechlers Versuchsperson war ein österreichisches Bauernmädchen. Nachdem sie einen Film über den Leidensweg Christi gesehen hatte, der bei ihr Schmerzen in den Händen und Füßen auslöste, versetzte Lechler sie in Trance und suggerierte ihr, daß sie wie bei der Kreuzigung von Nägeln durchbohrt wäre. Nach mehreren Hypnosesitzungen erschienen blutende Wunden an ihren Gliedern, die Lechler fotografierte. Thurston schrieb:
„Im weiteren Verlauf der Experimente erschienen auch blutende Punkte auf der Stirne, die von einer Dornenkrone herrühren konnten, und aus den Augen flossen Bluttränen. Auch bildete sich auf der Achsel eine Entzündung, die durch die suggerierte Vorstellung der Kreuzeslast ausgelöst wurde. ... Die Photographien erwecken den Eindruck, daß es sich bei ihnen um zuverlässige, echte Dokumente der produzierten Erscheinungen handelt."

Bestimmte Transformationsprozesse haben ihr eigenes Moment und ihre eigene Dynamik. Die körperlichen Veränderungen mancher Stigmatiker ähneln dem Phänomen der Kundalini aus der hinduistisch-buddhistischen Lehre in ihrem dramatischen, manchmal plötzlichen und unerwarteten Auftreten und ihrem scheinbar autonomen Verlauf. Trotz ihrer offensichtlichen Unterschiede scheinen manche Kundalini-Erfahrungen und die christlichen Stigmatisierungen, sobald sie einen Anfang genommen haben, ihre eigenen Ziele zu verfolgen – unabhängig davon, ob dagegen protestiert oder angekämpft wird.

Verschiedene hinduistische und buddhistische Schulen weisen zum Beispiel darauf hin, daß die Natur eines Menschen ausgeglichen sein muß, um sich der Kundalini anzupassen, da diese eine in hohem Maße autonome Dynamik hat, die den Körper entweder auf einer höheren Ebene der Funktionen neu strukturiert oder ihn auf verschiedene Arten schädigt.[41] Ähnlich scheint auch die Stigmatisierung christlicher Ekstatiker ihr eigenes Moment und ihren charakteristischen Verlauf zu haben. Diejenigen, die sie beobachten, sind von dem Leiden, das sie verursacht, und den Begleiterscheinungen wie dem *Incendium amoris* (siehe 22.6) tief beeindruckt.* Sowohl Stigmatisierung als auch Kundalini sind insofern Entsprechungen der Geburt eines

Menschen, als sie den Körpers aufreißen und ihn schütteln, wenn sie eine neue Form von Leben hervorbringen.[42]

Anna Katharina Emmerich, Louise Lateau, Gemma Galgani und Therese Neumann wurden häufig gegen ihren Willen und ihren Widerstand über die eigenen Erwartungen und die ihrer Familie und Freunde hinausgetragen. Zuzeiten schienen sie von etwas geleitet zu werden, das einen eigenen Geist hatte. Zwar bestimmten kulturelle Einflüsse einige Elemente ihrer Erfahrungen, doch es scheint, daß diese sie nicht ausreichend auf die überwältigenden, entrückenden, überraschenden und manchmal auch niederschmetternden Aspekte vorbereitet hatten. Wenn die Ekstatiker behaupten, daß jene Erfahrung von Gott gesandt wurde, so drücken sie eine fundamentale Wahrheit in den Worten des christlichen Glaubens aus, nämlich, daß sie von Kräften, Erkenntnissen und Freuden erfüllt sind, die von etwas jenseits des gewöhnlichen Bewußtseins und der kulturellen Konditionierung stammen. Aber:

* Thurston beobachtete, daß Stigmen in bestimmten typischen Mustern auftreten, oftmals zuerst in einem Glied, dann in den anderen, schließlich als Dornenkrone auf dem Kopf oder an einem Finger als Zeichen der mystischen Vermählung. Die Berichte mittelalterlicher Chronisten über die Stigmen sind von großem Wert, schrieb er, denn „einmal wurden sie zu einer Zeit niedergeschrieben, als sich über die Stigmatisationsphänomene und damit Zusammenhängendes noch keine Überlieferung gebildet hatte. Sodann wurden sie nie einer größeren Öffentlichkeit bekannt. Diese Einzelheiten sind vielmehr erst in neuester Zeit durch den Druck einem weiteren Kreis zugänglich gemacht worden. Trotzdem stimmen sie in den allgemeinen Zügen mit den Manifestationen überein, die über die berühmtesten Stigmatikerinnen des 17. und 18. Jahrhunderts von zahlreichen Zeugen geschildert und in der Gegenwart noch häufig genug beobachtet wurden." (Thurston 1956, S. 88)

Stigmatiker haben charakteristischerweise – bewußt oder unbewußt – Anteil an ihren Transformationen. Marie-Julie Jahenny sah richtig voraus, daß eine neue Stigmatisierung in der Form eines Kreuzes, einer Blume und den Worten *O Crux ave* auf ihrer Brust erscheinen würde.[43] Wie bei hypnotisierten Versuchspersonen, die in manchen Fällen genau in dem Moment, den der Hypnotiseur bestimmt hat, eine Hautschrift aufweisen, ist es möglich, daß Jahenny unbewußt ihre Stigmen an dem Tag hervorrief, den sie vorhergesagt hatte, auch wenn sie davon überzeugt war, daß sie von Gott kamen. Gelegentlich wird diese Eigenkontrolle auch beim Rückgang der Stigmen infolge eines Gebetes deutlich. Anna Katharina Emmerich, Gemma Galgani, Therese Neumann und Padre Pio erlebten solche Remissionen. Wenn sie unterschwellig die Bildung ihrer Wunden zu beeinflussen vermochten, so können wir ebenso davon ausgehen, daß einige Stigmatiker ihr Verschwinden bewirken konnten. Thurston schrieb:

> Dieser Wunsch [alles Auffällige möglichst zu verbergen] hatte in einer großen Zahl von Fällen vermutlich entscheidenden Einfluß auf das Auftreten, die Entfaltung und das Wiederverschwinden der Stigmen. Viele der hervorragendsten Mystiker baten Gott inständig, sie von diesem Fallstrick für ihre Demut zu befreien – wenn sie die Wunden an ihren Händen nicht verbergen konnten und bemerkten,

> wie ihnen deshalb allgemeine Hochachtung und Verehrung gezollt wurde. Sie beteten, daß sie weiterhin der Leiden des gekreuzigten Heilandes an Händen und Füßen teilhaftig werden mögen; äußere Zeichen der ihnen erwiesenen Gnade möchten aber keine sichtbar bleiben. Daher verschwanden in nicht wenigen Fällen die Wundmale kurze Zeit nach dem ersten Auftreten, ehe jemand, mit Ausnahme etwa des Beichtvaters oder eines anderen engen Vertrauten, darauf aufmerksam wurde.[44]

Die charakteristischen Formen einiger Stigmen weisen ebenfalls auf den unterschwelligen Prozeß der Verursachung von seiten des Empfangenden hin. Wie wir gesehen haben, ähnelte das Kreuz in Form eines Y auf der Brust von Anna Katharina Emmerich jenem bekannten Kreuz, vor dem sie als Kind gebetet hatte. Die Male auf Gemma Galganis Schultern entsprachen den Geißelungsmalen auf einem Kruzifix, das ihr vertraut war. Während die meisten Stigmen Vorstellungsbildern entsprechen, die im westlichen Christentum verbreitet sind, waren das Kreuz der Anna Katharina Emmerich und die Wunden der Gemma Galgani nicht nur kulturspezifisch, sondern auch an den Ort gebunden: Sie glichen Abbildern, die für die unmittelbare Umgebung der beiden Stigmatikerinnen charakteristisch waren. Es scheint, daß die psychophysischen Wandlungsprozesse, die die ekstatische Erfahrung begleiten, sowohl universelle, kulturelle als auch ausschließlich persönliche Merkmale aufweisen.

Kurz gesagt, zeigen einige christliche Ekstatiker eine präzise, wenn auch unterschwellige Eigenkontrolle sowie eine transformierende Autosuggestion unter dem Deckmantel einer an Gott gerichteten Fürbitte. Angesichts unseres heutigen Wissens über die hypnotische Reagibilität können wir davon ausgehen, daß die meisten Stigmatiker in hohem Maße für Suggestionen empfänglich sind und außergewöhnlich gute hypnotische Versuchspersonen wären. Die „zu Phantasien neigenden Persönlichkeiten" von Theodore Barber, die besondere hypnotische Leistungen vollbrachten (15.6), zeigten eine ebensolche psychosomatische Formbarkeit wie die hier beschriebenen Heiligen und Mystiker. Weiterhin gibt es Übereinstimmungen zwischen bestimmten Stigmatikern und Menschen, die unter dem Multiplen-Persönlichkeitssyndrom leiden. Therese Neumann wechselte zum Beispiel oftmals in einen Zustand, den einer ihrer Beobachter „den Zustand exaltierter Ruhe" nannte und in dem sie eine fremde Stimme und ungewöhnliche Körperhaltungen annahm, um sich über verschiedene Themen auszulassen. Elisabeth von Herkenrode, Domenica Lazzari, Costante Maria Castreca und Beatrice Maria vom Jesuskind sprachen oder verhielten sich gelegentlich auf eine Weise, an die sie sich später nicht mehr erinnern konnten.[45] Wie die Multiplen der heutigen Zeit nutzten diese Ekstatikerinnen die Trance, um Fähigkeiten freizusetzen, die sie gewöhnlich unterdrückten. So wurde ihnen ermöglicht, Dinge zu tun oder zu fühlen, die ihr vorherrschendes Selbstbild nicht zulassen mochte (11.3). Auch wenn sie ihre Trancen und Charismen der Gnade Gottes zuschrieben, so hatten sie doch zumindest einen gewissen Anteil an ihren bemerkens-

werten, manchmal jedoch grotesken Wandlungsprozessen – wenigstens auf einer unbewußten Ebene.

[22.4]
INEDIA – LEBEN OHNE NAHRUNG

Anhaltende Enthaltsamkeit von Essen und Trinken, die *Inedia*, ist eines der bedeutendsten katholischen Charismen und wird seit dem Altertum unzähligen Männern und Frauen zugeschrieben. Die heilige Lidwina von Schiedam (1380–1433) soll 28 Jahre lang nichts gegessen haben, die ehrwürdige Domenica dal Paradiso (gestorben 1553) 20 Jahre lang, der heilige Nikolaus von der Flüe (1417–1487) 19 Jahre, die selige Elisabeth von Reute (gestorben 1420) 15 Jahre und Louise Lateau (1850–1883) 12 Jahre lang.[46] Die Historiker Caroline Bynum und Rudolph Bell haben solche Behauptungen ebenso dokumentiert wie auch die an Bulimie erinnernde periodische Völlerei, die das heroische Fasten charakteristischerweise begleitet. Bell verfolgte beispielsweise jene Stadien, in denen die heilige Katharina von Siena die normale Nahrungsaufnahme einstellte. Als junge Frau lebte sie – zeitweilig – von Brot, Wasser und rohem Gemüse. Im Alter von 23 Jahren gab sie das Brot auf und lebte von Hostien, kaltem Wasser und bitteren Kräutern, an denen sie entweder saugte und dies dann wieder ausspuckte oder sie schluckte und erbrach. Im Januar 1380, als sie etwa

33 Jahre alt war, enthielt sie sich einen Monat lang des Wassers – als Sühne für eine Krise der Kirche in Italien.[47] Ihre Biographen beschrieben ihre ruhelose Energie und Schlaflosigkeit, die sich vermehrte, je weniger sie aß. Bynum schrieb: „Man könnte ihr Verhalten, bei dem langes Fasten mit mehreren Mahlzeiten am Tag abwechselte, oder ihre Methode, sich erst zum Essen zu zwingen und sich dann wieder zu erbrechen, als einen Zyklus von Völlerei mit anschließender Bestrafung interpretieren."[48]

Bynum und Bell haben andere an „heiliger Anorexie" leidende Menschen beschrieben, die abwechselnd fasteten und sich dann überaßen.[49] Es scheint, daß das Leben ohne Nahrung üblicherweise von Phasen der Völlerei unterbrochen wurde. Trotzdem ist es unbestreitbar, daß viele katholische Männer und Frauen sich über lange Zeiträume hinweg des Essens und zuzeiten auch des Trinkens enthalten haben, manchmal ohne dabei an Energie zu verlieren. Diese Tatsache ist von mehreren Gruppen von Geistlichen und Medizinern nachgewiesen worden, die die Inedia sorgfältig untersucht haben, die betreffenden Personen in manchen Fällen einer Überwachung rund um die Uhr ausgesetzt haben und ihr Blut, ihren Urin und ihr Erbrochenes chemisch analysiert haben. Ich möchte hier drei Frauen beschreiben, die auf diese Weise untersucht wurden.

Louise Lateau, die oben erwähnte belgische Stigmatikerin, verrichtete nach ihrer Stigmatisierung noch einige Jahre lang körperliche Arbeit, verlor aber im Verlauf ihrer ekstatischen Zustände an Kraft und Appetit. Ihrer Familie und ihrem Beichtvater zufolge konnte sie nach dem 30. März 1871 ohne sofortige Schmerzen nichts mehr zu sich nehmen und erbrach sich häufig, wenn sie zum Essen gezwungen wurde. Wie bereits erwähnt, hatte die belgische Akademie der Medizin eine Untersuchungskommission gebildet, um ihre Stigmen zu überprüfen. Diese Kommission war 1876 auch an einer heftigen Debatte über ihr Fasten beteiligt.[50] Die Akademie bestritt jedoch nicht, daß sie sich der Nahrung enthielt, da keine Anzeichen von Betrug gefunden werden konnten.

Von Therese Neumann hieß es, sie habe sich mit Ausnahme von Hostien mehrere Jahre lang der Nahrung enthalten, was dazu führte, daß Ärzte und Priester sie sorgfältig untersuchten und ihre Vertrauten ins Kreuzverhör nahmen. 1927 ernannte der Bischof von Regensburg eine Untersuchungskommission, um sie zu beobachten. Thurston schrieb folgendes darüber:

> Zu diesem Zweck wurden vier Krankenschwestern von Mallersdorf herangezogen, die auf ein sehr strenges Bewachungsstatut vereidigt wurden. Sich gegenseitig ablösend, waren je zwei Schwestern zusammen Tag und Nacht ununterbrochen im Dienst, so daß während der 14tägigen Beobachtungsperiode Therese nicht für den kürzesten Augenblick aus den Augen gelassen wurde. Gewicht, Temperatur, Puls usw. wurden häufig geprüft. Alle Ausscheidungsprodukte, z. B. auch das Blut aus den

Stigmen, wurden gewogen und analysiert. Das Zimmer, das Bett, die Kleider usw. wurden gründlich durchsucht, und auch während ihrer Gespräche mit ihren Eltern, Familienmitgliedern und anderen Personen wurde sie bewacht. Diese Vorsichtsmaßnahmen waren unvermeidlich, wenn man zu einem Befund gelangen wollte, den jedermann anerkennen mußte, auch jene – z. B. Nichtkatholiken –, die sie als gewöhnliche Betrügerin hinstellten ...

Die 14tägige Beobachtung der Therese Neumann hat jeden Unvoreingenommenen restlos überzeugt, daß sie während dieser Zeit nichts aß und nichts trank. Das läßt sich nicht bezweifeln. Noch erstaunlicher ist die Tatsache, daß der durch die Freitagsekstasen verursachte Gewichtsverlust an den folgenden zwei bis drei Tagen wieder aufgeholt wurde. Am Tag vor der Beobachtung, am Mittwoch, dem 13. Juli 1927, wog sie 55 kg, Samstag, den 16. Juli, noch 51 kg. Am Mittwoch, dem 20. Juli, wog sie wieder 54 kg, obwohl das Gewicht am [folgenden] Samstag neuerdings auf 52 1/2 kg gesunken war. Am letzten Tag der Beobachtung, einem Donnerstag, stand es wieder auf 55 kg, genau wie am Tage vor dem Untersuch.

Die höchste Gewichtsschwankung erreichte somit 4 kg. Merkwürdigerweise gab es an zwei Tagen auch Ausscheidungen (am 15. und 22. Juli). An beiden Freitagen mußte sie auch, freilich sehr wenig, erbrechen – vermutlich weil das Blut aus den Augen und der Stirne in den Mund geflossen war. Spuren von Speisen ließen sich nirgends entdecken.[51]

Alexandrina da Costa (1904–1955) lebte in der portugiesischen Kleinstadt Balasar in der Nähe von Porto. Mit 14 Jahren wurde sie zum Teil gelähmt, als sie aus einem Fenster sprang, um sich vor einer Vergewaltigung zu retten. Sie war einen Großteil ihres Lebens bettlägerig und entwickelte eine leidenschaftliche religiöse Frömmigkeit. Freitags erlebte sie in Trance die Kreuzigung Christi, wobei sie häufig aufstand, um niederzuknien oder sich niederzuwerfen und dabei ihre Lähmung bis zu einem gewissen Grad überwand. Als sie älter wurde, zogen ihre Entrückungen, Heilkräfte und ihre offenbare Heiligkeit Pilger aus Europa und Amerika an. Ihren Vertrauten und Beichtvätern zufolge aß und trank sie 13 Jahre lang nichts außer der Hostie und dem Meßwein bei der täglichen Kommunion. Wie Louise Lateau und Therese Neumann wurde sie von skeptischen Gruppen von Geistlichen und Medizinern untersucht. Zum Abschluß einer dieser Untersuchungen gab der leitende Arzt Dr. Gomez de Araujo von der königlichen Akademie der Medizin in Madrid folgende Erklärung ab: „Es ist absolut sicher, daß die Kranke während ihres 40tägigen Aufenthaltes in [unserem] Krankenhaus weder aß noch trank." Auch die behandelnden Ärzte und Krankenschwestern bestätigten Alexandrinas Totalabstinenz von Essen und Trinken. Dr. Araujos Bericht war eine Bescheinigung mit der folgenden Erklärung beigefügt:

Wir, die Unterzeichnenden, Dr. C. A. di Lima, Professor der medizinischen Fakultät von Porto, und Dr. E. A. D. de Azevedo, Doktor derselben Fakultät, bezeugen nach Untersuchung der Alexandrina Maria da Costa, 39, geboren und wohnhaft in Balasar, daß die bettlägerige Frau vom 10. Juni bis zum

20. Juli 1943 in der Abteilung für Kinderlähmung im Krankenhaus von Foce del Duro stationär aufgenommen war und unter der Leitung von Dr. Araujo bei Tag und Nacht der Überwachung durch unparteiische Personen unterstand, die beabsichtigten, die Wahrheit über ihr Fasten herauszufinden. Ihre Abstinenz von festen und flüssigen Nahrungsmitteln war während der gesamten Zeitdauer vollständig. Wir bezeugen außerdem, daß sie ihr Gewicht beibehielt, [daß] ihre Temperatur, Atmung, Blutdruck, Puls und Blut normal waren, ihre geistigen Fähigkeiten gleichbleibend und klar waren, und daß sie in diesen 40 Tagen keine Ausscheidungen hatte.

Die Ergebnisse der Blutuntersuchung, die drei Wochen nach ihrem Eintreffen im Krankenhaus vorgenommen wurde, sind dieser Bescheinigung beigefügt; man kann daraus ersehen, daß es angesichts der vorher erwähnten Abstinenz von fester und flüssiger Nahrung keine wissenschaftliche Erklärung gibt. Im Dienste der Wahrheitsfindung haben wir diese Bescheinigung ausgestellt, die wir hier unterschreiben. Porto, 26. Juli 1943.[52]

Es ist vorstellbar, daß der Körper einen Zugang zu außergewöhnlichen Energien hat, der durch religiöse Leidenschaft hergestellt werden kann. Wenngleich die meisten Menschen, die über längere Zeiträume gefastet haben, überwiegend saßen oder im

Bett liegen mußten, sind einige körperlich aktiv gewesen. Heroisches Fasten weist darauf hin, daß der Körper seine Bestandteile auf außergewöhnlichen Wegen neu ordnen und seine gewohnheitsmäßige physiologische Aktivität dramatisch verändern kann.

[22.5]
LICHTERSCHEINUNGEN

Während Stigmen, die den Wunden Christi ähnlich sehen, fast nie bei Angehörigen nicht-christlicher Kulturen aufgetreten sind (nicht einmal bei den orthodoxen Christen der Ostkirche), wird in den meisten Religionen über andere Begleiterscheinungen der religiösen Hingabe berichtet. Darunter fallen die Lichterscheinungen christlicher Heiliger, taoistischer Weiser, hinduistischer Yogis, buddhistischer Mystiker und der Sufis. In nahezu allen religiösen Überlieferungen existieren Geschichten über den Lichtglanz der Heiligen. Thurston schrieb:

Die zahlreichen Erzählungen von frommen Priestern, die mit ihrem Lichtglanz eine dunkle Zelle oder eine ganze Kapelle erleuchteten, machen mich sehr geneigt, eine buchstäblichere Auslegung anzunehmen. Es sei beispielsweise an den Kartäuser Johannes Tornerius, der im 14. Jahrhundert lebte, erinnert. Als er in der Grande Chartreuse bei Grenoble nicht rechtzeitig zum Messelesen erschien, ging der

Meßdiener auf seine Zelle, um ihn zu holen. Er fand das kleine Zimmer vom Licht, das den Pater ganz umhüllte, so hell erleuchtet, wie wenn die Mittagssonne hereinschiene. Bei der Seligsprechung des seligen Thomas da Cori erklärten Zeugen, daß an einem dunklen Morgen die ganze Kirche vom Glanz seines Gesichtes wie von einer Sonne erleuchtet wurde... Im vermutlich ältesten Bericht über den seligen Aegidius von Assisi lesen wir, daß einmal zur Nachtzeit „sich um ihn eine so starke Helligkeit ausbreitete, daß sie das Mondlicht ganz verdunkelte". Und vom Haus der seligen Aleidis von Scarbeke konnte man meinen, es sei in Brand geraten, wenn sie mit leuchtendem Antlitz darin betete. Auch die Zelle des heiligen Ludwig Bertrand sah... aus, „wie wenn sie ganz von mächtigen Lampen erleuchtet wäre".[53]

Vom seligen Bernardino Realini, Pater Francisco Suarez, dem berühmten Theologen, der heiligen Lidwina von Schiedam, dem heiligen Philipp Neri und anderen tief gläubigen Katholiken heißt es, daß sie mit einem ähnlichen Glanz gestrahlt hätten.[54] In jüngerer Zeit ist dies Therese Neumann zugeschrieben worden. Am 17. Mai 1927 hatte sie zum Beispiel eine ekstatische Vision der heiligen Therese von Lisieux. Ihr Biograph Albert Schimberg schrieb:

Plötzlich riefen eine Reihe der Zuschauer aus, daß das Stigma auf ihrer linken Hand leuchtend erstrahlte. Pater Naber, der dieses Phänomen nicht beobachten konnte, hatte den Konnersreuther Dorflehrer gebeten, ein Bild von Therese zu machen. Als es entwickelt wurde, erschien auf ihm ein helles, kräftiges Licht – wie eine Aura – um das Stigma der linken Hand herum.[55]

Papst Benedikt XIV. stellte Richtlinien für die Heiligsprechung auf und bezog sich auf das Zeugnis vieler Ärzte und Gelehrter, als er schrieb:

Offenbar ist es eine Tatsache, daß es natürliche Flammen gibt, die zu Zeiten den Kopf des Menschen sichtbar umgeben können, und daß auch von einer ganzen Person gelegentlich ein Feuer auf natürliche Weise ausstrahlt – allerdings nicht in Gestalt einer aufsteigenden Flamme, sondern nach Art von Funken, die ringsum hervorsprühen. Manche Menschen können auch von einem Lichtschein umgeben sein, der nicht aus ihnen selber kommt, sondern aus ihren Kleidern oder dem Stab oder dem Speer, den sie mit sich führen.[56]

In einem Kommentar hierzu schrieb Herbert Thurston:

Jedenfalls anerkennt Prosper Lambertini solche Leuchterscheinungen nicht ohne weiteres als wunderbar. Bei so hervorragenden Heiligen wie Philipp Neri, Karl Borromäus, Ignatius von Loyola und Franz von Sales erhebt er indes keine Einwände: der strahlende Glanz, der sie, wenn sie predigten oder die Messe lasen, häufig umgab, war übernatürlicher Art. Ohne Zweifel finden sich, wie er erklärt, in der hagiographischen Literatur Hunderte derartiger Beispiele. Für den größten Teil sind die Zeugnisse nur mangelhaft; doch gibt es andere, die man nicht beiseite schieben darf.[57]

Wie in Kapitel 5.1 angeführt, sind Sufis und anderen islamischen Mystikern, Neuplatonikern und Adepten anderer Religionen „Scintillae", Seelenfunken und andere Arten von physischem Strahlen zugeschrieben worden. Lichtphänomene werden von Kultur zu Kultur mit einer solchen Übereinstimmung geschildert, daß man annehmen kann, daß es sie tatsächlich gibt.[58] Wie die *Inedia* und das *Incendium amoris* (siehe unten) legen die Lichterscheinungen der katholischen Heiligkeit Zeugnis dafür ab, daß die Natur des Menschen mit Energien verbunden ist, die die derzeitige Wissenschaft noch nicht erklären kann.

[22.6]
INCENDIUM AMORIS

In Kapitel 5.4 habe ich das *Incendium amoris* katholischer Heiliger mit Manifestationen außergewöhnlicher vitaler Kräfte in anderen Kulturen verglichen – darunter das tibetische *Tumo*, das hinduistisch-buddhistische Phänomen der Kundalini und die „kochende *Num*" der Kalahari-Buschmänner. Dieses Charisma äußert sich in großer körperlicher Hitze während ekstatischer religiöser Hingabe. Von der heiligen Katharina von Genua hieß es beispielsweise, sie hätte Dinge, die sie berührte, auf außergewöhnliche Weise erwärmt.[59] Die ehrwürdige Serafina di Dio, eine Karmelitin aus Capri, die 1699 starb, wärmte diejenigen, die sich in ihrer Nähe befanden, und „dies sogar im Winter".[60] Die Dominikanerin Sr. Maria Villani aus Neapel, die 1670 im Alter von 86 Jahren starb, mußte, wie es hieß, am Tag elf Liter Wasser trinken, um ihr inneres Feuer zu kühlen.[61] Und Orsola Benincasa, eine italienische Ekstatikerin des 16. Jahrhunderts, benötigte manchmal Wannen voll mit kaltem Wasser, um ihre Ekstasezustände zu lindern.[62]

Jede dieser Frauen war im Besitz einer ansteckenden Lebenskraft, die ihre Freunde und Beichtväter tief beeindruckte. Wie der heilige Philipp Neri, der selbst im Winter kein Hemd brauchte und andere durch seine Gegenwart belebte (5.4), waren sie im Besitz einer wundersamen Wärme, die durch ihre Leidenschaft und ihre Disziplin ausgelöst wurde.

[22.7]
GERÜCHE DER HEILIGKEIT

Seit den ersten Jahrhunderten der Geschichte des Christentums wurde behauptet, daß die Körper einiger Märtyrer und Heiliger einen außergewöhnlichen Geruch ausströmen. Es heißt, daß der heilige Polykarp, der im Jahr 155 den Märtyrertod starb, der heilige Symeon Stylites, ein Säulenheiliger des 5. Jahrhunderts, und der heilige Guthlac, ein angelsächsischer Einsiedler, sowie andere bemerkenswerte Persönlichkeiten des frühen Christentums die Luft mit lieblichen Düften und zuzeiten ganze Gebäude mit dem Geruch von Weihrauch erfüllten.[63] Die heilige Theresia von Avila, die vielen religiösen Behauptungen gegenüber kritisch eingestellt war, war überzeugt, daß eine heilige Lebensführung den Geruch der Heiligkeit hervorbringen könnte. In ihrem *Buch der Klosterstiftungen* schilderte sie eine berühmte spanische Asketin, Catalina von Cardona. Sie schrieb, daß

> von ihr ein überaus durchdringender Wohlgeruch, ähnlich dem Geruche der Reliquien, ausgegangen sei. Nachdem sie ihren Habit und Gürtel abgelegt hatte – man schenkte ihr nämlich einen anderen Habit und Gürtel –, strömten selbst diese abgelegten Kleidungsstücke einen (wunderbaren) Wohlgeruch aus, so daß die Schwestern veranlaßt wurden, unseren Herrn zu lobpreisen. Je näher man ihr kam, desto durchdringender war dieser Geruch, während doch ihre Kleider zumal bei der damaligen großen Hitze eher eine gegenteilige Wirkung hätten hervorbringen sollen.[64]

Die heilige Katharina von Ricci war ebenfalls wegen ihres parfümartigen Wohlgeruchs bekannt. Im Rahmen ihres Kanonisationsprozesses, schrieb Herbert Thurston, schworen 20 oder 30 Nonnen ihres Konventes von Prato unter Eid, „daß man in ihrem Sterbezimmer einen eigenartigen himmlischen Wohlgeruch wahrnahm; nach einigen habe er ihr auch zu Lebzeiten bei bestimmten Anlässen angehaftet. Er habe, meinten einige Klosterfrauen, dem Duft von *vivuole mammole* (einer Veilchenart) geglichen.“[65] Und von der heiligen Veronica Giuliani hieß es, daß ein solcher Wohlgeruch von ihren Stigmen ausging. Ein Biograph zitierte Zeugenaussagen anläßlich ihres Kanonisationsverfahrens:

> Es verdient Beachtung, daß sich durch das ganze Kloster, wenn sich die genannten Wunden wieder geöffnet hatten, ein lieblicher Duft verbreitete. Schon aus diesem Anzeichen wußten die Nonnen, wenn sich die Stigmen erneuerten, und mehrmals konnten sie sich durch Augenschein überzeugen, daß sie sich nicht getäuscht hatten. Nahm man den Verband von den geheimnisvollen Wunden weg, übertrug sich der Wohlgeruch auf alles, was ihm nahe kam. Dies bezeugt ihre Vertraute, die selige Florida Ceoli.[66]

Es wurde behauptet, daß sich solche Wohlgerüche zuzeiten von einem Körperteil auf andere ausbreiten und von Gegenständen, die der Heilige berührt hat, auf andere übergehen. Zum Beispiel erschien an dem Finger der Schwester Giovanna Maria della Croce von Roveredo, die im Jahre 1673 starb, ein Stigma in der Form eines Ringes, der ihre mystische Vermählung mit Christus anzeigte und mehreren Zeugen zufolge einen starken Duft verströmte. Ein Biograph schrieb:

Als Sr. Maria Ursula beispielsweise während der ersten Krankheit den Finger der heiligen Nonne berührte, hing der feine Geruch mehrere Tage an ihrer Hand. Besonders während der Erkrankungen von Giovanna Maria machte sich der Duft intensiv bemerkbar, denn sie konnte dann nichts vorkehren, um ihn zu verheimlichen. Er breitete sich nach und nach vom Finger auf die Hand und den ganzen Körper aus und ging auf alles über, mit dem sie in Berührung kam.

... Nach Empfang der heiligen Kommunion war er noch eindringlicher. Er strömte auch von ihren alten Kleidern aus, die sie seit langem nicht mehr trug, und desgleichen von der Strohmatratze und den anderen Gegenständen in ihrer Zelle. Er verbreitete sich im ganzen Hause und verriet ihr Kommen und Gehen und alle ihre Schritte.[67]

Ähnliche Wohlgerüche wurde auch folgenden Nonnen zugeschrieben: der heiligen Maria Francesca von den heiligen fünf Wunden, einer Franziskanerin, die 1791 in Neapel starb; Agnes vom Kinde Jesu, einer Priorin der Dominikanerinnen in Langeac, die 1634 starb; der seligen Maria degli Angeli, eine Karmelitin, die 1717 in Turin starb; und Schwester Maria vom gekreuzigten Jesus, einer Karmelitin, die 1878 in Bethlehem starb.[68] In neuerer Zeit wurde von Padre Pio erzählt, daß er um Menschen herum, die ihn gesehen oder berührt hatten, geheimnisvolle Wohlgerüche hervorrief.[69]

Thurston beurteilte die verschiedenen Berichte über die Gerüche der Heiligkeit folgendermaßen:

Gewiß mag manches in dieser oder jener Schilderung durch die glühende Phantasie des Erzählers übertrieben worden sein, denn starke Gefühle schwingen in diesen Beschreibungen mit. Aber die Übereinstimmung unter Zeugnissen, die örtlich und zeitlich so weit auseinanderliegen, ist höchst bemerkenswert, und nicht zuletzt kommt dazu die Gleichgestimmtheit von Zeugnissen sehr ähnlicher Art aus den letzten Jahrhunderten. Das läßt sich nicht übersehen ..., erhält aber noch eine gewisse Bestätigung von einer ganz anderen Seite her; ich denke an das Auftreten ähnlicher Phänomene bei spiritistischen Sitzungen.[70]

Thurston zitierte einen detaillierten Bericht des englischen Mediums Stainton Moses über Gerüche, die spontan während seiner Séancen auftraten. Moses schrieb:

Erst jetzt beginnen wir, für die medialen Phänomene, die sich bei Mönchen, Nonnen und Einsiedlern des Mittelalters zeigten, Verständnis zu gewinnen. Diese Personen waren häufig bedeutende Medien. ... und der „Geruch der Heiligkeit" war ihnen ein gut bekanntes Wahrzeichen. ... Er war das Zeichen medialer Fähigkeiten, die damals sehr verbreitet waren und auch heute auftreten, vielleicht häufiger als wir meinen.*

Auch die Gerüche der Heiligkeit werden – wie andere Charismen – als *gratiae gratis datae,* frei gewährte Gaben, angesehen, da sie gewöhnlich nicht erstrebt oder erwartet werden und von etwas Höherem jenseits des Selbst verliehen zu sein scheinen. In einigen Fällen treten sie ohne offensichtliche Ursache auf und werden einem Heiligen, der an einem anderen Ort weilt oder verstorben ist, Engeln oder Gott zugeschrieben.[71] In Kapitel 9 erwähne ich die Annahme zeitgenössischer Physiker, daß gewisse außergewöhnliche Phänomene Projektionen aus einem hyperdimensionalen Raum-Zeit-Kontinuum sein könnten, mit dem unsere Welt verbunden ist. Könnten bestimmte Gerüche der Heiligkeit auf diese Weise erklärt werden? Könnten sie Materialisationen aus einer größeren Welt sein?

Diese Gerüche werden manchmal mit einem anderen Charisma katholischer Heiligkeit in Verbindung gebracht – mit der Absonderung heiliger Körperflüssigkeiten. Im Mittelalter war der Glaube weit verbreitet, daß einige Frauen heiliges Blut, Öl, Milch oder Speichel absonderten. Von Lidwina von Schiedam, berühmt wegen ihrer Inedia, hieß es, sie schwitze solche Flüssigkeiten aus.[72] Caroline Bynum schrieb dazu:

Das Thema der Absonderung erscheint in mehreren italienischen *Vitae* ebenso wie in solchen aus den Niederlanden und Deutschland. Flämische Frauen waren eher geneigt, Milch abzusondern, und italienische und deutsche Frauen Öl oder Manna, doch in den Vitae aus allen Regionen ist das Thema eindeutig. Die heilige Rita von Cascia, die ihrem Körper gewöhnliche Nahrung versagte, zog sich zum Beispiel eine chronisch eiternde Wunde auf ihrer Stirn zu (angeblich von der Dornenkrone hervorgerufen). Nach ihrem Tode verströmte sie einen süßlichen Geruch. ... Als der Körper der heiligen Rose von Viterbo, die circa 1252 starb, exhumiert wurde, hieß es, er habe „Manna, wie süßlich riechendes Öl" abgesondert. Ob Öl, Milch oder Manna, die kostbare Substanz, die der weibliche Körper absonderte, wurde im allgemeinen als heilend und nährend angesehen. Die Absonderung außergewöhnlicher Flüssigkeiten wurde begleitet von außergewöhnlicher Entsagung. Eine Frau, deren Körper anderen geweiht war, war meist eine Frau, die selbst nur die besondere Nahrung Gottes zu sich nahm – die Hostie.[73]

* Siehe: Thurston 1956, S. 276.

Männer oder Frauen, die heilige Flüssigkeiten absonderten, wurden auch von griechisch sprechenden Angehörigen des frühen Christentums beschrieben und manchmal *myroblutai*, „Salbe Schwitzende", genannt. Außergewöhnliche Absonderungen aus den Körpern von Heiligen finden nun seit beinahe zwei Jahrtausenden Erwähnung.

[22.8]
UNVERWESBARKEIT

Die Leichname vieler katholischer Heiliger haben der Verwesung teilweise oder ganz widerstanden, in manchen Fällen über Jahrhunderte hinweg. Thurston nannte folgende Phänomene, die mit Unverwesbarkeit in Zusammenhang stehen: ein Wohlgeruch, der in der Nähe des Leichnams wahrgenommen werden kann und oftmals monate- oder jahrelang anhält, das Bluten des Leichnams Wochen, Monate oder sogar Jahre nach dem Tod, die Absonderung einer öligen, häufig wohlriechenden Flüssigkeit aus einigen Leichnamen und seltener eine anhaltende Wärme im Leichnam, nachdem

das Leben erloschen ist.[74] Berichte über diese Phänomene erschienen erstmals im 4. Jahrhundert und finden sich bis zum heutigen Tag.

Herbert Thurston und Joan Carroll Cruz haben – unter Bezugnahme auf sorgfältige Untersuchungen der Leichname von Heiligen – ausführlich über die Unverwesbarkeit geschrieben.[75] Sie wiesen auch darauf hin, daß die Leichname gewöhnlicher Menschen manchmal durch Einfrieren oder andere natürliche Ursachen erhalten bleiben. Allein das hohe Ausmaß gut erhaltener Leichname von katholischen Heiligen sowie deren häufig vorkommende Biegsamkeit, ihr Wohlgeruch und Bluten machen das Phänomen erst ungewöhnlich. Um die Unverwesbarkeit genauer zu untersuchen, wählte Thurston Beweismaterial aus Kanonisationsprozessen von Heiligen aus, die zwischen 1400 und 1900 lebten und deren Festtage von der ganzen Kirche gefeiert werden. Da er sich aus den mehreren Tausend Heiligen, die von verschiedenen katholischen Gemeinden anerkannt werden, auf diese 42 beschränkte, konnte er sich auf weitaus vollständigere Akten beziehen, als von umstrittenen religiösen Persönlichkeiten zur Verfügung stehen.

Wenn man sich auf die nach dem Jahr 1400 heiliggesprochenen Namen beschränkt, die zudem in den römischen Kalender aufgenommen wurden und derer an ihrem Festtag in Messe und Offizium von allen Priestern des römischen Ritus gedacht werden muß, dann findet man 42 Fälle, die im Zusammenhang dieses Kapitels Erwähnung verdienen. Die folgende Tabelle beschränkt sich auf diese 42 Namen. Es ist der Beachtung wert, daß bei keinem einzigen von ihnen die teilweise oder gänzliche Unverwestheit Anlaß zur Aufnahme in den römischen Kalender gab. Jeder dieser Heiligen wurde der hohen Ehre zuteil, weil er in irgendeinem bestimmten anderen Belang ungewöhnlich hervorragt, zum Beispiel als Ordensgründer, Missionar, als Vorbild der Liebestätigkeit oder der Unschuld usw.[76]

Thurstons Aufstellung findet sich in Anhang K.1. Er schrieb dazu:

Man kann die verzeichneten Fälle in drei Klassen einteilen, die in der Liste mit A, B und C unterschieden werden. In nicht weniger als 22 der 42 Beispiele gibt es gute Beweise dafür, daß der Leichnam des Heiligen während eines Zeitraums unverwest geblieben war, in dem normalerweise weitgehende oder totale Verwesung eintritt. In den Fällen unter B finden wir Hinweise auf gewisse Vorkommnisse ähnlicher Art. In den restlichen Beispielen (C) wird wenig oder nichts Ungewöhnliches berichtet, doch läßt das Fehlen von Zeugnissen nicht immer einen negativen Schluß zu.

... Wir wissen, daß Leichen gelegentlich in unversehrtem Zustand gefunden wurden, wenn neue Gräber ausgehoben oder Särge in Grabkammern geöffnet wurden. Aber das sind im Vergleich zu den Tausenden von Skeletten, die regelmäßig ausgegraben werden, um für andere Gräber Platz zu schaffen, sehr seltene Ausnahmen.

... Wollte man einwenden, daß die bei Asketen übliche große Enthaltsamkeit in Speise und Trank den ganzen Stoffwechsel beeinflussen muß und gewisse Arten von Mikroben, die sonst die Verwesung

am leibhaftesten fördern, vielleicht abtötet, dann könnte man erwidern, daß sehr arme Menschen aus grauer Notwendigkeit ebenfalls enthaltsam sind, bei ihnen aber keine Beobachtungen über eine ähnliche Immunität gemacht wurden. Aus dem Einwand müßte auch folgen, daß die Opfer einer Hungersnot gegen die Fäulnisbakterien ebenfalls geschützt wären; die Erfahrung beweist nichts dergleichen.*

Wie die meisten Charismen ist auch die Unverwesbarkeit nicht auf Katholiken beschränkt. Swami Paramahansa Yogananda, der seit Anfang der zwanziger Jahre bis zu seinem Tod 1952 den Yoga im Westen verbreitete, war vielen Schilderungen zufolge ein spirituell erfahrener Lehrer mit großer Anziehungskraft. Harry Rowe, der Friedhofsdirektor des *Forest Lawn Memorial Park* in Los Angeles, gab folgende notariell beglaubigte Erklärung ab:

Das Ausbleiben jeder Verfallserscheinungen am Leichnam Paramahansa Yoganandas stellt den außergewöhnlichsten Fall in unserer ganzen Erfahrung dar ... Selbst zwanzig Tage nach seinem Tode war kein Zeichen einer körperlichen Auflösung festzustellen ... Die Haut zeigte keine Spuren von Verwesung, und im Körpergewebe ließ sich keine Austrocknung erkennen. Ein solcher Zustand von Unverweslichkeit ist, soweit uns aus Friedhofsannalen bekannt ist, einzigartig ... Als Yoganandas Körper eingeliefert wurde, erwarteten die Friedhofsbeamten, daß sich allmählich, wie bei jedem Leichnam, die üblichen Verfallserscheinungen einstellen würden. Mit wachsendem Erstaunen sahen wir jedoch einen

* Siehe: Thurston 1956, S. 305 ff.

Tag nach dem anderen verstreichen, ohne daß der in einem gläsernen Sarg liegende Körper irgendeine sichtbare Veränderung aufwies. Yoganandas Körper befand sich anscheinend in einem phänomenalen, unverweslichen Zustand ... Kein Verwesungsgeruch konnte während der ganzen Zeit an seinem Körper wahrgenommen werden ... Die körperliche Erscheinung Yoganandas war am 27. März, kurz bevor der Bronzedeckel auf den Sarg gelegt wurde, dieselbe wie am 7. März. Er sah am 27. März genauso frisch und vom Tode unberührt aus wie am Abend seines Todes. Es lag also am 27. März keine Veranlassung vor zu behaupten, daß sein Körper auch nur das geringste Zeichen der Zersetzung aufwies. Aus diesem Grunde möchten wir nochmals betonen, daß der Fall Paramahansa Yoganandas unseres Wissens einzigartig ist.[77]

Thurston schrieb über Unverwesbare:

Bei den Griechen waren diese Heiligen im frühen Mittelalter, zur Zeit vor der Trennung der Ostkirche von Rom, als *myroblutai* (Salbe Schwitzende) bekannt. Ein frühes und ziemlich berühmtes Beispiel im Westen ist das der heiligen Walburga, einer geborenen Engländerin, die sich ihrem Bruder, dem heiligen Winibald, anschloß, als er in Deutschland das Evangelium predigte. Sie wurde Äbtissin in Heidenheim, wo sie 779 starb. Man hörte zwar nichts davon, daß ihr Leib intakt geblieben sei, aber von ihren

Gebeinen ... träufelte während mehr als tausend Jahren eine ölige Flüssigkeit; man kann das noch heute beobachten.[78]

Die Reliquien des heiligen Gerhard Majella, der 1756 starb, sonderten ebenfalls eine mysteriöse Substanz ab. In einer Biographie des Heiligen lesen wir, daß

die geistlichen Behörden eine offizielle Untersuchung der irdischen Überreste anordneten. So wurde Gerhards Grab zum erstenmal am 26. Juni 1856 geöffnet. Da sickerte ein geheimnisvolles Öl in solcher Menge aus dem Hirn und den Beinen heraus, daß man eine ganze Schale damit füllen konnte ... Am 11. Oktober wurde die Leiche des Heiligen in Gegenwart von zwei Ärzten nochmals untersucht. Sie fanden die Gebeine mehr oder weniger feucht; doch schenkten sie dem wenig Beachtung, da die Feuchtigkeit des Bodens daran Schuld sein mochte. Man trocknete die Gebeine mit aller Sorgfalt und legte sie in einen mit weißer Seide ausgefütterten Schrein. Als man diesen vier Stunden später wieder öffnete, entdeckte man, daß wiederum eine Art weißes Öl, das einen süßen Wohlgeruch verbreitete, aus den heiligen Reliquien heraustropfte.[79]

Und während der Ausgrabung des heiligen Hugo von Lincoln im Jahre 1887

lag der Leib des frommen Prälaten unversehrt und fast unverändert da, obwohl er wohl um die achtzig Jahre im Grab geruht hatte. Sobald der Erzbischof seine Hand auf das glorreiche Haupt des Heiligen legte, löste sich dieses von den Schultern; der Nacken aber war ganz frisch und rot, als wäre der Tod eben erst eingetreten ... Im Grabe, darin er gelegen, fand sich eine große Menge reines Öl ... Am

> anderen Morgen nahm der Bischof von Lincoln während der Zeremonien das Haupt des heiligen Hugo in die Hände und hielt es einige Zeit voll Ehrfurcht vor sich. Da floß eine Menge des gleichen reinen Öles aus dem Mund heraus und über die Hände des Bischofs, obwohl man das ehrwürdige Haupt wenige Stunden vorher sorgfältig gewaschen und es am Morgen vollständig trocken gefunden hatte. Das Öl hörte erst zu fließen auf, als der Bischof die kostbare Last auf die Silberschale legte, auf der sie bei der Prozession getragen werden mußte.[80]

Thurston und Cruz geben weitere Berichte über Leichname von Heiligen wieder, die angeblich bluteten oder wohlriechende Öle absonderten, und weisen auf die Übereinstimmung und lange Geschichte solcher Schilderungen in der christlichen Tradition hin. Der Leichnam der heiligen Katharina von Bologna blutete zum Beispiel nach ihrem Tode drei Monate lang; der Leichnam des heiligen Peter Regelatus, eines Franziskaners, der 1456 starb, wurde 1492 exhumiert und blutete stark, als ein Einschnitt vorgenommen wurde; aus Dutzenden anderer Leichname von Heiligen floß noch viele Jahre nach dem Begräbnis frisches Blut.[81] Blutwunder wie diese sind – ebenso wie die Absonderung von wohlriechendem Öl – seit den ersten Jahrhunderten der Geschichte des Christentums aufgezeichnet worden.

Die Praxis der Einbalsamierung hat gezeigt, daß die meisten Körper, die wie jene in Thurstons Aufstellung begraben wurden, bald verwesen. Gemäß dem Standardlehrbuch *The Principles and Practices of Embalming* von Clarence Strub tauchen charakteristischerweise zwei oder drei Tage nach Eintritt des Todes grüne oder purpurfarbene Flecken auf dem Bauch auf, und innerhalb von drei Wochen beginnen Organe und Körperhöhlen zu platzen, so daß die Verunstaltung extrem ist. Vier Wochen nach dem Tod ist eine in der Erde begrabene Leiche gewöhnlich einer „schleimigen Verflüssigung und der Auflösung der weichen Gewebe" anheimgefallen.[82] Die moderne Medizin hat die Stufen des Zerfallsprozesses nach dem Tod genau bezeichnet und dadurch – indirekt – das Außergewöhnliche der Unverwesbarkeit bestätigt. Trotzdem hat dies nicht die Aufmerksamkeit der medizinischen Wissenschaft auf sich gezogen. Wie andere ungewöhnliche Phänomene, die in diesem Buch beschrieben werden, ist auch die Unverwesbarkeit nicht systematisch untersucht worden. Angesichts der Tatsache, daß eine solche Untersuchung wichtige Entdeckungen über die Fähigkeiten des Körpers zur Transformation liefern könnte, ist dieses Versäumnis zu bedauern. Es lassen sich jedoch Vermutungen über die Ursachen anstellen. Man könnte behaupten, daß die Unverwesbarkeit weitere Beweise dafür liefert, daß das Bewußtsein den Körper seinen besonderen Qualitäten anpaßt. Wenn chronische Angst und Wut physiologische Vorgänge zu beeinträchtigen und Glücksgefühle das Immunsystem zu stärken vermögen, dann könnte die strahlende Energie vieler Heiliger, deren Körper nicht verwest sind, eine konservierende Wirkung haben. Es ist vorstellbar, daß erleuchtete Geisteszustände den Körpern der Unverwesbaren ein hohes Maß an Unversehrtheit verleihen. Während Heilige über die göttliche Schönheit kontemplieren, könnten einige von ihnen diese bis zu einem gewissen Grad in der überdauernden Geschmeidigkeit ihrer Muskeln und Haut verkörpern. Wenn das menschliche Bewußtsein die Ewigkeit erfaßt, könnte es der Gestalt, in der es wohnt, eine sich selbst erhaltende Beständigkeit verleihen.*

[22.9]
GESTALTVERWANDLUNG

„Die Vermutung liegt ja nahe", schrieb Herbert Thurston, „daß die Zeugen in den Heiligsprechungsprozessen manchmal die ‚Wunder', von denen sie erzählen, erwartet hatten, da sie wußten, daß solche im Leben von Heiligen häufig vorkamen. Jedes Zeichen, das auf Stigmatisation, Levitation während des Gebetes, himmlischen Lichtglanz, Wohlgeruch, Blutausfluß nach dem Tode und ähnliches mehr hinzuweisen schien, wurde bald auch diskussionslos als ein Wunder hingestellt." Aus diesem Grund betrachtete Thurston einige der eigenartigen körperlichen Veränderungen, die im

Zusammenhang mit mystischem Leiden auftraten, als äußerst bedeutsam. „Daher verdient es besondere Beachtung", schrieb er, „wenn von Heiligen Manifestationen berichtet werden, die sich einem religiösen Beobachter schwerlich ausgerechnet als Zeichen von Heiligkeit aufgedrängt hätten – besonders wenn entsprechende Phänomene auch der Parapsychologie in neuester Zeit bekanntgeworden und von ihr als Tatsachen anerkannt sind." Das ist der Fall bei den sogenannten Elongationen.[83] Thurston zitierte die Aussagen einer Schwester Margherita Cortonesi in den Seligsprechungsprozessen der Schwester Veronica Laparelli, die 1620 im Alter von 83 Jahren starb.

Als Veronica einmal im Zustand der Entrückung das Offizium abwechselnd mit unsichtbaren Wesen rezitierte, beobachtete man, wie sie größer wurde, bis die Länge ihres Rumpfes unverhältnismäßig lang war, so daß sie viel größer als gewöhnlich war. Als wir diese merkwürdige Erscheinung bemerkten, schauten wir nach, ob sie vom Boden aufgehoben sei; aber das war, soviel wir sehen konnten, nicht der Fall. Um sicher zu sein, nahmen wir einen Zollstab (canna) und maßen ihre Größe, und als sie später

* In ihrem Buch *Holy Feast and Holy Fast* untersuchte die Historikerin Caroline Bynum die Zeugnisse von Mönchen, Nonnen, Priestern und Hagiographen und entdeckte, daß auch lebende Heilige Öl, Milch und Blut abgesondert haben, nachdem sie durch die Abstinenz von Essen und Trinken „ihre Körper verschlossen hatten". Bynum 1987, S. 122–123, 145–146. Siehe auch: Bell 1985.

wieder zu sich gekommen war, maßen wir sie wieder: sie war jetzt wenigstens eine Handspanne (etwa 25 cm) kleiner. Das haben wir mit eigenen Augen gesehen – alle Nonnen, die in der Kapelle waren.[84]

1629 sagte Donna Hortenzia Ghini unter Eid aus:

Sr. Lisabetta Pancrazi, früher Nonne im gleichen Kloster, erzählte mir, sie habe einmal die genannte Sr. Veronica in der Ekstase größer als normal gesehen; da habe sie einen Maßstab (canna) genommen und ihre Größe gemessen. Nachdem Sr. Veronica wieder zu sich gekommen war, habe sie sie mit dem gleichen Maßstab wieder gemessen. Sie war jetzt um eine halbe Armlänge (un mezzo braccio) kleiner.[85]

Der *Promotor Fidei* dieses Verfahrens wies darauf hin, daß diese Elongation nicht nur unwahrscheinlich wäre, sondern auch keinem erbaulichen oder nützlichen Zweck diente. Sie wäre für Schwester Veronica nicht von Vorteil gewesen, sagte er, und würde einen Beobachter eher abstoßen und beunruhigen, statt bei diesem Andacht hervorzurufen.

Unter anderen Gläubigen, die angeblich Elongationen zeigten, waren auch die Kapuzineräbtissin Mutter Costante Maria Castreca, von der es hieß, sie wäre während

einer religiösen Verzückung ein beträchtliches Stück gewachsen, die ehrwürdige Domenica dal Paradiso, die ihrem Beichtvater und anderen Vertrauten zufolge in Trance größer wurde, und die Dominikanerin Stefana Quinzani, deren linker Arm beim Durchleben der Passion beträchtlich über seine normale Länge hinaus gestreckt wurde.[86] Da diese Phänomene nicht als Zeichen der Heiligkeit angesehen wurden, wurden sie einfach vermerkt, weil sie grotesk und ungewöhnlich waren.

Es scheint aber, daß Größenveränderungen nicht die einzige Form von Gestaltverwandlungen sind, die katholische Mystiker erleben. Der Körper von Marie-Julie Jahenny, der oben beschriebenen Stigmatikerin, konnte sich während ihrer Trancezustände verändern. Einmal kündigte sie an, „daß am kommenden Montag ihr Körper zusammengepreßt und die Gliedmaßen verkürzt würden, während die Zunge anschwelle". Während jener Ekstase rollte sich ihr Körper wie zu einem Ball zusammen, und ihre Schultern verkrampften sich, so daß sie einen rechten Winkel zu ihrem Schlüsselbein bildeten. Daraufhin dehnte sich ihre rechte Körperhälfte von der Achselhöhle bis zur Hüfte aus. Nachdem Antoine Imbert-Gourbeyre, ein erfahrener Pathologe, diese Episode beobachtet hatte, sagte er, daß sie nichts ähnelte, was ihm bekannt war.[87]

Ich habe derartige Phänomene in dieses Buch mit aufgenommen, weil sie die Reagibilität des Körpers auf veränderte Bewußtseinszustände andeuten. Wenn das Bewußtsein von einigen seiner gewöhnlichen Beschränkungen befreit wird, sei es in Ekstasen oder dissoziativen Zuständen, können auch Sehnen und Muskeln „befreit" werden. Obgleich eine solche Befreiung auch groteskes Verhalten hervorbringen kann, ermöglicht sie doch kreative Bewegungen. Viele Sportler und Tänzer behaupten zum Beispiel, daß ihre hervorragenden Leistungen durch Zustände einer tiefen geistigen Freiheit ermöglicht wurden (siehe 5.5).*

[22.10]
LEVITATION

Es gibt eine überwältigende Anzahl von Beweisen dafür, daß auf den Körpern einiger Mystiker blutende Stigmen erschienen sind und daß manche religiöse Menschen – abgesehen vom Empfang der Hostie – wochen- oder monatelang ohne Nahrung ausgekommen sind. Doch andere Charismen sind weniger glaubwürdig. Eines dieser Phänomene, die Levitation des menschlichen Körpers, hat indes eine lange Geschichte in den Überlieferungen des Christentums, und es heißt, daß sie auch bei Adepten aus anderen Religionen auftritt. Aufgrund hinreichender Zeugnisse von glaubwürdigen

Personen scheint mir die Aufnahme der Levitation in dieses Kapitel gerechtfertigt zu sein, auch wenn die Beweise für ihr tatsächliches Auftreten weniger gesichert sind als bei den Stigmen und der Inedia.

Die heilige Theresia von Avila, die berühmte Reformatorin des Karmeliter-Ordens, deren Schriften über den Mystizismus zu den einflußreichsten der christlichen Geschichte gehören, schrieb über Levitation im 20. Kapitel ihrer Autobiographie:

> Daher kommt es, daß du, wenngleich mit Wonne erfüllt, ob der Schwachheit unserer Natur anfangs von Furcht ergriffen wirst. Die Seele muß darum hier weit mutvoller und entschlossener sein ... Mir selbst sind diese Erhebungen oft äußerst unlieb, so daß ich alle meine Kräfte aufbiete, um zu widerstehen ... Zuweilen konnte ich etwas erreichen; aber ich war darnach so abgemattet und erschöpft, als hätte ich mit einem starken Riesen gerungen. Zu anderen Zeiten war es unmöglich; die Seele wurde mir erhoben, und fast immer folgte ihr, ohne daß ich es verhindern konnte, das Haupt, manchmal auch der ganze Körper nach, so daß dieser frei über der Erde schwebte.[88]

* Interessanterweise wird eine moderne Methode zur Streckung der Wirbelsäule *Elongation* genannt. Ursprünglich in den zwanziger Jahren von Joseph Pilates für Tänzer entwickelt, hat sie ihren Ursprung im T'ai Chi, Ballett und verschiedenen Methoden zur Ausrichtung des Körpers, und manche ihrer Übungen ähneln den merkwürdigen oder grotesken Positionen, die von katholischen Obrigkeiten als körperliche Elongationen bezeichnet werden. Siehe *Self*, September 1991, S. 152 bis 157.

Die heilige Theresia schilderte ihre Anstrengungen, solchen Verzückungen und deren körperlichen Auswirkungen zu widerstehen:

Wenn ich jenem Zuge widerstehen wollte, war es mir immer, als wenn eine verborgene Macht unter meinen Füßen mich gewaltsam über sich emporhebe – eine Macht, die ich mit nichts zu vergleichen wüßte ... Im Anfang, ich muß es bekennen, befiel mich eine ganz große Furcht, denn wunderbar ist es zu sehen, wie der Körper ganz über die Erde erhoben wird. Wohl ist es der Geist, der ihn nach sich zieht, und dies mit einem süßen Wonnegefühl; jedoch verliert er darum die Empfindlichkeit nicht. Dies war wenigstens der Fall bei mir: es war mir wohl bewußt, daß ich über der Erde schwebte ... Wenn mich die Verzückungen ergriffen, schien es mir oft, als hätte mein Körper keine Schwerkraft mehr; zuweilen fühlte ich ihn so leicht, daß meine Füße mir die Erde nicht mehr zu berühren schienen.[89]

Es gibt keinen Zweifel darüber, daß diese Worte von der heiligen Theresia selbst geschrieben wurden. Sie erscheinen in der Faksimile-Ausgabe ihres handschriftlichen Exemplars, wie es der Inquisition zu ihren Lebzeiten übergeben wurde. Außerdem gaben mehrere Zeugen an, daß sie gesehen hätten, wie Theresia sich über den Boden

erhob. Anläßlich der Beatifikationsprozesse Theresias sagte Schwester Anne von der Kongregation der Menschwerdung Christi folgendes aus:

Ein anderes Mal war ich zwischen ein und zwei Uhr mittags im Chor und wartete, bis die Glocke zu läuten war. Da trat unsere heilige Mutter ein und kniete etwa für die Hälfte einer Viertelstunde nieder. Als ich hinsah, war sie etwa einen halben Meter über den Boden, den die Füße nicht berührten, emporgehoben. Darüber erschrak ich sehr, und sie selber zitterte am ganzen Leibe. Also trat ich zu ihr hin und legte meine Hände unter ihre Füße, worauf ich in Tränen ausbrach und ungefähr eine halbe Stunde dort blieb, solange die Ekstase dauerte. Dann sank sie plötzlich zur Erde nieder und stand wieder auf den Füßen. Sie wandte den Kopf mir zu und fragte, wer ich sei und ob ich die ganze Zeit hier gewesen sei. Ich bejahte dies. Da befahl sie mir unter Gehorsamspflicht, nichts von dem, was ich gesehen hatte, zu erzählen, und ich habe tatsächlich nichts gesagt bis zum jetzigen Augenblick.[90]

Ihrem Biographen und Freund Bischof Yepes zufolge widersetzte sich die heilige Theresia einmal während der Kommunion einer Ekstase, indem sie sich an einem Gitter festhielt und um Erlösung von ihrem Zustand flehte, während sie sich in die Luft erhob. Mutter Maria Baptista, eine Karmelitin, gab an, sie habe bei zwei Gelegenheiten gesehen, wie sie sich über den Boden erhob. Und die *Acta Sanctorum* führen zehn Zeugenaussagen aus den Kanonisationsprozessen an, die ähnliche Vorfälle beschrieben.[91]

Schwester Maria Villani, eine berühmte Dominikanerin aus dem 17. Jahrhundert, schilderte ihre eigene Levitation:

Als ich einmal in meiner Zelle war, machte ich eine neue Erfahrung. Ich fühlte mich ergriffen und mit solcher Kraft völlig entrückt, daß ich von den Fußsohlen an aufwärts mit dem ganzen Leib in die Höhe gehoben wurde, genau wie ein Stück Eisen von einem Magneten angezogen wird, jedoch mit einer wunderbaren, entzückenden Sanftheit. Zuerst fürchtete ich mich sehr, aber nachher fühlte mein Geist die denkbar größte Befriedigung und Freude. Obwohl ich außer mir war..., wußte ich gleichwohl, daß ich etwas über den Boden emporgehoben war, und während einer beträchtlichen Zeitspanne schwebte mein ganzer Körper. Bis zum Vorabend der letzten Weihnachten (1618) geschah mir dies bei fünf verschiedenen Gelegenheiten.[92]

Die dramatischte der zahlreichen Geschichten über dieses unerklärliche Phänomen betraf den heiligen Joseph von Copertino, einen Franziskanermönch aus dem 17. Jahrhundert. Die Schilderungen des heiligen Joseph, von dem es heißt, er sei über hundertmal beim Levitieren beobachtet worden, stellen die weitestverbreiteten schriftlich niedergelegten Beweise für Levitation dar – zumindest bei christlichen Ekstatikern.

Sein Fall ist deshalb besonders interessant, weil er von Prosper Lambertini, dem späteren Papst Benedikt XIV., untersucht wurde, als dieser der *Promotor Fidei* war. Lambertini, der stark von der Aufklärung beeinflußt war, stellte Richtlinien auf, die bis heute Anwendung finden, um die Authentizität religiöser Phänomene zu beurteilen (siehe 22.1). Thurston zufolge waren die skeptischen Analysen der Beweise oder kritischen Anmerkungen, die der Geistliche der Ritenkongregation vorlegte, gründlich und durchdringend. Allerdings waren jegliche Zweifel, die Lambertini über den heiligen Joseph gehabt haben könnte, anscheinend ausgeräumt worden, denn während seiner Amtszeit als Papst veröffentlichte er selbst im Jahre 1753 dessen Beatifikationsdekret. Der folgende Abschnitt ist seinem bedeutenden Werk über die Heiligsprechung entnommen.

Während ich das Amt des Promotor Fidei bekleidete, kam die Sache des ehrwürdigen Diener Gottes Joseph von Copertino in der Ritenkongregation zur Sprache, die nach meiner Resignation zu einer positiven Würdigung gelangte. Augenzeugen von unanfechtbarer Integrität haben die berühmten Erhebungen über den Boden und die ansehnlichen Flüge des genannten Diener Gottes bestätigt.[93]

Thurston schrieb:

Ohne jeden Zweifel hat also Benedikt XIV., ein kritisch denkender Mann, der den Wert der Beweismittel kannte und die ursprünglichen Aussagen so genau wie vermutlich sonst niemand studierte, daran geglaubt, daß die Zeugen der Elevation Josephs das beteuerten, was sie in Tat und Wahrheit gesehen hatten. Ebenso sicher ist es ..., daß die Augenzeugen ihre Aussagen 1665/66 unter Eid in Osimo, Assisi und an anderen Orten machten, d. h. nur zwei Jahre nach dem Tode des Heiligen.[94]

Thurston beschrieb in seinem Buch *The Physical Phenomena of Mysticism* (dt. *Die körperlichen Begleiterscheinungen der Mystik*) weitere Fälle von scheinbarer Levitation und stellte eine Liste levitierter Ekstatiker zusammen, die in Anhang K.2 nachzulesen ist.

*

Wie in Kapitel 5.5 dargelegt, hat die Transcendental Meditation Society seit vielen Jahren sogenannte Flugkurse durchgeführt, ohne Levitation beweisen zu können, und auch Herbert Benson fand keine tibetischen Lamas, die sich über den Boden erheben konnten.[95] Wir verfügen weder über experimentelle noch fotografische Beweise dafür, daß Levitation tatsächlich stattgefunden hat. Immerhin existieren Bezeugungen mehrerer katholischer Heiliger, vieler Nonnen, Priester und Laien – wie beispielsweise derer, die während der Kanonisationsprozesse des heiligen Joseph von Copertino befragt wurden. Mir scheint, es gibt genug glaubwürdige Schilderungen über dieses

Phänomen, die es rechtfertigen, daß wir die Levitation als eine mögliche Fähigkeit des Menschen betrachten. In der Tat können wir vermuten, daß es ein Spektrum von körperlichen Bewegungen gibt, das verschiedene Grade der Levitation mit einschließt. Es ist vorstellbar, daß einige Sportler und Tänzer, wenngleich sie nicht levitieren, bis zu einem gewissen Ausmaß von eben der Kraft bewegt werden, die auch Heilige über den Boden erhebt.

[22.11]
TELEKINESE

Der Begriff *Telekinese* wird im *Oxford English Dictionary* als „Bewegung eines Gegenstands oder in einem Gegenstand, angeblich aus der Entfernung und ohne materielle Verbindung mit der verursachenden Kraft oder dem Agenten“ beschrieben. Das Phänomen ist von vielen ernst zu nehmenden psychischen Forschern, Schamanen und Mystikern zahlreicher Kulturen sowie von Sportlern und Kampfkünstlern bezeugt worden. Auch in diesem Fall liefern katholische Heilige Beweise für eine metanormale Fähigkeit, die gleichermaßen aus anderen Zusammenhängen bekannt ist. So hat der Pfarrer von Ars, der in Frankreich im 19. Jahrhundert wegen seiner frommen Integrität bekannt war, die unerklärliche Bewegung einer Hostie in den Mund eines Kommunikanten beschrieben (siehe 5.6).[96] Über einen ähnlichen Vorgang berichtete Raimund von Capua, ein General der Dominikaner, der 1899 von Papst Leo XIII. selig gesprochen wurde. Raimund war der Beichtvater der berühmten italienischen Ekstatikerin Katharina von Siena und gab ihr häufig die Kommunion. Er beschrieb die folgenden Ereignisse in einer langen, äußerst gewissenhaften Schilderung, die in den *Acta Sanctorum*, April, Band 3, S. 940 bis 942 erhalten blieb. Thurston faßte jene Ereignisse folgendermaßen zusammen:

Da Katharina ein großes Verlangen nach der heiligen Kommunion hatte, zog er die heiligen Gewänder an und begann mit der Messe... Als er sich vor der Kommunion zur Erteilung der Absolution umwandte, sah er, wie ihr Gesicht in einem Licht strahlte und ganz verwandelt war. Der Anblick überwältigte ihn beinahe. Als er sich wieder zum Altar gekehrt hatte, sprach er im Geist also zur konsekrierten Partikel: „Komm mein Heiland, zu Deiner Braut!" „Kaum war dieser Gedanke in meinem Geist aufgestiegen", so fährt er in seiner Erzählung fort, „da bewegte sich die heilige Hostie, wie ich ganz deutlich beobachtete, von selber etwa 8 cm oder mehr vorwärts, bevor ich sie anfassen konnte; sie näherte sich der Patene, die ich in der Hand hielt." Raimund kann uns nicht sagen, ob sie sich auch selber auf die Patene legte.

... Ein anderes Mal wartete der selige Raimund auf die Heilige, bevor er mit der Messe begann. Es war dies in der ersten Zeit seiner Bekanntschaft mit ihr. Sie war damals krank, und es war nicht gewiß, ob sie zur Kirche kommen könne. Schließlich meldete man ihm, sie sei heute nicht in der Lage, die Kommunion zu empfangen. Er dachte, sie habe ihr Haus nicht verlassen, und begann mit der Messe in der Meinung, sie sei nicht anwesend. Tatsächlich befand sie sich aber zuhinterst in der Kirche, ohne daß er sie bemerkte.

„Nach der Wandlung und dem Pater noster" – ich zitiere P. Raimund – „brach ich, wie die Rubriken es vorschreiben, die Hostie. Bei der ersten Brechung teilte sich die Hostie statt in zwei in drei Teile, zwei größere und einen kleinen; der dritte Teil war etwa so lang wie eine Erbse, doch schmäler. Mir schien, daß diese Partikel, die ich fest im Auge behielt, neben dem Kelch auf das Korporale hinunterfalle. Ich sah ganz deutlich, wie sie in der Richtung des Altartisches fiel. Doch nachher konnte ich sie auf dem Korporale nicht finden. In der Meinung, daß die weiße Farbe des Korporales mich hindere, die weiße Partikel zu erkennen, brach ich noch ein Stückchen ab und kommunizierte nach dem Agnus Dei. Sobald meine rechte Hand frei wurde, griff ich auf dem Korporale nach der Stelle, wo die Partikel hingefallen war. Aber ich fand nichts."

Raimund erzählt von seiner tiefen Seelenqual. Er begann zu suchen und prüfte nicht nur das Korporale, sondern alle Teile des Altars und des Bodens. Eben als er seine Nachforschung voll Verzweiflung aufgab, erschien ein Kartäuserprior, der die heilige Katharina zu sehen wünschte.

... [Sie] fanden die Heilige mit einigen Gefährtinnen ganz hinten in der Kirche knien. Katharina war in einer Ekstase. Da das Anliegen dringend schien, bat er die Gefährtinnen, sie womöglich aufzuwecken.

… „Mutter, wahrlich, ich glaube, ihr habt diese konsekrierte Partikel weggenommen." – „Nein, Pater" erwiderte sie, „klagt mich nicht an! Nicht ich war es, sondern ein anderer. Ich darf euch nur sagen, ihr werdet sie nie mehr finden. … sie wurde mir von unserem himmlischen Herrn selbst gebracht."[97]

Thurston beschrieb andere Fälle scheinbarer Telekinese im Zusammenhang mit Schwester Domenica dal Paradiso, einer florentinischen Nonne, die im 16. Jahrhundert ein Nonnenkloster gründete, mit Abbé Olier, dem frommen Gründer von St. Sulpice im 17. Jahrhundert, und der heiligen Maria Francesca von den heiligen fünf Wunden, einer italienischen Ekstatikerin des 19. Jahrhunderts. In jüngerer Zeit behauptete Fritz Gerlich, einer der Biographen von Therese Neumann, er habe gesehen, wie sich eine Hostie auf unerklärliche Weise bewegte, als sie der Stigmatikerin gereicht wurde.[98] Nach einem Bericht des Geistlichen Charles Carty über Thereses Leben zeigen mehrere Fotos „ohne Zweifel, daß die Hostie von den Fingern des Priesters zu ihr schwebte".[99]

Ähnliche Vorfälle finden in den von Erzbischof Jozef Teodorowicz und Kaplan Fahsel geschriebenen Biographien Erwähnung.[100]

Telekinese ist ebenso wie Levitation nicht in kontrollierten Experimenten demonstriert oder mit Hilfe von Filmen dokumentiert worden. Trotzdem existieren viele glaubwürdige Anekdoten über dieses Phänomen. Wie spirituelle Heilung und andere Formen der Telergie kann sie als metanormaler Ausdruck der Fähigkeit angesehen werden, direkt auf die Umgebung einzuwirken (siehe 5.6).

[22.12]
AUSSERSINNLICHE KRÄFTE

Als die Parapsychologin Rhea White *Butler's Lives of the Saints* auf Hinweise auf außersinnliche Phänomene durchsah, entdeckte sie, daß 676 von 2532 oder 29 Prozent der aufgeführten Heiligen angeblich eine oder mehrere paranormale Erfahrungen gemacht hatten.[101] White zählte in Butlers Sammlung 31 Fälle von Hellsichtigkeit, 24 Fälle von Telepathie und 20 Fälle von Herzensschau, dem tiefen Verständnis eines anderen auf telepathischem Wege. Jean Baptiste-Vianney, der berühmte Pfarrer von Ars (*Butler's Lives* 3:290), Veronika von Binasco (*Butler's Lives* 1:313) und Marie d'Oignies (*Butler's Lives* 2:625) konnten auf außersinnlichem Wege etwas über die Vergangenheit erfahren. In 52 Fällen wird eine allgemeine Erklärung abgegeben, daß dem Heiligen prophetische Gaben verliehen waren: Zum Beispiel verließ der heilige

Severinus Astura, nachdem er richtig vorhergesehen hatte, daß die Stadt von einfallenden Barbaren zerstört werden würde; der heilige Daniel Stylites sah ein großes Feuer in Konstantinopel voraus; und die heilige Maria Magdalena de'Pazzi weissagte, daß Alexander de Medici Papst werden würde. Von 55 Heiligen hieß es, daß sie bestimmte Ereignisse prophezeit hätten, und 32 hätten die ungefähre Zeit ihres Todes vorhergesehen.[102]

White äußerte die Ansicht, daß die außersinnliche Wahrnehmung der Heiligen oftmals unter willentlicher Kontrolle zu stehen schien. Sie schrieb, daß religiöse Übung Erfahrungen dieser Art anscheinend begünstigt, denn mehrere Heilige „erlangten erst im fortgeschrittenen Alter psychische Kräfte, nachdem sie sich längere Zeit dem kontemplativen Leben gewidmet hatten".[103]

Whites Schlußfolgerung stimmt mit der Auffassung aus anderen religiösen Traditionen überein, daß außersinnliche Kräfte geschult werden können. Es heißt, daß Yogis, Zen-Meister, Schamanen und Sufis lernen können, Telepathie und Hellsichtigkeit willentlich einzusetzen.

[22.13]
EKSTASE

Daß die kataleptische Trance von katholischen Autoritäten als ein Hauptmerkmal der *Unio mystica*, der mystischen Vereinigung, angesehen wird, wird in Augustin Poulains *Die Fülle der Gnaden* ersichtlich, der vermutlich umfassendsten zeitgenössischen Schilderung mystischer Erfahrungen im Katholizismus. Nach Pater Poulain geschieht „das elfte Kennzeichen mystischer Vereinigung", die Auswirkung der Ekstase auf den Körper, auf vier Arten.

1. Die Sinne reagieren nicht mehr oder vermitteln nur eine ganz unklare Empfindung. Je nachdem die Tätigkeit der Sinne vollständig oder fast vollständig aufhört, unterscheidet man vollständige oder unvollständige Ekstasen.
2. Meistens sind die Glieder unbeweglich. ...
3. Das Atmen hat fast aufgehört ...
4. Die Lebenswärme scheint zu verschwinden. Die Kälte fängt bei den äußeren Gliedern an.[104]

Um diese Charakterisierung der mystischen Vereinigung zu bekräftigen, führt Pater Poulain Aussagen katholischer Mystiker und Heiliger über die physiologischen Merkmale der Ekstase an. Die heilige Theresia von Avila schrieb zum Beispiel:

Wenn die Verzückung ihren Höhepunkt erreicht hat ..., hört und vernimmt und fühlt man meiner Ansicht nach gar nichts mehr.*

Und über die einfache Verzückung schrieb sie:

Während also die Seele in besagter Weise Gott sucht, fühlt sie, wie sie in übergroßer, süßer Wonne fast ganz dahinschmachtet und in eine Art Ohnmacht versinkt. ... so daß sie nicht imstande ist, auch nur die Hände zu rühren, außer nur mit großer Pein. Die Augen schließen sich, ohne daß sie es will; und hält sie diese offen, so sieht sie fast nichts. Will sie lesen, so kann sie keinen Buchstaben recht aussprechen; und kaum kennt sie noch die Buchstaben, die sie vor sich hat. Sie sieht zwar, daß Buchstaben da sind; weil aber der Verstand nicht nachhilft, so kann sie auch nicht lesen, selbst wenn sie wollte. Sie hört, versteht aber das nicht, was sie hört. ... Vergebens würde sie sich zu sprechen bemühen ... Hatte die Seele vorher über irgendein Geheimnis nachgedacht, so verliert sie es jetzt aus dem Gedächtnisse, und es ist, als hätte sie gar niemals daran gedacht. Hatte sie vorher gelesen, so vergißt sie jetzt das Gelesene und ist unfähig, ihre Aufmerksamkeit darauf zu richten. Ebenso ist es, wenn sie zuvor mündlich betete.**

Mit den Worten von Pater Francisco Suarez (1540–1617), einem jesuitischen Theologen und einer Autorität auf dem Gebiet des kontemplativen Gebets: „Manchmal scheinen Ekstatiker keinen Puls oder Herzschlag zu haben. Und weiterhin ist es schwierig, bei ihnen einen Überrest von Lebenswärme wahrzunehmen; sie nehmen das Aussehen des Todes an."

Und Giovanni Battista Scaramelli, der jesuitische Verfasser des *Direttorio mistico*, das Poulain „die verständlichste und vollständigste Abhandlung über den Mystizismus, die es gibt" nannte, schrieb:

... denn der Schlag des Herzens ist sehr leicht und die Atmung so zart, daß man sie nur mit Mühe unterscheiden kann, wie man aus zahllosen, an ekstatischen Personen vorgenommenen Versuchen ersieht ... Wenn die Ekstase sehr stark ist, „verharrt die Einbildungskraft, ohne sich etwas vorzustellen, wie schlummernd, ebenso das fühlbare Verlangen". Dasselbe geschieht sogar bei der vollständigen Vereinigung.[105]

Diese Abschnitte spiegeln eine weitverbreitete Überzeugung von Katholiken wieder, nämlich daß die mystische Vereinigung sensomotorische Unbeweglichkeit hervorruft. Diese Überzeugung hat wahrscheinlich zurückgezogene und in hohem Maße introvertierte Mystiker wie Louise Lateau, Anna Katharina Emmerich und Alexandrina von

* *Das Leben der heiligen Theresia von Jesu*, 20. Hauptstück, S. 190.

** ebenda, 18. Hauptstück, S. 166 ff.

Portugal beeinflußt. Orsola Benincasa zum Beispiel hatte ihre ersten Trancen, als sie zehn war. Nach Thurston ging ihnen ein heftiges Herzklopfen voraus, das ihren ganzen Körper schüttelte.

Diejenigen in ihrer Nähe, so wird berichtet, konnten das Herz des Kindes gegen den Brustkorb klopfen hören. Wenn die Trance selbst begann, stand [Orsola] wie eine Statue aus Marmor da, unempfindlich gegen jede Form der äußeren Störung. Sie stachen sie mit Nadeln und Lanzetten, sie zogen sie an den Haaren, sie kniffen sie und schüttelten sie, sie verbrannten sie mit einer Flamme – doch obwohl sie die Auswirkungen dieser groben Behandlung hinterher verspürte, riefen sie bei ihr [während der Trance] keinen Eindruck hervor. In ihren Ekstasen in einem fortgeschritteneren Alter hören wir die ungewöhnlichsten Schilderungen über ihre Unbeweglichkeit. Zwanzig Männer konnten sie nicht bewegen, und wenngleich das eine Übertreibung sein mag, erklärten eine große Anzahl von Zeugen, die bei ihrem Seligsprechungsprozeß Zeugnis ablegten, daß sie oft versucht hätten, ihre Glieder zu beugen oder sie zu bewegen, oder ihr etwas aus der Hand zu nehmen, jedoch nicht dazu imstande waren ... Viele von denen, die sie am längsten kannten, beschrieben ihr Leben als eine nahezu ununterbrochene Ekstase. Man sagte, daß sie bei einigen Gelegenheiten achtmal in der Stunde das Bewußtsein verloren hatte.[106]

Viele katholische Autoritäten auf dem Gebiet des mystischen Lebens teilen die Auffassung, daß die höchsten Formen der mystischen Vereinigung dann geschehen, wenn der Körper unbeweglich ist oder, wie die heilige Theresia sich ausdrückte, „wenn er völlig dahinschwindet, wenn die Türen der Sinne völlig gegen ihren Willen verschlossen sind, auf daß sie um so reichlicher an den Gaben des Herrn teilhaben können". Viele Mystiker gehen jedoch von anderen Annahmen aus. In der Bhagavadgita sagt Krishna zu Arjuna, daß er Gott durch das Handeln in der Welt erkennen könne; und Karma-Yogis glauben im allgemeinen, daß erleuchtetes Handeln, ein „Samadhi im Wachsein", der höchste spirituelle Zustand sei. Einer berühmten taoistischen Weisheit zufolge ist „aktive Meditation der stillen hundert Mal, tausend Mal, eine Million Mal überlegen". Selbstverständlich gibt es auch im römischen Katholizismus großartige Beispiele für inspirierte gute Taten, wie zum Beispiel beim heiligen Franz von Assisi und dem heiligen Franz Xaver. Tatsächlich haben viele katholische Männer und Frauen das körperliche Leben durch ihre leidenschaftliche Askese bejaht. In den Worten von Caroline Bynum:

Der Asketizismus des Mittelalters sollte nicht in dem radikalen Sinne als dualistisch verstanden werden, daß der Geist dem Körper entgegengesetzt oder in ihm gefangen ist. Die ausschweifenden Kasteiungen des 13. bis 15. Jahrhunderts, die Kultivierung von Schmerz und Geduld, die wortgetreue Auffassung des *imitatio crucis* sind ... nicht vorrangig ein Versuch, dem Körper zu entfliehen. Sie sind nicht das Ergebnis einer Epistemologie – oder Psychologie oder Theologie –, die die Seele im Kampf mit ihrem Gegenteil, der Materie, sieht. Daher sind sie nicht – wie Historiker häufig angenommen haben – eine weltverneinende, sich selbst hassende, dekadente Antwort auf eine von Pest, Hungersnöten, Häresien, Krieg und geistlicher Korruption geplagte Gesellschaft. Der Asketizismus des späten Mittelalters war eher ein Versuch, alle Möglichkeiten des Leibes zu erforschen und zu verwirklichen. Er war ein tiefgehender Ausdruck der Lehre von der Menschwerdung: der Lehre, nach der Christus, indem er Mensch wird, alles erlöst, was das menschliche Wesen ausmacht. ... [Die Heiligen des Mittelalters] rebellierten nicht gegen ihren Leib oder quälten ihn nicht so sehr aus einer Schuld gegenüber seinen Eigenschaften, sondern gebrauchten die sinnlichen und emotionalen Möglichkeiten eher dazu, um zu Gott emporzustreben.[107]

23

Die wissenschaftliche Erforschung der Kontemplation

Die katholische Kirche wendet – wie bereits in den Kapiteln 13.2 und 22.1 ausgeführt wurde – bei ihrer Erforschung der spirituellen Heilung und mystischen Phänomene wissenschaftliche Methoden an. Stigmen und andere Charismen wurden insbesondere seit dem Beginn des 19. Jahrhunderts von Geistlichen, Ärzten und Forschern untersucht, die sehr darum bemüht waren, ihre Objektivität zu bewahren. Eine kritische Distanz war auch bei Studien über den Yoga und Schamanismus zu beobachten. Der Geist der Wissenschaft durchdringt beispielhaft die strengen Untersuchungen des Maharadschas Runjeet Singh über die Begräbnisse eines Yogis (21.7) und die Erforschung des sibirischen Schamanismus durch russische Anthropologen (21.3). Wissenschaftliche Studien über religiöse Adepten lassen sich bis zum Beginn des 19. Jahrhunderts zurückverfolgen. In diesem Kapitel beschreibe ich die Untersuchung von Yogis und Zen-Mönchen mit Hilfe von Geräten, die in den dreißiger Jahren ihren Anfang nahm, und gebe einen Überblick über die systematische Erforschung der Meditation, die sich seit den siebziger Jahren entwickelt hat.

[23.1]

STUDIEN ÜBER YOGIS UND ZEN-MÖNCHE

Studien über indische Yogis

Im Jahre 1931 erhielt der Inder Kovoor Behanan, der sein Psychologiestudium an der Universität Yale abgeschlossen hatte, ein Sterling-Stipendium zur Erforschung des Yoga. Bei seiner Arbeit wurde er von Walter Miles, einem bedeutenden Psychologieprofessor, unterstützt. Behanan schrieb später ein Buch, in dem sich Berichte über instrumentelle Untersuchungen von Atemübungen aus dem Yoga finden, die er an sich selbst durchführte. In 72 Tage währenden Experimenten an der Universität Yale entdeckte er, daß eine der Atemübungen *(pranayama)* seinen Sauerstoffverbrauch um 24,5 Prozent, eine zweite um 18,5 Prozent und eine dritte um 12 Prozent steigerte.[1] Diese Studie trug mit dazu bei, das Interesse an der Erforschung der Meditation zu wecken, denn sie zeigte, daß die physiologischen Auswirkungen des Yoga unter Laborbedingungen untersucht werden konnten.[2]

Im Gegensatz zu vielen Erzählungen von Menschen, die den Osten bereisten, war der direkte und exakt beobachtete Bericht über seine Laborversuche frei von jeglicher Übertreibung und Geheimnistuerei.

Im weiteren Verlauf seiner Arbeit untersuchte Behanan indische Yogis. Hierbei wurde er von Swami Kuvalayananda angeleitet, der sich für die Erforschung des Yoga in seinem Meditationszentrum in Lonavla, einem Ort in der Nähe von Bombay, einsetzte. Kuvalayananda entwickelte ein System der Körperkultur, das *asanas* und *pranayamas* beinhaltete, sowie eine Yoga-Therapie für verschiedene Beschwerden. Seine Arbeit wurde von mehreren indischen Staaten, zwei Provinzregierungen des britischen Kolonialregimes, indischen Gesundheitsbehörden und amerikanischen Stiftungen unterstützt. Über viele Jahre hinweg wurden die Ergebnisse seiner Laborversuche in der vierteljährlich erscheinenden Zeitschrift *Yoga-Mimamsa* veröffentlicht, in der auch Anweisungen für Haltungen, Atemübungen und andere Methoden nachzulesen waren. Lonavla wurde von vielen Menschen besucht, die sich für die Erforschung des Yoga interessierten, unter anderem von den Psychologen Basu Bagchi von der medizinischen Fakultät der University of Michigan und M. A. Wenger von der University of California in Los Angeles, die in den fünfziger Jahren der wissenschaftlichen Untersuchung der Meditation neuen Auftrieb gaben. Von den zwanziger bis in die sechziger Jahre bemühte sich Swami Kuvalayananda, die wissenschaftliche Erforschung des Yoga zu fördern.

1935 reiste die französische Kardiologin Therese Brosse mit einem Elektrokardiographen nach Indien und untersuchte Yogis, die behaupteten, sie könnten ihr Herz zum Stillstand bringen. Ihrem veröffentlichten Bericht zufolge ergaben Aufzeichnungen des EKGs mit einer einzelnen Elektrode und Messungen des Pulsschlages, daß sich bei einer der Versuchspersonen die Herzpotentiale und der Puls einem Wert von Null annäherten und dort mehrere Sekunden lang verblieben.[3] Ihre Ergebnisse wurden jedoch von Wenger, Bagchi und B. K. Anand in deren späteren und gründlicheren Studien über Yoga-Adepten kritisiert (siehe unten). Brosse untersuchte außerdem einen Yogi, der 10 Stunden lang begraben war, und beschrieb andere Fälle der Selbstkontrolle, die sie beobachtet hatte. Wie Behanan und Swami Kuvalayananda half sie den Gedanken zu verbreiten, daß Phänomene bei Yogis mit wissenschaftlichen Methoden und Geräten erforscht werden könnten.

Die Erforschung der Fähigkeiten von Yogis mit Hilfe von Geräten wurde von Bagchi, Wenger und Anand, der damals Vorsitzender der physiologischen Fakultät am All India Institute of Medical Sciences in Delhi war, weiter ausgedehnt. Wissenschaftliche Fachzeitschriften Amerikas berichteten gegen Ende der fünfziger Jahre über ihre wegbereitenden Studien; diese und weitere Studien über Zen-Meister in Japan durch Akira Kasamatsu und Tomio Hirai (siehe unten) gaben der Erforschung der Meditation einen neuen Auftrieb. Im Jahre 1957 reisten Bagchi und Wenger fünf Monate

lang durch Indien, ausgerüstet mit einem Achtkanal-Elektroenzephalographen und Geräten, die die Schweißabsonderung, Hauttemperatur, Hautleitfähigkeit und Veränderungen des Blutvolumens messen sollten. Sie führten in Kalkutta, Madras, Lonavla und Neu-Delhi Experimente durch und unternahmen weitere Untersuchungen in Privathäusern und einem abgelegenen Ort in den Bergen.[4] Eine ihrer Versuchspersonen konnte in der Eiseskälte des Himalaja auf Befehl Schweißtropfen auf der Stirn erscheinen lassen, eine zweite konnte sich willentlich erbrechen, um sich auf diese Art zu reinigen.[5] Drei andere veränderten ihren Herzrhythmus, so daß dieser mit einem Stethoskop nicht mehr wahrgenommen werden konnte, obwohl EKG- und plethysmographische Aufzeichnungen eine Herzaktivität anzeigten und ihr Pulsschlag ebenfalls tastbar war.[*] Bagchi und Wenger verglichen die Entspannung im Liegen mit sitzender Meditation und entdeckten, daß vier Yoga-Schüler während der Meditation eine höhere Herzfrequenz, niedrigere Fingertemperatur, stärkere Schweißabsonderung an den Handflächen und einen höheren Blutdruck aufwiesen, während gleich-

[*] Wenger u. Bagchi 1961. Wenger, Bagchi und Anand vermuteten, daß die drei Versuchspersonen den Valsalva-Preßdruckversuch anwendeten, ein kräftiges Einziehen der Bauchmuskulatur und Anhalten des Atems, um den venösen Blutrückfluß zum Herzen zu vermindern. „Bei einer geringen Blutmenge ...", schrieben sie, „verringern sich die Geräusche ... und der tastbare radiale Puls scheint zu verschwinden. Eine hochgradige Verstärkung der Finger-Plethysmographie zeigte jedoch weiterhin Pulswellen, und der Elektrokardiograph zeichnete [Kontraktionen] des Herzens auf." Beim Anhalten des Atems veränderten die Herzen der Versuchspersonen außerdem ihre Lage, so daß die Potentiale in einer der EKG-Elektroden sich verringerten. Das führte Wenger und Bagchi zu der Vermutung, daß die früheren Beweise von Brosse bezüglich des kompletten Herzstillstands der Verwendung einer einzelnen EKG-Elektrode zuzuschreiben waren, die ihr Potential verloren hatte, als sich das Herz der Versuchsperson verlagert hatte.

zeitig ihre Atemfrequenz verringert war. Fünf Yogis, die auf ähnliche Weise untersucht wurden, wiesen bei der Meditation noch höhere Herzfrequenzen, niedrigere Fingertemperaturen, eine größere Leitfähigkeit an den Handflächen und einen höheren Blutdruck auf als die Schüler, obwohl ihre Atmung noch langsamer war. Diese Unterschiede deuteten darauf hin, daß Meditation für diese Yogis kein passiver, sondern ein aktiver Vorgang war.[6]

Bagchi und Wenger untersuchten auch die Auswirkungen von Atemübungen und fanden heraus, daß manche der Versuchspersonen – besonders solche mit größerer Erfahrung – bei jeder autonomen Variablen, die die Versuchsleiter maßen, Veränderungen in beide Richtungen erzielen konnten. Wenngleich die beiden Psychologen feststellten, daß die Versuchspersonen einige beachtliche physiologische Veränderungen aufwiesen, waren sie vorsichtig damit, hieraus allgemeine Schlußfolgerungen über Kräfte von Yogis zu ziehen. „Die direkte willentliche Kontrolle autonomer Funktionen tritt unter Yogis wahrscheinlich selten auf", schrieben sie. „Wird eine solche Kontrolle geltend gemacht, werden üblicherweise vermittelnde willentliche Mechanismen eingesetzt." Sie machten jedoch folgende zusätzliche Erklärung: „Wir sind vielen hingebungsvollen Yogis begegnet, die uns von Erfahrungen berichteten, von denen nur

wenige westliche Wissenschaftler gehört haben und die bislang keiner untersucht hat. Es ist möglich, daß die bloße Anwesenheit eines Fremden optimale Ergebnisse ausschließt."[7]

Andere Forscher haben die Entdeckung Bagchis und Wengers bestätigt, daß manche Versuchspersonen während der Yoga-Übungen mehr als nur ein Anzeichen physiologischer Aktivität aufweisen. N. N. Das und H. Gastaut untersuchten sieben indische Yogis, die in Phasen völliger Unbeweglichkeit keine elektrische Aktivität in ihren Muskeln zeigten, obwohl sich ihre Herzfrequenz beinahe proportional zu ihren Gehirnwellen während Momenten der Ekstase beschleunigte. Außerdem wiesen die am meisten fortgeschrittenen Versuchspersonen in ihren tiefsten Meditationszuständen „progressive und äußerst spektakuläre Modifizierungen" ihrer EEG-Aufzeichnungen auf, darunter wiederkehrende Beta-Rhythmen von 18 bis 20 Zyklen pro Sekunde in der Rolando-Furche des Gehirns, eine allgemein beschleunigte Aktivität mit niedrigen Amplituden bis zu 40 bis 45 Zyklen pro Sekunde, wobei die Amplituden gelegentlich 30 bis 50 Mikrovolt erreichten, und das Wiederauftauchen von langsameren Alphawellen, nachdem Samadhi, die Ekstase, beendet war. Zusammenfassend schrieben Das und Gastaut, daß

> die Modifikationen, die [wir] während besonders tiefer Phasen der Meditation aufzeichneten, weitaus drastischer [sind] als die, die bisher bekannt waren, was uns zu der Annahme führt, daß westliche Versuchspersonen bei weitem nicht in der Lage sind, den Zustand der geistigen Konzentration eines Yogis zu erreichen.

Es ist wahrscheinlich, daß diese höchste Konzentration der Aufmerksamkeit ... für die vollständige Unempfindlichkeit des Yogis während des Samadhis verantwortlich ist. Diese Unempfindlichkeit wird von Unbeweglichkeit und Blässe begleitet und führt häufig dazu, daß jener Zustand als Schlaf, Lethargie, Anästhesie oder Koma bezeichnet wird. Der hier beschriebene elektroenzephalographische Beweis widerspricht solchen Auffassungen und führt uns zu der Annahme, daß ein Zustand intensiver kortikaler Stimulierung ausreichend ist, um solche Zustände zu beschreiben, ohne damit verbundene Prozesse einer diffusen oder lokalen Hemmung heraufbeschwören zu müssen.[8]

Das' und Gastauts Schlußfolgerungen stehen keineswegs im Widerspruch zu den weit verbreiteten Ergebnissen späterer Meditationsstudien, daß viele oder die meisten Meditierenden die trophotrope oder Entspannungsreaktion erleben, über die E. Gellhorn, W. Kiely, Herbert Benson und andere Forscher berichtet haben.[9] Da die meisten Versuchspersonen in den Meditationsstudien jene Ekstase der Yogis nicht erleben, zeigen sie auch nicht die kortikale Erregung, die Das und Gastaut beobachteten. Darüber hinaus rufen verschiedene Arten der religiösen Übung auch verschiedene Arten der Erfahrung hervor, die von unterschiedlichen physiologischen Veränderungen begleitet werden. So wiesen die Zen-Meister in Kasamatsus und Hirais Studien in

ihren tiefsten Meditationen Alpha- und Thetawellen mit hohen Amplituden auf – und keine Betawellen (siehe unten).

B. K. Anand, G. S. Chhina und Baldev Singh fanden weitere Anzeichen dafür, daß kontemplative Übungen unterschiedliche physiologische Profile mit sich bringen. Sie entdeckten, daß vier Yogis in Trance eine anhaltende Alpha-Aktivität mit erhöhter Amplitude aufwiesen. Diese vier Yogis zeigten keine Alpha-Blockierung, als sie lauten Geräuschen, grellen Lichtern und anderen sensorischen Reizen ausgesetzt wurden, und bei zweien von ihnen war auch dann noch eine anhaltende Alpha-Aktivität zu beobachten, als sie ihre Hände 45 bis 55 Minuten lang in eiskaltes Wasser tauchten.[10] Die Yogis aus diesem Experiment wiesen während der Meditation im Vergleich zu mindestens zwei anderen Gruppen erfahrener Meditierender physiologische Unterschiede auf. Sie zeigten als Reaktion auf starke Reize im Gegensatz zu den Zen-Meistern, die von Kasamatsu und Hirai untersucht wurden, keine Alpha-Blockierung (siehe unten). Auch waren keine Betawellen zu beobachten wie bei den Versuchspersonen von Das und Gastaut. Wahrscheinlich läßt sich der Unterschied zu den Zen-Meistern daraus erklären, daß der Fokus der Aufmerksamkeit bei den beiden Gruppen unterschiedlich ausgerichtet war. Die Yogis hatten ihre Aufmerksamkeit von äußeren Reizen abgezogen, während die Zen-Meister sich ihrer Umgebung bewußt blieben. Die Unterschiede zu den Yogis von Das und Gastaut könnten andererseits Unterschieden in den Meditationsformen, den experimentellen Bedingungen oder der Qualität ihrer Erfahrungen zugeschrieben werden. Die starken Reize, denen Anands Versuchspersonen ausgesetzt waren, könnten beispielsweise jene ekstatische Versunkenheit verhindert haben, die die Yogis von Das und Gastaut erfuhren. Die veröffentlichten Berichte der Experimente von Das und Gastaut und von Anand, Chhina und Singh liefern keine ausreichenden Details, um die Verschiedenheit der Ergebnisse vollständig zu erklären, aber sie erinnern uns daran, daß es unterschiedliche Arten der kontemplativen Erfahrung gibt. Roland Fischer, Julian Davidson und andere Forscher haben einige Möglichkeiten aufgezeigt, durch die innere Zustände mit verschiedenen physiologischen Profilen in Zusammenhang gebracht werden können.[11]

In einer 1958 veröffentlichten Studie beschrieben die indischen Forscher G. G. Satyanarayanamurthi und B. P. Shastry einen Yogi, dessen Herz weiterschlug, obgleich sein radialer Puls nicht tastbar war und sein Herzschlag 30 Sekunden lang über ein Stethoskop nicht zu hören war. Das EKG dieses Yogis wies keine Anomalien auf, und die Finger-Plethysmographie zeigte, daß sein Puls vorhanden, aber sehr schwach war. Die beiden Forscher behaupteten, daß eine Röntgendurchleuchtung, die bei dem liegenden Yogi durchgeführt wurde, zeigte, daß sein Herzschlag in mehreren 30-Sekunden-Phasen nur ein Zucken in der Herzspitze war. Sie folgerten, daß er diese Kontrolle durch den Valsalva-Preßdruckversuch erlangt haben müsse.*

Auch Elmer und Alyce Green und ihre Kollegen von der Menninger Foundation in Topeka, Kansas, beobachteten eine Demonstration der Kontrolle des Herzens. Ihre Versuchsperson, der Yogi Swami Rama, saß völlig still da und erzeugte 16 Sekunden lang ein Vorhofflimmern von 306 Schlägen in der Minute, in dessen Folge es zu Rhythmusstörungen in den Herzkammern und zu Funktionsstörungen der Herzklappen kommt. Trotzdem wies Swami Rama keine Anzeichen auf, daß die Technik ihm Schmerz bereitete oder sein Herz schädigte. Außerdem erzeugte der Swami einen Temperaturunterschied von 3,5° C zwischen der linken und rechten Seite seiner rechten Handfläche. Dabei rötete sich die linke Seite seiner Handfläche, und die rechte färbte sich gräulich.[12]

* Satyanarayanamurthi u. Shastry 1958. Anand und Chhina untersuchten nochmals drei Yogis, die behaupteten, sie könnten ihre Herzen zum Stillstand bringen. Sie entdeckten, daß alle drei, um dies zu erreichen, den intrathorakalen Druck durch kraftvolles Einziehen des Bauches erhöhten, wobei sie nach jeder Ein- und Ausatmung die Stimmritze verschlossen. Wie Bagchi und Wenger entdeckten auch sie, daß der Herzschlag dieser Versuchspersonen nach Anwendung dieser Technik nicht mittels eines Stethoskopes gehört werden konnte und daß ihr arterieller Puls nicht tastbar war, obwohl die EKGs zeigten, daß ihre Herzen normal kontraktierten, mit einer kleinen Achsenabweichung nach rechts, wenn sie ihren Atem nach der Einatmung anhielten, und einer Abweichung nach links nach der Ausatmung. Weiterhin ergaben Röntgenuntersuchungen, daß das Herz jeder Versuchsperson bei dem Versuch, es anzuhalten, im Querdurchmesser schmaler wurde und gewissermaßen röhrenförmig. Die drei Yogis „konnten ihren Herzschlag nicht anhalten", schrieben Anand und Chhina, „[aber] sie verringerten ihre Herzleistung sehr stark, indem sie die Rückführung des venösen Blutes verringerten. Die Verringerung der Herzleistung ist für den nicht tastbaren arteriellen Puls verantwortlich. Diese Übung der Yogis ist mit dem Valsalva-Preßdruckversuch identisch." Wie Bagchi und Wenger wiesen auch sie darauf hin, daß Brosses Experiment fehlerhaft wäre, da sie bei ihrer Versuchsperson nur eine einzelne EKG-Elektrode verwendet hatte.

Yogis ziehen häufig den Bauch ein, um ihre Herzfrequenz zu verlangsamen, anstatt direkt über das Zentralnervensystem Einfluß zu nehmen. Es ist interessant, daß bei einem früheren Experiment ein Mann ohne jede Erfahrung mit Yoga untersucht wurde, der sein Herz ohne solche Techniken zum Stillstand bringen konnte, indem er sich einfach entspannte „und allem erlaubte, aufzuhören". Durch diese Methode konnte er seinen Pulsschlag allmählich verlangsamen, bis er drohte ohnmächtig zu werden, woraufhin er tief Luft holte. Als EKG-Untersuchungen ergaben, daß sein Herzschlag tatsächlich verschwand, folgerten die untersuchenden Ärzte, daß der Herzstillstand des Mannes „durch einen Mechanismus hervorgerufen [wurde], über den der Patient – obwohl er ihn willentlich kontrollierte – nichts wußte. Eine sorgfältige Beobachtung zeigte kein Anhalten des Atems und keinen Valsalva-Preßdruckversuch. Anscheinend hob der Patient durch eine vollständige geistige und körperliche Entspannung einfach jeden sympathischen Tonus auf."[13]

Wie der Herzstillstand, so haben auch die Begräbnisse lebender Yogis das Interesse mehrerer Forscher erweckt. Der Arzt Rustom Jal Vakil veröffentlichte im *Lancet* einen Bericht über ein solches Ereignis, das im Februar 1950 in der Nähe von Bombay vor etwa 10 000 Menschen stattfand. Vakil zufolge saß ein ausgemergelter Sadhu namens

Ramdasji 62 Stunden lang mit gekreuzten Beinen in einem unterirdischen, 6 Kubikmeter großen Raum. Sein Pulsschlag blieb ständig bei 80 Schlägen in der Minute, sein Blutdruck war bei 112/78, und seine Atemfrequenz lag zwischen 8 und 10 Atemzügen pro Minute. Auch wenn er einige Kratzer und Schürfwunden aufwies, schien Ramdasji – so schrieb Vakil – „bei dieser Strapaze nichts weiter passiert zu sein".[14]

Im Juni 1956 wurde mit dem Hatha-Yogi Krishna Iyengar eine noch sorgfältiger beobachtete Studie über die Einschließung von Yogis unter der Schirmherrschaft des All India Institute of Mental Health in Bangalore durchgeführt. Das Experiment wurde von J. Hoenig, einem Psychiater der University of Manchester, beobachtet, der darüber in einer 1968 veröffentlichten Analyse der Erforschung des Yoga berichtete.[15] Hoenig zufolge, wurde auf dem Gelände des Instituts eine etwa 60 x 90 x 120 cm große Grube ausgehoben, die mit einem Drahtgeflecht, einer Gummimatte und einem Baumwollteppich ausgelegt wurde. Zusätzlich zu Ableitungsmöglichkeiten für EEG und EKG wurden Geräte, die die Temperatur und das Luftgemisch messen sollten, in die Grube gestellt. Der Yogi wurde 9 Stunden lang eingeschlossen. Unmittelbar nachdem man ihn wieder herausgelassen hatte, ging er laut Hoenigs Bericht auf dem Gelände umher und führte athletische Übungen vor, darunter einen Kopfstand, wobei seine Beine in der Lotusposition waren. Der prozentuale Anteil des Kohlendioxids in der Luft der Grube betrug am Ende des Experiments nur 3,8 Prozent gegenüber 1,34 Prozent am Anfang und war somit niedriger als erwartet werden konnte. Iyengars Herzfrequenz verlangsamte sich in wiederkehrenden 20- bis 25minütigen Zyklen allmählich von 100 auf 40 Schläge pro Minute, aber seine EKG-Aufzeichnungen zeigten keine weiteren Anomalien auf, und die langsamen Puls-Zyklen standen in keinem Zusammenhang mit seinem Atem- oder Gehirnwellenmuster. Das EEG des Yogis zeigte 9 Stunden lang einen normalen Wachzustand, der von einem stabilen Alpha-Rhythmus von 50 Mikrovolt gekennzeichnet war und keine Anzeichen von Schlaf oder durch Körperbewegungen verursachte Störungen aufwies. Aus diesen Aufzeichnungen folgerten die Versuchsleiter, daß ihre Versuchsperson unbeweglich und hellwach dagelegen hatte, ohne aktive Wahrnehmung, die den Alpha-Rhythmus verringert oder aufgehoben hätte. Iyengar sagte, er habe *shavasana*, die „Totenstellung", eingenommen und die *ujjaya*-Atmung durchgeführt, während er an die Namen Gottes gedacht habe. Er war überrascht, daß sein Herzschlag sich rhythmisch beschleunigt und verlangsamt hatte, und konnte nicht erklären, warum dies der Fall war. Sein Herzschlag hatte sich nach dem Experiment allerdings wieder normalisiert.

Da die Erdgruben, die bei den meisten Einschließungen von Yogis verwendet wurden, für Sauerstoff und Kohlendioxid durchlässig sind, testeten Anand, Chhina und Singh einen Yogi namens Ramanand ein Mal 8 Stunden lang und ein weiteres Mal 10 Stunden lang in einem luftdichten Kasten aus Glas und Metall. Während des ersten Experiments verringerte sich der durchschnittliche Sauerstoffverbrauch des Yogis von

einem Grundumsatz von 19,5 Litern pro Stunde auf 12,2 Liter und während des zweiten Experiments auf 13,3 Liter pro Stunde. Bei beiden Versuchen sank die Kohlendioxidausscheidung. Ferner zeigte Ramanand weder eine schnellere Atmung noch eine Steigerung der Herzfrequenz, als sich der Sauerstoffgehalt im Kasten verringerte und der Kohlendioxidanteil stieg. „Sri Ramanand Yogi konnte seinen Sauerstoffverbrauch und seine Kohlendioxidausscheidung wesentlich auf Werte unterhalb seiner Bedürfnisse unter Normalbedingungen reduzieren", schrieben Anand und seine Kollegen. „Aus dieser Studie scheint hervorzugehen, daß [er] beide Male seinen Grundumsatz willentlich verringern konnte."*

* Anand et al. 1961. Eine zweite Studie mit einem luftdichten Kasten, die von P. V. Karambelkar und seinen Mitarbeitern durchgeführt wurde, verglich die Reaktionen eines erfahrenen Yogis, eines Yoga-Schülers und zweier Kontrollpersonen, die zwischen 12 und 18 Stunden eingeschlossen waren. Der in diesem Experiment verwendete Kasten wurde äußerst genau auf seinen Sauerstoff- und Kohlendioxidgehalt hin überwacht, war gründlich auf etwaige undichte Stellen hin geprüft worden, und die Versuchspersonen waren an ein EKG, ein Meßgerät für die Atemfunktion, ein EEG, ein Blutdruckmeßgerät und ein Gerät zur Messung der galvanischen Hautreaktion angeschlossen. Jede Person blieb in ihrem Kasten, bis der Kohlendioxidgehalt anfing, ihr Unbehagen zu verursachen. Der Yogi harrte 18 Stunden lang aus, bis seine Atemluft 7,7 Prozent CO_2 enthielt, während die anderen drei es zwischen 12,5 und 13,75 Stunden aushielten, wobei der CO_2-Gehalt zwischen 6,6 und 7,2 Prozent lag. Die Autoren nahmen an, daß der Yogi länger durchhielt, weil er an solche Situationen gewöhnt war. Und doch war es der Yoga-Schüler und nicht der erfahrene Yogi, der die geringste Verminderung des Sauerstoffverbrauchs zeigte, als sein CO_2-Gehalt anstieg. Die Autoren waren der Ansicht, daß er deshalb einen höheren CO_2-Gehalt ertragen konnte, weil er drei Jahre lang *kumbhaka*, das Atemanhalten des *pranayama*, geübt hatte, wodurch sein Körper daran gewöhnt war, mit dem erhöhten Kohlendioxidgehalt in den Lungen, den diese Übung hervorruft, zu funktionieren. Später verstärkte der Yogi seine *pranayama*-Übungen und zeigte eine verbesserte Anpassung an das Kohlendioxid (Karambelkar, Vinekar u. Bhole 1968 und Bhole et al. 1967).

Im Rahmen eines bemerkenswerten Experimentes von L. K. Kothari und seinen Mitarbeitern wurde ein Yogi acht Tage lang in einer Erdgrube begraben und an ein EKG in einem nahegelegenen Labor angeschlossen. Nachdem die Grube verschlossen war, stieg seine Herzfrequenz zeitweilig bis auf 250 Schläge in der Minute an. Nachdem der Yogi 29 Stunden in der Grube war, zeigte sich in den EKG-Aufzeichnungen eine gerade Linie. Die Herzfrequenz hatte sich unmittelbar vor dem Auftreten der geraden Linie nicht verlangsamt, und es gab auch keine Anzeichen einer elektrischen Störung; doch die Versuchsleiter setzten das Experiment in der sicheren Überzeugung fort, daß ihre Versuchsperson nicht gestorben war. Sie vermuteten, daß die EKG-Elektroden entweder absichtlich oder versehentlich entfernt worden waren, testeten ihr Gerät und fuhren fort, die Aufzeichnungen zu beobachten. Etwa sieben Tage später begann zu ihrer Überraschung das Gerät etwa eine halbe Stunde vor der geplanten Ausgrabung des Yogis wieder eine elektrische Aktivität anzuzeigen. „Nach einigen anfänglichen Störungen", schrieben sie, „erschien eine normale Aufzeichnung. Erneut zeigte sich die [erhöhte Herzfrequenz], doch es gab keine sonstigen Anomalien." Als die Grube geöffnet wurde, saß der Yogi in derselben Haltung wie zu Beginn des Experimentes, war jedoch etwas benommen. Als die Versuchsleiter ihren Bericht über

die ungewöhnlichen EKG-Aufzeichnungen abgaben, argumentierten sie, daß eine Entfernung der Elektroden eindeutige Anzeichen in den Laboraufzeichnungen hinterlassen hätte, wie sie sie bei der Suche nach Möglichkeiten entdeckt hatten, wie der Yogi die Aufzeichnungen hätte manipulieren können. Außerdem war der Yogi in bezug auf solche Geräte vollkommen unwissend, und in der Grube war es völlig dunkel. Sollte das Gerät auf eine Weise versagt haben, die sich nicht erklären ließ, so schien es ein außerordentlicher Zufall zu sein, daß es ausgerechnet eine halbe Stunde vor dem geplanten Ende des Experiments wieder zu funktionieren begann. Allem Anschein nach verfügte der Yogi über eine Art „innere Uhr", die nicht von den täglichen Zyklen von Licht und Dunkelheit abhängig war. Die wahrscheinlichste Ursache für die gerade Linie auf dem EKG war eine drastische Verlangsamung seiner Herzfrequenz. Letzten Endes konnten Kothari und seine Kollegen die ungewöhnlichen Aufzeichnungen seiner Herzfrequenz nicht erklären.[16]

Studien über Zen-buddhistische Mönche

In einer Studie, die in den sechziger Jahren bei Erforschern der Meditation und des Biofeedbacks große Aufmerksamkeit erregte, untersuchten Akira Kasamatsu und Tomio Hirai, beides Ärzte der Tokioter Universität, die Veränderungen in den EEGs von insgesamt 48 Zen-Meistern und -Schülern der Soto- und Rinzai-Schulen während der Meditation. Zur experimentellen Kontrolle analysierten sie die EEGs von 22 Personen ohne Meditationserfahrung. Sie machten EEG-Aufzeichnungen, erfaßten die

Pulsfrequenz, Atmung und galvanische Hautreaktion und testeten die Antwort der Versuchspersonen auf Sinnesreize während der Meditation. Mit Ausnahme einiger weniger Tests im Labor wurden die Aufzeichnungen bei den Zen-Mönchen im Rahmen einer einwöchigen Klausur, *Sesshin*, in einem Zendo vorgenommen. Die Zen-Meister und fortgeschrittenen Schüler zeigten einen typischen Verlauf der Hirnwellenaktivität während der Meditation, die Kasamatsu und Hirai in folgende vier Phasen unterteilten.

Phase 1 ist durch das Auftauchen von Alphawellen gekennzeichnet, obwohl die Augen geöffnet sind.
Phase 2 ist durch eine Erhöhung der Amplitude der anhaltenden Alphawellen gekennzeichnet.
Phase 3 ist durch eine Abnahme der Alpha-Frequenz gekennzeichnet.
Phase 4 ist durch das Auftauchen rhythmischer Theta-Serien gekennzeichnet.[17]

Nicht jede dieser Phasen war auch bei jedem Zen-Schüler festzustellen, geschweige denn bei den Kontrollpersonen. Es existierte jedoch eine starke Korrelation zwischen der Anzahl der Phasen, die ein Schüler aufwies, und der Dauer seiner Zen-Unter-

weisung. Diese Korrelation wurde durch die Bewertung der Schüler durch den Zen-Meister bestätigt. Der Meister unterteilte die Schüler gemäß ihrer Geübtheit in drei Gruppen, ohne ihre EEG-Aufzeichnungen gesehen zu haben; seine Einschätzung stimmte weitgehend mit der Beurteilung der EEGs von Kasamatsu und Hirai überein.

Diese Studie enthält auch signifikante Unterschiede zwischen vier Zen-Meistern und vier Kontrollpersonen, als man ihre Reaktionen auf wiederkehrende Geräusche miteinander verglich.

Als das Geräusch zum ersten Mal ertönte, zeigten sowohl die Kontrollpersonen als auch die Zen-Meister eine Alpha-Blockierung, doch die Kontrollpersonen gewöhnten sich allmählich an diese Reize, so daß im folgenden keine weitere Reaktion ihrer Hirnwellenaktivität festzustellen war, wenn das Geräusch ertönte. Die Zen-Meister hingegen gewöhnten sich nicht an das Geräusch, sondern zeigten weiterhin eine Alpha-Blockierung, solange der Reiz andauerte. Dieses Ergebnis deutet darauf hin, daß aus der Zen-Übung eine stille und wache Bewußtheit erwächst, die gleichbleibend auf äußere und innere Reize reagiert.[18]

Probleme bei der Erforschung religiöser Adepten

Auch wenn Zeugen vor der Ritenkongregation unter Eid aussagten, daß sie gesehen hätten, wie die heilige Theresia von Avila oder der heilige Joseph von Copertino die Gesetze der Schwerkraft überwunden hatten (22.10), konnte die Levitation bisher wissenschaftlich nicht nachgewiesen werden. Es gibt mindestens drei mögliche

Gründe für das Fehlen solcher Beweise. Als erstes ist selbstverständlich in Betracht zu ziehen, daß Levitation niemals stattgefunden hat. Zweitens könnten Mystiker jene Kraft verloren haben, die dieses Phänomen hervorbringt. Drittens ist es möglich, daß Levitation nur in seltenen und spontanen ekstatischen Zuständen geschieht, die nicht programmiert werden können, um so den Anforderungen eines wissenschaftlichen Experiments zu genügen. Sollte diese außergewöhnliche Erhebung über den Boden tatsächlich stattfinden, erfordert sie ein unwahrscheinliches Zusammentreffen von Umständen, die ein Wissenschaftler dann zufällig beobachten müßte. Levitation und andere heilige Kräfte müßten sozusagen „auf frischer Tat ertappt" werden. Es ist kaum anzunehmen, daß ein Yogi oder Lama in einem Labor mit Drähten an seinem Kopf und einem Thermometer im Rektum eine Fähigkeit demonstrieren könnte, die in jedem Fall nur äußerst selten auftritt. Wie ich bereits in anderen Kapiteln sagte, muß bei den Untersuchungen der außergewöhnlichen Fähigkeiten ein Kompromiß zwischen aussagekräftigen Ergebnissen und wissenschaftlicher Genauigkeit eingegangen werden. Der Maharadscha Runjeet Singh konnte Haridas 40 Tage lang begraben, ohne durch Aufzeichnungsgeräte und Sicherheitsvorschriften behindert zu werden

(21.7). Neuere Untersuchungen über die Begräbnisse von Yogis werden jedoch durch Verfahrenskontrollen und rein menschliche Erwägungen eingeschränkt.

Des weiteren existiert häufig ein Unterschied zwischen der Einstellung eines Wissenschaftlers gegenüber ungewöhnlichen Kräften und der des Adepten. Elmer Green beschrieb zum Beispiel einige Auseinandersetzungen, die er mit dem Heiler Jack Schwartz hatte, als es um die Interpretation seiner intuitiven Krankheitsdiagnosen ging.

> Die Frage ist, ob die Auras, die er sieht, immer strahlende Energiemuster sind, die vom menschlichen Körper ausgehen ..., oder ob es sich um irgendwelche automatischen geistigen Projektionen handelt, die psychologisch benützt werden, um ein „Wissen" zu interpretieren. Wenn wir auf diese Weise „wissen", „sehen" wir es manchmal auf die gleiche Weise wie eine Erinnerung.[19]

Green hegte jedoch Sympathien für Schwartz und erkannte, daß die ständigen Zweifel eines Wissenschaftlers die Intuition eines Mediums hemmen oder völlig behindern können. Green schrieb:

> Dieser fundamentale Unterschied zwischen Wissenschaftlern und Medien muß nicht unbedingt zu Schwierigkeiten führen, wenn man sich die Zeit nimmt, den Rahmen zu verstehen, in dem der andere notwendigerweise arbeitet. Wenn das Medium versucht, jede Wahrnehmung zu zergliedern, um festzustellen, ob sie zutreffend ist, um die „Wahrheit" besser zu erkennen, dann wird viel eher die Fähigkeit des „Sehens" zergliedert. Die Wahrnehmungsfähigkeit kann dann leicht verschwinden.

Wenn andererseits Wissenschaftler nicht mehr versuchen würden, nach alternativen Erklärungen für die Tatsache zu suchen, könnten sie sich in einem Gewirr von projizierten und extrapolierten Ideen wiederfinden. Sowohl für Wissenschaftler als auch für Medien ist jedoch der Bereich der Tatsachen – und nicht der Interpretation – der gemeinsame Grund. Abgesehen von den Ansichten von Fanatikern haben sich die meisten Auseinandersetzungen zwischen den beiden Lagern, die wir erlebt haben, um Interpretationen gedreht. Weil Medien fast immer idiosynkratische Faktoren in ihren Bezugsrahmen haben, verstehen Wissenschaftler sie oft nicht. Und Medien verstehen die Haltung der Wissenschaftler nicht, die ihnen zerstörerisch vorkommt.[20]

In den oben angeführten Versuchen von Swami Kuvalayananda und in anderen bereits beschriebenen Teams ist die Sympathie zwischen Wissenschaftlern und Adepten ganz offensichtlich. Selbst die strenge gegenseitige Herausforderung von Haridas und Maharadscha Runjeet Singh zeigte eine beispielhafte – wenn auch in gewisser Weise widernatürliche – Zusammenarbeit. Eine produktive Untersuchung der außergewöhnlichen Fähigkeiten erfordert ein Einverständnis zwischen erfahrenen Versuchspersonen und einfallsreichen Versuchsleitern.

[23.2]
DIE ZEITGENÖSSISCHE MEDITATIONSFORSCHUNG

In den siebziger und achtziger Jahren nahm die Erforschung der Meditation drastisch zu – vor allem in den Vereinigten Staaten. Dieses Wachstum ergab sich zum einen aus den im vorigen Abschnitt erwähnten Studien über Yogis und Zen-Mönche und zum anderen aus der Veröffentlichung der richtungweisenden Studien von Herbert Benson und Keith Wallace in *Science,* dem *American Journal of Physiology* und *Scientific American* zwischen 1970 und 1972.[21] Ein Großteil dieser Arbeiten wurde von der Transcendental Meditation Society unterstützt; deren enthusiastische Berichte und Selbstdarstellungen riefen bei einigen Forschern jedoch Zweifel an den ausgesprochen positiven Ergebnissen jener Studien hervor.[22] Dies führte zu weiteren Forschungsarbeiten, die die Behauptungen der TM entweder widerlegten, sie mäßigten oder bestätigten. Seit Anfang der siebziger Jahre sind in englischsprachigen Zeitschriften, Büchern und Dissertationen mehr als 1000 Studien über Meditation veröffentlicht worden. Steven Donovan und ich haben etwa 1300 Studien, die zwischen 1931 und 1990 durchgeführt wurden, in einer Monographie mit dem Titel *The Physical and Psychological Effects of Meditation* zusammengestellt, die vom Esalen Institute veröffentlicht wurde. Das Spektrum an Ergebnissen aus diesen Forschungen hat sich seit Bagchis, Wengers, Kasamatsus und Hirais Studien über Yogis und Zen-Meister bedeutend erweitert. In den letzten Jahren sind Veränderungen im Herz-Kreislauf-System, im Gehirn, im Hormonhaushalt und Stoffwechsel, verschiedene Verhaltensmodifikationen und veränderte Bewußtseinszustände erforscht worden, die durch Meditation hervorgerufen wurden. Die medizinische Ausrüstung, psychologischen Testverfahren und analytischen Methoden bei diesen Experimenten sind verbessert und die Reihe der Versuchspersonen erweitert worden, um verschiedenste Gruppen mit einbeziehen zu können. Diese hohe Differenziertheit der Verfahrensweise erweitert schrittweise unser wissenschaftliches Verständnis der Meditation in dem Maße, daß jene Einblicke, die sich in der traditionellen Literatur über die Kontemplation finden, nun ergänzt werden. Dennoch ist das Gesamtbild der Resultate, das die moderne Erforschung der Meditation erbracht hat, noch verzerrt, da sich manche Resultate übereinstimmend gezeigt haben und andere hingegen nicht.

Diese scheinbaren Widersprüche können auf verschiedene Arten erklärt werden. Es ist möglich, daß bestimmte physiologische Prozesse von der Meditation nicht beeinflußt werden, unabhängig davon, wie geübt oder erfahren ein Meditierender ist, oder sie könnten nur unbedeutend beeinflußt werden. Einige Veränderungen, wie der Aminosäurengehalt des Blutes, sind noch nicht ausreichend erforscht worden, um ein einheitliches Bild zu ergeben – zum Teil deshalb, weil bisher kein besonderes Interesse daran bestand und die Auswirkungen der Meditation auf den Blutdruck, die Herz-

frequenz und andere Vorgänge einen ganz offensichtlichen Einfluß auf die Gesundheit haben. Außerdem ist es schwieriger, während der Meditation Blut abzunehmen, als Veränderungen des Blutdrucks oder der Hautreaktion zu messen.

Auch die individuellen Unterschiede bringen ein Problem bei der Deutung der Versuchsergebnisse mit sich, da in der statistischen Gesamtzahl Versuchspersonen beiderlei Geschlechts, aller Altersstufen, mit einem unterschiedlichen Bildungsgrad und sozialen Hintergrund vertreten waren. Viele der Versuchspersonen waren Studenten ohne vorherige Meditationserfahrung, andere waren erst vor kurzem religiösen Gruppen beigetreten, doch nur wenige verfügten über eine ausreichende spirituelle Erfahrung.

Die persönlichen Gründe für die Teilnahme an einem Experiment waren ebenfalls unterschiedlicher Natur. Manche Versuchspersonen wollten aus religiösen oder anderen Motiven heraus erfolgreich sein, während andere daran kein besonderes Interesse zu haben schienen. Die Unterschiede zwischen den einzelnen Meditationstechniken erschweren ebenfalls eine Auswertung der Ergebnisse. Wenngleich bei den meisten Versuchen eine Form von stiller Meditation untersucht wurde, beschäftigten sich einige auch mit aktiven Techniken wie dem schnellen und tiefen Atmen. Julian Davidson, Roland Fischer und andere haben zwei Hauptformen der Meditation unterschieden – entspannende und anregende Techniken – und deren Auswirkungen mit den trophotropen beziehungsweise ergotropen Zuständen des Zentralnervensystems in Verbindung gebracht, die von Gellhorn und Kiely beschrieben wurden.[23]

Die Ergebnisse der Meditationsforschung haben inzwischen Eingang in allgemeine wissenschaftliche Erkenntnisse gefunden und sind somit zu einer öffentlich zugänglichen Sammlung empirischer Daten geworden, die kommenden Generationen zur Verfügung stehen wird. Unglücklicherweise stammen die meisten dieser Fakten von Anfängern und geben als Ganzes gesehen nicht jene Reichhaltigkeit der Erfahrungen wieder, die in den traditionellen kontemplativen Lehren beschrieben wird. Die Versuchsergebnisse werden auch dadurch eingeschränkt, daß die konventionelle Wissenschaft auf wiederholbaren Ergebnissen besteht. Einige wichtige Erfahrungen werden einem eher selten während der Meditation zuteil, und eine Wissenschaft, die diese Erfahrungen ignoriert, verschenkt einen Großteil ihrer empirischen Resultate. Aus diesen Gründen kann die zeitgenössische Forschung nicht das gesamte Spektrum der Erfahrungen erhellen, die in kontemplativen Schriften und mündlich überlieferten Traditionen geschildert werden. Die modernen Studien gestatten uns nur einen ersten Blick auf Randgebiete der Meditation – mit gelegentlichen Ausblicken auf ihre höchste Ausdrucksform. Und doch entsprechen ihre Resultate in einigen Punkten den traditionellen Schilderungen. In Anhang C finden sich Ergebnisse aus der Meditationsforschung, die experimentell gut belegt sind.

TEIL

3

Wege zur Transformation

Der gegorene Wein ist ein Bettler,
der uns anfleht, selber zu gären;
der Aufruhr im Himmel ist ein Bettler,
der um unser Bewußtsein fleht.
Der Wein war trunken von uns, nicht wir von ihm;
der Körper entstand durch uns, nicht wir durch ihn.
Wir sind wie Bienen, und unsere Körper wie die Honigwabe.
Zelle um Zelle haben wir den Körper erschaffen, wie Wachs.

RUMĪ – *aus dem mathnawi*

Ishavasyam Idam sarvam.
Wohnung des Herrn ist alles, was sich nur hier auf der Erde bewegt.

ISHA UPANISCHAD

Metanormale Fähigkeiten entstehen üblicherweise aus normalen Fähigkeiten, die durch lebenslange Übung verfeinert werden. So liebten und verehrten einige Mystiker und Heilige Gott mit einer solchen Leidenschaft, daß sie eine Freude verspürten, die nicht mehr von der Befriedigung gewöhnlicher Bedürfnisse oder Wünsche abhängig war. Mozart hatte eine so ausgeprägte musikalische Vorstellungskraft, daß er im Geiste ganze Symphonien hören konnte. Einige religiöse Asketen entwickelten eine solche innere Stärke, daß sie widrige Umstände durch ihren Zustand der Seins-Seligkeit ertragen konnten (21.2, 21.3, und 23.1). Doch die dramatischen Veränderungen von Leib und Seele sind auch in bestimmten krankhaften Zuständen zu erkennen, bei Heilungen, die durch Placebos und das Gebet hervorgerufen werden, in vielen Ereignissen des täglichen Lebens und bei Übungen, die keine großen Anforderungen an die Praktizierenden stellen.

In ihrer Gesamtheit gesehen, lassen die in diesem Buch vorgestellten Themen vermuten, daß im Wesen des Menschen außergewöhnliche Fähigkeiten verborgen sind, die während einer Krankheit, bei Heilung oder durch Wachstumsprogramme, spontan oder durch eine formale Praxis in Erscheinung treten können. Auch wenn es eine lange Zeit der Übung verlangen kann, um diese Fähigkeiten voll zu entfalten,

scheinen sie häufig frei gewährt zu sein, und dies in Momenten, in denen wir sie uns weder wünschen noch sie erwarten. In den folgenden Kapiteln beschreibe ich die Schulung und Verfeinerung dieser Fähigkeiten mit Hilfe von verschiedenen Methoden, wobei ich unsere vielschichtige Verwurzelung im Tierreich, in kulturellen Gegebenheiten und in den ich-transzendierenden Dimensionen des Geistes und Körpers hervorhebe.

24

Grundlagen der Transformationspraxis

Auf unserem Weg zur Transformation sind wir von angeborenen Prozessen in unserem Körper abhängig. Wir sind zum Beispiel in der Lage, unsere somatische Bewußtheit und Kontrolle zu schulen, weil sich in unseren Körpern Nervenzellen ausgebreitet haben, die sich aus analogen Strukturen bei den frühen Wirbeltieren entwickelten.[1] Entspannungsübungen sind deshalb so wirksam, weil wir über ein parasympathisches System verfügen, das im Laufe der Evolution der Säugetiere entstand.[2] Vielleicht vermögen wir aus dem Grunde schöpferisch in unserer Arbeit aufzugehen, weil wir die Fähigkeit der Katalepsie, Analgesie und selektiven Amnesie ererbt haben, die für Flucht und Jagd notwendig waren. Kurz gesagt, beruhen selbstregulierende Fähigkeiten, regenerative Entspannung und schöpferische Trance wie viele andere Formen der Kreativität auf Fähigkeiten, die sich bereits bei unseren Vorfahren aus dem Tierreich entwickelten. Doch auch wenn eine Transformationspraxis auf unseren von den Tieren ererbten Anlagen aufbaut, so bezieht sie die einzigartigen Fähigkeiten des Menschen mit ein. Die Vorstellungskraft, mit deren Hilfe wir uns an Büchern erfreuen, kann geschult werden, um uns metanormale Erkenntnisse zu gewähren oder um außergewöhnliche körperliche Fertigkeiten zu fördern. Die Selbstreflexion, der wir uns in schwierigen Situationen manchmal unterziehen, kann durch eine langjährige Meditationspraxis vertieft werden. Transformierende Methoden bedienen sich sowohl angeborener als auch sozial erlernter Eigenschaften, um die verschiedensten Arten unserer Fähigkeiten zu verbessern.

Dieselben Aktivitäten, die unser Wachstum fördern, vermögen es jedoch auch zu hemmen. Vorstellungskraft und Selbstreflexion können zum Beispiel unserer weiteren

Entwicklung entgegenstehen, wenn sie destruktiven Vorstellungen und Gedankenmustern dienen. In der Tat werden wir von jenem Gefüge aus Geist und Körper, in dem wir existieren und dessen Funktionen so perfekt an das Leben auf der Erde angepaßt sind, zugleich unterstützt und zurückgehalten. Dieser ständige Konflikt zwischen tierischen und menschlichen Anteilen unseres Wesens, seinem Widerstand gegen lebensbedrohliche Veränderungen und seiner gleichzeitigen Fähigkeit zu einer einschneidenden Umstrukturierung muß auf dem Weg zur Transformation in Einklang gebracht werden. Zuerst müssen wir die grundlegenden Gesetzmäßigkeiten unserer komplizierten Beschaffenheit respektieren, bevor wir beginnen, sie zu verändern; wir müssen uns vor Augen halten, daß der Zusammenbruch dem Aufbau zu dienen hat – sowohl psychisch als auch physisch –, und sicherstellen, daß wir uns keinen Schaden zufügen, während wir neue Fähigkeiten entwickeln. Es wird selbstverständlich schwierig sein, eine solche Balance zu erlangen, und oftmals scheint es unmöglich. Dieser Vorgang kann aber durch eine geheimnisvolle Kraft unterstützt werden, die aus Ebenen jenseits unseres gewöhnlichen Selbst stammt. Spontane Kraftschübe dieser Art sind die Antwort auf unsere Bitte nach einem erhabeneren Leben und eine Bestätigung

unserer Sehnsucht danach – ob man sie nun „Gnade Gottes“ nennt oder das „Wirken der Buddhanatur“.

Methoden zur Transformation hängen demnach von ererbten, sozial erlernten und ich-transzendierenden Aktivitäten ab; all diese Faktoren sind an den leib-seelischen Veränderungen beteiligt, die in diesem Buch beschrieben werden. Im folgenden werde ich einige hervorheben, die für eine integrale Entwicklung besonders wichtig sind. Ihre bewußte Anwendung bezeichne ich als *transformierende Schritte* oder *Transformationsmodalitäten.*

[24.1]
TRANSFORMATIONSMODALITÄTEN

Hysterische Stigmen und Schweinschwangerschaften veranschaulichen die enorme Spezifizität, mit der der Körper durch emotional beladene geistige Bilder, die von bewußten oder unbewußten Absichten begleitet werden, verändert werden kann (11.1, 11.2). Beide Krankheitsbilder zeigen die Präzision, mit der stark besetzte Vorstellungen somatische Vorgänge bestimmen können. Auch bei der multiplen Persönlichkeit können wir normale Prozesse beobachten, die in den Dienst abnormer Funktionsweisen gestellt werden. Es scheint, daß Multiple ihre Teilpersönlichkeiten durch ein lebenslanges Studium verschiedener Rollen perfektionieren und dadurch eine außergewöhnliche psychophysische Gestaltungsfähigkeit entwickeln (11.3).

Placebo-Effekte und spirituelle Heilungen hängen ebenfalls von suggestiven Vorstellungen ab, und zusätzlich auch von Erwartungshaltungen, bewußten oder verdeckten Heilungsaffirmationen, von Verhaltensweisen, die eine Gesundung imitieren, und von dem Vertrauen in einen Arzt, eine religiöse Autorität, ein Verfahren oder einen anderen heilenden Einfluß (12, 13). Wie andere psychophysische Veränderungen, die in Teil II ausführlich beschrieben sind, werden Placebo-induzierte Heilungen wie auch Heilungen durch die Kraft des Glaubens durch Prozesse ausgelöst, die im täglichen Leben wirken. In Kapitel 14 findet sich eine Schilderung über die bemerkenswerten Ergebnisse solcher Vorgänge bei Menschen, die unter schwersten Behinderungen litten.

*

Auch die in Kapitel 15 bis 19 aufgeführten Methoden hängen von gewöhnlichen Modalitäten der Veränderung ab. Die hypnotische Suggestion beruht zum Beispiel auf der gleichen Bereitschaft und Fähigkeit, auf bedeutsame Vorstellungsbilder zu reagieren, die sich auch bei hysterischen Stigmen zeigt; sie ist von der gleichen flexiblen

Anpassung an eine Rolle abhängig wie die multiple Persönlichkeit, von der gleichen Erwartungshaltung, die auch Placebo-Effekte ermöglicht, und von einem Rapport oder jener konzentrierten Hingabe, die zu einer spirituellen Heilung führt. Wie in Kapitel 15.6 ausgeführt, ermöglicht die Fähigkeit, sich in das Lesen eines guten Buches zu versenken, auch die hypnotische Veränderung des Bewußtseins und des Verhaltens. Indem wir uns absichtsvoll in eine kreative Trance begeben (mit der Hilfe eines Hypnotiseurs), können wir unsere aufgesplitterten Willenskräfte teilweise integrieren, so daß wir mit einer größeren Kraft und Entschlossenheit agieren, stärker empfinden und klarer und präziser denken können. Wenn wir uns die Kräfte zunutze machen, die gewöhnlich nur zufällig in uns wirken, können wir die hypnotische Aufmerksamkeit einsetzen, um verschiedene Arten außergewöhnlicher Funktionsweisen zu unterstützen.

Im Biofeedback beobachten wir den Übergang von größtenteils dissoziierten Prozessen, die hysterische Stigmen und die multiple Persönlichkeit bedingen, und der erkennbaren Abhangigkeit von anderen, die die Hypnose mit sich bringt, zu einer bewußteren, auf sich selbst vertrauenden Praxis. Mit Hilfe von Geräten erhält eine Person Rückmeldungen über autonome Vorgänge, die sie dann zu modifizieren lernt. Durch die Schulung der kinästhetischen Bewußtheit und der willentlichen Kontrolle autonomer Vorgänge, die nahezu jeder von uns gelegentlich einsetzt, können die meisten Menschen lernen, ihren Blutdruck zu erhöhen oder zu senken, ihre Gehirnwellen zu verändern, Einfluß auf die Magensäuresekretion zu nehmen oder andere physiologische Funktionen zu modifizieren (16).

In der Psychotherapie wird wiederum die Imagination zu einer Transformationsmodalität. In Verbindung mit Katharsis, einer fokussierten Intention und der Akzeptanz (oder der Wiedereingliederung) dissoziierter Verhaltensweisen kann die Imagination Heilung und Wachstum durch eine Umstrukturierung bislang vorherrschender Einstellungen, durch den Zugang zu verdrängten oder bisher nicht bewußten psychischen Prozessen, durch die Veränderung der Wahrnehmung, das Einüben neuer Fertigkeiten im Geiste und durch das Bewußtwerden von Körperstrukturen fördern (17.1, 17.2).

Auch die körperorientierten Verfahren setzen viele gewöhnliche Fähigkeiten ein. Das Autogene Training arbeitet mit der trophotropen Reaktion, um eine tiefe Entspannung hervorzurufen, und schult die subtile Aufmerksamkeit für kinästhetische Empfindungen, zu der wir gelegentlich infolge von Krankheiten oder Krisen gezwungen werden (18.3). Die Feldenkrais-Methode stimuliert Muskeln und Sehnen auf eine Weise, die an den Lernprozeß von Kindern erinnert, und bezieht angenehme und vertraute Bewegungen ein, um den Körper zu dehnen (18.4). Die Progressive Muskelentspannung arbeitet mit unseren natürlichen selbstregulierenden Fähigkeiten durch einfaches An- und Entspannen von Muskeln, durch die fokussierte Aufmerksamkeit auf

bestimmte Körperteile und die Artikulation unserer Fähigkeit zu einer selektiven Kontrolle (18.6, Anhang H). Die Arbeit von Elsa Gindler und die „Sensory Awareness" von Charlotte Selver beruhen auf der völligen Aufmerksamkeit gegenüber dem Sitzen, Stehen und Gehen. Sie richten die Bewußtheit auf die natürlichsten Handlungen und erweitern unsere kinästhetische Wahrnehmung durch einfachste Übungen (18.7). Die von Reich inspirierten Therapieformen arbeiten mit Katharsis, Schütteln und der psychosomatischen Entladung, die den meisten von uns hilft, Spannungen loszulassen (18.8).

Durch sportliche Aktivitäten verbessern wir unsere normalen Fähigkeiten des Laufens, Springens und Werfens sowie unsere manuelle Geschicklichkeit, erhöhen die Belastbarkeit des Herzens und der Lungen und verbessern die allgemeine Koordination (19). Sport trägt auch unserem natürlichen Spieltrieb Rechnung. Der körperliche Einfallsreichtum, über den jedes Kind verfügt, wird gefordert und zuzeiten auf geniale Weise weiterentwickelt. Sport beruht auf Qualitäten des Herzens und des Geistes – wie Mut, Wachsamkeit und Selbstkontrolle – die bis zu einem gewissen Grad in jedem von uns vorhanden sind.

*

In den Kapiteln 20 bis 23 wendete ich mich von Methoden, die nur Teilanforderungen an ihre Ausübenden stellen, hin zu Übungssystemen, die das gesamte Leben umfassen – wie bestimmte Kampfkünste, Schamanismus, Yoga und kontemplative

Methoden. In ihren höchsten Ausdrucksformen fördern diese eine größere Anzahl an Tugenden und Fähigkeiten und beziehen einen größeren Teil der menschlichen Natur ein, als Hypnose, Biofeedback, Psychotherapie oder der Sport es vermögen. Aus diesem Grunde orientieren sich die in diesem Buch vorgestellten integralen Methoden an deren Tiefgründigkeit und Abgerundetheit und beziehen ihr Streben nach Ganzheit mit ein.

[24.2]
DIE ROLLE ALLGEMEINER KOINZIDENTER REAKTIONEN

Einige der Anlagen des Menschen, auf denen die Übungen zur Transformation beruhen, können besonders erfolgreich geschult werden. So bedient sich die stille Meditation der trophotropen Reaktion, um koordinierte Veränderungen der Gehirnaktivität, der Herzfrequenz, des Blutdrucks, der Atemfrequenz, der Laktatproduktion und der Adrenalinausschüttung hervorzurufen (23.2). Scheinbar einfache Methoden wie das Zählen der Atemzüge haben dabei komplexe und produktive Ergebnisse zur Folge.

Die hypnotische und kreative Trance scheinen sehr ähnlich durch eine allgemeine Reaktion vermittelt zu werden, die wir von den Säugetieren ererbt haben. Die Versenkung, Analgesie und selektive Amnesie, die für Zustände tiefer schöpferischer Versunkenheit kennzeichnend sind, könnten funktionell gesehen Verhaltensweisen wie der Erstarrung, der vorübergehenden Schmerzunempfindlichkeit und der Blindheit gegenüber Schwierigkeiten entsprechen, die wir bei Tieren in der Wildnis beobachten können. Der kataleptische Fokus der Aufmerksamkeit, das Vermögen, körperliche Beschwerden zu ertragen, und das Vergessen von Schmerz, die bei einigen Meditierenden, Sportlern, hypnotisierten Personen und kreativen Menschen zu sehen sind, treten durch eine Art Reflex gleichzeitig auf. Eine ähnliche Bereitstellung integrierter Prozesse wird im Sport und in den Kampfkünsten deutlich, wenn eine Herausforderung den Ausstoß von Adrenalin verursacht, die Herzfrequenz erhöht und neue Energien für außergewöhnliche Leistungen zur Verfügung stellt. Bei der trophotropen Reaktion, dem koordinierten Auftreten von Versenkung, Analgesie und selektiver Amnesie und in der Kampf-oder-Flucht Reaktion greifen verschiedene Vorgänge synergistisch ineinander und rufen mehrere psychophysische Veränderungen gleichzeitig hervor.

Indem ich diese Tatsache hervorhebe, möchte ich darauf hinweisen, daß alle transformierenden Schritte etwas von diesem koinzidenten Charakter haben, der sie dazu befähigt, kreative Veränderungen auf ökonomische Weise hervorzubringen. Die Schulung der Imagination fördert beispielsweise neuartige sensomotorische Fertigkeiten oder außergewöhnliche Bewußtseinszustände, indem unzählige psychische und somatische Prozesse verstärkt werden. Mit Hilfe dieser Verstärkung werden unzählige

Zellen, die im Dienste einer Homöostase zusammenarbeiten, durch mentale Vorstellungen miteinander verbunden. Auf ähnliche Weise können verschiedene Rollen oder Teilpersönlichkeiten, die Wiederholung heilender Affirmationen, anhaltende Erwartungen eines Erfolges, Konzentration, der Einsatz kinästhetischer Bewußtheit zur Modifikation autonomer Funktionen, das absichtliche Erinnern unbemerkter oder dissoziierter Vorgänge, die Hingabe an ich-transzendierende Kräfte und andere Transformationsmodalitäten hochgradig komplexe Reaktionen in uns auslösen.

George Leonard hat die vielschichtigen Auswirkungen von Transformationsmodalitäten beschrieben und ein Übungssystem entwickelt, das er *Leonard Energy Training* (LET) nennt. Der Kern dieser Methode besteht aus Gleichgewichts- und Zentrierungsübungen. Diese Übungen, schrieb Leonard,

> richten die Aufmerksamkeit der Person auf verschiedene Körperteile, insbesondere auf die Mitte des Bauches, um eine ausbalancierte Haltung und eine innere Bewußtheit zu entwickeln – rechts und links, oben und unten, vorne und hinten. Sie werden unter wechselnden Bedingungen ausgeführt: im Stehen und im Sitzen, mit offenen und geschlossenen Augen, in geraden und kreisförmigen Bewegungen, unter körperlichem oder psychischem Streß, der von einem Partner verursacht wird. Bei einigen

dieser Übungen wird die Person aus dem Gleichgewicht gebracht und lernt, schnell in eine ausbalancierte und zentrierte Haltung zurückzufinden. Die meiste Zeit über sind die Augen „weich“, das heißt, sie sind offen, aber nicht auf einen bestimmten Punkt gerichtet.

Die Übungen haben physiologische Resultate zur Folge, die Ergebnissen aus anderen Entspannungsverfahren ähneln, darunter die Erwärmung der Glieder, die Vertiefung und Verlangsamung der Atmung, die Verlangsamung des Pulsschlags und eine Zunahme der Alphawellen im EEG. Die Personen stellen fest, daß sie sich selbst sowohl als ruhig als auch als wachsam empfinden. Sie berichten außerdem von einer Zunahme der Sehschärfe und der erhöhten Fähigkeit, feine Farbunterschiede und Bewegungsmuster zu erkennen. Das periphere Sehvermögen hat sich meßbar verbessert. Die kinästhetische Bewußtheit breitet sich auf Kopf, Hals, Rumpf, Arme und Beine aus. Die Bewegungen werden anmutiger, koordinierter, effizienter und spontaner. Komplizierte und kreative Bewegungsabläufe geschehen ohne vorheriges Nachdenken. In diesem ausgeglichenen und zentrierten Zustand sind die meisten Personen körperlich stabiler, als wenn ihre Aufmerksamkeit intensiv auf einen bestimmten Körperteil gerichtet ist. Dies wird demonstriert, indem ihre Partner versuchen, sie aus dem Gleichgewicht zu bringen.

Ein ausgeglichener und zentrierter Zustand beeinflußt sowohl psychische als auch physische Prozesse und ruft bei den meisten Personen eine erhöhte geistige Stabilität und Klarheit hervor, besonders in Streßsituationen. Die Wahrnehmung der Gefühle eines Partners wird verstärkt, und die Personen berichten häufig von einer allgemein erhöhten Sensibilität gegenüber den Stimmungen und Absichten anderer Menschen. Es gibt sogar gewisse Anzeichen dafür, daß telepathische und hellseherische Fähigkeiten ausgelöst werden. Bei Experimenten in unserem *Aikidojo* haben Schüler, die Zentrierung und Gleichgewicht trainiert haben, mit verbundenen Augen den magnetischen Nordpol gefunden,

Menschen aufgespürt, die sich außerhalb des Gebäudes versteckt hielten, und andere Formen einer außergewöhnlichen Sensibilität gezeigt.[3]

In seinem kurzen Bericht führt Leonard über 20 Ergebnisse der LET-Praxis an, von denen jedes etliche psychosomatische Veränderungen beinhaltet. Auch bei dieser Methode bringen einfache Übungen komplexe, gut koordinierte und kreative Ergebnisse hervor.

[24.3]
ICH-TRANSZENDIERENDE KRÄFTE

Manche Veränderungen, die auf hohen Ebenen geschehen, scheinen durch eine Kraft hervorgerufen zu werden, die in den gewöhnlichen Aktivitäten von Tieren und Menschen nicht offenkundig ist. Wie ich bereits erwähnt habe, werden bestimmte Formen des Bewußtseins und des Verhaltens nicht nur aus dem Grunde einer Kraft jenseits des

gewöhnlichen Selbst zugeschrieben, weil sie unsere normalen Fähigkeiten radikal übertreffen, sondern auch deshalb, weil sie schon vor ihrem Erscheinen gut ausgebildet (oder grundlegend vollständig) sind und wir sie uns nicht in den Begriffen uns bekannter menschlicher Prozesse erklären können. Mystische Erleuchtungen, künstlerische oder wissenschaftliche Epiphanien, inspirierte sportliche Leistungen und andere außergewöhnliche Erfahrungen scheinen zu einem Teil aus einer Existenzebene jenseits des uns vertrauten Lebens zu entspringen.

Diese das Ich überwindenden Erfahrungen haben metaphysische Lehren inspiriert, wie die Idee des Panentheismus, der Emanation des Göttlichen und seiner Rückkehr, die ein höchstes Wesen oder Prinzip postuliert, das in dieser Welt sowohl immanent ist als sie transzendiert (7.2). Dieser Gedanke zeigt sich in verschiedenen Darlegungen bei vedantischen, buddhistischen, taoistischen, platonischen, kabbalistischen, christlichen und islamischen Mystikern und spiegelt sich in Maximen wie dem *„Tat Tvam Asi"* („das bist du") aus den Upanischaden, dem „wie oben, so unten" der Kabbalisten und dem christlichen „nicht mein, sondern Dein Wille geschehe". Östlichen und westlichen Mystikern zufolge enthüllt die religiöse Übung die grundlegende (wenn auch verborgene) Verbindung oder Einheit des menschlichen Wesens mit der transzendenten Ordnung. Als logische Folge aus dieser Feststellung ergibt sich gewöhnlich eine zweite, nämlich, daß uns manchmal die Gnade gewährt wird, auf eine außergewöhnliche Weise von dieser höheren Ordnung durchdrungen zu werden. Wir sind nicht nur essentiell mit ihr verbunden oder in sie eingebettet, sondern werden zu manchen Zeiten voller Gnade von ihrem Wesen und ihrer Kraft auf eine besondere Weise durchströmt. Frederic Myers näherte sich diesem Gedanken aus der Perspektive seiner eigenen Erforschung paranormaler Phänomene und des subliminalen Wirkens des Geistes.

In alter und neuer Zeit, in Ost und West, unter Heiden, Buddhisten, Brahmanen, Mohammedanern, Christen und Ungläubigen – immer schien es für Männer und Frauen durch gewisse Anstrengungen der Seele möglich zu sein, sich in hohem Maße über den Schmerz zu erheben und die Lebenskraft so erfolgreich zu erneuern, daß die medizinische Wissenschaft es nicht erklären kann. Die tatsächliche Bedeutung dieser weitreichenden und vielschichtigen Macht der Selbstbeeinflussung ist eines der ständigen Rätsel – und eines der noch größer werdenden Rätsel – der Biologie und Psychologie zugleich. Ohne den Anspruch zu erheben, [das Rätsel] zu lösen, habe ich es dennoch auf eine Weise dargelegt und definiert, die nun dazu dienen kann, es in Beziehung zu einer noch größeren Reihe von Phänomenen zu bringen. Denn ich habe es „eine Fluktuation in der Intensität der Anziehung" genannt, die jeder Mensch auf das Nicht-Sichtbare ausübt. Ich habe betont, daß, obwohl unser Leben durch einen beständigen Einfluß aus der Weltenseele erhalten wird, dieser Einfluß sich in seiner Fülle oder Energie entsprechend dem Wandel unserer Geisteshaltung verändern kann. Sobald diese Definition gemacht ist, erkennen wir, daß jede Form der Selbstbeeinflussung sich innerhalb der Grenzen bewegt, um die

wir gebeten haben. Die Bittgebete der Pilger von Lourdes, die anbetungsvolle Kontemplation der Christian Science, die inwendige Konzentration derer, die sich selbst beeinflussen, die vertrauensvolle Erwartungshaltung hypnotisierter Personen – dies alles sind nur verschiedene Schattierungen derselben Geisteshaltung, des Glaubens, der Berge versetzen kann und der tatsächlich neues Leben aus dem Unendlichen zu ziehen vermag.[4]

Künstlerische Inspirationen, bestimmte sportliche Leistungen, die uns überraschen, die erstaunliche vitale Kraft, die sich beim *Tumo,* der „kochenden *Num*", Kundalini-Erfahrungen und dem *Incendium amoris* zeigt (5.4) – im Grunde genommen alle außergewöhnlichen Handlungen, die in diesem Buch erwähnt werden – sind mit Einflüssen in Verbindung gebracht worden, die auch Myers beschreibt – ob sie nun Gott, Götter, Tao oder Buddhanatur genannt werden. Wie wir gesehen haben, beschränkt sich eine solche Inspiration nicht auf das kontemplative Leben. Der metanormale Ausdruck all unserer Fähigkeiten ist jener engen Verbundenheit zugeschrieben worden, die wir zu höheren Mächten haben. Es kann die Behauptung aufgestellt werden, daß diese Verbundenheit* die Voraussetzung für jegliche Veränderungen auf hohen Ebe-

* Diese Resonanz oder Verbundenheit kann jedoch auch fehlgeleiteten oder destruktiven Entwicklungen von Nutzen sein. Beispielsweise vermag die Vorstellungskraft unsere latenten Kräfte zu mobilisieren, um sowohl krankhaften Zuständen als auch dem Wachstum zu dienen. Das ist ein Grund, weshalb Vorstellungen von angestrebten Ergebnissen im Laufe der Transformationspraxis überprüft werden und weshalb auch sie sich im Spannungsfeld zwischen unserem gegenwärtigen Zustand und unseren sich entfaltenden Möglichkeiten verändern müssen.

nen ist, für die „Metavermittlung“ aller außergewöhnlicher Funktionsweisen. William James gelangte durch seine Studien der religiösen Erfahrung zu dieser Schlußfolgerung. Er schrieb:

Indessen scheinen mir die praktischen Bedürfnisse und Erfahrungen der Religion hinreichend durch die Überzeugung befriedigt zu werden, daß jenseits jedes Menschen und in gewisser Weise in Kontinuität mit ihm eine größere Macht existiert, die ihm und seinen Idealen freundlich ist. Alles, was die Fakten verlangen, ist, daß die Macht sowohl etwas anderes als auch etwas Größeres als unser bewußtes Selbst ist. Irgend etwas Größeres reicht aus, wenn es nur groß genug ist, um ihm beim nächsten Schritt vertrauen zu können. Es braucht nicht unendlich, es braucht nicht einzig zu sein. Es könnte denkbarerweise auch nur ein größeres und Gott ähnlicheres Selbst sein, von dem das gegenwärtige Selbst dann nur der verstümmelte Ausdruck wäre, und das Universum könnte als eine Menge solcher Selbste von unterschiedlichem Grad und Umfang, in der überhaupt keine absolute Einheit bestünde, gedacht werden.

... Auf die Frage, wo die faktischen Differenzen, die auf Gottes Existenz zurückgehen, auftreten, würde ich antworten, daß ich allgemein keine Hypothese anzubieten habe, die über das hinausgeht, was das Phänomen der „Gebetsgemeinschaft“ – besonders wenn bestimmte Arten von Einflüssen aus

der unterbewußten Region in ihr eine Rolle spielen – unmittelbar nahelegt. Die Erscheinung besagt, daß bei diesem Phänomen etwas Ideales, das in gewissem Sinne Teil unserer selbst ist und in einem anderen Sinne nicht zu uns selbst gehört, wirklich einen Einfluß ausübt, unser persönliches Energiezentrum erhebt und regenerative Wirkungen hervorbringt, die auf andere Weise nicht erlangt werden können. Wenn es also eine weitere Welt des Seins gibt als die unseres Alltagsbewußtseins, wenn es in ihr Kräfte gibt, die auf uns intermittierend einwirken, wenn eine erleichternde Bedingung dieser Wirkungen das Offenstehen der „subliminalen“ Tür ist, dann haben wir damit die Elemente einer Theorie, der die Phänomene des religiösen Lebens Plausibilität leihen. Ich bin von der Wichtigkeit dieser Phänomene so beeindruckt, daß ich die Hypothese annehme, die sie so natürlich nahelegen. Wenigstens an diesen Stellen, sage ich, scheint es, als ob transmundane Energien, Gott, wenn man will, unmittelbare Wirkungen in der natürlichen Welt hervorbringen, zu der der Rest unserer Erfahrung gehört.[5]

In diesem Buch habe ich viele Handlungsweisen beschrieben, die uns den Hinweis geben, daß etwas, das jenseits unseres gewöhnlichen Selbst liegt, „wirklich einen Einfluß ausübt, unser persönliches Energiezentrum erhebt und regenerative Wirkungen hervorbringt, die auf andere Weise nicht erlangt werden können“. Als der japanische Schwertmeister Yagyu Tajima sagte, daß eine Vielzahl von Handlungen aus der Leere, *sunyata*, entsteht, die „in Händen greift, in Füßen geht, in Augen sieht“ (20.1), bezog er sich auf „etwas“, was auch James beschrieb – etwas, das in gewissem Sinne Teil von uns ist und in einem anderen Sinn nicht. Körperliche Aktivität und Kontemplation, körperliche Strukturen und inspirierte Erkenntnis – sie alle vermögen „frisches Leben aus dem Unendlichen“ ans Licht zu bringen.

Das hier unterbreitete Entwicklungsschema schafft eine Verbindung zwischen dem Zugang zu transzendenten Dingen, die Myers und James geschildert haben, und der Entwicklung unserer verschiedenen kognitiven, vitalen und somatischen Fähigkeiten und weist in eine Zukunft, in der der Mensch ein außergewöhnliches Leben auf der Erde verwirklichen könnte. Diese Perspektive erfordert die Bewertung aller Methoden zur Transformation.

Zum Beispiel vermögen die Hypnose, die Psychotherapie oder der Sport die integralen Transformationen, die ich erforsche, nicht aus sich heraus hervorzubringen, da dies nicht ihr Zweck ist. Auch ein religiöser Asketizismus, der unsere körperlichen Fähigkeiten einschränkt, ist dazu nicht in der Lage. Keine dieser Methoden kann eine gemeinsame Evolution unserer verschiedenen Wesensmerkmale und eines erleuchteten Bewußtseins tragen. Allein solche Methoden, die unsere psychischen und somatischen Funktionen verbessern und gleichzeitig eine besondere „Anziehung auf das Nicht-Sichtbare" ausüben, sind in der Lage, ein ausgewogenes Wachstum unserer erhabeneren Fähigkeiten zu unterstützen.

[24.4]
DAS STREBEN NACH GANZHEIT

Das Streben des Menschen nach Ganzheit wird sowohl in alten als auch in zeitgenössischen transformierenden Disziplinen offenkundig. An dieser Stelle möchte ich kurz fünf Wege beschreiben, die uns zu einem vielseitigen Wachstum führen. Einer stammt aus der steinzeitlichen Kultur, zwei sind über tausend Jahre alt, und zwei weitere entstanden im 20. Jahrhundert.

Im *Schamanismus* finden sich Riten und Techniken, die eine integrale Transformation zum Ziel haben. Über ihre ekstatischen Flüge zu den Göttern und dem darauffolgenden Abstieg in die Unterwelt begeben sich manche der steinzeitlichen Schamanen sowohl in metanormale als auch subnormale Dimensionen der Existenz. Mit dem Erklimmen des Weltenbaumes erforschen sie die Vielschichtigkeit der Natur über ihre Vorstellungskraft. Die rituelle Zerstückelung spiegelt ihren Wunsch nach leibseelischer Umstrukturierung. Dem Anthropologen Peter Furst zufolge erkletterte der mexikanische *brujo* Ramon Silva Medina mit einer außergewöhnlichen Behendigkeit einen Wasserfall, um jene Kraft zu demonstrieren, die ihm von den Göttern verliehen worden war.[6] Der Ethnograph Curt Nimuendaju beobachtete das begeisterte Laufen brasilianischer Indianer bei Wettspielen, die ihnen von „Sonne und Mond überliefert" worden waren.[7] Mircea Eliade beschrieb einen Eskimo aus Labrador, der sich fünf Tage und Nächte lang im Meer aufhielt, um sich den Titel *angalok* zu verdienen

(21.3); auch andere Anthropologen haben über erstaunliche körperliche Leistungen von Schamanen in Sibirien, Afrika und Australien berichtet. Wie bereits in Kapitel 8.3 näher ausgeführt, zeigen einige Formen des Schamanismus das Streben nach metanormaler Verkörperung.

Auch die *Yoga-Sutren Patanjalis* fördern eine vielseitige Entwicklung. Sie umreißen eine Übungspraxis in acht Stufen, den berühmten *ashtanga*, die sich aus folgenden Übungen zusammensetzt: 1) *yama-* und 2) *niyama*-Übungen, um einen einwandfreien, tugendhaften Lebenswandel zu entwickeln, 3) *asanas*, Yoga-Stellungen, die das psychophysische Funktionsvermögen verbessern, 4) *pranayamas*, Atemübungen, die die Vitalität fördern, 5) *pratyahara*, die Loslösung der Aufmerksamkeit von äußeren Dingen, 6) *dharana*, Konzentration, 7) *dhyana*, Kontemplation, und 8) *samadhi*, Einssein mit dem Objekt der Aufmerksamkeit. Diese acht Dimensionen der Übung enthalten körperliche, emotionale, ethische, kognitive und willensmäßige Formen der Schulung und rufen viele Arten von metanormalen Fähigkeiten hervor.[8]

Der *Zen-Buddhismus* stellt ebenso ein Beispiel für eine ausgewogene Disziplin dar. In ihm verbinden sich physische und kognitive Methoden; die Kunst, die Ästhetik des Alltagslebens und andere Aspekte der japanischen Kultur wurden vom Zen-Buddhismus tief beeinflußt. Wie jeder andere kontemplative Weg verleiht auch er den Dingen dieser Welt eine bestimmte Anmut, was sich zum Beispiel in der japanischen Teezeremonie, der Kunst des Blumensteckens, der Tempelarchitektur, der Gartengestaltung, dem Bogenschießen und den Ritualen für die Toten ausdrückt. Durch seine Kraft, die schöpferischen und spielerischen Tätigkeiten und die großen Wandlungsphasen des Lebens zu erleuchten, gibt uns der Zen-Buddhismus ein eindrucksvolles Beispiel für integrale Methoden. Die Qualität, die er der Routine des täglichen Lebens verleiht, seine Verschönerung der einfachsten Gesten, zeigt uns, wie sehr gewöhnliche Handlungen für transformierende Methoden empfänglich sind.[9]

Die Psychosynthesis von Roberto Assagioli bezieht sich auf viele psychiatrische und religiöse Richtungen (17.3) und kultiviert ein breites Spektrum an Fähigkeiten. Diese Methode liefert viele Erkenntnisse über moderne Formen der Pathologie, die im Zusammenhang mit der spirituellen Suche stehen. Stärker als die meisten Therapieformen hat sie es sich zum Ziel gemacht, über eine Lösung persönlicher Konflikte hinaus das Wachstum des Bewußtseins und der moralischen Sensibilität zu unterstützen; und mehr als die meisten religiösen Disziplinen bezieht sie die Entdeckungen der modernen Psychiatrie mit ein. Wie jede Methode, die heute eine nennenswerte Anhängerschaft gewonnen hat, verbindet sie alte und neue Einblicke in normale und metanormale Funktionen. Doch trotz all dieser Stärken beinhaltet die Psychosynthesis gewöhnlich nicht eine systematische Schulung der kinästhetischen oder der Bewegungsfähigkeiten. Assagioli bezog sich eher selten – wenn überhaupt – auf die Kampfkünste, Hatha-Yoga oder körperorientierte Verfahren, und ein Großteil der Psychosynthesis-Therapeuten legt keine Betonung auf das Potential des Körpers zu dynamischer Aktivität und Umstrukturierung.[10]

Ziel *des Integralen Yoga von Sri Aurobindo* ist es hingegen, eine grundlegende somatische Transformation herbeizuführen. Wie Assagioli verband auch Aurobindo eine evolutionäre Perspektive mit Erkenntnissen aus kontemplativen Traditionen. In Aurobindos *Briefen über den Yoga* findet sich neben einer umfassenden Psychologie der mystischen Erfahrung auch ein reichhaltiges praktisches Wissen.[11] In seiner Methode werden die verschiedenartigen, sich jedoch ergänzenden Erfahrungen transzendenter und immanenter, stiller und dynamischer, persönlicher und unpersönlicher Aspekte des Göttlichen hervorgehoben. Wie jeder andere Philosoph zeigte auch Aurobindo die Vielschichtigkeit der psychophysischen Entwicklung auf.

Trotz ihres Reichtums und ihrer großartigen Perspektiven leidet Aurobindos Methode jedoch unter gewissen Beschränkungen. Die moderne Tiefenpsychologie oder die wissenschaftliche Erforschung des Körpers haben keinen Eingang in sie gefunden, und meiner Meinung nach verläßt sie sich zu sehr auf Aurobindos Auffassung, daß das Supramentale, der dynamische Aspekt des Absoluten, das irdische Leben durch einen universellen Einfluß transformieren wird. Was genau Aurobindo unter diesem epochalen Ereignis versteht, hat unter vielen, die seiner Vision ansonsten mit Sympathie begegneten, Verwirrung gestiftet. Dennoch weisen seine synoptische Metaphysik, seine Psychologie der außergewöhnlichen Zustände, seine Lehre von der Transformation des Körpers und viele anwendungsbezogene Aspekte seines Yoga uns den Weg zu integralen Methoden für die heutige Zeit.

*

Selbstverständlich hätten auch andere Methoden in diese Aufstellung einbezogen werden können, da nahezu jede religiöse Tradition eine bestimmte Form von menschlicher Ganzheit zum Ziel hat. Wenn wir die große Vielfalt der Wege zur Transformation betrachten, die in den letzten 3000 Jahren entstanden sind, können wir uns vorstellen, daß die Menschheit über eine bestmögliche Folge von Schritten hin zu ihrer größeren Verwirklichung gelangt. In dem langen, gewundenen Verlauf, der für den allgemeinen Prozeß der Evolution charakteristisch ist, haben wir uns einem Durchbruch genähert – auch wenn wir ihn noch nicht erreicht haben –, der ebenso bedeutsam ist wie die Entstehung der Menschheit aus den Hominiden.

25

Elemente der Transformationspraxis

[25.1] UNZULÄNGLICHKEITEN

Verschiedene psychotherapeutische und körperorientierte Verfahren, Kampfkünste sowie die meisten religiösen Disziplinen haben eine ganz bestimmte Form der persönlichen Ganzheit zum Ziel. Nur sehr wenige kultivieren jedoch all unsere Fähigkeiten zu einem außergewöhnlichen Leben oder beziehen das gesamte Spektrum unserer erhabeneren Möglichkeiten mit ein.

Die meisten Transformationsmethoden genügen nicht einmal ihren eigenen Ansprüchen. So können Psychotherapeuten die zwanghafte Beschäftigung mit den entlegensten Winkeln des Selbst, eine fehlgeleitete Toleranz zerstörerischer Gefühle oder Fehlinterpretationen der persönlichen Dynamiken, die Heilung und Wachstum zu gefährden vermögen, fördern. Wie der Gestalttherapeut Fritz Perls es einmal formulierte, wird Therapie häufig mißbraucht, um Selbsterkenntnis und Integration abzuwehren. Ähnlich können auch Rolfer und Reichianische Therapeuten ihren Klienten, die Vertrauen in sie hegen, unabsichtlich (und manchmal auf schmerzhafte Weise) starre Körperbilder aufzwingen – was destruktive Auswirkungen zur Folge haben kann. Don Johnson, der auf dem Gebiet der somatischen Schulung arbeitet, hat diesen verdrehten Prozeß beschrieben (18.5). Auch der Sport fordert seine Opfer, sowohl im spirituellen als auch im körperlichen Bereich; und trotz ihrer in der Öffentlichkeit verkündeten moralischen Ansichten bringen bestimmte religiöse Gruppen grausame, ja ungeheuerliche Aktivitäten hervor.[1]

Keine Methode ist gegenüber Exzessen oder einem Mangel an Weisheit immun. Jedes Programm, das auf das Wachstum des Menschen ausgerichtet ist, kann durch Unwissenheit, Unfähigkeit oder moralische Verderbtheit unterwandert werden. In der Tat wird jedes Programm zur Weiterentwicklung durch ein angeborenes oder kulturell bedingtes Unvermögen beeinflußt, das generell eine Auswirkung auf das menschliche Leben hat.

Frederic Myers, William James, Carl Jung, Roberto Assagioli, Abraham Maslow, James Hillman und andere haben die unterschiedlichen Wege beschrieben, auf denen allgemein verbreitete Probleme das Wachstum des Menschen entweder auslösen oder behindern.[2] Der Philosoph Ken Wilber hat über krankhafte Zustände und Entwicklungsstörungen geschrieben, die in verschiedenen Lebensphasen auftreten – von der Kindheit bis zu höheren Gefilden der kontemplativen Entwicklung.[3]

Im folgenden möchte ich vier destruktive Auswirkungen von religiösen und therapeutischen Methoden beschreiben, die für die Erarbeitung und Definition integraler Methoden von großer Bedeutung sind.

Eine Methode kann einschränkende Charakterzüge verstärken und so deren Auflösung oder Transformation verhindern. Aschrams und Klöster ziehen zuzeiten Menschen an, die Schwierigkeiten in ihren Beziehungen zu anderen haben, und schneiden sie dann auf Dauer von wichtigen menschlichen Kontakten ab; asketische Übungen dulden oftmals Grausamkeiten gegenüber sich selbst und anderen. Der heilige Johannes vom Kreuz, Sri Aurobindo und andere religiöse Lehrer haben uns davor gewarnt, daß spirituelle Praktiken alle Arten von persönlichen Schwächen verdecken und verstärken können.[4] Auch die Psychotherapie kann schöpferische Veränderungen abwehren, zum Beispiel wenn triebhaftes Verhalten als das legitime Ausleben unterdrückter Gefühle, als Auflösung der Körperpanzerung oder als Ausdruck von Authentizität erklärt wird. Menschen fühlen sich häufig von solchen Aktivitäten angezogen, die ihre Unzulänglichkeiten erhalten oder verdecken.

Eine Methode kann einschränkende Glaubenssysteme unterstützen und diesen dadurch im Leben eines Menschen oder in einer Kultur eine größere Macht verleihen. Manche Yogis werden beispielsweise durch ihre asketische Philosophie dazu angeleitet, die Welt als Illusion zu sehen, und in ihrem auf das Jenseits gerichteten Glauben bestärkt, wenn sie das Leid anderer Menschen wahrnehmen – das ihre Methoden mit verursachen. Und auch die Psychotherapie hat eine eigene, sich selbst bestätigende Macht – so zum Beispiel, wenn sie im Namen der psychologischen Befreiung egozentrisches Verhalten rational erklärt.

Eine Methode kann ein ausgewogenes Wachstum dadurch untergraben, daß sie bestimmte Werte auf Kosten anderer hervorhebt. Jede Transformationsmethode – im Grunde genommen jede Kultur oder Gruppe – neigt dazu, bestimmte Werte zu verstärken, während sie andere gering schätzt oder unterdrückt.* Psychotherapeuten, die Wert auf Offenheit und Ehrlichkeit legen, versäumen es in manchen Fällen, andere zu Mitgefühl und Güte zu ermutigen. Meister der Kampfkünste, die Kraft über Sensitivität stellen, erzeugen auf diese Weise mehr Brutalität (und Verletzungen) als diejenigen, deren Hauptaugenmerk auf kinästhetischer Bewußtheit und Achtsamkeit liegt.

Eine Methode kann die integrale Entwicklung dadurch einschränken, daß sie sich auf Teilaspekte – auch wenn diese authentisch sein mögen – der Erfahrung einer übergeordneten Realität konzentriert. Jede metanormale Erkenntnis vermag – wenn sie die Erfahrung des Wahrnehmenden dominiert – bestimmte Glaubenssätze bezüglich der Welt oder der menschlichen Natur zu verstärken. Das Denken der meisten Mystiker wurde von bestimmten Archetypen oder Dimensionen des Transzendenten beherrscht, und so

wurde ihre Art der Wahrheit durch ihre Veranlagung, ihre Übung und die aus ihrer Tradition und Kultur stammenden Überzeugungen bestärkt.**

Wenn Übungen oder Methoden destruktive Charaktereigenschaften verstärken und so ihre Auflösung oder Transformation verhindern, wenn sie einseitige Überzeugungen oder begrenzte Wertesysteme unterstützen und diese durch echte Erkenntnisse verstärkt werden, dann werden sie zu übermächtigen Hindernissen auf dem Weg zu einer vielseitigen Entwicklung und beherrschen uns auf eine Weise, die unsere höchste Erfüllung unterbindet. Das Gegenmittel gegen eine solche Beschränkung liegt in dem

* Zu einer Erörterung unterschiedlicher Wertesysteme, die zu verschiedenen Zeiten der Geschichte des Westens entstanden sind, siehe: McIntyre 1987.

** William James unterschied beispielsweise „geistig robuste“ Mystiker, die charakteristischerweise das Gute der Welt betonen, von religiös veranlagten „kranken Seelen“, die überall das Böse und die Dunkelheit sehen. Diese beiden Typen, so behauptete James, bringen unterschiedliche Lebensanschauungen hervor (James, W., 1979, Vorlesung IV und V: Die Religion der robusten Geistesart, Vorlesung VI und VII: Die kranke Seele). Der Philosoph Walter Stace unterschied den introvertierten vom extrovertierten Mystizismus. Er meinte, daß introvertierte Mystiker dazu neigen, Gott im Innern wahrzunehmen, während extrovertierte Mystiker ihn eher als das Universum durchdringend begreifen (Stace 1987). Auch Evelyn Underhill, Rudolph Otto, Marghanita Laski und Sri Aurobindo haben verschiedene Formen der mystischen Erkenntnis unterschieden und die Art und Weise untersucht, durch die verschiedene religiöse Erfahrungen unterschiedliche Betrachtungsweisen der Welt erzeugen. Siehe: Underhill, E., 1961, 5. Kap.: Mystik und Theologie; Otto 1971; Laski 1990, S. 89–102; und Sri Aurobindo, *The Collected Works*, Bd. 22, Abschnitt 2: Integral Yoga and Other Paths, Abschnitt 5: Planes and Parts of the Being, Bd. 23, Abschnitt 2: Synthetic Method and Integral Yoga. Siehe auch: Sri Ramakrishna 1969, Kap. 39 und 44.

wachsenden Verständnis der oben erwähnten krankmachenden Methoden, in dem Wissen, daß es viele Formen der metanormalen Erfahrung gibt (einschließlich all derer, die in den Kapiteln 4 und 5 beschrieben werden), und in einer Lebensphilosophie, die großen Wert auf die ausgewogene Entwicklung verschiedenster Tugenden und Fähigkeiten legt. Werden diese Vorsichtsmaßnahmen beachtet, können viele der Verfahren, die in diesem Buch erörtert werden, ihren Teil zu einer integralen Methode beitragen. Die religiösen Traditionen eröffnen uns Wege, um eine metanormale Willenskraft und Erkenntnis zu entwickeln, und beschreiben die ethischen Grundlagen, die deren Kultivierung erfordert. Zeitgenössische tiefenpsychologische Ansätze sowie die von ihnen inspirierte Auseinandersetzung mit den eigenen Gefühlen ergänzen die gefühlsbetonten Methoden religiöser Traditionen und fügen ihnen neue Dimensionen hinzu. Die somatische Schulung und der Sport bieten uns Methoden zur Entwicklung des Körpers, und die Kampfkünste zeigen uns, wie wir eine spirituelle, ethische und körperliche Entwicklung miteinander verbinden können. In diesem Kapitel zeige ich einige Möglichkeiten auf, wie wir aus all diesen Methoden Nutzen ziehen können. Doch möchte ich vorweg einige Worte über die Kriterien für Wachstum und Rückschritt sagen.

Es existieren viele Standardmethoden, um die Entwicklung des Menschen ganz spezifisch zu beurteilen, doch nur wenige von ihnen sind universell anwendbar. So werden sportliche Leistungen, die mit einer Uhr oder dem Maßband gemessen werden, überall auf der Welt anerkannt, doch die Authentizität der mystischen Erfahrung wird in den verschiedenen Religionen nach unterschiedlichen Kriterien beurteilt. Die Merkmale der aufeinanderfolgenden Stufen der Kontemplation, die im Visuddhimagga, dem berühmten Text des Theravada-Buddhismus, beschrieben werden, unterscheiden sich von denen in Poulains *Die Fülle der Gnaden*, der bedeutenden Zusammenfassung der mystischen Praxis des Katholizismus. Da die Merkmale eines „kontemplativen Fortschritts" auf unterschiedlichen Zielen und Erfahrungen der transzendenten Realität beruhen, können sie sich in den verschiedenen Traditionen nicht völlig entsprechen (wenngleich sie innerhalb ihrer eigenen Tradition zur Beurteilung der Erfahrung des Mystikers herangezogen werden können. Siehe 2.1). Auch unter den Kriterien für die Reifung der Psyche, die von Persönlichkeitstheoretikern unterbreitet werden, finden sich Unterschiede. Die vielfältigen Entwicklungsschemata, die von Erik Erikson, Margaret Mahler, Jane Loevinger, Abraham Maslow und anderen aufgestellt wurden, werden weiter verfeinert; doch jedes dieser Schemata wurde von berühmten Psychologen kritisiert, und keines ist bisher allgemein anerkannt worden.

Angesichts der fehlenden Übereinstimmung der Entwicklungspsychologen in bezug auf Merkmale der Reifung und in Anbetracht der unterschiedlichen Anzeichen des Fortschritts, die von den verschiedenen kontemplativen Richtungen anerkannt werden, ist es schwierig, eindeutige Kriterien für den Fortschritt hinsichtlich der metanormalen Fähigkeiten aufzustellen. Bei der Beurteilung der integralen Methoden können wir die moralische oder emotionale Entwicklung mit Hilfe unseres gesunden Menschenverstands als gesund oder krankhaft, als gut und schlecht beurteilen; wir können uns auf die wenigen allgemein akzeptierten Merkmale einer Weiterentwicklung berufen, in denen moderne Psychologen übereinstimmen; und wir können von den unterschiedlichen kontemplativen Schulen etwas über die Merkmale der metanormalen Kognition lernen. Der Wunsch, darüber hinauszugehen, bleibt jedoch ein gefährliches Unternehmen. Wir wissen einfach nicht genug, um für die hier beschriebene integrale Entwicklung systematische Kriterien für das Wachstum aufzustellen. Obgleich wir verschiedene Formen von außergewöhnlichen Funktionen benennen können, treffen wir doch auf Schwierigkeiten, wenn wir versuchen, eindeutige Schritte hin zu ihrer Entfaltung festzulegen. Integrale Methoden sind zu einem großen Teil von einer mutigen Erforschung abhängig.

[25.2]
GEGENSEITIGE ABHÄNGIGKEITEN

Die Stoiker der Antike hegten die Überzeugung, daß jegliche Tugend nach einer anderen verlangt, um vollkommen zu sein. Sie glaubten beispielsweise, daß Mut ohne Vorsicht nur eine des Menschen unwürdige Imitation der Tugend sei und Klugheit ohne Gerechtigkeitssinn keine Klugheit. Diese Sichtweise wurde von Platon in *Gorgias* (507 C), von Aristoteles in seiner Nikomachischen Ethik (1144 b 32 ff.) und auch von früheren griechischen Philosophen wie Xenokrates vertreten – obwohl die Stoiker anscheinend die ersten waren, die diese Anschauung formal darlegten.[5] Sie nannten sie *antakoluthía*, „die Bindung der Tugenden aneinander". Dieser Begriff wurde von vielen Philosophen des Altertums aufgegriffen, darunter den Anhängern von Platon und Aristoteles. Daß Mut, Vorsicht, Gerechtigkeitssinn, Weisheit und andere wichtige Charaktereigenschaften bis zu einem gewissen Grade voneinander abhängen, war eine der grundlegenden Lehren der griechischen Philosophie.

Wenn wir die vielen Tugenden und Charakterzüge einbeziehen, die wir heute wertschätzen, könnte uns derselbe Gedankengang dabei helfen, die Vielschichtigkeit der Transformationspraxis zu verstehen. Um etwa Bewußtheit zu entwickeln, benötigen wir ein bestimmtes Maß an Mut. Um eine dauerhafte Kontrolle autonomer Vorgänge zu erlangen, benötigen wir eine Sensitivität für somatische Prozesse. Die wichtigsten der in diesem Buch besprochenen Verfahren bedürfen immer auch anderer Elemente.

Die gegenseitige Abhängigkeit der Methoden zur Transformation zeigt sich bereits in der Schwierigkeit, diese zu klassifizieren. Es ist manchmal schwer, sie zu unterscheiden, da sie so eng miteinander verflochten sind. Ein hilfreiches Verstehen anderer erfordert sowohl Empathie als auch Abgrenzung. Meditation verlangt nach Konzentration und nach Entspannung. Die Stärkung der Willenskraft kann zuzeiten ein Aufgeben gewöhnlicher Willensentscheidungen erfordern. Jede potentielle Transformationsmethode, jede Auswirkung der Transformationspraxis bringt weitere mit sich. Ihre gegenseitige Verflechtung wird in der psychologischen Integration widergespiegelt, die die griechischen Philosophen als „Bindung der Tugenden aneinander" bezeichneten. Wir müssen uns diese gegenseitige Abhängigkeit eingestehen, auch wenn 1) außergewöhnliche Tugenden und Charaktereigenschaften Seite an Seite mit großen emotionalen, intellektuellen oder moralischen Unzulänglichkeiten existieren können, 2) verschiedene physiologische Systeme – wenngleich voneinander abhängig – mit einer beträchtlichen Autonomie funktionieren und 3) ein großer Teil des menschlichen Verhaltens von dissoziierten Motiven, Einstellungen und Gefühlen beeinflußt wird. Obgleich unsere vielen psychischen und somatischen Prozesse mit

einem gewissen (manchmal hohen) Grad an Unabhängigkeit ablaufen, beeinflussen sie sich doch direkt oder indirekt.

Die Psychologen Carl Jung und James Hillman, der Philosoph James Ogilvy, der Mythologe Joseph Campbell und andere haben den Polytheismus der menschlichen Natur erforscht und aufgezeigt, daß unser Innenleben multidimensional und vielschichtig und überaus reich an den verschiedenartigsten Persönlichkeitsanteilen ist.[6] Sie haben argumentiert, daß diese große Komplexität unvermeidlich ist. Wenn wir all jene Kräfte, in denen wir insgeheim verwurzelt sind, nicht miteinander in Einklang bringen, werden sie uns in irgendeiner Weise begegnen – als Krankheiten des Körpers, Depressionen, Besessenheit oder unerwartete Epiphanien, die unser alltägliches Leben durchbrechen. Wir werden allmählich oder plötzlich, manchmal mit und manchmal ohne Erfolg dazu gebracht, in vielen Dimensionen auf einmal zu leben. In seinem Buch *The Myth of Analysis* behauptete Hillman, daß

> jeder Kosmos eines jeden Gottes andere nicht ausschließt. Weder die archetypischen Strukturen des Bewußtseins noch ihre Erscheinungsformen in der Welt schließen sich gegenseitig aus. Eher bedürfen sie einander, so wie die Götter sich gegenseitig um Hilfe bitten. Sie ergänzen und vervollständigen sich. Überdies ist ihre gegenseitige Abhängigkeit Teil ihrer Natur. Jung sagte 1934 in Eranos: „In der Tat ist es so, daß die einzelnen Archetypen nicht isoliert sind..., sondern sich in einem Zustand der Verschmelzung befinden, der vollständigsten gegenseitigen Durchdringung und Vermischung." Mit diesen Worten brachte Jung die neuplatonische Tradition zum Ausdruck. Wie Wind sagt: „Die gegen-

seitige Abhängigkeit der Götter war eine wahrhaftige Lektion der Platoniker." Ficino hält es „für einen Fehler, nur einen Gott anzubeten". Schiller meinte, daß es eine Art Überheblichkeit wäre, nur einem Gott anzugehören, einem einzigen Kosmos, einem einzigen Weg des Seins in der Welt.[7]

Ein analoger Gedanke wurde von den indischen Sehern Ramakrishna, Vivekananda und Aurobindo entwickelt, die ihre Erfahrung der persönlichen und unpersönlichen, der transzendenten und immanenten, der stillen und dynamischen Aspekte des Göttlichen schilderten. Sie behaupteten, daß die transzendente Ordnung unbeschreiblich komplex wäre und daher nicht von begrenzten Ideen oder Methoden offenbart werden könnte.[8] Gemeinsam mit Mystikern wie Rumi und Kabir bezeugten sie den Reichtum der sich entfaltenden Natur des Menschen. Tatsächlich deutet das Zeugnis vieler religiöser Adepten darauf hin, daß die gegenseitige Abhängigkeit der Methoden zur Transformation jene integrierte Komplexität unserer sich entfaltenden Fähigkeiten widerspiegelt. Um die Vielschichtigkeit der metanormalen Erfahrung zu erkennen und sie anzunehmen, ist es notwendig, die meisten unserer diesbezüglichen Vorstellungen zu erweitern. In Kapitel 7.1 habe ich begrenzte Auffassungen von Gnade kriti-

siert und dargelegt, daß diese die Empfänglichkeit für einige unserer größeren Möglichkeiten einschränken. Wenn unser philosophischer Rahmen bestimmte Merkmale oder Eigenschaften ausschließt (seien sie normal oder metanormal), werden diese wahrscheinlich vernachlässigt oder unterdrückt. Beschränken wir uns auf nur einen Teil des Spektrums von Gnade, können wir uns nicht für all die Facetten des Lebens öffnen, die uns erwarten.

Es gibt aber noch einen weiteren Ursprung der Antakoluthie. Da die Transformationspraxis so vielgestaltig in unserem genetischen Erbe verwurzelt ist, zeigt die gegenseitige Abhängigkeit ihrer Methoden eine integrierte Komplexität der gewöhnlichen Funktionen. Wenn wir in einen geistigen, gefühlsmäßigen oder körperlichen Vorgang eingreifen, wird sich dies auf den gesamten Organismus auswirken, der von der Homöostase gelenkt wird und von allen Teilen eine Rückmeldung erhält. Aus diesem Grunde bemühen sich bewährte Methoden um eine Ausgewogenheit, während sie Veränderungen in unserem gewohnheitsmäßigen Verhalten hervorrufen. Erregung wird in der (erfolgreichen) Yoga-Praxis durch Entspannung ergänzt. Schmerzhafte Erkenntnisse werden im Verlauf einer (erfolgreichen) psychotherapeutischen Behandlung von Selbstakzeptanz unterstützt. Die Lockerung chronischer Verspannungen in bestimmten Muskeln wird bei der (erfolgreichen) somatischen Schulung von deren Neuausrichtung begleitet.

Bei Veränderungen auf einer hohen Ebene begegnen sich gewöhnliche Funktionen und unsere latent vorhandene höchste Natur. Wir sind in der Lage ihre Integration durch die Art der Übung, die wir auswählen, zu fördern oder zu behindern.* Wie bereits erwähnt, können gewisse Fehler uns von einer integralen Entwicklung abbringen. Methoden können zum Erreichen von Zielen eingesetzt werden, für die sie nie bestimmt waren; sie können einschränkende Charakterzüge oder Überzeugungen verstärken; sie können bestimmten spirituellen Verwirklichungen eine destruktiv wirkende Vorherrschaft über andere einräumen. Um diese Gefahren zu vermeiden, müssen wir weise als Mittler zwischen unseren normalen Fähigkeiten und den sich in uns entfaltenden metanormalen Fähigkeiten fungieren. Wenn wir die Analogie, die Systemtheoretiker zwischen Organismen und Gesellschaften ziehen, um ich-transzendente Realitäten erweitern, könnte uns dies helfen, die Aufgabe der Vermittlung nachzuvollziehen.

Wenn wir uns beispielsweise vorstellen, daß die vielen Strukturen und Prozesse, die in uns wirken, Mitglieder einer einzigen Gesellschaft wären, erkennen wir, daß diese größtenteils ohne unser Wissen und ohne unsere Führung mit vielfältigen Kontrollen innerhalb einer mannigfaltigen Hierarchie arbeiten. Sie wissen, was sie zu tun haben, aufgrund von Programmen, die von unseren evolutionären Vorfahren ererbt und in diesem Leben weiterentwickelt wurden. Während sie ihren Aufgaben nachgehen,

arbeiten sie mit den anderen Mitgliedern unseres „Organismus als Gesellschaft" zusammen und akzeptieren ein bestimmtes Maß an Streitereien zwischen konkurrierenden Gruppen, ersuchen bei Bedarf andere Gruppen um Hilfe, warnen einander, wenn nötig, vor Gefahren und unternehmen die notwendigen Schritte, um unser Überleben sicherzustellen. Wenn wir nun ein transformierendes Programm in diese komplexe Hierarchie einführen wollen, können wir das sehr ungeschickt handhaben und ganze Arbeitsgruppen auslöschen (zum Beispiel durch asketische Übungen, die einzelne Sinne herabsetzen) oder bestimmte Gruppen vom Ganzen isolieren, indem wir ihre Rückmeldungen ständig leugnen; wir könnten auch versäumen, Kräfte jen-

* Die folgenden Studien verweisen auf andere Möglichkeiten, wie verschiedene Methoden einander ergänzen können.

- Der Meditationsforscher Herbert Benson und seine Kollegen bewiesen, daß Meditation den Sauerstoffverbrauch bei Tätigkeiten mit einer gleichbleibenden Intensität, wie dem Laufen auf einem Laufband, senkt, und der Sportpsychologe Richard Suinn fand heraus, daß Langstreckenläufer ihre Leistungen erheblich steigerten, wenn sie „entspannt liefen". Diese Versuchsergebnisse weisen darauf hin, daß eine bewußt herbeigeführte Entspannung die Leistungsfähigkeit bei aeroben Sportarten erhöht, indem die muskuläre Beanspruchung reduziert und die allgemeine Effizienz des Körpers verbessert wird (Benson et al. 1978 und Suinn 1976).
- Die Forscher und Psychologen R. J. Davidson und Gary Schwartz haben Nachweise erbracht, daß Meditation und aerobe Sportarten sich bei der Verringerung von Angst ergänzen. Sie meinten, daß Meditation kognitive Ängste, die psychische Ursachen haben, verringert und daß aerobe Sportarten somatische Ängste, die physische Ursachen haben, reduzieren. (Davidson u. Schwartz 1984).
- Sensorische Deprivation kann das Biofeedback-Training dadurch unterstützen, daß ablenkende sensorische Reize verringert und kinästhetische Eindrücke so leichter wahrgenommen werden können (Yates 1980, S. 79–80).
- Die Progressive Muskelentspannung hat die Leistungen von Tänzern und Sportlern dadurch verbessert, daß unnötige Anspannungen während einer Bewegung gezielt abgebaut wurden (Jacobson 1974, S. 47–57).

seits unseres gewöhnlichen Funktionsvermögens anzuerkennen oder uns ihnen hinzugeben. Verhalten wir uns auf eine solche Weise, werden wir dementsprechend leiden – sei es aufgrund von Selbstverstümmelung, Dissoziation oder mangelnder Hilfe aus unseren verborgenen Ressourcen. Selbst wenn wir neue Funktionsweisen etablieren könnten, werden wir uns dennoch von vielen unserer kreativen Eigenschaften abschneiden.

Auf der anderen Seite könnten wir unser transformierendes Programm mit Geschick und Ausgewogenheit einführen und unsere Arbeitsgruppen allmählich an neue Arbeitsweisen heranführen, ohne sie auszulöschen; wir könnten die interne Kommunikation aufrechterhalten, uns für die Hilfe metanormaler Kräfte öffnen (die ihre eigenen Prozesse, ihre eigenen Formen der Energie und ihre eigenen Fähigkeiten, unsere gegenwärtigen Handlungen zu verbessern, zu haben scheinen). Auf diese Weise können wir den Reichtum unserer Gesellschaft erhalten, ihren inneren Zusammenhalt stärken und ihre vielgestaltige Hierarchie in Einklang mit neuen Quellen der Harmonie, der Güte und Kraft bringen.*

Der Gebrauch dieser Metapher diente nur dazu, meinen Hauptgedanken zu veranschaulichen, nämlich, daß kreative Methoden unseren gesamten Organismus mit ein-

beziehen, seine verschiedenen Prozesse höchst einfühlsam hin zu neuen und effizienten Funktionsweisen führen, ihre Verbindung miteinander verbessern und sie in Einklang mit metanormalen Aktivitäten bringen. Um dies zu erreichen, muß unser Weg zur Transformation Fähigkeiten der Wahrnehmung, Kommunikation, Bewegung und der Kinästhetik ebenso erwecken wie Vitalität, Kognition, Willenskraft, die Beherrschung von Schmerz und Lust, Liebe und verbesserte körperliche Strukturen. Dies bedarf einer sozialen Form der Kreativität, denn niemand von uns kann sich ohne die Hilfe seiner Mitmenschen weiterentwickeln. Wir brauchen viele Tugenden und Charaktereigenschaften, die allesamt dazu beitragen werden, gute Gesellschaften hervorzubringen; dazu gehören Nächstenliebe, Mut, Ausgewogenheit und die Fähigkeit zu vergeben. In Kapitel 26.1 sind einige dieser Tugenden sowie die Methoden, sie zu kultivieren, aufgeführt. Kurz gesagt bedürfen umfassende Disziplinen aller unserer Anteile, aller unserer Prozesse und der kreativen Unterstützung durch die Gesellschaft.

* Analogien zwischen Organismen (oder dem menschlichen Geist) und Gesellschaften sind in allen Einzelheiten entwickelt worden, wenn auch, um unterschiedliche Theorien zu unterstützen. Siehe Miller, J. G., 1978, Minsky 1990 und Bateson 1988. Minsky verwendete im Hinblick auf den Lernprozeß eine Metapher, die sich meiner oben angeführten Analogie anpassen läßt:
„Aber ein menschlicher Geist lernt nicht nur neue Methoden, alte Ziele zu erreichen; er kann zudem neue Arten von Zielen erlernen... Wenn wir völlig ohne Einschränkungen neue Ziele erlernen könnten, würden wir bald Unfällen zum Opfer fallen – die sowohl in der Welt als auch in unserem Geist selbst ihren Ursprung hätten. Auf den untersten Ebenen müssen wir gegen Unfälle geschützt werden, die zum Beispiel das Erlernen des Atemanhaltens zur Folge hätte. Auf höheren Ebenen brauchen wir auch Schutz gegen tödliche Zielsetzungen wie das Erlernen der vollständigen Unterdrückung aller übrigen Ziele – wie es gewisse Heilige und Mystiker praktizieren." (Minsky 1990, S. 164)

[25.3]
VERGLEICHENDE STUDIEN

Einer der Vorteile bei der Entwicklung der integralen Methoden in der heutigen Zeit ist die weite Verbreitung von Verfahren, die der kognitiven, emotionalen und körperlichen Entfaltung dienen. Die Semantik, Linguistik und verwandte Fachbereiche, die meist direkt oder indirekt von der an britischen und amerikanischen Universitäten maßgebenden analytischen Philosophie beeinflußt wurden, ermöglichen uns ein neues Verständnis der geistigen Prozesse. Noch nie zuvor wurden die Schwächen in unserem Denken, die guten und schlechten Gewohnheiten des Verstandes und die Hilfsmittel für eine effiziente intellektuelle Aktivität so gründlich erforscht. Jede vergleichende Studie über die Transformationspraxis – und diese Praxis selbst – ist auf die Erkenntnisse aus diesen Disziplinen angewiesen. Die „emotionale Erziehung" hat sich ebenfalls in der neueren Zeit entwickelt. Die moderne Tiefenpsychologie hat unser Verständnis der verdrängten oder dissoziierten Emotionen der unbewußten Motivation und der allgemeinen Dynamik der Psyche vermehrt und uns neue Sichtweisen der Gesundheit und außergewöhnlichen Fähigkeiten unterbreitet. Die Humanwissen-

schaften ergänzen die transpersonalen Perspektiven religiöser Traditionen durch ihre Erkenntnisse über die Auswirkungen unbewußter Willensregungen sowie durch ihre Entdeckungen über den prägenden Einfluß der Kultur auf die Persönlichkeit. (Manche der christlichen Ordensgemeinschaften und östlichen Meditationsschulen stellen Psychologen ein, um ihre Mitglieder zu beraten.) Seit Freud hat der Westen einen „Yoga der Emotionen" hervorgebracht, der andere Methoden zur Transformation unterstützen kann. Die moderne Psychotherapie und die aus ihr hervorgegangene emotionale Erziehung eröffnet uns vielerlei Möglichkeiten, unsere Beziehungen, Willensregungen und Gefühle zu kultivieren und so die integralen Methoden zu bereichern.

Zur selben Zeit geben uns die Medizin, der moderne Sport und die somatische Schulung die Grundlage für das Training des Körpers, das in seiner Vielfalt, Fülle und Kraft einmalig ist. Noch nie zuvor sind so viele athletische Fähigkeiten ausgebildet worden oder haben so viele Menschen versucht, ihre körperlichen Grenzen immer weiter auszudehnen, und niemals zuvor ist die Physiologie des Menschen so umfassend verstanden worden. Wie ich bereits sagte, stellen der moderne Sport und die dazugehörigen Bereiche der Sportmedizin und Sportpsychologie ein riesiges Laboratorium für die physische Transformation dar (19). Die optimalen Trainingsmethoden, die von Sportlern und ihren Trainern auf der Suche nach Höchstleistungen entdeckt wurden, die wachsenden Kenntnisse somatischer Erzieher über die Schulung sensorischer, kinästhetischer und motorischer Fähigkeiten (18) und die neuesten Einblicke der Medizin in das körperliche Funktionsvermögen werden jede Methode, die eine metanormale Verkörperung zum Ziel hat, unterstützen. Kurz gesagt, können die kognitiven, affektiven und physischen Aspekte der Fähigkeiten des Menschen durch zahlreiche Errungenschaften, über die zuvor nur wenige Kulturen – wenn überhaupt – verfügten, bereichert werden. Diese Errungenschaften und die auf ihnen beruhenden Methoden zur Transformation könnten ein „Yoga der Yogas" darstellen und all unsere Fähigkeiten mit einbeziehen.

Die integralen Methoden sehen sich aber auch Problemen in jenen Ländern gegenüber, die über ausreichend Freizeit und Wohlstand verfügen, um sie zu fördern. Zum Beispiel gibt es kaum eine Kommunikation zwischen den verschiedenen Organisationen, die sportliche, therapeutische oder religiöse Aktivitäten unterstützen. Die Kluft zwischen diesen Organisationen und dem akademischen Leben erschwert eine gemeinsame Erforschung der Veränderungen auf hohen Ebenen. Darüber hinaus ist die kontemplative Praxis in Europa, Amerika und den meisten Ländern heutzutage nicht sonderlich lebendig. In der Tat ist ein Großteil an Erkenntnissen verlorengegangen. Die Ablenkungen des modernen Lebens, das weitverbreitete Mißtrauen der Akademiker gegenüber erzieherischen Methoden, die metanormale Phänomene einbeziehen, und die fehlende philosophische Unterstützung für die Ausbildung von

Fähigkeiten, die für die unmittelbaren Bedürfnisse der Gesellschaft nicht von Nutzen zu sein scheinen, haben ein soziales Klima geschaffen, das für das von mir unterbreitete Vorhaben nicht sehr günstig ist. Integrale Methoden müssen auf vielen Ebenen gegen den kulturellen Strom schwimmen. Dennoch können sie die oben angeführten Errungenschaften einbeziehen und werden ohne Zweifel von risikobereiten Menschen weiterentwickelt und praktiziert werden. Wie das Weltall, so rufen uns auch die Möglichkeiten für ein außergewöhnliches Leben, und einige von uns werden diese Herausforderung annehmen.

Wie können wir nun – angesichts der Chancen und Hindernisse – die integralen Methoden strukturieren? Meiner Ansicht nach liegt ein möglicher Anfang darin, solche transformierenden Methoden, die bestimmte Formen der Heilung oder des Wachstums zum Ziel haben, zu vergleichen. Die Vipassana-Meditation des Theravada-Buddhismus, der Samkhya-Yoga, das Zen-buddhistische Zazen, die Psychosynthesis und die Gestalttherapie bauen beispielsweise auf einer nicht-eingreifenden Beobachtung von Gedanken, Gefühlen und Empfindungen auf. Diese fünf Methoden – drei davon aus alter und zwei aus neuerer Zeit – verwenden eine Art der Achtsamkeitsmeditation. Ähnlich arbeiten viele Formen des Yoga, der Kampfkünste und körperorientierten Verfahren mit langsamen Dehnbewegungen, um die Funktion bestimmter Muskelgruppen zu verbessern, während viele therapeutische Verfahren und kontemplative Schulen Visualisierungsübungen einsetzen. Eine vergleichende Studie über die verschiedenen Transformationsmethoden würde viele Techniken aufdecken, die einer spezifischen Entwicklung dienen.

Daß solche Methoden und ihre Resultate sich entsprechen, ist allerdings dann nicht so offensichtlich, wenn sie in unterschiedlichen Traditionen verwurzelt sind. So ist das Kernstück der Vipassana des Theravada-Buddhismus wie auch des Samkhya-Yoga die nicht-eingreifende Selbstbeobachtung, doch diese ähnlichen Methoden werden sehr unterschiedlich beschrieben. Der Theravada-Buddhismus betont in seiner Anatta-Lehre die unwirkliche Natur der gewöhnlichen Individualität, wohingegen die Philosophie des Samkhya die Existenz des *purusha*, eines beobachtenden Selbst, voraussetzt, das durch die beobachtende Meditation von *prakriti*, der sichtbaren Welt, befreit wird. In der Vipassana-Meditation wandelt sich das Ich-Gefühl zur Leere, im Samkhya-Yoga erkennt *purusha* seine eigene Essenz mit größerer Klarheit. Doch trotz ihrer unterschiedlichen Philosophien verlangen beide Meditationstechniken nach derselben hohen Achtsamkeit in bezug auf innere Prozesse, und beide schenken ein Gefühl von Freiheit, Meisterschaft und Freude. Darüber hinaus erinnern sie an die wertfreie Aufmerksamkeit, die der Zen-Buddhismus, die Psychosynthesis, die Gestalttherapie und andere, auf menschliches Wachstum ausgerichtete Programme begünstigen. Auch in der Psychotherapie wird die gleiche Technik oder Auswirkung gelegentlich auf unter-

schiedliche Art und Weise beschrieben. Das Erinnern traumatischer Ereignisse in der Katharsis kann beispielsweise von einem Gestalttherapeuten als „Kontakt mit den abgespaltenen Teilen des Selbst" und von einem Psychoanalytiker als die Aufhebung der „Verdrängung" bezeichnet werden. Ähnlich kann eine erfolgreiche Hypnoseinduktion von verschiedenen Hypnoseforschern der Anpassung an eine Rolle oder einem besonderen kognitiven Zustand zugeschrieben werden (15.4). Sowohl in der kontemplativen Praxis, der Psychotherapie und der Hypnose als auch in anderen Verfahren werden ähnliche Methoden und Ergebnisse häufig auf eine Weise interpretiert, die eben diese Ähnlichkeit verschleiert.

Eine vergleichende Analyse transformierender Aktivitäten enthüllt auch funktionelle Analogien zwischen verschiedenen Praktiken. Zum Beispiel fördert das Rolfing eine Artikulation der körperlichen Bewegungen, welche der Artikulation der Bewußtheit entspricht, die aus der beobachtenden Meditation erwächst. In diesem körperorientierten Verfahren wird verdichtetes Bindegewebe gelockert, so daß die Muskeln des Klienten einen größeren Bewegungsspielraum haben. Analog dazu wird die beobachtende Meditation übervolle mentale Inhalte lösen. Bei beiden Methoden werden körperliche oder geistige Strukturen getrennt, so daß der gesamte Organismus beweglicher wird und die einzelnen Teile besser koordiniert werden können. Ihre Techniken sind zwar nicht identisch, aber funktionell gesehen analog. Angesichts der unermeßlichen Anzahl von Wegen hin zu einer Entwicklung des Menschen könnte es unser Verständnis auf diesem Gebiet erleichtern, wenn uns gewahr würde, daß manche von ihnen von weit verbreiteten Methoden abhängen. Es wäre hilfreich, wenn wir ihre „molekularen Strukturen" in jene Elemente aufspalten könnten, die sie miteinander gemein haben.* Wenn wir auf diese Weise die jeweils wirkungsvollsten Methoden für bestimmte Arten der Veränderung ausfindig machen könnten, wären wir besser dazu in der Lage, integrale Methoden zu entwickeln.

Die Techniken, aus denen sich die therapeutischen, somatischen, athletischen und religiösen Verfahren zusammensetzen, können nicht exakt bestimmt werden, da sie von Ort zu Ort verschieden sind und sich im Laufe der Zeit wandeln; trotzdem wäre eine vergleichende Analyse in vielerlei Hinsicht förderlich. Wir könnten zum Beispiel erkennen, welche Methoden in unterschiedlichen Kulturen Einsatz finden und welche kulturspezifisch sind. Durch einen Vergleich ihrer erklärten Ziele und der tatsächlichen Ergebnisse wären wir in der Lage, menschliche Unzulänglichkeiten herauszufinden, die unberücksichtigt blieben, und zu entdecken, wo ihre Stärken und Schwächen in bezug auf bestimmte Eigenschaften des Menschen liegen. Wir könnten sogar Dimensionen der Transformationspraxis enthüllen, die in der heutigen Zeit kaum bekannt sind, und esoterische Einsichten in das öffentlich zugängliche Wissen

eingliedern. Um solche Studien zu initiieren, müßten die bewährtesten Praktiken aus alter und neuer Zeit zusammengestellt und deren Methodik erkannt werden. Diese Methoden könnten dann hinsichtlich ihrer wichtigsten Modalitäten und Ergebnisse eingeordnet werden. Die psychischen und somatischen Prozesse, auf die sie Einfluß nehmen, die Fähigkeiten, die sie fördern, die Tugenden, die sie hervorbringen, die kulturellen Normen, Erwartungen und Glaubenssysteme, in denen sie verwurzelt sind, könnten verglichen und analysiert werden. Ein solches Vorhaben wäre eine fruchtbare

* Der Psychologe James Hillman hat eine ähnliche Artikulation psychischer Funktionsweisen durch die Personifizierung verschiedener Erfahrungen oder Komplexe als Götter oder Archetypen beschrieben. Durch die erhöhte Bewußtheit über die innere Komplexität, die eine solche Personifizierung hervorruft, „werden wir im Innern stärker getrennt, wir werden uns bestimmter Teile bewußt. Selbst wenn die Einheit der Persönlichkeit das Ziel ist, ‚vereinigen sich nur getrennte Dinge', wie wir von den alten alchimistischen Psychologen lernen können. Zuerst kommt die Trennung ... [sie] ermöglicht einen inneren Abstand, so als ob dort, wo nun ein größerer innerer Raum für Bewegung und Einordnung vorhanden ist, zuvor nur eine Anhäufung von aneinander haftenden Teilen oder die monolithische Identifizierung mit jedem und allem vorhanden gewesen wäre." (Hillman 1975, S. 31)

Auch C. G. Jung schrieb ausführlich über den dualen Prozeß des *solve et coagulo*, der Trennung und Verfestigung, der europäischen Alchimisten dazu diente, symbolisch die Artikulation psychischer Vorgänge in die Destillation physischer Elemente hineinzuprojizieren.

„Der Alchimist [sieht] das Wesentliche seiner Kunst in der Trennung und Lösung einerseits und in der Zusammensetzung und Verfestigung andererseits. Es handelt sich für ihn einerseits um einen Anfangszustand, in welchem gegensätzliche Tendenzen und Kräfte miteinander im Kampf liegen, andererseits um die große Frage einer Prozedur, welche die getrennten feindlichen Elemente und Eigenschaften wieder zur Einheit zurückzuführen imstande wäre." (Jung 1968, Gesammelte Werke, Band 14/I, S. XII)

Bereicherung für viele Forschungsgebiete, einschließlich der Philosophie, Psychologie und Medizin.

Doch es gibt einen einfacheren Weg, mit einer solchen vergleichenden Studie zu beginnen, nämlich die Fähigkeiten, Tugenden und Charaktereigenschaften aufzuführen, die Teil einer ausgewogenen Entwicklung sind, und anschließend die Methoden zu bestimmen, die sie fördern. Im folgenden Kapitel werde ich diesen Weg einschlagen. Da es jedoch lediglich meine Absicht ist, Vorschläge zu unterbreiten, werde ich die Ergebnisse eher in allgemeine Worte fassen und mich nicht um eine vollständige Bestandsaufnahme von Methoden zu ihrer Verwirklichung bemühen.

26

Integrale Methoden

[26.1]
NOTWENDIGE VERÄNDERUNGEN FÜR EINE INTEGRALE ENTWICKLUNG

Veränderungen, die im Rahmen einer integralen Entwicklung notwendig sind, werden in diesem Kapitel in zwei Gruppen unterteilt; die erste bezieht sich auf die zwölf Gruppen der sich entwickelnden Wesensmerkmale aus den Kapiteln 4 und 5 und die zweite auf Tugenden oder Charaktereigenschaften, deren Ausbildung für ein vielseitiges Wachstum des Menschen unerläßlich ist. Obgleich die Ergebnisse der Transformationspraxis auch auf andere Weise klassifiziert werden könnten, bietet diese Aufstellung eine Möglichkeit, die Methoden der Transformation zu vergleichen. Da all unsere psychischen und somatischen Prozesse bis zu einem gewissen Grade voneinander abhängig sind, ist es unmöglich, die Ergebnisse der Praxis und Methoden in feststehende Kategorien einzuordnen.

Es gibt aber noch einen weiteren Grund, warum sich die Ergebnisse aus den Praktiken nicht mit einer größeren Genauigkeit bestimmen lassen, denn angestrebte Fähigkeiten können sowohl direkt kultiviert werden – so zum Beispiel, indem die Konzentrationsfähigkeit durch die Fokussierung eines einzelnen Objektes verbessert wird –, als auch indirekt – so zum Beispiel, wenn durch die fokussierte Konzentration gewohnheitsmäßige Muster der Wahrnehmung aufgelöst werden. Zu den unzähligen Wegen, auf denen angestrebte Ergebnisse direkt erarbeitet werden, zählen die folgenden: Verstärkung der Empathie durch das imaginative Erleben der Situation eines anderen, das Sammeln von Mut in angstauslösenden Situationen, die Kultivierung einer geistigen Vorstellung, indem ihr vollkommene Aufmerksamkeit geschenkt wird, das absichtsvolle Loslassen von geistigen Prozessen, um so den inneren Abstand zu ihnen zu erhöhen, die Lockerung des Bindegewebes durch Rolfing, um die Artikulation der Muskelaktivität zu verbessern, und die bewußte Entspannung bestimmter Muskeln. Zu den unzähligen Wegen, auf denen angestrebte Ergebnisse indirekt kultiviert werden können, zählen die folgenden: das Herbeiführen einer Entspannungsreaktion durch das Rezitieren eines Mantras, das Hervorrufen höchster Erregung durch stille Meditation,* das Wachrufen freier Assoziationen durch die Konzentration auf einen einzigen Punkt, die Stärkung der Willenskraft durch die Hingabe an eine schwierige Übung oder Handlung sowie die Schulung der Gelassenheit durch anstrengende körperliche Tätigkeiten.

Ergebnisse der Praxis, die sich auf die 12 Gruppen von Merkmalen in Kapitel 4 und 5 beziehen

Die Wahrnehmung äußerer Ereignisse. Die Wahrnehmung gewöhnlicher Sinnesreize kann auf die folgende Weise geschult und verfeinert werden:

1. Durch hypnotische Suggestionen in bezug auf das gesamte Spektrum und die Schärfe des Sehens, Hörens, Tastens, Schmeckens und Riechens.

2. Durch körperorientierte Verfahren wie die „Sensory Awareness", die eine Verfeinerung des Gehör-, Geschmacks- oder Tastsinns begünstigen.
3. Durch Fitneßtraining und somatische Schulung, die eine allgemeine Wachheit der Sinne fördern.
4. Durch das Kampfkunsttraining, das das sicht- und hörbare Spektrum erweitert und die Unterscheidungsleistung verbessert.
5. Durch spezifische Übungssysteme, die die Sinneswahrnehmung schärfen und erweitern, etwa beim Sport oder bei Weinproben (5.1).
6. Durch Meditation, die die mentale Beeinflussung der Sinneswahrnehmung vermindert, Synästhesien begünstigt und zu der Wahrnehmung des Numinosen in allen Bereichen des Lebens beiträgt.

Darüber hinaus gibt es Anzeichen dafür, daß die hellsichtige Wahrnehmung materieller Objekte, die Telepathie und die Wahrnehmung außerkörperlicher Geschehnisse durch Methoden kultiviert werden können, die von religiösen Adepten und modernen psychischen Forschern beschrieben wurden (siehe Anhang A.1 und A.2 und das Unterkapitel über metanormale Hellsichtigkeit in Kapitel 5.1).

* Roland Fischer, Julian Davidson und andere Forscher haben einen Wechsel zwischen der trophotropen und der ergotropen Reaktion beschrieben, der durch religiöse Übung ausgelöst wird – zum Beispiel dann, wenn aus einer tiefen spirituellen Stille eine Ekstase erwächst (Fischer 1971 und Davidson, J. M., 1976).

Somatische Bewußtheit und Autoregulation können auf folgende Weise geschult und verfeinert werden:

1. Durch Biofeedback-Training.
2. Durch imaginatives Sehen, Hören, Schmecken oder Riechen, das Informationen über bestimmte Körperteile vermitteln kann.
3. Durch die disziplinierte Beobachtung kinästhetischer oder taktiler Empfindungen in der Bewegung oder im Ruhezustand.
4. Durch das bewußte Herbeiführen und Modifizieren kinästhetischer Erfahrungen, beispielsweise in der „Sensory Awareness“, der Feldenkrais-Methode oder der Therapie nach Reich.
5. Durch das Herbeiführen der trophotropen Reaktion, wie beim Autogenen Training oder während einer stillen Meditation.
6. Durch die genaue Beobachtung kinästhetischer und taktiler Eindrücke im Rahmen jeder der hier angeführten Methoden.

Fähigkeiten des Kommunizierens, einschließlich Sprache, Gestik, Mimik, Berührung und außerkörperliche Interaktionen, können auf folgende Weise kultiviert werden:

1. Durch körperorientierte Verfahren, die das Spektrum an Möglichkeiten des Ausdrucks erweitern und dessen Feinheit und Lebendigkeit erhöhen, indem chronische Verspannungen reduziert, die somatische Bewußtheit erhöht und die Koordination der verschiedenen Körperteile verbessert wird.

2. Durch Psychotherapie und emotionale Erziehung, die einfühlsame, ehrliche und kreative Beziehungen fördern, indem
   a) gewohnheitsmäßige Einstellungen, Motivationen und Impulse bewußt gemacht werden,
   b) Empathie mit Hilfe des Rollenspiels verstärkt wird,
   c) zwischenmenschliche Begegnungen ermöglicht und nun reflektiert werden können,
   d) neue Formen der persönlichen Interaktion unterstützt werden, wie in der emotionalen Erziehung, dem Psychodrama oder der Familientherapie.

3. Durch eine beständige Selbstreflexion, die eine übertriebene Kritik an den eigenen Ausdrucksfähigkeiten aufdeckt, die Empathie vertieft und hilft, verständnisvoller und geschickter auf andere Menschen zuzugehen.

4. Durch Gebet, Meditation und andere religiöse Übungen, die eine dauerhafte geistige Verbindung zwischen Gleichgesinnten oder zwischen Schüler und Meister mit sich bringen.
5. Durch Akte des Dienens und der Nächstenliebe, die dem Wunsch zu helfen nachkommen und die Bindung an andere Menschen verstärken.

Vitale Kräfte können auf die folgende Weise kultiviert werden:

1. Durch Psychotherapie, in der Verdrängungen aufgedeckt, innere Konflikte gelöst und die Abwehr starker Gefühle aufgehoben werden.
2. Durch körperorientierte Verfahren, die chronische Verspannungen lösen, die regenerative Entspannung fördern und Energiereserven verfügbar machen.
3. Durch die Ausübung einer Sportart, wodurch der Kreislauf, die Effizienz des Stoffwechsels und das allgemeine Fitneßniveau verbessert werden, so daß mehr Energie für geistige oder körperliche Aktivitäten zur Verfügung steht.

4. Durch die Kampfkünste, deren Ausübung geistige Wachheit, emotionale Ausgeglichenheit in streßvollen Situationen und eine allgemeine somatische Effizienz fördert.
5. Durch Meditation oder andere religiöse Übungen, die kraftraubende emotionale Zustände lindern, widerstreitende Willensregungen vereinen und einen Zugang zu den subliminalen Tiefen des Geistes und Körpers gewähren.

Jede der genannten Methoden kann die vitalen Kräfte des Übenden stärken und in manchen Fällen Umformungen der Energie auslösen, die dem *Tumo*, der Kundalini, dem *Incendium amoris*, der „kochenden *Num*“ oder schamanischen Kräften ähneln (siehe Kapitel 5.4, 13.2, 21.2, 21.3, 21.4 und 22.6).

Das Bewegungsvermögen des Körpers ist von mehreren physischen Fähigkeiten abhängig, darunter:

1. dem Gleichgewicht, das durch Aikido, T'ai Chi und andere Kampfkünste, durch Tanz und Sportarten wie Klettern, Kunstturnen, Eiskunstlauf und Surfen entwickelt werden kann;
2. der Belastbarkeit von Herz und Kreislauf, die durch Laufen, Schwimmen, Rudern, Skilanglauf, schnelles Gehen, Radfahren und andere Ausdauersportarten entwickelt werden kann;

3. der Beweglichkeit, die durch Aikido, Karate und andere Kampfkünste, durch Tanz und Sportarten wie Klettern, Basketball und Fußball entwickelt werden kann;
4. der Flexibilität, die durch verschiedene Dehnübungen, modernen Tanz, Hatha-Yoga, T'ai Chi, Aikido und körperorientierte Verfahren wie die Feldenkrais-Methode entwickelt werden kann;
5. der Muskelkraft, die durch Gewichtheben, Gymnastik und körperliche Arbeit entwickelt werden kann;
6. der Koordinationsfähigkeit, die durch verschiedene Sportarten, durch Tanz und die Kampfkünste sowie durch körperorientierte Verfahren wie Rolfing entwickelt werden kann, das das Zusammenspiel der unterschiedlichen Muskeln und Sehnen koordiniert;
7. der Schnelligkeit, die durch die Kultivierung aller oben aufgeführten körperlichen Fähigkeiten entwickelt werden kann, und durch das Geschwindigkeitstraining, das von modernen Sportlern und Trainern entwickelt wurde.

Die Schulung und Verfeinerung dieser Fähigkeiten kann von hypnotischen Suggestionen, Imaginationsübungen und mentalem Training, das von Sportpsychologen erarbeitet wurde (15.10, 15.11, 17.2, 20.3), und durch bestimmte Elemente des Sports, die zum allgemeinen sportlichen Erfolg beitragen (19.4), unterstützt werden. Darüber hinaus gibt es Methoden, die außerkörperliche Erfahrungen und das Eintreten in „andere Welten" lehren, welche ich als Formen der metanormalen Bewegung bezeichnet habe (siehe 5.5 und Anhang E).

Fähigkeiten der Einwirkung auf die Umgebung. In Kapitel 5.6 habe ich zwei Arten beschrieben, auf die Menschen auf ihre Umgebung einwirken können, zum einen durch manuell-visuelle Fertigkeiten und zum anderen durch außerkörperliche Einflußnahme (Psychokinese). Manuell-visuelle Fertigkeiten können auf folgende Weise entwickelt werden:

1. Durch körperorientierte Verfahren, die ein einfühlsames, sanftes und liebevolles Berühren ermöglichen, wie Rolfing, das das Zusammenspiel von Muskeln und Sehnen der Hand verbessert, oder „Sensory Awareness".

2. Durch Sportarten wie Tennis, Baseball und Golf.

3. Durch Kampfkünste wie Karate, Kendo (Schwertkunst) und Kyudo (Bogenschießen).

Die außerkörperliche Einflußnahme auf die Umgebung kann auf folgende Weise entfaltet werden:

4. Durch Gebet, spirituelle Heilweisen und andere Methoden, bei denen Telergie eingesetzt wird (13).
5. Durch Kampfkünste, Yoga, schamanische und kontemplative Techniken, die telekinetische Fähigkeiten fördern (20.1, 22.11).
6. Durch langjähriges Meditieren, in dessen Folge ein Teil des physikalischen Raums verändert wird (5.6, 13.1).

Schmerz und Lust. Die Kontrolle und Ausschaltung von Schmerz, die Intensivierung von Lustgefühlen und eine Freude, die über die Befriedigung gewöhnlicher Bedürfnisse hinausgeht, können auf folgende Weise ermöglicht werden:

1. Durch eine Verhaltensmodifikation oder andere Therapieverfahren, mit deren Hilfe chronische Ängste überwunden, der Wunsch nach Anerkennung transzen-

diert und andere, Schmerzen verursachende Reaktionen schöpferisch umgewandelt werden (17.2).
2. Durch Hypnose, Yoga und andere Methoden, durch die zuvor mit Schmerzen verbundene Leistungen nun ohne Beschwerden vollbracht werden können (15.8, 15.9).
3. Durch anhaltende Phantasien, die über lange Zeiträume hinweg lustvolle Gefühle erzeugen können (15.6).
4. Durch anstrengende Sportarten oder bei Abenteuern, bei denen der Schmerz nicht wahrgenommen wird.
5. Durch Meditation und andere religiöse Übungen, in denen schmerzhafte Reize zu Quellen der Freude werden und einst ermüdende Routineaufgaben Freude machen.

Kognition. Die Kognition kann im Rahmen der Transformationspraxis durch das Einbringen neuer Informationen und eine Klarheit über ihre verschiedenen Prozesse erweitert werden. Ich habe an dieser Stelle auf eine gesonderte Aufstellung der Methoden, die die Kognition erweitern, klarer machen oder verstärken, verzichtet, da diese fast identisch wären. Mit anderen Worten: Nahezu jede Methode, die die Kognition verbessert, fördert bis zu einem gewissen Grad ihre Erweiterung, Klarheit und Verstärkung. Bei der beobachtenden Meditation kann es beispielsweise geschehen, daß man sich an längst vergessen geglaubte Ereignisse erinnert oder daß verdrängte Gefühle zum Vorschein kommen (wodurch das kognitive Spektrum erweitert wird) und vertraute Gedankengänge, die unzählige Male zuvor aufgetaucht sind, mit einer neuen Klarheit erkannt werden. Eine starke Konzentration, die man sinnbildlich im Vergleich mit dem „Flutlicht" der beobachtenden Meditation als Scheinwerfer beschreiben könnte, löst andererseits häufig die Freisetzung von abgespaltenen Inhalten und deren spätere Integration aus.

Darüber hinaus gibt es viele kognitive Fähigkeiten, die durch spezifische Techniken entwickelt werden können. Mathematische Fähigkeiten können durch das Studium der Mathematik, logisches Denken durch das Lösen logischer Aufgaben, kritisches Denkvermögen durch das Studium der analytischen Philosophie, Imagination durch kreative Schreibübungen und mystisches Wissen durch Meditation und Gebet hervorgerufen werden. Ganz allgemein läßt sich die Kognition auch auf folgende Weise fördern:

1. Durch die Lösung psychisch bedingter Konflikte, die die Vorstellungskraft oder das analytische Denken einschränken, wie in einer guten psychotherapeutischen Behandlung.

2. Durch das Wachrufen verdrängter oder gewohnheitsmäßig nicht beachteter Vorstellungsbilder, zum Beispiel im Rahmen einer emotionalen Katharsis oder der Achtsamkeitsmeditation, deren Bilder geistige Prozesse bereichern können.
3. Durch eine reduzierte Unterdrückung von ungewöhnlichen Ideen, Vorstellungsbildern oder Assoziationsprozessen, beispielsweise über die Psychotherapie, Meditation oder philosophische Reflexion, woraus eine philosophische und moralische Akzeptanz erwächst.
4. Durch die Erhöhung des Konzentrationsvermögens.
5. Durch weniger vertraute Arten der Erkenntnis, beispielsweise durch:
   a) die Konzentration auf plastische Ideen, visuelle Bilder, Klänge oder andere Reize,
   b) die intensive Vorstellung neuer Welten, die aus der Lektüre der phantastischen Literatur oder mystischen Schriften, aus Träumen oder veränderten Bewußtseinszuständen entsteht,
   c) den Kontakt mit ich-transzendenten Realitäten über
      aa) die geistige Vorstellung von solchen Realitäten mit einer konzentrierten Aufmerksamkeit, bis ein spürbarer Kontakt mit ihnen hergestellt ist,
      bb) die Kommunikation mit ihnen im Gebet,
      cc) die Hingabe an ihr Wirken,

dd) eine nicht-eingreifende Selbstbeobachtung, die ein Gewahrsein vertieft, das grundlegender ist als bestimmte geistige Inhalte,

ee) die bewußte Leerung des Geistes, so daß seine wahre Essenz direkt erfahren werden kann.

6. Durch die Integration des analytischen, ganzheitlichen und imaginativen Denkens über das Studium der Philosophie, von Mythen, Kunstwerken oder religiösen Symbolen.

Wille. Es existieren etliche Formen der Willenskraft, von denen viele biologische Ursachen haben und die alle im Rahmen der sozialen Konditionierung geformt werden. Manche sind von dem gewöhnlichen Wachbewußtsein abgespalten, andere sind zwanghaft, und wieder andere sind der bewußten Modifikation und Kontrolle leicht zugänglich. Man könnte uns als „Wesen mit vielen Willenskräften bezeichnen, die von vielen Arten des Wollens angetrieben werden". Unsere verschiedenen Willenskräfte können jedoch auf folgende Weise kultiviert und harmonisiert werden:

1. Durch ihre nicht-eingreifende Beobachtung.
2. Durch fokussiertes Erinnern derjenigen Willensregungen, die unterdrückt oder nicht beachtet werden, mit Hilfe
   a) der geführten Imagination,
   b) kathartischer Meditation oder Psychotherapie,
   c) eines übertriebenen Ausagierens wie im Psychodrama oder der Gestalttherapie.
3. Durch ihre Artikulierung über:
   a) bestimmte körperliche Handlungen,
   b) die Kontrolle autonomer Vorgänge und der Sinnesaktivität wie beim Biofeedback-Training und dem Hatha-Yoga,
   c) das Üben komplexer sozialer Fähigkeiten, wie etwa in der Gruppentherapie, im Psychodrama und in Programmen zur Konfliktlösung,
   d) das Üben komplexer kognitiver Fähigkeiten.
4. Durch ihre Stärkung durch:
   a) Maßnahmen gegen Gewohnheiten und Impulse, wie bei der asketischen Entsagung,
   b) das Annehmen von Schmerz, zum Beispiel bei anstrengenden Sportarten,
   c) das Anerkennen von Ängsten, wie in bestimmten Verhaltenstherapien oder Extrem-Sportarten,

d) die bewußte Wiederholung geistiger oder körperlicher Handlungen, wie beim Gebet, der Meditation oder in Ausdauersportarten,
e) Suggestionen und Ermutigungen, um die Ausführung schwieriger Aktivitäten zu unterstützen, wie beim Sport oder während einer religiösen Klausur.

5. Durch ihre Integration über:
   a) die Lösung innerer Konflikte, so daß persönliche Ziele mit ganzem Einsatz verfolgt werden können,
   b) die Lösung moralischer Zwangslagen, die schöpferische Tätigkeiten allgemein behindern.
6. Durch ihre Anbindung an ich-transzendente Kräfte während inspirierter Momente im Sport, der Meditation, des Gebetes, künstlerischem Schaffen, des Dienstes am Nächsten oder anderer Aktivitäten.

Individuation und Selbstbild. Eine Subjektivität, die ihr grundlegendes Einssein mit anderen wahrnimmt, kann auf folgende Weise kultiviert werden:

1. Durch beobachtende Meditation in der Bewegung oder Ruhe, wobei Gedanken, Vorstellungen, Gefühle, Empfindungen und Willensregungen wahrgenommen und losgelassen werden.
2. Durch die Verbindung mit einer transzendenten Präsenz oder Macht, woraus eine Identität erwächst, die über das gewöhnliche Selbstbild hinausreicht.
3. Durch Handlungen, die einem transzendenten Prinzip gewidmet sind und bei denen eigennützige Bestrebungen aufgegeben werden.

Die Verwirklichung einer Subjektivität oder Persönlichkeit, die über das gewöhnliche Selbst hinausgeht, bildet eine machtvolle Grundlage für die Entwicklung einer jeden menschlichen Eigenschaft. Die psychologische Freiheit und Sicherheit, die eine solche Erfahrung vermittelt, begünstigt das Wachstum kognitiver, emotionaler und verhaltensmäßiger Leistungen und fördert so die Einzigartigkeit des Individuums.

Liebe hat viele Eigenschaften, darunter die Freude an anderen um ihrer selbst willen und:

1. Empathie, die auf folgende Weise entwickelt werden kann:
   a) durch ein tatsächliches Erleben der Erfahrungen anderer,
   b) durch das Nachempfinden der Erfahrung eines anderen auf imaginative Weise, durch Rollenspiel, intime Gespräche oder stille Reflexion,

c) durch die Erweiterung der Skala und Tiefe der Gefühle über:
   aa) das kathartische Wiedererleben unterdrückter oder vergessener Gefühle,
   bb) deren nicht-wertende Beobachtung,
   cc) die Konzentration auf visuelle, auditive oder andere Vorstellungen, die sie wachrufen,
   dd) die Neuformulierung von Glaubenssätzen und Einstellungen, um deren Kultivierung zu ermöglichen,
   ee) ihre Artikulation in der Therapie, im Spiel oder künstlerischen Ausdruck,
   ff) ihre Verstärkung durch das Ausleben von Phantasien und ausdrucksvolles Verhalten.

2. Der Wunsch nach dem Wohlergehen anderer kann auf folgende Weise verstärkt werden:
   a) durch Selbstbeobachtung oder Therapie, mit deren Hilfe Konkurrenzdenken und das Bedürfnis zu dominieren abgebaut werden können,

   b) durch Übungen, die die eigene Integration, das eigene Wohlbefinden und ein Gefühl der Sicherheit fördern,
   c) durch eine philosophische Betrachtung, die die Ähnlichkeit oder Identität der eigenen höchsten Ziele und der der anderen offenbart.
3. Durch ein Wohlbefinden, das auf andere übergreift und das mit Hilfe aller hier aufgeführten Methoden kultiviert werden kann, und durch gegenseitige Offenheit.

Die Strukturen und Prozesse des Körpers können auf folgende Weise verbessert werden:

1. Durch körperliche Manipulationen, die die Struktur bestimmter Muskeln, Sehnen und Bänder verbessern, wie etwa beim Rolfing.
2. Durch vibrierende Bewegungen, die chronische Verspannungen lösen, wie in der Therapie nach Reich.
3. Durch Dehnübungen, Gewichtheben und andere Körperübungen, die bestimmte Muskeln, Sehnen und Bänder dehnen oder kräftigen.
4. Durch Übungsmethoden, die auf bestimmte Aspekte der körperlichen Leistungsfähigkeit abzielen, wie zum Beispiel das Intervalltraining für eine verbesserte Belastbarkeit von Herz und Kreislauf, Beweglichkeitsübungen und Flexibilitätstraining.

5. Durch die Ausbildung der willentlichen Kontrolle über bestimmte autonome Prozesse, wie beim Biofeedback.
6. Durch Übungen wie Meditation, die die Entspannungsreaktion fördern.
7. Durch das Kreieren geistiger Vorstellungsbilder von angestrebten somatischen Veränderungen.
8. Durch umfassende Übungssysteme wie T'ai Chi und Aikido, die dazu beitragen, den Körper in seiner Ganzheit zu integrieren.

Für eine integrale Entwicklung erforderliche Tugenden und Charaktereigenschaften

Jede der oben aufgeführten Fähigkeiten ist von der Verwirklichung vieler Tugenden und Charaktereigenschaften abhängig, die allesamt durch Übung entwickelt und entfaltet werden können. Zum Beispiel:

Ehrlichkeit kann auf folgende Weise kultiviert werden:

1. Durch disziplinierte Selbstreflexion oder Interaktionen in Kleingruppen, wodurch die Selbstbewußtheit erhöht wird.
2. Durch das Aussprechen der Wahrheit.
3. Durch Rückmeldungen von anderen über die Auswirkungen der eigenen Unehrlichkeit und Ehrlichkeit.

Kreativität kann auf folgende Weise entfaltet werden:

1. Durch Offenheit gegenüber neuen Erfahrungen, durch die Bereitschaft, vorübergehend auf die Überprüfung der Wirklichkeit zu verzichten, durch das Aufgeben der Abwehrhaltung gegenüber machtvollen Ideen oder Gefühlen, durch Flexibilität in der Wahrnehmung, durch Toleranz gegenüber Mehrdeutigkeit, die folgendermaßen entwickelt werden können:
   a) durch Arbeit in Kleingruppen, die ein sicheres Umfeld für ungewohnte Selbstenthüllungen bieten,
   b) durch Psychotherapie oder Meditation, die das Aufdecken verdrängter oder abgespaltener psychischer Inhalte bewirken,

c) durch Eigen- oder Fremdsuggestionen, die die Akzeptanz von potentiell bedrohlichen Gedanken, Wahrnehmungen, Gefühlen und Impulsen stärken,

d) durch Argumente oder Ermahnungen, die eine gefühlsneutrale Untersuchung störender Reize fördern,

e) durch das regelmäßige Lesen von Science-fiction, phantastischer oder anderer Literatur, die das gewohnte Erleben in neue Zusammenhänge stellt,

f) durch das Kennenlernen anderer Kulturen,

g) durch Meditation, religiöse Rituale und andere Übungen, die veränderte Bewußtseinszustände hervorrufen können.

2. Durch ein unabhängiges Urteilsvermögen, das auf folgende Weise entwickelt werden kann:

a) durch diszipliniertes, kritisches Denken,

b) durch Therapie, Selbstreflexion und Übungen, die eine zwanghafte Beschäftigung mit bestimmten Ideen, Glaubenssystemen und Erwartungen verdeutlichen,

c) durch Meditation, die das Gefühl der Selbstsicherheit stärkt, da durch sie eine spirituelle Grundlage oder Identität wahrnehmbar wird, die über bestimmte Ideen hinausgeht.

3. Durch Regression im Dienste des Ich, die durch langjährige beobachtende Meditation, Psychotherapie, das Aufgehen in phantasievoller Literatur oder surrealistischen Träumereien ausgelöst wird, wodurch die Grenzen für ungewöhnliche Gedanken, Gefühle, Wahrnehmungen oder Verhaltensweisen durchlässiger werden.

4. Durch eine Bereitschaft zum Risiko, die entstehen kann, indem unter den folgenden Umständen ein mutiges Verhalten geübt wird:

a) in einem sicheren therapeutischen Umfeld,

b) im Brainstorming, bei dem einschränkende Kritiken nicht gestattet sind,

c) in nichtstrukturierten Situationen, in denen man für Fehler nicht bestraft wird und bei Erfolg eine positive Bestätigung erhält.

5. Durch ungewöhnliche intuitive Fähigkeiten, die durch Hypnose, Imagination oder langjährige Meditationspraxis kultiviert werden können und Wahrnehmungen in bezug auf andere Menschen auslösen, die auf ihre Richtigkeit oder Falschheit hin überprüft werden können.

Mut kann auf folgende Weise entwickelt werden:

1. Durch das Kontrollieren der Angst durch:
   a) Selbstreflexion, Therapie, Meditation und andere Übungen, die verdeckte Ursachen enthüllen, so daß man sich mit seinen Ängsten auseinandersetzen kann,
   b) die Gewöhnung an allmählich stärker werdende bedrohliche Reize wie bei manchen Verfahren zur Verhaltensmodifikation,
   c) das Hineingehen in bedrohliche Situationen mit einer Entschlossenheit, die durch Selbstreflexion und die Unterstützung anderer gestärkt wird,
   d) eine Katharsis, die aus den oben angeführten Methoden entstehen kann und dazu beiträgt, Ängste zu mindern.
2. Durch das Sich-Erholen von Rückschlägen oder Niederlagen, das auf folgende Weise unterstützt werden kann:
   a) durch die Unterstützung und Ermutigung innerhalb einer Gruppe,

   b) durch Meditation, Selbstreflexion und Imagination, woraus ein emotionaler Auftrieb und eine Überwindung selbstzerstörerischer Prozesse entstehen,
   c) durch Körperübungen, die ein Gefühl des Wohlbefindens auslösen,
   d) durch hypnotische oder Wachsuggestionen, die eigene Vorstellungen in bezug auf ein Versagen neu definieren,
   e) durch das Annehmen psychischer oder physischer Schläge oder geistiger Herausforderungen als „Geschenk", wie beim Aikido oder dem *Leonard Energy Training*,[1]
   f) durch die Hingabe an eine langjährige Praxis.
3. Durch das Ergreifen der Initiative bei Schwierigkeiten, was dadurch unterstützt werden kann, daß man versucht, Dinge zu tun, vor denen man Angst hat.

Ausgeglichenheit, Stabilität und Gelassenheit angesichts unruhiger oder bedrohlicher Umstände können auf folgende Weise entwickelt werden:

1. Durch Körperübungen, die unbestimmte Angstgefühle vermindern und die Beherrschtheit des Geistes und Körpers fördern.
2. Durch Therapie, die innere Konflikte, Ängste und Furcht vor bestimmten Herausforderungen abbaut.

3. Durch Kampfkunsttraining, Tanz und Sportarten, die auch in streßvollen Situationen Anmut schenken.
4. Durch das Visualisieren einer persönlichen oder unpersönlichen Gottheit, eines höheren Selbst oder eines anderen höchsten Prinzips.
5. Durch Achtsamkeitsmeditation.
6. Durch das kontemplative Gebet.

Geistige Flexibilität kann auf folgende Weise entwickelt werden:

1. Durch die Verringerung chronischer Muskelverspannungen über körperorientierte Verfahren oder Biofeedback-Training.
2. Durch eine Selbstreflexion, die optimistische und gleichzeitig realistische Einstellungen gegenüber dem Leben hervorbringt.
3. Durch das Aufgeben gewohnheitsmäßig negativer Einstellungen mit Hilfe von Psychotherapie oder beobachtender Meditation.

4. Durch einen bewußten Kontakt zu der Seins-Seligkeit, die sich in der Achtsamkeitsmeditation, im kontemplativen Gebet und bei anderen religiösen Übungen offenbart.

Diese kurze Aufstellung könnte selbstverständlich noch beträchtlich erweitert werden, mag jedoch ausreichen, um aufzuzeigen, daß wir aus der vergleichenden Analyse transformierender Übungen bestimmte Schlüsse ziehen können. So zeigt die obige Aufstellung die wechselseitige Abhängigkeit der Fähigkeiten, die bestimmte Charakterzüge oder Tugenden ausmachen. Ehrlichkeit, Kreativität, Mut, Ausgeglichenheit und geistige Flexibilität setzen sich ebenso wie andere Charakterzüge aus mehr als nur einem Bestandteil zusammen und könnten vielleicht am besten als „Familien" von Tugenden oder Gruppe von Eigenschaften bezeichnet werden.

Darüber hinaus deutet eine Aufstellung wie diese darauf hin, daß viele Methoden Eigenschaften fördern, die über jene Ziele hinausreichen, die sie in erster Linie anstreben. Sportliche Aktivitäten, die auf eine verbesserte Leistungsfähigkeit des Herz-Kreislauf-Systems abzielen, können sich positiv auf Stimmungen und die emotionale Stabilität auswirken. Religiöse Übungen, die die mystische Erleuchtung zum Ziel haben, können ein starkes Durchhaltevermögen hervorbringen. Die Häufigkeit, mit der bestimmte Methoden in dieser Aufstellung vorkommen, gibt darüber Aufschluß, wie viele verschiedene Fähigkeiten sie bereichern. Wie die koinzidenten Reaktionen, die in den vorangegangenen Kapiteln erwähnt wurden, erreichen sie mehrere Veränderungen auf eine ökonomische Weise. Selbst wenn sie – wie das Fitneßtraining – im

Grunde nur begrenzte Zielsetzungen haben, können sie doch für die integralen Methoden von hohem Nutzen sein. Eine vergleichende Studie über Methoden zur Transformation weist darauf hin, daß die Kultivierung bestimmter Tugenden oder Fähigkeiten charakteristischerweise auch andere mit sich bringt. Die Fürsorge gegenüber den Mitmenschen läßt in uns eine Freude entstehen, die uns über alltägliche Bedürfnisse und Wünsche erhebt. In wenigen Worten ausgedrückt, weisen Nächstenliebe und Freundschaft eine Tendenz zu metanormaler Freude auf. Ähnlich kann uns die intellektuelle Neugierde dazu bringen, ein bestimmtes Problem mit einer solchen Leidenschaftlichkeit zu untersuchen, daß wir ungewollt gewohnheitsmäßige Denkmuster, Grenzen unserer Vorstellungskraft oder einschränkende Glaubenssysteme aufgeben und uns auf diese Weise neuen Dimensionen des Bewußtseins öffnen. Der Mut, der notwendig ist, um sich mit neuen Wahrnehmungen des Selbst auseinanderzusetzen, kann uns einer ich-transzendenten Identität gewahr werden lassen, einer Persönlichkeit, die über die gewöhnlichen Vorstellungen des Selbst hinausgeht. Die Kultivierung einer jeden Tugend oder Fähigkeit kann mehr als nur ein schöpferisches Wesensmerkmal hervorbringen.

[26.2]
RICHTLINIEN DER INTEGRALEN METHODEN UND IHRER INSTITUTIONEN

Sie müssen dem Wesen des betreffenden Menschen entsprechen. Jeder Weg zur Transformation muß dem Übenden angepaßt werden; dies gilt auch für Gruppen, die eine sehr enge Auffassung bezüglich der Entwicklung des Menschen vertreten. Selbst die dogmatischsten Meister der Kampfkunst oder Meditation müssen ihre Methoden bis zu einem gewissen Grad flexibel gestalten, um sie den unterschiedlichen Fähigkeiten ihrer Schüler anzupassen. Die Notwendigkeit einer Flexibilität ist dann ganz besonders stark, wenn unser Ziel eine integrale Transformation ist. Ein mehrdimensionaler Ansatz erfordert Methoden, die an die Unzulänglichkeiten, Stärken und gegenwärtige Wachstumsphase des Übenden angepaßt sind. Aus diesem Grunde kann es keine einzige oder „richtige" integrale Methode geben, die universell anwendbar ist und deren Techniken starr festgelegt sind. Die Erfahrung hat nicht nur gezeigt, daß Flexibilität selbst dann notwendig ist, wenn man nur begrenzte Ziele erreichen will, sondern lehrt uns ganz besonders deutlich, daß eine vielseitige Entwicklung der menschlichen Natur umfangreiche, anpassungsfähige und abwechslungsreiche Methoden erfordert.

Sie sollten die gleichzeitige Entwicklung unserer verschiedenartigen Fähigkeiten fördern. Da integrale Methoden alle Ebenen des menschlichen Handelns einbeziehen, entwickeln sie sich aus einer komplexen Reihe von Ergebnissen, von denen jedes einzelne durch entsprechende Methoden – wie die oben aufgeführten – hervorgerufen oder unterstützt wird. Diese Methoden beziehen das gesamte Gefüge aus Geist und Körper mit ein, machen uns Willensregungen bewußt, erhellen kognitive Vorgänge, bereichern unser Gefühlsleben und unsere Beziehungen zu anderen, fördern viele Tugenden und schenken dem Körper eine neue Kraft und Schönheit.

Sie erfordern im allgemeinen mehrere Lehrer anstelle eines einzigen Gurus. Da integrale Methoden unsere verschiedenen Fähigkeiten einbeziehen, brauchen sie die unterschiedlichsten Lehrer – darunter Meditationsmeister, somatische und psychologische Erzieher, Sporttrainer und Lehrer für kognitive Fertigkeiten. All die Menschen, die sich heute den mannigfaltigen Wachstumsprogrammen zuwenden, sind einerseits Ausdruck eines allgemeinen Interesses an einer vielseitigen Entwicklung und spiegeln andererseits eine allgemeine Unzufriedenheit mit den Unzulänglichkeiten bestimmter religiöser oder therapeutischer Ansätze wider. Auch wenn ein solcher Eklektizismus zu Oberflächlichkeit oder einer mangelnden Verpflichtung führen kann, entspringt er

doch oftmals dem Streben nach Ganzheit und dem Bedürfnis nach einer Erfüllung auf vielen Ebenen.

Sie erfordern eine starke und wachsende Unabhängigkeit. Nur wenn wir die Verantwortung für unsere eigene Entwicklung übernehmen, können wir aus unseren Fehlern lernen, unsere Unterscheidungsfähigkeit schärfen und eine Identität aufbauen, die stark genug ist, jenen Schwierigkeiten zu begegnen, die Veränderungen auf hohen Ebenen mit sich bringen. Wenn wir diese Verantwortung an einen Guru oder eine Gruppe abgeben, ist es möglich, daß wir unsere Disziplin beschränken und unsere besonderen Stärken und Unzulänglichkeiten nicht erkennen. Betrachten wir die Führung durch andere nicht im Spiegel unserer eigenen Erfahrung und Unterscheidungsfähigkeit, kann es sein, daß wir unsere einzigartigen Talente herabsetzen und so unsere Persönlichkeit schwächen. Nur durch eine gesunde Ich-Stärke können wir uns selbst transzendieren.

Auch wenn wir uns Kräften jenseits unseres gewöhnlichen Selbst hingeben, müssen wir doch einen sicheren Bezug zu unserem Inneren wahren. Dieser Bezug wandelt sich allmählich zu einer Identität, die über das gewöhnliche Selbstbild hinausreicht, bleibt aber nichtsdestotrotz eine Identität, nicht die genaue Kopie eines anderen Wesens.

Sie werden durch jene Charaktereigenschaften unterstützt, die die Kreativität ganz allgemein fördern. Frank Barron, Henry Murray und andere Psychologen haben bestimmte

Charaktereigenschaften identifiziert, die gewöhnlich schöpferischen Menschen eigen sind, darunter:

- Toleranz gegenüber Mehrdeutigkeit
- Offenheit gegenüber neuen Erfahrungen (einschließlich veränderten Bewußtseinszuständen)
- die Bereitschaft, auf die Überprüfung der Wirklichkeit vorübergehend zu verzichten
- fehlende Abwehrmechanismen gegenüber starken Gefühlen oder ungewöhnlichen Ideen
- ein unabhängiges Urteilsvermögen
- das Angezogenwerden von Komplexität und Asymmetrie
- die Fähigkeit zu einer schöpferischen Regression
- die Fähigkeit, mit der rechten, nichtdominanten Gehirnhälfte zu denken, die Ganzheitlichkeit vermittelt

- eine Flexibilität der Wahrnehmung und der Grenzen des Ichs
- die Fähigkeit, aus Unordnung Ordnung zu schaffen und Ähnliches im Unähnlichen zu erfassen
- die Fähigkeit, verschwommene Formen oder Gestalten zu erkennen
- die Neigung, aus komplexen Stimuli neuartige Formen zu gestalten
- ungewöhnliche intuitive Fähigkeiten
- eine innere Risikobereitschaft
- emotionale Sensibilität
- ein starkes Bedürfnis, Muster und Bedeutungen zu erkennen
- das Gefühl des Einsseins mit anderen.[2]

Zwar werden diese Charaktereigenschaften gewöhnlich Künstlern, Wissenschaftlern und anderen schöpferischen Menschen zugeschrieben, doch sie erleichtern auch die Umsetzung der Methoden, durch die sich das menschliche Wesen an sich entfaltet. Sie tragen zu einer neuen, reicheren Bewußtheit und einem breiteren Spektrum an Verhaltensweisen bei. Sie bringen eine neuartige Freude, Schönheit und Kreativität in unsere Beziehungen und unser tägliches Leben.

Diese Eigenschaften zeigen sich auch in der hohen hypnotischen Reagibilität, die eingesetzt werden kann, um bestimmte Formen außergewöhnlicher Funktionen und

Fähigkeiten zu fördern (siehe 15.6 und Anhang G),[3] in der Fähigkeit zu einer transformierenden Imagination,[4] in der Meditation[5] und im Sport (man denke nur an die unvorhersehbaren Bewegungen großer Basketballspieler, die überraschenden Strategien inspirierter Boxer und die neuartigen Bewegungen begnadeter Kunstturner und Tänzer). Die Entwicklung der metanormalen Fähigkeiten erfordert eine Offenheit gegenüber ungewöhnlichen Erfahrungen und die Bereitschaft, gewohnheitsmäßige Reaktionen durch neue zu ersetzen. Die Realisierung neuer Verhaltensweisen und Geisteszustände erfordert oftmals einen zeitweiligen Verzicht auf die Überprüfung der Wirklichkeit. Um die Terra incognita unserer latent vorhandenen Fähigkeiten zu erforschen, müssen wir das Abenteuer, die Komplexität und fremde Territorien lieben. Integrale Methoden ordnen die Bestandteile von Körper und Geist auf eine neue Art in nie dagewesene Formen der Kraft und der Schönheit, so als wären sie das Material eines Künstlers. Aus diesem Grund benötigen sie jene Charaktereigenschaften, die die Kreativität allgemein fördern.*

Sie fördern die Unabhängigkeit des Individuums, bedürfen aber zuzeiten einer Hingabe an transformierende Kräfte jenseits des gewöhnlichen Selbst. In der ich-transzendierenden

Liebe und Erkenntnis, die den Kern der integralen Entwicklung bilden – genauer gesagt, bei allen hier beschriebenen metanormalen Handlungen –, werden wir manchmal von einer Macht oder Präsenz jenseits der uns vertrauten Möglichkeiten inspiriert. Diese übermenschliche Energie wandelt unser Verständnis von Unabhängigkeit, löst diese auf und vollendet sie gleichzeitig, während sie unsere Fähigkeiten verbessert.

Sie erfordern Geduld und Liebe zur Übung um ihrer selbst willen. In seinem Buch *Mastery* (dt. *Der längere Atem*)** beschreibt George Leonard einige der Wege, auf denen

* Von Arthur Koestler stammt eine Formulierung, die ich für das Verständnis gewisser Aspekte der Veränderungen auf einer hohen Ebene hilfreich finde. Er stellte die These auf, daß künstlerische, wissenschaftliche oder humorvolle Schöpfungen die Kombination von zwei oder mehreren gewöhnlich nicht miteinander zu vereinbarenden Bezugssystemen beinhaltet. „Ich habe den Ausdruck ‚Bisoziation' geprägt", schrieb er, „um eine Unterscheidung zwischen dem routinemäßigen Denken, das sich sozusagen auf einer einzigen Ebene vollzieht, und dem schöpferischen Akt zu treffen, der sich immer... auf mehr als einer Ebene abspielt. Im ersten Fall könnte man von geistiger Eingleisigkeit sprechen, im zweiten von einem doppelsinnigen Übergangszustand eines labilen Gleichgewichts, bei dem die Balance des Affekts wie des Denkens gestört ist." (Koestler 1966, S. 25) Wie die künstlerischen und wissenschaftlichen Schöpfungsakte, die Koestler beschrieb, verbinden auch die konvulsiven Krisen infolge einer spirituellen Heilung, die Psychotherapie, das sportliche Training und die religiöse Übung gewöhnlich unvereinbare Bestandteile des Geistes und Körpers und bringen – zumindest vorübergehend – neue Erfahrungen und Leistungen hervor. Wie alle schöpferischen Akte „bisoziieren" sie Elemente der menschlichen Erfahrung in neuartigen Kombinationen.

** Dieses Buch erscheint im Sommer 1994 ebenfalls im Integral Verlag.

das Wachstum des Menschen durch die nicht vorhandene Bereitschaft, auf dem Weg der Selbstdisziplin voranzuschreiten, untergraben wird.[6] Das Gegenmittel hierzu liegt in der Erkenntnis, daß Fortschritt üblicherweise in Schüben vor sich geht, denen lange Phasen keiner oder nur geringer Fortschritte folgen. Wenn wir die Plateaus der Lernkurve genießen und die Übung um ihrer selbst willen schätzen lernen, wird es uns eher gelingen, auf dem Weg zu unserer Transformation Ausdauer zu zeigen, als wenn wir ständig sofortige Ergebnisse erwarten.

Sie sollten sich die ererbten, koinzidenten Reaktionen zunutze machen, die psychosomatische Bereitschaft für Veränderungen auf hohen Ebenen. Die Meditation bringt viele positive Veränderungen hervor (23.2). Ähnlich hat ein einfaches Laufprogramm mehrere Dutzend hormonale, kardiopulmonale und muskuläre Verbesserungen zur Folge (19.2). Wie ich bereits sagte, können allgemeine koinzidente Reaktionen die Prozesse der Transformation beschleunigen und sie gleichzeitig effizienter und umfassender machen. Frei nach Freud könnten wir diese gleichzeitigen und mannigfaltigen Veränderungen als Beispiele für die psychosomatische Bereitschaft für Veränderungen auf höheren Ebenen bezeichnen.

Tatsächlich besteht jede wesentliche Veränderung des Menschen aus einer ungeheuren Anzahl psychischer und somatischer Vorgänge, so daß es einen irreführen kann, wenn man allgemeine von spezifischen Reaktionen zu unterscheiden versucht. Trotzdem kann uns diese Unterscheidung helfen, uns gedanklich mit der Transformationspraxis auseinanderzusetzen. Selbst wenn es nur eine relative Unterscheidung ist, kann der Unterschied zwischen allgemeinen und spezifischen Reaktionen dazu beitragen, unsere Strategien im Rahmen einer integralen Entwicklung zu verbessern.

Sie sollten sich die mannigfaltigen Veränderungen zunutze machen, die durch geistige Vorstellungsbilder und veränderte Bewußtseinszustände herbeigeführt werden. Wie bereits in den vorangegangenen Kapiteln ausgeführt, können geistige Vorstellungsbilder und veränderte Bewußtseinszustände komplexe Weiterentwicklungen menschlicher Fähigkeiten bewirken. Sie sind in der Lage, komplizierte Netzwerke psychophysischer Prozesse zu Heilungs- oder Wachstumszwecken zu aktivieren, zur Integration verschiedener Körperteile beizutragen und verschiedene Fähigkeiten auf eine außergewöhnliche Ebene zu erheben.[7] Darin ähneln sie den koinzidenten Reaktionen, die wir von unseren Vorfahren aus dem Tierreich ererbt haben. Angeborene Reaktionen finden jedoch nur in einem ganz bestimmten, feststehenden Modus statt, während geistige Vorstellungsbilder und veränderte Bewußtseinszustände homöostatische Reflexe beeinflussen und so wirklich neuartige Fähigkeiten hervorbringen können. In ihren grundlegenden Auswirkungen ähneln sie den subsumtiven Prozessen, die im evolutionären Fortschritt zu erkennen sind.

Sie sollten bestimmte Ergebnisse auf mehr als nur einem Weg erzielen können. Swami Rama, ein Yogi, den Elmer Green von der Menninger Foundation in seinem Labor untersuchte, konnte seine Herzfrequenz willentlich verändern. Dem Swami gelang das auf mindestens drei verschiedene Arten: durch den Valsalva-Preßdruckversuch, durch die direkte Kontrolle des Vagus-Nervs und durch einen direkten Einfluß auf den Herzmuskel.[8] Mit dieser Vielseitigkeit demonstrierte er ein Prinzip, das auch bei anderen Formen der Meisterung des Selbst zu beobachten ist, nämlich daß bestimmte Verhaltensweisen auf vielfältigen physiologischen Bahnen, durch unterschiedliche Prozesse und durch mehr als eine Form der Vermittlung modifiziert werden können.

Sie sollten Grenzen behutsam und nicht mit Gewalt überschreiten. Jede wesentliche Verbesserung physischer Funktionen erfordert eine Neuordnung der Körperprozesse. Langstreckenläufer müssen ihren Stoffwechsel verändern, um ein neues Fitneßniveau zu erreichen; Bodybuilder müssen Muskelfasern abbauen, um ihre körperliche Erscheinung neu zu gestalten; Kunstturner müssen die Sehnen dehnen, um ihre Flexibilität zu erhöhen. Aber auch die Qualitäten des Herzens und des Geistes werden durch Übungen zur Transformation neu strukturiert. Die psychische Erschöpfung, die

Sportler und Kampfkünstler erleben, die Krankheiten, die künftige Schamanen auf dem Weg zu ihrer Initiation durchmachen, die dunkle Nacht der Seele, die christliche Mystiker erfahren haben, die schmerzvollen *Sesshins* des Zen sowie das Aufgehen der Sufis in Gott resultieren alle bis zu einem gewissen Grad aus Zusammenbrüchen, die einen über sich selbst hinauswachsen lassen.[9] Aber diese Zusammenbrüche können auch zu extrem sein. Um erfolgreich zu sein, müssen Transformationsmethoden ein subtiles Gleichgewicht zwischen unzureichender und übertriebener Anstrengung finden und Grenzen respektieren, während sie versuchen, sie zu überwinden. Aus diesem Grund kennen erfolgreiche Athleten wie auch wahre Mystiker ihren Zustand oftmals ganz genau. So kann ein Langstreckenläufer ein unzureichendes Training daran erkennen, daß nach einem halbherzigen Lauf der Glanz auf seinem Körper fehlt oder daß er, umgekehrt, durch ein Übermaß an Erschöpfung verspannt und unruhig ist. Ein erfahrener Meditierender weiß um den Unterschied zwischen konzentrierter Achtsamkeit und der schlechten Ausstrahlung einer erzwungenen Konzentration. Disziplin entsteht am besten aus einem kundigen, aber auch festen Willen.

Diese subtile Gradwanderung erfordert Erfahrung, da sich Grenzen entsprechend den Umständen und der schwankenden Verfassung des Organismus verändern. Erfolgreiche Sportler, Kampfkünstler, Schamanen und Mystiker müssen sozusagen Existentialisten sein – in der Gegenwart verwurzelt, während sie in ihrer Übung fortschreiten – und ihre Bemühungen ihren gegenwärtigen psychischen und physischen Erfordernissen anpassen. Da das Ziel der Transformationspraxis ständig neu gesteckt wird, verlangt die Kunst der Übung nach Anpassungsfähigkeit, Geduld und der Bereitschaft, auf den Plateaus der Lernkurve zu verweilen, während die Grenzen des Wachstums sich allmählich ausdehnen.

Dabei dehnen sich die Grenzen natürlich nicht nur aus, sondern verändern sich auch. Unsere ersten Grenzen, seien sie psychischer oder somatischer Natur, können einer aus Übung entstehenden Erfahrung weichen. Gleichzeitig muß sich unser Streben den Erfordernissen des inneren Gleichgewichts anpassen. Die Kultivierung des Selbst beinhaltet sowohl Veränderungen in unseren Idealvorstellungen als auch in unserer gegenwärtigen Struktur. Eine derartige Anpassung wird zum Beispiel durch den Einsatz der Imagination zum Erreichen bestimmter Fertigkeiten sichtbar. Obgleich die Leistungsfähigkeit durch imaginatives Üben verbessert werden kann, kann die Spontaneität, die ein sich durchkämpfender Quarterback oder ein vorwärts stürmender Pointguard braucht, durch Vorstellungsbilder gestört werden, die der gegenwärtigen Situation nicht entsprechen. Die Feinfühligkeit, die für einen schwierigen Golfschlag erforderlich ist, kann durch zwanghafte geistige Vorstellungen beeinträchtigt werden. Die Imagination muß sich – wie die Muskulatur – den Gegebenheiten des Augenblicks anpassen. Eine ähnliche Fähigkeit wird auch bei den seltener auftretenden Aktivitäten benötigt, die ich metanormal genannt habe. In der tiefen

Meditation nehmen wir manchmal Bilder von außergewöhnlichen Wesenheiten wahr, zum Teil visuell, zum Teil kinästhetisch oder sogar auditiv, die losgelassen werden müssen, wenn etwas noch Größeres geschieht. Beim Aikido verschwinden die Vorstellungsbilder, wenn sich der Körper auf eine Weise bewegt, die wir uns nicht vorzustellen vermochten. Auf allen Ebenen des Wachstums, in allen Aspekten unseres Seins müssen inspirierte Bilder zuzeiten den größeren Inspirationen weichen. Selbst unsere lichtvollsten geistigen Bilder wandeln sich im Laufe der Übungen zur Transformation.

Daher achten wir in der Praxis auf zwei Punkte zugleich: zum einen auf die Anteile, die die Veränderung wollen, und zum anderen auf die Anzeichen eines sich ständig entwickelnden und größeren Lebens in uns. Dadurch, daß wir unsere Ideale und unsere gegenwärtige Situation annehmen – die sich beide kontinuierlich weiterentwickeln –, werden wir sie miteinander verbinden. Das trifft gleichermaßen für unsere Philosophien und Mythologien zu, die unser Streben nach Wachstum begleiten. So müssen sich auch die Vorstellungen, die in diesem Buch enthalten sind, im Lichte neuer Erfahrungen weiterentwickeln, wenn sie für die Theorie, Forschung oder Praxis von Nutzen sein sollen.

Sie hängen von der Fähigkeit zur Improvisation ab. Jede erfolgreiche Methode wird uns bis zu einem gewissen Grad neu erschaffen. Sie verändert unsere Gewohnheiten, unsere psychischen und physischen Strukturen und befreit uns von überholten Routinemäßigkeiten. Das gilt insbesondere für Methoden, die gleichzeitig unsere kognitiven, affektiven und physischen Anteile mit einbeziehen und doch unsere Einzigartigkeit respektieren. Manche Disziplinen, die relativ begrenzte Ziele verfolgen, haben klar erkennbare Ebenen, Techniken und Ergebnisse; integrale Methoden dringen jedoch in unbekannte Gebiete vor. Sie können zwar auf Erfahrungen aus den verschiedensten Bereichen zurückgreifen, verfügen aber über keine genauen Koordinaten für ihre unterschiedlichen Aktivitäten und über nur wenige, klar festgelegte Richtlinien der Entwicklung. Aus diesem Grund erfordern sie ein gewisses Maß an aktivem Probieren, die Lust am Abenteuer und Improvisation.

Sie sollten bildhafte Symbole des Einsseins verwenden. Das Meditieren mit Symbolen des Einsseins ist Bestandteil sehr alter wie auch zeitgemäßer Transformationsmethoden. Da unsere verschiedenen Anteile sich gegenseitig spiegeln, fördern solche Übungen die innere Einheit und das Gefühl der Verbundenheit mit anderen Menschen.[10]

Sie erfordern (und fördern) bewußte Übergänge zwischen den unterschiedlichen Zuständen des Bewußtseins. In verschiedenen Traditionen des Yoga wurde die Schulung des Bewußtseins während des Schlafs gelehrt. Sri Aurobindo schrieb dazu:

> Es ist sogar möglich, im Schlaf vom Anfang bis zum Ende oder über lange Phasen unserer Traumerfahrung hinweg eine vollkommene Bewußtheit zu erlangen. Dann sind wir uns bewußt, wie wir von einer Phase des Bewußtseins zu einer anderen übergehen, bis wir eine kurze Phase traumlosen Ruhens erreichen, in der die Energien des Wachzustands wirklich regeneriert werden. Anschließend kehren wir auf demselben Weg zum Wachbewußtsein zurück.[11]

Darüber hinaus ist es möglich, sich der Übergänge zwischen dem gewöhnlichen Wachzustand und veränderten Bewußtseinszuständen gewahr zu werden. Bestimmte tantrische Schulen in Indien gestatten beispielsweise das Trinken von Alkohol als Teil ihrer Übung und verlangen von ihren Anhängern, daß sie im betrunkenen Zustand die Bewußtheit ihrer selbst bewahren. Derwische konzentrieren sich auf ihr inneres Auge, während sie bis an den Rand der Erschöpfung tanzen. Gurdjieff lehrte die Selbstbeobachtung bei körperlicher Arbeit, extremen Körperübungen und unter anderen Bedingungen, unter denen die Aufmerksamkeit gewöhnlich abschweift. Das *Tibetanische Totenbuch* gibt Anweisungen, wie das Bewußtsein durch die verschiedenen Stadien des Todes hindurch aufrechterhalten werden kann. Wenn wir unser Bewußtsein bei all unseren Handlungen ohne Unterbrechung bewahren, stellt diese Art der Übung Verbindungen zwischen unseren abgespaltenen Teilen her, erlaubt uns eine bessere Beherrschung des gewohnheitsmäßigen Verhaltens, ermöglicht den Zugang zu den Tiefen unseres Unterbewußtseins und vertieft den Einblick in eine Subjektivität jenseits aller geistigen oder körperlichen Geschehnisse.

Sie beruhen auf einer sich entfaltenden Bewußtheit, die psychische und somatische Funktionen transzendiert. Diese Bewußtheit kann sich durch nicht-eingreifende Selbstbeobachtung von sämtlichen Vorstellungen, Gedanken, Impulsen, Gefühlen und Empfindungen lösen. Sie findet sich in der Bewegung oder der Ruhe sozusagen selbst durch eine nichtwertende Aufmerksamkeit, die das Verhaftetsein mit bestimmten psychischen oder physischen Begebenheiten aufgibt. Sie schenkt uns eine wachsende Freiheit von geistigen, gefühlsmäßigen und körperlichen Angewohnheiten, kurze Augenblicke einer tiefen Freude und die Erkenntnis einer weit größeren Freiheit. Indem sie kultiviert wird, eröffnet sie uns weitere Ausblicke und wird zu einer grenzenlosen Subjektivität, die die Einheit in allem erkennt.

Diese grundlegende Bewußtheit ist sich selbst Lohn genug und eine der größten Errungenschaften auf dem Weg zur Transformation. Sie ist auch für die tatsächlichen Erfolge in den Anfangs- wie den späteren Phasen der integralen Entwicklung notwendig. Ihre regenerierende Freiheit allein vermag die Schocks, die Auflösungen, die Anpassungen und Umstrukturierungen erträglich zu machen, die für Veränderungen auf hohen Ebenen erforderlich sind. Nur ihr Horizont ist weit, klar und beständig

genug, um einen grundlegenden Wiederaufbau des menschlichen Organismus zu ermöglichen, der dem Leben auf der Erde so gut angepaßt ist. Und nur eine Bewußtheit, die über unsere einzelnen Anteile hinausreicht, kann unser biologisches Gleichgewicht überdauern.

Die Begriffe, mit denen das Sanskrit erleuchtete Zustände beschreibt, sind in dieser Hinsicht sehr aufschlußreich. *Nirvikalpa samadhi* beispielsweise, ein höchster Zustand des Einsseins, in dem unsere wahre Identität zum Vorschein kommt, hat keine *(nir)* Teile *(kalpas)*. Aus seiner eigenen, fundamentalen Logik heraus transzendiert es die Strukturen, die in ihm entstehen. Diese essentielle Bewußtheit kann dank ihrer außerordentlichen Perspektive die Vermittlung zwischen inneren Konflikten wesentlich effektiver gestalten, als es den begrenzten Teilen des Geistes möglich wäre. Und selbst wenn wir bestimmten Impulsen und reflexiven Verhaltensweisen widerstehen oder sie ablehnen, trägt sie dazu bei, unsere auf Rückmeldungen angewiesenen Systeme im Gleichgewicht zu halten. Das ist selbstverständlich ein Geheimnis der besten zeitgenössischen Therapieformen wie auch der sehr alten Praxis der Achtsamkeitsmeditation. Aus dieser ungeteilten, allumfassenden und lebendigen Bewußtheit können wir unsere unvereinbar erscheinenden Anteile miteinander in Berührung bringen und sie letztendlich integrieren.

Sie sollten all unsere Fähigkeiten und somatischen Vorgänge auf das außergewöhnliche Leben hin ausrichten, das sich in uns entfaltet. Die zwölf Gruppen von Eigenschaften, die in Kapitel 4 und 5 beschrieben sind und die mit Hilfe der in diesem Kapitel aufgeführten Methoden kultiviert werden können, bringen außergewöhnliche Formen ihrer selbst hervor. Integrale Methoden richten uns auf diese sich entfaltenden Wesensmerkmale aus, so daß das gesamte Spektrum der Gnade in uns wirken kann. Um dies zu ermöglichen, müssen sie von einer Philosophie getragen werden, die unsere vielgestaltige Beschaffenheit umfaßt, sowie von einem Streben nach einer vielseitigen Entwicklung und der Hingabe an eine Existenz, die erhabener ist als jene, mit der wir in diesem Augenblick vertraut sind. Sie führen uns auf den Weg zu einem außergewöhnlichen Leben, das, so glaube ich, Formen der Liebe, der Freude und der Verkörperung umfaßt, die jenseits unseres Vorstellungsvermögens liegen.

HÄUFIG VERWENDETE BEGRIFFE

Außergewöhnliche oder metanormale Fähigkeiten. Menschliche Fähigkeiten, die grundlegend über die Fähigkeiten hinausgehen, die für die meisten heutigen Menschen typisch sind. Es gibt viele Arten und Abstufungen solcher Fähigkeiten, die manchmal durch Kräfte oder Prinzipien jenseits der normalen Erfahrungen vermittelt zu werden scheinen. *Außergewöhnlich* und *metanormal* sind in diesem Buch Synonyme und austauschbar. Den Begriff *metanormal* schlug George Leonard vor.

Außerkörperliche oder exsomatische Erfahrung. Eine Erfahrung, die nicht von körperlichen Vorgängen abhängig ist.

Charisma. Ein Begriff, der von der römisch-katholischen Kirche verwendet wird, um besondere Erfahrungen oder Fähigkeiten in Verbindung mit einem Leben in Andacht zu kennzeichnen. In Kapitel 22 werden solche Phänomene aus dem Bereich der katholischen Mystik erörtert.

Gnade. Der Vorgang, durch den das Wissen um die Einheit allen Seins, ich-transzendierende Liebe und andere außergewöhnliche Fähigkeiten in uns entstehen. Diese Fähigkeiten scheinen eine Gabe zu sein und keine Belohnung; sie offenbaren sich spontan und nicht durch egozentrische Anstrengung. In Kapitel 7.1 führe ich diese Definition näher aus.

Imagination. Quasi-sinnliches Erleben, das ohne die Reize geschieht, die sein echtes sinnliches Gegenstück hervorrufen. (Zu verschiedenen Definitionen und konzeptuellen Verwirrungen dieses Begriffes siehe Richardson 1983.) Ein solches Erleben kann über den Seh-, Hör- Tast-, Geschmacks- oder Geruchssinn laufen, es kann schwach oder stark sein, bemerkt werden oder unbemerkt bleiben, leicht oder schwer zu begreifen sein. Nachweise aus Anthropologie, Psychotherapie, experimenteller Psychologie und der gewöhnlichen Erfahrung des Menschen deuten stark darauf hin, daß *Imagination* der gesamten menschlichen Spezies eigen ist und daß erwachsene Menschen einen ständigen, Tag und Nacht anhaltenden Imaginationsfluß besitzen, den sie bemerken mögen oder nicht. (Siehe Pope und Singer 1978)

Integrale Methode. Eine Methode, um die körperlichen, vitalen, emotionalen, willentlichen und transpersonalen Dimensionen des menschlichen Verhaltens auf eine integrierte Weise zu kultivieren. In Kapitel 26 erörtere ich einige Richtlinien solcher Methoden.

Kundalini. Ein Begriff aus dem Sanskrit, der eine besondere Kraft des Geist-Körper-Gefüges beschreibt, die durch Yoga kultiviert werden kann. Das Erwachen der Kundalini wird auf vielerlei Art und Weise erfahren; einige dieser Erfahrungen wurden in den

Schriften über den Yoga und andere von modernen Psychologen beschrieben. In Kapitel 5.4 findet sich eine kurze Erörterung Kundalini-ähnlicher Erfahrungen.

Menschliches Wesen oder menschliche Natur. In diesem Buch bezieht sich der Begriff auf das Geist-Körper-Gefüge als ganzes. Das schließt seine körperlichen, vitalen, kognitiven, willentlichen, außersinnlichen und transpersonalen Dimensionen ein.

Paranormal. Ein Begriff, der verwendet wird, um bestimmte Phänomene zu beschreiben, die auf irgendeine Weise die Grenzen dessen überschreiten, was nach heutigen wissenschaftlichen Annahmen möglich ist. Bei den meisten dieser Phänomene (wie Telepathie und Psychokinese) geht es um die Überwindung einer Entfernung (entweder zeitlich oder räumlich) zwischen einem Geist und einem anderen, oder zwischen Geist und Materie.

Paranormale Interaktionen, die zwischen Tieren oder weitgehend unbewußt im alltäglichen Leben der Menschen geschehen, sind nach meiner Definition in diesem Buch nicht *metanormal.* (Solche Interaktionen wurden von Freud und anderen Psychoanalytikern beschrieben. Siehe dazu 17.3) Bewußte paranormale Fähigkeiten (so wie zum Beispiel die bewußte Hellsichtigkeit) stellen eine Untergruppe der Fähigkeiten dar, die ich als *metanormal* bezeichne (siehe 5.1).

Psi. Ein Begriff, der von B. P. Wiesner und R. H. Thouless vorgeschlagen wurde. Er kann als Substantiv oder als Adjektiv verwendet werden, um paranormale Vorgänge und Ursachen zu beschreiben. *Psi-gamma* steht für paranormale Wahrnehmung, *Psi-kappa* für paranormale Handlungen. *Expressives Psi,* ein Begriff von David Griffin, ist gleichbedeutend mit *Psi-kappa, rezeptives Psi* mit *Psi-gamma.* Der Begriff *Psi* soll darauf hinweisen, daß verschiedene paranormale Phänomene Aspekte eines einzigen Vorgangs sind, der in seinem aktiven oder expressiven (Psi-kappa) Modus Psychokinese, Telekinese oder Telergie genannt wird und in seinem rezeptiven oder kognitiven (Psi-gamma) Modus Telepathie, Hellsehen oder außersinnliche Wahrnehmung (ASW).

Siddhi. Dieser Begriff aus dem Sanskrit ist etwa gleichbedeutend mit dem römisch-katholischen *Charisma* und beschreibt besondere menschliche Fähigkeiten, die – obgleich sie außerhalb des Rahmens einer formellen Methode spontan auftreten – typischerweise als „Nebenprodukte“ der Transformationsmethoden erscheinen. Zu diesen Fähigkeiten gehören mystische Kognition, Hellsehen und außergewöhnliche körperliche Fähigkeiten.

Synoptischer oder integraler Empirismus. Das Sammeln und Überprüfen von Daten aus den gängigen Wissenschaften, der psychischen Forschung, vergleichenden Religionswissenschaft und anderen Gebieten, die normalerweise von Wissenschaftlern und Gelehrten getrennt betrachtet werden. Diese Methode verwendet Erfahrungen, die durch sensorische, kinästhetische und extrasensorische Modalitäten erworben wurden. In Kapitel 2.1 führe ich diese Definition weiter aus.

Transformationsmethoden. Eine komplexe und einheitliche Gruppe von Aktivitäten, die positive Veränderungen in einer Person oder einer Gruppe hervorrufen. Die Methoden, die ich üblicherweise mit diesem Begriff bezeichne, beziehen sich entweder auf Religion, Yoga, Schamanismus, Sport, Somatik und Therapie oder die Kampfkünste; in einigen Kapiteln jedoch werden auch andere Methoden, Berufe und alltägliche Aktivitäten wie Elternschaft oder Ehe so bezeichnet.

Häufig verwendete fremdsprachige Begriffe wie Siddhi und Kundalini wurden überwiegend nicht kursiv geschrieben.

ANHANG A

[A.1]
BEDEUTENDE BERICHTE ÜBER PARAPSYCHOLOGIE UND PSYCHISCHE FORSCHUNG

Broad, C. D. 1953: *Religion, Philosophy and Psychical Research*, Harcourt, Brace

Edge, H., et al. 1986: *Foundations of Parapsychology*, Routledge & Kegan Paul

Gurney, E., F. W. H. Myers u. F. Podmore. 1886, 1970: *Phantasms of the Living*, Bd. 1 u. 2, Scholar's Facsimiles & Reprints; dt. (in stark gekürzter Fassung) 1897: *Gespenster lebender Personen und andere telepathische Erscheinungen*, Leipzig: M. Spohr

James, W. 1986: *Essays in Psychical Research*, in: *The Works of William James*, Harvard University Press

Murphy, G. 1961: *Challenge of Psychical Research*, Harper

Myers, F. W. H. 1903, 1954: *Human Personality and Its Survival of Bodily Death*, Bd. 1 u. 2, Longmans, Green

Proceedings and Journal of the American Society for Psychical Research, American Society for Psychical Research, New York

Proceedings and Journal of the British Society for Psychical Research, Society for Psychical Research, London

White, R., u. L. Dale. 1973: *Parapsychology: Sources of Information*, Scarecrow

White, R. 1990: *Parapsychology: New Sources of Information*, Scarecrow

[A.2]
ANGESEHENE PARAPSYCHOLOGISCHE EXPERIMENTE

Nils Wiklund vom Karolinska Institut in Stockholm bat mehrere ehemalige Präsidenten der *Parapsychological Association* (mit Sitz in den Vereinigten Staaten und Mitgliedern aus verschiedenen Nationen), eine Liste der beweiskräftigsten parapsychologischen Experimente zu erstellen. Sieben von acht Gruppen von Experimenten, die auf seine Anfrage hin am häufigsten genannt wurden, wurden ebenfalls von Mitgliedern (nicht Präsidenten) derselben *Association* ausgewählt. Eine dieser sieben Gruppen wurde allerdings in der Zwischenzeit von Parapsychologen angezweifelt. Die Gruppen von Experimenten, die in beiden Befragungen ausgewählt wurden, mit Ausnahme der in Frage gestellten Gruppe, sind im folgenden in chronologischer Reihenfolge aufgeführt. Siehe Wiklund, N. 1983: „Welches Beweismaterial für Psi haben wir?", in: *Zeitschrift für Parapsychologie und Grenzgebiete der Psychologie*, S. 59–61.

(1)

Schmidt, H. 1969: Precognition of a quantum process, in: *Journal of Parapsychology* 33:99–108

Schmidt, H. 1969: Clairvoyance tests with a machine, in: *Journal of Parapsychology* 33:300–306

Schmidt, H. 1973: PK tests with a high-speed random number generator, in: *Journal of Parapsychology* 37:105–119

(2)

Pratt, J., et al. 1968: Identification of concealed randomized objects through acquired response habits of stimulus and word association, in: *Nature* 220:89–91

Blom, J., u. J. Pratt. 1969: A second confirmatory ESP experiment with Pavel Stepanek as a „borrowed" subject, in: *Journal of the American Society for Psychical Research* 62:28–45. (Vgl. auch den Brief von Pratt in ebd., 63:207–209)

Pratt, J. G. 1973: A decade of research with a selected ESP subject: An overview and reappraisal of the work with Pavel Stepanek, in: *Proceedings of the American Society for Psychical Research* 30:1–78

Keil, H. H. J. 1977: Pavel Stepanek and the focusing effect, in: Research letter of the Parapsychology Laboratory, University of Utrecht (Okt.), No. 8; dt.: Pavel Stepanek und der Fokussierungs-Effekt, in: *Zeitschrift für Parapsychologie und Grenzgebiete der Psychologie* 19:1–22

(3)

Honorton, C. 1977: Psi and internal attention states, in: B. Wolman (Hg.): *Handbook of Parapsychology*, New York: Van Nostrand Reinhold, Teil V, Kap. 1

(4)

Schouten, S., u. E. F. Kelley. 1978: On the experiment of Brugmans, Heymans and Weinberg, in: *European Journal of Parapsychology* 2:247–290

(5)

Rhine, J., u. J. Pratt. 1954: A review of the Pearce-Pratt distance series of ESP tests, in: *Journal of Parapsychology* 18:165–177

Hansel, C. 1980: *ESP and Parapsychology. A Critical Re-Evaluation*, Kap. 10, Buffalo, N. Y.: Prometheus Books

(6)

Pratt, J., u. J. Woodruff. 1939: Size of stimulus symbols in extrasensory perception, in: *Journal of Parapsychology* 3:121–158

Pratt, J. 1976: New evidence supporting the ESP interpretation of the Pratt-Woodruff experiment, in: *Journal of Parapsychology* 40:217–227

Hansel, C. 1980: *ESP and Parapsychology. A Critical Re-Evaluation*, Kap. 11, Buffalo, N. Y.: Prometheus Books

[A.3]
STUDIEN ÜBER SPONTAN AUFTRETENDE PARANORMALE PHÄNOMENE

Besterman, T. 1932: The psychology of testimony in relation to paraphysical phenomena: Report of an experiment. *Proceedings of the Society for Psychical Research* (Mai) 40:365–387

Bridge, A. 1970: *Moments of Knowing: Personal Experiences in the Realm of Extrasensory Perception*, McGraw-Hill

Dale, L., R. White u. G. Murphy. 1962: A selection of cases from a recent survey of spontaneous ESP phenomena. *Journal of the American Society for Psychical Research* 56:1:3–47

Green, C. 1960: Analysis of spontaneous cases. *Proceedings of the Society for Psychical Research* 53:97–117

Haight, J. 1979: Spontaneous psi cases: A survey and preliminary study of ESP, attitude and personality relationships. *Journal of Parapsychology* (Sept.) 43:179–204

MacKenzie, A. 1987: *The Seen and the Unseen*, Weidenfeld & Nicolson

Osis, K., u. E. Haraldsson. 1989 (2): *Der Tod – ein neuer Anfang*, Freiburg i. Br.: Bauer

Prince, W. F. 1963: *Noted Witnesses for Psychic Occurrences*, University Books

Rhine, L. E. 1967: *ESP in Life and Lab: Tracing Hidden Channels*, Macmillan

– 1979: *Verborgene Wege des Geistes*, Freiburg i. Br.: Aurum

Schwartz, E. K. 1952: The psychodynamics of spontaneous psi experiences. *Journal of the American Society for Psychical Research* 46:3–10

Schwarz, B. E. 1980: *Psychic-Nexus: Psychic Phenomena in Psychiatry and Everyday Life*, Van Nostrand Reinhold

Stanford, R. G. 1973: Psi in everyday life. *ASPR Newsletter* 16:1–2

Stevenson, I. 1966: Announcement re an unusual collection of spontaneous case material available to investigation and scholars. *Journal of the American Society for Psychical Research* 60:178–179

– 1970: *Telepathic Impressions: A Review and Report of Thirty-Five New Cases*, University Press of Virginia

Stevenson, I., J. Palmer u. R. Stanford. 1977: An authenticity rating scale for reports of spontaneous cases. *Journal of the American Society for Psychical Research* 71:273–288

Tyrell, G. N. 1962: *Apparitions*, Macmillan

West, D. J. 1948: The investigation of spontaneous cases. *Proceedings of the Society for Psychical Research* 48:264–300

White, R., u. R. Anderson. 1990: *Psychic Experiences: A Bibliography*, Parapsychology Sources of Information Center

White, R. 1981: Saintly Psi: A study of spontaneous ESP in saints. *Journal of Religion and Psychical Research* 4:157–167

[A.4]
STUDIEN ÜBER DIE VERBREITUNG PARANORMALER PHÄNOMENE

Evans, C. 1973: Parapsychology – What the questionnaire revealed. *New Scientist* 517:209

Gallup, G. 1990: *Begegnungen mit der Unsterblichkeit: Erlebnisse im Grenzbereich von Leben und Tod*, Frankfurt/M.: Ullstein

Gallup Poll. 1985: Pressemitteilung, 14. Mai

Greeley, A. 1975: *The Sociology of the Paranormal: A Reconnaissance*, Sage Publications

– 1987: Mysticism goes mainstream. *American Health* (Jan./Feb.), S. 47–49

Hay, D. 1979: Religious experience amongst a group of postgraduate students: A qualitative study. *Journal for the Scientific Study of Religion* 18:164–182

– 1982: *Exploring Inner Space: Scientists and Religious Experience*, Penguin

McCready, W., u. A. Greeley. 1976: *The Ultimate Values of the American Population*, Sage Publications

Palmer, J. 1979: A community mail survey of psychic experiences. *Journal of the American Society for Psychical Research* 73:221–251

Sidgwick, E. 1984: Report on Census of Hallucinations. *Proceedings of the Society for Psychical Research* 10:25–422

Thomas, L., u. P. Cooper. 1978: Measurement and incidence of mystical experience: An exploratory study. *Journal for the Scientific Study of Religion* 17:433–443

– 1980: Incidence and psychological correlates of intense spiritual experiences. *Journal of Transpersonal Psychology* 12:1:75–85

West, D. J. 1948: A mass-observation questionnaire on hallucinations. *Journal of the Society for Psychical Research* 34:187–198

[A.5]
PSYCHIATRISCHE UND PSYCHOLOGISCHE STUDIEN PARANORMALER PHÄNOMENE

Avriol, B. 1988: Telepathy occurrences and psychoanalytic practice. *Revue Française de Psychotronic* (April–Juni) 1:19–20

Devereux, G. (Hg.). 1953: *Psychoanalysis and the Occult*, International Universities Press

Ehrenwald, J. 1940: Psychopathological aspects of telepathy. *Proceedings of the Society for Psychical Research* 46:224–244

– 1942: Telepathy in dreams. *British Journal of Medical Psychology* 19:313–323

– 1944: Telepathy in the psychoanalytic situation. *British Journal of Medical Psychology* 20:51–62

– 1948a: Neurobiological aspects of telepathy. *Journal of the American Society for Psychical Research* 42:132–141

– 1948b: *Telepathy and Medical Psychology*, W. W. Norton

– 1949: Quest for psychics and psychical phenomena in psychiatric studies of personality. *Psychiatric Quarterly* 23:236–247

– 1950a: Presumptively telepathic incidents during analysis. *Psychiatric Quarterly* 24:726–743
– 1950b: Psychotherapy and the telepathy hypothesis. *American Journal of Psychotherapy* 4:51–79
– 1954: Telepathy and the child-parent relationship. *Journal of the American Society for Psychical Research* 48:43–55
– 1956: Telepathy: Concepts, criteria, and consequences. *Psychiatric Quarterly* 30:425–449
– 1966–1967: Why Psi? *Psychoanalytic Review* 53:647–663
– 1975: *New Dimensions of Deep Analysis*, Arno
Eisenbud, J. 1949: Psychiatric contribution to parapsychology: A review. *Journal of Parapsychology* 13:247–262
– 1954: Behavioral correspondences to normally unpredictable future events. *Psychoanalytic Quarterly* 23:205–233, 355–387
– 1955: On the use of the Psi hypothesis in psychoanalysis. *International Journal of Psychoanalysis* 36:1–5
– 1974: *Psychologie mit Psi*, Bern, München, Wien: Scherz
– 1975: *Gedankenfotografie: Die Psi-Aufnahmen des Ted Serios*, Freiburg i. Br.: Aurum
– 1982: *Paranormal Foreknowledge: Problems and Perplexities*, Human Science Press
– 1983: *Parapsychology and the Unconscious*, North Atlantic Books
Fodor, N. 1945: The psychoanalytic approach to the problems of occultism. *Journal of Clinical Psychopathology* 7:65–87
– 1971: *Freud, Jung and Occultism*, University Books

Freud, S. 1976: Traum und Telepathie, in: Bd. 13 der *Gesammelten Werke*, Frankfurt/M.: Fischer
– 1976: Die okkulte Bedeutung des Traumes, in: Bd. 14 der *Gesammelten Werke*, Frankfurt/M.: Fischer
Jung, C. G. 1982: *Erinnerungen, Träume, Gedanken*, Olten/Freiburg i. Br.: Walter
Meerloo, J. A. 1948–1951: Vorträge vor der Medical Section, American Society for Psychical Research
– 1949: Telepathy as a form of archaic communication. *Psychiatric Quarterly* 23:691–704
– 1950: *Patterns of Panic*, International Universities Press
– 1953: *Communication and Conversation*, International Universities Press
Pederson-Krag, G. 1947: Telepathy and repression. *Psychoanalytic Quarterly* 6:61–68
Schwarz, B. E. 1969: Synchronicity and telepathy. *Psychoanalytic Quarterly* 56:44–56
Stekel, W. 1921: Der telepathische Traum, in: *Die okkulte Welt*, 2. Heft, Pfullingen: J. Baum
Ullman, M. 1948: Communication. *Journal of the American Society for Psychical Research* 42
– 1952: On the nature of resistence to psi experiences. *Journal of the American Society for Psychical Research* 46

[A.6] STUDIEN ÜBER ELTERN-KIND-TELEPATHIE

Anderson, L. M. 1957: A further investigation of teacher-pupil attitudes and clairvoyance test results. *Journal of Parapsychology* 21:81–97
Anderson, M. L. 1957: Clairvoyance and teacher-pupil attitudes in fifth and sixth grades. *Journal of Parapsychology* 21:1–12
– 1958: A survey of work on ESP and teacher-pupil attitudes. *Journal of Parapsychology* 22:246–268
– 1958: ESP score level in relation to students' attitudes toward teacher-agents acting simultaneously. *Journal of Parapsychology* 22:20–28

Anderson, M., u. E. Gregory. 1959: A two-year program and tests for clairvoyance and precognition with a class of public school pupils. *Journal of Parapsychology* 23:149–177

Anderson, M., u. R. White. 1956: Teacher-pupil attitudes and clairvoyance test results. *Journal of Parapsychology* 20:141–157

Ehrenwald, J. 1956: Telepathy and the child-parent relationship. *Journal of the American Society for Psychical Research* 48:43–55

Eisenbud, J., et al. 1960: A further study of teacher-pupil attitudes and results on clairvoyance tests in the fifth and sixth grades. *Journal of the American Society for Psychical Research* 54:72–80

Louwerens, N. G. 1960: ESP experiments with nursery school children in the Netherlands. *Journal of Parapsychology* 24:75–93

Schwarz, B. E. 1961: Telepathic events in a child between 1 and 3 years of age. *International Journal of Parapsychology* 4:5–52

– 1971: *Parent-Child Telepathy*, Garrett

Van Busschbach, J. 1953: An investigation of extrasensory perception in school children. *Journal of Parapsychology* 17:210–214

– 1955: A further report of an investigation of ESP in school children. *Journal of Parapsychology* 20:71–80

– 1956: An investigation of ESP between teachers and pupils in American schools. *Journal of Parapsychology* 20:71–80

– 1959: An investigation of ESP in the first and second grades of Dutch schools. *Journal of Parapsychology* 23:227–237

– 1961: An investigation of ESP in first and second grades in American schools. *Journal of Parapsychology* 25:161–174

[A.7]
EXPERIMENTE MIT FERNSUGGESTION

Zwischen dem 3. Oktober 1885 und dem 6. Mai 1886 führte der einflußreiche französische Psychiater Pierre Janet gemeinsam mit Frederic Myers, Dr. Gibert aus Le Havre und anderen Medizinern 25 Experimente durch, bei denen entweder Janet oder Gibert eine Versuchsperson, Madame B. oder Léonie, aus der Ferne hypnotisierten, ohne daß diese etwas davon wußte. Die Forscher sahen 19 dieser 25 Experimente insoweit als erfolgreich an, als Madame B. die von den Versuchsleitern telepathisch suggerierten Aufgaben ausführte. Im Herbst 1886 führte Janet 35 weitere Experimente dieser Art durch und betrachtete 16 davon als erfolgreich. Eine Zusammenfassung der 25 von Janet und Gibert geleiteten Experimente ist in Myers' Werk *Human Personality* in den Anhängen zu Kapitel V, Abschnitt 568A zu finden. Die folgende Aufzeichnung der Janet-Gibert-Studie ist aus Myers' Text entnommen.*

L. L. Wassiliew, der Vorsitzender der Fakultät für Physiologie der Universität Leningrad war, führte viele Jahre lang Experimente mit hypnotischer Fernsuggestion (Mentalsuggestion) durch. Diese Experimente fanden in den zwanziger und dreißiger Jahren statt, bis die Politik der Kommunistischen Partei ihre Fortset-

* Myers, F. W. H. 1954, S. 528

Nr. der Experimente	Datum	Versuchsleiter	Uhrzeit	Bemerkungen	Erfolg/ Mißerfolg
	1885				
1	3. 10.	Gibert	11.30	Sie wäscht sich die Hände und wehrt die Trance ab	½
2	9. 10.	dito	11.40	Um 11.45 Uhr in Trance vorgefunden..........	1
3	14. 10.	dito	16.15	Um 16.30 Uhr in Trance vorgefunden: hat etwa 15 Minuten geschlafen....................	1
	1886				
4	22. 2.	Janet		Sie wäscht sich die Hände und wehrt die Trance ab	[½]
5	25. 2.	dito	17.00	Sofort eingeschlafen	1
6	26. 2.	dito		Nur Unbehagen beobachtet	0
7	1. 3.	dito		dito	0
8	2. 3.	dito	15.00	Um 16.00 Uhr schlafend vorgefunden: hat etwa eine Stunde geschlafen	1
9	4. 3.	dito		Befehl unterbrochen: Trance gleichzeitig, aber unvollständig	1
10	5. 3.	dito	17.00–17.10	Ein paar Minuten später schlafend vorgefunden	1
11	6. 3.	Gibert	20.00	Um 20.03 Uhr schlafend vorgefunden	1
12	10. 3.	dito		Erfolg – keine Einzelheiten..........................	1
13	14. 3.	Janet	15.00	Erfolg – keine Einzelheiten..........................	1
14	16. 3.	Gibert	21.00	Veranlaßt sie, zu seinem Haus zu gehen: sie verläßt ihr Haus ein paar Minuten nach 21.00 Uhr	1
15	18. 4.	Janet		Nach 10 Minuten schlafend vorgefunden......	1
16	19. 4.	Gibert	16.00	Um 16.15 Uhr schlafend vorgefunden	1
17	20. 4.	dito	20.00	Zu seinem Haus beordert	1
18	21. 4.	dito	17.50	Mein Fall I: Eine Spur zu langsam	0
19	21. 4.	dito	23.35	Versuch, die Trance während des Schlafs zu induzieren: siehe Fall I	0
20	22. 4.	dito	11.00	Um 11.25 Uhr eingeschlafen: Trance zu langsam. Mein Fall II: als Mißerfolg zählen	0
21	22. 4.	dito	21.00	Kommt zu seinem Haus: verläßt ihr Haus um 21.15 Uhr. Mein Fall III	1
22	23. 4.	Janet	16.30	Um 17.05 Uhr schlafend vorgefunden, sagt, sie hat seit 16.30 geschlafen: mein Fall V...	1
23	24. 4.	dito	15.00	Um 15.30 Uhr schlafend vorgefunden, sagt, sie hat seit 15.05 Uhr geschlafen: mein Fall VI	1
24	5. 5.	dito		Erfolg – keine Einzelheiten..........................	1
25	6. 5.	dito		Erfolg – keine Einzelheiten..........................	1
					19

zung verhinderte, und wurden in den sechziger Jahren wieder aufgenommen. Ein Bericht darüber ist in der gut geschriebenen, sorgfältig dokumentierten englischen Ausgabe von Wassiliews Buch *Experiments in Distant Influence* zu finden, die 1976 bei Dutton erschien.* Dieses Buch enthält eine von der Herausgeberin des Buches, Anita Gregory, zusammengestellte Übersicht über Wassiliews Arbeit sowie die folgenden Verweise auf experimentelle Studien zur Fernsuggestion.

Bechterev, V. M. 1920: Experiments on the effects of „mental" influence on the behaviour of dogs. *Problems in the Study and Training of Personality*, Petersburg, S. 230–265

Bozzano, E. 1933: Considérations et hypothèses au sujet des phénomènes télépathiques. *Revue Métapsychique* 3:145

Caslian. Zitiert von Warcollier, R. 1926: La Télépathie experimentale. *Les Conferences de l'institute Métapsychique*, Paris

Janet, P., u. M. Gibert. 1886: Sur quelques phénomènes de somnambulisme. *Revue Philosophique*, I u. II

Janet, P. 1889: *L'automatisme Psychologique*, Paris, Alcan, S. 103

Konstantinides, K. 1930: Telepathische Experimente zwischen Athen, Paris, Warschau und Wien. *Transactions of the Fourth International Congress of Psychical Research*, Athen

Ochorovicz, J. 1887: *De la suggestion mentale*, Paris

Osty, E. 1925: La télépathie experimentale. *Revue Métapsychique* 1:5

Vasiliev, L. L. 1959: *Mysterious Phenomena of the Human Psyche*, Moscow State Political Publishing House

Warcollier, R. 1927: La télépathie à très grande distance. *Compute rendu du III. Congrès International des recherches psychiques*, Paris

[A.8]
PARANORMALE FOTOGRAFIE

Seit der Entdeckung der Daguerreotypie in der Mitte des neunzehnten Jahrhunderts haben viele Menschen die Behauptung aufgestellt, daß durch paranormale Einflüsse Bilder [sog. Extras] auf lichtempfindlichen Oberflächen erzeugt werden können. Über derartige Behauptungen schrieb der Psychiater Jule Eisenbud:

Es heißt, daß das erste klar bestimmbare, angeblich paranormale Bild 1861 erschien, als William M. Mumler, der Chef-Graveur eines führenden Bostoner Juweliergeschäfts, versuchte, mit der Kamera eines Freundes ein Foto von sich selbst zu machen. Mumler nahm zuerst an, daß das Bild das Resultat einer belichteten Platte war, folgerte aber später, daß es ein „Geist" wäre, als welcher er von der spiritualistischen Presse New Yorks und Bostons angekündigt wurde – der erste sichtbare Beweis für ein Leben nach dem Tode. Kurz darauf richtete Mumler ein Studio ein, in dem er – seinen eigenen und anderen Berichten zufolge – gründlich von professionellen Fotografen, Journalisten und anderen überprüft wurde. Als allerdings ein oder zwei

* Deutsche Ausgabe: L. L. Wassiliew, *Experimentelle Untersuchungen zur Mentalsuggestion*, Bern 1965

seiner angeblichen Geister als lebende Personen identifiziert wurden, nötigten ihn die unvermeidlichen Anschuldigungen wegen Betruges, Boston zu verlassen. Er ließ sich in New York nieder, wo kurz darauf keine geringere Persönlichkeit als der Bürgermeister veranlaßte, daß gegen ihn Anklage erhoben wurde, weil er leichtgläubige Personen mit Hilfe seiner Geisterfotografien betrogen haben sollte.

Mumler wurde nach einem aufsehenerregenden Prozeß freigesprochen – nicht nur, weil es keine konkreten Beweise gegen ihn gab, sondern auch wegen der Zahl der Personen, die zu seinen Gunsten aussagten. Es stellte sich nicht nur heraus, daß er in vielen Fällen nicht mehr mit den Geistern, die neben dem Sitzer auftauchten, zu tun hatte, als einfach im Raum anwesend zu sein, sondern auch, daß man in einigen Fällen nichts von solchen Daguerreotypien oder Fotografien der Verwandten wußte, die deren unerklärlichen Abbildungen auf den belichteten Platten entsprochen hätten.

Mehr als zwei Dutzend Personen haben seit Mumler bis zur heutigen Zeit behauptet, Geisterfotografien zu machen, einschließlich Skotografie (Bilder, die direkt, auch ohne Hilfe einer Kamera, bei völliger Dunkelheit auf dem unbelichteten Film erscheinen) und Psychografie (Botschaften auf Film, angeblich in der Handschrift Verstorbener).

Nicht weniger als 35 Hinweise auf Geisterfotografie können im *British Journal of Photography* gefunden werden, überwiegend um das Jahr 1870. Zahlreiche Artikel und Notizen – allein mehr als zwanzig über Frau Emma Deane – tauchen in den *Journals* und *Proceedings* der *British SPR* und der *ASPR* auf. Hinweise auf dieses Thema in Büchern und Zeitschriften der Spiritualisten gehen in die Hunderte.

Obwohl die sogenannte Geisterfotografie keineswegs von der Bildfläche verschwunden ist, verlagerte sich das Interesse Anfang dieses Jahrhunderts auf eine Form der paranormalen Fotografie, die nicht unbedingt etwas mit entkörperten Wesenheiten zu tun hatte und bei der eine größere Bandbreite an Bildern erreicht wurde als bei den üblichen Extras von Geistern. Der Begriff *Gedankenfotografie*, der diesem Zweig der Psychofotografie gegeben wurde, entstand 1910 in Japan, als ein Medium von Tomokichi Fukurai auf hellsehendes Erfassen eines verborgenen fotografischen Abbilds in der Art einer Kalligraphie geprüft wurde, das zufällig durch etwas, was Fukurai für die psychische Konzentration des Hellsichtigen hielt, abgebildet wurde. Dies führte zu weiteren Versuchen, um zu bestimmen, ob das Medium bewußt Eindrücke von Schriftzeichen, die für es ausgesucht wurden, auf Filmplatten hinterlassen konnte. Fukurai stellte sich völlig auf die Strahlungshypothese ein. Er bat das Medium zu versuchen, nur Eindrücke auf der mittleren Platte zu hinterlassen, die sich zwischen den anderen in zwei Kästen befand. Als das Medium genau das tat, führte Fukurai viele weitere Experimente dieser Art mit ihm und anderen Medien durch. Die Ergebnisse der Arbeit zwischen 1910 und 1913 wurden in seinem Buch *Clairvoyance and Thoughtography* veröffentlicht, das 1931 in englischer Sprache erschien.

Vergleichbare Experimente wurden in Frankreich, England und Amerika durchgeführt. Aus irgendeinem Grund – vielleicht wegen der Veröffentlichung eines herabsetzenden Berichts über Geisterfotografie 1933 in den *Proceedings of the Society for Psychical Research* – hatte man bis 1962 kaum noch etwas über dieses Thema gehört, als ein Artikel behauptete, daß Ted Serios, ein 42jähriger Hotelpage aus Chicago, Bilder auf einen Polaroidfilm unter Umständen projiziert hatte, die gewöhnliche Mittel ausschlossen. Serios starrte einfach durch eine etwa 2 Zentimeter lange und breite Papprröhre in die Linse einer Kamera und drückte auf den Auslöser. Die Röhre wurde auf Vorschlag eines Forschers Jahre später verändert, um Serios' Finger von der Linse fernzuhalten. Wenngleich das übliche Resultat die zu erwartende verschwommene Nahaufnahme seines Gesichts war, wurde diese gelegentlich ersetzt durch Bilder von Menschen, Gegenständen oder Szenen, die unter den herrschenden Bedingungen nicht erklärt werden konnten [Eisenbud 1983, Seite 111 bis 114].

Seine eigenen Studien über Ted Serios beschrieb Eisenbud in:

Eisenbud, J. 1967a: *The World of Ted Serios*, Morrow

– 1967b: The Cruel Cruel World of Ted Serios. *Popular Photography* (Nov.)

– 1970a: Light and the Serios Images. *Journal of the Society for Psychical Research* 45:424–427

– 1970b: An Archeological Tour de Force with Ted Serios. *Journal of the American Society for Psychical Research* 64:40–52

– 1972: The Serios „Blackies" and Related Phenomena. *Journal of the American Society for Psychical Research* 66:180–192

– 1975: *Gedankenfotografie: Die Psi-Aufnahmen des Ted Serios*, Freiburg i. Br.: Aurum

Eisenbud, J., et al. 1967: Some Unusual Data from a Session with Ted Serios. *Journal of the American Society for Psychical Research* 62:309–320

– 1970: Two Camera and Television Experiments with Ted Serios. *Journal of the American Society for Psychical Research* 64:261–276

Zu weiteren Berichten über Psychofotografie siehe:

Carrington, H. 1925: Experiences in Psychic Photography. *Journal of the American Society for Psychical Research* 19:258–267

Eisenbud, J. 1972: Some Notes on the Psychology of the Paranormal. *Journal of the American Society for Psychical Research* 66:27–41

– 1972: Gedanken zur Psychophotographie und Verwandtem, in: *Zeitschrift für Parapsychologie und Grenzgebiete der Psychologie* 14:1–11

– 1983: Psychic Photography and Thoughtography. *Parapsychology and the Unconscious*, North Atlantic Books

Hyslop, J.: Some Unusual Phenomena in Photography. *Proceedings of the American Society for Psychical Research* 3:395–465

– 1915: Photographing the Invisible. *Journal of the American Society for Psychical Research* 9:148–175

Joire, P. 1916: *Psychical and Supernormal Phenomena*, Marlowe

Oehler, P. 1962: The Psychic Photography of Ted Serios. *Fate* 16:68–82

Rindge, J., et al.: An Investigation of Psychic Photography with the Veilleux Family. *New Horizons* 1:28–32

Stevenson, I., u. J. Pratt. 1969: Exploratory Investigations of the Psychic Photography of Ted Serios. *Journal of the American Society for Psychical Research* 63:352–354

Taylor, J. 1893: Spirit Photography with Remarks on Fluorescence. *British Journal of Photography* 40:167–169

Warrick, F. 1939: *Experiments in Psychics*, Dutton

ANHANG B
WISSENSCHAFTLICHE UND ALLGEMEIN VERBREITETE ANNAHMEN, DIE DEN GLAUBEN AN PARANORMALE GESCHEHNISSE EINSCHRÄNKEN

Der Philosoph C. D. Broad gab einen Überblick über „grundlegende einschränkende Prinzipien", die allgemein entweder als selbstverständlich angenommen oder „durch überwältigende und übereinstimmend positive empirische Beweise" begründet werden. Die Annahmen, die diesen Prinzipien zugrunde liegen, verhindern den Glauben, daß paranormale Geschehnisse vorkommen. (Quelle: Broad, C. D. 1953: *Religion, Philosophy and Psychical Research*, Harcourt, Brace, S. 9 bis 12)

(1) *Allgemeine Kausalprinzipien.* (1.1) Es ist selbstverständlich unmöglich, daß ein Geschehnis Auswirkungen hat, bevor es sich ereignet hat.

(1.2) Es ist unmöglich, daß ein Geschehnis, das zu einem bestimmten Zeitpunkt endet, dazu beiträgt, ein Geschehnis zu verursachen, daß zu einem späteren Zeitpunkt beginnt, es sei denn, der Zeitraum zwischen den beiden Zeitpunkten ist auf eine der folgenden Weisen ausgefüllt: (a) Das frühere Geschehnis verursacht einen Prozeß des Wandels, der während jenes Zeitraums fortdauert und zu dessen Ende dazu beiträgt, das spätere Geschehnis einzuleiten. Oder (b) das frühere Geschehnis initiiert eine Form der strukturellen Modifikation, die während jenes Zeitraums fortbesteht. Diese beginnt zum Ende des Zeitraums gemeinsam mit einem dann stattfindenden Wandel zu wirken, und zusammen verursachen sie das spätere Geschehnis.

(1.3) Es ist unmöglich, daß ein Geschehnis, das sich zu einer bestimmten Zeit an einem bestimmten Ort ereignet, Auswirkungen auf einen entfernten Ort hat, es sei denn, ein begrenzter Zeitraum vergeht zwischen den beiden Geschehnissen, und es sei denn, dieser Zeitraum wird von einer kausalen Kette von Geschehnissen ausgefüllt, die nacheinander in einer Folge von (Zeit-)Punkten vorkommen, so daß sich ein kontinuierlicher Pfad zwischen den beiden Orten gestaltet.

(2) *Einschränkungen der Einwirkung des Geistes auf die Materie.* Es ist unmöglich für ein Geschehnis im Geist eines Menschen, *direkt* irgendeine Veränderung in der materiellen Welt hervorzurufen, mit Ausnahme von gewissen Veränderungen in seinem eigenen Gehirn.

(3) *Abhängigkeit des Verstandes vom Gehirn.* Eine notwendige, wenn auch nicht ausreichende, unmittelbare Bedingung eines jeden mentalen Geschehnisses ist ein Geschehnis im Gehirn eines lebenden Körpers. Jedes andersartige mentale Geschehnis wird direkt von einem andersartigen Geschehnis im Gehirn bestimmt.

(4) *Einschränkungen der Möglichkeiten, Wissen zu erwerben.* (4.1) Es ist unmöglich, daß eine Person ein physisches Geschehnis oder einen materiellen Gegenstand wahrnimmt, außer durch Eindrücke, die dieses Geschehnis oder dieser Gegenstand in seinem Verstand hervorgerufen haben. Das wahrgenommene Objekt ist nicht die unmittelbare Ursache der Eindrücke, durch die es jemand wahrnimmt. Die unmittelbare Ursache dessen ist immer ein bestimmtes Geschehnis im Gehirn des Wahrnehmenden; und das wahrgenommene Objekt ist ein recht entfernter kausaler Vorläufer dieses Geschehnisses im Gehirn (oder dessen Schauplatz). Die dazwischenliegenden Verbindungen in der kausalen Kette sind, erstens, eine Reihe von

Geschehnissen im Raum zwischen dem wahrgenommenen Objekt und dem Körper des Wahrnehmenden; dann ein Geschehnis in einem Sinnesorgan, wie seinem Auge oder Ohr; und dann eine Reihe von Geschehnissen in dem Nerv, der dieses Sinnesorgan mit dem Gehirn verbindet. Wenn diese kausale Kette vervollständigt ist und eine Sinneserfahrung im Verstand des Wahrnehmenden entsteht, ist diese Erfahrung nicht ein Zustand der Kenntnis des wahrgenommenen äußeren Objektes wie in dem Augenblick, in dem sie diese Folge von Geschehnissen verursachte, oder wie sie jetzt ist. Der qualitative und eine Beziehung ausdrückende Charakter des Eindrucks wird gänzlich von dem Geschehnis im Gehirn bestimmt, das seine unmittelbare Bedingung ist. Das Wesen des letzteren hängt zum Teil von der Art und dem Zustand des afferenten Nervs, des Aufnahmeorgans und von dem umgebenden Element zwischen dem Rezeptor und dem wahrgenommenen Objekt ab.

(4.2) Es ist für A unmöglich zu wissen, welche Erfahrungen B macht oder gemacht hat, außer auf die eine oder andere der folgenden Arten: (a) Durch das Hören und Verstehen von Sätzen, die B äußert und die diese Erfahrung beschreiben, oder durch das Lesen und Verstehen von Sätzen, die B geschrieben hat, oder durch deren Wiedergaben oder Übersetzungen. (Ich schließe hierbei Nachrichten im Morsealphabet oder jede andere künstliche Sprache ein, die A versteht.) (b) Durch das Hören und Interpretieren von Schreien, die B ausstößt, oder das Sehen und Interpretieren von Gesten, Gesichtsausdrücken usw. (c) Durch das Sehen und die bewußten oder unbewußten Schlußfolgerungen, die aus den bleibenden materiellen Überlieferungen wie Werkzeugen, Keramiken, Bildern usw., die B gemacht oder in der Vergangenheit benutzt hat, gezogen werden. (Ich schließe hierbei das Sehen von Kopien oder Aufzeichnungen derartiger Objekte ein.)

Ähnliche Bemerkungen treffen – mutatis mutandis – auf die Bedingungen zu, unter denen A von B Kenntnis der Fakten erlangen kann, die B kennt, oder unter denen A von B Kenntnis der Behauptungen erlangen kann, über die B nachdenkt. Angenommen B kennt ein bestimmtes Faktum oder denkt über eine bestimmte Behauptung nach, dann besteht für A die einzige Möglichkeit, Kenntnis von diesem Faktum oder dieser Behauptung zu erlangen, darin, daß B sie in Sätzen oder auf andere symbolhafte Arten darstellt, die A verstehen kann, und daß A diese Ausdrucksweisen selbst – oder Kopien oder Übersetzungen von ihnen – wahrnimmt und interpretiert.

(4.3) Es ist unmöglich, daß eine Person vorhersieht – außer durch Zufall –, daß ein Geschehnis einer bestimmten Art sich an einem bestimmten Ort zu einer bestimmten Zeit ereignen wird, außer unter einer der folgenden Bedingungen: (a) Indem die Person aus Daten Rückschlüsse zieht, die von ihren gegenwärtigen Eindrücken, Selbstbeobachtungen oder Erinnerungen, verbunden mit ihrer Kenntnis von gewissen Ordnungsprinzipien, die bisher in der Natur geherrscht haben, geliefert werden. (b) Indem sie von anderen, denen sie vertraut, solche Daten oder solche Gesetzmäßigkeiten oder beide annimmt und dann ihre eigenen Schlüsse zieht; oder indem sie die Schlußfolgerungen anderer akzeptiert, die sie aus Daten, von denen sie behaupten, daß sie sie haben, oder Regelmäßigkeiten, von denen sie behaupten, daß sie sie geprüft haben, gezogen haben. (c) Durch nichtgefolgerte Erwartungen, die auf Assoziationen beruhen, welche sich aus gewissen sich wiederholenden Ereignisfolgen in ihrer bisherigen Erfahrung gebildet haben und die jetzt durch irgendeine gegenwärtige Erfahrung wachgerufen werden.

(4.4) Es ist unmöglich, daß eine Person weiß oder Grund zu der Annahme hat, daß ein bestimmtes Geschehnis an einem bestimmten Ort zu einer bestimmten Zeit stattgefunden hat, außer unter einer der folgenden Bedingungen: (a) Daß dieses Geschehnis eine Erfahrung war, die die Person selbst während der Lebenszeit ihres jetzigen Körpers machte, daß diese einen bleibenden Eindruck hinterließ, der bis jetzt erhalten blieb, und daß dieser belebt werden kann, um so in ihr eine Erinnerung an diese vergangene Erfahrung hervorzurufen. (b) Daß das Geschehnis von ihr während der Lebenszeit ihres jetzigen Körpers beobachtet wurde, daß die Erfahrung, es zu beobachten, einen bleibenden Eindruck hinterließ, der bis jetzt erhalten blieb, und daß sie sich jetzt an das beobachtete Geschehnis erinnert, auch wenn sie sich nicht daran erinnern kann, es beobachtet zu haben. (c) Daß das Geschehnis von jemand anderem erfahren oder beobachtet wurde, der sich jetzt daran erinnert und dieser Person davon erzählt. (d) Daß dieses Geschehnis von jemandem erfahren oder beobachtet wurde (gleich ob von dieser Person oder einer anderen), der es aufzeichnete, und daß diese Aufzeichnung nun für diese Person wahrzunehmen und verstandesmäßig faßbar ist. (Diese vier Methoden können unter den Rubriken „gegenwärtige Erinnerung" oder „auf gegenwärtiger Erinnerung beruhende Zeugnisse" oder „Aufzeichnungen vergangener Wahrnehmungen oder Erinnerungen" zusammengefaßt werden.) (e) Explizite oer implizite Schlußfolgerungen – die entweder von der Person selbst gezogen werden oder von anderen, die von ihr aufgrund ihrer Autorität akzeptiert werden – aus Daten, die von gegenwärtigen Sinneseindrücken, Selbstbeobachtung oder Erinnerung, verbunden mit der Kenntnis gewisser Naturgesetze, geliefert werden.

Ich behaupte nicht, daß diese Beispiele von grundlegenden einschränkenden Prinzipien vollständig sind oder daß sie alle logischerweise unabhängig voneinander sind. Doch ich bin der Ansicht, daß sie genügen als Exempel wichtiger, breitgefächerter einschränkender Prinzipien, die heutzutage von einfachen gebildeten Menschen wie von Wissenschaftlern in Europa und Amerika allgemein akzeptiert werden.

Eine nähere Erörterung von Broads grundlegenden einschränkenden Prinzipien findet sich in: Braud, S. E. 1979: *ESP and Psychokinesis*, Temple University Press, S. 247–255.

ANHANG C
WISSENSCHAFTLICHE STUDIEN ÜBER MEDITATION

Bibliographische Angaben zu den folgenden Studien sind im Literaturverzeichnis enthalten.

Verminderte Herzfrequenz

Mehrere Studien haben ergeben, daß Transzendentale Meditation (TM), Zen-buddhistisches Sitzen (Zazen) und andere stille Formen der Meditation eine Verminderung der Herzfrequenz im Ruhezustand bewirken. Siehe: Bono 1984, Bagga u. Gandhi 1983, Cummings, V. T. 1984, Pollard u. Ashton 1982, Throll 1982, Cuthbert, Kristeller et al. 1981, Lang, Dehob, Meurer et al. 1979, Bauhofer 1978, Corey 1976, Routt 1976, Glueck u. Stroebel 1975, Wallace u. Benson 1972, Wallace, Benson, Wilson et al. 1971 und Wallace, R. K. 1970.

Blutdrucksenkung

Es gibt ausreichende Nachweise dafür, daß Meditation bei Menschen, die zu normalem oder zu leicht erhöhtem Blutdruck neigen, zur Senkung des Blutdrucks beitragen kann. Diese Entdeckung wurde in mehreren Untersuchungen wiederholt bestätigt, von denen einige eine Senkung des systolischen Blutdrucks von 25 mm HG oder mehr erzielten. Bei manchen Experimenten erwies sich die Kombination von Meditation und Biofeedback oder anderen Entspannungstechniken als wirksamer als Meditation allein. Verschiedene Studien haben jedoch gezeigt, daß die Blutdrucksenkung abnimmt oder völlig verschwindet, wenn die Meditation nicht fortgeführt wird. Nur wenige Menschen, die unter akut erhöhtem Blutdruck leiden, haben eine deutliche Blutdrucksenkung bei derartigen Experimenten erfahren. Meditation kann dabei helfen, die großen Muskelgruppen, die Blutgefäße einengen, und möglicherweise auch die kleinen Muskeln, die die Blutgefäße selbst regulieren, zu entspannen, so daß die hierdurch bewirkte Elastizität der Gefäße dazu beiträgt, den Druck in ihnen zu verringern. Siehe: Delmonte 1984b, Wallace, Silver, Mills et al. 1983, Bagga u. Gandhi 1983, Hafner 1982, Seer u. Raeburn 1980, Surwit, Shapiro, Good et al. 1978, Pollack, Weber, Case et al. 1977, Simon, Oparil u. Kimball 1976, Blackwell, Bloomfield, Gartside et al. 1976, Stone u. DeLeo 1976, Patel u. North 1975, Patel 1975a, b u. c, Benson, Rosner, Marzetta et al. 1974b, Patel 1973, Deabler, Fidel, Dillenkoffer et al. 1973, Benson u. Wallace 1972d, Datey, Deshmukh, Dalvi et al. 1969.

Veränderungen der Gehirnaktivität

Veränderungen der EEG-Alpha-Aktivität. Über 35 Untersuchungen haben gezeigt, daß Meditation einen deutlichen Anstieg der Alpha-Aktivität (8 bis 12 Zyklen pro Sekunde) bewirkt. Bei verschiedenen Experimenten stiegen die Alpha-Wellen in ihrer Amplitude, während sich ihre Frequenz verlangsamte. Siehe:

Gaylord et al. 1989, Taneli u. Krahne 1987, Echenhofer u. Coombs 1987, Delmonte 1984b, Daniels u. Fernall 1984, Stigsby, Rodenburg, Moth et al. 1981, Lehrer, Schoicket, Carrington et al. 1980, Wachsmuth, Dolce u. Offenloch 1980, West, M. A., 1980a, Dostalek, Faber, Krasa et al. 1979, Corby, Ross, Zargone et al. 1978, Pelletier u. Peper 1977, Elson, Hauri u. Cunis 1977, Kras 1976, Fenwick, Donaldson, Gillis et al. 1977, Glueck u. Stroebel 1975, Tebecis 1975, Williams u. West 1975, Woodfolk 1975, Banquet 1972 u. 1973, Vassiliadis 1973, Benson, Malvea, Graham et al. 1973, Wallace, Benson u. Wilson 1971b, Akishige 1970, Wallace, R. K., 1970, Kasamatsu u. Hirai 1963, 1966, 1969a u. 1969b, Kamiya 1968 u. 1969, Anand et al. 1961a, Hirai et al. 1959, Hirai 1960, Kasamatsu et al. 1957, Bagchi u. Wenger 1957a u. b und Das u. Gastaut 1955.

Veränderungen der EEG-Theta-Aktivität. Über 20 Untersuchungen haben gezeigt, daß Meditation deutliche Sprünge der frontal dominanten Theta-Wellen (4 bis 7 Zyklen pro Sekunde) bewirkt, insbesondere bei fortgeschrittenen Meditierenden.* Siehe: Delmonte 1984b, West, M. A., 1979, Hebert u. Lehmann 1977, Elson, Hauri u. Cunis 1977, Pelletier u. Peper 1977, Fenwick, Donaldson, Gillis et al. 1977, Banquet u. Sailhan 1974, Ghista, Mukherji, Nandagopal et al. 1976, Levine, P. H., 1976, Tebecis 1975, Glueck u. Stroebel 1984, Krahne u. Tenoli 1975, Hirai 1974, Banquet 1972 u. 1973, Wallace u. Benson 1972, Wallace, Benson u. Wilson 1971, Wallace, R. K., 1970, Kasamatsu u. Hirai 1963 u. 1966, Anand et al. 1961a und Bagchi u. Wenger 1958.

Sprünge der EEG-Beta-Aktivität. Während tiefer Meditation zeigen erfahrene Versuchspersonen gelegentlich Sprünge der hochfrequenten Beta-Wellen (13 bis 40 Zyklen pro Sekunde). Diese plötzliche Aktivität ist für den Meditierenden häufig mit intensiven Lustgefühlen, Ekstase oder tiefer Konzentration verbunden und wird gewöhnlich von einer Beschleunigung der Herzfrequenz begleitet. Die folgenden Studien berichten über Sprünge der Beta-Aktivität während einer Meditation: Peper u. Ancoli 1979, West, M. A., 1979 u. 1980a, Surwillo u. Hobson 1978, Corby, Roth, Zarcone et al. 1978, Fenwick, Donaldson, Gillis et al. 1977, Banquet 1973, Kasamatsu u. Hirai 1963 u. 1966, Anand et al. 1961a und Das u. Gastaut 1955.

Synchronisierung der Hemisphären in EEG-Aufzeichnungen. Über 25 Untersuchungen haben gezeigt, daß Meditation eine Synchronisierung der Hirnwellenaktivität der rechten und linken Hemisphäre und der vorderen und hinteren Bereiche des Gehirns bewirken kann. Siehe: Jevning u. O'Halloran 1984, Badawi et al. 1984, Orme-Johnson u. Haynes 1981, Dillbeck u. Bronson 1981, Dillbeck, Orme-Johnson u. Wallace 1981, Glueck u. Stroebel 1975 u. 1978, Corby, Roth, Zarcone et al. 1978, Bennett u. Trinder 1977, Orme-Johnson 1977, Morse, Martin, Furst et al. 1977, Hebert u. Lehmann 1977, Westcott 1976, Haynes, Mosley, McGowan 1975, Banquet u. Sailhan 1974, Banquet 1972 u. 1973, Wallace, Benson u. Wilson 1971, Wallace, R. K., 1970, Anand et al. 1961a und Das u. Gastaut 1955.

EEG-Antworten auf wiederholte Reize. Anuraga, ein Begriff aus dem Sanskrit, bedeutet beständige Frische der Wahrnehmung und soll ein wesentliches Ergebnis des Yoga sein; Zen-buddhistische Meister beschreiben ein Freisein von der immerwährenden Eintönigkeit, welches das Zazen hervorbringen hilft. Einige religiöse Ekstatiker gehen jedoch dermaßen in ihrer Trance auf, daß sie ihre Reaktionen auf äußere Reize hemmen

* Die Biofeedback-Forscher Elmer und Alyce Green haben über starke Wechselbeziehungen zwischen einem häufigen Auftreten von Theta-Aktivität und kreativen Vorstellungen berichtet.

oder vollkommen unterdrücken. Bagchi und Wenger verglichen Yogis und Zen-Meister im Hinblick darauf und fanden bedeutende Unterschiede in ihrer EEG-Antwort (siehe Kapitel 23.1). Die Yogis, die Bagchi und Wenger untersuchten, gewöhnten sich charakteristischerweise schneller und vollständiger an wiederholte Reize als Zen-Meister in anderen Studien, was die beiden Psychologen zu der Annahme führte, daß die beiden unterschiedlichen Methoden entweder eine innere Versunkenheit oder eine erhöhte Bewußtheit für die Außenwelt zur Folge haben. Zu Studien über die Gewöhnung an Reize während der Meditation siehe: Delmonte 1984b, McEvoy, Frumkin, Harkins et al. 1980, Davidson, J. M., 1976, Williams u. West 1975, Hirai 1974, Wada u. Hamm 1974, Banquet 1973, Orme-Johnson 1973, Wallace, Benson u. Wilson 1971, Wallace, R. K., 1970, Akishige 1970, Kasamatsu u. Hirai 1963 u. 1966, Anand et al. 1961a und Bagchi u. Wenger 1957a u. b.

Veränderungen des Stoffwechsels und der Atmung

Über 40 Untersuchungen haben gezeigt, daß Sauerstoffverbrauch, Kohlendioxidausscheidung und Atemfrequenz während der Meditation vermindert sind. Einige Studien belegen darüber hinaus, daß Meditation bei manchen Versuchspersonen, die mit einer bestimmten Intensität meditieren, den Sauerstoffverbrauch

verringert und daß Meditierende gelegentlich den Atem ohne offensichtlich negative Auswirkungen länger anhalten als Kontrollpersonen. Diese Studien weisen nachdrücklich darauf hin, daß Meditation den Energiebedarf des Körpers und den Bedarf an dem zu seiner Umwandlung nötigen Sauerstoff verringert. Siehe: Kesterson 1986, Wolkove, Kreisman, Darragh et al. 1984, Morse, Cohen, Furst u. Martin 1984, Singh 1984, Cadarette, Hoffman, Caudill et al. 1982, Jevning, Wilson et al. 1978, Fenwick, Donaldson, Gillis et al. 1977, Peters, Benson, Porter et al. 1977, Benson, Dryer, Hartley et al. 1977, Dhanaraj u. Singh 1976, Elson, Hauri, Cunis et al. 1977, McDonagh u. Egenes 1976, Corey 1976, Routt 1976, Davidson, J. M., 1976, Benson, Steinert, Greenwood et al. 1975, Glueck u. Stroebel 1975, Woolfolk 1975, Beary u. Benson 1974, Hirai 1974, Parulkar, Prabhavalker u. Bhall 1974, Benson, Klemchuk u. Graham 1974, Kanellakos u. Lukas 1974, Banquet 1973, Treichel, Clinch u. Cran 1973, Wallace u. Benson 1972, Russell, P. J., 1972, Watanabe, Shapiro u. Ochwartz 1972, Goyeche, Chilhara u. Shimizu 1972, Wallace, Benson u. Wilson 1971, Wallace, R. K., 1970, Allison 1970, Sugi u. Akutsu 1968, Karambelkar, Vinekar u. Bhole 1968, Kasamatsu u. Hirai 1963 u. 1966, Anand et al. 1961a, Wenger u. Bagchi 1961, Anand u. Chhina 1961 und Bagchi u. Wenger 1957a u. b.

Herabsetzung der Muskelspannung und Milchsäureproduktion

Zu Nachweisen für eine Herabsetzung der Muskelspannung durch Meditation siehe: Credidio 1982, Zaichkowsky u. Kamen 1978, Morse, Martin, Furst et al. 1977, Delmonte 1979 u. 1984b, Brandon 1983, Cangelosi 1981, Pelletier u. Peper 1977, Haynes, Mosley u. McGowan 1975, Ikegami 1974, Gellhorn u. Kiely 1972 und Das u. Gastaut 1955.

Hohe Konzentrationen von Milchsäure im Blut sind mit Angstgefühlen und erhöhtem Blutdruck in Verbindung gebracht worden. Es wurde festgestellt, daß die Infusion von Milchsäure ins Blut Symptome der Angst hervorruft. Verschiedene Studien haben einen Rückgang des Milchsäuregehaltes des Blutes während der Meditation aufgezeigt, darunter: Bagga, Gandhi u. Bagga 1981, Jevning, Wilson et al. 1978, Jevning u. Wilson 1977, Benson 1978, Benson, Malvea, Graham et al. 1973, Orme-Johnson 1973, Wallace u. Benson 1972, Wallace, Benson, Wilson et al. 1971 und Wallace, R. K., 1970.

Veränderungen des elektrischen Hautwiderstandes

Geringer Hautwiderstand, wie mit dem galvanischen Hautreaktionstest gemessen, wird – da er großenteils von durch Angst hervorgerufener Transpiration verursacht wird – allgemein als ein zuverlässiger Streßindikator angesehen. Über erhöhten Hautwiderstand oder die geringere Häufigkeit spontaner galvanischer Hautreaktionen (ein anderer Indikator für Streß) berichten: Bono 1984, Bagga u. Gandhi 1983, Schwartz, Davidson u. Goleman 1978, Sinha, Prasad, Sharma et al. 1978, Pelletier u. Peper 1977, Orme-Johnson u. Farrow 1976, Farrow 1976, Laurie 1976, West, M. A., 1976, Smith, T. R., 1976, Glueck u. Stroebel 1975, Walrath u. Hamilton 1975, Woolfolk 1975, Orme-Johnson 1973, Benson, Malvea, Graham et al. 1973,

Wallace u. Benson 1972, Wallace, Benson u. Wilson 1971, Wallace, R. K., 1970, Akishige 1970, Karambelkar, Vinekar u. Bhole 1968 und Bagchi u. Wenger 1957a u. b.

Veränderungen des Speichels

D. R. Morse und seine Mitarbeiter (1982) stellten bei 12 Versuchspersonen häufig am Ende von experimentellen Meditationssitzungen eine signifikante Angstreduzierung sowie eine erhöhte Durchsichtigkeit des Speichels und verminderten Eiweiß- und Bakteriengehalt im Speichel fest. (Die Verminderung des Bakteriengehalts während der Entspannung deutet darauf hin, daß Streß zur Bildung von Karies beiträgt und Entspannung eine Anti-Karies-Wirkung haben kann.) Diese Erkenntnisse stützen frühere Untersuchungsergebnisse von Morse über eine durch Meditation bewirkte Veränderung des Speichels. Siehe: Morse, Martin, Furst et al. 1977, Morse, Schacterle, Furst et al. 1981, Morse 1976a u. b, 1977a, b u. c und Morse u. Hilderbrand 1976.

Verbesserungen im Umgang mit Streß

Goleman und Schwartz (1976) setzten 30 erfahrene Meditierende einem belastenden Film aus, wobei sie deren Reaktionen mit Hilfe von Tests der Hautleitfähigkeit und Herzfrequenz, eigenen Berichten und Persönlichkeitstests maßen. Die Herzfrequenz erfahrener wie auch unerfahrener Meditierender erholte sich schneller von den Streßauswirkungen als die der Kontrollpersonen. Bei einer von Glueck und Stroebel (1975) durchgeführten Studie wiesen Meditierende eine weniger beständige oder unangemessene Aktivierung der Kampf-oder-Flucht-Reaktion auf.

Schmerzlinderung

Kabat-Zinn und Mitarbeiter (1987) untersuchten 225 Patienten mit chronischen Schmerzen, nachdem sie sie in der „Achtsamkeitsmeditation" unterwiesen hatten, und stellten bei ihnen signifikante physische und psychologische Verbesserungen nach dem Schmerz-Bewertungsindex, dem Maß des negativen Körperschemas und einer Anzahl medizinischer Symptome fest. Zuvor hatten Kabat-Zinn und Mitarbeiter (1985) 90 an chronischen Schmerzen leidende Patienten in der „Achtsamkeitsmeditation" unterwiesen und eine statistisch signifikante Reduzierung ihres momentanen Schmerzes, negativen Körperschemas und der durch Schmerz, Angst oder Depression verursachten Aktivität festgestellt. Diese Veränderungen schienen unabhängig von Geschlecht, Grund der Überweisung oder Art des Schmerzes zu sein. Eine Gruppe wies im Anschluß an traditionelle Behandlungsformen keine signifikante Verbesserung in diesen Bereichen auf. Zu weiteren Nachweisen, daß Meditation eine signifikante Schmerzlinderung bewirken kann, siehe: Hustad u. Carnes 1988, Kabat-Zinn, Lipworth, Sellers et al. 1984, Kabat-Zinn 1982, Kabat-Zinn u. Burney 1981, Mills u. Farrow 1981, Pelletier u. Peper 1977, Lovell-Smith 1985, Buckler 1976, Katcher, Segal u. Beck 1984, Morse, Schacterle, Furst et al. 1981, Morse u. Wilcko 1979, Morse 1976a u. b, 1977a, b u. c, Goleman 1976, Anderson, D. A., 1984, Benson, Malvea, Graham et al. 1973, Fentress, Masek, Mehegan et al. 1986, Benson et al. 1984 und Kutz, Caudill u. Benson 1983.

Positive Verhaltensänderungen

Erhöhte Wahrnehmung. Zeitgenössische Untersuchungen haben einige Nachweise dafür erbracht, daß die folgenden Fähigkeiten durch Meditation verbessert werden:

- Sehempfindlichkeit, gemessen an tachistoskopischer Identifizierung von Lichtblitzen oder Bildfolgen (Dillbeck 1977b u. 1982), mit dem Ames Trapezoid Illusion Test (Martinetti 1976) und anderen Hilfsmitteln (Nolly 1975 und Heil 1983).
- Hörschärfe, gemessen an der Hirnrinde durch auditiv evozierte Potentiale aus dem Hirnstamm (Wandhoefer u. Plattig 1973, Clements u. Milstein 1976, Pirot 1976 und McEvoy, Frumkin, Harkins et al. 1980) sowie durch andere Methoden (Keithler 1981).
- Die Unterscheidung musikalischer Klänge (Pagano u. Frumkin 1977).

Zu anderen Nachweisen, daß Meditation die Wahrnehmung erhöhen kann, siehe: Forte, Brown u. Dysart 1984–1985, Shapiro, D. H., u. Giber 1978, Shaw u. Kolb 1976, Davidson, Goleman, Schwartz et al. 1976, Davidson, Schwartz u. Rothman 1976 und Udupa 1973. In einer Zusammenfassung der Ergebnisse einer Meditationsstudie schrieb der Psychologe Daniel Brown, daß

Übende der Achtsamkeitsmethode der buddhistischen Meditation vor und unmittelbar nach einer dreimonatigen Phase der Abgeschiedenheit, während der sie sechzehn Stunden am Tag die Achtsamkeitsmeditation übten, auf ihre Sehempfindlichkeit hin getestet wurden. Eine aus dem Stab des Meditationszentrums gebildete Kontrollgruppe wurde ebenfalls den Tests unterzogen. Sehempfindlichkeit wurde auf zwei Arten definiert: durch eine Schwelle des deutlichen Erkennens, basierend auf der Dauer einfacher Lichtblitze, und durch eine Unterscheidungsschwelle, basierend auf dem Zeitabstand zwischen [ihnen]. Alle

Lichtblitze wurden durch das Tachistoskop dargeboten, und ihre Stärke war festgelegt. Nach der Meditationsphase konnten die Übenden kürzere einzelne Lichtblitze erkennen und benötigten einen geringeren Zeitabstand, um aufeinanderfolgende Blitze korrekt zu unterscheiden. Die Kontrollgruppe zeigte in beiden Fällen keine Veränderungen. Phänomenologische Berichte deuten darauf hin, daß die Achtsamkeitsmeditation die Übenden dazu befähigt, sich einiger der üblichen vorbewußten Prozesse bewußt zu werden, die mit visuellem Erkennen in Verbindung stehen. Diese Ergebnisse stützen die in buddhistischen Schriften über Meditation enthaltenen Aussagen über Veränderungen der Wahrnehmung, die während des Übens der Achtsamkeit auftreten (Brown, D., et al. 1984a u. b).

Verbesserungen der Reaktionszeit und der reaktiven motorischen Geschicklichkeit. Siehe: Jedrczak, Toomey, Clements et al. 1986, Robertson 1983, Warshal 1980, Holt, Caruso, Riley et al. 1978, Sinha, Prasad, Sharma et al. 1978, Blackwell, Bloomfield, Gartside et al. 1976, Appelle u. Oswald 1974, Shaw u. Kolb 1976, Orme-Johnson 1973 und Blasdell 1976.

Deautomatisierung. Der Psychiater Arthur Deikman (1963, 1966a u. b) stellte fest, daß meditierende Versuchspersonen eine blaue Vase als fließender und leuchtender wahrnahmen, als sie es zu Beginn des Experimentes getan hatten. Basierend auf diesem Ergebnis schloß er, daß Meditation Wahrnehmung und

Gefühle deautomatisiert und so die intensive Erfahrung der Wirklichkeit, das Empfinden der Einheit und das fließende Element mystischer Erfahrung fördert.

Erhöhte „Feldunabhängigkeit". Der Begriff „Feldunabhängigkeit" bezeichnet die Fähigkeit, visuelle und kinästhetische Unterscheidungen trotz irreführender Reize aus der Umwelt zu treffen. Eine solche Fähigkeit korreliert mit einem unabhängigen Urteilsvermögen und ausgeprägten Körper- und Selbstgefühl und wird, wie einige Studien zeigen, durch Meditation verbessert. Siehe: Jedrczak, Beresford, Clements et al. 1984, Shapiro u. Giber 1978, Orme-Johnson u. Granieri 1976, Abrams 1976, Goleman 1976, Smith, J. C., 1975b, Pelletier 1974 u. 1976 und Linden 1973.

Konzentration/Aufmerksamkeit. Siehe: Sabel 1980, Spanos, Rivers u. Gottlieb 1978, Moretti-Altuna 1987, Tomassetti 1985, Williams, R. D., 1985, Sinha, Prasad, Sharma et al. 1978, Kelton 1978, Goleman 1976, Davidson, Goleman, Schwartz et al. 1976, Davidson, Schwartz u. Rothman 1976, Walrath u. Hamilton 1975, Orme-Johnson u. Granieri 1976, Pelletier 1974, Linden 1973, Van Nuys 1973, Deikman 1971, Tart 1971 und Maupin 1965.

Empathie. Siehe: Lesh 1970b, Reiman 1985, Shapiro, D. H., 1980, Kornfield 1979, Walsh, R. N., 1978, Kohr 1977, Shapiro, D. H., u. Giber 1978, Pelletier 1976 u. 1988, Davidson, Goleman, Schwartz et al. 1976, Griggs 1976, Kubose 1976, Van den Berg u. Mulder 1976, Leung 1973, Udupa 1973, Osis, Bokert, Carlson et al. 1973, Banquet 1973, Van Nuys 1973, Deikman 1966b und Maupin 1965.

Regression im Dienste des Ichs. Die Legende, daß Gautama Buddha seine vergangenen Leben sah, bevor er die Erleuchtung erlangte, kann so interpretiert werden, daß Meditation eine Befreiung von Konditionierungen über frühe Erfahrungen ermöglicht. Einige zeitgenössische Studien bestätigen diese Deutung. Shafii (1973) stellte beispielsweise fest, daß Meditation manche Menschen in Momente früher Fixierungen zurückversetzt und ihnen hilft, Traumata in der Entwicklung auf einer stillen, nonverbalen Ebene wiederzuerleben. Dieser Prozeß setzt psychische Energie frei, meinte Shafii, verstärkt eine Unabhängigkeit von früheren Verhaltensmustern und fördert eine größere Offenheit gegenüber verschiedenen Formen des Lernens. Maupin (1965) vertrat die Ansicht, daß Meditation eine Reihe von regressiven Zuständen hervorbringt, und andere Forscher haben berichtet, daß Meditation eine adaptive Regression verstärkt. Siehe: Kornfield 1979, Pelletier 1976 u. 1988, Moles 1977 und Lesh 1970b.

Angstreduzierung. Teilnehmer verschiedener Meditationsstudien haben eine signifikante Reduzierung akuter oder chronischer Angstzustände erfahren. Mit als Gründe für derartige Verbesserungen geben die Forscher folgendes an: die Förderung von ruhigen Zuständen des Körpers und Gefühlen durch Meditation, das Ermöglichen einer kathartischen Befreiung von Traumata aus der Vergangenheit, eine vermehrte Abgrenzung von angsterregenden Vorstellungen oder Reflex-Reaktionen und die Reduzierung diffuser Gedanken und Gefühle.* Siehe: Muskatel, Woolfold, Carrington et al. 1984, Beiman et al. 1984, Heide u. Borkovec 1983, Lehrer, Schoicket, Carrington et al. 1980, Lehrer, Woolfolk, Rooney et al. 1983, Deberry 1982, Woolfolk et al. 1982, Fling, Thomas u. Gallaher 1981, Throll 1981, Carrington et al. 1980, Raskin, Bali u. Peeke 1980, Kirsch u. Henry 1979, Benson et al. 1978, Thomas u. Abbas 1978, Davies 1976, Stern, M., 1976, Lazar, Farwell u. Farrow 1976, Ross 1976, Shapiro, D. H., 1976, Nidich, Seeman u. Dreskin 1973, Puryear, Cayce u. Thurston 1976, Davidson, Goleman, Schwartz et al. 1976, Goleman u. Schwartz 1976, Smith, J. C., 1975, Girodo 1974, Hjelle 1974 und Vahia, Doongaji, Jest et al. 1973.

Hilfe bei Sucht. In über 50 Meditationsstudien haben Versuchspersonen über eine signifikante Hilfe bezüglich ihrer Abhängigkeit von Alkohol, Kokain, Marihuana und anderen Drogen berichtet. Die dahinter vermuteten Gründe beinhalten: die Förderung eines entspannten Wohlbefindens durch Meditation, was dazu beiträgt, das zur Sucht führende Verlangen zu mindern, die Unterstützung einer kathartischen Wiedererinnerung und die Stärkung der Selbstkontrolle im allgemeinen. Siehe: Clements et al. 1988, Klajner, Hartman u. Sobel 1984, Marlatt, Pagano, Rose et al. 1984, Wong, Brochin u. Gedron 1981, Parker u. Gilbert 1978, Anderson, D. J., 1977, Winquist 1976, Brautigam 1976, Katz, D., 1976, Shafii, Lavely u. Jaffe 1974 u. 1975, Marcus 1974 und Benson u. Wallace 1972b.

Verbesserungen von Gedächtnis und Intelligenz. Mehrere TM-Studien deuten darauf hin, daß Meditation zur Verbesserung der Intelligenz, der schulischen Leistungen, der Lernfähigkeit und des Kurz- und Langzeitgedächtnisses beiträgt. Siehe: Dillbeck, Assimakis u. Raimondi 1986, Jedrczak, Toomey, Clements et al. 1986, Verma, Jayashan u. Palani 1982, Lewis, J., 1978, Orme-Johnson u. Granieri 1976, Abrams 1976 u. 1977, Heaton u. Orme-Johnson 1976, Collier 1976, Levin 1977, Glueck u. Stroebel 1975 und Tjoa 1975. Einige Forscher können dies jedoch nicht bestätigen: siehe Yuille u. Sereda 1980.

* Die Psychologen R. J. Davidson und Gary Schwartz (1984) wiesen darauf hin, daß die kognitiven und somatischen Anteile an Angstzuständen von verschiedenen Meditationsarten auf unterschiedliche Weise beeinflußt werden. So sind Meditationsarten, die das Zählen des Atems oder die Wiederholung von Mantras im Rhythmus des Atems erfordern, besonders wirksam, da sie gleichzeitig kognitive wie auch somatische Ängste verringern. Dagegen hat Meditation (wie TM), die hauptsächlich mit Wahrnehmung arbeitet, wahrscheinlich stärkere Auswirkungen auf die kognitiven und nicht so sehr auf die somatischen Anteile von Angst.

Primär durch subjektive Berichte aufgezeigte Veränderungen

Neben den oben erwähnten feststellbaren Auswirkungen auf Physis und Verhalten erbringt Meditation Resultate, die aus Interviews, Fragebögen, Tagebucheintragungen und anderen Hilfsmitteln zur Ermittlung subjektiver Aussagen erkennbar werden. Über folgende Resultate wurde in mehreren qualifizierten Studien berichtet:

Erhöhte Wahrnehmung innerer und äußerer Geschehnisse. Siehe: Forte, Brown u. Dysart 1984–1985, Brown, D., et al. 1982–1983, Kornfield 1979 u. 1983, Goleman 1978–1979 und Walsh, R. N., 1977.

Gleichmut. Siehe: Pickersgill u. White 1984, Goleman 1976 u. 1978–1979, Kornfield 1979, Pelletier 1976 u. 1988, Walsh, R. N., 1977, Davidson u. Goleman 1977, Davidson, J. M., 1976, Woolfolk 1975, Hirai 1974, Boudreau 1972, Kasamatsu u. Hirai 1966 und Anand et al. 1961a.

Abgrenzung. Siehe: Brown, D., et al. 1982–1983, Goldstein 1978, Pelletier 1976 u. 1988, Goleman 1977, Walsh, R. N., 1977, Davidson, J. M., 1976 und Mills u. Campbell 1974.

Freude, Glückseligkeit und Ekstase. Siehe: West, M. A., 1980b, Kornfield 1979, Goleman 1978–1979 und Farrow 1976.

Veränderungen von Körperschema und Ich-Grenzen. Siehe: Kornfield 1979 u. 1983, Goleman 1978–1979, Krippner u. Maliszewski 1978, Piggins u. Morgan 1977–1978, Woolfolk, Carr-Kaffashan, McNulty et al. 1976 und Deikman 1966a.

Gesteigerte Energie und Erregung. Siehe: Kornfield 1979, Krippner u. Maliszewski 1978, Piggins u. Morgan 1977–1978, Davidson, J. M., 1976, Shimano u. Douglas 1975 und Maupin 1965.

Halluzinationen und Sinnestäuschungen. Siehe: Kornfield 1979 u. 1983, Goleman 1978–1979, Walsh, R. N., 1978, Shimano u. Douglas 1975, Kohr 1977, Osis, Bokert, Carlson et al. 1973 und Deikman 1966a.

Ungewöhnliche Träume und verbesserte Traumerinnerung. Reed (1978) analysierte die Auswirkungen von Meditation auf die Vollständigkeit und Lebhaftigkeit absichtlicher Traumerinnerung bei annähernd 400 Versuchspersonen, die ihre Träume an 28 aufeinanderfolgenden Tagen aufschrieben und die Ergebnisse freiwillig aufzeichneten. Er stellte fest, daß die Personen, die am Tag vor dem Traum meditiert hatten, am nächsten Morgen über eine signifikant erhöhte Vollständigkeit der Traumerinnerung verfügten. Siehe auch: Kornfield 1979 u. 1983 und Faber, Suayman u. Touyz 1978.

Negative Auswirkungen

Der Psychologe Albert Ellis (1984) behauptete, daß Meditation Zwangsvorstellungen und eine Tendenz zu übermäßiger Beschäftigung mit trivialen Dingen verstärken kann. Er bemerkte, daß einige seiner Klienten „durch das Meditieren in dissoziative, Trance-ähnliche Zustände“ verfallen waren und daß Meditation Menschen häufig davon ablenkt, die Dinge zu tun, die ihre Störungen meistern würden. Einige Menschen fühlen sich möglicherweise während der Meditation besser, schrieb er, und sabotieren gleichzeitig ihre

Chancen auf ein dauerhaftes persönliches Wachstum. Der Psychiater Roger Walsh (1979) berichtete von mehreren beunruhigenden Erfahrungen während der eigenen Meditation, darunter Angst, Anspannung und Wut. Walsh und Rauche (1979) wiesen darauf hin, daß Meditation bei Schizophrenie-Patienten psychotische Schübe herbeiführen kann. Carrington (1989) beobachtete, daß ausgedehnte Meditation Symptome hervorrufen kann, die von Schlaflosigkeit bis zu psychotischem Verhalten reichen. Lazarus (1976) berichtete, daß durch TM schwere Depression und schizophrene Zusammenbrüche ausgelöst werden können. French, Smid und Ingalls (1975) bemerkten, daß während TM gelegentlich Ängste, Anspannungen, Wut und andere beunruhigende Erfahrungen auftreten. Carrington und Ephron (1975) beschrieben TM-Übende, die sich während der Meditation von negativen und unangenehmen Gedanken überwältigt fühlten. Otis (1984) berichtete, daß fünf Patienten einen Rückfall ernster psychosomatischer Symptome erlitten, nachdem sie die Meditation wieder aufgenommen hatten. Und Maupin (1969) stellte fest, daß Meditation in sich zurückgezogene, gelassene Menschen hervorbringen kann, die nicht wahrnehmen, was tatsächlich in ihrem Leben vor sich geht. Diese und andere negative Auswirkungen finden Erwähnung in der Literatur über Kontemplation. Der Weg zur Erleuchtung ist „scharf wie des Messers Schneide", heißt es in der Katha Upanishad. Obgleich die Belohnungen kontemplativer Übung groß sein können, stellen sie sich nicht leicht oder zwangsläufig ein.

ANHANG D

[D.1]
STUDIEN ÜBER PSYCHOKINESE MIT LEBENDEN ZIELEN UND SPIRITUELLE HEILWEISEN

Diese Literaturangaben beruhen größtenteils auf einer Zusammenstellung von Jerry Solfvin, 1984: Mental Healing, in: *Advances in Parapsychological Research*, Bd. 4, McFarland.

STUDIEN ÜBER PSYCHOKINESE (PK)

Biologisches Material

Barry, J. 1968a: General and comparative study of the psychokinetic effect on fungus culture. *Journal of Parapsychology* 32:237–243

– 1968b: PK on fungus growth. *Journal of Parapsychology* 32:55 (Auszug)

Braud, W. G. 1974: Psychokinetic influence upon E. Coli bacteria. Unveröffentlichtes Manuskript, University of Houston

Brand, W. G., et al. 1979: Experiments with Matthew Manning. *Journal of the Society for Psychical Research* 50:199–223

Brier, R. M. 1969: PK on bio-electrical system. *Journal of Parapsychology* 33:187–205

Deamer, D. W. 1979: Observations using biological materials, in: J. Mishlove (Hg.), *A Month with Matthew Manning: Experiences and Experiments in Northern California During May–June 1977*, San Francisco: Washington Research Center

Haraldsson, E., u. T. Thorsteinsson. 1973: Psychokinetic effects on yeast: An exploratory experiment, in: W. G. Roll et al. (Hg.), *Research in Parapsychology 1972*, Scarecrow Press

Kief, H. 1972: A method for measuring PK ability with enzymes, in: W. G. Roll et al. (Hg.), *Proceedings of the Parapsychological Association No. 8*, S. 19–20

Lorenz, F. W. 1979: Experiments with Matthew Manning, in: J. Mishlove (Hg.), *A Month with Matthew Manning: Experiences and Experiments in Northern California During May–June 1977*, Washington Research Center

Metta, L. 1972: Psychokinesis of lepidopterous larvae. *Journal of Parapsychology* 36:213–221

Nash, C. B. 1982: Psychokinetic control of bacterial growth. *Journal of the Society for Psychical Research* 51:217–221

Nash, C. B., u. C. S. Nash. 1967: The effect of paranormally conditioned solution on yeast fermentation. *Journal of Parapsychology* 31:314

Tedder, W. H., u. M. L. Monty. 1981: Exploration of long-distance PK: A conceptual replication of the influence on a biological system, in: W. Roll u. J. Beloff (Hg.), *Research in Parapsychology 1980*, Scarecrow Press, S. 90–93

Lebensprozesse der Pflanzen

Grad, B. 1967: The „laying on of hands": Implications for psychotherapy, gentling and placebo effect. *Journal of the American Society for Psychical Research* 61:286–305

Lenington, S. 1979: Effects of holy water on the growth of radish plants. *Psychological Reports* 45:381–382

Nicholas, C. 1977: The effects of loving attention on plants. *New England Journal of Parapsychology* 1:19–24

Pauli, E. N. 1973: PK on living targets as related to sex, distance and time, in: W. G. Roll et al. (Hg.), *Research in Parapsychology 1972*, Scarecrow Press, S. 68–70

Vasse, P. 1950: Expériences de germination de planter: Méthode du Professeur J. B. Rhine de Duke. *Revue Métaphysique (Nouvelle Serie)* 12:223–225

Vasse, P., u. C. Vasse. 1948: Influence de la pensée sur la croissance des plantes. *Revue Métaphysique (Nouvelle Serie)* 2:87

Wallack, J. M. 1984: Testing for a psychokinetic effect on plants: Effect of „laying on" of hands on germinating corn seeds. *Psychological Reports* 55:15–18

Lebensprozesse der Tiere

Bechterev, W. 1948: Direct influence of a person upon the behavior of animals. *Journal of Parapsychology* 13:166–176

Extra, J. 1971: Telepathie bij de rat. *Tijdschrift voor Parapsychologie* 39:18–31

Gruber, E. R. 1979: A study of conformance behavior involving rats and mice. Vortrag bei einer Zusammenkunft der Society for Psychical Research, Edinburgh, Schottland

Nash, C., u. C. Nash. 1981: Psi-influenced movement of chicks and mice onto a visual cliff, in: W. G. Roll u. J. Beloff (Hg.), *Research in Parapsychology 1980*, Scarecrow Press, S. 109–110

Osis, K. 1952: A test of the occurrence of a psi effect between man and cat. *Journal of Parapsychology* 16:233–256

Randall, J. 1970: An attempt to detect psi effects with protozoa. *Journal of the Society for Psychical Research* 45:294–296

Richmond, K. 1952: Two series of PK tests on paramecia. *Journal of the Society for Psychical Research* 36:577–588

Lebensprozesse des Menschen

Braud, W. G. 1978: Allobiofeedback: Immediate feedback for a psychokinetic influence upon another person's physiology, in: W. G. Roll (Hg.), *Research in Parapsychology 1977*, Scarecrow Press, S. 123–134

– 1986: PSI and PNI: Exploring the interface between parapsychology and psychoneuroimmunology. *Parapsychological Review* 17(4):1–5

– 1990: Distant mental influence of rate of hemolysis of red blood cells. *Journal of the American Society for Psychical Research* 84:1–23

Braud, W. G., G. Davis u. R. Wood. 1979: Experiments with Matthew Manning. *Journal of the Society for Psychical Research* 50:199–223

Braud, W. G., u. M. Schlitz. 1983: Psychokinetic influence on electrodermal activity. *Journal of Parapsychology* 47:95–119

– 1989: A methodology for the objective study of transpersonal imagery. *Journal of Scientific Exploration*

Gruber, E. R. 1979: Conformance behavior involving animal and human subjects. *European Journal of Parapsychology* 3:36–50

Wassiliew, L. L. 1965: *Experimentelle Untersuchungen der Mentalsuggestion*, Bern: A. Francke

STUDIEN ÜBER SPIRITUELLE HEILWEISEN

Anorganische Substanzen

Dean, D., u. E. Brame. 1975: Physical changes in water by laying-on-of-hands. *Proceedings of the Second International Congress of Psychotronics Research*, Paris: Institut Métaphysique International, S. 200–202

Schwartz, S., et al. 1986: *Infrared Spectra Alteration in Water Proximate to the Palms of Therapeutic Practitioners*, Mobius Society

Biologisches Material

Edge, H. 1980: The effect of laying on of hands on an enzyme: An attempted replication, in: W. G. Roll (Hg.), *Research in Parapsychology 1979*, Scarecrow Press, S. 137–139

Grad, B. 1965: A telekinetic effect on yeast activity. *Journal of Parapsychology* 29:285–286

Kmetz, J. 1981: Effects of healing on cancer cells (Anhang), in: D. Kraft, *Portrait of a Psychic Healer*, Putnam

Knowles, F. W. 1954: Some investigations into psychic healing. *Journal of the American Society for Psychical Research* 48:21–26

Rubik, B., u. E. Rauscher. 1980: Effects on motility behavior and growth rate of salmonella typhimurium in the presence of Olga Worrall, in: W. G. Roll (Hg.), *Research in Parapsychology 1979*, Scarecrow Press, S. 140–142

Smith, M. J. 1968: Paranormal effects on enzyme activity. *Journal of Parapsychology* 32:281 (Auszug)

– 1972: Paranormal effects on enzyme activity. *Human Dimensions* 1: 15–19

– 1977: The influence of „laying-on" of hands, in: N. M. Regush (Hg.), *Frontiers of Healing*, Avon

Snel, F. 1980: PK influence on malignant cell growth. *Research Letter*, Parapsychologisches Labor, Universität Utrecht 10:19–27

Lebensprozesse der Pflanzen

Grad, B. 1963: A telekinetic effect on plant growth. *International Journal of Parapsychology* 5:117–133

– 1964: A telekinetic effect on plant growth, II. Experiments involving treatment of saline in stoppered bottles. *International Journal of Parapsychology* 6:473–498

Harary, S. B. 1975: A pilot study of the effects of psychically treated saline solution on the growth of seedlings. Unveröffentlichtes Manuskript, Psychical Research Foundation

Knowles, F. W. 1954: Some investigations into psychic healing. *Journal of the American Society for Psychical Research* 48:21–26

Loehr, F. 1959: *The Power of Prayer on Plants,* Signet

Miller, R. N. 1972: The positive effect of prayer on plants. *Psychic* 3:24–25

Solfvin, J. 1982: The effects of an induced „expectancy structure" on the growth of corn seedlings. *European Journal of Parapsychology* 4:345–380

Lebensprozesse der Tiere

Grad, B. 1971–1972: Some biological effects of the laying on of hands: A review of experiments with animals. *Journal of Pastoral Counseling* 6:38–41

– 1977: Laboratory evidence of „laying on of hands", in: N. Regush (Hg.), *Frontiers of Healing,* Avon

– 1979: Healing by the laying on of hands: A review of experiments, in: D. Sobel (Hg.), *Ways of Health,* Harcourt, Brace, Jovanovich

Grad, B., et al. 1961: An unorthodox method of treatment on wound healing in mice. *International Journal of Parapsychology* 3:5–24

Heaton, E. 1974: Mouse healing experiments. Unveröffentlichtes Manuskript, Foundation for Research on the Nature of Man, Durham, N. C.

Schlitz, M. J. 1982: PK on living systems: Further studies with anesthetized mice. *Journal of Parapsychology* 46:51–52 (Auszug)

Solfvin, J. 1982: Psi expectancy effects in psychic healing studies with malarial mice. *European Journal of Parapsychology* 4:48–64

Watkins, G., u. A. Watkins. 1971: Possible PK influence on the resuscitation of anesthetized mice. *Journal of Parapsychology* 35:257–272

Watkins, G. K., et al. 1973: Further studies on the resuscitation of anesthetized mice, in: W. Roll, R. Morris u. J. Morris (Hg.), *Research in Parapsychology 1972,* Scarecrow Press, S. 157–159

Wells, R., u. J. Klein. 1972: A replication of a „psychic healing" paradigm. *Journal of Parapsychology* 36:144–149

Wells, R., u. G. Watkins. 1975: Linger effects in several PK experiments, in: J. Morris, W. Roll u. R. Morris (Hg.), *Research in Parapsychology 1974,* Scarecrow Press, S. 143–147

Lebensprozesse des Menschen

Benor, D. J. 1984: Psychic healing, in: J. Salmon (Hg.), *Alternative Medicine: Popular and Policy Perspectives,* Tanstock

Boguslawski, M. 1979: The use of therapeutic touch in nursing. *Journal of Continuing Education in Nursing* 10:9–15

– 1980: Therapeutic Touch: A facilitator of pain relief. *Topics in Clinical Nursing* 2:27–37
Collipp, P. J. 1969: The efficacy of prayer: A triple-blind study. *Medical Times* 97:201–204
Goodrich, J. 1974: Psychic healing – A pilot study. Doktorarbeit, Union Graduate School, Cincinnati
Heidt, P. 1981: Effective Therapeutic Touch on the anxiety level of hospitalized patients. *Nursing Research* 35:101–105
Hubacher, J., et al. 1975: A laboratory study of unorthodox healing. *Proceedings of the Second International Conference of Psychotronic Research*, Paris: Institut Métaphysique International
Joyce, C., u. R. Welldon. 1965: The objective efficacy of prayer: A double-blind clinical trial. *Journal of Chronic Diseases* 18:367–377
Keller, E. 1986: Effects of Therapeutic Touch on tension headache pain. *Nursing Research* 35:101–105
Knowles, F. W. 1954: Some investigations into psychic healing. *Journal of the American Society for Psychical Research* 48:21–26
– 1956: Psychic healing in organic disease. *Journal of the American Society for Psychical Research* 50:110–117
Krieger, D. 1974: Healing by the „laying-on" of hands as a facilitator of bioenergetic change: The response of in-vivo human hemoglobin. *Psychoenergetic Systems* 1:121–129
– 1975: Therapeutic Touch: The imprimatur of nursing. *American Journal of Nursing* 75:784–787
– 1979a: *Therapeutic Touch*, Prentice-Hall
– 1979b: Therapeutic Touch: Searching for evidence of physiological change. *American Journal of Nursing* (Apr.) 79:660–662

Krieger, D., et al. 1979: Physiologic indices of Therapeutic Touch. *American Journal of Nursing* 4: 660–662
Kunz, D., u. E. Peper. 1982–1983: Fields and their clinical implications, Teil I–III. *The American Theosophist* 70:395–401; 71:19–21, 200–203
Macrae, J. 1981: Therapeutic Touch: A way of life, in: Borelli u. Heidt (Hg.), *Therapeutic Touch: A Book of Readings*, Springer
Miller, L. 1979: An explanation of therapeutic touch: Using the science of unitary man. *Nursing Forum* 18:278–287
Quinn, J. 1982: An investigation of the effect of therapeutic touch done without physical contact or state anxiety of hospitalized cardiovascular patients. Dissertation Abstracts International (Universitätsmikrofilme Nr. 82-26-788)
– 1984: Therapeutic Touch as energy exchange: Testing the theory. *Advances in Nursing Science* (Jan.) 6:42–49
– 1988: Building a body of knowledge: Research on therapeutic touch 1974–1986. *Journal of Holistic Nursing* 6:37–45
– 1989: Future directions for therapeutic touch research. *Journal of Holistic Nursing* 7:19–25
Rehder, H. 1955: Wunderheilungen, ein Experiment. *Hippokrates* 26: 577–580
Richmond, K. 1946: Experiments in the relief of pain. *Journal of the Society for Psychical Research* 33:194–200
Winston, S. 1975: Research in psychic healing: A multivariate experiment. Doktorarbeit, Union Graduate School, Cincinnati
Wirth, D. 1990: The effect on non-contact Therapeutic Touch on the healing rate of full thickness dermal wounds. *Subtle Energies* 1:1–20

[D.2]

KULTURÜBERGREIFENDE STUDIEN ÜBER SPIRITUELLE HEILWEISEN

Edwards, F. 1983: Healing and transculturation in Xhosa Zionist practice. *Culture, Medicine and Psychiatry* 7:177–198

Harner, M. 1983: *The Jivaro*, University of California Press

Katz, R. 1981: Education as transformation: Becoming a healer among the Kung and Fijians. *Harvard Educational Review* 5:57–78

Kreiger, D. 1972: The response in in-vivo human hemoglobin to an active healing therapy by direct laying-on of hands. *Human Dimensions*, Bd. 1 (Herbst)

Luckert, K. 1979: *Coyoteway: A Navajo Healing Ceremonial*, Übers. J. C. Cooke, University of Arizona Press and Museum of North Arizona Press

Mischel, F. 1959: Faith healing and medical practice in the Southern Caribbean. *Southwestern Journal of Anthropology* 15:407–417

Opler, M. E. 1936: Some points of comparison and contrast between the treatment of functional disorders by Apache shamans and modern psychiatric practice. *American Journal of Psychiatry* 92:1371–1387

Romano, O. I. 1965: Charismatic medicine, folk-healing, and folk sainthood. *American Anthropologist* 67:1151–1173

Smith, J. 1972: The influence of enzyme growth by „laying-on-of-hands“, in: *The Dimensions of Healing: A Symposium*, Academy of Parapsychology and Medicine

ANHANG E
STUDIEN ÜBER TODESNAHE UND AUSSERKÖRPERLICHE ERFAHRUNGEN UND REINKARNATION

Todesnahe Erfahrungen

Alvarado, C. 1989: Trends in the study of out-of-body experiences: An overview of developments since the nineteenth century. *Journal of Scientific Exploration* 3:1:27–42

Basford, T. 1990: *Near-Death Experiences: An Annoted Bibliography*, Garland

Basterfield, K. 1986: Near-death experiences: An Australian survey. *Australian Institute of Psychic Research Bulletin* 9:1–4

Blackmore, S. 1988: Visions from the dying brain. *New Scientist* (5. Mai) 118:43–46

Bluebond-Langner, M. 1978: *The Private Worlds of Dying Children*, Princeton University Press

Cook, S. 1974: *Children and Dying: An Exploration and Selective Bibliographies*, Health Sciences Publishing Corporation

Doore, G. 1990: *What Survives? Contemporary Explorations of Life after Death*, Jeremy P. Tarcher

Flynn, C. P. 1986: *After the Beyond: Human Transformation and the Near-Death Experience*, Prentice-Hall

Gabbard, G.O., et al. 1981: Do „near-death" experiences occur only near death? *Journal of Nervous and Mental Diseases* 169:374–377

Grey, M. 1985: *Return from Death. An Exploration of the Near-Death Experience*, Arkana

Greyson, B. 1982: Near-death studies 1981–1982. *Anabiosis: The Journal for Near-Death Studies* 2:150–158

– 1983: The near-death experience scale: Construction, reliability and validity. *Journal of Nervous and Mental Disease* 171:6:369–375

Grosso, M. 1982: Toward an explanation of near-death phenomena, in: C. Lundahl (Hg.), *A Collection of Near-Death Research Readings*, Nelson-Hall

Krishnan, V. 1985: Near-death experiences: Evidence for survival. *Anabiosis: The Journal for Near-Death Studies* (Frühjahr) 5:1:21–38

Lundahl, C. R. (Hg.). 1982: *A Collection of Near-Death Research Readings*, Nelson-Hall

Moody, R. 1975: *Life after Life*

Moody, R. A. 1989: *Nachgedanken über das Leben nach dem Tod*, Reinbek: Rowohlt

– 1991: *Leben nach dem Tod*, Reinbek: Rowohlt

Moody, R. A., u. P. Perry. 1989: *Das Licht von drüben*, Reinbek: Rowohlt

Morse, M. 1990: *Closer to the Light: Learning from the Near-Death Experiences of Children*, Ivy Books (Ballantine)

Morse, M., P. Castillo, D. Venecia, J. Milstein u. D. C. Tyler. 1986: Childhood near-death experiences. *American Journal of Diseases of Children* (Nov.) 140:1110–1114

Morse, M., D. Conner u. D. Tyler. 1985: Near-death experiences in a pediatric population. *American Journal of Diseases of Children* (Juni) 139:595–600
Morse, M. L., D. Venecia Jr. u. J. Milstein. 1989: Near-death experiences: A neurophysiologic explanatory model. *Journal of Near-Death Studies* 8:45–53
Noyes, R. Jr. 1972: The experience of dying. *Psychiatry* 35:174–184
– 1974: Near-death experiences: Their interpretation and significance, in: R. Kastenbaum (Hg.), *Between Life and Death*, Springer
Osis, K. 1961: *Deathbed Observations by Physicians and Nurses*, Parapsychological Monographs, Nr. 3, Parapsychological Foundation Inc.
Osis, K., u. E. Haraldsson. 1989 (2): *Der Tod – ein neuer Anfang*, Freiburg i. Br.: Bauer
Provonsha, J. 1981: *Is Death for Real: An Examination of Reported Near-Death Experiences in the Light of the Resurrection*, Pacific Press
Ring, K. 1980: *Life at Death: A Scientific Investigation of the Near-Death Experience*, Coward, McCann & Geoghegan
– 1988: *Den Tod erfahren – das Leben gewinnen*, Berlin, Darmstadt, Wien: Dt. Buchgemeinschaft
– 1989: Near-death experiences, in: R. Kastenbaum u. B. Kastenbaum, *Encyclopedia on Death*, Oryx Press
Sabom, M. 1988: *Erinnerung an den Tod*, Kornwestheim: EBG

Vicchio, S. 1981: Near-death experiences: A critical review of the literature and some questions for further help. *Anabiosis: The Journal for Near-Death Studies* 1:66–87
Zaleski, C. 1987: *Otherworld Journeys*, Oxford University Press

Außerkörperliche Erfahrungen

Alvarado, C. 1986: Research on spontaneous out-of-body experiences: A review of modern developments. 1960–1984, in: B. Shapin u. L. Coly (Hg.), *Current Trends in Psi Research: Proceedings of an International Conference Held in New Orleans, Louisiana*, 13./14. August 1984, Parapsychology Foundation
Bendit, L., u. P. Payne. *The Psychic Sense*, Quest Books
Blackmore, S. 1983: Are out-of-body experiences evidence for survival? *Anabiosis: The Journal for Near-Death Studies* (Dez.) 3:137–155
Crookall, R. 1966: *Study and Practice of Astral Projection*, University Books
– 1970: *Out-of-the-Body Experiences*, University Books
– 1972: *Casebook of Astral Projection*, University Books
Currie, I. 1990: *Niemand stirbt für alle Zeit*, München: Goldmann
Fox, O. 1962: *Astral Projection*, University Books
Gabbard, G., u. S. Tremlow. 1984: *With the Eyes of the Mind: An Empiric Analysis of Out-of-Body States*, Praeger
Green, C. 1968: *Out-of-the-Body Experiences*, Ballantine
Irwin, H. J. 1985: *Flight of Mind. Psychological Study of the Out-of-Body Experience*, Scarecrow Press
Josephs, A. 1983: Hemingway's out of body experience. *Hemingway Review* 2(2):11–17

Mitchell, J. 1974: Out-of-body experiences and autoscopy. *The Osteopathic Physician* 41:44–49
– 1981: *Out-of-Body Experiences: A Handbook*, McFarland
Monroe, R. A. 1972: *Der Mann mit den zwei Leben*, Düsseldorf: Econ
Muldoon, S., u. H. Carrington. 1936: *The Case for Astral Projection*, Aries Press
– *The Phenomena of Astral Projection*, Samuel Weiser
– 1988 (7): *Die Aussendung des Astralkörpers*, Freiburg i. Br.: Bauer
Myers, F. W. H. 1903, 1954: *Human Personality and Its Survival of Bodily Death*, Bd. 1, Longmans, Green, S. 682–685
Noyes, R., u. R. Kletti. 1976: Depersonalization in the face of life-threatening danger: A description. *Psychiatry* 39:19–27
Osis, K. 1961: *Deathbed Observations by Physicians and Nurses*, Parapsychological Foundation
– 1978: Out-of-the-body experiences: A preliminary survey. Vortrag vor der Parapsychology Association Annual Convention, St. Louis, Missouri (Aug.)
Oxenham, J. 1941: *Out of the Body*, Longmans, Greene & Co.
Rhine, J. B. 1960: Incorporeal personal agency: The prospect of a scientific solution. *Journal of Parapsychology* (Dez.) 24:4:279–309
Shirley, R. 1965: *Mystery of the Human Double*, University Books

Tart, C. T. 1969: *Altered States of Consciousness: A Book of Readings*, John Wiley & Sons
– 1974: Out-of-the-body experiences, in: E. Mitchell (Hg.), *Psychic Exploration*, Putnam
Thouless, R. H. 1960: The empirical evidence for survival. *Journal of the American Society for Psychical Research* (Jan.) 54:23–32
Twemlow, S., et al. 1982: The out-of-body experience: A phenomenological typology based on questionnaire responses. *American Journal of Psychiatry* 139:450–455
Vieira, W. 1986: *Projeciologia: Survey of OBE Experiences*, Rio de Janeiro, Brasilien: Editora Brasil-America S.A. Bibl: 699–771

Studien über Reinkarnation

Chari, C. T. 1962: „Buried memories“ in survivalist research. *International Journal of Parapsychology* (Sommer) 4:40–65
– 1978: Reincarnation Research: Method and interpretation, in: M. Ebon (Hg.), *Signet Handbook of Parapsychology*, New American Library
Cook, E. W. 1986: Research on reincarnation-type cases: Present status and suggestion for future research, in: K. R. Rao (Hg.), *Case Studies in Parapsychology*, McFarland
Matlock, G. 1989: Age and stimulus in past life memory cases: A study of published cases. *Journal of the American Society for Psychical Research* (Okt.) 83:4:303–316
Mills, A. 1988: A preliminary investigation of cases of reincarnation among the Beaver and Gitksan Indians. *Anthropologica* 30
– 1989: A replication study: Three cases of children in Northern India who are said to remember a previous life. *Journal of Scientific Exploration* 3(2):133–184

Stevenson, I. 1970: Characteristics of cases of the reincarnation type in Turkey and their comparison with cases in two other cultures. *International Journal of Comparative Sociology* (März) 11:11–17
– 1975–1983: *Cases of the Reincarnation Type*, Bd. 1–4, University Press of Virginia
– 1977: The explanatory value of the idea of reincarnation. *Journal of Nervous and Mental Diseases* 164:305–326
– 1986 (5): *Reinkarnation: der Mensch im Wandel von Tod und Wiedergeburt*, Freiburg i. Br.: Aurum
– 1989: *Reinkarnation – Kinder erinnern sich an frühere Erdenleben*, Grafing: Aquamarin

ANHANG F
EXPERIMENTELLE STUDIEN UND HISTORISCHE BERICHTE ÜBER DEN FEINSTOFFLICHEN KÖRPER

DeLubicz, I. S. 1981: *The Opening of the Way*, Inner Traditions

Dodds, E. R. 1923: *Select Passages Illustrating Neoplatonism*, Ares, S. 74–92

Evans-Wentz, W. Y. 1987: *Geheimlehren aus Tibet: Yoga und der Pfad des Mahayana Buddhismus*, Basel: Sphinx

Fraser-Harris, D. F. 1932: A psycho-physiological explanation of the so-called human „aura“. *British Journal of Medical Psychology*, Bd. 12, Teil 2 (Sept.), S. 174–184

Gurwitch, A. 1977: *Teoriya Biologicheskogo Polya* (Theorie des biologischen Feldes), Selected Works, Moskau: Meditsina

Inyushin, V. 1970: *Gorizonty Bioniki* (Horizonte der Bionik), Kazakhstan

– 1978: *Elementy Teorii Biologicheskogo Polya* (Elemente der Theorie des biologischen Feldes), Kazakh State University

Kilner, W. J. 1965: *The Human Aura*, University Books

Kolotilov, M., u. M. Litvinov. 1986: Physics of the Biofield, *Znannya ta Pratsya*, Kiew, 1:8–9 (Jan.)

Mead, G. R. S. 1991: *Die Lehre vom feinstofflichen Körper in der westlichen Tradition*, Interlaken: Ansata

Nietzke, A, 1979: Portrait of an aura reader. *Human Behavior* (Feb.) 8:28–35

Perevozchikov, A. 1986: Rainbow of human physical field (Interview mit dem Akademiemitglied Yuri V. Gulyaev und Dr. Eduard E. Godik). *Tekhnika-Molodezhi* (Technologien des Jungseins) 12:12–17 (Dez.)

Pierrakos, J. 1987: *Core Energetik: Zentrum deiner Lebenskraft*, Essen: Synthesis (Kap. 7)

Poortman, J. J. 1978: *Vehicles of Consciousness: The Concept of Hylic Pluralism*, Bd. 1–4, Theosophical Publishing House

Powell, A. E. 1925: *The Etheric Double & Allied Phenomena*, Theosophical Publishing House

1927a: *The Astral Body*, Theosophical Publishing House

– 1927b: *The Mental Body*, Theosophical Publishing House

– 1928: *The Causal Body & the Ego*, Theosophical Publishing House

Russell, E. 1975: Parapsychic luminosities. *Quadrant* (Winter) 8:2, S. 58–61

Shuman, E. 1979: Our glowing auras: New evidence for the body's energy forces. *Human Behavior* (Jan.) 8:39–40

Taittiriya Upanishad. 1969, in: S. Radhakrishnan, *The Principal Upanishads*, Humanities Press

– 1971, in: R. E. Hume, *The Thirteen Principal Upanishads*, Oxford University Press

Vilenskaya, L. (Hg.). 1983: *PSI Research* (Dez.) 2:28–66

ANHANG G
STUDIEN ZUR KREATIVITÄT

Barron, F. 1953a: Complexity-simplicity as a personality dimension. *Journal of Abnormal Social Psychology* 48:163–172

– 1953b: Some personality correlates of independence of judgement. *Journal of Personality* 21:478–485

– 1955: The disposition toward originality. *Journal of Abnormal Social Psychology* 51:478–485

– 1957: Originality in relation to personality and intellect. *Journal of Personality* 25:730–742

– 1958: The psychology of imagination. *Scientific American* 199:150–156

– 1963a: *Creativity and Psychological Health*, Van Nostrand

– 1963b: The needs for order and for disorder as motives in creative activity, in: C. Taylor u. F. Barron, *Scientific Creativity*, Wiley

– 1969: *Creative Person and Creative Process*, Holt, Rinehart & Winston, S. 75–78

– 1972: *Artists in the Making*, Seminar Press

– 1979: *The Shaping of Personality*, Harper & Row

– 1987: Putting creativity to work, in: R. Sternberg (Hg.), *The Nature of Creativity*, Cambridge University Press

Barron, F., u. D. Harrington. 1981: Creativity, intelligence, and personality, in: M. Rosenzweig u. L. Porter (Hg.), *Annual Review of Psychology*, Annual Reviews

Barron, F., u. G. Welsh. 1952: Artistic perception as a factor in personality style: Its measurement by a figure-preference test. *Journal of Psychology* 33:199–203

Crawford, H. J. 1982: Hypnotizability, daydreaming style, imagery, vividness, and absorption: A multi-dimensional study. *Journal of Personality & Social Psychology* 42:915–926

Ghiselin, B. 1980: *The Creative Process*, New American Library

Koestler, A. 1964: *The Act of Creation*, Macmillan; dt. (in gekürzter Fassung) 1966: *Der göttliche Funke*, Bern, München, Wien: Scherz

Lindauer, M. S. 1983: Imagery and the Arts, in: A. Sheikh (Hg.), *Imagery – Current Theory, Research, and Application*, Wiley, S. 268–506

MacKinnon, D. W. 1960: Genus architectus creator varietas Americanus. *American Institutes of Architects Journal* (Sept.), S. 31–35

Shaw, G., u. S. Belmore. 1982–1983: The relationship between imagery and creativity. *Imagination, Cognition & Personality* 2:115–123

Torrance, E. P., et al. 1959: *Explorations in Creative Thinking in the Early School Years: I–XII*, Bureau of Educational Research, University of Minnesota

ANHANG H
KLINISCHE UND EXPERIMENTELLE STUDIEN ÜBER DIE PROGRESSIVE MUSKELENTSPANNUNG

Alle hier verzeichneten Arbeiten stammen von Edmund Jacobson.

1911: Experiments on the inhibition of sensations. *Psychological Review* 18:24–53

1920: Reduction of nervous irritability and excitement by Progressive Relaxation. *Journal of Nervous & Mental Disease* 53:282

1920: Use of relaxation in hypertensive states. *New York Medical Journal* 111:419

1921: The use of experimental psychology in the practice of medicine. *Journal of the American Medical Association* 77:342–347

1924: The physiology of globus hystericus. *Journal of the American Medical Association* 83:911–913

1924: The technic of progressive relaxation. *Journal of Nervous & Mental Disease* 60:568–578

1925: Voluntary relaxation of the esophagus. *American Journal of Physiology* 72:387–394

1926: Response to a sudden unexpected stimulus. *Journal of Experimental Psychology* 9:19–25

1927: Action currents from muscular contractions during conscious processes. *Science* 66:403

1928: Differential relaxation during reading, writing, and other activities as tested by the knee-jerk. *American Journal of Physiology* 86:675–693

1930: Electrical measurements of neuromuscular states during mental activities. I. Imagination of movement involving skeletal muscle. *American Journal of Physiology* 91:567–608

1930: Electrical measurements of neuromuscular states during mental activities. II. Imagination and recollection of various muscular acts. *American Journal of Physiology* 94:22–34

1930: Electrical measurements of neuromuscular states during mental activities. III. Visual imagination and recollection. *American Journal of Physiology* 95:694–702

1930: Electrical measurements of neuromuscular states during mental activities. IV. Evidence of contraction of specific muscles during imagination. *American Journal of Physiology* 95:703–712

1931: Electrical measurements of neuromuscular states during mental activities. V. Variation of specific muscles contracting during imagination. *American Journal of Physiology* 96:115–121

1931: Electrical measurements of neuromuscular states during mental activities. VI. A note on mental activities concerning an amputated limb. *American Journal of Physiology* 96:122–125

1931: Electrical measurements of neuromuscular states during mental activities. VII. Imagination, recollection and abstract thinking involving the speech musculature. *American Journal of Physiology* 97:200–209

1932: Electrophysiology of mental activities. *American Journal of Psychology* 44:677–694

1933: Measurement of the action-potentials in the peripheral nerves of man without anesthetic. *Proceedings of the Society for Experimental Biology & Medicine* 30:713–715

1934: Electrical measurements concerning muscular contraction (tonus) and the cultivation of relaxation in man – relaxation-times of individuals. *American Journal of Physiology* 108:573–580

1936: The course of relaxation in muscles of athletes. *American Journal of Psychology* 48:98–108
1939: Variations in blood pressure with skeletal muscle tension and relaxation. *Annals of Internal Medicine* 12:1194–1212
1939: Variations in blood pressure with skeletal muscle tension (action-potentials) in man: The influence of brief voluntary contractions. *American Journal of Physiology* 126:546–547
1940: Cultivated relaxation in „essential“ hypertension. *Archives of Physical Therapy* 21:645–654
1940: The direct measurement of nervous and muscular states with the integrating neurovoltmeter (action-potential integrator). *American Journal of Psychiatry* 97:513–523
1940: Variation of blood pressure with skeletal muscle tension and relaxation: The heart beat. *Annals of Internal Medicine* 13:1619–1625
1940: Variation of blood pressure with brief voluntary muscular contractions. *Journal of Laboratory & Clinical Medicine* 25:1029–1037
1943: Cultivated relaxation for the elimination of „nervous breakdowns“. *Archives of Physical Therapy* 24:133–143
1943: Muscular tension and the smoking of cigarettes. *American Journal of Psychology* 56:559–574
1952: Specialized electromyography in supplement to clinical observations during hyperkinetic states in man („functional nervous conditions“). *Fed. Proc.* 11:1

1955: Neuromuscular control in man: Methods of self-direction in health and in disease. *American Journal of Psychology* 68:549–561
1974: *Progressive Relaxation.* University of Chicago Press (*Midway*-Nachdruck)

ANHANG I
SCHRIFTEN ZUR KULTURELLEN PRÄGUNG DER INDIVIDUELLEN ENTWICKLUNG

Benthall, J., u. T. Polhemus (Hg.). 1975: *The Body as a Medium of Expression*, Allen, Lane & Dutton

Bourdieu, P. 1982: *Die feinen Unterschiede. Kritik der gesellschaftlichen Urteilskraft*, Frankfurt/M.: Suhrkamp

Brown, N. O. 1962: *Zukunft im Zeichen des Eros*, Pfullingen: Neske

Chernin, K. 1981: *The Obsession: Reflections on the Tyranny of Slenderness*, Harper & Row

Douglas, M. 1988: *Reinheit und Gefährdung*, Frankfurt/M.: Suhrkamp

Foucault, M. 1984: *Die Ordnung der Dinge – eine Archäologie des Wissens*, Frankfurt/M.: Suhrkamp

Freud, S. 1924–1950: *Collected Papers. Character & Culture*, Bd. 9, International Psychoanalytical Press

– 1978: *Totem und Tabu*, in: Bd. 9 der *Gesammelten Werke*, Frankfurt/M.: Fischer

– 1976: *Das Unbehagen in der Kultur*, in: Bd. 14 der *Gesammelten Werke*, Frankfurt/M.: Fischer

Griffin, S. 1987: *Frau und Natur*, Frankfurt/M.: Suhrkamp

Johnson, D. 1980: Somatic Platonism. *Somatics* (Herbst) 3:4–7

Kunzle, D. 1981: *Fashions and Fetishism: A Social History of the Corset, Tight-Lacing, and Other Forms of Body-Sculpture in the West*, Rowman & Littlefield

Merleau-Ponty, M. 1966: *Phänomenologie der Wahrnehmung*, Berlin: de Gruyter

Polhemus, T. (Hg.). 1978: *The Body Reader: Social Aspects of the Human Body*, Pantheon

Reich, W. 1985: *Die Massenpsychologie des Faschismus*, Frankfurt/M.: Fischer

Schilder, P. 1950: *The Image and Appearance of the Human Body: Studies in the Constructive Energies of the Psyche*. International Universities Press

Tinbergen, N. 1974: Ethology and stress disease. *Science* (Juli) 185:20–27

ANHANG J

[J.1]
ENTSCHEIDENDE PROZESSE FÜR LEBENDE SYSTEME

Subsysteme, die sowohl Materie-Energie als auch Information verarbeiten

Quelle: James Grier Miller, 1978: *Living Systems*, McGraw-Hill, S. 3

1. *Reproduktion*, das Subsystem, das in der Lage ist, andere Systeme hervorzubringen, die dem ähnlich sind, in dem es existiert.

2. *Grenze*, das Subsystem am Außenrand eines Systems, das die Komponenten, die das System bilden, zusammenhält, sie vor Umweltbelastungen schützt und verschiedenen Formen von Materie-Energie und Information den Zugang verwehrt oder erlaubt.

Subsysteme, die Materie-Energie verarbeiten

3. *Aufnahme*, das Subsystem, das Materie-Energie aus der Umwelt über die Systemgrenzen bringt.

4. *Verteilung*, das Subsystem, das Eingaben von außerhalb des Systems oder Ausstöße aus den Subsystemen zu jeder Komponente des Systems trägt.

5. *Umwandlung*, das Subsystem, das bestimmte Eingaben in das System in Formen, die für die besonderen Prozesse des jeweiligen Systems nützlicher sind, umwandelt.

6. *Herstellung*, das Subsystem, das zwischen den Materie-Energie-Eingaben in das System oder den Ausstößen aus der Umwandlung, den Materialien, die für Wachstum, die Reparatur von Schäden oder das Ersetzen von Komponenten des Systems hergestellt werden, stabile Verbindungen bildet, die für signifikante Zeiträume Bestand haben, oder das Energie verfügbar macht, um die Ausstöße von Produkten oder Informationsanzeigen des Systems seinem übergeordneten System zu übermitteln.

7. *Materie-Energie-Lagerung,* das Subsystem, das für unterschiedlich lange Zeiträume Depots verschiedener Formen von Materie-Energie im System zurückhält.

8. *Ausstoß,* das Subsystem, das Materie-Energie in Form von Produkten oder Abfällen aus dem System herausleitet.

9. *Antrieb,* das Subsystem, das das System oder Teile davon im Verhältnis zu seiner Umwelt oder einem Teil davon in Bewegung bringt, oder Komponenten seiner Umwelt in ihrem Verhältnis zueinander bewegt.

10. *Unterstützung,* das Subsystem, das die korrekten räumlichen Beziehungen zwischen den Komponenten des Systems aufrechterhält, damit diese interagieren können, ohne sich gegenseitig zu belasten oder zusammengedrängt zu werden.

Subsysteme, die Information verarbeiten

11. *Eingabe-Umwandlung,* das sensorische Subsystem, das informationstragende Kennzeichen in das System bringt und sie in andere Materie-Energie-Formen umwandelt, die für die Übermittlung innerhalb des Systems geeignet sind.

12. *Intern-Umwandlung,* das sensorische Subsystem, das von Subsystemen oder Komponenten innerhalb des Systems informationstragende Kennzeichen wichtiger Veränderungen in diesen Subsystemen oder Teilen empfängt und sie in andere Materie-Energie-Formen einer Art umwandelt, die innerhalb des Systems übermittelt werden kann.

13. *Übertragungsweg und Netz,* das Subsystem, das aus einer einzelnen Strecke im physikalischen Raum oder mehreren miteinander verbundenen Strecken besteht, auf denen informationstragende Kennzeichen in alle Teile des Systems übermittelt werden.

14. *Dekodierung,* das Subsystem, das die Kodierung der Informationseingabe durch den Eingabe-Umwandler in eine „persönliche" Kodierung abändert, die intern vom System benutzt werden kann.

15. *Verbindung,* das Subsystem, das die erste Stufe des Lernprozesses durchführt und dauerhafte Verbindungen zwischen einzelnen Informationen im System bildet.

16. *Gedächtnis,* das Subsystem, das die zweite Stufe des Lernprozesses durchführt und verschiedene Arten von Information im System für unterschiedlich lange Zeiträume speichert.

17. *Entscheidung,* das ausführende Subsystem, das Informationseingaben aus allen anderen Subsystemen empfängt und ihnen Informationsausstöße übermittelt, die das gesamte System kontrollieren.

18. *Kodierung*, das Subsystem, das die Kodierung der Informationseingabe von anderen informationsverarbeitenden Subsystemen von einer „persönlichen" Kodierung, die intern vom System benutzt wird, in eine „öffentliche" abändert, die von anderen Systemen in seiner Umwelt interpretiert werden kann.

19. *Ausstoß-Umwandlung*, das Subsystem, das informationstragende Kennzeichen aus dem System ausstößt und Kennzeichen innerhalb des Systems in andere Materie-Energie-Formen umwandelt, die über Übertragungswege in die Umwelt des Systems übermittelt werden können.

[J.2] EINIGE ANALOGIEN ZWISCHEN AKTIVITÄTEN IN VERSCHIEDENEN EVOLUTIONSBEREICHEN

- Wähend ihrer Entstehung traten Bestandteile des anorganischen, organischen und menschlichen Bereichs in Beziehung zu: (1) anderen Bestandteilen (oder Produkten) dieses Bereichs – das heißt, anderen Teilchen, Organismen oder Menschen, (2) den allgemeinen Beschränkungen und Möglichkeiten des vorangegangenen Evolutionsbereichs – nämlich universellen Bedingungen, als die ersten atomaren Teilchen geschaffen wurden, die Umwelt auf der Erde für die Organismen und das physikalisch-biolo-

gische Milieu, das die Menschen vorfanden, und (3) die neuen (oder auftauchenden) Prinzipien, Bedingungen oder Felder, die von ihnen aktiviert (oder geschaffen) wurden, zum Beispiel die Raum-Zeit-Einheit bei den Teilchen, Interaktionen des Lebens bei den Organismen und ein stark ausgeprägtes Bewußtsein bei den Menschen. Bei einer dritten evolutionären Transzendenz würden die neuen Bestandteile auf ähnliche Weise folgendem begegnen: (1) anderen sich metanormal entwickelnden Individuen, (2) den physikalisch-biologisch-menschlichen Welten, in denen sie entstanden, und (3) der Übernatur, die sie aktivieren würden.
- Neue Formen der Struktur innerhalb eines jeden Evolutionsbereichs erscheinen oft – im Verhältnis zum späteren Fortbestand solcher Strukturen – mit großer Plötzlichkeit. Die ersten Wasserstoffatome tauchten zum Beispiel in einer unendlich kleinen Zeitspanne auf, verglichen mit den vielen Milliarden Jahren, die seitdem vergangen sind; und die ersten Eisenatome wurden vermutlich in einer bestimmten Supernova erschaffen. Die ersten lebenden Zellen erschienen auf der Erde während eines Zeitraums, der – verglichen mit der vier Milliarden Jahre alten Entwicklung der Organismen auf diesem Planeten – verhältnismäßig kurz war; und Tierarten entwickelten sich zum Homo sapiens über eine Reihe von Entwicklungssprüngen, die von Simpson und anderen Evolutionstheoretikern als „Quantenevolution" oder von Eldridge und Gould als „punktualisiertes Gleichgewicht" beschrieben wurden. Auch metanormale Fähigkeiten tauchen oft sehr plötzlich auf, wenngleich ihre integrierte Realisierung mehr Zeit erfordert.
- Obgleich sich anorganische, biologische und menschliche Strukturen schrittweise von einem Stadium der Aktivität zum nächsten fortentwickeln, ist ihre Entwicklung zeitweilig auch durch abrupte Unterbrechungen gekennzeichnet. Neue Elemente werden ganz plötzlich geschaffen – wie zum Beispiel in explodierenden Sternen. Neue Arten sind nicht aus gleichmäßig aufeinanderfolgenden Stadien hervorgegangen und haben daher etliche Lücken in ihren fossilen Zeugnissen hinterlassen. Metanormale Fähigkeiten scheinen mit ihren Analogien der gewöhnlichen Verhaltensweisen des Menschen selten in Zusammenhang zu stehen. Die mystische Erkenntnis unterscheidet sich beispielsweise deutlich von

gewöhnlicher Geistestätigkeit, und das Gewahrsein eines Einsseins mit anderen Menschen unterscheidet sich grundsätzlich (für die, die es erleben) von bloßem Einfühlungsvermögen in den Mitmenschen.

- Während sie entstehen, werden neue Strukturen – gleich ob Teilchen, Atome, Moleküle, Zellen, individuelle Menschen oder Kulturen – in die dynamischen Interaktionen ihrer jeweiligen Bereiche eingegliedert – oder sie verschwinden. Auf jeder Evolutionsstufe überleben die, die sich anpassen. Um zu überdauern, müssen metanormale Fähigkeiten erfolgreich in den Ablauf der Lebensprozesse auf der Welt integriert werden.

Diese Aufstellung könnte endlos erweitert werden. Zur Erörterung weiterer Analogien zwischen Strukturen und Prozessen der verschiedenen evolutionären Schauplätze siehe James Grier Millers Werk *Living Systems* oder die Arbeiten der Vertreter der Emergenzphilosophie, die in Kapitel 7.2 aufgeführt sind.

ANHANG K

[K.1]
DIE UNVERWESBARKEIT DER KÖRPER RÖMISCH-KATHOLISCHER HEILIGER

Die folgende Aufstellung ist aus Herbert Thurstons Werk *Die körperlichen Begleiterscheinungen der Mystik*, Kapitel 11 entnommen. Die Zahl hinter dem jeweiligen Namen gibt das Todesjahr an. *AASS* steht für die von den Bollandisten herausgegebenen *Acta Sanctorum*, *Summarium* für die Zusammenfassung der Beweise für die Heilig- und Seligsprechungsverfahren, die in den offiziellen Vorlagen für die Ritenkongregation enthalten sind. Zur näheren Erläuterung dieses Verzeichnisses und der Klassifikation in A, B und C siehe Kapitel 22.8.

Jan. 29.
B — HL. FRANZ VON SALES (1622). Einbalsamiert; Leiche 1632 intakt aufgefunden; 1656 nur wohlriechender Staub. Hamon: *Vie*, II, S. 481 f. Herz gesondert aufbewahrt; Öl fließt aus ihm. Bougaud: *Vie de St-Chantal*, II, S. 566.

März 8.
A — HL. JOHANNES VON GOTT (1550). 1570 ist der Körper mit Ausnahme der Nasenspitze noch ganz und wohlriechend. *AASS*, März, Bd. I, S. 831 und 853.

März 9.
A — HL. FRANZISKA VON ROM (1440). $4\frac{1}{2}$ Monate nach dem Tode ausgegraben; Körper frisch und sehr wohlriechend. *AASS*, März, Bd. II, S. 101 und 209.

März 28.
B — HL. JOHANN CAPISTRAN (1456). Nachweis über Ausgrabung nicht überzeugend. *AASS*, Okt., Bd. X, S. 432–436 und 915; doch 1765 ziemlich sicher mit einer immer noch unverwesten Leiche identifiziert. Léon: *Lives OSF*, III, S. 419.

April 2.
A — HL. FRANZ VON PAUL (1507). Eine Woche nach dem Tode biegsam und wohlriechend; Körper 1562 noch ganz, als er von den Hugenotten verbrannt wurde. Dabert: *Vie*, S. 443 und 463.

April 5.
C — HL. VINZENZ FERRER (1419). Nach dem Tode biegsam und wohlriechend; 1456 nur Gebeine und Staub. Fages: *Vie*, II, S. 274; Notes, S. 416.

April 24.
C — HL. FIDELIS VON SIGMARINGEN (1661). Keine Belege für Unverwestheit anläßlich der Ausgrabung 18 Monate nach dem Tode. F. della Scala: *Der hl. Fidelis*, S. 179.

April 28.
C
HL. PAUL VOM KREUZ (1775). Nur Skelett, als 1852 zum erstenmal ausgegraben; aber wohlriechend und beweglich 24 Stunden nach dem Tode. Devine: *Life*, S. 377 f.

Mai 5.
C
HL. PIUS V. (1572). Innere Organe herausgenommen, aber der Körper blieb biegsam, mit lebhaften Fleischfarben, und wie ein Lebender anzusehen während vier Tagen. Bei der Überführung 1588 war nur noch das Skelett vorhanden. *AASS*, Mai, Bd. I, S. 695–697.

Mai 10.
A
HL. ANTONINUS VON FLORENZ (1459). Während acht Tagen nicht beerdigt; blieb biegsam und wohlriechend; 1589 immer noch unverwest aufgefunden. *AASS*, Mai, Bd. I, S. 328 und 360. T. Buonsegni: *Descrizzione*... (zur Zeit der Überführung der Reliquie publiziert), S. 17.

Mai 15.
C
HL. JOHANNES BAPTIST DE LA SALLE (1719). Nichts bekannt. Überführung 1734, nur Skelett vorhanden. *Vie* (1876), II, S. 321.

Mai 17.
A
HL. PASCHAL BAYLON (1592). Mit ungelöschtem Kalk bedeckt, aber neun Monate später ganz unverwest gefunden. 1611 erklären Chirurgen die Erhaltung der Leiche für ein Wunder; Wohlgeruch. Staniforth: *Life*, S. 183–189.

Mai 20.
A
HL. BERNARDINE VON SIENA (1444). 36 Tage lang nach dem Tode nicht beerdigt; Wohlgeruch; starker Bluterguß aus der Nase nach 24 Tagen. 1472 unverwest. Amadio: *Life*, S. 287–289, 325. Im 17. Jahrhundert immer noch unverwest, *AASS*, Mai, Bd. V, S. 148.

Mai 26.
A
HL. PHILIPP NERI (1595). Innere Organe entfernt, doch offenbar nicht einbalsamiert. Neun Monate nach dem Tode völlig unversehrt gefunden. Immer noch frisch und ganz 1599, 1602 und 1639. Bacci: *Vita* (engl. Ausg., II, S.124 f., 130). Capecelatro: *Vita* (engl. Ausg., II, S. 465 f. und 487).

Mai 29.
A
HL. MARIA MAGDALENA DE' PAZZI (1607). Wegen Feuchtigkeit 1608 ausgegraben. Geschmeidig und intakt gefunden. Wohlriechendes Öl tritt aus dem Körper aus, Gesicht geschwärzt. 1639 und 1663 offiziell als unverwest erklärt, Fleisch immer noch geschmeidig. *AASS*, Mai, Bd. VI, S. 318.

Mai 31.
A
HL. ANGELA MERICI (1540). Während dreißig Tagen biegsam und wohlriechend; 1672 intakt, unverwest und sußer Geruch. 1867 immer noch intakt. B. O'Reilly: *Life*, S. 247 und 253.

Juni 4.
B
HL. FRANZ CARACCIOLO (1608). Biegsam und wohlriechend; Blut strömte aus, als ein Einschnitt gemacht wurde. Einbalsamiert, 1628 teilweise erhalten. Cencelli: *Compendio*, S. 203.

Juni 12.
C
HL. JOHANNES À S. FACUNDO (1479). Kein Hinweis auf Unverwestheit, aber 1533 bei der Überführung außerordentlicher Wohlgeruch. Valauri: *Vita*, S. 143.

Juni 21.
C

HL. ALOYSIUS VON GONZAGA (1591). 1598 nur das Skelett erhalten; keine besonderen Merkmale. Cepari-Goldie: *Life*, S. 244.

Juli 5.
A

HL. ANTONIUS M. ZACCARIA (1539). Körper blieb ganz, obwohl bis 1566 nicht begraben; dann in feuchter Erde beerdigt; 1664 nur noch Skelett. Teppa: *Vita*, S. 177.

Juli 18.
A

HL. CAMILLUS VON LELLIS (1614). Körper bis zur Beerdigung weich und beweglich. 1625 nach offizieller Bestätigung immer noch frisch und geschmeidig wie ein lebender Körper. Reicher Ausfluß einer wohlriechenden Flüssigkeit. Cecatelli: *Vita* (engl. Ausg., I, S. 216).

Juli 19.
A

HL. VINZENZ VON PAUL (1660). Bei der Ausgrabung 1712 noch unverwest und ganz, nur Augen und Nase haben gelitten. 1737 ist das Fleisch zu einem wohlriechenden Staub zerfallen. Maynard: *Vie*, IV, S. 370 f.

Juli 20.
C

HL. HIERONYMUS AEMILIANI (1537). Angeblicher Wohlgeruch 1566, sonst keine besonderen Merkmale. *AASS*, Febr., Bd. II, S. 218.

Juli 31.
C

HL. IGNATIUS VON LOYOLA (1556). Innere Organe entfernt und Körper oberflächlich einbalsamiert. Überführung 1568, keine besonderen Merkmale. Bartoli-Michel: *Vie*, II, S. 210. *AASS*, Juli, Bd. VII, S. 610.

Aug. 2.
C

HL. ALPHONS VON LIGUORI (1787). Anscheinend keine besonderen Merkmale außer einem „rötlichen Gesicht" vor dem Begräbnis. 1817 ausgegraben. Berthe-Castle: *Life*, II, S. 615, 683.

Aug. 7.
C

HL. CAJETAN (1547). Körper anscheinend mit andern in ein Massengrab geworfen. Nichts bekannt. *AASS*, Aug., Bd. II, S. 324; Maulde de la Clavière: *Vie*, S. 154.

Aug. 21.
B

HL. JOHANNA FRANZISKA VON CHANTAL (1641). Einbalsamiert. Körper 1722 ganz gefunden. Herz gesondert aufbewahrt: ungewöhnliche Phänomene. Bougaud: *Vie*, S. 538, 566, 585.

Aug. 27.
B

HL. JOSEPH CALASANCTIUS (1648). Eingeweide nach dem Tode herausgenommen. Herz und Zunge immer noch frisch und geschmeidig wie zu Lebzeiten. Losada: *Vida*, S. 215.

Aug. 30.
A

HL. ROSA VON LIMA (1617). Körper 18 Monate nach dem Tode ganz, frischfarbig und wohlriechend gefunden; 1630 immer noch wohlriechend, aber ausgetrocknet und verfallen. Feuillet: *Life*, S. 156 f. *AASS*, Aug. Bd. V, S. 987–989.

Sept. 5.
A

HL. LAURENTIUS JUSTINIAN (1455). Während 67 Tagen blieb die Leiche unbeerdigt und dem freien Zutritt der Luft ausgesetzt. Keine Einbalsamierung; aber der Körper blieb ganz, wohlriechend, mit rötlicher Hautfarbe. *AASS*, Jan., Bd. I, S. 563.

Sept. 18.
C

HL. JOSEPH VON COPERTINO (1663). Auf Empfehlung des Papstes einbalsamiert. Keine besonderen Merkmale. *AASS*, Sept., Bd. V, S. 1043. Laing: *Life*, S. 118.

Sept. 22.
A

HL. THOMAS VON VILLANOVA (1555). 1582 noch völlig unversehrt; bei späterer Überführung in Staub verfallen, doch Wohlgeruch. *AASS*, Sept., Bd. V, S. 958 und 976.

Okt. 10.
C

HL. FRANZ BORGIA (1572). Keine besonderen Merkmale. 1617 ausgegraben. 1625 in einen neuen Schrein gelegt. Suau: *Vie*, S. 541 f.

Okt. 15.
A

HL. THERESIA (1582). Ausführliche Beschreibung des unverwesten Zustandes und des wunderbaren Wohlgeruchs durch Ribera 1588, bestätigt von Gracian. Besondere Phänomene des Herzens. Ribera: *Vida* (engl. Ausg., Buch V, Kap. 1, 2, 3). Mir: *Vida*, II, S. 815–817.

Okt. 19.
A

HL. PETER VON ALCANTARA (1562). 1566 unverwest und wohlriechend, 1616 immer noch starker Wohlgeruch, doch Fleisch zerfallen. *AASS*, Okt., Bd. VIII, S. 651, 699, 783.

OKT. 20.
B

HL. JOHANNES CANTIUS (1473). Soll 1539 unverwest gefunden worden sein, doch ungenügende Belege. 1603 wohlriechender Staub. *AASS*, Okt., Bd. VIII, S. 1059.

Nov. 4.
B

HL. KARL BORROMÄUS (1584). Einbalsamiert. Körper 1606 weitgehend intakt trotz feuchtem und leckem Sarg. Ärzte erachten die Konservierung als übernatürlich. Giussano: *Vita* (engl. Ausg., II, S. 555). Körper 1880 immer noch im gleichen Zustand. Sylvain: *Vie*, III, S. 387 f., 395.

Nov. 10.
A

HL. ANDREAS AVELLINO (1608). Körper ein Jahr nach dem Tode unversehrt gefunden. Merkwürdige Blutphänomene, flüssig und ungeronnen. Fernandez Moreno: *Vida*, S. 112–114.

Nov. 13.
A

HL. DIDACUS (1463). Körper vier Tage nach dem Tode wieder ausgegraben, blieb sechs Monate unbeerdigt, geschmeidig und wohlriechend. Immer noch intakt 1562. Rottigni: *Vita*, S. 87–90.

Nov. 14.
A

HL. JOSAPHAT (1623). Gemartert und an einem Sonntag in den Fluß geworfen. Am Freitag wird der Körper herausgefischt, schön und frisch in der Farbe; 1637 immer noch fast ganz unversehrt. Offizielle Nachprüfung und Bestätigung 1637, ebenso 1674. Guépin: *Vie*, II, S. 105, 355 und 402.

Nov. 24.
A

HL. JOHANNES VOM KREUZ (1591). Körper neun Monate nach dem Tode unverwest und wohlriechend gefunden; blutete, als in den Finger geschnitten. Ungelöschter Kalk darübergeschüttet. 1859 immer noch unversehrt. Muñoz y Garnica: *Vida*, S. 229–300. D. Lewis: *Life*, S. 293.

Dez. 3.
A

HL. FRANZ XAVER (1552). Bei Sancian beerdigt und Kalk auf das Grab geschüttet. Im Februar 1553 wird der Körper ausgegraben und so frisch gefunden, wie wenn er eben gestorben wäre. Nach Malacca gebracht und wieder beerdigt; im Dezember nach Goa überführt. Formelle ärztliche Bestätigung (18. November 1556), daß er nicht einbalsamiert worden war, aber immer noch frisch und geschmeidig war und eine natürliche Hautfarbe aufwies. Teile des Körpers noch 1615 geschmeidig, das übrige Fleisch größtenteils eingetrocknet. Brou: *Vie*, II, S. 370, 385, 404.

[K.2]
LEVITIERTE EKSTATIKER DER RÖMISCH-KATHOLISCHEN KIRCHE, MIT HINWEISEN AUF BERICHTE ÜBER IHR LEBEN*

Sel. Nikolaus Factor, 1583 (Moreno, *Vida*, S. 128 f.)
Sel. Andreas Ibernon, 1602 (*Summarium*, S. 319, 324 f., 331)
Sel. Gaspar de Bono, 1604 (G. A. Miloni, *Vita*, S. 76 f.)
Sel. Juan di Ribera, 1612 (V. Castrillo, *Vita*, S. 92)
Hl. Alphons Rodriguez, 1617 (*AASS*, Okt., Bd. XIII, S. 622)
Sel. Lorenzo da Brindisi, 1619 (B. da Coccaglia, *Ristretto*, S. 136, 196)
Veronica Laparelli, 1620 (*Summarium*, S. 138, 141)
Hl. Michael de Santis, 1625 (N. della Vergine, *Vita*, S. 45–49, 56)
Hl. Peter Claver, 1654 (J. M. Solà, *Vida*, S. 323, 389, 390)
Sel. Bernhard da Corleone, 1667 (B. Sanbenedetti, *Vita*, S. 63, 72)
Maria Minima Strozzi, 1672 (*Vita*, S. 19)
Juana de la Encarnacion, 1705 (L. J. Zevallos, *Passion de Christo*, S. 23 f.)
Sel. Bonaventura Potentini, 1711 (*AASS*, Okt., Bd. XII, S. 154)
Sel. Francisco de Posadas, 1713 (V. Sopena, *Vita*, S. 43 f.)
Angiolo Paoli, 1720 (T. Cacciari, *Vita*, S. 147)

* Diese Aufstellung wurde entnommen aus: H. Thurston, *Die körperlichen Begleiterscheinungen der Mystik*, Kap. 1. Siehe Vorbem. zu Anhang K.1.

Hl. Pacificus di San Severino, 1721 (Melchiorri, *Vita*, S. 73)
Sel. Angelo di Acri, 1739 (*AASS*, Okt., Bd. XIII, S. 661, 673)
Clara Isabella de Furnariis, 1744 (*Summarium*, S. 103)
Gertrud Salandri, 1748 (*Vita* – eine anonyme, doch ausgezeichnete Biographie, S. 220–224)
Hl. Maria Francesca delle Cinque Piaghe, 1791 (B. Laviosa, *Vita*, S. 52)
André Hubert Fournet, 1821 (*Summarium*, S. 376, 395 f. usw.)
J. B. Cottolengo, 1842 (*Summarium*, S. 411 f., 416)

ANMERKUNGEN

Kapitel 2

[1] Siehe z. B. Guenon 1950 u. 1953; Schuon 1975, 1976, 1981 u. 1991 (2); Nasr 1990; Scholem 1991; Eliade 1991 (7); Blofeld 1985 u. 1988 (2); Govinda 1991 (12); Smith, H., 1976

[2] Wilber 1988, S. 73–75

[3] Fitzgerald 1986; Huxley 1992

[4] Smart 1964, S. 220; Deutsch, E., 1969, S. 86–90

[5] Broad 1953, S. 8

[6] Braude 1986, S. 5

[7] Braude 1986, S. 11

[8] Shor 1979, S. 40

[9] Eisenbud 1983, S. 153, 155–156

[10] Über die experimentelle Konditionierung des Immunsystems wurde in den zwanziger Jahren aus Frankreich berichtet; sie wurde später aus der Sowjetunion bestätigt. In den Vereinigten Staaten wurde sie zum ersten Mal 1975 von Ader und Cohen durchgeführt. Siehe: Ader u. Cohen 1975; Metalnikov u. Chorne 1926

[11] National Academy of Sciences 1989

[12] McMahon 1973 u. 1974

[13] Wybran et al. 1979

[14] Morley et al. 1987

[15] Healy et al. 1983

[16] Morley et al. 1987; Pert et al. 1985

[17] Solomon u. Moos 1964

[18] Zu einem Überblick über die Psychoneuroimmunologie-Forschung siehe: Ader et al. 1990; Solomon, G. F., 1987; Locke et al. 1985

[19] Zitiert in McMahon 1976, S. 180

[20] Descartes 1637

[21] McMahon u. Sheikh 1984; McMahon 1973 u. 1976

Kapitel 3

[1] Der Zoologe Edward O. Wilson hat zum Beispiel argumentiert, daß wir künftig „den menschlichen Geist als ein Epiphänomen der neuronalen Maschinerie des Gehirns zu verstehen haben“ (Wilson, E. O., 1980, S. 183). Die von Wilson mitbegründete Disziplin der Soziobiologie wird „als Antidisziplin der Sozialwissenschaften auftreten ..., [so] daß der wissenschaftliche Materialismus in Gestalt der Biologie dadurch, daß er den Geist und die Grundlagen des Sozialverhaltens einer erneuten Prüfung unterzieht, eine Art von Antidisziplin der Geisteswissenschaften sein wird“ (Wilson 1980, S. 191 f.). Nachdem sie die Psychologie ausgeschlachtet hat, „wird die neue Neurobiologie ein festes System von Grundprinzipien für die Soziobiologie erbringen“ (Wilson, E. O., 1978, S. 575). S. auch: Skinner 1978.

[2] Dobzhansky u. Ayala 1977, S. 9. In Kapitel 7.2 erörtere ich zwei Ideenkonzepte in Verbindung mit dem Begriff der evolutionären Transzendenz von Dobzhansky und Ayala: zum einen das der *Emergenz*, die neue Prozesse, Strukturen und Beziehungsmuster, die im Verlauf der Evolution erscheinen, hervorhebt, und zum zweiten als *panpsychisch* bezeichnete Auffassungen, die Subjektivität, Erfahrung oder Seele in den physikalischen Elementen und allem Lebenden sehen. In dem hier zitierten Artikel bestätigten Dobzhansky und Ayala die von den Emergenzevolutionisten betonte Neuheit, ohne aber damit das Konzept des Panpsychismus anzuerkennen. Dobzhansky sprach sich in zahlreichen Seminaren und Gesprächen eindeutig gegen die Annahme aus, daß anorganische Materie eine Subjektivität besitze.

[3] Simpson, G. G., 1957, S. 146 f.

[4] Simpson, G. G., 1957; Ayala 1974

[5] Ayala u. Valentine 1979, S. 1

[6] Zur Darstellung der kreationistischen Argumentation durch einen ihrer führenden Verfechter siehe Gish 1982.

[7] Gould 1991, S. 252 f.

[8] Gould 1991, S. 9–12

Kapitel 4

[1] Gleick 1988, S. 433

[2] Corbin 1989, S. 134 f.

[3] Rogo 1970, S. 14 f.

[4] Draeger u. Smith 1969, S. 123–125

[5] Govinda 1991 (12), S. 130

[6] Eckhart, zitiert in Huxley 1987, S. 24

[7] Miller, J. G., 1978, S. 1–4

[8] Greeley 1987

[9] Gallup Poll 1985

[10] Greeley u. McCready 1975

[11] Greeley u. McCready 1975

[12] Koestler 1990, S. 14

[13] MacLean 1962

[14] MacLean 1958

[15] Koestler 1990, S. 23

Kapitel 5

[1] Marais 1973

[2] Murphy u. Brodie 1973, S. 19–22

[3] Nieporte u. Sauers 1968, S. 23

[4] Zimmerman 1970, S. 161

[5] Jones, R. F., 1970, S. 23–25
[6] Marais 1973
[7] Milne u. Milne 1968, S. 47 f.
[8] Buddhaghosa 1985 (4), S. 467
[9] Buddhaghosa 1985 (4), S. 468
[10] Marais 1973
[11] Milne u. Milne 1968, S. 30
[12] Redgrove 1987, Kap. 2
[13] Redgrove 1987, S. 59–64
[14] Ackerman 1991, S. 64 f.
[15] Droscher 1969, S. 100
[16] Ackerman 1991, S. 70, 74
[17] Ackerman 1991, S. 199–204
[18] Ackerman 1991, S. 355
[19] Ackerman 1991, S. 356 f.
[20] Kapleau 1987 (7), S. 327 f.
[21] George 1932, S. 91
[22] Eliade 1991 (7)
[23] Gitananda 1973

[24] Russell, N. 1980, S. 52–56; Attwater u. Thurston 1981. Zu einer Analyse der außersinnlichen Wahrnehmung bei christlichen Heiligen siehe: White, R., 1981 u. 1982
[25] Rahner 1975, Abschnitt: Geisterfahrene Theologie im Beispiel der Geschichte, S. 113
[26] Rahner 1975, S. 111–172
[27] Poulain 1910, 7. Kapitel
[28] Jung, *Gesammelte Werke* Bd. 12, S. 345, Anm. 26 ; Bd. 14, Abschnitt 41 und 42
[29] Russell, E., 1975, S. 58–61
[30] Pierrakos 1987, S. 73
[31] Schimberg 1947, S. 38 f.
[32] Corbin, H., 1989, S. 134 f.
[33] Corbin behandelte die mit mystischen Zuständen verbundenen Lichtphänomene auch in anderen Büchern, darunter: *Spiritual Body and Celestial Earth* (1977) und *Creative Imagination in the Sufism of Ibn Arabi* (1969)
[34] Thurston 1956, S. 201–208
[35] Williamson 1976
[36] Bonington 1976, S. 176 f.
[37] Williamson 1976
[38] Williamson 1976, S. 318
[39] Williamson 1976, S. 319
[40] Bonington 1976, S. 177
[41] Slocum 1988, S. 38–40
[42] Lindbergh 1956, S. 292 f.
[43] Shackleton 1947, S. 211
[44] Worsley 1977, S. 197

[45] Gurney 1886, 1970, Bd. 2, S. 102
[46] Gurney 1886, 1970, Bd. 2, S. 103
[47] Zitiert in Rogo 1972, S. 64–66
[48] Thurston 1956, S. 273; Rogo 1970, S. 87 f.
[49] Rogo 1970, S. 90 f.
[50] Narayanaswami 1914
[51] Gurney 1897, S. 167–169
[52] Arintero 1951, S. 278
[53] Jones, F. P., 1976, S. 2
[54] Murphy u. White 1983
[55] Narayanaswami 1914
[56] Murphy u. White 1983
[57] Grof 1991 (5); Masters u. Houston 1966
[58] Simonton, Simonton-Matthews u. Creighton 1992
[59] Leonard 1982
[60] Targ u. Puthoff 1977, S. 97 ff.
[61] Phillips 1980, S. 4
[62] Phillips 1980, S. 239. Phillips veröffentlichte diese Liste von Artikeln und Büchern mit Beschreibungen der Mikro-Psi-Untersuchungen von Besant, Leadbeater und anderen Forschern als Anhang: *Lucifer*

1895, London (November); *The Theosophist* 1907– 1908, Bd. 29, Teil I und II, 1908–1909, Bd. 30, Teil I und II, 1924–1926, Band 45–47 und 1932–1933, Bd. 54; und Besant, A., u. C. Leadbeater 1909: *Okkulte Chemie*, Bd. 1 der Theosophischen Bibliothek, Leipzig
[63] Schwarz 1971, S. 28–39
[64] Koufax 1966, S. 213–215, zitiert nach Murphy u. White 1983, S. 180 f.
[65] Russell, N., 1980
[66] Sri Aurobindo 1972, *Letters on Yoga*, Bd. 26 der *Collected Works*, S. 184 f.
[67] Nikhilananda 1942, S. 58
[68] Freemantle 1964, S. 26
[69] Johnson, R., 1959, S. 83 f.
[70] Siehe z. B. Wassiliew 1965
[71] Simpson, G. G., 1957, S. 142
[72] Gopi Krishna 1990 (4)
[73] Nikhilananda 1942, S. 829 f.
[74] Katz, R., 1982, S. 42
[75] Eliade 1991 (7), S. 439 f.
[76] Gitananda 1973
[77] Benson et al. 1982, S. 235. S. auch: Benson 1982 u. 1984
[78] Thurston 1956, S. 256–258
[79] Thurston 1956, S. 261 f.
[80] Katz, R., 1985, S. 61 f.
[81] Sannella 1987, S. 71 f.
[82] Sannella 1987
[83] Murphy u. White 1983
[84] Brodie u. Houston 1974, S. 182

[85] Govinda 1991 (12), S. 135 f.
[86] Govinda 1991 (12), S. 150
[87] David-Neel 1936, S. 200 f.
[88] Eliade 1991 (7), S. 70, 252 ff., 457–466. S. auch: Czaplicka 1914, S. 175; Kroeber 1899, S. 265–267; Perry 1926, S. 396; Malinowski 1979; Layard 1930, S. 501–524
[89] Benson 1984, S. 157 f.
[90] *De Servorum Dei Beatificatione et Beatorum Canonizatione,* III, S. XLIX, 9, in: Thurston 1956, S. 35
[91] Theresia von Avila, *Leben von ihr selbst geschrieben,* Kapitel 20, Abschnitt 4
[92] M. Mir, *Vida de Santa Teresa* 1912, Band I, zitiert in Thurston 1956, S. 28 f.
[93] Michener 1976, S. 446, dt. zitiert nach Murphy u. White 1983, S. 141
[94] *Time* 1975
[95] Buckle 1987, S. 203; Fodor 1964, S. 24–29; Haskins 1975, S. 84
[96] Myers, F. W. H., 1954, Bd. 1, S. 682–685
[97] Zitiert in Myers, F. W. H., 1954, S. 292–295
[98] Green, C., 1968, S. 25
[99] Crookall 1972, S. 11 f.
[100] Myers, F. W. H.,1954, Bd. 2, S. 551 f.
[101] Swedenborg, *Himmlische Geheimnisse, Himmel und Hölle, Geistiges Tagebuch;* s. auch: Trowbridge 1970; Van Dusen 1972, Anhang

[102] Viele todesnahe Erfahrungen beinhalten auch Kontakte mit anderen Welten. S. Ring 1980 u. 1988; Moody 1991; Eliade 1991 (7); Corbin, H., 1977; Grof 1991 (5)
[103] *New Catholic Encyclopedia* 1967, S. 203
[104] Rush 1964
[105] *Life Magazine*, Mai 1959, S. 43
[106] Beard u. Schaap 1970, S. 85
[107] Herrigel 1979 (19), S. 66 f.
[108] Shainberg 1989, S. 34
[109] Murphy u. White 1983, Kap. 4
[110] Thurston 1956, S. 179
[111] Der Anthropologe Waldemar Bogoras beobachtete beispielsweise einen Tschuktschen-Schamanen, der anscheinend sein Zelt zum Beben brachte und Holzstücke durch die Luft fliegen ließ; der Anthropologe Sergei Shirokogoroff berichtete über ähnliche Phänomene, die er bei den Tungusen beobachtet oder von denen er gehört hatte. Siehe Bogoras 1904; Shirokogoroff 1935
[112] Murphy u. Brodie 1973
[113] Herrigel 1979 (19), S. 81
[114] Myers, F. W. H., 1954, Bd. 1, S. XIX
[115] Myers, F. W. H., 1954, Bd. 2, S. 196 f.
[116] Sri Aurobindo 1991 (2), *Das Göttliche Leben,* Bd. 1, Kap. 12
[117] Elliott 1961, S. 38
[118] Tanzer 1972
[119] Dick-Read 1959, S. 162 f.
[120] Zur Beschreibung dieser und anderer kognitiver Prozesse siehe: Howard Gardner, *Abschied vom IQ: die Rahmentheorie der vielfachen Intelligenzen,* Stuttgart 1991
[121] James, W., 1979, Vorlesung XVI und XVII: Mystik

[122] Robinson 1978, S. 113–115. S. auch: Robinson 1977a u. 1977b

[123] James, W., 1979, Vorlesung XVI und XVII: Mystik, und Vorlesung XX: Schlußfolgerungen

[124] James, W., 1979, Vorlesung XVI und XVII: Mystik

[125] Nietzsche, *Ecce Homo*, S. 339 f.

[126] Myers, F. W. H., 1954, Bd. 1, S. 71

[127] Myers, F. W. H., 1954, Bd. 1, S. 110 f.

[128] Zitiert in Ghiselin 1980; dt. zitiert nach Mozart, W. A. 1963, *Briefe und Aufzeichnungen*, Bd. IV, Kassel: Bärenreiter, S. 529 f.

[129] Zitiert in Ghiselin 1980; dt. zitiert nach Poincaré, H., 1973: *Wissenschaft und Methode*, Stuttgart: Teubner, S. 41–44

[130] Myers, F. W. H., 1954, Bd. 1, S. 95 f.

[131] Nietzsche, *Ecce Homo*, Abschnitt 4

[132] Myers, F. W. H., 1954, Bd. 1, S. 73

[133] Siehe: James, W., 1979, die Vorlesungen *Die kranke Seele, Das geteilte Selbst und der Prozeß seiner Vereinheitlichung und Bekehrung;* Maslow 1973, die Kapitel *Das Bedürfnis nach Wissen und die Angst vor dem Wissen, Die Erkenntnis des Seins in den Grenzerfahrungen* und *Einige Gefahren des Seins-Erkennens;* Wilbers Essays *Das Spektrum der Entwicklung* und *Das Spektrum der Psychopathologie* in: Wilber, Engler u. Brown 1988; Barron 1963b, die Kapitel *Unconscious and Preconscious Influences in the Making of Fiction, Unusual Realization and Changes in Consciousness* und *Violence and Vitality;* und Kubie 1958

[134] Robinson, E., 1978, S. 104 f.

[135] Assagioli 1982. S. auch: Leonard 1994

[136] Zitiert in Huxley 1987, S. 217

[137] Jackson 1975, S. 34

[138] Novak 1976, S. 164

[139] Csikszentmihalyi 1992, S. 17

[140] Csikszentmihalyi 1991, S. 378

[141] Jung 1982 (12). Das Glossar des Buches enthält Definitionen des Begriffes *Synchronizität.*

[142] Jung 1982 (12), S. 200 f.

[143] S: Jung, *Die Dynamik des Unbewußten*, Band 8 der *Gesammelten Werke*

[144] Simpson, G. G. 1957, S. 146

[145] Leonard 1986, S. 48–50

[146] James, W., 1979, Vorlesung IV und V

[147] James, W., 1979, Vorlesung IV und V

[148] Sri Aurobindo, 1981, *Briefe über den Yoga*, Bd. 1, Die Ebenen und Teile des Wesens

[149] Nagao 1991, S. 9

[150] Suzuki, S., 1990 (5), S. 36 f., S. 149 f.

[151] Plotin, *Enneade* 6.4.14

[152] Plotin, *Enneade* 4.8.1

[153] Diese Zitate sind entnommen aus Huxley 1987, S. 23 f.

[154] Von Urban 1951, S. 74–90

[155] Redgrove 1987, S. 128

[156] Redgrove 1987, S. 128 f.

[157] Leonard 1992

[158] Sokol 1989, in Feuerstein 1989, S. 115–120. In vielen Kulturen sind erotische Erfahrungen, wie diese

Frau sie beschreibt, seit langem bezeugt. Siehe z. B. Feuerstein 1989; Chia u. Chia 1986; Whitmont 1989; Ricci 1979; Kinsley 1979; von Urban 1952; Redgrove 1987

[159] James, W., 1979, Vorlesung XI, XII und XIII

[160] James, W., 1979, Vorlesung XI, XII und XIII

[161] Nikhilananda 1942, S. 115

[162] Nikhilananda 1942

[163] Rolland 1965, Zweiter Bd., S. 379 f.

[164] Zitiert in Robinson 1967, S. 95; dt. zitiert nach P. Dumitriu 1963: *Inkognito*, S. 415, 418, 506 f., 535

[165] James, W., 1979, Vorlesung XIV und XV: *Der Wert der Heiligkeit*

[166] Nach Swami Saraswati werden diese sieben Chakras unterhalb des *muladhara* folgendermaßen bezeichnet: *atala, vitala, sutala, talahata, rasatala, mahatala* und *patala.* S.: Saraswati 1953 u. 1984. S. auch: Motoyama 1981; Woodroffe 1961

[167] S.: Poortman 1978; Mead, G. R. S., 1991

[168] Corbin, H., 1977

[169] Tulku Thondup Rinpoche 1989, S. 200

[170] Corbin, H., 1977, S. 176–268

[171] In meinem Roman *Jacob Atabet* (Jeremy P. Tarcher, 1988) bezog ich mich auf solche Berichte, die ich im Verlauf von Seminaren über die Transformationspraxis und Interviews mit Meditationsschülern, Kampfkünstlern und Sportlern sammelte.

Kapitel 6

[1] Mauss 1989, S. 197–220

[2] Below 1935; Bailey 1942

[3] Astrov 1950

[4] Labarre 1947

[5] Efron 1941. Efron fand heraus, daß die zwei Gruppen Veränderungen in der Gestik proportional zu ihrem allgemeinen Assimilationsgrad aufwiesen.

[6] Hewes 1955 u. 1957

[7] Firth 1970; Sapir 1949

[8] Hall 1959; Birdwhistell 1960, 1971, 1972 u. 1975

[9] Douglas 1971

[10] Douglas 1986, S. 99

[11] Bourdieu 1982, S. 307–310

[12] Fisher u. Cleveland 1968

[13] S. z. B.: Benthall und Polhemus 1975; Brown, N. O., 1962; Buytendijk 1956; Chernin 1981; Douglas 1986; Foucault 1984; Freud, *Gesammelte Werke;* Griffin, S., 1987; Johnson, D., 1980; Kunzle 1981; Mauss 1989; Merleau-Ponty 1966; Polhemus 1978; Reich 1985b; Schilder 1950; und Tinbergen 1974

[14] Huxley 1987; Stace 1987; Schuon 1981; James, W., 1979

[15] Katz, S., 1978

[16] Katz, S., 1978, S. 4. Zu weiteren Erörterungen der formenden Rolle der Kultur in bezug auf die religiöse Erfahrung siehe Katz, S., 1983.

[17] Gardner, H., 1991

[18] Tulving 1985; Gazzaniga 1989

Kapitel 7

[1] Obgleich einige Denker der griechischen Antike von der Vorstellung eines allgemeinen Fortschritts ausgingen, übten sie keinen Einfluß auf die meisten Platoniker, Neuplatoniker oder frühen christlichen Mystiker aus. S.: Nisbet 1980

[2] Sri Aurobindo, *Sapta-Chatusthaya,* Bd. 27 der *Collected Works,* S. 366; zu einer weiteren Erörterung der Siddhis s. Bd. 27, S. 366–374 und die Anmerkungen im Index zu dem Begriff *siddhi* in Bd. 30 der *Collected Works.*

[3] Duchesne 1933; Lecky 1879

[4] Novak 1984, S. 64 f.

[5] Novak 1984, S. 71

[6] Pallis 1974, S. 279 f.

[7] Pallis 1974, S. 275–279. Zu weiteren Argumenten dafür, daß es zwischen den christlichen Lehren der Gnade und buddhistischen Lehren des Nicht-Erreichens viele Übereinstimmungen gibt, siehe: Novak 1981, Smith, H., 1983a u. 1983b

[8] Alexander, S., 1979; Morgan, C. L., 1923; Broad 1980; Needham 1937; Polanyi 1964

[9] Goudge 1967a, S. 474 f.

[10] Goudge 1967a, S. 475

[11] Solomon, R., 1983; Miller, A. V., 1977; Baillie 1967

[12] Sri Aurobindo, *Das Göttliche Leben,* Buch 2, Kap. 18

[13] Bergson 1967; Whitehead, A. N., 1979; Hartshorne 1970

[14] Griffin, D. R., 1989, S. 39

[15] Whitehead, A. N., 1979, S. 66

[16] Whitehead, A. N., 1979, S. 67

[17] Zu einer Übersicht über den Panpsychismus in der modernen Philosophie siehe: Hartshorne 1950

[18] Griffin, D. R., 1989, S. 92 f.

[19] Solomon, R., 1983; Miller, A. V., 1977; Baillie 1967

[20] Zu einer Zusammenfassung von Bergsons Sichtweise der Begriffe *Intellekt* und *Intuition* siehe: Goudge 1967 b, S. 287–295

[21] Goudge 1967 b, S. 287–295

[22] James, H., 1853, S. 479

[23] James, H., 1863, S. 396 f., 425–526

[24] Young 1951, S. 155 f.

[25] Sri Aurobindo, *Das Göttliche Leben,* Buch 1, Kap. 1

[26] Young 1951 S. 167–169

[27] Lovejoy 1985, S. 294 f.

[28] Lovejoys *Die große Kette der Wesen* enthält eine Übersicht über die Entwicklung der Idee der Emanation in der westlichen Kultur von Platons Dialogen bis zu den Werken von Novalis, Schelling und anderen Dichtern und Philosophen des 18. und frühen 19. Jahrhunderts.

[29] Plotin, *Enneade* 6.9.7

[30] Zitiert in Huxley 1987, S. 23 f.

[31] Zu einem Überblick über Metaphern bezüglich der menschlichen „Rückkehr zum Ursprung“ siehe Metzner 1987, Kap. 8

[32] Whitehead, A. N., 1979, S. 394 ff.

33 Cross 1957

34 Robinson, J., 1967, S. 82–96. Zur Diskussion des Panentheismus bei Whitehead und Hartshorne siehe: Griffin, D. R., 1989, S. 30, 84, 90, 143

35 Laski 1990; Johnson, R., 1959; Robinson, E., 1977 u. 1978

36 Zur Diskussion der Art und Weise, in der Metaphern unsere alltäglichen Aktivitäten bestimmen, siehe: Lakoff u. Johnson 1980; Lakoff 1987

37 Kaufman 1988, Kap. 11

38 Kaufman zitierte einige dieser falschen Zitate und verglich sie mit den Originalen. S.: Kaufman 1988, Kap. 10: *Die Herrenrasse.*

39 Kaufman 1988, S. 354 f.

Kapitel 8

1 *New Catholic Encyclopedia* 1967

2 Bynum 1991

3 Thomas von Aquin 1960, S. 205–208

4 Bynum 1991, S. 55

5 Butterworth 1973, S. xxiii–xxviii

6 Butterworth 1973; dt. zitiert nach Origenes 1976: *Vier Bücher von den Prinzipien*, Darmstadt: Wissenschaftliche Buchgesellschaft, S. 421–423, 659, 661–663

7 Guardini 1989 (6), S. 65–70. Siehe auch Durrwell 1960, S. 14–17, 173–180, 287–291, 357–359

8 Blofeld 1991 (3), S. 136

9 Blofeld 1991 (3), Kap. 8

10 Eliade 1991 (7); Campbell 1991

11 Eliade 1991 (7), S. 54 f.

12 Eliade 1991 (7), S. 57. Eliade zitierte Spencer u. Gillen, *The Native Tribes of Central Australia*

13 Eliade 1991 (7), S. 57, Anm. 25

14 Eliade 1991 (7), S. 65

15 Eliade 1991 (7), S. 72

Kapitel 9

1 Lewis, C. S., 1992, S. 333–335. Dies ist das zweite Buch einer Weltraum-Trilogie, die mit dem Buch *Jenseits des schweigenden Sterns* beginnt und mit *Die böse Macht* schließt.

2 Thurston u. Attwater 1981. S. auch: White, R., 1982

3 Blofeld 1985; 1991 (3)

4 Corbin 1977 u. 1989

5 Broad 1923; Smythies 1967; Koestler u. Smythies 1970

6 Sirag 1985

7 Corbin, H., 1977, S. 213

Kapitel 10

[1] Gauld 1982
[2] S. z. B.: Stevenson 1970 u. 1975–1983; Thouless 1960; Chari 1962a u. 1962 b; Lorimer 1984
[3] Mead, G. R. S., 1991
[4] Poortman 1978
[5] Evans-Wentz 1990 (17)
[6] Hick 1975
[7] Zu anderen Vorstellungen christlicher Denker des 20. Jahrhunderts über das Leben nach dem Tod siehe: Moltmann 1985 (2); Pannenberg 1985 (7); Rahner 1963 (4).

Kapitel 11

[1] Lifschutz 1957, S. 529–530
[2] Needles 1943
[3] Deutsch 1930
[4] Hadley 1930, S. 1101–1111
[5] Moody, R. L., 1946
[6] Moody, R. L., 1946, S. 935

[7] Moody, R. L., 1948
[8] Graff u. Wallerstein 1954
[9] Gardner u. Diamond 1955
[10] Ratnoff u. Agle 1968
[11] Ratnoff 1969, S. 161
[12] Ratnoff 1969, S. 162–163
[13] Brown u. Barglow 1971
[14] Aldrich 1972
[15] Kimball 1970
[16] Good 1823
[17] Steinberg 1949
[18] Biven u. Klinger 1937
[19] Fried et al. 1951
[20] Murray u. Abraham 1978
[21] Devane 1985
[22] Brown u. Barglow 1971
[23] Lerner et al. 1967; Murray u. Abraham 1978; Fried et al. 1951 und Kroger 1962
[24] Pawlowski u. Pawlowski 1958
[25] Genauer gesagt, stellten Brown und Barglow die These auf, daß eine Depression die Produktion biogener Amine über das kortikale und limbische System unterdrückt, wodurch die Ausschüttung des Releasing-Faktors des luteinisierenden und des follikelstimulierenden Hormons sowie des Prolaktin-Inhibitor-Faktors an der medianen Erhöhung des Hypothalamus beeinträchtigt wird. Als Folge dieser Interaktionen, so meinten die beiden Forscher, würden die Zirkulationsmengen des luteinisierenden und des follikelstimulierenden Hormons aus dem Hypophysenvorderlappen verringert, so daß Ovulation und Menstruation gehemmt würden. Gleichzeitig würde der durch die Verringerung des Prolaktin-Inhibitor-

Faktors erhöhte Prolaktinspiegel sowohl die Milchabsonderung als auch die Erhaltung eines bleibenden Corpus luteum anregen (einer in den Ovarien durch die Umbildung eines Graafschen Follikels nach der Ovulation entwickelten ganglosen Drüse), wodurch das Ausbleiben der Menstruation und die Östrogen- und Progesteronproduktion angeregt würden, um den Uterus in einem scheinschwangeren Zustand zu halten (Brown u. Barglow 1971). Ihre Theorie wird durch Tierversuche bestätigt, die ergaben, daß Ratten und Kaninchen nach zervikaler Stimulierung mit Glasstäben, elektrischer Stimulierung des Zervikalkanals, elektrischer Stimulierung des Kopfes oder Paarung mit vasektomierten Männchen Scheinschwangerschaften hatten. Andere Studien haben gezeigt, daß bei Ratten und Kaninchen während der Scheinschwangerschaft das Corpus luteum weiterbesteht (Abram et al. 1965; Lloyd 1968; Moulton 1943 und Bogdanove 1966).

Browns und Barglows Theorie läßt jedoch einige Fragen offen, denn: der Spiegel des luteinisierenden Hormons variiert bei scheinschwangeren Frauen stark, Prolaktin hat sich bei Menschen nicht als luteotrop erwiesen, A. Zarate und seine Mitarbeiter fanden 1974 über eine Laparoskopie heraus, daß zwei Frauen mit Pseudokyese kein Corpus luteum aufwiesen (wenngleich Moulton 1943 von drei scheinschwangeren Frauen *mit* einem Corpus luteum berichtete), manche Fälle wiesen gegensätzliche Muster der Gonadotropin-Sekretion auf und andere Studien deuten darauf hin, daß die Pseudokyese aus verschiedenen Kombinationen hormoneller Veränderungen entstehen kann. (S.: Zarate et al. 1974; Starkman et al. 1985; Murray u. Abraham 1978 und Moulton 1943.)

[26] Starkman et al. 1985, S. 53

[27] Knight 1960
[28] Evans u. Seely 1984
[29] Evans, W., 1951 und Aronson 1952
[30] O'Regan u. Hurley 1985, S. 3–6
[31] Braun 1983, S. 127
[32] Braun 1983, S. 131
[33] Goleman 1988
[34] Coons et al. 1982
[35] Putnam 1984
[36] O'Regan u. Hurley 1985, S. 20
[37] Goleman 1988
[38] Bliss 1984
[39] Bliss 1984

Kapitel 12

[1] Shapiro u. Morris 1978
[2] Shapiro, A. K., 1959
[3] Cousins 1977, S. 16
[4] Beecher 1955, S. 1603
[5] Cherry 1981, S. 60
[6] Shapiro, A. K., 1964; Frank 1985; und Benson u. Epstein 1975
[7] Lasagna 1955; Jacobs u. Nordan 1979; und Buckalew u. Coffield 1982
[8] Benson u. McCallie 1979, S. 1428

[9] Heilungsprozesse in der Art der Placebo-induzierten Heilung sind auch bei spontanen Remissionen zu beobachten. Wenngleich solche Remissionen nicht mit einer annähernd gleichen Sorgfalt dokumentiert wurden wie die Krankheit selbst, wird doch von Zeit zu Zeit in den führenden medizinischen Fachzeitschriften darüber berichtet. S.: Gaylord u. Clowes 1903; Handley 1909; Rohdenburg 1918; Boyd 1921 u. 1957; Dunphy 1950; Willis 1952; Everson u. Cole 1966; Sakiyama et al. 1984 und McClain et al. 1985. – Aus einem Überblick über Arztberichte, die in verschiedenen Sprachen veröffentlicht worden waren, identifizierten T. Everson und W. H. Cole 176 ausreichend dokumentierte Krebsheilungen, die darauf hindeuteten, daß es sich dabei um spontane Regressionen handelte (Everson u. Cole 1966). In jüngerer Zeit stellten Brendan O'Regan und Caryle Hirshberg vom California Institute of Noetic Sciences etwa 3500 Artikel aus mehr als 860 medizinischen Fachzeitschriften in über 20 Sprachen zusammen, die sich mit offensichtlichen Remissionen befassen (s.: O'Regan u. Hirshberg 1990). Von den Regressionen, die in dieser Zusammenfassung enthalten sind, geschahen einige ohne jegliche medizinische Betreuung. „Diese", schrieb O'Regan, „liefern uns die besten Beweise dafür, daß es ein außergewöhnliches Reparatursystem gibt, das in uns ruht." (O'Regan 1987)

[10] Beecher 1961

[11] Dimond et al. 1958 und Cobb et al. 1959

[12] Benson u. McCallie 1979, S. 1420–1427

[13] Allington 1934

[14] Bloch 1927

[15] Luparello et al. 1968

[16] McFadden et al. 1969

[17] Evans, F., 1984. Zu anderen Studien über Placebo-induzierte Schmerzlinderung, siehe: McGlashan et al. 1969; Lanz 1970; Sarles et al. 1977; Sturdevant et al. 1977; Gudjonsson u. Spiro 1978 und Levine, J., et al. 1981.

Bei einer Studie über Schmerzreduzierung verglichen die Versuchsleiter vier Gruppen von Patienten, die Placebos von vier verschiedenen Ärzten erhielten. Obgleich alle Patienten, denen ein Placebo verabreicht worden war, über eine signifikant kürzere Zeitperiode unter Schmerzen litten als unbehandelte Patienten, gab es deutliche Unterschiede zwischen den Gruppen, was darauf hindeutete, daß das Wesen des Arztes eine wichtige Rolle bei der Wirksamkeit des Placebos spielte.

[18] Cousins 1977, S. 12

[19] Beecher 1955, S. 1604

[20] McGlashan et al. 1969

[21] Evans, F., 1984 und Plotkin u. Rice 1981

[22] Malitz u. Kanzler 1971

[23] Lasagna et al. 1955 und Trouton 1957

[24] Brodeur 1965; Lasagna et al. 1955; Smith, G. M., u. Beecher 1960; Nicassio et al. 1982; Steinmark u. Borkovec 1974; Smith, H. W., 1978; Goodman 1969; Meyhoff et al. 1983 und Baker u. Thorpe 1957

[25] Beecher 1955

[26] Wolf u. Pinsky 1954

[27] Aznar-Ramos et al. 1969

[28] S. z. B.: Cahill u. Belfer 1978. Nachdem sie herausgefunden hatten, daß Placebos die Geschwindigkeit der Wortassoziierung nicht erhöhten, wiesen Cahill und Belfer darauf hin, daß der Wert des Placebos von den zu behandelnden Situationen abhängig ist, in denen der Patient leidet und einer Linderung bedarf.

„Den Begriff *Placebo-Effekt* auf von Menschen erlebte Veränderungen anzuwenden, die sich nicht in einem durch körperliche oder schwere emotionale Belastung verursachten reduzierten psychischen Zustand befinden", schrieben sie, „könnte die Placebo-Theorie über die Anwendbarkeit für die wissenschaftliche Untersuchung hinaus verzerren." Andere Forscher und Ärzte haben ebenfalls die unzureichend definierte Bedeutung in Frage gestellt, die dem Placebo-Gedanken jetzt beigemessen wird. S. z. B.: Berg 1983; Evans, F., 1984 und Grunbaum 1985

[29] Jedoch berichteten in einer Studie von Howard Brody von der Michigan State University 13 von 15 Patienten über eine Besserung ihrer Neurosen, nachdem sie Pillen erhalten hatten, von denen sie wußten, daß sie Placebos waren. S.: Brody 1984.

[30] Knowles u. Lucas 1960; Shapiro, A., 1970; Hurley 1985; Benson 1980; Benson u. Epstein 1975 und Hahn 1985

[31] Sternbach 1964

[32] Hurley 1985

[33] Bootzin 1985

[34] Plotkin 1985

[35] Levine, J., et al. 1978

[36] Gracely et al. 1984 und Grevert u. Goldstein 1985, S. 332–348

[37] White, L., et al. 1985, S. 431–437

Kapitel 13

[1] Zu einer Erörterung der Unterschiede und Ähnlichkeiten einiger Aktivitäten, auf die diese Begriffe angewendet werden, siehe: Haynes 1977

[2] Zu multidimensionalen Modellen des spirituellen Heilens siehe: Leshan 1975 und Gerber 1988

[3] James, W., 1979

[4] Smith, S., 1953

[5] Smith, S., 1953. Hippokrates' Familie gehörte zum Tempel des Äskulap auf der Insel Kos.

[6] Diese Liste wurde einer Doktorarbeit über spirituelles Heilen entnommen, siehe: Geddes 1981

[7] S. z. B.: Gardner, R., 1983

[8] Finucane 1973, S. 343

[9] Finucane 1973, S. 344

[10] Finucane 1973, S. 344

[11] Finucane 1973, S. 345

[12] Laver 1978

[13] Laver 1978

[14] Laver 1978, S. 43–44

[15] Laver 1978, S. 45

[16] Paulsen 1926

[17] Lichtenstein 1925

[18] Pattison et al. 1973; s. auch: Festinger et al. 1956

[19] Für Informationen über die Arbeit des Büros schreiben Sie bitte an: Bureau Médicale de Notre-Dame de Lourdes, Lourdes, Frankreich 65100. S. auch: Cranston 1986. Zu einer skeptischen Betrachtung angeblicher Heilungen am Schrein siehe: West, D. J., 1957

[20] Carrel 1951

[21] Carrel 1950

[22] Aradi 1959

[23] Dowling 1984

[24] Salmon 1972

[25] Mouren o. J.

[26] Aus „Cures of Lourdes, Recognized as Miraculous by the Church“, veröffentlicht vom Bureau Médicale, Lourdes, Frankreich.

[27] Katz, R., 1982, S. 348

[28] Katz, R., 1982, S. 349

[29] Katz, R., 1982, S. 352

[30] Katz, R., 1982, S. 352

[31] Richmond 1952

[32] Vasse u. Vasse 1948

[33] Solfvin 1984

[34] Grad 1963 u. 1964

[35] Grad 1965a

[36] Grad 1965a

[37] Grad 1965a

[38] Watkins u. Watkins 1971

[39] Watkins et al. 1973; Wells u. Klein 1972 und Wells u. Watkins 1975

[40] Krieger 1979a. S. auch: Krieger 1976 und Krieger et al. 1979

[41] Quinn 1984. S. auch: Brody 1985b.

[42] Wirth 1990

[43] Goodrich 1974

[44] Winston 1975

[45] Knowles, F. W., 1954 u. 1956

[46] Solfvin 1984

[47] Byrd 1988

[48] Braud u. Schlitz 1989

[49] Wassiliew 1965

[50] Watkins et al. 1973

[51] Dean u. Brame 1975; Miller, R., 1977; Dean 1982 und Schwartz, S., et al. 1990

Kapitel 14

[1] Redgrove 1987

[2] Wright, D., 1969, S. 22

[3] Sacks 1990, S. 25

[4] Keller 1955, S. 111, 116

[5] Keller 1955, S. 209–210, 211–212

[6] Lusseyran 1989, S. 29, 31, 35, 92–93

[7] Lusseyran 1989, S. 159, 165–166

[8] Lusseyran 1989, S. 286

[9] Sacks 1992 und 1985
[10] Briggs 1988

Kapitel 15

[1] S. z. B. Hilgard, E., 1965a u. 1975b und Kihlstrom 1985
[2] Hartmann o. J.
[3] Pattie 1956. Pattie argumentierte, daß Mesmer Meads Abhandlung für seine medizinische Dissertation plagiierte.
[4] Ellenberger 1973, S. 96 ff.
[5] Podmore 1963, S. 1–6. Podmore bezog sich in seiner Beschreibung der Methoden des Heilers auf dessen autobiographisches Werk *Precis historique des Faits rélatifs au Magnétisme Animal* (1781).
[6] Podmore 1963, S. 7
[7] Franklin 1881. Zitiert in McConkey et al. 1985
[8] Shor 1979, S. 21
[9] Ellenberger 1985
[10] Shor 1979, S. 23

[11] Shor 1979, S. 26
[12] Obwohl die französische *Académie des Sciences* Mesmers Ideen über ein magnetisches Fluidum zurückgewiesen hatte, sprach sich im Jahre 1816 eine Kommission der preußischen Regierung für die Theorie des animalischen Magnetismus aus (Ellenberger 1973, S. 125).
[13] Ellenberger 1973, S. 126. Ellenberger zitierte Kluges Werk von 1811.
[14] Brentano 1837 u. 1852. In Ellenberger 1973
[15] Elliotson 1843
[16] Esdaile 1846, S. xxiii–xxiv
[17] Esdaile 1852, S. 148–149. Der Bericht war von F. W. Sims und wurde ursprünglich 1846 in einer britischen Zeitschrift, *The Englishman*, veröffentlicht.
[18] Ellenberger 1973, S. 132
[19] Shor 1979, S. 30
[20] Ellenberger 1973, S. 137
[21] Ellenberger 1973, S. 144 f.
[22] Ronald Shor nannte Charcots Verpflichtung gegenüber einer präzisen Methodik „einen Ausgangspunkt für die weitere wissenschaftliche Evolution der Hypnoseforschung".
[23] Ellenberger 1973, S. 137 ff.
[24] S. z. B.: Erickson 1983
[25] Zu einem Überblick über Studien, die diese beiden Interpretationen stützen, s.: Kihlstrom 1985.
[26] Hilgard, E., 1965a u. 1975b und Kihlstrom 1985
[27] Hilgard, E., 1965a u. 1975b und Kihlstrom 1985
[28] Cunningham u. Blum 1982 und Spanos u. Saad 1984
[29] Spiegel et al. 1985
[30] Gurney 1888. In Myers, F. W. H., 1954, Bd. I, Anhang zu Kap. 5
[31] Myers, F. W. H., 1954, Bd. I, S. 503–504

[32] Myers, F. W. H., 1954, Bd. I, S. 506–510. Myers brachte Auszüge aus zwei Artikeln von Bramwell: Bramwell 1896 u. 1900

[33] Myers, F. W. H., 1954, Bd. I, S. 509

[34] Myers, F. W. H., 1954, Bd. I, S. 509–510

[35] James, W., 1907

[36] Wells, W., 1940; Edwards 1963; Hilgard, E., 1965a und Dixon 1981

[37] Ludwig u. Lyle 1964

[38] Gibbons 1974 u. 1976

[39] Banyai u. Hilgard 1976

[40] Malott u. Goldstein 1980 und Malott 1984

[41] Carde 1988

[42] Sarbin u. Andersen 1967; Sarbin u. Lim 1963

[43] Spanos 1986. Diesem Artikel sind Analysen von Peer-Studien von Vertretern der Zustands- und der sozial-psychologischen Hypnosetheorie beigefügt. Zu einer Rechtfertigung der Zustandstheorie siehe: Hilgard, E., 1986

[44] Barber 1965 u. 1984

[45] Hilgard, E., 1971

[46] In einem Kommentar zu Experimenten, bei denen Hypnose vorgetäuscht wird, schrieben Orne und seine Kollegen David Dinges und Emily Orne:

„In dem Maße, in dem eine simulierende Versuchsperson das Verhalten eines Hypnotisierten nachahmen kann, ist es einfach nicht möglich – auf der Grundlage des Verhaltens –, zwischen einem hypnotischen Effekt aufgrund von Veränderungen des subjektiven Erlebens und einem Effekt, der aus einem willfährigen Verhalten resultiert, zu unterscheiden. Simulatoren sind tatsächlich in der Lage, eine große Bandbreite hypnotischer Phänomene erfolgreich nachzuahmen und erfahrene Kliniker glauben zu lassen, daß sie hypnotisiert wären.

[Diese Tatsache] führte Orne zu der Schlußfolgerung, daß die Essenz der Hypnose in der subjektiven Erfahrung des einzelnen gesucht werden muß. Eine nützliche Methode schien die Identifizierung von Situationen zu sein, in denen die hypnotische Erfahrung ein kontra-intuitives Verhalten hervorrief, wobei der Simulator nicht vorhersehen konnte, wie die hypnotisierte Person auf eine subjektiv zwingende Erfahrung reagieren würde. Obgleich sie äußerst schwierig zu finden waren, gab es einige wenige hypnotische Verhaltensweisen, die manche [tatsächlich hypnotisierten] Personen zeigten, aber keiner der Simulatoren. Orne nannte einige dieser Verhaltensweisen ‚Trancelogik', da sie bei den hypnotisierten Personen einen Mangel an kritischem Urteilsvermögen zu reflektieren schienen sowie eine höhere Toleranz gegenüber Unvereinbarkeiten" (Orne et al. 1986).

[47] Das ständige Scheitern, Phänomene zu entdecken, die nirgendwo anders beobachtet werden können, bei allen hypnotisierten Versuchspersonen jedoch ständig auftreten, erweckte bei einigen Forschern Zweifel, ob Hypnose eine besondere Form des Bewußtseins ist. John Kihlstrom zufolge ist das jedoch nur ein Problem, „wenn Hypnose als eine charakteristische Haltung mit im einzelnen notwendigen und insgesamt ausreichenden Attributen angesehen wird. [Aber] die jüngsten Ergebnisse aus Philosophie und Psychologie weisen darauf hin, daß natürliche Kategorien am besten als unklare Haltungen angesehen werden, deren einzelne Beispiele durch Ähnlichkeiten aufgrund ihrer Verwandtschaft miteinander verbunden sind, und daß sie von einem Prototyp repräsentiert werden, dessen Merkmale nur probabilistisch der Zugehörigkeit zu einer Kategorie zugeschrieben werden." Aus dieser Sicht heraus kann die Amnesie,

die Trancelogik oder jedes andere Phänomen als mehr oder weniger typisch für Hypnose angesehen werden, je nach ihrer Häufigkeit und Intensität unter den hypnotisierten Versuchspersonen. S.: Kihlstrom 1984 u. 1985

[48] S. z. B.: Kihlstrom 1985

[49] Tart 1979, S. 591–596

[50] Tart 1979

[51] Sherman 1971 Feldman 1976; und Cardena 1988

[52] Morgan, A. H., et al. 1974

[53] Hilgard, J., 1974 u. 1979; Wilson u. Barber 1983; Bowers, P., 1979 und Tellegen u. Atkinson 1974

[54] Bowers, P., 1979. S. auch: Sheehan, P. W., 1979 u. 1982

[55] Barron 1953, 1955, 1957, 1958a u. 1958b und MacKinnon 1960

[56] Bowers, P., 1979

[57] Bowers u. Bowers 1979; Crawford 1981 u. 1982a

[58] Gur u. Gur 1974

[59] Graham u. Pernicano 1979

[60] Sackeim et al. 1979

[61] Dies wurde auch durch eine Studie bestätigt, die offensichtliche Verschiebungen der kortikalen Aktivierung zeigt, die bei hypnotisierbaren Versuchspersonen beim Eintritt in die Hypnose an der EEG-Alpha-Dichte von der linken zur rechten Hemisphäre gemessen wurden. S.: MacLeod-Morgan u. Lack 1982

[62] Tellegen u. Atkinson 1974

[63] Graham 1975

[64] Van Nuys 1973

[65] Graham u. Evans 1977

[66] Graham u. Evans 1977. Die Autoren zitieren: Hilgard, E., 1965a

[67] Karlin 1979

[68] Zu Nachweisen der Flexibilität in der Wahrnehmung und der Gestalt-Fähigkeiten mexikanischer Schamanen siehe: Scweder 1972. Zu Beschreibungen der inspirierten Spontaneität unter Zen-Meistern siehe: Suzuki 1959, und für einen Bericht der erstaunlichen Aikido-Improvisationen von Morihei Ueshiba siehe: Stevens, J., 1987.

[69] Wilson u. Barber 1983, S. 345–347. S. auch: Wilson u. Barber 1981

[70] Wilson u. Barber 1983, S. 348

[71] Wilson u. Barber 1983, S. 349

[72] Wilson u. Barber 1983, S. 352–353

[73] Wilson u. Barber 1983, S. 354–356

[74] Wilson u. Barber 1983, S. 356–357

[75] Wilson u. Barber 1983

[76] Wilson u. Barber 1983, S. 359–364

[77] Wilson u. Barber 1983, S. 380

[78] Galton 1883. In Wilson u. Barber 1983

[79] Jaensch 1930. In Wilson u. Barber 1983

[80] Vogt u. Sultan 1977. In Wilson u. Barber 1983

[81] Luria 1968, S. 96. In Wilson u. Barber 1983

[82] Wilson u. Barber 1983, S. 367

[83] Lynn u. Rhue 1988

[84] Diamond, M., 1974

[85] Wicramasekera 1976. Wicramasekera schlug mehrere Möglichkeiten vor, um die Hypnotisierbarkeit zu erhöhen, darunter Imaginationstraining, Instruktionen, daß die Versuchsperson sich mehr auf Abenteuer einlassen solle – sowohl kognitiv als auch im zwischenmenschlichen Bereich –, Veränderungen der Wahrnehmung durch psychedelische Drogen, sensorische Deprivation und Biofeedback-Training.

[86] S.: Kihlstrom 1985

[87] Braid 1846 u. 1855

[88] Braid 1855

[89] Johnson, L., 1981; Johnson u. Weight 1976 und Frommel et al. 1981

[90] Hilgard, E., 1975a

[91] Butler, B., 1954 u. 1954/55. S. auch: Lea et al. 1960

[92] Cangello 1961 u. 1962

[93] Hilgard u. Hilgard 1983. S. auch: Kroger 1963; Sacerdote 1970 und Erickson 1959

[94] Hilgard u. Hilgard 1983. In einer Studie von L. S. Wolfe und J. Millet wurden 1500 Patienten, die sich in einer medikamentös induzierten Anästhesie befanden, Suggestionen zur postoperativen Schmerzlinderung gegeben, und die Hälfte berichtete von keinen Beschwerden nach der Operation (Wolfe u. Millet 1960). In einer Studie von R. E. Pearson erhielten 43 tief anästhesierte Patienten über Kopfhörer auf Tonband aufgenommene Suggestionen, um ihre postoperativen Reaktionen zu unterstützen, während 38 andere Patienten Placebo-Tonbänder hörten, die Musik enthielten oder leer waren. Weder

die Patienten noch die Chirurgen oder das Pflegepersonal wußten, welche Tonbänder bei welchen Patienten liefen, so daß das gesamte Experiment doppelblind durchgeführt wurde. Die Ergebnisse ergaben sich daraus, wie lange ein Patient im Krankenhaus blieb. Da die Patienten, die die posthypnotischen Suggestionen erhalten hatten, im Durchschnitt 2,42 Tage früher entlassen wurden als ihre Kontrollpersonen, schloß Parsons, daß Patienten Instruktionen, die ihnen während der Anästhesie gegeben werden, hören und daß sie auf sie reagieren können (Pearson 1961).

[95] Hilgard, J., 1979

[96] Hilgard u. Hilgard 1983, S. 134

[97] August 1961

[98] Katchan u. Belozerski 1940

[99] Davidson, J. A., 1962

[100] Rock et al. 1969

[101] Jacoby 1960; Gottfredson 1973 und Morse u. Wilcko 1979

[102] Crasilneck 1979; Toomey u. Sanders 1983; Sachs, L. B., et al. 1977; Zane 1966; Siegel 1979; John u. Parrino 1983; Crasilneck et al. 1955; Dahinterova 1967 und Anderson, J., et al. 1975

[103] Evans u. Paul 1970 und Hilgard, E., 1967

[104] Hilgard, E., 1975a

[105] Shor 1967. S. auch: Lanzetta et al. 1976

[106] Hilgard, E., 1975a

[107] Eine Studie von Greene und Reyher von 1972 bestätigte diese Beobachtung dahingehend, daß bei ihr keine signifikante Korrelation zwischen erhöhter Schmerztoleranz in der hypnotischen Analgesie und Messungen von Angstzuständen vor und nach Schockeinwirkung festgestellt wurde. S.: Greene u. Reyher 1972

[108] Hilgard, E., 1975a, S. 220–221

[109] S. z. B.: Spanos et al. 1974 und Spanos 1986

[110] Hilgard, E., 1975a
[111] Hilgard, E., 1973 u. 1977
[112] Spiegel et al. 1989
[113] Hilgard, E., 1977, S. 50
[114] Goldstein u. Hilgard 1975; und Spiegel u. Leonard 1983
[115] Mason 1952 u. 1955
[116] Wink 1961
[117] Kidd 1966 und Schneck 1966
[118] Mullins et al. 1955
[119] Tuke 1888
[120] Bloch 1927
[121] Rulison 1942; Ullman 1959; Ullman u. Dudek 1960. S. auch: Asher 1956
[122] Thomas, L., 1979
[123] Clawson u. Swade 1975. S. auch: Henry 1985
[124] Lucas 1965 und Chaves 1980. S. auch: Newman 1971
[125] Bishay et al. 1984 und LaBaw 1970
[126] Bramwell 1903
[127] Hadfield 1917
[128] Chapman et al. 1959, S. 97

[129] Ewin 1978 u. 1979
[130] Moore u. Kaplan 1983. S. auch: Hammond et al. 1983
[131] Gould u. Tissler 1984; und Frankel u. Misch 1973
[132] Ikemi u. Nakagawa 1962
[133] LeHew 1970
[134] *British Medical Journal* 1968
[135] Diamond, H., 1959; Moorefield 1971 und Ben-Zvi et al. 1982. S. auch: Maher-Loughnan 1970 und Aronoff et al. 1975
[136] Gross 1984
[137] Mott u. Roberts 1979
[138] Crasilneck 1982
[139] O'Brien et al. 1981; Bakal 1981; Scrignar 1981, Van Der Hart 1981, Cohen 1981 und Frutiger 1981
[140] Honiotes 1977; LeCron 1969; Staib u. Logan 1977; Willard 1977; Williams, J. E., 1974 und Erickson 1960
[141] Johnson u. Barber 1976
[142] Bellis 1966
[143] Hadfield 1917
[144] Ullman 1947
[145] Platonov 1959
[146] Pattie 1941; Weitzenhoffer 1953; Barber 1961; Paul 1963 und Chertok 1981b. S. auch: Doswald u. Kreibich 1906 und Borelli 1953
[147] Barber 1984
[148] Agle et al. 1967. Die Autoren waren der Ansicht, daß ein vasodilatorisch wirkendes Polypeptid, das die vaskuläre Permeabilität fördert, bei ihren Versuchspersonen die hypnotisch induzierten Blutergüsse hervorrief.

[149] Grabowska 1971
[150] Dikel u. Olness 1980
[151] Hadfield 1920
[152] Barber 1984, S. 99–107
[153] Klein u. Spiegel 1989
[154] Barber 1964; Hilgard, E., 1965a u. 1975b und Kihlstrom 1985
[155] Kline 1952–1953; Weitzenhoffer 1951; Erickson 1943; Davison u. Singleton 1967; Graham u. Leibowitz 1972 und Sheehan, E. P., et al. 1982
[156] Crawford et al. 1979
[157] Kramer u. Tucker 1967
[158] Schneck 1966
[159] Wallace u. Garrett 1973 u. 1975; Wallace u. Hoyenga 1980; Nash et al. 1984; Brenman et al. 1947 und Hilgard, J., 1974b
[160] Barber 1965; Blum 1968 u. 1979; Blum u. Nash 1982; Blum et al. 1967, 1968a, 1968c u. 1971; Blum u. Porter 1972; Blum u. Barbour 1979; Blum u. Green 1978; Blum u. Wohl 1971; Crawford u. Allen 1983. Crawford überprüfte auch andere Studien, aus denen hervorging, daß hypnotisch reaktionsfähige Personen in der Hypnose Wechsel von verbalen, detailorientierten kognitiven Funktionsweisen hin zu mehr imaginativen, nichtanalytischen, holistischen Strategien erlebten. S.: Crawford 1982a u. 1982b; Bower 1981; Bower et al. 1978 u. 1981; Blum et al. 1968b u. 1971 und Blum 1967

[161] Hadfield 1923; Wells, W. R., 1947; Ikai u. Steinhaus 1961; Nicholson 1920. Zu einem Überblick über solche Studien, die vor 1966 durchgeführt wurden, s.: Barber 1966.
[162] Callen 1983. Eric Krenz beschrieb die Anwendung einer modifizierten Form des Autogenen Trainings, das Hypnosetechniken einsetzte, um die Leistung von vier Sportlern zu steigern. Lee Pulos beschrieb die Hypnosetechniken, die er anwendete, um die Geisteshaltung und physischen Leistungen kanadischer Sportler zu verbessern. Und Jencks und Krenz berichteten über den Einsatz posthypnotischer Suggestionen zur Angstreduzierung und mentaler Übungen im Sport (Krenz 1984; Pulos 1969 und Jencks u. Krenz 1984).
[163] MacHovec 1986
[164] „Die meisten veröffentlichten Berichte über persönliche Probleme, die nach der Hypnose auftreten", schrieb die Psychiaterin Josephine Hilgard, „stehen im Zusammenhang mit der Therapie." Hilgard, J., 1974b
[165] Faw et al. 1968
[166] Hilgard, J., 1974b
[167] Coe u. Ryken 1979
[168] Hilgard, J., 1974b
[169] *People v. Hughes*, 59 NY 2d 523, 466 NYS 2d 255, 254 NE 2d, 484 (1983). *State ex rel Collins v. Superior Court*, 132 Ariz. 180, 644 P. 2d 1266 (1982), supplemental opinion filed May 4, 1982. *People v. Hurd*, Sup. Ct., NJ, Somerset Co., April 2, 1980. *People v. Shirley*, 31 Cal. 3d 18, 641 P2d 775 (1982), modified 918a (1982). *People v. Guerra*, C-41916 Sup. Ct., Orange Co., CA, 1984. (Zitiert in: Spiegel 1989.)
[170] Hilgard, E., 1965a u. 1975b und Kihlstrom 1985
[171] Van De Castle 1969 und Schechter 1984
[172] Van De Castle 1969
[173] Marquis de Puysegur 1811
[174] Esdaile 1849 u. 1852

[175] Gurney u. Sidgwick 1883. In Van De Castle 1969
[176] Janet 1886. S. auch: Myers, F. W. H., 1954, Bd. I, S. 524–529
[177] Richet 1923
[178] Barrett 1911
[179] Aus einer Übersicht von James aus dem Jahre 1903, in *Proceedings of the Society for Psychical Research*, Bd. 18, 46 (Juni), nachgedruckt in James 1986. James übernahm den Vorsitz der *British Society for Psychical Research* in den Jahren 1894 und 1895, half, ihr amerikanisches „Gegenstück" zu gründen und schrieb ausführlich über Hypnose und paranormale Phänomene.
[180] Wassiliew 1965
[181] Rhine 1934
[182] Van De Castle 1969
[183] Schechter 1984
[184] Aaronson 1966, 1967, 1969 u. 1971
[185] Sacerdote 1977
[186] Eine solche Erfahrung, schrieb Tart,

> „könnte einen Übergang von der Gestaltkonfiguration, die wir Hypnose nennen, zu einer neuen Konfiguration darstellen, einem neuen Bewußtseinszustand. Auf Bewußtseinszustände dieser Art wurde in der westlichen wissenschaftlichen Literatur über Hypnose nicht sonderlich eingegangen; sie ähneln jedoch

> den östlichen Beschreibungen eines Bewußtseins, das anscheinend Zeit, Raum und Ich transzendiert, um eine reine Bewußtheit des ursprünglichen Nichts zu hinterlassen, aus dem die gesamte manifestierte Schöpfung hervorgeht" (Tart 1979. S. auch: Tart 1970).

[187] Thomas 1979

Kapitel 16

[1] Green u. Green 1987, S. 66
[2] Bruce 1973, S. 111
[3] Martony 1968; Platt 1947 und Pickett 1968
[4] West u. Savage 1918; Carter u. Wedd 1918 und Ogden u. Shock 1939
[5] Für eine Übersicht über die Einstellungen experimenteller Psychologen zur willentlichen Kontrolle autonomer Funktionen siehe: Kimmel 1974.
[6] DiCara u. Miller 1968 u. 1969; Miller u. DiCara 1967 u. 1968 und Miller u. Banuazizi 1968
[7] Miller u. Dworkin 1974
[8] Basmajian 1963; Stoyva 1976a u. 1976b; Budzynski et al. 1973; Kamiya 1969 und Kimmel 1974
[9] Unterstützung für das Biofeedback-Training ergab sich auch aus einer Übersicht russischer Arbeiten über viscerales Konditionieren von G. Razran, die in der *Psychological Review* veröffentlicht wurde (Razran 1961). Ein früherer Bericht der russischen Arbeiten von Bykov (1957) und ein späterer von Adam (1967) verstärkten den Einfluß von Razrans Werk.
[10] Butler, F., 1978 und Basmajian 1989. Für Übersichten über das Gebiet des Biofeedbacks siehe: Green u. Green 1978; Yates 1980; White u. Tursky 1982; Hatch et al. 1987 und Basmajian 1989
[11] Gilson u. Mills 1941; Harrison u. Mortensen 1962 und Basmajian 1963 u. 1966

[12] Basmajian 1963; Clamann 1970; Basmajian u. Simard 1967; Harrison u. Mortensen 1962; Carlsoo u. Edfeldt 1963; Gray 1971; Scully u. Basmajian 1969; Maton 1976; Johnson, C. P., 1976 und Simard u. Ladd 1969

[13] Simard u. Ladd 1969. In Yates 1980, S. 73–78; s. auch: Simard u. Basmajian 1967 und Hefferline 1958

[14] Lloyd u. Shurley 1976; s. auch: Yates 1980, S. 79–80. Lloyd und Shurley verglichen die Auswirkungen sensorischer Deprivation und Nicht-Deprivation auf die Single-Motor-Unit-Kontrolle im Musculus tibialis anterior des rechten Beins. Nach zwei Wochen wechselte die Hälfte der Gruppe, die zunächst im Rahmen sensorischer Deprivation trainiert worden war, über zu Nicht-Deprivations-Bedingungen und umgekehrt, während die andere Hälfte wie bisher weitermachte. Bei der anfänglichen Leistungsbestimmung benötigte die Deprivationsgruppe im Durchschnitt nur 27 Versuche, um ihre Aufgabe zu erfüllen, während die Nicht-Deprivationsgruppe durchschnittlich 129 Versuche benötigte. Bei der Wiederholung benötigte die Deprivationsuntergruppe, bei der die Deprivation weiterbestanden hatte, weniger Versuche (13,4), um die Aufgabe zu erfüllen, während die Deprivationsuntergruppe, die zur Nicht-Deprivation übergewechselt war, jetzt einen Durchschnitt von 51 Versuchen aufwies. Andererseits benötigte die Nicht-Deprivationsuntergruppe, die zur Deprivation übergewechselt war, nur 42 Versuche, um die Aufgabe zu erfüllen (Lloyd u. Shurley 1976).

[15] Für eine Übersicht über Experimente, bei denen das Modell der Geräuschreduktion angewendet wurde, um Unterschiede bei ASW-Ergebnissen zu erklären, s.: Braud 1978b.

[16] Budzynski u. Stoyva 1969; Green, E., et al. 1969 und Jacob u. Felton 1969

[17] Carlsson u. Gale 1976; Carlsson et al. 1975; Dohrmann u. Laskin 1978 und Farrar 1976

[18] Budzynski et al. 1970 u. 1973 und Wicramasekera 1972 u. 1973

[19] Cleeland 1973; Brudny et al. 1974; Korein et al. 1976 und Korein u. Brudny 1976

[20] Basmajian 1989, S. 91–167; Hatch 1987, S. 1–41; Hardyck et al. 1966; Hardyck u. Petrinovich 1969; Jacobson 1925; Daly u. Johnson 1974; Roll 1973; Stevens, K. N., et al. 1974; Guralnick u. Mott 1976; Yates 1963; Ballard et al. 1972; Peck 1977; Norton 1976 und Levee et al. 1976

[21] Caton 1875 und Lubar 1989

[22] Kamiya 1968 u. 1969; Nowlis u. Kamiya 1970. T. B. Mulholland zeigte in Experimenten, über die er 1962 und 1963 berichtete, daß einige Menschen lernen können, Lichter an- und auszuschalten, indem sie die elektrische Gehirnaktivität verändern, ohne daß sie sich dessen bewußt sind. Seine Arbeit erlangte jedoch nicht die Berühmtheit oder den Einfluß wie Kamiyas (Yates 1980, S. 271–273)

[23] Peper u. Mulholland 1970

[24] Peper 1971a und 1971b

[25] Peper 1970; Mulholland u. Peper 1971 und Eason u. Sadler 1977

[26] Plotkin 1979

[27] Plotkin 1979, S. 1145–1146

[28] Walsh, D. H., 1974

[29] Lubar 1989

[30] Green, E., et al. 1970; Brown, B., 1971; Lubar 1989 und Green u. Green 1978. Die Greens haben bei diesen Versuchen Yoga-Übungen und Autogenes Training eingesetzt, um das Biofeedback-Training zu ergänzen.

J. Beatty und seine Mitarbeiter brachten einigen der Versuchspersonen bei, ihren Anteil an Thetawellen zu verringern, und anderen, ihn zu erhöhen. Danach testeten sie ihre Wachsamkeit durch das Aufspüren von visuellen Zielobjekten auf nachgeahmten Radarschirmen. Wie erwartet (angesichts der Tatsache, daß Thetawellen Begleiterscheinungen von Schläfrigkeit sind) waren die Versuchspersonen wachsamer, wenn sie die Theta-Aktivität unterdrückten, als wenn sie die Aufgabe normal ausführten, wohingegen die Versuchspersonen, denen beigebracht worden war, sie zu erhöhen, weniger wachsam waren (Beatty et al. 1974).

[31] Sheer 1970, 1974, 1975 u. 1976; Das u. Gastaut 1955 und Bird et al. 1978a u. 1978b

[32] Peper 1971a u. 1972

[33] Eberlin u. Mulholland 1976; O'Malley u. Conners 1972; Davidson, R. J., et al. 1976 und Nowlis u. Wortz 1973

[34] Shearn 1962; Hnatiow u. Lang 1965; Frazier 1966; Engel u. Hansen 1966; Brener u. Hothersall 1967; Engel u. Chism 1967 und Levene et al. 1968

[35] Lang, P. J., et al. 1967

[36] Bergman u. Johnson 1971; Blanchard et al. 1974 u. 1975; Davidson u. Schwartz 1976; Ray 1974; Ray u. Lamb 1974 und Stephens et al. 1975

[37] Lang u. Twentyman 1974 u. 1976; Lang, P. J., et al. 1975; Whitehead, W. E., et al. 1977. S. auch: Gatchel 1974 und Bell u. Schwartz 1975

[38] Engel u. Bleecker 1974; Scott et al. 1973; Vaitl 1975; Bleecker u. Engel 1973a u. 1973b; Weiss u. Engel 1971; Pickering u. Miller 1977 und Pickering u. Gorham 1975

[39] Yates 1980, S. 192; Engel u. Baile 1989; Engel et al. 1983; Glasgow et al. 1982 und Stoyva 1989

[40] Gavalas 1967 u. 1968; Rice 1966; Van Twyer u. Kimmel 1966; Edelman 1970

[41] Stern u. Lewis 1968

[42] S.: Yates 1980; Stern u. Kaplan 1967; Crider et al. 1966; Klinge 1972; Ikeda u. Hirai 1976 und Wagner et al. 1974

[43] Green u. Green 1989 und Yates 1980

[44] Hubel 1974; Whitehead, W. E., et al. 1975; Schuster 1968, 1974 u. 1989; Schuster et al. 1974; Alva et al. 1976 und Engel et al. 1974

[45] Green u. Green 1986 und Patel 1973 u. 1975b

[46] Steiner u. Dince 1981; s. auch: Surwit u. Keefe 1983 und Thompson et al. 1983

[47] Fahrion 1983, S. 28–29

[48] In: Fahrion 1983, S. 28–29

[49] Green et al. 1969

[50] Green u. Green 1986

[51] Lang, P. J., 1974; s. auch: Brener 1977

[52] Shapiro u. Surwit 1976

[53] Shapiro u. Surwit 1976

[54] Blanchard et al. 1982 und Neff u. Blanchard 1982. Blanchard et al. 1982 zeigten, daß sich der Zustand von Personen, die hohe Werte auf der *Tellegen Absorption Scale* erreichten und unter gefäßbedingten Kopfschmerzen litten, durch Entspannungsübungen stärker verbesserte als durch Feedback mit Geräten, während Personen mit niedrigen Werten eine größere Linderung der gleichen Beschwerden *mit* Biofeedback-Training erfuhren. Blanchard ging davon aus, daß Personen mit hohen Werten besser ohne die ablenkenden Feedback-Signale zurechtkommen, weil sie dann ihre beträchtliche Fähigkeit der Aufmerksamkeit auf die gegebene Aufgabe konzentrieren können.

In einer weiteren Studie, in der individuelle Unterschiede in bezug auf das Biofeedback-Training erforscht werden sollten, fanden Thomas McCanne und Kate Hathaway heraus, daß Männer, die bei motorischen Geschicklichkeitsaufgaben relativ gut abschnitten, ihre Herzfrequenz mittels Feedback signifikant erhöhten und diese Eigenkontrolle ohne Hilfe aufrechterhielten, während Männer, die bei den gleichen Aufgaben schlecht abschnitten, ihre Herzfrequenz weder *mit* noch *ohne* Biofeedback erhöhen konnten. „Diese Ergebnisse“, folgerten McCanne und Hathaway, „deuten darauf hin, daß die Fähigkeit, die gestreifte Muskulatur bei motorischen Geschicklichkeitsaufgaben zu kontrollieren, der Fähigkeit, die Herzfrequenz zu erhöhen, grundlegend ähnelt.“ Einige Studien, die die *I.-E.-Skala* nach Rotter zur Messung der internen vs. externen Verstärkungskontrolle verwendeten, ergaben, daß Versuchspersonen, die mehr nach innen orientiert waren – das heißt, sie nahmen an, daß sie ihr Verhalten selbst bestimmten, statt es von äußeren Einflüssen kontrollieren zu lassen –, die Fähigkeit zur Autoregulation schneller erlernten als diejenigen, die mehr nach außen orientiert waren (McCanne u. Hathaway 1984; Yates 1980; Denkowski et al. 1984; s. auch: Davidson et al. 1976).

[55] Brener u. Hothersall 1967; Sroufe 1969 und Vandercar et al. 1977

[56] Eason u. Sadler 1977; Schwartz, G. E., 1975 und Nowlis u. Kamiya 1970

[57] Brener 1974 und Obrist et al. 1970

[58] Hess 1925; Gellhorn 1967 u. 1970 und Gellhorn u. Kiely 1972

[59] Yates 1980, S. 425

Kapitel 17

[1] S. z. B.: Herink 1980

[2] Blanck u. Blanck 1989 u. 1991; Masterson 1981; Kernberg 1981 und Stone, M. H., 1980

[3] Berne 1991; Nichols 1984 und Branden 1971

[4] Beck et al. 1986; Kelley 1955 und Ellis 1973

[5] Binswanger 1956; Boss 1980; May et al. 1958 und Bugental 1965

[6] *Journal of Transpersonal Psychology;* Vaughan 1990 und Walsh u. Vaughan 1988

[7] S. z. B.: Kernberg 1978; Masterson 1981 und Gedo 1981

[8] *American Psychiatric Association* 1987

[9] Wilber, Engler u. Brown 1988, Kap. 3–5

[10] Smith, M. L., et al. 1980

[11] Schultz, D., 1986; Sheikh 1976 u. 1984; Bornstein u. Siprelle 1973; Singer u. Switzer 1980; Jaffe u. Bresler 1980; Meichenbaum 1979; Singer 1978; Ahsen 1968; Sheikh et al. 1979; Achterberg 1990; Achterberg u. Lawlis 1978 und Simonton, Simonton-Matthews u. Creighton 1992

[12] Sheikh u. Jordan 1983b

[13] Janet 1898

[14] Jung o. J.: *Das symbolische Leben,* Bd. 18 der *Gesammelten Werke*

[15] Happich 1932

[16] Singer 1978

[17] Wolpe 1958 u. 1977; Sheikh u. Panagiotou 1975; Singer 1978 und Singer u. Pope 1986

[18] Stampfl u. Levis 1967

[19] Kazdin 1977 u. 1986; Singer u. Pope 1986; Little u. Curran 1978 Wolpe u. Lazarus 1966 und Goldfriend et al. 1974

[20] Gendlin u. Olsen 1970
[21] Reyher 1977
[22] Shorr 1981 u. 1986
[23] Sheikh u. Jordan 1983b
[24] Ahsen 1968, 1972 u. 1977; Dolan u. Sheikh 1976; Panagiotou u. Sheikh 1974; Sheikh 1986 und Sheikh u. Jordan 1983a u. b
[25] Perls 1979 und Perls et al. 1979
[26] Progoff 1967; Gerard 1964 und Masters u. Houston 1984
[27] Stekel 1921
[28] Jones, E., 1962, Bd. 3, S. 458
[29] Jones, E., 1962, Bd. 3, S. 459
[30] Jones, E., 1962, Bd. 3, S. 459
[31] Jones, E., 1962, Bd. 3, S. 460
[32] Jones, E., 1962, Bd. 3, S. 443
[33] Jones, E., 1962, Bd. 3, S. 443–444
[34] Für Schilderungen außergewöhnlicher Erfahrungen in Jungs Leben und seiner therapeutischen Arbeit s.: Jung 1982; Fodor 1971 und van der Post 1977.
[35] Aus: C. G. Jung: Ein Brief zur Frage der Synchronizität. *Zeitschrift für Parapsychologie und Grenzgebiete der Psychologie* V 1961, S. 1 ff.

[36] Devereux 1953; Ehrenwald 1940, 1942, 1944, 1948a, 1948b, 1949, 1950a, 1950b, 1954, 1956 u. 1975; Eisenbud 1954, 1955, 1974, 1975 u. 1983; Meerloo 1948–1951, 1949, 1950, 1953; Pederson-Krag 1947 u. 1948–1951 und Ullman 1948 u. 1952
[37] Eisenbud 1983, S. 19–21
[38] Ehrenwald 1975, S. 235–236, 241–242
[39] Eisenbud 1974, S. 221
[40] Eisenbud 1974, S. 279
[41] Das *Journal of Transpersonal Psychology* kann über die folgende Adresse bestellt werden: P. O. Box 4437, Stanford, CA 94309, USA.
[42] Sutich 1991, S.18
[43] Wilber, Engler u. Brown 1988, Kap. 1, 3 u. 4
[44] Assagioli 1978 u. 1982
[45] Assagioli 1978 u. 1982

Kapitel 18

[1] Hanna gründete 1976 die amerikanische Zeitschrift *Somatics* und der französische Psychiater Richard Meyer 1989 die französische Zeitschrift *Somatotherapie*, um einen Überblick über die theoretische und praktische Arbeit auf diesem Gebiet zu liefern. Hanna gab in vier Artikeln unter dem Titel „What is Somatics?“ eine Beschreibung von „Somatics“; s.: *Somatics* 1986 u. 1987.
[2] Persönliche Mitteilung. Johnsons Standpunkt über die somatische Schulung wird dargelegt in Johnson, D., 1983a u. 1983b.

[3] Zu Alexanders Schilderung seiner Entdeckung siehe: Alexander, F. M., 1969, S. 139–169. S. auch: Barlow 1983; Jones, F. P., 1976 und Peterson 1946.
[4] Alexander, F. M., 1985
[5] Jones, F. P., 1976
[6] Jones, F. P., 1976, S. 151
[7] Schultz u. Luthe 1959
[8] Schultz u. Luthe 1959, S. 1
[9] Schultz u. Luthe 1959, S. 8–95
[10] Schultz u. Luthe 1959, S. 95–120
[11] Schultz u. Luthe 1959, S. 120–124
[12] Schultz u. Luthe 1959, S. 125–227
[13] Schultz u. Luthe 1959, S. 248–273
[14] Feldenkrais 1978, S. 37–38
[15] Feldenkrais 1978. S. auch: Feldenkrais 1989
[16] Feldenkrais 1970, 1978, 1985 u. 1989
[17] Feitis 1978, S. 34–35. S. auch: Rolf 1973
[18a] Johnson, D., 1980, S. 131–132
[18b] Johnson, D., 1980, S. 136–137
[19] Silverman et al. 1973

[20] Silverman und seine Kollegen verwendeten eine „nearest neighbor ISO-data statistical analysis". S.: Silverman et al. 1973 und Ball u. Hall 1967
[21] Silverman et al. 1973, S. 11–12
[22] Silverman 1986. S. auch: Silverman et al. 1973
[23] Hunt u. Massey 1977, S. 209
[24] Silverman et al. 1973; Silverman 1986 und Hunt u. Massey 1977. In der Zusammenfassung ihrer Studie schloß Hunt, daß „eine Hauptschlußfolgerung gesichert ist. Alle Anzeichen deuten hin auf eine verbesserte Organisation und größere Balance im neuromuskulären System mit umfassenden positiven Auswirkungen auf die motorische Effizienz."
[25] Johnson, D., 1980, S. 5–6
[26] Jacobson 1974, S. 101
[27] Jacobson 1974, S. 105
[28] Jacobson 1974, S. 107–109
[29] Jacobson 1974, S. 110
[30] Jacobson 1955, S. 558–559
[31] Jacobson 1925
[32] Jacobson 1955, S. 560
[33] Jacobson 1974, S. 47–57
[34] Jacobson 1974, S. 82–83
[35] Jacobson 1974, S. 97
[36] Jacobson 1974, S. 430–431
[37] Hengstenberg 1985
[38] Hanna 1983, S. 158–159
[39] Brooks 1991
[40] Gindler 1986–1987

[41] Brooks 1979, S. 46–48

[42] *Encyclopedia of Philosophy* 1967, Bd. 7, S. 104

[43] Reich 1971

[44] Reich 1969, S. 94

[45] Reich 1969, S. 150

[46] Reich 1969, S. 129

[47] Reich 1971, S. 213–215

[48] Boadella 1988, S. 120–123

[49] Boadella 1988, S. 124. Ola Raknes, ein norwegischer Therapeut, der eng mit Reich zusammenarbeitete, gab einen Überblick über die Merkmale vegetativer Lebendigkeit:

1. Der gesamte Organismus hat einen guten Tonus, die Körperhaltung ist aufrecht und elastisch, keine Krämpfe oder Zuckungen.
2. Die Haut ist warm und ausreichend durchblutet, die Farbe rötlich oder leicht gebräunt, der Schweiß kann warm sein.
3. Die Muskeln können sich anspannen und entspannen, sie sind jedoch weder chronisch kontrahiert noch schlaff, freie Peristaltik, keine Verstopfung oder Hämorrhoiden.
4. Die Gesichtszüge sind lebhaft und beweglich, niemals starr oder maskenhaft. Die Augen sind klar mit lebhaften Pupillenreaktionen, und die Augäpfel stehen weder hervor, noch sind sie eingesunken.

5. Es findet eine vollständige Ausatmung statt, mit einer Pause vor der erneuten Einatmung, die Bewegung des Brustkorbs ist frei und leicht.
6. Der Pulsschlag ist normalerweise regelmäßig, ruhig und kräftig, der Blutdruck ist normal, weder zu hoch noch zu niedrig.

[50] Reich wurde von Friedrich Kraus beeinflußt, einem Berliner Internisten, der die bioelektrischen Potentiale in menschlichen Geweben untersucht und den Begriff *vegetative Strömung* eingeführt hatte, um den Vorgang der Konvektion zu bezeichnen, der Veränderungen der Hautfarbe und des Muskeltonus hervorruft; von dem Physiologen L. R. Müller, dessen Buch *Die Lebensnerven* die unterschiedlichen Funktionen des sympathischen und parasympathischen Nervensystems beschrieb; von Physiologen wie Stern, die die Zusammenhänge zwischen Flüssigkeitsbewegungen und elektrischer Entladung bei Pflanzen aufgezeigt hatten; und von Experimentatoren, die Plasmabewegungen in Amöben beschrieben hatten (S.: Kraus 1919–1926, Müller 1931). „Reich nahm nicht für sich in Anspruch“, schrieb David Boadella,

„im Laufe von nur sechs Monaten wenn auch intensiven Studiums biologischer Vorgänge irgendwelche neuen Tatsachen entdeckt zu haben. Was er allerdings glaubte, war, daß es ihm gelungen sei, allgemein bekannte Tatsachen aus einer Reihe getrennter Forschungsbereiche auf den Nenner einer stichhaltigen und grundlegenden biologischen Formel gebracht zu haben, die die ‚Identität und Gegensätzlichkeit des Psychosomatischen‘ beschreibt. Der Vorgang der Expansion und Kontraktion bei der Amöbe entspricht funktionell den Vorgängen, die sich in dem unendlich komplizierteren System des vegetativen Nervengeflechts der höheren Tiere und des Menschen abspielen. Das vagische System beherrscht die Sphäre der libidinösen Expansion, des Sich-Ausstreckens hin zur Welt, das sympathische liegt dem libidinösen Rückzug, der Flucht vor der Außenwelt zugrunde“ (Boadella 1988, S. 112).

Kapitel 19

[1] Nabokov 1981; Water 1970; Scully 1972 und Underhill 1954

[2] Für diese Definitionen habe ich mich auf Casperson et al. 1985 bezogen.

[3] Hippocrates, *Regimen* 3.73, 76, 78

[4] Edelstein u. Edelstein 1945

[5] Hansen 1971; Harris 1964; Lang, M., 1977 und Caton 1900

[6] Morris et al. 1953 u. 1966. S. auch: Morris et al. 1973 u. 1980

[7] Kahn, H. A., 1963; Zukel et al. 1959; Cassel et al. 1971; Taylor, H. L., et al. 1962 und Menotti u. Paddu 1976

[8] Brunner et al. 1974 und Paffenbarger et al. 1970

[9] Paffenbarger u. Hyde 1984

[10] *Public Health Reports* 1985a u. 1985b

[11] Stephens, T., et al. 1985

[12] Stephens, T., et al. 1985. Die acht Studien waren: 1974 die Umfrage des *President's Council on Physical Fitness and Sports*, 1975 die *National Health Interview*-Zusatzbefragung, 1976 die kanadische *Fitness and Amateur Sport*-Umfrage, 1978 die *Perrier*-Studie, 1979 die *National Survey of Personal Health Practices and Consequences*, 1981 die *Canada Fitness Survey*, 1982 die *Behavioral Risk Factor*-Untersuchung, die

gemeinsam von den Gesundheitsämtern, 28 Staaten und dem District of Columbia durchgeführt wurde, und die *Miller Lite*-Umfrage (Stephens, T., et al. 1985, S. 147).

Zusammenfassend folgerten Stephens et al. aus den Trends dieser Umfragen, daß „die Teilnehmerzahl bei einigen Aktivitäten zwischen 1972 und 1983 deutlich zunahm, besonders bei Jogging/Laufen, gymnastischen Übungen und Schwimmen. Dieser Trend wird durch Paffenbarger bestätigt, dessen Studie über ehemalige Harvard-Studenten für den Zeitraum von 1962 bis 1977 eine beträchtliche Zunahme der sportlichen Betätigung innerhalb bestimmter Personen- und Altersgruppen zeigt" (Stephens, T., et al. 1985, S. 153).

[13] Gallup Poll 1984

[14] Powell u. Paffenbarger 1985

[15] Paffenbarger u. Hyde 1984. S. auch: Paffenbarger et al. 1970

[16] Paffenbarger et al. 1984

[17] Paffenbarger et al. 1986

[18] Castelli et al. 1986

[19] Ekelund 1988

[20] Blair et al. 1989. Die Erkenntnisse aus den oben angeführten epidemiologischen und repräsentativen Studien wurden durch andere Studien bestätigt. S. z. B.: Wilson, P., et al. 1986 und Slattery u. Jacobs 1988.

[21] Siscovick et al. 1985. Ralph Paffenbarger, einer der Hauptforscher der *Harvard*- und *Longshoremen*-Studien, und sein Kollege Robert Hyde brachten die vorherrschende Meinung der Fitneßexperten zum Ausdruck, als sie schrieben:

„Die in den letzten 30 Jahren angesammelten klinischen, epidemiologischen und experimentellen Daten liefern überzeugende Beweise dafür, daß die umgekehrte Beziehung zwischen gegenwärtiger körperlicher Aktivität und dem Risiko (von Koronarerkrankungen) von einem ‚Schutz' herrührt (d. h. einer *Verursachung* des verringerten Auftretens von Koronarerkrankungen) und nicht von einer ‚Auswahl' (einer *Auswirkung* der Symptomatologie der Koronarerkrankung oder anderer Auswahlkriterien). Die Annahme dieses Konzepts wird durch Untersuchungen über den potentiellen Mechanismus gestützt, über den das Körpertraining zahlreiche gesundheitsfördernde Ergebnisse hervorruft: kardiopulmonale Fitneß, verbesserte Blutfettwerte, erhöhte fibrinolytische Aktivität, veränderte Thrombozytenaggregation, erhöhte Insulinsensitivität.

Zu den einschlägigen Erkenntnissen, die eine Ursache/Wirkungs-Beziehung zwischen regelmäßiger körperlicher Aktivität und dem Nicht-Auftreten von Koronarerkrankungen bestätigen, zählen unter anderem folgende:

- Ein verringertes Risiko, eine Koronarerkrankung zu entwickeln, leitet sich sowohl aus berufsmäßig als auch aus freizeitmäßigen Aktivitäten ab, darunter Heben, Tragen, Schieben, Klettern, Gehen, Sport usw. Ein verringertes Risiko für Koronarerkrankungen, im Zusammenhang mit einem ausreichenden Niveau gegenwärtiger Energieverausgabung, wird weiter gesenkt, wenn im Trainingsablauf kraftvolle Aktivitäten oder plötzliche anstrengende Energieverausgabungen ausreichend einbezogen sind.
- Die Beziehung ist in beträchtlichem Maße Dosis-abhängig, d. h. Auftreten, Fall-Todesfall-Verhältnis, Sterblichkeit und Wiederauftreten.
- Die Ergebnisse sind mit dem Alter und Geschlecht der Versuchsperson sowie der klinischen Manifestation der Krankheit vereinbar (Angina pectoris, Herzinfarkt, plötzlicher Herztod und Gesamttodeszahl aufgrund von Koronarerkrankungen).

- Die Ergebnisse sind in aufeinanderfolgenden Zeitabschnitten und bei unterschiedlichen Gruppen beständig.
- Die Ergebnisse in bezug auf den Einfluß des Körpertrainings hängen zumindest teilweise von anderen persönlichen und Umweltfaktoren ab, die in einem Zusammenhang mit Koronarerkrankungen stehen (Rauchen, Blutdruck, Verhältnis von Gewicht zu Größe, Blutfettwerte, bestehende Diabetes mellitus, Familienanamnese in bezug auf Koronarerkrankungen usw.).
- Männer, die früher körperlich aktiv waren, weisen ein höheres Risiko auf, es sei denn, sie erhalten ihr hohes Aktivitätsniveau auch im Erwachsenenalter aufrecht. Umgekehrt zeigen Männer, die in der Vergangenheit nicht körperlich aktiv waren (während der Pubertät oder in der frühen Kindheit), ein geringeres Risiko, wenn sie in ihrem Erwachsenenalter eine Lebensweise mit ausreichender und dauerhafter körperlicher Betätigung einhalten.
- Direkte experimentelle Beweise aus Körpertrainings- und Ernährungsstudien über Koronarerkrankungen bei Affen stützen die Annahme, daß langfristiges, in Maßen betriebenes Körpertraining die Entwicklung einer Koronarerkrankung hemmt. Selbst bei einer atherogenen Ernährung wiesen Tiere, die körperlich aktiv waren, seltener eine koronare Arteriosklerose und deren Komplikationen auf als die Tiere, die nicht aktiv waren (Paffenbarger u. Hyde 1984).

[22] Zitiert in Brody 1985a.
[23] Siscovick et al. 1985
[24] Brody 1985a
[25] Richter u. Kellner 1965; Zeldis et al. 1978; Snoeckx et al. 1982 und Morganroth et al. 1975
[26] Hickson et al. 1985
[27] Dowell 1983; McArdle et al. 1978 und Pechar et al. 1974
[28] Saltin 1969
[29] Scheuer u. Tipton 1977

[30] Klemola 1951
[31] Saltin 1969
[32] Kjellberg et al. 1949; Covertino 1982 und Falch u. Stromme 1979
[33] Shepherd 1967; Clausen u. Trap-Jensen 1974 und Mahler u. Loke 1985
[34] McArdle 1986; Ekblom 1969 und Rowell 1974
[35] Saltin et al. 1977
[36] Pollack, M., et al. 1974
[37] McArdle 1986
[38] Ingjer 1978
[39] Currens et al. 1961
[40] Boyer u. Kasch 1970; Hagberg et al. 1981 und Tipton 1984
[41] Clausen et al. 1969 und Redwood et al. 1972
[42] McArdle 1986
[43] Powell et al. 1987
[44] Aloai et al. 1978; Brewer et al. 1983 und Huddleston et al. 1980
[45] Kriska et al. 1988
[46] McArdle 1986
[47] Goldberg et al. 1975 und Tipton et al. 1975
[48] Goldberg et al. 1975

[49] Kroll u. Carlson 1970
[50] Pattengale u. Holloszy 1967
[51] McArdle 1986
[52] Mole et al. 1971; Gollnick u. Saltin 1973 und McArdle 1986
[53] Wood et al. 1988
[54] Wood et al. 1983 u. 1988; Wilson, P., et al. 1986; Castelli et al. 1986; Huttunen et al. 1979; Wood u. Haskell 1979 und Lehtonen et al. 1979
[55] Hermansen 1969; McArdle 1986 und Mickelson u. Hagerman 1982
[56] McArdle 1986
[57] Fiatarone et al. 1988 u. 1989; Solomon 1991. S. auch: Pedersen 1991
[58] Northoff und Berg 1991
[59] La Perriere et al. 1991
[60] Zanker u. Kroczek 1991. S. auch: Uhlenbruck u. Order 1991
[61] Fitzgerald 1991
[62] Paffenbarger et al. 1984
[63] Frisch et al. 1985
[64] Gerhardsson et al. 1986
[65] Sonstroem 1984; Dishman 1985 u. 1988; Taylor et al. 1985; Hughes 1984; Sime 1984; Morgan, W., 1982; Folkins u. Sime 1981 und Nagle u. Montoye 1981
[66] Morgan u. Goldston 1987. Verschiedene Theorien versuchen die positiven mental-emotionalen Auswirkungen des Körpertrainings zu erklären, darunter die Monoamin-Hypothese, nach der das Körpertraining die Produktion eines oder mehrerer Monoamine anregt, die Verbesserungen der Stimmung vermitteln, die thermogene Hypothese, nach der eine zeitweilige Erhöhung der Temperatur im Körperinnern die psychophysischen Funktionen verbessert, sowie die Hypothese, daß Endorphine, die

durch das Körpertraining ausgeschüttet werden, Glücksgefühle hervorrufen. Zu einer Erörterung dieser drei Hypothesen siehe: Sachs u. Buffone 1984 und Dishman 1988, Kap. 4.

[67] Taylor, C., et al. 1985; Little 1979; Yates et al. 1983 und Thaxton 1982

[68] Leonard 1990, S. 194

[69] Murchie 1956, S. 301

[70] Leonard 1990, S. 196

[71] Lindbergh 1956. Lindbergh beschrieb diese Erfahrung nicht in seinem ersten Buch, *We, Pilot and Plane* (dt. *Wir zwei*), das 1927 veröffentlicht wurde. *The Spirit of St. Louis* (dt. *Mein Flug über den Ozean*) wurde 1953 veröffentlicht, 26 Jahre später. Es scheint, daß Lindbergh die metaphysischen und außersinnlichen Aspekte seines Abenteuers erst nach vielen Jahren zugeben und anerkennen wollte. Sein posthum veröffentlichtes Buch *Autobiography of Values* (dt. *Stationen meines Lebens: Memoiren*) enthält einige seiner Reflexionen über diese Themen.

[72] Schweickart 1977, S. 2–13

[73] Cuddon 1979, S. 588

[74] Suinn 1983 u. 1985 und Nideffer 1976

[75] Bannister 1956, S. 193

[76] Murphy u. White 1983

[77] Doust 1973

[78] Murphy u. Brodie 1973

[79] Nicklaus 1978, S. 79

[80] Lazarus 1980

[81] Suinn 1983

[82] Insgesamt gesehen liefern experimentelle Studien keine derartig überzeugenden Beweise für die Wirksamkeit eines imaginativen Übens wie die Aussagen von Nicklaus, Zane oder Schwarzenegger. Obwohl sich die Zahl solcher Studien seit den sechziger Jahren erhöht hat und diese mittlerweile eine wichtige Ergänzung zu dem sich entwickelnden Gebiet der Sportpsychologie bilden, haben sie keine so stichhaltigen Beweise für die Wirksamkeit der Imagination auf die Leistungssteigerung hervorgebracht wie Schilderungen aus erster Hand. Das liegt zum Teil daran, daß die Erforschung des mentalen Trainings im Sport unter jenen Begrenzungen leidet, denen experimentelle Studien über transformierende Aktivitäten – wie die in Kapitel 2.2, 16.6 und 23.2 erörterten – allgemein unterliegen, nämlich, daß die Versuchspersonen selten länger als einige Wochen oder Monate üben, was kaum ausreicht, um nennenswerte Verbesserungen zu erreichen. Dennoch fand der Psychologe Alan Richardson 1967 bei einer Analyse von 25 Studien über mentales Training zur Verbesserung motorischer Fähigkeiten heraus, daß in elf dieser Studien statistisch signifikante Ergebnisse und in sieben positive, aber statistisch nicht signifikante Ergebnisse erbracht worden waren (Richardson 1967).

Aus einer Bewertung ähnlicher Analysen von Oxendine 1968, C. Corbin 1972 und Nideffer 1976 folgerte Richard Suinn, daß experimentelle Studien bis zur Mitte der achtziger Jahre auf folgendes hindeuteten: erfahrene Personen profitieren wahrscheinlich mehr von mentalem Training als Anfänger; Anfänger scheinen mehr von körperlichem Training zu profitieren; einfache motorische Aktivitäten werden durch mentales Üben eher verbessert als komplizierte, und wenn die Versuchsperson erfahren oder in der Bewältigung einer komplizierten Aufgabe trainiert ist, kann mentales Training zu weiteren Leistungssteigerungen beitragen (Suinn 1983).

[83] Huizinga 1949, S. 17

Kapitel 20

[1] Draeger u. Smith 1980, S. 35

[2] Draeger u. Smith 1980, S. 91

[3] Suzuki 1959, S. 200

[4] Suzuki 1959, S. 155–157

[5] Ueshiba, M., 1983 in Heckler 1988, S. 28. Eine lebhafte Beschreibung der spirituellen Transformation eines zeitgenössischen Aikidoka findet sich in Leonard 1986, „This isn't Richard" (dt. *Das ist nicht Richard,* in Heckler 1988).

[6] Stevens, J., 1987. S. auch: Ueshiba, K., 1977, 1983, 1984 u. 1986; Kanemoto 1969 und *Aiki News*

[7] Suzuki 1959, S. 149

[8] S. z. B.: Barclay 1973; Gluck 1962; Oyama 1965; Ratti u. Westbrook 1973 und Westbrook u. Ratti 1970

[9] Leonard 1990, S. 64–68

[10] Musashi 1984, S. 128

[11] Leonard 1990, S. 68

[12] Random 1978, S. 22

[13] Leonard 1990, S. 62–63

[14] *Subtle Energies* ist die Zeitschrift der *International Society for the Study of Subtle Energies and Energy Medicine,* 356 Goldco Circle, Golden, CO 80401, USA. Die Gesellschaft, die über 1800 Mitglieder aus

mehreren Nationen hat, fördert „das Studium von Informationssystemen und Energien, die auf die menschliche Psyche und Physiologie einwirken".

[15] Suzuki 1959, S. 165

[16] Suzuki 1959. Diese Fähigkeit wurde auch in dem Film *Die sieben Samurai* veranschaulicht, in dem mehrere Krieger beim Betreten eines Raumes getestet wurden, um zu sehen, wer von ihnen einen Überraschungsangriff voraussehen könnte.

[17] Der Aikidoka John Stevens erzählte diese und andere Geschichten über die außerordentlichen Fähigkeiten Ueshibas; s. Stevens 1985. S. auch: Stevens 1987, S. 67–74.

[18] Draeger u. Smith 1980, S. 87, 120–131

[19] Draeger u. Smith 1980, S. 32–33. S. auch: Waley 1956

[20] Draeger u. Smith 1980, S. 34

[21] Draeger u. Smith 1980, S. 90

[22] Heckler 1988, S. 32

[23] Die Techniken einiger Kampfkünste sind darüber hinaus von mancherlei Neuerungen ergänzt worden. Man beachte die explosive Verbreitung von Aikido-Techniken in Amerika seit 1970. S. z. B.: Leonard 1990 und Leonard u. Kirsch 1983.

[24] Feld et al. 1979, S. 150

[25] Hirata 1971; Theiss 1971 und Yura 1975

[26] Rasch u. O'Connell 1963

[27] Rasch u. Pierson 1963

[28] Spaulding 1977

[29] Bender 1972

[30] Leonard 1986

[31] Oh u. Falkner 1984

[32] Oh u. Falkner 1984, S. 137–138

[33] Oh u. Falkner 1984, S. 138–139
[34] Oh u. Falkner 1984, S. 149–151
[35] Oh u. Falkner 1984, S. 162
[36] Oh u. Falkner 1984, S. 163
[37] Oh u. Falkner 1984, S. 175
[38] Heckler 1988.

Kapitel 21

[1] Duchesne 1933, S. 391
[2] Lecky 1926, S. 110. S. auch: Noeldeke 1892, S. 212
[3] Durant 1977/78
[4] Russell, N., 1980, S. 52–56, 63–79, 100
[5] Russell, N., 1980. S. auch: Brown, P., 1971 u. 1980; Clarke 1912; Hardy 1931a u. 1931b; Jones, A. H. M., 1964; MacKean 1920; Petrie 1924; Rousseau 1978 und Waddell 1957
[6] Karjalainen 1921–27 und Sieroszewski 1902. Beide zitiert in Eliade 1991.
[7] Shirokogoroff 1935; Rigweda VIII, 59,6, X, 136,2; Eliade 1991. S. auch: Abbott 1932; Dumezil 1930 u. 1942; Eliade 1980; Propp 1949 und Webster 1948
[8] Park 1934

[9] Katz, R., 1985
[10] Eliade 1991
[11] Neihardt 1992, S. 246
[12] Bogoras 1904
[13] Nabokov 1981, S. 70
[14] Nabokov 1981, S. 92–93
[15] Nimuendaju 1946
[16] Nabokov 1981, S. 123
[17] Nabokov 1981, S. 123. Nabokov bezog sich auf Underhills Forschungen. S.: Underhill, R., et al. 1979 und Underhill, R., 1975.
[18] Nabokov 1981, S. 164–170. Nabokov veröffentlichte eine Reihe von Fotografien, die zwischen 1930 und 1980 aufgenommen wurden und Läufer der Tarahumara in Aktion zeigen.
[19] Blofeld 1962, S. 148
[20] Blofeld 1985
[21] Blofeld 1985
[22] Hoffman, E., 1981, S. 122
[23] Hoffman, E., S. 179–180
[24] Braid 1850
[25] Braid 1850, S. 11–16. Zitiert in Garbe 1900
[26] Honigberger 1851
[27] Braid 1850, S. 16. Zitiert in Garbe 1900
[28] *Life of Sri Ramakrishna* 1924; Isherwood 1959 und Nikhilananda 1942
[29] Nikhilananda 1942
[30] Isherwood 1959, S. 62
[31] Isherwood 1959, S. 76–77 – [32] Nikhilananda 1942

Kapitel 22

[1] Attwater u. Thurston 1981; Thurston 1956; Bynum 1987; Imbert-Gourbeyre 1894; *Acta Sanctorum* 1863 und *Analecta Bollandiana* 1882. S. auch: *Bibliotheca Sanctorum* 1961. (Hierin sind Berichte aus Kanonisationsverfahren und anderen Quellen über 261 Frauen enthalten, die von der katholischen Kirche offiziell als Heilige, Selige, Ehrwürdige oder Dienerinnen Gottes anerkannt worden sind und vom 12. Jahrhundert bis zur Gegenwart in Italien gelebt haben.)

[2] *New Catholic Encyclopedia* 1967

[3] *The Book of Saints* 1942 (Vorwort). Andere Beschreibungen über Kanonisationsprozesse finden sich in der *New Catholic Encyclopedia* 1967, Bd. 3, S. 56–61 und unter *Beati and Sancti* bei Thurston im Anhang zu *Butler's Lives of the Saints.* S.: Attwater u. Thurston 1981, Bd. 4, S. 667–671.

[4] *Benedictae Papae XIV doctrina de Servorum Dei beatificatione et Beatorum canonizatione in synopsin* 1751

[5] Attwater u. Thurston 1981, Bd. I, S. VII

[6] Crehan 1952

[7] Knowles, D., 1963, S. 6

[8] *New Catholic Encyclopedia* 1967, Bd. 10, S. 173–174

[9] Imbert-Gourbeyre 1894. Imbert-Gourbeyre führt 321 Fälle von Stigmatisierung auf, darunter sichtbare und nicht sichtbare Wundmale.

[10] Thurston beschreibt mögliche Fälle von Stigmatisierung vor dem heiligen Franz. S.: Thurston 1956, S. 53 ff.

[11] Thurston 1956, S. 66 f.

[12] Thurston 1956, S. 67

[13] Thurston 1956, S. 67 f.

[14] Thurston 1956, S. 68

[15] Thurston 1956, S. 73. Thurston zitiert eine Beschreibung des Oberintendanten des Ospitale Civico-Militare in Trient über die Stigmen von Domenica Lazzari, die in einer medizinischen Fachzeitschrift in Mailand erschien: *Annali Universali di Medicina*, 1837, Bd. 84, S. 255 ff.

[16] Schmöger 1867–70. Hier in der Übersetzung des Zitates aus „The Future of the Body" von M. Miethe.

[17] Schmöger 1867–70. S. Anm. 16

[18] Schmöger 1867–70. S. Anm. 16

[19] Germano di S. Stanislao. *Life of Gemma Galgani.* Zitiert in Thurston 1956, S. 77 f.

[20] Thurston 1956, S. 157

[21] Molloy 1873. Zitiert in Thurston 1956, S. 79 f.

[22] Biot 1957, S. 28 f.; und Lefebvre 1873

[23] Diese Beschreibung ist größtenteils einer Abhandlung mit dem Titel *Louise Lateau ou la Stigmatisée belge* entnommen, das 1875 von *Progres Medical* in Paris veröffentlicht wurde, einer Zeitschrift, die Charcots neuropsychiatrische Studien veröffentlichte.

[24] Biot 1957

[25] Biot 1957, S. 123 f.

[26] Imbert-Gourbeyre 1894, Bd. 2, S. 27. Zitiert in Thurston 1956, S. 90.

[27] Imbert-Gourbeyre 1894, Bd. 2, S. 21. Zitiert in Thurston 1956, S. 90 f.

[28] Thurston 1956, S. 92

[29] S. z. B.: St. Albans 1983; Gigliozzi 1965 und Hocht 1974

[30] Thurston 1956, S. 131
[31] Festa 1949
[32] Thurston 1956, S. 126
[33] Thurston 1956, S. 126 f.
[34] Biot 1957; Lhermitte 1953; Steiner, J., 1968, 1977–1979; Gerlich 1929; Klauder 1938 und de Poray Madeyeski 1940
[35] Schweikert 1981
[36] Cummings 1956, S. 938–940
[37] Fisher u. Kollar 1980
[38] Early u. Lifschutz 1974
[39] St. Albans 1983
[40] Klauder 1938
[41] Gopi Krishna 1990 und Sannella 1987
[42] Sannella 1987, S. 7–13
[43] Imbert-Gourbeyre 1894, Bd. 2, S. 21. Zitiert in Thurston 1956, S. 89 f.
[44] Thurston 1956, S. 85
[45] Thurston 1956
[46] Thurston 1956, S. 407 f.

[47] Bell, R., 1985, Kap. 2
[48] Bynum 1987, S. 169. Bynum zitiert aus Raimund von Capuas *Life of Catherine of Siena*, Teil 2, Kap. 5, S. 904.
[49] Bynum 1987, S. 169, 194–207 und Bell, R., 1985, S. 75–76, 100, 175
[50] Thurston 1956, S. 417 ff. Thurston zitiert aus den im *Bulletin de l'Académie royale de Médecine* 1876, Bd. 9 beschriebenen Besprechungen.
[51] Thurston 1956, S. 433 f. Für weitere Einzelheiten über die Verfahrensweise und Ergebnisse der Kommission s.: Gerlich 1929, Bd. 1, S. 129–131.
[52] Johnston 1982, S. 83–84
[53] Thurston 1956, S. 207 f.
[54] Thurston 1956, S. 201 f.
[55] Schimberg 1947, S. 38–39
[56] Thurston 1956, S. 202 f. S. auch: Treece 1989, Kap. 4
[57] Thurston 1956, S. 203
[58] S. z. B. Corbin, H., 1969 u. 1977, und Thurston 1956, Kap. 5, *Wunderbare Lichterscheinungen*
[59] Thurston 1956, S. 259 ff.
[60] Sguillante u. Pagani 1748. *Vita della Ven. Serafina di Dio.* Zitiert in Thurston 1956, S. 265
[61] Thurston 1956, S. 266 f.
[62] Thurston 1955, S. 112–115
[63] Thurston 1956, S. 271 ff.
[64] Teresa de Jesus 1935, *Das Buch der Klosterstiftungen,* Kap. 28, S. 238
[65] Thurston 1956, S. 278 f.
[66] Salvatori, F. M., *Life of St. Veronica Guiliani.* Zitiert in Thurston 1956, S. 279
[67] Weber, B., *La V. Jeanne Marie de la Croix.* Zitiert in Thurston 1956, S. 279 f.
[68] Thurston 1956, S. 280 ff.

[69] St. Albans 1983, S. 198–200

[70] Thurston 1956, S. 273 f.

[71] S. z. B.: St. Albans 1983, S. 198–200

[72] Bynum 1987, S. 126

[73] Bynum 1987, S. 145–146

[74] Thurston 1956, S. 285 f.

[75] Cruz 1977; Thurston 1956, S. 285 ff.

[76] Thurston 1956, S. 301

[77] Auszug aus einem Brief vom 16. Mai 1952 von Harry Rowe, Friedhofsdirektor des *Forest Lawn Memorial Park* in Los Angeles. *Paramahansa Yogananda – In Memoriam* 1983. S.: Yogananda 1992

[78] Meyrick, *Life of St. Walburga*, S. 36. Zitiert in Thurston 1956, S. 324 f.

[79] Vassall-Phillips, *Life of St. Gerard Majella*, S. 185–186. Zitiert in Thurston 1956, S. 325

[80] *The Life of St. Hugh of Lincoln.* Zitiert in Thurston 1956, S. 326

[81] Grasset, *Life of St. Catherine of Bologna.* Zitiert in Thurston 1956, S. 346; *Acta Sanctorum*, März, Bd. 3, S. 864c, 866b; und Thurston 1956, S. 349 ff.

[82] Strub 1967, S. 85

[83] Siehe: Thurston 1956, S. 234 f.

[84] Thurston 1956, S. 240 f. Thurston bezog sich auf ein gedrucktes *Summarium* (1747) für die Ritenkongregation.

[85] Thurston 1956, S. 241

[86] Canon Buti 1745, *Vita della Madre Costante Maria Castreca*; B. M. Borghigiani, *Vita della Venerable Sposa di Gesu, Suor Domenica dal Paradiso*, und *Compendio della Vita B. Stefana Quinzana*, 1784. Alle diese Quellen sind zitiert in Thurston 1956, S. 241 f.

[87] Imbert-Gourbeyre 1894, Bd. 2, S. 131–136. S. auch: Thurston 1956, S. 233 ff.

[88] Theresia von Jesu, *Sämtliche Schriften*, Bd. 1, 20. Hauptstück

[89] Zitiert in Thurston 1956, S. 27, aus einer Übersetzung der Autobiographie der heiligen Theresia von David Lewis, die Thurston in Übereinstimmung mit einer Faksimile-Ausgabe der *Autobiographie* der heiligen Theresia in ihrer eigenen Handschrift veränderte.

[90] M. Mir, *Vida de Santa Teresa*, 1912, Bd. 1, S. 286. Zitiert in Thurston 1956, S. 28–29

[91] *Acta Sanctorum*, Oct., Bd. 7, S. 399

[92] Marchese, 1717, *Vita della v. Serva di Dio Suor Maria Villani.* Zitiert in Thurston 1956, S. 30

[93] Zitiert in Thurston 1956, S. 35

[94] Thurston 1956, S. 35–36

[95] Benson 1984, S. 156–158

[96] Monnin, *Life of the Curé d'Ars*, Bd. 2, S. 394. Zitiert in Thurston 1956, S. 179 f.

[97] Thurston 1956, S. 182 ff.

[98] Gerlich 1929, S. 167

[99] Carty 1974, S. 55

[100] Fahsel 1932. Zitiert in Thurston 1956, S. 162; Teodorowicz 1940

[101] White, R., 1982

[102] White, R., 1981

[103] White, R., 1982

[104] Poulain 1910, S. 234 ff.

[105] Poulain 1910, S. 248

[106] Thurston 1955, S. 112–115

[107] Bynum 1987, S. 294–295

Kapitel 23

[1] Behanan 1937, S. 225–249. Über Behanans Studie wurde mit einigen zusätzlichen Details 27 Jahre später erneut von Walter Miles berichtet. S.: Miles 1964

[2] Behanan 1937, S. 186–212

[3] Brosse 1946

[4] Bagchi u. Wenger 1957a u. 1957b; Wenger u. Bagchi 1961; Wenger et al. 1961 und Bagchi 1969

[5] Wenger u. Bagchi 1961

[6] Wenger u. Bagchi 1961

[7] Wenger u. Bagchi 1961

[8] Das u. Gastaut 1955

[9] Gellhorn u. Kiely 1972 und Benson 1978

[10] Anand et al. 1961a

[11] Fischer 1971 und Davidson, J. M., 1976

[12] Green u. Green 1978

[13] McClure 1959

[14] Vakil 1950

[15] Hoenig 1968

[16] Kothari, Bordia u. Gupta 1973

[17] Kasamatsu u. Hirai 1966

[18] Für eine Beschreibung dieser und ähnlicher Forschungsarbeiten, s.: Kasamatsu et al. 1957; Hirai 1960 und Kasamatsu u. Hirai 1963

[19] Green u. Green 1978, S. 266

[20] Green u. Green 1978, S. 268

[21] Wallace, R. K., 1970; Wallace, Benson u. Wilson 1971 und Wallace u. Benson 1972

[22] Shapiro, D. H., 1982

[23] Davidson, J. M., 1976; Fischer 1971 u. 1976 und Gellhorn u. Kiely 1972

Kapitel 24

[1] Jacobson 1955

[2] Benson 1976

[3] Leonard, G. Aus einem Bericht der Studie des Esalen Institutes über ungewöhnliches Funktionsvermögen.

[4] Myers, F. W. H., 1954, Bd. 2, S. 311–313

[5] James, W., 1979, Nachschrift

[6] DeMille 1980

[7] Nimuendaju 1946

[8] *Patanjali's Yoga Sutras* 1972

[9] Suzuki, 1965a u. 1965b (1958)
[10] Assagioli 1978 u. 1982
[11] Sri Aurobindo, Bde. 20–24 der *Collected Works*

Kapitel 25

[1] S. z. B.: FitzGerald 1986; Appel 1983 und Deikman 1990
[2] Myers, F. W. H., 1954, Kapitel 1, 2 u. 9; James, W. 1979, Vorlesung I: Religion und Neurologie, Vorlesung VI u. VII: Die kranke Seele, und Vorlesung VIII: Das geteilte Selbst und der Prozeß seiner Vereinheitlichung; Jung 1982, Kap. 6: Die Auseinandersetzung mit dem Unbewußten, Kap. 10: Visionen. S. auch: Jung 1978 u. 1984, Bd. 13 u. 14; Thurston 1956, Kap. 2: Stigmatisation; Assagioli 1978, Kap. II: Selbstverwirklichung und seelische Störungen; Maslow 1973, Kap. 4: Abwehr und Wachstum, Kap. 5: Das Bedürfnis nach Wissen und die Angst vor dem Wissen, und Kap. 8: Einige Gefahren des Seins-Erkennens, und Hillman 1975, Kap. 2: Pathologizing or Falling Apart, Kap. 4: Dehumanizing or Soul-Making
[3] Wilber, Engler u. Brown 1988, Kap. 3 u. 4
[4] Juan de la Cruz, 1967–1979 und Sri Aurobindo, *Briefe über den Yoga* (1981) u. *The Collected Works* (1970–1976), Bd. 22, Teil 1, Abschnitt 5 u. 6 und Bd. 24, Teil 4. S. auch Thurston 1956, Kap. 2.

[5] Dillon 1977, S. 76 u. 301
[6] Jung 1982. S. auch Jung 1978 u. 1984; Ogilvy 1979; Campbell 1991, 2. Teil, Kap. 3: Die Verwandlung des Heros (in diesem Kapitel beschreibt Campbell symbolische Darstellungen des Helden als Krieger, Liebender, Herrscher und Tyrann, Welterlöser, Heiliger und Urheld); Hillman 1975
[7] Hillman 1972, S. 264
[8] Sri Aurobindo, *The Collected Works*, Bd. 22, Abschnitt 2: Integral Yoga and Other Paths, Abschnitt 5: Planes and Parts of the Being, Bd. 23, Abschnitt 2: Synthetic Method and Integral Yoga; Nikhilananda 1942, Kap. 39: The Master's Reminiscences, Kap. 44: The Master on Himself and His Experience

Kapitel 26

[1] Leonard u. Kirsch 1983
[2] Barron 1953, 1955, 1957, 1958b, 1963a, 1963c, 1972, 1979, 1987; Barron u. Welsh 1952; Ghiselin 1980; MacKinnon 1960
[3] Barber u. Wilson 1979; Barber 1984; Hilgard, E., 1965b; Hilgard, J., 1974a; Bowers u. Bowers 1979 und Crawford 1981
[4] Koestler 1964 (1966); Lindauer 1983; Ghiselin 1980; Crawford 1982a u. 1982b; Shaw u. Belmore 1982–1983
[5] Shafii 1973; Maupin 1965; Kornfield 1979; Cowger u. Torrance 1982 und Kubose u. Umemoto 1980
[6] Leonard 1994
[7] S.: Walsh u. Vaughan 1988; Benson 1983; Bower 1981; Brown u. Engler 1988; Brown, D. et al. 1984; Deikman 1963; Erickson u. Rossi 1974–1980; Iaquierdo 1984; Langer 1988; Maslow 1973; Rossi 1972 u. 1985; Tart 1972 u. 1983; Zornetzer 1978; Overton 1978 und Rossi u. Ryan 1986

[8] Green beschrieb Swami Ramas Methoden der Selbstkontrolle im Rahmen von Seminaren der Menninger Foundation und des Esalen Institutes. S.: Green u. Green 1978

[9] Eliade 1991; Juan de la Cruz, 1967–1979 und Suzuki, S., 1990

[10] Experimentelle Forschungen haben außerdem ergeben, daß Suggestionen des Einsseins dazu beitragen können, die Leistung und psychologische Integration zu verbessern. Der forschende Psychologe Lloyd Silverman und seine Mitarbeiter fanden beispielsweise heraus, daß die Phrase „Mutti und ich sind eins" (die den Versuchspersonen wiederholt mit einem Tachistoskop gegeben wurde, so daß sie sich dessen nicht bewußt waren) dabei half, abzunehmen, mit dem Rauchen aufzuhören, bessere Noten zu erzielen oder die generelle geistige Gesundheit zu verbessern. Silverman interpretierte diese Ergebnisse auf psychoanalytische Weise und meinte, daß sie durch die Befriedigung „kompensatorischer Bedürfnisse, die im Rahmen einer mangelhaften Individuation entstanden waren", hervorgerufen wurden.

[11] Sri Aurobindo, *Das Göttliche Leben.* S. auch: Bd. 30 der *Collected Works,* Verweise im Index unter *sleep.*

BIBLIOGRAPHIE

Aaronson, B. S. 1966: Behavior and the place names of time. *American Journal of Clinical and Experimental Hypnosis* 9:1–17

– 1967: Mystic and schizophreniform states and the experience of depth. *Journal for the Scientific Study of Religion* 6:246–252

– 1969: The Hypnotic Induction of the Void. Arbeitspapier für die American Society of Clinical Hypnosis, San Francisco

– 1971: Time, time stance, and existence. *Studium Generale,* Springer, 24:369–387

Abbott, J. 1932: *The Keys of Power: A Study of Indian Ritual and Belief,* London

Abram, C., et al. 1965: Vortrag auf der 47sten Versammlung der American Endocrine Society, New York

Abrams, A. I. 1976: Paired-associate learning and recall: A pilot study of the Transcendental Meditation program, in: D. W. Orme-Johnson u. J. T. Farrow, a. a. O.

– 1977: The effects of meditation on elementary school students. *Dissertation Abstracts International* 37 (9–A), 5:689

Achterberg, J. 1990: *Gedanken heilen: Die Kraft der Imagination,* Reinbek: Rowohlt

Achterberg, J., u. G. Lawlis. 1978: *Imagery of Cancer: A Diagnostic Tool for the Process of Disease,* Champaign, IL: Institute for Personality and Ability Testing

Ackerman, D. 1991: *Die schöne Macht der Sinne: eine Kulturgeschichte,* München: Kindler

Acta Sanctorum. 1863, J. Carnandet, Paris

Adam, G. 1967: *Interoception and Behavior,* Budapest

Ader, R., u. N. Cohen. 1975: Behaviorally conditioned immune-suppression. *Psychosomatic Medicine* 37:333–340

Ader, R., et al. 1990: *Psychoneuroimmunology II,* Academic Press

Agle, D. P., et al. 1967: Studies in the autoerythrocyte sensitization: The induction of purpuric lesions by hypnotic suggestion. *Psychosomatic Medicine* 29:491–503

Ahsen, A. 1968: *Basic Concepts in Eidetic Psychotherapy,* Brandon House

– 1972: *Eidetic Parents Test and Analysis,* Brandon House

– 1977: *Psycheye: Self-Analytic Consciousness,* Brandon House

Akishige, Y. (Hg.). 1970: *Psychological Studies on Zen,* Tokio: Zen Institute of the Komazawa University

Aldrich, C. K. 1972: A case of recurrent pseudocyesis. *Perspectives in Biological Medicine* 16:11–21

Alexander, F. M. 1969: *The Resurrection of the Body,* University Books
– 1985 (Neuauflage): *Constructive Conscious Control of the Individual,* Centerline Press, S. 5–6 (ursprüngl. 1923 erschienen bei D. P. Dutton)

Alexander, S. 1979 (Neuauflage): *Space, Time and Deity,* Peter Smith

Allington, H. V. 1934: Sulpharsphenamine in the treatment of warts. *Archives of Dermatology and Syphilology* 29:687–690

Allison, J. 1970: Respiratory changes during Transcendental Meditation. *Lancet* 1:7651

Aloai, J. F., et al. 1978: Skeletal mass and body composition in marathon runners. *Metabolism* 27:1973

Alva, J., et al. 1976: Reflex and electromyographic abnormalities associated with fecal incontinence. *Gastroenterology* 51:101

Alvarado, C. 1983: Paranormal faces: The Belmez case. *Theta* 11:2 (Sommer)

American Psychiatric Association 1987 (3): *Diagnostic and Statistical Manual*

Analecta Bollandiana. 1882: Brüssel: Société des Bollandistes

Anand, B., u. G. Chhina. 1961: Investigations on yogis claiming to stop their heart beats. *Indian Journal of Medical Research* 49:90–94

Anand, B. K., et al. 1961a: Some aspects of electroencephalographic studies in yogis. *Electroencephalography & Clinical Neurophysiology* 13:452–456
– 1961b: Studies on Sri Ramanand Yogi during his stay in an air-tight box. *Indian Journal of Medical Research* 49:82–89

Anderson, D. A. 1984: Meditation as a treatment for primary dysmenorrhea among women with high and low absorption scores. *Dissertation Abstracts International* 45:(1–B), 341

Anderson, D. J. 1977: Transcendental Meditation as an alternative to heroin abuse in servicemen. *American Journal of Psychiatry* 134:1308

Anderson, J., et al. 1975: Migraine hypnotherapy. *International Journal of Clinical & Experimental Hypnosis* 23:48–58

Appel, W. 1983: *Cults in America: Programmed for Paradise,* Holt, Rinehart & Winston

Appelle, S., u. L. Oswald. 1974: Simple reaction time as a function of alertness and prior mental activity. *Perceptual & Motor Skills* 38:1263–1268

Aradi, Z. 1959: *Wunder, Visionen und Magie,* Salzburg: Mueller

Arintero, J. G., 1951: *The Mystical Evolution in the Development and Vitality of the Church,* Herder

Aronoff, G. M., et al. 1975: Hypnotherapy in the treatment of bronchial asthma. *Annals of Allergy* 34:356–362

Aronson, G. J. 1952: Delusion of pregnancy in a male homosexual with abdominal cancer. *Bulletin of the Menninger Clinic* 16:159–166

Arrian, F. 1950: *Alexanders Siegeszug durch Asien,* Zürich: Artemis (Neuauflage 1985: *Der Alexanderzug*)

Asher, R. 1956: Respectable hypnosis. *British Medical Journal* 1:309–312

Assagioli, R. 1978: *Handbuch der Psychosynthesis,* Freiburg: Aurum
– 1982: *Die Schulung des Willens. Methoden der Psychotherapie und der Selbsttherapie,* Paderborn: Junfermann

Astrov, M. 1950: The concept of motion as the psychological leitmotif of Navaho life and literature. *Journal of American Folklore* 63:45–56

Attwater, D., u. H. Thurston (Hg.). 1981: *Butler's Lives of the Saints,* Christian Classics

August, R. V. 1961: *Hypnosis in Obstetrics,* McGraw-Hill

Ayala, F. J. 1974: The concept of biological progress, in: F. Ayala u. T. Dobzhansky (Hg.), *Studies in the Philosophy of Biology,* Macmillan

Ayala, F., u. J. Valentine. 1979: *Evolving: The Theory and Processes of Organic Evolution,* Benjamin-Cummings

Aznar-Ramos, R., et al. 1969: Incidence of side effects with contraceptive placebo. *American Journal of Obstetrics and Gynecology* 105:1144–1149

Badawi, K., et al. 1984: Electrophysiologic characteristics of respiratory suspension periods occurring during the practice of the Transcendental Meditation program. *Psychosomatic Medicine* 46:267–276

Bagchi, B. K. 1969: Mysticism and mist in India. *Journal of the American Society of Psychosomatic Dentistry and Medicine* 16:73–87

Bagchi, B., u. M. Wenger. 1957a: Electrophysiological correlates of some yogi exercises. *Electroencephalography & Clinical Neurophysiology* 7:132–149
– 1957b: Electro-physiological correlates of some yogi exercises. First International Congress of Neurological Sciences, Brüssel; und 1959, Bd. 3: *EEG Clinical Neurophysiology and Epilepsy,* Pergamon, S. 132–149
– 1958: Simultaneous EEG and other recordings during some yogic practices. *Electroencephalography & Clinical Neurophysiology* 10:193

Bagga, O., u. A. Gandhi. 1983: A comparative study of the effect of Transcendental Meditation and Shavasana practice on the cardiovascular system. *Indian Heart Journal* 35:39–45

Bagga, O., A. Gandhi u. S. Bagga. 1981: A study of the effect of Transcendental Meditation and yoga on blood glucose, lactic acid, cholesterol and total lipids. *Journal of Clinical Chemistry & Clinical Biochemistry* 19:607–608

Bailey, F. L. 1942: Navaho motor habits. *American Anthropologist* 44:210–234

Baillie, J. B. 1910 (Neuauflage 1967): *Phenomenology of Mind,* Harper

Bair, J. H. 1901: Development of voluntary control. *Psychological Review* 8:474–510

Bakal, P. A. 1981: Hypnotherapy for flight phobia. *American Journal of Clinical Hypnosis* 23:248

Baker, A., u. J. Thorpe. 1957: Placebo response. *Archives of Neurology and Psychiatry* 78:57–60

Ball, G., u. D. Hall. 1967: A clustering technique for summarizing multivariate data. *Behavioral Science* 12:2

Ballard, P., et al. 1972: Arrest of a disabling eye disorder using biofeedback. *Psychophysiology* 9:271 (Auszüge)

Bannister, R. 1956: *First Four Minutes,* Sportsmans Book Club

Banquet, J. P. 1972: EEG and meditation. *Electroencephalography & Clinical Neurophysiology* 33:454
– 1973: Spectral analysis of the EEG in meditation. *Electroencephalography & Clinical Neurophysiology* 35:143–151

Banquet, J., u. M. Sailhan. 1974: EEG analysis of spontaneous and induced states of consciousness. *Revue d'Électroencephalographie et de Neurophysiologie Clinique* 4:445–453

Banyai, E., u. E. Hilgard. 1976: A comparison of active-alert hypnotic induction with traditional relaxation induction. *Journal of Abnormal Psychology* 85:218–224

Barber, T. X. 1961: Physiological effects of „hypnosis". *Psychological Bulletin* 58:390–419
– 1964: Hypnotic „colorblindness", „blindness", and „deafness". *Diseases of the Nervous System* 25:529–537
– 1965: Physiological effects of „hypnotic suggestions": A critical review of recent research (1960–1964). *Psychological Bulletin* 63:201–222
– 1966: The effects of „hypnosis" and motivational suggestions on strength and endurance: A critical review of research studies. *British Journal of Social and Clinical Psychology* 5:42–50
– 1978: Hypnosis, suggestions, and psychosomatic phenomena: A new look from the standpoint of recent experimental studies. *American Journal of Clinical Hypnosis* 21:13–27
– 1984: Changing „unchangeable" bodily processes by (hypnotic) suggestions: A new look at hypnosis, cognitions, imagining, and the mind-body problem, in: A. Sheikh (Hg.), a. a. O.

Barber, T. X., u. S. Wilson. 1979: Guided imagining and hypnosis: Theoretical and empirical overlap and convergence in a new creative imagination scale, in: A. Sheikh u. J. Shaffter (Hg.), *The Potential of Fantasy and Imagination,* Brandon House

Barber, T. X., et al. 1964: The effect of hypnotic and non-hypnotic suggestions on parotid gland response to gustatory stimuli. *Psychosomatic Medicine* 26:374–380

Barclay, G. 1973: *Mind over Matter,* Bobbs-Merrill

Barlow, W. 1983: *Die Alexander Technik,* München: Kösel

Barr, B., u. H. Benson. 1984: The relaxation response and cardiovascular disorders. *Behavioral Medicine Update* 6:28–30

Barrett, W. 1911: *Psychical Research,* Henry Holt

Barron, F. 1953: Complexity-simplicity as a personality dimension. *Journal of Abnormal Social Psychology* 48:163–172
– 1955: The disposition toward originality. *Journal of Abnormal Social Psychology* 51:478–485
– 1957: Originality in relation to personality and intellect. *Journal of Personality* 25:730–742
– 1958a: The needs for order and for disorder as motives in creative activity, in: C. Taylor et al., *The Second (1957) Research Conference on the Identification of Creative Scientific Talent,* University of Utah Press
– 1958b: The psychology of imagination. *Scientific American* 199:150–156
– 1963a: Creativity (psychology of). *Encyclopaedia Britannica,* University of Chicago Press
– 1963b: *Creativity and Psychological Health,* Van Nostrand
– 1963c: The needs for order and for disorder as motives in creative activity, in: C. Taylor u. F. Barron, *Scientific Creativity,* Wiley
– 1972: *Artists in the Making,* Seminar Press
– 1979: *The Shaping of Personality,* Harper & Row
– 1987: Putting creativity to work, in: R. Sternberg (Hg.), *The Nature of Creativity,* Cambridge University Press

Barron, F., u. G. Welsh. 1952: Artistic perception as a factor in personality style: Its measurement by a figure-preference test. *Journal of Psychology* 33:199–203

Barry, J. 1968a: General and comparative study of the psychokinetic effect on fungus culture. *Journal of Parapsychology* 32:237–243
– 1968b: PK on fungus growth. *Journal of Parapsychology* 32:55 (Auszüge)

Basmajian, J. V. 1963: Control and training of individual motor units. *Science* 141:440–441
– 1966: Conscious control of single nerve cells. *New Scientist* (12. Dez.), S. 662–664

Basmajian, J. V., et al. 1989: *Biofeedback: Principles and Practice for Clinicians,* Williams & Wilkins

Basmajian, J., u. T. Simard. 1967: Effects of distracting movements on the control of trained motor units. *American Journal of Physical Medicine* 46:1427–1449

Bateson, G. 1988 (2): *Ökologie des Geistes,* Frankfurt: Suhrkamp

Bateson, G., u. M. Mead. 1942: *Balinese Character: A Photographic Analysis,* Bd. 2, Special Publications of the New York Academy of Sciences

Bauhofer, V. 1978: Physiological cardiovascular effects of the Transcendental Meditation technique. Doktorarbeit, Julius-Maximilian-Universität, Würzburg

Beard, F., u. D. Schaap. 1970: *Pro: Frank Beard on the Golf Tour,* World Press

Beary, J., u. H. Benson. 1974: A simple physiologic technique which elicits the hypometabolic changes of the relaxation response. *Psychosomatic Medicine* 36:115–120

Beatty, J., et al. 1974: Operant control of occipital theta rhythm affects performance in a radar monitoring task. *Science* 183:871–873

Bechterev, W. 1948: Direct influence of a person upon the behavior of animals. *Journal of Parapsychology* 13:166–176

Beck, A., et al. 1986 (2): *Kognitive Therapie der Depression,* Weinheim: Psychologie Verlags Union

Beecher, H. K. 1955: The powerful placebo. *Journal of the American Medical Association* 159:1603–1604
– 1961: Surgery as placebo. *Journal of the American Medical Association* 176:1102–1107

Behanan, K. 1937: *Yoga: A Scientific Evaluation,* Dover

Beiman et al. 1984: The relationship of client characteristics to outcome for transcendental meditation, behavior therapy and self-relaxation, in: D. H. Shapiro u. R. Walsh (Hg.), a. a. O.

Bell, I., u. G. Schwartz. 1975: Voluntary control and reactivity of human heart rate. *Psychophysiology* 12:339–348

Bell, R. 1985: *Holy Anorexia,* University of Chicago Press

Bellah, R., et al. 1987: *Gewohnheiten des Herzens: Individualismus und Gemeinsinn in der amerikanischen Gesellschaft,* Köln: Bund
– 1991: *The Good Society,* Alfred A. Knopf

Bellis, J. M. 1966: Hypnotic pseudo-sunburn. *American Journal of Clinical Hypnosis* 8:310–312

Below, J. 1935: The Balinese temper. *Character and Personality* 4:120–146

Ben-Zvi, Z., et al. 1982: Hypnosis for exercise-induced asthma. *American Review of Respiratory Diseases* 125:392–395

Bender, B. 1972: Turn on your mind to turn off your pain. *Probe* (Dez.), S. 8–15

Benedictae Papae XIV doctrina de Servorum Dei beatificatione et Beatorum canonizatione in synopsin. 1751. Emmanual de Azevedo, S. J. Sacrorum Rituum Consultore, in: Benedictine Monks of St. Augustine's Abbey, Ramsgate (Hg.), *The Books of Saints,* 1942 (3), Vorwort, Macmillan

Bennett, J., u. J. Trinder. 1977: Hemispheric laterality and cognitive style associated with Transcendental Meditation. *Psychophysiology* 14:293–294

Benson, H. 1978: *Gesund im Stress: Eine Anleitung zur Entspannungsreaktion,* Frankfurt/M.: Ullstein
– 1976: The relaxation response and cardiovascular disease. *Chest, Heart, Stroke Journal* 1:28–31
– 1980: The placebo effect. *Harvard Medical School Health Letter* (Aug.)
– 1982: Body temperature changes during the practice of gTum-mo yoga. (Brief) *Nature* 298:402
– 1983: The relaxation response: Its subjective and objective historical precedents and physiology. *Trends in Neuroscience* (Juli), S. 281–284
– 1984: *Beyond the Relaxation Response.* Times Books

Benson, H., T. Dryer, L. Hartley et al. 1977: Decreased oxygen consumption at a fixed work intensity with simultaneous elicitation of the relaxation response. *Clinical Research* 25:453

Benson, H., u. M. Epstein. 1975: The placebo effect: A neglected asset in the care of patients. *Journal of the American Medical Association* 232:1225–1227

Benson, H., u. I. Goodale. 1981: The relaxation response: Your inborn capacity to counteract the harmful effects of stress. *Journal of Florida Medical Association* 68:265–267

Benson, H., H. Klemchuk u. J. Graham. 1974: The usefulness of the relaxation response in the therapy of headache. *Headache* 14:49–52

Benson, H., B. Malvea, J. Graham et al. 1973: Physiologic correlates of meditation and their clinical effects in headache: An ongoing investigation. *Headache* 13:1:23–24

Benson, H., u. D. McCallie. 1979: Angina pectoris and the placebo effect. *New England Journal of Medicine* 300:1424–1429

Benson, H., B. Rosner, B. Marzetta et al. 1974a: Decreased blood pressure in borderline hypertensive subjects who practiced meditation. *Journal of Chronic Disease* 27:163–169
– 1974b: Decreased blood pressure in untreated borderline hypertensive subjects who regularly elicited the relaxation response. *Clinical Research* 22:262

Benson, H., R. Steinert, M. Greenwood et al. 1975: Continuous measurement of O consumption and CO elimination during a wakeful hypometabolic state. *Journal of Human Stress* 1:37–44

Benson, H., u. R. Wallace. 1972a: Decreased blood pressure in hypertensive subjects who practiced meditation. *Circulation* 46:1:130

– 1972b: Decreased drug abuse with Transcendental Meditation: A study of 1862 subjects, in: Zarafonetis, J. D. (Hg.), Drug Abuse. Proceedings of the International Conference 1972, Philadelphia: Lea & Febiger

Benson, H., et al. 1971: Decreased systolic blood pressure through operant conditioning techniques in patients with essential hypertension. *Science* 173:740–742
– 1978: Treatment of anxiety: A comparison of the usefulness of self-hypnosis and a meditational relaxation technique. *Psychotherapy & Psychosomatics* 30:229–242
– 1982: Body temperature changes during the practice of gTum-mo yoga. *Nature* 295
– 1984: Pain and relaxation response, in: P. Wall u. R. Melzack (Hg.), *Textbook of Pain,* Churchill Livingston

Benthall, J., u. T. Polhemus (Hg.). 1975: *The Body as a Medium of Expression,* Allen, Lane & Dutton

Berenson, B. 1950: *Aesthetik und Geschichte in der bildenden Kunst,* Zürich: Atlantis

Berg, A. O. 1983: The placebo effect reconsidered. *Journal of Family Practice* 17:647–650

Bergman, J., u. H. Johnson. 1971: The effects of instructional set and autonomic perception on cardiac control. *Psychophysiology* 8:180–190

Bergson, H. 1967: *Schöpferische Entwicklung,* Zürich: Coron

Berne, E. 1991 (6): *Was sagen Sie, nachdem Sie „Guten Tag" gesagt haben? Psychologie des menschlichen Verhaltens,* Frankfurt/M.: Fischer

Besant, A., u. C. Leadbeater. 1909: *Okkulte Chemie,* Band 1 der Theosophischen Bibliothek, Leipzig: Theosophisches Verlagshaus

Bhole, M. V., et al. 1967: Underground burial or Bhoogarbha samadhi. *Yoga-Mimamsa* 10:12–16

Bibliotheca Sanctorum 1961, 12 Bde., Rom

Binswanger, L. 1956: Existential analysis and psychotherapy, in: F. Fromm-Reichmann u. J. Moreno (Hg.): *Progress in Psychotherapy,* Grune & Stratton

Biot, R. 1957: *Das Rätsel der Stigmatisierten,* Zürich: Christiana

Bird, B. L., et al. 1978a: Behavioral and electroencephalographic correlates of 40-Hz EEG biofeedback training in Humans. *Biofeedback and Self-Regulation* 3:13–28
– 1978b: Biofeedback training of 40-Hz EEG in humans. *Biofeedback and Self-Regulation* 3:1–11

Birdwhistell, R. 1960: Kinesics and communication, in: E. Carpenter u. M. McLuhan (Hg.): *Explorations in Communication,* Beacon
– 1971: *Kinesics and Context: Essays on Body-Motion Communication,* Penguin
– 1972: Kinesics, in: D. Sills (Hg.): *International Encyclopedia of the Social Sciences,* Bd. 8, Macmillan
– 1975: In: J. Benthall u. T. Polhemus (Hg.): a. a. O.

Birk, L., et al. 1966: Operant electrodermal conditioning under partial curarization. *Journal of Comparative & Physiological Psychology* 62:165–166

Bishay, E. G., et al. 1984: Hypnotic control of upper gastrointestinal hemorrhage: A case report. *American Journal of Clinical Hypnosis* 27:22–25

Biven, G., u. M. Klinger. 1937: *Pseudocyesis,* Principia Press

Blackwell, B., S. Bloomfield, P. Gartside et al. 1976: Transcendental Meditation in hypertension: Individual response patterns. *Lancet* 1:223–236

Blair, S. N., et al. 1989: Physical fitness and all-cause mortality. *Journal of the American Medical Association* (3. Nov.) 262:2395–2401

Blanchard, E., et al. 1982: The prediction by psychological tests of headache patients' response to treatment with relaxation and biofeedback, in: *Self-Regulation Strategies: Efficacy and Mechanisms.* 13. Jahresversammlung der Biofeedback Society of America, Chicago, 5. bis 8. März

Blanchard, E. B., et al. 1974: Differential effects of feedback and reinforcement in voluntary acceleration of human heart rate. *Perceptual & Motor Skills* 38:683–691
– 1975: Long-term instructional control of heart rate without exteroceptive feedback. *Journal of General Psychology* 92:291–292

Blanck, G., u. R. Blanck. 1989 (2): *Ich-Psychologie: Psychoanalytische Entwicklungspsychologie,* Stuttgart: Klett-Cotta
– 1991 (5): *Angewandte Ich-Psychologie,* Stuttgart: Klett-Cotta

Blasdell, K. A. 1976: The effects of the Transcendental Meditation technique upon a complex perceptual-motor task, in: D. W. Orme-Johnson u. J. T. Farrow (Hg.), a. a. O.

Bleecker, E., u. B. Engel. 1973a: Learned control of cardiac rate and cardiac conduction in the Wolff-Parkinson-White syndrome. *New England Journal of Medicine* 288:560–562
– 1973b: Learned control of ventricular rate in patients with atrial fibrillation. *Psychosomatic Medicine* 35:161–175

Bliss, E. 1984: Spontaneous self-hypnosis in multiple personality disorder. *Psychiatric Clinics of North America* 7:137

Bloch, B. 1927: Über die Heilung der Warzen durch Suggestion. *Klin. Wochenschrift* 48:2271, 2320

Blofeld, J. 1962: *Volk der Sonne,* Zürich, Stuttgart: Rascher
– 1985: *Das Geheime und das Erhabene. Mysterien und Magie des Taoismus,* München: Goldmann
– 1991 (3): *Der Taoismus oder Die Suche nach Unsterblichkeit,* München: Diederichs

Blum, G. S. 1967: Experimental observations on the contextual nature of hypnosis. *International Journal of Clinical & Experimental Hypnosis* 15:160–171
– 1968: Effects of hypnotically controlled strength of registration vs. rehearsal. *Psychonomic Science* 10:351–352
– 1979: Hypnotic programming techniques in psychological experiments, in: E. Fromm u. R. Shor (Hg.), a. a. O.

Blum, G. S., u. J. S. Barbour. 1979: Selective inattention to anxiety-linked stimuli. *Journal of Experimental Psychology: General* 108:182–224

Blum, G. S., u. M. Green. 1978: The effects of mood upon imaginal thought. *Journal of Personality Assessment* 42:227–232

Blum, G. S., u. J. K. Nash. 1982: EEG correlates of posthypnotically controlled degrees of cognitive arousal. *Memory & Cognition* 10:475–478

Blum, G. S., u. M. L. Porter. 1972: The capacity for rapid shifts in level of mental concentration. *Quarterly Journal of Experimental Psychology* 24:431–438
– 1973: The capacity for selective concentration on color versus form of consonants. *Cognitive Psychology* 5:47–70

Blum, G. S., u. B. M. Wohl. 1971: An experimental analysis of the nature and operation of anxiety. *Journal of Abnormal Psychology* 78:1–8

Blum, G. S., et al. 1967: Cognitive arousal: The evolution of a model. *Journal of Personality and Social Psychology* 5:138–151
– 1968a: Effects of interference and cognitive arousal upon the processing of organized thought. *Journal of Abnormal Psychology* 73:610–614
– 1968b: Overcoming interference in short-term memory through distinctive mental contexts. *Psychonomic Science* 11:73–74
– 1968c: Studies of cognitive reverberation: Replications and extensions. *Behavioral Science* 13:171–177
– 1971: Distinctive mental contexts in long-term memory. *International Journal of Clinical & Experimental Hypnosis* 19:117–133

Boadella, D. 1988 (3): *Wilhelm Reich,* Frankfurt/M.: Fischer

Bogdanove, E. 1966: Preservation of functional corpora lutea in the rat by estrogen treatment. *Endocrinology* 79:1011–1015

Bogoras, W. G. 1904: *The Chuckchee,* zitiert in: M. Eliade, 1991 (7), a. a. O.

Bonington, C. 1976: *Everest the Hard Way,* Random House

Bono, J. 1984: Psychological assessment of Transcendental Meditation, in: D. H. Shapiro u. R. Walsh (Hg.), a. a. O.

Book of Saints. 1942 (3), Benedictine Monks of Saint Augustine's Abbey, Ramsgate (Hg.), Macmillan

Bootzin, R. R. 1985: The role of expectancy in behavior change, in: L. White et al. (Hg.), a. a. O.

Borelli, S. 1953: Psychische Einflüsse und reaktive Hauterscheinungen. *Münchener Medizinische Wochenschrift* 95:1078–1082, in: A. Sheikh, 1984, a. a. O.

Bornstein, P., u. C. Sipprelle. 1973: Clinical Application of Induced Anxiety in the Treatment of Obesity. Arbeitspapier der Versammlung der Southeastern Psychological Association, 6. April

Boss, M. 1980: *Psychoanalyse und Daseinsanalytik,* München: Kindler

Boudreau, L. 1972: Transcendental Meditation and yoga as reciprocal inhibitors. *Journal of Behavior Therapy and Experimental Psychology* 3:97–98

Bourdieu, P. 1982: *Die feinen Unterschiede. Kritik der gesellschaftlichen Urteilskraft,* Frankfurt/M.: Suhrkamp

Bower, G. H. 1981: Mood and memory. *American Psychologist* 36:129–148

Bower, G. H., et al. 1978: Emotional mood as a context for learning and recall. *Journal of Verbal Learning & Verbal Behavior* 17:573–585
– 1981: Selectivity of learning caused by affective states. *Journal of Experimental Psychology: General* 110:451–473

Bowers, K. S., u. P. Bowers. 1979: Hypnosis and creativity: A theoretical and empirical reapproachment, in: E. Fromm u. R. Shor (Hg.), a. a. O.

Bowers, P. 1979: Hypnosis and creativity: The search for the missing link. *Journal of Abnormal Psychology* 88:564–572

Boyd, W. 1921: Tissue resistance in malignant disease. *Surgery, Gynecology and Obstetrics* 32:306
– 1957: The spontaneous regression of cancer. *Journal of the Canadian Association of Radiology* 8:45

Boyer, J., u. F. Kasch. 1970: Exercise therapy in hypertensive men. *Journal of the American Medical Association* 211:1668

Bozzano, E. (o. J.): *Phénomènes Psychiques au Moment de la Mort,* Alcan

Braid, J. 1846: *The Power of Mind over the Body,* John Churchill
– 1850: *Observations on Trance or Human Hibernation,* London u. Edinburgh
– 1855: *The Physiology of Fascination and the Critics Criticized,* Grant & Co.

Bramwell, J. M. 1903: *Hypnotism: Its History, Practice and Theory,* Grant Richards

Bramwell, M. 1896: Personally observed hypnotic phenomena. *Proceedings of the Society for Psychical Research* 12:176–203
– 1900: Hypnotic and post-hypnotic appreciation of time: Secondary and multiple personalities. *Brain* (Sommer)

Branden, N. 1971: *The Psychology of Self-Esteem,* Bantam

Brandon, J. E. 1983: A comparative evaluation of three relaxation training procedures. *Dissertation Abstracts International* 43 (7–A), 2:279

Braud, W. 1974: Psychokinetic influence upon E. Coli bacteria. Unveröffentlichtes Manuskript, University of Houston
– 1978a: Allobiofeedback: Immediate feedback for a psychokinetic influence upon another person's physiology, in: W. G. Roll (Hg.): *Research in Parapsychology 1977,* Scarecrow Press
– 1978b: Psi-conducive conditioning: Explorations and interpretations, in: B. Shapin u. L. Coly (Hg.): *Psi & States of Awareness*
– 1979: Conformance behavior involving living systems, in: *Research in Parapsychology 1978,* Scarecrow Press
– 1988: Distant mental influence of rate of hemolysis of human red blood cells. *Sitzungsbericht,* 31. Jahresversammlung der Parapsychological Association, Montreal (Aug.)

Braud, W., u. P. Dennis. 1989: Geophysical variables and behavior: LVIII. Autonomic activity, hemolysis, and biological psychokinesis: Possible relationships with geomagnetic field activity. *Perceptual & Motor Skills* 68:1243–1254

Braud, W., u. M. Schlitz. 1989: A methodology for the objective study of transpersonal imagery. *Journal of Scientific Exploration* 3:51

Braud, W., et al. 1979: Experiments with Matthew Manning. *Journal of the Society for Psychical Research* 50:199–223

Braude, S. E. 1979: *ESP and Psychokinesis,* Temple University Press
– 1986: *The Limits of Influence,* Routledge & Kegan Paul

Braun, B. 1983: Psychophysiologic phenomena in multiple personality and hypnosis. *American Journal of Clinical Hypnosis* 26:124–135

Brautigam, E. 1976: Effects of the Transcendental Meditation program on drug abusers: A prospective study, in: D. W. Orme-Johnson u. J. T. Farrow (Hg.), a. a. O.

Brende, J. O. 1984: The psychophysiologic manifestations of dissociation. *Psychiatric Clinics of North America* 7:41–49

Brener, J. 1974: A general model of voluntary control applied to the phenomena of learned cardiovascular change, in: P. A. Obrist et al. (Hg.): *Cardiovascular Psychophysiology,* Aldine
– 1977: Sensory and perceptual determinants of voluntary visceral control, in: G. E. Schwartz u. J. Beatty (Hg.): *Biofeedback: Theory and Research,* Academic Press

Brener, J., u. D. Hothersall. 1966: Heart rate control under conditions of augmented sensory feedback. *Psychophysiology* 3:23–28
– 1967: Paced respiration and heart rate control. *Psychophysiology* 4:1–6

Brenman, M., et al. 1947: Alterations in the state of the ego in hypnosis. *Bulletin of the Menninger Clinic* 11:60–66, in: M. Nash et al. 1984: The direct hypnotic suggestion of altered mind/body perception. *American Journal of Clinical Hypnosis* 27:96

Brentano, C. 1837: *Das bittere Leiden unseres Herrn Jesu Christi. Nach den Betrachtungen der gottseligen Anna Katharina Emmerich,* Sulzbach: Seidel
– 1852: Leben der hl. Jungfrau Maria. *Nach den Betrachtungen der gottseligen Anna Katharina Emmerich,* Literarisch-artistische Anstalt, in: H. Ellenberger 1985, a. a. O.

Brewer, V., et al. 1983: Role of exercise in prevention of involutional bone loss. *Medicine & Science in Sports & Exercise* 15:455

Brier, R. M. 1969: PK on a bio-electrical system. *Journal of Parapsychology* 33:187–205

Briggs, J. 1988: Madness and the mirror-maker's nightmare, in: *Fire in the Crucible,* St. Martin's

British Medical Journal 1968: Hypnosis for Asthma – A controlled trial. A report to the Research Committee of the British Tuberculosis Association 4:71–76

Broad, C. D. 1923: *Scientific Thought,* Routledge & Kegan Paul
– 1925, 1980: *The Mind and Its Place in Nature,* Routledge & Kegan Paul
– 1953: *Religion, Philosophy and Psychical Research,* Harcourt, Brace

Brodeur, D. W. 1965: The effects of stimulant and tranquilizer placebos on healthy subjects in a real-life situation. *Psychopharmacologia* 7:445–452

Brodie, J., u. J. Houston. 1974: *Open Field,* Houghton Mifflin

Brody, H. 1984: Placebos work without trickery. *Medical Tribune* 22:3 (Michigan State University, College of Human Medicine, East Lansing, MI)

Brody, J. 1985a: Benefits and dangers of exercise. *New York Times* (16. Juli)
– 1985b: Laying-on-of-hands gains new respect. *New York Times* (26. März)

Brooks, C. V. W. 1979: *Erleben durch die Sinne,* Paderborn: Junfermann

Brosse, T. 1946: A psycho-physiological study. *Main Currents in Modern Thought* 4:77–84

Brown, B. 1970: Recognition of aspects of consciousness through association with EEG alpha activity represented by a light signal. *Psychophysiology* 6:442–452
– 1971: Awareness of EEG-subjective activity relationships detected within a closed feedback system. *Psychophysiology* 7:451–464

Brown, D., u. J. Engler. 1988: Die Stadien der Achtsamkeitsmeditation: eine Validierungsuntersuchung. Zweiter Teil: Diskussion der Ergebnisse, in: K. Wilber, J. Engler u. D. Brown, a. a. O.

Brown, D., et al. 1982–1983: Phenomenological differences among self-hypnosis, mindfulness meditation, and imaging. *Imagination, Cognition & Personality* 2:291–309
– 1984a: Differences in visual sensitivity among mindfulness meditators and nonmeditators. *Perceptual & Motor Skills* 58:727–733
– 1984b: Visual sensitivity and mindfulness meditation. *Perceptual & Motor Skills* 58:775–784

Brown, E., u. P. Barglow. 1971: Pseudocyesis: A paradigm for psychophysiological interactions. *Archives of General Psychiatry* 24:221

Brown, N. O. 1962: *Zukunft im Zeichen des Eros,* Pfullingen: Neske
– 1991: *Apocalypse and/or Metamorphosis,* University of California Press

Brown, P. 1971: The rise and function of the holy man in late antiquity. *Journal of Roman Studies* 61:80–101
– 1980: *Welten im Aufbruch: Die Zeit der Spätantike von Mark Aurel bis Mohammed,* Bergisch Gladbach: Lübbe

Bruce, R. V. 1973: *Alexander Graham Bell and the Conquest of Solitude,* Little, Brown

Brudny, J., et al. 1974: Spasmodic torticollis: Treatment by feedback display of the EMG. *Archives of Physical Medicine and Rehabilitation* 55:403–408

Brunner, D., et al. 1974: Physical activity at work and the incidence of myocardial infarction, angina pectoris and death due to ischemic heart disease: An epidemiological study in Israeli collective settlements (Kibbutzim). *Journal of Chronic Diseases* 27:217–233

Brunt, P. A. 1976: Introduction to his translation of Books I–IV of Arrian's *Anabasis Alexandri.* Loeb Classical Library, Harvard University Press

Buckalew, L., u. K. Coffield. 1982: An investigation of drug expectancy as a function of capsule color and size and preparation form. *Journal of Clinical Psychopharmacology* 2:245–248

Bucke, R. M. 1988 (2): *Die Erfahrung des kosmischen Bewußtseins.* Eine Studie zur Evolution des menschlichen Geistes, Freiburg: Aurum

Buckle, R. 1987: *Nijinskij,* Herford: Busse Seewald

Buckler, W. 1976: Transcendental Meditation (Brief). *Canadian Medical Association Journal* 115:607

Buddhaghosa. 1985 (4): *Visuddhi-Magga oder Der Weg zur Reinheit,* Konstanz: Christiani

Budge, E. A. W. (Übers.). 1901: *The Book of the Dead,* Chicago & London; auf deutsch s. z. B. E. Hornung (Übers.) 1993, *Das Totenbuch der Ägypter,* München: Goldmann

Budzynski, T., u. J. Stoyva. 1969: An instrument for producing deep muscle relaxation by means of analog information feedback. *Journal of Applied Behavior Analysis* 2:231–237

Budzynski, T. H., et al. 1970: Feedback-induced muscle relaxation: Application to tension headache. *Journal of Behavior Therapy and Experimental Psychiatry* 1:205–211
– 1973: EMG biofeedback and tension headache: A controlled outcome study. *Psychosomatic Medicine* 35:484–496

Bugental, J. 1965: *The Search for Authenticity,* Holt, Rinehart & Winston

Butler, B. 1954: The use of hypnosis in the care of the cancer patient. *Cancer* 7:1–14
– 1954/1955: The use of hypnosis in the care of the cancer patient. *British Journal of Medical Hypnotism*

Butler, F. 1978: *Biofeedback: A Survey of the Literature,* Plenum

Butterworth, C. W. 1973: *Origen – On First Principles,* Peter Smith

Buytendijk, F. J. 1956: *Allgemeine Theorie der menschlichen Haltung und Bewegung,* Berlin: Springer

Bykov, K. M. 1952: *Großhirnrinde und innere Organe,* Berlin: Volk und Gesundheit

Bynum, C. 1987: *Holy Feast and Holy Fast.* University of California Press
– 1991: Material continuity, personal survival, and the resurrection of the body: A scholastic discussion in its medieval and modern contexts. *History of Religions* 30:52–54

Byrd, R. 1988: Positive therapeutic effects of intercessory prayer in a coronary care unit population. *Southern Medical Journal* 81:826–829

Cadarette, B., J. Hoffman, M. Caudill et al. 1982: Effect of the relaxation response on selected cardiorespiratory response during physical exercise. *Medicine & Science in Sports & Exercise* 14:117

Cahill, M., u. P. Belfer. 1978: Word association times, felt effects, and personality characteristics of science students given a placebo energizer. *Psychological Reports* 42:231–238

Callen, K. E. 1983: Auto-hypnosis in long-distance runners. *American Journal of Clinical Hypnosis* 26:30

Campbell, J. 1991: *Die Masken Gottes: 1. Mythologie der Urvölker,* Basel: Sphinx
– 1991 (4): *Der Heros in tausend Gestalten,* Frankfurt/M.: Suhrkamp

Cangello, V. W. 1961: The use of the hypnotic suggestion for relief in malignant disease. *International Journal of Clinical & Experimental Hypnosis* 9:17–22
– 1962: Hypnosis for the patient with cancer. *American Journal of Clinical Hypnosis* 4:215–226

Cangelosi, A. 1981: The differential effects of three relaxation techniques: A physiological comparison. *Dissertation Abstracts International* 42 (1-B), 418

Cardena, E. 1988: The Phenomenology of Quiescent and Physically Active Deep Hypnosis. Arbeitspapier vorgelegt beim Symposium Phenomenological Experiences of Hypnosis, 39. Jahresversammlung der Society for Clinical and Experimental Hypnosis, Asheville, NC (Nov.)

Carlsoo, S., u. A. Edfeldt. 1963: Attempts at muscle control with visual and auditory impulses as auxiliary stimuli. *Scandinavian Journal of Psychology* 4:231–235

Carlsson, S., u. E. Gale. 1976: Biofeedback treatment for muscle pain associated with the temporomandibular joint. *Journal of Behavior Therapy and Experimental Psychiatry* 7:383–385
– 1977: Biofeedback in the treatment of long-term temporomandibular joint pain. *Biofeedback and Self-Regulation* 2:161–171

Carlsson, S., et al. 1975: Treatment of temporomandibular joint syndrome with biofeedback training. *Journal of the American Dental Association* 91:602–605

Carnandet, J. Editio Novissima 1863: *Acta Sanctorum quotquot toto orbe coluntur, vel a catholicis scriptoribus cele brantur quae ex latinis et graecis, aliarumque gentium antiquis monumentis collegit, digessit, notis illustravit Joannes Bollandus... servata primigenia scriptorum phrasi. Operam et studium contulit Godefridus Henschenius. ...,* Paris, V. Palme

Carrel, A. 1950: *Der Mensch, das unbekannte Wesen,* Stuttgart: Deutsche Verlagsanstalt
– 1951: *Das Wunder von Lourdes,* Stuttgart: Deutsche Verlagsanstalt

Carrington, H. 1909: *Eusapia Palladino and Her Phenomena,* Dodge

Carrington, P. 1989 (4): *Das große Buch der Meditation,* München: Heyne

Carrington, P., u. H. Ephron. 1975: Meditation and psychoanalysis. *Journal of American Academy of Psychoanalysis* 3:43–57

Carrington, P., et al. 1980: The use of meditation-relaxation techniques for the management of stress in a working population. *Journal of Occupational Medicine* 22:221–231

Carter, E., u. A. Wedd. 1918: Report of a case of paroxysmal tachycardia characterized by unusual control of the fast rhythm. *Archives of Internal Medicine* 22:571–580

Carty, C. M. 1974: *Who is Theresa Neumann?,* Tan Books

Casperson, C. J., et al. 1985: Physical activity, exercise, and physical fitness: Definitions and distinctions for health-related research. *Public Health Reports* 100:126–131

Cassel, J., et al. 1971: Occupation and physical activity and coronary heart disease. *Archives of Internal Medicine* 128:920–928

Castelli, W. P., et al. 1986: Incidence of coronary heart disease and lipoprotein cholesterol levels (The Framingham Study). *Journal of the American Medical Association* (28. Nov.) 256:2835–2838

Caton, R. 1875: The electrical currents of the brain. *British Journal of Medicine* 2:278
– 1900: *The Temples and Rituals of Asklepios at Epidauros and Athens,* C. J. Clay

Channon, L. 1984: Extrasensory communication in hypnosis: Some uncomfortable speculations. *Australian Journal of Clinical & Experimental Hypnosis* 12:23–29

Chapman, L., et al. 1959: Increased inflammatory reaction induced by central nervous system activity. *Transactions of the Association of American Physicians* 72:84–109

Chari, C. T. 1962: „Buried memories“ in survivalist research. *International Journal of Parapsychology* (Sommer) 4:40–65

Chaves, J. F. 1980: Hypnotic Control of Surgical Bleeding. Arbeitspapier der Jahresversammlung der American Psychological Association, Montreal (Sept.)

Chernin, K. 1981: *The Obsession: Reflections on the Tyranny of Slenderness,* Harper & Row

Cherry, L. 1981: The power of the empty pill. *Science Digest* (Sept.) 89:60

Chertok, L. 1981a: *Psychosomatik der Geburtshilfe,* München: Kindler
– 1981b: *Sense and Nonsense in Psychotherapy: The Challenge of Hypnosis,* Übers. R. H. Ahrenfeldt, Pergamon

Chia, M., u. M. Chia. 1986: *Cultivating Female Sexual Energy,* Healing Tao Books

Chow, D., u. R. Spangler. 1977: *Kung Fu: Philosophy and Technique,* Doubleday

Clamann, H. P. 1970: Activity of single motor units during isometric tension. *Neurology* 20:254–260

Clarke, S. 1912: *Christian Antiquities of the Nile Valley,* Oxford University Press

Clausen, J., u. J. Trap-Jensen. 1974: Arteriohepatic venous oxygen difference and heart rate during initial phases of exercise. *Journal of Applied Physiology* 37:716–719

Clausen, J., et al. 1969: Physical training in the management of coronary artery disease. *Circulation* 40:143

Clawson, T., u. R. Swade. 1975: The hypnotic control of blood flow and pain: The cure of warts and the potential for the use of hypnosis in the treatment of cancer. *American Journal of Clinical Hypnosis* 17:160–169

Cleeland, C. S. 1973: Behavioral technics in the modification of spasmodic torticollis. *Neurology* 23:1241–1247

Clements, G., u. S. Milstein. 1976: Auditory thresholds in advanced participants in the Transcendental Meditation program, in: D. W. Orme-Johnson u. J. T. Farrow (Hg.), a. a. O.

Clements, G., et al. 1988: The use of the Transcendental Meditation Program in the prevention of drug-abuse in the treatment of drug-addicted persons. *Bulletin of Narcotics* 40:51–56

Clews, E. 1939: *Pueblo Indian Religion,* University of Chicago Press

Cobb, L. A., et al. 1959: An evaluation of internal-mammary-artery ligation by a double-blind technique. *New England Journal of Medicine* 260:1115–1118

Coe, W., u. K. Ryken. 1979: Hypnosis and risks to human subjects. *American Psychologist* 34:673–781

Cohen, S. B. 1981: Phobia of bovine sounds. *American Journal of Clinical Hypnosis* 23:266

Collier, R. W. 1976: The effect of the Transcendental Meditation program upon university academic attainment, in: D. W. Orme-Johnson u. J. T. Farrow (Hg.), a. a. O.

Coons, P. M., et al. 1982: EEG studies of two multiple personalities and a control. *Archives of General Psychiatry* (Juli) 39:823

Cooper, M., u. M. Aygen. 1979: A relaxation technique in the management of hypercholesterolemia. *Journal of Human Stress* 5:24–27

Corbin, C. 1972: Mental practice, in: W. Morgan (Hg.): *Ergogenic Aids and Muscular Performance,* Academic Press

Corbin, H. 1969: *Creative Imagination in the Sufism of Ibn Arabi,* Princeton University Press
– 1977: *Spiritual Body and Celestial Earth,* Princeton University Press
– 1989: *Die smaragdene Vision. Der Licht-Mensch im persischen Sufismus,* München: Diederichs

Corby, J., W. Roth, V. Zarcone et al. 1978: Psychophysiological correlates of the practice of tantric yoga meditation. *Archives of General Psychiatry* 35:571–577

Corcoran, J. 1983: *Martial Arts: Traditions, History & People,* Gallery Books

Corey, P. W. 1976: Airway conductance and oxygen consumption changes associated with practice of the Transcendental Meditation technique, in: D. W. Orme-Johnson u. J. T. Farrow (Hg.), a. a. O.

Cousins, N. 1977: The mysterious placebo. *Saturday Review* (1. Okt.), S. 12

Covertino, V. 1982: Heart rate and sweat rate responses associated with exercise-induced hypervolemia. *Medicine & Science in Sports & Exercise* 15:77

Cowger, E., u. E. Torrance. 1982: Further examination of the quality of changes in creative functioning resulting from meditation (Zazen) training. *Creative Child & Adult Quarterly* 7:211–217

Craig, K. D. 1969: Physiological arousal as a function of imagined, vicarious, and direct stress experiences. *Journal of Abnormal Psychology* 73:513–520

Cranston, R. 1986 (10): *Das Wunder von Lourdes,* München: Pfeiffer

Crasilneck, H. B. 1979: Hypnosis in the control of chronic low-back pain. *American Journal of Clinical Hypnosis* 2:71–78
– 1982: A follow-up study in the use of hypnotherapy in the treatment of psychogenic impotency. *American Journal of Clinical Hypnosis* 25:52

Crasilneck, H. B., et al. 1955: Use of hypnosis in the management of patients with burns. *Journal of the American Medical Association* 158:103–106

Crawford, H. J. 1981: Hypnotic susceptibility as related to gestalt closure tasks. *Journal of Personality and Social Psychology* 40:376–383
– 1982a: Hypnotizability, daydreaming style, imagery, vividness, and absorption: A multidimensional study. *Journal of Personality and Social Psychology* 42:915–926
– 1982b: Cognitive processing during hypnosis: Much unfinished business. *Res. Comm. Psychology, Psychiatry & Behavior* 7:169–179

Crawford, H. J., u. S. N. Allen. 1983: Enhanced visual memory during hypnosis as mediated by hypnotic responsiveness and cognitive strategies. *Journal of Experimental Psychology: General* 112:662–685

Crawford, H. J., et al. 1979: Hypnotic deafness: A psychophysical study of responses to tone intensity as modified by hypnosis. *American Journal of Psychology* 92:193–214

Crawfurd, R. 1911: *The King's Evil,* Oxford

Credidio, S. G. 1982: Comparative effectiveness of patterned biofeedback vs. meditation training on EMG and skin temperature changes. *Behavior Research & Therapy* 20:233–241

Crehan, J., S. J. 1952: *Father Thurston,* Sheed and Ward

Crider, A., et al. 1966: Studies on the reinforcement of spontaneous electrodermal activity. *Journal of Comparative & Physiological Psychology* 61:20–27

Crompton, P. 1975: *Kung Fu: Theory and Practice,* Pagurian Press

Crookall, R. 1972: *Casebook of Astral Projection,* University Books

Cross, F. L. (Hg.). 1957: *The Oxford Dictionary of the Christian Church.* Oxford University Press

Cruz, J. C. 1977: *The Incorruptibles,* Tan Books

Csikszentmihalyi, M. 1991: *Die außergewöhnliche Erfahrung im Alltag: die Psychologie des Flow Erlebnisses,* Stuttgart: Klett-Cotta
– 1992 (2): *Flow: Das Geheimnis des Glücks,* Stuttgart: Klett-Cotta

Cuddon, J. A. 1979: *The International Dictionary of Sports and Games,* Schocken

Cummings, J. 1956: *The Priest* (Nov.), S. 938–940

Cummings, V. T. 1984: The effects of endurance training and progressive relaxation-meditation on the physiological response to stress. *Dissertation Abstracts International* 45:451

Cunnigham, P., u. G. Blum. 1982: Further evidence that hypnotically induced color blindness does not mimic congenital defects. *Journal of Abnormal Psychology* 91:139–143

Currens, J., et al. 1961: Half a century of running. Clinical, physiological and autopsy findings in the case of Clarence De Mar („Mr. Marathon"). *New England Journal of Medicine* 265:988–993

Cuthbert, B., J. Kristeller et al. 1981: Strategies of arousal control: Biofeedback, meditation and motivation. *Journal of Experimental Psychology: General* 110:518–546

Czaplicka, M. A. 1914: *Aboriginal Siberia: A Study in Social Anthropology,* London

Dahinterova, J. 1967: Some experiences with the use of hypnosis in the treatment of burns. *International Journal of Clinical & Experimental Hypnosis* 15:49–53

Daly, D., u. H. Johnson. 1974: Instrumental modification of hypernasal voice quality in retarded children: Case reports. *Journal of Speech and Hearing Disorders* 39:500–507

Daniels, E., u. B. Fernall. 1984: Continuous EEG measurement to determine the onset of a relaxation response during a prolonged run. *Medicine & Science in Sports & Exercise* 16:182

Darwin, C. 1964: *Der Ausdruck der Gefühle bei Mensch und Tier,* Düsseldorf: Walter Rau
– 1966: *Die Abstammung des Menschen,* Stuttgart: Kröner
– 1976: *Die Entstehung der Arten durch natürliche Zuchtwahl,* Stuttgart: Reclam

Das, N., u. H. Gastaut. 1955: Variations in the electrical activity of the brain, heart, skeletal muscles during yogic meditation and trance. *Electroencephalography & Clinical Neurophysiology* 6:211–219

Datey, K., S. Deshmukh, S. Dalvi et al. 1969: Shavasan: A yogic exercise in the management of hypertension. *Angiology* 20:325–333

David-Neel, A. 1936: *Heilige und Hexer: Glaube und Aberglaube im Lande des Lamaismus,* Brockhaus

Davidson, J. A. 1962: An assessment of the value of hypnosis in pregnancy and labour. *British Medical Journal* 4:951–953

Davidson, J. M. 1976: The physiology of meditation and mystical states of consciousness. *Perspectives in Biology & Medicine* 19:345–380

Davidson, R., u. D. Goleman. 1977: The role of attention in meditation and hypnosis: A psychobiological perspective on transformations of consciousness. *International Journal of Clinical & Experimental Hypnosis* 25:291–308

Davidson, R., D. Schwartz u. L. Rothman. 1976: Attentional style under self-regulation of mode specific attention: An electroencephalographic study. *Journal of Abnormal Psychology* 85:611–621

Davidson, R., u. G. Schwartz. 1976: Patterns of cerebral lateralization during cardiac biofeedback versus the self-regulation of emotion: Sex differences. *Psychophysiology* 13:62–68
– 1984: Matching relaxation therapies to types of anxiety: A patterning approach, in: D. H. Shapiro u. R. Walsh (Hg.), a. a. O.

Davidson, R., D. Goleman, G. Schwartz et al. 1976: Attentional and affective concomitants of meditation: A cross-sectional study. *Journal of Abnormal Psychology* 85:235–238

Davidson, R. J., et al. 1976: Sex differences in patterns of EEG asymmetry. *Biological Psychology* 4:119–138

Davies, J. 1976: The Transcendental Meditation program and progressive relaxation: Comparative effects on trait anxiety and self-actualization, in: D. W. Orme-Johnson u. J. T. Farrow (Hg.), a. a. O.

Davison, G. C., u. L. Singleton. 1967: A preliminary report of improved vision under hypnosis. *International Journal of Clinical & Experimental Hypnosis* 15:57–62

de Poray Madeyeski, B. 1940: *Le cas de la visionnaire stigmatisée Therese Neumann de Konnersreuth, étude analytique et critique du problème,* Lethielleux

de Puysegur, M. 1811: *Recherchers, expérience et observations physiologiques sur l'homme dans l'état de somnambulisme naturel,* J. G. Dentu

Deabler, H., E. Fidel, R. Dillenkoffer et al. 1973: The use of relaxation and hypnosis in lowering high blood pressure. *American Journal of Clinical Hypnosis* 16:75–83

Dean, D. 1982: An examination of infra-red and ultra-violet techniques to test for changes in water following the laying-on of hands. Dissertation, Saybrook Institute, San Francisco

Dean, D., u. E. Brame. 1975: Physical changes in water by laying-on-of-hands. *Proceedings of the Second International Conference of Psychotronic Research.* Paris: Institut Métaphysique International, S. 220–301

Deberry, S. 1982: The effects of meditation-relaxation on anxiety and depression in geriatric population. *Psychotherapy Theory, Research and Practice* 19:512–521

Deikman, A. J. 1963: Experimental meditation. *Journal of Nervous & Mental Disease* 136:329–343
– 1966a: De-automatization and the mystic experience. *Psychiatry* 29:324–338
– 1966b: Implications of experimentally produced contemplative meditation. *Journal of Nervous & Mental Disease* 142:101–116
– 1971: Bimodal consciousness. *Archives of General Psychiatry* 25:481–489
– 1990: *The Wrong Way Home: Uncovering the Patterns of Cult Behavior in American Society,* Beacon Press

Delmonte, M. M. 1979: Pilot study on conditional relaxation during simulation meditation. *Psychological Reports* 45:44–49
– 1981: Expectation and meditation. *Psychological Reports* 49:699–709
– 1984: Electrocortical activity and related phenomena associated with meditation practice: A literature review. *International Journal of Neuroscience* 24:217–231
– 1984: Factors influencing the regularity of meditation practice in a clinical population. *British Journal of Medical Psychology* 57:275–278

DeMille, R. 1980: *Die Reisen des Carlos Castaneda,* Bern: Morzsinay

Denkowski, K. M., et al. 1984: Predictors of success in the EMG biofeedback training of hyperactive male children. *Biofeedback & Self-Regulation* 9:253–264

Department of Health and Human Services. 1980: *Promoting Health/Preventing Disease: Objectives for the Nation.* (Herbst). Washington, DC: U.S. Government Printing Office

Descartes, R. 1637: Discours de la méthode, dt.: *Abhandlung über die Methode des richtigen Venunftgebrauchs und der wissenschaftlichen Wahrheitsforschung,* Stuttgart: Reclam 1990

Desoille, R. 1961: *Théorie et pratique du rêve éveillé dirigé,* Mont Blanc

Deutsch, E. 1969: *Advaita Vedanta, a Philosophical Reconstruction,* University of Hawaii Press

Deutsch, H. 1930: *Psychoanalyse der Neurosen,* Wien: Int. Psychoanalytischer Verlag

Devane, G., et al. 1985: Opioid peptides in pseudocyesis. *Obstetrics & Gynecology* 65:187

Devereux, G. 1953: *Psychoanalysis and the Occult,* Kap. 3 bis 8, International Universities Press

Dhanaraj, V., u. M. Singh. 1976: Reduction in metabolic rate during the practice of the Transcendental Meditation technique, in: D. W. Orme-Johnson u. J. T. Farrow (Hg.), a. a. O.

Diamond, H. 1959: Hypnosis in children: The complete cure of forty cases of asthma. *American Journal of Clinical Hypnosis* 3:123–129

Diamond, M. 1974: Modification of hypnotizability: A review. *Psychological Bulletin* 81:180–198

Dick-Read, G. 1960 (9): *Mutterwerden ohne Schmerz,* Hamburg: Hoffmann u. Campe

DiCara, L., u. N. Miller. 1968: Changes in heart rate instrumentally learned by curarized rats as avoidance responses. *Journal of Comparative & Physiological Psychology* 65:8–12
– 1969: Transfer of instrumentally learned heart-rate changes from curarized to noncurarized state: Implication for a mediational hypothesis. *Journal of Comparative & Physiological Psychology* 68:159–162

Dikel, W., u. K. Olness. 1980: Self-hypnosis, biofeedback, and voluntary peripheral temperature control in children. *Pediatrics* 66:335–340

Dillbeck, M. C. 1977a: The effect of the Transcendental Meditation technique on anxiety level. *Journal of Clinical Psychology* 33:1076–1078
– 1977b: The effects of the TM technique on visual perception and verbal problem solving. *Dissertation Abstracts International* 37 (10-B), 319–320

– 1982: Meditation and flexibility of visual perception and verbal problem solving. *Memory and Cognition* 10:207–215

Dillbeck, M., P. Assimakis u. D. Raimondi. 1986: Longitudinal effects of the Transcendental Meditation and TM-sidhi program on cognitive ability and cognitive style. *Perceptual & Motor Skills* 62/3:731–738

Dillbeck, M., u. E. Bronson. 1981: Short-term longitudinal effects of the Transcendental Meditation technique on EEG power and coherence. *International Journal of Neuroscience* 14:147–151

Dillbeck, M., D. Orme-Johnson u. R. K. Wallace. 1981: Frontal EEG coherence, H-reflect recovery, concept learning and the TM-sidhi program. *International Journal of Neuroscience* 15:151–157

Dillon, J. 1977: *The Middle Platonists,* Cornell University Press

Dimond, E. G., et al. 1958: Evaluation of internal mammary artery ligation and sham procedure in angina pectoris. *Circulation* 18:712–713

Dingwall, E. J. 1962: *Some Human Oddities,* University Books

Dishman, R. K. 1985: Medical psychology in exercise and sports. *Medical Clinics of North America* 69:123–143

Dishman, R. 1988: *Exercise Adherence,* Human Kinetics

Dixon, N. 1981: *Preconscious Processing,* Wiley

Dobereiner, P. 1976: The day Joe Ezar called his shots for a remarkable 64. *Golf Digest* (Nov.) 27:67

Dobzhansky, T., u. F. Ayala. 1977: *Humankind: A Product of Evolutionary Transcendence,* Witwaterstrand University Press

Dohrmann, R., u. D. Laskin. 1978: An evaluation of electromyographic biofeedback in the treatment of myofascial pain-dysfunction syndrome. *Journal of the American Dental Association* 96:656–662

Dolan, A., u. A. Sheikh. 1976: Eidetics: A visual approach to psychotherapy. *Psychologia* 19:210–219

Dostalek, C., J. Faber, E. Krasa et al. 1979: Yoga meditation effect on the EEG and EMG activity. *Activitas Nervos Superior* (Prag) 21:41

Doswald, D., u. K. Kreibich. 1906: Zur Frage der posthypnotischen Hautphänomene. *Monatshefte Praktik Dermatologie* 43:634–640, in: A. Sheikh (Hg.) 1984, a. a. O.

Douglas, M. 1971: Do dogs laugh? A cross-cultural approach to body symbolism. *Journal of Psychosomatic Research* 15:387–390

– 1986: *Ritual, Tabu und Körpersymbolik: Sozialanthropologische Studien in Industriegesellschaft und Stammeskultur,* Frankfurt/M.: Fischer

Doust, D. 1973: Opening the mystical door of perception in sport. *Sunday London Times* (4. Nov.)

Dowell, R. 1983: Cardiac adaptations to exercise, in: R. Terjung (Hg.): *Exercise and Sport Science Reviews,* Band 11, American College of Sports Medicine, Franklin Institute Press

Dowling, St. J. 1984: Lourdes cures and their medical assessment. *Journal of the Royal Society of Medicine* 77:635–636

Draeger, D. 1973a: *Classical Budo,* Weatherhill
– 1973b: *Classical Bujutsu,* Weatherhill
– 1974: *Modern Bujutsu and Budo,* Weatherhill

Draeger, D., u. R. Smith. 1980: *Comprehensive Asian Fighting Arts,* Kodansha International Ltd.

Dreher, E. R. 1974: The effects of hatha yoga and judo on personality and self-concept profiles on college men and women. *Dissertation Abstracts International* 34 (8-A), 4833–4834

Droscher, V. 1969: *The Magic of the Senses,* E. P. Dutton

Duchesne, L. 1933: *Early History of the Christian Church,* John Murray

Dudek, S. Z. 1967: Suggestion and play therapy in the cure of warts in children: A pilot study. *Journal of Nervous & Mental Disease* 145:37–42

Dumezil, G. 1930: *Légendes sur les Nartes. Suives de Cinq Notes Mythologiques,* Paris
– 1942: *Horace et les Curiaces (Les Mythes Romain),* Paris

Dunphy, J. 1950: Some observations on the natural behavior of cancer in man. *New England Journal of Medicine* 242:167

Durant, W. 1977/78: *Kulturgeschichte der Menschheit,* München: Südwest

Durrwell, F. X. 1960: *The Resurrection,* Sheed & Ward

Duthie, R. B., L. Hope u. D. G. Barker. 1978: Selected personality traits of martial artists as measured by the adjective checklist. *Perceptual & Motor Skills* 47:71–76

Duval, P. 1971: Exploratory experiments with ants. *Journal of Parapsychology* S. 35–58 (Auszüge)

Early, L., u. J. Lifschutz. 1974: A case of stigmata. *Archives of General Psychiatry* (Feb.) 30:197–200

Eason, R., u. R. Sadler. 1977: Relationship between voluntary control of alpha activity level through auditory feedback and degree of eye convergence. *Bulletin of the Psychonomic Society* 9:21–24

Eberlin, P., u. T. Mulholland. 1976: Bilateral differences in parietal-occipital EEG induced by contingent visual feedback. *Psychophysiology* 13:212–218

Echenhofer, F., u. M. Coombs. 1987: A brief review of research and controversies in EEG biofeedback and meditation. *Journal of Transpersonal Psychology* 19:161–171

Eddy, M. B. 1975: *Wissenschaft und Gesundheit, mit Schlüssel zur Heiligen Schrift,* Boston: Selbstverlag

Edelman, R. I. 1970: Effects of differential afferent feedback on instrumental GSR conditioning. *Journal of Psychology* 74:3–14

Edelstein, E., u. L. Edelstein. 1945: *Asclepius: A Collection and Interpretation of the Testimonies,* Bd. 1, Johns Hopkins Press

Edge, H. 1980: The effect of laying on of hands on an enzyme: An attempted replication, in: W. Roll et al. (Hg.), *Research in Parapsychology 1979*, Scarecrow Press

Edwards, G. 1963: Duration of post-hypnotic effect. *British Journal of Psychiatry* 109:259–266

Efron, D. 1941: *Gesture and Environment,* King's Crown Press

Ehrenwald, J. 1940: Psychopathological aspects of telepathy. *Proceedings of the Society for Psychical Research* 46:224–244
- 1942: Telepathy in dreams. *British Journal of Medical Psychology* 19:313–323
- 1944: Telepathy in the psychoanalytic situation. *British Journal of Medical Psychology* 20:51–62
- 1948a: Neurobiological aspects of telepathy. *Journal of the American Society for Psychical Research* 42:132–141
- 1948b: *Telepathy and Medical Psychology,* W. W. Norton
- 1949: Quest for psychics and psychical phenomena in psychiatric studies of personalilty. *Psychiatric Quarterly* 23:236–247
- 1950a: Presumptively telepathic incidents during analysis. *Psychiatric Quarterly* 24:726–743
- 1950b: Psychotherapy and the telepathy hypothesis. *American Journal of Psychotherapy* 4:51–79
- 1956a: Telepathy and the child-parent relationship. *Journal of the American Society for Psychical Research* 48:43–55

- 1956b: Telepathy: Concepts, criteria, and consequences. *Psychiatric Quarterly* 30:425–449
- 1975: *New Dimensions of Deep Analysis,* Arno

Eisenbud, J. 1954: Behavioral correspondences to normally unpredictable future events. *Psychoanalytic Quarterly* 23:205–233, 355–387
- 1955: On the use of the PSI hypothesis in psychoanalysis. *International Journal of Psychoanalysis* 36:1–5
- 1970: Light and the Serios images. *Journal of the Society for Psychical Research* 45:424–427
- 1972a: Gedanken zur Psychophotographie und Verwandtem, in: *Zeitschrift für Parapsychologie und Grenzgebiete der Psychologie* 14:1–11
- 1972b: The Serios „blackies" and related phenomena. *Journal of the American Society for Psychical Research* 66:180–192
- 1974: *Psychologie mit Psi,* Bern, München, Wien: Scherz
- 1975: *Gedankenfotografie: Die Psi-Aufnahmen des Ted Serios,* Freiburg i. Br.: Aurum
- 1977: Paranormal Photography, in: B. Wolman (Hg.): *Handbook of Parapsychology,* Van Nostrand Reinhold
- 1982: *Paranormal Foreknowledge: Problems and Perplexities,* Human Sciences Press
- 1983: *Parapsychology and the Unconscious,* North Atlantic Books

Eisenbud, J., et al. 1967: Some unusual data from a session with Ted Serios. *Journal of the American Society for Psychical Research* 61:241–253
- 1968: Two experiments with Ted Serios. *Journal of the American Society for Psychical Research* 62:309–320
- 1970a: An archeological tour de force with Ted Serios. *Journal of the American Society for Psychical Research* 64:40–52
- 1970b: Two camera and television experiments with Ted Serios. *Journal of the American Society for Psychical Research* 64:261–276

Ekblom, B. 1969: Effect of physical training on oxygen transport system in man. *Acta Physiol. Scand.* 77 (Suppl. 328):1–45

Ekelund, L. G. 1988: Physical fitness as a predictor of cardiovascular mortality in asymptomatic North American men. *New England Journal of Medicine* 319:1379

Eldridge, N., u. S. Gould. 1972: Punctuated equilibria: An alternative to phyletic gradualism, in: T. J. Schopf (Hg.): *Models of Paleobiology,* Freeman & Coopers

Eliade, M. 1980 (2): *Schmiede und Alchemisten,* Stuttgart: Klett-Cotta
– 1991 (7): *Schamanismus und archaische Ekstasetechnik,* Frankfurt/M.: Suhrkamp

Ellenberger, H. F. 1985: *Die Entdeckung des Unbewußten,* Zürich: Diogenes

Elliott, H. 1961: *The Herb Elliott Story,* Thomas Nelson

Elliotson, J. 1843: *Numerous Cases of Surgical Operations Without Pain in the Mesmeric State,* Lea & Blanchard

Ellis, A. 1973: *Humanistic Psychotherapy: The Rational-Emotive Approach,* McGraw-Hill
– 1984: The Place of Meditation in Cognitive Behavior Therapy and Rational Emotive Therapy, in: D. Shapiro u. R. Walsh (Hg.), a. a. O.

Elson, B., P. Hauri u. D. Cunis. 1977: Physiological changes in yoga meditation. *Psychophysiology* 14:55–57

Encyclopedia of Philosophy. 1967: Macmillan

Engel, B., u. W. Baile. 1989: Behavioral applications in the treatment of patients with cardiovascular disorders, in: J. V. Basmajian (Hg.), a. a. O.

Engel, B., u. E. Bleecker. 1974: Application of operant conditioning techniques to the control of the cardiac arrhythmias, in: P. Obrist et al. (Hg.), *Cardiovascular Psychophysiology: Current Issues in Response Mechanisms, Biofeedback and Methodology,* Aldine

Engel, B., u. R. Chism. 1967: Operant conditioning of heart rate speeding. *Psychophysiology* 3:418–426

Engel, B., u. S. Hansen. 1966: Operant conditioning of heart rate slowing. *Psychophysiology* 3:176–187

Engel, B., et al. 1974: Operant conditioning of rectosphincteric responses in the treatment of fecal incontinence. *New England Journal of Medicine* 290:646–649
– 1983: Behavioral treatment of high blood pressure. III. Follow-up results and treatment recommendations. *Psychosomatic Medicine* 45:23–29

Engler, J. 1988: Therapeutische Ziele in Psychotherapie und Meditation, in K. Wilber, J. Engler u. D. Brown, a. a. O.

Erickson, M. H. 1943: Hypnotic investigation of psychosomatic phenomena: Psychosomatic interrelationships studied by experimental hypnosis. *Psychosomatic Medicine* 5:51–58
– 1959: Hypnosis in painful terminal illnesses. *American Journal of Clinical Hypnosis* 1:117–122
– 1960: Breast development possibly influenced by hypnosis: Two instances and the psychotherapeutic results. *American Journal of Clinical Hypnosis* 2:157–159
– 1983: *Seminars, Workshops, and Lectures,* hrsg. von E. Rossi, M. Regan u. F. Sharp, Irvington

Erickson, M. H., u. E. Rossi. 1974–1980: Varieties of hypnotic amnesia, in: E. Rossi (Hg.): *The Collected Papers of Milton H. Erickson on Hypnosis III. Hypnotic Investigation of Psychodynamic Processes,* Irvington

Esdaile, J. 1846: *Mesmerism in India and its Practical Application in Surgery and Medicine,* Longman, Brown, Green, and Longmans, Neuauflage 1975, Arno Press
– 1849: Testimony to the reality of clairvoyance. Aus einem Brief an Dr. Elliotson in *The Zoist* 7:213–223
– 1852: *Natural and Mesmeric Clairvoyance,* Hippolyte, Bailliere

Evans, A. 1921: On a Minoan bronze group of a galloping bull and acrobatic figure from Crete. *Journal of Hellenic Studies* 41:247–259

Evans, D., u. R. Seely. 1984: Pseudocyesis in the male. *Journal of Nervous & Mental Disease* 172:38

Evans, F. 1963: The structure of hypnosis: A factor-analytic investigation. Doktorarbeit, University of Sydney, Australien, in: E. R. Hilgard 1965, a. a. O.

Evans, F. 1984: Unravelling placebo effects. *Advances* 1:16

Evans, M., u. G. Paul. 1970: Effects of hypnotically suggested analgesia on physiological and subjective responses to cold stress. *Journal of Consulting & Clinical Psychology* 35:362–371

Evans, W. 1951: Simulated pregnancy in a male. *Psychoanalytic Quarterly* 20:165–178

Evans-Wentz, W. 1990 (17): *Das Tibetanische Totenbuch,* Olten/Freiburg i. Br.: Walter

Everson, T., u. W. Cole. 1966: *Spontaneous Regression of Cancer,* Saunders

Ewin, D. 1978: Clinical use of hypnosis for attenuation of burn depth, zitiert in: A. Sheikh 1984, a. a. O.
– 1979: Hypnosis in burn therapy, in: G. Burrows et al. (Hg.), *Hypnosis 1979,* Elsevier

Extra, J. 1971: Telepathie bij de rat. *Tijdschrift voor Parapsychologie* 39:18–31

Eysenck, H. 1952: The effects of psychotherapy: An evaluation. *Journal of Consulting Psychology* 16:319–324

Faber, P., G. Suayman u. S. Touyz. 1978: Meditation and archetypal content on nocturnal dreams. *Journal of Analytic Psychology* 23:1–22

Fahrion, S. 1983: Botschaft des Präsidenten an die Versammlung der Biofeedback Society of America, Denver

Fahsel, K. 1932: *Konnersreuth; Tatsachen und Gedanken,* zitiert in: Thurston 1956, a. a. O.

Falch, D., u. S. Stromme. 1979: Pulmonary blood volume and interventricular circulation time in physically trained and untrained subjects. *European Journal of Applied Physiology* 40:211–218

Farrar, W. 1976: Using electromyographic biofeedback in treating orofacial dyskinesia. *Journal of Prosthetic Dentistry* 35:384–387

Farrow, J. 1976: Physiological changes associated with transcendental consciousness, the state of least excitation of consciousness, in: D. W. Orme-Johnson u. J. T. Farrow (Hg.), a. a. O.

Faw, V., et al. 1968: Psychopathological effects of hypnosis. *International Journal of Clinical & Experimental Hypnosis* 16:26–37

Feitis, R. 1978: *Ida Rolf Talks about Rolfing and Physical Reality,* Harper & Row

Feld, M., et al. 1979: The physics of karate. *Scientific American* (Apr.)

Feldenkrais, M. 1970: *Body and Mature Behaviour,* New York: International Universities Press
– 1978: *Bewußtheit durch Bewegung. Der aufrechte Gang,* Frankfurt/M.: Suhrkamp
– 1985 (3): *Abenteuer im Dschungel des Gehirns. Der Fall Doris,* Frankfurt/M.: Suhrkamp
– 1989: *Das starke Selbst. Anleitung zur Spontaneität,* Frankfurt/M.: Insel

Feldman, B. 1976: A phenomenological and clinical inquiry into deep hypnosis. Dissertation, University of California, Berkeley

Feltz, D., u. D. Landers. 1983: The effects of mental practice on motor skill learning and performance: A meta-analysis. *Journal of Sport Psychology* 5:25–26

Fenichel, O. 1974 f.: *Psychoanalytische Neurosenlehre,* 3 Bde., Olten u. Freiburg i. Br.: Walter-Verlag; Neuausgabe 1983, Frankfurt/M.: Ullstein

Fentress, D., B. Masek, J. Mehegan et al. 1986: Biofeedback and relaxation-response training in the treatment of pediatric migraine. *Developmental Medicine and Child Neurology* 28:139–146

Fenwick, P., S. Donaldson, L. Gillis et al. 1977: Metabolic and EEG changes during Transcendental Meditation: An explanation. *Biological Psychology* 5:101–118

Ferenczi, S. 1926: An attempted explanation of hysterical stigmatization, in: *Further Contributions of the Theory and Technique of Psychoanalysis,* Woolf

Festa, G. 1949: *Misteri di Scienza e Luci di Fedi: le Stigmate del Padre Pio da Pietrelcina,* V. Ferri

Festinger, L., et al. 1956: *When Prophecy Fails,* University of Minnesota Press

Feuerstein, G. 1989: *Enlightened Sexuality,* Crossing Press

Fiatarone, M. A., J. Morley, E. Bloom, D. Benton, T. Makinodan u. G. Solomon. 1988: Endogenous opioids and the exercise-induced augmentation of natural killer cell activity. *Journal of Laboratory and Clinical Medicine* 112:544–552
– 1989: The effect of exercise on natural killer cell activity in young and old subjects. *Journal of Gerontology* 44:M37–45

Finucane, R. 1973: Faith healing in medieval England: Miracles at saints' shrines. *Psychiatry* 36:341–346

Firth, R. 1970: Postures and gestures of respect, in: J. Pouillon u. P. Maranda: *Échanges et Communications; mélanges offerts à Claude Lévi-Strauss à l'occasion de son 60ème anniversaire,* Den Haag

Fischer, R. A. 1971: A cartography of the ecstatic and meditative states. *Science* 174:897–904
– 1976: Transformations of consciousness: A cartography II: The perception-meditation continuum. *Confina Psychiatrica* 19:1–23

Fisher, J., u. E. Kollar. 1980: Investigation of a stigmatic. *Southern Medical Journal* (Nov.) 73:1461–1466

Fisher, S., u. S. Cleveland. 1968: Cultural Differences in boundary characteristics, in: *Body Image and Personality,* Van Nostrand

FitzGerald, F. 1986: *Cities on a Hill,* Simon & Schuster

Fitzgerald, L. 1991: Overtraining increases the susceptibility to infection. *International Journal of Sports Medicine* 12:S5–S8

Fling, S., A. Thomas u. M. Gallaher. 1981: Participant characteristics and the effects of two types of meditation vs. quiet sitting. *Journal of Clinical Psychology* 37:784–790

Fodor, N. 1964: The riddle of Nijinsky, in: *Between Two Worlds,* Parker
– 1971: *Freud, Jung and Occultism,* University Books

Folkins, C., u. W. Sime. 1981: Physical fitness training and mental health. *American Psychologist* 36:373–389

Forte, M., D. Brown u. M. Dysart. 1984–1985: Through the looking glass: Phenomenological reports of advanced meditators at visual threshold. *Imagination, Cognition & Personality* 4:323–328

Foucault, M. 1984: *Die Ordnung der Dinge – eine Archäologie des Wissens,* Frankfurt/M.: Suhrkamp

Fowler, R., u. H. Kimmel. 1962: Operant conditioning of the GSR. *Journal of Experimental Psychology* 63:563–567

Frank, J. 1985: *Die Heiler: über psychotherapeutische Wirkungsweisen vom Schamanismus bis zu den modernen Therapien,* Stuttgart: Klett-Cotta

Frankel, F., u. R. Misch. 1973: Hypnosis in a case of long-standing psoriasis in a person with character problems. *International Journal of Clinical & Experimental Hypnosis* 21:121–130

Franklin, B. 1881 (2): *The Life of Benjamin Franklin, Written by Himself,* John Bigelow (Hg.), Bd. 3, Lippincott; dt. vgl. *Lebenserinnerungen,* München: Winkler 1983

Frazier, T. W. 1966: Avoidance conditioning of heart rate in humans. *Psychophysiology* 3:188–202

Freedman, D., u. P. Van Nieuwenhuizen. 1985: Die verborgenen Dimensionen der Raumzeit, in: *Spektrum der Wissenschaft* Mai 1985, S. 78–86

Freemantle, A. 1964: *The Protestant Mystics,* Little Brown

French, A., A. Smid u. E. Ingalls. 1975: Transcendental Meditation, altered reality testing and behavioral change: A case report. *Journal of Nervous & Mental Disease* 161:55–58

Fretigny, R., u. A. Virel. 1968: *L'imagerie mentale,* Mont-Blanc

Freud, S. 1924–1950: *Collected Papers. Character & Culture,* Bd. 9, International Psychoanalytical Press
– *Gesammelte Werke,* Bd. 1 bis 18, Frankfurt/M.: Fischer
– Traum und Telepathie, in: Bd. 13 der *Gesammelten Werke*
– Die okkulte Bedeutung des Traumes, in: Bd. 14 der *Gesammelten Werke*

Fried, P., et al. 1951: Pseudocyesis. A psychosomatic study in gynecology. *Journal of the American Medical Association* 145:1329–1335

Frisch, R., et al. 1985: Lower prevalence of breast cancer and cancers of the reproductive system among former college athletes compared to non-athletes. *British Journal of Cancer* 52:885–891

Fromm, E., et al. 1981: The phenomena and characteristics of self-hypnosis. *International Journal of Clinical & Experimental Hypnosis* 29:189–246

Fromm, E., u. R. Shor (Hg.). 1979: *Hypnosis: Developments in Research and New Perspectives,* Aldine

Frutiger, A. D. 1981: Treatment of penetration phobia through the combined use of systematic desensitization and hypnosis: A case study. *American Journal of Clinical Hypnosis* 23:269

Gallup Poll. 1984: Six of ten adults exercise daily. Los Angeles Times Syndicate (Mai)
– 1985: Pressemitteilung, 14. Mai

Galton, F. 1883: *Inquiries into Human Faculty and Its Development,* Dent

Garbe, R. 1900: On the voluntary trance of Indian fakirs. *The Monist* 10:490–500

Gardner, F., u. L. Diamond. 1955: Autoerythrocyte sensitization: A form of purpura producing painful bruising following autosensitization to red blood cells in certain women. *Blood* 10:675

Gardner, H. 1991: *Abschied vom IQ: die Rahmentheorie der vielfachen Intelligenzen,* Stuttgart: Klett-Cotta

Gardner, R. 1983: Miracles of healing in Anglo-Celtic Northumbria as recorded by the Venerable Bede and his contemporaries: A reappraisal in the light of twentieth century experience. *British Medical Journal* 287:1927–1933

Garfield, S., u. R. Kurtz. 1974: A survey of clinical psychologists: Characteristics, activities and orientation. *Clinical Psychologist* 28:7–10
– 1976: Clinical psychologists in the 1970s. *American Psychologist* 31:1–9

Gatchel, R. J. 1974: Frequency of feedback and learned heart rate control. *Journal of Experimental Psychology* 103:274–283

Gauld, A. 1982: *Mediumship and Survival,* Heinemann

Gavalas, R. J. 1967: Operant reinforcement of an autonomic response: Two studies. *Journal of the Experimental Analysis of Behavior* 10:119–130

Gavalas, R. 1968: Operant reinforcement of a skeletally mediated autonomic response: Uncoupling of the two responses. *Psychonomic Science* 11:195–196

Gaylord, C., et al. 1989: The effects of the Transcendental Meditation technique and progressive muscle relaxation on EEG coherence, stress reactivity and mental health in black adults. *International Journal of Neuroscience* 46:77–86

Gaylord, H., u. G. Clowes. 1903: On spontaneous cure of cancer. *Surgery, Gynecology and Obstetrics* 2:633

Gazzaniga, M. S. 1989: *Das erkennende Gehirn: Entdeckungen in den Netzwerken des Geistes,* Paderborn: Junfermann

Gebser, J. 1986: *Ursprung und Gegenwart,* 3 Bde., München: dtv

Geddes, F. 1981: Healing training in the church. Doktorarbeit, San Francisco Theological Seminary

Gedo, J. 1981: *Advances in Clinical Psychoanalysis,* International Universities Press

Geley, G. 1927: *Clairvoyance and Materialization,* Fisher & Unwin

Gellhorn, E. 1967: *Principles of Autonomic-Somatic Interactions: Physiological Basis and Psychological and Clinical Implications,* University of Minnesota Press
– 1970: The Emotions and the Ergotropic and Trophotropic Systems. *Psychol. Forsch.*, 34:48–94

Gellhorn, E., u. W. Kiely. 1972: Mystical states of consciousness: Neurophysiological and clinical aspects. *Journal of Nervous & Mental Disease* 154:399–405

Gendlin, E. T. 1981: *Focusing: Technik der Selbsthilfe bei der Lösung persönlicher Probleme,* Salzburg: Müller

Gendlin, E., u. L. Olsen. 1970: The use of imagery in experiential focusing. *Psychotherapy: Theory, Research and Practice* 7:221–223

George, A. (Hg.). 1932: *The Complete Poetical Works of Wordsworth,* Houghton Mifflin

Gerard, R. 1964: *Psychosynthesis: A Psychotherapy for the Whole Man,* New York: Psychosynthesis Research Foundation

Gerber, R. 1988: From magnetic passes to spiritual healing: A multidimensional model of healing energies, in: *Vibrational Medicine,* Bear & Co.

Gerhardsson, M., et al. 1986: Sedentary jobs and colon cancer. *American Journal of Epidemiology* 123:775

Gerlich, F. 1929: *Die stigmatisierte Therese Neumann von Konnersreuth,* München: Kösel und Pustet

Germano di S. Stanislao: *Life of Gemma Galgani,* Übers. v. A. M. O'Sullivan, Sand & Co.; dt. (gekürzt) 1913 (6): *Leben der Jungfrau und Dienerin Gottes Gemma Galgani,* Saarlouis: Hansen Verlagsges.

Ghiselin, B. 1980: *The Creative Process,* New American Library

Ghista, D., A. Mukherji, D. Nandagopal et al. 1976: Physiological characteristics of the „meditative state" during intuitional practice (the Ananda Marga system of meditation) and its therapeutic value. *Medical & Biological Engineering* 14:209–213

Gibbons, D. 1974: Hyperempiria, a new „altered state of consciousness" induced by suggestion. *Perceptual & Motor Skills* 39:47–53
– 1976: Hypnotic vs. hyperempiric induction procedures: An experimental comparison. *Perceptual & Motor Skills* 42:834

Gigliozzi, G. 1965: *Padre Pio,* Phaedri Publishing

Gilbey, J. 1963: *Secret Fighting Arts of the World,* Tuttle

Gilson, A., u. W. Mills. 1941: Activities of single motor units in man during slight voluntary efforts. *American Journal of Physiology* 133:658–669

Gindler, E. 1986–1987: Gymnastik for everyone. *Somatics* Bd. 6, Nr. 1 (Herbst/Winter)

Girodo, M. 1974: Yoga meditation and flooding in the treatment of anxiety neurosis. *Journal of Behavior Therapy & Experimental Psychiatry* 5:157–160

Gish, D. T. 1982: *Fossilien und Evolution: Fakten 100 Jahre nach Darwin,* Neuhausen-Stuttgart: Haenssler

Gitananda, Swami. 1973: An Evaluation of Siddhis and Riddhis. Arbeitspapier für das Second International Yoga Festival, London (Aug.)

Glasgow, M., et al. 1982: Behavioral treatment of high blood pressure II. Acute and sustained effects of relaxation and systolic blood pressure biofeedback. *Psychosomatic Medicine* 44:155–170

Gleick, J. 1988: *Chaos – die Ordnung des Universums: Vorstoß in Grenzbereiche der modernen Physik,* München: Droemer Knaur

Gluck, J. 1962: *Zen Combat,* Ballantine Books

Glueck, B., u. C. Stroebel. 1975: Biofeedback as meditation in the treatment of psychiatric illnesses. *Comprehensive Psychiatry* 16:303–321
– 1978: Meditation in the treatment of psychiatric illness, in: A. Sugurman u. R. Tarter (Hg.): *Expanding Dimensions of Consciousness,* Springer
– 1984: Psychophysiological correlates of meditation: EEG changes during meditation, in: D. H. Shapiro u. R. Walsh (Hg.), a. a. O.

Goldberg, A., et al. 1975: Mechanism of work-induced hypertrophy of skeletal muscle. *Medicine & Science in Sports & Exercise* 7:185

Goldfriend, M., et al. 1974: Systematic rational restructuring as a self-control technique. *Behavior Therapy* 5:247–254

Goldstein, A., u. E. Hilgard. 1975: Lack of influence of the morphine antagonist naloxone on hypnotic analgesia. *Proceedings of the National Academy of Sciences* 72:2041–2043

Goldstein, J. 1978: *Vipassana Meditation: die Entfaltung der Bewußtseinsklarheit,* Berlin: Schickler

Goleman, D. 1976a: Meditation and Consciousness: An Asian approach to mental health. *American Journal of Psychotherapy* 30:41–54
– 1976b: Meditation helps break the stress spiral. *Psychology Today* (Feb.)
– 1977: *The Varieties of the Meditative Experience,* E. P. Dutton
– 1978–1979: A taxonomy of meditation-specific altered states. *Journal of Altered States of Consciousness* 4:203–213
– 1988: Probing the enigma of multiple personality. *New York Times* (28. Juni), S. C1, C13

Goleman, D., u. G. Schwartz. 1976: Meditation as an intervention in stress reactivity. *Journal of Consulting & Clinical Psychology* 44:456–466

Gollnick, P., u. B. Saltin. 1973: Biochemical adaptation to exercise: Anaerobic metabolism, in: J. Wilmore (Hg.): *Exercise and Sport Sciences Reviews,* Bd. 1, Academic

Good, J. M. 1823: *Physiological System of Nosology with Corrected and Simplified Nomenclature,* Wells & Lilly

Goodman, N. 1969: Triiodothyronine and placebo in the treatment of obesity. *Medical Annals of the District of Columbia* 38:658–676

Goodrich, J. 1974: Psychic healing – A pilot study. Dissertation, Union Graduate School, Cincinnati

Gopi Krishna 1990 (4): *Kundalini: Erweckung der geistigen Kraft im Menschen,* Bern, München, Wien: Barth

Gottfredson, D. 1973: Hypnosis as an anesthetic in dentistry. *Dissertation Abstracts International* 33:(7-B), 3303

Goudge, T. A. 1967a: Emergent evolutionism, in: *The Encyclopedia of Philosophy,* Macmillan
– 1967b: Henri Bergson, in: *The Encyclopedia of Philosophy,* Macmillan

Gould, S., u. D. Tissler. 1984: The use of hypnosis in the treatment of herpes simplex II. *American Journal of Clinical Hypnosis* 26:171–174

Gould, S. J. 1977: *Ontogeny and Phylogeny,* Harvard University Press
– 1991: Die Evolution als Tatsache und als Theorie, in: *Wie das Zebra zu seinen Streifen kommt: Essays zur Naturgeschichte,* Frankfurt/M.: Suhrkamp

Govinda, Lama Anagarika. 1991 (12): *Der Weg der weißen Wolken,* Bern, München, Wien: Scherz

Goyeche, J., T. Chilhara u. H. Shimizu. 1972: Two concentration methods: A preliminary comparison. *Psychologia* 15:110–111

Grabowska, M. 1971: The effect of hypnosis and hypnotic suggestion on the blood flow in the extremities. *Polish Medical Journal* 10:1044–1051

Gracely. R., et al. 1984: Placebo and naloxone can alter post-surgical pain by separate mechanisms. *Nature* 306:264–265

Grad, B. 1963: A telekinetic effect on plant growth. *International Journal of Parapsychology* 5:117–133
– 1964: A telekinetic effect on plant growth. II. Experiments involving treatment of saline in stoppered bottles. *International Journal of Parapsychology* 6:473–498
– 1965a: Some biological effects of the „laying-on of hands“: A review of experiments with animals and plants. *Journal of the American Society for Psychical Research* 59:95–127
– 1965b: A telekinetic effect on yeast activity. *Journal of Parapsychology* 29:285–286
– 1977: Laboratory evidence of „laying on of hands“, in: N. Regush (Hg.): *Frontiers of Healing,* Avon

Grad, B., et al. 1961: The influence of an unorthodox method of treatment on wound healing in mice. *International Journal of Parapsychology* 3:5–24

Graff, N., u. R. Wallerstein. 1954: Unusual wheal reaction in a tattoo. *Psychosomatic Medicine* 16:513–514

Graham, C. 1975: Hypnosis and attention, in: L. E. Unestahl (Hg.): *Hypnosis in the Seventies,* Veje Forlag

Graham, C., u. F. Evans. 1977: Hypnotizability and the deployment of waking attention. *Journal of Abnormal Psychology* 86:633

Graham, C., u. H. Leibowitz. 1972: The effect of suggestion on visual acuity. *International Journal of Clinical & Experimental Hypnosis* 20:169–186

Graham, K., u. K. Pernicano. 1979: Laterality, hypnosis, and the autokinetic effect. *American Journal of Clinical Hypnosis* 22:79–84

Gray, E. 1971: Conscious control of motor units in a tonic muscle: The effect of motor unit training. *American Journal of Physical Medicine* 50:34–40

Greatrakes, V. 1666: *A Brief Account of Mr. Valentine Greatrakes and Divers of the Strange Cures by Him Lately Performed,* London

Greeley, A. 1987: Mysticism goes mainstream. *American Health* (Jan./Feb.)

Greeley, A., u. W. McCready. 1975: Are we a nation of mystics? *New York Times Magazine* (26. Jan.)

Green, C. 1968: *Out-of-the-Body Experiences,* Ballantine

Green, E., u. A. Green. 1978: *Biofeedback, eine neue Möglichkeit zu heilen,* Freiburg: Bauer
– 1986: Biofeedback and states of consciousness, in: B. Wolman u. M. Ullman (Hg.): *Handbook of States of Consciousness,* Van Nostrand Reinhold
– 1989: General and specific applications of thermal biofeedback, in: J. V. Basmajian (Hg.), a. a. O.

Green, E., et al. 1969: Feedback technique for deep relaxation. *Psychophysiology* 6:371–377
– 1970: Voluntary control of internal states: Psychological and physiological. *Journal of Transpersonal Psychology* 2:1–26

Greene, R., u. J. Reyher. 1972: Pain tolerance in hypnotic analgesic and imagination states. *Journal of Abnormal Psychology* 79:29–38

Grevert, P., u. A. Goldstein. 1985: Placebo analgesia, naloxone, and the role of endogenous opioids, in: L. White et al. (Hg.), a. a. O.

Griffin, D. R. 1989: *God & Religion in the Postmodern World,* State University of New York Press

Griffin, D. R., u. H. Smith. 1989: *Primordial Truth and Post-Modern Theology,* State University of New York Press

Griffin, S. 1987: *Frau und Natur,* Frankfurt/M.: Suhrkamp

Griggs, S. T. 1976: A preliminary study into the effect of TM on empathy. Dissertation, United States International University

Grof, S. 1991 (5): *Topographie des Unbewußten,* Stuttgart: Klett-Cotta

Gross, M. 1984: Hypnosis in the therapy of anorexia nervosa. *American Journal of Clinical Hypnosis* 26:175

Gruber, E. R. 1979a: Conformance behavior involving animal and human subjects. *European Journal of Parapsychology* 3:36–50
– 1979b: A Study of Conformance Behavior Involving Rats and Mice. Arbeitspapier, vorgelegt bei der Versammlung der Society for Psychical Research, Edinburgh, Schottland

Grunbaum, A. 1985: Explication and implications of the placebo concept, in: L. White et al. (Hg.), a. a. O.

Guardini, R. 1989: *Der geistliche Leib, in: Die letzten Dinge: Die christliche Lehre vom Tode, der Läuterung nach dem Tode, Auferstehung, Gericht und Ewigkeit,* Mainz: Matthias Grünewald

Gudjonsson u. Spiro. 1978: Response to placebos in ulcer disease. *American Journal of Medicine* 65:399–402

Guenon, R. 1950: *Die Krisis der Neuzeit,* Köln: Hegner
– 1953: *The Reign of Quantity,* Luzac

Gur, R., u. R. E. Gur. 1974: Handedness, sex and eyedness as moderating variables in the relation between hypnotic susceptibility and functional brain asymmetry. *Journal of Abnormal Psychology* 83:635–643

Guralnick, M. J., u. D. Mott. 1976: Biofeedback training with a learning disabled child. *Perceptual & Motor Skills* 42:27–30

Gurney, E. 1887: Peculiarities of certain post-hypnotic states. *Proceedings of the Society for Psychical Research* 4:268–323
– 1888: Recent experiments in hypnotism. *Proceedings of the Society for Psychical Research* 5:3–17

Gurney, E., F. Myers u. F. Podmore. 1886 (Neuauflage 1970): *Phantasms of the Living,* Bd. 1 u. 2., Scholars' Facsimiles & Reprints;
dt. (in stark gekürzter Fassung) 1897: *Gespenster lebender Personen und andere telepathische Erscheinungen,* Leipzig: M. Spohr

Gurney, E., u. H. Sidgwick. 1883: Third report of the Committee on Mesmerism. *Proceedings of the Society for Psychical Research* 2:12–19, in: R. L. Van De Castle 1969, The facilitation of ESP through hypnosis. *American Journal of Clinical Hypnosis* 12:37–56

Hadfield, J. A. 1917: The influence of hypnotic suggestion on inflammatory conditions. *Lancet* 2:678–679, zitiert in A. Sheikh, 1984, a. a. O.
– 1920: The influence of suggestion on body temperature. *Lancet* 2:68–69
– 1923: *The Psychology of Power,* Macmillan

Hadley, E. 1930: Axillary „menstruation" in a male. *American Journal of Psychiatry* 9:1101–1111

Hafner, R. 1982: Psychological treatment of essential hypertension: A controlled comparison of meditation and meditation plus biofeedback. *Biofeedback and Self-Regulation* 7:305–316

Hagberg, J., et al. 1981: Effect of exercise training on the blood pressure and hemodynamics of adolescent hypertensives. *American Journal of Cardiology* 52:763

Hahn, R. 1985: A sociocultural model of illness & healing, in: L. White et al. (Hg.), a. a. O.

Hall, E. 1959: *The Silent Language,* Fawcett Publication

Hammond, D. C., et al. 1983: Hypnotic analgesia with burns: An initial study. *American Journal of Clinical Hypnosis* 26:56

Handley, W. 1909: The natural cure of cancer. *British Medical Journal* 1:582

Hanna, T. 1983: *The Body of Life,* Knopf

Hansen, E. 1971: *The Attalids of Pergamum,* Cornell University Press

Happich, C. 1932: Das Bildbewußtsein als Ansatzstelle psychischer Behandlung. *Zbl. Psychotherapie* 5:663–667

Haraldsson, E., u. T. Thorsteinsson. 1973: Psychokinetic effects on yeast: An exploratory experiment, in: W. G. Roll et al. (Hg.): *Research in Parapsychology 1972,* Scarecrow Press

Hardy, E. R. 1931a: *Christian Egypt: Church and People,* New York
– 1931b: *Large Estates of Byzantine Egypt,* Oxford University Press

Hardyck, C., u. L. Petrinovich. 1969: Treatment of subvocal speech during reading. *Journal of Reading* 12:361–368, 419–422

Hardyck, C., et al. 1966: Feedback of speech muscle activity during silent reading: Rapid extinction. *Science* 154:1467–1468

Harner, M. J. 1972: *The Jívaro: People of the Sacred Waterfalls,* Doubleday/Natural History Press
– 1973: *Hallucinogens and Shamanism,* Oxford University Press
– 1986: *Der Weg des Schamanen,* Reinbek: Rowohlt

Harris, H. 1964: *Greek Athletes and Athletics,* Hutchinson

Harrison, T. 1981: *The Marks of the Cross,* Darton, Longman & Todd

Harrison, V., u. O. Mortensen. 1962: Identification and voluntary control of single motor unit activity in the tibialis anterior muscle. *Anatomical Record* 144:109–116

Hartmann, F., o. J.: *Die Medizin des Theophrastus Paracelsus von Hohenheim,* Leipzig: Verlagshaus
– 1898: *Grundriß der Lehren des Theophrastus Paracelsus von Hohenheim,* Leipzig: W. Friedrich u. a.

Hartshorne, C. 1950: Panpsychism, in: Vergilius Ferm (Hg.): *A History of Philosophical Systems,* The Philosophical Library
– 1970: *Creative Synthesis and Philosophical Method,* Open Court

Haskins, J. 1975: *Doctor J.,* Doubleday

Hatch, J., et al. (Hg.). 1987: *Biofeedback Studies in Clinical Efficacy,* Plenum Press

Haxthausen, H. 1936: The pathogenesis of hysterical skin-affections. *British Journal of Dermatology and Syphilology* 48:563–567

Haynes, R. 1977: Faith healing and psychic healing: Are they the same? *Parapsychological Review* (Juli/Aug.)

Haynes, S., D. Mosley u. W. McGowan. 1975: Relaxation training and biofeedback in the reduction of frontalis muscle tension. *Psychophysiology* 12:547–552

Healy, D. L., et al. 1983: *Science* 222:1353–1355

Heaton, D., u. D. Orme-Johnson. 1976: Transcendental Meditation program and academic achievement, in: D. W. Orme-Johnson u. J. T. Farrow (Hg.), a. a. O.

Hebert, J., u. D. Lehmann. 1977: Theta bursts: An EEG pattern in normal subjects practicing the Transcendental Meditation technique. *Electroencephalography & Clinical Neurophysiology* 42:397–405

Heckler, R. S. (Hg.). 1988: *Aikido und der neue Krieger,* Essen: Synthesis Verlag

Hefferline, R. F. 1958: The role of proprioception in the control of behavior. *Transactions of the New York Academy of Sciences* 20:739–764

Heide, F., u. T. Borkovec. 1983: Relaxation-induced anxiety: Paradoxical anxiety enhancement due to relaxation training. *Journal of Consulting & Clinical Psychology* 51:171–182

Heil, J. D. 1983: Visual imagery change during meditation training. *Dissertation Abstracts International* 43:7:2338

Hengstenberg, E. 1985: *The Charlotte Selver Foundation Bulletin.* Caldwell, NJ. (Sommer) 12:12

Henry, L. 1985: Preoperative suggestion reduces blood loss. *Human Aspects of Anesthesia* (Jan./Feb.)

Herink, R. 1980: *The Psychotherapy Handbook,* New American Library

Hermansen, L. 1969: Anaerobic energy release. *Medicine & Science in Sports & Exercise* 1:32

Herrigel, E. 1979 (19): *Zen in der Kunst des Bogenschießens,* Bern, München, Wien: Barth

Hertz, R. 1909: The pre-eminence of the right hand: A study in religious polarity, in: R. u. C. Needham, Übers. 1960: *Death and the Right Hand,* Cohen & West

Hess, W. R. 1925: *Über die Wechselbeziehungen zwischen psychischen und vegetativen Funktionen,* Zürich: Orell Füssli
- 1926: Funktionsgesetze des vegetativen Nervensystems. *Klin. Wochenschrift,* S. 1353–1354
- 1953: *Diencephalon. Autonomic and Extrapyramidal Functions,* Grune & Stratton
- 1954: The diencephalic sleep centre, in: *Brain Mechanisms and Consciousness,* Charles C. Thomas

Hewes, G. 1955: World distribution of certain postural habits. *American Anthropologist* 57:231–244
- 1957: The anthropology of posture. *Scientific American* 196:123–132

Heywood, R. 1961: *Beyond the Reach of Sense,* Dutton

Hick, J. 1975: *Death and Eternal Life,* Harper

Hickson, R., et al. 1985: Reduced training intensities and loss of aerobic power, endurance and cardiac growth. *Journal of Applied Physiology* 58:492

Hilgard, E. 1965a: Hypnosis. *Annual Review of Psychology* 16:157–180
- 1965b: *Hypnotic Susceptibility,* Harcourt, Brace & World

1967: A quantitative study of pain and its reduction through hypnotic suggestion. *Proceedings of the National Academy of Sciences* 57:1581–1586
- 1971: Hypnotic phenomena: The struggle for scientific acceptance. *American Scientist* 59:574–575
- 1973: A neodissociation interpretation of pain reduction in hypnosis. *Psychological Review* 80:396–411
- 1975a: The alleviation of pain by hypnosis. *Pain* 1:213–231
- 1975b: Hypnosis. *Annual Review of Psychology* 26:19–44
- 1977: The problem of divided consciousness: A neodissociation interpretation. *New York Academy of Sciences* 296:48–59
- 1986: *Divided Consciousness,* Wiley

Hilgard, E., u. J. Hilgard. 1983: *Hypnosis in the Relief of Pain,* William Kaufmann

Hilgard, J. 1974a: Imaginative involvement: Some characteristics of the highly hypnotizable and the non-hypnotizable. *International Journal of Clinical & Experimental Hypnosis* 22:138–156
– 1974b: Sequelae to hypnosis. *International Journal of Clinical & Experimental Hypnosis* 22:281–298
– 1979: *Personality and Hypnosis: A Study of Imaginative Involvement,* University of Chicago Press

Hillman, J. 1972: *The Myth of Analysis,* Harper & Row
– 1975: *Revisioning Psychology,* Harper Colophon

Hinde, R. A. (Hg.). 1972: *Non Verbal Communication,* Cambridge University Press

Hirai, T. 1960: Electroencephalographic study on the Zen meditation (zazen): EEG changes during the concentrated relaxation. *Psychiatrica et Neurologia Japanica* 62:76–105
– 1974: *The Psychophysiology of Zen,* Igaku Shoin

Hirai, T., et al. 1959: EEG and Zen Buddhism: EEG changes in the course of meditation. *Electroencephalography and Clinical Neurophysiology* 18:52–53

Hirata, K. 1971: Karate, in: L. Larson (Hg.): *Encyclopedia of Sports, Sciences and Medicine,* Macmillan

Hjelle, L. A. 1974: TM and psychological health. *Perceptual & Motor Skills* 39:623–628

Hnatiow, M. J. 1971: Learned control of heart rate and blood pressure. *Perceptual & Motor Skills* 33:219–226

Hnatiow, M., u. P. Lang. 1965: Learned stabilization of cardiac rate. *Psychophysiology* 1:330–336

Hocht, J. M. 1974: *Von Franziskus zu Pater Pio und Therese Neumann,* Christiana

Hoenig, J. 1968: Medical Research on yoga. *Confinia Psychiatrica* 11:69–89

Hoffman, E. 1981: *The Way of Splendor,* Shambhala

Hoffman, J., P. Arns, G. Stainbrook et al. 1981: Effect of the relaxation response on oxygen consumption during exercise. *Clinical Research* 29:207

Holt, W., J. Caruso, J. Riley et al. 1978: Transcendental Meditation versus pseudo meditation on visual choice reaction time. *Perceptual & Motor Skills* 46:726

Honigberger, J. M. 1851: *Früchte aus dem Morgenlande,* Wien. Wiederveröffentlicht als *Thirty-Five Years in the East* in London, 1852, zitiert in: R. Garbe, 1900, a. a .O.

Honiotes, G. J. 1977: Hypnosis and breast enlargement – A pilot study. *Journal of the International Society for Professional Hypnosis* 6:8–12, in: A. Sheikh (Hg.) 1984, a. a. O.

Horning, J. C. 1932: Nervous pregnancy in the dog. *Veterinarian Medicine* 27:24–31

Horowitz, M. 1970: *Image Formation and Cognition,* Appleton
– 1974: *Image Techniques in Psychotherapy,* Behavioral Science Tape Library

Howard, F., u. F. Patry. 1935: *Mental Health,* Harper

Hubel, K. A. 1974: Voluntary control of gastrointestinal function: Operant conditioning and biofeedback. *Gastroenterology* 66:1085–1090

Huddleston, A. L., et al. 1980: Bone mass in lifetime tennis athletes. *Journal of the American Medical Association* 244:1107

Hughes, J. 1984: Psychological effects of habitual aerobic exercise: A critical review. *Preventive Medicine* 13:66–78

Huizinga, J. 1987: *Homo Ludens: vom Ursprung der Kultur im Spiel,* Reinbek: Rowohlt

Hunt, H. 1985: Cognitions and states of consciousness: The necessity of empirical study of ordinary and nonordinary consciousness for contemporary cognitive psychology. *Perceptual & Motor Skills* 60:239–282

Hunt, V., & W. Massey. 1977: Electromyographic evaluation of Structural Integration techniques. *Psychoenergetic Systems* 2:209

Hunt, V., et al. 1977: *Project Report: A Study of Structural Integration from Neuromuscular, Energy Field, and Emotional Approaches,* Rolf Institute

Hurley, T. J. 1985: Keys to placebo power. *Investigations* 2:16, Sausalito, CA: Institute of Noetic Sciences

Hustad, P., u. J. Carnes. 1988: The effectiveness of walking meditation on EMG readings in chronic pain patients. *Biofeedback & Self-Regulation* 13:69

Huttunen, J., et al. 1979: Effect of moderate physical exercise on serum lipoproteins. *Circulation* 60:1220

Huxley, A. 1992: *Die Teufel von Loudun,* München, Zürich: Piper
– 1987: *Die ewige Philosophie,* München, Zürich: Piper

Iaquierdo, I. 1984: Endogenous state-dependency: Memory depends on the relation between the neurohumoral and hormonal states present after training at the time of testing, in: G. Lynch et al. (Hg.): *Neurobiology of Learning and Memory,* Guilford Press

Ikai, M., u. A. H. Steinhaus. 1961: Some factors modifying the expression of human strength. *Journal of Applied Physiology* 16:157–163

Ikeda, Y., u. H. Hirai. 1976: Voluntary control of electrodermal activity in relation to imagery and internal perception scores. *Psychophysiology* 13:330–333

Ikegami, R. 1974: Psychological study of Zen posture. *Bulletin of the Faculty of Literature of Kyushu University* 5:105–135

Ikemi, Y., u. S. Nakagawa. 1962: A psychosomatic study of contagious dermatitis. *Kyushu Journal of Medical Science* 13:335–350, in: A. Sheikh (Hg.), 1984, a. a. O.

Imbert-Gourbeyre, A. 1894: *La Stigmatisation,* Bd. 1 u. 2, Clermont-Ferrand, zitiert in: H. Thurston, 1956, a. a. O.

Ingalls, A. 1939: Fire-walking. *Scientific American* (März)

Ingjer, F. 1978: Maximal aerobic power related to the capillary supply of the quadriceps femoris muscle in man. *Acta Physiol. Scand.* 104:238–240

Isherwood, C. 1959: *Ramakrishna and His Disciples,* Simon & Schuster

Jackson, I. 1975: *Yoga and the Athlete,* World Publication

Jacobs, A., u. G. Felton. 1969: Visual feedback of myoelectric output to facilitate muscle relaxation in normal persons and patients with neck injuries. *Archives of Physical Medicine and Rehabilitation* 50:34–39

Jacobs, K., u. F. Nordan. 1979: Classification of placebo drugs: Effect of color. *Perceptual & Motor Skills* 49:367–372

Jacobson, E. 1925: Voluntary relaxation of the esophagus. *American Journal of Physiology* 72:387–394
– 1939: Variations in blood pressure with skeletal muscle tension and relaxation. *Annals of Internal Medicine* 12:1194–1212
– 1955: Neuromuscular control in man: Methods of self-direction in health and in disease. *American Journal of Psychology* 68:549–561
– 1974: *Progressive Relaxation,* University of Chicago Press (Midway Reprint)

Jacobson, E., u. F. Kraft. 1942: Contraction potentials (right quadriceps femoris) in man during reading. *American Journal of Physiology* 137:1–5

Jacoby, J. D. 1960: Statistical report on general practice; hypnodontics; tape recorder conditioning. *International Journal of Clinical & Experimental Hypnosis* 3:115–119

Jaensch, E. R. 1927 (2): *Die Eidetik und die Typologische Forschungsmethode,* Leipzig: Quelle und Meyer

Jaffe, D., u. D. Bresler. 1980: Guided imagery: Healing through the mind's eye, in: J. E. Shorr et al. (Hg.): *Imagery: Its Many Dimensions and Applications,* Plenum

James, H. 1853: The works of Sir William Hamilton. *Putnam's Magazine* Bd. 2 (Nov.)
– 1863: *Substance and Shadow,* Ticknor and Fields

James, W. 1903: Review of *Human Personality and Its Survival of Bodily Death* by F. W. H. Myers, in: *Proceedings of the Society for Psychical Research,* London, Bd. 18, Teil 46 (Juni)
– 1907: *Die religiöse Erfahrung in ihrer Mannigfaltigkeit,* Leipzig: J. C. Hinrichs'sche Buchhandlung
– 1976: *Essays in Radical Empiricism,* in: *The Works of William James,* Harvard University Press
– 1979: *Die Vielfalt religiöser Erfahrung: eine Studie über die menschliche Natur,* Olten/Freiburg i. Br.: Walter
– 1986: *Essays in Psychical Research,* in: *The Works of William James,* Harvard University Press

Janet, P. 1886: Deuxième note sur le sommeil provoque à distance. *Revue Philosophique* 22:212–223
– 1898: *Nervoses et Idées Fixes,* Alcan

Jaynes, J. 1988: *Der Ursprung des Bewußtseins durch den Zusammenbruch der bikameralen Psyche,* Reinbek: Rowohlt

Jedrczak, A., M. Beresford, G. Clements et al. 1984: The TM-sidhi programme and field independence. *Perceptual & Motor Skills* 59:999–1000

Jedrczak, A., M. Toomey, G. Clements et al. 1986: The TM-sidhi programme, age, and brief tests of perceptual-motor speed and nonverbal intelligence. *Journal of Clinical Psychology* 42:161–164

Jellinek, A. 1949: Spontaneous imagery: A new psychotherapeutic approach. *American Journal of Psychotherapy* 3:372–391

Jencks, B., u. E. Krenz. 1984: Hypnosis in sports, in: A. H. Smith u. W. D. Wester (Hg.): *Comprehensive Clinical Hypnosis,* Lippincott

Jevning, R., u. J. O'Halloran. 1984: Metabolic effects of Transcendental Meditation: Toward a new paradigm of curobiology, in: D. H. Shapiro u. R. Walsh (Hg.), a. a. O.

Jevning, R., u. A. Wilson. 1977: Altered red cell metabolism in TM. *Psychophysiology* 14:94

Jevning, R., A. F. Wilson et al. 1978: Redistribution of blood flow in acute hypometabolic behavior. *American Journal of Physiology* 235:89–92

John, M. E., u. J. P. Parrino. 1983: Ericksonian hypnotherapy of intractable shoulder pain. *American Journal of Clinical Hypnosis* 26:26–29

Johnson, C. P. 1976: Analysis of five tests commonly used in determining the ability to control single motor units. *American Journal of Physical Medicine* 55:113–121

Johnson, D. 1980: Somatic Platonism. *Somatics* (Herbst) 3:4–7
– 1980 (1983a[2]): *Wie der Körper des Proteus: Rolfing und die menschliche Flexibilität,* Essen: Synthesis
– 1983b: *Body,* Beacon
– 1986/87: Principles versus techniques: Towards the unity of the Somatics field. *Somatics* (Herbst/Winter) 6:4–8

Johnson, L. S. 1981: Current research in self-hypnotic phenomenology: The Chicago Paradigm. *International Journal of Clinical & Experimental Hypnosis* 24:247–258

Johnson, L., u. D. Weight. 1976: Self-hypnosis versus heterohypnosis: Experimental and behavioral comparison. *Journal of Abnormal Psychology* 85:523–526

Johnson, R. 1959: *Watcher on the Hill: A Study of Some Mystical Experiences of Ordinary People,* Harper

Johnson, R. F. Q., u. T. X. Barber. 1976: Hypnotic suggestions for blister formation: Subjective and physiological effects. *American Journal of Clinical Hypnosis* 18:172–181

Johnston, F. 1982: *Alexandrina, the Agony and the Glory,* Tan

Jones, A. H. M. 1964: *The Later Roman Empire,* Oxford

Jones, E. 1960–1962: *Das Leben und Werk von Sigmund Freud,* 3 Bde., Bern: Hans Huber; Neuausgabe 1984, München: dtv

Jones, F. P. 1976: *Body Awareness in Action,* Schocken

Jones. R. F. 1970: „You learn the art of invisibility." *Sports Illustrated* (16. Nov.)

Jones, R. T. 1966: *Bobby Jones on Golf,* Doubleday

Jordan, C., u. K. Lenington. 1979: Physiological correlates of eidetic imagery and induced anxiety. *Journal of Mental Imagery* 3:31–42

Journal of Transpersonal Psychology. Herausgegeben vom Transpersonal Institute, P.O. Box 4437, Stanford, CA 94309

Juan de la Cruz. 1967–1979: *Des heiligen Johannes vom Kreuz saemtliche Werke in fuenf Baenden,* neue dt. Ausgabe, München: Kösel

Jung, C. G.: Gesammelte Werke, 19 Bde., Zürich: Rascher, ab 1971 Olten/Freiburg i. Br.: Walter
– 1971: *Die Dynamik des Unbewußten,* Bd. 8 der *Gesammelten Werke*
– 1972: *Psychologie und Alchemie,* Bd. 12 der *Gesammelten Werke*
– 1972/73: *Briefe,* herausgegeben von Aniela Jaffé in Zusammenarbeit mit G. Adler, 3 Bde., Olten/Freiburg i. Br.: Walter
– 1978: *Studien über alchemistische Vorstellungen,* Bd. 13 der *Gesammelten Werke*
– 1982: *Erinnerungen, Träume, Gedanken,* Olten/Freiburg i. Br.: Walter
– 1984: *Mysterium Coniunctionis,* Bd. 14 der *Gesammelten Werke*
– o. J.: *Das symbolische Leben,* Bd. 18 der *Gesammelten Werke*

Kabat-Zinn, J. 1982: An outpatient program in behavioral medicine for chronic pain patients based on the practice of mindfulness meditation: Theoretical considerations and preliminary results. *General Hospital Psychiatry* 4:33–47

Kabat-Zinn, J., u. R. Burney. 1981: The clinical use of awareness meditation in the self-regulation of chronic pain. (Auszüge) *Pain* 1 (Suppl.): S273

Kabat-Zinn, J., L. Lipworth u. R. Burney. 1985: The clinical use of mindfulness meditation for the self-regulation of chronic pain. *Journal of Behavioral Medicine* 8:163–190

Kabat-Zinn, J., L. Lipworth, R. Burney et al. 1987: Four-year follow-up of a meditation-based program for the self-regulation of chronic pain: Treatment outcomes and compliance. *Clinical Journal of Pain* 2:159–173

Kabat-Zinn, J., L. Lipworth, W. Sellers et al. 1984: Reproducibility and four-year follow-up of a training program in mindfulness meditation for the self-regulation of chronic pain. *Pain Supplement* 2:303

Kahn, H. A. 1963: The relationship of reported coronary heart disease mortality to physical activity work. *American Journal of Public Health* 53:1058–1067

Kamiya, J. 1968: Conscious control of brain waves. *Psychology Today* 1:57–60
– 1969: Operant control of the EEG alpha rhythm and some of its reported effects on consciousness, in: C. Tart (Hg.): *Altered States of Consciousness,* Julian

Kanellakos, D., u. J. Lukas. 1974: *The Psychobiology of Transcendental Meditation: A Literature Review,* W. A. Benjamin

Kanemoto, S. 1969: *Bu no shinjin* (True Man of Martial Valor), Tama Publishing Co.

Kapleau, P. 1987 (7): *Die drei Pfeiler des Zen,* München: Barth

Karambelkar, P. V., S. L. Vinekar u. M. V. Bhole. 1968: Studies on human subjects staying in an air-tight pit. *Indian Journal of Medical Research* 56:1282–1288

Karjalainen, K. F. 1921–1927: *Die Religion der Jugra-Völker,* Bd. 3, zitiert in: M. Eliade 1991 (7)

Karlin, R. 1979: Hypnotizability and attention. *Journal of Abnormal Psychology* 88:92–95

Kasamatsu, A., u. T. Hirai. 1963: Science of Zazen. *Psychologia* 6:86–91
– 1966: An EEG study of Zen meditation. *Folia Psychiatrica et Neurologia Japonica* 20:315–336
– 1969a: An EEG study on the Zen meditation (zazen). *Psychologia* 12:205–225
– 1969b: An electroencephalographic study of Zen meditation, in: C. Tart (Hg.): *Altered States of Consciousness,* Wiley

Kasamatsu, A., et al. 1957: The EEG of „Zen" and „Yoga" practitioners. *Electroencephalography & Clinical Neurophysiology,* Suppl. 9:51–52

Katchan, F. A., u. G. Belozerski. 1940: Méthode de sélection pour analgésie obstréticale par hypnose et suggestion, zitiert in: L. Chertok 1981a, a. a. O.

Katcher, A., H. Segal u. A. Beck. 1984: Comparison of contemplation and hypnosis for the reduction of anxiety and discomfort during dental surgery. *American Journal of Clinical Hypnosis* 27:14–21

Katz, D. 1976: Decreased drug use and prevention of drug use through the Transcendental Meditation Program, in: D. W. Orme-Johnson u. J. T. Farrow (Hg.), a. a. O.

Katz R. 1982: Accepting „boiling energy". *Ethos* 10:344–367
– 1985: *Num – Heilen in Ekstase: Spiritualität und uraltes Heilwissen,* Interlaken: Ansata

Katz, S. (Hg.). 1978: *Mysticism and Philosophical Analysis,* Oxford University Press
– 1983: *Mysticism and Religious Traditions,* Oxford University Press

Kaufman, W. 1988 (2): *Nietzsche,* Darmstadt: Wiss. Buchgesellschaft

Kavanaugh, K., u. O. Rodriguez. Übers. 1976, in: *St. Teresa of Avila. Book of Her Life,* Institute of Carmelite Studies

Kazdin, A. E. 1977: Research issues in covert conditioning. *Cognitive Therapy & Research* 1:45–49
– 1986: Verdecktes Modellernen: Die therapeutische Anwendung von Imaginationsübungen, in: J. Singer u. K. Pope, a. a. O.

Keens, S. 1986: *Faces of the Enemy,* Harper & Row

Keithler, M. A. 1981: The influence of the Transcendental Meditation program and personality variables on auditory thresholds and cardiorespiratory responding. *Dissertation Abstracts International* 42:1662–1663

Keller, H. 1955: *Die Geschichte meines Lebens,* Bern: Scherz (nach der amerikan. Neuauflage)

Kelley, G. 1955: *The Psychology of Personal Constructs,* Bd. 1 u. 2, Norton

Kelton, J. J. 1978: Perceptual and cognitive processes in meditation. *Dissertation Abstracts International* 38:3:931

Kepecs, J. G. 1954: Observations on screens and barriers in the mind. *Psychoanalytic Quarterly* 23:62–77

Kernberg, O. F. 1978: *Borderline Störungen und pathologischer Narzißmus,* Frankfurt/M.: Suhrkamp
– 1981: *Objektbeziehungen und Praxis der Psychoanalyse,* Stuttgart: Klett-Cotta

Kesterson, J. B. 1986: Changes in respiratory patterns and control during the practice of the Transcendental Meditation technique. *Dissertation Abstracts International* 47:4:337

Kief, H. 1972: A method for measuring PK ability with enzymes, in: W. G. Roll et al. (Hg.): *Proceedings of the Parapsychological Association No. 8*

Kidd, C. 1966: Congenital ichthyosiform erythrodermia treated by hypnosis. *British Journal of Dermatology* 78:101–105

Kierkegaard, S. 1959: *Philosophische Brosamen und unwissenschaftliche Nachschrift,* Köln: Hegner

Kihlstrom, J. F. 1984: Conscious, subconscious, unconscious: A cognitive view, in: K. Bowers u. D. Meichenbaum (Hg.): *The Unconscious: Reconsidered,* Wiley

Kihlstrom, J. R. 1985: Hypnosis. *Annual Review of Psychology* 36:385–418

Kimball, C. P. 1970: A case of pseudocyesis caused by roots. *American Journal of Obstetrics and Gynecology* 107:801–803

Kimmel, E., u. H. Kimmel. 1963: A replication of operant conditioning of the GSR. *Journal of Experimental Psychology.* 65:212–213

Kimmel, H. D. 1974: Instrumental conditioning of autonomically mediated responses in human beings. *American Psychologist* 29:325–335

Kimmel, H., u. F. Hill. 1960: Operant conditioning of the GSR. *Psychological Reports* 7:555–562

Kindlon, D. J. 1983: Comparison of use of meditation and rest in treatment of test anxiety. *Psychological Reports* 53:931–938

King, J. T. 1920: An instance of voluntary acceleration of the pulse. *Johns Hopkins Bulletin* 2:303–305

Kinsley, D. R. 1979: *Flöte und Schwert: Krisna und Kali; Visionen des Schönen und des Schrecklichen in der altindischen Mythologie,* Bern, München, Wien: Scherz

Kirsch, I., u. D. Henry. 1979: Self-desensitization and meditation in the reduction of public speaking anxiety. *Journal of Consulting & Clinical Psychology* 47:536–541

Kjellberg, S., et al. 1949: Increase in the amount of hemoglobin and blood volume in connection with physical training. *Acta Physiol. Scand.* 19:146

Klajner, F., L. Hartman u. M. Sobell. 1984: Treatment of substance abuse by relaxation training: A review of its rationale, efficacy and mechanisms. *Addictive Behaviors* 9:41–55

Klauder, J. V. 1938: Stigmatization. *Archives of Dermatology and Syphilology* (Apr.) 37:658

Klein, K., u. D. Spiegel. 1989: Modulation of gastric acid secretion by hypnosis. *Gastroenterology* 96:1383–1387

Klemola, E. 1951: Cardiographic observations of 650 Finnish athletes. *An. Med. Fin.* 40:121–132

Kline, M. V. 1952–1953: The transcendence of waking visual discrimination capacity with hypnosis: A preliminary case report. *British Journal of Medical Hypnotism* 4:32–33

Klinge, V. 1972: Effects of exteroceptive feedback and instructions on control of spontaneous galvanic skin response. *Psychophysiology* 9:305–317

Klinger, E. 1980: Therapy and the flow of thought, in: J. E. Shorr et al. (Hg.), *Imagery: Its Many Dimensions and Applications,* Plenum

Kmetz, J. 1981: Effects of healing on cancer cells (Anhang), in: D. Kraft: *Portrait of a Psychic Healer,* Putnam

Knight, J. A. 1960: False pregnancy in a male. *Psychosomatic Medicine* 22:260–266

Knowles, D. 1963: *Great Historical Enterprises,* Nelson

Knowles, F. W. 1954: Some investigations into psychic healing. *Journal of the American Society for Psychical Research* 48:21–26
– 1956: Psychic healing in organic disease. *Journal of the American Society for Psychical Research* 50:110–117

Knowles, J., u. C. Lucas. 1960: Experimental studies of the placebo response. *Journal of Mental Science* 106:231–240

Koestler, A. 1961: *Von Heiligen und Automaten,* Bern, München, Wien: Scherz
– 1964: *The Act of Creation,* Macmillan; dt. (in gekürzter Fassung) 1966: *Der göttliche Funke,* Bern, München, Wien: Scherz
– 1990: *Der Mensch, Irrläufer der Evolution: eine Anatomie der menschlichen Vernunft und Unvernunft,* Frankfurt/M.: Fischer

Koestler, A., u. J. R. Smythies (Hg.). 1970: *Das neue Menschenbild. Die Revolutionierung der Wissenschaften vom Leben. Ein internationales Symposion,* Wien, München, Zürich: Molden

Kohr, R. L. 1977: Dimensionality in meditative experience: A replication. *Journal of Transpersonal Psychology* 9:193–203

Konzak, B., u. F. Boudreau. 1984: Martial arts training and mental health: An exercise in self-help. *Canada's Mental Health* 32:2–8

Korein, J., u. J. Brudny. 1976: Integrated EMG feedback in the management of spasmodic torticollis and focal dystonia: A prospective study of 80 patients, in: M. D. Yahr (Hg.): *The Basal Ganglia,* Raven

Korein, J., et al. 1976: Sensory feedback therapy of spasmodic torticollis and dystonia: Results in treatment of 55 patients, in: R. Eldridge u. S. Fahn (Hg.): *Advances in Neurology,* Raven

Kornfield, J. 1979: Intensive insight meditation: A phenomenological study. *Journal of Transpersonal Psychology* 11:41–58
– 1983: The psychology of mindfulness meditation. *Dissertation Abstracts International* 44:610

Kothari, L. K., A. Bordia u. O. P. Gupta. 1973: Studies on a yogi during an eight-day confinement in a sealed underground pit. *Indian Journal of Medical Research* 61:1645–1650

Koufax, S., u. E. Linn. 1966: *Koufax,* Viking

Krahne, W., u. G. Tenoli. 1975: EEG and Transcendental Meditation. *Pfleuger's Archives* 359:R93

Kramer, E., u. G. R. Tucker. 1967: Hypnotically suggested deafness and delayed auditory feedback. *International Journal of Clinical & Experimental Hypnosis* 15:37–43

Kras, D. J. 1976: The Transcendental Meditation technique and EEG alpha activity, in: D. W. Orme-Johnson u. J. T. Farrow (Hg.), a. a. O.

Kraus, F. 1919–1926: *Die allgemeine und spezielle Pathologie der Person: Klinische Syzygiologie,* Leipzig: Thieme

Krenz, E. W. 1984: Improving competitive performance with hypnotic suggestions and modified autogenic training: Case reports. American Journal of Clinical Hypnosis 27:58–63

Kretschmer, E. 1975 (14): *Medizinische Psychologie,* Stuttgart: Thieme

Krieger, D. 1975: Therapeutic Touch: The imprimatur of nursing. *American Journal of Nursing* 75:784–787
– 1976: Healing by the laying-on-of-hands as a facilitator of bioenergetic change: The response of in-vivo human hemoglobin. *Psychoenergetic Systems* 1:121–129
– 1979a: *Therapeutic Touch,* Prentice-Hall
– 1979b: Therapeutic Touch: Searching for evidence of physiological change. *American Journal of Nursing* (Apr.) 79:660–662

Krieger, D., et al. 1979: Physiologic indices of Therapeutic Touch. *American Journal of Nursing* 4:660–662

Krippner, S., u. M. Maliszewski. 1978: Meditation and the creative process. *Journal of Indian Psychology* 1:40–58

Kriska, A., et al. 1988: The assessment of historical physical activity and its relation to adult bone parameters. *American Journal of Epidemiology* 127:1053

Kroger, W. 1962: *Psychosomatic Obstetrics, Gynecology and Endocrinology,* Charles C. Thomas

Kroger, W. S. 1963: *Clinical & Experimental Hypnosis,* Lippincott

Kroll, W., u. B. Carlson. 1970: Discriminant function and hierarchical grouping analysis of karate participants' personality profiles, in: Morgan (Hg.), *Contemporary Readings in Sport Psychology,* Charles C. Thomas

Kubie, L. 1943: The use of induced hypnogogic reveries in the recovery of repressed amnesic data. *Bulletin of the Menninger Clinic* 7:172–183
– 1966: *Neurotische Deformationen des schöpferischen Prozesses,* Reinbek: Rowohlt

Kubose, S. 1976: An experimental investigation of psychological aspects of meditation. *Psychologia* 19:1–10

Kubose, S., u. T. Umemoto. 1980: Creativity and the Zen koan. *Psychologia* 23:1–9

Kunzle, D. 1981: *Fashion and Fetishism: A Social History of the Corset, Tight-Lacing, and Other Forms of Body-Sculpture in the West,* Rowman & Littlefield

Kutz, I., M. Caudill u. H. Benson. 1983: The role of relaxation in behavioral therapies of chronic pain, in: J. Stein u. C. Winfield (Hg.), *Pain Management,* Little, Brown

Labarre, W. 1947: The cultural basis of emotions and gestures. *Journal of Personality* 16:49–68

LaBaw, W. L. 1970: Regular use of suggestibility by pediatric bleedings. *Haematologia* 4:419–425

Lakoff, G. 1987: *Women, Fire and Other Dangerous Things,* University of Chicago Press

Lakoff, G., u. M. Johnson. 1980: *Metaphors We Live By,* University of Chicago Press

Lamaze, F. 1958: *Painless Childbirth: Psychoprophylactic Method,* Burke

Lang, M. 1977: *Cure and Cult in Ancient Corinth,* American School of Classical Studies at Athens

Lang, P. J. 1974: Learned control of human heart rate in a computer directed environment, in: P. A. Obrist et al. (Hg.), *Cardiovascular Psychophysiology,* Aldine

Lang, P., u. C. Twentyman. 1974: Learning to control heart rate: Binary vs. analogue feedback. *Psychophysiology* 11:616–629
– 1976: Learning to control heart rate: Effects of varying incentive and criterion of success on task performance. *Psychophysiology* 13:378–385

Lang, P. J., et al. 1967: Effects of feedback and instructional set on the control of cardiac rate variability. *Journal of Experimental Psychology* 75:425–431
– 1975: Differential effects of heart rate modification training on college students, older males, and patients with ischemic heart disease. *Psychosomatic Medicine* 37:429–446

Lang, R., K. Dehob, K. Meurer et al. 1979: Sympathetic activity and TM. *Journal of Neural Transmission* 44:117–135

Langer, E. 1988: Minding matters: The consequences of mindlessness/mindfulness, in: L. Berkowitz (Hg.), *Advances in Experimental Social Psychology,* Academic

Langley, S. P. 1901: The fire-walk ceremony in Tahiti. *Nature* (Mai)

Lanz, B. 1970: Effects of placebo administration on the postoperative course of oral surgery. *Swedish Dental Journal* 63:621–626

Lanzetta, J., et al. 1976: Effects of non-verbal dissimulation on emotional experience and autonomic arousal. *Journal of Personality and Social Psychology* 33:354–370

La Perriere, A., M. Fletcher, M. Antoni et al. 1991: Aerobic exercise training in an AIDS risk group. *International Journal of Sports Medicine* 12:S53–S57

Lasagna, L. 1955: Placebos. *Scientific American* 193:68–71

Lasagna, L., et al. 1955: Drug-induced mood changes in man. I. Observations on healthy subjects, chronically ill patients, and postaddicts. *Journal of the American Medical Association* 157:1006–1020

Laski, M. 1990 (Neuauflage): *Ecstasy*, Tarcher

Laurie, G. 1976: An investigation into the changes in skin resistance during the Transcendental Meditation technique, in: D. W. Orme-Johnson u. J. T. Farrow (Hg.), a. a. O.

Laver, A. B. 1978: Miracles no wonder! The Mesmeric phenomena and organic cures of Valentine Greatrakes. *Journal of the History of Medicine and Allied Sciences* (Jan.) 33:35–46

Layard, J. W. 1930: Malekula: Flying tricksters, ghosts, gods and epileptics. *Journal of the Royal Anthropological Institute,* London

Lazar, Z., L. Farwell u. J. Farrow. 1976: The effects of the Transcendental Meditation program on anxiety, drug abuse, cigarette smoking and alcohol consumption, in: D. W. Orme-Johnson u. J. T. Farrow (Hg.), a. a. O.

Lazarus, A. 1976: Psychiatric problems precipitated by Transcendental Meditation. *Psychological Reports* 39:601–602

– 1980: *Innenbilder: Imagination in der Therapie und als Selbsthilfe,* München: Pfeiffer

Lea, P., et al. 1960: The hypnotic control of intractable pain. *American Journal of Clinical Hypnosis* 3:3–8

Lecky, W. E. 1879: *Sittengeschichte Europas von August bis auf Karl den Großen,* Leipzig, Heidelberg: Winter

LeCron, L. M. 1969: Breast development through hypnotic suggestion. *Journal of the American Society of Psychosomatic Dentistry & Medicine* 16:58–61

Lefebvre, F. 1873 (2): *Louise Lateau de Bois-D'Haine. Sa Vie. Ses Extases. Ses Stigmates, Étude Médicale,* Ch. Peeters (Hg.)

LeHew, J. L. 1970: The use of hypnosis in the treatment of musculo-skeletal disorders. *American Journal of Clinical Hypnosis* 13:131–134

Lehrer, P., A. Schoicket, P. Carrington et al. 1980: Psychophysiological and cognitive responses to stressful stimuli in subjects practicing progressive relaxation and clinically standardized meditation. *Behavior Research & Therapy* 18:293–303

Lehrer, P., R. Woolfolk, A. Rooney et al. 1983: Progressive relaxation and meditation. *Behavior Research Therapy* 21:651–662

Lehrer, P., et al. 1983: Progressive Relaxation and meditation. *Behavior Research Therapy* 21:651–662

Lehtonen, A., et al. 1979: The effects of exercise on high density (HDL) lipoprotein apoproteins. *Acta Physiol. Scand.* 106:487

Leonard, G. 1982: *Report to the Esalen Institute Study of Exceptional Functioning* (Dez.)
– 1986: *The Transformation,* Tarcher
– 1990: *The Ultimate Athlete,* North Atlantic
– 1992: *Der Pulsschlag des Universums,* München: O. W. Barth/Scherz
– 1994: *Der längere Atem,* Wessobrunn: Integral

Leonard, G., u. J. Kirsch. 1983: *Energy Training: A Manual for Trainers.* Mill Valley, CA: Leonard Energy Training Institute, Aikido of Tamalpais

Lerner, B., et al. 1967: On the need to be pregnant. *International Journal of Psychoanalysis* 48:288–297

Lesh, T. V. 1970a: Zen and psychotherapy: A partially annotated bibliography. *Journal of Humanistic Psychology* 10:75–83
– 1970b: Zen meditation and the development of empathy in counselors. *Journal of Humanistic Psychology* 10:39–74

Leshan, L. 1975: *The Medium, the Mystic, and the Physicist,* Teil 2, Ballantine Books

Leuner, H. 1977: Guided affective imagery: An account of its development. *Journal of Mental Imagery* 1:73–92

– 1986: Die Grundprinzipien des Katathymen Bilderlebens (KB) und seine therapeutische Effizienz, in: J. Singer u. K. Pope, a. a. O.

Leung, P. 1973: Comparative effects of training in external and internal concentration on two counseling behaviors. *Journal of Counseling Psychology* 20:227–234

Levee, J. R., et al. 1976: Electromyographic biofeedback for relief of tension in the facial and throat muscles of a wood-wind musician. *Biofeedback and Self-Regulation* 1:113–120

Levene, H., et al. 1968: Differential operant conditioning of heart rate. *Psychosomatic Medicine* 30:837–845

Levin, S. 1977: The Transcendental Meditation technique in secondary education. *Dissertation Abstracts International* 38:706–707

Levine, D. 1983: *The Liberal Arts and the Martial Arts,* Gallery Books

Levine, J., et al. 1978: The mechanism of placebo analgesia. *Lancet* 2:654–657

Levine, J. D., et al. 1981: Analgesic responses to morphine and placebo in individuals with postoperative pain. *Pain* 10:379–389

Levine, P. H. 1976: Analysis of the EEG by COSPAR: Application to TM, in: J. I. Martin (Hg.): *Proceedings of the San Diego Biomedical Symposium* 15:237–247

Lewis, C. S. 1992: Perelandra, in: *Die Perelandra-Trilogie,* Stuttgart u. a.: Weitbrecht

Lewis, J. 1978: The effects of a group meditation technique upon degree of test anxiety and level of digit-letter retention in high school students. *Dissertation Abstracts International* 38:6015–6016

Lhermitte, J. 1953: *Echte und falsche Mystiker,* Luzern: Räber

Libby, B. 1974: *Foyt,* Hawthorn Books

Lichtenstein, M. 1925: *Jewish Science and Health,* Jewish Science Publishing

Life of Sri Ramakrishna. 1924, Advaita Ashrama

Lifschutz, J. 1957: Hysterical stigmatization. *American Journal of Psychiatry* 114:529–530

Lindauer, M. S. 1983: Imagery and the arts, in: A. Sheikh (Hg.): *Imagery – Current Theory, Research, and Application,* Wiley

Lindbergh, C. A. 1956: *Mein Flug über den Ozean,* Frankfurt/M.: Fischer
– 1984: *Stationen meines Lebens: Memoiren,* München: Goldmann

Linden, W. 1973: Practicing of meditation of school children and their levels of field dependence-independence, test anxiety, and reading achievement. *Journal of Consulting and Clinical Psychology* 41:139–143

Lindsley, D. B. 1935: Electrical activity of human motor units during voluntary contraction. *American Journal of Physiology* 114:90–99

Little, J. C. 1979: Neurotic illness in fitness fanatics. *Psychiatric Annals* 9:49–56

Little, L., u. P. Curran. 1978: Covert sensitization: A clinical procedure in need of some explanations. *Psychological Bulletin* 85:513–531

Lloyd, A., u. J. Shurley. 1976: The effects of sensory perceptual isolation on single motor unit conditioning. *Psychophysiology* 13:340–344

Lloyd, C. W. 1968: The ovaries, in: R. Williams (Hg.): *Textbook of Endocrinology,* W. B. Saunders

Locke, S., et al. 1985: *Foundations of Psychoneuroimmunology,* Aldine

Loehr, F. 1959: *The Power of Prayer on Plants,* Signet

Lord, R. A. 1957: A note on stigmata. *American Imago* 14:299–301

Lorenz, F. W. 1979: Experiments with Matthew Manning, in: J. Mishlove (Hg.): *A Month with Matthew Manning: Experiences and Experiments in Northern California During May–June,* 1977, Washington Research Center

Lorimer, D. 1984: *Survival? Body, Mind & Death in the Light of Psychic Experience,* Routledge & Kegan Paul

Lovejoy, A. O. 1985: *Die große Kette der Wesen: Geschichte eines Gedankens,* Frankfurt/M.: Suhrkamp

Lovell-Smith, H. D. 1985: Transcendental Meditation and three cases of migraine. *New Zealand Medical Journal* 98:443–445

Lubar, J. F. 1989: Electroencephalographic biofeedback and neurological applications, in: J. V. Basmajian (Hg.), a. a. O.

Lucas, O. N. 1965: Dental extractions in the hemophiliac: Control of the emotional factors by hypnosis. *American Journal of Clinical Hypnosis* 7:301–307

Ludwig, A., u. W. Lyle. 1964: Tension induction and the hyperalert trance. *Journal of Abnormal and Social Psychology* 69:70–76

Luparello, T., et al. 1968: Influences of suggestion on airway reactivity in asthmatic subjects. *Psychosomatic Medicine* 30:819–825

Luria, A. R. 1968: *The Mind of a Mnemonist,* Basic Books

Lusseyran, J. 1989 (9): *Das wiedergefundene Licht,* Stuttgart: Klett-Cotta

Lynn, S., u. J. Rhue. 1988: Fantasy proneness. *American Psychologist* 45:1–43

MacDonald, R. G., et al. 1976: *Preliminary Physical Measurements of Psychophysical Effects Associated with Three Alleged Psychic Healers,* Washington Research Center

MacHovec, F. 1986: *Hypnosis Complications: Prevention and Risk Management,* Thomas

MacKean, W. H. 1920: *Christian Monasticism in Egypt to the Close of the Fourth Century,* London

MacKinnon, D. W. 1960: Genus architectus creator varietas Americanus. *American Institute of Architects Journal* (Sept.), S. 31–35

MacLean, P. 1958: *American Journal of Medicine* 25:611–626
– 1962: New findings relevant to the evolution of psychosexual functions of the brain. *Journal of Nervous & Mental Disease* 135:4

MacLeod-Morgan, C., u. L. Lack. 1982: Hemispheric specificity: A physiological concomitant of hypnotizability. *Psychophysiology* 19:687–690

Maher-Loughnan, G. P. 1970: Hypnosis and autohypnosis for the treatment of asthma. *International Journal of Clinical & Experimental Hypnosis* 18:1–14

Mahler, D., u. J. Loke. 1985: The physiology of marathon running. *The Physician and Sports Medicine* 13:85–97

Malinowski, B. 1979: *Argonauten des westlichen Pazifiks,* Frankfurt/M.: Syndikat

Malitz, S., u. M. Kanzler. 1971: Are antidepressants better than placebo? *American Journal of Psychiatry* 127:1605–1611

Malott, J. 1984: Active-alert hypnosis: Replication and extension of previous research. *Journal of Abnormal Psychology* 93:246–249

Malott, J. K., u. M. Goldstein. 1980: Active-alert hypnotic induction: Effect of motor activity upon responsiveness to suggestions. Unveröffentl. Manuskript

Marais, E. 1973: *Die Seele des Affen,* Esslingen: Symposion

Marcus, J. B. 1974: Transcendental Meditation: A new method of reducing drug abuse. *Drug Forum* 3:113–136

Marlatt, G., R. Pagano, R. Rose et al. 1984: Effects of meditation and relaxation training upon alcohol use on male social drinkers, in: D. H. Shapiro u. R. Walsh (Hg.), a. a. O.

Marquis de Puysegur. 1811: *Recherchers, expérience et observations physiologiques sur l'homme dans l'état de sonambulisme naturel,* J. G. Dentu

Martinetti, P. 1976: Influence of Transcendental Meditation on Perceptual Illusion. *Perceptual & Motor Skills* 43:922

Martony, J. 1968: On the correction of the voice pitch level for severely hard of hearing subjects. *American Annals of the Deaf* 114:195–202

Maslow, A. 1964: *Religions, Values and Peak-Experiences,* Ohio State University Press
– 1971: *The Farther Reaches of Human Nature,* Viking
– 1973: *Psychologie des Seins,* München: Kindler
– 1977: *Die Psychologie der Wissenschaft,* München: Goldmann

Mason, A. A. 1952: A case of congenital ichthyosiform erythrodermia of Brocq treated by hypnosis. *British Medical Journal* 2:422–423
– 1955: Ichthyosis and hypnosis. *British Medical Journal* 2:57–58
– 1960: Hypnosis and suggestion in the treatment of allergic phenomena. *Acta Allergologica* 15:332–338

Mason, A., u. S. Black. 1958: Allergic skin responses abolished under treatment of asthma and hay fever by hypnosis. *Lancet* 1:877–880

Masters, R. E. L., u. J. Houston. 1966: *The Varieties of Psychedelic Experience,* Holt, Rinehart & Winston

Masters, R., u. J. Houston. 1984: *Phantasie-Reisen,* München: Kösel

Masterson, J. 1981: *The Narcissistic and Borderline Disorders,* Brunner/Mazel

Maton, B. 1976: Motor unit differentiation and integrated surface EMG in voluntary isometric contraction. *European Journal of Applied Physiology* 35:149–157

Maupin, E. W. 1965: Individual differences in response to a Zen meditation exercise. *Journal of Consulting Psychology* 29:139–145
– 1969: On meditation, in: C. T. Tart (Hg.): *Altered States of Consciousness: A Book of Readings,* Wiley

Mauss, M. 1935: Les techniques du corps. *Journal de Psychologie Normale et Pathologique* 32; dt. in: ders. 1989: *Soziologie und Anthropologie,* Band 2, S. 197–220
– 1982: Effect physique chez l'individu de l'idée de mort suggérée par la collectivité. *Journal de Psychologie Normale et Pathologique* 23:653–669; dt. in: ders. 1989: *Soziologie und Anthropologie,* Band 2, S. 175–195

May, J., u. H. Johnson. 1973: Physiological activity to internally-elicited arousal and inhibitory thoughts. *Journal of Abnormal Psychology* 82:239–245

May, R., et al. (Hg.). 1958: *Existence,* Basic Books

McArdle, W. D. 1986: *Exercise Physiology,* Lea & Febiger

McArdle, W., et al. 1978: Specificity of run training on VO_2Max and heart rate changes during running and swimming. *Medicine & Science in Sports & Exercise* 10:16

McCanne, T., u. K. Hathaway. 1984: Individual differences in motor skills ability affect the self-regulation of heart rate. *Biofeedback & Self-Regulation* 9:241–252

McClain, K., et al. 1985: Spontaneous remission of Burkett's lymphoma associated with herpes zoster infection. *American Journal of Pediatric Hematology & Oncology* 7:11–19

McClure, C. M. 1959: Cardiac arrest through volition. *California Medicine* 90:440–441

McConkey, K., et al. 1985: Benjamin Franklin and mesmerism. *International Journal of Clinical & Experimental Hypnosis* 33:122–130

McDonagh, J., u. T. Egenes. 1976: The Transcendental Meditation technique and temperature homeostasis, in: D. W. Orme-Johnson u. J. T. Farrow (Hg.), a. a. O.

McEvoy, T. M., L. R. Frumkin, S. W. Harkins et al. 1980: Effects of meditation on brainstem auditory evoked potentials. *International Journal of Neuroscience* 10:165–170

McFadden, E. R., et al. 1969: The mechanism of action of suggestion in the induction of acute asthma attacks. *Psychosomatic Medicine* 31:134–143

McGlashan, T. H., et al. 1969: The nature of hypnotic analgesia and placebo response to experimental pain. *Psychosomatic Medicine* 31:227–246

McGuigan, F. J. 1971: Covert linguistic behavior in deaf subjects during thinking. *Journal of Comparative & Physiological Psychology* 75:417–420

McIntyre, A. 1987: *Der Verlust der Tugend: zur moralischen Krise der Gegenwart,* Frankfurt/M.: Campus

McKinney, S. 1975: How I broke the world's speed record. *Ski Magazine* (Frühjahr) 39:7

McMahon, C. E. 1973: Images as motives and motivators: A historical perspective. *American Journal of Psychology* 86:465–490
– 1974: Voluntary control of „involuntary functions“: The approach of the Stoics. *Psychophysiology* 11:710–714
– 1976: The role of imagination in the diesease process: Pre-Cartesian history. *Psychological Medicine* 6:180–183

McMahon, C., u. A. Sheikh. 1984: Imagination in disease and healing processes: A historical perspective, in: A. Sheikh (Hg.), a. a. O.

Mead, G. R. S. 1991: *Die Lehre vom feinstofflichen Körper in der westlichen Tradition,* Interlaken: Ansata

Mead, M. 1956: Personal character and the cultural milieu, in: D. Harring (Hg.): *On the Implications for Anthropology of the Geselling Approach to Maturation,* Syracuse University Press

Mead, M., u. F. MacGregor. 1951: *Growth and Culture: A Photographic Study of Balinese Childhood,* Putnam

Meerloo, J. A. 1948–1951: Vorträge vor der Medical Section, American Society for Psychical Research
– 1949: Telepathy as a form of archaic communication. *Psychiatric Quarterly* 23:691–704
– 1950: *Patterns of Panic,* International Universities Press
– 1953: *Communication and Conversation,* International Universities Press

Meichenbaum, D. 1979: *Kognitive Verhaltensmodifikation,* München u. a.: Urban und Schwarzenberg

Menotti, A., u. V. Paddu. 1976: Death rates among the Italian railroad employees, with special reference to coronary heart disease and physical activity at work. *Environmental Research* 11:331–342

Merleau-Ponty, M. 1966: *Phänomenologie der Wahrnehmung,* Berlin: de Gruyter

Metalnikov, S., u. V. Chorne. 1926: The role of conditioned reflex in immunity. *Annals Pasteur Institute* 11:1–8

Metta, L. 1972: Psychokinesis of lepidopterous larvae. *Journal of Parapsychology* 36:213–221

Metzner, R. 1987: *Hineingehen: Wegmarken für die Transformation,* Freiburg i. Br.: Bauer

Meyhoff, H. H., et al. 1983: Placebo – the drug of choice in female motor urge incontinence? *British Journal of Urology* 55:34–37

Michael, D. N. 1973: *On Learning to Plan – and Planning to Learn,* Jossey-Bass Inc.
– 1983: Competence and compassion in an age of uncertainty. *World Future Society Bulletin* XVII:1–6 (Jan./Feb.)
– 1991: Leadership's shadow: The dilemma of denial. *Futures* (Jan./Feb.), S. 69–79

Michener, J. 1976: *Sports in America,* Random House

Mickelson, T., u. F. Hagerman. 1982: Anaerobic threshold measurements of elite oarsmen. *Medicine & Science in Sports & Exercise* 14:44

Miles, W. 1964: Oxygen consumption during Yoga-type breathing patterns. *Journal of Applied Physiology* 19:75–82

Miller, A. V. (Übers.). 1977: *Phenomenology of Spirit by G. W. F. Hegel.* Mit einer Analyse des Textes und einem Vorwort von J. N. Findlay, Oxford University Press

Miller, G. A., et al. 1973: *Strategien des Handelns: Pläne und Strukturen des Verhaltens,* Stuttgart: Klett

Miller, J., u. D. Shanklin. 1976: *Pure Golf,* Doubleday

Miller, J. G. 1978: *Living Systems,* McGraw-Hill

Miller Lite Report on American Attitudes Toward Sports. 1983: Research & Forecasts, Inc.

Miller, N., u. A. Banuazizi. 1968: Instrumental learning by curarized rats of a specific visceral response, intestinal or cardiac. *Journal of Comparative & Physiological Psychology* 65:1–7

Miller, N., u. L. DiCara. 1967: Instrumental learning of heart-rate changes in curarized rats: Shaping and specificity to discriminative stimulus. *Journal of Comparative & Physiological Psychology* 63:12–19
– 1968: Instrumental learning of urine formation by rats: Changes in renal blood flow. *American Journal of Physiology* 215:677–683

Miller, N., u. B. Dworkin. 1974: Visceral learning: Recent difficulties with curarized rats and significant problems for human research, in: P. A. Obrist (Hg.): *Cardiovascular Psychophysiology,* Aldine

Miller, R. 1977: Methods of detecting and measuring healing energies, in: J. White u. S. Krippner (Hg.): *Future Science,* Anchor/Doubleday

Miller, R. N. 1972: The positive effect of prayer on plants. *Psychic* 3:24–25

Mills, G., u. K. Campbell. 1974: A critique of Gellhorn and Kiely's mystical states of consciousness. *Journal of Nervous and Mental Disease* 159:191

Mills, W., u. J. Farrow. 1981: The TM technique and acute experimental pain. *Psychosomatic Medicine* 43:157–164

Milne, L., u. M. Milne. 1968: *Die Sinneswelt der Tiere und Menschen,* Hamburg, Berlin: Parey

Minick, M. 1982: *Kung Fu,* München: Barth

Minsky, M. 1990: *Mentopolis,* Stuttgart: Klett-Cotta

Mishima, Y. 1970: *Sun and Steel,* Kodansha International

Mole, P., et al. 1971: Adaptation of muscle to exercise. *Journal of Clinical Investigation* 50:323

Moles, E. A. 1977: Zen meditation: A study of regression in service of the ego. *Dissertation Abstracts International* 38:871–872

Molloy, G. 1873: *A Visit to Louise Lateau,* London

Moltmann, J. 1985 (12): *Theologie der Hoffnung,* München: Kaiser

Monroe, R. A. 1972: *Der Mann mit den zwei Leben,* Düsseldorf, Wien: Econ

Moody, R. 1991: *Leben nach dem Tod,* Reinbek: Rowohlt

Moody, R. L. 1946: Bodily changes during abreaction. *Lancet* (28. Dez.), S. 934–935
– 1948: Bodily changes during abreaction. *Lancet* (Brief vom 19. Juni), S. 964

Moore, L., u. J. Kaplan. 1983: Hypnotically accelerated burn wound healing. *American Journal of Clinical Hypnosis* 26:16

Moorefield, C. W. 1971: The use of hypnosis and behavior therapy in asthma. *American Journal of Clinical Hypnosis* 13:162 168

Moretti-Altuna, G. E. 1987: The effects of meditation versus medication in the treatment of attention deficit disorder with hyperactivity. *Dissertation Abstracts International* 47:658

Morgan, A. H., et al. 1974: The stability of hypnotic susceptibility: A longitudinal study. *International Journal of Clinical & Experimental Hypnosis* 22:249–257

Morgan, C. L. 1923: *Emergent Evolution,* Henry Holt

Morgan, W. 1982: Pychological effects of exercise. *Behavioral Medical Update* 4:25–30

Morgan, W., u. S. Goldston (Hg.). 1987: *Exercise and Mental Health,* Hemisphere

Morganroth, J., et al. 1975: Comparative left ventricular dimensions in trained athletes. *Annals of Internal Medicine* 82:521–524

Morley, J. E., et al. 1987: Neuropeptides: Conductors of the immune orchestra. *Life Sciences* 41:527–544

Morphis, O. L. 1961: Hypnosis and its use in controlling patients with malignancy. *American Journal of Roentgenology* 85:897–900

Morris, J. N. 1975: *Uses of Epidemiology,* Churchill Livingstone

Morris, J. N., et al. 1953: Coronary heart disease and physical activity of work. *Lancet* 2:1053–1057
– 1966: Incidence and prediction of ischaemic heart-disease in London busmen. *Lancet* 2:552–559
– 1973: Vigorous exercise in leisure-time and the incidence of coronary heart-disease. *Lancet* 1:333–339
– 1980: Vigorous exercise in leisure-time: Protection against coronary heart disease. *Lancet* 2:1207–1210

Morse, D. R. 1976a: Meditation in dentistry. *General Dentistry* 24:57–59
– 1976b: Use of a meditative state for hypnotic induction in the practice of endodontics. *Oral Surgery, Oral Medicine, Oral Pathology* 41:664–672

– 1977a: An exploratory study of the use of meditation alone and in combination with hypnosis in clinical dentistry. *Journal of the American Society of Psychosomatic Dentistry & Medicine* 24:113–120
– 1977 b: Overcoming practice stress via meditation and hypnosis. *Dental Survey* 53:32–36
– 1977c: Variety, exercise, and meditation can relieve practice stress. *Dental Studies* 56:26–29

Morse, D. R., L. Cohen, M. Furst u. J. Martin. 1984: A physiological evaluation of the yoga concept of respiratory control of autonomic nervous system activity. *International Journal of Psychosomatics* 31:3–19

Morse, D. R., u. C. Hilderbrand. 1976: Case report: Use of TM in periodontal therapy. *Dental Survey* 52:36–39

Morse, D. R., J. S. Martin, M. L. Furst et al. 1977: A physiological and subjective evaluation of meditation, hypnosis and relaxation. *Psychosomatic Medicine* 39:304–324

Morse, D. R., G. R. Schacterle, M. L. Furst et al. 1981: Stress, relaxation, and saliva: A pilot study involving endodontic patients. *Oral Surgery* (Sept.), S. 308–313
– 1982: The effect of stress and meditation on salivary protein and bacteria: A review and pilot study. *Journal of Human Stress* 8:31–39

Morse, D. R., R. Schoor u. B. Cohen. 1984: Surgical and non-surgical dental treatments for a multi-allergic patient with meditation-hypnosis as the sole anesthetic: Case report. *International Journal of Psychosomatics* 31:27–33

Morse, D. R., u. J. M. Wilcko. 1979: Nonsurgical endodontic therapy for a vital tooth with meditation-hypnosis as the sole anesthetic: A case report. *American Journal of Clinical Hypnosis* 21:258–262

Morse, M., u. P. Jerry. 1990: *Closer to the Light: Learning from the Near-Death Experiences of Children,* Ivy Books (Ballantine)

Motoyama, H. 1981: *Theories of the Chakras: Bridge to Higher Consciousness.* Theosophical Publishing House

Mott, T., u. J. Roberts. 1979: Obesity and hypnosis: A review of the literature. *American Journal of Clinical Hypnosis* 22:3

Moulton, R. 1943: Psychosomatic implication of pseudocyesis. *Psychosomatic Medicine* 4:376–389

Mouren, P. o. J. *The Cure of M. Serge Perrin.* Bericht an das International Medical Committee of Lourdes. Bureau Médical, Lourdes, Frankreich

Mowrer, O. H. 1977: Mental imagery: An indispensable psychological concept. *Journal of Mental Imagery* 1:303–326

Mowrer, O., u. W. Mowrer. 1938: Enuresis: A method for its study and treatment. *American Journal of Orthopsychiatry* 8:436–459

Müller, L. 1931: *Die Lebensnerven und Lebenstriebe,* Berlin: Springer

Muldoon, S., u. H. Carrington. 1988 (7): *Die Aussendung des Astralkörpers,* Freiburg i.Br.: Bauer

Mulholland, T., u. E. Peper. 1971: Occipital alpha and accommodative vergence, pursuit tracking, and fast eye movements. *Psychophysiology* 8:556–575

Mullins, J. F., et al. 1955: Pachyonychia congenita: A review and new approach to treatment. *Archives of Dermatology* 71:265–268

Murchie, G. 1956: *Wolken, Wind und Flug,* Berlin: Ullstein

Murphy, M. J. 1973: Explorations in the use of group meditation with persons in psychotherapy. *Dissertation Abstracts International* 33(12–B):6089

Murphy, M. 1977: *Jacob Atabet,* Tarcher

Murphy, M., u. J. Brodie. 1973: „I experience a kind of clarity." *Intellectual Digest* (Jan.) 3:5:19–22

Murphy, M., u. S. Donovan. 1990: *The Physical and Psychological Effects of Meditation.* Study of Exceptional Functioning, Esalen Institute

Murphy, M., u. R. White. 1983: *Psi im Sport: Der Einfluß übernatürlicher Wahrnehmung auf sportliche Spitzenleistungen,* München: Hugendubel 1983

Murray, J., u. G. Abraham. 1978: Pseudocyesis: A review. *Obstetrics and Gynecology* 51:627–631

Musashi, M. 1984: *Das Buch der fünf Ringe,* München: Knaur

Muskatel, N., R. Woolfold, P. Carrington et al. 1984: Effect of meditation training on aspects of coronary-prone behavior. *Perceptual & Motor Skills* 58:515–518

Myers, F. W. H. 1903, 1954: *Human Personality and Its Survival of Bodily Death,* 2 Bde., Longmans, Green

Myers, T., u. E. Eisner. 1974: *An Experimental Evaluation of the Effects of Karate and Meditation,* American Institutes for Research (Okt.)

Nabokov, P. 1981: *Indian Running,* Capra

Nagao, G. 1991: *Madhyamika and Yogacard,* Übers. L. Kawamura, State University of New York Press

Nagel, E. 1979: *The Structure of Science,* Hackett

Nagle, F., u. H. Montoye. 1981: *Exercise in Health & Disease,* Charles C. Thomas

Narayanaswami Aiyar (Hg.). 1914: *Thirty Minor Upanishads,* Madras, Indien

Nash, C. B. 1982: Psychokinetic control of bacterial growth. *Journal of the Society for Psychical Research* 51:217–221

Nash, C. B., u. C. S. Nash. 1967: The effect of paranormally conditioned solution on yeast fermentation. *Journal of Parapsychology* 31:314

Nash, M., et al. 1984: The direct hypnotic suggestion of altered mind/body perception. *American Journal of Clinical Hypnosis* 27:95–102

Nasr, S. H. 1990: *Die Erkenntnis und das Heilige,* München: Diederichs

National Academy of Sciences Institute of Medicine. 1989: *Behavioral Influences on the Endocrine and Immune Systems. A Research Briefing.*

Needham, J. 1937: *Integrative Levels: A Revaluation of the Idea of Progress.* Oxford University Press

Needles, W. 1943: Stigmata occurring in the course of psychoanalysis. *Psychoanalytic Quarterly* 12:23–39

Neff, D., u. E. Blanchard. 1982: The relationship between capacity for absorption and headache patients' response to relaxation and biofeedback treatment, in: *Self-Regulation Strategies: Efficacy and Mechanisms,* 13. Jahresversammlung der Biofeedback Society of America, Chicago, 5. bis 8. März

Neihardt, J. 1992 (9): *Schwarzer Hirsch. Ich rufe mein Volk,* Göttingen: Lamuv

New Catholic Encyclopedia. 1967, McGraw-Hill

Newman, M. 1971: Hypnotic handling of the chronic bleeder in extraction: A case report. *American Journal of Clinical Hypnosis* 14:126–127

Nicassio, P. M., et al. 1982: Progressive relaxation, EMG biofeedback and biofeedback placebo in the treatment of sleep-onset insomnia. *British Journal of Medical Psychology* 55:159–166

Nichols, M. 1984: *Family Therapy,* Gardner

Nicholson, N. C. 1920: Notes on muscular work during hypnosis. *Johns Hopkins Hospital Bulletin* 31:89–91

Nicklaus, J. 1978: *So spiele ich Golf,* Hamburg: Jahr

Nideffer, R. 1976: *The Inner Athlete,* Thomas Crowell

Nidich, S., W. Seeman u. T. Dreskin. 1973: Influence of Transcendental Meditation on a measure of self-actualization: A replication. *Journal of Counseling Psychology* 20:565–566

Nieporte, T., u. D. Sauers. 1968: *Mind over Golf,* Doubleday

Nikhilananda, S. 1942: Einführung. *The Gospel of Sri Ramakrishna,* Ramakrishna Vivekananda Center

Nimuendaju, C. 1946: *Eastern Tinbira,* University Publications in American Archeology and Ethnology

Nisbet, R. 1980: *The History of the Idea of Progress,* Basic Books

Noeldeke, T. 1892: *Orientalische Skizzen,* Berlin: Paetel

Nolly, G. A. 1975: The immediate after-effects of meditation on perceptual awareness. *Dissertation Abstracts International* 36(20B):919

Northoff, H., u. A. Berg. 1991: Immunologic mediators as parameters of the reaction to strenuous exercise. *International Journal of Sports Medicine* 12:S9–S15

Norton, G. R. 1976: Biofeedback treatment of long-standing eye closure reactions. *Journal of Behavior Therapy and Experimental Psychiatry* 7:279–280

Novak, M. 1976: *The Joy of Sports,* Basic Books

Novak, P. 1981: Empty willing: Contemplative being-in-the-world in St. John of the Cross and Dogen. Dissertation, University Microfilms, Ann Arbor, MI

Novak, P. 1984: The dynamics of the will in Buddhist and Christian practice, in: *Buddhist-Christian Studies: 4.* East-West Religious Project, University of Hawaii

Nowlis, D., u. J. Kamiya. 1970: The control of electroencephalographic alpha rhythms through auditory feedback and the associated mental activity. *Psychophysiology* 6:476–484

Nowlis, D., u. E. Wortz. 1973: Control of the ratio of midline parietal to midline frontal EEG alpha rhythms through auditory feedback. *Perceptual & Motor Skills* 37:815–824

O'Brien, R. M., et al. 1981: Augmentation of systematic desensitization of snake phobia through post-hypnotic dream suggestion. *American Journal of Clinical Hypnosis* 23:231

Obrist, P. A., et al. 1970: The cardiac-somatic relationship: Some reformulations. *Psychophysiology* 6:569–587

Office of the Assistant Secretary for Health and Surgeon General. 1979: *Healthy People: The Surgeon General's Report on Health Promotion and Disease Prevention.* DHEW (PHS) Publication No. 79–55071. U.S. Government Printing Office, Washington DC

Ogden, E., u. N. Shock. 1939: Voluntary hypercirculation. *American Journal of the Medical Sciences* 198:329–342

Ogilvy, J. 1979: *Many Dimensional Man,* Harper Colophon

Oh, S., u. D. Falkner. 1984: *Sadaharu Oh: A Zen Way of Baseball,* Times Books

O'Malley, J., u. K. Conners. 1972: The effect of unilateral alpha training on visual evoked response in a dyslexic adolescent. *Psychophysiology* 9:467–470

Onetto, B., u. G. Elquin. 1964: Psychokinesis in experimental tumerogenesis. *Journal of Parapsychology* 30:220

O'Regan, B. 1987: *Healing, Remission and Miracle Cures,* Institute of Noetic Sciences Special Report

O'Regan, B., u. C. Hirshberg. 1990: *Spontaneous Remission: An Annotated Bibliography of Selected Articles and Case Reports from the World Medical Literature,* Institute of Noetic Sciences

O'Regan, B., u. T. Hurley. 1985: Multiple personality – mirrors of a new model of mind? *Investigations,* Institute of Noetic Sciences

Orme-Johnson, D. W. 1973: Autonomic stability and Transcendental Meditation. *Psychosomatic Medicine* 35:341–349
– 1977: Coherence during transcendental consciousness. *Electroencephalography & Clinical Neurophysiology* 43:581

Orme-Johnson, D. W., u. J. T. Farrow (Hg.). 1976: *Scientific Research on the Transcendental Meditation Program: Collected Papers,* Band 1, MERU Press

Orme-Johnson, D., u. B. Granieri. 1976: The effects of the age of enlightenment governor training courses on field independence, creativity, intelligence, and behavioral flexibility, in: D. W. Orme-Johnson u. J. T. Farrow (Hg.), a. a. O.

Orme-Johnson, D., u. C. Haynes. 1981: EEG phase coherence, pure consciousness, creativity, and TM-sidhi experiences. *International Journal of Neuroscience* 13:211–217

Orne, M., et al. 1986: Hypnotic experience: A cognitive social-psychological reality. Diskussionsbeitrag in N. Spanos, Hypnotic behavior: A social-psychological interpretation of amnesia, analgesia, and „trance logic". *Behavioral and Brain Sciences* 9:477–478

Ornish, D., et al. 1990: Can lifestyle changes reverse coronary heart disease? *Lancet* 336:129–135

Osis, K. 1952: A test of the occurrence of a psi effect between man and cat. *Journal of Parapsychology* 16:233–256

Osis, K., E. Bokert, M. Carlson et al. 1973: Dimensions of the meditative experience. *Journal of Transpersonal Psychology* 5:109–135

Osis, K., u. E. Haraldsson. 1989 (2): *Der Tod – ein neuer Anfang,* Freiburg i. Br.: Bauer

Otis, L. S. 1984: Adverse effects of transcendental meditation, in: D. H. Shapiro u. R. W. Walsh (Hg.), a. a. O.

Otto, R. 1971 (3): *West-östliche Mystik,* München: Beck

Overton, D. 1978: Major theories of state-dependent learning, in: B. Ho et al. (Hg.): *Drug Discrimination and State-Dependent Learning,* Academic

Oxendine, J. 1968: *Psychology of Motor Learning,* Meredith

Oyama, M. 1965: *This Is Karate,* Japan Publications

Paffenbarger, R., u. R. Hyde. 1984: Exercise in the prevention of coronary heart disease. *Preventive Medicine* 13:5

Paffenbarger, R., et al. 1970: Work activity of longshoremen as related to death from coronary heart disease and stroke. *New England Journal of Medicine* 282:1109–1114
– 1984: A natural history of athleticism and cardiovascular health. *Journal of the American Medical Association* 252:491

Paffenbarger, R. S., et al. 1986: Physical activity, all-cause mortality, and longevity of college alumni. *New England Journal of Medicine* 314:607–609

Pagano, R., u. L. Frumkin. 1977: The effect of Transcendental Meditation on right hemispheric functioning. *Biofeedback and Self-Regulation* 2:407–415

Paivio, A. 1973: Psychophysiological correlates of imagery, in: F. McGuigan u. R. Schoonover (Hg.): *The Psychophysiology of Thinking,* Academic

Pallis, M. 1974: Is there room for grace in Buddhism?, in: *Sword of Gnosis,* Penguin

Panagiotou, N., u. A. Sheikh. 1974: Eidetic psychotherapy: Introduction and evaluation. *International Journal of Social Psychiatry* 20:231–241
– 1977: The image and the unconscious. *International Journal of Social Psychiatry* 23:169–186

Pannenberg, W. 1985 (7): *Was ist der Mensch,* Göttingen: Vandenhoeck und Ruprecht

Papebroch, D. A memoir, de vita, operibus et virtutibus Joannis Bollandi. *Acta Sanctorum,* t. I Martii, zitiert in D. Knowles, 1963, a. a. O.

Paramahansa Yogananda – In Memoriam. 1983, Self-Realization Fellowship

Park, W. 1934: Paviotso shamanism. *American Anthropologist* (Jan. bis März) 36:98–113

Parker, J., u. G. Gilbert. 1978: Anxiety management in alcoholics: A study of generalized effects of relaxation techniques. *Addictive Behavior* 3:123–127

Parr, J. 1976: *The Superwives,* Coward-McCann & Geoghegan

Parulkar, V., S. Prabhavalker u. J. Bhall. 1974: Observations on some physiological effects of Transcendental Meditation. *Indian Journal of Medical Science* 28:156–158

Patanjalis Yoga Sutras. 1972: dt. siehe I. K. Taimni, a. a. O.

Patel, C. H. 1973: Yoga and biofeedback in the management of hypertension. *Lancet* 2:1053–1055
– 1975a: Yoga and biofeedback in the management of hypertension. *Journal of Psychosomatic Research* 19:355–360
– 1975b: Yoga and biofeedback in the management of „stress“ in hypertensive patients. *Clinical Science & Molecular Medicine* 48:171–174
– 1975c: Twelve-month follow-up of yoga and biofeedback in the management of hypertension. *Lancet* 2:62–64

Patel, C., u. W. North. 1975: Randomized controlled trial of yoga and biofeedback in management of hypertension. *Lancet* 2:93–95

Pattengale, P., u. J. Holloszy. 1967: Augmentation of skeletal muscle myoglobin by programs of treadmill running. *American Journal of Physiology* 213:783

Pattie, F. A. 1941: The production of blisters by hypnotic suggestion: A review. *Journal of Abnormal and Social Psychology* 36:62–72
– 1956: Mesmer's medical dissertation and its debt to Mead's De Imperio Solis et Lunae. *Journal of Medicine and Allied Sciences* 11:275–287

Pattison, E., et al. 1973: Faith healing. *Journal of Nervous & Mental Disease* 157:397–409

Paul, G. L. 1963: The production of blisters by hypnotic suggestion: Another look. *Psychosomatic Medicine* 25:233–244

Paulsen, A. E. 1926: Religious healing. *Mental Hygiene* 10:541–595

Pawlowski, E., u. M. Pawlowski. 1958: Unconscious and abortive aspects of pseudocyesis. *Wisconsin Medical Journal* 57:437–440

Pearson, R. E. 1961: Responses to suggestions given under general anesthesia. *American Journal of Clinical Hypnosis* 4:106–114

Pechar, G., et al. 1974: Specificity of cardio-respiratory adaptation to bicycle and treadmill training. *Journal of Applied Physiology* 36:753

Peck, D. J. 1977: The use of EMG feedback in the treatment of severe case of blepharospasm. *Biofeedback and Self-Regulation* 2:273–277

Pedersen, B. K. 1991: Influence of physical activity on the cellular immune system: Mechanisms of action. *International Journal of Sports Medicine* 12:S23–S29

Pederson-Krag, G. 1947: Telepathy and repression. *Psychoanalytic Quarterly* 6:61–68
– 1948–1951: Vorträge vor der Medical Section, American Society for Psychical Research

Pelletier, K. 1974: Influence of Transcendental Meditation upon autokinetic perception. *Perceptual & Motor Skills* 39:1031–1034
– 1976: The effects of the Transcendental Meditation program on perceptual style: Increased field independence, in: D. W. Orme-Johnson u. J. T. Farrow (Hg.), a. a. O.
– 1988: *Unser Wissen vom Bewußtsein: von Psyche und Soma,* Reinbek: Rowohlt

Pelletier, K., u. C. Garfield. 1977: Meditative states of consciousness, in: P. Zimbardo u. C. Maslach (Hg.): *Psychology of Our Times,* Scott, Foresman

Pelletier, K., u. E. Peper. 1977: Alpha EEG feedback as a means for pain control. *Journal of Clinical & Experimental Hypnosis* 25:361–371

Peper, E. 1970: Feedback regulation of the alpha electroencephalogram activity through control of internal and external parameters. *Kybernetik* 7:107–112
– 1971a: Comment on feedback training of parietal-occipital alpha asymmetry in normal human subjects. *Kybernetik* 9:156–158

– 1971b: Reduction of efferent motor commands during alpha feedback as a facilitator of EEG alpha and a precondition for changes in consciousness. *Kybernetik* 9:226–231
– 1972: Localized EEG alpha feedback training: A possible technique for mapping subjective, conscious, and behavioral experiences. *Kybernetik* 11:166–169

Peper, E., u. S. Ancoli. 1979: The two end points of an EEG continuum of meditation: Alpha/theta and fast beta, in: E. Peper, S. Ancoli u. M. Quinn: *Mind/Body Integrations: Essential Readings in Biofeedback,* Plenum

Peper, E., u. T. Mulholland. 1970: Methodological and theoretical problems in the voluntary control of electroencephalographic occipital alpha by the subject. *Kybernetik* 7:10–13

Perls, F. 1979 (3): *Gestalttherapie in Aktion,* Stuttgart: Klett-Cotta

Perls, F., et al. 1979: *Gestalttherapie,* 2 Bde., Stuttgart: Klett-Cotta

Perry, W. J. 1926: *The Children of the Sun: A Study of the Early History of Civilization,* London

Pert, C., et al. 1985: Neuropeptides and their receptors: A psychosomatic network. *Journal of Immunology* 135:820–826

Peters, R., H. Benson, D. Porter et al. 1977: Daily relaxation response breaks in a working population: 1. Health, Performance & Well-Being. *American Journal of Public Health* 67:946–953

Peterson, W. F. 1946: *Hippocratic Wisdom: For Him Who Wishes to Pursue Properly the Science of Medicine,* Charles C. Thomas

Petrie, W. M. F. 1909: *Personal Religion in Egypt Before Christianity,* London
– 1924: Egypt under Roman Rule, in: *A History of Egypt,* Bd. 5, J. G. Milne

Phillips, S. H. 1986: *Aurobindo's Philosophy of Brahman,* E. J. Brill
– 1989: „Mutable God“: Hartshorne and Indian theism, in: R. Kane u. S. Phillips (Hg.): *Hartshorne: Process Philosophy and Theology,* University of New York Press

Phillips, S. M. 1980: *Extra-Sensory Perception of Quarks,* Theosophical Publishing House

Pickering, T., u. G. Gorham. 1975: Learned heart-rate control by a patient with a ventricular parasystolic rhythm. *Lancet* (Feb.), S. 252–253

Pickering, T., u. N. Miller. 1977: Learned voluntary control of heart rate and rhythm in two subjects with premature ventricular contractions. *British Heart Journal* 39:152–159

Pickersgill, M., u. W. White. 1984: Subjective states during Transcendental Meditation. *International Journal of Psychophysiology* 23:229–230

Pickett, J. M. 1968: Recent research on speech – analyzing aids for the deaf. I.E.E.E. *Transaction on Audio and Electroacoustics,* AU16:227–234

Piddington, J. G. 1902: The fire-walk in Mauritius. *Journal of the Society for Psychical Research,* Bd. 10 (190), (Juni), S. 250–253

Pierrakos, J. 1987: *Core Energetik: Zentrum deiner Lebenskraft,* Essen: Synthesis

Piggins, D., u. D. Morgan. 1977–1978: Perceptual phenomena resulting from steady visual fixation and repeated auditory input under experimental conditions and in meditation. *Journal of Altered States of Consciousness* 3:197–203

Pinsent, J. 1983: „Bull-leaping" in Minoan society. *Proceedings of the Cambridge Colloquium* 1981:263

Pirot, M. 1976: The effects of the Transcendental Meditation technique upon auditory discrimination, in: D. W. Orme-Johnson u. J. T. Farrow (Hg.), a. a. O.

Platon. 1952: *Timaios* (Übers. R. Kapferer), Stuttgart: Hippocrates

Platonov, K. 1959: *The Word as a Psychological and Therapeutic Factor.* Foreign Language Publishing House, in: A. Sheikh (Hg.), 1984, a. a. O.

Platt, J. H. 1947: The Bell reduced visible symbol method for teaching speech to the deaf. *Journal of Speech Disorders* 12:381–386

Plotin. 1878: *Enneaden,* übers. (dt.) von H.F. Müller, Berlin: Weidmannsche Buchhandlung

Plotkin, W. 1979: The alpha experience revisited: Biofeedback in the transformation of psychological state. *Psychological Bulletin* 86:1132–1148

– 1985: A psychological approach to placebo: The role of faith in therapy and treatment, in: L. White et al. (Hg.), a. a. O.

Plotkin, W., u. K. Rice. 1981: Biofeedback as a placebo: Anxiety reduction facilitated by training in either suppression or enhancement of alpha brainwaves. *Journal of Consulting and Clinical Psychiatry* 49:590–596

Podmore, F. 1963: *From Mesmer to Christian Science,* University Books

Polanyi, M. 1964: *Personal Knowledge,* Harper Torchbook

Polhemus, T. (Hg.). 1978: *The Body Reader: Social Aspects of the Human Body,* Pantheon

Pollack, A., M. Weber, D. Case et al. 1977: Limitations of Transcendental Meditation in the treatment of essential hypertension. *Lancet* 1:71–73

Pollack, M., et al. 1974: Physiological characteristics of champion American track athletes 40 to 75 years of age. *Journal of Gerontology* 29:645–649

Pollard, G., u. R. Ashton. 1982: Heart rate decrease: A comparison of feedback modalities and biofeedback with other procedures. *Biological Psychology* 14:245–257

Poortman, J. J. 1978: *Vehicles of Consciousness: The Concept of Hylic Pluralism,* Bd. 1–4, Theosophical Publishing House

Pope, K., u. J. Singer. 1978: *The Stream of Consciousness,* Plenum

Poulain, A. 1910: *Die Fülle der Gnaden. Ein Handbuch der Mystik,* Freiburg i. Br.: Herdersche Verlagsbuchhandlung

Powell, K., u. R. Paffenbarger. 1985: Workshop on epidemiologic and public health aspects of physical activity and exercise: A summary. *Public Health Reports* 100:118–126

Powell, K. E., et al. 1987: Physical activity and the incidence of coronary heart disease. *Annual Review Public Health* 8:253–287

Price, G. R. 1955: Science and the supernatural. *Science* 122:359–367

Price, H. H. 1939: Haunting and the „psychic ether" hypotheses: With some preliminary reflections on the present condition and possible future of psychical research. *Proceedings of the Society for Psychical Research* 45:307–343

Progoff, I. 1967: *Erwecken der Persönlichkeit: ein neuer psychologischer Weg zu einer reicheren Erfahrung der persönlichen Existenz,* Zürich: Rhein

Propp, V. I. 1949: *Le radici storiche dei racconti di fate,* Turin

Public Health Reports. 1985a: 100:113–224
– 1985b: 113:202 (März/Apr.)

Pulos, L. 1969: Hypnosis and Think Training with Athletes. Arbeitspapier, vorgelegt vor der 12. wissenschaftlichen Jahresversammlung, American Society of Clinical Hypnosis, San Francisco

Puryear, H., C. Cayce u. M. Thurston. 1976: Anxiety reduction associated with medication: Home study. *Perceptual & Motor Skills* 43:527–531

Putnam, F. 1984: The psychophysiological investigation of multiple personality disorder. *Psychiatric Clinics of North America* 7:31–39

Pyecha, J. 1970: Comparative effects of judo and selected physical education activities on male university freshman personality traits. *Research Quarterly* 41:425–431

Quinn, J. 1982: An investigation of the effect of therapeutic touch without physical contact on state anxiety of hospitalized cardiovascular patients. *Dissertation Abstracts International,* University Microfilms, No. DA 82-26–788
– 1984: Therapeutic Touch as energy exchange: Testing the theory. *Advances in Nursing Science* (Jan.) 6:42–49
– 1988: Building a body of knowledge: Research on Therapeutic Touch. *Journal of Holistic Nursing* 6:37–45

Radhakrishnan, S., u. C. Moore. 1957: *A Source Book in Indian Philosophy,* Princeton University Press

Radin, D. 1989: Searching for „signatures" in anomalous human-machine interaction data: A neural network approach. *Journal of Scientific Exploration* 3:185–200

Rahner, K. 1963 (4): *Zur Theologie des Todes,* Freiburg i. Br., Basel, Wien: Herder
– 1975: *Schriften zur Theologie,* Band 12: *Theologie aus Erfahrung des Geistes,* Zürich, Einsiedeln, Köln: Benzinger

Raknes, O. 1983: *Wilhelm Reich und die Orgonomie: eine Einführung in die Wissenschaft von der Lebensenergie,* Frankfurt/M.: Nexus

Ramazzini, B. 1964: *Diseases of the Workers,* Übers. W. C. Wright, Hafner

Randall, J. 1970: An attempt to detect psi effects with protozoa. *Journal of the Society for Psychical Research* 45:294–296

Random, M. 1978: *The Martial Arts,* Octopus

Rao, K., u. J. Palmer. 1987: The anomaly called psi: Recent research and criticism. *Behavioral and Brain Sciences* 10(4):539–551

Rasch, P., u. E. O'Connell. 1963: TPS scores of experienced karate students. *Research Quarterly* 34:108–110

Rasch, P., u. W. Pierson. 1963: Reaction and movement time of experienced karateka. *Research Quarterly* 34:242–243

Raskin, M., L. Bali u. H. Peeke. 1980: Muscle biofeedback and Transcendental Meditation: A controlled evaluation of efficacy in the treatment of chronic anxiety. *Archives of General Psychiatry* 37:93–97

Ratnoff, O. 1969: Stigmata: Where mind and body meet. *Medical Times* (Juni) 97:161

Ratnoff, O., u. D. Agle. 1968: Psychogenic purpura: A re-evaluation of the syndrome of autoerythrocyte sensitization. *Medicine* 47:475–500

Ratti, O., u. A. Westbrook. 1973: *Secrets of the Samurai,* Tuttle

Rauramaa, R., et al. 1984: Effects of mild physical exercise on serum lipoprotein and metabolites of arachidomic acid. *British Medical Journal* 288:603–606
– 1986: Inhibition of platelet aggregation by moderate-intensity physical exercise: A randomized clinical trial in overweight men. *Circulation* 74:939–944

Ray, W. J. 1974: The relationship of locus of control, self-report measures, and feedback to the voluntary control of heart rate. *Psychophysiology* 11:527–534

Ray, W., u. S. Lamb. 1974: Locus of control and the voluntary control of heart rate. *Psychosomatic Medicine* 36:180–182

Razran, G. 1961: The observable unconscious and the inferable conscious in current Soviet psychophysiology. *Psychological Review* 68:81–147

Redgrove, P. 1987: *The Black Goddess and the Unseen Real,* Grove

Redwood, D., et al. 1972: Circulatory and symptomatic effects of physical training in patients with coronary-artery disease and angina pectoris. *New England Journal of Medicine* 286:959

Reed, H. 1978: Improved dream recall association with meditation. *Journal of Clinical Psychology* 34:150–156

Reyher, J., u. W. Smeltzer. 1968: Uncovering properties of visual imagery and verbal association: A comparative study. *Journal of Abnormal Psychology* 73:218–222

Reich, W. 1969: *Die Funktion des Orgasmus,* Köln, Berlin: Kiepenheuer & Witsch; Neuausgabe 1985, Frankfurt/M.: Fischer
– 1971 (3): *Charakteranalyse,* Frankfurt/M.: Fischer
– 1985: *Die Massenpsychologie des Faschismus,* Frankfurt/M.: Fischer

Reiman, J. W. 1985: The impact of meditative attentional training on measures of select attentional parameters and on measures of client perceived counselor empathy. *Dissertation Abstracts International* 46:1569

Research Report: Setzer's sanctuary effect. 1980. *Spiritual Frontiers* 12:20–23

Reyher, J. 1963: Free imagery, an uncovering procedure. *Journal of Clinical Psychology* 19:454–459
– 1977: Spontaneous visual imagery: Implications for psychoanalysis, psychopathology, and psychotherapy. *Journal of Mental Imagery* 2:253

Rhine, J. B. 1934: *Extra-sensory Perception,* Bruce Humphries

Rhine, L. 1967: *ESP in Life and Lab,* Collier
– 1979: *Verborgene Wege des Geistes,* Freiburg: Aurum

Ricci, F. 1979: *Tantra: Rites of Love,* Rizzoli International

Rice, D. G. 1966: Operant conditioning and associated electromyogram responses. *Journal of Experimental Psychology* 71:908–912

Richardson, A. 1967: Mental practice: A review and discussion, Part I. *The Research Quarterly* 38:95–107
– 1983: Imagery: Definition and types, in: A. Sheikh (Hg.): *Imagery – Current Theory, Research and Application,* Wiley

Richet, C. 1923: *Thirty Years of Psychical Research,* Macmillan

Richmond, N. 1952: Two series of PK tests on paramecia. *Journal of the Society for Psychical Research* 36:577–588

Richter, B., u. A. Kellner. 1965: Hypertrophy of the human heart at the level of fine structure: Analysis of two postulates. *Journal of Cell Biology* 18:195

Ring, K. 1980: *Life at Death,* Coward, McCann & Geoghegan
– 1988: *Den Tod erfahren – das Leben gewinnen,* Berlin, Darmstadt, Wien: Dt. Buchgemeinschaft

Robertson, D. W. 1983: The short and long effects of the Transcendental Meditation technique on fractionated reaction time. *Journal of Sports Medicine* 23:113–120

Robinson, E. 1977a: *The Original Vision: A Study of the Religious Experience of Childhood.* Religious Experience Research Unit, Oxford University
– (Hg.). 1977b: *This Time-Bound Ladder: Ten Dialogues on Religious Experience,* Religious Experience Research Unit, Oxford University
– 1978: *Living the Question,* Religious Experience Research Unit, Oxford University

Robinson, J. 1967: *Exploration into God,* Stanford University Press

Rocard, Y. 1964: Actions of very weak magnetic gradient: The reflex of the dowser, in: M. Barnothy (Hg.): *Biological Effects of Magnetic Field,* Plenum

Rock, N., et al. 1969: Hypnosis with untrained, nonvolunteer patients in labor. *International Journal of Clinical & Experimental Hypnosis* 17:25–36

Rogo, D. S. 1970: *Nad: A Study of Some Unusual „Other-World" Experiences,* University Books
– 1972: A psychic study of „The Music of the Spheres", in: *Nad,* Bd. 2, University Books

Rohdenburg, G. 1918: Fluctuations in the growth energy of malignant tumors in man with especial reference to spontaneous recession. *Journal of Cancer Research* 3:193

Rolf, I. P. 1973: A contribution to the understanding of stress. *Confinia Psychiatrica* 16:69–79

Roll, D. L. 1973: Modification of nasal resonance in cleft-palate children by informative feedback. *Journal of Applied Behavior Analysis* 6:397–403

Rolland, R. 1965: *Johann Christof,* München, Wien, Basel: Kurt Desch

Ross, J. 1976: The effets of the Transcendental Meditation program on anxiety, neuroticism, and psychoticism, in: D. W. Orme-Johnson u. J. T. Farrow (Hg.), a. a. O.

Rossi, E. 1972, 1985: *Dreams and the Growth of Personality: Expanding Awareness in Psychotherapy,* Brunner/Mazel

Rossi, E., u. M. Ryan (Hg.). 1986: Mind-body communication in hypnosis, in: The *Seminars, Lectures, and Workshops of Milton H. Erickson,* Bd. 3, Irvington

Rothpearl, A. 1980: Personality traits in martial artists: A descriptive approach. *Perceptual & Motor Skills* 50:395–401

Rousseau, P. 1978: *Ascetics, Authority, and the Church in the Age of Jerome and Cassian,* Oxford University Press

Routt, T. 1976: Low normal heart rate and respiration rates in individuals practicing the Transcendental Meditation Technique, in: D. W. Orme-Johnson u. J. T. Farrow (Hg.), a. a. O.

Rowell, L. 1974: Human cardiovascular adjustments to exercise and thermal stress. *Physiology Review* 54:75

Rubik, B., u. E. Rauscher. 1980: Effects on motility behavior and growth rate of salmonella typhimurium in the presence of Olga Worrall, in: W. G. Roll (Hg.), *Research in Parapsychology 1979,* Scarecrow Press

Rulison, R. H. 1942: Warts: A statistical study of nine hundred and twenty-one cases. *Archives of Dermatology and Syphilology* 46:66–81

Rush, J. H. 1964: *New Directions in Parapsychological Research,* Parapsychology Foundation

Russell, E. 1975: Parapsychic luminosities. *Quadrant* (Winter) 8:2, S. 59–61

Russell, N. (Übers.). 1980: *The Lives of the Desert Fathers.* Eine Übersetzung der *Historia Monachorum in Aegypto,* Mowbray

Russell, P. J. 1972: Transcendental Meditation. *Lancet* 1:1125

Sabel, B. 1980: TM and concentration ability. *Perceptual & Motor Skills* 50:799–802 (Teil I)

Sacerdote, P. 1970: Theory and practice of pain control in malignancy and other protracted or recurring painful illnesses. *International Journal of Clinical & Experimental Hypnosis* 3:160–180
– 1977: Applications of hypnotically elicited mystical states to the treatment of physical and emotional pain. *International Journal of Clinical & Experimental Hypnosis* 25:309–324

Sachs, L. B., et al. 1977: Hypnotic self-regulation of chronic pain. *American Journal of Clinical Hypnosis* 20:106–113

Sachs, M., u. G. Buffone (Hg.). 1984: Running therapy and psychology: A selected bibliography, in: *Running as Therapy: An Integrated Approach,* University of Nebraska Press

Sackeim, H. A., et al. 1979: Classroom seating and hypnotic susceptibility. *Journal of Abnormal Psychology* 88:81–84

Sacks, O. 1985: The twins. *The New York Review of Books* (28. Feb.), S. 16–20
– 1990: *Stumme Stimmen,* Reinbek: Rowohlt
– 1992: Der autistische Künstler, in: *Der Mann, der seine Frau mit einem Hut verwechselte,* Reinbek: Rowohlt

Sakiyama, R., et al. 1984: Cyclic Cushing's syndrome. *American Journal of Medicine* 77:944

Salmon, M.-M. 1972: *The Extraordinary Cure of Vittorio Micheli,* Bericht an das International Medical Committee of Lourdes, Bureau Médicale, Lourdes, Frankreich

Salter, A. 1949: *Conditioned Reflex Therapy,* Farrar, Straus

Saltin, B. 1969: Physiological effects of physical conditioning. *Medicine & Science in Sports & Exercise* 1:50

Saltin, B., et al. 1977: Fiber types and metabolic potentials of skeletal muscles in sedentary man and endurance runners. *Annals of New York Academy of Sciences* 301:3

Sannella, L. 1987: *The Kundalini Experience,* Integral Publishing

Sapir, E. 1949, in: D. G. Mandelbaum (Hg.), *Selected Writings of Edward Sapir,* University of California Press

Saraswati, S. 1953: *Kundalini Yoga,* München: Barth
– 1984: *Kundalini Tantra,* Bihar School of Yoga

Sarbin, T. R., u. M. Andersen. 1967: Role-theoretical analysis of hypnotic behavior, in: J. E. Gordon (Hg.), *Handbook of Clinical and Experimental Hypnosis,* Macmillan

Sarbin, T. R., u. W. Coe. 1972: *Hypnosis: A Social Psychological Analysis of Influence Communication,* Holt

Sarbin, T. R., u. D. Lim. 1963: Some evidence in support of the role-taking hypothesis in hypnosis. *International Journal of Clinical & Experimental Hypnosis* 11:98–103

Sarles, H., et al. 1977: A study of the variations in the response regarding duodenal ulcer when treated with placebo by different investigators. *Digestion* 16:289–292

Satya Prakash Singh. 1972: *Sri Aurobindo and Whitehead on the Nature of God,* Vigyan Prakashan

Satyanarayanamurthi, G. G., u. B. P. Shastry. 1958: Preliminary scientific investigation into some of the unusually physiological manifestations acquired as a result of yogic practices in India. *Wien. Z. Nervenheilk.* 15:239–249

Schachtel, E. G. 1959: *Metamorphosis: On the Development of Affect, Perception, Attention, and Memory,* Basic Books

Schafer. E. A., et al. 1886: On the rhythm of muscular response to volitional impulses in man. *Journal of Physiology* 7:111–119

Schechter, E. I. 1984: Hypnotic induction vs. control conditions: Illustrating an approach to the evaluation of replicability in parapsychological data. *Journal of the American Society for Psychical Research* 78:1–27

Scheuer, J., u. C. Tipton. 1977: Cardiovascular adaptations to physical training. *Annual Review Physiology* 39:221–251

Schilder, P. 1950: *The Image and Appearance of the Human Body: Studies in the Constructive Energies of the Psyche.* International Universities Press

Schimberg, A. P. 1947: *The Story of Therese Neumann,* Bruce

Schmidt, K. E. 1976: Transcendental Meditation. *British Medical Journal* 1:459

Schmöger, K. E. 1867–1870: *Das Leben der gottseligen Anna Katharina Emmerich,* Freiburg i. Br.: Herdersche Verlagsbuchhandlung

Schneck, J. M. 1966: A study of alterations in body sensations during hypnoanalysis. *International Journal of Clinical & Experimental Hypnosis* 14:216–231

Scholem, G. 1991: *Die jüdische Mystik in ihren Grundzügen,* Frankfurt/M.: Suhrkamp

Schultz, D. 1986: Imagination in der Behandlung von Depressionen, in: J. Singer u. K. Pope (Hg.), a. a. O.

Schultz, J., u. W. Luthe. 1959: *Autogenic Training,* Grune & Stratton

Schuon, F. 1975: *Logic and Transcendence,* Harper & Row
– 1976: *Islam and the Perennial Philosophy,* World of Islam Festival Publishing
– 1981: *Von der inneren Einheit der Religionen,* Interlaken: Ansata
– 1991 (2): *Den Islam verstehen,* München: Barth

Schuster, M. M. 1968: Motor action of the rectum and anal sphincters in continence, in: C. Code u. C. Prosser (Hg.), *Handbook of Physiology,* Williams & Wilkins
– 1974: Operant Conditioning in gastrointestinal dysfunction. *Hospital Practice* 9:135
– 1989: Biofeedback control of gastrointestinal motility, in: J.V. Basmajian (Hg.), a. a. O.

Schuster, M. M., et al. 1974: Biofeedback control of lower esophageal sphincter contraction in man, in: E. E. Daniel (Hg.), *Fourth International Symposium on Gastrointestinal Motility,* Mitchell Press

Schwartz, G. E. 1975: Biofeedback, self-regulation, and the patterning of physiological processes. *American Scientist* 63:314–324

Schwartz, G. E., et al. 1976: Heart rate regulation as skill learning: Strength-endurance versus cardiac reaction time. *Psychophysiology* 13:472–478

Schwartz, G., R. Davidson u. D. Goleman. 1978: Patterning of cognitive and somatic processes in self-regulation of anxiety. *Psychosomatic Medicine* 40:321–328

Schwartz, S., et al. 1990: Infrared spectra alteration in water proximate to the palms of therapeutic practitioners. *Subtle Energies* 1:1:43–72

Schwarz, B. E. 1971: *Parent-Child Telepathy,* Garrett

Schweickart, R. 1977: No frames, no boundaries, in: *Earth's Answer,* Lindisfarne Books

Schweikert, D. T. 1981: Stigmata. *Catholic Digest* (Okt.)

Scott. R. W., et al. 1973: A shaping procedure for heart rate control in chronic tachycardia. *Perceptual & Motor Skills* 37:327–338

Scrignar, C. B. 1981: Rapid treatment of contamination phobia with hand-washing compulsion by flooding with hypnosis. *American Journal of Clinical Hypnosis* 23:252

Scully, H., u. J. Basmajian. 1969: Motor-unit training and influence of manual skill. *Psychophysiology* 5:625–632

Scully, V. 1972: *Pueblo: Mountain, Village, Dance,* Viking

Scweder, R. A. 1972: Aspects of cognition in Zinacatenco shamans: Experimental results, in: W. Lessa u. E. Vogt (Hg.), *Reader in Comparative Religion,* Harper & Row

Seabourne, T., R. Weinberg u. A. Jackson. 1984: Effect of individualized practice and training of visuomotor behavior rehearsal in enhancing karate performance. *Journal of Sport Behavior* 7:58–67

Seer, P., u. J. Raeburn. 1980: Meditation training and essential hypertension: A methodological study. *Journal of Behavioral Medicine* 3:59–70

Selzer, R. 1976: *Mortal Lessons,* Simon & Schuster

Servadio, E. 1932: Proofs and counter-proofs concerning human „fluid". *Journal of the American Society for Psychical Research* 26:168–173, 199–206

Sguillante u. Pagani. 1748: *Vita della Serafino di Dio,* zitiert in H. Thurston, 1956

Shackleton, E. H. 1947: *South,* Macmillan

Shafii, M. 1973: Silence in the service of ego: Psychoanalytic study of meditation. *International Journal of Psychoanalysis* 54:431–443

Shafii, M., R. Lavely u. R. Jaffe. 1974: Meditation and marijuana. *American Journal of Psychiatry* 131:60–63
– 1975: Meditation and the prevention of alcohol abuse. *American Journal of Psychiatry* 132:924–945

Shainberg, L. 1989: Finding the zone. *New York Times Magazine* (9. Apr.)

Shapiro, A. K. 1959: The placebo effect in the history of medical treatment: Implications for psychiatry. *American Journal of Psychiatry* 116:298–304

– 1964: Factors contributing to the placebo effect: Their implications for psychotherapy. *American Journal of Psychotherapy* (Suppl.) 18:73–88
– 1970: Placebo effects in psychotherapy and psychonanalysis. *Journal of Clinical Pharmacology* (März/Apr.), S. 73–78

Shapiro, A. K., u. L. A. Morris. 1978: The placebo effect in medical and psychological therapies, in: *Handbook of Psychotherapy and Behavior Change,* Wiley

Shapiro, D., J. Shapiro, R. Walsh et al. 1982: Effects of intensive meditation on sex role identification: Implications for a control model of psychological health. *Psychological Reports* 51:44–46

Shapiro, D., u. R. Surwit. 1976: Learned control of physiological function and disease, in: H. Leitenberg (Hg.), *Handbook of Behavior Modification and Behavior Therapy,* Prentice-Hall

Shapiro, D., et al. 1964: Differentiation of an autonomic response through operant reinforcement. *Psychonomic Science* 1:147–148
– 1969: Effects of feedback and reinforcement on the control of human systolic blood pressure. *Science* 163:588–589
– 1970: Control of blood pressure in man by operant conditioning. *Circulation Research* (Suppl. I) 27:27–32

Shapiro, D. H. 1976: Zen meditation and behavioral self-management applied to a case of generalized anxiety. *Psychologia* 19:134–138
– 1978: Meditation and the East: The Zen Master, in: D. H. Shapiro, *Precision Nirvana,* Prentice-Hall
– 1980: Meditation and holistic medicine, in: A. Hastings, J. Fadiman u. J. Gordon (Hg.): *Holistic Medicine,* National Institute of Mental Health
– 1982: Overview: Clinical and physiological comparison of meditation and other self-control strategies. *American Journal of Psychiatry* 139:267–274
– 1987: *Meditationstechniken in der klinischen Psychologie,* Eschborn bei Frankfurt/M.: Fachbuchhandlung für Psychologie

Shapiro, D. H., u. D. Giber. 1978: Meditation and psychotherapeutic effects: Self-regulation strategy and altered states of consciousness. *Archives of General Psychiatry* 35:294–302

Shapiro, D. H., u. R. Walsh (Hg.). 1984: *Meditation: Classical and Contemporary Perspectives,* Aldine

Shapiro, D. L. 1970: The significance of the visual image in psychotherapy. *Psychotherapy: Theory, Research, and Practice* 7:209–212

Shaw, G., u. S. Belmore. 1982–1983: The relationship between imagery and creativity. *Imagination, Cognition & Personality* 2:115–123

Shaw, R., u. D. Kolb. 1976: Reaction time following the Transcendental Meditation technique, in: D. W. Orme-Johnson u. J. T. Farrow (Hg.), a. a. O.

Shearn, D. W. 1962: Operant conditioning of heart rate. *Science* 137:530–531

Sheehan, E. P., et al. 1982: A signal detection study of the effects of suggested improvement on the monocular visual acuity of myopes. *International Journal of Clinical and Experimental Hypnosis* 30:138–146

Sheehan, P. W. 1968: Some Comment on the Nature of Visual Imagery: A Problem of Affect. Arbeitspapier, vorgelegt bei der Versammlung der International Society for Mental Imagery Techniques, Genf, Schweiz
– 1979: Hypnosis and the process of imagination, in: E. Fromm u. R. Shor (Hg.), a. a. O.
– 1982: Imagery and hypnosis – forging a link, at least in part. *Research Communications in Psychology, Psychiatry and Behavior* 7:257–272

Sheer, D. E. 1970: Electrophysical correlates of memory consolidation, in: G. Ungar (Hg.): *Molecular Mechanisms in Memory and Learning,* Plenum
– 1974: Electroencephalographic studies in learning disabilities, in: H. Eichenwald u. A. Talbot (Hg.): *The Learning Disabled Child,* University of Texas Health Sciences Center
– 1975: Biofeedback training of 40-Hz EEG and behavior, in: N. Burch u. H. Altschuler (Hg.): *Behavior & Brain Electrical Activity,* Plenum
– 1976: Focused arousal and 40-Hz EEG, in: R. M. Knights u. D. Bakker (Hg.): *The Neurophysiology of Learning Disorders,* University Park

Sheikh, A. 1976: Treatment of insomnia through eidetic imagery: A new technique. *Perceptual & Motor Skills* 43:994
– (Hg.). 1984: *Imagination and Healing,* Baywood
– 1986: Eidetische Psychotherapie, in: J. Singer u. K. Pope (Hg.), a. a. O.

Sheikh, A., u. C. Jordan. 1983a: Eidetische Psychotherapie, in: R. J. Corsini (Hg.), *Handbuch der Psychotherapie,* München, Weinheim: Psychologie Verlags Union
– 1983b: Clinical uses of mental imagery, in: A. Sheikh (Hg.), *Imagery – Current Theory, Research, and Application,* Wiley

Sheikh, A., u. N. Panagiotou. 1975: Use of mental imagery in psychotherapy: A critical review. *Perceptual & Motor Skills* 41:555–585

Sheikh, A., et al. 1979: Psychosomatics and mental imagery: A brief review, in: A. Sheikh & J. Shaffter (Hg.), *The Potential of Fantasy and Imagination,* Brandon House

Shepard, R. N. 1978: The mental image. *American Psychologist* 33:125–137

Shepherd, J. 1967: Behavior of resistance and capacity vessels in human limbs during exercise. *Circulation Research* 20 (Suppl. I):70

Sherman, S. 1971: Very deep hypnosis: An experiential and electroencephalographic investigation. Dissertation, Stanford University

Shimano, E., u. D. Douglas. 1975. On research in Zen. *American Journal of Psychiatry* 132:1300–1302

Shirokogoroff, S. 1935: *Psychomental Complex of the Tungus,* zitiert in M. Eliade 1991 (7), a. a. O.

Shor, R. E. 1959: Hypnosis and the concept of the generalized reality-orientation. *American Journal of Psychotherapy* 13:582–602
– 1962: Three dimensions of hypnotic depth. *International Journal of Clinical & Experimental Hypnosis* 10:23–38
– 1967: Physiological effects of painful stimulation during hypnotic analgesia, in: J. E. Gordon (Hg.), *Handbook of Clinical and Experimental Hypnosis,* Macmillan

Shor, R. 1979: The fundamental problem in hypnosis research as viewed from historic perspectives, in: E. Fromm u. R. Shor (Hg.), a. a. O.

Shorr, J. E. 1972: *Psycho-Imagination Therapy: The Integration of Phenomenology and Imagination,* Intercontinental Medical Book Corp.; dt. in: J. E. Shorr 1981, *Psychoimagination,* Hamburg: Isko Press
– 1986: Kategorien des imaginativen Erlebens in der Therapie und ihre klinische Anwendung, in: J. Singer u. K. Pope, a. a. O.

Shostrom, E. L. 1966: *Personal Orientation Inventory,* Educational and Industrial Testing Service

Siegel, E. F. 1979: Control of phantom limb pain by hypnosis. *American Journal of Clinical Hypnosis* 21:285–286

Sieroszewski, Q. 1902: Du Chamanisme d'après les croyances des Yakoutes. *RHR,* 46:317, zitiert in: M. Eliade 1991 (7), a. a. O.

Silverman, J. 1986: *Agnews Project Report to the Rolf Institute,* Boulder, CO

Silverman, J., et al. 1973: Stress, stimulus intensity control, and the Structural Integration technique. *Confinia Psychiatrica* 16:201–219

Silverman, L. 1982: *The Search for Oneness,* International University Press

Simard, T., u. J. Basmajian. 1967: Methods in training the conscious control of motor units. *Archives of the Physical Medicine & Rehabilitation* 48:1:12–19

Simard, T., u. H. Ladd. 1969: Pre-orthotic training: An electromyographic study in normal adults. *American Journal of Physical Medicine* 48:301–312

Sime, W. 1984: Psychological benefits of exercise. *Advances* 1:15–20

Simon, D., S. Oparil u. C. Kimball. 1976: The Transcendental Meditation program and essential hypertension, in: D. W. Orme-Johnson u. J. T. Farrow (Hg.), a. a. O.

Simonton, C., S. Simonton-Matthews u. J. Creighton. 1982: *Wieder gesund werden,* Reinbek: Rowohlt

Simpson, G. G. 1953: *The Major Features of Evolution,* Columbia University Press
– 1957: *Auf den Spuren des Lebens: Die Bedeutung der Evolution,* Berlin: Colloquium

Simpson, H. M., u. A. Paivio. 1966: Changes in pupil size during an imagery task without motor involvement. *Psychonomic Science* 5:405–406

Sinclair-Geiben, A., u. D. Chalmers. 1959: Evaluation of treatment of warts by hypnosis. *Lancet* 2:480–482

Singer, J. 1978: *Phantasie und Tagtraum: Imaginative Methoden in der Psychotherapie,* München: Pfeiffer

Singer, J., u. K. Pope. 1986: *Imaginative Verfahren in der Psychotherapie,* Paderborn: Junfermann
– 1986 (1978): Anwendung der Imaginations- und Phantasietechniken in der Psychotherapie, in: J. Singer u. K. Pope, a. a. O.

Singer, J., u. E. Switzer. 1980: *Mind Play: The Creative Uses of Imagery,* Prentice-Hall

Singh, B. S. 1984: Ventilatory response to CHO_2. II. Studies in neurotic psychiatric patients and practitioners of transcendental meditation. *Psychosomatic Medicine* 46:347–362

Sinha, S., S. Prasad, K. Sharma et al. 1978: An experimental study of cognitive control and arousal processes during meditation. *Psychologia* 21:227–230

Sipprelle, C. N. 1967: Induced anxiety. *Psychotherapy: Theory, Research and Practice* 4:36–40

Sirag, S.-P. 1985: Unveröffentlichtes Arbeitspapier, vorgestellt vor einem Kolloquium von Physikern und Mathematikern an der Georgetown University

Siscovick, D., et al. 1985: The disease-specific benefits and risks of physical activity and exercise. *Public Health Reports* 100:180–188

Skinner, B. F. 1978: *Was ist Behaviourismus,* Reinbek: Rowohlt

Slattery, M., u. D. Jacobs. 1988: Physical fitness and cardiovascular disease mortality (The U.S. Railroad Study). *American Journal of Epidemiology* 123:571–580

Slocum, J. 1988: *Allein um die Welt: er wagte es als erster,* Bielefeld: Delius Klasing

Smart, N. 1964: *Doctrine and Argument in Indian Philosophy,* London

Smith, G. M., u. H. K. Beecher. 1960: Amphetamine, secobarbital, and athletic performance. II. Subjective evaluations of performance, mood, and physical states. *Journal of the American Medical Association* 172:1502–1514

Smith, H. 1976: *Forgotten Truth,* Harper & Row
– 1983a: In defense of spiritual discipline, in: J. Duerlinger (Hg.), *Ultimate Reality and Spiritual Discipline,* Rose of Sharon Press
– 1983b: Spiritual Discipline in Zen and Comparative Perspective. Arbeitspapier, vorgelegt vor dem International Symposium for Religious Philosophy, Institute for Zen Studies, Hanazono College, Kyoto, Japan, 26. bis 30. März
– 1987: Is there a perennial philosophy? *Journal of the American Academy of Religion,* S. 553–566
– 1989: *Beyond the Post-Modern Mind.* Theosophical Publishing House

Smith, H. W. 1978: Effects of set on subjects' interpretation of placebo marijuana effects. *Social Science and Medicine* 12:107–109

Smith, J. C. 1975a. Meditation as psychotherapy: A review of the literature. *Psychological Bulletin* 32:553–564
– 1975b: Psychotherapeutic effects of Transcendental Meditation with controls for expectation of relief and daily sitting. *Journal of Consulting and Clinical Psychology* 44:630–637

Smith, M. J. 1968: Paranormal effects on enzyme activity. *Journal of Parapsychology* 32:281 (Auszüge)
– 1972: Paranormal effect on enzyme activity. *Human Dimension* 1:15–19
– 1977: The influence of „laying-on“ of hands, in: N. M. Regush (Hg.), *Frontiers of Healing,* Avon

Smith, M. L., et al. 1980: *The Benefits of Psychotherapy,* Johns Hopkins University Press

Smith, O. C. 1934: Action potentials from single motor units in voluntary contraction. *American Journal of Physiology* 108:629–638

Smith, R. 1974: *Hsing-I*, Kodansha International

Smith, S. 1953: Magic, medicine and religion. *British Medical Journal* (18. Apr.), S. 848

Smith, T. R. 1976: The Transcendental Meditation technique and skin resistance response to loud tones, in: D. W. Orme-Johnson u. J. T. Farrow (Hg.), a. a. O.

Smythies, J. R. 1967: *Science and ESP.* Routledge & Kegan Paul

Snel, F. 1980: PK influence on malignant cell growth. *Research Letter*, Parapsychology Laboratory, University of Utrecht 10:19–27

Snel, F., u. B. Millar. 1982: PK with the enzyme trypsin. Unveröffentl. Manuskript

Snoeckx, L., et al. 1982: Echocardiographic dimensions in athletes in relation to their training programs. *MSSE* 14:426–434

Sokol, D. 1989: Spiritual breakthroughs in sex, in: G. Feuerstein, 1989: *Enlightened Sexuality*, Crossing Press

Solfvin, J. 1984: Mental healing, in: S. Krippner (Hg.): *Advances in Parapsychological Research*, Bd. 4, McFarland

Solomon, G. F. 1987: Psychoneuroimmunology: Interactions between the central nervous system and immune system. *Journal of Neuroscience Research* 18:1–9
– 1991: Psychosocial factors, exercise, and immunity: Athletes, elderly persons, and AIDS patients. *International Journal of Sports Medicine* 12:S50–S52

Solomon, G. F., u. R. Moos. 1964: Emotions, immunity, and disease: A speculative theoretical integration. *Archives of General Psychiatry* 11:657–674

Solomon, R. C. 1983: *In the Spirit of Hegel: A Study of G. W. F. Hegel's Phenomenology of Spirit*, Oxford University Press

Sonstroem, R. J. 1984: Exercise and self-esteem, in: R. Terjung (Hg.): *Exercise and Sport Sciences Reviews*, Bd. 12, American College of Sports Medicine Series, Heath

Spanos, N. 1986: Hypnotic behavior: A social-psychological interpretation of amnesia, analgesia and „trancelogic“. *Behavioral and Brain Sciences* 9:449–500

Spanos, N., J. Gottlieb u. S. Rivers. 1980: The effects of short-term meditation practice on hypnotic responsivity. *Psychological Record* 30:343–348

Spanos, N., S. Rivers u. J. Gottlieb. 1978: Hypnotic responsivity, meditation and laterality of eye movements. *Journal of Abnormal Psychology* 87:566–569

Spanos, N., u. C. Saad. 1984: Prism adaptation in hypnotically limb-anesthetized subjects: More deconfirming data. *Perceptual & Motor Skills* 59:379–386

Spanos, N., et al. 1974: Cognition and self-control: Cognitive control of painful input, in: H. London u. R. Nisbett (Hg.): *Thought and Feeling: Cognitive Alteration of Feeling States,* Aldine

Spaulding, S. 1977: Right from the start. *Karate Illustrated* (März), S. 26–27

Spiegel, D. 1989: Uses and abuses of hypnosis. *Integr. Psychiatry* 6:218

Spiegel, D., u. A. Leonard. 1983: Naloxone fails to reverse hypnotic alleviation of chronic pain. *Psychopharmacology* 81:140–143

Spiegel, D., et al. 1985: Hypnotic hallucination alters evoked potentials. *Journal of Abnormal Psychology* 94:249–255
– 1989: Hypnotic alteration of somatosensory perception. *American Journal of Psychiatry* 146:752

Sri Aurobindo. 1970–1976: *The Collected Works,* Sri Aurobindo Ashram
– 1981: *Briefe über den Yoga,* 4 Bde., Pondicherry (Indien): Sri Aurobindo Ashram Trust
– 1991 (2): *Das göttliche Leben,* 3 Bde., Gladenbach: Hinder u. Deelmann

Sri Ramakrishna. 1969: *The Gospel of Sri Ramakrishna,* Übers. Swami Nikhilananda, Ramakrishna-Vivekananda Center

Sroufe, L. A. 1969: Learned stabilization of cardiac rate with respiration experimentally controlled. *Journal of Experimental Psychology* 81:391–393
– 1971: Effects of depth and rate of breathing on heart rate and heart rate variability. *Psychophysiology* 8:648–655

St. Albans, S. 1983: *Magic of a Mystic,* Clarkson Potter

Stace, W. T. 1987: *Mysticism & Philosophy,* Tarcher

Staib, A., u. D. Logan. 1977: Hypnotic stimulation of breast growth. *American Journal of Clinical Hypnosis* 19:201–208

Stampfl, T., u. D. Levis. 1967: Essentials of therapy: A learning theory-based psychodynamic behavioral therapy. *Journal of Abnormal Psychology* 72:496–503

Starkman, M., et al. 1985: Pseudocyesis: Psychologic and neuroendocrine interrelationships. *Psychosomatic Medicine* 47:46–57

Stebbins, G. L. 1969: *The Basis of Progressive Evolution,* University of North Carolina Press

Steinberg, A., et al. 1949: Psychoendocrine relationship in pseudocyesis. *Psychosomatic Medicine* 8:176–179

Steiner, J. 1968: *Therese Neumann von Konnersreuth. Ein Lebensbild nach authentischen Berichten, Tagebüchern und Dokumenten,* München: Schnell und Steiner
– 1977–1979: *Visionen der Therese Neumann,* 2 Teile, München, Zürich: Schnell und Steiner

Steiner, S., u. W. Dince. 1981: Biofeedback efficacy studies. *Biofeedback & Self-Regulation* 6:275–288

Steinmark, S., u. T. Borkovec. 1974: Active and placebo treatment effects on moderate insomnia under counterdemand and positive demand instructions. *Journal of Abnormal Psychology* 83:157–163

Stekel, W. 1921: Der telepathische Traum, in: *Die okkulte Welt,* 2. Heft, Pfullingen: J. Baum

Stephens, J. H., et al. 1975: Psychological and physiological variables associated with large magnitude voluntary heart rate changes. *Psychophysiology* 12:381–387

Spephens, T., et al. 1985: A descriptive epidemiology of leisure-time physical activity. *Public Health Reports* 100:149

Stern, M. 1976: The effects of the Transcendental Meditation program on trait anxiety, in: D. W. Orme-Johnson u. J. T. Farrow (Hg.), a. a. O.

Stern, R., u. B. Kaplan. 1967: Galvanic skin response: Voluntary control and externalization. *Journal of Psychosomatic Research* 10:349–353

Stern, R., u. N. Lewis. 1968: Ability of actors to control their GSR's and express emotions. *Psychophysiology* 4:294–299

Sternbach, R. 1964: The effects of instructional sets on autonomic responsivity. *Psychophysiology* 1:67–72

Stevens, J. 1985: Der Begründer, Ueshiba Morihei, in: *Aikido und der neue Krieger,* Synthesis
– 1987: *Abundant Peace: The Biography of Morehei Uyeshiba,* Shambhala

Stevens, K. N., et al. 1974: Use of a visual display of nasalization to facilitate training of velar control for deaf speakers (Report No. 2899). Bolt Beranek & Newman

Stevenson, I. 1970: Characteristics of cases of the reincarnation type in Turkey and their comparison with cases in two other cultures. *International Journal of Comparative Sociology* (März) 11:11–17
– 1975–1983: *Cases of the Reincarnation Type,* Bd. 1 bis 4, University Press of Virginia

Stigsby, B., J. C. Rodenburg u. H. Moth. 1981: Electroencephalographic findings during mantra meditation (Transcendental Meditation): A controlled, quantitative study of experienced meditators. *Electroencephalography & Clinical Neurophysiology* 51:434–442

Stone, M. H. 1980: *The Borderline Syndromes: Constitution, Personality and Adaptation,* McGraw-Hill

Stone, R., u. J. DeLeo. 1976: Psychotherapeutic control of hypertension. *New England Journal of Medicine* 2:80–84

Stoyva, J. 1976a: A psychophysiological model of stress disorders as a rationale for biofeedback training, in: F. J. McGuigan (Hg.), *Tension Control: Proceedings of the Second Meeting of the American Association for the Advancement of Tension Control,* University Publications
– 1976b: Self-regulation and the stress-related disorders: A perspective on biofeedback, in: D. I. Mostofsky (Hg.), *Behavior Control and Modification of Physiological Activity,* Prentice-Hall

Stoyva, J. M. 1989: Autogenic Training and biofeedback combined: A reliable method for the induction of general relaxation, in: J. V. Basmajian (Hg.), a. a. O.

Strub, C. 1967 (4): *The Principles and Practices of Embalming*, L. G. Darko Frederick

Sturdevant, R., et al. 1977: Antacid and placebo produced similar pain relief in duodenal ulcer patients. *Gastroenterology* 72:1–5

Sugi, Y., u. K. Akutsu. 1968: Studies on respiration and energy: Metabolism during sitting in zazen. *Research Journal of Physiology* 12:190–206

Suinn, R. 1976: Body thinking: Psychology for Olympic athletes. *Psychology Today* (Juli) 10:38–43
– 1983: Imagery in sports, in: A. Sheikh (Hg.), *Imagery: Current Theory, Reserach, and Application*, Wiley

Suinn, R. M. 1985: Imagery rehearsal: Application to performance enhancement. *Behavior Therapist* 8:155–159

Sulzberger, M., u. J. Wolf. 1934: The treatment of warts by suggestion. *Medical Record* 140:552–557

Surwillo, W., u. D. Hobson. 1978: Brain electrical activity during prayer. *Psychological Reports* 43:135–143

Surwit, R., u. F. Keefe. 1983: The blind leading the blind: Problems with the „double-blind" design in clinical biofeedback research. *Biofeedback & Self-Regulation* 8:1–2

Surwit, R., D. Shapiro, M. Good et al. 1978: Comparison of cardiovascular biofeedback, neuromuscular biofeedback, and meditation in the treatment of borderline essential hypertension. *Journal of Consulting & Clinical Psychology* 46:252–263

Sutich, A. 1991: Transpersonale Psychotherapie, in: S. Boorstein (Hg.), *Transpersonale Psychotherapie*, Bern, München, Wien: Scherz

Suzuki, D. T. 1959, 1965b: *Zen and Japanese Culture*, Princeton University Press; dt. (leicht gekürzt): *Zen und die Kultur Japans*, Hamburg: Rowohlt 1958
– 1965a: *The Training of the Zen Buddhist Monk*, University Books

Suzuki, S. 1990 (5): *Zen-Geist, Anfänger-Geist*, Zürich: Theseus

Swami Gitananda. 1973: An Evaluation of Siddhis and Riddhis. Arbeitspapier, vorgelegt beim Second International Yoga Festival, London

Swedenborg, E. 1962: *The Spiritual Diary*, Bd. 1–5, Swedenborg Society; dt. *Geistiges Tagebuch*, Bd. 1, Zürich: Swedenborg o. J.
– 1975–1988: *Arcana Coelestia – Himmlische Geheimnisse*, 16 Bde., Zürich: Swedenborg (Nachdruck der Baseler Ausgabe 1866–69)
– 1977 (Nachdruck): *Himmel und Hölle nach Gehörtem und Gesehenem*, Zürich: Swedenborg

Taimni, I. K. 1981: *Die Wissenschaft des Yoga*, München: Hirthammer

Taneli, B., u. W. Krahne. 1987: EEG changes of Transcendental Meditation practitioners. *Advances in Biological Psychiatry* 16:41–71

Tanzer, D. 1972: *Why Natural Childbirth?* Doubleday

Tarchanoff, J. R. 1885: Über die willkürliche Acceleration der Herzschläge beim Menschen. *Pflugers Archive der Gesamten Physiologie* 35:109–135, in: A. Yates, 1980, a. a. O.

Targ, R., u. K. Harary. 1987: *Jeder hat ein 3. Auge: Psi – die unheimliche Kraft,* München: Goldmann

Targ, R., u. H. Puthoff. 1977: *Jeder hat den 6. Sinn,* Köln: Kiepenheuer u. Witsch

Tart, C. T. 1966: Types of hypnotic dreams and their relation to hypnotic depth. *Journal of Abnormal Psychology* 71:377–382
– 1967: The control of nocturnal dreaming by means of posthypnotic suggestion. *Parapsychology* (Sept.), S. 184–189
– 1967: A second psychophysiological study of out-of-the-body experiences in a gifted subject. *Parapsychology* (Dez.), S. 251–258
– 1970: Marijuana intoxication: common experiences. *Nature* 226:701–704
– 1970: Transpersonal potentialities of deep hypnosis. *Journal of Transpersonal Psychology* 2:27–40
– 1971: A psychologist's experience with Transcendental Meditation. *Journal of Transpersonal Psychology* 3:135–140
– 1972: States of consciousness and state specific sciences. *Science* 176:1203–1210
– 1975: *The Application of Learning Theory to ESP Performance.* Parapsychology Foundation
– 1976: *Learning to Use Extrasensory Perception,* University of Chicago Press

– 1977: Toward consious control of psi through immediate feedback training: Some considerations of internal processes. *The Journal of the American Society for Psychical Research* 71:375–407
– 1978: *Transpersonale Psychologie,* Olten/Freiburg i. Br.: Walter
– 1979: Measuring the depth of an altered state of consciousness, with particular reference to self-report scales of hypnotic depth, in: E. Fromm u. R. Shor (Hg.), a. a. O.
– 1983: *States of Consciousness,* Psychological Processes
– 1984: Moscow-San Francisco remote viewing experiment. *Psi Research* No. 3/4 (Sept./Dez.)
– 1987: The world simulation process in waking and dreaming: A systems analysis of structure. *Journal of Mental Imagery* 11:145–158
– 1990 (3): *Altered States of Consciousness,* Harper-Collins
– 1990: Multiple personality, altered states and virtual reality: The world simulation process approach. *Dissociation* 3:222–233

Tart, C. T., u. A. Deikman. 1991: Mindfulness, spiritual seeking, and psychotherapy. *The Journal of Transpersonal Psychology* 23:29–52

Tart, C. T., H. Puthoff u. R. Targ. 1979: *Mind at Large,* Praeger

Taylor, C., et al. 1985: The relation of physical activity and exercise to mental health. *Public Health Reports* 100:195–202

Taylor, H. C., et al. 1962: Death rates among physically active sedentary employees of the railroad industry. *American Journal of Public Health* 52:1697–1707

Tebecis, A. K. 1975: A controlled study of the EEG during Transcendental Meditation: Comparison with hypnosis. *Folia Psychiatrica et Neurologia Japonica* 29:305–313

Tedder, W. H., u. M. L. Monty. 1981: Exploration of long-distance PK: A conceptual replication of the influence on a biological system, in: W. Roll u. J. Beloff (Hg.): *Research in Parapsychology 1980,* Scarecrow Press

Teilhard de Chardin. 1962 (5): *Der Mensch im Kosmos,* München: Beck

Tellegen, A., u. G. Atkinson. 1974: Openness to absorbing and self-altering experiences („absorption"), a trait related to hypnotic susceptibility. *Journal of Abnormal Psychology* 83:268–277

Teodorowitz, J. 1940: *Mystical Phenomena in the Life of Theresa Neumann,* Übers. Rev. R. Kraus. B. Herder Book Co.

Teresa de Jesus (Theresia von Avila). 1935: Das Buch der Klosterstiftungen, Bd. 2 der *Sämtlichen Schriften*
– 1935–1960: *Sämtliche Schriften der hl. Theresia von Jesu,* 6 Bände, München: Kösel
– 1976: *The Collected Works.* Übers. v. K. Kavanaugh. Institute of Carmelite Studies

Terray, L. 1964: *The Borders of the Impossible,* Doubleday

Thaxton, L. 1982: Physiological and psychological effects of short-term exercise addiction on habitual runners. *Journal of Sport Psychology* 4:73–80

Theiss, F. B. 1971: Karate, a scientific view. *Samurai* (Sommer), S. 42–47

Thomas von Aquin 1960: *Summa contra Gentiles oder Die Verteidigung der höchsten Wahrheiten,* 6 Bde. (4 Bücher), Zürich: Stauffacher

Thomas, D., u. K. Abbas. 1978: Comparison of TM and Progressive Relaxation in reducing anxiety. *British Medical Journal* 2:1749

Thomas, L. 1979: Warts. *Human Nature* 2:58–59

Thompson, J. K., et al. 1983: The control issue in biofeedback training. *Biofeedback & Self-Regulation* 8:153–164

Thompson, K. 1991: *Angels and Aliens,* Addison-Wesley

Thouless, R. H. 1960: The empirical evidence for survival. *Journal of the American Society for Psychical Research* (Jan.) 54:23–32

Throll, D. 1981: Transcendental Meditation and Progressive Relaxation: Their psychological effects. *Journal of Clinical Psychology* 37:776–781
– 1982. Transcendental Meditation and Progressive Relaxation: Their physiological effects. *Journal of Clinical Psychology* 38:522–530

Thurston, H. 1935: *The Church and Spiritualism,* Bruce
– 1955: *Surprising Mystics,* Henry Regnery
– 1956: *Die körperlichen Begleiterscheinungen der Mystik,* Luzern: Räber

Thurston, H., u. D. Attwater. 1981: *Butler's Lives of the Saints,* Bd. 1 bis 4, Christian Classics

Time magazine. 1975: Baryshnikov: Gotta dance. (19. Mai), S. 44–50

Tinbergen, N. 1974: Ethology and stress disease. *Science* (Juli) 185:20–27

Tipton, C. 1984: Exercise training and hypertension, in: R. Terjung (Hg.): *Exercise and Sport Sciences Reviews,* Bd. 12, American College of Sports Medicine, Heath

Tipton, C. M., et al. 1975: The influence of physical activity on ligaments and tendons. *Medicine & Science in Sports & Exercise* 7:165

Tjoa, A. 1975: Meditation, neuroticism and intelligence: A follow-up. *Gedrag: Tijdschrift voor Psychologie* 3:167–182

Tomassetti, J. T. 1985: An investigation of the effects of EMG biofeedback training and relaxation training on dimensions of attention and learning of hyperactive children. *Dissertation Abstracts International* 45:2081

Toomey, T., u. S. Sanders. 1983: Group hypnotherapy as an active control strategy in chronic pain. *American Journal of Clinical Hypnosis* 26:20–25

Tower, R., u. J. Singer. 1981: The measurement of imagery: How can it be clinically useful?, in: P. Kendall u. S. Holland (Hg.), *Cognitive-Behavioral Interventions: Assessment Methods,* Academic

Treece, P. 1989: *The Sanctified Body,* Kap. 4, Doubleday

Treichel, M., N. Clinch u. M. Cran. 1973: The metabolic effects of Transcendental Meditation. *The Physiologist* 16:471

Trinick, J. 1967: *The Fire-Tried Stone,* Stuart & Watkins

Trouton, D. S. 1957: Placebos and their psychological effects. *Journal of Mental Science* 103:344–354

Trowbridge, G. 1970: *Swedenborg: Life and Teaching,* Swedenborg Foundation

Tuke, D. H. 1888: *Geist und Körper. Studien über die Wirkung der Einbildungskraft,* Jena: Fischer

Tulku Thondup Rinpoche. 1989: *Buddha Mind: An Anthology of Longchen Rabjam's Writings on Dzogpa Chenpo,* hrsg. von H. Talbott, Snow Lion Publications

Tulpule, T. 1971: Yogic exercises in the management of ischemic heart disease. *Indian Heart Journal* 23:259–264

Tulving, E. 1985: How many memory systems are there? *American Psychologist* 40:385–398

Udupa, K. N. 1973: Certain studies in psychological and biochemical responses to the practice of hatha yoga in young normal volunteers. *Indian Journal of Medical Research* 61:237–244

Uhlenbruck, G., u. U. Order. 1991: Can endurance sports stimulate immune mechanisms against cancer and metastasis? *International Journal of Sports Medicine* 12:S636–668

Ullman, M. 1947: Herpes simplex and second degree burn induced under hypnosis. *American Journal of Psychiatry* 103:828–830
– 1948: Communication. *Journal of the American Society for Psychical Research* 42
– 1952: On the nature of resistance to psi experiences. *Journal of the American Society for Psychical Research* 46

– 1959: On the psyche and warts: I. Suggestion and warts: A review and comments. *Psychosomatic Medicine* 21:473–488

Ullman, M., u. S. Dudek. 1960: On the psyche and warts: II. Hypnotic suggestion and warts. *Psychosomatic Medicine* 22:68–76

Underhill, E. 1974: *Mystik. Eine Studie über die Natur und Entwicklung des religiösen Bewußtseins im Menschen,* Bietigheim: Turm

Underhill, R. 1954: *Workaday Life of the Pueblos,* Bureau of Indian Affairs
– 1975: The salt pilgrimage, in: *Teachings from the American Earth,* Liveright

Underhill R., et al. 1979: *Rainhouse and Ocean: Speeches for the Papago Year,* Museum of Northern Arizona

Ueshiba, K. 1977: *Aikido kaiso Ueshiba Morihei den* (Begründer des Aikido: Die Biographie von Morihei Ueshiba), Kodansha
– 1983: *Aikido kaiso* (Begründer des Aikido), Kodansha
– 1984: *Aikido no kokoro* (Das Herz des Aikido); eine englische Übersetzung dieses Werkes wurde 1984 von Kodansha International unter dem Titel *The Spirit of Aikido* veröffentlicht
– 1986: *Aikido shintai* (Die Wahrheit des Aikido), Kodansha

Uyeshiba, M. 1983: Excerpts from the writings and transcribed lectures of the founder. *Aiki News* (Jan.) 52:3–12 (dt. Auszüge aus den Schriften und Vorträgen, in Heckler, R. 1988)

Vahia, H., D. Doongaji, D. Jest et al. 1973: Further experience with the therapy based upon concepts of Patanjali in the treatment of psychiatric disorders. *Indian Journal of Psychiatry* 15:32–37

Vaitl, D. 1975: Biofeedback-Einsatz in der Behandlung einer Patientin mit Sinustachykardie, in: H. Legewie u. L. Nusselt (Hg): *Biofeedback-Therapie,* München, Berlin, Wien: Urban und Schwarzenberg

Vakil, R. J. 1950: Remarkable feat of endurance by a yogi priest. *Lancet* (23. Dez.), S. 871

Van De Castle, R. L. 1969: The facilitation of ESP through hypnosis. *American Journal of Clinical Hypnosis* 12:37–56

Van den Berg, W., u. B. Mulder. 1976: Psychological Research on the effects of the TM technique on a number of personality variables. *Gedrag: Tijdschrift voor Psychologie* 4:206–218

Van Der Hart, O. 1981: Treatment of a phobia for dead birds: A case report. *American Journal of Clinical Hypnosis* 23:263

van der Post, L. 1977: *C. G. Jung, der Mensch und seine Geschichte,* Berlin: Henssel

Van Dusen, W. 1972: *The Natural Depth in Man,* Harper & Row

Van Nuys, D. 1973: Meditation, attention and hypnotic susceptibility: A correlational study. *International Journal of Clinical & Experimental Hypnosis* 21:59–69

Van Twyer, H., u. H. Kimmel. 1966: Operant conditioning of the GSR with concomitant measurement of two somatic variables. *Journal of Experimental Psychology* 72:841–846

Vandercar, D. H., et al. 1977: Instrumental conditioning of human heart rate during free and controlled respiration. *Biological Psychology* 5:221–231

Vasse, P., u. C. Vasse. 1948: Influence de la pensée sur la croissance des plantes. *Nouvelle Série* 2:87

Vassiliadis, A. 1973: Physiological effects of Transcendental Meditation: A longitudinal study, in: D. Kanellakos u. J. Lukas (Hg.), *Psychobiology of Transcendental Meditation: A Literature Review,* Stanford Research Institute

Vaughan, F. 1990: *Die Reise zur Ganzheit: Psychotherapie und spirituelle Suche,* München: Kösel

Verma, I., B. Jayashan u. M. Palani. 1982: Effect of Transcendental Meditation on the performance of some cognitive psychological tests. *International Journal of Medical Research* 7:136–143

Vermes, G. 1992: *Jesus der Jude. Ein Historiker liest die Evangelien,* Neukirchen-Vluyn: Neukirchener Verlag

Vilenskaya, L. 1980: On PK and related subjects' research in the USSR, in: W. Uphoff u. M. Uphoff: *Mind over Matter,* New Frontiers Center

Vogt, D., u. G. Sultan. 1977: *Reality Revealed: The Theory of Multidimensional Reality,* Vector Associates

von Schrenck-Notzing, A. 1914: *Der Kampf um die Materialisationsphänomene,* München: Reinhardt

von Urban, R. 1952: *Sex Perfection,* Rider

Wachsmuth, D., T. Dolce u. K. Offenloch. 1980: Computerized analysis of the EEG during Transcendental Meditation and sleep. *Electroencephalography & Clinical Neurophysiology* 48:39

Wada, J., u. A. Hamm. 1974: Electrographic glimpse of meditative state: Chronological observations of cerebral evoked response. *Electroencephalography & Clinical Neurophysiology* 37:201

Waddell, H. 1957: *The Desert Fathers,* University of Michigan Press

Wagner, C., et al. 1974: Multidimensional locus of control and voluntary control of GSR. *Perceptual & Motor Skills* 39:1142

Wainwright, W. 1981: *Mysticism,* University of Wisconsin

Waley, A. 1956: *The Way and Its Power,* George Allen and Unwin Ltd.

Walker, J. 1980: The amateur scientist. *Scientific American* (Juli), S. 150–161

Wallace, B., u. J. Garrett. 1973: Reduced felt arm sensation effects on visual adaptation. *Perception and Psychophysiology* 14:597–600
– 1975: Perceptual adaptation with selective reductions of felt sensations. *Perception* 4:437–445

Wallace, B., u. K. Hoyenga. 1980: Production of proprioceptive errors with induced hypnotic anesthesia. *International Journal of Clinical & Experimental Hypnosis* 28:140–147

Wallace, R., H. Benson, A. Gatozzi et al. 1971: Physiological effects of a meditation technique and a suggestion for curbing drug abuse. *Mental Health Program Reports,* National Institute of Mental Health

Wallace, R., H. Benson u. A. Wilson. 1971: A wakeful hypometabolic state. *American Journal of Physiology* 221:795–799

Wallace, R., H. Benson, A. Wilson et al. 1971: Decreased blood lactate during TM. *Federation Proceedings* 30:376

Wallace, R., J. Silver, P. Mills et al. 1983: Systolic blood-pressure and long-term practice of the Transcendental Meditation and TM-sidhi program: Effects of TM on systolic blood-pressure. *Psychosomatic Medicine* 45:41–46

Wallace, R. K. 1970: Physiological effects of Transcendental Meditation. *Science* 167:1751–1754

Wallace, R. K., u. H. Benson. 1972: The physiology of meditation. *Scientific American* 226:84–90

Wallace, R. K., et al. 1971: A wakeful hypometabolic physiologic state. *American Journal of Physiology* 221:795–799

Walrath, L., u. D. Hamilton. 1975: Autonomic correlates of meditation and hypnosis. *American Journal of Clinical Hypnosis* 17:190–197

Walsh, D. H. 1974: Interactive effects of alpha feedback and instructional set on subjective state. *Psychophysiology* 11:428–435

Walsh, R. N. 1977: Initial meditative experience: Part I. *Journal of Transpersonal Psychology* 9:151–192
– 1978: Initial meditative experience: Part II. *Journal of Transpersonal Psychology* 10:1–28
– 1979: Meditation research: An introduction and review. *Journal of Transpersonal Psychology* 11:161–174

Walsh, R., D. Goleman et al. 1978: Meditation: Aspects of research and practice. *Journal of Humanistic Psychology* 10:2

Walsh, R., u. L. Rauche. 1979: Precipitation of acute psychotic episodes by intensive meditation in individuals with a history of schizophrenia. *American Journal of Psychiatry* 136:1085–1086

Walsh, R. N., u. F. Vaughan. 1988: *Psychologie in der Wende,* Reinbek: Rowohlt

Wandhoefer, A., u. K. Plattig. 1973: Stimulus-linked DC-shift and auditory evoked potentials in Transcendental Meditation. *Pfleuger's Archives* 343:R79

Warshal, D. 1980: Effects of the TM technique on normal and Jendrassik reflex time. *Perceptual & Motor Skills* 50:1103–1106

Wassiliew, L. L. 1965: *Experimentelle Untersuchungen der Mentalsuggestion,* Bern: A. Francke

Watanabe, T., D. Shapiro u. G. Ochwartz. 1972: Meditation as an anoxic state: A critical review and theory. *Psychophysiologia* 9:29

Water, F. 1970: *Masked Gods,* Ballantine

Watkins, G., u. A. Watkins. 1971: Possible PK influence on the resuscitation of anesthetized mice. *Journal of Parapsychology* 35:257–272

Watkins, G. K., et al. 1973: Further studies on the resuscitation of anesthetized mice, in: W. Roll, R. Morris u. J. Morris (Hg.): *Research in Parapsychology 1972,* Scarecrow Press

Webster, H. 1948: *Magic: A Sociological Study,* Stanford University Press

Weinstein, D., u. R. Bell. 1982: *Saints and Society: The Two Worlds of Western Christendom, 1000–1700,* University of Chicago

Weiss, T., u. B. Engel. 1971: Operant conditioning of heart rate in patients with premature ventricular contractions. *Psychosomatic Medicine* 33:301–321

Weitzenhoffer, A. M. 1951: The discriminatory recognition of visual patterns under hypnosis. *Journal of Abnormal Social Psychology* 46:388–397

– 1953: *Hypnotism: An Objective Study in Suggestibility,* John Wiley

Weitzenhoffer, A. M., u. B. Sjoberg. 1961: Suggestibility with and without „induction of hypnosis". *Journal of Nervous & Mental Disease* 132:204–220

Wells, R., u. J. Klein. 1972: A replication of a „psychic healing" paradigm. *Journal of Parapsychology* 36:144–149

Wells, R., u. G. Watkins. 1975: Linger effects in several PK experiments, in: J. Morris, W. Roll u. R. Morris (Hg.), *Research in Parapsychology 1974,* Scarecrow Press

Wells, W. 1940: The extent and duration of post-hypnotic amnesia. *Journal of Psychology* 9:137–151

Wells, W. R. 1947: Expectancy versus performance in hypnosis. *Journal of General Psychology* 35:99–119

Welwood, J. 1976: Exploring mind: Form, emptiness and beyond. *Journal of Transpersonal Psychology* 8:89–99

Wenger, M. A., u. B. K. Bagchi. 1961: Studies of autonomic functions in practitioners of yoga in India. *Behavioral Science* 6:312–323

Wenger, M. A., et al. 1961: Experiments in Indian on „voluntary" control of the heart and pulse. *Circulation* 24:6:1319–1325

Wepukhulu, H. S. 1973: Soccer soothsayer. *Africa Report* (Nov./Dez.) 18:23

West, D. J. 1957: *Eleven Lourdes Miracles,* Duckworth

West, H., u. W. Savage. 1918: Voluntary acceleration of the heart beat. *Archives of Internal Medicine* 22:290–295

West, M. A. 1976: Changes in skin resistance in subjects resting, reading, listening to music, or practicing the Transcendental Meditation technique, in: D. W. Orme-Johnson u. J. T. Farrow (Hg.), a. a. O.

– 1979: Physiological effects of meditation: A longitudinal study. *British Journal of Social & Clinical Psychology* 18:219–226

– 1980a: Meditation and the EEG. *Psychological Medicine* 10:369–375

– 1980b: The psychosomatics of meditation. *Journal of Psychosomatic Research* 24:265–273

Westbrook, A., u. O. Ratti. 1970: *Aikido and the Dynamic Sphere,* Charles E. Tuttle

Westcott, M. 1976: Hemispheric symmetry of the EEG during the Transcendental Meditation technique, in: D. W. Orme-Johnson u. J. T. Farrow (Hg.), a. a. O.

White, L., u. B. Tursky. 1982: *Clinical Biofeedback – Efficacy and Mechanisms,* Guilford Press

White, L., et al. (Hg.). 1985: *Placebo: Theory, Research and Mechanisms,* Guilford Press

White, R. 1981: Saintly psi. *Journal of Religion and Psychical Research* (Juli & Okt.), S. 157–167

White, R. 1982: An analysis of ESP phenomena in the saints. *Parapsychology Review* (Jan./Feb.), S. 15

White, R. A. 1941: A preface to a theory of hypnotism. *Journal of Abnormal and Social Psychology* 36:477–506

Whitehead, A. N. 1984 (2): *Prozeß und Realität: Entwurf einer Kosmologie,* Frankfurt/M.: Suhrkamp

Whitehead, W. E., et al. 1975: Modification of human gastric acid secretion with operant-conditioning procedures. *Journal of Applied Behavior Analysis* 8:147–156
– 1977: Relation of heart rate control to heartbeat perception. *Biofeedback & Self-Regulation* 2:371–392

Whitlock, F., u. J. Hynes. 1978: Religious stigmatization: An historical and psychophysiological enquiry. *Psychological Medicine* 8:185–202

Whitmont, E. C. 1989: *Die Rückkehr der Göttin: Von der Kraft des Weiblichen in Individuum und Gesellschaft,* München: Kösel

Wicramasekera, I. 1972: Electromyographic feedback training and tension headache: Preliminary observations. *American Journal of Clinical Hypnosis* 15:83–85
– 1973: The application of verbal instructions and EMG feedback training to the management of tension headache – preliminary observations. *Headache* 13:74–76
– 1976: *Biofeedback, Behavior Therapy and Hypnosis,* Nelson Hall

Wiklund, N. 1983: Welches Beweismaterial für Psi haben wir?, in: *Zeitschrift für Parapsychologie und Grenzgebiete der Psychologie* 25/1983 Nr. 1/2, S. 55–66

Wilber, K. 1988: *Die drei Augen der Erkenntnis: auf dem Weg zu einem neuen Weltbild,* München: Kösel

Wilber, K., J. Engler u. D. Brown. 1988: *Psychologie der Befreiung,* Bern, München, Wien: Scherz

Wilber, T. K. 1988: Attitudes and cancer: What kind of help really helps? *Journal of Transpersonal Psychology* 20:49–59

Willard, R. D. 1977: Breast enlargement through visual imagery and hypnosis. *American Journal of Clinical Hypnosis* 19:195–200

Williams, J. E. 1974: Stimulation of breast growth by hypnosis. *Journal of Sex Research* 10:316–326

Williams, P., u. M. West. 1975: EEG responses to photic stimulation in persons experienced at meditation. *Electroencephalography & Clinical Neurophysiology* 39:519–522

Williams, R., et al. 1980: Physical conditioning augments the fibrinolytac response to venous occlusion in healthy adults. *New England Journal of Medicine* 302:987–991

Williams, R. D. 1985: The effects of shamatha meditation on attentional and imaginal variables. *Dissertation Abstracts International* 46:319–320

Williamson, C. J. 1976: The Everest message. *Journal of the Society for Psychical Research* (Sept.) 48:318–320

Willis, R. 1952: *The Spread of Tumors in the Human Body*, Butterworth

Wilson, E. O. 1978: *Sociobiology: The New Synthesis,* Harvard University Press
– 1980: *Biologie als Schicksal. Die soziobiologischen Grundlagen menschlichen Verhaltens,* Frankfurt/M.: Ullstein

Wilson, P., et al. 1986: Assessment methods for physical activity and physical fitness in population studies: Report of NHLBI Workshop. *American Heart Journal* 111:1177–1192

Wilson, S. C., u. T. X. Barber. 1981: Vivid fantasy and hallucinatory abilities in the life histories of excellent hypnotic subjects („somnambules"): Preliminary report with female subjects, in: E. Klinger (Hg.), *Imagery: Concepts, Results & Applications,* Plenum

– 1983: The fantasy-prone personality: Implications for understanding imagery, hypnosis, and parapsychological phenomena, in: A. Sheikh (Hg.), *Imagery – Current Theory, Research & Application,* Wiley

Wink, C. A. S. 1961: Congenital ichthyosiform erythrodermia treated by hypnosis: Report of two cases. *British Medical Journal* 2:741–743

Winquist, W. 1976: The Transcendental Meditation program & drug abuse: A retrospective study, in: D. W. Orme-Johnson u. J. T. Farrow (Hg.), a. a. O.

Winston, S. 1975: Research in psychic healing: A multivariate experiment. Dissertation, Union Graduate School, Cincinnati

Wirth, D. 1990: The effect of non-contact therapeutic touch on the healing of full thickness dermal wounds. *Subtle Energies* 1:1–20

Wolf, S., u. R. Pinsky. 1954: Effects of placebo administration and occurrence of toxic reactions. *Journal of the American Medical Association* 155:339–341

Wolfe, L. S., u. J. Millet. 1960: Control of post-operative pain by suggestion under general anesthesia. *American Journal of Clinical Hypnosis* 3:109–112

Wolkove, N., H. Kreisman, D. Darragh et al. 1984: Effect of Transcendental Meditation on breathing and respiratory control. *Journal of Applied Physiology* 56:607–612

Wolpe, J. 1958: *Psychotherapy by Reciprocal Inhibition,* Stanford University Press
– 1977 (2): *Praxis der Verhaltenstherapie,* Bern, Stuttgart, Wien: Huber

Wolpe, J., u. A. Lazarus. 1966: *Behavior Therapy Techniques,* Pergamon

Wong, M., N. Brochin u. K. Gendron. 1981: Effects of meditation on anxiety and chemical dependency. *Journal of Drug Education* 11:91–105

Wood, P., u. W. Haskell. 1979: The effect of exercise on plasma high density lipoproteins. *Lipids* 14:417

Wood, P. D., et al. 1983: Increased exercise level and plasma lipoprotein concentration. A one-year randomized controlled study in sedentary, middle-aged men. *Metabolism* 32:31
– 1988: Changes in plasma lipids and lipoproteins in overweight men during weight loss through dieting as compared with exercise. *New England Journal of Medicine* 319:1173

Woodroffe, J. G. 1961: *Die Schlangenkraft*, Weilheim: Barth

Woodworth, R. S. 1901: On the voluntary control of the force of movement. *Psychological Review* 8:350–359

Woolfolk, R. 1975: Psychophysiological correlates of meditation. *Archives of General Psychiatry* 32:1326–1333

Woolfolk, R., L. Carr-Kaffashan, T. McNulty et al. 1976: Meditation training as a treatment of insomnia. *Behavior Therapy* 7:359–366

Woolfolk, R., et al. 1982: Effects of progressive relaxation and meditation on cognitive and somatic manifestations of daily stress. *Behavior Research Therapy* 20:461–467

Worsley, F. 1977: *Shackleton's Boat Journey*, Norton

Wright, D. 1969: *Deafness*, Stein & Day

Wright, E. 1967: *Geburt ohne Schmerz*, München: List

Wybran, J., et al. 1979: *Journal of Immunology* 123:1068–1070

Yates, A. 1980: *Biofeedback and the Modification of Behavior*, Plenum

Yates, A., et al. 1983: Running – an analogue of anorexia? *New England Journal of Medicine* 308:251–255

Yates, A. J. 1963: Recent empirical and theoretical approaches to the experimental manipulation of speech in normal subjects and in stammers. *Behavior Research and Therapy* 1:95–119

Yogananda, P. 1992: *Autobiographie eines Yogi*, München: Droemer Knaur

Young, F. H. 1951: *The Philosophy of Henry James, Sr.*, Bookman

Younger, J. 1976: Bronze Age representations of Aegean bull-leaping. *American Journal of Archaeology* 80:127–137

Yuille, J. C., u. L. Sereda. 1980: Positive effects of meditation: A limited generalization. *Journal of Applied Psychology* 65:333–340

Yura, H. T. 1975: A physicist looks at karate. *Samurai* (Jan.), S. 24–27

Zaichkowsky, L., u. R. Kamen. 1978: Biofeedback and meditation: Effects on muscle tension and locus of control. *Perceptual & Motor Skills* 45:955–958

Zaleski, C. 1987: *Otherworld Journeys,* Oxford University Press

Zamarra, G., I. Besseghini u. S. Wettenberg. 1976: The effects of the Transcendental Meditation program on the exercise performance of patients with angina pectoris, in: D.W. Orme-Johnson u. J.T. Farrow (Hg.), a. a. O.

Zane, M.D. 1966: The hypnotic situation and changes in ulcer pain. *International Journal of Clinical & Experimental Hypnosis* 14:292–304

Zanker, K., u. R. Kroczek. 1991: Looking along the track of the psychoneuroimmunologic axis for missing links in cancer progression. *International Journal of Sports Medicine* 12:S58–S62

Zarate, A., et al. 1974: Gonadotropin and prolactin secretion in human pseudocyesis. *Ann. Endocrinology (Paris)* 35:445–450

Zeldis, S., et al. 1978: Cardiac hypertrophy in response to dynamic conditioning in female athletes. *Journal of Applied Physiology* 44:849

Zimmerman, P. 1970: *A Thinking Man's Guide to Pro Football,* Dutton

Zornetzer, S. 1978: Neurotransmitter modulation and memory: A new neuropharmacological phrenology?, in: M. Lipton et al. (Hg.), *Psychopharmacology: A Generation of Progress,* Raven

Zukel et al. 1959: A short-term community study of the epidemiology of coronary heart disease: A preliminary report of the North Dakota Study. *American Journal of Public Health* 49:1630–1639

ÜBER DEN AUTOR

Ganz persönlich: Michael Murphy wurde am 3. September 1930 in Salinas, Kalifornien, geboren, ist mit Dulce Murphy verheiratet, mit der er einen Sohn, MacKenzie, hat. Sie leben in San Rafael, Kalifornien, und zeitweise, im Rahmen internationaler Projekte, auch in Moskau.

Studium: Abschluß in Psychologie an der kalifornischen Stanford-Universität.

Spirituelle Erfahrungen: Nach seinem Abschluß verbrachte er 18 Monate bei Sri Aurobindo in Indien. Die dort erlernte Form der Meditation setzte Murphy in den USA fort. Daneben sammelte er Erfahrungen unter anderem in Gestalttherapie, verschiedenen körperorientierten Verfahren und im Sport. Bei der amerikanischen Meisterschaft im 1500-Meter-Lauf wurde er Dritter in der Altersgruppe über fünfzig.

Murphys Lebenswerk: Das *Esalen Institute.* 1961 lernte Murphy Richard Price kennen und gründete mit ihm 1962 das *Esalen Institute.* Price übernahm die Verwaltung, Murphy das Kursprogramm. Richard Price verunglückte später während einer Wanderung tödlich.

Das *Esalen Institute* ist in den Vereinigten Staaten eines der wichtigsten Zentren für das *Human Potential Movement,* aus dem entscheidende Impulse auf den Gebieten der humanistischen Psychologie, der Körper- und Psychotherapie hervorgegangen sind. Seit 30 Jahren finden in Esalen Workshops statt, in denen zahlreiche berühmte Therapeuten ihre Therapieformen entwickelt und vervollkommnet haben. Unter anderem arbeiteten und lehrten hier: Fritz Perls, Abraham Maslow, Ida Rolf, Moshe Feldenkrais, Stanislav Grof, Alan Watts und Aldous Huxley.

Darüber hinaus initiierte das *Esalen Institute* ein amerikanisch-sowjetisches Austauschprogramm, in dessen Rahmen sich amerikanische und sowjetische Bürger direkt begegnen konnten. 1990 besuchte der derzeitige russische Präsident Boris Jelzin auf Einladung des Instituts erstmals die Vereinigten Staaten.

Das Esalen-Gelände: Murphys Großvater Henry, Landarzt und Inhaber zweier Kliniken, kaufte das Gelände in Big Sur an der kalifornischen Küste. Der Name soll den Stamm der Esselen-Indianer ehren, die das Land früher bewohnten und diesen Platz mit seinen heißen Mineralquellen als Ort der Kraft erkannt hatten.

Literarisches Werk: Murphy ist der Verfasser von drei Romanen (*Golf in the Kingdom*, der 1994 unter dem Titel *Golf und Psyche* erstmals als vollständige deutsche Ausgabe erscheint, *Jacob Atabet, An End to Ordinary History*) und mit Rhea White Autor des Sachbuchs *The Psychic Side of Sports* (dt. *Psi im Sport*). In den dreißig Jahren, in denen er sich mit den Möglichkeiten der Entwicklung des Menschen beschäftigt hat, sind er und seine Arbeit weltweit in vielen Zeitschriften vorgestellt worden. 1993 kaufte Warner Brothers die Filmrechte für *Golf in the Kingdom.*

Der QuantenMensch: 1977 begann Murphy im Rahmen eines Forschungsprojekts über „außergewöhnliche menschliche Fähigkeiten" mit den Recherchen. In den nächsten sieben Jahren sammelten er und seine Mitarbeiter über 10000 wissenschaftliche Studien aus Bereichen wie Meditation, Biofeedback, Hypnose, Psychotherapie, Sport, Kampfkunst, Religion, Schamanismus und Yoga. Von 1984 bis 1991 schrieb Murphy *Der QuantenMensch.*

Zukunftspläne: Zusammen mit Aikido-Meister George Leonard baut er ein einjähriges Trainingsprogramm für integrale Methoden auf. Außerdem planen die beiden ein Nachfolgebuch zu *Der QuantenMensch*. Murphy trainiert zur Zeit für die amerikanische Meisterschaft der über Sechzigjährigen im 1500-Meter-Lauf. Sein Ziel ist es, Erster zu werden.

ÜBER DEN ÜBERSETZER

Manfred Miethe wurde am 23. November 1950 in Hamburg geboren und studiert und praktiziert seit über zwanzig Jahren Meditation, verschiedene Heil- und Kampfkünste. Er lebte zwölf Jahre lang in den Vereinigten Staaten, wo er unter anderem T'ai Chi Chuan und Briema-Körperarbeit unterrichtete und ein Fitneßstudio des YMCA leitete.

Seit 1991 lebt er in Bayern und arbeitet heute als freier Schriftsteller und Übersetzer. Er ist Autor von *Das Wasser des wahren Gesichts*, einer Sammlung von magischen Geschichten, zahlreichen Artikeln und Kurzgeschichten, die in deutschen und amerikanischen Zeitschriften und Büchern veröffentlicht wurden, und hat mehrere Bücher übersetzt.

DANKSAGUNG
DES AUTORS

Von den vielen Menschen, die zu diesem Buch beigetragen haben, verdienen drei meinen besonderen Dank. George Leonard las mindestens zwei Versionen jedes Kapitels, versorgte mich mit Beweismaterial, um meine Spekulationen zu untermauern, gab mir redaktionelle Ratschläge und sprach mir gegen Zweifler und Kritiker Mut zu. Margaret Livingston durchforstete Bibliotheken, interviewte Wissenschaftler und Gelehrte, reiste nach Europa, um Material für meine Untersuchungen zu beschaffen, und half mir, die Spreu vom Weizen zu trennen. Steven Donovan lagerte und bezahlte jahrelang die Archive, aus denen heraus das Buch wuchs, und ermutigte mich vom ersten Tag an. Alle drei haben mein Verständnis von Freundschaft vertieft.

Mehrere andere Freunde lasen Teile des Buches und gaben mir hilfreiche Ratschläge. Ich möchte die folgenden ganz besonders anerkennen: Don Johnson, Don

Michael, Stephen Phillips, Sam Keen, Jay Ogilvy, David Griffin, Rhea White, William Braud, George Solomon, Herbert Benson, Charles Tart, Philip Novak, Richard Baker-Roshi, Frank Barron, Huston Smith, Robert McDermott, Jacob Needleman, John B. Cobb jr., Francisco Ayala, David Deamer, Jerry Solfvin, Etzel Cardena, Roger Walsh, Glen Albaugh, Jeanne Achterberg, Michael Grosso, Stuart Miller, Lacey Fosburgh, James Cutsinger, Brendan O'Reagan, Tom Hurley, Mike Maliszewski, Karen Cameron, Steven Matias und Aidan Kelly.

Laurance Rockefeller, meine Mutter Marie Murphy, die Treuhänder und Mitarbeiter des *Esalen Institutes*, Winston Franklin und Jeremy Tarcher gewährten mir ihre ständige finanzielle und moralische Unterstützung.

Und für allgemeine Ratschläge, Unterstützung und *joie de vivre* bin ich den folgenden Personen dankbar: Dennis Murphy, Fred Hill, Keith Thompson, Nancy Lunney, Ron Brown, David Harris, Lawrence Chickering, Bruce Nelson, Mike Brown, Dulce Murphy und meinem Mentor Frederic Spiegelberg.

Außerdem danke ich allen Autoren und Verlagen für die Erlaubnis, Auszüge aus ihren Werken abzudrucken.

ANHANG
ZUR DEUTSCHEN AUSGABE

WEITERFÜHRENDE LITERATUREMPFEHLUNGEN

Da eine Vielzahl der in der Bibliographie angegebenen Bücher nicht auf deutsch erhältlich sind, empfehlen wir dem Leser zur intensiveren Beschäftigung mit dem Thema die folgenden Titel als Ergänzung:

Bonin, W. F. (Hg.), 1976: *Lexikon der Parapsychologie*, Bern und München: Scherz

Dinzelbacher, P., 1989: *Wörterbuch der Mystik*, Stuttgart: Alfred Kröner

Grof, S., 1985: *Geburt, Tod und Transzendenz*, München: Kösel

Haley, J., 1979: *Die Psychotherapie Milton H. Ericksons*, München: Pfeiffer

Johanson, T., 1993: *Zuerst heile den Geist*, Freiburg i. Br.: Bauer

Klimo, J., 1988: *Channeling*, Freiburg i. Br.: Bauer

Meurois-Givaudan, A. u. D., 1989: *Berichte von Astralreisen*, München: Knaur

Perkins, J., 1993: *PsychoNavigation*, Wessobrunn: Integral

Reed, H. (Hg.), 1993: *Edgar Cayces Offenbarung des neuen Zeitalters: Erwachen der 6. Kraft*, München: Heyne

Rosa, K. R., 1983: *Das ist Autogenes Training*, Frankfurt/Main: Fischer
– 1983: *Das ist die Oberstufe des Autogenen Trainings*, Frankfurt/Main: Fischer

Russell, P., 1994: *Im Zeitstrudel*, Wessobrunn: Integral
– 1991: *Die erwachende Erde*, München: Heyne

Schwertfeger, B., und K. Koch, 1989: *Der Therapieführer*, München: Heyne (mit zahlreichen Adressenangaben der Ausbildungs- und Therapieinstitute)

Stolz, A., 1988: *Schamanen – Ekstase und Jenseitssymbolik*, Köln: DuMont

Tart, Ch., 1991: *Hellwach und bewußt leben*, München: Heyne
– 1986: *Das Übersinnliche. Forschungen über einen Grenzbereich psychischen Erlebens.* Stuttgart: Klett-Cotta

Werner, H., 1991: *Lexikon der Esoterik*, Wiesbaden: Fourier

Zeitschrift für Parapsychologie und Grenzgebiete der Psychologie, Freiburg i. Br.: Aurum

ADRESSEN

Zur Zeit gibt es Kurse in integralen Methoden nur am *Esalen Institute* in Kalifornien. Wir haben daher zusätzlich einige Adressen aufgeführt, die eine Ausbildung in Teilbereichen anbieten. Diese Auswahl beinhaltet keine Wertung der aufgeführten Institute.

Aikido-Zen
Institut G. Walter
Mehringdamm 57
10961 Berlin

Arbeitsgemeinschaft für Katathymes Bilderleben und Imaginative Verfahren
Friedländer Weg 30 D
37085 Göttingen

Association Zen Internationale
17, rue Keller
F-75011 Paris
Frankreich

Auroville Secretariat
Bharat Nivas
Auroville 605101
Tami Nadu
Indien

Auroville International Deutschland e.V.
Mainstraße 75
28199 Bremen

Esalen Institute
Big Sur, CA 93920
USA

Förderverein für Yoga und Ayurveda e.V.
Weidener Straße 3
81737 München

Institut für Autogenes Training, Biofeedback und Hypnosetherapie und
Internationale Gesellschaft für Biofeedback
Postfach 1053
CH-9001 St. Gallen
Schweiz

Odenwald Institut für personale Pädagogik
Trommstraße 25
69483 Wald-Michelbach
(Einführungskurse in Psychosynthesis)

Tai Chi Netzwerk
Isestraße 59
20149 Hamburg

TRILOGOS
Institut für angewandte Numinologie und Grenzwissenschaften
Oberwachtstraße 2
CH-8700 Küsnacht/Zürich
Sekretariat: Seestraße 91
CH-8703 Erlenbach
Schweiz
(Schulungen in Mentaltraining und ASW)

PERSONENREGISTER

Weitere »Millennium«-Bücher
bei Integral

DER LÄNGERE ATEM

von George Leonard

Der amerikanische Aikido-Meister, Philosoph und angesehene Journalist George Leonard, dessen Arbeit Michael Murphy in *Der QuantenMensch* wiederholt zitiert, wurde in Deutschland bisher vor allem durch *Der Pulsschlag des Universums* bekannt.

In seinem neunten Buch **Der längere Atem** *(Mastery)* schildert er anschaulich, wohin uns die geistige Haltung des „Ich will alles jetzt, ohne mich dabei anzustrengen" geführt hat. Ausgehend von der Erkenntnis, daß der Großteil des Lebens und jeder sportlichen, künstlerischen oder sonstigen Aktivität auf einem Plateau verbracht wird und nicht mit der Erstürmung von immer neuen Gipfeln, stellt Leonard ein Modell vor, durch das Genuß und Lebensfreude nicht im Konsumrausch und in der Suche nach dem nächsten Höhepunkt gefunden werden, sondern in bewußt gestalteten und gelebten alltäglichen Handlungen.

Meisterschaft als vollständige Entwicklung aller persönlichen Fähigkeiten ist für Leonard nicht ein fernes Ziel, das durch das Befolgen starrer Regeln erreicht wird, sondern ein immerwährender, lebendiger Prozeß. Er beschreibt die scheinbaren Abkürzungen, Sackgassen und Einbahnstraßen dieses Weges und entwickelt auf der Grundlage seiner langjährigen Aikido-Praxis eine Vision, die den Bedürfnissen von Körper *und* Geist gerecht wird und selbst die scheinbar langweiligen Momente des Lebens zu einem spannenden Abenteuer werden läßt.

Stimmen zu *Der längere Atem*

„Was für ein aufmunterdes Buch! *Der längere Atem* ist das Gegengift für Mittelmäßigkeit und regt dazu an, Freude an der Arbeit zu haben."

Marilyn Ferguson, Autorin von *Die sanfte Verschwörung*

„In unserer Zeit entwickelt sich eine neue Kultur der Selbstdisziplin. *Der längere Atem* reflektiert diese und wird ihre Entwicklung fördern. Die praktische Weisheit dieses Buches wird auf Jahre hinaus einen großen Einfluß haben."

Michael Murphy, Autor von *Der QuantenMensch*

„Wenn er recht hat – und Leonard hat den Zeitgeist schon so häufig richtig eingeschätzt – dann wird das kommende Jahrzehnt das Jahrzehnt der Meisterschaft werden."

San Francisco Chronicle

George Leonard: *Der längere Atem,* aus dem Amerikanischen von Manfred Miethe, Integral »Millennium«. (Juli 1994)

Im Zeitstrudel

von Peter Russell

Zehn Jahre nach Erscheinen seines richtungsweisenden Buches *Die erwachende Erde* legt der englische Physiker und Philosoph Peter Russell mit **Im Zeitstrudel** *(The White Hole in Time)* ein Werk vor, das unser Verständnis vom Platz der Menschheit im Kosmos revolutioniert.

Im Zeitstrudel, ein wissenschaftlich fundiertes Buch, das sich spannend wie ein Abenteuerroman liest, fährt dort fort, wo *Die erwachende Erde* aufhörte. Russell entwickelt seine These von der Erde als lebendem Organismus, dessen Gehirn die Menschheit bildet, weiter, und untersucht dabei sowohl die bisherige und zukünftige Evolution der Menschheit als auch das Wesen der Zeit.

Die Menschheit befindet sich am Ende des 20. Jahrhunderts in den letzten Jahren einer 50000jährigen Entwicklungsphase, die begann, als die ersten Menschen ein Bewußtsein ihrer selbst entwickelten und die mit der Auslöschung der ganzen Spezies oder der Verwirklichung des höchsten Potentials der Menschheit enden kann.

Stimmen zu *Im Zeitstrudel*

„Ein wunderbares Buch, das das ökologische Katastrophenszenario auf meisterhafte Weise mit einer spirituellen Wiedergeburt verbindet."

Ken Wilber, Autor von *Mut und Gnade*

„... das beste Buch, das Peter Russell bisher geschrieben hat – einfach hervorragend. Wie Marx und Freud, aber mit mehr Weisheit als jeder der beiden."

Robert Anton Wilson, Autor der *Illuminatus-Trilogie*

„Eine atemberaubende Untersuchung des Kosmos von Anfang bis Ende, mit der Betonung darauf, was dies alles für die Menschheit bedeutet – jetzt, am kritischsten Punkt ihrer Evolution. Er schreibt klar und einfach und hat doch einen so eleganten Stil, daß es einfach ein Genuß ist, ihn zu lesen."

John White, Autor von *Was ist Erleuchtung?*

Peter Russell: *Im Zeitstrudel,* aus dem Englischen von Manfred Miethe, Integral »Millennium«. (Oktober 1994)

UND DER TRAUM WIRD WELT

von John Perkins

In einer Zeit, in der das Überleben der Menschheit davon abhängt, ob es ihr gelingt, das Gleichgewicht mit der Natur wiederherzustellen, können wir viel vom Öko-Schamanismus indigener Völker lernen. Thomas Berry schreibt über dieses spannende und provozierende Buch: „Durch Perkins Erzählung erkennen wir die Wahrheit, die auf ganz besonders lebendige Weise von den eingeborenen Völkern Südamerikas vermittelt wird. Durch sie erinnern wir uns wieder an unsere innere Weisheit, die wir seit vielen Jahrhunderten vergessen haben."

(Und der Traum wird Welt. Schamanische Impulse zur Aussöhnung mit der Natur. Aus dem Englischen von Manfred Miethe)

INTUITION IM BUSINESS

von James Wanless

Wer im Beruf erfolgreich sein will, braucht heute mehr denn je Selbsterkenntnis und Intuition, um sich die Quelle der menschlichen Genialität zu erschließen. Da selbstbestimmte Arbeitsprozesse immer mehr zur Regel werden, Kreativität zur unabdingbaren Vorbedingung für jedes berufliche Vorankommen wird und sich ohne fundierte Menschenkenntnis niemand mehr für Führungspositionen qualifizieren kann, gewinnen Methoden wie das Tarot, die Einsichten in das eigene Wesen fördern, immer mehr an Bedeutung.

(Intuition im Business. Souverän entscheiden mit Tarot. Der Soforteinstieg. Aus dem Englischen von Manfred Miethe)

Hinweis

EINE KLASSISCHE ERZÄHLUNG ÜBER SPORT
UND INTUITION, PHILOSOPHIE
UND DIE GEHEIMNISSE DES LEBENS

Golf ist viel mehr als eine Disziplin, die gewisse technische Fertigkeiten verlangt. Golf erfaßt den ganzen Menschen, seinen Körper, seine Psyche und seine Spiritualität.
Zum Erscheinen dieses Buches in Amerika schrieb der weltberühmte Schriftsteller John Updike in *The New Yorker:* „Golf ist die mystischste aller Sportarten, die am wenigsten erdgebundene, es ist die Sportart, wo die Mauern zwischen uns und dem Übernatürlichen am durchlässigsten sind. *Golf und Psyche* steckt voller Witz und Weisheit."